CAMBRIDGE LIBRARY COLLECTION

Books of enduring scholarly value

Mathematics

From its pre-historic roots in simple counting to the algorithms powering modern desktop computers, from the genius of Archimedes to the genius of Einstein, advances in mathematical understanding and numerical techniques have been directly responsible for creating the modern world as we know it. This series will provide a library of the most influential publications and writers on mathematics in its broadest sense. As such, it will show not only the deep roots from which modern science and technology have grown, but also the astonishing breadth of application of mathematical techniques in the humanities and social sciences, and in everyday life.

Werke

The genius of Carl Friedrich Gauss (1777–1855) and the novelty of his work (published in Latin, German, and occasionally French) in areas as diverse as number theory, probability and astronomy were already widely acknowledged during his lifetime. But it took another three generations of mathematicians to reveal the true extent of his output as they studied Gauss' extensive unpublished papers and his voluminous correspondence. This posthumous twelve-volume collection of Gauss' complete works, published between 1863 and 1933, marks the culmination of their efforts and provides a fascinating account of one of the great scientific minds of the nineteenth century. Volume 7, published in 1906, contains some of the most surprising material discovered among Gauss' papers: extensive calculations concerning the motion of Pallas. The volume also includes a reprint of Gauss' 1809 book on orbits, *Theoria motus corporum coelestium*, followed by his later updates and corrections.

Cambridge University Press has long been a pioneer in the reissuing of out-of-print titles from its own backlist, producing digital reprints of books that are still sought after by scholars and students but could not be reprinted economically using traditional technology. The Cambridge Library Collection extends this activity to a wider range of books which are still of importance to researchers and professionals, either for the source material they contain, or as landmarks in the history of their academic discipline.

Drawing from the world-renowned collections in the Cambridge University Library, and guided by the advice of experts in each subject area, Cambridge University Press is using state-of-the-art scanning machines in its own Printing House to capture the content of each book selected for inclusion. The files are processed to give a consistently clear, crisp image, and the books finished to the high quality standard for which the Press is recognised around the world. The latest print-on-demand technology ensures that the books will remain available indefinitely, and that orders for single or multiple copies can quickly be supplied.

The Cambridge Library Collection will bring back to life books of enduring scholarly value (including out-of-copyright works originally issued by other publishers) across a wide range of disciplines in the humanities and social sciences and in science and technology.

Werke

Volume 7

Carl Friedrich Gauss

Cambridge
University Press

CAMBRIDGE UNIVERSITY PRESS

Cambridge, New York, Melbourne, Madrid, Cape Town,
Singapore, São Paolo, Delhi, Tokyo, Mexico City

Published in the United States of America by Cambridge University Press, New York

www.cambridge.org
Information on this title: www.cambridge.org/9781108032292

This edition first published 1906
This digitally printed version 2011

ISBN 978-1-108-03229-2 Paperback

CARL FRIEDRICH GAUSS WERKE

BAND VII.

CARL FRIEDRICH GAUSS

WERKE

SIEBENTER BAND.

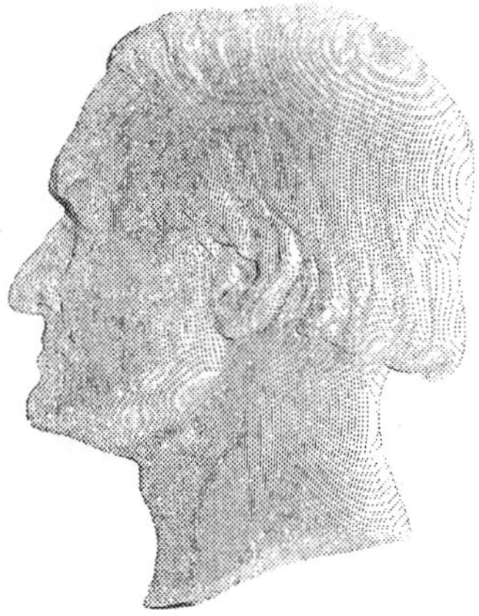

HERAUSGEGEBEN

VON DER

KÖNIGLICHEN GESELLSCHAFT DER WISSENSCHAFTEN

ZU

GÖTTINGEN.

IN COMMISSION BEI B. G. TEUBNER IN LEIPZIG.

1906.

THEORIA
MOTUS CORPORUM
COELESTIUM

IN

SECTIONIBUS CONICIS SOLEM AMBIENTIUM

AUCTORE

CAROLO FRIDERICO GAUSS

HAMBURGI SUMTIBUS FRID. PERTHES ET I. H. BESSER

1809.

Venditur

PARISIIS ap. Treuttel & Würtz. LONDINI ap. R. H. Evans.
STOCKHOLMIAE ap. A. Wiborg. PETROPOLI ap. Klostermann.
MADRITI ap. Sancha. FLORENTIAE ap. Molini, Landi & Co.
AMSTELODAMI in libraria: Kunst- und Industrie-Comptoir, dicta.

PRAEFATIO.

Detectis legibus motus planetarum KEPLERI ingenio non defuerunt subsidia ad singulorum planetarum elementa ex observationibus eruenda. TYCHO BRAHE, a quo astronomia practica ad fastigium antea ignotum evecta erat, cunctos planetas per longam annorum seriem summa cura tantaque perseverantia observaverat, ut KEPLERO talis thesauri dignissimo heredi seligendi tantummodo cura restaret, quae ad scopum quemvis propositum facere viderentur. Nec mediocriter sublevabant hunc laborem motus planetarum medii summa iamdudum praecisione per observationes antiquissimas determinati.

Astronomi, qui post KEPLERUM conati sunt planetarum orbitas adiumento observationum recentiorum vel perfectiorum adhuc accuratius dimetiri, iisdem vel adhuc maioribus subsidiis adiuti sunt. Neque enim amplius de elementis plane incognitis eliciendis agebatur, sed nota leviter tantum corrigenda arctioribusque limitibus circumscribenda erant.

Principium gravitationis universalis a summo NEWTON detectum campum plane novum aperuit, legibusque iisdem, quibus quinque planetas regi KEPLER expertus fuerat, levi tantum mutatione facta *omnia* corpora coelestia necessario obsequi debere edocuit, quorum quidem motus a vi Solis tantum moderentur. Scilicet observationum testimonio fretus Kepler cuiusvis planetae orbitam ellipsem esse pronunciaverat, in qua areae circa Solem, focum alterum ellipsis occupantem, uniformiter describantur, et quidem ita, ut tempora revolutionum in ellipsibus diversis sint in ratione sesquialtera semiaxium maiorum. Contra Newton, principio gravitationis universalis posito, a priori demonstravit, corpora omnia a Solis vi attractiva gubernata in sectionibus conicis moveri debere, quarum quidem speciem unam, ellipses puta, planetae nobis exhibeant, dum species reliquae, parabolae et hyperbolae, pro aeque possibilibus haberi debeant, modo adsint corpora Solis vi velocitate debita occurrentia; Solem semper focum alterum sectionis conicae tenere; areas, quas corpus idem temporibus diversis circa Solem describat, his temporibus proportionales, areas denique a corporibus diversis, temporibus aequalibus, circa Solem descriptas, esse in ratione subduplicata semiparametrorum orbitarum: postrema harum legum, in motu elliptico cum ultima Kepleri lege identica, ad motum parabolicum hyperbolicumque patet, ad quos haecce applicari nequit, revolutionibus deficientibus. Iam filum repertum, quo ducente labyrinthum motuum cometarum antea inaccessum ingredi licuit. Quod tam feliciter successit, ut omnium cometarum motibus, qui quidem accurate observati essent, explicandis sufficeret unica hypothesis, orbitas parabolas esse. Ita systema gravitationis universalis novos analysi triumphos eosque splendidissimos paraverat; cometaeque usque ad illum diem semper indomiti, vel si devicti videbantur mox seditiosi et rebelles, frena sibi iniici passi, atque ex hostibus hospites redditi, iter suum in tramitibus a calculo delineatis prosequuti sunt, iisdem quibus planetae legibus aeternis religiose obtemperantes.

Iam in determinandis cometarum orbitis parabolicis ex observationibus difficultates suboriebantur longe maiores, quam in determinandis orbitis ellipticis planetarum, inde potissimum, quod cometae per brevius temporis intervallum visi delectum observationum ad haec vel illa imprimis commodarum non concedebant, sed iis uti geometram cogebant, quas fors obtulerat, ita ut methodos speciales in calculis planetarum adhibitis vix unquam in usum vocare licuerit. Magnus ipse Newton, primus saeculi sui geometra, problematis difficultatem haud dissimulavit, attamen, ceu exspectari poterat, ex hoc quoque certamine victor evasit. Multi post Newtonum geometrae eidem problemati operam suam navaverunt, varia utique fortuna, ita tamen, ut nostris temporibus parum desiderandum relictum sit.

Verum enim vero non est praetermittendum, in hoc quoque problemate peropportune difficultatem diminui per cognitionem unius elementi sectionis conicae, quum, per ipsam suppositionem orbitae parabolicae, axis maior infinite magnus statuatur. Quippe omnes parabolae, siquidem situs negligatur, per solam maiorem minoremve distantiam verticis a foco inter se differunt, dum sectiones conicae generaliter spectatae varietatem infinities maiorem admittant. Haud equidem aderat ratio sufficiens, cur cometarum traiectoriae absoluta praecisione parabolicae praesumerentur: quin potius infinite parum probabile censeri debet, rerum naturam unquam tali suppositioni annuisse. Attamen quum constaret, phaenomena corporis coelestis in ellipsi vel hyperbola incedentis, cuius axis maior permagnus sit ratione parametri, prope perihelium perparum discrepare a motu in parabola, cui eadem verticis a foco distantia, differentiamque eo leviorem evadere, quo maior fuerit illa ratio axis ad parametrum; porro quum experientia docuisset, inter motum observatum motumque in orbita parabolica computatum vix unquam maiores differentias remanere, quam quae ipsis observationum erroribus (hic plerumque satis notabilibus) tuto tribui poterant: astronomi apud parabolam subsistendum esse rati sunt. Recte sane, quum omnino deessent subsidia, e quibus, num ullae quantaeve differentiae a parabola adsint, satis certo colligi potuisset. Excipere oportet cometam celebrem Halleyanum, qui ellipsem valde oblongam describens in reditu ad perihelium pluries observatus tempus periodicum nobis patefecit: tunc autem axi maiori inde cognito computus reliquorum elementorum vix pro difficiliori habendus est, quam determinatio orbitae parabolicae. Silentio quidem praeterire non possumus, astronomos etiam in nonnullis aliis cometis per tempus aliquanto longius observatis determinationem aberrationis a parabola tentavisse: attamen omnes methodi ad hunc finem propositae vel adhibitae innituntur suppositioni, discrepantiam a parabola haud considerabilem esse, quo pacto in illis tentaminibus ipsa parabola antea iam computata cognitionem approximatam singulorum elementorum (praeter axem maiorem vel tempus revolutionis inde pendens) iam subministravit, levibus tantum mutationibus corrigendam. Praeterea fatendum est, omnia ista tentamina vix unquam aliquid certi decidere valuisse, si forte cometam anni 1770 excipias.

Quamprimum motum planetae novi anno 1781 detecti cum hypothesi parabolica conciliari non posse cognitum est, astronomi orbitam circularem illi adaptare inchoaverunt, quod negotium per calculum perfacilem ac simplicem absolvitur. Fausta quadam fortuna orbita huius planetae mediocriter tantum excentrica erat, quo pacto elementa per suppositionem illam eruta saltem approximationem qualemcunque suppeditabant, cui dein determinationem elementorum ellipticorum superstruere licuit. Accedebant plura alia peropportuna. Quippe tardus planetae motus perparvaque orbitae ad planum eclipticae inclinatio non solum calculos longe simpliciores reddebant, methodosque speciales aliis casibus haud accommodandas in usum vocare concedebant, sed metum quoque dissipabant, ne planeta radiis Solis immersus postea quaeritantium curas eluderet (qui metus alias, praesertim si insuper lumen minus vividum fuisset, utique animos turbare potuisset), quo pacto accuratior orbitae determinatio tuto differri poterat, donec ex observationibus frequentioribus magisque remotis eligere liceret, quae ad propositum maxime commodae viderentur.

In omnibus itaque casibus, ubi corporum coelestium orbitas ex observationibus deducere oportuit, commoda aderant quaedam haud spernenda methodorum specialium applicationem suadentia vel saltem permittentia, quorum commodorum potissimum id erat, quod per suppositiones hypotheticas cognitionem approximatam quorundam elementorum iamiam acquirere licuerat, antequam calculus elementorum ellipticorum susciperetur. Nihilominus satis mirum videtur, problema generale

Determinare orbitam corporis coelestis, absque omni suppositione hypothetica, ex observationibus tempus haud magnum complectentibus neque adeo delectum, pro applicatione methodorum specialium, patientibus

usque ad initium huius saeculi penitus propemodum neglectum esse, vel saltem a nemine serio ac digne tractatum, quum certe theoreticis propter difficultatem atque elegantiam sese commendare potuisset, etiamsi apud practicos de summa eius utilitate nondum constaret. Scilicet invaluerat apud omnes opinio, *impossibilem* esse talem determinationem completam ex observationibus breviori temporis intervallo inclusis, male sane fundata, quum nunc quidem certissimo iam evictum sit, orbitam corporis coelestis ex observationibus bonis paucos tantummodo dies complectentibus, absque ulla suppositione hypothetica, satis approximate iam determinari posse.

Incideram in quasdam ideas, quae ad solutionem problematis magni de quo dixi facere videbantur, mense Septembri a. 1801, tunc in labore plane diverso occupatus. Haud raro in tali casu, ne nimis a grata investigatione distrahamur, neglectas interire sinimus idearum associationes, quae attentius examinatae uberrimos fructus ferre potuissent. Forsan et illis ideolis eadem fortuna instabat, nisi peropportune incidissent in tempus, quo nullum sane faustius ad illas conservandas atque fovendas eligi potuisset. Scilicet eodem circiter tempore rumor de planeta novo Ian. 1 istius anni in specula Panormitana detecto per omnium ora volitabat, moxque ipsae observationes inde ab epocha illa usque ad 11 Febr. ab astronomo praestantissimo PIAZZI institutae ad notitiam publicam pervenerunt. Nullibi sane in annalibus astronomiae occasionem tam gravem reperimus, vixque gravior excogitari posset, ad dignitatem istius problematis luculentissime ostendendam, quam tunc in tanto discrimine urgenteque necessitate, ubi omnis spes, atomum planetariam post annum fere elapsum in coelis inter innumeras stellulas reinveniendi, unice pendebat ab orbitae cognitione satis approximata, solis illis pauculis observationibus superstruenda. Unquamne opportunius experiri potuissem, ecquid valeant ideolae meae ad usum practicum, quam si tunc istis ad determinationem orbitae Cereris uterer, qui planeta inter 41 illos dies geocentrice arcum trium tantummodo graduum descripserat, et post annum elapsum in coeli plaga longissime illinc remota indagari debebat? Prima haecce methodi applicatio facta est mense Oct. 1801, primaque nox serena, ubi planeta ad normam numerorum inde deductorum quaesitus est*), transfugam observationibus reddidit. Tres alii planetae novi inde ab illo tempore detecti occasiones novas suppeditaverunt methodi efficaciam ac generalitatem examinandi et comprobandi.

Optabant plures astronomi, statim post reinventionem Cereris, ut methodos ad istos calculos adhibitas publici iuris facerem; verum obstabant plura, quominus amicis hisce sollicitationibus tunc morem gererem: negotia alia, desiderium rem aliquando copiosius pertractandi, imprimisque expectatio, continuatam in hac disquisitione occupationem varias solutionis partes ad maius generalitatis, simplicitatis et elegantiae fastigium evecturam esse. Quae spes quum me haud fefellerit, non esse arbitror, cur me huius morae poeniteat. Methodi enim ab initio adhibitae identidem tot tantasque mutationes passae sunt, ut inter modum, quo olim orbita Cereris calculata est, institutionemque

*) Dec. 7, 1801 a clar. de ZACH.

in hoc opere traditam vix ullum similitudinis vestigium remanserit. Quamquam vero a proposito meo alienum esset, de cunctis his disquisitionibus paullatim magis magisque perfectis narrationem completam perscribere, tamen in pluribus occasionibus, praesertim quoties de problemate quodam graviori agebatur, methodos anteriores quoque haud omnino supprimendas esse censui. Quin potius praeter problematum principalium solutiones plurima, quae in occupatione satis longa circa motus corporum coelestium in sectionibus conicis vel propter elegantiam analyticam vel imprimis propter usum practicum attentione digniora se mihi obtulerunt, in hoc opere exsequutus sum. Semper tamen vel rebus vel methodis mihi propriis maiorem curam dicavi, nota leviter tantum, quatenusque rerum nexus postulare videbatur, attingens.

Totum itaque opus in duas partes dividitur. In Libro primo evolvuntur relationes inter quantitates, a quibus motus corporum coelestium circa Solem secundum Kepleri leges pendet, et quidem in duabus primis Sectionibus relationes eae, ubi unicus tantum locus per se consideratur, in Sectione tertia et quarta vero eae, ubi plures loci inter se conferuntur. Illae continent expositionem methodorum tum vulgo usitatarum, tum potissimum aliarum illis ni fallor ad usum practicum longe praeferendarum, per quas ab elementis cognitis ad phaenomena descenditur; hae problemata multa gravissima tractant, quae viam ad operationes inversas sternunt. Scilicet quum ipsa phaenomena ex artificiosa intricataque quadam complicatione elementorum componantur, hanc texturae rationem penitius perspexisse oportet, antequam filorum explicationem operisque in elementa sua resolutionem cum spe successus suscipere liceat. Comparantur itaque in Libro primo instrumenta atque subsidia, per quae dein in Libro altero arduum hoc negotium ipsum perficitur: maxima laboris pars tunc iam in eo consistit, ut illa subsidia rite colligantur, ordine apto disponantur et in scopum propositum dirigantur.

Problemata graviora ad maximam partem per exempla idonea illustrata sunt, semper quoties quidem licuit ab observationibus non fictis desumta. Ita non solum methodorum efficaciae maior fiducia conciliabitur, ususque clarius ob oculos ponetur, sed id quoque cautum iri spero, ut nec minus exercitati a studio harum rerum deterreantur, quae procul dubio partem foecundissimam et pulcherrimam astronomiae theoricae constituunt.

Scripsi Gottingae d. 28 Martii 1809.

CONTENTA.

LIBER PRIMUS.

Relationes generales inter quantitates, per quas corporum coelestium motus circa Solem definiuntur.

LIBER SECUNDUS.

Investigatio orbitarum corporum coelestium ex observationibus geocentricis.

LIBER PRIMUS.

RELATIONES GENERALES INTER QUANTITATES PER QUAS CORPORUM COELESTIUM MOTUS CIRCA SOLEM DEFINIUNTUR.

SECTIO PRIMA.

Relationes ad locum simplicem in orbita spectantes.

1.

Corporum coelestium motus in hoc opere eatenus tantum considerabimus, quatenus a Solis vi attractiva gubernantur. Excluduntur itaque ab instituto nostro omnes planetae secundarii, excluduntur perturbationes, quas primarii in se invicem exercent, excluditur omnis motus rotatorius. Corpora mota ipsa ut puncta mathematica spectamus, motusque omnes ad normam legum sequentium fieri supponimus, quae igitur pro basi omnium disquisitionum in hoc opere sunt habendae.

I. Motus cuiusvis corporis coelestis perpetuo fit in eodem plano, in quo simul centrum Solis est situm.

II. Traiectoria a corpore descripta est sectio conica focum in centro Solis habens.

III. Motus in ista traiectoria fit ita, ut areae spatiorum in diversis temporum intervallis circa Solem descriptorum hisce intervallis ipsis sint proportionales. Temporibus igitur et spatiis per numeros expressis, spatium quodvis per tempus intra quod describitur divisum quotientem invariabilem suppeditat.

IV. Pro corporibus diversis circa Solem se moventibus horum quotientium quadrata sunt in ratione composita parametrorum orbitis respondentium, atque aggregatorum massae Solis cum massis corporum motorum.

Designando itaque per $2p$ parametrum orbitae, in qua corpus incedit, per μ quantitatem materiae huius corporis (posita massa Solis $= 1$), per $\frac{1}{2}g$ aream quam tempore t circa Solem describit, erit $\frac{g}{\sqrt{p}.\sqrt{(1+\mu)}}$ numerus pro omnibus corporibus coelestibus constans. Quum igitur nihil intersit, quonam corpore ad valorem huius numeri determinandum utamur, e motu terrae eum depromemus, cuius distantiam mediam a Sole pro unitate distantiarum adoptabimus: unitas temporum semper nobis erit dies medius solaris. Denotando porro per π rationem circumferentiae circuli ad diametrum, area ellipsis integrae a terra descriptae manifesto erit $\pi\sqrt{p}$, quae igitur poni debet $= \frac{1}{2}g$, si pro t accipitur annus sideralis, quo pacto constans nostra fit $= \frac{2\pi}{t\sqrt{(1+\mu)}}$. Ad valorem numericum huius constantis, in sequentibus per k denotandae, explorandum, statuemus, secundum novissimam determinationem, annum sideralem sive $t = 365,2563835$, massam terrae sive $\mu = \frac{1}{354710} = 0,000\,0028\,192$, unde prodit

$\log 2\pi$	0,798 1798 684
Compl. $\log t$	7,437 4021 852
Compl. $\log\sqrt{(1+\mu)}$	9,999 9993 878
$\log k$	8,235 5814 414
$k =$	0,017 2020 9895

2.

Leges modo expositae ab iis, quas Keplerus noster detexit, aliter non differunt, nisi quod in forma ad omnia sectionum conicarum genera patente exhibitae sunt, actionisque corporis moti in Solem, a qua pendet factor $\sqrt{(1+\mu)}$, ratio est habita. Si has leges tamquam phaenomena ex innumeris atque indubiis observationibus depromta consideramus, geometria docebit, qualis actio in corpora circa Solem mota ab hoc exerceri debeat, ut ista phaenomena perpetuo producantur. Hoc modo invenitur, Solis actionem in corpora ambientia perinde se exercere, ac si vis attractiva, cuius intensitas quadrato distantiae reciproce proportionalis esset, corpora versus centrum Solis propelleret. Quodsi vero vice versa a suppositione talis vis attractivae tamquam principio proficiscimur, phaenomena illa ut consequentiae necessariae inde derivantur. Hic leges tantum enarravisse sufficiat, quarum nexui cum principio gravitationis hoc loco eo minus opus erit immorari, quum post summum Newton auctores plures hoc argumentum tractaverint, interque eos ill. Laplace in opere perfectissimo, Mécanique Céleste, tali modo, ut nihil amplius desiderandum reliquerit.

3.

Disquisitiones circa motus corporum coelestium, quatenus fiunt in sectionibus conicis, theoriam completam huius curvarum generis neutiquam postulant: quin adeo unica aequatio generalis nobis sufficiet, cui omnia superstruantur. Et quidem maxime e re esse videtur, eam ipsam eligere, ad quam tamquam aequationem characteristicam deferimur, dum curvam secundum attractionis legem descriptam investigamus. Determinando scilicet quemvis corporis locum in orbita sua per distantias x, y a duabus rectis in plano orbitae ductis atque in centro Solis i. e. in altero curvae foco sub angulis rectis se secantibus, et denotando insuper corporis distantiam a Sole (positive semper accipiendam) per r, habebimus inter r, x, y aequationem linearem $r + \alpha x + \beta y = \gamma$, in qua α, β, γ quantitates constantes exprimunt, et quidem γ quantitatem natura sua semper positivam. Mutando rectarum, ad quas distantiae x, y referuntur, situm per se arbitrarium, si modo sub angulis rectis se intersecare perseverent, manifesto forma aequationis valorque ipsius γ non mutabuntur, α et β autem alios aliosque valores nanciscentur, patetque, situm illum ita determinari posse, ut β evadat $= 0$, α autem saltem non negativa. Hoc modo scribendo pro α, γ resp. e, p, aequatio nostra induit formam $r + ex = p$. Recta, ad quam tunc distantiae y referuntur, *linea apsidum* vocatur, p *semiparameter*, e *excentricitas*; sectio conica denique *ellipsis*, *parabolae* vel *hyperbolae* nomine distinguitur, prout e unitate minor, unitati aequalis, vel unitate maior est.

Ceterum facile intelligitur, situm lineae apsidum per conditiones traditas plene determinatum esse, unico casu excepto, ubi tum α tum β iam per se erant $= 0$; in hoc casu semper fit $r = p$, ad quascunque rectas distantiae x, y referantur. Quoniam itaque habetur $e = 0$, curva (quae erit circulus) secundum definitionem nostram ellipsium generi annumeranda est, id vero singulare habet, quod apsidum positio prorsus arbitraria manet, siquidem istam notionem ad hunc quoque casum extendere placet.

4.

Pro distantia x iam angulum v introducamus, qui inter lineam apsidum et rectam a Sole ad corporis locum ductam (*radium vectorem*) continetur, et quidem hic angulus ab ea lineae apsidum parte ubi distantiae x sunt positivae incipiat, versusque eam regionem, quorsum motus corporis dirigitur, crescere supponatur. Hoc modo fit $x = r\cos v$, adeoque formula nostra $r = \frac{p}{1+e\cos v}$, unde protinus derivantur conclusiones sequentes:

I. Pro $v = 0$ valor radii vectoris r fit minimum, puta $= \frac{p}{1+e}$: hoc punctum *perihelium* dicitur.

II. Valoribus oppositis ipsius v respondent valores aequales ipsius r; quocirca linea apsidum sectionem conicam in duas partes aequales dirimit.

III. In *ellipsi* r inde a $v = 0$ continuo crescit, donec valorem maximum $\frac{p}{1-e}$ assequatur in *aphelio* pro $v = 180^0$; post aphelium eodem modo rursus decrescit, quo ante increverat, donec pro $v = 360^0$ perihelium denuo attigerit. Lineae apsidum pars perihelio hinc aphelio illinc terminata *axis maior* dicitur; hinc semiaxis maior, qui etiam *distantia media* vocatur, fit $= \frac{p}{1-ee}$; distantia puncti in medio axe iacentis (*centri ellipsis*) a foco erit $\frac{ep}{1-ee} = ea$, denotando per a semiaxem maiorem.

IV. Contra in *parabola* proprie non datur aphelium, sed r ultra omnes limites augetur, quo propius v ad $+180^0$ vel -180^0 accedit. Pro $v = \pm 180^0$ valor ipsius r fit infinitus, quod indicat, curvam a linea apsidum a parte perihelio opposita non secari. Quare proprie quidem loquendo de axi maiore vel centro curvae sermo esse nequit, sed secundum analyseos usum consuetum per ampliationem formularum in ellipsi inventarum axi maiori valor infinitus tribuitur, centrumque curvae in distantia infinita a foco collocatur.

V. In *hyperbola* denique v inter limites adhuc arctiores coërcetur, scilicet inter $v = -(180^0 - \psi)$ et $v = +(180^0 - \psi)$, denotando per ψ angulum, cuius cosinus $= \frac{1}{e}$. Dum enim v ad hosce limites appropinquat, r in infinitum crescit; si vero pro v alter horum limitum ipse acciperetur, valor ipsius r infinitus prodiret, quod indicat, hyperbolam a recta ad lineam apsidum angulo $180^0 - \psi$ supra vel infra inclinata omnino non secari. Pro valoribus hoc modo exclusis, puta a $180^0 - \psi$ usque ad $180^0 + \psi$, formula nostra ipsi r valorem negativum assignat; recta scilicet sub tali angulo contra lineam apsidum inclinata ipsa quidem hyperbolam non secat, si vero retro producitur, in alteram hyperbolae partem incidit, quam a prima parte omnino separatam versusque eum focum quem Sol occupat convexam esse constat. Sed in disquisitione nostra, quae ut iam monuimus suppositioni innititur, r sumi positive, ad hanc alteram hyperbolae partem non respiciemus, in qua corpus coeleste tale tantummodo incedere posset, in quod Sol vim non attractivam sed secundum easdem leges repulsivam exerceret. — Proprie itaque loquendo etiam in hyperbola non datur aphelium; pro aphelii analogo id partis aversae punctum, quod in linea apsidum iacet et quod respondet valoribus $v = 180^0$, $r = -\frac{p}{e-1}$, haberi poterit. Quodsi ad instar ellipsis valorem expressionis $\frac{p}{1-ee}$ etiam hic, ubi negativus evadit, semiaxem maiorem hyperbolae dicere lubet, duplum huius quantitatis puncti modo commemorati distantiam a perihelio simulque situm, ei qui in ellipsi locum habet oppositum, indicat. Perinde $\frac{ep}{1-ee}$, i. e. distantia puncti inter haec duo puncta medii (centri hyperbolae) a foco, hic obtinet valorem negativum propter situm oppositum.

5.

Angulum v, qui pro parabola intra terminos -180^0 et $+180^0$, pro hyperbola intra $-(180^0 - \psi)$ et $+(180^0 - \psi)$ coërcetur, pro ellipsi vero circulum integrum periodis perpetuo renovatis percurrit, corporis moti *anomaliam veram* nuncupamus. Hactenus quidem omnes fere astronomi anomaliam veram in ellipsi non a perihelio sed ab aphelio inchoare solebant, contra analogiam parabolae et hyperbolae, ubi aphelium non datur adeoque a perihelio incipere oportuit: nos analogiam inter omnia sectionum conicarum genera restituere eo minus dubitavimus, quod astronomi gallici recentissimi exemplo suo iam praeiverunt.

Ceterum expressionis $r = \frac{p}{1+e\cos v}$ formam saepius aliquantulum mutare convenit; imprimis notentur formae sequentes:

$$r = \frac{p}{1+e-2e\sin\frac{1}{2}v^2} = \frac{p}{1-e+2e\cos\frac{1}{2}v^2}$$

$$r = \frac{p}{(1+e)\cos\frac{1}{2}v^2+(1-e)\sin\frac{1}{2}v^2}.$$

In parabola itaque habemus $r = \frac{p}{2\cos\frac{1}{2}v^2}$; in hyperbola expressio sequens imprimis est commoda $r = \frac{p\cos\psi}{2\cos\frac{1}{2}(v+\psi)\cos\frac{1}{2}(v-\psi)}$.

6.

Progredimur iam ad comparationem motus cum *tempore*. Statuendo ut in art. 1 spatium tempore t circa Solem descriptum $= \frac{1}{2}g$, massam corporis moti $= \mu$, posita massa Solis $= 1$, habemus $g = kt\sqrt{p}.\sqrt{(1+\mu)}$. Differentiale spatii autem fit $= \frac{1}{2}rr\,\mathrm{d}v$, unde prodit $kt\sqrt{p}.\sqrt{(1+\mu)} = \int rr\,\mathrm{d}v$, hoc integrali ita sumto, ut pro $t = 0$ evanescat. Haec integratio pro diversis sectionum conicarum generibus diverso modo tractari debet, quamobrem singula iam seorsim considerabimus, initiumque ab ELLIPSI faciemus.

Quum r ex v per fractionem determinetur, cuius denominator e duabus partibus constat, ante omnia hoc incommodum per introductionem quantitatis novae pro v auferemus. Ad hunc finem statuemus $\operatorname{tang}\frac{1}{2}v\sqrt{\frac{1-e}{1+e}} = \operatorname{tang}\frac{1}{2}E$, quo pacto formula ultima art. praec. pro r praebet

$$r = \frac{p\cos\frac{1}{2}E^2}{(1+e)\cos\frac{1}{2}v^2} = p\left(\frac{\cos\frac{1}{2}E^2}{1+e}+\frac{\sin\frac{1}{2}E^2}{1-e}\right) = \frac{p}{1-ee}(1-e\cos E).$$

Porro fit $\frac{\mathrm{d}E}{\cos\frac{1}{2}E^2} = \frac{\mathrm{d}v}{\cos\frac{1}{2}v^2}\sqrt{\frac{1-e}{1+e}}$, adeoque $\mathrm{d}v = \frac{p\,\mathrm{d}E}{r\sqrt{(1-ee)}}$; hinc

$$rr\,\mathrm{d}v = \frac{rp\,\mathrm{d}E}{\sqrt{(1-ee)}} = \frac{pp}{(1-ee)^{\frac{3}{2}}}(1-e\cos E)\,\mathrm{d}E,$$

atque integrando

$$kt\sqrt{p}.\sqrt{(1+\mu)} = \frac{pp}{(1-ee)^{\frac{3}{2}}}(E-e\sin E)+\text{Const.}$$

Quodsi itaque tempus a transitu per perihelium inchoamus, ubi $v = 0$, $E = 0$

adeoque Const. = 0, habebimus, propter $\frac{p}{1-ee} = a$,

$$E - e\sin E = \frac{kt\sqrt{(1+\mu)}}{a^{\frac{3}{2}}}.$$

In hac aequatione angulus auxiliaris E, qui *anomalia excentrica* dicitur, in partibus radii exprimi debet. Manifesto autem hunc angulum in gradibus etc. retinere licet, si modo etiam $e\sin E$ atque $\frac{kt\sqrt{(1+\mu)}}{a^{\frac{3}{2}}}$ eodem modo exprimantur; in minutis secundis hae quantitates exprimentur, si per numerum 206264,806 multiplicantur. Multiplicatione quantitatis posterioris supersedere possumus, si statim quantitatem k in secundis expressam adhibemus, adeoque, loco valoris supra dati, statuimus $k = 3548'',18761$, cuius logarithmus = 3,550 0065 746. — Hoc modo expressa quantitas $\frac{kt\sqrt{(1+\mu)}}{a^{\frac{3}{2}}}$ *anomalia media* vocatur, quae igitur in ratione temporis crescit, et quidem quotidie augmento $\frac{k\sqrt{(1+\mu)}}{a^{\frac{3}{2}}}$, quod *motus medius diurnus* dicitur. Anomaliam mediam per M denotabimus.

7.

In perihelio itaque anomalia vera, anomalia excentrica et anomalia media sunt = 0; crescente dein vera, etiam excentrica et media augentur, ita tamen, ut excentrica minor maneat quam vera, mediaque minor quam excentrica, usque ad aphelium, ubi omnes tres simul fiunt = 180^0; hinc vero usque ad perihelium excentrica perpetuo est maior quam vera, mediaque maior quam excentrica, donec in perihelio omnes tres fiant = 360^0, sive, quod eodem redit, omnes iterum = 0. Generaliter vero patet, si anomaliae verae v respondeat excentrica E mediaque M, verae $360^0 - v$ respondere excentricam $360^0 - E$ atque mediam $360^0 - M$. Differentia inter anomaliam veram et mediam $v - M$ *aequatio centri* appellatur, quae itaque a perihelio ad aphelium positiva, ab aphelio ad perihelium negativa est, in perihelio ipso autem et aphelio evanescit. Quum igitur v et M circulum integrum a 0 usque ad 360^0 eodem tempore percurrant, tempus revolutionis unius, quod et *tempus periodicum* dicitur, in diebus expressum invenitur, dividendo 360^0 per motum diurnum $\frac{k\sqrt{(1+\mu)}}{a^{\frac{3}{2}}}$, unde patet, pro corporibus diversis circa Solem revolventibus quadrata temporum periodicorum cubis distantiarum mediarum proportionalia esse, quatenus ipsorum massas, aut potius massarum inaequalitatem, negligere liceat.

8.

Eas iam inter anomalias atque radium vectorem relationes, quae imprimis attentione dignae sunt, colligamus, quarum deductio nemini in analysi trigonometrica vel mediocriter versato difficultates obiicere poterit. Pluribus harum formularum concinnitas maior conciliatur, introducto pro e angulo cuius sinus est $= e$. Quo per φ designato, habemus $\sqrt{(1-ee)} = \cos\varphi$, $\sqrt{(1+e)} = \cos(45^0 - \frac{1}{2}\varphi)\sqrt{2}$, $\sqrt{(1-e)} = \cos(45^0 + \frac{1}{2}\varphi)\sqrt{2}$, $\sqrt{\frac{1-e}{1+e}} = \operatorname{tang}(45^0 - \frac{1}{2}\varphi)$, $\sqrt{(1+e)} + \sqrt{(1-e)} = 2\cos\frac{1}{2}\varphi$, $\sqrt{(1+e)} - \sqrt{(1-e)} = 2\sin\frac{1}{2}\varphi$. Ecce iam relationes praecipuas inter $a, p, r, e, \varphi, v, E, M.$ [*)]

I. $p = a\cos\varphi^2$

II. $r = \dfrac{p}{1+e\cos v}$

III. $r = a(1 - e\cos E)$

IV. $\cos E = \dfrac{\cos v + e}{1 + e\cos v}$, sive $\cos v = \dfrac{\cos E - e}{1 - e\cos E}$

V. $\sin\frac{1}{2}E = \sqrt{\frac{1}{2}(1-\cos E)} = \sin\frac{1}{2}v\sqrt{\dfrac{1-e}{1+e\cos v}} = \sin\frac{1}{2}v\sqrt{\dfrac{r(1-e)}{p}}$
$= \sin\frac{1}{2}v\sqrt{\dfrac{r}{a(1+e)}}$

VI. $\cos\frac{1}{2}E = \sqrt{\frac{1}{2}(1+\cos E)} = \cos\frac{1}{2}v\sqrt{\dfrac{1+e}{1+e\cos v}} = \cos\frac{1}{2}v\sqrt{\dfrac{r(1+e)}{p}}$
$= \cos\frac{1}{2}v\sqrt{\dfrac{r}{a(1-e)}}$

VII. $\operatorname{tang}\frac{1}{2}E = \operatorname{tang}\frac{1}{2}v \operatorname{tang}(45^0 - \frac{1}{2}\varphi)$

VIII. $\sin E = \dfrac{r\sin v\cos\varphi}{p} = \dfrac{r\sin v}{a\cos\varphi}$

IX. $r\cos v = a(\cos E - e) = 2a\cos(\frac{1}{2}E + \frac{1}{2}\varphi + 45^0)\cos(\frac{1}{2}E - \frac{1}{2}\varphi - 45^0)$

X. $\sin\frac{1}{2}(v-E) = \sin\frac{1}{2}\varphi\sin v\sqrt{\dfrac{r}{p}} = \sin\frac{1}{2}\varphi\sin E\sqrt{\dfrac{a}{r}}$

[*) Handschriftliche Bemerkung:]

$$1 = \cos v\cos E + \frac{\sin v\sin E}{\cos\varphi}, \quad \cos\varphi = \frac{\sin v\sin E}{1-\cos v\cos E}, \quad \sin\varphi = \frac{\cos E - \cos v}{1-\cos v\cos E}.$$

XI. $\sin\frac{1}{2}(v+E) = \cos\frac{1}{2}\varphi\sin v\sqrt{\frac{r}{p}} = \cos\frac{1}{2}\varphi\sin E\sqrt{\frac{a}{r}}$

XII. $M = E - e\sin E$.

9.

Si perpendiculum e puncto quocunque ellipsis in lineam apsidum demissum retro producitur, usquedum circulo e centro ellipsis radio a descripto occurrat, inclinatio eius radii, qui puncto intersectionis respondet, contra lineam apsidum (simili modo intellecta ut supra pro anomalia vera) anomaliae excentricae aequalis erit, ut nullo negotio ex aequ. IX art. praec. deducitur. Porro patet, $r\sin v$ esse distantiam cuiusque puncti ellipsis a linea apsidum; quae quum per aequ. VIII fiat $= a\cos\varphi\sin E$, maxima erit pro $E = 90^0$, i. e. in centro ellipsis. Haecce distantia maxima, quae fit $= a\cos\varphi = \frac{p}{\cos\varphi} = \sqrt{ap}$, *semiaxis minor* appellatur. In foco ellipsis, i. e. pro $v = 90^0$, distantia ista manifesto fit $= p$, sive semiparametro aequalis.

10.

Aequationes art. 8 omnia continent, quae ad computum anomaliae excentricae et mediae e vera, vel excentricae et verae e media requiruntur. Pro deducenda excentrica e vera vulgo formula VII adhibetur; plerumque tamen praestat ad hunc finem aequ. X uti, praesertim quoties excentricitas non nimis magna est, in quo casu E per X maiori praecisione computari potest, quam per VII. Praeterea adhibita aequatione X, logarithmus sinus E, qui in XII requiritur, protinus per aequationem VIII habetur, quem adhibita VII e tabulis arcessere oporteret; si igitur in illa methodo hic logarithmus etiam e tabulis desumitur, simul calculi recte instituti confirmatio hinc obtinetur. Huiusmodi calculi examina et comprobationes magni semper sunt aestimanda, quibus igitur consulere in omnibus methodis in hoc opere tradendis, ubi quidem commode fieri potest, assiduae nobis ubique curae erit. — Ad maiorem illustrationem exemplum complete calculatum adiungimus.

Data sint $v = 310^0 55' 29'',64$, $\varphi = 14^0 12' 1'',87$, $\log r = 0,3307640$; quaeruntur p, a, E et M.

$\log\sin\varphi$	9,389 7262
$\log\cos v$	9,816 2872
	9,206 0134 unde $e\cos v = 0{,}1606991$
$\log(1+e\cos v)$.	0,064 7197
$\log r$.	0,330 7640
$\log p$.	0,395 4837
$\log\cos\varphi^2$	9,973 0448
$\log a$.	0,422 4389
$\log\sin v$	9,878 2740_n*)
$\log\sqrt{\frac{p}{r}}$	0,032 3598.5
	9,845 9141.5_n
$\log\sin\frac{1}{2}\varphi$	9,092 0395
$\log\sin\frac{1}{2}(v-E)$	8,937 9536.5_n

hinc

$\frac{1}{2}(v-E) = -4^0 58' 22'',94$; $v-E = -9^0 56' 45'',88$; $E = 320^0 52' 15'',52$.

Porro fit

$\log e$.	9,389 7262
$\log 206264{,}8$ . . .	5,314 4251
$\log e$ in sec: . . .	4,704 1513
$\log\sin E$	9,800 0767_n
	4,504 2280_n

Calculus pro $\log\sin E$ per formulam VIII.

$\log\frac{r}{p}\sin v$	9,813 5543_n
$\log\cos\varphi$	9,986 5224
$\log\sin E$	9,800 0767_n

hinc

$e\sin E$ in secundis $= -31932'',14 = -8^0 52' 12'',14$ atque $M = 329^0 44' 27'',66$.

Per formulam VII calculus pro E ita se haberet:

$\frac{1}{2}v =$	$155^0 27' 44'',82$	$\log\text{tang}\frac{1}{2}v$	9,659 4579_n
$45^0 - \frac{1}{2}\varphi =$	$37^0 53' 59'',065$	$\log\text{tang}(45^0 - \frac{1}{2}\varphi)$. . .	9,891 2427
		$\log\text{tang}\frac{1}{2}E$	9,550 7006_n

unde $\frac{1}{2}E = 160^0 26' 7'',76$ atque $E = 320^0 52' 15'',52$ ut supra.

*) Litera n logarithmo affixa indicat, numerum cui respondet negativum esse.

11.

Problema inversum, celebre sub nomine *problematis* KEPLERI, scilicet ex anomalia media invenire veram atque radium vectorem, longe frequentioris usus est. Astronomi aequationem centri per seriem infinitam secundum sinus angulorum M, $2M$, $3M$ etc. progredientem exhibere solent, quorum sinuum coëfficientes singuli et ipsi sunt series secundum potestates excentricitatis in infinitum excurrentes. Huic formulae pro aequatione centri, quam plures auctores evolverunt, hic immorari eo minus necessarium duximus, quod, nostro quidem iudicio, ad usum practicum, praesertim si excentricitas perparva non fuerit, longe minus idonea est, quam methodus indirecta, quam itaque in ea forma, quae maxime commoda nobis videtur, aliquanto fusius explicabimus.

Aequatio XII, $E = M + e\sin E$, quae ad transcendentium genus referenda est solutionemque per operationes finitas directas non admittit, tentando solvenda est, incipiendo a valore quodam approximato ipsius E, qui per methodos idoneas toties repetitas corrigitur, usque dum illi aequationi exacte satisfaciat, i. e. vel omni quam tabulae sinuum permittunt praecisione, vel ea saltem, quae ad scopum propositum sufficit. Quodsi hae correctiones haud temere sed per normam tutam atque certam instituuntur, vix ullum discrimen essentiale inter methodum talem indirectam atque solutionem per series adest, nisi quod in illa valor primus incognitae aliquatenus est arbitrarius, quod potius pro lucro habendum, quum valor apte electus correctiones insigniter accelerare permittat. Supponamus, ε esse valorem approximatum ipsius E, atque x correctionem illi adhuc adiiciendam (in secundis expressam), ita ut valor $E = \varepsilon + x$ aequationi nostrae exacte satisfaciat. Computetur $e\sin\varepsilon$ in secundis per logarithmos, quod dum perficitur, simul e tabulis notetur variatio ipsius $\log\sin\varepsilon$ pro $1''$ variatione ipsius ε, atque variatio $\log e\sin\varepsilon$ pro variatione unius unitatis in numero $e\sin\varepsilon$; sint hae variationes sine respectu signorum resp. λ, μ, ubi vix opus est monere, utrumque logarithmum per aeque multas figuras decimales expressum supponi. Quodsi iam ε ad verum ipsius E valorem tam prope iam accedit, ut variationes logarithmi sinus ab ε usque ad $\varepsilon + x$, variationesque logarithmi numeri ab $e\sin\varepsilon$ usque ad $e\sin(\varepsilon + x)$ pro uniformibus habere liceat, manifesto statui poterit $e\sin(\varepsilon + x) = e\sin\varepsilon \pm \frac{\lambda x}{\mu}$, signo superiori pro quadrante primo et quarto, inferiori pro secundo et tertio valente. Quare quum sit $\varepsilon + x = M + e\sin(\varepsilon + x)$, fit $x = \frac{\mu}{\mu \mp \lambda}(M + e\sin\varepsilon - \varepsilon)$, valorque verus ipsius E sive $\varepsilon + x = M + e\sin\varepsilon \pm \frac{\lambda}{\mu \mp \lambda}(M + e\sin\varepsilon - \varepsilon)$, signis ea qua diximus ratione determinatis. Ceterum facile perspicitur, esse sine respectu signi $\mu : \lambda = 1 : e\cos\varepsilon$, adeoque semper $\mu > \lambda$, unde concluditur, in quadrante primo et ultimo $M + e\sin\varepsilon$ iacere inter ε atque $\varepsilon + x$, in secundo ac tertio vero $\varepsilon + x$ inter ε atque $M + e\sin\varepsilon$, quae regula attentionem ad signa sublevare potest. Si valor suppositus ε nimis adhuc a vero aberraverat, quam ut suppositionem supra traditam pro satis exacta habere liceret, certe per hanc methodum invenietur valor multo propior, quo eadem operatio iterum adhuc, pluriesve si opus videtur, repetenda erit. Nullo vero negotio patet, si differentia valoris primi ε a vero tamquam quantitas ordinis primi spectetur, errorem valoris novi ad ordinem secundum referendum fore, et per operationem iteratam ad ordinem quartum, octavum etc. deprimi. Quo minor insuper fuerit excentricitas, eo velocius correctiones successivae convergent.

12.

Valor approximatus ipsius E, a quo calculus incipi possit, plerumque satis obvius erit, praesertim ubi problema pro pluribus valoribus ipsius M solvendum est, e quibus quidam iam absoluti sunt. Deficientibus omnibus aliis subsidiis id saltem constat, quod E inter limites M et $M \pm e$ iacere debet (excentricitate e in secundis expressa, signoque superiori in quadrante primo et secundo, inferiori in tertio et quarto accepto); quocirca pro valore initiali ipsius E vel M vel valor secundum aestimationem qualemcunque auctus seu deminutus adoptari poterit. Vix opus est monere, calculum primum, quoties a valore parum accurato inchoetur, anxia praecisione haud indigere, tabulasque minores quales cel. Lalande curavit, abunde sufficere. Praeterea, ut calculi commoditati consulatur, tales semper valores pro ε eligentur, quorum sinus e tabulis ipsis absque interpolatione excerpere licet; puta in minutis seu secundorum denariis completis, prout tabulae per singula minuta seu per singulos secundorum denarios progredientes adhibentur. Ceterum modificationes, quas haec praecepta patiuntur, si anguli secundum divisionem novam decimalem exprimantur, quisque sponte evolvere poterit.

13.

Exemplum. Sit excentricitas eadem quae in exemplo art. 10,

$$M = 332^{0}28'54'',76.$$

Hic igitur est $\log e$ in secundis 4,704 1513, adeoque $e = 50600'' = 14^{0}3'20''$ Quare quum hic E minor esse debeat quam M, statuemus ad calculum primum $\varepsilon = 326^{0}$, unde per tabulas minores fit

$\log\sin\varepsilon$ . . . . . $9{,}74756_n$, mutatio pro 1' . . . . . 19, unde $\lambda = 0{,}32$
$\log e$ in sec . . . $4{,}70415$

$4{,}45171_n$

hinc $e\sin\varepsilon = -28295'' = -7^{0}51'35''$. Mutatio logarithmi pro unitate tabulae, quae hic 10
$M + e\sin\varepsilon =$ 324 37 20 secundis aequivalet, ... 16; unde $\mu = 1{,}6$
Differt ab ε . . . . 1 22 40 = 4960''.

Hinc $\frac{0{,}32}{1{,}28} \times 4960'' = 1240'' = 20'40''$. Quare valor correctus ipsius E fit $= 324^{0}37'20'' - 20'40'' = 324^{0}16'40''$, cum quo calculum secundum tabulas maiores repetemus.

$\log\sin\varepsilon$ . . . . . . $9{,}766\,3058_n$ $\lambda = 29{,}25$
$\log e$ . . . . $4{,}704\,1513$

$4{,}470\,4571_n$ $\mu = 147$

$e\sin\varepsilon = -29543'',17 = -8^{0}12'23'',17$
$M + e\sin\varepsilon =$ 324 16 31,59
Differt ab ε . . . . 8,41.

Multiplicata hac differentia per $\frac{\lambda}{\mu - \lambda} = \frac{29{,}25}{117{,}75}$, prodit 2'',09, unde valor denuo correctus ipsius $E = 324^{0}16'31'',59 - 2'',09 = 324^{0}16'29'',50$, intra 0'',01 exactus.

14.

Pro derivatione anomaliae verae radiique vectoris ex anomalia excentrica aequationes art. 8 plures methodos suppeditant, e quibus praestantissimas explicabimus.

I. Secundum methodum vulgarem v per aequationem VII, atque tunc r per aequationem II determinantur; hoc modo exemplum art. praec. ita se habet, retinendo pro p valorem in art. 10 traditum:

$\frac{1}{2}E = 162^0 8' 14'',75$		$\log e$	9,389 7262
$\log \text{tang} \frac{1}{2}E$	$9{,}508\,2198_n$	$\log \cos v$	9,849 6597
$\log \text{tang}(45^0 - \frac{1}{2}\varphi)$	9,891 2427		9,239 3859
$\log \text{tang} \frac{1}{2}v$	$9{,}616\,9771_n$	$e \cos v =$	0,173 5345
$\frac{1}{2}v = 157^0 30' 41'',50$		$\log p$	0,395 4837
$v = 315 \quad 1 \quad 23,00$		$\log(1 + e\cos v)$	0,069 4959
		$\log r$	0,325 9878

II. Brevior est methodus sequens, siquidem plures loci calculandi sunt, pro quibus logarithmos constantes quantitatum $\sqrt{(a(1+e))}$, $\sqrt{(a(1-e))}$ semel tantum computare oportet. Ex aequationibus V et VI habetur

$$\sin \tfrac{1}{2}v . \sqrt{r} = \sin \tfrac{1}{2}E \sqrt{(a(1+e))}$$

$$\cos \tfrac{1}{2}v . \sqrt{r} = \cos \tfrac{1}{2}E \sqrt{(a(1-e))},$$

unde $\frac{1}{2}v$ atque $\log \sqrt{r}$ expedite determinantur. Generaliter nimirum, quoties habetur $P \sin Q = A$, $P \cos Q = B$, invenitur Q per formulam $\text{tang}\, Q = \frac{A}{B}$, atque tunc P per hanc $P = \frac{A}{\sin Q}$, vel per $P = \frac{B}{\cos Q}$: priorem adhibere praestat, quando $\sin Q$ est maior quam $\cos Q$; posteriorem, quando $\cos Q$ maior est quam $\sin Q$. Plerumque problemata, in quibus ad tales aequationes pervenitur (qualia in hoc opere frequentissime occurrent), conditionem implicant, quod P esse debet quantitas positiva; tunc dubium, utrum Q inter 0 et 180^0 an inter 180^0 et 360^0 accipere oporteat, sponte hinc tollitur. Si vero talis conditio non adest, haec determinatio arbitrio nostro relinquitur.

In exemplo nostro habemus $e = 0{,}245\,3162$

$\log \sin \frac{1}{2}E$	9,486 7632	$\log \cos \frac{1}{2}E$	$9{,}978\,5434_n$
$\log \sqrt{(a(1+e))}$	0,258 8593	$\log \sqrt{(a(1-e))}$	0,150 1020

Hinc

$\log\sin\frac{1}{2}v.\sqrt{r}$	9,745 6225	unde $\log\text{tang}\frac{1}{2}v$	$9{,}616\,9771_n$
$\log\cos\frac{1}{2}v.\sqrt{r}$	$0{,}128\,6454_n$	$\frac{1}{2}v =$	$157^0 30' 41'',50$
$\log\cos\frac{1}{2}v$	$9{,}965\,6515_n$	$v =$	315 1 23,00
$\log\sqrt{r}$	0,162 9939		
$\log r$	0,325 9878		

III. His methodis tertiam adiicimus, quae aeque fere expedita est ac secunda, sed praecisione, si ultima desideretur, isti plerumque praeferenda. Scilicet primo determinatur r per aequationem III, ac dein v per X. Ecce exemplum nostrum hoc modo tractatum:

$\log e$	9,389 7262	$\log\sin E$	$9{,}766\,3366_n$
$\log\cos E$	9,909 4637	$\log\sqrt{(1-e\cos E)}$	9,951 7744
	9,299 1899		$9{,}814\,5622_n$
$e\cos E =$	0,199 1544	$\log\sin\frac{1}{2}\varphi$	9,092 0395
$\log a$	0,422 4389	$\log\sin\frac{1}{2}(v-E)$	$8{,}906\,6017_n$
$\log(1-e\cos E)$	9,903 5488	$\frac{1}{2}(v-E) =$	$-4^0 37' 33'',24$
$\log r$	0,325 9877	$v-E =$	−9 15 6,48
		$v =$	315 1 23,02

Ad calculum confirmandum formula VIII vel XI percommoda est, praesertim, si v et r per methodum tertiam determinatae sunt. Ecce calculum:

$\log\frac{a}{r}\sin E$	$9{,}862\,7878_n$	$\log\sin E\sqrt{\frac{a}{r}}$	$9{,}814\,5622_n$
$\log\cos\varphi$	9,986 5224	$\log\cos\frac{1}{2}\varphi$	9,996 6567
	$9{,}849\,3102_n$		$9{,}811\,2189_n$
$\log\sin v$	$9{,}849\,3102_n$	$\log\sin\frac{1}{2}(v+E)$	$9{,}811\,2189_n$

15.

Quum anomalia media M, ut vidimus, per v et φ complete determinata sit, sicuti v per M et φ, patet, si omnes tres quantitates simul ut variabiles spectentur, inter ipsarum variationes differentiales aequationem conditionalem locum habere debere, cuius investigatio haud superflua erit. Differentiando primo aequationem VII art. 8, prodit $\frac{dE}{\sin E} = \frac{dv}{\sin v} - \frac{d\varphi}{\cos\varphi}$; differentiando perinde aequationem XII, fit $dM = (1-e\cos E)\,dE - \sin E\cos\varphi\, d\varphi$. Eliminando ex his aequationibus differentialibus dE, obtinemus

$$dM = \frac{\sin E(1-e\cos E)}{\sin v}\,dv - \left(\sin E\cos\varphi + \frac{\sin E(1-e\cos E)}{\cos\varphi}\right)d\varphi$$

sive substituendo pro $\sin E$, $1-e\cos E$ valores suos ex aequatt. VIII, III

$$dM = \frac{rr}{aa\cos\varphi}\,dv - \frac{r(r+p)\sin v}{aa\cos\varphi^2}\,d\varphi$$

sive denique, exprimendo utrumque coëfficientem per v et φ tantum,

$$dM = \frac{\cos\varphi^3}{(1+e\cos v)^2}\,dv - \frac{(2+e\cos v)\sin v\cos\varphi^2}{(1+e\cos v)^2}\,d\varphi.$$

Vice versa considerando v tamquam functionem quantitatum M, φ, aequatio hancce formam obtinet:

$$dv = \frac{aa\cos\varphi}{rr}\,dM + \frac{(2+e\cos v)\sin v}{\cos\varphi}\,d\varphi$$

sive introducendo E pro v

$$dv = \frac{aa\cos\varphi}{rr}\,dM + \frac{aa}{rr}(2-e\cos E - ee)\sin E\, d\varphi.$$

16.

Radius vector r per v et φ vel per M et φ plene nondum determinatus est, sed insuper a p vel a pendet; constabit igitur eius differentiale tribus membris. Per differentiationem aequationis II art. 8 nanciscimur

$$\frac{dr}{r} = \frac{dp}{p} + \frac{e\sin v}{1+e\cos v}\,dv - \frac{\cos\varphi\cos v}{1+e\cos v}\,d\varphi.$$

Statuendo hic $\frac{dp}{p} = \frac{da}{a} - 2\tang\varphi\, d\varphi$ (quod sequitur e differentiatione aequ. I), exprimendoque secundum art. praec. dv per dM et $d\varphi$, prodit post debitas reductiones

$$\frac{dr}{r} = \frac{da}{a} + \frac{a}{r}\tang\varphi\sin v\, dM - \frac{a}{r}\cos\varphi\cos v\, d\varphi$$

sive

$$dr = \frac{r}{a}\,da + a\tang\varphi\sin v\, dM - a\cos\varphi\cos v\, d\varphi.$$

Ceterum hae formulae, sicut eae quas in art. praec. evolvimus, suppositioni innituntur, v, φ et M sive potius dv, $d\varphi$ et dM in partibus radii exprimi. Quodsi igitur variationes angulorum v, φ, M in secundis exprimere placet: vel eas formularum partes quae $\mathrm{d}v$, $\mathrm{d}\varphi$ aut $\mathrm{d}M$ implicant, per 206264,8 dividere oportet, vel eas, quae continent $\mathrm{d}r$, $\mathrm{d}p$ aut $\mathrm{d}a$, per eundem numerum multiplicare. Formulae igitur art. praec., quae hoc respectu sunt homogeneae, mutatione opus non habebunt.

17.

De indagatione *aequationis centri maximae* pauca adiecisse haud poenitebit. Primo sponte obvium est, differentiam inter anomaliam excentricam et mediam maximum esse pro $E = 90^0$, ubi fit $= e$ (in gradibus etc. exprimenda); radius vector in hoc puncto est $= a$, unde $v = 90^0 + \varphi$, adeoque aequatio centri tota $= \varphi + e$, quae tamen hic non est maximum, quoniam differentia inter v et E adhuc ultra φ crescere potest. *Haecce* differentia fit maximum pro $\mathrm{d}(v - E) = 0$ sive pro $\mathrm{d}v = \mathrm{d}E$, ubi excentricitas manifesto ut constans spectanda est. Qua suppositione quum generaliter fiat $\frac{\mathrm{d}v}{\sin v} = \frac{\mathrm{d}E}{\sin E}$, patet, in eo puncto, ubi differentia inter v et E maximum est, esse debere $\sin v = \sin E$; unde erit, per aequatt. VIII, III,

$$r = a\cos\varphi$$

$$e\cos E = 1 - \cos\varphi$$

sive

$$\cos E = +\operatorname{tang}\tfrac{1}{2}\varphi.$$

Perinde invenitur $\cos v = -\operatorname{tang}\frac{1}{2}\varphi$, quapropter erit*)

$$v = 90^0 + \operatorname{arc.sin}\operatorname{tang}\tfrac{1}{2}\varphi$$

$$E = 90^0 - \operatorname{arc.sin}\operatorname{tang}\tfrac{1}{2}\varphi;$$

hinc porro $\sin E = \sqrt{(1 - \operatorname{tang}\frac{1}{2}\varphi^2)} = \frac{\sqrt{\cos\varphi}}{\cos\frac{1}{2}\varphi}$, ita ut aequatio centri tota in hoc puncto fiat

$$= 2\operatorname{arc.sin}\operatorname{tang}\tfrac{1}{2}\varphi + 2\sin\tfrac{1}{2}\varphi \,.\, \sqrt{\cos\varphi}$$

parte secunda in gradibus etc. expressa.

In eo denique puncto, ubi tota aequatio centri ipsa maximum est, fieri debet $\mathrm{d}v = \mathrm{d}M$, adeoque, secundum art. 15, $r = a\sqrt{\cos\varphi}$; hinc fit

---

*) Ad ea maxima, quae inter aphelium et perihelium iacent, non opus est respicere, quum manifesto ab iis, quae inter perihelium et aphelium sita sunt, in signis tantum differant.

$$\cos v = -\frac{1-\cos\varphi^{\frac{3}{2}}}{e}$$

$$\cos E = \frac{1-\sqrt{\cos\varphi}}{e} = \frac{1-\cos\varphi}{e(1+\sqrt{\cos\varphi})} = \frac{\tang\frac{1}{2}\varphi}{1+\sqrt{\cos\varphi}},$$

per quam formulam E ultima praecisione determinare licet. Inventa E, erit per aequ. X, XII aequatio centri $= 2\,\text{arc.}\sin\frac{\sin\frac{1}{2}\varphi\sin E}{\sqrt[4]{\cos\varphi}} + e\sin E$ [*)]. Expressioni aequationis centri maximae per seriem secundum potestates excentricitatis progredientem, quam plures auctores tradiderunt, hic non immoramur. Ut exemplum habeatur, conspectum trium maximorum, quae hic contemplati sumus, pro Iunone adiungimus, ubi excentricitas secundum elementa novissima $= 0{,}255\,4996$ supposita est.

Maximum	E	$E-M$	$v-E$	$v-M$
$E-M$	90° 0′ 0″	14°38′ 20″,57	14°48′ 11″,48	29°26′ 32″,05
$v-E$	82 32 9	14 30 54,01	14 55 41,79	29 26 35,80
$v-M$	86 14 40	14 36 27,39	14 53 49,57	29 30 16,96

18.

In PARABOLA anomalia excentrica, anomalia media atque motus medius fierent $= 0$; hic igitur istae notiones comparationi motus cum tempore inservire nequeunt. Attamen in parabola angulo auxiliari ad integrandum $rr\,\mathrm{d}v$ omnino opus non habemus; fit enim

$$rr\,\mathrm{d}v = \frac{pp\,\mathrm{d}v}{4\cos\frac{1}{2}v^4} = \frac{pp\,\mathrm{d}\tang\frac{1}{2}v}{2\cos\frac{1}{2}v^2} = \tfrac{1}{2}pp(1+\tang\tfrac{1}{2}v^2)\,\mathrm{d}\tang\tfrac{1}{2}v$$

adeoque $\int rr\,\mathrm{d}v = \frac{1}{2}pp(\tang\frac{1}{2}v + \frac{1}{3}\tang\frac{1}{2}v^3) + \text{Const.}$ Si tempus a transitu per perihelium incipere supponitur, Constans fit $= 0$; habetur itaque

$$\tang\tfrac{1}{2}v + \tfrac{1}{3}\tang\tfrac{1}{2}v^3 = \frac{2tk\sqrt{(1+\mu)}}{p^{\frac{3}{2}}},$$

[*) Handschriftliche Bemerkung:] $\sin E = \sqrt{\frac{\cos\varphi + 2\sqrt{\cos\varphi}+\cos\varphi^{\frac{3}{2}}}{(1+\sqrt{\cos\varphi})(1+\cos\varphi)}}$, Aequatio centri $= 2\,\text{arc.}\sin\sqrt{\left(\frac{1}{1+\cos\varphi} - \frac{\sqrt[4]{(1-ee)}}{2}\right)} + e\sin E = \text{arc.}\cos\frac{-1+\sqrt{\cos\varphi}+\cos\varphi+\cos\varphi^{\frac{3}{2}}}{1+\cos\varphi} + e\sin E = \text{arc.}\sin\ \text{tg}\,\frac{1}{2}\varphi^2\,\text{tg}\,E + e\sin E.$

per quam formulam t ex v, atque v ex t derivare licet, simulac p et μ sunt cognitae. Pro p inter elementa parabolica radius vector in perihelio qui est $\frac{1}{2}p$ exhiberi, massaque μ omnino negligi solet. Vix certe unquam possibile erit, massam corporis talis, cuius orbita tamquam parabola computatur, determinare, reveraque omnes cometae per optimas recentissimasque observationes densitatem atque massam tam exiguam habere videntur, ut haec insensibilis censeri tutoque negligi possit.

19.

Solutio problematis, ex anomalia vera deducere tempus, multoque adhuc magis solutio problematis inversi, magnopere abbreviari potest per tabulam auxiliarem, qualis in pluribus libris astronomicis reperitur. Longe vero commodissima est tabula Barkeriana, quae etiam operi egregio cel. Olbers (*Abhandlung über die leichteste und bequemste Methode die Bahn eines Cometen zu berechnen*, Weimar 1797.) annexa est. Continet ea pro omnibus anomaliis veris a 0 usque ad 180^0 per singula 5 minuta valorem expressionis $75\,\mathrm{tang}\,\frac{1}{2}v + 25\,\mathrm{tang}\,\frac{1}{2}v^3$ sub nomine *motus medii.* Si itaque tempus desideratur anomaliae verae v respondens, dividere oportebit motum medium e tabula argumento v excerptum per $\frac{150k}{p^{\frac{3}{2}}}$, quae quantitas *motus medius diurnus* dicitur; contra si e tempore anomalia vera computanda est, illud in diebus expressum per $\frac{150k}{p^{\frac{3}{2}}}$ multiplicabitur, ut motus medius prodeat, quo anomaliam respondentem e tabula sumere licebit. Ceterum manifesto valori negativo ipsius v motus medius tempusque idem sed negative sumtum respondet: eadem igitur tabula anomaliis negativis et positivis perinde inservit. Si pro p distantia in perihelio $\frac{1}{2}p = q$ uti malumus, motus medius diurnus exprimitur per $\frac{k\sqrt{2812{,}5}}{q^{\frac{3}{2}}}$, ubi factor constans $k\sqrt{2812{,}5}$ fit $= 0{,}912\,2790\,61$, ipsiusque logarithmus $9{,}960\,1277\,069$. — Inventa anomalia v radius vector determinabitur per formulam iam supra traditam $r = \frac{q}{\cos\frac{1}{2}v^2}$.

20.

Per differentiationem aequationis $\mathrm{tang}\,\frac{1}{2}v + \frac{1}{3}\mathrm{tang}\,\frac{1}{2}v^3 = 2tkp^{-\frac{3}{2}}$, si omnes quantitates v, t, p ceu variabiles tractantur, prodit

$$\frac{\mathrm{d}v}{2\cos\frac{1}{2}v^4} = 2kp^{-\frac{3}{2}}\mathrm{d}t - 3tkp^{-\frac{5}{2}}\mathrm{d}p$$

sive

$$\mathrm{d}v = \frac{k\sqrt{p}}{rr}\mathrm{d}t - \frac{3tk}{2rr\sqrt{p}}\mathrm{d}p.$$

Si variationes anomaliae v in secundis expressae desiderantur, etiam ambae partes ipsius $\mathrm{d}v$ hoc modo exprimendae sunt, i. e. pro k valorem in art. 6 traditum 3548,″188 accipere oportet. Quodsi insuper pro p introducatur $\frac{1}{2}p = q$, formula ita se habebit

$$\mathrm{d}v = \frac{k\sqrt{2q}}{rr}\mathrm{d}t - \frac{3kt}{rr\sqrt{2q}}\mathrm{d}q,$$

ubi logarithmi constantes adhibendi sunt $\log k\sqrt{2} = 3{,}700\,5215\,724$, $\log 3k\sqrt{\frac{1}{2}} = 3{,}876\,6128\,315$.

Porro differentiatio aequationis $r = \frac{p}{2\cos\frac{1}{2}v^2}$ suppeditat

$$\frac{\mathrm{d}r}{r} = \frac{\mathrm{d}p}{p} + \operatorname{tang}\tfrac{1}{2}v\,\mathrm{d}v$$

sive exprimendo $\mathrm{d}v$ per $\mathrm{d}t$ et $\mathrm{d}p$

$$\frac{\mathrm{d}r}{r} = \left(\frac{1}{p} - \frac{3kt\operatorname{tang}\frac{1}{2}v}{2rr\sqrt{p}}\right)\mathrm{d}p + \frac{k\sqrt{p}\operatorname{tang}\frac{1}{2}v}{rr}\mathrm{d}t.$$

Coëfficiens ipsius $\mathrm{d}p$, substituendo pro t valorem suum per v, transit in

$$\frac{1}{p} - \frac{3p\operatorname{tang}\frac{1}{2}v^2}{4rr} - \frac{p\operatorname{tang}\frac{1}{2}v^4}{4rr} = \frac{1}{r}(\tfrac{1}{2} + \tfrac{1}{2}\operatorname{tang}\tfrac{1}{2}v^2 - \tfrac{3}{2}\sin\tfrac{1}{2}v^2 - \tfrac{1}{2}\sin\tfrac{1}{2}v^2\operatorname{tang}\tfrac{1}{2}v^2) = \frac{\cos v}{2r};$$

coëfficiens ipsius $\mathrm{d}t$ autem fit $= \frac{k\sin v}{r\sqrt{p}}$. Hinc prodit $\mathrm{d}r = \frac{1}{2}\cos v\,\mathrm{d}p + \frac{k\sin v}{\sqrt{p}}\mathrm{d}t$ sive, introducendo q pro p,

$$\mathrm{d}r = \cos v\,\mathrm{d}q + \frac{k\sin v}{\sqrt{2q}}\mathrm{d}t.$$

Logarithmus constans hic adhibendus est $\log k\sqrt{\frac{1}{2}} = 8{,}085\,0664\,436$.

21.

In HYPERBOLA φ atque E quantitates imaginariae fierent, quales si aversamur, illarum loco aliae quantitates auxiliares sunt introducendae. Angulum cuius cosinus $= \frac{1}{e}$ iam supra per ψ designavimus, radiumque vectorem

$$= \frac{p}{2e\cos\frac{1}{2}(v-\psi)\cos\frac{1}{2}(v+\psi)}$$

invenimus. Factores in denominatore huius fractionis, $\cos\frac{1}{2}(v-\psi)$ et $\cos\frac{1}{2}(v+\psi)$, aequales fiunt pro $v = 0$, secundus evanescit pro valore maximo positivo ipsius v, primus vero pro valore maximo negativo. Statuendo igitur $\frac{\cos\frac{1}{2}(v-\psi)}{\cos\frac{1}{2}(v+\psi)} = u$, erit $u = 1$ in perihelio; crescet in infinitum, dum v ad limitem suum $180^0 - \psi$ appropinquat; contra decrescet in infinitum, dum v ad limitem alterum $-(180^0-\psi)$ regredi supponitur: quod fiet ita, ut valoribus oppositis ipsius v valores reciproci ipsius u, vel quod idem est valores tales, quorum logarithmi oppositi sunt, respondeant.

Hic quotiens u percommode in hyperbola ut quantitas auxiliaris adhibetur; aequali fere concinnitate istius vice fungi potest angulus cuius tangens $= \operatorname{tang}\frac{1}{2}v.\sqrt{\frac{e-1}{e+1}}$, quem ut analogiam cum ellipsi sequamur, per $\frac{1}{2}F$ denotabimus. Hoc modo facile sequentes relationes inter quantitates v, r, u, F colliguntur, ubi $a=-b$ statuimus, ita ut b evadat quantitas positiva.

$$\text{I.}\qquad b = p\operatorname{cotang}\psi^2$$

$$\text{II.}\qquad r = \frac{p}{1+e\cos v} = \frac{p\cos\psi}{2\cos\frac{1}{2}(v-\psi)\cos\frac{1}{2}(v+\psi)}$$

$$\text{III.}\qquad \operatorname{tang}\tfrac{1}{2}F = \operatorname{tang}\tfrac{1}{2}v.\sqrt{\frac{e-1}{e+1}} = \operatorname{tang}\tfrac{1}{2}v\operatorname{tang}\tfrac{1}{2}\psi = \frac{u-1}{u+1}$$

$$\text{IV.}\qquad u = \frac{\cos\frac{1}{2}(v-\psi)}{\cos\frac{1}{2}(v+\psi)} = \frac{1+\operatorname{tang}\frac{1}{2}F}{1-\operatorname{tang}\frac{1}{2}F} = \operatorname{tang}(45^0+\tfrac{1}{2}F)$$

$$\text{V.}\qquad \frac{1}{\cos F} = \tfrac{1}{2}\left(u+\frac{1}{u}\right) = \frac{1+\cos\psi\cos v}{2\cos\frac{1}{2}(v-\psi)\cos\frac{1}{2}(v+\psi)} = \frac{e+\cos v}{1+e\cos v}.$$

Subtrahendo ab aeq. V utrimque 1, prodit

$$\text{VI.}\qquad \sin\tfrac{1}{2}v.\sqrt{r} = \sin\tfrac{1}{2}F.\sqrt{\frac{p}{(e-1)\cos F}} = \sin\tfrac{1}{2}F.\sqrt{\frac{(e+1)b}{\cos F}}$$
$$= \tfrac{1}{2}(u-1)\sqrt{\frac{p}{(e-1)u}} = \tfrac{1}{2}(u-1)\sqrt{\frac{(e+1)b}{u}}.$$

Simili modo addendo utrimque 1 fit

$$\text{VII.}\qquad \cos\tfrac{1}{2}v.\sqrt{r} = \cos\tfrac{1}{2}F.\sqrt{\frac{p}{(e+1)\cos F}} = \cos\tfrac{1}{2}F.\sqrt{\frac{(e-1)b}{\cos F}}$$
$$= \tfrac{1}{2}(u+1)\sqrt{\frac{p}{(e+1)u}} = \tfrac{1}{2}(u+1)\sqrt{\frac{(e-1)b}{u}}.$$

Dividendo VI per VII ad III reveniremus; multiplicatio producit

$$\text{VIII.}\qquad r\sin v = p\operatorname{cotang}\psi\operatorname{tang}F = b\operatorname{tang}\psi\operatorname{tang}F$$
$$= \tfrac{1}{2}p\operatorname{cotang}\psi.\left(u-\frac{1}{u}\right) = \tfrac{1}{2}b\operatorname{tang}\psi.\left(u-\frac{1}{u}\right).$$

E combinatione aequatt. II, V porro facile deducitur

$$\text{IX.}\qquad r\cos v = b\left(e-\frac{1}{\cos F}\right) = \tfrac{1}{2}b\left(2e-u-\frac{1}{u}\right)$$

$$\text{X.}\qquad r = b\left(\frac{e}{\cos F}-1\right) = \tfrac{1}{2}b\left\{e\left(u+\frac{1}{u}\right)-2\right\}.$$

22.

Per differentiationem formulae IV prodit (spectando ψ ut quantitatem constantem)

$$\frac{\mathrm{d}u}{u} = \tfrac{1}{2}(\operatorname{tang}\tfrac{1}{2}(v+\psi) - \operatorname{tang}\tfrac{1}{2}(v-\psi))\,\mathrm{d}v = \frac{r\operatorname{tang}\psi}{p}\mathrm{d}v;$$

hinc

$$rr\,\mathrm{d}v = \frac{pr}{u\operatorname{tang}\psi}\mathrm{d}u$$

sive, substituendo pro r valorem ex X,

$$rr\,\mathrm{d}v = bb\operatorname{tang}\psi\left\{\tfrac{1}{2}e\left(1+\frac{1}{uu}\right)-\frac{1}{u}\right\}\mathrm{d}u.$$

Integrando deinde ita, ut integrale in perihelio evanescat, fit

$$\int rr\,\mathrm{d}v = bb\operatorname{tang}\psi\left\{\tfrac{1}{2}e\left(u-\frac{1}{u}\right)-\log u\right\} = kt\sqrt{p}\,.\sqrt{(1+\mu)} = kt\operatorname{tang}\psi\,.\sqrt{b}\,.\sqrt{(1+\mu)}.$$

Logarithmus hic est hyperbolicus; quodsi logarithmos e systemate Briggico vel generaliter e systemate cuius modulus $= \lambda$ adhibere placet, massaque μ (quam pro corpore in hyperbola incedente haud determinabilem esse supponere possumus) negligitur, aequatio hancce formam induit:

XI.

$$\tfrac{1}{2}\lambda e\frac{uu-1}{u} - \log u = \frac{\lambda kt}{b^{\frac{3}{2}}}, \qquad \text{sive introducendo } F$$

$$\lambda e\operatorname{tang}F - \log\operatorname{tang}(45^0+\tfrac{1}{2}F) = \frac{\lambda kt}{b^{\frac{3}{2}}}.$$

Si logarithmos Briggicos adhiberi supponimus, habemus $\log\lambda = 9{,}637\,7843\,113$, $\log\lambda k = 7{,}873\,3657\,527$, sed praecisionem aliquantulum maiorem attingere licet, si logarithmi hyperbolici immediate applicantur. Tangentium logarithmi hyperbolici in pluribus tabularum collectionibus reperiuntur, e. g. in iis quas Schulze curavit, maiorique adhuc extensione in Beni. Ursini Magno Canone Triangulorum Logarithmico, Colon. 1624, ubi per singula 10″ progrediuntur. — Ceterum formula XI ostendit, valoribus reciprocis ipsius u, sive valoribus oppositis ipsius F et v, respondere valores oppositos ipsius t, quapropter partes hyperbolae aequales a perihelioque utrimque aequidistantes temporibus aequalibus describentur.

23.

Si pro inveniendo tempore ex anomalia vera quantitate auxiliari u uti placuerit, huius valor commodissime per aequ. IV determinatur; formula dein II absque novo calculo statim dat p per r, vel r per p. Inventa u formula XI dabit quantitatem $\frac{\lambda k t}{b^{\frac{3}{2}}}$, quae analoga est anomaliae mediae in ellipsi et per N denotabitur, unde demanabit tempus post transitum per perihelium elapsum. Quum pars prior ipsius N puta $\frac{\lambda e(uu-1)}{2u}$ per formulam VIII fiat $=\frac{\lambda r \sin v}{b \sin \psi}$, calculus duplex huius quantitatis ipsius praecisioni examinandae inservire, aut si mavis, N absque u ita exhiberi potest

$$\text{XII.} \qquad N=\frac{\lambda \operatorname{tang}\psi \sin v}{2\cos\frac{1}{2}(v+\psi)\cos\frac{1}{2}(v-\psi)}-\log\frac{\cos\frac{1}{2}(v-\psi)}{\cos\frac{1}{2}(v+\psi)}.$$

Exemplum. Sit $e=1{,}261\,8820$ sive $\psi=37^0 35'0''$, $v=18^0 51'0''$, $\log r=0{,}033\,3585$. Tum calculus pro u, p, b, N, t ita se habet:

$\log\cos\frac{1}{2}(v-\psi)$	9,994 1706	hinc $\log u$	0,049 1129
$\log\cos\frac{1}{2}(v+\psi)$	9,945 0577	$u =$	1,119 7289
$\log r$	0,033 3585	$uu =$	1,253 7928
$\log 2e$	0,402 0488		
$\log p$	0,374 6356		
$\log\operatorname{cotang}\psi^2$	0,227 4244		
$\log b$	0,602 0600		
		Calculus alter	
$\log\frac{r}{b}$	9,431 2985	$\log(uu-1)$	9,404 4793
$\log\sin v$	9,509 3258	Compl. $\log u$	9,950 8871
$\log\lambda$	9,637 7843	$\log\lambda$	9,637 7843
Compl. $\log\sin\psi$	0,214 7309	$\log\frac{1}{2}e$	9,799 9888
	8,793 1395		8,793 1395
Pars prima ipsius $N=$	0,062 1069		
$\log u=$	0,049 1129		
$N =$	0,012 9940	$\log N$	8,113 7429
$\log\lambda k$	7,873 3658	Differentia	6,970 2758
$\frac{3}{2}\log b$	0,903 0900		
		$\log t$	1,143 4671
		$t =$	13,91448

24.

Si calculum per logarithmos hyperbolicos exsequi constitutum est, quantitate auxiliari F uti praestat, quae per aequ. III determinabitur, atque inde N per XI; semiparameter e radio vectore, vel vicissim hic ex illo, per formulam VIII computabitur; pars secunda ipsius N duplici si lubet modo erui potest, scilicet per formulam $\log\text{hyp}\,\text{tang}(45^0+\frac{1}{2}F)$, et per hanc $\log\text{hyp}\cos\frac{1}{2}(v-\psi)$ $-\log\text{hyp}\cos\frac{1}{2}(v+\psi)$. Ceterum patet, quantitatem N hic ubi $\lambda = 1$ in ratione $1:\lambda$ maiorem evadere, quam si logarithmi Briggici adhibeantur. Ecce exemplum nostrum hoc modo tractatum:

$\log\text{tang}\frac{1}{2}\psi$	9,531 8179		
$\log\text{tang}\frac{1}{2}v$	9,220 1009		
$\log\text{tang}\frac{1}{2}F$	8,751 9188	$\frac{1}{2}F = 3^0\,13'\,58''{,}12$	
$\log e$	0,101 0188		
$\log\text{tang}\,F$	9,054 3366	C. $\log\text{hyp}\cos\frac{1}{2}(v-\psi) =$	0,013 4226 6
	9,155 3554	C. $\log\text{hyp}\cos\frac{1}{2}(v+\psi) =$	0,126 5093 0
$e\,\text{tang}\,F =$	0,143 0063 8	Differ. $=$	0,113 0866 4
$\log\text{hyp}\,\text{tang}(45^0+\frac{1}{2}F) =$	0,113 0866 6		
$N =$	0,029 9197 2	$\log N$	8,475 9575
$\log k$	8,235 5814	Differ.	7,332 4914
$\frac{3}{2}\log b$	0,903 0900		
		$\log t$	1,143 4661
		$t =$	13,91445

25.

Ad solutionem problematis inversi, e tempore anomaliam veram radiumque vectorem determinare, primo ex $N = \lambda k b^{-\frac{3}{2}} t$ per aequationem XI elicienda est quantitas auxiliaris u vel F. Solutio huius aequationis transcendentis tentando perficienda erit, et per artificia iis quae in art. 11 exposuimus analoga abbreviari poterit. Haec autem fusius explicare supersedemus: neque enim operae pretium esse videtur, praecepta pro motu hyperbolico in coelis vix unquam fortasse se oblaturo aeque anxie expolire ac pro motu elliptico, praetereaque omnes casus qui forte occurrere possent per methodum aliam infra tradendam absolvere licebit. Postquam F vel u inventa erit, v inde per formulam III, ac dein r vel per II vel per VIII determinabitur; commodius adhuc per formulas VI et VII v et r simul eruentur; e formulis reliquis una alterave pro confirmatione calculi, si lubet, in usum vocari poterit.

26.

Exemplum. Manentibus e et b ut in exemplo praecedente, sit $t = 65{,}41236$: quaeruntur v et r. Utendo logarithmis BRIGGICIS habemus

$\log t$ 1,815 6598
$\log \lambda k b^{-\frac{3}{2}}$ 6,970 2758

$\log N$ . . . . 8,785 9356, unde $N = 0{,}061\,0851\,4$.

Hinc aequationi $N = \lambda e \operatorname{tang} F - \log\operatorname{tang}(45^\circ + \frac{1}{2}F)$ satisfieri invenitur per

$$F = 25^\circ 24' 27'',66,$$

unde fit per formulam III

$\log\operatorname{tang}\frac{1}{2}F$ 9,353 0120
$\log\operatorname{tang}\frac{1}{2}\psi$ 9,531 8179

$\log\operatorname{tang}\frac{1}{2}v$ 9,821 1941

adeoque $\frac{1}{2}v = 33^\circ 31' 29'',89$ atque $v = 67^\circ 2' 59'',78$. Hinc porro habetur

C. $\log\cos\frac{1}{2}(v+\psi)$ . . . 0,213 7476
C. $\log\cos\frac{1}{2}(v-\psi)$ . . . 0,014 5197

differentia 0,199 2279
$\log\operatorname{tang}(45^\circ + \frac{1}{2}F)$ . . . 0,199 2280

$\log\frac{p}{2e}$ 9,972 5868

$\log r$ 0,200 8541

27.

Si aequatio IV ita differentiatur, ut u, v, ψ simul ut variabiles tractentur, prodit

$$\frac{\mathrm{d}u}{u} = \frac{\sin\psi\,\mathrm{d}v + \sin v\,\mathrm{d}\psi}{2\cos\frac{1}{2}(v-\psi)\cos\frac{1}{2}(v+\psi)} = \frac{r\operatorname{tang}\psi}{p}\,\mathrm{d}v + \frac{r\sin v}{p\cos\psi}\,\mathrm{d}\psi.$$

Differentiando perinde aequationem XI, inter variationes differentiales quantitatum u, ψ, N emergit relatio

$$\frac{\mathrm{d}N}{\lambda} = \left\{\tfrac{1}{2}e\left(1+\frac{1}{uu}\right)-\frac{1}{u}\right\}\mathrm{d}u + \frac{(uu-1)\sin\psi}{2u\cos\psi^2}\,\mathrm{d}\psi$$

sive

$$\frac{\mathrm{d}N}{\lambda} = \frac{r}{bu}\,\mathrm{d}u + \frac{r\sin v}{b\cos\psi}\,\mathrm{d}\psi.$$

Hinc eliminando du adiumento aequationis praecedentis obtinemus

$$\frac{\mathrm{d}N}{\lambda} = \frac{rr}{bb\,\mathrm{tang}\,\psi}\,\mathrm{d}v + \left(1+\frac{r}{p}\right)\frac{r\sin v}{b\cos\psi}\,\mathrm{d}\psi$$

sive

$$\mathrm{d}v = \frac{bb\,\mathrm{tang}\,\psi}{\lambda rr}\,\mathrm{d}N - \left(\frac{b}{r}+\frac{b}{p}\right)\frac{\sin v\,\mathrm{tang}\,\psi}{\cos\psi}\,\mathrm{d}\psi$$

$$= \frac{bb\,\mathrm{tang}\,\psi}{\lambda rr}\,\mathrm{d}N - \left(1+\frac{p}{r}\right)\frac{\sin v}{\sin\psi}\,\mathrm{d}\psi.$$

28.

Differentiando aequationem X, omnibus r, b, e, u pro variabilibus habitis, substituendo d$e = \frac{\sin\psi}{\cos\psi^2}\,\mathrm{d}\psi$, eliminandoque d$u$ adiumento aequationis inter dN, du, dψ in art. praec. traditae, prodit

$$\mathrm{d}r = \frac{r}{b}\,\mathrm{d}b + \frac{bbe(uu-1)}{2\lambda ur}\,\mathrm{d}N + \frac{b}{2\cos\psi^2}\left\{\left(u+\frac{1}{u}\right)\sin\psi - \left(u-\frac{1}{u}\right)\sin v\right\}\mathrm{d}\psi.$$

Coëfficiens ipsius dN per aequ. VIII transit in $\frac{b\sin v}{\lambda\sin\psi}$; coëfficiens ipsius d$\psi$ autem, substituendo, per aequ. IV, $u(\sin\psi - \sin v) = \sin(\psi - v)$, $\frac{1}{u}(\sin\psi + \sin v) = \sin(\psi + v)$, mutatur in $\frac{b\sin\psi\cos v}{\cos\psi^2} = \frac{p\cos v}{\sin\psi}$, ita ut habeatur

$$\mathrm{d}r = \frac{r}{b}\,\mathrm{d}b + \frac{b\sin v}{\lambda\sin\psi}\,\mathrm{d}N + \frac{p\cos v}{\sin\psi}\,\mathrm{d}\psi.$$

Quatenus porro N ut functio ipsarum b et t spectatur, fit d$N = \frac{N}{t}\mathrm{d}t - \frac{3}{2}\cdot\frac{N}{b}\mathrm{d}b$, quo valore substituto, dr, ac perinde in art. praec. dv, per dt, db, dψ expressae habebuntur. Ceterum quod supra monuimus etiam hic repetendum est, scilicet si angulorum v et ψ variationes non in partibus radii sed in secundis expressae concipiantur, vel omnes terminos qui dv, dψ continent per 206264,8 dividi, vel omnes reliquos per hunc numerum multiplicari debere.

29.

Quum quantitates auxiliares in ellipsi adhibitae φ, E, M in hyperbola valores imaginarios obtineant, haud abs re erit, horum nexum cum quantitatibus realibus, quibus hic usi sumus, investigare: apponimus itaque relationes praecipuas, ubi quantitatem imaginarium $\sqrt{-1}$ per i denotamus.

$$\sin\varphi = e = \frac{1}{\cos\psi}$$

$$\operatorname{tang}(45^0 - \tfrac{1}{2}\varphi) = \sqrt{\frac{1-e}{1+e}} = i\sqrt{\frac{e-1}{e+1}} = i\operatorname{tang}\tfrac{1}{2}\psi$$

$$\operatorname{tang}\varphi = \tfrac{1}{2}\operatorname{cotang}(45^0 - \tfrac{1}{2}\varphi) - \tfrac{1}{2}\operatorname{tang}(45^0 - \tfrac{1}{2}\varphi) = -\frac{i}{\sin\psi}$$

$$\cos\varphi = i\operatorname{tang}\psi$$

$$\varphi = 90^0 + i\log(\sin\varphi + i\cos\varphi) = 90^0 - i\log\operatorname{tang}(45^0 + \tfrac{1}{2}\psi)$$

$$\operatorname{tang}\tfrac{1}{2}E = i\operatorname{tang}\tfrac{1}{2}F = \frac{i(u-1)}{u+1}$$

$$\frac{1}{\sin E} = \tfrac{1}{2}\operatorname{cotang}\tfrac{1}{2}E + \tfrac{1}{2}\operatorname{tang}\tfrac{1}{2}E = -i\operatorname{cotang}F$$

sive

$$\sin E = i\operatorname{tang}F = \frac{i(uu-1)}{2u}$$

$$\operatorname{cotang}E = \tfrac{1}{2}\operatorname{cotang}\tfrac{1}{2}E - \tfrac{1}{2}\operatorname{tang}\tfrac{1}{2}E = -\frac{i}{\sin F}$$

sive

$$\operatorname{tang}E = i\sin F = \frac{i(uu-1)}{uu+1}$$

$$\cos E = \frac{1}{\cos F} = \frac{uu+1}{2u}$$

$$iE = \log(\cos E + i\sin E) = \log\frac{1}{u}$$

sive

$$E = i\log u = i\log\operatorname{tang}(45^0 + \tfrac{1}{2}F)$$

$$M = E - e\sin E = i\log u - \frac{ie(uu-1)}{2u} = -\frac{iN}{\lambda}.$$

Logarithmi in his formulis sunt hyperbolici.

30.

Quum omnes quos e tabulis logarithmicis et trigonometricis depromimus numeri praecisionem absolutam non admittant, sed ad certum tantummodo gradum sint approximati, ex omnibus calculis illarum adiumento perfectis proxime tantum vera resultare possunt. In plerisque quidem casibus tabulae vulgares ad septimam figuram decimalem usque exactae, i. e. ultra dimidiam unitatem in figura septima excessu seu defectu nunquam aberrantes a vero, praecisionem plus quam sufficientem suppeditant, ita ut errores inevitabiles nullius plane sint momenti: nihilominus utique fieri potest, ut errores tabularum in casibus specialibus effectum suum exserant augmentatione tanta, ut methodum alias optimam plane abdicare aliamque ei substituere cogamur. Huiusmodi casus in iis quoque calculis, quos hactenus explicavimus, occurrere potest; quamobrem ab instituto nostro haud alienum erit, disquisitiones quasdam circa gradum praecisionis, quam tabulae vulgares in illis permittunt, hic instituere. Etsi vero ad hoc argumentum calculatori practico gravissimum exhauriendum hic non sit locus, investigationem eo perducemus, ut ad propositum nostrum sufficiat, et a quolibet, cuius interest, ulterius expoliri et ad quasvis alias operationes extendi possit.

31.

Quilibet logarithmus, sinus, tangens etc. (aut generaliter quaelibet quantitas irrationalis e tabulis excerpta) errori obnoxius est, qui ad dimidiam unitatem in figura ultima ascendere potest: designabimus hunc erroris limitem per ω, qui itaque in tabulis vulgaribus fit $= 0{,}000\,0000\,5$. Quodsi logarithmus etc. e tabulis immediate desumi non potuit, sed per interpolationem erui debuit, error duplici caussa aliquantulum adhuc maior esse potest. *Primo* enim pro parte proportionali, quoties (figuram ultimam tamquam unitatem spectando) non est integer, adoptari solet integer proxime maior vel minor: hac ratione errorem tantum non usque ad duplum augeri posse facile perspicitur. Ad hanc vero erroris augmentationem omnino hic non respicimus, quum nihil obstet, quominus unam alteramve figuram decimalem parti illi proportionali affigamus, nulloque negotio pateat, logarithmum interpolatum, si pars proportionalis absolute exacta esset, errori maiori obnoxium non esse quam logarithmos in tabulis immediate expressos, quatenus quidem horum variationes tamquam uniformes considerare liceat. Erroris augmentatio *altera* inde nascitur, quod suppositio ista omni rigore non est vera: sed hanc quoque negligimus, quoniam effectus differentiarum secundarum altiorumque in omnibus propemodum casibus nullius plane momenti est (praesertim si pro quantitatibus trigonometricis tabulae excellentissimae quas TAYLOR curavit adhibentur), facilique negotio ipsius ratio haberi possit, ubi forte paullo maior evaderet. Statuemus itaque pro omnibus casibus tabularum errorem maximum inevitabilem $= \omega$, siquidem argumentum (i. e. numerus cuius logarithmus, seu angulus cuius sinus etc. quaeritur) praecisione absoluta habetur. Si vero argumentum ipsum proxime tantum innotuit, errorique maximo, cui obnoxium esse potest, respondere supponitur logarithmi etc. variatio ω' (quam per rationem differentialium definire licet), error maximus logarithmi per tabulas computati usque ad $\omega + \omega'$ ascendere potest.

Vice versa, si adiumento tabularum argumentum logarithmo dato respondens computatur, error maximus ei eius variationi aequalis est, quae respondet variationi ω in logarithmo, si hic exacte datur, vel quae respondet variationi logarithmi $\omega + \omega'$, si logarithmus ipse usque ad ω' erroneus esse potest. Vix opus erit monere, ω et ω' eodem signo affici debere.

Si plures quantitates intra certos tantum limites exactae adduntur, aggregati error maximus aequalis erit aggregato singulorum errorum maximorum, iisdem signis affectorum; quare etiam in subtractione quantitatum proxime exactarum differentiae error maximus summae errorum singulorum maximorum aequalis erit. In multiplicatione vel divisione quantitatis non absolute exactae error maximus in eadem ratione augetur vel diminuitur ut quantitas ipsa.

32.

Progredimur iam ad applicationem horum principiorum ad utilissimas operationum supra explicatarum.

I. Adhibendo ad computum anomaliae verae ex anomalia excentrica in motu elliptico formulam VII art. 8, si φ et E exacte haberi supponuntur, in

$\log\text{tang}(45^0 - \frac{1}{2}\varphi)$ et $\log\text{tang}\frac{1}{2}E$ committi potest error ω, adeoque in differentia $= \log\text{tang}\frac{1}{2}v$ error 2ω; error maximus itaque in determinatione anguli $\frac{1}{2}v$ erit $\frac{3\omega\, d\frac{1}{2}v}{d\log\text{tang}\frac{1}{2}v} = \frac{3\omega\sin v}{2\lambda}$, designante λ modulum logarithmorum ad hunc calculum adhibitorum. Error itaque, cui anomalia vera v obnoxia est, in secundis expressus fit $= \frac{3\omega\sin v}{\lambda}\, 206265'' = 0'',0712\sin v$, si logarithmi Briggici ad septem figuras decimales adhibentur, ita ut semper intra $0'',07$ de valore ipsius v certi esse possimus: si tabulae minores ad quinque tantum figuras adhibentur, error usque ad $7'',12$ ascendere posset.

II. Si $e\cos E$ adiumento logarithmorum computatur, error committi potest usque ad $\frac{3\omega e\cos E}{\lambda}$; eidem itaque errori obnoxia erit quantitas $1 - e\cos E$ sive $\frac{r}{a}$. In computando ergo logarithmo huius quantitatis error usque ad $(1+\delta)\omega$ ascendere potest, designando per δ quantitatem $\frac{3e\cos E}{1-e\cos E}$ positive sumtam: ad eundem limitem $(1+\delta)\omega$ ascendit error in $\log r$ possibilis, siquidem $\log a$ exacte datus supponitur. Quoties excentricitas parva est, quantitas δ arctis semper limitibus coërcetur: quando vero e parum differt ab 1, $1 - e\cos E$ perparva manet, quamdiu E parva est; tunc igitur δ ad magnitudinem haud contemnendam increscere potest, quocirca in hoc casu formula III art. 8 minus idonea esset. Quantitas δ ita etiam exprimi potest $\frac{3(a-r)}{r} = \frac{3e(\cos v + e)}{1-ee}$, quae formula adhuc clarius ostendit, quando errorem $(1+\delta)\omega$ contemnere liceat.

III. Adhibendo formulam X art. 8 ad computum anomaliae verae ex excentrica, $\log\sqrt{\frac{a}{r}}$ obnoxius erit errori $(\frac{1}{2}+\frac{1}{2}\delta)\omega$, adeoque $\log\sin\frac{1}{2}\varphi\sin E\sqrt{\frac{a}{r}}$ huic $(\frac{5}{2}+\frac{1}{2}\delta)\omega$; hinc error maximus in determinatione anguli $v - E$ vel v possibilis eruitur $= \frac{\omega}{\lambda}(7+\delta)\text{tang}\frac{1}{2}(v-E)$, sive in secundis expressus, si septem figurae decimales adhibentur, $= (0'',166 + 0'',024\,\delta)\text{tang}\frac{1}{2}(v-E)$. Quoties excentricitas modica est, δ et $\text{tang}\frac{1}{2}(v-E)$ quantitates parvae erunt, quapropter haec methodus praecisionem maiorem permittet, quam ea quam in I contemplati sumus: haecce contra methodus tunc praeferenda erit, quando excentricitas valde magna est propeque ad unitatem accedit, ubi δ et $\text{tang}\frac{1}{2}(v-E)$ valores valde considerabiles nancisci possunt. Per formulas nostras, utra methodus alteri praeferenda sit, facile semper decidi poterit.

IV. In determinatione anomaliae mediae ex excentrica per formulam XII art. 8 error quantitatis $e\sin E$, adiumento logarithmorum computatae, adeoque etiam ipsius anomaliae M, usque ad $\frac{3\omega e\sin E}{\lambda}$ ascendere potest, qui erroris limes si in secundis expressus desideratur per 206265″ est multiplicandus. Hinc facile concluditur, in problemate inverso, ubi E ex M tentando determinatur, E quantitate $\frac{3\omega e\sin E}{\lambda}\cdot\frac{\mathrm{d}E}{\mathrm{d}M}\cdot 206265'' = \frac{3\omega ea\sin E}{\lambda r}\cdot 206265''$ erroneam esse posse, etsi aequationi $E - e\sin E = M$ omni quam tabulae permittunt praecisione satisfactum fuerit.

Anomalia vera itaque e media computata duabus rationibus erronea esse potest, siquidem mediam tamquam exacte datam consideramus, primo propter errorem in computo ipsius v ex E commissum, qui ut vidimus levis semper momenti est, secundo ideo quod valor anomaliae excentricae ipse iam erroneus esse potuit. Effectus rationis posterioris definietur per productum erroris in E commissi per $\frac{\mathrm{d}v}{\mathrm{d}E}$, quod productum fit $= \frac{3\omega e\sin E}{\lambda}\cdot\frac{\mathrm{d}v}{\mathrm{d}M}\cdot 206265'' = \frac{3\omega ea\sin v}{\lambda r}\cdot 206265'' = \left(\frac{e\sin v + \frac{1}{2}ee\sin 2v}{1-ee}\right) 0'',0712$, si septem figurae adhibentur. Hic error, pro valoribus parvis ipsius e semper modicus, permagnus evadere potest, quoties e ab unitate parum differt, uti tabella sequens ostendit, quae pro quibusdam valoribus ipsius e valorem maximum illius expressionis exhibet.

e	error maximus	e	error maximus	e	error maximus
0,90	0″,42	0,94	0″,73	0,98	2″,28
0,91	0,48	0,95	0,89	0,99	4,59
0,92	0,54	0,96	1,12	0,999	46,23
0,93	0,62	0,97	1,50		

V. In motu hyperbolico, si v per formulam III art. 21 ex F et ψ exacte notis determinatur, error usque ad $\frac{3\omega\sin v}{\lambda}\cdot 206265''$ ascendere potest; si vero per formulam $\operatorname{tang}\frac{1}{2}v = \frac{(u-1)\operatorname{cotang}\frac{1}{2}\psi}{u+1}$ computatur, u et ψ exacte notis, erroris limes triente maior erit, puta $= \frac{4\omega\sin v}{\lambda}\cdot 206265'' = 0'',09\sin v$ pro septem figuris.

VI. Si per formulam XI art. 22 quantitas $\frac{\lambda k t}{b^{\frac{3}{2}}} = N$ adiumento logarithmorum Briggicorum computatur, e et u vel e et F tamquam exacte notas supponendo, pars prima obnoxia erit errori $\frac{5(uu-1)e\omega}{2u}$, si computata est in forma $\frac{\lambda e(u-1)(u+1)}{2u}$, vel errori $\frac{3(uu+1)e\omega}{2u}$, si computata est in forma $\frac{1}{2}\lambda eu - \frac{\lambda e}{2u}$, vel errori $3e\omega\operatorname{tang}F$, si computata est in forma $\lambda e\operatorname{tang}F$, siquidem errorem in $\log\lambda$ vel $\log\frac{1}{2}\lambda$ commissum contemnimus. In casu primo error etiam per

$5e\omega \operatorname{tang} F$, in secundo per $\frac{3e\omega}{\cos F}$ exprimi potest, unde patet, in casu tertio errorem omnium semper minimum esse, in primo autem vel secundo maior erit, prout u aut $\frac{1}{u} > 2$ vel < 2, sive prout $\pm F > 36^0 52'$ vel $< 36^0 52'$. — Pars secunda ipsius N autem semper obnoxia erit errori ω.

VII. Vice versa patet, si u vel F ex N tentando eruatur, u obnoxiam fore errori $(1 \pm 5e \operatorname{tang} F)\omega \frac{\mathrm{d}u}{\mathrm{d}N}$, vel huic $\left(1 + \frac{3e}{\cos F}\right)\omega \frac{\mathrm{d}u}{\mathrm{d}N}$, prout membrum primum in valore ipsius N vel in factores vel in partes resolutum adhibeatur; F autem errori huic $(1 \pm 3e \operatorname{tang} F)\omega \frac{\mathrm{d}F}{\mathrm{d}N}$. Signa superiora post perihelium, inferiora ante perihelium valent. Quodsi hic pro $\frac{\mathrm{d}u}{\mathrm{d}N}$ vel pro $\frac{\mathrm{d}F}{\mathrm{d}N}$ substituitur $\frac{\mathrm{d}v}{\mathrm{d}N}$, emerget effectus huius erroris in determinationem ipsius v, qui igitur erit $\frac{bb \operatorname{tang} \psi (1 \pm 5e \operatorname{tang} F)\omega}{\lambda rr}$ aut $\frac{bb \operatorname{tang} \psi (1 + 3e \sec F)\omega}{\lambda rr}$, si quantitas auxiliaris u adhibita est; contra, si adhibita est F, ille effectus fit

$$= \frac{bb \operatorname{tang} \psi (1 \pm 3e \operatorname{tang} F)\omega}{\lambda rr} = \frac{\omega}{\lambda}\left\{\frac{(1 + e\cos v)^2}{\operatorname{tang} \psi^3} \pm \frac{3e \sin v (1 + e \cos v)}{\operatorname{tang} \psi^2}\right\}.$$

Adiicere oportet factorem 206265″, si error in secundis exprimendus est. Manifesto hic error tunc tantum considerabilis evadere potest, quando ψ est angulus parvus, sive e paullo maior quam 1; ecce valores maximos huius tertiae expressionis pro quibusdam valoribus ipsius e, si septem figurae decimales adhibentur:

e	error maximus
1,3	0″,34
1,2	0,54
1,1	1,31
1,05	3,36
1,01	34,41
1,001	1064,65

Huic errori ex erroneo valore ipsius F vel u orto adiicere oportet errorem in V determinatum, ut incertitudo totalis ipsius v habeatur.

VIII. Si aequatio XI art. 22 adiumento logarithmorum hyperbolicorum solvitur, F pro quantitate auxiliari adhibita, effectus erroris in hac operatione possibilis in determinationem ipsius v per similia ratiocinia invenitur

$$= \frac{(1+e\cos v)^2\omega'}{\tang\psi^3} + \frac{3e\sin v(1+e\cos v)\omega}{\lambda\tang\psi^2},$$

ubi per ω' incertitudinem maximam in tabulis logarithmorum hyperbolicorum designamus. Pars secunda huius expressionis identica est cum parte secunda expressionis in VII traditae, prima vero in ratione $\lambda\omega' : \omega$ minor quam prima in illa expressione, i. e. in ratione $1:23$, si tabulam Ursini ad octo ubique figuras exactam sive $\omega' = 0{,}000\,0000\,05$ supponere liceret.

33.

In iis igitur sectionibus conicis, quarum excentricitas ab unitate parum differt, i. e. in ellipsibus et hyperbolis, quae ad parabolam proxime accedunt, methodi supra expositae tum pro determinatione anomaliae verae e tempore, tum pro determinatione temporis ex anomalia vera*), omnem quae desiderari posset praecisionem non patiuntur: quin adeo errores inevitabiles, crescentes dum orbita magis ad parabolae similitudinem vergit, tandem omnes limites egrederentur. Tabulae maiores ad plures quam septem figuras constructae hanc incertitudinem diminuerent quidem, sed non tollerent, nec impedirent, quominus omnes limites superaret, simulac orbita ad parabolam nimis prope accederet. Praeterea methodi supra traditae in hocce casu satis molestae fiunt, quoniam pars earum indirecta tentamina saepius repetita requirit: cuius incommodi taedium vel gravius est, si tabulis maioribus operamur. Haud sane igitur superfluum erit, methodum peculiarem excolere, per quam in hoc casu incertitudinem illam evitare, soloque tabularum vulgarium adminiculo praecisionem sufficientem assequi liceat.

34.

Methodus vulgaris, per quam istis incommodis remedium afferri solet, sequentibus principiis innititur. Respondeat in ellipsi vel hyperbola, cuius excentricitas e, semiparameter p adeoque distantia in perihelio $= \frac{p}{1+e} = q$, tem-

---

*) Quoniam tempus implicat factorem $a^{\frac{3}{2}}$ vel $b^{\frac{3}{2}}$, error in M vel N commissus eo magis augetur, quo maior fuerit $a = \frac{p}{1-ee}$, vel $b = \frac{p}{ee-1}$.

pori post perihelium t anomalia vera v; respondeat porro eidem tempori in parabola, cuius semiparameter $= 2q$, sive distantia in perihelio $= q$, anomalia vera w, massa μ vel utrimque neglecta vel utrimque aequali supposita. Tunc patet haberi

$$\int \frac{pp\,\mathrm{d}v}{(1+e\cos v)^2} : \int \frac{4qq\,\mathrm{d}w}{(1+\cos w)^2} = \sqrt{p} : \sqrt{2q}$$

integralibus a $v = 0$ et $w = 0$ incipientibus, sive

$$\int \frac{(1+e)^{\frac{3}{2}}\mathrm{d}v}{(1+e\cos v)^2\sqrt{2}} = \int \frac{2\,\mathrm{d}w}{(1+\cos w)^2}.$$

Designando $\frac{1-e}{1+e}$ per α, tang $\frac{1}{2}v$ per θ, integrale prius invenitur

$$= \sqrt{(1+\alpha)}.\{\theta + \tfrac{1}{3}\theta^3(1-2\alpha) - \tfrac{1}{5}\theta^5(2\alpha - 3\alpha\alpha) + \tfrac{1}{7}\theta^7(3\alpha\alpha - 4\alpha^3) - \text{etc.}\},$$

posterius $= \text{tang}\,\frac{1}{2}w + \frac{1}{3}\text{tang}\,\frac{1}{2}w^3$. Ex hac aequatione facile est determinare w per α et v, atque v per α et w, adiumento serierum infinitarum: pro α si magis placet introduci potest $1-e = \frac{2\alpha}{1+\alpha} = \delta$. Quum manifesto pro $\alpha = 0$ vel $\delta = 0$ fiat $v = w$, hae series sequentem formam habebunt:

$$w = v + \delta v' + \delta\delta v'' + \delta^3 v''' + \text{etc.}$$
$$v = w + \delta w' + \delta\delta w'' + \delta^3 w''' + \text{etc.},$$

ubi v', v'', v''' etc. erunt functiones ipsius v, atque w', w'', w''' etc. functiones ipsius w. Quoties δ est quantitas perparva, hae series celeriter convergent, paucique termini sufficient ad determinandum w ex v, vel v ex w. Ex w invenitur t, vel w ex t eo quem supra pro motu parabolico explicavimus modo.

35.

Expressiones analyticas trium coëfficientium primorum seriei secundae w', w'', w''' BESSEL noster evolvit, simulque pro valoribus numericis duorum primorum w', w'' tabulam ad singulos argumenti w gradus constructam addidit (VON ZACH Monatliche Correspondenz, vol. XII. p. 197). Pro coëfficiente primo w' tabula iam ante habebatur a SIMPSON computata, quae operi clar. OLBERS supra laudato annexa est. In plerisque casibus hacce methodo adiumento tabulae BESSELianae anomaliam veram e tempore praecisione sufficiente determinare licet: quod adhuc desiderandum relinquitur, ad haecce fere momenta reducitur:

I. In problemate inverso, temporis puta ex anomalia vera determinatione, ad methodum quasi indirectam confugere atque w ex v tentando derivare oportet. Cui incommodo ut obveniretur, series prior eodem modo tractata esse deberet ac secunda: et quum facile perspiciatur, $-v'$ esse eandem functionem ipsius v, qualis w' est ipsius w, ita ut tabula pro w' signo tantum mutato pro v' inservire possit, nihil tam requireretur nisi tabula pro v'', quo utrumque problema aequali praecisione solvere liceat.

II. Interdum utique occurrere possunt casus, ubi excentricitas ab unitate parum quidem differt, ita ut methodi generales supra expositae praecisionem haud sufficientem dare videantur, nimis tamen etiamnum, quam ut in methodo peculiari modo adumbrata effectum potestatis tertiae ipsius δ altiorumque tuto contemnere liceat. In motu imprimis hyperbolico eiusmodi casus sunt possibiles, ubi, sive illas methodos adoptes sive hanc, errorem plurium secundorum evitare non possis, siquidem tabulis vulgaribus tantum ad septem figuras constructis utaris. Etiamsi vero huiusmodi casus in praxi raro occurrant, aliquid certe deesse videri posset, si in *omnibus* casibus anomaliam veram intra $0''{,}1$ aut saltem $0''{,}2$ determinare non liceret, nisi tabulae maiores consulerentur, quas tamen ad libros rariores referendas esse constat. Haud igitur prorsus superfluam visum iri speramus expositionem methodi peculiaris, qua iamdudum usi sumus, quaeque eo etiam nomine se commendabit, quod ad excentricitates ab unitate parum diversas haud limitata est, sed hocce saltem respectu applicationem generalem patitur.

36.

Antequam hanc methodum exponere aggrediamur, observare conveniet, incertitudinem methodorum generalium supra traditarum in orbitis ad parabolae similitudinem vergentibus sponte desinere, simulac E vel F ad magnitudinem considerabilem increverint, quod quidem in magnis demum a Sole distantiis fiet. Quod ut ostendamus, errorem maximum in ellipsi possibilem, quem in art. 32, IV invenimus $\frac{3\omega ea \sin v}{\lambda r}\cdot 206265''$ ita exhibemus

$$\frac{3\omega e\sqrt{(1-ee)}.\sin E}{\lambda(1-e\cos E)^2}\cdot 206265'',$$

unde sponte patet, errorem arctis semper limitibus circumscriptum esse, simulac E valorem considerabilem acquisiverit, sive simulac $\cos E$ ab unitate magis recesserit quantumvis magna sit excentricitas. Quod adhuc luculentius apparebit per tabulam sequentem, in qua valorem numericum maximum istius formulae pro quibusdam valoribus determinatis computavimus (pro septem figuris decimalibus):

$E = 10^0$	error maximus $= 3{,}04''$
20	0,76
30	0,34
40	0,19
50	0,12
60	0,08

Simili modo res se habet in hyperbola, ut statim apparet, si expressio in art. 32, VII eruta sub hanc formam ponitur $\frac{\omega \cos F . (\cos F + 3 e \sin F) \sqrt{(ee-1)}}{\lambda (e - \cos F)^2} 206265''$. Valores maximos huius expressionis pro quibusdam valoribus determinatis ipsius F tabula sequens exhibet:

F	u		error maximus
10^0	1,192	0,839	$8{,}66''$
20	1,428	0,700	1,38
30	1,732	0,577	0,47
40	2,144	0,466	0,22
50	2,747	0,364	0,11
60	3,732	0,268	0,06
70	5,671	0,176	0,03

Quoties itaque E vel F ultra 40^0 vel 50^0 egreditur (qui tamen casus in orbitis a parabola parum discrepantibus haud facile occurret, quum corpora coelestia in talibus orbitis incedentia in tantis a Sole distantiis oculis nostris plerumque se subducant), nulla aderit ratio, cur methodum generalem deseramus. Ceterum in tali casu etiam series de quibus in art. 34 egimus nimis lente convergerent: neutiquam igitur pro defectu methodi nunc explicandae haberi potest, quod iis imprimis casibus adaptata est, ubi E vel F ultra valores modicos nondum excrevit.

37.

Resumamus in motu elliptico aequationem inter anomaliam excentricam et tempus

$$E - e\sin E = \frac{kt\sqrt{(1+\mu)}}{a^{\frac{3}{2}}},$$

ubi E in partibus radii expressam supponimus. Factorem $\sqrt{(1+\mu)}$ abhinc omittemus; si unquam casus occurreret, ubi eius rationem habere in potestate operaeque pretium esset, signum t non tempus ipsum post perihelium, sed hoc tempus per $\sqrt{(1+\mu)}$ multiplicatum exprimere deberet. Designamus porro per q distantiam in perihelio, et pro E et $\sin E$ introducimus quantitates $E - \sin E$ et $E - \frac{1}{10}(E - \sin E) = \frac{9}{10}E + \frac{1}{10}\sin E$: rationem cur has potissimum eligamus lector attentus ex sequentibus sponte deprehendet. Hoc modo aequatio nostra formam sequentem induit:

$$(1-e)(\tfrac{9}{10}E + \tfrac{1}{10}\sin E) + (\tfrac{1}{10} + \tfrac{9}{10}e)(E - \sin E) = kt\left(\frac{1-e}{q}\right)^{\frac{3}{2}}.$$

Quatenus E ut quantitas parva ordinis primi spectatur, erit $\frac{9}{10}E + \frac{1}{10}\sin E = E - \frac{1}{60}E^3 + \frac{1}{1200}E^5 -$ etc. quantitas ordinis primi, contra $E - \sin E = \frac{1}{6}E^3 - \frac{1}{120}E^5 + \frac{1}{5040}E^7 -$ etc. quantitas ordinis tertii. Statuendo itaque

$$\frac{6(E-\sin E)}{\frac{9}{10}E + \frac{1}{10}\sin E} = 4A, \qquad \frac{\frac{9}{10}E + \frac{1}{10}\sin E}{2\sqrt{A}} = B,$$

erit $4A = E^2 - \frac{1}{30}E^4 - \frac{1}{5040}E^6 -$ etc. quantitas ordinis secundi, atque $B = 1 + \frac{3}{2800}E^4 -$ etc. ab unitate quantitate quarti ordinis diversa. Aequatio nostra autem hinc fit

$$1) \qquad B\{2(1-e)A^{\frac{1}{2}} + \tfrac{2}{15}(1+9e)A^{\frac{3}{2}}\} = kt\left(\frac{1-e}{q}\right)^{\frac{3}{2}}.$$

Per tabulas vulgares trigonometricas $\frac{9}{10}E + \frac{1}{10}\sin E$ quidem praecisione sufficiente calculari potest, non tamen $E - \sin E$, quoties E est angulus parvus: hacce igitur via quantitates A et B satis exacte determinare non liceret. Huic autem difficultati remedium afferret tabula peculiaris, ex qua cum argumento E aut ipsum B aut logarithmum ipsius B excerpere possemus: subsidia ad constructionem talis tabulae necessaria cuique in analysi vel mediocriter versato facile se offerent. Adiumento aequationis

$$\frac{9E + \sin E}{20B} = \sqrt{A}$$

etiam $\sqrt{A}$, atque hinc t per formulam 1), omni quae desiderari potest praecisione determinare liceret.

Ecce specimen talis tabulae, quod saltem lentam augmentationem ipsius $\log B$ manifestabit: superfluum esset, hanc tabulam maiori extensione elaborare, infra enim tabulas formae multo commodioris descripturi sumus:

E	$\log B$	E	$\log B$	E	$\log B$
0^0	0,000 0000	25^0	0,000 0168	50^0	0,000 2675
5	00	30	0349	55	3910
10	04	35	0645	60	5526
15	22	40	1099		
20	69	45	1758		

38.

Haud inutile erit, ea quae in art. praec. sunt tradita exemplo illustrare. Proposita sit anomalia vera $= 100^0$, excentricitas $= 0{,}967\,6456\,7$, $\log q = 9{,}765\,6500$. Ecce iam calculum pro E, B, A et t:

$\log\tan\text{g}\,\frac{1}{2}v$ 0,076 1865

$\log\sqrt{\frac{1-e}{1+e}}$ 9,107 9927

$\log\tan\text{g}\,\frac{1}{2}E$ . . . 9,184 1792, unde $\frac{1}{2}E = 8^0 41' 19'',32$, atque $E = 17^0 22' 38'',64$.

Huic valori ipsius E respondet $\log B = 0{,}000\,0040$; porro invenitur in partibus radii $E = 0{,}303\,2928$, $\sin E = 0{,}298\,6643$, unde $\frac{9}{20}E + \frac{1}{20}\sin E = 0{,}151\,4150$, cuius logarithmus $= 9{,}180\,1689$, adeoque $\log A^{\frac{1}{2}} = 9{,}180\,1649$. Hinc deducitur per formulam 1) art. praec.

$\log\frac{2Bq^{\frac{3}{2}}}{k\sqrt{(1-e)}}$	2,458 9614	$\log\frac{2B(1+9e)}{15k}\left(\frac{q}{1-e}\right)^{\frac{5}{2}}$ . . .	3,760 1038
$\log A^{\frac{1}{2}}$	9,180 1649	$\log A^{\frac{3}{2}}$	7,540 4947
log 43,56386	= 1,639 1263	log 19,98014	= 1,300 5985
19,98014			
63,54400 = t			

Tractando idem exemplum secundum methodum vulgarem, invenitur $e\sin E$ in secundis = 59610",79 = 16°33'30",79, unde anomalia media = 49'7",85 = 2947",85. Hinc et ex $\log k\left(\frac{1-e}{q}\right)^{\frac{3}{2}} = 1{,}666\,4302$ derivatur $t = 63{,}54410$. Differentia, quae hic tantum est 10 000ma pars unius diei, conspirantibus erroribus facile triplo vel quadruplo maior evadere potuisset.

Ceterum patet, solo adiumento talis tabulae pro $\log B$ etiam problema inversum omni praecisione solvi posse, determinando E per tentamina repetita, ita ut valor ipsius t inde calculatus cum proposito congruat. Sed haec operatio satis molesta foret: quamobrem iam ostendemus, quomodo tabulam auxiliarem multo commodius adornare, tentamina vaga omnino evitare, totumque calculum ad algorithmum maxime concinnum atque expeditum reducere liceat, qui nihil desiderandum relinquere videtur.

39.

Dimidiam fere partem laboris quem illa tentamina requirerent abscindi posse statim obvium est, si tabula ita adornata habeatur, ex qua $\log B$ immediate argumento A desumere liceat. Tres tunc superessent operationes; prima indirecta, puta determinatio ipsius A, ut aequationi 1) art. 37 satisfiat; secunda, determinatio ipsius E ex A et B, quae fit directe vel per aequationem $E = 2B(A^{\frac{1}{2}} + \frac{1}{15}A^{\frac{3}{2}})$, vel per hanc $\sin E = 2B(A^{\frac{1}{2}} - \frac{3}{5}A^{\frac{3}{2}})$; tertia, determinatio ipsius v ex E per aequ. VII art. 8. Operationem primam ad algorithmum expeditum et a tentaminibus vagis liberum reducemus; secundam et tertiam vero in unicam contrahemus, tabulae nostrae quantitatem novam C inserendo, quo pacto ipsa E omnino opus non habebimus, simulque pro radio vectore formulam elegantem et commodam nanciscemur. Quae singula ordine suo iam persequemur.

Primo aequationem 1) ita transformabimus, ut tabulam BARKERianam ad eius solutionem adhibere liceat. Statuemus ad hunc finem $A^{\frac{1}{2}} = \operatorname{tang}\frac{1}{2}w \, . \sqrt{\frac{5-5e}{1+9e}}$, unde fit

$$75 \operatorname{tang}\tfrac{1}{2}w + 25 \operatorname{tang}\tfrac{1}{2}w^3 = \frac{75kt\sqrt{(\frac{1}{5}+\frac{9}{5}e)}}{2Bq^{\frac{3}{2}}} = \frac{\alpha t}{B},$$

designando constantem $\frac{75k\sqrt{(\frac{1}{5}+\frac{9}{5}e)}}{2q^{\frac{3}{2}}}$ per α[*)]. Si itaque B esset cognita, w illico

[*) Handschriftliche Bemerkung:] Wenn man BURCKHARDTS Tafel [Connaissance des Temps 1818; s. auch Bd. VI. S. 596] braucht, $\frac{\sqrt{(\frac{1}{10}+\frac{9}{10}e)}}{q^{\frac{3}{2}}} = \alpha$.

e tabula BARKERiana desumi posset, ubi est anomalia vera, cui respondet motus medius $\frac{at}{B}$; ex w derivabitur A per formulam $A = \beta \operatorname{tang} \frac{1}{2} w^2$, designando constantem $\frac{5-5e}{1+9e}$ per β. Iam etsi B demum ex A per tabulam nostram auxiliarem innotescat, tamen propter perparvam ipsius ab unitate differentiam praevidere licet, w et A levi tantum errore affectas provenire posse, si ab initio divisor B omnino negligatur. Determinabimus itaque primo, levi tantum calamo, w et A, statuendo $B = 1$; cum valore approximato ipsius A e tabula nostra auxiliari inveniemus ipsam B, cum qua eundem calculum exactius repetemus; plerumque respondebit valori sic correcto ipsius A prorsus idem valor ipsius B, qui ex approximato inventus erat, ita ut nova operationis repetitio superflua sit, talibus casibus exceptis, ubi valor ipsius E iam valde considerabilis fuerit. Ceterum vix opus erit monere, si forte iam ab initio valor ipsius B quomodocunque approximatus aliunde innotuerit (quod semper fiet, quoties e pluribus locis, haud multum ab invicem distantibus, computandis unus aut alter iam sunt absoluti), praestare, hoc statim in prima approximatione uti: hoc modo calculator scitus saepissime ne una quidem calculi repetitione opus habebit. Hanc celerrimam approximationem inde assecuti sumus, quod B ab 1 differentia ordinis quarti tantum distat, in coëfficientem perparvum numericum insuper multiplicata, quod commodum praeparatum esse iam perspicietur per introductionem quantitatum $E - \sin E$, $\frac{9}{10}E + \frac{1}{10}\sin E$ loco ipsarum E, $\sin E$.

40.

Quum ad operationem tertiam, puta determinationem anomaliae verae, angulus E ipse non requiratur, sed tantum $\operatorname{tang} \frac{1}{2} E$ sive potius $\log \operatorname{tang} \frac{1}{2} E$, operatio illa cum secunda commode iungi posset, si tabula nostra immediate suppeditaret logarithmum quantitatis $\frac{\operatorname{tang} \frac{1}{2} E}{\sqrt{A}}$, quae ab 1 quantitate ordinis secundi differt. Maluimus tamen tabulam nostram modo aliquantulum diverso adornare, quo extensione minuta nihilominus interpolationem multo commodiorem assecuti sumus. Scribendo brevitatis gratia T pro $\operatorname{tang} \frac{1}{2} E^2$, valor ipsius A in art. 37 traditus $\frac{15(E - \sin E)}{9E + \sin E}$ facile transmutatur in

$$A = \frac{T - \frac{6}{5}T^2 + \frac{9}{7}T^3 - \frac{12}{9}T^4 + \frac{15}{11}T^5 - \text{etc.}}{1 - \frac{6}{15}T + \frac{7}{25}T^2 - \frac{8}{35}T^3 + \frac{9}{45}T^4 - \text{etc.}},$$

ubi lex progressionis obvia est. Hinc deducitur per conversionem serierum

$$\frac{A}{T} = 1 - \tfrac{4}{5}A + \tfrac{8}{175}A^2 + \tfrac{8}{525}A^3 + \tfrac{1896}{336875}A^4 + \tfrac{28744}{13138125}A^5 + \text{etc. [*)]}$$

Statuendo igitur $\frac{A}{T} = 1 - \frac{4}{5}A + C$, erit C quantitas ordinis quarti, qua in tabulam nostram recepta, ab A protinus transire possumus ad v per formulam

$$\operatorname{tang} \tfrac{1}{2}v = \sqrt{\frac{1+e}{1-e}} \cdot \sqrt{\frac{A}{1-\frac{4}{5}A+C}} = \frac{\gamma \operatorname{tang} \frac{1}{2}w}{\sqrt{(1-\frac{4}{5}A+C)}},$$

designando per γ constantem $\sqrt{\frac{5+5e}{1+9e}}$. Hoc modo simul lucramur calculum percommodum pro radio vectore. Fit enim (art. 8, VI)

$$r = \frac{q\cos\frac{1}{2}E^2}{\cos\frac{1}{2}v^2} = \frac{q}{(1+T)\cos\frac{1}{2}v^2} = \frac{(1-\frac{4}{5}A+C)q}{(1+\frac{1}{5}A+C)\cos\frac{1}{2}v^2}.$$

41.

Nihil iam superest, nisi ut etiam problema inversum, puta determinationem temporis ex anomalia vera, ad algorithmum expeditiorem reducamus: ad hunc finem tabulae nostrae columnam novam pro T adiecimus. Computabitur itaque primo T ex v per formulam $T = \frac{1-e}{1+e}\operatorname{tang}\frac{1}{2}v^2$; dein ex tabula nostra argumento T desumetur A et $\log B$, sive (quod exactius, imo etiam commodius est) C et $\log B$, atque hinc A per formulam $A = \frac{(1+C)T}{1+\frac{4}{5}T}$; tandem ex A et B eruetur t per formulam 1) art. 37. Quodsi hic quoque tabulam Barkerianam in usum vocare placet, quod tamen in hoc problemate inverso calculum minus sublevat, non opus est ad A respicere, sed statim habetur

$$\operatorname{tang}\tfrac{1}{2}w = \operatorname{tang}\tfrac{1}{2}v \cdot \sqrt{\frac{1+C}{\gamma\gamma(1+\frac{4}{5}T)}},$$

atque hinc tempus t, multiplicando motum medium anomaliae verae w in tabula Barkeriana respondentem per $\frac{B}{\alpha}$.

[*) Handschriftliche Bemerkung:]

$$\log\text{hyp}\frac{A}{T} = -\tfrac{4}{5}A - \tfrac{48}{175}A^2 - \tfrac{104}{875}A^3 - \cdots = -\tfrac{4}{5}T + \tfrac{64}{175}T^2 - \tfrac{8}{35}T^3 + \cdots$$

$$\log\frac{A}{T} = -2Am = -2Tm'$$

A	$\log m$	$\log n$	T	$\log m'$
0.000	9.23984	9.63778	0.000	9.23984
0.010	9.24134	9.63909	0.010	9.23787
0.020	9.24284	9.64041	0.020	9.23591
0.030	9.24435	9.64172		

$$\operatorname{tang}\tfrac{1}{2}v = M\gamma\operatorname{tang}\tfrac{1}{2}w, \qquad r = \frac{q\sec\frac{1}{2}v^2}{N}, \qquad \log M = Am, \qquad \log N = An.$$

42.

Tabulam, qualem hactenus descripsimus, extensione idonea construximus, operique huic adiecimus (Tab. I.). Ad ellipsin sola pars prior spectat; partem alteram, quae motum hyperbolicum complectitur, infra explicabimus. Argumentum tabulae, quod est quantitas A, per singulas partes millesimas a 0 usque ad 0,300 progreditur; sequuntur $\log B$ et C, quas quantitates in partibus 10 000 000^{mis}, sive ad septem figuras decimales expressas subintelligere oportet; cifrae enim primae, figuris significativis praeeuntes, suppressae sunt; columna denique quarta exhibet quantitatem T primo ad 5 dein ad 6 figuras computatam, quae praecisio abunde sufficit, quum haec columna ad eum tantummodo usum requiratur, ut argumento T valores respondentes ipsius $\log B$ et C habeantur, quoties ad normam art. praec. t ex v determinare lubet. Quum problema inversum, quod longe frequentioris usus est, puta determinatio ipsius v et r ex t, omnino absque quantitatis T subsidio absolvatur, quantitatem A pro argumento tabulae nostrae eligere maluimus quam T, quae alioquin argumentum aeque fere idoneum fuisset, imo tabulae constructionem aliquantulum facilitavisset. Haud superfluum erit monere, omnes tabulae numeros ad decem figuras ab origine calculatos fuisse, septemque adeo figuris, quas hic damus, ubique tuto confidere licere; methodis autem analyticis ad hunc laborem in usum vocatis hoc loco immorari non possumus, quarum explicatione copiosa nimium ab instituto nostro distraheremur. Ceterum tabulae extensio omnibus casibus, ubi methodum hactenus expositam sequi prodest, abunde sufficit, quum ultra limitem $A = 0{,}3$, cui respondet $T = 0{,}392374$ sive $E = 64^{0}8'$, methodis artificialibus commode ut supra ostensum est abstinere liceat.

43.

Ad maiorem disquisitionum praecedentium illustrationem exemplum calculi completi pro anomalia vera et radio vectore ex tempore adiicimus, ad quem finem numeros art. 38 resumemus. Statuimus itaque $e = 0{,}967\,6456\,7$, $\log q = 9{,}765\,6500$, $t = 63{,}54400$, unde primo deducimus constantes $\log \alpha = 0{,}305\,2357$, $\log \beta = 8{,}221\,7364$, $\log \gamma = 0{,}002\,8755$.

Hinc fit $\log a t = 2{,}108\,3102$, cui respondet in tabula BARKERI valor approximatus ipsius $w = 99^0 6'$, unde derivatur $A = 0{,}02292$, et ex tabula nostra $\log B = 0{,}000\,0040$. Hinc argumentum correctum quo tabulam BARKERI intrare oportet fit $= \log\frac{at}{B} = 2{,}108\,3062$, cui respondet $w = 99^0 6' 13'',18$; dein calculus ulterior ita se habet:

$\log\tang\frac{1}{2}w^2$	0,138 5934	$\log\tang\frac{1}{2}w$	0,069 2967
$\log\beta$	8,221 7364	$\log\gamma$	0,002 8755
$\log A$	8,360 3298	$\frac{1}{2}$ Comp. $\log(1-\frac{4}{5}A+C)$	0,004 0143
$A =$	0,022 9260 8	$\log\tang\frac{1}{2}v$	0,076 1865
hinc $\log B$ perinde ut ante;		$\frac{1}{2}v =$	$50^0\ 0'\ 0''$
$C =$	0,000 0242	$v =$	100 0 0
$1-\frac{4}{5}A+C =$	0,981 6833	$\log q$	9,765 6500
$1+\frac{1}{5}A+C =$	1,004 6094	2 Comp. $\log\cos\frac{1}{2}v$	0,383 8650
		$\log(1-\frac{4}{5}A+C)$	9,991 9714
		C. $\log(1+\frac{1}{5}A+C)$	9,998 0028
		$\log r$	0,139 4892

Si in hoc calculo factor B omnino esset neglectus, anomalia vera erroruscuIo $1''$ tantum (in excessu) prodiisset affecta.

44.

Motum *hyperbolicum* eo brevius absolvere licebit, quoniam methodo ei quam hactenus pro motu elliptico exposuimus prorsus analoga tractandus est. Aequationem inter tempus t atque quantitatem auxiliarem u forma sequente exhibemus:

$$(e-1)\left\{\tfrac{1}{20}\left(u-\frac{1}{u}\right)+\tfrac{9}{10}\log u\right\}+\left(\tfrac{1}{10}+\tfrac{9}{10}e\right)\left\{\tfrac{1}{2}\left(u-\frac{1}{u}\right)-\log u\right\} = kt\left(\frac{e-1}{q}\right)^{\frac{3}{2}},$$

ubi logarithmi sunt hyperbolici, atque $\frac{1}{20}\left(u-\frac{1}{u}\right)+\frac{9}{10}\log u$ quantitas ordinis primi, $\frac{1}{2}\left(u-\frac{1}{u}\right)-\log u$ quantitas ordinis tertii, simulac $\log u$ tamquam quantitas parva ordinis primi spectatur. Statuendo itaque

$$\frac{6\left\{\frac{1}{2}\left(u-\frac{1}{u}\right)-\log u\right\}}{\frac{1}{20}\left(u-\frac{1}{u}\right)+\frac{9}{10}\log u} = 4A, \qquad \frac{\frac{1}{20}\left(u-\frac{1}{u}\right)+\frac{9}{10}\log u}{2\sqrt{A}} = B,$$

erit A quantitas ordinis secundi, B autem ab unitate differentia ordinis quarti discrepabit. Aequatio nostra tunc formam sequentem induet:

$$2)\qquad B\{2(e-1)A^{\frac{1}{2}}+\tfrac{2}{15}(1+9e)A^{\frac{5}{2}}\} = kt\left(\frac{e-1}{q}\right)^{\frac{3}{2}},$$

quae aequationi 1) art. 37 prorsus analoga est. Statuendo porro $\left(\frac{u-1}{u+1}\right)^2 = T$, erit T ordinis secundi, et per methodum serierum infinitarum invenietur

$$\frac{A}{T} = 1+\tfrac{4}{5}A+\tfrac{8}{175}A^2-\tfrac{8}{525}A^3+\tfrac{1896}{336875}A^4-\tfrac{28744}{13138125}A^5+\text{etc.}$$

Quamobrem ponendo $\frac{A}{T} = 1+\frac{4}{5}A+C$, erit C quantitas ordinis quarti, atque $A = \frac{(1+C)T}{1-\frac{4}{5}T}$. Denique pro radio vectore ex aequ. VII art. 21 facile sequitur

$$r = \frac{q}{(1-T)\cos\frac{1}{2}v^2} = \frac{(1+\frac{4}{5}A+C)q}{(1-\frac{1}{5}A+C)\cos\frac{1}{2}v^2}.$$

45.

Pars posterior tabulae primae operi huic annexae ad motum hyperbolicum spectat, ut iam supra monuimus, et pro argumento A (utrique tabulae parti communi) logarithmum ipsius B atque quantitatem C ad septem figuras decimales (cifris praecedentibus omissis), quantitatem T vero ad quinque dein ad sex figuras sistit. Extensa est haec pars, perinde ut prior, usque ad $A = 0{,}300$, cui respondet $T = 0{,}241207$, $u = 2{,}930$ vel $= 0{,}341$, $F = \pm 52^0 19'$; ulterior extensio superflua fuisset (art. 36).

Ecce iam ordinem calculi tum pro determinatione temporis ex anomalia vera tum pro determinatione anomaliae verae ex tempore. In problemate priori habebitur T per formulam $T = \frac{e-1}{e+1}\operatorname{tang}\frac{1}{2}v^2$; ex T tabula nostra dabit $\log B$ et C, unde erit $A = \frac{(1+C)T}{1-\frac{4}{5}T}$; hinc tandem per formulam 2) art. praec. invenietur t. In problemate posteriori computabuntur primo logarithmi constantium

$$\alpha = \frac{75k\sqrt{(\frac{1}{5}+\frac{9}{5}e)}}{2q^{\frac{3}{2}}}\ \text{[*)]}$$

$$\beta = \frac{5e-5}{1+9e}$$

$$\gamma = \sqrt{\frac{5e+5}{1+9e}}.$$

[*) Handschriftliche Bemerkung, welche sich auf eine von GAUSS zu seinem eignen Gebrauch im Jahr 1816 berechnete noch nicht gedruckte Tafel bezieht, auf die in diesem Bande zurückgekommen werden wird:] in tabula nostra $\alpha = \frac{k\sqrt{(\frac{1}{5}+\frac{9}{5}e)}}{q^{\frac{3}{2}}}$.

Tunc determinabitur A ex t prorsus eodem modo ut in motu elliptico, ita scilicet ut motui medio $\frac{\alpha t}{B}$ in tabula Barkeri respondeat anomalia vera w atque fiat $A = \beta \operatorname{tang} \frac{1}{2} w^2$; eruetur scilicet primo valor approximatus ipsius A neglecto vel si subsidia adsunt aestimato factore B; hinc tabula nostra suppeditabit valorem approximatum ipsius B, cum quo operatio repetetur; valor novus ipsius B hoc modo prodiens vix unquam correctionem sensibilem passus, neque adeo nova calculi iteratio necessaria erit. Correcto valore ipsius A e tabula desumetur C, quo facto habebitur

$$\operatorname{tang} \tfrac{1}{2} v = \frac{\gamma \operatorname{tang} \frac{1}{2} w}{\sqrt{(1 + \frac{4}{5} A + C)}}, \qquad r = \frac{(1 + \frac{4}{5} A + C) q}{(1 - \frac{1}{5} A + C) \cos \frac{1}{2} v^2}.$$

Patet hinc, inter formulas pro motu elliptico et hyperbolico nullam omnino differentiam reperiri, si modo β, A et T in motu hyperbolico tamquam quantitates negativas tractemus.

46.

Motum hyperbolicum quoque aliquot exemplis illustravisse haud inutile erit, ad quem finem numeros artt. 23, 26 resumemus.

I. Data sunt $e = 1{,}261\,8820$, $\log q = 0{,}020\,1657$, $v = 18^0 51' 0''$: quaeritur t. Habemus

$2 \log \operatorname{tang} \frac{1}{2} v$	8,440 2018	$\log T$	7,503 8375
$\log \frac{e-1}{e+1}$	9,063 6357	$\log(1+C)$	0,000 0002
		C. $\log(1 - \frac{4}{5} T)$	0,001 1099
$\log T$	7,503 8375	$\log A$	7,504 9476
$T =$	0,003 1903 4		
$\log B =$	0,000 0001		
$C =$	0,000 0005		
$\log \frac{2Bq^{\frac{3}{2}}}{k\sqrt{(e-1)}}$	2,386 6444	$\log \frac{2B(1+9e)}{15k} \left(\frac{q}{e-1}\right)^{\frac{3}{2}}$	2,884 3582
$\log A^{\frac{1}{2}}$	8,752 4738	$\log A^{\frac{3}{2}}$	6,257 4214
$\log 13{,}77584 =$	1,139 1182	$\log 0{,}138605 =$	9,141 7796
0,13861			
$13{,}91445 = t$			

II. Manentibus e et q ut ante, datur $t = 65{,}41236$, quaeruntur v et r. Invenimus logarithmos constantium

$$\log\alpha = 9{,}975\,8345$$
$$\log\beta = 9{,}025\,1649$$
$$\log\gamma = 9{,}980\,7646.$$

Porro prodit $\log\alpha t = 1{,}791\,4943$, unde per tabulam Barkeri valor approximatus ipsius $w = 70^\circ 31' 44''$, atque hinc $A = 0{,}052\,983$. Huic A in tabula nostra respondet $\log B = 0{,}000\,0207$; unde $\log\frac{\alpha t}{B} = 1{,}791\,4736$, valor correctus ipsius $w = 70^\circ 31' 36'',86$. Calculi operationes reliquae ita se habent:

$2\log\tang\frac{1}{2}w$	9,698 9398
$\log\beta$	9,025 1649
$\log A$	8,724 1047
$A =$	0,052 9791 1
$\log B$ ut ante	
$C =$	0,000 1261
$1+\frac{4}{5}A+C =$	1,042 5094
$1-\frac{1}{5}A+C =$	0,989 5303

$\log\tang\frac{1}{2}w$	9,849 4699
$\log\gamma$	9,980 7646
$\frac{1}{2}$ C. $\log(1+\frac{4}{5}A+C)$ ..	9,990 9600
$\log\tang\frac{1}{2}v$	9,821 1945
$\frac{1}{2}v =$	$33^\circ 31' 29'',98$
$v =$	67 2 59,96
$\log q$	0,020 1657
2 C. $\log\cos\frac{1}{2}v$	0,158 0378
$\log(1+\frac{4}{5}A+C)$	0,018 0800
C. $\log(1-\frac{1}{5}A+C)$ ...	0,004 5709
$\log r$	0,200 8544

Quae supra (art. 26) inveneramus $v = 67^\circ 2' 59'',78$, $\log r = 0{,}200\,8541$, minus exacta sunt, proprieque evadere debuisset $v = 67^\circ 3' 0'',00$, quo valore supposito valor ipsius t per tabulas maiores fuerat computatus.

SECTIO SECUNDA.

Relationes ad locum simplicem in spatio spectantes.

47.

In Sectione prima de motu corporum coelestium in orbitis suis actum est, nulla situs, quem hae orbitae in spatio occupant, ratione habita. Ad hunc situm determinandum, quo relationem locorum corporis coelestis ad quaevis alia spatii puncta assignare liceat, manifesto requiritur tum situs plani in quo orbita iacet respectu cuiusdam plani cogniti (e. g. plani orbitae telluris, *eclipticae*), tum situs apsidum in illo plano. Quae quum commodissime ad trigonometriam sphaericam referantur, superficiem sphaericam radio arbitrario circa Solem ut centrum descriptam fingimus, in qua quodvis planum per Solem transiens circulum maximum, quaevis autem recta e Sole ducta punctum depinget. Planis aut rectis per Solem ipsum non transeuntibus plana rectasque parallelas per Solem ducimus, circulosque maximos et puncta in sphaerae superficie his respondentia etiam illa repraesentare concipimus: potest quoque sphaera radio ut vocant infinito magno descripta supponi, in qua plana rectaeque parallelae perinde repraesentantur.

Nisi itaque planum orbitae cum plano eclipticae coincidit, circuli maximi illis planis respondentes (quos etiam simpliciter orbitam et eclipticam vocabimus) duobus punctis se intersecant, quae *nodi* dicuntur; in nodorum altero corpus e Sole visum e regione australi per eclipticam in borealem transibit, in altero ex hac in illam revertet; nodus prior *ascendens*, posterior *descendens* appellatur. Nodorum situs in ecliptica per eorum distantiam ab aequinoctio vernali medio (*longitudinem*) secundum ordinem signorum numeratam assignamus. Sit, in Fig. 1, ☊ nodus ascendens, A ☊ B pars eclipticae, C ☊ D pars orbitae; motus terrae et corporis coelestis fiant in directionibus ab A versus B et a C versus D, patetque angulum sphaericum, quem ☊ D facit cum ☊ B, a 0 usque ad 180^0 crescere posse, neque tamen ultra, quin ☊ nodus ascendens esse desinat: hunc angulum *inclinationem orbitae* ad eclipticam dicimus. Situ plani orbitae per longitudinem nodi atque inclinationem orbitae determinato, nihil aliud iam requiritur, nisi distantia perihelii a nodo ascendente, quam secundum ipsam directionem motus numeramus, adeoque negativam sive inter 180^0 et 360^0 assumimus, quoties perihelium ab ecliptica ad austrum situm est. Notentur adhuc expressiones sequentes. Longitudo cuiusvis puncti in circulo orbitae numeratur ab eo puncto, quod retrorsum a nodo ascendente in orbita tantundem distat, quantum aequinoctium vernale ab eodem puncto retrorsum in ecliptica: hinc *longitudo perihelii* erit summa longitudinis nodi et distantiae perihelii a nodo; *longitudo vera* corporis *in orbita* autem summa anomaliae verae et longitudinis perihelii. Denique *longitudo media* vocatur summa anomaliae mediae et longitudinis perihelii: haec postrema expressio manifesto in orbitis ellipticis tantum locum habere potest.

48.

Ut igitur corporis coelestis locum in spatio pro quovis temporis momento assignare liceat, sequentia in orbita elliptica nota esse oportebit.

I. Longitudo media pro quodam temporis momento arbitrario, quod *epocha* vocatur: eodem nomine interdum ipsa quoque longitudo designatur. Plerumque pro epocha eligitur initium alicuius anni, scilicet meridies 1. Ianuarii in anno bissextili, sive meridies 31. Decembris anno communi praecedentis.

II. Motus medius inter certum temporis intervallum, e. g. in uno die solari medio, sive in diebus 365, $365\frac{1}{4}$ aut 36525.

III. Semiaxis maior, qui quidem omitti posset, quoties corporis massa aut nota est aut negligi potest, quum per motum medium iam detur (art. 7): commoditatis tamen gratia uterque semper proferri solet.

IV. Excentricitas.

V. Longitudo perihelii.

VI. Longitudo nodi ascendentis.

VII. Inclinatio orbitae.

Haec septem momenta vocantur *elementa* motus corporis.

In parabola et hyperbola tempus transitus per perihelium elementi primi vice fungetur; pro II tradentur quae in his sectionum conicarum generibus motui medio diurno analoga sunt (v. art. 19; in motu hyperbolico quantitas $\lambda k b^{-\frac{3}{2}}$ art. 23). In hyperbola elementa reliqua perinde retineri poterunt, in parabola vero, ubi axis maior infinitus atque excentricitas = 1, loco elementi III et IV sola distantia in perihelio proferetur.

49.

Secundum vulgarem loquendi morem inclinatio orbitae, quam nos a 0 usque ad 180^0 numeramus, ad 90^0 tantum extenditur, atque si angulus orbitae cum arcu ☊ B (Fig. 1) angulum rectum egreditur, angulus orbitae cum arcu ☊ A (qui est illius complementum ad 180^0) tamquam inclinatio orbitae spectatur; in tali tunc casu addere oportebit, motum esse *retrogradum* (veluti si in figura nostra E ☊ F partem orbitae repraesentat), ut a casu altero ubi motus *directus* dicitur distinguatur. Longitudo in orbita tunc ita numerari solet, ut in ☊ cum longitudine huius puncti in ecliptica conveniat, in directione ☊ F autem *decrescat*; punctum initiale itaque a quo longitudines contra ordinem motus numerantur in directione ☊ F tantundem a ☊ distat, quantum aequinoctium vernale ab eodem ☊ in directione ☊ A. Quare in hoc casu longitudo perihelii erit longitudo nodi deminuta distantia perihelii a nodo. Hoc modo alteruter loquendi usus facile in alterum convertitur, nostrum autem ideo praetulimus, ut distinctione inter motum directum et retrogradum supersedere, et pro utroque semper formulas easdem adhibere possemus, quum usus vulgaris saepenumero praecepta duplicia requirat.

50.

Ratio simplicissima, puncti cuiusvis in superficie sphaerae coelestis situm respectu eclipticae determinandi, fit per ipsius distantiam ab ecliptica (*latitudinem*), atque distantiam puncti, ubi ecliptica a perpendiculo demisso secatur, ab aequinoctio (*longitudinem*). Latitudo, ab utraque eclipticae parte usque ad

90^0 numerata, in regione boreali ut positiva, in australi ut negativa spectatur. Respondeant corporis coelestis loco heliocentrico, i. e. proiectioni rectae a Sole ad corpus ductae in sphaeram coelestem, longitudo λ, latitudo β; sit porro u distantia loci heliocentrici a nodo ascendente (quae *argumentum latitudinis* dicitur), i inclinatio orbitae, Ω longitudo nodi ascendentis, habebunturque inter i, u, β, $\lambda - \Omega$, quae quantitates erunt partes trianguli sphaerici rectanguli, relationes sequentes, quas sine ulla restrictione valere facile evincitur:

$$\begin{array}{rrl} \text{I.} & \operatorname{tang}(\lambda - \Omega) &= \cos i \operatorname{tang} u \\ \text{II.} & \operatorname{tang}\beta &= \operatorname{tang} i \sin(\lambda - \Omega) \\ \text{III.} & \sin\beta &= \sin i \sin u \\ \text{IV.} & \cos u &= \cos\beta \cos(\lambda - \Omega). \end{array}$$

Quando i et u sunt quantitates datae, $\lambda - \Omega$ inde per aequ. I determinabitur, ac dein β per II vel per III, siquidem β non nimis ad $\pm 90^0$ appropinquat; formula IV si placet ad calculi confirmationem adhiberi potest. Ceterum formulae I et IV docent, $\lambda - \Omega$ et u semper in eodem quadrante iacere, quoties i est inter 0 et 90^0; contra $\lambda - \Omega$ et $360^0 - u$ ad eundem quadrantem pertinebunt, quoties i est inter 90^0 et 180^0, sive, secundum usum vulgarem, quoties motus est retrogradus; hinc ambiguitas, quam determinatio ipsius $\lambda - \Omega$ per tangentem secundum formulam I relinquit, sponte tollitur.

Formulae sequentes e praecedentium combinatione facile derivantur:

$$\begin{array}{rrl} \text{V.} & \sin(u - \lambda + \Omega) &= 2\sin\tfrac{1}{2}i^2 \sin u \cos(\lambda - \Omega) \\ \text{VI.} & \sin(u - \lambda + \Omega) &= \operatorname{tang}\tfrac{1}{2}i \sin\beta \cos(\lambda - \Omega) \\ \text{VII.} & \sin(u - \lambda + \Omega) &= \operatorname{tang}\tfrac{1}{2}i \operatorname{tang}\beta \cos u \\ \text{VIII.} & \sin(u + \lambda - \Omega) &= 2\cos\tfrac{1}{2}i^2 \sin u \cos(\lambda - \Omega) \\ \text{IX.} & \sin(u + \lambda - \Omega) &= \operatorname{cotang}\tfrac{1}{2}i \sin\beta \cos(\lambda - \Omega) \\ \text{X.} & \sin(u + \lambda - \Omega) &= \operatorname{cotang}\tfrac{1}{2}i \operatorname{tang}\beta \cos u. \end{array}$$

Angulus $u - \lambda + \Omega$, quoties i est infra 90^0, aut $u + \lambda - \Omega$, quoties i est ultra 90^0, secundum usum vulgarem *reductio ad eclipticam* dicitur, est scilicet differentia inter longitudinem heliocentricam λ atque longitudinem in orbita quae secundum illum usum est $\Omega \pm u$ (secundum nostrum $\Omega + u$). Quoties inclinatio vel parva est vel a 180^0 parum diversa, ista reductio tamquam quantitas secundi ordinis spectari potest, et in hoc quidem casu praestabit, β primo per formulam III ac dein λ per VII aut X computare, quo pacto praecisionem maiorem quam per formulam I assequi licebit.

Demisso perpendiculo a loco corporis coelestis in spatio ad planum eclipticae, distantia puncti intersectionis a Sole *distantia curtata* appellatur. Quam per r', radium vectorem autem per r designando, habebimus

$$\text{XI.} \quad r' = r\cos\beta.$$

51.

Exempli caussa calculum in artt. 13, 14 inchoatum, cuius numeros planeta Iunonis suppeditaverat, ulterius continuabimus. Supra inveneramus anomaliam veram $315^0 1' 23'',02$, logarithmum radii vectoris 0,325 9877: sit iam $i = 13^0 6' 44'',10$, distantia perihelii a nodo $= 241^0 10' 20'',57$, adeoque $u = 196^0 11' 43'',59$; denique sit $\Omega = 171^0 7' 48'',73$. Hinc habemus:

$\log\tang u$	9,463 0573	$\log\sin(\lambda-\Omega)$	$9{,}434\,8692_n$
$\log\cos i$	9,988 5266	$\log\tang i$	9,367 2304
$\log\tang(\lambda-\Omega)$	9,451 5839	$\log\tang\beta$	$8{,}802\,0996_n$
$\lambda-\Omega =$	$195^0 47' 40'',25$	$\beta =$	$-3^0 37' 40'',02$
$\lambda =$	6 55 28,98	$\log\cos\beta$	9,999 1289
$\log r$	0,325 9877	$\log\cos(\lambda-\Omega)$	$9{,}983\,2852_n$
$\log\cos\beta$	9,999 1289		$9{,}982\,4141_n$
$\log r'$	0,325 1166	$\log\cos u$	$9{,}982\,4141_n$

Calculus secundum formulas III, VII ita se haberet:

$\log\sin u$	$9{,}445\,4714_n$	$\log\tang\frac{1}{2}i$	9,060 4258
$\log\sin i$	9,355 7570	$\log\tang\beta$	$8{,}802\,0996_n$
$\log\sin\beta$	$8{,}801\,2284_n$	$\log\cos u$	$9{,}982\,4141_n$
$\beta =$	$-3^0 37' 40'',02$	$\log\sin(u-\lambda+\Omega)$	7,844 9395
		$u-\lambda+\Omega =$	$0^0 24' 3'',34$
		$\lambda-\Omega =$	195 47 40,25

52.

Spectando i et u tamquam quantitates variabiles, differentiatio aequationis III art. 50 suggerit:

$$\text{cotang}\,\beta\, \text{d}\beta = \text{cotang}\, i\, \text{d}i + \text{cotang}\, u\, \text{d}u$$

sive

$$\text{XII.} \quad \text{d}\beta = \sin(\lambda - \Omega)\, \text{d}i + \sin i \cos(\lambda - \Omega)\, \text{d}u.$$

Perinde per differentiationem aequationis I obtinemus

$$\text{XIII.} \quad \text{d}(\lambda - \Omega) = -\text{tang}\,\beta \cos(\lambda - \Omega)\, \text{d}i + \frac{\cos i}{\cos\beta^2}\, \text{d}u.$$

Denique e differentiatione aequationis XI prodit

$$\text{d}r' = \cos\beta\, \text{d}r - r\sin\beta\, \text{d}\beta$$

sive

$$\text{XIV.} \quad \text{d}r' = \cos\beta\, \text{d}r - r\sin\beta \sin(\lambda - \Omega)\, \text{d}i - r\sin\beta \sin i \cos(\lambda - \Omega)\, \text{d}u.$$

In hac ultima aequatione vel partes quae continent $\text{d}i$ et $\text{d}u$ per $206265''$ sunt dividendae, vel reliquae per hunc numerum multiplicandae, si mutationes ipsarum i et u in minutis secundis expressae supponuntur.

53.

Situs puncti cuiuscunque in spatio commodissime per distantias a tribus planis sub angulis rectis se secantibus determinatur. Assumendo pro planorum uno planum eclipticae, designandoque per z distantiam corporis coelestis ab hoc plano a parte boreali positive, ab australi negative sumendam, manifesto habebimus

$$z = r'\,\text{tang}\,\beta = r\sin\beta = r\sin i \sin u.$$

Plana duo reliqua, quae per Solem quoque ducta supponemus, in sphaera coelesti circulos maximos proiicient, qui eclipticam sub angulis rectis secabunt, quorumque adeo poli in ipsa ecliptica iacebunt et 90^0 ab invicem distabunt. Utriusque plani polum istum, a cuius parte distantiae positivae censentur, *polum positivum* appellamus. Sint itaque N et $N + 90^0$ longitudines polorum positivorum, designenturque distantiae a planis quibus respondent respective per x, y.

Tunc facile perspicietur haberi

$$x = r'\cos(\lambda - N) = r\cos\beta\cos(\lambda - \Omega)\cos(N - \Omega) + r\cos\beta\sin(\lambda - \Omega)\sin(N - \Omega)$$
$$y = r'\sin(\lambda - N) = r\cos\beta\sin(\lambda - \Omega)\cos(N - \Omega) - r\cos\beta\cos(\lambda - \Omega)\sin(N - \Omega),$$

qui valores transeunt in

$$x = r\cos(N - \Omega)\cos u + r\cos i\sin(N - \Omega)\sin u$$
$$y = r\cos i\cos(N - \Omega)\sin u - r\sin(N - \Omega)\cos u.$$

Quodsi itaque polus positivus plani ipsarum x in ipso nodo ascendente collocatur, ut sit $N = \Omega$, habebimus coordinatarum x, y, z expressiones simplicissimas

$$x = r\cos u$$
$$y = r\cos i\sin u$$
$$z = r\sin i\sin u.$$

Si vero haec suppositio locum non habet, tamen formulae supra datae formam aeque fere commodam nanciscuntur per introductionem quatuor quantitatum auxiliarium a, b, A, B ita determinatarum ut habeatur [*)]

$$\cos(N - \Omega) = a\sin A$$
$$\cos i\sin(N - \Omega) = a\cos A$$
$$-\sin(N - \Omega) = b\sin B$$
$$\cos i\cos(N - \Omega) = b\cos B$$

(vid. art. 14, II). Manifesto tunc erit

$$x = ra\sin(u + A)$$
$$y = rb\sin(u + B)$$
$$z = r\sin i\sin u.$$

[*) Handschriftliche Bemerkung, wozu vgl. Seite 69 Zeile 7:]

$$-\cos\Omega' = a\sin A$$
$$\cos i'\sin\Omega' = a\cos A$$
$$-\sin\Omega' = b\sin B$$
$$-\cos i'\cos\Omega' = b\cos B.$$

54.

Relationes motus ad eclipticam in praecc. explicatae manifesto perinde valebunt, etiamsi pro ecliptica quodvis aliud planum substituatur, si modo situs plani orbitae ad hoc planum innotuerit; expressiones longitudo et latitudo autem tunc supprimendae erunt. Offert itaque se problema: *e situ cognito plani orbitae aliusque plani novi ad eclipticam derivare situm plani orbitae ad hoc novum planum.* Sint $n☊$, $☊☊'$, $n☊'$ partes circulorum maximorum, quos planum eclipticae, planum orbitae planumque novum in sphaera coelesti proiiciunt (Fig. 2). Ut inclinatio circuli secundi ad tertium locusque nodi ascendentis absque ambiguitate assignari possit, in circulo tertio alterutra directio eligi debebit tamquam ei analoga, quae in ecliptica est secundum ordinem signorum; sit haec in fig. nostra directio ab n versus $☊'$. Praeterea duorum hemisphaeriorum, quae circulus $n☊'$ separat, alterum censere oportebit analogum haemisphaerio boreali, alterum australi: haec vero hemisphaeria sponte iam sunt distincta, quatenus id semper quasi boreale spectatur, quod in circulo secundum ordinem signorum progredienti*) a dextra est. In figura igitur nostra sunt $☊$, n, $☊'$ nodi ascendentes circuli secundi in primo, tertii in primo, secundi in tertio; $180^0 - n☊☊'$, $☊n☊'$, $n☊'☊$ inclinationes secundi ad primum, tertii ad primum, secundi ad tertium. Pendet itaque problema nostrum a solutione trianguli sphaerici, ubi e latere uno angulisque adiacentibus reliqua sunt deducenda. Praecepta vulgaria, quae in trigonometria sphaerica pro hoc casu traduntur, tamquam abunde nota supprimimus: commodius autem methodus alia in usum vocatur ex aequationibus quibusdam petita, quae in libris nostris trigonometricis frustra quaeruntur. Ecce has aequationes, quibus in sequentibus frequenter utemur: designant a, b, c latera trianguli sphaerici atque A, B, C angulos illis resp. oppositos: [**)]

*) Puta in *interiori* sphaerae superficie, quam figura nostra repraesentat.

[**) Handschriftliche Bemerkung:] Si duo triangula communia habent duo latera b, c, erit

$$\text{I.}\quad \frac{\sin\frac{1}{2}(a'-a)}{\sin\frac{1}{2}(A'-A)} = \frac{\sin b \sin\frac{1}{2}(C'+C)}{\cos\frac{1}{2}(B'-B)} = \frac{\sin c \sin\frac{1}{2}(B'+B)}{\cos\frac{1}{2}(C'-C)}$$

$$\text{II.}\quad -\frac{\sin\frac{1}{2}(a'+a)}{\sin\frac{1}{2}(A'-A)} = \frac{\sin b \cos\frac{1}{2}(C'+C)}{\sin\frac{1}{2}(B'-B)} = \frac{\sin c \cos\frac{1}{2}(B'+B)}{\sin\frac{1}{2}(C'-C)}$$

$$\text{III.}\quad -\frac{\sin\frac{1}{2}(a'-a)}{\sin\frac{1}{2}(A'+A)} = \frac{\sin b \sin\frac{1}{2}(C'-C)}{\cos\frac{1}{2}(B'+B)} = \frac{\sin c \sin\frac{1}{2}(B'-B)}{\cos\frac{1}{2}(C'+C)}$$

$$\text{IV.}\quad \frac{\sin\frac{1}{2}(a'+a)}{\sin\frac{1}{2}(A'+A)} = \frac{\sin b \cos\frac{1}{2}(C'-C)}{\sin\frac{1}{2}(B'+B)} = \frac{\sin c \cos\frac{1}{2}(B'-B)}{\sin\frac{1}{2}(C'+C)}.$$

$$\text{I.}\quad \frac{\sin\frac{1}{2}(b-c)}{\sin\frac{1}{2}a} = \frac{\sin\frac{1}{2}(B-C)}{\cos\frac{1}{2}A}$$

$$\text{II.}\quad \frac{\sin\frac{1}{2}(b+c)}{\sin\frac{1}{2}a} = \frac{\cos\frac{1}{2}(B-C)}{\sin\frac{1}{2}A}$$

$$\text{III.}\quad \frac{\cos\frac{1}{2}(b-c)}{\cos\frac{1}{2}a} = \frac{\sin\frac{1}{2}(B+C)}{\cos\frac{1}{2}A}$$

$$\text{IV.}\quad \frac{\cos\frac{1}{2}(b+c)}{\cos\frac{1}{2}a} = \frac{\cos\frac{1}{2}(B+C)}{\sin\frac{1}{2}A}.$$

Quamquam demonstrationem harum propositionum brevitatis caussa hic praeterire oporteat, quisque tamen earum veritatem in triangulis, quorum nec latera nec anguli 180^0 excedunt, haud difficile confirmare poterit. Quodsi quidem idea trianguli sphaerici in maxima generalitate concipitur, ut nec latera nec anguli ullis limitibus restringantur (quod plurima commoda insignia praestat, attamen quibusdam dilucidationibus praeliminaribus indiget), casus existere possunt, ubi in cunctis aequationibus praecedentibus signum mutare oportet; quoniam vero signa priora manifesto restituuntur, simulac unus angulorum vel unum laterum 360^0 augetur vel diminuitur, signa, qualia tradidimus, semper tuto retinere licebit, sive e latere angulisque adiacentibus reliqua determinanda sint, sive ex angulo lateribusque adiacentibus; semper enim vel quaesitorum valores ipsi vel 360^0 a veris diversi hisque adeo aequivalentes per formulas nostras elicientur. Dilucidationem copiosiorem huius argumenti ad aliam occasionem nobis reservamus: quod vero praecepta, quae tum pro solutione problematis nostri tum in aliis occasionibus formulis istis superstruemus, in omnibus casibus generaliter valent, tantisper adiumento inductionis rigorosae, i. e. completae omnium casuum enumerationis, haud difficile comprobari poterit.

55.

Designando ut supra longitudinem nodi ascendentis orbitae in ecliptica per ☊, inclinationem per i; porro longitudinem nodi ascendentis plani novi in ecliptica per n, inclinationem per ε; distantiam nodi ascendentis orbitae in plano novo a nodo ascendente plani novi in ecliptica (arcum n☊$'$ in Fig. 2) per ☊$'$, inclinationem orbitae ad planum novum per i'; denique arcum ab ☊ ad ☊$'$ secundum directionem motus per Δ: erunt trianguli sphaerici nostri latera ☊$-n$, ☊$'$, Δ, angulique oppositi i', 180^0-i, ε. Hinc erit secundum formulas art. praec.

$$\sin\tfrac{1}{2}i'\sin\tfrac{1}{2}(☊'+\Delta) = \sin\tfrac{1}{2}(☊-n)\sin\tfrac{1}{2}(i+\varepsilon)$$
$$\sin\tfrac{1}{2}i'\cos\tfrac{1}{2}(☊'+\Delta) = \cos\tfrac{1}{2}(☊-n)\sin\tfrac{1}{2}(i-\varepsilon)$$
$$\cos\tfrac{1}{2}i'\sin\tfrac{1}{2}(☊'-\Delta) = \sin\tfrac{1}{2}(☊-n)\cos\tfrac{1}{2}(i+\varepsilon)$$
$$\cos\tfrac{1}{2}i'\cos\tfrac{1}{2}(☊'-\Delta) = \cos\tfrac{1}{2}(☊-n)\cos\tfrac{1}{2}(i-\varepsilon).$$

Duae primae aequationes suppeditabunt $\frac{1}{2}(☊'+\Delta)$ atque $\sin\frac{1}{2}i'$; duae reliquae $\frac{1}{2}(☊'-\Delta)$ atque $\cos\frac{1}{2}i'$; ex $\frac{1}{2}(☊'+\Delta)$ et $\frac{1}{2}(☊'-\Delta)$ demanabunt $☊'$ et Δ; ex $\sin\frac{1}{2}i'$ aut $\cos\frac{1}{2}i'$ (quorum consensus calculo confirmando inserviet) prodibit i'. Ambiguitas, utrum $\frac{1}{2}(☊'+\Delta)$ et $\frac{1}{2}(☊'-\Delta)$ inter 0 et 180^0 vel inter 180^0 et 360^0 accipere oporteat, ita tolletur, ut tum $\sin\frac{1}{2}i'$ tum $\cos\frac{1}{2}i'$ fiant positivi, quoniam per rei naturam i' infra 180^0 cadere debet.

56.

Praecepta praecedentia exemplo illustravisse haud inutile erit. Sit $☊ = 172^0 28' 13''{,}7$, $i = 34^0 38' 1''{,}1$; porro sit planum novum aequatori parallelum, adeoque $n = 180^0$; angulum ε, qui erit obliquitas eclipticae, statuimus $= 23^0 27' 55''{,}8$. Habemus itaque

$☊ - n =$	$-7^0 31' 46''{,}3$	$\frac{1}{2}(☊-n) =$	$-3^0 45' 53''{,}15$
$i+\varepsilon =$	58 5 56,9	$\frac{1}{2}(i+\varepsilon) =$	29 2 58,45
$i-\varepsilon =$	11 10 5,3	$\frac{1}{2}(i-\varepsilon) =$	5 35 2,65
$\log\sin\frac{1}{2}(☊-n)$ . .	$8{,}817\,3026_n$	$\log\cos\frac{1}{2}(☊-n)$ . . .	9,999 0618
$\log\sin\frac{1}{2}(i+\varepsilon)$ . . .	9,686 2484	$\log\sin\frac{1}{2}(i-\varepsilon)$	8,988 1405
$\log\cos\frac{1}{2}(i+\varepsilon)$ . . .	9,941 6108	$\log\cos\frac{1}{2}(i-\varepsilon)$	9,997 9342

Hinc fit

$\log\sin\frac{1}{2}i'\sin\frac{1}{2}(☊'+\Delta)$. . .	$8{,}503\,5510_n$	$\log\cos\frac{1}{2}i'\sin\frac{1}{2}(☊'-\Delta)$ . . .	$8{,}758\,9134_n$
$\log\sin\frac{1}{2}i'\cos\frac{1}{2}(☊'+\Delta)$. . .	8,987 2023	$\log\cos\frac{1}{2}i'\cos\frac{1}{2}(☊'-\Delta)$ . . .	9,996 9960
unde $\frac{1}{2}(☊'+\Delta) =$	$341^0 49' 19''{,}01$	unde $\frac{1}{2}(☊'-\Delta) =$	$356^0 41' 31''{,}43$
$\log\sin\frac{1}{2}i'$	9,009 4368	$\log\cos\frac{1}{2}i'$	9,997 7202

Obtinemus itaque $\frac{1}{2}i' = 5^0 51' 56''{,}445$, $i' = 11^0 43' 52''{,}89$, $☊' = 338^0 30' 50''{,}44$, $\Delta = -14^0 52' 12''{,}42$. Ceterum punctum n in sphaera coelesti manifesto respondet aequinoctio autumnali; quocirca distantia nodi ascendentis orbitae in aequatore ab aequinoctio vernali (eius *rectascensio*) erit $158^0 30' 50''{,}44$.

Ad illustrationem art. 53 hoc exemplum adhuc ulterius continuabimus, formulasque pro coordinatis respectu trium planorum per Solem transeuntium evolvemus, quorum unum aequatori parallelum sit, duorumque reliquorum poli positivi in ascensione recta 0^0 et 90^0 sint siti: distantiae ab his planis sint resp. z, x, y. Iam si insuper distantia loci heliocentrici in sphaera coelesti a punctis ☊, ☊′ resp. denotetur per u, u', fiet $u' = u - \Delta = u + 14^0 52' 12'',42$, et quae in art. 53 per i, $N-$☊, u exprimebantur, hic erunt i', 180^0-☊′, u'. Sic per formulas illic datas prodit

$\log a \sin A$	$9{,}968\,7197_n$	$\log b \sin B$	$9{,}563\,8058$
$\log a \cos A$	$9{,}554\,6380_n$	$\log b \cos B$	$9{,}959\,5519_n$
unde $A =$	$248^0 55' 22'',97$	unde $B =$	$158^0 5' 54'',97$
$\log a$	$9{,}998\,7923$	$\log b$	$9{,}992\,0848$

Habemus itaque

$$x = ar\sin(u' + 248^0 55' 22'',97) = ar\sin(u + 263^0 47' 35'',39)$$
$$y = br\sin(u' + 158\;\; 5\;\; 54,97) = br\sin(u + 172\;\; 58\;\; 7,39)$$
$$z = cr\sin u' = cr\sin(u + 14\;\; 52\;\; 12,42),$$

ubi $\log c = \log\sin i' = 9{,}308\,1870$.

Alia solutio problematis hic tractati invenitur in von Zach *Monatliche Correspondenz* B. IX. S. 385 [*)].

57.

Corporis itaque coelestis distantia a quovis plano per Solem transeunte reduci poterit ad formam $kr\sin(v+K)$, designante v anomaliam veram, eritque k sinus inclinationis orbitae ad hoc planum, K distantia perihelii a nodo ascendente orbitae in eodem plano. Quatenus situs plani orbitae, lineaeque apsidum in eo, nec non situs plani ad quod distantiae referuntur pro constantibus haberi possunt, etiam k et K constantes erunt. Frequentius tamen illa methodus in tali casu in usum vocabitur, ubi tertia saltem suppositio non permittitur, etiamsi perturbationes negligantur, quae primam atque secundam semper aliquatenus afficiunt. Illud evenit, quoties distantiae referuntur ad

[*) Mai 1804. Band VI. S. 94.]

aequatorem, sive ad planum aequatorem sub angulo recto in rectascensione data secans: quum enim situs aequatoris propter praecessionem aequinoctiorum insuperque propter nutationem (siquidem de vero non de medio situ sermo fuerit) mutabilis sit, in hoc casu etiam k et K mutationibus, lentis utique, obnoxiae erunt. Computus harum mutationum per formulas differentiales absque difficultate eruendas absolvi potest: hic vero brevitatis caussa sufficiat, variationes differentiales ipsarum i', Ω', Δ apposuisse, quatenus a variationibus ipsarum $\Omega - n$ atque ε pendent.

$$\mathrm{d}i' = \sin\varepsilon \sin\Omega' \mathrm{d}(\Omega - n) - \cos\Omega' \mathrm{d}\varepsilon$$

$$\mathrm{d}\Omega' = \frac{\sin i \cos\Delta}{\sin i'} \mathrm{d}(\Omega - n) + \frac{\sin\Omega'}{\tang i'} \mathrm{d}\varepsilon$$

$$\mathrm{d}\Delta = \frac{\sin\varepsilon \cos\Omega'}{\sin i'} \mathrm{d}(\Omega - n) + \frac{\sin\Omega'}{\sin i'} \mathrm{d}\varepsilon.$$

Ceterum quoties id tantum agitur, ut plures corporis coelestis loci respectu talium planorum mutabilium calculentur, qui temporis intervallum mediocre complectuntur (e. g. unum annum), plerumque commodissimum erit, quantitates a, A, b, B, c, C pro duabus epochis intra quas illi cadunt reipsa calculare, ipsarumque mutationes pro singulis temporibus propositis ex illis per simplicem interpolationem eruere.

58.

Formulae nostrae pro distantiis a planis datis involvunt v et r: quoties has quantitates e tempore prius determinare oportet, partem operationum adhuc contrahere, atque sic laborem notabiliter allevare licebit. Derivari enim possunt illae distantiae per formulam persimplicem statim ex anomalia excentrica in ellipsi, vel e quantitate auxiliari F aut u in hyperbola, ita ut computo anomaliae verae radiique vectoris plane non sit opus. Mutatur scilicet expressio $kr\sin(v+K)$

I. *pro ellipsi*, retentis characteribus art. 8, in

$$ak\cos\varphi\cos K\sin E + ak\sin K(\cos E - e).$$

Determinando itaque l, L, λ per aequationes

$$ak\sin K = l\sin L$$

$$ak\cos\varphi\cos K = l\cos L$$

$$-eak\sin K = -el\sin L = \lambda,$$

expressio nostra transit in $l\sin(E+L)+\lambda$, ubi l, L, λ constantes erunt, quatenus k, K, e pro constantibus habere licet; sin minus, de illarum mutationibus computandis eadem valebunt, quae in art. praec. monuimus.

Exempli caussa transformationem expressionis pro x in art. 56 inventi apponimus, ubi longitudinem perihelii $= 121^0 17' 34''{,}4$, $\varphi = 14^0 13' 31''{,}97$, $\log a = 0{,}442\,3790$ statuimus. Fit igitur distantia perihelii a nodo ascendente in ecliptica $= 308^0 49' 20''{,}7 = u-v$; hinc $K = 212^0 36' 56''{,}09$. Habemus itaque

$\log ak$	$0{,}441\,1713$	$\log l\sin L$	$0{,}172\,7600_n$
$\log\sin K$.....	$9{,}731\,5887_n$	$\log l\cos L$	$0{,}353\,1154_n$
$\log ak\cos\varphi$...	$0{,}427\,6456$	unde $L =$	$213^0 25' 51''{,}31$
$\log\cos K$.....	$9{,}925\,4698_n$	$\log l$	$0{,}431\,6627$
		$\log\lambda$	$9{,}563\,2352$
		$\lambda =$	$+0{,}365\,7929$

II. In hyperbola formula $kr\sin(v+K)$ secundum art. 21 transit in

$$\lambda+\mu\,\mathrm{tang}\,F+\nu\,\mathrm{secans}\,F,$$

si statuitur

$$ebk\sin K = \lambda, \qquad bk\,\mathrm{tang}\psi\cos K = \mu, \qquad -bk\sin K = \nu;$$

manifesto eandem expressionem etiam sub formam $\frac{n\sin(F+N)+\nu}{\cos F}$ reducere licet. Si loco ipsius F quantitas auxiliaris u adhibita est, expressio $kr\sin(v+K)$ per art. 21 transibit in $\alpha+\beta u+\frac{\gamma}{u}$, ubi α, β, γ determinantur per formulas

$$\alpha = \lambda = ebk\sin K$$
$$\beta = \tfrac{1}{2}(\nu+\mu) = -\tfrac{1}{2}ebk\sin(K-\psi)$$
$$\gamma = \tfrac{1}{2}(\nu-\mu) = -\tfrac{1}{2}ebk\sin(K+\psi).$$

III. In parabola, ubi anomalia vera e tempore immediate derivatur, nihil aliud supererit, nisi ut pro radio vectore valor suus substituatur. Denotando itaque distantiam in perihelio per q, expressio $kr\sin(v+K)$ fit $= \frac{qk\sin(v+K)}{\cos\frac{1}{2}v^2}$

59.

Praecepta pro determinandis distantiis a planis per Solem transeuntibus manifesto etiam ad distantias terrae applicare licet: hic vero simplicissimi tantum casus occurrere solent. Sit R distantia terrae a Sole, L longitudo heliocentrica terrae (quae 180^0 a longitudine geocentrica Solis differt), denique X, Y, Z distantiae terrae a tribus planis in Sole sub angulis rectis se secantibus. Iam si

I. Planum ipsarum Z est ipsa ecliptica, longitudinesque polorum planorum reliquorum, a quibus distantiae sunt X, Y, resp. N et $N+90^0$: erit

$$X = R\cos(L-N), \qquad Y = R\sin(L-N), \qquad Z = 0.$$

II. Si planum ipsarum Z aequatori parallelum est, atque rectascensiones polorum planorum reliquorum, a quibus distantiae sunt X, Y, resp. 0 et 90^0, habebimus, obliquitate eclipticae per ε designata,

$$X = R\cos L, \qquad Y = R\cos\varepsilon\sin L, \qquad Z = R\sin\varepsilon\sin L.$$

Tabularum solarium recentissimarum editores, clarr. DE ZACH et DE LAMBRE, latitudinis Solis rationem habere coeperunt, quae quantitas a perturbationibus reliquorum planetarum atque lunae producta vix unum minutum secundum attingere potest. Designando latitudinem heliocentricam terrae, quae latitudini Solis semper aequalis sed signo opposito affecta erit, per B, habebimus:

in casu I.	in casu II.
$X = R\cos B\cos(L-N)$	$X = R\cos B\cos L$
$Y = R\cos B\sin(L-N)$	$Y = R\cos B\cos\varepsilon\sin L - R\sin B\sin\varepsilon$
$Z = R\sin B$	$Z = R\cos B\sin\varepsilon\sin L + R\sin B\cos\varepsilon.$

Pro $\cos B$ hic semper tuto substitui poterit 1, angulusque B in partibus radii expressus pro $\sin B$.

Coordinatae ita inventae ad *centrum* terrae referuntur: si ξ, η, ζ sunt distantiae puncti cuiuslibet in terrae *superficie* a tribus planis per centrum terrae ductis iisque quae per Solem ducta erant parallelis, distantiae illius puncti a planis per Solem transeuntibus manifesto erunt $X+\xi$, $Y+\eta$, $Z+\zeta$, valores coordinatarum ξ, η, ζ autem pro utroque casu facile determinantur sequenti modo. Sit ρ radius globi terrestris (sive sinus parallaxis horizontalis mediae Solis), λ longitudo puncti sphaerae coelestis, ubi recta a terrae centro ad punctum superficiei ductum proiicitur, β eiusdem latitudo, α ascensio recta, δ declinatio, eritque

in casu I.	in casu II.
$\xi = \rho\cos\beta\cos(\lambda - N)$	$\xi = \rho\cos\delta\cos\alpha$
$\eta = \rho\cos\beta\sin(\lambda - N)$	$\eta = \rho\cos\delta\sin\alpha$
$\zeta = \rho\sin\beta$	$\zeta = \rho\sin\delta$.

Punctum illud sphaerae coelestis manifesto respondet ipsi zenith loci in superficie (siquidem terra tamquam sphaera spectatur), quocirca ipsius ascensio recta conveniet cum ascensione recta medii coeli sive cum tempore siderali in gradus converso, declinatio autem cum elevatione poli; si operae pretium esset, figurae terrestris sphaeroidicae rationem habere, pro δ elevationem poli *correctam*, atque pro ρ distantiam veram loci a centro terrae accipere oporteret, quae per regulas notas eruuntur. Ex α et δ longitudo et latitudo λ et β per regulas notas infra quoque tradendas deducentur; ceterum patet, λ convenire cum longitudine *nonagesimi*, atque $90^0 - \beta$ cum eiusdem altitudine.

60.

Designantibus x, y, z distantias corporis coelestis a tribus planis in Sole sub angulis rectis se secantibus; X, Y, Z distantias terrae (sive centri sive puncti in superficie) ab iisdem planis; patet, $x-X$, $y-Y$, $z-Z$ fore distantias corporis coelestis a tribus planis illis parallele per terram ductis, hasque distantias ad distantiam corporis a terra ipsiusque *locum geocentricum**), i. e. situm proiectionis rectae a terra ad ipsum ductae in sphaera coelesti, relationem eandem habituras, quam x, y, z habent ad distantiam a Sole locumque heliocentricum. Sit Δ distantia corporis coelestis a terra; concipiatur in sphaera

*) In sensu latiori: proprie enim haec expressio ad eum casum refertur, ubi recta e terrae *centro* ducitur.

coelesti perpendiculum a loco geocentrico ad circulum maximum, qui respondet plano distantiarum z, demissum, sitque a distantia intersectionis a polo positivo circuli maximi, qui respondet plano ipsarum x, denique sit b longitudo ipsius perpendiculi sive distantia loci geocentrici a circulo maximo distantiis z respondente. Tunc erit b latitudo aut declinatio geocentrica, prout planum distantiarum z est ecliptica aut aequator; contra $a+N$ longitudo seu ascensio recta geocentrica, si N designat in casu priori longitudinem in posteriori ascensionem rectam poli plani distantiarum x. Quamobrem erit

$$x-X = \Delta\cos b\cos a$$
$$y-Y = \Delta\cos b\sin a$$
$$z-Z = \Delta\sin b.$$

Duae priores aequationes dabunt a atque $\Delta\cos b$; quantitas posterior (quam positivam fieri oportet) cum aequatione tertia combinata dabit b atque Δ.

61.

Tradidimus in praecedentibus methodum facillimam, corporis coelestis locum geocentricum respectu eclipticae seu aequatoris, a parallaxi liberum sive ea affectum, ac perinde a nutatione liberum seu ea affectum determinandi. Quod enim attinet ad nutationem, omnis differentia in eo versabitur, utrum aequatoris positionem mediam adoptemus an veram, adeoque in casu priori longitudines ab aequinoctio medio, in posteriori a vero numeremus, sicuti in casu illo eclipticae obliquitas media, in hoc vera adhibenda est. Ceterum sponte elucet, quo plures abbreviationes in calculo coordinatarum introducantur, eo plures operationes praeliminares esse instituendas: quamobrem praestantia methodi supra explicatae, coordinatas immediate ex anomalia excentrica deducendi, tunc potissimum se manifestabit, ubi multos locos geocentricos determinare oportet: contra quoties unus tantum locus computandus esset, aut perpauci, neutiquam operae pretium foret, laborem tot quantitates auxiliares calculandi suscipere. Quin potius in tali casu methodum vulgarem haud deserere praestabit, secundum quam ex anomalia excentrica deducitur vera atque radius vector; hinc locus heliocentricus respectu eclipticae; hinc longitudo et latitudo geocentrica, atque hinc tandem rectascensio et declinatio. Ne quid igitur hic deesse videatur, duas ultimas operationes adhuc breviter explicabimus.

62.

Sit corporis coelestis longitudo heliocentrica λ, latitudo β; longitudo geocentrica l, latitudo b, distantia a Sole r, a terra Δ; denique terrae longitudo heliocentrica L, latitudo B, distantia a Sole R. Quum non statuamus $B = 0$, formulae nostrae ad eum quoque casum applicari poterunt, ubi loci heliocentrici et geocentricus non ad eclipticam sed ad quodvis aliud planum referuntur, modo denominationes longitudinis et latitudinis supprimere oportebit: praeterea parallaxeos ratio statim haberi potest, si modo locus heliocentricus terrae non ad centrum sed ad locum in superficie immediate refertur. Statuamus porro $r\cos\beta = r'$, $\Delta\cos b = \Delta'$, $R\cos B = R'$. Iam referendo locum corporis coelestis atque terrae in spatio ad tria plana, quorum unum sit ecliptica, secundumque et tertium polos suos habeant in longitudine N et $N+90^0$, protinus emergent aequationes sequentes:

$$r'\cos(\lambda-N) - R'\cos(L-N) = \Delta'\cos(l-N)$$
$$r'\sin(\lambda-N) - R'\sin(L-N) = \Delta'\sin(l-N)$$
$$r'\operatorname{tang}\beta - R'\operatorname{tang}B = \Delta'\operatorname{tang}b,$$

ubi angulus N omnino arbitrarius est. Aequatio prima et secunda statim determinabunt $l-N$ atque Δ', unde et ex tertia demanabit b; ex b et Δ' habebis Δ. Iam ut labor calculi quam commodissimus evadat, angulum arbitrarium N tribus modis sequentibus determinamus:

I. Statuendo $N = L$, faciemus $\frac{r'}{R'}\sin(\lambda-L) = P$, $\frac{r'}{R'}\cos(\lambda-L) - 1 = Q$, invenienturque $l-L$, $\frac{\Delta'}{R'}$ atque b per formulas

$$\operatorname{tang}(l-L) = \frac{P}{Q}$$
$$\frac{\Delta'}{R'} = \frac{P}{\sin(l-L)} = \frac{Q}{\cos(l-L)}$$
$$\operatorname{tang}b = \frac{\frac{r'}{R'}\operatorname{tang}\beta - \operatorname{tang}B}{\frac{\Delta'}{R'}}.$$

II. Statuendo $N = \lambda$, faciemus $\frac{R'}{r'}\sin(\lambda - L) = P$, $1 - \frac{R'}{r'}\cos(\lambda - L) = Q$, eritque

$$\operatorname{tang}(l - \lambda) = \frac{P}{Q}$$

$$\frac{\Delta'}{r'} = \frac{P}{\sin(l-\lambda)} = \frac{Q}{\cos(l-\lambda)}$$

$$\operatorname{tang} b = \frac{\operatorname{tang}\beta - \frac{R'}{r'}\operatorname{tang} B}{\frac{\Delta'}{r'}}.$$

III. Statuendo $N = \frac{1}{2}(\lambda + L)$, invenientur l atque Δ' per aequationes

$$\operatorname{tang}\{l - \tfrac{1}{2}(\lambda + L)\} = \frac{r'+R'}{r'-R'}\operatorname{tang}\tfrac{1}{2}(\lambda - L)$$

$$\Delta' = \frac{(r'+R')\sin\frac{1}{2}(\lambda - L)}{\sin(l - \frac{1}{2}(\lambda+L))} = \frac{(r'-R')\cos\frac{1}{2}(\lambda - L)}{\cos(l - \frac{1}{2}(\lambda+L))}$$

ac dein b per aequationem supra datam. Logarithmus fractionis $\frac{r'+R'}{r'-R'}$ commode calculatur, si statuitur $\frac{R'}{r'} = \operatorname{tang}\zeta$, unde fit $\frac{r'+R'}{r'-R'} = \operatorname{tang}(45^0 + \zeta)$. Hoc modo methodus III ad determinationem ipsius l aliquanto brevior est, quam I et II, ad operationes reliquas autem has illi praeferendas censemus.

63.

Exempli caussa calculum in art. 51 usque ad locum heliocentricum productum ulterius continuamus. Respondeat illi loco longitudo heliocentrica terrae $24^0 19' 49'',05 = L$, atque $\log R = 9{,}998\,0979$; latitudinem B statuimus $= 0$. Habemus itaque $\lambda - L = -17^0 24' 20'',07$, $\log R' = \log R$, adeoque secundum methodum II

$\log\frac{R'}{r'}$	9,672 9813	$\log(1-Q)$	9,652 6258
$\log\sin(\lambda - L)$	$9{,}475\,8653_n$	$1 - Q =$	0,449 3925
$\log\cos(\lambda - L)$	9,979 6445	$Q =$	0,550 6075
$\log P$	$9{,}148\,8466_n$		
$\log Q$	9,740 8421		
Hinc $l - \lambda =$	$-14^0 21' 6'',75$	unde $l =$	$352^0 34' 22'',23$
$\log\frac{\Delta'}{r'}$	9,754 6117	unde $\log\Delta'$	0,079 7283
$\log\operatorname{tang}\beta$	$8{,}802\,0996_n$	$\log\cos b$	9,997 3144
$\log\operatorname{tang} b$	$9{,}047\,4879_n$	$\log\Delta$	0,082 4139
$b =$	$-6^0 21' 55'',07$		

Secundum methodum III ex $\log \operatorname{tang} \zeta = 9{,}6729813$ habetur $\zeta = 25^0 13' 6'',31$, adeoque

$$\begin{array}{ll} \log \operatorname{tang}(45^0 + \zeta) \ldots\ldots\ldots & 0{,}444\,1090 \\ \log \operatorname{tang} \frac{1}{2}(\lambda - L) \ldots\ldots & 9{,}184\,8938_n \\ \hline \log \operatorname{tang}(l - \frac{1}{2}\lambda - \frac{1}{2}L) \ldots & 9{,}629\,0028_n \end{array}$$

$$\left.\begin{array}{ll} l - \frac{1}{2}\lambda - \frac{1}{2}L = & -23^0\ 3' 16'',79 \\ \frac{1}{2}\lambda + \frac{1}{2}L = & 15\ 37\ 39{,}015 \end{array}\right\} \text{ unde } l = 352^0 34' 22'',225$$

64.

Circa problema art. 62 sequentes adhuc observationes adiicimus.

I. Statuendo in aequatione secunda illic tradita $N = \lambda$, $N = L$, $N = l$, prodit $R' \sin(\lambda - L) = \Delta' \sin(l - \lambda)$; $r' \sin(\lambda - L) = \Delta' \sin(l - L)$; $r' \sin(l - \lambda) = R' \sin(l - L)$; aequatio prima aut secunda commode ad calculi confirmationem applicatur, si methodus I aut II art. 62 adhibita est. Ita habetur in exemplo nostro

$$\begin{array}{ll} \log \sin(\lambda - L) \ldots & 9{,}475\,8653_n \\ \log \frac{\Delta'}{r'} \ldots\ldots\ldots & 9{,}754\,6117 \\ \hline & 9{,}721\,2536_n \\ \log \sin(l - L) \ldots & 9{,}721\,2536_n \end{array} \qquad l - L = -31^0 45' 26'',82$$

II. Sol duoque in plano eclipticae puncta, quae sunt proiectiones loci corporis coelestis atque loci terrae, triangulum planum formant, cuius latera sunt Δ', R', r', angulique oppositi vel $\lambda - L$, $l - \lambda$, $180^0 - l + L$, vel $L - \lambda$, $\lambda - l$, $180^0 - L + l$: ex hoc principio relationes in I traditae sponte sequuntur.

III. Sol, locus verus corporis coelestis in spatio, locusque verus terrae aliud triangulum formabunt, cuius latera erunt Δ, R, r: angulis itaque his resp. oppositis per S, T, $180^0 - S - T$ denotatis, erit $\frac{\sin S}{\Delta} = \frac{\sin T}{R} = \frac{\sin(S+T)}{r}$. Planum huius trianguli in sphaera coelesti circulum maximum proiiciet, in quo locus heliocentricus terrae, locus heliocentricus corporis coelestis eiusdemque locus geocentricus siti erunt, et quidem ita ut distantia secundi a primo, tertii a secundo, tertii a primo, secundum eandem directionem numeratae, resp. sint S, T, $S + T$.

IV. Vel ex notis variationibus differentialibus partium trianguli plani, vel aeque facile e formulis art. 62 sequentes aequationes differentiales derivantur:

$$\mathrm{d}l = \frac{r'\cos(\lambda - l}{\Delta'}\mathrm{d}\lambda + \frac{\sin(\lambda - l)}{\Delta'}\mathrm{d}r'$$

$$\mathrm{d}\Delta' = -r'\sin(\lambda - l)\mathrm{d}\lambda + \cos(\lambda - l)\mathrm{d}r'$$

$$\mathrm{d}b = \frac{r'\cos b\sin b\sin\cdot\lambda - l)}{\Delta'}\mathrm{d}\lambda + \frac{r'\cos b^2}{\Delta'\cos\beta^2}\mathrm{d}\beta + \frac{\cos b^2}{\Delta'}(\mathrm{tang}\,\beta - \cos(\lambda - l)\,\mathrm{tang}\,b)\,\mathrm{d}r',$$

ubi partes quae continent $\mathrm{d}r'$, $\mathrm{d}\Delta'$ per 206265″ sunt multiplicandae, vel reliquae per 206265″ dividendae, si mutationes angulorum in minutis secundis exprimuntur.

V. Problema inversum, scilicet determinatio loci heliocentrici e geocentrico, problemati supra evoluto prorsus analogum est, quamobrem superfluum foret, illi amplius inhaerere. Omnes enim formulae art. 62 etiam pro illo problemate valent, si modo, omnibus quantitatibus quae ad locum corporis coelestis heliocentricum spectant cum analogis iis quae ad geocentricum referuntur permutatis, pro L, B resp. substituitur $L + 180^0$, $-B$, sive quod idem est pro loco heliocentrico terrae geocentricus Solis accipitur.

65.

Etiamsi in eo casu, ubi ex elementis datis paucissimi tantum loci geocentrici sunt determinandi, omnia artificia supra tradita, per quae ab anomalia excentrica statim ad longitudinem et latitudinem geocentricam, vel adeo ad rectascensionem et declinationem, transire licet, in usum vocare vix operae pretium sit, quoniam compendia inde demanantia a multitudine quantitatum auxiliarium antea computandarum absorberentur: semper tamen contractio reductionis ad eclipticam cum calculo longitudinis et latitudinis geocentricae lucrum haud spernendum praestabit. Si enim pro plano coordinatarum z assumitur ipsa ecliptica, poli autem planorum coordinatarum x, y collocantur in longitudine ☊, $90^0 + $☊, coordinatae facillime absque ulla quantitatum auxiliarium necessitate determinantur. Habetur scilicet

$x = r\cos u$	$X = R'\cos(L-\Omega)$	$x-X = \Delta'\cos(l-\Omega)$
$y = r\cos i\sin u$	$Y = R'\sin(L-\Omega)$	$y-Y = \Delta'\sin(l-\Omega)$
$z = r\sin i\sin u$	$Z = R'\operatorname{tang} B$	$z-Z = \Delta'\operatorname{tang} b.$

Quoties $B = 0$, est $R' = R$, $Z = 0$. Secundum has formulas exemplum nostrum numeris sequentibus absolvitur: $L-\Omega = 213^0 12' 0'',32$

$\log r$	0,325 9877	$\log R'$	9,998 0979
$\log\cos u$	$9,982\,4141_n$	$\log\cos(L-\Omega)$	$9,922\,6027_n$
$\log\sin u$	$9,445\,4714_n$	$\log\sin(L-\Omega)$	$9,738\,4353_n$
$\log x$	$0,308\,4018_n$	$\log X$	$9,920\,7006_n$
$\log r\sin u$	$9,771\,4591_n$		
$\log\cos i$	9,988 5266		
$\log\sin i$	9,355 7570		
$\log y$	$9,759\,9857_n$	$\log Y$	$9,736\,5332_n$
$\log z$	$9,127\,2161_n$	$Z = 0$	

Hinc fit

$\log(x-X)$	$0,079\,5906_n$		
$\log(y-Y)$	$8,480\,7165_n$		
unde $(l-\Omega) =$	$181^0 26' 33'',49$	$l =$	$352^0 34' 22'',22$
$\log\Delta'$	0,079 7283		
$\log\operatorname{tang} b$	$9,047\,4878_n$	$b =$	$-6\ 21\ 55,06$

66.

E longitudine et latitudine puncti cuiusvis in sphaera coelesti eius rectascensio et declinatio derivantur per solutionem trianguli sphaerici, quod ab illo puncto polisque arcticis eclipticae et aequatoris formatur. Sit ε obliquitas eclipticae, l longitudo, b latitudo, α ascensio recta, δ declinatio, eruntque trianguli latera ε, 90^0-b, $90^0-\delta$; pro angulis lateri secundo et tertio oppositis accipere licebit $90^0+\alpha$, 90^0-l (siquidem trianguli sphaerici ideam maxima generalitate concipimus); angulum tertium lateri ε oppositum statuemus $=$ 90^0-E. Habebimus itaque per formulas art. 54

$$\sin(45^0-\tfrac{1}{2}\delta)\sin\tfrac{1}{2}(E+\alpha) = \sin(45^0+\tfrac{1}{2}l)\sin(45^0-\tfrac{1}{2}(\varepsilon+b))$$
$$\sin(45^0-\tfrac{1}{2}\delta)\cos\tfrac{1}{2}(E+\alpha) = \cos(45^0+\tfrac{1}{2}l)\cos(45^0-\tfrac{1}{2}(\varepsilon-b))$$
$$\cos(45^0-\tfrac{1}{2}\delta)\sin\tfrac{1}{2}(E-\alpha) = \cos(45^0+\tfrac{1}{2}l)\sin(45^0-\tfrac{1}{2}(\varepsilon-b))$$
$$\cos(45^0-\tfrac{1}{2}\delta)\cos\tfrac{1}{2}(E-\alpha) = \sin(45^0+\tfrac{1}{2}l)\cos(45^0-\tfrac{1}{2}(\varepsilon+b)).$$

Aequationes duae primae dabunt $\tfrac{1}{2}(E+\alpha)$ atque $\sin(45^0-\tfrac{1}{2}\delta)$; duae ultimae $\tfrac{1}{2}(E-\alpha)$ atque $\cos(45^0-\tfrac{1}{2}\delta)$; ex $\tfrac{1}{2}(E+\alpha)$ et $\tfrac{1}{2}(E-\alpha)$ habebitur α simulque E; ex $\sin(45^0-\tfrac{1}{2}\delta)$ aut $\cos(45^0-\tfrac{1}{2}\delta)$, quorum consensus calculo confirmando inserviet, determinabitur $45^0-\tfrac{1}{2}\delta$ atque hinc δ. Determinatio angulorum $\tfrac{1}{2}(E+\alpha)$, $\tfrac{1}{2}(E-\alpha)$ per tangentes suos ambiguitati non est obnoxia, quoniam tum sinus tum cosinus anguli $45^0-\tfrac{1}{2}\delta$ positivus evadere debet.

Mutationes differentiales quantitatum α, δ e mutationibus ipsarum l, b secundum principia nota ita inveniuntur:

$$d\alpha = \frac{\sin E\cos b}{\cos\delta}\,dl - \frac{\cos E}{\cos\delta}\,db$$
$$d\delta = \cos E\cos b\,dl + \sin E\,db.$$

67.

Methodus alia, problema art. praec. solvendi, ex aequationibus[*)]

$$\cos\varepsilon\sin l = \sin\varepsilon\,\mathrm{tang}\,b + \cos l\,\mathrm{tang}\,\alpha$$
$$\sin\delta = \cos\varepsilon\sin b + \sin\varepsilon\cos b\sin l$$
$$\cos b\cos l = \cos\alpha\cos\delta$$

petitur. Determinetur angulus auxiliaris θ per aequationem

$$\mathrm{tang}\,\theta = \frac{\mathrm{tang}\,b}{\sin l},$$

eritque

$$\mathrm{tang}\,\alpha = \frac{\cos(\varepsilon+\theta)\,\mathrm{tang}\,l}{\cos\theta}$$
$$\mathrm{tang}\,\delta = \sin\alpha\,\mathrm{tang}(\varepsilon+\theta),$$

[*) Handschriftliche Bemerkung:]

$$\sin\alpha\cos\delta = -\sin\varepsilon\sin b + \cos\varepsilon\cos b\sin l$$
$$\cos\alpha\cos\delta = \cos b\cos l$$
$$\sin\delta = \cos\varepsilon\sin b + \sin\varepsilon\cos b\sin l.$$

quibus aequationibus ad calculi confirmationem adiici potest

$$\cos\delta = \frac{\cos b \cos l}{\cos \alpha} \quad \text{sive} \quad \cos\delta = \frac{\cos(\varepsilon+\theta)\cos b \sin l}{\cos\theta \sin\alpha}.$$

Ambiguitas in determinatione ipsius α per aequ. secundam eo tollitur, quod $\cos\alpha$ et $\cos l$ eadem signa habere debent.

Haec methodus minus expedita est, si praeter α et δ etiam E desideratur: formula commodissima ad hunc angulum determinandum tunc erit $\cos E = \frac{\sin\varepsilon\cos\alpha}{\cos b} = \frac{\sin\varepsilon\cos l}{\cos\delta}$. Sed per hanc formulam E accurate computari nequit, quoties $\pm\cos E$ parum ab unitate differt; praeterea ambiguitas remanet, utrum E inter 0 et 180^0 an inter 180^0 et 360^0 accipere oporteat. Incommodum prius raro ullius momenti est, praesertim, quum ad computandas rationes differentiales ultima praecisio in valore ipsius E non requiratur: ambiguitas vero illa adiumento aequationis $\cos b \cos\delta \sin E = \cos\varepsilon - \sin b \sin\delta$ facile tollitur, quae ostendit E inter 0 et 180^0 vel inter 180^0 et 360^0 accipi debere, prout $\cos\varepsilon$ maior fuerit vel minor quam $\sin b \sin\delta$: manifesto hoc examen ne necessarium quidem est, quoties alteruter angulorum b, δ limitem $66^0 32'$ non egreditur: tunc enim $\sin E$ semper fiet positivus. Ceterum eadem aequatio in casu supra addigitato ad determinationem exactiorem ipsius E, si operae pretium videtur, adhiberi poterit.

68.

Solutio problematis inversi, puta determinatio longitudinis et latitudinis ex ascensione recta et declinatione, eidem triangulo sphaerico superstruitur: formulae itaque supra traditae huic fini accomodabuntur per solam permutationem ipsius b cum δ, ipsiusque l cum $-\alpha$. Etiam has formulas, propter usum frequentem, hic apposuisse haud pigebit:

Secundum methodum art. 66 habemus

$$\sin(45^0 - \tfrac{1}{2}b)\sin\tfrac{1}{2}(E-l) = \cos(45^0+\tfrac{1}{2}\alpha)\sin(45^0-\tfrac{1}{2}(\varepsilon+\delta))$$
$$\sin(45^0 - \tfrac{1}{2}b)\cos\tfrac{1}{2}(E-l) = \sin(45^0+\tfrac{1}{2}\alpha)\cos(45^0-\tfrac{1}{2}(\varepsilon-\delta))$$
$$\cos(45^0 - \tfrac{1}{2}b)\sin\tfrac{1}{2}(E+l) = \sin(45^0+\tfrac{1}{2}\alpha)\sin(45^0-\tfrac{1}{2}(\varepsilon-\delta))$$
$$\cos(45^0 - \tfrac{1}{2}b)\cos\tfrac{1}{2}(E+l) = \cos(45^0+\tfrac{1}{2}\alpha)\cos(45^0-\tfrac{1}{2}(\varepsilon+\delta)).$$

Contra ad instar methodi alterius art. 67 determinabimus angulum auxiliarem ζ per aequationem

$$\operatorname{tang}\zeta = \frac{\operatorname{tang}\delta}{\sin\alpha},$$

eritque

$$\operatorname{tang} l = \frac{\cos(\zeta-\varepsilon)\operatorname{tang}\alpha}{\cos\zeta}$$

$$\operatorname{tang} b = \sin l \operatorname{tang}(\zeta-\varepsilon).$$

Ad calculi confirmationem adiungi poterit

$$\cos b = \frac{\cos\delta\cos\alpha}{\cos l} = \frac{\cos(\zeta-\varepsilon)\cos\delta\sin\alpha}{\cos\zeta\sin l}.$$

Pro determinatione ipsius E inservient perinde ut in art. praec. aequationes

$$\cos E = \frac{\sin\varepsilon\cos\alpha}{\cos b} = \frac{\sin\varepsilon\cos l}{\cos\delta}$$

$$\cos b\cos\delta\sin E = \cos\varepsilon - \sin b\sin\delta.$$

Variationes differentiales ipsarum l, b hisce formulis exhibebuntur:

$$\mathrm{d}l = \frac{\sin E\cos\delta}{\cos b}\mathrm{d}\alpha + \frac{\cos E}{\cos b}\mathrm{d}\delta$$

$$\mathrm{d}b = -\cos E\cos\delta\,\mathrm{d}\alpha + \sin E\,\mathrm{d}\delta.$$

69.

Exempli caussa ex ascensione recta $355^0 43' 45''{,}30 = \alpha$, declinatione $-8^0 47' 25'' = \delta$, obliquitate eclipticae $23^0 27' 59''{,}26 = \varepsilon$ longitudinem et latitudinem computabimus. Est igitur $45^0 + \frac{1}{2}\alpha = 222^0 51' 52''{,}65$, $45^0 - \frac{1}{2}(\varepsilon+\delta) = 37^0 39' 42''{,}87$, $45^0 - \frac{1}{2}(\varepsilon-\delta) = 28^0 52' 17''{,}87$; hinc porro

$\log\cos(45^0+\frac{1}{2}\alpha)$	$9{,}865\,0820_n$	$\log\sin(45^0+\frac{1}{2}\alpha)$	$9{,}832\,6803_n$
$\log\sin(45^0-\frac{1}{2}(\varepsilon+\delta))$	$9{,}786\,0418$	$\log\sin(45^0-\frac{1}{2}(\varepsilon-\delta))$	$9{,}683\,8112$
$\log\cos(45^0-\frac{1}{2}(\varepsilon+\delta))$	$9{,}898\,5222$	$\log\cos(45^0-\frac{1}{2}(\varepsilon-\delta))$	$9{,}942\,3572$

$\log\sin(45^0-\frac{1}{2}b)\sin\frac{1}{2}(E-l) \ldots 9{,}651\,1238_n$

$\log\sin(45^0-\frac{1}{2}b)\cos\frac{1}{2}(E-l) \ldots 9{,}775\,0375_n$

unde $\frac{1}{2}(E-l) = 216^0 56' 5''{,}39$; $\log\sin(45^0-\frac{1}{2}b) = 9{,}872\,3171$.

$\log\cos(45^0-\frac{1}{2}b)\sin\frac{1}{2}(E+l) \ldots 9{,}516\,4915_n$

$\log\cos(45^0-\frac{1}{2}b)\cos\frac{1}{2}(E+l) \ldots 9{,}763\,6042_n$

unde $\frac{1}{2}(E+l) = 209^0 30' 49''{,}94$; $\log\cos(45^0-\frac{1}{2}b) = 9{,}823\,9669$.

Fit itaque $E = 426^0 26' 55'',33$, $l = -7^0 25' 15'',45$, sive quod eodem redit $E = 66^0 26' 55'',33$, $l = 352^0 34' 44'',55$; angulus $45^0 - \frac{1}{2}b$ e logarithmo sinus habetur $48^0 10' 58'',11$, e logarithmo cosinus $48^0 10' 58'',17$, e tangente, cuius logarithmus illorum differentia est, $48^0 10' 58'',14$; hinc $b = -6^0 21' 56'',28$.

Secundum methodum alteram calculus ita se habet:

log tang δ	$9,189\,3062_n$	C. log cos ζ	$0,362\,6190$
log sin α	$8,871\,9792_n$	log cos $(\zeta - \varepsilon)$	$9,878\,9703$
log tang ζ	$0,317\,3270$	log tang α	$8,873\,1869_n$
$\zeta =$	$64^0 17' 6'',83$	log tang l	$9,114\,7762_n$
$\zeta - \varepsilon =$	$40\;49\;7,57$	$l =$	$352^0 34' 44'',50$
		log sin l	$9,111\,1232_n$
		log tang $(\zeta - \varepsilon)$ ...	$9,936\,3874$
		log tang b	$9,047\,5106_n$
		$b =$	$-6^0 21' 56'',26$

Ad determinandum angulum E habemus calculum duplicem:

log sin ε	$9,600\,1144$	log sin ε	$9,600\,1144$
log cos α	$9,998\,7924$	log cos l	$9,996\,3470$
C. log cos b	$0,002\,6859$	C. log cos δ	$0,005\,1313$
log cos E	$9,601\,5927$	log cos E	$9,601\,5927$

unde $E = 66^0 26' 55'',35$.

70.

Ne quid eorum, quae ad calculum locorum geocentricorum requiruntur, hic desideretur, quaedam adhuc de *parallaxi* atque *aberratione* adiicienda sunt. Methodum quidem supra iam descripsimus, secundum quam locus parallaxi affectus, i. e. cuilibet in superficie terrae puncto respondens, immediate maximaque facilitate determinari potest: sed quum in methodo vulgari in art. 62 et sequ. tradita locus geocentricus ad terrae centrum referri soleat, in quo casu a parallaxi liber dicitur, methodum peculiarem pro determinanda parallaxi, quae est inter utrumque locum differentia, adiicere oportebit.

Sint corporis coelestis longitudo et latitudo geocentrica respectu centri terrae λ, β; eaedem respectu puncti cuiusvis in superficie terrae l, b; distantia corporis a terrae centro r, a puncto superficiei Δ; denique respondeat in sphaera coelesti ipsi zenith huius puncti longitudo L, latitudo B, designeturque radius terrae per R. Sponte iam patet, omnes aequationes art. 62 etiam hic locum esse habituras; sed notabiliter contrahi poterunt, quum R hic exprimat quantitatem prae r et Δ tantum non evanescentem. Ceterum eaedem aequationes manifesto etiamnum valebunt, si λ, l, L pro longitudinibus ascensiones rectas, atque β, b, B pro latitudinibus declinationes exprimunt. In hoc casu $l-\lambda$, $b-\beta$ erunt parallaxes ascensionis rectae et declinationis, in illo vero parallaxes longitudinis et latitudinis. Quodsi iam R ut quantitas primi ordinis tractatur, eiusdem ordinis erunt $l-\lambda$, $b-\beta$, $\Delta-r$, neglectisque ordinibus superioribus e formulis art. 62 facile derivabitur:

$$\text{I.} \qquad l-\lambda = \frac{R\cos B\sin(\lambda-L)}{r\cos\beta}$$

$$\text{II.} \qquad b-\beta = \frac{R\cos B\cos\beta}{r}\{\operatorname{tang}\beta\cos(\lambda-L)-\operatorname{tang}B\}$$

$$\text{III.} \qquad \Delta-r = -R\cos B\sin\beta\{\operatorname{cotang}\beta\cos(\lambda-L)+\operatorname{tang}B\}.$$

Accipiendo angulum auxiliarem θ ita ut fiat $\operatorname{tang}\theta = \frac{\operatorname{tang}B}{\cos(\lambda-L)}$, aequationes II, III formam sequentem nanciscuntur:

$$\text{II.} \qquad b-\beta = \frac{R\cos B\cos(\lambda-L)\sin(\beta-\theta)}{r\cos\theta} = \frac{R\sin B\sin(\beta-\theta)}{r\sin\theta}$$

$$\text{III.} \qquad \Delta-r = -\frac{R\cos B\cos(\lambda-L)\cos(\beta-\theta)}{\cos\theta} = -\frac{R\sin B\cos(\beta-\theta)}{\sin\theta}.$$

Ceterum patet, ut in I et II $l-\lambda$ et $b-\beta$ in minutis secundis obtineantur, pro R accipi debere parallaxem mediam solarem in minutis secundis expressam; in III vero pro R eadem parallaxis per $206265''$ divisa accipienda est. Tandem nullo praecisionis detrimento in valoribus parallaxium pro r, λ, β adhibere licebit Δ, l, b, quoties in problemate inverso e loco parallaxi affecto locum ab eadem liberum determinare oportet.

Exemplum. Sit ascensio recta Solis pro centro terrae $220^0 46' 44'',65 = \lambda$, declinatio $-15^0 49' 43'',94 = \beta$, distantia $0{,}9904311 = r$; porro tempus sidereum in aliquo loco in terrae superficie gradibus expressum $78^0 20' 38'' = L$, loci elevatio poli $45^0 27' 57'' = B$, parallaxis media solaris $8'',6 = R$. Quaeritur locus Solis ex hoc loco visus, distantiaque ab eodem.

$\log R$	0,93450	$\log R$	0,93450
$\log \cos B$	9,84593	$\log \sin B$	9,85299
$\mathrm{C}.\log r$	0,00418	$\mathrm{C}.\log r$	0,00418
$\mathrm{C}.\log \cos \beta$	0,01679	$\mathrm{C}.\log \sin \theta$	0,10317
$\log \sin (\lambda - L)$	9,78509	$\log \sin (\beta - \theta)$	$9,77152_n$
$\log (l - \lambda)$	0,58649	$\log (b - \beta)$	$0,66636_n$
$l - \lambda =$	$+3'',86$	$b - \beta =$	$-4'',64$
$l =$	$220^0 46' 48'',51$	$b =$	$-15^0 49' 48'',58$
$\log \operatorname{tang} B$	0,00706	$\log (b - \beta)$	$0,66636_n$
$\log \cos (\lambda - L)$	$9,89909_n$	$\log \operatorname{cotang} (\beta - \theta)$	0,13522
$\log \operatorname{tang} \theta$	$0,10797_n$	$\log r$	9,99582
$\theta =$	$127^0 57' 0''$	$\log 1''$	4,68557
$\beta - \theta =$	$-143^0 46' 44''$	$\log (r - \Delta)$	$5,48297_n$
		$r - \Delta =$	$-0,000\,0304$
		$\Delta =$	$0,990\,4615$

71.

Aberratio fixarum, nec non pars ea aberrationis planetarum et cometarum, quae soli motui terrae debetur, oritur inde, quod cum terra integra *tubus* movetur, dum radius luminis ipsius axem opticum percurrit. Corporis coelestis locus observatus (qui et apparens seu aberratione affectus dicitur) determinatur per situm axis optici telescopii ita collocati, ut radius luminis ab illo egressus in via sua utramque huius axis extremitatem attingat: hic autem situs diversus est a situ vero radii luminis in spatio. Distinguamus duo temporis momenta t, t', ubi radius luminis extremitatem anteriorem (centrum vitri obiectivi), ubique posteriorem (focum vitri obiectivi) attingit; sint harum extremitatum loci in spatio pro momento priori a, b; pro posteriori a', b'. Tunc patet, rectam ab' esse situm verum radii in spatio, loco apparenti autem respondere rectam ab vel $a'b'$ (quas pro parallelis habere licet): nullo porro negotio perspicitur, locum apparentem a longitudine tubi non pendere. Differentia inter situm rectarum $b'a$, ba est aberratio qualis pro stellis fixis locum habet: modum eam calculandi hic tamquam notum silentio transimus. Pro stellis errantibus autem ista differentia nondum est aberratio completa: planeta scilicet, dum radius ex ipso egressus ad terram descendit, locum suum ipse mutat, quapropter situs huius radii non respondet loco geocentrico vero tempore observationis. Supponamus, radium luminis qui tempore t in tubum impingit tempore T e planeta egressum esse; designeturque locus planetae in spatio tempore T per P, tempore t autem per p; denique sit A locus extremitatis antecedentis axis tubi pro tempore T. Tunc patet

1° rectam AP exhibere locum verum planetae tempore T;

2° rectam ap autem locum verum tempore t;

3° rectam ba vel $b'a'$ locum apparentem tempore t vel t' (quorum differentia ceu quantitas infinite parva spectari potest);

4° rectam $b'a$ eundem locum apparentem ab aberratione fixarum purgatum.

Iam puncta P, a, b' in linea recta iacent, eruntque partes Pa, ab' proportionales temporum intervallis $t-T$, $t'-t$, siquidem motus luminis celeritate uniformi peragitur. Temporis intervallum $t'-T$ propter immensam luminis velocitatem semper est perparvum, intra quod motum terrae tamquam rectilineum ac celeritate uniformi peractum supponere licet: sic etiam A, a, a' in directum iacebunt, partesque Aa, aa' quoque intervallis $t-T$, $t'-t$ proportionales erunt. Hinc facile concluditur, rectas AP, $b'a'$ esse parallelas, adeoque locum primum cum tertio identicum.

Tempus $t-T$ erit productum distantiae Pa in 493^s, intra quod lumen percurrit distantiam mediam terrae a Sole, quam pro unitate accepimus. In hoc calculo pro distantia Pa etiam PA vel pa accipere licebit, quum differentia nullius momenti esse possit.

Ex his principiis tres demanant methodi, planetae vel cometae locum apparentem pro quovis tempore t determinandi, e quibus modo hanc modo illam praeferre conveniet.

I. Subtrahatur a tempore proposito tempus intra quod lumen a planeta ad terram descendit: sic prodibit tempus reductum T, pro quo locus verus more solito computatus cum apparente pro t identicus erit. Ad computum reductionis temporis $t-T$ distantiam a terra novisse oportet: plerumque ad hunc finem subsidia commoda non deerunt, e. g. per ephemeridem vel levi tantum calamo calculatam, alioquin distantiam veram pro tempore t more solito sed neglecta praecisione nimia per calculum praeliminarem determinare sufficiet.

II. Computetur pro tempore proposito t locus verus atque distantia, ex hac reductio temporis $t-T$, atque hinc adiumento motus diurni (in longitudine et latitudine vel in ascensione recta et declinatione) reductio loci veri ad tempus T.

III. Computetur locus heliocentricus terrae quidem pro tempore t: locus heliocentricus planetae autem pro tempore T: dein ex horum combinatione more solito locus geocentricus planetae, qui aberratione fixarum (per methodum notam eruenda sive e tabulis depromenda) auctus locum apparentem quaesitum suppeditabit.

Methodus secunda, quae vulgo in usum vocari solet, eo quidem prae reliquis se commendat, quod ad distantiam determinandam nunquam opus est calculo duplici, attamen eo laborat incommodo, quod adhiberi nequit, nisi plures loci vicini vel calculentur vel ex observationibus iam innotuerint; alioquin enim motum diurnum pro dato habere non liceret.

Incommodum, quo methodus prima et tertia premuntur, plane tollitur, quoties plures loci sibi vicini calculandi sunt. Quam primum enim pro quibusdam distantiae iam innotuerunt, percommode et praecisione sufficiente distantias proxime sequentes per subsidia trita concludere licebit. Ceterum si distantia est nota, methodus prima tertiae ideo plerumque praeferenda erit, quod aberratione fixarum opus non habet; sin vero ad calculum duplicem refugiendum est, tertia eo se commendat, quod in calculo altero locus terrae saltem retinendus est.

Sponte iam se offerunt, quae ad problema inversum requiruntur, puta si e loco apparente verus derivandus est. Scilicet secundum methodum I retinebis locum ipsum immutatum, sed tempus t, cui locus propositus ut apparens respondet, convertes in reductum T, cui idem tamquam verus respondebit. Secundum methodum II retinebis tempus t, sed loco proposito adiicies motum intra tempus $t-T$, quasi istum ad tempus $t+(t-T)$ reducere velles. Secundum methodum III locum propositum ab aberratione fixarum liberatum tamquam locum verum pro tempore T considerabis, sed terrae locus verus tempori t respondens retinendus est ac si ad istud pertineret. Utilitas methodi tertiae in Libro secundo clarius elucebit.

Ceterum, ne quid desit, adhuc observamus, locum Solis ab aberratione perinde affici ac locum planetae: sed quoniam tum distantia a terra tum motus diurnus propemodum sunt constantes, aberratio ipsa semper valorem tantum non constantem obtinet motui medio Solis in 493^s aequalem, adeoque $= 20'',25$, quae quantitas a longitudine vera subtrahenda est, ut apparens prodeat. Valor aberrationis exactus est in ratione composita distantiae et motus diurni, sive quod eodem redit in ratione inversa distantiae, unde ille valor medius in apogeo $0'',34$ diminuendus in perigeo tantumdem augendus esset. Ceterum tabulae nostrae solares aberrationem constantem $-20'',25$ iam includunt; quapropter ad obtinendum longitudinem veram tabulari $20'',25$ addere oportebit.

72.

Finem huic Sectioni imponent quaedam problemata, quae in determinatione orbitarum planetarum et cometarum usum frequentem praestant. Ac primo quidem ad parallaxem reveniemus, a qua locum observatum liberare in art. 70 docuimus. Talis reductio ad centrum terrae, quum planetae distantiam a terra proxime saltem notam supponat, institui nequit, quoties planetae observati orbita omnino adhuc incognita est. Attamen in hoc quoque casu finem saltem eundem assequi licet, cuius caussa reductio ad centrum terrae suscipitur, ideo scilicet, quod hoc centro in plano eclipticae iacente vel iacere supposito plures formulae maiorem simplicitatem et concinnitatem nanciscuntur, quam si observatio ad punctum extra planum eclipticae referretur. Hoc itaque respectu nihil interest, utrum observatio ad centrum terrae an ad quodvis aliud punctum in plano eclipticae reducatur. Iam patet, si ad hunc finem punctum intersectionis plani eclipticae cum recta a planeta ad locum verum observationis ducta eligatur, observationem ipsam nulla prorsus reductione opus habere, quum planeta ex omnibus punctis illius rectae perinde videatur*): quamobrem

*) Si ultima praecisio desideraretur, intervallum temporis, intra quod lumen a vero loco observationis ad fictum seu ab hoc ad illum delabitur, tempori proposito vel addere vel inde subducere oporteret, siquidem de locis aberratione affectis agitur: sed haec differentia vix ullius momenti esse potest, nisi latitudo perparva fuerit.

hoc punctum quasi locum fictum observationis pro vero substituere licebit. Situm illius puncti sequenti modo determinamus.

Sit corporis coelestis longitudo λ, latitudo β, distantia Δ, omnia respectu loci veri observationis in terrae superficie, cuius zenith respondeat longitudo l, latitudo b; porro sit π semidiameter terrae, L longitudo heliocentrica centri terrae, B eiusdem latitudo, R eiusdem distantia a Sole; denique L' longitudo heliocentrica loci ficti, R' ipsius distantia a Sole, $\Delta+\delta$ ipsius distantia a corpore coelesti. Tunc nullo negotio eruentur aequationes sequentes, denotante N angulum arbitrarium:

$$R'\cos(L'-N)+\delta\cos\beta\cos(\lambda-N) = R\cos B\cos(L-N)+\pi\cos b\cos(l-N)$$

$$R'\sin(L'-N)+\delta\cos\beta\sin(\lambda-N) = R\cos B\sin(L-N)+\pi\cos b\sin(l-N)$$

$$\delta\sin\beta = R\sin B+\pi\sin b.$$

Statuendo itaque

$$\text{I.}\qquad (R\sin B+\pi\sin b)\operatorname{cotang}\beta = \mu,$$

erit

$$\text{II.}\qquad R'\cos(L'-N) = R\cos B\cos(L-N)+\pi\cos b\cos(l-N)-\mu\cos(\lambda-N)$$

$$\text{III.}\qquad R'\sin(L'-N) = R\cos B\sin(L-N)+\pi\cos b\sin(l-N)-\mu\sin(\lambda-N)$$

$$\text{IV.}\qquad \delta = \frac{\mu}{\cos\beta}.$$

Ex aequationibus II, III determinari poterunt R' et L', ex IV intervallum temporis tempori observationis addendum quod erit minutis secundis $= 493\,\delta$.

Hae aequationes sunt exactae et generales, poteruntque tunc quoque adhiberi, ubi pro plano eclipticae aequatore substituto L, L', l, λ designant ascensiones rectas, B, b, β declinationes. Sed in casu de quo hic potissimum agimus, scilicet ubi locus fictus in ecliptica situs esse debet, exiguitas quantitatum B, π, $L'-L$ adhuc quandam formularum praecedentium contractionem permittit. Poterit enim pro π assumi parallaxis media solaris, B pro $\sin B$, 1 pro $\cos B$ et $\cos(L'-L)$, $L'-L$ pro $\sin(L'-L)$. Ita faciendo $N = L$, formulae praecedentes assumunt formam sequentem:

$$\text{I.}\qquad \mu = (RB+\pi\sin b)\operatorname{cotang}\beta$$

$$\text{II.}\qquad R' = R+\pi\cos b\cos(l-L)-\mu\cos(\lambda-L)$$

$$\text{III.}\qquad L'-L = \frac{\pi\cos b\sin(l-L)-\mu\sin(\lambda-L)}{R'}.$$

Proprie quidem hic B, π, $L'-L$ in partibus radii exprimendi sunt; sed patet, si illi anguli in minutis secundis exprimantur, aequationes I, III sine mutatione retineri posse, pro II autem substitui debere

$$R' = R + \frac{\pi \cos b \cos(l-L) - \mu \cos(\lambda - L)}{206265''}.$$

Ceterum in formula III pro denominatore R' absque errore sensibili semper adhibere licebit R. Reductio temporis autem, angulis in minutis secundis expressis, fiet

$$= \frac{493^s . \mu}{206265''. \cos\beta}.$$

73.

Exemplum. Sit $\lambda = 354^0 44' 54''$, $\beta = -4^0 59' 32''$, $l = 24^0 29'$, $b = 46^0 53'$, $L = 12^0 28' 54''$, $B = +0'',49$, $R = 0{,}9988839$, $\pi = 8'',60$. Ecce iam calculum:

$\log R$	9,99951	$\log \pi$	0,93450
$\log B$	9,69020	$\log \sin b$	9,86330
$\log BR$	9,68971	$\log \pi \sin b$	0,79780

Hinc $\log(BR + \pi \sin b)$	0,83041
$\log \operatorname{cotang} \beta$	$1{,}05873_n$
$\log \mu$	$1{,}88914_n$

$\log \pi$	0,93450	$\log \mu$	$1{,}88914_n$
$\log \cos b$	9,83473	$\log 1''$	4,68557
$\log 1''$	4,68557	$\log \cos(\lambda - L)$	9,97886
$\log \cos(l-L)$	9,99040		$6{,}55357_n$
	5,44520	numerus	$-0{,}0003577$
numerus	$+0{,}0000279$		

Hinc colligitur $R' = R + 0{,}000\,3856 = 0{,}999\,2695$. Porro erit

$\log \pi \cos b$	0,76923	$\log \mu$	$1{,}88914_n$
$\log \sin(l-L)$	9,31794	$\log \sin(\lambda - L)$	$9{,}48371_n$
Compl. $\log R'$	0,00032	C. $\log R'$	0,00032
	0,08749		1,37317
numerus	$+1'',22$	numerus	$+23'',61$

Unde colligitur $L' = L - 22'',39$. Denique habetur

$\log \mu$	$1{,}88914_n$
C. log 206265 ...	$4{,}68557$
log 493	$2{,}69285$
C. log cos β	$0{,}00165$
	$9{,}26921_n$

unde reductio temporis $= -0^s{,}186$, adeoque nullius momenti.

74.

Problema aliud, *e corporis coelestis loco geocentrico atque situ plani orbitae eius locum heliocentricum in orbita derivare*, eatenus praecedenti affine est, quod quoque ab intersectione rectae inter terram et corpus coeleste ductae cum plano positione dato pendet. Solutio commodissime petitur e formulis art. 65, ubi characterum significatio haec erat:

L longitudo terrae, R distantia a Sole; latitudinem B statuimus $= 0$ (quum casus, ubi non est $= 0$, ad hunc facile reduci possit per art. 72), unde $R' = R$; l corporis coelestis longitudo geocentrica, b latitudo, Δ distantia a terra, r distantia a Sole, u argumentum latitudinis, ☊ longitudo nodi ascendentis, i inclinatio orbitae. Ita habemus aequationes

$$\text{I.} \qquad r\cos u - R\cos(L - \Omega) = \Delta\cos b\cos(l - \Omega)$$

$$\text{II.} \qquad r\cos i\sin u - R\sin(L - \Omega) = \Delta\cos b\sin(l - \Omega)$$

$$\text{III.} \qquad r\sin i\sin u = \Delta\sin b.$$

Multiplicando aequationem I per $\sin(L - \Omega)\sin b$, II per $-\cos(L - \Omega)\sin b$, III per $-\sin(L - l)\cos b$, fit additis productis

$$\cos u\sin(L - \Omega)\sin b - \sin u\cos i\cos(L - \Omega)\sin b - \sin u\sin i\sin(L - l)\cos b = 0,$$

unde

$$\text{IV.} \qquad \tang u = \frac{\sin(L - \Omega)\sin b}{\cos i\cos(L - \Omega)\sin b + \sin i\sin(L - l)\cos b}.$$

Multiplicando autem I per $\sin(l-\Omega)$, II per $-\cos(l-\Omega)$, prodit productis additis

V. $$r = \frac{R\sin(L-l)}{\sin u\cos i\cos(l-\Omega)-\cos u\sin(l-\Omega)}.$$

Ambiguitas in determinatione ipsius u per aequ. IV sponte tollitur per aequ. III, quae ostendit, u inter 0 et 180^0 vel inter 180^0 et 360^0 accipi debere, prout latitudo b fuerit positiva vel negativa; sin vero fuerit $b=0$, aequatio V docet, statui debere $u=0$ vel $u=180^0$, prout $\sin(L-l)$ et $\sin(l-\Omega)$ diversa signa habeant, vel eadem.

Computum numericum formularum IV et V variis modis per introductionem angulorum auxiliarium contrahere licet. E. g.

statuendo $\frac{\tang b\cos(L-\Omega)}{\sin(L-l)} = \tang A$, fit $\tang u = \frac{\sin A\tang(L-\Omega)}{\sin(A+i)}$

statuendo $\frac{\tang i\sin(L-l)}{\cos(L-\Omega)} = \tang B$, fit $\tang u = \frac{\cos B\sin b\tang(L-\Omega)}{\sin(B+b)\cos i}$.

Perinde aequ. V per introductionem anguli cuius tangens $=\cos i\tang u$, vel $=\frac{\tang(l-\Omega)}{\cos i}$ formam concinniorem nanciscitur. Sicuti formulam V e combinatione aequationum I, II obtinuimus, per combinationem aequationum II, III ad sequentem pervenimus:

$$r = \frac{R\sin(L-\Omega)}{\sin u(\cos i-\sin i\sin(l-\Omega)\operatorname{cotang} b)}$$

et perinde per combinationem aequationum I, III ad hanc:

$$r = \frac{R\cos(L-\Omega)}{\cos u-\sin u\sin i\cos(l-\Omega)\operatorname{cotang} b}.$$

Utramque perinde ut V per introductionem angulorum auxiliarium simpliciorem reddere licet. Solutiones e praecedentibus demanantes collectae exemploque illustratae inveniuntur in von Zach *Monatliche Correspondenz Vol. V. p. 540* [*)], quapropter hic evolutione ulteriori supersedemus. — Si praeter u et r etiam distantia Δ desideratur, per aequationem III determinari poterit.

[*) Juni 1802. Band VI. S. 87.]

75.

Alia solutio problematis praec. superstruitur observationi in art. 64 III traditae, quod locus heliocentricus terrae, geocentricus corporis coelestis eiusdemque locus heliocentricus in uno eodemque circulo maximo sphaerae sunt siti. Sint in fig. 3 illi loci resp. T, G, H; porro ☊ locus nodi ascendentis; ☊T, ☊H partes eclipticae et orbitae, GP perpendiculum ad eclipticam ex G demissum, quod igitur erit $= b$. Hinc et ex arcu $PT = L - l$ determinabitur angulus T atque arcus TG. Dein in triangulo sphaerico ☊HT data sunt angulus ☊ $= i$, angulus T latusque ☊$T = L -$ ☊, unde eruentur duo reliqua latera ☊$H = u$ atque TH. Tandem erit $HG = TG - TH$ atque $r = \frac{R \sin TG}{\sin HG}$, $\Delta = \frac{R \sin TH}{\sin HG}$.

76.

In art. 52 variationes differentiales longitudinis et latitudinis heliocentricae distantiaeque curtatae per variationes argumenti latitudinis u, inclinationis i radiique vectoris r exprimere docuimus, posteaque (art. 64, IV) ex illis deduximus variationes longitudinis et latitudinis geocentricae, l et b: per combinationem itaque harum formularum dl et db per du, di, d☊, dr expressae habebuntur. Sed operae pretium erit ostendere, quomodo in hoc quoque calculo reductione loci heliocentrici ad eclipticam supersedere liceat, sicuti in art. 65 locum geocentricum immediate e loco heliocentrico in orbita deduximus. Ut formulae eo simpliciores evadant, latitudinem terrae negligemus, quum certe in formulis differentialibus effectum sensibilem habere nequeat. Praesto sunt itaque formulae sequentes, in quibus brevitatis caussa ω pro $l -$ ☊, nec non ut supra Δ' pro $\Delta \cos b$ scribimus:

$$\Delta' \cos \omega = r \cos u - R \cos (L - ☊) = \xi$$
$$\Delta' \sin \omega = r \cos i \sin u - R \sin (L - ☊) = \eta$$
$$\Delta' \operatorname{tang} b = r \sin i \sin u = \zeta,$$

e quarum differentiatione prodit

$$\cos\omega\,.\,\mathrm{d}\Delta' - \Delta'\sin\omega\,.\,\mathrm{d}\omega = \mathrm{d}\xi$$

$$\sin\omega\,.\,\mathrm{d}\Delta' + \Delta'\cos\omega\,.\,\mathrm{d}\omega = \mathrm{d}\eta$$

$$\operatorname{tang} b\,.\,\mathrm{d}\Delta' + \frac{\Delta}{\cos b}\mathrm{d}b = \mathrm{d}\zeta.$$

Hinc per eliminationem

$$\mathrm{d}\omega = \frac{-\sin\omega\,.\,\mathrm{d}\xi + \cos\omega\,.\,\mathrm{d}\eta}{\Delta'}$$

$$\mathrm{d}b = \frac{-\cos\omega\sin b\,.\,\mathrm{d}\xi - \sin\omega\sin b\,.\,\mathrm{d}\eta + \cos b\,.\,\mathrm{d}\zeta}{\Delta}\,.$$

Si in his formulis pro ξ, η, ζ valores sui rite substituuntur, $\mathrm{d}\omega$ et $\mathrm{d}b$ per $\mathrm{d}r$, $\mathrm{d}u$, $\mathrm{d}i$, $\mathrm{d}\Omega$ expressae prodibunt; dein, propter $\mathrm{d}l = \mathrm{d}\omega + \mathrm{d}\Omega$, differentialia partialia ipsarum l, b ita se habebunt:

$$\text{I.}\quad \Delta'\left(\frac{\mathrm{d}l}{\mathrm{d}r}\right) = -\sin\omega\cos u + \cos\omega\sin u\cos i$$

$$\text{II.}\quad \frac{\Delta'}{r}\left(\frac{\mathrm{d}l}{\mathrm{d}u}\right) = \sin\omega\sin u + \cos\omega\cos u\cos i$$

$$\text{III.}\quad \frac{\Delta'}{r}\left(\frac{\mathrm{d}l}{\mathrm{d}i}\right) = -\cos\omega\sin u\sin i$$

$$\text{IV.}\quad \left(\frac{\mathrm{d}l}{\mathrm{d}\Omega}\right) = 1 + \frac{R}{\Delta'}\cos(L - \Omega - \omega) = 1 + \frac{R}{\Delta'}\cos(L - l)$$

$$\text{V.}\quad \Delta\left(\frac{\mathrm{d}b}{\mathrm{d}r}\right) = -\cos\omega\cos u\sin b - \sin\omega\sin u\cos i\sin b + \sin u\sin i\cos b$$

$$\text{VI.}\quad \frac{\Delta}{r}\left(\frac{\mathrm{d}b}{\mathrm{d}u}\right) = \cos\omega\sin u\sin b - \sin\omega\cos u\cos i\sin b + \cos u\sin i\cos b$$

$$\text{VII.}\quad \frac{\Delta}{r}\left(\frac{\mathrm{d}b}{\mathrm{d}i}\right) = \sin\omega\sin u\sin i\sin b + \sin u\cos i\cos b$$

$$\text{VIII.}\quad \frac{\Delta}{R}\left(\frac{\mathrm{d}b}{\mathrm{d}\Omega}\right) = \sin b\sin(L - \Omega - \omega) = \sin b\sin(L - l).$$

Formulae IV et VIII hic iam in forma ad calculum commodissima apparent; formulae I, III, V autem per substitutiones obvias ad formam concinniorem rediguntur, puta

$$\text{I*.}\quad \left(\frac{\mathrm{d}l}{\mathrm{d}r}\right) = \frac{R}{r\Delta'}\sin(L - l)$$

$$\text{III*.}\quad \left(\frac{\mathrm{d}l}{\mathrm{d}i}\right) = -\cos\omega\operatorname{tang} b$$

$$\text{V*.}\quad \left(\frac{\mathrm{d}b}{\mathrm{d}r}\right) = -\frac{R}{r\Delta}\cos(L - l)\sin b = -\frac{R}{r\Delta'}\cos(L - l)\sin b\cos b.$$

Denique formulae reliquae quoque II, VI, VII per introductionem quorundam angulorum auxiliarium in formam simpliciorem abeunt: quod commodissime fit sequenti modo. Determinentur anguli auxiliares M, N per formulas

$$\operatorname{tang} M = \frac{\operatorname{tang}\omega}{\cos i}, \qquad \operatorname{tang} N = \sin\omega \operatorname{tang} i = \operatorname{tang} M \cos\omega \sin i.$$

Tunc simul fit

$$\frac{\cos M^2}{\cos N^2} = \frac{1+\operatorname{tang} N^2}{1+\operatorname{tang} M^2} = \frac{\cos i^2 + \sin\omega^2 \sin i^2}{\cos i^2 + \operatorname{tang}\omega^2} = \cos\omega^2:$$

iam quum ambiguitatem in determinatione ipsorum M, N per tangentes suas remanentem ad lubitum decidere liceat, hoc ita fieri posse patet, ut habeatur $\frac{\cos M}{\cos N} = +\cos\omega$, ac proin $\frac{\sin N}{\sin M} = +\sin i$. Quibus ita factis, formulae II, VI, VII transeunt in sequentes:

$$\text{II*.} \qquad \left(\frac{\mathrm{d}l}{\mathrm{d}u}\right) = \frac{r\sin\omega\cos(M-u)}{\Delta'\sin M}$$

$$\text{VI*.} \qquad \left(\frac{\mathrm{d}b}{\mathrm{d}u}\right) = \frac{r}{\Delta}\{\cos\omega\sin i\cos(M-u)\cos(N-b) + \sin(M-u)\sin(N-b)\}$$

$$\text{VII*.} \qquad \left(\frac{\mathrm{d}b}{\mathrm{d}i}\right) = \frac{r\sin u\cos i\cos(N-b)}{\Delta\cos N}.$$

Hae transformationes respectu formularum II, VII neminem morabuntur, respectu formulae VI autem aliqua explicatio haud superflua erit. Substituendo scilicet in formula VI primo $M-(M-u)$ pro u, prodit

$$\begin{aligned}\frac{\Delta}{r}\left(\frac{\mathrm{d}b}{\mathrm{d}u}\right) &= \cos(M-u)\{\cos\omega\sin M\sin b - \sin\omega\cos i\cos M\sin b + \sin i\cos M\cos b\}\\ &\quad - \sin(M-u)\{\cos\omega\cos M\sin b + \sin\omega\cos i\sin M\sin b - \sin i\sin M\cos b\}.\end{aligned}$$

Iam fit $\cos\omega\sin M = \cos i^2\cos\omega\sin M + \sin i^2\cos\omega\sin M = \sin\omega\cos i\cos M + \sin i^2\cos\omega\sin M$; unde pars prior illius expressionis transit in

$$\begin{aligned}&\sin i\cos(M-u)\{\sin i\cos\omega\sin M\sin b + \cos M\cos b\}\\ &= \sin i\cos(M-u)\{\cos\omega\sin N\sin b + \cos\omega\cos N\cos b\}\\ &= \cos\omega\sin i\cos(M-u)\cos(N-b).\end{aligned}$$

Perinde fit $\cos N = \cos\omega^2\cos N + \sin\omega^2\cos N = \cos\omega\cos M + \sin\omega\cos i\sin M$; unde expressionis pars posterior transit in

$$-\sin(M-u)\{\cos N\sin b - \sin N\cos b\} = \sin(M-u)\sin(N-b).$$

Hinc expressio VI* protinus demanat.

Angulus auxiliaris M etiam ad transformationem formulae I adhiberi potest, quo introducto assumit formam

$$\text{I}^{**}. \qquad \left(\frac{\mathrm{d}l}{\mathrm{d}r}\right) = -\frac{\sin\omega\sin(M-u)}{\Delta'\sin M},$$

e cuius comparatione cum formula I* concluditur

$$-R\sin(L-l)\sin M = r\sin\omega\sin(M-u);$$

hinc etiam formulae II* forma paullo adhuc simplicior tribui potest, puta

$$\text{II}^{**}. \qquad \left(\frac{\mathrm{d}l}{\mathrm{d}u}\right) = -\frac{R}{\Delta'}\sin(L-l)\operatorname{cotang}(M-u).$$

Ut formula VI* adhuc magis contrahatur, angulum auxiliarem novum introducere oportet, quod duplici modo fieri potest, scilicet statuendo vel $\operatorname{tang} P = \frac{\operatorname{tang}(M-u)}{\cos\omega\sin i}$, vel $\operatorname{tang} Q = \frac{\operatorname{tang}(N-b)}{\cos\omega\sin i}$: quo facto emergit

$$\text{VI}^{**}. \qquad \left(\frac{\mathrm{d}b}{\mathrm{d}u}\right) = \frac{r\sin(M-u)\cos(N-b-P)}{\Delta\sin P} = \frac{r\sin(N-b)\cos(M-u-Q)}{\Delta\sin Q}.$$

Ceterum quantitates auxiliares M, N, P, Q non sunt mere fictitiae, facileque, quidnam in sphaera coelesti singulis respondeat, assignare liceret: quin adeo hoc modo aequationum praecedentium plures adhuc elegantius exhiberi possent per arcus angulosve in sphaera, quibus tamen eo minus hic immoramur, quum in calculo numerico ipso formulas supra traditas superfluas reddere non valeant.

77.

Iunctis iis, quae in art. praec. evoluta sunt, cum iis quae in artt. 15, 16, 20, 27, 28 pro singulis sectionum conicarum generibus tradidimus, omnia praesto erunt, quae ad calculum variationum differentialium loco geocentrico a variationibus singulorum elementorum inductarum requiruntur. Ad maiorem illustrationem horum praeceptorum exemplum supra in artt. 13, 14, 51, 63, 65 tractatum resumemus. Ac primo quidem ad normam art. praec. $\mathrm{d}l$ et $\mathrm{d}b$ per $\mathrm{d}r$, $\mathrm{d}u$, $\mathrm{d}i$, $\mathrm{d}\Omega$ exprimemus, qui calculus ita se habet:

log tang ω....	8,40113	log sin ω.....	$8,40099_n$	log tang $(M-u)$ ...	$9,41932_n$
log cos i	9,98853	log tang i....	9,36723	log cos ω sin i.....	$9,35562_n$
log tang M...	8,41260	log tang N...	$7,76822_n$	log tang P........	0,06370
$M=$	1°28′52″	$N=$	179°39′50″	$P=$	49°11′13″
$M-u=$	165 17 8	$N-b=$	186 1 45	$N-b-P=$	136 50 32

I*

$\log\sin(L-l)$	9,72125
$\log R$	9,99810
$C.\log\Delta'$	9,92027
(*)	9,63962
$C.\log r$	9,67401
$\log\left(\frac{dl}{dr}\right)$	9,31363

II**

(*)	9,63962
$\log\cot(M-u)$	$0,58068_n$
$\log\left(\frac{dl}{du}\right)$	0,22030

III*

$\log\cos\omega$	$9,99986_n$
$\log\operatorname{tang} b$	$9,04749_n$
$\log\left(\frac{dl}{di}\right)$	$9,04735_n$

IV

$\log\frac{R}{\Delta'}$	9,91837
$\log\cos(L-l)$	9,92956
(**)	9,84793
$=\log\left(\frac{dl}{d\Omega}-1\right)$	

V*

(**)	9,84793
$\log\sin b\cos b$	$9,04212_n$
$C.\log r$	9,67401
$\log\left(\frac{db}{dr}\right)$	8,56406

VI**

$\log\frac{r}{\Delta}$	0,24357
$\log\sin(M-u)$	9,40484
$\log\cos(N-b-P)$	$9,86301_n$
$C.\log\sin P$	0,12099
$\log\left(\frac{db}{du}\right)$	$9,63241_n$

VII*

$\log r\sin u\cos i$	$9,75999_n$
$\log\cos(N-b)$	$9,99759_n$
$C.\log\Delta$	9,91759
$C.\log\cos N$	$0,00001_n$
$\log\left(\frac{db}{di}\right)$	$9,67518_n$

VIII

(*)	9,63962
$\log\sin b\cos b$	$9,04212_n$
$\log\left(\frac{db}{d\Omega}\right)$	$8,68174_n$

Collectis hisce valoribus prodit

$$dl = +0,20589\,dr + 1,66073\,du - 0,11152\,di + 1,70458\,d\Omega$$
$$db = +0,03665\,dr - 0,42895\,du - 0,47335\,di - 0,04806\,d\Omega.$$

Vix necesse erit quod iam saepius monuimus hic repetere, scilicet, vel variationes dl, db, du, di, $d\Omega$ in partibus radii exprimendas esse, vel coëfficientes ipsius dr per $206265''$ multiplicandos, si illae in minutis secundis expressae concipiantur.

Designando iam longitudinem perihelii (quae in exemplo nostro est $52^{0}18'9'',30$) per Π atque anomaliam veram per v, erit longitudo in orbita $= u+\Omega = v+\Pi$, adeoque $du = dv + d\Pi - d\Omega$, quo valore in formulis praecedentibus substituto, dl et db per dr, dv, $d\Pi$, $d\Omega$, di expressae habebuntur.

Nihil itaque iam superest, nisi ut $\mathrm{d}r$ et $\mathrm{d}v$ ad normam artt. 15, 16 per variationes differentiales elementorum ellipticorum exhibeantur *).

Erat in exemplo nostro, art. 14, $\log\frac{r}{a} = 9{,}90355 = \log\left(\frac{\mathrm{d}r}{\mathrm{d}a}\right)$

$\log\frac{aa}{rr}$	0,19290	$\log a$	0,42244
$\log\cos\varphi$	9,98652	$\log\operatorname{tang}\varphi$	9,40320
		$\log\sin v$	$9{,}84931_n$
$\log\left(\frac{\mathrm{d}v}{\mathrm{d}M}\right)$	0,17942	$\log\left(\frac{\mathrm{d}r}{\mathrm{d}M}\right)$	$9{,}67495_n$
$2 - e\cos E =$	1,80085		
$ee =$	0,06018	$\log a$	0,42244
	1,74067	$\log\cos\varphi$	9,98652
$\log$	0,24072	$\log\cos v$	9,84966
$\log\frac{aa}{rr}$	0,19290	$\log\left(\frac{\mathrm{d}r}{\mathrm{d}\varphi}\right)$	$0{,}25862_n$
$\log\sin E$	$9{,}76634_n$		
$\log\left(\frac{\mathrm{d}v}{\mathrm{d}\varphi}\right)$	$0{,}19996_n$		

Hinc colligitur

$$\mathrm{d}v = +1{,}51154\,\mathrm{d}M - 1{,}58475\,\mathrm{d}\varphi$$
$$\mathrm{d}r = -0{,}47310\,\mathrm{d}M - 1{,}81393\,\mathrm{d}\varphi + 0{,}80085\,\mathrm{d}a,$$

quibus valoribus in formulis praecedentibus substitutis prodit

$$\mathrm{d}l = +2{,}41287\,\mathrm{d}M - 3{,}00531\,\mathrm{d}\varphi + 0{,}16488\,\mathrm{d}a + 1{,}66073\,\mathrm{d}\Pi - 0{,}11152\,\mathrm{d}i + 0{,}04385\,\mathrm{d}\Omega$$

$$\mathrm{d}b = -0{,}66572\,\mathrm{d}M + 0{,}61331\,\mathrm{d}\varphi + 0{,}02935\,\mathrm{d}a - 0{,}42895\,\mathrm{d}\Pi - 0{,}47335\,\mathrm{d}i + 0{,}38089\,\mathrm{d}\Omega.$$

Si tempus cui locus computatus respondet n diebus ab epocha distare supponitur, longitudoque media pro epocha per N, motus diurnus per 7 denotatur, erit $M = N + n7 - \Pi$, adeoque $\mathrm{d}M = \mathrm{d}N + n\,\mathrm{d}7 - \mathrm{d}\Pi$. In exemplo nostro tempus loco computato respondens est Octobris dies 17,41501 anni 1804 sub meridiano Parisiensi: quodsi itaque pro epocha assumitur initium anni 1805, est $n = -74{,}58499$; longitudo media pro epocha ista statuta fue-

*) Characterem M in calculo sequente haud amplius angulum nostrum auxiliarem exprimere, sed (ut in Sect. I) anomaliam mediam, quisque sponte videbit.

rat $= 41^{0}52'21'',68$, motusque diurnus $= 824'',7990$. Substituto iam in formulis modo inventis pro $\mathrm{d}M$ valore suo, mutationes differentiales loci geocentrici per solas mutationes elementorum expressae ita se habent:

$$\mathrm{d}l = +2,41287\,\mathrm{d}N - 179,96\,\mathrm{d}7 - 0,75214\,\mathrm{d}\Pi - 3,00531\,\mathrm{d}\varphi + 0,16488\,\mathrm{d}a - 0,11152\,\mathrm{d}i + 0,04385\,\mathrm{d}\Omega$$

$$\mathrm{d}b = -0,66572\,\mathrm{d}N + 49,65\,\mathrm{d}7 + 0,23677\,\mathrm{d}\Pi + 0,61331\,\mathrm{d}\varphi + 0,02935\,\mathrm{d}a - 0,47335\,\mathrm{d}i + 0,38089\,\mathrm{d}\Omega\,.$$

Si corporis coelestis massa vel negligitur vel saltem tamquam cognita spectatur, 7 et a ab invicem dependentes erunt, adeoque vel d7 vel $\mathrm{d}a$ e formulis nostris eliminare licebit. Scilicet quum per art. 6 habeatur $7a^{\frac{3}{2}} = k\sqrt{(1+\mu)}$, erit $\frac{\mathrm{d}7}{7} = -\frac{3}{2}\frac{\mathrm{d}a}{a}$, in qua formula, si d7 in partibus radii exprimenda est, etiam 7 perinde exprimere oportebit. Ita in exemplo nostro habetur

log 7	2,91635
log 1''	4,68557
log $\frac{3}{2}$	0,17609
C. log a ...	9,57756
log $\frac{\mathrm{d}7}{\mathrm{d}a}$	$7,35557_n$

sive $\mathrm{d}7 = -0,0022676\,\mathrm{d}a$, atque $\mathrm{d}a = -440,99\,\mathrm{d}7$, quo valore in formulis nostris substituto, tandem emergit forma ultima:

$$\mathrm{d}l = +2,41287\,\mathrm{d}N - 252,67\,\mathrm{d}7 - 0,75214\,\mathrm{d}\Pi - 3,00531\,\mathrm{d}\varphi - 0,11152\,\mathrm{d}i + 0,04385\,\mathrm{d}\Omega$$

$$\mathrm{d}b = -0,66572\,\mathrm{d}N + 36,71\,\mathrm{d}7 + 0,23677\,\mathrm{d}\Pi + 0,61331\,\mathrm{d}\varphi - 0,47335\,\mathrm{d}i + 0,38089\,\mathrm{d}\Omega\,.$$

In evolutione harum formularum omnes mutationes $\mathrm{d}l$, $\mathrm{d}b$, $\mathrm{d}N$, d7, $\mathrm{d}\Pi$, $\mathrm{d}\varphi$, $\mathrm{d}i$, $\mathrm{d}\Omega$ in partibus radii expressas supposuimus, manifesto autem propter homogeneitatem omnium partium eaedem formulae etiamnum valebunt, si omnes illae mutationes in minutis secundis exprimuntur.

SECTIO TERTIA.

Relationes inter locos plures in orbita.

78.

Comparatio duorum pluriumve locorum corporis coelestis tum in orbita tum in spatio tantam propositionum elegantium copiam subministrat, ut volumen integrum facile complerent. Nostrum vero propositum non eo tendit, ut hoc argumentum fertile exhauriamus, sed eo potissimum, ut amplum apparatum subsidiorum ad solutionem problematis magni de determinatione orbitarum incognitarum ex observationibus inde adstruamus: quamobrem neglectis quae ab instituto nostro nimis aliena essent, eo diligentius omnia quae ullo modo illuc conducere possunt evolvemus. Disquisitionibus ipsis quasdam propositiones trigonometricas praemittimus, ad quas, quum frequentioris usus sint, saepius recurrere oportet.

I. Denotantibus A, B, C angulos quoscunque, habetur

$$\sin A \sin(C-B) + \sin B \sin(A-C) + \sin C \sin(B-A) = 0$$
$$\cos A \sin(C-B) + \cos B \sin(A-C) + \cos C \sin(B-A) = 0.$$

II. Si duae quantitates p, P ex aequationibus talibus

$$p \sin(A-P) = a$$
$$p \sin(B-P) = b$$

determinandae sunt, hoc fiet generaliter adiumento formularum

$$p\sin(B-A)\sin(H-P) = b\sin(H-A) - a\sin(H-B)$$
$$p\sin(B-A)\cos(H-P) = b\cos(H-A) - a\cos(H-B),$$

in quibus H est angulus arbitrarius. Hinc deducuntur (art. 14, II) angulus $H-P$ atque $p\sin(B-A)$; et hinc P et p. Plerumque conditio adiecta esse solet, ut p esse debeat quantitas positiva, unde ambiguitas in determinatione anguli $H-P$ per tangentem suam deciditur; deficiente autem illa conditione, ambiguitatem ad lubitum decidere licebit. Ut calculus commodissimus sit, angulum arbitrarium H vel $= A$ vel $= B$ vel $= \frac{1}{2}(A+B)$ statuere conveniet. In casu priori aequationes ad determinandum P et p erunt

$$p\sin(A-P) = a$$
$$p\cos(A-P) = \frac{b-a\cos(B-A)}{\sin(B-A)}.$$

In casu secundo aequationes prorsus analogae erunt; in casu tertio autem

$$p\sin(\tfrac{1}{2}A+\tfrac{1}{2}B-P) = \frac{b+a}{2\cos\frac{1}{2}(B-A)}$$
$$p\cos(\tfrac{1}{2}A+\tfrac{1}{2}B-P) = \frac{b-a}{2\sin\frac{1}{2}(B-A)}.$$

Quodsi itaque angulus auxiliaris ζ introducitur, cuius tangens $= \frac{a}{b}$, invenietur P per formulam

$$\operatorname{tang}(\tfrac{1}{2}A+\tfrac{1}{2}B-P) = \operatorname{tang}(45^0+\zeta)\operatorname{tang}\tfrac{1}{2}(B-A)$$

ac dein p per aliquam formularum praecedentium, ubi

$$\tfrac{1}{2}(b+a) = \sin(45^0+\zeta)\sqrt{\frac{ab}{\sin 2\zeta}} = \frac{a\sin(45^0+\zeta)}{\sin\zeta\sqrt{2}} = \frac{b\sin(45^0+\zeta)}{\cos\zeta\sqrt{2}}$$
$$\tfrac{1}{2}(b-a) = \cos(45^0+\zeta)\sqrt{\frac{ab}{\sin 2\zeta}} = \frac{a\cos(45^0+\zeta)}{\sin\zeta\sqrt{2}} = \frac{b\cos(45^0+\zeta)}{\cos\zeta\sqrt{2}}.$$

III. Si p et P determinandae sunt ex aequationibus

$$p\cos(A-P) = a$$
$$p\cos(B-P) = b,$$

omnia in II exposita statim applicari possent, si modo illic pro A et B ubique scriberetur 90^0+A, 90^0+B: sed ut usus eo commodior sit, formulas evolutas apponere non piget. Formulae generales erunt

$$p \sin(B-A) \sin(H-P) = -b\cos(H-A) + a\cos(H-B)$$
$$p \sin(B-A) \cos(H-P) = \quad b\sin(H-A) - a\sin(H-B).$$

Transeunt itaque, pro $H = A$, in

$$p\sin(A-P) = \frac{a\cos(B-A)-b}{\sin(B-A)}$$
$$p\cos(A-P) = a.$$

Pro $H = B$, formam similem obtinent; pro $H = \frac{1}{2}(A+B)$ autem fiunt

$$p\sin(\tfrac{1}{2}A+\tfrac{1}{2}B-P) = \frac{a-b}{2\sin\frac{1}{2}(B-A)}$$
$$p\cos(\tfrac{1}{2}A+\tfrac{1}{2}B-P) = \frac{a+b}{2\cos\frac{1}{2}(B-A)},$$

ita ut introducto angulo auxiliari ζ, cuius tangens $= \frac{a}{b}$, fiat

$$\text{cotang}(\tfrac{1}{2}A+\tfrac{1}{2}B-P) = \text{cotang}(\zeta-45^0)\,\text{tang}\,\tfrac{1}{2}(B-A).$$

Ceterum si p immediate ex a et b sine praevio computo anguli P determinare cupimus, habemus formulam

$$p\sin(B-A) = \sqrt{(aa+bb-2ab\cos(B-A))}$$

tum in problemate praesente tum in II.

79.

Ad completam determinationem sectionis conicae in plano suo *tria* requiruntur, situs perihelii, excentricitas et semiparameter. Quae si e quantitatibus datis ab ipsis pendentibus eruenda sunt, tot data adsint oportet, ut tres aequationes ab invicem independentes formare liceat. Quilibet radius vector magnitudine et positione datus unam aequationem suppeditat: quamobrem ad determinationem orbitae tres radii vectores magnitudine et positione dati requiruntur; si vero duo tantum habentur, vel unum elementum ipsum iam datum esse debet, vel saltem alia quaedam quantitas, cui aequationem tertiam superstruere licet. Hinc oritur varietas problematum, quae iam deinceps pertractabimus.

Sint r, r' duo radii vectores, qui cum recta in plano orbitae e Sole ad lubitum ducta faciant secundum directionem motus angulos N, N'; sit porro

Π angulus quem cum eadem recta facit radius vector in perihelio, ita ut radiis vectoribus r, r' respondeant anomaliae verae $N-\Pi$, $N'-\Pi$; denique sit e excentricitas, p semiparameter. Tunc habentur aequationes

$$\frac{p}{r} = 1 + e\cos(N-\Pi)$$
$$\frac{p}{r'} = 1 + e\cos(N'-\Pi),$$

e quibus, si insuper una quantitatum p, e, Π data est, duas reliquas determinare licebit.

Supponamus primo, datum esse semiparametrum p, patetque determinationem quantitatum e et Π ex aequationibus

$$e\cos(N-\Pi) = \frac{p}{r} - 1$$
$$e\cos(N'-\Pi) = \frac{p}{r'} - 1$$

fieri posse ad normam lemmatis III in art. praec. Habemus itaque

$$\operatorname{tang}(N-\Pi) = \operatorname{cotang}(N'-N) - \frac{r(p-r')}{r'(p-r)\sin(N'-N)}$$
$$\operatorname{tang}(\tfrac{1}{2}N+\tfrac{1}{2}N'-\Pi) = \frac{(r'-r)\operatorname{cotang}\tfrac{1}{2}(N'-N)}{r+r-\frac{2rr'}{p}}.$$

80.

Si angulus Π datus est, p et e determinabuntur per aequationes

$$p = \frac{rr'(\cos(N-\Pi)-\cos(N'-\Pi))}{r\cos(N-\Pi)-r'\cos(N'-\Pi)}$$
$$e = \frac{r'-r}{r\cos(N-\Pi)-r'\cos(N'-\Pi)}.$$

Denominatorem communem in his formulis reducere licet sub formam $a\cos(A-\Pi)$, ita ut a et A a Π sint independentes. Designante scilicet H angulum arbitrarium fit

$$\begin{aligned} r\cos(N-\Pi)-r'\cos(N'-\Pi) = {} & (r\cos(N-H)-r'\cos(N'-H))\cos(H-\Pi) \\ & -(r\sin(N-H)-r'\sin(N'-H))\sin(H-\Pi), \end{aligned}$$

adeoque $= a\cos(A-\Pi)$, si a et A determinantur per aequationes

$$r\cos(N-H) - r'\cos(N'-H) = a\cos(A-H)$$
$$r\sin(N-H) - r'\sin(N'-H) = a\sin(A-H).$$

Hoc modo fit

$$p = \frac{2rr'\sin\frac{1}{2}(N'-N)\sin(\frac{1}{2}N+\frac{1}{2}N'-\Pi)}{a\cos(A-\Pi)}$$
$$e = \frac{r'-r}{a\cos(A-\Pi)}.$$

Hae formulae imprimis sunt commodae, quoties p et e pro pluribus valoribus ipsius Π computandae sunt, manentibus r, r', N, N'. — Quum ad calculum quantitatum auxiliarium a, A angulum H ad lubitum assumere liceat, e re erit statuere $H = \frac{1}{2}(N+N')$, quo pacto formulae abeunt in has

$$(r'-r)\cos\tfrac{1}{2}(N'-N) = -a\cos(A-\tfrac{1}{2}N-\tfrac{1}{2}N')$$
$$(r'+r)\sin\tfrac{1}{2}(N'-N) = -a\sin(A-\tfrac{1}{2}N-\tfrac{1}{2}N').$$

Determinato itaque angulo A per aequationem

$$\operatorname{tang}(A-\tfrac{1}{2}N-\tfrac{1}{2}N') = \frac{r'+r}{r'-r}\operatorname{tang}\tfrac{1}{2}(N'-N),$$

statim habetur

$$e = -\frac{\cos(A-\frac{1}{2}N-\frac{1}{2}N')}{\cos\frac{1}{2}(N'-N)\cos(A-\Pi)}.$$

Calculum logarithmi quantitatis $\frac{r'+r}{r'-r}$ per artificium saepius iam explicatum contrahere licebit.

81.

Si excentricitas e data est, angulus Π per aequationem

$$\cos(A-\Pi) = -\frac{\cos(A-\frac{1}{2}N-\frac{1}{2}N')}{e\cos\frac{1}{2}(N'-N)}$$

invenietur, postquam angulus auxiliaris A per aequationem

$$\operatorname{tang}(A-\tfrac{1}{2}N-\tfrac{1}{2}N') = \frac{r'+r}{r'-r}\operatorname{tang}\tfrac{1}{2}(N'-N)$$

determinatus est. Ambiguitas in determinatione anguli $A-\Pi$ per ipsius cosinum remanens in natura problematis fundata est, ita ut problemati duabus solutionibus diversis satisfieri possit, e quibus quam adoptare quamve reiicere oporteat aliunde decidendum erit, ad quem finem valor saltem approximatus ipsius Π iam cognitus esse debet. — Postquam Π inventus est, p vel per formulas

$$p = r(1+e\cos(N-\Pi)) = r'(1+e\cos(N'-\Pi))$$

vel per hanc computabitur

$$p = \frac{2rr'e\sin\frac{1}{2}(N'-N)\sin(\frac{1}{2}N+\frac{1}{2}N'-\Pi)}{r'-r}.$$

82.

Supponamus denique, tres radios vectores r, r', r'' datos esse, qui cum recta ad lubitum e Sole in plano orbitae ducta faciant angulos N, N', N''. Habebuntur itaque, retentis signis reliquis, aequationes:

$$\text{I.}\qquad \begin{aligned} \frac{p}{r} &= 1+e\cos(N-\Pi)\\ \frac{p}{r'} &= 1+e\cos(N'-\Pi)\\ \frac{p}{r''} &= 1+e\cos(N''-\Pi), \end{aligned}$$

e quibus p, Π, e pluribus modis diversis elici possunt. Si quantitatem p ante reliquas computare placet, multiplicentur tres aequationes I resp. per $\sin(N''-N')$, $-\sin(N''-N)$, $\sin(N'-N)$, fietque additis productis per lemma I art. 78

$$p = \frac{\sin(N''-N')-\sin(N''-N)+\sin(N'-N)}{\frac{1}{r}\sin(N''-N')-\frac{1}{r'}\sin(N''-N)+\frac{1}{r''}\sin(N'-N)}.$$

Haec expressio propius considerari meretur. Numerator manifesto fit

$$\begin{aligned} &= 2\sin\tfrac{1}{2}(N''-N')\cos\tfrac{1}{2}(N''-N')-2\sin\tfrac{1}{2}(N''-N')\cos(\tfrac{1}{2}N''+\tfrac{1}{2}N'-N)\\ &= 4\sin\tfrac{1}{2}(N''-N')\sin\tfrac{1}{2}(N''-N)\sin\tfrac{1}{2}(N'-N). \end{aligned}$$

Statuendo porro

$$\begin{aligned} r'r''\sin(N''-N') &= n\\ rr''\sin(N''-N) &= n'\\ rr'\sin(N'-N) &= n'', \end{aligned}$$

patet $\frac{1}{2}n$, $\frac{1}{2}n'$, $\frac{1}{2}n''$ esse areas triangulorum inter radium vectorem secundum et tertium, inter primum et tertium, inter primum et secundum. Hinc facile perspicietur, in formula nova

$$p = \frac{4\sin\tfrac{1}{2}(N''-N')\sin\tfrac{1}{2}(N''-N)\sin\tfrac{1}{2}(N'-N).rr'r''}{n-n'+n''}$$

denominatorem esse duplum areae trianguli inter trium radiorum vectorum extremitates i. e. inter tria corporis coelestis loca in spatio contenti. Quoties haec loca parum ab invicem remota sunt, area ista semper erit quantitas perparva et quidem ordinis tertii, siquidem $N'-N$, $N''-N'$ ut quantitates parvae ordinis primi spectantur. Hinc simul concluditur, si quantitatum r, r', r'', N, N', N'' una vel plures erroribus utut levibus affectae sint, in determinatione ipsius p errorem permagnum illinc nasci posse; quamobrem haecce ratio orbitae dimensiones eruendi magnam praecisionem nunquam admittet, nisi tria loca heliocentrica intervallis considerabilibus ab invicem distent.

Ceterum simulac semiparameter p inventus est, e et Π determinabuntur e combinatione duarum quarumcunque aequationum I per methodum art. 79.

83.

Si solutionem eiusdem problematis a computo anguli Π inchoare malumus, methodo sequente utemur. Subtrahimus ab aequationum I secunda tertiam, a prima tertiam, a prima secundam, quo pacto tres novas sequentes obtinemus:

$$\text{II.}\qquad \begin{aligned} \frac{\frac{1}{r'}-\frac{1}{r''}}{2\sin\frac{1}{2}(N''-N')} &= \frac{e}{p}\sin(\tfrac{1}{2}N'+\tfrac{1}{2}N''-\Pi)\\ \frac{\frac{1}{r}-\frac{1}{r''}}{2\sin\frac{1}{2}(N''-N)} &= \frac{e}{p}\sin(\tfrac{1}{2}N+\tfrac{1}{2}N''-\Pi)\\ \frac{\frac{1}{r}-\frac{1}{r'}}{2\sin\frac{1}{2}(N'-N)} &= \frac{e}{p}\sin(\tfrac{1}{2}N+\tfrac{1}{2}N'-\Pi). \end{aligned}$$

Duae quaecunque ex his aequationibus secundum lemma II art. 78 dabunt Π et $\frac{e}{p}$, unde per quamlibet aequationum I habebuntur etiam e et p. Quodsi solutionem tertiam in art. 78, II traditam adoptamus, combinatio aequationis primae cum tertia algorithmum sequentem producit. Determinetur angulus auxiliaris ζ per aequationem

$$\operatorname{tang}\zeta = \frac{\frac{r'}{r}-1}{1-\frac{r'}{r''}}\cdot\frac{\sin\frac{1}{2}(N''-N')}{\sin\frac{1}{2}(N'-N)},$$

eritque

$$\mathrm{tang}\,(\tfrac{1}{4}N+\tfrac{1}{2}N'+\tfrac{1}{4}N''-\Pi) = \mathrm{tang}\,(45^0+\zeta)\,\mathrm{tang}\,\tfrac{1}{4}(N''-N).$$

Permutando locum secundum cum primo vel tertio, duae aliae solutiones huic prorsus analogae prodibunt. Quum hac methodo adhibita formulae pro $\frac{e}{p}$ minus expeditae evadant, e et p per methodum art. 80 e duabus aequationum I eruere praestabit. Ceterum ambiguitas in determinatione ipsius Π per tangentem anguli $\frac{1}{4}N+\frac{1}{2}N'+\frac{1}{4}N''-\Pi$ ita decidi debebit, ut e fiat quantitas positiva: scilicet manifestum est, pro e valores oppositos prodituros esse, si pro Π valores 180^0 diversi accipiantur. Signum ipsius p autem ab hac ambiguitate non pendet, valorque ipsius p negativus evadere nequit, nisi tria puncta data in parte hyperbolae a Sole aversa iaceant, ad quem casum legibus naturae contrarium hic non respicimus.

Quae ex applicatione methodi primae in art. 78, II post substitutiones operosiores orirentur, in casu praesente commodius sequenti modo obtineri possunt. Multiplicetur aequationum II prima per $\cos\frac{1}{2}(N''-N')$, tertia per $\cos\frac{1}{2}(N'-N)$, subtrahaturque productum posterius a priori. Tunc lemmate I art. 78 rite applicato*) prodibit aequatio

$$\tfrac{1}{2}\left(\frac{1}{r'}-\frac{1}{r''}\right)\mathrm{cotang}\,\tfrac{1}{2}(N''-N')-\tfrac{1}{2}\left(\frac{1}{r}-\frac{1}{r'}\right)\mathrm{cotang}\,\tfrac{1}{2}(N'-N)$$
$$=\frac{e}{p}\sin\tfrac{1}{2}(N''-N)\cos(\tfrac{1}{2}N+\tfrac{1}{2}N''-\Pi).$$

Quam combinando cum aequationum II secunda invenientur Π et $\frac{e}{p}$, et quidem Π per formulam

$$\mathrm{tang}\,(\tfrac{1}{2}N+\tfrac{1}{2}N''-\Pi) = \frac{\frac{r'}{r}-\frac{r'}{r''}}{\left(1-\frac{r'}{r''}\right)\mathrm{cotang}\,\tfrac{1}{2}(N''-N')-\left(\frac{r'}{r}-1\right)\mathrm{cotang}\,\tfrac{1}{2}(N'-N)}.$$

Etiam hinc duae aliae formulae prorsus analogae derivantur, permutando locum secundum cum primo vel tertio.

84.

Quum per duos radios vectores magnitudine et positione datos atque elementum orbitae unum orbitam integram determinare liceat, per illa data etiam

*) Statuendo scilicet in formula secunda $A = \frac{1}{2}(N''-N')$, $B = \frac{1}{2}N+\frac{1}{2}N''-\Pi$, $C = \frac{1}{2}(N'-N)$.

tempus, intra quod corpus coeleste ab uno radio vectore ad alterum movetur, determinabile erit, siquidem corporis massam vel negligimus vel saltem tamquam cognitam spectamus: nos suppositioni priori inhaerebimus, ad quam posterior facile reducitur. Hinc vice versa patet, duos radios vectores magnitudine et positione datos una cum tempore, intra quod corpus coeleste spatium intermedium describit, orbitam integram determinare. Hoc vero problema, ad gravissima in theoria motus corporum coelestium referendum, haud ita facile solvitur, quum expressio temporis per elementa transscendens sit, insuperque satis complicata. Eo magis dignum est, quod omni cura tractetur: quamobrem lectoribus haud ingratum fore speramus, quod praeter solutionem post tradendam, quae nihil amplius desiderandum relinquere videtur, eam quoque oblivioni eripiendam esse censuimus, qua olim antequam ista se obtulisset frequenter usi sumus. Problemata difficiliora semper iuvat pluribus viis aggredi, nec bonam spernere etiamsi meliorem praeferas. Ab expositione huius methodi anterioris initium facimus.

85.

Retinebimus characteres r, r', N, N', p, e, Π in eadem significatione, in qua supra accepti sunt; differentiam $N'-N$ denotabimus per Δ, tempusque intra quod corpus coeleste a loco priori ad posteriorem movetur per t. Iam patet, si valor approximatus alicuius quantitatum p, e, Π sit notus, etiam duas reliquas inde determinari posse, ac dein per methodos in Sectione prima explicatas tempus motui a loco primo ad secundum respondens. Quod si tempori proposito t aequale evadit, valor suppositus ipsius p, e vel Π est ipse verus, orbitaque ipsa iam inventa; sin minus, calculus cum valore alio a primo parum diverso repetitus docebit, quanta variatio in valore temporis variationi exiguae in valore ipsius p, e, Π respondeat, unde per simplicem interpolationem valor correctus eruetur. Cum quo si calculus denuo repetitur, tempus emergens vel ex asse cum proposito quadrabit, vel saltem perparum ab eo differet, ita ut certe novis correctionibus adhibitis consensum tam exactum attingere liceat, quantum tabulae logarithmicae et trigonometricae permittunt.

Problema itaque eo reductum est, ut pro eo casu, ubi orbita adhuc penitus incognita est, valorem saltem approximatum alicuius quantitatum p, e, Π

determinare doceamus. Methodum iam trademus, per quam valor ipsius p tanta praecisione eruitur, ut pro parvis quidem valoribus ipsius Δ nulla amplius correctione indigeat, adeoque tota orbita per primum calculum omni iam praecisione determinetur, quam tabulae vulgares permittunt. Vix unquam autem aliter nisi pro valoribus mediocribus ipsius Δ ad hanc methodum recurrere oportebit, quum determinationem orbitae omnino adhuc incognitae, propter problematis complicationem nimis intricatam, vix aliter suscipere liceat, nisi per observationes non nimis ab invicem distantes, aut potius tales, quibus motus heliocentricus non nimius respondet.

86.

Designando radium vectorem indefinitum seu variabilem anomaliae verae $v-\Pi$ respondentem per ρ, erit area sectoris a corpore coelesti intra tempus t descripti $=\frac{1}{2}\int\rho\rho\,\mathrm{d}v$, hoc integrali a $v=N$ usque ad $v=N'$ extenso, adeoque, accipiendo k in significatione art. 6, $kt\sqrt{p}=\int\rho\rho\,\mathrm{d}v$. Iam constat, per formulas a Cotesio evolutas, si φx exprimat functionem quamcunque ipsius x, valorem continuo magis approximatum integralis $\int\varphi x\,.\,\mathrm{d}x$ ab $x=u$ usque ad $x=u+\Delta$ extensi exhiberi per formulas

$$\tfrac{1}{2}\Delta\{\varphi u+\varphi(u+\Delta)\}$$
$$\tfrac{1}{6}\Delta\{\varphi u+4\varphi(u+\tfrac{1}{2}\Delta)+\varphi(u+\Delta)\}$$
$$\tfrac{1}{8}\Delta\{\varphi u+3\varphi(u+\tfrac{1}{3}\Delta)+3\varphi(u+\tfrac{2}{3}\Delta)+\varphi(u+\Delta)\}$$

etc.:

ad institutum nostrum apud duas formulas primas subsistere sufficiet.

Per formulam itaque primam in problemate nostro habemus $\int\rho\rho\,\mathrm{d}v=\frac{1}{2}\Delta(rr+r'r')=\frac{\Delta rr'}{\cos 2\omega}$, si statuitur $\frac{r'}{r}=\operatorname{tang}(45^0+\omega)$. Quamobrem valor approximatus primus ipsius $\sqrt{p}$ erit $=\frac{\Delta rr'}{kt\cos 2\omega}$, quem statuemus $=3\alpha$.

Per formulam secundam habemus exactius $\int\rho\rho\,\mathrm{d}v=\frac{1}{6}\Delta(rr+r'r'+4RR)$, designante R radium vectorem anomaliae intermediae $\frac{1}{2}N+\frac{1}{2}N'-\Pi$ respondentem. Iam exprimendo p per r, R, r', N, $N+\frac{1}{2}\Delta$, $N+\Delta$ ad normam formulae in art. 82 traditae, invenimus

$$p=\frac{4\sin\frac{1}{4}\Delta^2\sin\frac{1}{2}\Delta}{\left(\frac{1}{r}+\frac{1}{r'}\right)\sin\frac{1}{2}\Delta-\frac{1}{R}\sin\Delta},$$

atque hinc

$$\frac{\cos\frac{1}{2}\Delta}{R} = \tfrac{1}{2}\left(\frac{1}{r}+\frac{1}{r'}\right) - \frac{2\sin\frac{1}{4}\Delta^2}{p} = \frac{\cos\omega}{\sqrt{(rr'\cos 2\omega)}} - \frac{2\sin\frac{1}{4}\Delta^2}{p}.$$

Statuendo itaque

$$\frac{2\sin\frac{1}{4}\Delta^2\sqrt{(rr'\cos 2\omega)}}{\cos\omega} = \delta,$$

fit

$$R = \frac{\cos\frac{1}{2}\Delta . \sqrt{(rr'\cos 2\omega)}}{\cos\omega . \left(1-\frac{\delta}{p}\right)},$$

unde valor approximatus secundus ipsius $\sqrt{p}$ elicitur

$$\sqrt{p} = \alpha + \frac{2\alpha\cos\frac{1}{2}\Delta^2\cos 2\omega^2}{\cos\omega^2\left(1-\frac{\delta}{p}\right)^2} = \alpha + \frac{\varepsilon}{\left(1-\frac{\delta}{p}\right)^2},$$

si statuitur $2\alpha\left(\frac{\cos\frac{1}{2}\Delta\cos 2\omega}{\cos\omega}\right)^2 = \varepsilon$. Scribendo itaque π pro $\sqrt{p}$, determinabitur π per aequationem $(\pi-\alpha)\left(1-\frac{\delta}{\pi\pi}\right)^2 = \varepsilon$, quae rite evoluta ad quintum gradum ascenderet. Statuamus $\pi = q+\mu$, ita ut sit q valor approximatus ipsius π, atque μ quantitas perexigua, cuius quadrata altioresque potestates negligere liceat:

Qua substitutione prodit

$$(q-\alpha)\left(1-\frac{\delta}{qq}\right)^2 + \mu\left\{\left(1-\frac{\delta}{qq}\right)^2 + \frac{4\delta(q-\alpha)}{q^3}\left(1-\frac{\delta}{qq}\right)\right\} = \varepsilon,$$

sive

$$\mu = \frac{\varepsilon q^5-(qq-\alpha q)(qq-\delta)^2}{(qq-\delta)(q^3+3\delta q-4\alpha\delta)},$$

adeoque

$$\pi = \frac{\varepsilon q^5+(qq-\delta)(\alpha qq+4\delta q-5\alpha\delta)q}{(qq-\delta)(q^3+3\delta q-4\alpha\delta)}.$$

Iam in problemate nostro habemus valorem approximatum ipsius π, puta $= 3\alpha$, quo in formula praecedente pro q substituto, prodit valor correctus

$$\pi = \frac{243\alpha^4\varepsilon+3\alpha(9\alpha\alpha-\delta)(9\alpha\alpha+7\delta)}{(9\alpha\alpha-\delta)(27\alpha\alpha+5\delta)}.$$

Statuendo itaque $\frac{\delta}{27\alpha\alpha} = \beta$, $\frac{\varepsilon}{(1-3\beta)\alpha} = \gamma$, formula induit formam hancce $\pi = \frac{\alpha(1+\gamma+21\beta)}{1+5\beta}$, omnesque operationes ad problematis solutionem necessariae in his quinque formulis continentur:

I. $$\frac{r'}{r} = \operatorname{tang}(45^0+\omega)$$

II. $$\frac{\Delta rr'}{3kt\cos 2\omega} = \alpha$$

III.
$$\frac{2\sin\frac{1}{4}\Delta^2\sqrt{(rr'\cos 2\omega)}}{27\,\alpha\alpha\cos\omega} = \beta$$

IV.
$$\frac{2\cos\frac{1}{2}\Delta^2\cos 2\omega^2}{(1-3\beta)\cos\omega^2} = \gamma$$

V.
$$\frac{\alpha(1+\gamma+21\beta)}{1+5\beta} = \sqrt{p}.$$

Si quid a praecisione harum formularum remittere placet, expressiones adhuc simpliciores evolvere licebit. Scilicet faciendo $\cos\omega$ et $\cos 2\omega = 1$ et evolvendo valorem ipsius $\sqrt{p}$ in seriem secundum potestates ipsius Δ progredientem, prodit neglectis biquadratis altioribusque potestatibus

$$\sqrt{p} = \alpha\left(3 - \tfrac{1}{2}\Delta\Delta + \frac{\Delta\Delta\sqrt{rr'}}{18\alpha\alpha}\right),$$

ubi Δ in partibus radii exprimendus est. Quare faciendo $\frac{\Delta rr'}{kt} = \sqrt{p'}$, habetur

VI.
$$p = p'\left(1 - \tfrac{1}{3}\Delta\Delta + \frac{\Delta\Delta\sqrt{rr'}}{3p'}\right).$$

Simili modo explicando $\sqrt{p}$ in seriem secundum potestates ipsius $\sin\Delta$ progredientem emergit, posito $\frac{rr'\sin\Delta}{kt} = \sqrt{p''}$,

VII.
$$\sqrt{p} = \left(1 + \frac{\sin\Delta^2\sqrt{rr'}}{6p''}\right)\sqrt{p''}$$

sive

VIII.
$$p = p'' + \tfrac{1}{3}\sin\Delta^2\sqrt{rr'}.$$

Formulae VII et VIII conveniunt cum iis, quas ill. EULER tradidit in *Theoria motus planetarum et cometarum* [p. 56], formula VI autem cum ea, quae in usum vocata est in *Recherches et calculs sur la vraie orbite elliptique de la comète de 1769*, p. 80.

87.

Exempla sequentia usum praeceptorum praecedentium illustrabunt, simulque inde gradus praecisionis aestimari poterit.

I. Sit $\log r = 0,330\,7640$, $\log r' = 0,322\,2239$, $\Delta = 7^0 34' 53'',73 = 27293'',73$, $t = 21,93391$ dies. Hinc invenitur $\omega = -33' 47'',90$, unde calculus ulterior ita se habet:

$\log \Delta$ 4,436 0629

$\log rr'$ 0,652 9879

$C. \log 3k$ 5,972 8722

$C. \log t$ 8,658 8840

$C. \log \cos 2\omega$ 0,000 0840
_____

$\log \alpha$ 9,720 8910

$\log 2$ 0,301 0300

$2 \log \cos \frac{1}{2}\Delta$ 9,998 0976

$2 \log \cos 2\omega$. , . . . 9,999 8320

$C. \log (1 - 3\beta)$ 0,000 8103

$2 C. \log \cos \omega$ 0,000 0420
_____

$\log \gamma$ 0,299 8119

$\gamma =$ 1,994 3982

$21\beta =$ 0,013 0489

$\frac{1}{2}\log rr' \cos 2\omega$ . . . 0,326 4519

$2 \log \sin \frac{1}{4}\Delta$ 7,038 9972

$\log \frac{2}{27}$ 8,869 6662

$C. \log \alpha\alpha$ 0,558 2180

$C. \log \cos \omega$ 0,000 0210
_____

$\log \beta$ 6,793 3543

$\beta =$ 0,000 6213 757

$1 + \gamma + 21\beta =$ 3,007 4471
_____

$\log$ 0,478 1980

$\log \alpha$ 9,720 8910

$C. \log (1 + 5\beta)$ 9,998 6528
_____

$\log \sqrt{p}$ 0,197 7418

$\log p$ 0,395 4836

Hic valor ipsius $\log p$ vix una unitate in figura septima a vero differt: **formula VI** in hoc exemplo dat $\log p = 0,395\,4822$; **formula VII** producit $0,395\,4780$; denique **formula VIII** dat $0,395\,4754$.

II. Sit $\log r = 0,428\,2792$, $\log r' = 0,406\,2033$, $\Delta = 62^0 55' 16'',64$, $t = 259,88477$ dies. Hinc eruitur $\omega = -1^0 27' 20'',14$, $\log \alpha = 9,748\,2348$, $\beta = 0,045\,3511\,4$, $\gamma = 1,681\,121$, $\log \sqrt{p} = 0,219\,8013$, $\log p = 0,439\,6026$, qui valor 211 unitatibus in figura septima iusto minor est. Valor enim verus in hoc exemplo est $0,439\,6237$; per formulam VI invenitur $0,436\,8730$; per formulam VII prodit $0,415\,9824$; denique per formulam VIII eruitur $0,405\,1103$: duo postremi valores hic a vero tantum discrepant, ut ne approximationis quidem vice fungi possint.

88.

Methodi *secundae* expositio permultis relationibus novis atque elegantibus enucleandis occasionem dabit: quae quum in diversis sectionum conicarum generibus formas diversas induant, singula seorsim tractare oportebit: ab ELLIPSI initium faciemus.

Respondeant duobus locis anomaliae verae v, v' (e quibus v sit tempore anterior), anomaliae excentricae E, E', radiique vectores r, r'; porro sit p semiparameter, $e = \sin\varphi$ excentricitas, a semiaxis maior, t tempus intra quod motus a loco primo ad secundum absolvitur; denique statuamus $v'-v = 2f$, $v'+v = 2F$, $E'-E = 2g$, $E'+E = 2G$, $a\cos\varphi = \frac{p}{\cos\varphi} = b$. Quibus ita factis e combinatione formularum V, VI art. 8 facile deducuntur aequationes sequentes:

$$1)\quad b\sin g = \sin f.\sqrt{rr'}$$

$$2)\quad b\sin G = \sin F.\sqrt{rr'}$$

$$p\cos g = \{\cos\tfrac{1}{2}v\cos\tfrac{1}{2}v'.(1+e)+\sin\tfrac{1}{2}v\sin\tfrac{1}{2}v'.(1-e)\}\sqrt{rr'}$$

sive

$$3)\quad p\cos g = (\cos f + e\cos F)\sqrt{rr'}$$

et perinde

$$4)\quad p\cos G = (\cos F + e\cos f)\sqrt{rr'}.$$

E combinatione aequationum 3, 4 porro oritur

$$5)\quad \cos f.\sqrt{rr'} = (\cos g - e\cos G)a$$

$$6)\quad \cos F.\sqrt{rr'} = (\cos G - e\cos g)a.$$

E formula III art. 8 nanciscimur

$$7)\quad r'-r = 2ae\sin g\sin G$$

$$r'+r = 2a - 2ae\cos g\cos G = 2a\sin g^2 + 2\cos f\cos g.\sqrt{rr'},$$

unde

$$8)\quad a = \frac{r+r'-2\cos f\cos g.\sqrt{rr'}}{2\sin g^2}.$$

Statuamus

$$9)\quad \frac{\sqrt{\frac{r'}{r}}+\sqrt{\frac{r}{r'}}}{2\cos f} = 1+2l,$$

eritque

$$10)\quad a = \frac{2(l+\sin\frac{1}{2}g^2)\cos f.\sqrt{rr'}}{\sin g^2}$$

nec non $\sqrt{a} = \pm\frac{\sqrt{(2(l+\sin\frac{1}{2}g^2)\cos f.\sqrt{rr'})}}{\sin g}$, ubi signum superius accipere oportet vel inferius, prout $\sin g$ positivus est vel negativus. — Formula XII art. 8

nobis suppeditat aequationem

$$\frac{kt}{a^{\frac{3}{2}}} = E' - e\sin E' - E + e\sin E = 2g - 2e\sin g\cos G = 2g - \sin 2g + 2\cos f\sin g\frac{\sqrt{rr'}}{a}.$$

Quodsi iam in hac aequatione pro a substituitur ipsius valor ex 10, ac brevitatis gratia ponitur

$$11)\quad \frac{kt}{2^{\frac{3}{2}}\cos f^{\frac{3}{2}}(rr')^{\frac{3}{4}}} = m,$$

prodit omnibus rite reductis

$$12)\quad \pm m = (l + \sin\tfrac{1}{2}g^2)^{\frac{1}{2}} + (l + \sin\tfrac{1}{2}g^2)^{\frac{3}{2}}\left(\frac{2g - \sin 2g}{\sin g^3}\right),$$

ubi ipsi m signum superius vel inferius praefigendum est, prout $\sin g$ positivus est vel negativus.

Quoties motus heliocentricus est inter 180^0 et 360^0, sive generalius quoties $\cos f$ est negativus, quantitas m per formulam 11 determinata evaderet imaginaria, atque l negativa, ad quod evitandum pro aequationibus 9, 11 in hoc casu hasce adoptabimus:

$$9^*)\quad \frac{\sqrt{\frac{r'}{r}} + \sqrt{\frac{r}{r'}}}{2\cos f} = 1 - 2L$$

$$11^*)\quad \frac{kt}{2^{\frac{3}{2}}(-\cos f)^{\frac{3}{2}}(rr')^{\frac{3}{4}}} = M,$$

unde pro 10 et 12 hasce obtinebimus

$$10^*)\quad a = \frac{-2(L - \sin\frac{1}{2}g^2)\cos f.\sqrt{rr'}}{\sin g^2}$$

$$12^*)\quad \pm M = -(L - \sin\tfrac{1}{2}g^2)^{\frac{1}{2}} + (L - \sin\tfrac{1}{2}g^2)^{\frac{3}{2}}\left(\frac{2g - \sin 2g}{\sin g^3}\right),$$

ubi signum ambiguum eodem modo determinandum est ut ante.

89.

Duplex iam negotium nobis incumbit, primum, ut ex aequatione transcendente 12, quoniam solutionem directam non admittit, incognitam g quam commodissime eruamus; secundum, ut ex angulo g invento elementa ipsa deducamus. Quae antequam adeamus, transformationem quandam attingemus, cuius adiumento calculus quantitatis auxiliaris l vel L expeditius absolvitur, insuperque plures formulae post evolvendae ad formam elegantiorem reducuntur.

Introducendo scilicet angulum auxiliarem ω per formulam

$$\sqrt[4]{\frac{r'}{r}} = \operatorname{tang}(45^0 + \omega)$$

determinandum, fit

$$\sqrt{\frac{r'}{r}} + \sqrt{\frac{r}{r'}} = 2 + \{\operatorname{tang}(45^0+\omega) - \operatorname{cotang}(45^0+\omega)\}^2 = 2 + 4\operatorname{tang} 2\omega^2;$$

unde habetur

$$l = \frac{\sin\frac{1}{2}f^2}{\cos f} + \frac{\operatorname{tang} 2\omega^2}{\cos f}, \qquad L = -\frac{\sin\frac{1}{2}f^2}{\cos f} - \frac{\operatorname{tang} 2\omega^2}{\cos f}.$$

90.

Considerabimus primo casum eum, ubi e solutione aequationis 12 valor non nimis magnus ipsius g emergit, ita ut $\frac{2g - \sin 2g}{\sin g^3}$ in seriem secundum potestates ipsius $\sin\frac{1}{2}g$ progredientem evolvere liceat. Numerator huius expressionis, quam per X denotabimus, fit

$$= \tfrac{32}{3}\sin\tfrac{1}{2}g^3 - \tfrac{16}{5}\sin\tfrac{1}{2}g^5 - \tfrac{4}{7}\sin\tfrac{1}{2}g^7 - \text{etc.}$$

Denominator autem

$$= 8\sin\tfrac{1}{2}g^3 - 12\sin\tfrac{1}{2}g^5 + 3\sin\tfrac{1}{2}g^7 + \text{etc.}$$

Unde X obtinet formam

$$\tfrac{4}{3} + \tfrac{8}{5}\sin\tfrac{1}{2}g^2 + \tfrac{64}{35}\sin\tfrac{1}{2}g^4 + \text{etc.}$$

Ut autem legem progressionis coëfficientium eruamus, differentiamus aequationem $X\sin g^3 = 2g - \sin 2g$, unde prodit

$$3X\cos g\sin g^2 + \sin g^3\frac{dX}{dg} = 2 - 2\cos 2g = 4\sin g^2;$$

statuendo porro $\sin\frac{1}{2}g^2 = x$, fit $\frac{dx}{dg} = \frac{1}{2}\sin g$, unde concluditur

$$\frac{dX}{dx} = \frac{8 - 6X\cos g}{\sin g^2} = \frac{4 - 3X(1-2x)}{2x(1-x)},$$

et proin

$$(2x - 2xx)\frac{dX}{dx} = 4 - (3 - 6x)X.$$

Quodsi igitur statuimus

$$X = \tfrac{4}{3}(1 + \alpha x + \beta xx + \gamma x^3 + \delta x^4 + \text{etc.}),$$

obtinemus aequationem

$$\tfrac{8}{3}\{\alpha x + (2\beta - \alpha)xx + (3\gamma - 2\beta)x^3 + (4\delta - 3\gamma)x^4 + \text{etc.}\}$$
$$= (8 - 4\alpha)x + (8\alpha - 4\beta)xx + (8\beta - 4\gamma)x^3 + (8\gamma - 4\delta)x^4 + \text{etc.},$$

quae identica esse debet. Hinc colligimus $\alpha = \frac{6}{5}$, $\beta = \frac{8}{7}\alpha$, $\gamma = \frac{10}{9}\beta$, $\delta = \frac{12}{11}\gamma$ etc., ubi lex progressionis obvia est. Habemus itaque

$$X = \tfrac{4}{3} + \frac{4.6}{3.5}x + \frac{4.6.8}{3.5.7}xx + \frac{4.6.8.10}{3.5.7.9}x^3 + \frac{4.6.8.10.12}{3.5.7.9.11}x^4 + \text{etc.}$$

Hanc seriem transformare licet in fractionem continuam sequentem:

$$X = \cfrac{\frac{4}{3}}{1 - \cfrac{\frac{6}{5}x}{1 + \cfrac{\frac{2}{5.7}x}{1 - \cfrac{\frac{5.8}{7.9}x}{1 - \cfrac{\frac{1.4}{9.11}x}{1 - \cfrac{\frac{7.10}{11.13}x}{1 - \cfrac{\frac{3.6}{13.15}x}{1 - \cfrac{\frac{9.12}{15.17}x}{1 - \text{etc.}}}}}}}}$$

Lex secundum quam coëfficientes $\frac{6}{5}$, $-\frac{2}{5.7}$, $\frac{5.8}{7.9}$, $\frac{1.4}{9.11}$ etc. progrediuntur obvia est; scilicet terminus n^{tus} huius seriei fit pro n pari $= \frac{(n-3)n}{(2n+1)(2n+3)}$, pro n impari autem $= \frac{(n+2)(n+5)}{(2n+1)(2n+3)}$: ulterior huius argumenti evolutio [*)] nimis aliena esset ab instituto nostro. Quodsi iam statuimus

$$\cfrac{x}{1 + \cfrac{\frac{2}{5.7}x}{1 - \cfrac{\frac{5.8}{7.9}x}{1 - \cfrac{\frac{1.4}{9.11}x}{1 - \text{etc.}}}}} = x - \xi,$$

[*) Vgl. Band III. S. 135.]

fit $X = \frac{1}{\frac{3}{4} - \frac{9}{10}(x - \xi)}$, atque $\xi = x - \frac{5}{6} + \frac{10}{9X}$, sive

$$\xi = \frac{\sin g^3 - \frac{3}{4}(2g - \sin 2g)(1 - \frac{6}{5}\sin \frac{1}{2}g^2)}{\frac{9}{10}(2g - \sin 2g)}.$$

Numerator huius expressionis est quantitas ordinis septimi, denominator ordinis tertii, adeoque ξ ordinis quarti, siquidem g tamquam quantitas ordinis primi, sive x tamquam ordinis secundi spectatur. Hinc concluditur, formulam hancce ad computum numericum exactum ipsius ξ haud idoneam esse, quoties g angulum non valde considerabilem exprimat: tunc autem ad hunc finem commode adhibentur formulae sequentes, quae ab invicem per ordinem commutatum numeratorum in coëfficientibus fractis differunt, et quarum prior e valore supposito ipsius $x - \xi$ haud difficile derivatur*):

13) $$\xi = \cfrac{\frac{2}{35}xx}{1 + \frac{2}{35}x - \cfrac{\frac{40}{63}x}{1 - \cfrac{\frac{4}{99}x}{1 - \cfrac{\frac{70}{143}x}{1 - \cfrac{\frac{18}{195}x}{1 - \cfrac{\frac{108}{255}x}{1 - \text{etc.}}}}}}}$$

sive

$$\xi = \cfrac{\frac{2}{35}xx}{1 - \frac{18}{35}x - \cfrac{\frac{4}{63}x}{1 - \cfrac{\frac{40}{99}x}{1 - \cfrac{\frac{18}{143}x}{1 - \cfrac{\frac{70}{195}x}{1 - \cfrac{\frac{40}{255}x}{1 - \text{etc.}}}}}}}$$

*) Deductio posterioris quasdam transformationes minus obvias aliaque occasione [Band III. S. 137] explicandas supponit.

[Handschriftliche Bemerkung:] Fit $\xi = \frac{2}{35}xx \frac{1 + \frac{2.8}{9}x + \frac{3.8.10}{9.11}xx + \frac{4.8.10.12}{9.11.13}x^3 + \text{etc.}}{1 + \frac{6}{5}x + \frac{6.8}{5.7}xx + \frac{6.8.10}{5.7.9}x^3 + \text{etc.}}$.

Statuendo itaque $1 + \frac{2.8}{9}x + \frac{3.8.10}{9.11}xx + \text{etc.} = A$, fit $\xi = \frac{\frac{2}{35}Axx(1 - \frac{6}{5}x)}{1 - \frac{12}{175}Axx}$. Habetur etiam $A = (1 - x)^{-\frac{3}{2}}\left(1 + \frac{1.5}{2.9}x + \frac{1.3.5.7}{2.4.9.11}xx + \text{etc.}\right)$.

In tabula tertia huic operi annexa pro cunctis valoribus ipsius x a 0 usque ad 0,3, per singulas partes millesimas, valores respondentes ipsius ξ ad septem figuras decimales computati reperiuntur. Haec tabula primo aspectu monstrat exiguitatem ipsius ξ pro valoribus modicis ipsius g; ita e. g. pro $E'-E = 10^0$, sive $g = 5^0$, ubi $x = 0{,}00190$, fix $\xi = 0{,}000\,0002$. Superfluum fuisset, tabulam adhuc ulterius continuare, quum termino ultimo $x = 0{,}3$ respondeat $g = 66^0 25'$ sive $E'-E = 132^0 50'$. Ceterum tabulae columna tertia, quae valores ipsius ξ valoribus negativis ipsius x respondentes continet, infra loco suo explicabitur.

91.

Aequatio 12, in qua, eo de quo agimus casu, manifesto signum superius adoptare oportet, per introductionem quantitatis ξ obtinet formam

$$m = (l+x)^{\frac{1}{2}} + \frac{(l+x)^{\frac{3}{2}}}{\frac{4}{3} - \frac{9}{10}(x-\xi)}.$$

Statuendo itaque $\sqrt{(l+x)} = \frac{m}{y}$, atque

14) $$\frac{mm}{\frac{5}{6}+l+\xi} = h,$$

omnibus rite reductis prodit

15) $$h = \frac{(y-1)yy}{y+\frac{1}{9}} \text{ [*)]}.$$

Quodsi itaque h tamquam quantitatem cognitam spectare licet, y inde per aequationem cubicam determinabitur, ac dein erit

16) $$x = \frac{mm}{yy} - l.$$

Iam etiamsi h implicet quantitatem adhuc incognitam ξ, in approximatione

---

[*) Handschriftliche Bemerkung:]

$$y - 1 = \frac{l+x}{\frac{4}{3} - \frac{9}{10}(x-\xi)}$$

$$y = 1 + \frac{10}{9}h - \frac{110}{81}hh + \frac{2410}{729}h^3 - \text{etc.}$$

$$yy = 1 + \frac{20}{9}h - \frac{40}{27}hh + \frac{2620}{729}h^3 - \text{etc.}$$

$$\frac{1}{yy} = 1 - \frac{20}{9}h + \frac{520}{81}hh - \frac{5140}{243}h^3 + \text{etc.}$$

prima eam negligere atque pro h accipere licebit $\frac{mm}{\frac{5}{6}+l}$, quoniam certe in eo de quo agimus casu ξ semper est quantitas valde parva. Hinc per aequationes 15, 16 elicientur y et x; ex x per tabulam III habebitur ξ, cuius adiumento per formulam 14 eruetur valor correctus ipsius h, cum quo calculus idem repetitus valores correctos ipsarum y, x dabit: plerumque hi tam parum a praecedentibus different, ut ξ iterum e tabula III desumta haud diversa sit a valore primo; alioquin calculum denuo repetere oporteret, donec nullam amplius mutationem patiatur. Simulac quantitas x inventa erit, habebitur g per formulam $\sin \frac{1}{2} g^2 = x$.

Haec praecepta referuntur ad casum primum, ubi $\cos f$ positivus est; in casu altero ubi negativus est statuimus $\surd(L-x) = \frac{M}{Y}$ atque

14*) $$\frac{MM}{L-\frac{5}{6}-\xi} = H,$$

unde aequatio 12* rite reducta transit in hanc

15*) $$H = \frac{(Y+1)\,YY}{Y-\frac{1}{9}}.$$

Per hanc itaque aequationem cubicam determinare licet Y ex H, unde rursus x derivabitur per aequationem

16*) $$x = L - \frac{MM}{YY}.$$

In approximatione prima pro H accipietur valor $\frac{MM}{L-\frac{5}{6}}$; cum valore ipsius x inde per aequationes 15*, 16* derivato desumetur ξ ex tabula III; hinc per formulam 14* habebitur valor correctus ipsius H, cum quo calculus eodem modo repetetur. Tandem ex x angulus g eodem modo determinabitur ut in casu primo.

92.

Quamquam aequationes 15, 15* in quibusdam casibus tres radices reales habere possint, tamen ambiguum nunquam erit, quamnam in problemate nostro adoptare oporteat. Quum enim h manifesto sit quantitas positiva, ex aequationum theoria facile concluditur, aequationem 15 habere radicem unicam positivam vel cum duabus imaginariis vel cum duabus negativis: iam quum $y = \frac{m}{\surd(l+x)}$ necessario esse debeat quantitas positiva, nullam hic incertitudinem remanere patet. Quod vero attinet ad aequationem 15*, primo observamus, L necessario esse maiorem quam 1: quod facile probatur, si aequatio in art. 89 tradita sub formam $L = 1 + \frac{\cos\frac{1}{2}f^2}{-\cos f} + \frac{\text{tang}\, 2\omega^2}{-\cos f}$ ponitur. Porro substituendo in aequatione 12* pro M, $Y\sqrt{(L-x)}$, prodit $Y+1 = (L-x)X$, adeoque

$$Y+1 > (1-x)X > \tfrac{4}{3} + \frac{4}{3.5}x + \frac{4.6}{3.5.7}xx + \frac{4.6.8}{3.5.7.9}x^3 + \text{etc.} > \tfrac{4}{3},$$

et proin $Y > \frac{1}{3}$. Statuendo itaque $Y = \frac{1}{3} + Y'$, necessario Y' erit quantitas positiva, aequatio 15* autem hinc transit in hanc

$$Y'^3 + 2Y'Y' + (1-H)Y' + \tfrac{4}{27} - \tfrac{2}{9}H = 0,$$

quam plures radices positivas habere non posse ex aequationum theoria facile probatur. Hinc colligitur, aequationem 15* unicam radicem habituram esse maiorem quam $\frac{1}{3}$ *), quam neglectis reliquis in problemate nostro adoptare oportebit [**)].

93.

Ut solutionem aequationis 15 pro casibus in praxi frequentissimis quantum fieri potest commodissimam reddamus, ad calcem huius operis tabulam peculiarem adiungimus (tabulam II), quae pro valoribus ipsius h a 0 usque ad 0,6 logarithmos respondentes ipsius yy ad septem figuras decimales summa cura computatos exhibet. Argumentum h a 0 usque ad 0,04 per singulas partes decies millesimas progreditur, quo pacto differentiae secundae ipsius $\log yy$

---

*) Siquidem problema revera solubile esse supponimus.

[**) Handschriftliche Bemerkung:] Die Gleichung 15* hat

1) Eine reelle negative Wurzel, wenn H zwischen den Grenzen 0 und $\frac{+1+\sqrt{5}}{6}$ liegt, nebst zwei imaginären.

2) Drei reelle Wurzeln, worunter Eine positive, wenn H zwischen $\frac{+1-\sqrt{5}}{6}$ und 0.

3) Eine reelle positive Wurzel und zwei imaginäre, wenn H zwischen $-\infty$ und $\frac{+1-\sqrt{5}}{6}$.

4) Drei reelle Wurzeln, unter denen Eine negativ, wenn H zwischen $\frac{+1+\sqrt{5}}{6}$ und $+\infty$.

Offenbar kann also nur von Fall 4 hier die Rede sein, wo sich zwei positive Wurzeln finden. Allein die Eine derselben ist hier immer kleiner als $\frac{-1+\sqrt{5}}{6}$, die andere grösser; letztere kann also allein gültig sein.

Bei dem im Text angezeichneten Verfahren ist klar, dass die letzte Gleichung nur dann zwei positive Wurzeln haben könnte, wenn zugleich $1-H$ negativ und $\frac{4}{27}-\frac{2}{9}H$ positiv wäre, welches offenbar unmöglich ist, da $\frac{4}{27}-\frac{2}{9}H = \frac{2}{9}(1-H) - \frac{2}{27}$.

evanescentes sunt redditae, ita ut in hac quidem tabulae parte interpolatio simplex sufficiat. Quoniam vero tabula, si ubivis eadem extensione gauderet, valde voluminosa evasisset, ab $h = 0{,}04$ usque ad finem per singulas tantum millesimas partes progredi debuit; quamobrem in hac parte posteriori ad differentias secundas respicere oportebit, siquidem errores aliquot unitatum in figura septima evitare cupimus. Ceterum valores minores ipsius h in praxi longe sunt frequentissimi.

Solutio aequationis 15 quoties h limitem tabulae egreditur, nec non solutio aequationis 15*, sine difficultate per methodum indirectam vel per alias methodos satis cognitas perfici poterit. Ceterum haud abs re erit monere, valorem parvum ipsius g cum valore negativo ipsius $\cos f$ consistere non posse nisi in orbitis valde excentricis, ut ex aequatione 20 infra in art. 95 tradenda sponte elucebit*).

94.

Tractatio aequationum 12, 12* in artt. 91, 92, 93 explicata innixa est suppositioni, angulum g non esse nimis magnum, certe infra limitem $66^0 25'$, ultra quem tabulam III non extendimus. Quoties haec suppositio locum non habet, aequationes illae tantis artificiis non indigent: poterunt enim *forma non mutata* tutissime semper ac commodissime tentando solvi. *Tuto* scilicet, quoniam valor expressionis $\frac{2g - \sin 2g}{\sin g^3}$, in qua $2g$ in partibus radii exprimendum esse sponte patet, pro valoribus maioribus ipsius g *omni praecisione* computari potest per tabulas trigonometricas, quod utique fieri nequit, quamdiu g est angulus parvus: *commode*, quoniam loci heliocentrici tanto intervallo ab invicem distantes vix unquam ad determinationem orbitae penitus adhuc incognitae adhibebuntur, ex orbitae autem cognitione qualicunque valor approximatus ipsius g nullo propemodum negotio per aequationem 1 vel 3 art. 88 demanat: denique e valore approximato ipsius g valor correctus, aequationi 12 vel 12* omni quae desideratur praecisione satisfaciens, semper paucis tentaminibus eruetur. Ceterum quoties duo loci heliocentrici propositi plus una revolutione integra complectuntur, memorem esse oportet, quod ab anomalia excentrica totidem revolutiones completae absolutae erunt, ita ut anguli $E' - E$, $v' - v$ vel ambo

*) Ostendit ista aequatio, si $\cos f$ sit negativus, φ certe maiorem esse debere quam $90^0 - g$.

iaceant inter 0 et 360°, vel ambo inter multipla similia totius peripheriae, adeoque f et g vel simul inter 0 et 180°, vel inter multipla similia semiperipheriae. Quodsi tandem orbita omnino incognita esset, neque adeo constaret, utrum corpus coeleste, transeundo a radio vectore primo ad secundum, descripserit partem tantum revolutionis, an insuper revolutionem integram unam seu plures, problema nostrum nonnunquam plures solutiones diversas admitteret: attamen huic casui in praxi vix unquam occursuro hic non immoramur.

95.

Transimus ad negotium secundum, puta determinationem elementorum ex invento angulo g. Semiaxis maior hic statim habetur per formulas 10, 10*, pro quibus etiam sequentes adhiberi possunt:

$$17)\qquad a = \frac{2mm\cos f.\sqrt{rr'}}{yy\sin g^2} = \frac{kktt}{4yyrr'\cos f^2\sin g^2}$$

$$17^*)\qquad a = \frac{-2MM\cos f.\sqrt{rr'}}{YY\sin g^2} = \frac{kktt}{4YYrr'\cos f^2\sin g^2}.$$

Semiaxis minor $b = \sqrt{ap}$ habetur per aequationem 1, qua cum praecedentibus combinata prodit

$$18)\qquad p = \left(\frac{yrr'\sin 2f}{kt}\right)^2$$

$$18^*)\qquad p = \left(\frac{Yrr'\sin 2f}{kt}\right)^2.$$

Iam sector ellipticus inter duos radios vectores atque arcum ellipticum contentus fit $= \frac{1}{2}kt\sqrt{p}$, triangulum autem inter eosdem radios vectores atque chordam $= \frac{1}{2}rr'\sin 2f$: quamobrem ratio sectoris ad triangulum est ut $y:1$ vel $Y:1$. Haec observatio maximi est momenti, simulque aequationes 12, 12* pulcherrime illustrat: patet enim hinc, in aequatione 12 partes m, $(l+x)^{\frac{1}{2}}$, $X(l+x)^{\frac{3}{2}}$, in aequatione 12* autem partes M, $(L-x)^{\frac{1}{2}}$, $X(L-x)^{\frac{3}{2}}$ respective proportionales esse areae sectoris (inter radios vectores atque arcum ellipticum), areae trianguli (inter radios vectores atque chordam), areae segmenti (inter arcum atque chordam), quoniam manifesto area prima aequalis est vel summae vel differentiae duarum reliquarum, prout $v'-v$ vel inter 0 et 180° iacet vel inter 180° et 360°. In casu eo, ubi $v'-v$ maior est quam 360°, areae sectoris nec non areae segmenti aream integrae ellipsis toties adiectam concipere oportet, quot revolutiones integras ille motus continet.

Quum b sit $= a\cos\varphi$, e combinatione aequationum 1, 10, 10* porro sequitur

19) $$\cos\varphi = \frac{\sin g \operatorname{tang} f}{2(l+\sin\frac{1}{2}g^2)}$$

19*) $$\cos\varphi = \frac{-\sin g \operatorname{tang} f}{2(L-\sin\frac{1}{2}g^2)},$$

unde substituendo pro l, L valores suos ex art. 89 prodit

20) $$\cos\varphi = \frac{\sin f \sin g}{1-\cos f\cos g + 2\operatorname{tang} 2\omega^2}.$$

Haec formula ad calculum exactum excentricitatis non est idonea, quoties haecce modica est: sed facile ex ista deducitur formula aptior sequens

21) $$\operatorname{tang}\tfrac{1}{2}\varphi^2 = \frac{\sin\frac{1}{2}(f-g)^2 + \operatorname{tang} 2\omega^2}{\sin\frac{1}{2}(f+g)^2 + \operatorname{tang} 2\omega^2},$$

cui etiam forma sequens tribui potest (multiplicando numeratorem et denominatorem per $\cos 2\omega^2$)

22) $$\operatorname{tang}\tfrac{1}{2}\varphi^2 = \frac{\sin\frac{1}{2}(f-g)^2 + \cos\frac{1}{2}(f-g)^2 \sin 2\omega^2}{\sin\frac{1}{2}(f+g)^2 + \cos\frac{1}{2}(f+g)^2 \sin 2\omega^2}.$$

Per utramque formulam (adhibitis si placet angulis auxiliaribus quorum tangentes $\frac{\operatorname{tang} 2\omega}{\sin\frac{1}{2}(f-g)}$, $\frac{\operatorname{tang} 2\omega}{\sin\frac{1}{2}(f+g)}$ pro priori, vel $\frac{\sin 2\omega}{\operatorname{tang}\frac{1}{2}(f-g)}$, $\frac{\sin 2\omega}{\operatorname{tang}\frac{1}{2}(f+g)}$ pro posteriori) angulum φ omni semper praecisione determinare licebit.

Pro determinatione anguli G adhiberi potest formula sequens, quae sponte demanat e combinatione aequationum 5, 7 et sequentis non numeratae:

23) $$\operatorname{tang} G = \frac{(r'-r)\sin g}{(r'+r)\cos g - 2\cos f.\sqrt{rr'}},$$

e qua, introducendo ω, facile derivatur

24) $$\operatorname{tang} G = \frac{\sin g \sin 2\omega}{\cos 2\omega^2 \sin\frac{1}{2}(f-g)\sin\frac{1}{2}(f+g) + \sin 2\omega^2 \cos g}.$$

Ambiguitas hic remanens facile deciditur adiumento aequationis 7, quae docet, G inter 0 et 180^0 vel inter 180^0 et 360^0 accipi debere, prout numerator in his duabus formulis positivus fuerit vel negativus.

Combinando aequationem 3 cum his, quae protinus demanant ex aequatione II art. 8,

$$\frac{1}{r}-\frac{1}{r'} = \frac{2e}{p}\sin f\sin F$$

$$\frac{1}{r}+\frac{1}{r'} = \frac{2}{p}+\frac{2e}{p}\cos f\cos F,$$

nullo negotio derivabitur sequens:

25) $$\operatorname{tang} F = \frac{(r'-r)\sin f}{2\cos g.\sqrt{rr'}-(r'+r)\cos f},$$

e qua, introducto angulo ω, prodit

26) $$\operatorname{tang} F = \frac{\sin f\sin 2\omega}{\cos 2\omega^2\sin\frac{1}{2}(f-g)\sin\frac{1}{2}(f+g)-\sin 2\omega^2\cos f}.$$

Ambiguitas hic perinde tollitur ut ante. — Postquam anguli F et G inventi erunt, habebitur $v = F-f$, $v' = F+f$, unde positio perihelii nota erit; nec non $E = G-g$, $E' = G+g$. Denique motus medius intra tempus t erit $= \frac{kt}{a^{\frac{3}{2}}} = 2g-2e\cos G\sin g$, quarum expressionum consensus calculo confirmando inserviet; epocha autem anomaliae mediae, respondens temporis momento inter duo proposita medio, erit $G-e\sin G\cos g$, quae pro lubitu ad quodvis aliud tempus transferri poterit. Aliquanto adhuc commodius est, anomalias medias pro duobus temporum momentis datis per formulas $E-e\sin E$, $E'-e\sin E'$ computare, harumque differentia cum $\frac{kt}{a^{\frac{3}{2}}}$ comparanda ad calculi confirmationem uti.

96.

Aequationes in art. praec. traditae tanta quidem concinnitate gaudent, ut nihil amplius desiderari posse videatur. Nihilominus eruere licet formulas quasdam alias, per quas elementa orbitae multo adhuc elegantius et commodius determinantur: verum evolutio harum formularum paullulo magis recondita est.

Resumimus ex art. 8 aequationes sequentes, quas commoditatis gratia numeris novis distinguimus:

I. $$\sin\tfrac{1}{2}v.\sqrt{\frac{r}{a}} = \sin\tfrac{1}{2}E.\sqrt{(1+e)}$$

II. $$\cos\tfrac{1}{2}v\,.\sqrt{\tfrac{r}{a}} = \cos\tfrac{1}{2}E\,.\sqrt{(1-e)}$$

III. $$\sin\tfrac{1}{2}v'.\sqrt{\tfrac{r'}{a}} = \sin\tfrac{1}{2}E'.\sqrt{(1+e)}$$

IV. $$\cos\tfrac{1}{2}v'.\sqrt{\tfrac{r'}{a}} = \cos\tfrac{1}{2}E'.\sqrt{(1-e)}.$$

Multiplicamus I per $\sin\frac{1}{2}(F+g)$, II per $\cos\frac{1}{2}(F+g)$, unde productis additis nanciscimur

$$\cos\tfrac{1}{2}(f+g)\,.\sqrt{\tfrac{r}{a}} = \sin\tfrac{1}{2}E\sin\tfrac{1}{2}(F+g)\,.\sqrt{(1+e)} + \cos\tfrac{1}{2}E\cos\tfrac{1}{2}(F+g)\,.\sqrt{(1-e)}$$

sive, propter $\sqrt{(1+e)} = \cos\frac{1}{2}\varphi+\sin\frac{1}{2}\varphi$, $\sqrt{(1-e)} = \cos\frac{1}{2}\varphi-\sin\frac{1}{2}\varphi$:

$$\cos\tfrac{1}{2}(f+g)\,.\sqrt{\tfrac{r}{a}} = \cos\tfrac{1}{2}\varphi\cos(\tfrac{1}{2}F-\tfrac{1}{2}G+g) - \sin\tfrac{1}{2}\varphi\cos\tfrac{1}{2}(F+G).$$

Prorsus simili modo multiplicando III per $\sin\frac{1}{2}(F-g)$, IV per $\cos\frac{1}{2}(F-g)$, prodit productis additis

$$\cos\tfrac{1}{2}(f+g)\,.\sqrt{\tfrac{r'}{a}} = \cos\tfrac{1}{2}\varphi\cos(\tfrac{1}{2}F-\tfrac{1}{2}G-g) - \sin\tfrac{1}{2}\varphi\cos\tfrac{1}{2}(F+G).$$

Subtrahendo ab hac aequatione praecedentem, oritur

$$\cos\tfrac{1}{2}(f+g)\,.\left(\sqrt{\tfrac{r'}{a}}-\sqrt{\tfrac{r}{a}}\right) = 2\cos\tfrac{1}{2}\varphi\sin g\sin\tfrac{1}{2}(F-G)$$

sive introducendo angulum auxiliarem ω

27) $$\cos\tfrac{1}{2}(f+g)\tan 2\omega = \sin\tfrac{1}{2}(F-G)\cos\tfrac{1}{2}\varphi\sin g\,.\sqrt[4]{\tfrac{aa}{rr'}}\,.$$

Per transformationes prorsus similes, quarum evolutionem lectori perito relinquimus, invenitur

28) $$\frac{\sin\frac{1}{2}(f+g)}{\cos 2\omega} = \cos\tfrac{1}{2}(F-G)\cos\tfrac{1}{2}\varphi\sin g\,.\sqrt[4]{\tfrac{aa}{rr'}}$$

29) $$\cos\tfrac{1}{2}(f-g)\tan 2\omega = \sin\tfrac{1}{2}(F+G)\sin\tfrac{1}{2}\varphi\sin g\,.\sqrt[4]{\tfrac{aa}{rr'}}$$

30) $$\frac{\sin\frac{1}{2}(f-g)}{\cos 2\omega} = \cos\tfrac{1}{2}(F+G)\sin\tfrac{1}{2}\varphi\sin g\,.\sqrt[4]{\tfrac{aa}{rr'}}\,.$$

Quum partes primae in his quatuor aequationibus sint quantitates cognitae, ex 27 et 28 determinabuntur $\frac{1}{2}(F-G)$ et $\cos\frac{1}{2}\varphi\sin g\,.\sqrt[4]{\frac{aa}{rr'}} = P$, nec non ex 29 et 30 perinde $\frac{1}{2}(F+G)$ et $\sin\frac{1}{2}\varphi\sin g\,.\sqrt[4]{\frac{aa}{rr'}} = Q$; ambiguitas in determinatione angulorum $\frac{1}{2}(F-G)$, $\frac{1}{2}(F+G)$ ita decidenda est, ut P et Q cum $\sin g$ idem signum obtineant. Dein ex P et Q derivabuntur $\frac{1}{2}\varphi$ et $\sin g . \sqrt[4]{\frac{aa}{rr'}} = R$. Ex R deduci potest $a = \frac{RR\sqrt{rr'}}{\sin g^2}$, nec non $p = \frac{\sin f^2 \sqrt{rr'}}{RR}$, nisi illa quantitate, quae fieri debet $= \pm\sqrt{\{2(l+\sin\frac{1}{2}g^2)\cos f\}}$, $= \pm\sqrt{\{-2(L-\sin\frac{1}{2}g^2)\cos f\}}$, unice ad calculi confirmationem uti malimus, in quo casu a et p commodissime determinantur per formulas

$$b = \frac{\sin f . \sqrt{rr'}}{\sin g}, \qquad a = \frac{b}{\cos\varphi}, \qquad p = b\cos\varphi.$$

Possunt etiam, pro lubito, plures aequationum artt. 88 et 95 ad calculi confirmationem in usum vocari, quibus sequentes adhuc adiicimus:

$$\frac{2\operatorname{tang} 2\omega}{\cos 2\omega}\sqrt{\frac{rr'}{aa}} = e\sin G\sin g$$

$$\frac{2\operatorname{tang} 2\omega}{\cos 2\omega}\sqrt{\frac{pp}{rr'}} = e\sin F\sin f$$

$$\frac{2\operatorname{tang} 2\omega}{\cos 2\omega} = \operatorname{tang}\varphi\sin G\sin f = \operatorname{tang}\varphi\sin F\sin g.$$

Denique motus medius atque epocha anomaliae mediae perinde invenientur ut in art. praec.

97.

Ad illustrationem methodi inde ab art. 88 expositae duo exempla art. 87 resumemus: anguli auxiliaris ω significationem hactenus observatam non esse confundendam cum ea, in qua in artt. 86, 87 acceptum erat idem signum, vix opus erit monuisse.

I. In exemplo primo habemus $f = 3^0 47' 26'',865$, porroque

$\log\frac{r'}{r} = 9{,}991\,4599$, $\quad\log\operatorname{tang}(45^0+\omega) = 9{,}997\,8649\,75$, $\quad\omega = -8'27'',006$.

Hinc per art. 89

$\log\sin\frac{1}{2}f^2$	7,038 9972	$\log\operatorname{tang} 2\omega^2$	5,383 2428
$\log\cos f$	9,999 0488	$\log\cos f$	9,999 0488
	7,039 9484		5,384 1940
$= \log 0{,}001\,0963\,480$		$= \log 0{,}000\,0242\,211$	

adeoque $l = 0{,}001\,1205\,691$, $\frac{5}{6}+l = 0{,}834\,4539$. Porro fit $\log kt = 9{,}576\,6974$

$2\log kt$	9,153 3948
$C.\frac{3}{2}\log rr'$	9,020 5181
$C.\log 8\cos f^3$	9,099 7636
$\log mm$	7,273 6765
$\log(\frac{5}{6}+l)$	9,921 4023
	7,352 2742

Est itaque valor approximatus ipsius $h = 0{,}002\,2504\,7$, cui in tabula nostra II respondet $\log yy = 0{,}002\,1633$. Habetur itaque $\log\frac{mm}{yy} = 7{,}271\,5132$, sive $\frac{mm}{yy} = 0{,}001\,8685\,87$, unde per formulam 16 fit $x = 0{,}000\,7480\,179$; quamobrem quum ξ per tabulam III omnino insensibilis sit, valores inventi pro h, y, x correctione non indigent. Iam determinatio elementorum ita se habet:

$\log x$	6,873 9120
$\log\sin\frac{1}{2}g$	8,436 9560

$\frac{1}{2}g = 1^0 34' 2'',0286$, $\frac{1}{2}(f+g) = 3^0 27' 45'',4611$, $\frac{1}{2}(f-g) = 19' 41'',4039$.

Quare ad normam formularum 27, 28, 29, 30 habetur

$\log\tang 2\omega$	$7{,}691\,6214_n$	$C.\log\cos 2\omega$	0,000 0052
$\log\cos\frac{1}{2}(f+g)$	9,999 2065	$\log\sin\frac{1}{2}(f+g)$	8,781 0188
$\log\cos\frac{1}{2}(f-g)$	9,999 9929	$\log\sin\frac{1}{2}(f-g)$	7,757 9709
$\log P\sin\frac{1}{2}(F-G)$	$7{,}690\,8279_n$	$\log Q\sin\frac{1}{2}(F+G)$	$7{,}691\,6143_n$
$\log P\cos\frac{1}{2}(F-G)$	8,781 0240	$\log Q\cos\frac{1}{2}(F+G)$	7,757 9761
$\frac{1}{2}(F-G) =$	$-4^0 38' 41'',54$	$\log P = \log R\cos\frac{1}{2}\varphi$	8,782 4527
$\frac{1}{2}(F+G) =$	319 21 38,05	$\log Q = \log R\sin\frac{1}{2}\varphi$	7,877 8355
$F =$	314 42 56,51	Hinc $\frac{1}{2}\varphi =$	$7^0\ 6' 0'',935$
$v =$	310 55 29,64	$\varphi =$	14 12 1,87
$v' =$	318 30 23,37	$\log R$	8,785 7960
$G =$	324 0 19,59	Ad calculum confirmandum	
$E =$	320 52 15,53	$\frac{1}{2}\log 2\cos f$	0,150 0394
$E' =$	327 8 23,65	$\frac{1}{2}\log(l+x) = \log\frac{m}{y}$	8,635 7566
			8,785 7960

$\frac{1}{2}\log rr'$	0,326 4939
$\log\sin f$	8,820 2909
C. $\log\sin g$	1,262 1765
$\log b$	0,408 9613
$\log\cos\varphi$	9,986 5224
$\log p$	0,395 4837
$\log a$	0,422 4389
$\log k$	3,550 0066
$\frac{3}{2}\log a$	0,633 6584
	2,916 3482
$\log t$	1,341 1160
	4,257 4642

Est itaque motus medius diurnus = 824,"7990. Motus medius intra tempus t = 18091,"07 = 5°1'31,"07.

$\log\sin\varphi$	9,389 7262
$\log 206265$	5,314 4251
$\log e$ in secundis	4,704 1513
$\log\sin E$	9,800 0767$_n$
$\log\sin E'$	9,734 4714$_n$
$\log e\sin E$	4,504 2280$_n$
$\log e\sin E'$	4,438 6227$_n$

$e\sin E = -31932,"14 = -8°52'12,"14$

$e\sin E' = -27455,08 = -7\ 37\ 35,08$

Hinc anomalia media

pro loco primo =	329°44'27,"67
pro secundo =	334 45 58,73
Differentia =	5 1 31,06

II. In exemplo altero fit f = 31°27'38,"32, $\omega = -21'50,"565$, l = 0,086 3565 9, $\log mm$ = 9,353 0651, $\frac{mm}{\frac{5}{6}+l}$ sive valor approximatus ipsius h = 0,245 1454; huic in tabula II respondet $\log yy$ = 0,172 2663, unde deducitur $\frac{mm}{yy}$ = 0,151 6347 7, x = 0,065 2781 8, hinc e tabula III sumitur ξ = 0,000 2531. Quo valore adhibito prodeunt valores correcti h = 0,245 0779, $\log yy$ = 0,172 2303, $\frac{mm}{yy}$ = 0,151 6473 5, x = 0,065 2907 6, ξ = 0,000 2532. Quodsi cum hoc valore ipsius ξ, unica tantum unitate in figura septima a priori diverso, calculus denuo repeteretur, h, $\log yy$, x mutationem sensibilem non acciperent, quamobrem valor inventus ipsius x iam est verus, statimque inde ad determinationem elementorum progredi licet. Cui hic non immoramur, quum nihil ab exemplo praecedente differat.

III. Haud abs re erit, etiam casum alterum ubi $\cos f$ negativus est exemplo illustrare. Sit $v'-v$ = 224°0'0", sive f = 112°0'0", $\log r$ = 0,139 4892, $\log r'$ = 0,397 8794, t = 206,80919 dies. Hic invenitur $\omega = +4°14'43,"82$, L = 1,894 2298, $\log MM$ = 0,672 4333, valor primus approximatus ipsius $\log H$ = 0,646 7603, unde per solutionem aequationis 15* obtinetur Y = 1,591 432, ac dein x = 0,037 037, cui respondet, in tabula III, ξ = 0,000 0801.

Hinc oriuntur valores correcti $\log H = 0{,}646\,7931$, $Y = 1{,}591\,5107$, $x = 0{,}037\,2195$, $\xi = 0{,}000\,0809$. Calculo cum hoc valore ipsius ξ denuo repetito prodit $x = 0{,}037\,2213$, qui valor, quum ξ inde haud mutata prodeat, nulla amplius correctione indiget. Invenitur dein $\frac{1}{2}g = 11^0\,7'\,25'',40$, atque hinc perinde ut in exemplo I

$\frac{1}{2}(F-G)$	$= 3^0\,33'\,53'',62$		$\log P = \log R \cos\frac{1}{2}\varphi$	9,970 0508
$\frac{1}{2}(F+G)$	$= 8\;\;26\;\;6{,}38$		$\log Q = \log R \sin\frac{1}{2}\varphi$	9,858 0553
F	$= 12\;\;0\;\;0{,}00$		$\frac{1}{2}\varphi =$	$37^0\,41'\,34'',27$
v	$= -100\;\;0\;\;0{,}00$		$\varphi =$	$75\;\;23\;\;8{,}54$
v'	$= +124\;\;0\;\;0{,}00$		$\log R$	0,071 7097
G	$= 4\;\;52\;\;12{,}76$		Ad calculi confirmationem eruitur	
E	$= -17\;\;22\;\;38{,}04$		$\log\frac{M}{Y}\sqrt{(-2\cos f)}$	0,071 7097
E'	$= +27\;\;7\;\;3{,}56$			

In orbitis tam excentricis angulus φ paullulo exactius computatur per formulam 19*, quae in exemplo nostro dat $\varphi = 75^0\,23'\,8'',57$; excentricitas quoque e maiori praecisione determinatur per formulam $1 - 2\sin(45^0 - \frac{1}{2}\varphi)^2$ quam per $\sin\varphi$; secundum illam fit $e = 0{,}967\,6463\,0$.

Per formulam 1 porro invenitur $\log b = 0{,}657\,6611$, unde $\log p = 0{,}059\,5967$, $\log a = 1{,}255\,7255$, atque logarithmus distantiae in perihelio

$$= \log\frac{p}{1+e} = \log(a(1-e)) = \log(b\tang(45^0 - \tfrac{1}{2}\varphi)) = 9{,}765\,6496.$$

In orbitis tantopere ad parabolae similitudinem vergentibus loco epochae anomaliae mediae assignari solet tempus transitus per perihelium; intervalla inter hoc tempus atque tempora duobus locis propositis respondentia determinari poterunt ex elementis cognitis per methodum in art. 41 traditam, quorum differentia vel summa (prout perihelium vel extra duo loca proposita iacet vel intra), quum consentire debeat cum tempore t, calculo confirmando inserviet. — Ceterum numeri huius tertii exempli superstructi erant elementis in exemplo artt. 38 et 43 suppositis, quin adeo istud ipsum exemplum locum nostrum primum suppeditaverat: differentiae leviusculae elementorum hic erutorum unice a limitata praecisione tabularum logarithmicarum et trigonometricarum originem traxerunt.

98.

Solutio problematis nostri pro ellipsi in praecc. evoluta etiam ad parabolam et hyperbolam transferri posset, considerando parabolam tamquam ellipsin, in qua a et b essent quantitates infinitae, $\varphi = 90^0$, tandem E, E', g, $G = 0$; et perinde hyperbolam tamquam ellipsin in qua a esset negativa, atque b, E, E', g, G, φ imaginariae: malumus tamen his suppositionibus abstinere, problemaque pro utroque sectionum conicarum genere seorsim tractare. Analogia insignis inter omnia tria genera sic sponte se manifestabit.

Retinendo in PARABOLA characteres p, v, v', F, f, r, r', t in eadem significatione in qua supra accepti sunt, habemus e theoria motus parabolici:

$$1)\qquad \sqrt{\frac{p}{2r}} = \cos\tfrac{1}{2}(F-f)$$

$$2)\qquad \sqrt{\frac{p}{2r'}} = \cos\tfrac{1}{2}(F+f)$$

$$\begin{aligned}\frac{2kt}{p^{\frac{3}{2}}} &= \operatorname{tang}\tfrac{1}{2}(F+f) - \operatorname{tang}\tfrac{1}{2}(F-f) + \tfrac{1}{3}\operatorname{tang}\tfrac{1}{2}(F+f)^3 - \tfrac{1}{3}\operatorname{tang}\tfrac{1}{2}(F-f)^3\\ &= \{\operatorname{tang}\tfrac{1}{2}(F+f) - \operatorname{tang}\tfrac{1}{2}(F-f)\}\{1 + \operatorname{tang}\tfrac{1}{2}(F+f)\operatorname{tang}\tfrac{1}{2}(F-f)\\ &\qquad + \tfrac{1}{3}(\operatorname{tang}\tfrac{1}{2}(F+f) - \operatorname{tang}\tfrac{1}{2}(F-f))^2\}\\ &= \frac{2\sin f.\sqrt{rr'}}{p}\left\{\frac{2\cos f.\sqrt{rr'}}{p} + \frac{4\sin f^2 rr'}{3pp}\right\},\end{aligned}$$

unde

$$3)\qquad kt = \frac{2\sin f\cos f\ rr'}{\sqrt{p}} + \frac{4\sin f^2 (rr')^{\frac{3}{2}}}{3p^{\frac{3}{2}}}.$$

Porro deducitur ex multiplicatione aequationum 1, 2

$$4)\qquad \frac{p}{\sqrt{rr'}} = \cos F + \cos f,$$

nec non ex additione quadratorum

$$5)\qquad \frac{p(r+r')}{2rr'} = 1 + \cos F\cos f.$$

Hinc eliminato $\cos F$

$$6)\qquad p = \frac{2rr'\sin f^2}{r+r'-2\cos f.\sqrt{rr'}}.$$

Quodsi itaque aequationes 9, 9* art. 88 hic quoque adoptamus, priorem pro

$\cos f$ positivo, posteriorem pro negativo, habebimus

7) $$p = \frac{\sin f^2 \sqrt{rr'}}{2l\cos f}$$

7*) $$p = \frac{\sin f^2 \sqrt{rr'}}{-2L\cos f},$$

quibus valoribus in aequatione 3 substitutis, prodibit, retinendo characteres m, M in significatione per aequationes 11, 11* art. 88 stabilita,

8) $$m = l^{\frac{1}{2}} + \tfrac{4}{3} l^{\frac{3}{2}}$$

8*) $$M = -L^{\frac{1}{2}} + \tfrac{4}{3} L^{\frac{3}{2}}.$$

Hae aequationes conveniunt cum 12, 12* art. 88, si illic statuatur $g = 0$. Hinc colligitur, si duo loci heliocentrici, quibus per parabolam satisfit, ita tractentur, ac si orbita esset elliptica, ex applicatione praeceptorum art. 91 statim resultare debere $x = 0$; vice versa facile perspicitur, si per praecepta ista prodeat $x = 0$, orbitam pro ellipsi parabolam evadere, quum per aequationes 1, 16, 17, 19, 20 fiat $b = \infty$, $a = \infty$, $\varphi = 90^0$ Determinatio elementorum facillime dein absolvitur. Pro p enim adhiberi poterit vel aequatio 7 art. praesentis, vel aequ. 18 art. 95*): pro F autem fit ex aequationibus 1, 2 huius art. $\tang \frac{1}{2} F = \frac{\sqrt{r'} - \sqrt{r}}{\sqrt{r'} + \sqrt{r}} \cotang \frac{1}{2} f = \sin 2\omega \cotang \frac{1}{2} f$, si angulus auxiliaris in eadem significatione accipitur, ut in art. 89.

Hacce occasione adhuc observamus, si in aequ. 3 pro p substituatur valor eius ex 6, prodire aequationem satis notam

$$kt = \tfrac{1}{3}(r + r' + \cos f . \sqrt{rr'})(r + r' - 2\cos f . \sqrt{rr'})^{\frac{1}{2}} \sqrt{2}.$$

99.

In HYPERBOLA quoque characteres p, v, v', f, F, r, r', t in significatione eadem retinemus, pro semiaxi maiori a autem, qui hic negativus est, scribemus $-\alpha$; excentricitatem e perinde ut supra art. 21 etc. statuemus $= \frac{1}{\cos\psi}$. Quantitatem auxiliarem illic per u expressam, statuemus pro loco primo $= \frac{C}{c}$, pro secundo $= Cc$, unde facile concluditur, c semper esse maiorem quam 1,

*) Unde simul patet, y et Y in parabola easdem rationes exprimere ut in ellipsi, v. art. 95.

sed ceteris paribus eo minus differre ab 1, quo minus duo loci propositi ab invicem distent. Ex aequationibus in art. 21 evolutis huc transferimus forma paullulum mutata sextam et septimam

$$1)\qquad \cos\tfrac{1}{2}v = \tfrac{1}{2}\left(\sqrt{\tfrac{C}{c}}+\sqrt{\tfrac{c}{C}}\right)\sqrt{\tfrac{(e-1)\alpha}{r}}$$

$$2)\qquad \sin\tfrac{1}{2}v = \tfrac{1}{2}\left(\sqrt{\tfrac{C}{c}}-\sqrt{\tfrac{c}{C}}\right)\sqrt{\tfrac{(e+1)\alpha}{r}}$$

$$3)\qquad \cos\tfrac{1}{2}v' = \tfrac{1}{2}\left(\sqrt{Cc}+\sqrt{\tfrac{1}{Cc}}\right)\sqrt{\tfrac{(e-1)\alpha}{r'}}$$

$$4)\qquad \sin\tfrac{1}{2}v' = \tfrac{1}{2}\left(\sqrt{Cc}-\sqrt{\tfrac{1}{Cc}}\right)\sqrt{\tfrac{(e+1)\alpha}{r'}}\,.$$

Hinc statim demanant sequentes:

$$5)\qquad \sin F = \tfrac{1}{2}\alpha\left(C-\tfrac{1}{C}\right)\sqrt{\tfrac{ee-1}{rr'}}$$

$$6)\qquad \sin f = \tfrac{1}{2}\alpha\left(c-\tfrac{1}{c}\right)\sqrt{\tfrac{ee-1}{rr'}}$$

$$7)\qquad \cos F = \left(e\left(c+\tfrac{1}{c}\right)-\left(C+\tfrac{1}{C}\right)\right)\tfrac{\alpha}{2\sqrt{rr'}}$$

$$8)\qquad \cos f = \left(e\left(C+\tfrac{1}{C}\right)-\left(c+\tfrac{1}{c}\right)\right)\tfrac{\alpha}{2\sqrt{rr'}}\,.$$

Porro fit per aequ. X art. 21

$$\frac{r}{\alpha} = \tfrac{1}{2}e\left(\frac{C}{c}+\frac{c}{C}\right)-1$$

$$\frac{r'}{\alpha} = \tfrac{1}{2}e\left(Cc+\frac{1}{Cc}\right)-1,$$

atque hinc

$$9)\qquad \frac{r'-r}{\alpha} = \tfrac{1}{2}e\left(C-\frac{1}{C}\right)\left(c-\frac{1}{c}\right)$$

$$10)\qquad \frac{r'+r}{\alpha} = \tfrac{1}{2}e\left(C+\frac{1}{C}\right)\left(c+\frac{1}{c}\right)-2.$$

Haec aequatio 10 cum 8 combinata praebet

$$11)\qquad \alpha = \frac{r'+r-\left(c+\frac{1}{c}\right)\cos f.\sqrt{rr'}}{\frac{1}{2}\left(c-\frac{1}{c}\right)^2}\,.$$

Statuendo itaque perinde ut in ellipsi $\dfrac{\sqrt{\frac{r'}{r}}+\sqrt{\frac{r}{r'}}}{2\cos f} = 1+2l$, vel $= 1-2L$, prout $\cos f$ est positivus vel negativus, fit

$$12)\qquad \alpha = \frac{8\left(l-\tfrac{1}{4}\left(\sqrt{c}-\sqrt{\tfrac{1}{c}}\right)^2\right)\cos f.\sqrt{rr'}}{\left(c-\tfrac{1}{c}\right)^2}$$

$$12^*)\qquad \alpha = \frac{-8\left(L+\tfrac{1}{4}\left(\sqrt{c}-\sqrt{\tfrac{1}{c}}\right)^2\right)\cos f.\sqrt{rr'}}{\left(c-\tfrac{1}{c}\right)^2}.$$

Computus quantitatis l vel L hic perinde ut in ellipsi adiumento anguli auxiliaris ω instituetur. Denique fit ex aequatione XI art. 22 (accipiendo logarithmos hyperbolicos)

$$\frac{kt}{\alpha^{\frac{3}{2}}} = \tfrac{1}{2}e\left(Cc-\frac{1}{Cc}-\frac{C}{c}+\frac{c}{C}\right)-\log Cc+\log\frac{C}{c}$$
$$= \tfrac{1}{2}e\left(C+\frac{1}{C}\right)\left(c-\frac{1}{c}\right)-2\log c$$

sive eliminata C adiumento aequationis 8

$$\frac{kt}{\alpha^{\frac{3}{2}}} = \frac{\left(c-\frac{1}{c}\right)\cos f.\sqrt{rr'}}{\alpha}+\tfrac{1}{2}\left(cc-\frac{1}{cc}\right)-2\log c.$$

In hac aequatione pro α substituimus valorem eius ex 12, 12*; dein characterem m vel M in eadem significatione, quam formulae 11, 11* art. 88 assignant, introducimus; tandemque brevitatis gratia scribimus

$$\tfrac{1}{4}\left(\sqrt{c}-\sqrt{\tfrac{1}{c}}\right)^2 = z, \qquad \frac{cc-\frac{1}{cc}-4\log c}{\frac{1}{4}\left(c-\frac{1}{c}\right)^3} = Z,$$

quo facto oriuntur aequationes

$$13)\qquad m = (l-z)^{\frac{1}{2}}+(l-z)^{\frac{3}{2}}Z$$

$$13^*)\qquad M = -(L+z)^{\frac{1}{2}}+(L+z)^{\frac{3}{2}}Z,$$

quae unicam incognitam z implicant, quum manifesto sit Z functio ipsius z per formulam sequentem expressa

$$Z = \frac{(1+2z)\sqrt{(z+zz)}-\log(\sqrt{(1+z)}+\sqrt{z})}{2(z+zz)^{\frac{3}{2}}}.$$

100.

In solvenda aequatione 13 vel 13* eum casum primo seorsim considerabimus, ubi z obtinet valorem haud magnum, ita ut Z per seriem secundum potestates ipsius z progredientem celeriterque convergentem exprimi possit. Iam fit

$$(1+2z)\sqrt{(z+zz)} = z^{\frac{1}{2}}+\tfrac{5}{2}z^{\frac{3}{2}}+\tfrac{7}{8}z^{\frac{5}{2}}-\ldots, \ \log(\sqrt{(1+z)}+\sqrt{z}) = z^{\frac{1}{2}}-\tfrac{1}{6}z^{\frac{3}{2}}+\tfrac{3}{40}z^{\frac{5}{2}}-\ldots,$$

adeoque numerator ipsius $Z = \frac{8}{3}z^{\frac{3}{2}}+\frac{4}{5}z^{\frac{5}{2}}-\ldots$; denominator autem fit $= 2z^{\frac{3}{2}}+3z^{\frac{5}{2}}+\ldots$, unde $Z = \frac{4}{3}-\frac{8}{5}z+\ldots$. Ut legem progressionis detegamus, differentiamus aequationem

$$2(z+zz)^{\frac{3}{2}}Z = (1+2z)\sqrt{(z+zz)}-\log(\sqrt{(1+z)}+\sqrt{z}),$$

unde prodit omnibus rite reductis

$$2(z+zz)^{\frac{3}{2}}\frac{\mathrm{d}Z}{\mathrm{d}z}+3Z(1+2z)\sqrt{(z+zz)} = 4\sqrt{(z+zz)}$$

sive

$$(2z+2zz)\frac{\mathrm{d}Z}{\mathrm{d}z} = 4-(3+6z)Z,$$

unde simili ratione ut in art. 90 deducitur

$$Z = \tfrac{4}{3}-\frac{4.6}{3.5}z+\frac{4.6.8}{3.5.7}zz-\frac{4.6.8.10}{3.5.7.9}z^3+\frac{4.6.8.10.12}{3.5.7.9.11}z^4-\text{etc.}$$

Patet itaque, Z prorsus eodem modo a $-z$ pendere, ut supra in ellipsi X ab x: quamobrem si statuimus

$$Z = \frac{1}{\frac{3}{4}+\frac{9}{10}(z+\zeta)},$$

determinabitur etiam ζ perinde per $-z$ ut supra ξ per x, ita ut habeatur

$$14)\qquad \zeta = \cfrac{\frac{2}{35}zz}{1-\frac{2}{35}z+\cfrac{\frac{40}{63}z}{1+\cfrac{\frac{4}{99}z}{1+\cfrac{\frac{70}{143}z}{1+\text{etc.}}}}}$$

sive

$$\zeta = \cfrac{\frac{2}{35}zz}{1+\frac{18}{35}z+\cfrac{\frac{4}{63}z}{1+\cfrac{\frac{40}{99}z}{1+\cfrac{\frac{18}{143}z}{1+\text{etc.}}}}}$$

Hoc modo computati sunt valores ipsius ζ pro $z = 0$ usque ad $z = 0,3$ per singulas partes millesimas, quos columna tertia tabulae III exhibet.

101.

Introducendo quantitatem ζ statuendoque $\sqrt{(l-z)} = \frac{m}{y}$ vel $\sqrt{(L+z)} = \frac{M}{Y}$, nec non

15) $$\frac{mm}{\frac{5}{6}+l+\zeta} = h$$

vel

15*) $$\frac{MM}{L-\frac{5}{6}-\zeta} = H,$$

aequationes 13, 13* hancce formam induunt

16) $$\frac{(y-1)yy}{y+\frac{1}{9}} = h$$

16*) $$\frac{(Y+1)YY}{Y-\frac{1}{9}} = H,$$

adeoque omnino identicae fiunt cum iis ad quas in ellipsi perventum est (15, 15* art. 91). Hinc igitur, quatenus h vel H pro cognita haberi potest, y vel Y deduci poterit, ac dein erit

17) $$z = l - \frac{mm}{yy}$$

17*) $$z = \frac{MM}{YY} - L.$$

Ex his colligitur, omnes operationes supra pro ellipsi praescriptas perinde etiam pro hyperbola valere, donec e valore approximato ipsius h vel H eruta fuerit quantitas y vel Y; dein vero quantitas $\frac{mm}{yy} - l$ vel $L - \frac{MM}{YY}$, quae in ellipsi positiva evadere debebat, in parabolaque $= 0$, fieri debet negativa in hyperbola: hoc itaque criterio genus sectionis conicae definietur. Ex inventa z tabula nostra dabit ζ, hinc orietur valor correctus ipsius h vel H, cum quo calculus repetendus est, donec omnia ex asse conspirent.

Postquam valor verus ipsius z inventus est, c inde per formulam $c = 1 + 2z + 2\sqrt{(z+zz)}$ derivari posset, sed praestat, etiam ad usus sequentes, angulum auxiliarem n introducere, per aequationem $\operatorname{tang} 2n = 2\sqrt{(z+zz)}$ determinandum; hinc fiet $c = \operatorname{tang} 2n + \sqrt{(1+\operatorname{tang} 2n^2)} = \operatorname{tang}(45^0+n)$.

102.

Quum in hyperbola perinde ut in ellipsi y necessario esse debeat positiva, solutio aequationis 16 hic quoque ambiguitati obnoxia esse nequit*): sed respectu aequationis 16* hic paullo aliter ratiocinandum est quam in ellipsi. Ex aequationum theoria facile demonstratur, pro valore positivo ipsius H**) hanc aequationem (siquidem ullam radicem realem positivam habeat) cum una radice negativa duas positivas habere, quae vel ambae aequales erunt puta $= \frac{1}{6}\sqrt{5} - \frac{1}{6} = 0{,}20601$, vel altera hoc limite maior altera minor. Iam in problemate nostro (suppositioni superstructo, z esse quantitatem haud magnam, saltem non maiorem quam 0,3, ne tabulae tertiae usu destituamur) necessario semper radicem maiorem accipiendam esse sequenti modo demonstramus. Si in aequatione 13* pro M substituitur $Y\sqrt{(L+z)}$,

prodit

$$Y+1 = (L+z)Z > (1+z)Z,$$

sive

$$Y > \tfrac{1}{3} - \frac{4}{3.5}z + \frac{4.6}{3.5.7}zz - \frac{4.6.8}{3.5.7.9}z^3 + \text{etc.},$$

unde facile concluditur, pro valoribus tam parvis ipsius z, quales hic supponimus, semper fieri debere $Y > 0{,}20601$. Revera calculo facto invenimus, ut $(1+z)Z$ huic limiti aequalis fiat, esse debere $z = 0{,}79858$: multum vero abest, quin methodum nostram ad tantos valores ipsius z extendere velimus.

103.

Quoties z valorem maiorem obtinet, tabulae III limites egredientem, aequationes 13, 13* tuto semper ac commode in forma sua non mutata tentando solventur, et quidem ob rationes iis similes quas in art. 94 pro ellipsi exposuimus. In tali casu elementa orbitae obiter saltem cognita esse supponere

---

*) Vix opus erit monere, tabulam nostram II in hyperbola perinde ut in ellipsi ad solutionem huius aequationis adhiberi posse, quamdiu h ipsius limites non egrediatur.

**) Quantitas H manifesto fieri nequit negativa, nisi fuerit $\zeta > \frac{1}{6}$; tali autem valori ipsius ζ responderet valor ipsius z maior quam 2,684, adeoque limites huius methodi longe egrediens.

licet: tum vero valor approximatus ipsius n statim habetur per formulam $\operatorname{tang} 2n = \frac{\sin f.\sqrt{rr'}}{\alpha\sqrt{(ee-1)}}$, quae sponte demanat ex aequatione 6 art. 99. Ex n autem habebitur z per formulam $z = \frac{1-\cos 2n}{2\cos 2n} = \frac{\sin n^2}{\cos 2n}$, et ex valore approximato ipsius z paucis tentaminibus derivabitur ille, qui aequationi 13 vel 13* ex asse satisfacit. Possunt quoque illae aequationes in hac forma exhiberi

$$m = \left(l - \frac{\sin n^2}{\cos 2n}\right)^{\frac{1}{2}} + 2\left(l - \frac{\sin n^2}{\cos 2n}\right)^{\frac{3}{2}} \frac{\frac{\operatorname{tang} 2n}{\cos 2n} - \log\operatorname{hyp}\operatorname{tang}(45^\circ+n)}{\operatorname{tang} 2n^3}$$

$$M = -\left(L + \frac{\sin n^2}{\cos 2n}\right)^{\frac{1}{2}} + 2\left(L + \frac{\sin n^2}{\cos 2n}\right)^{\frac{3}{2}} \frac{\frac{\operatorname{tang} 2n}{\cos 2n} - \log\operatorname{hyp}\operatorname{tang}(45^\circ+n)}{\operatorname{tang} 2n^3}$$

atque sic, neglecta z, statim valor verus ipsius n erui.

104.

Superest, ut ex z, n vel c elementa ipsa determinemus. Statuendo

$$\alpha\sqrt{(ee-1)} = \beta,$$

habebitur ex aequatione 6 art. 99

18) $$\beta = \frac{\sin f.\sqrt{rr'}}{\operatorname{tang} 2n}.$$

Combinando hanc formulam cum 12, 12* art. 99, eruitur

19) $$\sqrt{(ee-1)} = \operatorname{tang}\psi = \frac{\operatorname{tang} f \operatorname{tang} 2n}{2(l-z)}$$

19*) $$\operatorname{tang}\psi = -\frac{\operatorname{tang} f \operatorname{tang} 2n}{2(L+z)},$$

unde excentricitas commode atque exacte computatur; ex β et $\sqrt{(ee-1)}$ prodibit per divisionem α, per multiplicationem p, ita ut sit

$$\alpha = \frac{2(l-z)\cos f.\sqrt{rr'}}{\operatorname{tang} 2n^2} = \frac{2mm\cos f.\sqrt{rr'}}{yy\operatorname{tang} 2n^2} = \frac{kktt}{4yyrr'\cos f^2\operatorname{tang} 2n^2}$$

$$= \frac{-2(L+z)\cos f.\sqrt{rr'}}{\operatorname{tang} 2n^2} = \frac{-2MM\cos f.\sqrt{rr'}}{YY\operatorname{tang} 2n^2} = \frac{kktt}{4YYrr'\cos f^2\operatorname{tang} 2n^2}$$

$$p = \frac{\sin f.\operatorname{tang} f.\sqrt{rr'}}{2(l-z)} = \frac{yy\sin f.\operatorname{tang} f.\sqrt{rr'}}{2mm} = \left(\frac{yrr'\sin 2f}{kt}\right)^2$$

$$= \frac{-\sin f.\operatorname{tang} f.\sqrt{rr'}}{2(L+z)} = \frac{-YY\sin f.\operatorname{tang} f.\sqrt{rr'}}{2MM} = \left(\frac{Yrr'\sin 2f}{kt}\right)^2.$$

Expressio tertia et sexta pro p, quae omnino identicae sunt cum formulis 18, 18* art. 95, ostendunt, ea quae illic de significatione quantitatum y, Y tradita sunt, etiam pro hyperbola valere.

E combinatione aequationum 6, 9 art. 99 deducitur

$$(r'-r)\sqrt{\frac{ee-1}{rr'}} = e\sin f.\left(C-\frac{1}{C}\right);$$

introducendo itaque ψ et ω, statuendoque $C = \text{tang}(45^0+N)$, fit

$$20)\qquad \text{tang}\,2N = \frac{2\sin\psi\,\text{tang}\,2\omega}{\sin f\cos 2\omega}.$$

Invento hinc C, habebuntur valores quantitatis in art. 21 per u expressae pro utroque loco; dein fiet per aequationem III art. 21

$$\text{tang}\,\tfrac{1}{2}v = \frac{C-c}{(C+c)\,\text{tang}\,\frac{1}{2}\psi}$$

$$\text{tang}\,\tfrac{1}{2}v' = \frac{Cc-1}{(Cc+1)\,\text{tang}\,\frac{1}{2}\psi}$$

sive introducendo pro C, c angulos N, n

$$21)\qquad \text{tang}\,\tfrac{1}{2}v = \frac{\sin(N-n)}{\cos(N+n)\,\text{tang}\,\frac{1}{2}\psi}$$

$$22)\qquad \text{tang}\,\tfrac{1}{2}v' = \frac{\sin(N+n)}{\cos(N-n)\,\text{tang}\,\frac{1}{2}\psi}.$$

Hinc determinabuntur anomaliae verae v, v', quarum differentia cum $2f$ comparata simul calculo confirmando inserviet.

Denique per formulam XI art. 22 facile deducitur, intervallum temporis a perihelio usque ad tempus loco primo respondens esse

$$= \frac{\alpha^{\frac{3}{2}}}{k}\left\{\frac{2e\cos(N+n)\sin(N-n)}{\cos 2N\cos 2n} - \log\text{hyp}\,\frac{\text{tang}(45^0+N)}{\text{tang}(45^0+n)}\right\}$$

et perinde intervallum temporis a perihelio usque ad tempus loco secundo respondens

$$= \frac{\alpha^{\frac{3}{2}}}{k}\left\{\frac{2e\cos(N-n)\sin(N+n)}{\cos 2N\cos 2n} - \log\text{hyp}\,\text{tang}(45^0+N)\,\text{tang}(45^0+n)\right\}.$$

Si itaque tempus primum statuitur $= T-\frac{1}{2}t$, adeoque secundum $= T+\frac{1}{2}t$, fit

$$23)\qquad T = \frac{\alpha^{\frac{3}{2}}}{k}\left\{\frac{e\,\text{tang}\,2N}{\cos 2n} - \log\text{hyp}\,\text{tang}(45^0+N)\right\},$$

unde tempus transitus per perihelium innotescet; denique

$$24)\qquad t = \frac{2a^{\frac{3}{2}}}{k}\left\{\frac{e \operatorname{tang} 2n}{\cos 2N} - \log \operatorname{hyp} \operatorname{tang}(45^0 + n)\right\},$$

quae aequatio, si placet, ad ultimam calculi confirmationem adhiberi potest.

105.

Ad illustrationem horum praeceptorum exemplum e duobus locis in artt. 23, 24, 26, 46 secundum eadem elementa hyperbolica calculatis conficiemus. Sit itaque $v'-v = 48^0 12' 0''$ sive $f = 24^0 6' 0''$, $\log r = 0{,}033\,3585$, $\log r' = 0{,}200\,8541$, $t = 51{,}49788$ dies. Hinc invenitur $\omega = 2^0 45' 28'',47$, $l = 0{,}057\,9603\,9$, $\frac{mm}{\frac{5}{6}+l}$ sive valor approximatus ipsius $h = 0{,}064\,4371$; hinc, per tabulam II, $\log yy = 0{,}056\,0848$, $\frac{mm}{yy} = 0{,}050\,4745\,4$, $z = 0{,}007\,4858\,5$, cui in tabula III respondet $\zeta = 0{,}000\,0032$. Hinc fit valor correctus ipsius $h = 0{,}064\,4369\,1$, $\log yy = 0{,}056\,0846$, $\frac{mm}{yy} = 0{,}050\,4745\,6$, $z = 0{,}007\,4858\,3$, qui valores, quum ζ inde non mutetur, nulla amplius correctione opus habent. Iam calculus elementorum ita se habet:

$\log z$	7,874 2399
$\log(1+z)$	0,003 2389
$\log \sqrt{(z+zz)}$	8,938 7394
$\log 2$	0,301 0300
$\log \operatorname{tang} 2n$	9,239 7694
$2n =$	$9^0 51' 11'',816$
$n =$	4 55 35,908

$\log \operatorname{tang} f$	9,650 6199
$\log \frac{1}{2} \operatorname{tang} 2n$	8,938 7394
C. $\log(l-z)$	1,296 9275
$\log \operatorname{tang} \psi$	9,886 2868
$\psi =$	$37^0 34' 59'',77$
(esse deberet =	37 35 0)

$\log \sin f$	9,611 0118
$\log \sqrt{rr'}$	0,117 1063
C. $\log \operatorname{tang} 2n$	0,760 2306
$\log \beta$	0,488 3487
$\log \operatorname{tang} \psi$	9,886 2868
$\log a$	0,602 0619
$\log p$	0,374 6355
(esse deberent	0,602 0600
atque	0,374 6356)

C. $\log \frac{1}{2} \sin f$	0,690 0182
$\log \operatorname{tang} 2\omega$	8,984 8318
C. $\log \cos 2\omega$	0,002 0156
$\log \sin \psi$	9,785 2685
$\log \operatorname{tang} 2N$	9,462 1341
$2N =$	$16^0 9' 46'',253$
$N =$	8 4 53,127
$N-n =$	3 9 17,219
$N+n =$	13 0 29,035

$\log\sin(N-n)$	8,740 6274
C. $\log\cos(N+n)$	0,011 2902
$\log\cot\frac{1}{2}\psi$	0,468 1829
$\log\tan\frac{1}{2}v$	9,220 1005
$\frac{1}{2}v =$	$9^0 25' 29'',97$
$v =$	18 50 59,94
(esse deberet	18 51 0)
$\log e$	0,101 0184
$\log\tan 2N$	9,462 1341
C. $\log\cos 2n$	0,006 4539
	9,569 6064
numerus =	0,371 1986 3
log hyp tang (45^0+N) =	0,285 9125 1
Differentia =	0,085 2861 2
log	8,930 8783
$\frac{3}{2}\log a$	0,903 0928
C. $\log k$.	1,764 4186
$\log T$	1,598 3897
$T =$	39,66338

$\log\sin(N+n)$	9,352 3527
C. $\log\cos(N-n)$	0,000 6587
$\log\cot\frac{1}{2}\psi$	0,468 1829
$\log\tan\frac{1}{2}v'$.	9,821 1943
$\frac{1}{2}v' =$	$33^0 31' 29'',93$
$v' =$	67 2 59,86
(esse deberet	67 3 0)
$\log e$	0,101 0184
$\log\tan 2n$.	9,239 7694
C. $\log\cos 2N$.	0,017 5142
	9,358 3020
numerus =	0,228 1928 4
log hyp tang (45^0+n) =	0,172 8262 1
Differentia =	0,055 3666 3
log	8,743 2480
$\frac{3}{2}\log a$	0,903 0928
C. $\log k$.	1,764 4186
log 2	0,301 0300
$\log t$	1,711 7894
$t =$	51,49788

Distat itaque transitus per perihelium a tempore loco primo respondente 13,91444 diebus, a tempore loco secundo respondente 65,41232 diebus. — Ceterum differentias exiguas elementorum hic erutorum ab iis, secundum quae loco proposita calculata fuerant, tabularum praecisioni limitatae tribuere oportet.

106.

In tractatu de relationibus maxime insignibus ad motum corporum coelestium in sectionibus conicis spectantibus silentio praeterire non possumus expressionem elegantem temporis per semiaxem maiorem, summam $r+r'$ atque chordam duo loca iungentem. Haec formula pro parabola quidem primo ab ill. Euler inventa esse videtur (Miscell. Berolin. T. VII p. 20), qui tamen eam in posterum neglexit, neque etiam ad ellipsin et hyperbolam extendit: errant itaque, qui formulam clar. Lambert tribuunt, etiamsi huic geometrae meritum, hanc expressionem oblivione sepultam proprio marte eruisse et ad reliquas sectiones conicas ampliavisse, non possit denegari. Quamquam hoc argumentum a pluribus geometris iam tractatum sit, tamen lectores attenti expositionem sequentem haud superfluam agnoscent. A motu elliptico initium facimus.

Ante omnia observamus, angulum circa Solem descriptum $2f$ (art. 88, unde reliqua quoque signa desumimus) infra 360^0 supponi posse; patet enim, si iste angulus 360 gradibus augeatur, tempus una revolutione sive $\frac{a^{\frac{3}{2}}.360^0}{k} = a^{\frac{3}{2}} \times 365{,}25$ diebus crescere. Iam si chordam per ρ denotamus, manifestum est fieri

$$\rho\rho = (r'\cos v' - r\cos v)^2 + (r'\sin v' - r\sin v)^2$$

adeoque per aequationes VIII, IX art. 8

$$\begin{aligned}\rho\rho &= aa(\cos E' - \cos E)^2 + aa\cos\varphi^2(\sin E' - \sin E)^2\\ &= 4aa\sin g^2(\sin G^2 + \cos\varphi^2\cos G^2) = 4aa\sin g^2(1 - ee\cos G^2).\end{aligned}$$

Introducamus angulum auxiliarem h talem, ut sit $\cos h = e\cos G$; simul, quo omnis ambiguitas tollatur, supponemus, h accipi inter 0 et 180^0, unde $\sin h$ erit quantitas positiva. Quoniam itaque etiam g inter eosdem limites iacet (si enim $2g$ ad 360^0 vel ultra ascenderet, motus circa Solem revolutionem integram attingeret vel superaret), ex aequatione praecedente sponte sequitur

$$\rho = 2a\sin g\sin h,$$

siquidem chorda tamquam quantitas positiva consideratur. Quum porro habeatur

$$r + r' = 2a(1 - e\cos g\cos G) = 2a(1 - \cos g\cos h),$$

patet, si statuatur $h - g = \delta$, $h + g = \varepsilon$, fieri

1) $$r + r' - \rho = 2a(1 - \cos\delta) = 4a\sin\tfrac{1}{2}\delta^2$$

2) $$r + r' + \rho = 2a(1 - \cos\varepsilon) = 4a\sin\tfrac{1}{2}\varepsilon^2.$$

Denique habetur

$$kt = a^{\frac{3}{2}}(2g - 2e\sin g\cos G) = a^{\frac{3}{2}}(2g - 2\sin g\cos h),$$

sive

$$3)\qquad kt = a^{\frac{3}{2}}(\varepsilon - \sin\varepsilon - (\delta - \sin\delta)).$$

Determinari poterunt itaque, secundum aequationes 1, 2, anguli δ et ε ex $r+r'$, ρ et a: quamobrem ex iisdem quantitatibus determinabitur, secundum aequationem 3, tempus t. Si magis placet, haec formula ita exhiberi potest:

$$kt = a^{\frac{3}{2}}\Big\{\text{arc}\cos\frac{2a-(r+r')-\rho}{2a} - \sin\text{arc}\cos\frac{2a-(r+r')-\rho}{2a}$$
$$- \text{arc}\cos\frac{2a-(r+r')+\rho}{2a} + \sin\text{arc}\cos\frac{2a-(r+r')+\rho}{2a}\Big\}.$$

Sed in determinatione angulorum δ, ε per cosinus suos ambiguitas remanet, quam propius considerare oportet. Sponte quidem patet, δ iacere debere inter -180^0 et $+180^0$, atque ε inter 0 et 360^0: sed sic quoque uterque angulus determinationem duplicem, adeoque tempus resultans quadruplicem admittere videtur. Attamen ex aequatione 5 art. 88 habemus

$$\cos f.\sqrt{rr'} = a(\cos g - \cos h) = 2a\sin\tfrac{1}{2}\delta\sin\tfrac{1}{2}\varepsilon:$$

iam $\sin\frac{1}{2}\varepsilon$ necessario fit quantitas positiva, unde concludimus, $\cos f$ et $\sin\frac{1}{2}\delta$ necessario eodem signo affectos esse, adeoque δ inter 0 et 180^0 vel inter -180^0 et 0 accipiendum esse, prout $\cos f$ positivus fuerit vel negativus, i. e. prout motus heliocentricus $2f$ fuerit infra vel supra 180^0. Ceterum sponte patet, pro $2f = 180^0$ necessario esse debere $\delta = 0$. Hoc itaque modo δ plene determinatus est. At determinatio anguli ε necessario ambigua manet, ita ut semper pro tempore *duo* valores prodeant, quorum quis verus sit, nisi aliunde constet, decidi nequit. Ceterum ratio huius phaenomeni facile perspicitur: constat enim, per duo puncta data describi posse *duas* ellipses diversas, quae ambae focum suum habeant in eodem puncto dato, simulque eundem semiaxem maiorem*); manifesto autem motus a loco primo ad secundum in his ellipsibus temporibus inaequalibus absolvetur.

*) Descripto e loco primo circulo radio $2a-r$, alioque radio $2a-r'$ e loco secundo, ellipseos focum alterum in intersectione horum circulorum iacere patet. Quare quum generaliter loquendo duae semper dentur intersectiones, duae ellipses diversae prodibunt.

107.

Denotando per χ arcum quemcunque inter -180^0 et $+180^0$ situm, et per s sinum arcus $\frac{1}{2}\chi$, constat esse

$$\tfrac{1}{2}\chi = s + \tfrac{1}{3}.\tfrac{1}{2}s^3 + \tfrac{1}{5}.\tfrac{1.3}{2.4}s^5 + \tfrac{1}{7}.\tfrac{1.3.5}{2.4.6}s^7 + \text{etc.}$$

Porro fit

$$\tfrac{1}{2}\sin\chi = s\sqrt{(1-ss)} = s - \tfrac{1}{2}s^3 - \tfrac{1.1}{2.4}s^5 - \tfrac{1.1.3}{2.4.6}s^7 - \text{etc.}$$

adeoque

$$\chi - \sin\chi = 4\left(\tfrac{1}{3}s^3 + \tfrac{1}{5}\cdot\tfrac{1}{2}s^5 + \tfrac{1}{7}\cdot\tfrac{1.3}{2.4}s^7 + \tfrac{1}{9}\cdot\tfrac{1.3.5}{2.4.6}s^9 + \text{etc.}\right).$$

Substituimus in hac serie pro s deinceps $\frac{1}{2}\sqrt{\frac{r+r'-\rho}{a}}$ et $\frac{1}{2}\sqrt{\frac{r+r'+\rho}{a}}$, quaeque inde proveniunt multiplicamus per $a^{\frac{3}{2}}$; ita respective oriuntur series

$$\tfrac{1}{6}(r+r'-\rho)^{\frac{3}{2}} + \tfrac{1}{80}\cdot\tfrac{1}{a}(r+r'-\rho)^{\frac{5}{2}} + \tfrac{3}{1792}\cdot\tfrac{1}{aa}(r+r'-\rho)^{\frac{7}{2}} + \tfrac{5}{18432}\cdot\tfrac{1}{a^3}(r+r'-\rho)^{\frac{9}{2}} + \text{etc}$$

$$\tfrac{1}{6}(r+r'+\rho)^{\frac{3}{2}} + \tfrac{1}{80}\cdot\tfrac{1}{a}(r+r'+\rho)^{\frac{5}{2}} + \tfrac{3}{1792}\cdot\tfrac{1}{aa}(r+r'+\rho)^{\frac{7}{2}} + \tfrac{5}{18432}\cdot\tfrac{1}{a^3}(r+r'+\rho)^{\frac{9}{2}} + \text{etc.},$$

quarum summas denotabimus per T, U. Iam nullo negotio patet, quum sit $2\sin\frac{1}{2}\delta = \pm\sqrt{\frac{r+r'-\rho}{a}}$, signo superiori vel inferiori valente prout $2f$ infra vel supra 180^0 est, fieri $a^{\frac{3}{2}}(\delta - \sin\delta) = \pm T$, signo perinde determinato. Eodem modo si pro ε accipitur valor minor infra 180^0 situs, fiet $a^{\frac{3}{2}}(\varepsilon - \sin\varepsilon) = U$; accepto vero valore altero, qui est illius complementum ad 360^0, manifesto fiet $a^{\frac{3}{2}}(\varepsilon - \sin\varepsilon) = a^{\frac{3}{2}}.360^0 - U$. Hinc itaque colliguntur duo valores pro tempore t:

$$\frac{U \mp T}{k} \quad \text{atque} \quad \frac{a^{\frac{3}{2}}.360^0}{k} - \frac{U \pm T}{k}.$$

108.

Si parabola tamquam ellipsis spectatur, cuius axis maior infinite magnus est, expressio temporis in art. praec. inventa transit in $\frac{1}{6k}\{(r+r'+\rho)^{\frac{3}{2}} \mp (r+r'-\rho)^{\frac{3}{2}}\}$: sed quum haecce formulae deductio fortasse quibusdam dubiis exposita videri possit, aliam ab ellipsi haud pendentem exponemus.

Statuendo brevitatis caussa

$$\operatorname{tang}\tfrac{1}{2}v = \theta, \qquad \operatorname{tang}\tfrac{1}{2}v' = \theta',$$

fit

$$r = \tfrac{1}{2}p(1+\theta\theta), \qquad r' = \tfrac{1}{2}p(1+\theta'\theta'),$$

$$\cos v = \frac{1-\theta\theta}{1+\theta\theta}, \qquad \cos v' = \frac{1-\theta'\theta'}{1+\theta'\theta'},$$

$$\sin v = \frac{2\theta}{1+\theta\theta}, \qquad \sin v' = \frac{2\theta'}{1+\theta'\theta'}.$$

Hinc fit

$$r'\cos v' - r\cos v = \tfrac{1}{2}p(\theta\theta - \theta'\theta')$$

$$r'\sin v' - r\sin v = p(\theta' - \theta),$$

adeoque

$$\rho\rho = \tfrac{1}{4}pp(\theta'-\theta)^2(4+(\theta'+\theta)^2).$$

Iam facile perspicitur,

$$\theta' - \theta = \frac{\sin f}{\cos\frac{1}{2}v\cos\frac{1}{2}v'}$$

esse quantitatem positivam: statuendo itaque

$$\sqrt{(1+\tfrac{1}{4}(\theta'+\theta)^2)} = \eta,$$

erit

$$\rho = p(\theta'-\theta)\eta.$$

Porro fit

$$r+r' = \tfrac{1}{2}p(2+\theta\theta+\theta'\theta') = p(\eta\eta+\tfrac{1}{4}(\theta'-\theta)^2):$$

quamobrem habetur

$$\frac{r+r'+\rho}{p} = (\eta+\tfrac{1}{2}(\theta'-\theta))^2$$

$$\frac{r+r'-\rho}{p} = (\eta-\tfrac{1}{2}(\theta'-\theta))^2.$$

Ex aequatione priori sponte deducitur

$$+\sqrt{\frac{r+r'+\rho}{p}} = \eta + \tfrac{1}{2}(\theta'-\theta),$$

quoniam η et $\theta'-\theta$ sunt quantitates positivae; sed quum $\frac{1}{2}(\theta'-\theta)$ minor sit

[Handschriftliche Bemerkung:] η est cosecans anguli inter chordam et axem

$\frac{1}{2}(\theta'+\theta)$ eiusdem cotangens

$\frac{r'-r}{\rho}$ eiusdem cosinus $= \cos\psi$

$$p = \tfrac{1}{2}\sin\psi^2\left\{r+r'+\sqrt{((r+r')^2-\rho\rho)}\right\} = (r'+r)\frac{\rho\rho-(r'-r)^2}{\rho\rho}\left\{1-\tfrac{1}{4}\frac{\rho\rho}{(r'+r)^2}-\tfrac{1}{16}\frac{\rho^4}{(r'+r)^4}-\cdots\right\}.$$

vel maior quam η, prout

$$\eta\eta - \tfrac{1}{4}(\theta' - \theta)^2 = 1 + \theta\theta' = \frac{\cos f}{\cos\frac{1}{2}v\cos\frac{1}{2}v'}$$

positiva est vel negativa, patet, ex aequatione posteriori concludere oportere

$$\pm\sqrt{\frac{r+r'-\rho}{p}} = \eta - \tfrac{1}{2}(\theta' - \theta),$$

ubi signum superius vel inferius adoptandum est, prout angulus circa Solem descriptus infra 180° vel supra 180° fuerit.

Ex aequatione, quae in art. 98 secundam sequitur, porro habemus

$$\frac{2kt}{p^{\frac{3}{2}}} = (\theta' - \theta)(1 + \theta\theta' + \tfrac{1}{3}(\theta' - \theta)^2) = (\theta' - \theta)(\eta\eta + \tfrac{1}{12}(\theta' - \theta)^2)$$
$$= \tfrac{1}{3}(\eta + \tfrac{1}{2}(\theta' - \theta))^3 - \tfrac{1}{3}(\eta - \tfrac{1}{2}(\theta' - \theta))^3,$$

unde sponte sequitur

$$kt = \tfrac{1}{6}\{(r + r' + \rho)^{\frac{3}{2}} \mp (r + r' - \rho)^{\frac{3}{2}}\}$$

signo superiori vel inferiori valente, prout $2f$ infra vel supra 180° est.

109.

Si in hyperbola signa α, C, c in eadem significatione accipimus, ut in art. 99, habemus ex aequationibus VIII, IX art. 21

$$r'\cos v' - r\cos v = -\tfrac{1}{2}\left(c - \frac{1}{c}\right)\left(C - \frac{1}{C}\right)\alpha$$

$$r'\sin v' - r\sin v = \tfrac{1}{2}\left(c - \frac{1}{c}\right)\left(C + \frac{1}{C}\right)\alpha\sqrt{(ee - 1)},$$

adeoque

$$\rho = \tfrac{1}{2}\alpha\left(c - \frac{1}{c}\right)\sqrt{\left(ee\left(C + \frac{1}{C}\right)^2 - 4\right)}.$$

[Handschriftliche Bemerkung:] Tempus medium inter duo loca parabolica exhibetur per formulam

$$\frac{1}{2k\sqrt{18}}\left\{-\left(\frac{r'-r}{\sqrt{\frac{r'+r+\rho}{2}} \mp \sqrt{\frac{r'+r-\rho}{2}}}\right)^3 + \frac{3(r'r'-rr)}{\sqrt{\frac{r'+r+\rho}{2}} \mp \sqrt{\frac{r'+r-\rho}{2}}}\right\}$$

$$= -\frac{1}{3k}\left(\frac{r'-r}{\sqrt{(r'+r+\rho)} \mp \sqrt{(r'+r-\rho)}}\right)^3 + \frac{1}{2k}\,\frac{r'r'-rr}{\sqrt{(r'+r+\rho)} \mp \sqrt{(r'+r-\rho)}}.$$

Distantia in perihelio $= \dfrac{\rho\rho - (r'-r)^2}{4\{r'+r \mp \sqrt{((r'+r)^2 - \rho\rho)}\}}$.

Supponamus γ esse quantitatem per aequationem $\gamma+\frac{1}{\gamma}=e\left(C+\frac{1}{C}\right)$ determinatam: cui quum manifesto *duo* valores sibi invicem reciproci satisfaciant, adoptamus eum qui est maior quam 1. Ita fit

$$\rho=\tfrac{1}{2}\alpha\left(c-\frac{1}{c}\right)\left(\gamma-\frac{1}{\gamma}\right).$$

Porro fit

$$r+r'=\tfrac{1}{2}\alpha\left(e\left(c+\frac{1}{c}\right)\left(C+\frac{1}{C}\right)-4\right)=\tfrac{1}{2}\alpha\left(\left(c+\frac{1}{c}\right)\left(\gamma+\frac{1}{\gamma}\right)-4\right),$$

adeoque

$$r+r'+\rho=\alpha\left(\sqrt{c\gamma}-\sqrt{\frac{1}{c\gamma}}\right)^2$$

$$r+r'-\rho=\alpha\left(\sqrt{\frac{\gamma}{c}}-\sqrt{\frac{c}{\gamma}}\right)^2.$$

Statuendo itaque

$$\sqrt{\frac{r+r'+\rho}{4\alpha}}=m,\qquad \sqrt{\frac{r+r'-\rho}{4\alpha}}=n,$$

erit necessario $\sqrt{c\gamma}-\sqrt{\frac{1}{c\gamma}}=2m$; ad decidendam vero quaestionem, utrum $\sqrt{\frac{\gamma}{c}}-\sqrt{\frac{c}{\gamma}}$ fiat $=+2n$ an $=-2n$, inquirere oportet, utrum γ maior an minor sit quam c: sed ex aequatione 8 art. 99 facile sequitur, casum priorem locum habere, quoties $2f$ sit infra 180^0, posteriorem, quoties $2f$ sit supra 180^0. Denique ex eodem art. habemus

$$\frac{kt}{\alpha^{\frac{3}{2}}}=\tfrac{1}{2}\left(\gamma+\frac{1}{\gamma}\right)\left(c-\frac{1}{c}\right)-2\log c=\tfrac{1}{2}\left(c\gamma-\frac{1}{c\gamma}\right)-\tfrac{1}{2}\left(\frac{\gamma}{c}-\frac{c}{\gamma}\right)-\log c\gamma+\log\frac{\gamma}{c}$$

$$=2m\sqrt{(1+mm)}\mp 2n\sqrt{(1+nn)}-2\log(\sqrt{(1+mm)}+m)\pm 2\log(\sqrt{(1+nn)}+n)$$

signis inferioribus semper ad casum $2f>180^0$ spectantibus. Iam

$$\log(\sqrt{(1+mm)}+m)$$

facile evolvitur in seriem sequentem

$$m-\tfrac{1}{3}\cdot\tfrac{1}{2}m^3+\tfrac{1}{5}\cdot\frac{1.3}{2.4}m^5-\tfrac{1}{7}\cdot\frac{1.3.5}{2.4.6}m^7+\text{etc.}$$

Hoc sponte colligitur ex $\mathrm{d}\log(\sqrt{(1+mm)}+m)=\frac{\mathrm{d}m}{\sqrt{(1+mm)}}$. Prodit itaque

$$2m\sqrt{(1+mm)}-2\log(\sqrt{(1+mm)}+m)=4\left(\tfrac{1}{3}m^3-\tfrac{1}{5}\cdot\tfrac{1}{2}m^5+\tfrac{1}{7}\cdot\frac{1.3}{2.4}m^7-\text{etc.}\right)$$

et perinde formula alia prorsus similis, si m cum n permutatur. Hinc tandem colligitur, si statuatur

$$T = \tfrac{1}{6}(r+r'-\rho)^{\frac{3}{2}} - \tfrac{1}{80}\cdot\frac{1}{\alpha}(r+r'-\rho)^{\frac{5}{2}} + \tfrac{3}{1792}\cdot\frac{1}{\alpha\alpha}(r+r'-\rho)^{\frac{7}{2}} - \tfrac{5}{18432}\cdot\frac{1}{\alpha^3}(r+r'-\rho)^{\frac{9}{2}} + \text{etc.}$$

$$U = \tfrac{1}{6}(r+r'+\rho)^{\frac{3}{2}} - \tfrac{1}{80}\cdot\frac{1}{\alpha}(r+r'+\rho)^{\frac{5}{2}} + \tfrac{3}{1792}\cdot\frac{1}{\alpha\alpha}(r+r'+\rho)^{\frac{7}{2}} - \tfrac{5}{18432}\cdot\frac{1}{\alpha^3}(r+r'+\rho)^{\frac{9}{2}} + \text{etc.},$$

fieri $kt = U \mp T$, quae expressiones cum iis, quae in art. 107 traditae sunt, omnino coincidunt, si illic a in $-\alpha$ mutetur.

Ceterum hae series tum pro ellipsi tum pro hyperbola ad usum practicum tunc imprimis sunt commodae, ubi a vel α valorem permagnum obtinet, i. e. ubi sectio conica magnopere ad parabolae similitudinem vergit. In tali casu etiam ad solutionem problematis supra tractati (artt. 85—105) adhiberi possent: sed quoniam, nostro iudicio, ne tunc quidem brevitatem solutionis supra traditae praebent, huic methodo fusius exponendae non immoramur.

SECTIO QUARTA.

Relationes inter locos plures in spatio.

110.

Relationes in hac Sectione considerandae ab orbitae indole independentes solique suppositioni innixae erunt, omnia orbitae puncta in eodem plano cum Sole iacere. Placuit autem, hic quasdam simplicissimas tantum attingere, aliasque magis complicatas et speciales ad Librum alterum nobis reservare.

Situs plani orbitae per duos locos corporis coelestis in spatio plene determinatus est, siquidem hi loci non iacent in eadem recta cum Sole. Quare quum duobus potissimum modis locus puncti in spatio assignari possit, duo hinc problemata solvenda se offerunt.

Supponemus primo, duos locos dari per longitudines et latitudines heliocentricas resp. per λ, λ', β, β' designandas: distantiae a Sole in calculum non ingredientur. Tunc si longitudo nodi ascendentis per Ω, inclinatio orbitae ad eclipticam per i denotatur, erit

$$\operatorname{tang}\beta = \operatorname{tang} i \sin(\lambda - \Omega)$$
$$\operatorname{tang}\beta' = \operatorname{tang} i \sin(\lambda' - \Omega).$$

Determinatio incognitarum Ω, $\operatorname{tang} i$ hic ad problema in art. 78, II consideratum refertur; habemus itaque, ad normam solutionis primae

$$\operatorname{tang} i \sin(\lambda - \Omega) = \operatorname{tang}\beta$$
$$\operatorname{tang} i \cos(\lambda - \Omega) = \frac{\operatorname{tang}\beta' - \operatorname{tang}\beta\cos(\lambda' - \lambda)}{\sin(\lambda' - \lambda)};$$

ad normam solutionis tertiae autem invenimus ☊ per aequationem

$$\operatorname{tang}(\tfrac{1}{2}\lambda+\tfrac{1}{2}\lambda'-☊) = \frac{\sin(\beta'+\beta)\operatorname{tang}\tfrac{1}{2}(\lambda'-\lambda)}{\sin(\beta'-\beta)}$$

utique aliquanto commodius, si anguli β, β' immediate dantur, neque vero per logarithmos tangentium: sed ad determinandum i, recurrendum erit ad aliquam formularum

$$\operatorname{tang} i = \frac{\operatorname{tang}\beta}{\sin(\lambda-☊)} = \frac{\operatorname{tang}\beta'}{\sin(\lambda'-☊)}.$$

Ceterum ambiguitas in determinatione anguli $\lambda-☊$, vel $\frac{1}{2}\lambda+\frac{1}{2}\lambda'-☊$ per tangentem suam ita erit decidenda, ut $\operatorname{tang} i$ positiva evadat vel negativa, prout motus ad eclipticam proiectus directus est vel retrogradus: hanc incertitudinem itaque tunc tantum tollere licet, ubi constat, a quanam parte corpus coeleste a loco primo ad secundum pervenerit; quod si ignoraretur, utique impossibile esset, nodum ascendentem a descendente distinguere.

Postquam anguli ☊, i inventi sunt, eruentur argumenta latitudinum u', u per formulas

$$\operatorname{tang} u = \frac{\operatorname{tang}(\lambda-☊)}{\cos i}, \qquad \operatorname{tang} u' = \frac{\operatorname{tang}(\lambda'-☊)}{\cos i},$$

quae in semicirculo primo vel secundo accipienda sunt, prout latitudines respondentes boreales sunt vel australes. His formulis adhuc sequentes adiicimus, e quibus, si placet, una vel altera ad calculum confirmandum in usum vocari poterit:

$$\cos u = \cos\beta\cos(\lambda-☊), \qquad \cos u' = \cos\beta'\cos(\lambda'-☊),$$

$$\sin u = \frac{\sin\beta}{\sin i}, \qquad \sin u' = \frac{\sin\beta'}{\sin i},$$

$$\sin(u'+u) = \frac{\sin(\lambda+\lambda'-2☊)\cos\beta\cos\beta'}{\cos i}, \qquad \sin(u'-u) = \frac{\sin(\lambda'-\lambda)\cos\beta\cos\beta'}{\cos i}.$$

111.

Supponamus secundo, duos locos dari per distantias suas a tribus planis in Sole sub angulis rectis se secantibus; designemus has distantias pro loco primo per x, y, z, pro secundo per x', y', z', supponamusque planum tertium esse ipsam eclipticam, plani primi et secundi autem polos positivos in longitudine N et 90^0+N sitos esse. Ita erit per art. 53, duobus radiis vectoribus per r, r' designatis,

$$x = r\cos u\cos(N-\Omega)+r\sin u\sin(N-\Omega)\cos i$$
$$y = r\sin u\cos(N-\Omega)\cos i-r\cos u\sin(N-\Omega)$$
$$z = r\sin u\sin i$$
$$x' = r'\cos u'\cos(N-\Omega)+r'\sin u'\sin(N-\Omega)\cos i$$
$$y' = r'\sin u'\cos(N-\Omega)\cos i-r'\cos u'\sin(N-\Omega)$$
$$z' = r'\sin u'\sin i.$$

Hinc sequitur

$$zy'-yz' = rr'\sin(u'-u)\sin(N-\Omega)\sin i$$
$$xz'-zx' = rr'\sin(u'-u)\cos(N-\Omega)\sin i$$
$$xy'-yx' = rr'\sin(u'-u)\cos i.$$

E combinatione formulae primae cum secunda habebitur $N-\Omega$ atque $rr'\sin(u'-u)\sin i$, hinc et ex formula tertia prodibit i atque $rr'\sin(u'-u)$.

Quatenus locus, cui coordinatae x', y', z' respondent, tempore posterior supponitur, u' maior quam u fieri debet: quodsi itaque insuper constat, utrum angulus inter locum primum et secundum circa Solem descriptus duobus rectis minor an maior sit, $rr'\sin(u'-u)\sin i$ atque $rr'\sin(u'-u)$ esse debent quantitates positivae in casu primo, negativae in secundo: tunc itaque $N-\Omega$ sine ambiguitate determinatur, simulque ex signo quantitatis $xy'-yx'$ deciditur, utrum motus directus sit, an retrogradus. Vice versa, si de motus directione constat, e signo quantitatis $xy'-yx'$ decidere licebit, utrum $u'-u$ minor an maior quam 180^0 accipiendus sit. Sin vero tum motus directio, tum indoles anguli circa Solem descripti plane incognitae sunt, manifestum est, inter nodum ascendentem ac descendentem distinguere non licere.

Ceterum facile perspicitur, sicuti $\cos i$ est cosinus inclinationis plani orbitae versus planum tertium, ita $\sin(N-\Omega)\sin i$, $\cos(N-\Omega)\sin i$ esse resp. cosinus inclinationum plani orbitae versus planum primum et secundum; nec non exprimere $rr'\sin(u'-u)$ duplam aream trianguli inter duos radios vectores inclusi, atque $zy'-yz'$, $xz'-zx'$, $xy'-yx'$ duplam aream proiectionum eiusdem trianguli ad singula plana.

Denique patet, planum tertium pro ecliptica quodvis aliud planum esse posse, si modo omnes magnitudines per relationes suas ad eclipticam definitae perinde ad planum tertium, quidquid sit, referantur.

112.

Sint x'', y'', z'' coordinatae alicuius loci tertii, atque u'' eius argumentum latitudinis, r'' radius vector. Designabimus quantitates

$$r'r''\sin(u''-u'),\qquad rr''\sin(u''-u),\qquad rr'\sin(u'-u),$$

quae sunt areae duplae triangulorum inter radium vectorem secundum et tertium, primum et tertium, primum et secundum, resp. per n, n', n''. Habebuntur itaque pro x'', y'', z'' expressiones iis similes, quas in art. praec. pro x, y, z et x', y', z' tradidimus, unde adiumento lemmatis I art. 78 facile deducuntur aequationes sequentes:

$$0 = nx - n'x' + n''x''$$
$$0 = ny - n'y' + n''y''$$
$$0 = nz - n'z' + n''z''.$$

Sint iam longitudines geocentricae corporis coelestis tribus illis locis respondentes α, α', α''; latitudines geocentricae β, β', β''; distantiae a terra ad eclipticam proiectae δ, δ', δ''; porro respondentes longitudines heliocentricae terrae L, L', L''; latitudines B, B', B'', quas non statuimus $= 0$, ut liceat, tum parallaxis rationem habere, tum, si placet, pro ecliptica quodvis aliud planum adoptare; denique D, D', D'' distantiae terrae a Sole ad eclipticam proiectae. Quodsi tunc x, y, z per L, B, D, α, β, δ exprimuntur, similiterque coordinatae ad locum secundum et tertium spectantes, aequationes praecedentes sequentem formam induunt:

$$1)\ 0 = n(\delta\cos\alpha + D\cos L) - n'(\delta'\cos\alpha' + D'\cos L') + n''(\delta''\cos\alpha'' + D''\cos L'')$$
$$2)\ 0 = n(\delta\sin\alpha + D\sin L) - n'(\delta'\sin\alpha' + D'\sin L') + n''(\delta''\sin\alpha'' + D''\sin L'')$$
$$3)\ 0 = n(\delta\,\mathrm{tang}\,\beta + D\,\mathrm{tang}\,B) - n'(\delta'\,\mathrm{tang}\,\beta' + D'\,\mathrm{tang}\,B') + n''(\delta''\,\mathrm{tang}\,\beta'' + D''\,\mathrm{tang}\,B'').$$

Si hic α, β, D, L, B, quantitatesque analogae pro duobus reliquis locis, tamquam cognitae spectantur, aequationesque per n, vel per n', vel per n'' dividuntur, quinque incognitae remanent, e quibus itaque duas eliminare, sive per duas quascunque tres reliquas determinare licet. Hoc modo illae tres aequationes ad conclusiones plurimas gravissimas viam sternunt, e quibus quasdam imprimis insignes hic evolvemus.

113.

Ne formularum prolixitate nimis obruamur, sequentibus abbreviationibus uti placet. Primo designamus quantitatem

$$\operatorname{tang}\beta\sin(\alpha''-\alpha')+\operatorname{tang}\beta'\sin(\alpha-\alpha'')+\operatorname{tang}\beta''\sin(\alpha'-\alpha)$$

per (0.1.2): si in expressione illa pro longitudine et latitudine loco cuivis geocentrico respondentibus substituuntur longitudo et latitudo cuilibet trium locorum heliocentricorum terrae respondentes, in signo (0.1.2) numerum illi respondentem cum numero romano eo commutamus, qui posteriori respondet. Ita e. g. character (0.1.I) exprimet quantitatem

$$\operatorname{tang}\beta\sin(L'-\alpha')+\operatorname{tang}\beta'\sin(\alpha-L')+\operatorname{tang}B'\sin(\alpha'-\alpha)$$

nec non character (0.O.2) hanc

$$\operatorname{tang}\beta\sin(\alpha''-L)+\operatorname{tang}B\sin(\alpha-\alpha'')+\operatorname{tang}\beta''\sin(L-\alpha).$$

Simili modo characterem mutamus, si in expressione prima pro *duabus* longitudinibus et latitudinibus geocentricis duae quaecunque heliocentricae terrae substituuntur. Si duae longitudines et latitudines in eandem expressionem ingredientes tantummodo inter se permutantur, etiam in charactere numeros respondentes permutare oportet: hinc autem valor ipse non mutatur, sed tantummodo e positivo negativus, e negativo positivus evadit. Ita e. g. fit (0.1.2) = −(0.2.1) = (1.2.0) = −(1.0.2) = (2.0.1) = −(2.1.0). Omnes itaque quantitates hoc modo oriundae ad sequentes 19 reducuntur

(0.1.2)

(0.1.O), (0.1.I), (0.1.II), (0.O.2), (0.I.2), (0.II.2), (O.1.2), (I.1.2), (II.1.2)

(0.O.I), (0.O.II), (0.I.II), (1.O.I), (1.O.II), (1.I.II), (2.O.I), (2.O.II), (2.I.II),

quibus accedit vigesima (O.I.II).

Ceterum facile demonstratur, singulas has expressiones, per productum e tribus cosinibus latitudinum ipsas ingredientium multiplicatas, aequales fieri volumini sextuplo pyramidis, cuius vertex est in Sole, basis vero triangulum formatum inter tria sphaerae coelestis puncta, quae locis expressionem illam ingredientibus respondent, statuto sphaerae radio = 1. Quoties itaque hi tres loci in eodem circulo maximo iacent, valor expressionis fieri debet $= 0$; quod quum in tribus locis heliocentricis terrae semper locum habeat, quoties ad parallaxes et latitudines terrae a perturbationibus ortas non respicimus, i. e. quoties terram in ipso eclipticae plano constituimus, semper, hacce suppositione valente, erit $(\mathrm{O.I.II}) = 0$, quae quidem aequatio identica est, si pro plano tertio ecliptica ipsa accepta fuit. Ceterum quoties tum B, tum B', tum $B'' = 0$, omnes istae expressiones, prima excepta, multo simpliciores fiunt; singulae scilicet a secunda usque ad decimam binis partibus conflatae erunt, ab undecima autem usque ad undevigesimam unico termino constabunt.

114.

Multiplicando aequationem 1 per $\sin\alpha''\operatorname{tang}B'' - \sin L''\operatorname{tang}\beta''$, aequationem 2 per $\cos L''\operatorname{tang}\beta'' - \cos\alpha''\operatorname{tang}B''$, aequationem 3 per $\sin(L''-\alpha'')$, addendoque producta, prodit

$$4)\quad 0 = n\,\{(0.2.\mathrm{II})\delta + (\mathrm{O}.2.\mathrm{II})D\} - n'\{(1.2.\mathrm{II})\delta' + (\mathrm{I}.2.\mathrm{II})D'\}$$

similique modo, vel commodius per solam locorum inter se permutationem

$$5)\quad 0 = n\,\{(0.1.\mathrm{I})\delta + (\mathrm{O}.1.\mathrm{I})D\} + n''\{(2.1.\mathrm{I})\delta'' + (\mathrm{II}.1.\mathrm{I})D''\}$$

$$6)\quad 0 = n'\{(1.0.\mathrm{O})\delta' + (\mathrm{I}.0.\mathrm{O})D'\} - n''\{(2.0.\mathrm{O})\delta'' + (\mathrm{II}.0.\mathrm{O})D''\}.$$

Quodsi itaque ratio quantitatum n, n' data est, adiumento aequationis 4 ex δ determinare licebit δ', vel δ ex δ'; similiterque de aequationibus 5, 6. E combinatione aequationum 4, 5, 6 oritur haec

$$7)\quad \frac{(0.2.\mathrm{II})\delta + (\mathrm{O}.2.\mathrm{II})D}{(0.1.\mathrm{I})\delta + (\mathrm{O}.1.\mathrm{I})D} \times \frac{(1.0.\mathrm{O})\delta' + (\mathrm{I}.0.\mathrm{O})D'}{(1.2.\mathrm{II})\delta' + (\mathrm{I}.2.\mathrm{II})D'} \times \frac{(2.1.\mathrm{I})\delta'' + (\mathrm{II}.1.\mathrm{I})D''}{(2.0.\mathrm{O})\delta'' + (\mathrm{II}.0.\mathrm{O})D''} = -1,$$

per quam e duabus distantiis corporis coelestis a terra determinare licet tertiam. Ostendi potest autem, hanc aequationem 7 fieri identicam, adeoque ad determinationem unius distantiae e duabus reliquis ineptam, quoties fuerit $B = B' = B'' = 0$ atque

$$\left.\begin{array}{l} \operatorname{tang}\beta'\operatorname{tang}\beta''\sin(L-\alpha)\sin(L''-L') \\ +\operatorname{tang}\beta''\operatorname{tang}\beta\,\sin(L'-\alpha')\sin(L-L'') \\ +\operatorname{tang}\beta\,\operatorname{tang}\beta'\sin(L''-\alpha'')\sin(L'-L) \end{array}\right\} = 0.$$

Ab hoc incommodo libera est formula sequens, ex aequationibus 1, 2, 3 facile demanans:

$$8)\quad \begin{aligned}&(0.1.2)\delta\delta'\delta''+(\mathrm{O}.1.2)D\delta'\delta''+(0.\mathrm{I}.2)D'\delta\delta''+(0.1.\mathrm{II})D''\delta\delta'\\&+(0.\mathrm{I}.\mathrm{II})D'D''\delta+(\mathrm{O}.1.\mathrm{II})DD''\delta'+(\mathrm{O}.\mathrm{I}.2)DD'\delta''+(\mathrm{O}.\mathrm{I}.\mathrm{II})DD'D''=0.\end{aligned}$$

Multiplicando aequationem 1 per $\sin\alpha'\operatorname{tang}\beta''-\sin\alpha''\operatorname{tang}\beta'$, aequationem 2 per $\cos\alpha''\operatorname{tang}\beta'-\cos\alpha'\operatorname{tang}\beta''$, aequationem 3 per $\sin(\alpha''-\alpha')$, addendoque producta, prodit

$$9)\qquad 0=n\{(0.1.2)\delta+(\mathrm{O}.1.2)D\}-n'(\mathrm{I}.1.2)D'+n''(\mathrm{II}.1.2)D''$$

et perinde

$$10)\qquad 0=n(0.\mathrm{O}.2)D-n'\{(0.1.2)\delta'+(0.\mathrm{I}.2)D'\}+n''(0.\mathrm{II}.2)D''$$

$$11)\qquad 0=n(0.1.\mathrm{O})D-n'(0.1.\mathrm{I})D'+n''\{(0.1.2)\delta''+(0.1.\mathrm{II})D''\}.$$

Adiumento harum aequationum e ratione inter quantitates n, n', n'' cognita eruere licebit distantias δ, δ', δ''. Sed haecce conclusio generaliter tantum loquendo valet, exceptionemque patitur, quoties fit $(0.1.2)=0$. Ostendi enim potest, in hocce casu ex aequationibus 9, 10, 11 nihil aliud sequi, nisi relationem necessariam inter quantitates n, n', n'', et quidem e singulis tribus eandem. Restrictiones analogae circa aequationes 4, 5, 6 lectori perito sponte se offerent.

Ceterum omnes conclusiones hic evolutae nullius sunt usus, quoties planum orbitae cum ecliptica coincidit. Si enim β, β', β'', B, B', B'' omnes sunt $=0$, aequatio 3 *identica* est, ac proin omnes quoque sequentes.

LIBER SECUNDUS.

INVESTIGATIO ORBITARUM CORPORUM COELESTIUM EX OBSERVATIONIBUS GEOCENTRICIS.

SECTIO PRIMA.

Determinatio orbitae e tribus observationibus completis.

115.

Ad determinationem completam motus corporis coelestis in orbita sua requiruntur elementa *septem*, quorum autem numerus uno minor evadit, si corporis massa vel cognita est vel negligitur; haec licentia vix evitari poterit in determinatione orbitae penitus adhuc incognitae, ubi omnes quantitates ordinis perturbationum tantisper seponere oportet, donec massae a quibus pendent aliunde innotuerint. Quamobrem in disquisitione praesente massa corporis neglecta elementorum numerum ad sex reducimus, patetque adeo, ad determinationem orbitae incognitae totidem quantitates ab elementis pendentes ab invicem vero independentes requiri. Quae quantitates nequeunt esse nisi loca corporis coelestis e terra observata, quae singula quum bina data subministrent, puta longitudinem et latitudinem, vel ascensionem rectam et declinationem, simplicissimum utique erit, *tria loca geocentrica* adoptare, quae generaliter loquendo sex elementis incognitis determinandis sufficient. Hoc problema tam-

20*

quam gravissimum huius operis spectandum erit, summaque ideo cura in hac Sectione pertractabitur.

Verum enim vero in casu speciali, ubi planum orbitae cum ecliptica coincidit adeoque omnes latitudines tum heliocentricae tum geocentricae natura sua evanescunt, tres latitudines geocentricas evanescentes haud amplius considerare licet tamquam tria data ab invicem independentia: tunc igitur problema istud indeterminatum maneret, tribusque locis geocentricis per orbitas infinite multas satisfieri posset. In tali itaque casu necessario quatuor longitudines geocentricas datas esse oportet, ut quatuor elementa incognita reliqua (excidentibus inclinatione orbitae et longitudine nodi) determinare liceat. Etiamsi vero per principium indiscernibilium haud exspectandum sit, talem casum in rerum natura unquam se oblaturum esse, tamen facile praesumitur, problema, quod in orbita cum plano eclipticae omnino coincidente absolute indeterminatum fit, *in orbitis perparum ad eclipticam inclinatis* propter observationum praecisionem limitatam tantum non indeterminatum manere debere, ubi vel levissimi observationum errores incognitarum determinationem penitus turbare valent. Quamobrem ut huic quoque casui consulamus, alia sex data eligere oportebit: ad quem finem in Sectione secunda orbitam incognitam e quatuor observationibus determinare docebimus, quarum duae quidem completae sint, duae reliquae autem incompletae, latitudinibus vel declinationibus deficientibus.

Denique quum omnes observationes nostrae propter instrumentorum sensuumque imperfectionem non sint nisi approximationes ad veritatem, orbita, sex tantum datis absolute necessariis superstructa, erroribus considerabilibus adhuc obnoxia esse poterit. Quos ut quantum quidem licet extenuemus, summamque adeo praecisionem possibilem attingamus, via alia non dabitur, nisi ut observationes perfectissimas quam plurimas congeramus, elementaque ita perpoliamus, ut non quidem his vel illis praecisione absoluta satisfaciant, sed cum cunctis quam optime conspirent. Quonam pacto talem consensum, si nullibi absolutum tamen ubique quam arctissimum, secundum principia calculi probabilitatis obtinere liceat, in Sectione tertia ostendemus.

Hoc itaque modo determinatio orbitarum, quatenus corpora coelestia secundum leges Kepleri in ipsis moventur, ad omnem quae desiderari potest perfectionem evecta erit. Ultimam quidem expolitionem tunc demum suscipere licebit, ubi etiam perturbationes, quas planetae reliqui motui inducunt, ad calculum erunt revocatae: quarum rationem quomodo habere oporteat, quantum quidem ad institutum nostrum pertinere videbitur, in Sectione quarta breviter indicabimus.

116.

Antequam determinatio alicuius orbitae ex observationibus geocentricis suscipitur, his quaedam reductiones applicandae erunt, propter nutationem, praecessionem, parallaxin et aberrationem, siquidem summa praecisio requiritur: in crassiori enim calculo has minutias negligere licebit.

Planetarum et cometarum observationes vulgo expressae proferuntur per ascensiones rectas et declinationes apparentes, i. e. ad situm aequatoris apparentem relatas. Qui situs quum propter nutationem et praecessionem variabilis adeoque pro diversis observationibus diversus sit, ante omnia loco plani variabilis planum aliquod fixum introducere conveniet, ad quem finem vel aequator situ suo medio pro aliqua epocha, vel ecliptica adoptari poterit: planum posterius plerumque adhiberi solet, sed prius quoque commodis peculiaribus haud spernendis se commendat.

Quoties itaque planum aequatoris eligere placuit, ante omnia observationes a nutatione purgandae, ac dein adhibita praecessione ad epocham quandam arbitrariam reducendae sunt: haec operatio prorsus convenit cum ea, per quam e loco stellae fixae observato eiusdem positio media pro epocha data derivatur, adeoque explicatione hic non indiget. Sin vero planum eclipticae adoptare constitutum est, duplex methodus patebit: scilicet vel ex ascensionibus rectis et declinationibus ob nutationem et praecessionem correctis deduci poterunt longitudines et latitudines adiumento obliquitatis mediae, unde longitudines iam ad aequinoctium medium relatae prodibunt; vel commodius ex ascensionibus rectis et declinationibus apparentibus adiumento obliquitatis apparentis computabuntur longitudines et latitudines, ac dein illae a nutatione et praecessione purgabuntur.

Loci terrae singulis observationibus respondentes per tabulas Solares computantur, manifesto autem ad idem planum referendi erunt, ad quod observationes corporis coelestis relatae sunt. Quamobrem in computo longitudinis Solis negligetur nutatio; dein vero haec longitudo adhibita praecessione ad epocham fixam reducetur, atque 180 gradibus augebitur; latitudini Solis, siquidem eius rationem habere operae pretium videtur, signum oppositum tribuetur: sic positio terrae heliocentrica habebitur, quam, si aequator pro plano fundamentali electus est, adiumento obliquitatis mediae in ascensionem rectam et declinationem transformare licebit.

117.

Positio terrae hoc modo e tabulis computata ad terrae centrum referenda est, locus observatus autem corporis coelestis ad punctum in terrae superficie spectat: huic dissensui tribus modis remedium afferre licet. Potest scilicet vel observatio ad centrum terrae reduci, sive a parallaxi liberari; vel locus heliocentricus terrae ad locum ipsum observationis reduci, quod efficitur, si loco Solis e tabulis computato parallaxis rite applicatur; vel denique utraque positio ad punctum aliquod tertium transferri, quod commodissime in intersectione radii visus cum plano eclipticae assumitur: observatio ipsa tunc immutata manet, reductionemque loci terrae ad hoc punctum in art. 72 docuimus. Methodus prima adhiberi nequit, nisi corporis coelestis distantia a terra proxime saltem nota fuerit: tunc autem satis commoda est, praesertim quoties observatio in ipso meridiano instituta est, ubi sola declinatio parallaxi afficitur. Ceterum praestabit, hanc reductionem loco observato immediate applicare, antequam transformationes art. praec. adeantur. Si vero distantia a terra penitus adhuc incognita est, ad methodum secundam vel tertiam confugiendum est, et quidem illa in usum vocabitur, quoties aequator pro plano fundamentali accipitur, tertia autem praeferetur, quoties omnes positiones ad eclipticam referre placuit.

118.

Si corporis coelestis distantia a terra alicui observationi respondens proxime iam nota est, hanc ab effectu *aberrationis* liberare licet pluribus modis, qui methodis diversis in art. 71 traditis innituntur. Sit t tempus verum observationis; θ intervallum temporis, intra quod lumen a corpore coelesti ad terram descendit, quod prodit ducendo 493^s in distantiam; l locus observatus, l' idem locus adiumento motus geocentrici diurni ad tempus $t+\theta$ reductus;

l'' locus l ab ea aberrationis parte purgatus, quae planetis cum fixis communis est; L locus terrae verus tempori t respondens (i. e. tabularis 20",25 auctus): denique $'L$ locus terrae verus tempori $t-\theta$ respondens. His ita factis erit

I. l locus verus corporis coelestis ex $'L$ visus tempore $t-\theta$

II. l' locus verus corporis coelestis ex L visus tempore t

III. l'' locus verus corporis coelestis ex L visus tempore $t-\theta$.

Per methodum I itaque locus observatus immutatus retinetur, pro tempore vero autem fictum $t-\theta$ substituitur, loco terrae pro eodem computato; methodus II soli observationi mutationem applicat, quae autem praeter distantiam insuper motum diurnum requirit; in methodo III observatio correctionem patitur a distantia non pendentem, pro tempore vero fictum $t-\theta$ substituitur, sed retento loco terrae tempori vero respondente. Ex his methodis prima longe commodissima est, quoties distantia eatenus iam nota est, ut reductio temporis θ praecisione sufficiente computari possit.

Quodsi autem haec distantia penitus adhuc incognita est, nulla harum methodorum immediate applicari potest: in prima scilicet habetur quidem corporis coelestis locus geocentricus, sed desideratur tempus et positio terrae a distantia incognita pendentia; in secunda e contrario adsunt haec, deest ille; denique in tertia habetur locus geocentricus corporis coelestis atque positio terrae, sed tempus deest cum illis datis iungendum.

Quid faciendum est itaque in problemate nostro, si in tali casu solutio respectu aberrationis quoque exacta postulatur? Simplicissimum utique est, orbitam primo neglecta aberratione determinare, quae quum effectum considerabilem nunquam producere possit, distantiae hinc ea certe praecisione demanabunt, ut iam observationes per aliquam methodorum modo expositarum ab aberratione purgare, orbitaeque determinationem accuratius iterare liceat. Iam in hocce negotio methodus tertia ceteris longe praeferenda erit: in methodo enim prima omnes operationes a positione terrae pendentes ab ovo rursus inchoandae sunt: in secunda (quae ne applicabilis quidem est, nisi tanta observationum copia adsit, ut motus diurnus inde elici possit) omnes operationes a loco geocentrico corporis coelestis pendentes denuo instituere oportet: contra in tertia (siquidem iam calculus primus superstructus fuerat locis geocentricis ab aberratione fixarum purgatis) omnes operationes praeliminares a positione terrae et loco geocentrico corporis coelestis pendentes in computo novo invariatae retineri poterunt. Quin adeo hoc modo primo statim calculo aberrationem complecti licebit, si methodus ad determinationem orbitae adhibita ita comparata est, ut valores distantiarum prodeant prius, quam tempora correcta in calculum introducere opus fuerit. Tunc aberrationis quidem caussa calculus duplex haud necessarius erit, uti in tractatione ampliori problematis nostri clarius apparebit.

119.

Haud difficile esset, e nexu inter problematis nostri data atque incognitas, eius statum ad sex aequationes reducere, vel adeo ad pauciores, quum unam alteramve incognitam satis commode eliminare liceret; sed quoniam nexus ille complicatissimus est, hae aequationes maxime intractabiles evaderent; incognitarum separatio talis, ut tandem aequatio unicam tantummodo continens prodeat, generaliter loquendo*) pro impossibili haberi potest, multoque adeo minus problematis solutionem integram per solas operationes directas absolvere licebit.

Sed ad *duarum* aequationum solutionem $X = 0$, $Y = 0$, in quibus duae tantum incognitae x, y intermixtae remanserunt, utique reducere licet problema nostrum, et quidem variis modis. Haud equidem necesse est, ut x, y sint duo ex elementis ipsis: esse poterunt quantitates qualicunque modo cum elementis connexae, si modo illis inventis elementa inde commode derivare licet. Praeterea manifesto haud opus est, ut X, Y per functiones explicitas ipsarum x, y exhibeantur: sufficit, si cum illis per systema aequationum ita iunctae sunt, ut a valoribus datis ipsarum x, y ad valores respondentes ipsarum X, Y descendere in potestate sit.

120.

Quoniam itaque problematis natura reductionem ulteriorem non permittit, quam ad duas aequationes, duas incognitas mixtim implicantes, rei summa primo quidem in idonea harum incognitarum *electione* aequationumque *ador-*

*) Quoties observationes ab invicem tam parum remotae sunt, ut temporum intervalla tamquam quantitates infinite parvas tractare liceat, huiusmodi separatio utique succedit, totumque problema ad solutionem aequationis algebraicae septimi octavive gradus reducitur.

natione versabitur, ut tum X et Y quam simplicissime ab x, y pendeant, tum ex harum valoribus inventis elementa ipsa quam commodissime demanent: dein vero circumspiciendum erit, quo pacto incognitarum valores aequationibus satisfacientes per operationes non nimis operosas eruere liceat. Quod si coecis quasi tentaminibus tantum efficiendum esset, ingens sane ac vix tolerandus labor requireretur, qualem fere nihilominus saepius susceperunt astronomi, qui cometarum orbitas per methodum quam indirectam vocant determinaverunt: magnopere utique in tali negotio labor sublevatur eo, quod in tentaminibus primis calculi crassiores sufficiunt, donec ad valores approximatos incognitarum perventum fuerit. Quamprimum vero determinatio approximata iam habetur, rem tutis semper expeditisque methodis ad finem perducere licebit, quas antequam ulterius progrediamur hic explicavisse iuvabit.

Aequationibus $X = 0$, $Y = 0$, si pro x, y valores veri ipsi accipiuntur, ex asse sponte satisfiet: contra si pro x, y valores a veris diversi substituuntur, X et Y inde valores a 0 diversos nanciscentur. Quo propius vero illi ad veros accedunt, eo minores quoque valores ipsarum X, Y emergere debebunt, quotiesque illorum differentiae a veris perexiguae sunt, supponere licebit, variationes in valoribus ipsarum X, Y proxime proportionales esse variationi ipsius x, si y, vel variationi ipsius y, si x non mutetur. Quodsi itaque valores veri ipsarum x, y resp. designantur per ξ, η, valores ipsarum X, Y suppositioni $x = \xi + \lambda$, $y = \eta + \mu$ respondentes per formam $X = \alpha\lambda + \beta\mu$, $Y = \gamma\lambda + \delta\mu$ exhibebuntur, ita ut coëfficientes α, β, γ, δ pro constantibus haberi queant, dum λ et μ perexiguae manent. Hinc concluditur, si pro tribus systematibus valorum ipsarum x, y, a veris parum diversorum, valores respondentes ipsarum X, Y determinati sint, valores veros ipsarum x, y inde derivari posse, quatenus quidem suppositionem istam admittere licet. Statuamus

$$\begin{array}{llll} \text{pro} \quad x = a, & y = b \quad \text{fieri} & X = A, & Y = B \\ \phantom{\text{pro} \quad} x = a', & y = b' & X = A', & Y = B' \\ \phantom{\text{pro} \quad} x = a'', & y = b'' & X = A'', & Y = B'' \end{array}$$

habebimusque

$$\begin{array}{ll} A\; = \alpha(a\; - \xi) + \beta(b\; - \eta), & B\; = \gamma(a\; - \xi) + \delta(b\; - \eta) \\ A' = \alpha(a' - \xi) + \beta(b' - \eta), & B' = \gamma(a' - \xi) + \delta(b' - \eta) \\ A'' = \alpha(a'' - \xi) + \beta(b'' - \eta), & B'' = \gamma(a'' - \xi) + \delta(b'' - \eta). \end{array}$$

Hinc fit, eliminatis α, β, γ, δ

$$\xi = \frac{a(A'B''-A''B')+a'(A''B-AB'')+a''(AB'-A'B)}{A'B''-A''B'+A''B-AB''+AB'-A'B}$$

$$\eta = \frac{b(A'B''-A''B')+b'(A''B-AB'')+b''(AB'-A'B)}{A'B''-A''B'+A''B-AB''+AB'-A'B}$$

sive in forma ad calculum commodiori

$$\xi = a + \frac{(a'-a)(A''B-AB'')+(a''-a)(AB'-A'B)}{A'B''-A''B'+A''B-AB''+AB'-A'B}$$

$$\eta = b + \frac{(b'-b)(A''B-AB'')+(b''-b)(AB'-A'B)}{A'B''-A''B'+A''B-AB''+AB'-A'B}.$$

Manifesto quoque in his formulis quantitates a, b, A, B cum a', b', A', B', vel cum his a'', b'', A'', B'' permutare licet.

Ceterum denominator communis omnium harum expressionum, quem etiam sub formam $(A'-A)(B''-B)-(A''-A)(B'-B)$ ponere licet, fit

$$= (\alpha\delta-\beta\gamma)\{(a'-a)(b''-b)-(a''-a)(b'-b)\}:$$

unde patet, a, a', a'', b, b', b'' ita accipi debere, ut non fiat $\frac{a''-a}{b''-b} = \frac{a'-a}{b'-b}$, alioquin enim haec methodus haud applicabilis esset, sed pro ξ et η valores fractos suggereret, quorum numeratores et denominatores simul evanescerent. Simul hinc manifestum est, si forte fiat $\alpha\delta-\beta\gamma = 0$, eundem defectum methodi usum omnino destruere, quomodocunque a, a', a'', b, b', b'' accipiantur. In tali casu pro valoribus ipsius X formam talem supponere oporteret $\alpha\lambda+\beta\mu+\varepsilon\lambda\lambda+\zeta\lambda\mu+\theta\mu\mu$, similemque pro valoribus ipsius Y, quo facto analysis methodos praecedenti analogas suppeditaret, e valoribus ipsarum X, Y pro quatuor systematibus valorum ipsarum x, y computatis harum valores veros eruendi. Hoc vero modo calculus permolestus evaderet, praetereaque ostendi potest, in tali casu orbitae determinationem praecisionem necessariam per ipsius rei naturam non admittere: quod incommodum quum aliter evitari nequeat, nisi novis observationibus magis idoneis adscitis, huic argumento hic non immoramur.

121.

Quoties itaque incognitarum valores approximati iam in potestate sunt, veri inde per methodum modo explicatam omni quae desideratur praecisione derivari possunt. Primo scilicet computabuntur valores ipsarum X, Y istis valoribus approximatis a, b respondentes: qui nisi sponte iam evanescunt, calculus duobus aliis valoribus ab illis parum diversis a', b' repetetur, ac dein tertio systemate a'', b'', nisi fortuito ex secundo X et Y evanuerunt. Tunc per formulas art. praec. valores veri elicientur, quatenus suppositio, cui illae formulae innituntur, a veritate haud sensibiliter discrepat. De qua re quo melius iudicium ferri possit, calculus valorum ipsarum X, Y cum illis valoribus correctis repetetur: qui si aequationibus $X = 0$, $Y = 0$ nondum satisfieri monstrat, certe valores multo minores ipsarum X, Y inde prodibunt, quam per tres priores hypotheses, adeoque elementa orbitae hinc resultantia longe exactiora erunt, quam ea, quae primis hypothesibus respondent. Quibus si acquiescere nolumus, consultissimum erit, omissa ea hypothesi quae maximas differentias produxerat, duas reliquas cum quarta denuo iungere, atque sic ad normam art. praec. quintum systema valorum ipsarum x, y formare: eodemque modo, ubi operae pretium videbitur, ad hypothesin sextam etc. progredi licebit, donec aequationibus $X = 0$, $Y = 0$ tam exacte satisfactum fuerit, quam tabulae logarithmicae et trigonometricae permittunt. Rarissime tamen opus erit, ultra systema quartum progredi, nisi hypotheses primae nimis adhuc a veritate aberrantes suppositae fuerint.

122.

Quum incognitarum valores in hypothesi secunda et tertia supponendi quodammodo arbitrarii sint, si modo ab hypothesi prima non nimis differant, praetereaque caveatur, ne ratio $(a''-a):(b''-b)$ ad aequalitatem huius $(a'-a):(b'-b)$ convergat, plerumque statui solet $a' = a$, $b'' = b$. Duplex hinc lucrum derivatur: namque non solum formulae pro ξ, η paullo adhuc simpliciores evadunt, sed pars quoque calculi primi eadem manebit in hypothesi secunda, aliaque pars in tertia.

Est tamen casus, ubi aliae rationes ab hac consuetudine discedere suadent: fingamus enim, X habere formam $X'-x$, atque Y hanc $Y'-y$, functionesque X', Y' per problematis naturam ita comparatas esse, ut erroribus mediocribus in valoribus ipsarum x, y commissis perparum afficiantur, sive ut $\left(\frac{dX'}{dx}\right)$, $\left(\frac{dX'}{dy}\right)$, $\left(\frac{dY'}{dx}\right)$, $\left(\frac{dY'}{dy}\right)$ sint quantitates perexiguae, patetque, differentias inter valores istarum functionum systemati $x = \xi$, $y = \eta$ respondentes, eosque qui ex $x = a$, $y = b$ prodeunt, ad ordinem quasi altiorem referri posse, quam differentias $\xi - a$, $\eta - b$; at valores illi sunt $X' = \xi$, $Y' = \eta$, hi vero $X' = a + A$, $Y' = b + B$, unde sequitur, $a + A$, $b + B$ esse valores multo exactiores ipsarum x, y, quam a, b. Quibus si hypothesis secunda superstruitur, persaepe aequationibus $X = 0$, $Y = 0$ tam exacte iam satisfit, ut ulterius progredi haud opus sit; sin secus, eodem modo ex hypothesi secunda tertia formabitur faciendo $a'' = a' + A' = a + A + A'$, $b'' = b' + B' = b + B + B'$, unde tandem, si nondum satis praecisa reperitur, quarta ad normam art. 120 elicietur.

123.

In praec. supposuimus, valores approximatos incognitarum x, y alicunde iam haberi. Quoties quidem totius orbitae dimensiones approximatae in potestate sunt (ex aliis forte observationibus per calculos anteriores deductae iamque per novas corrigendae), conditioni illi absque difficultate satisfieri poterit, quamcunque significationem incognitis tribuamus. Contra in determinatione prima orbitae penitus adhuc ignotae (quae est problema longe difficillimum) neutiquam indifferens est, quasnam incognitas adhibeamus; arte potius talique modo eligendae sunt, ut valores approximatos ex ipsius problematis natura haurire liceat. Quod exoptatissime succedit, quoties tres observationes ad orbitae investigationem adhibitae motum heliocentricum corporis coelestis non nimis magnum complectuntur. Huiusmodi itaque observationes ad determinationem primam semper adhibendae sunt, quam dein per observationes magis ab invicem remotas ad lubitum corrigere conveniet. Nullo enim negotio perspicitur, observationum errores inevitabiles calculum eo magis turbare, quo propiores observationes adhibeantur. Hinc colligitur, observationes ad determinationem primam haud temere eligendas, sed cavendum esse, *primo* ne sint nimis sibi invicem vicinae, *dein* vero etiam ne nimis ab invicem distent: in primo enim casu calculus elementorum observationibus satisfacientium expeditissime quidem absolveretur, sed his elementis ipsis parum fidendum foret, quinimo erroribus tam enormiter depravata evadere possent, ut ne approximationis quidem vice fungi valerent; in casu altero vero artificiis, quibus ad determinationem approximatam incognitarum utendum est, destitueremur, neque inde aliam derivaremus, nisi vel crassissimam ubi hypotheses multo plures, vel omnino ineptam, ubi tentamina fastidiosissima haud evitare liceret. Sed de hisce methodi limitibus scite iudicare melius per usum frequentem quam per praecepta ediscitur: exempla infra tradenda ostendent, ex observationibus Iunonis 22 tantum diebus ab invicem dissitis motumque heliocentricum $7^0 35'$ complectentibus elementa multa iam praecisione gaudentia derivari, ac vicissim, methodum nostram optimo etiamnum successu ad observationes Cereris applicari, quae 260 diebus ab invicem distant, motumque heliocentricum $62^0 55'$ includunt, quatuorque hypothesibus seu potius approximationibus successivis adhibitis elementa optime cum observationibus conspirantia producere.

124.

Progredimur iam ad enumerationem methodorum maxime idonearum principiis praecedentibus innixarum, quarum quidem praecipua momenta in Libro primo exposita sunt, atque hic tantum instituto nostro accomodari debent.

Methodus simplicissima esse videtur, si pro x, y distantiae corporis coelestis a terra in duabus observationibus accipiantur, aut potius vel logarithmi harum distantiarum vel logarithmi distantiarum ad eclipticam sive aequatorem proiectarum. Hinc per art. 64, V elicientur loca heliocentrica et distantiae a Sole ad eadem loca pertinentia; hinc porro per art. 110 situs plani orbitae atque longitudines heliocentricae in ea; hinc atque ex radiis vectoribus temporibusque respondentibus per problema in artt. 85—105 copiose pertractatum cuncta reliqua elementa, per quae illas observationes exacte repraesentari manifestum est, quicunque valores ipsis x, y tributi fuerint. Quodsi iam per haec elementa locus geocentricus pro tempore observationis tertiae computatur, huius consensus cum observato vel dissensus decidet, utrum valores suppositi veri fuerint, an ab iis discrepent; unde quum comparatio duplex derivetur, differentia altera (in longitudine vel ascensione recta) accipi poterit pro X, alteraque (in latitudine vel declinatione) pro Y. Nisi igitur valores harum differentiarum X, Y sponte prodeunt $= 0$, valores veros ipsarum x, y per methodum in artt. 120 sqq. descriptam eruere licebit. Ceterum per se arbitrarium est, a quibusnam trium observationum proficiscamur: plerumque tamen praestat, primam et postremam adoptare, casu speciali de quo statim dicemus excepto.

Haecce methodus plerisque post explicandis eo nomine praeferenda est, quod applicationem maxime generalem patitur. Excipere oportet casum, ubi duae observationes extremae motum heliocentricum 180 vel 360 vel 540 etc. graduum complectuntur; tunc enim positio plani orbitae e duobus locis heliocentricis determinari nequit (art. 110). Perinde methodum applicare haud conveniet, quoties motus heliocentricus inter duas observationes extremas perparum differt ab 180^0 vel 360^0 etc., quoniam in hoc casu determinatio positionis orbitae accurata obtineri nequit, sive potius, quoniam variationes levissimae in valoribus suppositis incognitarum tantas variationes in positione orbitae et proin etiam in valoribus ipsarum X, Y producerent, ut hae illis non amplius proportionales censeri possent. Verumtamen remedium hic praesto est; scilicet in tali casu non proficiscemur a duabus observationibus extremis, sed a prima et media, vel a media et ultima, adeoque pro X, Y accipiemus differentias inter computum et observationem in loco tertio vel primo. Quodsi autem tum locus secundus a primo tum tertius a secundo propemodum 180 gradibus distarent, incommodum illud hoc modo tollere non liceret; sed praestat, huiusmodi observationes, e quibus per rei naturam determinatio accurata situs orbitae erui omnino nequit, ad calculum elementorum haud adhibere.

Praeterea haec methodus eo quoque se commendat, quod nullo negotio aestimari potest, quantas variationes elementa patiantur, si manentibus locis extremis medius paullulum mutetur: hoc itaque modo iudicium ferri poterit qualecunque de gradu praecisionis elementis inventis tribuendae.

125.

Levi mutatione applicata e methodo praecedente *secundam* eliciemus. A distantiis in duabus observationibus profecti, perinde ut in illa, cuncta elementa determinabimus; ex his vero non locum geocentricum pro observatione tertia computabimus, sed tantummodo usque ad locum heliocentricum in orbita progrediemur; ex altera parte eundem locum heliocentricum per problema in artt. 74, 75 tractatum e loco geocentrico observato atque situ plani orbitae derivabimus; hae duae determinationes inter se differentes (nisi forte valores veri ipsarum x, y suppositi fuerint) ipsas X, Y nobis suppeditabunt, accepta pro X differentia inter duos valores longitudinis in orbita, atque pro Y differentia inter duos valores radii vectoris, aut potius logarithmi eius. Haecce methodus iisdem monitionibus obnoxia est, quas in art. praec. attigimus: adiungere oportet aliam, scilicet, quod locus heliocentricus in orbita e geocentrico deduci nequit, quoties locus terrae in alterutrum nodorum orbitae incidit; tunc itaque hanc methodum applicare non licet. Sed in eo quoque casu, ubi locus terrae ab alterutro nodorum perparum distat, hac methodo abstinere conveniet, quoniam suppositio, variationibus parvis ipsarum x, y respondere variationes proportionales ipsarum X, Y, nimis erronea evaderet, per rationem ei quam in art. praec. attigimus similem. Sed hic quoque remedium e permutatione loci medii cum aliquo extremorum, cui locus terrae a nodis magis remotus respondeat, petere licebit, nisi forte in omnibus tribus observationibus terra in nodorum viciniis versata fuerit.

126.

Methodus praecedens ad *tertiam* illico sternit viam. Determinentur, perinde ut ante, e distantiis corporis coelestis a terra in observationibus extremis longitudines respondentes in orbita cum radiis vectoribus. Adiumento positionis plani orbitae, quam hic calculus suppeditaverit, eruatur ex observatione media longitudo in orbita atque radius vector. Tunc autem computentur ex his tribus locis heliocentricis elementa reliqua per problema in artt. 82, 83 tractatum, quae operatio ab observationum temporibus independens erit. Hoc itaque modo innotescent tres anomaliae mediae atque motus diurnus, unde ipsa temporum intervalla inter observationem primam et secundam atque inter secundam et tertiam computare licebit. Horum differentiae ab intervallis veris pro X et Y accipientur.

Haec methodus minus idonea esset, quoties motus heliocentricus arcum exiguum tantum complectitur. In tali enim casu ista orbitae determinatio (ut iam in art. 82 monuimus) a quantitatibus tertii ordinis pendet, adeoque praecisionem sufficientem non admittit. Variationes levissimae in valoribus ipsarum x, y producere possent variationes permagnas in elementis adeoque etiam in valoribus ipsarum X, Y neque has illis proportionales supponere liceret. Quoties autem tres loci motum heliocentricum considerabilem subtendunt, methodi usus utique succedet optime, siquidem exceptionibus in artt. praec. explicatis haud turbetur, ad quas manifesto in hac quoque methodo respiciendum erit.

127.

Postquam tres loci heliocentrici eo quem in art. praec. descripsimus modo eruti sunt, sequenti quoque modo procedi poterit. Determinentur elementa reliqua per problema in artt. 85—105 tractatum primo e loco primo et secundo cum intervallo temporis respondente, dein vero eodem modo e loco secundo et tertio temporisque intervallo respondente: ita pro singulis elementis duo valores prodibunt, e quorum differentiis duas ad libitum pro X et Y accipere licebit. Magnopere hanc methodum commendat commodum haud spernendum, quod in hypothesibus primis elementa reliqua, praeter duo ea quae ad stabiliendum X et Y eliguntur, omnino negligere licet, quae in ultimo demum calculo, valoribus correctis ipsarum x, y superstructo, determinabuntur sive e sola combinatione prima, sive e sola secunda, sive quod plerumque praeferendum est e combinatione loci primi cum tertio. Ceterum electio illorum duorum elementorum, quae generaliter loquendo arbitraria est, magnam solutionum varietatem suppeditat; adoptari poterunt e. g. logarithmus semiparametri cum logarithmo semiaxis maioris, vel prior cum excentricitate, vel cum eadem posterior, vel cum aliquo horum elementorum longitudo perihelii: combinari quoque poterit aliquod horum quatuor elementorum cum anomalia excentrica loco medio in utroque calculo respondente, siquidem orbita elliptica evaserit, ubi formulae 27—30 art. 96 calculum maxime expeditum afferent. In casibus specialibus autem haec electio quadam circumspectione indiget; ita e. g. in orbitis ad parabolae similitudinem vergentibus semiaxis maior a ipsiusve logarithmus minus idonei forent, quippe quorum variationes immodicae variationibus ipsarum x, y haud proportionales censeri possent: in tali casu magis e re esset eligere $\frac{1}{a}$. Sed his cautelis eo minus immoramur, quum methodus quinta in art. seq. explicanda quatuor hactenus expositis in omnibus fere casibus palmam praeripiat.

128.

Designemus tres radios vectores eodem modo erutos ut in artt. 125, 126 per r, r', r''; motum angularem heliocentricum in orbita a loco secundo ad tertium per $2f$, a primo ad tertium per $2f'$, a primo ad secundum per $2f''$, ita ut habeatur $f' = f + f''$; sit porro

$$r'r''\sin 2f = n, \qquad rr''\sin 2f' = n', \qquad rr'\sin 2f'' = n'';$$

denique producta quantitatis constantis k (art. 2) in temporis intervalla ab observatione secunda ad tertiam, a prima ad tertiam, a prima ad secundam resp. θ, θ', θ''. Incipiatur computus duplex elementorum (perinde ut in art. praec.) tum ex r, r', f'' et θ'', tum ex r', r'', f, θ: in utroque vero calculo non ad elementa ipsa progredieris, sed subsistes, quamprimum quantitas ea, quae rationem sectoris elliptici ad triangulum exprimit, supraque (art. 91) per y vel $-Y$ denotata est, eruta fuerit. Sit valor huius quantitatis in calculo primo η'', in secundo η. Habebimus itaque per formulam 18 art. 95 pro semiparametro p valorem duplicem:

$$\sqrt{p} = \frac{\eta'' n''}{\theta''} \quad \text{atque} \quad \sqrt{p} = \frac{\eta n}{\theta}.$$

Sed per art. 82 habemus insuper valorem tertium

$$p = \frac{4rr'r''\sin f \sin f' \sin f''}{n - n' + n''},$$

qui tres valores manifesto identici esse deberent, si pro x, y ab initio valores veri accepti fuissent. Quamobrem esse deberet

$$\frac{\theta''}{\theta} = \frac{\eta'' n''}{\eta n}$$

$$n - n' + n'' = \frac{4\theta\theta'' rr'r''\sin f \sin f' \sin f''}{\eta\eta'' nn''} = \frac{n'\theta\theta''}{2\eta\eta'' rr'r''\cos f \cos f' \cos f''}.$$

Nisi itaque his aequationibus iam in primo calculo sponte satisfit, statuere licebit

$$X = \log \frac{\eta n \theta''}{\eta'' n'' \theta}$$

$$Y = n - n' + n'' - \frac{n'\theta\theta''}{2\eta\eta'' rr'r''\cos f \cos f' \cos f''}.$$

Haec methodus applicationem aeque generalem patitur, ac secunda in art. 125 explicata, magnum vero lucrum est, quod in hacce quinta hypotheses primae evolutionem elementorum ipsorum non requirunt, sed in media quasi via subsistunt. Ceterum simulatque in hac operatione eo perventum est, ut praevideri possit, hypothesin novam a veritate haud sensibiliter discrepaturam esse, in hac elementa ipsa vel duntaxat ex r, r', f'', θ'', vel ex r', r'', f, θ, vel quod praestat ex r, r'', f', θ' determinare sufficiet.

129.

Quinque methodi hactenus expositae protinus ad totidem alias viam sternunt, quae ab illis eo tantum differunt, quod pro x et y loco distantiarum a terra, inclinatio orbitae atque longitudo nodi ascendentis accipiuntur. Hae igitur methodi novae ita se habent:

I. Determinantur ex x et y duobusque locis geocentricis extremis secundum artt. 74, 75 longitudines heliocentricae in orbita radiique vectores, atque hinc et ex temporibus respondentibus omnia reliqua elementa; ex his denique locus geocentricus pro tempore observationis mediae, cuius differentiae a loco observato in longitudine et latitudine ipsas X et Y suppeditabunt.

Quatuor reliquae methodi in eo conveniunt, quod e positione plani orbitae locisque geocentricis omnes tres longitudines heliocentricae in orbita radiique vectores respondentes computantur. Dein autem

II. elementa reliqua determinantur e duobus locis extremis tantum atque temporibus respondentibus; secundum haec elementa calculantur pro tempore observationis mediae longitudo in orbita atque radius vector, quarum quantitatum differentiae a valoribus prius inventis, i. e. e loco geocentrico deductis, ipsas X, Y exhibebunt.

III. Aut derivantur orbitae dimensiones reliquae ex omnibus tribus locis heliocentricis (artt. 82, 83), in quem calculum tempora non ingrediuntur: dein temporum intervalla eruuntur, quae in orbita ita inventa inter observationem primam et secundam, atque inter hanc et tertiam elapsa esse deberent, et quorum differentiae a veris ipsas X, Y nobis suggerent.

IV. Calculantur elementa reliqua duplici modo, puta tum e combinatione loci primi cum secundo, tum e combinatione secundi cum tertio, adhibitis temporum intervallis respondentibus. Comparatis hisce duobus elementorum systematibus inter se, e differentiis duae quaecunque pro X, Y accipi poterunt.

V. Sive denique idem calculus duplex tantummodo usque ad valores quantitatis in art. 91 per y denotatae producitur, ac dein pro X, Y expressiones in art. praec. traditae adoptantur.

Ut quatuor ultimis harum methodorum tuto uti liceat, loci terrae pro omnibus tribus observationibus orbitae nodis non nimis vicini esse debent:

contra usus methodi primae tamtummodo requirit, ut eadem conditio in duabus observationibus extremis locum habeat, sive potius (quoniam locum medium pro aliquo extremorum substituere licet), ut e tribus locis terrae non plures quam unus in nodorum viciniis versentur.

130.

Decem methodi inde ab art. 124 explicatae innituntur suppositioni, valores approximatos distantiarum corporis coelestis a terra, aut positionis plani orbitae, iam in potestate esse. Quoties quidem id agitur, ut dimensiones orbitae, quarum valores approximati iam alicunde innotuerunt, puta per calculum anteriorem observationibus aliis innixum, per observationes magis ab invicem remotas corrigantur, postulatum illud nullis manifesto difficultatibus obnoxium erit. Sed hinc nondum liquet, quonam modo calculum primum aggredi liceat, ubi omnes orbitae dimensiones penitus adhuc incognitae sunt: hic vero problematis nostri casus longe gravissimus atque difficillimus est, uti iam ex problemate analogo in theoria cometarum praesumi potest, quod quamdiu geometras torserit quotque tentaminibus irritis originem dederit satis constat. Ut problema nostrum recte solutum censeri possit, manifesto conditionibus sequentibus satisfieri oportet, siquidem solutio ad instar normae inde ab art. 119 explicatae exhibetur: *Primo* quantitates x, y tali modo sunt eligendae, ut valores ipsarum approximatos ex ipsa problematis natura petere liceat, saltem, quamdiu corporis coelestis motus heliocentricus intra observationes non nimis magnus est. *Secundo* autem requiritur, ut variationibus exiguis quantitatum x, y variationes non nimis magnae in quantitatibus inde derivandis respondeant, ne errores in illarum valoribus suppositis forte commissi impediant, quominus has quoque pro approximatis habere liceat. Denique *tertio* postulamus, ut operationes, per quas a quantitatibus x, y successive usque ad X, Y progrediendum est, non nimis prolixae evadant.

Hae conditiones criterium subministrabunt, secundum quod de cuiusvis methodi praestantia iudicium ferri poterit: adhuc evidentius quidem ea applicationibus frequentibus se manifestabit. Methodus ea, quam exponere iam accingimur, et quae quodammodo tamquam pars gravissima huius operis consideranda est, illis conditionibus ita satisfacit, ut nihil amplius desiderandum relinquere videatur. Quam antequam in forma ad praxin commodissima explicare aggrediamur, quasdam considerationes praeliminares praemittemus, aditumque quasi ad illam, qui alias forsan obscurior minusque obvius videri possit, illustrabimus atque aperiemus.

131.

In art. 114 ostensum est, si ratio inter quantitates illic atque in art. 128 per n, n', n'' denotatas cognita fuerit, corporis coelestis distantias a terra per formulas persimplices determinari posse. Quodsi itaque pro x, y assumerentur quotientes $\frac{n}{n'}$, $\frac{n''}{n'}$, pro his quantitatibus in eo casu, ubi motus heliocentricus inter observationes haud ita magnus est, statim valores approximati $\frac{\theta}{\theta'}$, $\frac{\theta''}{\theta'}$ se offerent (accipiendo characteres θ, θ', θ'' in eadem significatione ut in art. 128): hinc itaque solutio obvia problematis nostri demanare videtur, si ex x et y distantiae duae a terra eliciantur, ac dein ad instar alicuius ex quinque methodis artt. 124—128 procedatur. Revera, acceptis quoque characteribus η, η'' in significatione art. 128, designatoque analogice per η' quotiente orto ex divisione sectoris inter duos radios vectores contenti per aream trianguli inter eosdem, erit

$$\frac{n}{n'} = \frac{\theta}{\theta'}\cdot\frac{\eta'}{\eta}, \qquad \frac{n''}{n'} = \frac{\theta''}{\theta'}\cdot\frac{\eta'}{\eta''},$$

patetque facile, si n, n', n'' tamquam quantitates parvae primi ordinis spectentur, esse generaliter loquendo $\eta - 1$, $\eta' - 1$, $\eta'' - 1$ quantitates secundi ordinis, adeoque valores ipsarum x, y approximatos $\frac{\theta}{\theta'}$, $\frac{\theta''}{\theta'}$ a veris differre tantummodo quantitatibus secundi ordinis. Nihilominus re propius considerata methodus haecce omnino inepta invenitur, cuius phaenomeni rationem paucis explicabimus. Levi scilicet negotio perspicitur, quantitatem $(0.1.2)$, per quam distantiae in formulis 9, 10, 11 art. 114 multiplicatae sunt, ad minimum tertii ordinis fieri, contra e. g. in aequ. 9 quantitates $(\mathrm{O}.1.2)$, $(\mathrm{I}.1.2)$, $(\mathrm{II}.1.2)$ primi ordinis; hinc autem facile sequitur, errorem secundi ordinis in valoribus quantitatum $\frac{n}{n'}$, $\frac{n''}{n'}$ commissum producere in valoribus distantiarum errorem ordinis 0. Quamobrem, secundum vulgarem loquendi usum, distantiae tunc quoque errore finito affectae prodirent, quando temporum intervalla infinite parva sunt, adeoque neque has distantias neque reliquas quantitates inde derivandas ne pro approximatis quidem habere liceret, methodusque conditioni secundae art. praec. adversaretur.

132.

Statuendo brevitatis gratia

$$(0.1.2) = a, \qquad (0.\mathrm{I}.2)D' = -b, \qquad (0.\mathrm{O}.2)D = c, \qquad (0.\mathrm{II}.2)D'' = d,$$

ita ut aequatio 10 art. 114 fiat

$$a\delta' = b + c\cdot\frac{n}{n'} + d\cdot\frac{n''}{n'},$$

coëfficientes c et d quidem erunt primi ordinis, facile vero ostendi potest, differentiam $c-d$ ad secundum ordinem referendam esse. Hinc vero sequitur, valorem quantitatis $\frac{cn+dn''}{n+n''}$ ex suppositione approximata $n:n'' = \theta:\theta''$ prodeuntem errore quarti tantum ordinis affectum esse, quin adeo quinti tantum, quoties observatio media ab extremis aequalibus intervallis distat. Fit enim iste error

$$= \frac{c\theta+d\theta''}{\theta+\theta''} - \frac{cn+dn''}{n+n''} = \frac{\theta\theta''(d-c)(\eta''-\eta)}{(\theta+\theta'')(\eta''\theta+\eta\theta'')},$$

ubi denominator secundi ordinis est, numeratorisque factor alter $\theta\theta''(d-c)$ quarti, alter $\eta''-\eta$ secundi, vel in casu isto speciali tertii ordinis. Exhibita itaque aequatione illa in hacce forma

$$a\delta' = b + \frac{cn+dn''}{n+n''}\cdot\frac{n+n''}{n'},$$

manifestum est, vitium methodi in art. praec. propositae non inde oriri, quod quantitates n, n'' hisce θ, θ'' proportionales suppositae sunt, sed inde, quod *insuper* n' ipsi θ' proportionalis statuta est. Hoc quippe modo loco factoris $\frac{n+n''}{n'}$ valor minus exactus $\frac{\theta+\theta''}{\theta'} = 1$ introducitur, a quo verus

$$= 1 + \frac{\theta\theta''}{2\eta\eta''rr'r''\cos f\cos f'\cos f''}$$

quantitate ordinis secundi discrepat (art. 128).

133.

Quum cosinus angulorum f, f', f'', perinde ut quantitates η, η'' ab unitate differentia secundi ordinis discrepent, patet, si pro $\frac{n+n''}{n'}$ valor approximatus $1+\frac{\theta\theta''}{2rr'r''}$ introducatur, errorem quarti ordinis committi. Quodsi itaque loco aequationis art. 114 haecce adhibetur

$$a\delta' = b + \frac{c\theta+d\theta''}{\theta'}\left(1+\frac{\theta\theta''}{2rr'r''}\right),$$

in valorem distantiae δ' redundabit error secundi ordinis, quando observationes extremae a media aequidistant, vel primi ordinis in casibus reliquis. Sed haecce nova aequationis illius forma ad determinationem ipsius δ' haud idonea est, quia quantitates adhuc incognitas r, r', r'' involvit.

Iam generaliter loquendo quantitates $\frac{r}{r'}$, $\frac{r''}{r'}$ ab unitate differentia primi ordinis distant, et perinde etiam productum $\frac{rr''}{r'r'}$: in casu speciali saepius commemorato facile perspicitur, hoc productum differentia secundi ordinis tantum ab unitate discrepare. Quin adeo quoties orbita ellipsis parum excentrica est, ita ut excentricitatem tamquam quantitatem primi ordinis spectare liceat, differentia $\frac{rr''}{r'r'}$ ad ordinem uno gradu adhuc altiorem referri poterit. Manifestum est itaque, errorem illum eiusdem ordinis ut antea manere, si in aequatione nostra pro $\frac{\theta\theta''}{2rr'r''}$ substituatur $\frac{\theta\theta''}{2r'^3}$, unde nanciscitur formam sequentem

$$a\delta' = b + \frac{c\theta + d\theta''}{\theta'}\left(1 + \frac{\theta\theta''}{2r'^3}\right).$$

Continet quidem haec aequatio etiamnum quantitatem incognitam r', quam tamen eliminari posse patet, quum tantummodo a δ' atque quantitatibus cognitis pendeat. Quodsi dein aequatio rite ordinaretur, ad *octavum* gradum ascenderet.

134.

Ex praecedentibus iam ratio percipietur, cur in methodo nostra pro x, y resp. quantitates

$$\frac{n''}{n} = P \quad \text{atque} \quad 2\left(\frac{n+n''}{n'} - 1\right)r'^3 = Q$$

accepturi simus. Patet enim *primo*, si P et Q tamquam cognitae spectentur, δ' inde per aequationem

$$a\delta' = b + \frac{c + dP}{1+P}\left(1 + \frac{Q}{2r'^3}\right)$$

determinari posse, ac dein δ et δ'' per aequationes 4, 6 art. 114, quum habeatur

$$\frac{n}{n'} = \frac{1}{1+P}\left(1 + \frac{Q}{2r'^3}\right), \qquad \frac{n''}{n'} = \frac{P}{1+P}\left(1 + \frac{Q}{2r'^3}\right).$$

Secundo manifestum est, in hypothesi prima pro quantitatibus P, Q, quarum valores exacte veri sunt

$$\frac{\theta''}{\theta}\cdot\frac{\eta}{\eta''}, \qquad \frac{r'r'\theta\theta''}{rr''\eta\eta''\cos f\cos f'\cos f''},$$

statim obvios esse valores approximatos $\frac{\theta''}{\theta}$, $\theta\theta''$, ex qua hypothesi in determinationem ipsius δ' et proin etiam ipsarum δ, δ'' redundabunt errores primi ordinis, vel secundi in casu speciali pluries commemorato. Ceterum etiamsi his conclusionibus, generaliter loquendo, tutissime fidendum sit, tamen in casu quodam speciali vim suam perdere possunt, scilicet quoties quantitas $(0.1.2)$, quae in genere est ordinis tertii, fortuito fit $= 0$ vel tam parva, ut ad altiorem ordinem referri debeat. Hoc evenit, quoties motus geocentricus in sphaera coelesti prope locum medium punctum inflexionis sistit. Denique apparet, ut methodus nostra in usum vocari possit, necessario requiri, ut motus heliocentricus inter tres observationes non nimis magnus sit: sed haec restrictio, per problematis complicatissimi naturam, nullo modo evitari potest, neque etiam pro incommodo habenda est, quoniam semper in votis erit, determinationem primam orbitae incognitae corporis coelestis novi quam primum licet suscipere. Praeterea restrictio illa sensu satis lato accipi potest, uti exempla infra tradenda ostendent.

135.

Disquisitiones praecedentes eum in finem allatae sunt, ut principia, quibus methodus nostra innititur, verusque eius quasi nervus eo clarius perspiciantur: tractatio ipsa autem methodum in forma prorsus diversa exhibebit, quam post applicationes frequentissimas tamquam commodissimam inter plures alias a nobis tentatas commendare possumus. Quum in determinanda orbita incognita e tribus observationibus totum negotium semper ad aliquot hypotheses aut potius approximationes successivas reducatur, pro lucro eximio habendum erit, si calculum ita adornare successerit, ut iam ab initio operationes quam plurimas, quae non a P et Q sed unice a combinatione quantitatum cognitarum pendeant, ab ipsis hypothesibus separare liceat. Tunc manifesto has operationes praeliminares, singulis hypothesibus communes, semel tantum exsequi oportet, hypothesesque ipsae ad operationes quam paucissimas reducuntur. Perinde maximi momenti erit, si in singulis hypothesibus usque ad ipsa elementa progredi haud opus fuerit, horumque computum usque ad hypothesin postremam reservare liceat. Utroque respectu methodus nostra, quam exponere iam aggredimur, nihil desiderandum relinquere videtur.

136.

Ante omnia tres locos heliocentricos terrae in sphaera coelesti A, A' A'' (fig. 4) cum tribus locis geocentricis respondentibus corporis coelestis B, B', B'' per circulos maximos iungere, atque tum positionem horum circulorum maximorum respectu eclipticae (siquidem eclipticam pro plano fundamentali adoptamus), tum situm punctorum B, B', B'' in ipsis computare oportet. Sint α, α', α'' tres corporis coelestis longitudines geocentricae; β, β', β'' latitudines; l, l', l'' longitudines heliocentricae terrae, cuius latitudines statuimus $= 0$ (art. 117, 72). Sint porro γ, γ', γ'' circulorum maximorum ab A, A', A'' resp. ad B, B', B'' ductorum inclinationes ad eclipticam: quas inclinationes, ut in ipsarum determinatione normam fixam sequamur, perpetuo respectu eius eclipticae partis mensurabimus, quae a punctis A, A', A'' secundum ordinem signorum sita est, ita ut ipsarum magnitudo a 0 usque ad 360^0 numeretur, sive quod eodem redit, in parte boreali a 0 usque ad 180^0, in australi a 0 usque ad -180^0. Arcus AB, $A'B'$, $A''B''$, quos semper intra 0 et 180^0 statuere licebit, designamus per δ, δ', δ''. Ita pro determinatione ipsarum γ, δ habemus formulas

$$1) \qquad \operatorname{tang}\gamma = \frac{\operatorname{tang}\beta}{\sin(\alpha - l)}$$

$$2) \qquad \operatorname{tang}\delta = \frac{\operatorname{tang}(\alpha - l)}{\cos\gamma},$$

quibus si placet ad calculi confirmationem adiici possunt sequentes:

$$\sin\delta = \frac{\sin\beta}{\sin\gamma}, \qquad \cos\delta = \cos\beta\cos(\alpha - l).$$

Pro determinandis γ', δ', γ'', δ'' manifesto formulae prorsus analogae habentur. Quodsi simul fuerit $\beta = 0$, $\alpha - l = 0$ vel $= 180^0$, i. e. si corpus coeleste simul in oppositione vel coniunctione atque in ecliptica fuerit, γ fieret indeterminata: at supponemus, hunc casum in nulla trium observationum locum habere.

Si loco eclipticae aequator tamquam planum fundamentale adoptatum est, ad positionem trium circulorum maximorum respectu aequatoris determinandam praeter inclinationes insuper requirentur rectascensiones intersectionum cum aequatore: nec non praeter distantias punctorum B, B', B'' ab his intersectionibus etiam distantias punctorum A, A', A'' ab iisdem computare oportebit. Quae quum a problemate in art. 110 tractato pendeant, formularum evolutioni hic non immoramur.

137.

Negotium *secundum* erit determinatio situs relativi illorum trium circulorum maximorum inter se, qui pendebit a situ intersectionum mutuarum et ab inclinationibus. Quae si absque ambiguitate ad notiones claras ac generales reducere cupimus, ita ut non opus sit pro singulis casibus diversis ad figuras peculiares recurrere, quasdam dilucidationes praeliminares praemittere oportebit. *Primo* scilicet in quovis circulo maximo duae *directiones* oppositae aliquo modo distinguendae sunt, quod fiet, dum alteram tamquam progressivam seu positivam, alteram tamquam retrogradam seu negativam consideramus. Quod quum per se prorsus arbitrarium sit, ut normam certam stabiliamus, semper directiones ab A, A', A'' versus B, B', B'' ceu positivas considerabimus; ita e. g. si intersectio circuli primi cum secundo per distantiam positivam a puncto A exhibetur, haec capienda subintelligetur ab A versus B (ut D'' in figura nostra); si vero negativa esset, ipsam ab altera parte ipsius A sumere oporteret. *Secundo* vero etiam duo haemisphaeria, in quae omnis circulus maximus sphaeram integram dirimit, denominationibus idoneis distinguenda sunt: et quidem hemisphaerium *superius* vocabimus, quod in superficie interiori sphaerae circulum maximum directione progressiva permeanti ad dextram est, alterum *inferius*. Plaga itaque superior analoga erit hemisphaerio boreali respectu eclipticae vel aequatoris, inferior australi.

His rite intellectis, *ambas* duorum circulorum maximorum intersectiones commode ab invicem distinguere licebit: in una scilicet circulus primus e secundi regione inferiori in superiorem tendit, vel quod idem est secundus e primi regione superiori in inferiorem; in altera intersectione opposita locum habent. Per se quidem prorsus arbitrarium est, quasnam intersectiones in problemate nostro eligere velimus: sed ut hic quoque iuxta normam invariabilem procedamus, eas semper adoptabimus (D, D', D'' in fig. 4), ubi resp. circulus tertius $A''B''$ in secundi $A'B'$, tertius in primi AB, secundus in primi plagam superiorem transit. Situs harum intersectionum determinabitur per ipsarum distantias a punctis A' et A'', A et A'', A et A', quas simpliciter per $A'D$, $A''D$, AD', $A''D'$, AD'', $A'D''$ designabimus. Quibus ita factis circulorum inclinationes mutuae erunt anguli, qui resp. in his intersectionum punctis D, D', D'' inter circulorum se secantium partes eas continentur, quae in directione progressiva iacent: has inclinationes, semper inter 0 et 180⁰ accipiendas, per ε, ε', ε'' denotabimus. Determinatio harum novem quantitatum incognitarum e cognitis manifesto ab eodem problemate pendet, quod in art. 55 tractavimus: habemus itaque aequationes sequentes:

$$3)\qquad \sin\tfrac{1}{2}\varepsilon\sin\tfrac{1}{2}(A'D+A''D) = \sin\tfrac{1}{2}(l''-l')\sin\tfrac{1}{2}(\gamma''+\gamma')$$

$$4)\qquad \sin\tfrac{1}{2}\varepsilon\cos\tfrac{1}{2}(A'D+A''D) = \cos\tfrac{1}{2}(l''-l')\sin\tfrac{1}{2}(\gamma''-\gamma')$$

$$5)\qquad \cos\tfrac{1}{2}\varepsilon\sin\tfrac{1}{2}(A'D-A''D) = \sin\tfrac{1}{2}(l''-l')\cos\tfrac{1}{2}(\gamma''+\gamma')$$

$$6)\qquad \cos\tfrac{1}{2}\varepsilon\cos\tfrac{1}{2}(A'D-A''D) = \cos\tfrac{1}{2}(l''-l')\cos\tfrac{1}{2}(\gamma''-\gamma').$$

Ex aequationibus 3 et 4 innotescent $\frac{1}{2}(A'D+A''D)$ et $\sin\frac{1}{2}\varepsilon$, e duabus reliquis $\frac{1}{2}(A'D-A''D)$ et $\cos\frac{1}{2}\varepsilon$; hinc $A'D$, $A''D$ et ε. Ambiguitas determinationi arcuum $\frac{1}{2}(A'D+A''D)$, $\frac{1}{2}(A'D-A''D)$ per tangentes adhaerens conditione ea decidetur, quod $\sin\frac{1}{2}\varepsilon$ et $\cos\frac{1}{2}\varepsilon$ positivi evadere debent, consensusque inter $\sin\frac{1}{2}\varepsilon$ et $\cos\frac{1}{2}\varepsilon$ toti calculo confirmando inserviet.

Determinatio quantitatum AD', $A''D'$, ε', AD'', $A'D''$, ε'' prorsus simili modo perficietur, neque opus erit octo aequationes ad hunc calculum adhibendas huc transscribere, quippe quae ex aequ. 3—6 sponte prodeunt, si

$A'D$	$A''D$	ε	$l''-l'$	γ''	γ'
cum AD'	$A''D'$	ε'	$l''-l$	γ''	γ
vel cum AD''	$A'D''$	ε''	$l'-l$	γ'	γ

resp. commutantur.

Nova adhuc totius calculi confirmatio derivari potest e relatione mutua inter latera angulosque trianguli sphaerici inter puncta D, D', D'' formati, unde demanant aequationes generalissime verae, quamcunque situm haec puncta habeant:

$$\frac{\sin(AD'-AD'')}{\sin\varepsilon} = \frac{\sin(A'D-A'D'')}{\sin\varepsilon'} = \frac{\sin(A''D-A''D')}{\sin\varepsilon''}.$$

Denique si loco eclipticae aequator tamquam planum fundamentale electus est, calculus mutationem non subit, nisi quod pro terrae locis heliocentricis A, A', A'' substituere oportet ea aequatoris puncta, ubi a circulis AB, $A'B'$, $A''B''$ secatur; accipiendae sunt itaque pro l, l', l'' ascensiones rectae harum intersectionum, nec non pro $A'D$ distantia puncti D ab intersectione secunda etc.

138.

Negotium *tertium* iam in eo consistit, ut duo loci geocentrici extremi corporis coelestis, i. e. puncta B, B'', per circulum maximum iungantur, huiusque intersectio cum circulo maximo $A'B'$ determinetur. Sit B^* haec intersectio, atque $\delta'-\sigma$ eius distantia a puncto A', nec non α^* eius longitudo, β^* latitudo. Habemus itaque, propterea quod B, B^*, B'' in eodem circulo maximo iacent, aequationem satis notam

$$0 = \operatorname{tang}\beta\sin(\alpha''-\alpha^*) - \operatorname{tang}\beta^*\sin(\alpha''-\alpha) + \operatorname{tang}\beta''\sin(\alpha^*-\alpha),$$

quae, substituendo $\operatorname{tang}\gamma'\sin(\alpha^*-l')$ pro $\operatorname{tang}\beta^*$, sequentem formam induit

$$\begin{aligned} 0 = \; & \cos(\alpha^*-l')\{\operatorname{tang}\beta\sin(\alpha''-l') - \operatorname{tang}\beta''\sin(\alpha-l')\} \\ & -\sin(\alpha^*-l')\{\operatorname{tang}\beta\cos(\alpha''-l') + \operatorname{tang}\gamma'\sin(\alpha''-\alpha) - \operatorname{tang}\beta''\cos(\alpha-l')\} \end{aligned}$$

Quare quum sit $\operatorname{tang}(\alpha^*-l') = \cos\gamma'\operatorname{tang}(\delta'-\sigma)$, habebimus

$$\operatorname{tang}(\delta'-\sigma) = \frac{\operatorname{tang}\beta\sin(\alpha''-l') - \operatorname{tang}\beta''\sin(\alpha-l')}{\cos\gamma'(\operatorname{tang}\beta\cos(\alpha''-l') - \operatorname{tang}\beta''\cos(\alpha-l')) + \sin\gamma'\sin(\alpha''-\alpha)}$$

Hinc derivantur formulae sequentes, ad calculum numericum magis accommodatae. Statuatur

$$\text{7)} \qquad \operatorname{tang}\beta\sin(\alpha''-l') - \operatorname{tang}\beta''\sin(\alpha-l') = S$$

$$\text{8)} \qquad \operatorname{tang}\beta\cos(\alpha''-l') - \operatorname{tang}\beta''\cos(\alpha-l') = T\sin t$$

$$\text{9)} \qquad \sin(\alpha''-\alpha) = T\cos t$$

(art. 14, II), eritque

$$\text{10)} \qquad \operatorname{tang}(\delta'-\sigma) = \frac{S}{T\sin(t+\gamma')}$$

Ambiguitas in determinatione arcus $\delta'-\sigma$ per tangentem inde oritur, quod circuli maximi $A'B'$, BB'' in *duobus* punctis se intersecant: nos pro B^* semper adoptabimus intersectionem puncto B' proximam, ita ut σ semper cadat inter limites -90^0 et $+90^0$, unde ambiguitas illa tollitur. Plerumque tunc valor arcus σ (qui pendet a *curvatura* motus geocentrici) quantitas satis modica erit, et quidem generaliter loquendo secundi ordinis, si temporum intervalla tamquam quantitates primi ordinis spectantur.

Quaenam modificationes calculo applicandae sint, si pro ecliptica aequator tamquam planum fundamentale electum est, ex annotatione art. praec. sponte patebit.

Ceterum manifestum est, situm puncti B^* indeterminatum manere, si circuli BB'', $A'B'$ omnino coinciderent: hunc casum, ubi quatuor puncta A', B, B', B'' in eodem circulo maximo iacerent, a disquisitione nostra excludimus. Conveniet autem in eligendis observationibus eum quoque casum evitare, ubi situs horum quatuor punctorum a circulo maximo parum distat: tunc enim situs puncti B^*, qui in operationibus sequentibus magni momenti est, per levissimos observationum errores nimis afficeretur, nec praecisione necessaria determinari posset. — Perinde punctum B^* indeterminatum manere patet, quoties puncta B, B'' in unum coincidunt*), in quo casu ipsius circuli BB'' positio indeterminata fieret. Quamobrem hunc quoque casum excludemus, quemadmodum, per rationes praecedentibus similes, talibus quoque observationibus abstinendum erit, ubi locus geocentricus primus et ultimus in puncta sphaerae sibi proxima cadunt.

139.

Sint in sphaera coelesti C, C', C'' tria corporis coelestis loca heliocentrica, quae resp. in circulis maximis AB, $A'B'$, $A''B''$, et quidem inter A et B, A' et B', A'' et B'' sita erunt (art. 64, III): praeterea puncta C, C', C'' in eodem circulo maximo iacebunt, puta in eo, quem planum orbitae in sphaera coelesti proiicit. Designabimus per r, r', r'' tres corporis coelestis distantias a Sole; per ρ, ρ', ρ'' eiusdem distantias a terra; per R, R', R'' terrae distantias a Sole. Porro statuimus arcus $C'C''$, CC'', CC' resp. $= 2f$, $2f'$, $2f''$, atque

$$r'r''\sin 2f = n, \qquad rr''\sin 2f' = n', \qquad rr'\sin 2f'' = n''.$$

*) Sive etiam quoties sibi opposita sunt, sed de hoc casu non loquimur, quum methodus nostra ad observationes tantum intervallum complectentes non sit extendenda.

Habemus itaque

$$f' = f + f''$$

$$AC + CB = \delta, \qquad A'C' + C'B' = \delta', \qquad A''C'' + C''B'' = \delta'',$$

nec non

$$\frac{\sin\delta}{r} = \frac{\sin AC}{\rho} = \frac{\sin CB}{R}$$
$$\frac{\sin\delta'}{r'} = \frac{\sin A'C'}{\rho'} = \frac{\sin C'B'}{R'}$$
$$\frac{\sin\delta''}{r''} = \frac{\sin A''C''}{\rho''} = \frac{\sin C''B''}{R''}.$$

Hinc patet, simulac situs punctorum C, C', C'' innotuerit, quantitates r, r', r'', ρ, ρ', ρ'' determinabiles fore. Iam ostendemus, quomodo ille e quantitatibus

$$\frac{n''}{n} = P, \qquad 2\left(\frac{n+n''}{n'} - 1\right)r'^3 = Q$$

elici possit, a quibus methodum nostram proficisci iam supra declaravimus.

140.

Primo observamus, si N fuerit punctum quodcunque circuli maximi $CC'C''$, distantiaeque punctorum C, C', C'' a puncto N secundum directionem eandem numerentur, quae tendit a C ad C'', ita ut generaliter fiat

$$NC'' - NC' = 2f, \qquad NC'' - NC = 2f', \qquad NC' - NC = 2f'',$$

haberi aequationem

$$\text{I.} \qquad 0 = \sin 2f \sin NC - \sin 2f' \sin NC' + \sin 2f'' \sin NC''.$$

Iam supponemus, N accipi in intersectione circulorum maximorum BB^*B'', $CC'C''$, quasi in nodo ascendente prioris supra posteriorem. Designemus per $\mathfrak{C}$, $\mathfrak{C}'$, $\mathfrak{C}''$, $\mathfrak{D}$, $\mathfrak{D}'$, $\mathfrak{D}''$ resp. distantias punctorum C, C', C'', D, D', D'' a circulo maximo BB^*B'', ab alterutra ipsius parte positive, ab altera opposita negative acceptas. Hinc manifesto $\sin\mathfrak{C}$, $\sin\mathfrak{C}'$, $\sin\mathfrak{C}''$ resp. proportionales erunt ipsis $\sin NC$, $\sin NC'$, $\sin NC''$, unde aequatio I sequentem induit formam

$$0 = \sin 2f \sin\mathfrak{C} - \sin 2f' \sin\mathfrak{C}' + \sin 2f'' \sin\mathfrak{C}''$$

sive multiplicando per $rr'r''$

II. $$0 = nr\sin\mathfrak{C} - n'r'\sin\mathfrak{C}' + n''r''\sin\mathfrak{C}''.$$

Porro patet, esse $\sin\mathfrak{C}$ ad $\sin\mathfrak{D}'$ ut sinum distantiae puncti C a B ad sinum distantiae puncti D' a B, utraque distantia secundum eandem directionem mensurata. Habetur itaque

$$-\sin\mathfrak{C} = \frac{\sin\mathfrak{D}'\sin CB}{\sin(AD'-\delta)},$$

prorsusque simili modo eruitur

$$-\sin\mathfrak{C} = \frac{\sin\mathfrak{D}''\sin CB}{\sin(AD''-\delta)}$$

$$-\sin\mathfrak{C}' = \frac{\sin\mathfrak{D}\sin C'B^*}{\sin(A'D-\delta'+\sigma)} = \frac{\sin\mathfrak{D}''\sin C'B^*}{\sin(A'D''-\delta'+\sigma)}$$

$$-\sin\mathfrak{C}'' = \frac{\sin\mathfrak{D}\sin C''B''}{\sin(A''D-\delta'')} = \frac{\sin\mathfrak{D}'\sin C''B''}{\sin(A''D'-\delta'')}.$$

Dividendo itaque aequationem II per $r''\sin\mathfrak{C}''$, prodit

$$0 = n\cdot\frac{r\sin CB}{r''\sin C''B''}\cdot\frac{\sin(A''D'-\delta'')}{\sin(AD'-\delta)} - n'\cdot\frac{r'\sin C'B^*}{r''\sin C''B''}\cdot\frac{\sin(A''D-\delta'')}{\sin(A'D-\delta'+\sigma)} + n''.$$

Quodsi hic arcum $C'B'$ per z designamus, pro r, r', r'' valores suos ex art. praec. substituimus, brevitatisque caussa ponimus

11) $$\frac{R\sin\delta\sin(A''D'-\delta'')}{R''\sin\delta''\sin(AD'-\delta)} = a$$

12) $$\frac{R'\sin\delta'\sin(A''D-\delta'')}{R''\sin\delta''\sin(A'D-\delta'+\sigma)} = b,$$

aequatio nostra ita se habebit

III. $$0 = an - bn'\cdot\frac{\sin(z-\sigma)}{\sin z} + n''.$$

Coëfficientem b etiam per formulam sequentem computare licet, quae ex aequationibus modo allatis facile deducitur:

13) $$a\cdot\frac{R'\sin\delta'\sin(AD''-\delta)}{R\sin\delta\sin(A'D''-\delta'+\sigma)} = b.$$

Calculi confirmandi caussa haud inutile erit, utraque formula 12 et 13 uti.

[Handschriftliche Bemerkung:] *) Ad fig. 4: Sit P polus circuli maximi $CC'C''$ eritque

$$\left(\frac{n''\cos BP}{N''\sin\beta} - 1\right)\sin A'D''.\sin B'D = \left(\frac{n\cos B''P}{N\sin\beta''} - 1\right)\sin A'D.\sin B'D''$$

[wo N, N'' die doppelten Dreiecksflächen zwischen den Radien vectoren der Erde sind.]

Quoties $\sin(A'D''-\delta'+\sigma)$ maior est quam $\sin(A'D-\delta'+\sigma)$, formula posterior a tabularum erroribus inevitabilibus minus afficietur, quam prior, adeoque huic praeferenda erit, si forte parvula discrepantia illinc explicanda in valoribus ipsius b se prodiderit; contra formulae priori magis fidendum erit, quoties $\sin(A'D''-\delta'+\sigma)$ minor est quam $\sin(A'D-\delta'+\sigma)$: si magis placet, medium idoneum inter ambos valores adoptabitur.

Calculo examinando sequentes quoque formulae inservire possunt, quarum tamen derivationem non ita difficilem brevitatis caussa supprimimus:

$$0=\frac{a\sin(l''-l')}{R}-\frac{b\sin(l''-l)}{R'}\cdot\frac{\sin(\delta'-\sigma)}{\sin\delta'}+\frac{\sin(l'-l)}{R''}$$

$$b=\frac{R'\sin\delta'}{R''\sin\delta''}\cdot\frac{U\cos\beta\cos\beta''}{\sin(AD'-\delta)\sin\varepsilon'},$$

ubi U exprimit quotientem $\frac{S}{\sin(\delta'-\sigma)}=\frac{T\sin(t+\gamma')}{\cos(\delta'-\sigma)}$ (art. 138 aequ. 10).

141.

Ex $P=\frac{n''}{n}$ atque aequatione III art. praec. sequitur

$$(n+n'')\frac{P+a}{P+1}=bn'\frac{\sin(z-\sigma)}{\sin z};$$

hinc vero et ex $Q=2\left(\frac{n+n''}{n'}-1\right)r'^3$ atque $r'=\frac{R'\sin\delta'}{\sin z}$ elicitur

$$\sin z+\frac{Q\sin z^4}{2R'^3\sin\delta'^3}=b\frac{P+1}{P+a}\sin(z-\sigma)$$

sive

$$\frac{Q\sin z^4}{2R'^3\sin\delta'^3}=\left(b\frac{P+1}{P+a}-\cos\sigma\right)\sin(z-\sigma)-\sin\sigma\cos(z-\sigma).$$

Statuendo itaque brevitatis caussa

$$\frac{1}{2R'^3\sin\delta'^3\sin\sigma}=c \qquad 14)$$

introducendoque angulum auxiliarem ω talem ut fiat

$$\tan g\,\omega=\frac{\sin\sigma}{b\frac{P+1}{P+a}-\cos\sigma},$$

prodit aequatio

$$cQ\sin\omega\sin z^4=\sin(z-\omega-\sigma), \qquad \text{IV.}$$

ex qua incognitam z eruere oportebit. Ut angulus ω commodius computetur, formulam praecedentem pro $\operatorname{tang}\omega$ ita exhibere conveniet

$$\operatorname{tang}\omega = \frac{(P+a)\operatorname{tang}\sigma}{P\left(\dfrac{b}{\cos\sigma}-1\right)+\left(\dfrac{b}{\cos\sigma}-a\right)}$$

Quamobrem statuendo

15) $$\frac{\dfrac{b}{\cos\sigma}-a}{\dfrac{b}{\cos\sigma}-1}=d$$

16) $$\frac{\operatorname{tang}\sigma}{\dfrac{b}{\cos\sigma}-1}=e$$

habebimus ad determinandum ω formulam simplicissimam

$$\operatorname{tang}\omega = \frac{e(P+a)}{P+d}.$$

Computum quantitatum a, b, c, d, e per formulas 11—16, a solis quantitatibus datis pendentem, tamquam negotium quartum consideramus. Quantitates b, c, e ipsae non erunt necessariae, verum soli ipsarum logarithmi.

Ceterum datur casus specialis, ubi haec praecepta aliqua mutatione indigent. Quoties scilicet circulus maximus BB'' cum $A''B''$ coincidit, adeoque puncta B, B^* resp. cum D', D, quantitates a, b valores infinitos nanciscerentur. Statuendo in hoc casu

$$\frac{R\sin\delta\sin(A'D''-\delta'+\sigma)}{R'\sin\delta'\sin(AD''-\delta)}=\pi,$$

habebimus loco aequationis III hancce: $0=\pi n - \dfrac{n'\sin(z-\sigma)}{\sin z}$, unde faciendo

$$\operatorname{tang}\omega = \frac{\pi\sin\sigma}{P+(1-\pi\cos\sigma)}$$

eadem aequatio IV elicitur.

Perinde in casu speciali, ubi $\sigma=0$, fit c infinita atque $\omega=0$, unde factor $c\sin\omega$ in aequatione IV indeterminatus esse videtur: nihilominus revera determinatus est, ipsiusque valor

$$= \frac{P+a}{2R'^3\sin\delta'^3(b-1)(P+d)},$$

uti levis attentio docebit. In hoc itaque casu fit

$$\sin z = R'\sin\delta' \sqrt[3]{\frac{2(b-1)(P+d)}{Q(P+a)}}.$$

142.

Aequatio IV, quae evoluta ad ordinem octavum ascenderet, in forma sua non mutata expeditissime tentando solvitur. Ceterum e theoria aequationum facile ostendi potest (quod tamen fusius evolvere brevitatis caussa hic supersedemus), hanc aequationem vel duas vel quatuor solutiones per valores reales admittere[*)]. In casu priori valor alter ipsius $\sin z$ positivus erit, alterum negativum reiicere oportebit, quia per problematis naturam r' negativus evadere nequit. In casu posteriori inter valores ipsius $\sin z$ vel unus positivus erit tresque reliqui negativi — ubi igitur haud ambiguum erit, quemnam adoptare oporteat — vel tres positivi cum uno negativo; in hoc casu e valoribus positivis ii quoque si qui adsunt reiici debent, ubi z maior evadit quam δ', quoniam per aliam problematis conditionem essentialem ρ' adeoque etiam $\sin(\delta' - z)$ quantitas positiva esse debet.

Quoties observationes mediocribus temporum intervallis ab invicem distant, plerumque casus postremus locum habebit, ut tres valores positivi ipsius $\sin z$ aequationi satisfaciant. Inter has solutiones praeter veram reperiri solet aliqua, ubi z parum differt a δ', modo excessu, modo defectu: hoc phaenomenon sequenti modo explicandum est. Problematis nostri tractatio analytica ei soli conditioni superstructa est, quod tres corporis coelestis in spatio loci iacere debent *in* rectis, quarum situs per locum absolutum terrae positionemque ob-

[*) Handschriftliche Bemerkung:] z saltem duos valores reales habet, quoniam valores ipsius $G \sin z^4 - \sin(z + H)$ pro $z = 0$ atque pro $z = 180^\circ$ signa opposita habent; z non habet plures valores reales quam 4, quoniam $\frac{\sin(z+A)}{\sin z^4}$ inter $z = 0$ atque $z = 180^\circ$ semel tantum fit maximum semelque minimum, ac perinde inter $z = 180^\circ$ et 360° Scilicet hoc evenit, quoties $2 \operatorname{tang} z = -3 \operatorname{cotang} A \pm \sqrt{(9 \operatorname{cotang} A^2 - 16)} = 8 \operatorname{tang}(z + A)$. —

Die Auflösung der Gleichung $a \sin z^4 = \sin(z - A)$ lässt sich auf eine zierliche Construction zurückführen. Man setze $\operatorname{cotang} z = x$, also $\sin z = \frac{1}{\sqrt{(1+xx)}}$. Folglich die Gleichung

$$\frac{1}{(1+xx)^{\frac{3}{2}}} = \frac{\cos A}{a} - \frac{\sin A}{a} x.$$

Es handelt sich also nun um den Schnitt der Curve $y = \frac{1}{(1+xx)^{\frac{3}{2}}}$ mit der Geraden $y = \frac{\cos A}{a} - \frac{\sin A}{a} x$.

Binet, *Ecole polyt. Cah. 20. p. 285.*

servatam determinatur. Iam per ipsius rei naturam loci illi iacere quidem debent in *iis* rectarum partibus, *unde* lumen ad terram descendit: sed aequationes analyticae hanc restrictionem non agnoscunt, omniaque locorum systemata, qui quidem cum KEPLERI legibus consentiunt, perinde complecti debent, sive ab hac terrae parte in illis rectis iaceant, sive ab illa, sive denique cum ipsa terra coincidant. Iam hic ultimus casus utique problemati nostro satisfaciet, quum terra ipsa ad normam illarum legum moveatur. Hinc patet, aequationes comprehendere debere solutionem, in qua puncta C, C', C'' cum punctis A, A', A'' coincidant (quatenus variationes minutissimas locis terrae ellipticis a perturbationibus et parallaxi inductas negligimus): aequatio itaque IV semper admittere deberet solutionem $z = \delta'$, si pro P et Q valores veri locis terrae respondentes acciperentur. Quatenus autem illis quantitatibus valores tribuuntur ab his non multum discrepantes (quod semper supponere licet, quoties temporum intervalla modica sunt), inter solutiones aequationis IV necessario aliqua reperiri debet, quae proxime ad valorem $z = \delta'$ accedit.

Plerumque quidem in eo casu, ubi aequatio IV tres solutiones per valores positivos ipsius $\sin z$ admittit, tertia ex his (praeter veram eamque de qua modo diximus) valorem ipsius z maiorem quam δ' sistet, adeoque analytice tantum possibilis, physice vero impossibilis erit: tunc itaque quamnam adoptare oporteat ambiguum esse nequit. Attamen contingere utique potest, ut aequatio illa duas solutiones idoneas diversas admittat, adeoque problemati nostro per duas orbitas prorsus diversas satisfacere liceat. Ceterum in tali casu orbita vera a falsa facile dignoscetur, quamprimum observationes alias magis remotas ad examen revocare licuerit.

143.

Simulac angulus z erutus est, statim habetur r' per aequationem

$$r' = \frac{R' \sin \delta'}{\sin z}.$$

Porro ex aequationibus $P = \frac{n''}{n}$ atque III elicimus

$$\frac{n'r'}{n} = \frac{(P+a) R' \sin \delta'}{b \sin (z - \sigma)}$$

$$\frac{n'r'}{n''} = \frac{1}{P} \cdot \frac{n'r'}{n}.$$

Iam ut formulas, secundum quas situs punctorum C, C'' e situ puncti C' determinandus est, tali modo tractemus, ut ipsarum veritas generalis pro iis quoque casibus, quos figura 4 non monstrat, statim eluceat, observamus, sinum distantiae puncti C' a circulo maximo CB (positive sumtae in regione superiori, negative in inferiori) aequalem fieri producto ex $\sin\varepsilon''$ in sinum distantiae puncti C' a D'' secundum directionem progressivam mensuratae, adeoque $= -\sin\varepsilon''\sin C'D'' = -\sin\varepsilon''\sin(z+A'D''-\delta')$; perinde fit sinus distantiae puncti C'' ab eodem circulo maximo $= -\sin\varepsilon'\sin C''D'$. Manifesto autem iidem sinus sunt ut $\sin CC'$ ad $\sin CC''$, sive ut $\frac{n''}{rr'}$ ad $\frac{n'}{rr''}$, sive ut $n''r''$ ad $n'r'$. Statuendo itaque $C''D' = \zeta''$, habemus

$$\text{V.} \qquad r''\sin\zeta'' = \frac{n'r'}{n''}\cdot\frac{\sin\varepsilon''}{\sin\varepsilon'}\sin(z+A'D''-\delta').$$

Prorsus simili modo statuendo $CD' = \zeta$ eruitur

$$\text{VI.} \qquad r\sin\zeta = \frac{n'r'}{n}\cdot\frac{\sin\varepsilon}{\sin\varepsilon'}\sin(z+A'D-\delta')$$

$$\text{VII.} \qquad r\sin(\zeta+AD''-AD') = r''P\cdot\frac{\sin\varepsilon}{\sin\varepsilon''}\sin(\zeta''+A''D-A''D').$$

Combinando aequationes V et VI cum sequentibus ex art. 139 transscriptis

$$\text{VIII.} \qquad r''\sin(\zeta''-A''D'+\delta'') = R''\sin\delta''$$

$$\text{IX.} \qquad r\sin(\zeta-AD'+\delta) = R\sin\delta,$$

quantitates ζ, ζ'', r, r'' ad normam art. 78 inde derivabuntur. Qui calculus quo commodius absolvatur, formulas ipsas huc attulisse haud ingratum erit. Statuatur

$$17) \qquad \frac{R\sin\delta}{\sin(AD'-\delta)} = \varkappa$$

$$18) \qquad \frac{R''\sin\delta''}{\sin(A''D'-\delta'')} = \varkappa''$$

$$19) \qquad \frac{\cos(AD'-\delta)}{R\sin\delta} = \lambda$$

$$20) \qquad \frac{\cos(A''D'-\delta'')}{R''\sin\delta''} = \lambda''.$$

Computus harum quantitatum, aut potius logarithmorum earum, a P et Q etiamnum independens, tamquam negotium *quintum* et ultimum in operationibus quasi praeliminaribus spectandum est, commodeque statim cum computo ipsarum a, b sive cum negotio quarto absolvitur, ubi fit $a = \frac{\varkappa}{\varkappa''}$. — Faciendo dein

$$\frac{n'r'}{n}\cdot\frac{\sin\varepsilon}{\sin\varepsilon'}\cdot\sin(z+A'D-\delta')=p$$

$$\frac{n'r'}{n''}\cdot\frac{\sin\varepsilon''}{\sin\varepsilon'}\cdot\sin(z+A'D''-\delta')=p''$$

$$\varkappa(\lambda p-1)=q$$

$$\varkappa''(\lambda''p''-1)=q''$$

eliciemus ζ et r ex $r\sin\zeta=p$, $r\cos\zeta=q$, atque ζ'' et r'' ex $r''\sin\zeta''=p''$, $r''\cos\zeta''=q''$. Ambiguitas in determinandis ζ et ζ'' hic adesse nequit, quia r et r'' necessario evadere debent quantitates positivae. Calculus perfectus per aequationem VII si lubet confirmari poterit.

Sunt tamen duo casus, ubi aliam methodum sequi oportet. Quoties scilicet punctum D' cum B vel coincidit vel ipsi in sphaera oppositum est, sive quoties $AD'-\delta=0$ vel $=180^0$, aequationes VI et IX necessario identicae esse debent, fieretque $\varkappa=\infty$, $\lambda p-1=0$, adeoque q indeterminata. In hoc casu ζ'' et r'' quidem eo quo docuimus modo determinabuntur, dein vero ζ et r e combinatione aequationis VII cum VI vel IX elicere oportebit. Formulas ipsas ex art. 78 desumendas huc transscribere supersedemus; observamus tantummodo, quod in eo quoque casu, ubi est $AD'-\delta$ non quidem $=0$ neque $=180^0$, attamen arcus valde parvus, eandem methodum sequi praestat, quoniam tunc methodus prior praecisionem necessariam non admitteret. Et quidem adoptabitur combinatio aequationis VII cum VI vel cum IX, prout $\sin(AD''-AD')$ maior vel minor est quam $\sin(AD''-\delta)$.

Perinde in casu, ubi punctum D', vel ipsi oppositum, cum B'' vel coincidit vel parum ab eodem distat, determinatio ipsarum ζ'', r'' per methodum praecedentem vel impossibilis vel parum tuta foret. Tunc itaque ζ et r quidem per illam methodum determinabuntur, dein vero ζ'' et r'' e combinatione aequationis VII vel cum V vel cum VIII, prout $\sin(A''D-A''D')$ maior vel minor est quam $\sin(A''D-\delta'')$. Ceterum haud metuendum est, ne *simul* D' cum punctis B, B'' vel cum punctis oppositis coincidat, vel parum ab ipsis distet: casum enim eum, ubi B cum B'' coincidit, vel perparum ab eo distat, iam supra art. 138 a disquisitione nostra exclusimus.

144.

Arcubus ζ, ζ'' inventis, punctorum C, C'' positio data erit, poteritque distantia $CC'' = 2f'$ ex ζ, ζ'' et ε' determinari. Sint u, u'' inclinationes circulorum maximorum AB, $A''B''$ ad circulum maximum CC'' (quae in figura 4 resp. erunt anguli $C''CD'$ et $180^\circ - CC''D'$), habebimusque aequationes sequentes, aequationibus 3—6 art 137 prorsus analogas:

$$\sin f' \sin \tfrac{1}{2}(u''+u) = \sin \tfrac{1}{2}\varepsilon' \sin \tfrac{1}{2}(\zeta+\zeta'')$$
$$\sin f' \cos \tfrac{1}{2}(u''+u) = \cos \tfrac{1}{2}\varepsilon' \sin \tfrac{1}{2}(\zeta-\zeta'')$$
$$\cos f' \sin \tfrac{1}{2}(u''-u) = \sin \tfrac{1}{2}\varepsilon' \cos \tfrac{1}{2}(\zeta+\zeta'')$$
$$\cos f' \cos \tfrac{1}{2}(u''-u) = \cos \tfrac{1}{2}\varepsilon' \cos \tfrac{1}{2}(\zeta-\zeta'').$$

Duae priores dabunt $\frac{1}{2}(u''+u)$ et $\sin f'$, duae posteriores $\frac{1}{2}(u''-u)$ et $\cos f'$; ex $\sin f'$ et $\cos f'$ habebitur f'. Angulos $\frac{1}{2}(u''+u)$ et $\frac{1}{2}(u''-u)$, qui in ultima demum hypothesi ad determinandum situm plani orbitae adhibebuntur, in hypothesibus primis negligere licebit.

Prorsus simili modo f ex ε, $C'D$ et $C''D$, nec non f'' ex ε'', CD'', $C'D''$ derivari possent: sed multo commodius ad hunc finem formulae sequentes adhibentur

$$\sin 2f = r \sin 2f' \cdot \frac{n}{n'r'}$$

$$\sin 2f'' = r'' \sin 2f' \cdot \frac{n''}{n'r'},$$

ubi logarithmi quantitatum $\frac{n}{n'r'}$, $\frac{n''}{n'r'}$ iam e calculis praecedentibus adsunt. Totus denique calculus confirmationem novam inde nanciscetur, quod fieri debet $2f + 2f'' = 2f'$: si qua forte differentia prodeat, nullius certe momenti esse poterit, siquidem omnes operationes quam accuratissime peractae fuerint. Interdum tamen, calculo ubique septem figuris decimalibus subducto, ad aliquot minuti secundi partes decimas assurgere poterit, quam si operae pretium videtur facillimo negotio inter $2f$, $2f''$ ita dispertiemur, ut logarithmi sinuum aequaliter vel augeantur vel diminuantur, quo pacto aequationi $P = \frac{r \sin 2f''}{r'' \sin 2f} = \frac{n''}{n}$ omni quam tabulae permittunt praecisione satisfactum erit. Quoties f et f'' parum differunt, differentiam illam inter $2f$ et $2f''$ aequaliter distribuisse sufficiet.

145.

Postquam hoc modo corporis coelestis positiones in orbita determinatae sunt, duplex elementorum calculus tum e combinatione loci secundi cum tertio, tum e combinatione primi cum secundo, una cum temporum intervallis respondentibus, inchoabitur. Antequam vero haec operatio suscipiatur, ipsa temporum intervalla quadam correctione opus habent, siquidem constitutum fuerit, secundum methodum tertiam art. 118 aberrationis rationem habere. In hocce scilicet casu pro temporibus veris ficta substituenda sunt, illis resp. 493ρ, $493\rho'$, $493\rho''$ minutis secundis anteriora. Pro computandis distantiis ρ, ρ', ρ'' habemus formulas

$$\rho = \frac{R\sin(AD'-\zeta)}{\sin(\zeta-AD'+\delta)} = \frac{r\sin(AD'-\zeta)}{\sin\delta}$$

$$\rho' = \frac{R'\sin(\delta'-z)}{\sin z} = \frac{r'\sin(\delta'-z)}{\sin\delta'}$$

$$\rho'' = \frac{R''\sin(A''D'-\zeta'')}{\sin(\zeta''-A''D'+\delta'')} = \frac{r''\sin(A''D'-\zeta'')}{\sin\delta''}.$$

Ceterum si observationes ab initio statim per methodum primam vel secundam art. 118 ab aberratione purgatae fuissent, hicce calculus omittendus, neque adeo necessarium foret, valores distantiarum ρ, ρ', ρ'' eruere, nisi forte ad confirmandum, an ii, quibus calculus aberrationum superstructus erat, satis exacti fuerint. Denique sponte patet, totum istum calculum tunc quoque supprimendum esse, quando aberrationem omnino negligere placuerit.

146.

Calculus elementorum, hinc ex r', r'', $2f$ atque temporis intervallo correcto inter observationem secundam et tertiam, cuius productum in quantitatem k (art. 1) per θ denotamus, illinc ex r, r', $2f''$ atque temporis intervallo inter observationem primam et secundam, cuius productum per k esto $= \theta''$, secundum methodum in artt. 88—105 expositam tantummodo usque ad quantitatem illic per y denotatam producendus est, cuius valorem in combinatione priori per η, in posteriori per η'' denotabimus. Fiat deinde

$$\frac{\theta''\eta}{\theta\eta''} = P', \qquad \frac{r'r'\theta\theta''}{rr''\eta\eta''\cos f\cos f'\cos f''} = Q',$$

patetque, si valores quantitatum P, Q, quibus totus hucusque calculus superstructus erat, ipsi veri fuerint, evadere debere $P' = P$, $Q' = Q$. Vice versa facile perspicitur, si prodeat $P' = P$, $Q' = Q$, duplicem elementorum calculum, si utrimque ad finem perducatur, numeros prorsus aequales suppeditaturum esse, per quos itaque omnes tres observationes exacte repraesentabuntur, adeoque problemati ex asse satisfiet. Quoties autem non fit $P' = P$, $Q' = Q$, accipientur $P'-P$, $Q'-Q$ pro X et Y, siquidem P et Q pro x et y acceptae fuerint: adhuc magis commodum erit statuere $\log P = x$, $\log Q = y$, $\log P' - \log P = X$, $\log Q' - \log Q = Y$. Dein calculus cum aliis valoribus ipsarum x, y repetendus erit.

147.

Proprie quidem etiam hic, sicuti in decem methodis supra traditis, arbitrarium esset, quosnam valores novos pro x et y in hypothesi secunda supponamus, si modo conditionibus generalibus supra explicatis non adversentur: attamen quum manifesto pro lucro magno habendum sit, si statim a valoribus magis exactis proficisci liceat, in methodo hacce parum prudenter ageres, si valores secundos temere quasi adoptares, quum ex ipsa rei natura facile perspiciatur, si valores primi ipsarum P, Q levibus erroribus affecti fuerint, ipsas P', Q' valores multo exactiores exhibituras esse, siquidem motus heliocentricus fuerit modicus. Quamobrem semper ipsas P', Q' pro valoribus secundis ipsarum P, Q adoptabimus, sive $\log P'$, $\log Q'$ pro valoribus secundis ipsarum x, y, si $\log P$, $\log Q$ primos designare suppositi sint.

Iam in hac hypothesi secunda, ubi omnes operationes praeliminares per formulas 1 — 20 exhibitae invariatae retinendae sunt, calculus prorsus simili modo repetetur. Primo scilicet determinabitur angulus ω; dein z, r', $\frac{n'r'}{n}$, $\frac{n'r'}{n''}$ ζ, r, ζ'', r'', f', f, f''. E differentia plus minusve considerabili inter valores novos harum quantitatum atque primos facile aestimabitur, utrum operae pretium sit, necne, correctionem quoque temporum propter aberrationem denuo computare: in casu posteriori temporum intervalla, adeoque etiam quantitates θ et θ'', eaedem manebunt ut ante. Denique ex f, r', r''; f'', r, r' temporumque intervallis eruentur η, η'' atque hinc valores novi ipsarum P', Q', qui plerumque ab iis, quos hypothesis prima suppeditaverat, multo minus different, quam hi ipsi a valoribus primis ipsarum P, Q. Valores secundi ipsarum X, Y itaque multo minores erunt, quam primi, valoresque secundi ipsarum P', Q' tamquam valores tertii ipsarum P, Q adoptabuntur, et cum his calculus denuo repetetur. Hoc igitur modo sicuti ex hypothesi secunda numeri exactiores resultaverant, quam ex prima, ita e tertia iterum exactiores resultabunt, quam e secunda, possentque valores tertii ipsarum P', Q' tamquam quarti ipsarum P, Q adoptari, atque sic calculos toties repeti, usque dum ad hypothesin perveniatur, in qua X et Y pro evanescentibus habere liceret: sed quoties hypothesis tertia nondum sufficiens videatur, valores ipsarum P, Q in hypothesi quarta adoptandos secundum methodum in artt. 120, 121 explicatam e tribus primis deducere praestabit, quo pacto approximatio celerior obtinebitur, raroque opus erit, ad hypothesin quintam progredi.

148.

Quoties elementa e tribus observationibus derivanda adhuc penitus incognita sunt (cui casui methodus nostra imprimis accomodata est), in hypothesi prima ut iam monuimus pro P et Q valores approximati $\frac{\theta''}{\theta}$ et $\theta\theta''$ accipientur, ubi θ et θ'' aliquantisper ex intervallis temporum non correctis derivandae sunt. Quorum ratione ad intervalla correcta per $\mu : 1$ et $\mu'' : 1$ resp. expressa, habebimus in hypothesi prima

$$X = \log\mu - \log\mu'' + \log\eta - \log\eta''$$

$$Y = -\log\mu - \log\mu'' - \log\eta - \log\eta'' + \text{Comp.}\log\cos f + \text{Comp.}\log\cos f' + \text{Comp.}\log\cos f'' + 2\log r' - \log r - \log r''.$$

Logarithmi quantitatum μ, μ'' respectu partium reliquarum nullius sunt momenti; $\log\eta$ et $\log\eta''$, qui ambo sunt positivi, in X aliquatenus se invicem destruunt, praesertim quoties temporum intervalla fere aequalia sunt, unde X valorem exiguum modo positivum modo negativum obtinet; contra in Y e partibus negativis $\log\eta$ et $\log\eta''$ compensatio quidem aliqua partium positivarum (omp. $\log\cos f$, Comp. $\log\cos f'$, Comp. $\log\cos f''$ oritur, sed minus perfecta, plerumque enim hae illas notabiliter superant. De signo ipsius $\log\frac{r'r'}{rr''}$ in genere nihil determinare licet.

Iam quoties motus heliocentricus inter observationes modicus est, raro opus erit, usque ad hypothesin quartam progredi: plerumque tertia, saepius iam secunda praecisionem sufficientem praestabit, quin adeo interdum numeris ex ipsa hypothesi prima resultantibus acquiescere licebit. Iuvabit semper, ad maiorem minoremve praecisionis gradum, qua observationes gaudent, respicere: ingratum enim foret opus, in calculo praecisionem affectare centies milliesve maiorem ea quam observationes permittunt. In his vero rebus iudicium per exercitationem frequentem practicam melius quam per praecepta acuitur, peritique facile acquirent facultatem quandam ubi consistere conveniat recte diiudicandi.

149.

In ultima demum hypothesi elementa ipsa calculabuntur, vel ex f, r', r'', vel ex f'', r, r', perducendo scilicet ad finem calculum alterutrum, quem in hypothesibus antecedentibus tantummodo usque ad η vel η'' prosequi oportuerat: si utrumque perficere placuerit, harmonia numerorum resultantium novam totius laboris confirmationem suppeditabit. Attamen praestat, quam primum f, f', f'' erutae sunt, elementa e sola combinatione loci primi cum tertio derivare, puta ex f', r, r'' atque temporis intervallo, tandemque ad maiorem calculi certitudinem locum medium in orbita secundum elementa inventa determinare.

Hoc itaque modo sectionis conicae dimensiones innotescent, puta excentricitas, semiaxis maior sive semiparameter, positio perihelii respectu locorum heliocentricorum C, C', C'', motus medius, atque anomalia media pro epocha arbitraria, siquidem orbita elliptica est, vel tempus transitus per perihelium, si orbita fit hyperbolica vel parabolica. Superest itaque tantummodo, ut positio locorum heliocentricorum in orbita respectu nodi ascendentis, positio huius nodi respectu puncti aequinoctialis, atque inclinatio orbitae ad eclipticam (vel aequatorem) determinentur. Haec omnia per solutionem unius trianguli sphaerici efficere licet. Sit ☊ longitudo nodi ascendentis; i inclinatio orbitae; g et g'' argumenta latitudinis in observatione prima et tertia; denique $l-☊ = h$, $l''-☊ = h''$. Exprimente iam in fig. quarta ☊ nodum ascendentem, trianguli ☊AC latera erunt $AD'-\zeta$, g, h, angulique his resp. oppositi i, $180^0-\gamma$, u. Habebimus itaque

$$\sin\tfrac{1}{2}i\sin\tfrac{1}{2}(g+h) = \sin\tfrac{1}{2}(AD'-\zeta)\sin\tfrac{1}{2}(\gamma+u)$$
$$\sin\tfrac{1}{2}i\cos\tfrac{1}{2}(g+h) = \cos\tfrac{1}{2}(AD'-\zeta)\sin\tfrac{1}{2}(\gamma-u)$$
$$\cos\tfrac{1}{2}i\sin\tfrac{1}{2}(g-h) = \sin\tfrac{1}{2}(AD'-\zeta)\cos\tfrac{1}{2}(\gamma+u)$$
$$\cos\tfrac{1}{2}i\cos\tfrac{1}{2}(g-h) = \cos\tfrac{1}{2}(AD'-\zeta)\cos\tfrac{1}{2}(\gamma-u).$$

Duae primae aequationes dabunt $\frac{1}{2}(g+h)$ et $\sin\frac{1}{2}i$, duae reliquae $\frac{1}{2}(g-h)$ et $\cos\frac{1}{2}i$; ex g innotescet situs perihelii respectu nodi ascendentis, ex h situs nodi in ecliptica; denique innotescet i, sinu et cosinu se mutuo confirmantibus. Ad eundem scopum pervenire possumus adiumento trianguli ☊$A''C''$, ubi tantummodo in formulis praecedentibus characteres g, h, A, ζ, γ, u in g'', h'', A'', ζ'', γ'', u'' mutare oportet. Ut toti labori adhuc alia confirmatio concilietur, haud abs re erit, calculum utroque modo perficere: unde si quae leviusculae differentiae inter valores ipsius i, ☊ atque longitudinis perihelii in orbita prodeunt, valores medios adoptare conveniet. Raro tamen hae differentiae ad 0,″1 vel 0,″2 ascendent, siquidem omnes calculi septem figuris decimalibus accurate elaborati fuerant.

Ceterum quoties loco eclipticae aequator tamquam planum fundamentale adoptatum est, nulla hinc in calculo differentia orietur, nisi quod loco punctorum A, A'' intersectiones aequatoris cum circulis maximis AB, $A''B''$ accipiendae sunt.

150.

Progredimur iam ad illustrationem huius methodi per aliquot exempla copiose explicanda, quae simul evidentissime ostendent, quam late pateat, et quam commode et expedite semper ad finem exoptatum perducat*).

Exemplum *primum* planeta novus Iuno nobis suppeditabit, ad quem finem observationes sequentes Grenovici factas et a cel. Maskelyne nobiscum communicatas eligimus.

---

*) Male loquuntur, qui methodum aliquam alia *magis minusve exactam* pronunciant. Ea enim sola methodus problema solvisse censeri potest, per quam quemvis praecisionis gradum attingere saltem in potestate est. Quamobrem methodus alia alii eo tantum nomine palmam praeripit, quod *eundem* praecisionis gradum per aliam celerius minorique labore, per aliam tardius graviorique opera assequi licet.

Temp. med. Grenov.	Ascens. recta app.	Decl. austr. app.
1804 Oct. 5. $10^h\,51^m\,6^s$	$357^0\,10'\,22'',35$	$6^0\,40'\,8''$
17. 9 58 10	355 43 45,30	8 47 25
27. 9 16 41	355 11 10,95	10 2 28

E tabulis Solaribus pro iisdem temporibus invenitur

	Longit. Solis ab aequin. appar.	Nutatio	Distantia a terra	Latitudo Solis	Obliquitas appar. eclipticae
Oct. 5	$192^0\,28'\,53'',71$	$+15'',43$	0,998 8839	$-0'',49$	$23^0\,27'\,59'',48$
17	204 20 21,54	+15,51	0,995 3968	+0,79	59,26
27	214 16 52,21	+15,60	0,992 8340	−0,15	59,06

Calculum ita adstruemus, ac si orbita adhuc penitus incognita esset: quamobrem loca Iunonis a parallaxi liberare non licebit, sed hanc ad loca terrae transferre oportebit. Primo itaque ipsa loca observata ab aequatore ad eclipticam reducimus, adhibita obliquitate apparente, unde prodit:

	Longit. appar. Iunonis	Latit. appar. Iunonis
Oct. 5	$354^0\,44'\,54'',28$	$-4^0\,59'\,31'',59$
17	352 34 44,51	−6 21 56,25
27	351 34 51,57	−7 17 52,70

Cum hoc calculo statim iungimus determinationem longitudinis et latitudinis ipsius zenith loci observationis in tribus observationibus: rectascensio quidem cum rectascensione Iunonis convenit (quod observationes in ipso meridiano sunt factae), declinatio autem aequalis est altitudini poli $= 51^0\,28'\,39''$. Ita obtinemus

	Long. ipsius zenith	Latitudo
Oct. 5	$24^0\,29'$	$46^0\,53'$
17	23 25	47 24
27	23 1	47 36

Iam ad normam praeceptorum in art. 72 traditorum determinabuntur terrae loci ficti in ipso plano eclipticae, in quibus corpus coeleste perinde apparuisset atque in locis veris observationum. Hoc modo prodit, statuendo parallaxin Solis mediam = 8,″6

	Reductio longit.	Reductio distantiae	Reductio temporis
Oct. 5	−22,″39	+0,000 3856	−0,s19
17	−27,21	+0,000 2329	−0,12
27	−35,82	+0,000 2085	−0,12

Reductio temporis ideo tantum adiecta est, ut appareat, eam omnino insensibilem esse.

Deinde omnes longitudines tum planetae tum terrae reducendae sunt ad aequinoctium vernale medium pro aliqua epocha, pro qua adoptabimus initium anni 1805; subducta itaque nutatione adhuc adiicienda est praecessio, quae pro tribus observationibus resp. est 11,″87, 10,″23, 8,″86, ita ut pro observatione prima addere oporteat −3,″56, pro secunda −5,″28, pro tertia −6,″74.

Denique longitudines et latitudines Iunonis ab aberratione fixarum purgandae sunt; sic per regulas notas invenitur, a longitudinibus resp. subtrahi debere 19,″12, 17,″11, 14,″82, latitudinibus vero addi 0,″53, 1,″18, 1,″75, per quam additionem valores absoluti diminutionem patientur, quoniam latitudines australes tamquam negativae spectantur.

151.

Omnibus hisce reductionibus rite applicatis, vera problematis data ita se habent:

Observationum tempora ad meridianum Parisinum reducta	Oct. 5,458 644	17,421 885	27,393 077
Iunonis longitudines α, α', α''	354° 44′ 31,″60	352° 34′ 22,″12	351° 34′ 30,″01
latitudines β, β', β''	−4 59 31,06	−6 21 55,07	−7 17 50,95
longitudines terrae l, l', l''	12 28 27,76	24 19 49,05	34 16 9,65
ogarithmi distantiarum R, R', R''	9,999 6826	9,998 0979	9,996 9678

Hinc calculi artt. 136, 137 numeros sequentes producunt

$\gamma, \gamma', \gamma''$	196° 0′ 8″,36	191° 58′ 0″,33	190° 41′ 40″,17
$\delta, \delta', \delta''$	18 23 59,20	32 19 24,93	43 11 42,05
logarithmi sinuum	9,499 1995	9,728 1105	9,835 3631
$A'D$, AD', AD''	232° 6′ 26″,44	213° 12′ 29″,82	209° 43′ 7″,47
$A''D$, $A''D'$, $A'D''$	241 51 15,22	234 27 0,90	221 13 57,87
$\varepsilon, \varepsilon', \varepsilon''$	2 19 34,00	7 13 37,70	4 55 46,19
logarithmi sinuum	8,608 3885	9,099 6915	8,934 1440
$\log \sin \frac{1}{2}\varepsilon'$		8,799 5259	
$\log \cos \frac{1}{2}\varepsilon'$		9,999 1357	

Porro secundum art. 138 habemus

$\log \tang \beta$ . . . . 8,941 2494$_n$ $\log \tang \beta''$ . . . . 9,107 4080$_n$
$\log \sin(\alpha'' - l')$ . . . . 9,733 2391$_n$ $\log \sin(\alpha - l')$ . . . . 9,693 5181$_n$
$\log \cos(\alpha'' - l')$ . . . . 9,924 7904 $\log \cos(\alpha - l')$ 9,939 3180

Hinc
$\log(\tang \beta \cos(\alpha'' - l') - \tang \beta'' \cos(\alpha - l')) = \log T \sin t$ 8,578 6513
$\log \sin(\alpha'' - \alpha) = \log T \cos t$ . . . . 8,742 3191$_n$

Hinc $t = 145° 32' 57'',78$ $\log T$ 8,826 0683
$t + \gamma' = 337\ 30\ 58,11$ $\log \sin(t + \gamma')$ . . . . 9,582 5441$_n$

Denique
$\log(\tang \beta \sin(\alpha'' - l') - \tang \beta'' \sin(\alpha - l')) = \log S$ . . . . 8,203 3319$_n$
$\log T \sin(t + \gamma')$ . . . . 8,408 6124$_n$

unde $\log \tang(\delta' - \sigma)$ 9,794 7195
$\delta' - \sigma = 31° 56' 11'',81$, adeoque $\sigma = 0° 23' 13'',12$.

Secundum art. 140 fit

$A''D' - \delta'' = 191° 15' 18'',85$; log sin . . . 9,290 4352$_n$; log cos . . . 9,991 5661$_n$
$AD' - \delta = 194\ 48\ 30,62$; — . . . 9,407 5427$_n$; — . . . 9,985 3301$_n$
$A''D - \delta'' = 198\ 39\ 33,17$; — . . . 9,505 0667$_n$
$A'D - \delta' + \sigma = 200\ 10\ 14,63$; — . . . 9,537 5909$_n$
$AD'' - \delta = 191\ 19\ 8,27$; — . . . 9,292 8554$_n$
$A'D'' - \delta' + \sigma = 189\ 17\ 46,06$; — . . . 9,208 2723$_n$.

Hinc sequitur

$\log a \ldots\ldots 9{,}549\,4437, \qquad a = +0{,}354\,3592$

$\log b \ldots\ldots 9{,}861\,3533.$

Formula 13 produceret $\log b = 9{,}861\,3531$, sed valorem illum praeferimus, quoniam $\sin(A'D - \delta' + \sigma)$ maior est quam $\sin(A'D'' - \delta' + \sigma)$.

Porro fit per art. 141

$3 \log R' \sin \delta'$	9,178 6252
$\log 2$	0,301 0300
$\log \sin \sigma$	7,829 5601
	7,309 2153

adeoque $\log c = 2{,}690\,7847$.

$\log b$	9,861 3533
$\log \cos \sigma$	9,999 9901
	9,861 3632

unde $\frac{b}{\cos \sigma} = 0{,}726\,7135$.

Hinc eruitur $d = -1{,}362\,5052$, $\log e = 8{,}392\,9518_n$.

Denique per formulas art. 143 eruitur

$\log \varkappa \ldots\ldots 0{,}091\,3394_n$

$\log \varkappa'' \ldots\ldots 0{,}541\,8957_n$

$\log \lambda \ldots\ldots 0{,}486\,4480_n$

$\log \lambda'' \ldots\ldots 0{,}159\,2352_n.$

152.

Calculis praeliminaribus hoc modo absolutis, ad hypothesin primam transimus. Intervallum temporis (non correctum) inter observationem secundam et tertiam est dierum 9,971 192, inter primam et secundam 11,963 241. Logarithmi horum numerorum sunt 0,998 7471 et 1,077 8489, unde $\log \theta = 9{,}234\,3285$, $\log \theta'' = 9{,}313\,4303$. Statuemus itaque ad *hypothesin primam*

$$x = \log P = 0{,}079\,1018$$
$$y = \log Q = 8{,}547\,7588.$$

Hinc fit $P = 1{,}199\,7804$, $P + a = 1{,}554\,1396$, $P + d = -0{,}162\,7248$;

$\log e \dots\dots\dots\dots 8{,}392\,9518_n$
$\log(P+a) \dots\dots 0{,}191\,4900$
$\text{C.}\log(P+d) \dots 0{,}788\,5463_n$

$\log \operatorname{tang} \omega \dots\dots 9{,}372\,9881$ unde $\omega = +13^0\,16'\,51{,}''89$, $\omega+\sigma = +13^0\,40'\,5{,}''01$.

$\log Q \dots\dots\dots 8{,}547\,7588$
$\log c \dots\dots\dots\dots 2{,}690\,7847$
$\log \sin \omega \dots\dots\dots 9{,}361\,2147$

$\log Qc \sin \omega \dots\dots 0{,}599\,7582$

Aequationi $Qc \sin \omega \sin z^4 = \sin(z - 13^0\,40'\,5{,}''01)$ paucis tentaminibus factis satisfieri invenitur per valorem $z = 14^0\,35'\,4{,}''90$, unde fit $\log \sin z = 9{,}401\,0744$, $\log r' = 0{,}325\,1340$. Aequatio illa praeter hanc solutionem tres alias admittit, puta

$$z = 32^0\;\;2'\,28''$$
$$z = 137\;\;27\;\;59$$
$$z = 193\;\;\;4\;\;18.$$

Tertiam reiicere oportet, quod $\sin z$ negativus evadit; secundam, quod z maior fit quam δ'; prima respondet approximationi ad orbitam terrae, de qua in art. 142 loquuti sumus.

Porro habemus secundum art. 143

$\log \frac{R' \sin \delta'}{b} \dots\dots\dots 9{,}864\,8551$
$\log(P+a) \dots\dots\dots 0{,}191\,4900$
$\text{C.}\log \sin(z-\sigma) \dots\dots 0{,}610\,3578$

$\log \frac{n' r'}{n} \dots\dots\dots\dots 0{,}666\,7029$
$\log P \dots\dots\dots\dots\dots 0{,}079\,1018$

$\log \frac{n' r'}{n''} \dots\dots\dots\dots 0{,}587\,6011$

$z + A'D - \delta' = z + 199^0\,47'\;\;1{,}''51 = 214^0\,22'\;\;6{,}''41$; $\log \sin \dots\dots 9{,}751\,6736_n$
$z + A'D'' - \delta' = z + 188\;\;54\;\;32{,}94 = 203\;\;29\;\;37{,}84$; $\log \sin \dots\dots 9{,}600\,5923_n$.

Hinc fit $\log p = 9{,}927\,0735_n$, $\log p'' = 0{,}022\,6459_n$, ac dein $\log q = 0{,}293\,0977_n$, $\log q'' = 0{,}258\,0086_n$, unde prodit

$$\zeta = 203^0\,17'\,31'',22 \qquad \log r = 0{,}330\,0178$$
$$\zeta'' = 210\;\;10\;\;58{,}88 \qquad \log r'' = 0{,}321\,2819.$$

Denique per art. 144 obtinemus

$$\tfrac{1}{2}(u''+u) = 205^0\,18'\,10'',53$$
$$\tfrac{1}{2}(u''-u) = -3\;\;14\;\;\;2{,}02$$
$$f' = \;\;3\;\;48\;\;14{,}66$$

$\log\sin 2f'$	9,121 8791	$\log\sin 2f'$	9,121 8791
$\log r$	0,330 0178	$\log r''$	0,321 2819
C. $\log \frac{n'r'}{n}$	9,333 2971	C. $\log \frac{n'r'}{n''}$	9,412 3989
$\log\sin 2f$	8,785 1940	$\log\sin 2f''$	8,855 5599
$2f = 3^0\,29'\,46'',03$		$2f'' = 4^0\,6'\,43'',28$	

Aggregatum $2f+2f''$ hic a $2f'$ tantummodo 0",01 differt.

Iam ut tempora propter aberrationem corrigantur, distantias ρ, ρ', ρ'' per formulas art. 145 computare, ac dein per ipsas tempus 493^s vel 0^d,005 706 multiplicare oportet. Ecce calculum

$\log r$	0,33002	$\log r'$	0,32513	$\log r''$	0,32128
$\log\sin(AD'-\zeta)$ ..	9,23606	$\log\sin(\delta'-z)$ ..	9,48384	$\log\sin(A''D'-\zeta'')$.	9,61384
C. $\log\sin\delta$	0,50080	C. $\log\sin\delta'$....	0,27189	C. $\log\sin\delta''$	0,16464
$\log\rho$	0,06688	$\log\rho'$	0,08086	$\log\rho''$	0,09976
log const.	7,75633		7,75633		7,75633
log reductionis ..	7,82321		7,83719		7,85609
reductio =	0,006 656		0,006 874		0,007 179

Observationum	tempora correcta	intervalla	logarithmi
I.	Oct. 5,451 988		
		11^d,963 023	1,077 8409
II.	17,415 011		
		9,970 887	0,998 7339
III.	27,385 898		

Fiunt itaque logarithmi quantitatum θ, θ'' correcti 9,234 3153 et 9,313 4223. Incipiendo iam determinationem elementorum ex f, r', r'', θ prodit $\log\eta$ = 0,000 2285, perinde ex f'', r, r', θ'' fit $\log\eta''$ = 0,000 3191. Hunc calculum in Libri primi Sect. III copiose explicatum hic apponere supersedemus.

Tandem habemus per art. 146

$\log\theta''$	9,313 4223	$2\log r'$	0,650 2680
$C.\log\theta$	0,765 6847	$C.\log rr''$	9,348 7003
$\log\eta$	0,000 2285	$\log\theta\theta''$	8,547 7376
$C.\log\eta''$	9,999 6809	$C.\log\eta\eta''$	9,999 4524
$\log P'$	0,079 0164	$C.\log\cos f$	0,000 2022
		$C.\log\cos f'$	0,000 9579
		$C.\log\cos f''$	0,000 2797
		$\log Q'$	8,547 5981

E prima itaque hypothesi resultat $X = -0,000\,0854$, $Y = -0,000\,1607$.

153.

In *hypothesi secunda* ipsis P, Q eos ipsos valores tribuemus, quos in prima pro P', Q' invenimus. Statuemus itaque

$$x = \log P = 0,079\,0164$$
$$y = \log Q = 8,547\,5981.$$

Quum calculus hic prorsus eodem modo tractandus sit, ut in hypothesi prima, praecipua eius momenta hic apposuisse sufficiet:

$\omega =$	$13^0 15' 38'',13$	$\zeta'' =$	$210^0\ 8' 24'',98$
$\omega + \sigma =$	13 38 51,25	$\log r =$	0,330 7676
$\log Qc\sin\omega =$	0,598 9389	$\log r'' =$	0,322 2280
$z =$	$14^0 33' 19'',00$	$\frac{1}{2}(u''+u) =$	$205^0 22' 15'',58$
$\log r' =$	0,325 9918	$\frac{1}{2}(u''-u) =$	-3 14 4,79
$\log\frac{n'r'}{n} =$	0,667 5193	$2f' =$	7 34 53,32
$\log\frac{n'r'}{n''} =$	0,588 5029	$2f =$	3 29 0,18
$\zeta =$	$203^0 16' 38'',16$	$2f'' =$	4 5 53,12

Reductiones temporum propter aberrationem denuo computare operae haud pretium esset, vix enim 2^s ab iis quas in hypothesi prima eruimus differunt.

Calculi ulteriores praebent $\log\eta = 0,000\,2270$, $\log\eta'' = 0,000\,3173$, unde deducitur

$$\log P' = 0{,}079\,0167, \qquad X = +0{,}000\,0003$$
$$\log Q' = 8{,}547\,6110, \qquad Y = +0{,}000\,0129.$$

Hinc patet, quanto adhuc magis exacta sit hypothesis secunda quam prima.

154.

Ne quidquam desiderandum relinquatur, adhuc *tertiam hypothesin* extruemus, ubi rursus valores ipsarum P', Q' in hypothesi secunda erutos tamquam valores ipsarum P, Q adoptabimus. Statuendo itaque

$$x = \log P = 0{,}079\,0167$$
$$y = \log Q = 8{,}547\,6110,$$

praecipua calculi momenta haec inveniuntur:

$\omega =$	$13^0 15' 38'',39$	$\zeta'' =$	$210^0\ 8' 25'',65$
$\omega + \sigma =$	13 38 51,51	$\log r =$	0,330 7640
$\log Qc \sin\omega =$	0,598 9542	$\log r'' =$	0,322 2239
$z =$	$14^0 33' 19'',50$	$\frac{1}{2}(u''+u) =$	$205^0 22' 14'',57$
$\log r' =$	0,325 9878	$\frac{1}{2}(u''-u) =$	-3 14 4,78
$\log \frac{n'r'}{n} =$	0,667 5154	$2f' =$	7 34 53,73
$\log \frac{n'r'}{n''} =$	0,588 4987	$2f =$	3 29 0,39
$\zeta =$	$203^0 16' 38'',41$	$2f'' =$	4 5 53,34

Omnes hi numeri ab iis quos hypothesis secunda suppeditaverat tam parum differunt, ut certo concludere liceat, hypothesin tertiam nulla amplius correctione indigere*). Progredi itaque licet ad ipsam elementorum determinationem ex $2f'$, r, r'', θ', quam huc transscribere supersedemus, quum iam supra art. 97 exempli loco in extenso allata sit. Nihil itaque superest, nisi ut positionem plani orbitae ad normam art. 149 computemus, epochamque ad initium anni 1805 transferamus. Calculus ille superstruendus est numeris sequentibus:

*) Si calculus perinde ut in hypothesibus antecedentibus ad finem perduceretur, prodiret $X = 0$, $Y = -0{,}000\,0003$, qui valor tamquam evanescens considerandus est, et vix supra incertitudinem figurae decimali ultimae semper inhaerentem exsurgit.

$$AD'-\zeta = 9^0 55' 51'',41$$
$$\tfrac{1}{2}(\gamma+u) = 202\ 18\ 13,855$$
$$\tfrac{1}{2}(\gamma-u) = -6\ 18\ \ 5,495,$$

unde derivamus

$$\tfrac{1}{2}(g+h) = 196^0 43' 14'',62$$
$$\tfrac{1}{2}(g-h) = -4\ 37\ 24,41$$
$$\tfrac{1}{2}i = 6\ 33\ 22,05.$$

Fit igitur $h = 201^0 20' 39'',03$, adeoque ☊ $= l-h = 171^0 7' 48'',73$; porro $g = 192^0 5' 50'',21$, et proin, quum anomalia vera pro observatione prima in art. 97 inventa sit $= 310^0 55' 29'',64$, distantia perihelii a nodo ascendente in orbita $= 241^0 10' 20'',57$, longitudoque perihelii $= 52^0 18' 9'',30$; denique inclinatio orbitae $= 13^0 6' 44'',10$. — Si ad eundem calculum a loco tertio proficisci malumus, habemus

$$A''D'-\zeta'' = 24^0 18' 35'',25$$
$$\tfrac{1}{2}(\gamma''+u'') = 196\ 24\ 54,98$$
$$\tfrac{1}{2}(\gamma''-u'') = -5\ 43\ 14,81.$$

Hinc elicitur

$$\tfrac{1}{2}(g''+h'') = 211^0 24' 32'',44$$
$$\tfrac{1}{2}(g''-h'') = -11\ 43\ 48,49$$
$$\tfrac{1}{2}i = 6\ 33\ 22,05,$$

atque hinc longitudo nodi ascendentis $= l''-h'' = 171^0 7' 48'',72$, longitudo perihelii $= 52^0 18' 9'',30$, inclinatio orbitae $= 13^0 6' 44'',10$, prorsus eaedem ut ante.

Intervallum temporis ab observatione ultima usque ad initium anni 1805 est dierum 64,614 102; cui respondet motus heliocentricus medius $53293'',65 = 14^0 48' 13'',65$; hinc fit epocha anomaliae mediae pro initio anni 1805 in meridiano Parisino $= 349^0 34' 12'',38$, atque epocha longitudinis mediae $= 41^0 52' 21'',68$.

155.

Quo clarius elucescat, quanta praecisione elementa inventa gaudeant, locum medium ex ipsis computabimus. Pro Oct. 17,415 011 anomalia media invenitur $= 332^0 28' 54'',76$, hinc vera $315^0 1' 23'',02$ atque $\log r' = 0,325\,9877$ (vid.

exempla artt. 13, 14); illa aequalis esse deberet anomaliae verae in observatione prima auctae angulo $2f''$, vel anomaliae verae in observatione tertia diminutae angulo $2f$, i. e. $= 315^0\,1'\,22'',98$; logarithmus radii vectoris vero $=$ 0,325 9878: differentiae pro nihilo habendae sunt. Si calculus pro observatione media usque ad locum geocentricum continuatur, numeri resultant ab observatione paucis tantum minuti secundi partibus centesimis deviantes (art. 63), quales differentiae ab erroribus inevitabilibus e tabularum praecisione limitata oriundis quasi absorbentur.

Exemplum praecedens summa praecisione ideo tractavimus, ut appareat, quam facile per methodum nostram solutio quam accuratissima obtineri possit. In ipsa praxi raro opus erit, hunc typum aeque anxie imitari: plerumque sufficiet, *sex* figuras decimales ubique adhibere, et in exemplo nostro secunda iam hypothesis praecisionem haud minorem, primaque praecisionem abunde sufficientem suppeditavisset. Haud ingratam fore lectoribus censemus comparationem elementorum ex hypothesi tertia erutorum cum iis, quae prodeunt, si hypothesis secunda vel adeo prima perinde ad eundem scopum adhibitae fuissent. Haec tria elementorum systemata in schemate sequente exhibemus:

	ex hypothesi III	ex hypothesi II	ex hypothesi I
Epocha longit. med. 1805	$41^0\,52'\,21'',68$	$41^0\,52'\,18'',40$	$42^0\,12'\,37'',83$
motus medius diurnus	$824'',7990$	$824'',7978$	$823'',5026$
perihelium	$52^0\,18'\;9'',30$	$52^0\,18'\;6'',66$	$52^0\,41'\;9'',81$
φ	14 12 1,87	14 11 59,94	14 24 27,49
logar. semiaxis maioris	0,422 4389	0,422 4394	0,422 8944
nodus ascendens	$171^0\;7'\,48'',73$	$171^0\;7'\,49'',15$	$171^0\;5'\,48'',86$
inclinatio orbitae	13 6 44,10	13 6 45,12	13 2 37,50

Computando locum heliocentricum in orbita pro observatione media per secundum elementorum systema, invenitur error logarithmi radii vectoris $= 0$, error longitudinis in orbita $= 0'',03$; computando vero istum locum per systema ex hypothesi prima derivatum prodit error logarithmi radii vectoris $=$ 0,000 0002, error longitudinis in orbita $= 1'',31$. Continuando vero calculum usque ad locum geocentricum invenitur

	ex hypothesi II	ex hypothesi I
Longitudo geocentrica	352° 34′ 22″,26	352° 34′ 19″,97
error	0,14	2,15
latitudo geocentrica	− 6 21 55,06	− 6 21 54,47
error	0,01	0,60

156.

Exemplum *secundum* a Pallade sumemus, cuius observationes sequentes Mediolani factas e Commercio litterario clar. DE ZACH, Vol. XIV. pag. 90 excerpimus.

Tempus medium Mediol.	Asc. recta app.	Declin. app.
1805 Nov. 5. $14^h\ 14^m\ 4^s$	78° 20′ 37″,8	27° 16′ 56″,7 Austr.
Dec. 6. 11 51 27	73 8 48,8	32 52 44,3
1806 Ian. 15. 8 50 36	67 14 11,1	28 38 8,1

Loco eclipticae hic aequatorem tamquam planum fundamentale accipiemus, calculoque ita defungemur, ac si orbita penitus adhuc incognita esset. Primo e tabulis Solis pro temporibus propositis sequentia petimus:

	Longitudo Solis ab aequin. med.	Distantia a terra	Latitudo Solis
Nov. 5	223° 14′ 7″,61	0,990 4311	+ 0″,59
Dec. 6	254 28 42,59	0,984 6753	+ 0,12
Ian. 15	295 5 47,62	0,983 8153	− 0,19

Longitudines Solis, adiectis praecessionibus + 7″,59, + 3″,36, − 2″,11 ad initium anni 1806 reducimus, ac dein, adhibita obliquitate media 23° 27′ 53″,53 latitudinumque ratione rite habita, ascensiones rectas et declinationes inde deducimus. Ita invenimus

	Ascensio recta Solis	Declinatio Solis
Nov. 5	220° 46′ 44″,65	15° 49′ 43″,94 Austr.
Dec. 6	253 9 23,26	22 33 39,45
Ian. 15	297 2 51,11	21 8 12,98

Hae positiones ad centrum terrae referuntur, adeoque parallaxi adiecta ad locum observationis reducendae sunt, quum positiones planetae a parallaxi purgare non liceat. Rectascensiones ipsius zenith in hoc calculo adhibendae cum rectascensionibus planetae conveniunt (quoniam observationes in ipso meridiano sunt institutae), declinatio vero ubique erit altitudo poli = 45° 28′. Hinc eruuntur numeri sequentes:

	Asc. recta terrae	Declinatio terrae	Log. dist. a Sole
Nov. 5	40° 46′ 48″,51	15° 49′ 48″,59 Bor.	9,995 8375
Dec. 6	73 9 23,26	22 33 42,83	9,993 3099
Ian. 15	117 2 46,09	21 8 17,29	9,992 9259

Loca observata Palladis a nutatione et aberratione fixarum liberanda, ac dein adiecta praecessione ad initium anni 1806 reducenda sunt. Hisce titulis sequentes correctiones positionibus observatis applicare oportebit:

	Observatio I		Observatio II		Observatio III	
	Asc. r.	Decl.	Asc. r.	Decl.	Asc. r.	Decl.
Nutatio	− 12″,86	− 3″,08	− 12″,21	− 3″,42	− 13″,06	− 3″,75
aberratio	− 18,13	− 9,89	− 22,68	− 1,63	− 15,60	+ 9,76
praecessio	+ 5,43	+ 0,62	+ 2,25	+ 0,39	− 1,51	− 0,33
summa	− 25,56	− 12,35	− 32,64	− 4,66	− 30,17	+ 5,68

Hinc prodeunt positiones sequentes Palladis, calculo substruendae:

T. m. Parisinum	Asc. recta	Declinatio
Nov. 5,574 074	78° 20′ 12″,24	− 27° 17′ 9″,05
36,475 035	73 8 16,16	− 32 52 48,96
76,349 444	67 13 40,93	− 28 38 2,42

157.

Primo nunc situm circulorum maximorum a locis heliocentricis terrae ad locos geocentricos planetae ductorum determinabimus. Intersectionibus horum circulorum cum aequatore, aut si mavis illorum nodis ascendentibus, characteres $\mathfrak{A}$, $\mathfrak{A}'$, $\mathfrak{A}''$ adscriptos concipimus, distantiasque punctorum B, B', B'' ab his punctis per Δ, Δ', Δ'' designamus. In maiori operationum parte pro A, A', A'' iam $\mathfrak{A}$, $\mathfrak{A}'$, $\mathfrak{A}''$, et pro δ, δ', δ'' iam Δ, Δ', Δ'' substituere oportebit; ubi vero A, A', A'', δ, δ', δ'' retinere oporteat, lector attentus vel nobis non monentibus facile intelliget.

Calculo facto iam invenimus

Ascens. recta punctorum $\mathfrak{A}$, $\mathfrak{A}'$, $\mathfrak{A}''$	233° 54′ 57″,10	253° 8′ 57″,01	276° 40′ 25″,87
γ, γ', γ''	51 17 15,74	90 1 3,19	131 59 58,03
Δ, Δ', Δ''	215 58 49,27	212 52 48,96	220 9 12,96
δ, δ', δ''	56 26 34,19	55 26 31,79	69 10 57,84
$\mathfrak{A}'D$, $\mathfrak{A}D'$, $\mathfrak{A}D''$	23 54 52,13	30 18 3,25	29 8 43,32
$\mathfrak{A}''D$, $\mathfrak{A}''D'$, $\mathfrak{A}'D''$	33 3 26,35	31 59 21,14	22 20 6,91
ε, ε', ε''	47 1 54,69	89 34 57,07	42 33 41,17
logarithmi sinuum	9,864 3525	9,999 9885	9,830 1910
$\log\sin\frac{1}{2}\varepsilon'$		9,847 8971	
$\log\cos\frac{1}{2}\varepsilon'$		9,851 0614	

In calculo art. 138 pro l' ascensio recta puncti $\mathfrak{A}'$ adhibebitur. Sic invenitur

$$\log T\sin t \ldots\ldots 8{,}486\,8236_n$$
$$\log T\cos t \ldots\ldots 9{,}284\,8162_n.$$

Hinc $t = 189^0\,2'\,48'',83$, $\log T = 9{,}290\,2527$; porro $t+\gamma' = 279^0\,3'\,52'',02$,

$$\log S \ldots\ldots\ldots\ldots 9{,}011\,0566_n$$
$$\log T\sin(t+\gamma') \ldots 9{,}284\,7950_n,$$

unde $\Delta'-\sigma = 208^0\,1'\,55'',64$, atque $\sigma = 4^0\,50'\,53'',32$.

In formulis art. 140 pro a, b et $\frac{b}{a}$ ipsos $\sin\delta$, $\sin\delta'$, $\sin\delta''$ retinere oportet, et perinde in formulis art. 142. Ad hos calculos habemus

$\mathfrak{A}''D' - \Delta'' = 171^0\,50'\,8'',18$; log sin ... 9,152 3306; log cos ... $9,995\,5759_n$
$\mathfrak{A}D' - \Delta = 174\;19\;13,98$; — ... 8,995 4722; — ... $9,997\,8629_n$
$\mathfrak{A}''D - \Delta'' = 172\;54\;13,39$; — ... 9,091 7972
$\mathfrak{A}'D - \Delta' + \sigma = 175\;52\;56,49$; — ... 8,856 1520
$\mathfrak{A}D'' - \Delta = 173\;9\;54,05$; — ... 9,075 5844
$\mathfrak{A}'D'' - \Delta' + \sigma = 174\;18\;11,27$; — ... 8,996 7978.

Hinc elicimus

$$\log \varkappa = 0,921\,1850 \qquad \log \lambda = 0,081\,2057_n$$
$$\log \varkappa'' = 0,811\,2762 \qquad \log \lambda'' = 0,031\,9691_n$$
$$\log a = 0,109\,9088, \qquad a = +1,287\,9790$$
$$\log b = 0,181\,0404$$
$$\log \frac{b}{a} = 0,071\,1314 \qquad \text{unde fit } \log b = 0,181\,0402.$$

Inter hos duos valores tantum non aequales medium $\log b = 0,181\,0403$ adoptabimus. Denique prodit

$$\log c = 1,045\,0295$$
$$d = +0,448\,9906$$
$$\log e = 9,210\,2894,$$

quo pacto calculi praeliminares absoluti sunt.

Temporis intervallum inter observationem secundam et tertiam est dierum 39,874 409, inter primam et secundam dierum 30,900 961; hinc fit $\log \theta = 9,836\,2757$, $\log \theta'' = 9,725\,5533$. Statuimus itaque *ad hypothesin primam*

$$x = \log P = 9,889\,2776$$
$$y = \log Q = 9,561\,8290.$$

Praecipua dein calculi momenta haec prodeunt:

$$\omega + \sigma = 20^0\,8'\,46'',72$$
$$\log Qc \sin \omega = 0,028\,2028.$$

Hinc fit valor verus ipsius $z = 21^0\,11'\,24'',30$, atque $\log r' = 0,350\,9379$. Tres reliqui valores ipsius z aequationi IV art. 141 satisfacientes in hoc casu fiunt

$$z = 63^0\,40'\,50''$$
$$z = 101\;\;12\;\;58$$
$$z = 199\;\;24\;\;\;7,$$

e quibus primus tamquam approximatio ad orbitam terrestrem spectandus est, cuius quidem aberratio, propter nimium temporis intervallum, longe hic maior est, quam in exemplo praecedente. — E calculo ulteriori sequentes numeri resultant:

$$\zeta = 195^0\,12'\;2'',48 \qquad \zeta'' = 196^0\,57'\;50'',78$$

$$\log r = 0{,}364\,7022 \qquad \log r'' = 0{,}335\,5758$$

$$\tfrac{1}{2}(u''+u) = 266^0\,47'\;50'',47 \qquad \tfrac{1}{2}(u''-u) = -43^0\,39'\;5'',33$$

$$2f' = 22^0\,32'\;40'',86$$

$$2f = 13\;\;5\;\;41{,}17$$

$$2f'' = 9\;\;27\;\;0{,}05.$$

Differentiam inter $2f'$ et $2f+2f''$, quae hic est $0'',36$, inter $2f$ et $2f''$ ita dispertiemur, ut statuamus $2f = 13^0\,5'\,40'',96$, $2f'' = 9^0\,26'\,59'',90$.

Corrigenda iam sunt tempora propter aberrationem, ubi in formulis art. 145 statuendum est $AD'-\zeta = \mathfrak{A}D'-\Delta+\delta-\zeta$, $A''D'-\zeta'' = \mathfrak{A}''D'-\Delta''+\delta''-\zeta''$. Habemus itaque

$\log r$	0,36470	$\log r'$	0,35094	$\log r''$	0,33558
$\log\sin(AD'-\zeta)$...	9,76462	$\log\sin(\delta'-z)$	9,75038	$\log\sin(A''D'-\zeta'')$	9,84220
C. $\log\sin\delta$	0,07918	C. $\log\sin\delta'$.	0,08431	C. $\log\sin\delta''$	0,02932
log const.	7,75633		7,75633		7,75633
	7,96483		7,94196		7,96343
reductio temporis =	0,009222		0,008749		0,009192

Hinc prodeunt

Tempora correcta	intervalla	logarithmi
Nov. 5,564 852		
	30,901 434	1,489 9785
36,466 286		
	39,873 966	1,600 6894
76,340 252		

unde derivantur logarithmi correcti quantitatum θ, θ'' resp. 9,836 2708 atque 9,725 5599. Incipiendo dein calculum elementorum ex r', r'', $2f$, θ, prodit $\log\eta = 0{,}003\,1921$, sicuti ex r, r', $2f''$, θ'' obtinemus $\log\eta'' = 0{,}001\,7300$. Hinc colligitur $\log P' = 9{,}890\,7512$, $\log Q' = 9{,}571\,2864$, adeoque

$$X = +0{,}001\,4736, \qquad Y = +0{,}009\,4574.$$

Praecipua momenta *hypothesis secundae*, in qua statuimus

$$x = \log P = 9{,}890\,7512$$
$$y = \log Q = 9{,}571\,2864,$$

haec sunt:

$\omega + \sigma =$	$20^0\ 8'\ 0'',87$	$\log r'' =$	$0{,}336\,9708$
$\log Qc \sin\omega =$	$0{,}037\,3071$	$\frac{1}{2}(u''+u) =$	$267^0\ 6'\ 10'',75$
$z =$	$21^0\ 12'\ 6'',09$	$\frac{1}{2}(u''-u) =$	$-43\ 39\ 4{,}00$
$\log r' =$	$0{,}350\,7110$	$2f' =$	$22\ 32\ 8{,}69$
$\zeta =$	$195^0\ 16'\ 59'',90$	$2f =$	$13\ 1\ 54{,}65$
$\zeta'' =$	$196\ 52\ 40{,}63$	$2f'' =$	$9\ 30\ 14{,}38$
$\log r =$	$0{,}363\,0642$		

Differentia $0'',34$ inter $2f'$ et $2f+2f''$ ita distribuenda est, ut statuatur $2f = 13^0\,1'\,54'',45$, $2f'' = 9^0\,30'\,14'',24$.

Si operae pretium videtur correctiones temporum hic denuo computare, invenietur pro observatione prima 0,009 169, pro secunda 0,008 742, pro tertia 0,009 236, adeoque tempora correcta Nov. 5,564 905, Nov. 36,466 293, Nov. 76,340 208. Hinc fit

$$\log\theta = 9{,}836\,2703, \qquad \log\theta'' = 9{,}725\,5594$$
$$\log\eta = 0{,}003\,1790, \qquad \log\eta'' = 0{,}001\,7413$$
$$\log P' = 9{,}890\,7268, \qquad \log Q' = 9{,}571\,0593.$$

Hoc itaque modo ex hypothesi secunda resultat

$$X = -0{,}000\,0244, \qquad Y = -0{,}000\,2271.$$

Denique in *hypothesi tertia*, in qua statuimus

$$x = \log P = 9{,}890\,7268$$
$$y = \log Q = 9{,}571\,0593,$$

praecipua calculi momenta ita se habent:

$\omega + \sigma =$	$20^0\ 8'\ 1'',62$	$\log r'' =$	$0{,}336\,9536$
$\log Qc \sin\omega =$	$0{,}037\,0857$	$\frac{1}{2}(u''+u) =$	$267^0\ 5'\ 53'',09$
$z =$	$21^0\ 12'\ 4'',60$	$\frac{1}{2}(u''-u) =$	$-43\ 39\ 4{,}19$
$\log r' =$	$0{,}350\,7191$	$2f' =$	$22\ 32\ 7{,}67$
$\zeta =$	$195^0\ 16'\ 54'',08$	$2f =$	$13\ 1\ 57{,}42$
$\zeta'' =$	$196\ 52\ 44{,}45$	$2f'' =$	$9\ 30\ 10{,}55$
$\log r =$	$0{,}363\,0960$		

Differentia 0",30 hic ita distribuetur, ut statuatur $2f = 13^0 1' 57'',25$, $2f'' = 9^0 30' 10'',42$ *).

Quum differentiae omnium horum numerorum ab iis, quos hypothesis secunda suppeditaverat, levissimae sint, tuto iam concludere licebit, hypothesin tertiam nulla amplius correctione opus habituram, adeoque hypothesin novam superfluam esse. Quocirca nunc ad calculum elementorum ex $2f'$, θ', r, r'' progredi licebit: qui quum operationibus supra amplissime iam explicatis contineatur, elementa ipsa inde resultantia in eorum gratiam, qui proprio marte eum exsequi cupient, hic apposuisse sufficiet:

Ascensio recta nodi ascendentis in aequatore	$158^0 40' 38'',93$
Inclinatio orbitae ad aequatorem	11 42 49,13
Distantia perihelii a nodo illo ascendente	323 14 56,92
Anomalia media pro epocha 1806	335 4 13,05
Motus medius (sidereus) diurnus	770",2663
Angulus φ	14^0 9' 3",91
Logarithmus semiaxis maioris	0,442 2438.

158.

Duo exempla praecedentia occasionem nondum suppeditaverunt, methodum art. 120 in usum vocandi: hypotheses enim successivae tam rapide convergebant, ut iam in secunda subsistere licuisset, tertiaque a veritate vix sensibiliter aberraret. Revera hocce commodo semper fruemur, quartaque hypothesi supersedere poterimus, quoties motus heliocentricus modicus est, tresque radii vectores non nimis inaequales sunt, praesertim si insuper temporum intervalla parum inter se discrepant. Quanto magis autem problematis conditiones hinc recedunt, tanto fortius valores primi suppositi quantitatum P, Q a veris different, tantoque lentius valores sequentes ad veros convergent. In tali itaque casu tres quidem primae hypotheses ita absolvendae sunt, uti duo exempla praecedentia monstrant (ea sola differentia, quod in hypothesi tertia non elementa ipsa, sed, perinde ut in hypothesi prima et secunda,

*) Haecce differentia maiuscula, in omnibusque hypothesibus tantum non aequalis, ad maximam partem inde orta est, quod σ duabus fere partibus centesimis minuti secundi iusto minor, logarithmusque ipsius b aliquot unitatibus iusto maior erutus erat.

quantitates η, η'', P', Q', X, Y computare oportet): dein vero haud amplius valores postremi ipsarum P', Q' tamquam valores novi quantitatum P, Q in hypothesi quarta accipientur, sed hi per methodum art. 120 e combinatione trium primarum hypothesium eruentur. Rarissime tunc opus erit, ad hypothesin quintam secundum praecepta art. 121 progredi. — Iam hos quoque calculos exemplo illustrabimus, ex quo simul elucebit, quam late methodus nostra pateat.

159.

Ad exemplum *tertium* observationes sequentes Cereris eligimus, quarum prima Bremae a clar. Olbers, secunda Gottingae a clar. Harding, tertia Lilienthalii a clar. Bessel instituta est:

Tempus medium loci observationis	Asc. recta	Declin. boreal.
1805 Sept. 5. $13^h\ 8^m\ 54^s$	$95^0\ 59'\ 25''$	$22^0\ 21'\ 25''$
1806 Ian. 17. 10 58 51	101 18 40,6	30 21 22,3
1806 Maii 23. 10 23 53	121 56 7	28 2 45

Quum methodi, per quas parallaxis et aberrationis rationem habere licet, si distantiae a terra tamquam omnino incognitae spectantur, per duo exempla praecedentia abunde iam illustratae sint: superfluae laboris augmentationi in hoc tertio exemplo renunciabimus, distantiasque approximatas e Commercio litterario clar. de Zach (Vol. XI p. 284) eum in finem excerpemus, ut observationes ab effectu parallaxis et aberrationis purgentur. Has distantias una cum reductionibus inde derivatis tabula sequens exhibet:

Distantia Cereris a terra	2,899	1,638	2,964
tempus, intra quod lumen ad terram descendit	$23^m\ 49^s$	$13^m\ 28^s$	$24^m\ 21^s$
tempus observationis reductum	$12^h\ 45^m\ 5^s$	$10^h\ 45^m\ 23^s$	$9^h\ 59^m\ 32^s$
tempus sidereum in gradibus	$355^0\ 55'$	$97^0\ 59'$	$210^0\ 41'$
parallaxis ascensionis rectae	$+1'',90$	$+0'',22$	$-1'',97$
parallaxis declinationis	$-2,08$	$-1,90$	$-2,04$

Problematis itaque data, postquam a parallaxi et aberratione liberata, temporaque ad meridianum Parisinum reducta sunt, ita se habent:

	Asc. recta	Declinatio
1805 Sept. 5. $12^h\ 19^m\ 14^s$	$95^0\ 59'\ 23''\!,10$	$22^0\ 21'\ 27''\!,08$
1806 Ian. 17. 10 15 2	101 18 40,38	30 21 24,20
1806 Maii 23. 9 33 18	121 56 8,97	28 2 47,04

Ex his ascensionibus rectis et declinationibus deductae sunt longitudines et latitudines adhibita obliquitate eclipticae $23^0\,27'\,55''\!,90$, $23^0\,27'\,54''\!,59$, $23^0\,27'\,53''\!,27$; dein longitudines a nutatione purgatae sunt, quae resp. fuit $+17''\!,31$, $+17''\!,88$, $+18''\!,00$, posteaque ad initium anni 1806 reductae, applicata praecessione $+15''\!,98$, $-2''\!,39$, $-19''\!,68$. Denique pro temporibus reductis e tabulis excerpta sunt loca Solis, ubi in longitudinibus nutatio praetermissa, contra praecessio perinde ut longitudinibus Cereris adiecta est. Latitudo Solis omnino neglecta. Hoc modo numeri sequentes in calculo adhibendi resultaverunt:

Tempus 1805 Sept.	5,51336	139,42711	265,39813
$\alpha, \alpha', \alpha''$	$95^0\ 32'\ 18''\!,56$	$99^0\ 49'\ 5''\!,87$	$118^0\ 5'\ 28''\!,85$
β, β', β''	-0 59 34,06	$+7$ 16 36,80	$+7$ 38 49,39
l, l', l''	342 54 56,00	117 12 43,25	241 58 50,71
$\log R$, $\log R'$, $\log R''$	0,003 1514	9,992 9861	0,005 6974

Iam calculi praeliminares in artt. 136—143 explicati sequentia suppeditant:

$\gamma, \gamma', \gamma''$	$358^0\ 55'\ 28''\!,09$	$156^0\ 52'\ 11''\!,49$	$170^0\ 48'\ 44''\!,79$
$\delta, \delta', \delta''$	112 37 9,66	18 48 39,81	123 32 52,13
$A'D$, AD', AD''	15 32 41,40	252 42 19,14	136 2 22,38
$A''D$, $A''D'$, $A'D''$	138 45 4,60	6 26 41,10	358 5 57,00
$\varepsilon, \varepsilon', \varepsilon''$	29 18 8,21	170 32 59,08	156 6 25,25

$\sigma = 8^0 52' 4'',05$ $\log c = 2,006\,6735$

$\log a = 0,184\,0193_n$, $a = -1,527\,6340$ $d = 117,50873$

$\log b = 0,004\,0987$ $\log e = 0,856\,8244$

$\log \varkappa = 0,161\,1012$ $\log \varkappa'' = 9,977\,0819_n$

$\log \lambda = 9,916\,4090_n$ $\log \lambda'' = 9,732\,0127_n$.

Intervallum temporis inter observationem primam et secundam est dierum 133,91375, inter secundam et tertiam 125,97102: hinc fit $\log\theta = 0,335\,8520$, $\log\theta'' = 0,362\,4066$, $\log\frac{\theta''}{\theta} = 0,026\,5546$, $\log\theta\theta'' = 0,698\,2586$. Iam praecipua momenta hypothesium trium primarum deinceps formatarum in conspectu sequenti exhibemus:

	I	II	III
$\log P = x$	0,026 5546	0,025 6968	0,025 6275
$\log Q = y$	0,698 2586	0,739 0190	0,748 1055
$\omega + \sigma$	$7^0\,15'\,13'',523$	$7^0\,14'\,47'',199$	$7^0\,14'\,45'',071$
$\log Qc\sin\omega$	$1,154\,6650_n$	$1,197\,3880_n$	$1,206\,6327_n$
z	$7^0\,3'\,59'',018$	$7^0\,2'\,32'',938$	$7^0\,2'\,16'',900$
$\log r'$	0,411 4726	0,412 9371	0,413 2107
ζ	$160^0\,10'\,46'',74$	$160^0\,20'\,7'',82$	$160^0\,22'\,9'',42$
ζ''	262 6 1,03	262 12 18,26	262 14 19,49
$\log r$	0,432 3934	0,429 1773	0,428 4841
$\log r''$	0,409 4712	0,407 1975	0,406 4697
$\frac{1}{2}(u''+u)$	$262^0\,55'\,23'',22$	$262^0\,57'\,6'',83$	$262^0\,57'\,31'',17$
$\frac{1}{2}(u''-u)$	273 28 50,95	273 29 15,06	273 29 19,56
$2f'$	62 34 28,40	62 49 56,50	62 53 57,06
$2f$	31 8 30,03	31 15 59,09	31 18 13,83
$2f''$	31 25 58,45	31 33 57,32	31 35 43,32
$\log \eta$	0,020 2496	0,020 3158	0,020 3494
$\log \eta''$	0,021 1074	0,021 2429	0,021 2751
$\log P'$	0,025 6968	0,025 6275	0,025 6289
$\log Q'$	0,739 0190	0,748 1055	0,750 2337
X	−0,000 8578	−0,000 0693	+0,000 0014
Y	+0,040 7604	+0,009 0865	+0,002 1282

Iam designando tres valores ipsius X per A, A', A''; tres valores ipsius Y per B, B', B''; quotientes e divisione quantitatum $A'B''-A''B'$, $A''B-AB''$, $AB'-A'B$ per earundem aggregatum ortos resp. per k, k', k'', ita ut habeatur $k+k'+k''=1$; denique valores ipsorum $\log P'$ et $\log Q'$ in hypothesi tertia per M et N (qui forent valores novi ipsarum x, y, si hypothesin quartam perinde e tertia derivare conveniret, ut tertia e secunda derivata fuerat): e formulis art. 120 facile colligitur, valorem correctum ipsius x fieri $= M-k(A'+A'')-k'A''$, valoremque correctum ipsius $y = N-k(B'+B'')-k'B''$. Calculo facto prior eruitur $= 0{,}025\,6331$, posterior $= 0{,}750\,9143$. Hisce valoribus correctis iam *hypothesin quartam* superstruimus, cuius praecipua momenta haec sunt:

$\omega+\sigma =$	$7^0\,14'\,45'',247$	$\log r'' =$	$0{,}406\,2033$
$\log Q c \sin\omega =$	$1{,}209\,4284_n$	$\frac{1}{2}(u''+u) =$	$262^0\,57'\,38'',78$
$z =$	$7^0\;\;2'\,12'',736$	$\frac{1}{2}(u''-u) =$	$273\;\;29\;\;20{,}73$
$\log r' =$	$0{,}413\,2817$	$2f' =$	$62\;\;55\;\;16{,}64$
$\zeta =$	$160^0\,22'\,45'',38$	$2f =$	$31\;\;19\;\;\;1{,}49$
$\zeta'' =$	$262\;\;15\;\;\;3{,}90$	$2f'' =$	$31\;\;36\;\;15{,}20$
$\log r =$	$0{,}428\,2792$		

Inter $2f'$ et $2f+2f''$ differentia $0'',05$ emergit, quam ita distribuemus, ut statuamus $2f = 31^0\,19'\,1'',47$, $2f'' = 31^0\,36'\,15'',17$. Quodsi iam e duobus locis extremis elementa ipsa determinantur, sequentes numeri resultant:

Anomalia vera pro loco primo	$289^0\;\;7'\,39'',75$
Anomalia vera pro loco tertio	$352\;\;\;2\;\;56{,}39$
Anomalia media pro loco primo	$297\;\;41\;\;35{,}65$
Anomalia media pro loco tertio	$353\;\;15\;\;22{,}49$
Motus medius diurnus sidereus	$769'',6750$
Anomalia media pro initio anni 1806	$322^0\,35'\,52'',51$
Angulus φ	$4\;\;37\;\;57{,}78$
Logarithmus semiaxis maioris	$0{,}442\,4661$.

Computando ex hisce elementis locum heliocentricum pro tempore observationis mediae, invenitur anomalia media $326^0\,19'\,25'',72$, logarithmus radii vectoris $0{,}413\,2825$, anomalia vera $320^0\,43'\,54'',87$: haecce distare deberet ab anomalia vera pro loco primo differentia $2f''$, sive ab anomalia vera pro loco tertio differentia $2f$, adeoque fieri deberet $= 320^0 43' 54'',92$, sicuti logarithmus radii vectoris $= 0,413\,2817$: differentia $0'',05$ in anomalia vera, octoque unitatum in isto logarithmo nullius momenti censenda est.

Si hypothesis quarta eodem modo ad finem perduceretur, ut tres praecedentes, prodiret $X = 0$, $Y = -0,000\,0168$, unde valores correcti ipsarum x, y hi colligerentur

$$x = \log P = 0,025\,6331 \text{ (idem ut in hypothesi quarta)}$$
$$y = \log Q = 0,750\,8973.$$

Quibus valoribus si hypothesis quinta superstrueretur, solutio ultimam quam tabulae permittunt praecisionem nancisceretur: sed elementa hinc resultantia vix sensibiliter ab iis discreparent, quae hypothesis quarta suggessit.

Ut elementa completa habeantur, nihil iam superest, nisi ut situs plani orbitae computetur. Ad normam praeceptorum art. 149 hic prodit

	e loco primo		e loco tertio
g	$354^0\ 9'\ 44'',22$	g''	$57^0\ 5'\ 0'',91$
h	261 56 6,94	h''	161 0 1,61
i	10 37 33,02		10 37 33,00
☊	80 58 49,06		80 58 49,10
Distantia perihelii a nodo ascendente	65 2 4,47		65 2 4,52
Longitudo perihelii	146 0 53,53		146 0 53,62.

Sumto itaque medio statuetur $i = 10^0 37' 33'',01$, ☊ $= 80^0 58' 49'',08$, longitudo perihelii $= 146^0 0' 53'',57$. Denique longitudo media pro initio anni 1806 erit $= 108^0 36' 46'',08$.

160.

In expositione methodi, cui disquisitiones praecedentes dicatae fuerunt, in quosdam casus speciales incidimus, ubi applicationem non patitur, saltem non in forma ea, in qua a nobis exhibita est. Hunc defectum locum habere vidimus:

primo, quoties aliquis trium locorum geocentricorum vel cum loco respondente heliocentrico terrae, vel cum puncto opposito coincidit (casus posterior manifesto tunc tantum occurrere potest, ubi corpus coeleste inter Solem et terram transiit),

secundo, quoties locus geocentricus primus corporis coelestis cum tertio coincidit,

tertio, quoties omnes tres loci geocentrici una cum loco heliocentrico terrae secundo in eodem circulo maximo siti sunt.

In casu primo situs alicuius circulorum maximorum AB, $A'B'$, $A''B''$ indeterminatus manebit, in secundo atque tertio situs puncti B^*. In hisce itaque casibus methodi supra expositae, per quas, si quantitates P, Q tamquam cognitae spectantur, e locis geocentricis heliocentricos determinare docuimus, vim suam perdunt: attamen discrimen essentiale hic notandum est, scilicet in casu primo hic defectus soli methodo attribuendus erit, in casu secundo et tertio autem ipsius problematis naturae; in casu primo itaque ista determinatio utique effici poterit, si modo methodus apte varietur, in secundo et tertio autem absolute impossibilis erit, locique heliocentrici indeterminati manebunt. Haud pigebit, hasce relationes paucis evolvere: omnia vero, quae ad hoc argumentum pertinent, exhaurire eo minus e re esset, quod in omnibus his casibus specialibus orbitae determinatio exacta impossibilis est, ubi a levissimis observationum erroribus enormiter afficeretur. Idem defectus etiamnum valebit, quoties observationes haud quidem exacte, attamen proxime ad aliquem horum casuum referuntur: quamobrem in eligendis observationibus huc respiciendum, probeque cavendum est, ne adhibeatur ullus locus, ubi corpus coeleste simul in viciniis nodi atque oppositionis vel coniunctionis versatur, neque observationes tales, ubi corpus coeleste in ultima ad eundem locum geocentricum proxime rediit, quem in prima occupaverat, neque demum tales, ubi circulus maximus a loco heliocentrico terrae medio ad locum geocentricum medium corporis coelestis ductus angulum acutissimum cum directione motus geocentrici format, atque locum primum et tertium quasi stringit.

161.

Casus primi tres subdivisiones faciemus:

I. Si punctum B cum A vel cum puncto opposito coincidit, erit $\delta = 0$ vel $= 180^0$; γ, ε', ε'' atque puncta D', D'' indeterminata erunt; contra γ', γ'', ε atque puncta D, B^* determinata; punctum C necessario coincidet cum A. Per ratiocinia, iis, quae in art. 140 tradita sunt, analoga, facile elicietur aequatio haecce:

$$0 = n'\frac{\sin(z-\sigma)}{\sin z}\cdot\frac{R'\sin\delta'}{R''\sin\delta''}\cdot\frac{\sin(A''D-\delta'')}{\sin(A'D-\delta'+\sigma)} - n''.$$

Omnia itaque, quae in artt. 141, 142 exposita sunt, etiam huc transferre licebit, si modo statuatur $a = 0$, atque b per ipsam aequationem 12 art. 140 determinetur, quantitatesque z, r', $\frac{n'r'}{n}$, $\frac{n'r'}{n''}$ perinde ut supra computabuntur. Iam simulac z adeoque situs puncti C' innotuit, assignare licebit situm circuli maximi CC', huius intersectionem cum circulo maximo $A''B''$ i. e. punctum C'', et proin arcus CC', CC'', $C'C''$ sive $2f''$, $2f'$, $2f$: hinc denique habebitur

$$r = \frac{n'r'}{n}\cdot\frac{\sin 2f}{\sin 2f'}, \qquad r'' = \frac{n'r'}{n''}\cdot\frac{\sin 2f''}{\sin 2f'}.$$

II. Ad casum eum, ubi punctum B'' cum A'' vel cum puncto opposito coincidit, omnia quae modo tradidimus transferre licet, si modo omnia, quae ad locum primum spectant, cum iis, quae ad tertium referuntur, permutantur.

III. Paullo aliter vero casum eum tractare oportet, ubi B' vel cum A' vel cum puncto opposito coincidit. Hic punctum C' cum A' coincidet; γ', ε, ε'' punctaque D, D'', B^* indeterminata erunt: contra assignari poterit intersectio circuli maximi BB'' cum ecliptica*), cuius longitudo ponatur $= l'+\pi$. Per ratiocinia, iis, quae in art. 140 evoluta sunt, similia, eruetur aequatio

$$0 = n\frac{R\sin\delta\sin(A''D'-\delta'')}{R''\sin\delta''\sin(AD'-\delta)} + n'r'\frac{\sin\pi}{R''\sin(l''-l'-\pi)} + n''.$$

Designemus coëfficientem ipsius n, qui convenit cum a art. 140, per eundem

* Generalius, cum circulo maximo AA'': sed brevitatis caussa eum tantummodo casum hic consideramus, ubi ecliptica tamquam planum fundamentale accipitur.

characterem a, coëfficientemque ipsius $n'r'$ per β: ipsum a hic etiam per formulam

$$a = -\frac{R\sin(l'+\pi-l)}{R''\sin(l''-l'-\pi)}$$

determinare licet. Habemus itaque $0 = an+\beta n'r'+n''$, qua aequatione cum his combinata

$$P = \frac{n''}{n}, \qquad Q = 2\left(\frac{n+n''}{n'}-1\right)r'^3,$$

emergit

$$\frac{\beta(P+1)}{P+a}r'^4+r'^3+\tfrac{1}{2}Q = 0,$$

unde distantiam r' elicere poterimus, siquidem non fuerit $\beta = 0$, in quo casu nihil aliud illinc sequeretur, nisi $P = -a$. Ceterum etiamsi non fuerit $\beta = 0$ (ubi ad casum tertium in art. sequ. considerandum delaberemur), tamen semper β quantitas perexigua erit, adeoque P parum a $-a$ differre debebit: hinc vero manifestum est, determinationem coëfficientis $\frac{\beta(P+1)}{P+a}$ valde lubricam fieri, neque adeo r' ulla praecisione determinabilem esse.

Porro habebimus $\frac{n'r'}{n} = -\frac{P+a}{\beta}$, $\frac{n'r'}{n''} = -\frac{P+a}{\beta P}$: dein simili modo ut in art. 143 facile evolventur aequationes

$$r\sin\zeta = \frac{n'r'}{n}\cdot\frac{\sin\gamma''}{\sin\varepsilon'}\sin(l''-l')$$

$$r''\sin\zeta'' = -\frac{n'r'}{n''}\cdot\frac{\sin\gamma}{\sin\varepsilon'}\sin(l'-l)$$

$$r\sin(\zeta-AD') = r''P\frac{\sin\gamma''}{\sin\gamma}\sin(\zeta''-A''D'),$$

e quarum combinatione cum aequatt. VIII et IX art. 143 quantitates r, ζ, r'', ζ'' determinare licebit. Calculi operationes reliquae cum supra descriptis convenient.

162.

In casu *secundo*, ubi B'' cum B coincidit, etiam D' cum iisdem vel cum puncto opposito coincidet. Erunt itaque $AD'-\delta$ et $A''D'-\delta''$ vel $= 0$ vel $= 180^0$: unde ex aequationibus art. 143 derivamus

$$\frac{n'r'}{n} = \pm \frac{\sin\varepsilon'}{\sin\varepsilon} \cdot \frac{R\sin\delta}{\sin(z + A'D - \delta')}$$

$$\frac{n'r'}{n''} = \pm \frac{\sin\varepsilon'}{\sin\varepsilon''} \cdot \frac{R''\sin\delta''}{\sin(z + A'D'' - \delta')}$$

$$R\sin\delta\sin\varepsilon''\sin(z + A'D'' - \delta') = PR''\sin\delta''\sin\varepsilon\sin(z + A'D - \delta').$$

Hinc manifestum est, z, independenter a Q, per solam P determinabilem esse (nisi forte fuerit $A'D'' = A'D$ vel $= A'D \pm 180^0$, ubi ad casum tertium delaberemur): inventa autem z, innotescet etiam r', et proin adiumento valorum quantitatum $\frac{n'r'}{n}$, $\frac{n'r'}{n''}$ etiam $\frac{n}{n'}$ et $\frac{n''}{n'}$; hinc denique etiam $Q = 2\left(\frac{n}{n'} + \frac{n''}{n'} - 1\right)r'^3$. Manifesto igitur P et Q tamquam data ab invicem independentia considerari nequeunt, sed vel unicum tantummodo datum exhibebunt, vel data incongrua. Situs punctorum C, C'' in hoc casu arbitrarius manebit, si modo in eodem circulo maximo cum C' capiantur.

In casu *tertio*, ubi A', B, B', B'' in eodem circulo maximo iacent, D et D'' resp. cum punctis B'', B, vel cum punctis oppositis coincident: hinc e combinatione aequationum VII, VIII, IX art. 143 colligitur

$$P = \frac{R\sin\delta\sin\varepsilon''}{R''\sin\delta''\sin\varepsilon} = \frac{R\sin(l' - l)}{R''\sin(l'' - l')}.$$

In hoc itaque casu valor ipsius P, per ipsa problematis data iam habetur, adeoque positio punctorum C, C', C'' indeterminata manebit.

163.

Methodus, quam inde ab art. 136 exposuimus, praecipue quidem determinationi primae orbitae penitus adhuc incognitae accomodata est: attamen successu aeque felici tunc quoque in usum vocatur, ubi de correctione orbitae proxime iam cognitae per tres observationes quantumvis ab invicem distantes agitur. In tali autem casu quaedam immutare conveniet. Scilicet quoties observationes motum heliocentricum permagnum complectuntur, haud amplius licebit, $\frac{\theta''}{\theta}$ atque $\theta\theta''$ tamquam valores approximatos quantitatum P, Q considerare: quin potius ex elementis proxime cognitis valores multo magis exacti elici poterunt. Calculabuntur itaque levi calamo per ista elementa pro tribus observationum temporibus loca heliocentrica in orbita, unde designando anomalias veras per v, v', v'', radios vectores per r, r', r'', semiparametrum per

p, prodibunt valores approximati sequentes:

$$P = \frac{r\sin(v'-v)}{r''\sin(v''-v')}, \qquad Q = \frac{4r'^4\sin\frac{1}{2}(v'-v)\sin\frac{1}{2}(v''-v')}{p\cos\frac{1}{2}(v''-v)}.$$

His itaque hypothesis prima superstruetur, paullulumque ad libitum immutatis secunda et tertia: haud enim e re esset, P' et Q' hic pro novis valoribus adoptare (uti supra fecimus), quum hos valores magis exactos evadere haud amplius supponere liceat. Hac ratione omnes tres hypotheses commodissime *simul* absolvi poterunt: quarta dein secundum praecepta art. 120 formabitur. Ceterum haud abnuemus, si quis unam alteramve decem methodorum in artt. 124—129 expositarum in tali casu si non magis tamen aeque fere expeditam existimet, ideoque in usum vocare malit.

SECTIO SECUNDA.

Determinatio orbitae e quatuor observationibus, quarum duae tantum completae sunt.

164.

Iam in ipso limine Libri secundi (art. 115) declaravimus, usum problematis in Sect. praec. pertractati ad eas orbitas limitari, quarum inclinatio nec evanescit, nec nimis exigua est, determinationemque orbitarum parum inclinatarum necessario quatuor observationibus superstrui debere. Quatuor autem observationes completae, quum octo aequationibus aequivaleant, incognitarumque numerus ad sex tantum ascendat, problema plus quam determinatum redderent: quapropter a duabus observationibus latitudines (sive declinationes) seponere oportebit, ut datis reliquis exacte satisfieri possit. Sic oritur problema, cui haec Sectio dicata erit: solutio autem, quam hic trademus, non solum ad orbitas parum inclinatas patebit, sed etiam ad orbitas inclinationis quantumvis magnae pari successu applicari poterit. Etiam hic, perinde ut in problemate Sect. praec., casum eum, ubi orbitae dimensiones approximatae iam in potestate sunt, segregare oportet a determinatione prima orbitae penitus adhuc incognitae: ab illo initium faciemus.

165.

Methodus simplicissima, orbitam proxime iam cognitam quatuor observationibus adaptandi, haec esse videtur. Sint x, y distantiae approximatae corporis coelestis a terra in duabus observationibus completis: harum adiumento computentur loci respondentes heliocentrici, atque hinc ipsa elementa: ex his dein elementis longitudines vel ascensiones rectae geocentricae pro duabus reliquis observationibus. Quae si forte cum observatis conveniunt, elementa nulla amplius correctione egebunt: sin minus, differentiae X, Y notabuntur, idemque calculus iterum bis repetetur, valoribus ipsarum x, y paullulum mutatis. Ita prodibunt tria systemata valorum quantitatum x, y atque differentiarum X, Y, unde per praecepta art. 120 valores correcti quantitatum x, y eruentur, quibus valores $X = 0$, $Y = 0$ respondebunt. Calculo itaque simili huic quarto systemati superstructo elementa emergent, per quae omnes quatuor observationes rite repraesentabuntur.

Ceterum, siquidem eligendi potestas datur, eas observationes completas retinere praestabit, e quibus situm orbitae maxima praecisione determinare licet, proin duas observationes extremas, quoties motum heliocentricum 90 graduum minoremve complectuntur. Sin vero praecisione aequali non gaudent, earum latitudines vel declinationes sepones, quas minus exactas esse suspicaberis.

166.

Ad determinationem primam orbitae penitus adhuc incognitae e quatuor observationibus necessario eiusmodi positiones adhibendae erunt, quae motum heliocentricum non nimis magnum complectuntur: alioquin enim careremus subsidiis ad approximationem primam commode formandam. Methodus tamen ea quam statim trademus extensione tam lata gaudet, ut absque haesitatione observationes motum heliocentricum 30 vel 40 graduum complectentes in usum vocare liceat, si modo distantiae a Sole non nimis inaequales fuerint: quoties eligendi copia datur, temporum intervalla inter primam et secundam, secundam et tertiam, tertiam et quartam ab aequalitate parum recedentia accipere iuvabit. Sed hoc quoque respectu anxietate nimia haud opus erit, uti exemplum subnexum monstrabit, ubi temporum intervalla sunt 48, 55 et 59 dierum, motusque heliocentricus ultra 50^0.

Porro solutio nostra requirit, ut completae sint observatio secunda et tertia, adeoque latitudines vel declinationes in observationibus extremis negligantur. Supra quidem monuimus, praecisionis maioris gratia plerumque praestare, si elementa duabus observationibus extremis completis, atque intermediarum longitudinibus vel ascensionibus rectis accomodentur: attamen in prima orbitae determinatione huic lucro renuntiavisse haud poenitebit, quum approximatio expeditissima longe maioris momenti sit, iacturamque illam, quae praecipue tantum in longitudinem nodi atque inclinationem orbitae cadit, elementaque reliqua vix sensibiliter afficiat, postea facile explere liceat.

Brevitatis caussa methodi expositionem ita adornabimus, ut omnes locos ad eclipticam referamus, adeoque quatuor longitudines cum duabus latitudinibus datas esse supponemus: attamen quoniam in formulis nostris ad terrae latitudinem quoque respicietur, sponte ad eum casum transferri poterunt, ubi aequator tamquam planum fundamentale accipitur, si modo ascensiones rectae ac declinationes in locum longitudinum et latitudinum substituuntur.

Ceterum respectu nutationis, praecessionis et parallaxis, nec non aberrationis, omnia quae in Sectione praec. exposuimus etiam hic valent: nisi itaque distantiae approximatae a terra aliunde iam innotuerunt, ut respectu aberrationis methodum I art. 118 in usum vocare liceat, loca observata initio tantum ab aberratione fixarum purgabuntur, temporaque corrigentur, quamprimum inter calculi decursum distantiarum determinatio approximata in potestatem venit, ut infra clarius elucebit.

167.

Solutionis expositioni signorum praecipuorum indicem praemittimus. Erunt nobis

$t,\ t',\ t'',\ t'''$ quatuor observationum tempora
$\alpha,\ \alpha',\ \alpha'',\ \alpha'''$ corporis coelestis longitudines geocentricae
$\beta,\ \beta',\ \beta'',\ \beta'''$ eiusdem latitudines
$r,\ r',\ r'',\ r'''$ distantiae a Sole
$\rho,\ \rho',\ \rho'',\ \rho'''$ distantiae a terra
$l,\ l',\ l'',\ l'''$ terrae longitudines heliocentricae
$B,\ B',\ B'',\ B'''$ terrae latitudines heliocentricae
$R,\ R',\ R'',\ R'''$ terrae distantiae a Sole

$(n01)$, $(n12)$, $(n23)$, $(n02)$, $(n13)$ areae duplicatae triangulorum, quae resp. inter Solem atque corporis coelestis locum primum et secundum, secundum et tertium, tertium et quartum, primum et tertium, secundum et quartum continentur

$\frac{1}{(\eta 01)}$, $\frac{1}{(\eta 12)}$, $\frac{1}{(\eta 23)}$ quotientes e divisione arearum $\frac{1}{2}(n01)$, $\frac{1}{2}(n12)$, $\frac{1}{2}(n23)$ per areas sectorum respondentium oriundi

$$P' = \frac{(n12)}{(n01)}, \qquad P'' = \frac{(n12)}{(n23)}$$

$$Q' = \left(\frac{(n01)+(n12)}{(n02)} - 1\right) r'^3, \qquad Q'' = \left(\frac{(n12)+(n23)}{(n13)} - 1\right) r''^3$$

v, v', v'', v''' corporis coelestis longitudines in orbita a puncto arbitrario numeratae.

Denique pro observatione secunda et tertia locos heliocentricos terrae in sphaera coelesti per A', A'' denotabimus, locos geocentricos corporis coelestis per B', B'', eiusdemque locos heliocentricos per C', C''.

His ita intellectis negotium primum perinde ut in problemate Sect. praec. (art. 136) consistet in determinatione situs circulorum maximorum $A'C'B'$, $A''C''B''$, quorum inclinationes ad eclipticam per γ', γ'' designamus: cum hoc calculo simul iungetur determinatio arcuum $A'B' = \delta'$, $A''B'' = \delta''$. Hinc manifesto erit

$$r' = \sqrt{(\rho'\rho' + 2\rho' R' \cos\delta' + R'R')}$$
$$r'' = \sqrt{(\rho''\rho'' + 2\rho'' R'' \cos\delta'' + R''R'')},$$

sive statuendo $\rho' + R'\cos\delta' = x'$, $\rho'' + R''\cos\delta'' = x''$, $R'\sin\delta' = a'$, $R''\sin\delta'' = a''$:

$$r' = \sqrt{(x'x' + a'a')}$$
$$r'' = \sqrt{(x''x'' + a''a'')}.$$

168.

Combinando aequationes 1 et 2 art. 112, prodeunt in signis disquisitionis praesentis aequationes sequentes:

$$0 = (n12) R \cos B \sin(l - \alpha) - (n02)(\rho' \cos\beta' \sin(\alpha' - \alpha) + R' \cos B' \sin(l' - \alpha))$$
$$+ (n01)(\rho'' \cos\beta'' \sin(\alpha'' - \alpha) + R'' \cos B'' \sin(l'' - \alpha))$$

$$\begin{aligned}0 = (n\,23)\,(\rho'\cos\beta'\sin(\alpha'''-\alpha') + R'\cos B'\sin(\alpha'''-l'))\\ -(n\,13)\,(\rho''\cos\beta''\sin(\alpha'''-\alpha'') + R''\cos B''\sin(\alpha'''-l''))\\ +(n\,12)\,R'''\cos B'''\sin(\alpha'''-l''').\end{aligned}$$

Hae aequationes, statuendo

$$\begin{aligned}
&\frac{R'\cos B'\sin(l'-\alpha)}{\cos\beta'\sin(\alpha'-\alpha)} - R'\cos\delta' = b' &\qquad& \frac{R\cos B\sin(l-\alpha)}{\cos\beta''\sin(\alpha''-\alpha)} = \lambda\\
&\frac{R''\cos B''\sin(\alpha'''-l'')}{\cos\beta''\sin(\alpha'''-\alpha'')} - R''\cos\delta'' = b'' && \frac{R'''\cos B'''\sin(\alpha'''-l''')}{\cos\beta'\sin(\alpha'''-\alpha')} = \lambda'''\\
&\frac{R'\cos B'\sin(\alpha'''-l')}{\cos\beta'\sin(\alpha'''-\alpha')} - R'\cos\delta' = \varkappa' && \frac{\cos\beta'\sin(\alpha'-\alpha)}{\cos\beta''\sin(\alpha''-\alpha)} = \mu'\\
&\frac{R''\cos B''\sin(l''-\alpha)}{\cos\beta''\sin(\alpha''-\alpha)} - R''\cos\delta'' = \varkappa'' && \frac{\cos\beta''\sin(\alpha'''-\alpha'')}{\cos\beta'\sin(\alpha'''-\alpha')} = \mu''
\end{aligned}$$

omnibusque rite reductis, transeunt in sequentes

$$\frac{\mu'(1+P')(x'+b')}{1+\dfrac{Q'}{(x'x'+a'a')^{\frac{3}{2}}}} = x''+\varkappa''+\lambda P'$$

$$\frac{\mu''(1+P'')(x''+b'')}{1+\dfrac{Q''}{(x''x''+a''a'')^{\frac{3}{2}}}} = x'+\varkappa'+\lambda''' P'',$$

sive, statuendo insuper

$$\begin{aligned}-\varkappa''-\lambda\,P' &= c', &\qquad \mu'(1+P') &= d'\\ -\varkappa'-\lambda'''P'' &= c'', & \mu''(1+P'') &= d'',\end{aligned}$$

in hasce

$$\text{I.}\qquad x'' = c' + \frac{d'(x'+b')}{1+\dfrac{Q'}{(x'x'+a'a')^{\frac{3}{2}}}}$$

$$\text{II.}\qquad x' = c'' + \frac{d''(x''+b'')}{1+\dfrac{Q''}{(x''x''+a''a'')^{\frac{3}{2}}}}.$$

Adiumento harum duarum aequationum x' et x'' ex a', b', c', d', Q', a'', b'', c'', d'', Q'' determinari poterunt. Quodsi quidem x' vel x'' inde eliminanda esset, ad aequationem ordinis permagni[*)] delaberemur: attamen per methodos indirectas incognitarum x', x'' valores ex illis aequationibus forma non mutata

*) Handschriftliche Bemerkung:] ordinis 64^{ti}.

satis expedite elicientur. Plerumque valores incognitarum approximati iam prodeunt, si primo Q' atque Q'' negliguntur; scilicet

$$x' = \frac{c''+d''(b''+c')+d'd''b'}{1-d'd''}$$
$$x'' = \frac{c'+d'(b'+c'')+d'd''b''}{1-d'd''}.$$

Quamprimum autem valor approximatus alterutrius incognitae habetur, valores aequationibus exacte satisfacientes facillime elicientur. Sit scilicet ξ' valor approximatus ipsius x', quo in aequatione I substituto prodeat $x'' = \xi''$; perinde substituto $x'' = \xi''$ in aequatione II prodeat inde $x' = X'$; repetantur eaedem operationes, substituendo pro x' in I valorem alium $\xi'+\nu'$, unde prodeat $x'' = \xi''+\nu''$, quo valore in II substituto prodeat inde $x' = X'+N'$. Tum valor correctus ipsius x' erit

$$= \xi' + \frac{(\xi'-X')\nu'}{N'-\nu'} = \frac{\xi'N'-X'\nu'}{N'-\nu'},$$

valorque correctus ipsius x''

$$= \xi'' + \frac{(\xi'-X')\nu''}{N'-\nu'}.$$

Si operae pretium videtur, cum valore correcto ipsius x' alioque levius mutato eaedem operationes repetentur, donec valores ipsarum x', x'' aequationibus I, II exacte satisfacientes prodierint. Ceterum analystae vel mediocriter tantum exercitato subsidia calculum contrahendi haud deerunt.

In his operationibus quantitates irrationales $(x'x'+a'a')^{\frac{3}{2}}$, $(x''x''+a''a'')^{\frac{3}{2}}$ commode calculantur per introductionem arcuum z', z'', quorum tangentes resp. sunt $\frac{a'}{x'}$, $\frac{a''}{x''}$, unde fit

$$\sqrt{(x'x'+a'a')} = r' = \frac{a'}{\sin z'} = \frac{x'}{\cos z'}$$
$$\sqrt{(x''x''+a''a'')} = r'' = \frac{a''}{\sin z''} = \frac{x''}{\cos z''}.$$

Hi arcus auxiliares, quos inter 0 et 180^0 accipere oportet, ut r', r'' positivi evadant, manifesto cum arcubus $C'B'$, $C''B''$ identici erunt, unde patet, hacce ratione non modo r' et r'', sed etiam situm punctorum C', C'' innotescere.

Haecce determinatio quantitatum x', x'' requirit, ut a', a'', b', b'', c', c'', d', d'', Q', Q'' cognitae sint, quarum quantitatum quatuor primae quidem per problematis data habentur, quatuor sequentes autem a P', P'' pendent. Iam quantitates P', P'', Q', Q'' exacte quidem nondum determinari possunt; attamen quum habeatur

$$\text{III.}\quad P' = \frac{t''-t'}{t'-t}\cdot\frac{(\eta 01)}{(\eta 12)}$$

$$\text{IV.}\quad P'' = \frac{t''-t'}{t'''-t''}\cdot\frac{(\eta 23)}{(\eta 12)}$$

$$\text{V.}\quad Q' = \tfrac{1}{2}kk(t'-t)(t''-t')\cdot\frac{r'r'}{rr''}\cdot\frac{1}{(\eta 01)(\eta 12)\cos\frac{1}{2}(v'-v)\cos\frac{1}{2}(v''-v)\cos\frac{1}{2}(v''-v')}$$

$$\text{VI.}\quad Q'' = \tfrac{1}{2}kk(t''-t')(t'''-t'')\cdot\frac{r''r''}{r'r'''}\cdot\frac{1}{(\eta 12)(\eta 23)\cos\frac{1}{2}(v''-v')\cos\frac{1}{2}(v'''-v')\cos\frac{1}{2}(v'''-v'')},$$

statim adsunt valores approximati

$$P' = \frac{t''-t'}{t'-t},\qquad P'' = \frac{t''-t'}{t'''-t''}$$

$$Q' = \tfrac{1}{2}kk(t'-t)(t''-t'),\qquad Q'' = \tfrac{1}{2}kk(t''-t')(t'''-t''),$$

quibus calculus primus superstruetur.

169.

Absoluto calculo art. praec. ante omnia arcum $C'C''$ determinare oportebit. Quod fiet commodissime, si antea perinde ut in art. 137 intersectio D circulorum maximorum $A'C'B'$, $A''C''B''$ mutuaque inclinatio ε eruta fuerit: invenietur dein ex ε, $C'D = z'+B'D$ atque $C''D = z''+B''D$, per formulas easdem quas in art. 144 tradidimus, non modo $C'C'' = v''-v'$, sed etiam anguli (u', u''), sub quibus circuli maximi $A'B'$, $A''B''$ circulum maximum $C'C''$ secant.

Postquam arcus $v''-v'$ inventus est, $v'-v$ et r eruentur e combinatione aequationum

$$r\sin(v'-v) = \frac{r''\sin(v''-v')}{P'}$$

$$r\sin(v'-v+v''-v') = \frac{1+P'}{P'}\cdot\frac{r'\sin(v''-v')}{1+\frac{Q'}{r'^3}}$$

et perinde r''' atque $v'''-v''$ e combinatione harum

$$r'''\sin(v'''-v'') = \frac{r'\sin(v''-v')}{P''}$$

$$r'''\sin(v'''-v''+v''-v') = \frac{1+P''}{P''}\cdot\frac{r''\sin(v''-v')}{1+\frac{Q''}{r''^3}}$$

Omnes numeri hoc modo inventi exacti forent, si ab initio a valoribus veris ipsarum P', P'', Q', Q'' proficisci licuisset: tumque situm plani orbitae perinde ut in art. 149 vel ex $A'C'$, u' et γ' vel ex $A''C''$, u'' et γ'' determinare conveniret, ipsasque orbitae dimensiones vel ex r', r'', t', t'' et $v''-v'$ vel, quod exactius est, ex r, r''', t, t''' et $v'''-v$. Sed in calculo primo haec omnia praeteribimus, atque in id potissimum incumbemus, ut valores magis approximatos pro quantitatibus P', P'', Q', Q'' obtineamus. Hunc finem assequemur, si per methodum inde ab art. 88 expositam

$$\begin{array}{ll} \text{ex } r,\ r',\ v'-v,\ t'-t \text{ eliciamus} & (\eta\,01) \\ r',\ r'',\ v''-v',\ t''-t' \ \ldots\ldots\ldots & (\eta\,12) \\ r'',\ r''',\ v'''-v'',\ t'''-t'' \ \ldots\ldots\ldots & (\eta\,23). \end{array}$$

Has quantitates, nec non valores ipsarum r, r', r'', r''', $\cos\frac{1}{2}(v'-v)$ etc. in formulis III—VI substituemus, unde valores ipsarum P', Q', P'', Q'' resultabunt multo magis exacti quam ii, quibus hypothesis prima superstructa erat. Cum illis itaque hypothesis secunda formabitur, quae si prorsus eodem modo ut prima ad finem perducitur, valores ipsarum P', Q', P'', Q'' multo adhuc exactiores suppeditabit, atque sic ad hypothesin tertiam deducet. Hae operationes tam diu iterabuntur, donec valores ipsarum P', Q', P'', Q'' nulla amplius correctione opus habere videantur, quod recte iudicare exercitatio frequens mox docebit. Quoties motus heliocentricus parvus est, plerumque prima hypothesis illos valores iam satis exacte subministrat: si vero ille arcum maiorem complectitur, si insuper temporum intervalla ab aequalitate notabiliter recedunt, hypothesibus pluries repetitis opus erit; in tali vero casu hypotheses primae magnam calculi praecisionem haud postulant. In ultima denique hypothesi elementa ipsa ita ut modo indicavimus determinabuntur.

170.

In hypothesi prima quidem temporibus non correctis t, t', t'', t''' uti oportebit, quum distantias a terra computare nondum liceat: simulac vero valores approximati quantitatum x', x'' innotuerunt, illas distantias quoque proxime determinare poterimus. Attamen quum formulae pro ρ et ρ''' hic paullo complicatiores evadant, computum correctionis temporum eousque differre conveniet, ubi distantiarum valores satis praecisi evaserunt, ne calculo repetito opus sit. Quamobrem e re erit, hanc operationem iis valoribus quantitatum x', x'' superstruere, ad quas hypothesis penultima produxit, ita ut ultima demum hypothesis a valoribus correctis temporum atque quantitatum P', P'', Q', Q'' proficiscatur. Ecce formulas, ad hunc finem in usum vocandas:

$$\text{VII. } \rho' = x' - R'\cos\delta'$$

$$\text{VIII. } \rho'' = x'' - R''\cos\delta''$$

$$\text{IX. } \rho\cos\beta = -R\cos B\cos(\alpha - l) + \frac{1+P'}{P'\left(1+\frac{Q'}{r'^3}\right)}(\rho'\cos\beta'\cos(\alpha'-\alpha) + R'\cos B'\cos(l'-\alpha))$$
$$- \frac{1}{P'}(\rho''\cos\beta''\cos(\alpha''-\alpha) + R''\cos B''\cos(l''-\alpha))$$

$$\text{X. } \rho\sin\beta = -R\sin B + \frac{1+P'}{P'\left(1+\frac{Q'}{r'^3}\right)}(\rho'\sin\beta' + R'\sin B') - \frac{1}{P'}(\rho''\sin\beta'' + R''\sin B'')$$

$$\text{XI. } \rho'''\cos\beta''' =$$
$$-R'''\cos B'''\cos(\alpha'''-l''') + \frac{1+P''}{P''\left(1+\frac{Q''}{r''^3}\right)}(\rho''\cos\beta''\cos(\alpha'''-\alpha'') + R''\cos B''\cos(\alpha'''-l''))$$
$$- \frac{1}{P''}(\rho'\cos\beta'\cos(\alpha'''-\alpha') + R'\cos B'\cos(\alpha'''-l'))$$

$$\text{XII. } \rho'''\sin\beta''' =$$
$$-R'''\sin B''' + \frac{1+P''}{P''\left(1+\frac{Q''}{r''^3}\right)}(\rho''\sin\beta'' + R''\sin B'') - \frac{1}{P''}(\rho'\sin\beta' + R'\sin B').$$

Formulae IX—XII nullo negotio ex aequationibus 1, 2, 3 art. 112 derivantur, si modo characteres illic adhibiti in eos quibus hic utimur rite convertuntur. Manifesto formulae multo simpliciores evadunt, si B, B', B'' evanescunt. E combinatione formularum IX et X non modo ρ sed etiam β, et perinde ex XI et XII praeter ρ''' etiam β''' demanat: valores harum latitudinum cum observatis calculum non ingredientibus), siquidem datae sunt, comparati ostendent. quonam praecisionis gradu latitudines extremae per elementa sex reliquis datis adaptata repraesentari possint.

171.

Exemplum ad illustrationem huius disquisitionis a *Vesta* desumere conveniet, quae inter omnes planetas recentissime detectos inclinatione ad eclipticam minima gaudet*). Eligimus observationes sequentes Bremae, Parisiis, Lilienthalii et Mediolani ab astronomis clarr. OLBERS, BOUVARD, BESSEL et ORIANI institutas:

Tempus med. loci observationis	Ascensio recta	Declinatio
1807 Martii 30. $12^h 33^m 17^s$	183° 52′ 40″,8	11° 54′ 27″ Bor.
Maii 17. 8 16 5	178 36 42,3	11 39 46,8 —
Iulii 11. 10 30 19	189 49 7,7	3 9 10,1 —
Sept. 8. 7 22 16	212 50 3,4	8 38 17,0 Austr.

Pro iisdem temporibus e tabulis motuum Solis invenimus

	Longit. Solis ab aequin. app.	Nutatio	Distantia a terra	Latitudo Solis	Obliquitas eclipt. apparens
Martii 30	9° 21′ 59″,5	+ 16″,8	0,999 6448	+ 0″,23	23° 27′ 50″,82
Maii 17	55 56 20,0	+ 16,2	1,011 9789	— 0,63	49,83
Iulii 11	108 34 53,3	+ 17,3	1,016 5795	— 0,46	49,19
Sept. 8	165 8 57,1	+ 16,7	1,006 7421	+ 0,29	49,26

Iam loca observata planetae, adhibita eclipticae obliquitate apparente, in longitudines et latitudines conversa, a nutatione et aberratione fixarum purgata, tandemque demta praecessione ad initium anni 1807 reducta sunt, dein e locis Solis ad normam praeceptorum art. 72 derivata sunt loca terrae ficta (ut parallaxis ratio habeatur), longitudinesque demta nutatione et praecessione ad eandem epocham translatae; tandem tempora ab initio anni numerata et ad meridianum Parisinum reducta. Hoc modo orti sunt numeri sequentes:

t, t', t'', t'''	89,505 162	137,344 502	192,419 502	251,288 102
$\alpha, \alpha', \alpha'', \alpha'''$	178° 43′ 38″,87	174° 1′ 30″,08	187° 45′ 42″,23	213° 34′ 15″,63
$\beta, \beta', \beta'', \beta'''$	12 27 6,16	10 8 7,80	6 47 25,51	4 20 21,63
l, l', l'', l'''	189 21 33,71	235 56 0,63	288 35 20,32	345 9 18,69
$\log R, R', R'', R'''$	9,999 7990	0,005 1376	0,007 1739	0,003 0625

*) Nihilominus haec inclinatio etiamnum satis considerabilis est, ut orbitae determinationem satis tuto atque exacte *tribus* observationibus superstruere liceat: revera elementa prima, quae hoc modo ex observationibus 19 tantum diebus ab invicem distantibus deducta erant (vid. VON ZACH Monatl. Corresp. Vol. XV. p. 595), proxime iam accedunt ad ea, quae hic ex observationibus quatuor, 162 diebus ab invicem dissitis, derivabuntur.

Hinc deducimus

$$\gamma' = 168^0\,32'\,41'',34, \qquad \delta' = 62^0\,23'\,4'',88$$
$$\gamma'' = 173\quad 5\quad 15,68, \qquad \delta'' = 100\quad 45\quad 1,40$$
$$\log a' = 9,952\,6104, \qquad b' = -11,009\,449$$
$$\log a'' = 9,999\,4839, \qquad b'' = -\quad 2,082\,036$$

$$\varkappa' = -1,083\,306, \qquad \log\lambda = 0,072\,8800, \qquad \log\mu' = 9,713\,9702_n$$
$$\varkappa'' = +6,322\,006, \qquad \log\lambda''' = 0,079\,8512_n, \qquad \log\mu'' = 9,838\,7061$$

$$A'D = 37^0\,17'\,51'',50, \qquad A''D = 89^0\,24'\,11'',84, \qquad \varepsilon = 9^0\,5'\,5'',48$$
$$B'D = -25\quad 5\quad 13,38, \qquad B''D = -11\quad 20\quad 49,56.$$

His calculis praeliminaribus absolutis, *hypothesin primam* aggredimur. E temporum intervallis elicimus

$$\log k(t'-t) = 9,915\,3666$$
$$\log k(t''-t') = 9,976\,5359$$
$$\log k(t'''-t'') = 0,005\,4651$$

atque hinc valores primos approximatos

$$\log P' = 0,06117, \qquad \log(1+P') = 0,33269, \qquad \log Q' = 9,59087$$
$$\log P'' = 9,97107, \qquad \log(1+P'') = 0,28681, \qquad \log Q'' = 9,68097,$$

hinc porro

$$c' = -7,68361, \qquad \log d' = 0,04666_n$$
$$c'' = +2,20771, \qquad \log d'' = 0,12552.$$

Hisce valoribus, paucis tentaminibus factis, solutio sequens aequationum I, II elicitur:

$$x' = 2,04856, \qquad z' = 23^0\,38'\,17'', \qquad \log r' = 0,34951$$
$$x'' = 1,95745, \qquad z'' = 27\quad 2\quad 0, \qquad \log r'' = 0,34194.$$

Ex z', z'' atque ε eruimus $C'C'' = v''-v' = 17^0\,7'\,5''$: hinc $v'-v$, r, $v'''-v''$, r''' per aequationes sequentes determinandae erunt:

$$\log r\ \sin(v'-v) = 9,74962, \qquad \log r\ \sin(v'-v+17^0\,7'\,5'') = 0,07500$$
$$\log r'''\sin(v'''-v'') = 9,84729, \qquad \log r'''\sin(v'''-v''+17^0\,7'\,5'') = 0,10733,$$

unde eruimus

$$v'-v = 14^0\,14'\,32'', \qquad \log r = 0{,}35865$$
$$v'''-v'' = 18\;\;48\;\;33, \qquad \log r''' = 0{,}33887.$$

Denique invenitur

$$\log(\eta\,01) = 0{,}00426, \qquad \log(\eta\,12) = 0{,}00599, \qquad \log(\eta\,23) = 0{,}00711,$$

atque hinc valores correcti ipsarum P', P'', Q', Q'':

$$\log P' = 0{,}05944, \qquad \log Q' = 9{,}60374$$
$$\log P'' = 9{,}97219, \qquad \log Q'' = 9{,}69581,$$

quibus *hypothesis secunda* superstruenda erit. Huius praecipua momenta ita se habent:

$$c' = -7{,}67820, \qquad \log d' = 0{,}045\,736_n$$
$$c'' = +2{,}21061, \qquad \log d'' = 0{,}126\,054$$

$$x' = 2{,}03308, \qquad z' = 23^0\,47'\,54'', \qquad \log r' = 0{,}346\,747$$
$$x'' = 1{,}94290, \qquad z'' = 27\;\;12\;\;25, \qquad \log r'' = 0{,}339\,373$$

$$C'C'' = v''-v' = 17^0\,8'\,0''$$

$$v'-v = 14^0\,21'\,36'', \qquad \log r = 0{,}354\,687$$
$$v'''-v'' = 18\;\;50\;\;43, \qquad \log r''' = 0{,}334\,564$$

$$\log(\eta\,01) = 0{,}004\,359, \qquad \log(\eta\,12) = 0{,}006\,102, \qquad \log(\eta\,23) = 0{,}007\,280.$$

Hinc prodeunt valores denuo correcti ipsarum P', P'', Q', Q'':

$$\log P' = 0{,}059\,426, \qquad \log Q' = 9{,}604\,749$$
$$\log P'' = 9{,}972\,249, \qquad \log Q'' = 9{,}697\,564,$$

quibus si ad *tertiam hypothesin* progredimur, numeri sequentes resultant:

$$c' = -7{,}67815, \qquad \log d' = 0{,}045\,729_n$$
$$c'' = +2{,}21076, \qquad \log d'' = 0{,}126\,082$$

$$x' = 2{,}03255, \qquad z' = 23^0\,48'\,14'', \qquad \log r' = 0{,}346\,653$$
$$x'' = 1{,}94235, \qquad z'' = 27\;\;12\;\;49, \qquad \log r'' = 0{,}339\,276$$

$$C'C'' = v''-v' = 17^0\,8'\,4''$$

$$v'-v = 14^0\,21'\,49'', \qquad \log r = 0{,}354\,522$$
$$v'''-v'' = 18\;\;51\;\;\;7, \qquad \log r''' = 0{,}334\,290$$

$$\log(\eta\,01) = 0{,}004\,363, \qquad \log(\eta\,12) = 0{,}006\,106, \qquad \log(\eta\,23) = 0{,}007\,290.$$

Quodsi iam ad normam praeceptorum art. praec. distantiae a terra supputantur, prodit:

$$\rho' = 1{,}5635, \qquad \rho'' = 2{,}1319$$
$$\log \rho \cos \beta = 0{,}09876, \qquad \log \rho''' \cos \beta''' = 0{,}42842$$
$$\log \rho \sin \beta = 9{,}44252, \qquad \log \rho''' \sin \beta''' = 9{,}30905$$
$$\beta = 12^0\, 26'\, 40'', \qquad \beta''' = 4^0\, 20'\, 39''$$
$$\log \rho = 0{,}10909, \qquad \log \rho''' = 0{,}42967.$$

Hinc inveniuntur

	Correctiones temporum	Tempora correcta
I	0,007 335	89,497 827
II	0,008 921	137,335 581
III	0,012 165	192,407 337
IV	0,015 346	251,272 756

unde prodeunt valores quantitatum P', P'', Q', Q'' denuo correcti

$$\log P' = 0{,}059\,415, \qquad \log Q' = 9{,}604\,782$$
$$\log P'' = 9{,}972\,253, \qquad \log Q'' = 9{,}697\,687.$$

Tandem si hisce valoribus novis *hypothesis quarta* formatur, numeri sequentes prodeunt:

$$c' = -7{,}678\,116, \qquad \log d' = 0{,}045\,723_n$$
$$c'' = +2{,}210\,773, \qquad \log d'' = 0{,}126\,084$$

$$x' = 2{,}032\,473, \qquad z' = 23^0\, 48'\, 16'',7, \qquad \log r' = 0{,}346\,638$$
$$x'' = 1{,}942\,281, \qquad z'' = 27\;\; 12\;\; 51{,}7, \qquad \log r'' = 0{,}339\,263$$
$$v''-v' = 17^0\, 8'\, 5'',1, \qquad \tfrac{1}{2}(u''+u') = 176^0\, 7'\, 50'',5, \qquad \tfrac{1}{2}(u''-u') = 4^0\, 33'\, 23'',6$$
$$v'-v = 14^0\, 21'\, 51'',9, \qquad \log r = 0{,}354\,503$$
$$v'''-v'' = 18\;\; 51\;\; 9{,}5, \qquad \log r''' = 0{,}334\,263.$$

Hi numeri ab iis, quos hypothesis tertia suppeditaverat, tam parum differunt, ut iam tuto ad ipsorum elementorum determinationem progredi liceat. Primo situm plani orbitae eruimus. Per praecepta art. 149 invenitur, ex γ', u' atque $A'C' = \delta' - z'$, inclinatio orbitae $= 7^0\, 8'\, 14'',8$, longitudo nodi ascendentis $103^0\, 16'\, 37'',2$, argumentum latitudinis in observatione secunda $94^0\, 36'\, 4'',9$, adeoque longitudo in orbita $197^0 52' 42'',1$; perinde ex γ'', u'' atque $A''C'' = \delta'' - z''$ elicitur inclinatio orbitae $= 7^0 8' 14'',8$, longitudo nodi ascendentis $103^0 16' 37'',5$, argumentum latitudinis in observatione tertia $111^0 44' 9'',7$, adeoque longitudo in orbita $215^0 0' 47'',2$. Hinc erit longitudo in orbita pro observatione prima $183^0 30' 50'',2$, pro quarta $233^0 51' 56'',7$. Quodsi iam ex $t''' - t$, r, r''' atque $v''' - v = 50^0 21' 6'',5$ orbitae dimensiones determinantur, prodit:

Anomalia vera pro loco primo	$293^0 33' 43'',7$
Anomalia vera pro loco quarto	343 54 50,2
Hinc longitudo perihelii	249 57 6,5
Anomalia media pro loco primo	302 33 32,6
Anomalia media pro loco quarto	346 32 25,2
Motus medius diurnus sidereus	$978'',7216$
Anomalia media pro initio anni 1807	$278^0 13' 39'',1$
Longitudo media pro eadem epocha	168 10 45,6
Angulus φ	5 2 58,1
Logarithmus semiaxis maioris	0,372 898.

Si secundum haecce elementa pro temporibus t, t', t'', t''' correctis loca planetae geocentrica computantur, quatuor longitudines cum α, α', α'', α''', duaeque latitudines intermediae cum β', β'' ad unam minuti secundi partem decimam conspirant; latitudines extremae vero prodeunt $12^0 26' 43'',7$ atque $4^0 20' 40'',1$, illa $22'',4$ errans defectu, haec $18'',5$ excessu. Attamen si manentibus elementis reliquis tantummodo inclinatio orbitae $6''$ augeatur, longitudoque nodi $4' 40''$ diminuatur, errores inter omnes latitudines distributi ad pauca minuta secunda deprimentur, longitudinesque levissimis tantum erroribus afficientur, qui et ipsi propemodum ad nihilum reducentur, si insuper epocha longitudinis $2''$ diminuatur.

SECTIO TERTIA.

Determinatio orbitae observationibus quotcunque quam proxime satisfacientis.

172.

Si observationes astronomicae ceterique numeri, quibus orbitarum computus innititur, absoluta praecisione gauderent, elementa quoque, sive tribus observationibus sive quatuor superstructa fuerint, absolute exacta statim prodirent (quatenus quidem motus secundum leges KEPLERI exacte fieri supponitur), adeoque accitis aliis aliisque observationibus confirmari tantum possent, haud corrigi. Verum enim vero quum omnes mensurationes atque observationes nostrae nihil sint nisi approximationes ad veritatem, idemque de omnibus calculis illis innitentibus valere debeat, scopum summum omnium computorum circa phaenomena concreta institutorum in eo ponere oportebit, ut ad veritatem quam proxime fieri potest accedamus. Hoc autem aliter fieri nequit, nisi per idoneam combinationem observationum *plurium*, quam quot ad determinationem quantitatum incognitarum absolute requiruntur. Hoc negotium tunc demum suscipere licebit, quando orbitae cognitio approximata iam innotuit, quae dein ita rectificanda est, ut omnibus observationibus *quam exactissime* satisfaciat. Etiamsi haec expressio aliquid vagi implicare videatur, tamen infra principia tradentur, secundum quae problema solutioni legitimae ac methodicae subiicietur.

Praecisionem summam ambire tunc tantummodo operae pretium esse potest, quando orbitae determinandae postrema quasi manus apponenda est. Contra quamdiu spes affulget, mox novas observationes novis correctionibus occasionem daturas esse, prout res fert plus minusve ab extrema praecisione remittere conveniet, si tali modo operationum prolixitatem notabiliter sublevare licet. Nos utrique casui consulere studebimus.

173.

Maximi imprimis momenti est, ut singulae corporis coelestis positiones geocentricae, quibus orbitam superstruere propositum est, non ex observationibus solitariis petitae sint, sed si fieri potest e pluribus ita combinatis, ut errores forte commissi quantum licet sese mutuo destruxerint. Observationes scilicet tales, quae paucorum dierum intervallo ab invicem distant — vel adeo prout res fert intervallo 15 aut 20 dierum — in calculo non adhibendae erunt tamquam totidem positiones diversae, sed potius positio unica inde derivabitur, quae inter cunctas quasi media est, adeoque praecisionem longe maiorem admittit, quam observationes singulae seorsim consideratae. Quod negotium sequentibus principiis innititur.

Corporis coelestis loca geocentrica ex elementis approximatis calculata a locis veris parum discrepare, differentiaeque inter haec et illa mutationes lentissimas tantum subire debent, ita ut intra paucorum dierum decursum propemodum pro constantibus haberi queant, vel saltem variationes tamquam temporibus proportionales spectandae sint. Si itaque observationes ab omni errore immunes essent, differentiae inter locos observatos temporibus t, t', t'', t''' etc. respondentes eosque qui ex elementis computati sunt, i. e. differentiae tum longitudinum tum latitudinum, sive tum ascensionum rectarum tum declinationum, observatarum a computatis, forent quantitates vel sensibiliter aequales, vel saltem uniformiter lentissimeque increscentes aut decrescentes. Respondeant e. g. illis temporibus ascensiones rectae observatae α, α', α'', α''' etc., computatae autem sint $\alpha+\delta$, $\alpha'+\delta'$, $\alpha''+\delta''$, $\alpha'''+\delta'''$ etc.; tunc differentiae δ, δ', δ'', δ''' etc. a veris elementorum deviationibus eatenus tantum discrepabunt, quatenus observationes ipsae sunt erroneae: si itaque illas deviationes pro omnibus istis observationibus tamquam constantes spectare licet, exhibebunt quantitates δ, δ', δ'', δ''' etc. totidem determinationes diversas eiusdem magnitudinis, pro cuius valore correcto itaque assumere conveniet medium arithmeticum inter illas determinationes, quatenus quidem nulla adest ratio, cur unam alteramve praeferamus. Sin vero observationibus singulis idem praecisionis gradus haud attribuendus videtur, supponamus praecisionis gradum in singulis resp. proportionalem aestimandum esse numeris e, e', e'', e''' etc., i. e. errores his numeris reciproce proportionales in observationibus aeque facile committi potuisse; tum secundum principia infra tradenda valor medius maxime probabilis haud amplius erit medium arithmeticum simplex, sed

$$= \frac{ee\delta + e'e'\delta' + e''e''\delta'' + e'''e'''\delta''' + \text{etc.}}{ee + e'e' + e''e'' + e'''e''' + \text{etc.}}$$

Statuendo iam hunc valorem medium $= \Delta$, pro ascensionibus rectis veris assumere licebit resp. $\alpha + \delta - \Delta$, $\alpha' + \delta' - \Delta$, $\alpha'' + \delta'' - \Delta$, $\alpha''' + \delta''' - \Delta$ etc., tumque arbitrarium erit, quanam in calculo utamur. Quodsi vero vel observationes temporis intervallo nimis magno ab invicem distant, aut si orbitae elementa satis approximata nondum innotuerant, ita ut non licuerit, horum deviationes tamquam constantes pro observationibus cunctis spectare, facile perspicietur, aliam hinc differentiam non oriri, nisi quod deviatio media sic inventa non tam omnibus observationibus communis supponenda erit, quam potius ad tempus medium quoddam referenda, quod perinde e singulis temporum momentis derivare oportet, ut Δ ex singulis deviationibus, adeoque generaliter ad tempus $\frac{eet + e'e't' + e''e''t'' + e'''e'''t''' + \text{etc.}}{ee + e'e' + e''e'' + e'''e''' + \text{etc.}}$. Si itaque summam praecisionem appetere placet, pro eodem tempore locum geocentricum ex elementis computare, ac dein ab errore medio Δ liberare oportebit, ut positio quam accuratissima emergat: plerumque tamen abunde sufficiet, si error medius ad observationem tempori medio proximam referatur. Quae hic de ascensionibus rectis diximus, perinde de declinationibus, aut si mavis de longitudinibus et latitudinibus valent: attamen semper praestabit, immediate ascensiones rectas et declinationes ex elementis computatas cum observatis comparare; sic enim non modo calculum magis expeditum lucramur, praesertim si methodis in artt. 53—60 expositis utimur, sed eo insuper titulo illa ratio se commendat, quod observationes incompletas quoque in usum vocare licet, praetereaque, si omnia ad longitudines et latitudines referrentur, metuendum esset, ne observatio quoad ascensionem recte, quoad declinationem male instituta (vel vice versa) ab utraque parte depravetur, atque sic prorsus inutilis evadat. — Ceterum gradus praecisionis medio ita invento attribuendus secundum principia mox explicanda erit $= \sqrt{(ee + e'e' + e''e'' + e'''e''' + \text{etc.})}$, ita ut quatuor vel novem observationes aeque exactae requirantur, si medium praecisione dupla vel tripla gaudere debet, et sic porro.

174.

Si corporis coelestis orbita secundum methodos in Sectionibus praecc. traditas e tribus quatuorve positionibus geocentricis talibus determinata est, quae ipsae singulae ad normam art. praec. e compluribus observationibus petitae fuerant, orbita ista inter omnes hasce observationes medium quasi tenebit, neque in differentiis inter locos observatos et calculatos ullum ordinis vestigium remanebit, quod per elementorum correctionem tollere vel sensibiliter extenuare liceret. Iam quoties tota observationum copia intervallum temporis non nimis magnum complectitur, hoc modo consensum exoptatissimum elementorum cum omnibus observationibus assequi licebit, si modo tres quatuorve positiones quasi normales scite eligantur. In determinandis orbitis cometarum planetarumve novorum, quorum observationes annum unum nondum egrediuntur, ista ratione plerumque tantum proficiemus, quantum ipsa rei natura permittit. Quoties itaque orbita determinanda angulo considerabili versus eclipticam inclinata est, in genere tribus observationibus superstruetur, quas quam remotissimas ab invicem eligemus: si vero hoc pacto in aliquem casuum supra exclusorum (artt. 160—162) fortuito incideremus, aut quoties orbitae inclinatio nimis parva videtur, determinationem ex positionibus quatuor praeferemus, quas itidem quam remotissimas ab invicem accipiemus.

Quando autem iam adest observationum series longior plures annos complectens, plures inde positiones normales derivari poterunt: quamobrem praecisioni maximae male consuleremus, si ad orbitae determinationem tres tantum quatuorve positiones excerperemus, omnesque reliquas omnino negligeremus. Quin potius in tali casu, si summam praecisionem assequi propositum est, operam dabimus, ut positiones exquisitas quam plurimas congeramus, atque in usum vocemus. Tunc itaque aderunt data plura, quam ad incognitarum determinationem requiruntur: sed omnia ista data erroribus utut exiguis obnoxia erunt, ita ut generaliter impossibile sit, omnibus ex asse satisfacere. Iam quum nulla adsit ratio, cur ex hisce datis sex haec vel illa tamquam absolute exacta consideremus, sed potius, secundum probabilitatis principia, in cunctis promiscue errores maiores vel minores aeque possibiles supponere oporteat; porro quum generaliter loquendo errores leviores saepius committantur quam graviores: manifestum est, orbitam talem, quae dum sex datis ad amussim satisfacit a reliquis plus minusve deviat, principiis calculi probabilitatis minus consentaneam censendam esse, quam aliam, quae, dum ab illis quoque sex datis aliquantulum discrepat, consensum tanto meliorem cum reliquis praestat. Investigatio orbitae sensu stricto *maximam* probabilitatem prae se ferentis a cognitione legis pendebit, secundum quam errorum crescentium probabilitas decrescit: illa vero a tot considerationibus vagis vel dubiis — physiologicis quoque — pendet, quae calculo subiici nequeunt, ut huiusmodi legem vix ac ne vix quidem in ullo astronomiae practicae casu rite assignare liceat. Nihilominus indagatio nexus inter hanc legem orbitamque maxime probabilem, quam summa iam generalitate suscipiemus, neutiquam pro speculatione sterili habenda erit.

175.

Ad hunc finem a problemate nostro speciali ad disquisitionem generalissimam in omni calculi ad philosophiam naturalem applicatione foecundissimam ascendemus. Sint V, V', V'' etc. functiones incognitarum p, q, r, s etc., μ multitudo illarum functionum, ν multitudo incognitarum, supponamusque, per observationes immediatas valores functionum ita inventos esse $V = M$, $V' = M'$, $V'' = M''$ etc. Generaliter itaque loquendo evolutio valorum incognitarum constituet problema indeterminatum, determinatum, vel plus quam determinatum, prout fuerit $\mu < \nu$, $\mu = \nu$, vel $\mu > \nu$*). Hic de ultimo tantum casu sermo erit, in quo manifesto exacta cunctarum observationum repraesentatio tunc tantum possibilis foret, ubi illae omnes ab erroribus absolute immunes essent. Quod quum in rerum natura locum non habeat, omne systema valorum incognitarum p, q, r, s etc. pro possibili habendum erit, ex quo valores functio-

*) Si in casu tertio functiones V, V', V'' etc. ita comparatae essent, ut $\mu + 1 - \nu$ ex ipsis vel plures tamquam functiones reliquarum spectare liceret, problema respectu harum functionum etiamnum plus quam determinatum foret, respectu quantitatum p, q, r, s etc. autem indeterminatum: harum scilicet valores ne tunc quidem determinare liceret, quando valores functionum V, V', V'' etc. absolute exacti dati essent: sed hunc casum a disquisitione nostra excludemus.

num $M-V$, $M'-V'$, $M''-V''$ etc. oriuntur, limitibus errorum, qui in istis observationibus committi potuerunt, non maiores: quod tamen neutiquam ita intelligendum est, ac si singula haec systemata possibilia aequali probabilitatis gradu gauderent.

Supponemus primo, eum rerum statum fuisse in omnibus observationibus, ut nulla ratio adsit, cur aliam alia minus exactam esse suspicemur, sive ut errores aeque magnos in singulis pro aeque probabilibus habere oporteat. Probabilitas itaque cuilibet errori Δ tribuenda exprimetur per functionem ipsius Δ, quam per $\varphi\Delta$ denotabimus. Iam etiamsi hanc functionem praecise assignare non liceat, saltem affirmare possumus, eius valorem fieri debere maximum pro $\Delta = 0$, plerumque aequalem esse pro valoribus aequalibus oppositis ipsius Δ, denique evanescere, si pro Δ accipiatur error maximus vel maior valor. Proprie itaque $\varphi\Delta$ ad functionum discontinuarum genus referre oportet, et si quam functionem analyticam istius loco substituere ad usus practicos nobis permittimus, haec ita comparata esse debebit, ut utrimque a $\Delta = 0$ asymptotice quasi ad 0 convergat, ita ut ultra istum limitem tamquam vere evanescens considerari possit. Porro probabilitas, errorem iacere inter limites Δ et $\Delta + \mathrm{d}\Delta$ differentia infinite parva $\mathrm{d}\Delta$ ab invicem distantes, exprimenda erit per $\varphi\Delta . \mathrm{d}\Delta$; proin generaliter probabilitas, errorem iacere inter D et D', exhibebitur per integrale $\int \varphi\Delta . \mathrm{d}\Delta$, a $\Delta = D$ usque ad $\Delta = D'$ extensum. Hoc integrale a valore maximo negativo ipsius Δ usque ad valorem maximum positivum, sive generalius a $\Delta = -\infty$ usque ad $\Delta = +\infty$ sumtum, necessario fieri debet $= 1$.

Supponendo igitur, systema aliquod determinatum valorum quantitatum p, q, r, s etc. locum habere, probabilitas, pro V ex observatione prodituram esse valorem M, exprimetur per $\varphi(M-V)$, substitutis in V pro p, q, r, s etc. valoribus suis; perinde $\varphi(M'-V')$, $\varphi(M''-V'')$ etc. exprimient probabilitates, ex observationibus resultaturos esse functionum V', V'' etc. valores M', M'' etc. Quamobrem quandoquidem omnes observationes tamquam eventus ab invicem independentes spectare licet, productum

$$\varphi(M-V) . \varphi(M'-V') . \varphi(M''-V'') . \text{etc.} = \Omega$$

exprimet exspectationem seu probabilitatem, omnes istos valores simul ex observationibus prodituros esse.

176.

Iam perinde, ut positis valoribus incognitarum determinatis quibuscunque, cuivis systemati valorum functionum V, V', V'' etc. ante observationem factam probabilitas determinata competit, ita vice versa, postquam ex observationibus valores determinati functionum prodierunt, ad singula systemata valorum incognitarum, e quibus illi demanare potuerunt, probabilitas determinata redundabit: manifesto enim systemata ea pro magis probabilibus habenda erunt, in quibus eventus eius qui prodiit exspectatio maior affuerat. Huiusce probabilitatis aestimatio sequenti theorematì innititur:

Si posita hypothesi aliqua H probabilitas alicuius eventus determinati E est $= h$, posita autem hypothesi alia H' illam excludente et per se aeque probabili eiusdem eventus probabilitas est $= h'$: tum dico, quando eventus E revera apparuerit, probabilitatem, quod H fuerit vera hypothesis, fore ad probabilitatem, quod H' fuerit hypothesis vera, ut h ad h' [*)].

Ad quod demonstrandum supponamus, per distinctionem omnium circumstantiarum, a quibus pendet, num H aut H' aut alia hypothesis locum habeat, utrum eventus E an alius emergere debeat, formari systema quoddam casuum diversorum, qui singuli per se (i. e. quamdiu incertum est, utrum eventus E an alius proditurus sit) tamquam aeque probabiles considerandi sint, hosque casus ita distribui,

ut inter ipsos reperiantur	ubi locum habere debet hypothesis	cum modificationibus talibus, ut prodire debeat eventus
m	H	E
n	H	ab E diversus
m'	H'	E
n'	H'	ab E diversus
m''	ab H et H' diversa	E
n''	ab H et H' diversa	ab E diversus

Tunc erit $h = \frac{m}{m+n}$, $h' = \frac{m'}{m'+n'}$; porro ante eventum cognitum probabilitas

[*) Handschriftliche Bemerkung:] Hätten die Hypothesen H, H' an sich (d. i. vor dem Eintreten von E oder vor erlangter Kenntniss von diesem Eintreten), ungleiche Wahrscheinlichkeiten μ, μ' gehabt, so wird man ihnen, nach der Erscheinung von E, Wahrscheinlichkeiten beilegen müssen, die den Producten μh, $\mu' h'$ proportional sind.

hypothesis H erat $= \frac{m+n}{m+n+m'+n'+m''+n''}$, post eventum cognitum autem, ubi casus n, n', n'' e possibilium numero abeunt, eiusdem hypothesis probabilitas erit $= \frac{m}{m+m'+m''}$; perinde hypothesis H' probabilitas ante et post eventum resp. exprimetur per $\frac{m'+n'}{m+n+m'+n'+m''+n''}$ et $\frac{m'}{m+m'+m''}$: quoniam itaque hypothesibus H et H' ante eventum cognitum eadem probabilitas supponitur, erit $m+n = m'+n'$, unde theorematis veritas sponte colligitur.

Iam quatenus supponimus, praeter observationes $V=M$, $V'=M'$, $V''=M''$ etc. nulla alia data ad incognitarum determinationem adesse, adeoque omnia systemata valorum harum incognitarum ante illas observationes aeque probabilia fuisse, manifesto probabilitas cuiusvis systematis determinati post illas observationes ipsi Ω proportionalis erit. Hoc ita intelligendum est, probabilitatem, quod valores incognitarum resp. iaceant inter limites infinite vicinos p et $p+\mathrm{d}p$, q et $q+\mathrm{d}q$, r et $r+\mathrm{d}r$, s et $s+\mathrm{d}s$ etc., exprimi per $\lambda\Omega\,\mathrm{d}p\,\mathrm{d}q\,\mathrm{d}r\,\mathrm{d}s$ etc., ubi λ erit quantitas constans a p, q, r, s etc. independens. Et quidem manifesto erit $\frac{1}{\lambda}$ valor integralis ordinis ν^{ti}: $\int^{\nu}\Omega\,\mathrm{d}p\,\mathrm{d}q\,\mathrm{d}r\,\mathrm{d}s\ldots$, singulis variabilibus p, q, r, s etc. a valore $-\infty$ usque ad valorem $+\infty$ extensis.

177.

Hinc iam sponte sequitur, systema maxime probabile valorum quantitatum p, q, r, s etc. id fore, in quo Ω valorem maximum obtineat, adeoque ex ν aequationibus $\frac{\mathrm{d}\Omega}{\mathrm{d}p}=0$, $\frac{\mathrm{d}\Omega}{\mathrm{d}q}=0$, $\frac{\mathrm{d}\Omega}{\mathrm{d}r}=0$, $\frac{\mathrm{d}\Omega}{\mathrm{d}s}=0$ etc. eruendum esse. Hae aequationes, statuendo $M-V=v$, $M'-V'=v'$, $M''-V''=v''$ etc., atque $\frac{\mathrm{d}\varphi\Delta}{\varphi\Delta.\mathrm{d}\Delta}=\varphi'\Delta$, formam sequentem nanciscuntur:

$$\frac{\mathrm{d}v}{\mathrm{d}p}\varphi'v+\frac{\mathrm{d}v'}{\mathrm{d}p}\varphi'v'+\frac{\mathrm{d}v''}{\mathrm{d}p}\varphi'v''+\text{etc.}=0$$
$$\frac{\mathrm{d}v}{\mathrm{d}q}\varphi'v+\frac{\mathrm{d}v'}{\mathrm{d}q}\varphi'v'+\frac{\mathrm{d}v''}{\mathrm{d}q}\varphi'v''+\text{etc.}=0$$
$$\frac{\mathrm{d}v}{\mathrm{d}r}\varphi'v+\frac{\mathrm{d}v'}{\mathrm{d}r}\varphi'v'+\frac{\mathrm{d}v''}{\mathrm{d}r}\varphi'v''+\text{etc.}=0$$
$$\frac{\mathrm{d}v}{\mathrm{d}s}\varphi'v+\frac{\mathrm{d}v'}{\mathrm{d}s}\varphi'v'+\frac{\mathrm{d}v''}{\mathrm{d}s}\varphi'v''+\text{etc.}=0$$

etc.

Hinc itaque per eliminationem problematis solutio plene determinata derivari poterit, quamprimum functionis φ' indoles innotuit. Quae quoniam a priori definiri nequit, rem ab altera parte aggredientes inquiremus, cuinam functioni, tacite quasi pro basi acceptae, proprie innixum sit principium trivium, cuius praestantia generaliter agnoscitur. Axiomatis scilicet loco haberi solet hypothesis, si quae quantitas per plures observationes immediatas, sub aequalibus circumstantiis aequalique cura institutas, determinata fuerit, medium arithmeticum inter omnes valores observatos exhibere valorem maxime probabilem, si non absoluto rigore, tamen proxime saltem, ita ut semper tutissimum sit illi inhaerere. Statuendo itaque $V = V' = V'' =$ etc. $= p$, generaliter esse debebit $\varphi'(M-p)+\varphi'(M'-p)+\varphi'(M''-p)+$ etc. $= 0$, si pro p substituitur valor $\frac{1}{\mu}(M+M'+M''+\text{etc.})$, quemcunque integrum positivum exprimat μ. Supponendo itaque $M' = M'' =$ etc. $= M-\mu N$, erit generaliter, i. e. pro quovis valore integro positivo ipsius μ, $\varphi'(\mu-1)N = (1-\mu)\varphi'(-N)$, unde facile colligitur, generaliter esse debere $\frac{\varphi'\Delta}{\Delta}$ quantitatem constantem, quam per k designabimus. Hinc fit $\log\varphi\Delta = \frac{1}{2}k\Delta\Delta +$ Const., sive designando basin logarithmorum hyperbolicorum per e, supponendoque Const. $= \log\varkappa$,

$$\varphi\Delta = \varkappa e^{\frac{1}{2}k\Delta\Delta}.$$

Porro facile perspicitur, k necessario negativam esse debere, quo Ω revera fieri possit maximum, quamobrem statuemus $\frac{1}{2}k = -hh$; et quum per theorema elegans primo ab ill. LAPLACE inventum, integrale $\int e^{-hh\Delta\Delta}\mathrm{d}\Delta$, a $\Delta = -\infty$ usque ad $\Delta = +\infty$, fiat $= \frac{\sqrt{\pi}}{h}$, (denotando per π semicircumferentiam circuli cuius radius 1), functio nostra fiet

$$\varphi\Delta = \frac{h}{\sqrt{\pi}}e^{-hh\Delta\Delta}.$$

178.

Functio modo eruta omni quidem rigore errorum probabilitates exprimere certo non potest: quum enim errores possibiles semper limitibus certis coërceantur, errorum maiorum probabilitas semper evadere deberet $= 0$, dum formula nostra semper valorem finitum exhibet. Attamen hic defectus, quo omnis functio analytica natura sua laborare debet, ad omnes usus practicos nullius momenti est, quum valor functionis nostrae tam rapide decrescat, quamprimum $h\Delta$ valorem considerabilem acquisivit, ut tuto ipsi 0 aequivalens censeri possit. Praeterea ipsos errorum limites absoluto rigore assignare, rei natura nunquam permittet.

Ceterum constans h tamquam mensura praecisionis observationum considerari poterit. Si enim probabilitas erroris Δ in aliquo observationum systemate per $\frac{h}{\sqrt{\pi}}e^{-hh\Delta\Delta}$, in alio vero systemate observationum magis minusve exactarum per $\frac{h'}{\sqrt{\pi}}e^{-h'h'\Delta\Delta}$ exprimi concipitur, exspectatio, in observatione aliqua e systemate priori errorem inter limites $-\delta$ et $+\delta$ contineri, exprimetur per integrale $\int\frac{h}{\sqrt{\pi}}e^{-hh\Delta\Delta}\,d\Delta$, a $\Delta = -\delta$ usque ad $\Delta = +\delta$ sumtum, et perinde exspectatio, errorem alicuius observationis e systemate posteriori limites $-\delta'$ et $+\delta'$ non egredi, exprimetur per integrale $\int\frac{h'}{\sqrt{\pi}}e^{-h'h'\Delta\Delta}\,d\Delta$, a $\Delta = -\delta'$ usque ad $\Delta = +\delta'$ extensum: ambo autem integralia manifesto aequalia fiunt, quoties habetur $h\delta = h'\delta'$. Quodsi igitur e. g. $h' = 2h$, aeque facile in systemate priori error duplex committi poterit ac simplex in posteriori, in quo casu observationibus posterioribus secundum vulgarem loquendi morem praecisio duplex tribuitur.

179.

Iam ea quae ex hac lege sequuntur evolvemus. Sponte patet, ut productum $\Omega = h^{\mu}\pi^{-\frac{1}{2}\mu}e^{-hh(vv+v'v'+v''v''+\cdots)}$ fiat maximum, aggregatum $vv+v'v'+v''v''+\cdots$ minimum fieri debere. *Systema itaque maxime probabile valorum incognitarum p, q, r, s etc. id erit, in quo quadrata differentiarum inter functionum V, V', V'' etc. valores observatos et computatos summam minimam efficiunt,* siquidem in omnibus observationibus idem praecisionis gradus praesumendus est.

Hocce principium, quod in omnibus applicationibus mathesis ad philosophiam naturalem usum frequentissimum offert, ubique axiomatis loco eodem iure valere debet, quo medium arithmeticum inter plures valores observatos eiusdem quantitatis tamquam valor maxime probabilis adoptatur.

Ad observationes praecisionis *inaequalis* principium nullo iam negotio extendi potest. Scilicet si mensura praecisionis observationum, per quas inventum est $V = M$, $V' = M'$, $V'' = M''$ etc. resp. per h, h', h'' etc. exprimitur, i. e. si supponitur, errores his quantitatibus reciproce proportionales in istis observationibus aeque facile committi potuisse, manifesto hoc idem erit, ac si per observationes praecisionis aequalis (cuius mensura $= 1$) valores functionum hV, $h'V'$, $h''V''$ etc. immediate inventi essent $= hM$, $h'M'$, $h''M''$ etc.: quamobrem systema maxime probabile valorum pro quantitatibus p, q, r, s etc. id erit, ubi aggregatum $hhvv + h'h'v'v' + h''h''v''v'' +$ etc., i. e. *ubi summa quadratorum differentiarum inter valores revera observatos et computatos per numeros qui praecisionis gradum metiuntur multiplicatarum fit minimum.* Hoc pacto ne necessarium quidem est, ut functiones V, V', V'' etc. ad quantitates homogeneas referantur, sed heterogeneas quoque (e. g. minuta secunda arcuum et temporis) repraesentare poterunt, si modo rationem errorum, qui in singulis aeque facile committi potuerunt, aestimare licet.

180.

Principium in art. praec. expositum eo quoque nomine se commendat, quod determinatio incognitarum numerica ad algorithmum expeditissimum reducitur, quoties functiones V, V', V'' etc. lineares sunt. Supponamus esse

$$\begin{aligned} M - V &= v = -m + ap + bq + cr + ds + \text{etc.} \\ M' - V' &= v' = -m' + a'p + b'q + c'r + d's + \text{etc.} \\ M'' - V'' &= v'' = -m'' + a''p + b''q + c''r + d''s + \text{etc.} \\ &\text{etc.,} \end{aligned}$$

statuamusque

$$\begin{aligned} av + a'v' + a''v'' + \text{etc.} &= P \\ bv + b'v' + b''v'' + \text{etc.} &= Q \\ cv + c'v' + c''v'' + \text{etc.} &= R \\ dv + d'v' + d''v'' + \text{etc.} &= S \\ \text{etc.} \end{aligned}$$

Tunc ν aequationes art. 177, e quibus incognitarum valores determinare oportet, manifesto hae erunt:

$$P = 0, \qquad Q = 0, \qquad R = 0, \qquad S = 0 \qquad \text{etc.,}$$

siquidem observationes aeque bonas supponimus, ad quem casum reliquos reducere in art. praec. docuimus. Adsunt itaque totidem aequationes lineares, quot incognitae determinandae sunt, unde harum valores per eliminationem vulgarem elicientur.

Videamus nunc, utrum haec eliminatio semper possibilis sit, an unquam solutio indeterminata vel adeo impossibilis evadere possit. Ex eliminationis theoria constat, casum secundum vel tertium tunc locum habiturum esse, quando ex aequationibus $P = 0$, $Q = 0$, $R = 0$, $S = 0$ etc., omissa una, aequatio conflari potest vel identica cum omissa vel eidem repugnans, sive, quod eodem redit, quando assignare licet functionem linearem

$$\alpha P + \beta Q + \gamma R + \delta S + \text{etc.},$$

quae fit identice vel $= 0$ vel saltem ab omnibus incognitis p, q, r, s etc. libera. Supponamus itaque fieri $\alpha P + \beta Q + \gamma R + \delta S + \text{etc.} = \varkappa$. Sponte habetur aequatio identica

$$(v+m)v + (v'+m')v' + (v''+m'')v'' + \text{etc.} = pP + qQ + rR + sS + \text{etc.}$$

Quodsi itaque per substitutiones $p = \alpha x$, $q = \beta x$, $r = \gamma x$, $s = \delta x$ etc. functiones v, v', v'' etc. resp. in $-m + \lambda x$, $-m' + \lambda' x$, $-m'' + \lambda'' x$ etc. transire supponimus, manifesto aderit aequatio identica

$$(\lambda\lambda + \lambda'\lambda' + \lambda''\lambda'' + \text{etc.})xx - (\lambda m + \lambda' m' + \lambda'' m'' + \text{etc.})x = \varkappa x,$$

i. e. erit $\lambda\lambda + \lambda'\lambda' + \lambda''\lambda'' + \text{etc.} = 0$, $\varkappa + \lambda m + \lambda' m' + \lambda'' m'' + \text{etc.} = 0$: hinc vero necessario esse debebit $\lambda = 0$, $\lambda' = 0$, $\lambda'' = 0$ etc. atque $\varkappa = 0$. Hinc patet, functiones omnes V, V', V'' etc. ita comparatas esse, ut valores ipsarum non mutentur, si quantitates p, q, r, s etc. capiant incrementa vel decrementa quaecunque numeris α, β, γ, δ etc. proportionalia: huiusmodi autem casus, in quibus manifesto determinatio incognitarum ne tunc quidem possibilis esset, si ipsi veri valores functionum V, V', V'' etc. darentur, huc non pertinere iam supra monuimus.

Ceterum ad casum hic consideratum omnes reliquos, ubi functiones V, V', V'' etc. non sunt lineares, facile reducere possumus. Scilicet designantibus π, χ, ρ, σ etc. valores approximatos incognitarum p, q, r, s etc. (quos facile eliciemus, si ex μ aequationibus $V = M$, $V' = M'$, $V'' = M''$ etc. primo ν tantum in usum vocamus), introducemus incognitarum loco alias p', q', r', s' etc., statuendo $p = \pi + p'$, $q = \chi + q'$, $r = \rho + r'$, $s = \sigma + s'$ etc.: manifesto harum novarum incognitarum valores tam parvi erunt, ut quadrata productaque negligere liceat, quo pacto aequationes sponte evadent lineares. Quodsi dein calculo absoluto contra exspectationem valores incognitarum p', q', r', s' etc.

tanti emergerent, ut parum tutum videatur, quadrata productaque neglexisse, eiusdem operationis repetitio (acceptis loco ipsarum π, χ, ρ, σ etc. valoribus correctis ipsarum p, q, r, s etc.) remedium promtum afferet.

181.

Quoties itaque unica tantum incognita p adest, ad cuius determinationem valores functionum $ap+n$, $a'p+n'$, $a''p+n''$ etc. resp. inventi sunt $=M$, M', M'' etc. et quidem per observationes aeque exactas, valor maxime probabilis ipsius p erit

$$=\frac{am+a'm'+a''m''+\text{etc.}}{aa+a'a'+a''a''+\text{etc.}}=A,$$

scribendo m, m', m'' etc. resp. pro $M-n$, $M'-n'$, $M''-n''$ etc.

Iam ut gradus praecisionis in hoc valore praesumendae aestimetur, supponemus, probabilitatem erroris Δ in observationibus exprimi per $\frac{h}{\sqrt{\pi}}e^{-hh\Delta\Delta}$. Hinc probabilitas, valorem verum ipsius p esse $=A+p'$, proportionalis erit functioni

$$e^{-hh((ap-m)^2+(a'p-m')^2+(a''p-m'')^2+\text{etc.})},$$

si pro p substituitur $A+p'$. Exponens huius functionis reduci potest ad formam $-hh(aa+a'a'+a''a''+\text{etc.})(pp-2pA+B)$, ubi B a p independens est: proin functio ipsa proportionalis erit huic

$$e^{-hh(aa+a'a'+a''a''+\text{etc.})p'p'}$$

Patet itaque, valori A eundem praecisionis gradum tribuendum esse, ac si inventus esset per observationem immediatam, cuius praecisio ad praecisionem observationum primitivarum esset ut $h\sqrt{(aa+a'a'+a''a''+\text{etc.})}$ ad h, sive ut $\sqrt{(aa+a'a'+a''a''+\text{etc.})}$ ad 1.

182.

Disquisitioni de gradu praecisionis incognitarum valoribus tribuendo, quoties plures adsunt, praemittere oportebit considerationem accuratiorem functionis $vv+v'v'+v''v''+\text{etc.}$, quam per W denotabimus.

I. Statuamus $\frac{1}{2}\frac{\mathrm{d}W}{\mathrm{d}p}=p'=\lambda+\alpha p+\beta q+\gamma r+\delta s+\text{etc.}$, atque $W-\frac{p'p'}{\alpha}=W'$, patetque fieri $p' = P$, et, quum sit $\frac{\mathrm{d}W'}{\mathrm{d}p} = \frac{\mathrm{d}W}{\mathrm{d}p} - \frac{2p'}{\alpha} \cdot \frac{\mathrm{d}p'}{\mathrm{d}p} = 0$, functionem W' a p liberam fore. Coëfficiens $\alpha = aa + a'a' + a''a'' +$ etc. manifesto semper erit quantitas positiva.

II. Perinde statuemus $\frac{1}{2} \cdot \frac{\mathrm{d}W'}{\mathrm{d}q} = q' = \lambda' + \beta' q + \gamma' r + \delta' s +$ etc., atque $W' - \frac{q'q'}{\beta'} = W''$, eritque $q' = \frac{1}{2} \cdot \frac{\mathrm{d}W}{\mathrm{d}q} - \frac{p'}{\alpha} \cdot \frac{\mathrm{d}p'}{\mathrm{d}q} = Q - \frac{\beta}{\alpha} \cdot p'$, atque $\frac{\mathrm{d}W''}{\mathrm{d}q} = 0$, unde patet, functionem W'' tum a p tum a q liberam fore. Haec locum non haberent, si fieri posset $\beta' = 0$. Sed patet, W' oriri ex $vv + v'v' + v''v'' +$ etc., eliminata quantitate p ex v, v', v'' etc. adiumento aequationis $p' = 0$; hinc β' erit summa coëfficientium ipsius qq in vv, $v'v'$, $v''v''$ etc. post illam eliminationem; hi vero singuli coëfficientes ipsi sunt quadrata, neque omnes simul evanescere possunt, nisi in casu supra excluso, ubi incognitae indeterminatae manent. Patet itaque, β' esse debere quantitatem positivam.

III. Statuendo denuo $\frac{1}{2} \cdot \frac{dW''}{dr} = r' = \lambda'' + \gamma'' r + \delta'' s +$ etc., atque $W'' - \frac{r'r'}{\gamma''} = W'''$, erit $r' = R - \frac{\gamma}{\alpha} p' - \frac{\gamma'}{\beta'} q'$, atque W''' libera tum a p, tum a q, tum a r. Ceterum coëfficientem γ'' necessario positivum fieri, simili modo probatur, ut in II. Facile scilicet perspicitur, γ'' esse summam coëfficientium ipsius rr in vv, $v'v'$, $v''v''$ etc., postquam quantitates p et q adiumento aequationum $p' = 0$, $q' = 0$ ex v, v', v'' etc. eliminatae sunt.

IV. Eodem modo statuendo $\frac{1}{2} \frac{dW'''}{ds} = s' = \lambda''' + \delta''' s +$ etc., $W^{\mathrm{IV}} = W''' - \frac{s's'}{\delta'''}$, erit $s' = S - \frac{\delta}{\alpha} p' - \frac{\delta'}{\beta'} q' - \frac{\delta''}{\gamma''} r'$, W^{IV} a p, q, r, s libera, atque δ''' quantitas positiva.

V. Hoc modo, si praeter p, q, r, s adhuc aliae incognitae adsunt, ulterius progredi licebit, ita ut tandem habeatur

$$W = \frac{1}{\alpha} p'p' + \frac{1}{\beta'} q'q' + \frac{1}{\gamma''} r'r' + \frac{1}{\delta'''} s's' + \text{etc.} + \text{Const.},$$

ubi omnes coëfficientes α, β', γ'', δ''' etc. erunt quantitates positivae.

VI. Iam probabilitas alicuius systematis valorum determinatorum pro quantitatibus p, q, r, s etc. proportionalis [*)] est functioni e^{-hhW}; quamobrem,

[*) Handschriftliche Bemerkung:] *Aequalis* [producto] functioni[s

$$e^{-hh\left(\frac{1}{\alpha} p'p' + \frac{1}{\beta'} q'q' + \frac{1}{\gamma''} r'r' + \frac{1}{\delta'''} s's' + \text{etc.}\right)}$$

per factorem constantem] $\frac{h^\nu \sqrt{(\alpha\beta'\gamma''\delta'''\ldots)}}{(\sqrt{\pi})^\nu} e^{-hh\,\text{Const.}}$, ubi Const. designat partem ultimam constantem ipsius W.

manente valore quantitatis p indeterminato, probabilitas systematis valorum determinatorum pro reliquis, proportionalis erit integrali $\int e^{-hhW}\mathrm{d}p$, a $p=-\infty$ usque ad $p=+\infty$ extenso, quod per theorema ill. LAPLACE fit

$$=h^{-1}\alpha^{-\frac{1}{2}}\pi^{\frac{1}{2}}e^{-hh\left(\frac{1}{\beta'}q'q'+\frac{1}{\gamma''}r'r'+\frac{1}{\delta'''}s's'+\text{etc.}\right)};$$

haecce itaque probabilitas proportionalis erit functioni $e^{-hhW'}$. Perinde si insuper q tamquam indeterminata tractatur, probabilitas systematis valorum determinatorum pro r, s etc. proportionalis erit integrali $\int e^{-hhW'}\mathrm{d}q$, a $q=-\infty$ usque ad $q=+\infty$ extenso, quod fit

$$=h^{-1}\beta'^{-\frac{1}{2}}\pi^{\frac{1}{2}}e^{-hh\left(\frac{1}{\gamma''}r'r'+\frac{1}{\delta'''}s's'+\text{etc.}\right)},$$

sive proportionalis functioni $e^{-hhW''}$. Prorsus simili modo, si etiam r tamquam indeterminata consideratur, probabilitas valorum determinatorum pro reliquis s etc. proportionalis erit functioni $e^{-hhW'''}$ et sic porro. Supponamus, incognitarum numerum ad quatuor ascendere; eadem enim conclusio valebit, si maior vel minor est. Valor maxime probabilis ipsius s hic erit $=-\frac{\lambda'''}{\delta'''}$, probabilitasque, hunc a vero differentia σ distare, proportionalis erit functioni $e^{-hh\delta'''\sigma\sigma}$, unde concludimus, mensuram praecisionis relativae isti determinationi tribuendae exprimi per $\sqrt{\delta'''}$, si mensura praecisionis observationibus primitivis tribuendae statuatur $=1$.

183.

Per methodum art. praec. mensura praecisionis pro ea sola incognita commode exprimitur, cui in eliminationis negotio ultimus locus assignatus est, quod incommodum ut evitemus, coëfficientem δ''' alio modo exprimere conveniet. Ex aequationibus

$$P=p'$$
$$Q=q'+\frac{\beta}{\alpha}p'$$
$$R=r'+\frac{\gamma'}{\beta'}q'+\frac{\gamma}{\alpha}p'$$
$$S=s'+\frac{\delta''}{\gamma''}r'+\frac{\delta'}{\beta'}q'+\frac{\delta}{\alpha}p'$$

sequitur, ipsas p', q', r', s' per P, Q, R, S ita exprimi posse

$$
\begin{aligned}
p' &= P \\
q' &= Q + \mathfrak{A}P \\
r' &= R + \mathfrak{B}'Q + \mathfrak{A}'P \\
s' &= S + \mathfrak{C}''R + \mathfrak{B}''Q + \mathfrak{A}''P,
\end{aligned}
$$

ita ut $\mathfrak{A}$, $\mathfrak{A}'$, $\mathfrak{B}'$, $\mathfrak{A}''$, $\mathfrak{B}''$, $\mathfrak{C}''$ sint quantitates determinatae. Erit itaque (incognitarum numerum ad quatuor restringendo)

$$s = -\frac{\lambda'''}{\delta'''} + \frac{\mathfrak{A}''}{\delta'''}P + \frac{\mathfrak{B}''}{\delta'''}Q + \frac{\mathfrak{C}''}{\delta'''}R + \frac{1}{\delta'''}S.$$

Hinc conclusionem sequentem deducimus. Valores maxime probabiles incognitarum p, q, r, s etc. per eliminationem ex aequationibus $P = 0$, $Q = 0$, $R = 0$, $S = 0$ etc. deducendi, manifesto, si aliquantisper P, Q, R, S etc. tamquam indeterminatae spectentur, secundum eandem eliminationis operationem in forma lineari per P, Q, R, S etc. exprimentur, ita ut habeatur

$$
\begin{aligned}
p &= L + AP + BQ + CR + DS + \text{etc.} \\
q &= L' + A'P + B'Q + C'R + D'S + \text{etc.} \\
r &= L'' + A''P + B''Q + C''R + D''S + \text{etc.} \\
s &= L''' + A'''P + B'''Q + C'''R + D'''S + \text{etc.} \\
&\text{etc.}
\end{aligned}
$$

His ita factis, valores maxime probabiles ipsarum p, q, r, s etc. manifesto erunt resp. L, L', L'', L''' etc., mensuraque praecisionis his determinationibus tribuendae resp. exprimetur per $\sqrt{\frac{1}{A}}$, $\sqrt{\frac{1}{B'}}$, $\sqrt{\frac{1}{C''}}$, $\sqrt{\frac{1}{D'''}}$ etc., posita praecisione observationum primitivarum $= 1$. Quae enim de determinatione incognitae s ante demonstravimus (pro qua $\frac{1}{\delta'''}$ respondet ipsi D'''), per solam incognitarum permutationem ad omnes reliquas transferre licebit.

184.

Ut disquisitiones praecedentes per exemplum illustrentur, supponamus, per observationes, in quibus praecisio aequalis praesumenda sit, inventum esse

$$
\begin{aligned}
p - q + 2r &= 3 \\
3p + 2q - 5r &= 5 \\
4p + q + 4r &= 21,
\end{aligned}
$$

[Handschriftliche Bemerkung:] Si gradus praecisionis quantitatum a, b, c etc. est α, β, γ etc., gradus praecisionis quantitatis $x = a + b + c +$ etc. erit $\dfrac{1}{\sqrt{\left(\frac{1}{\alpha\alpha} + \frac{1}{\beta\beta} + \frac{1}{\gamma\gamma} + \text{etc.}\right)}}$.

per quartam vero, cui praecisio dimidia tantum tribuenda est, prodiisse

$$-2p+6q+6r = 28.$$

Loco aequationis ultimae itaque hanc substituemus

$$-p+3q+3r = 14$$

hancque ex observatione prioribus praecisione aequali provenisse supponemus. Hinc fit

$$\begin{aligned} P &= 27p+6q-88 \\ Q &= 6p+15q+r-70 \\ R &= q+54r-107, \end{aligned}$$

atque hinc per eliminationem

$$\begin{aligned} 19899p &= 49154+809P-324Q+6R \\ 737q &= 2617-12P+54Q-R \\ 6633r &= 12707+2P-9Q+123R. \end{aligned}$$

Incognitarum itaque valores maxime probabiles erunt

$$\begin{aligned} p &= 2{,}470 \\ q &= 3{,}551 \\ r &= 1{,}916, \end{aligned}$$

atque praecisio relativa his determinationibus tribuenda, posita praecisione observationum primitivarum $= 1$,

$$\text{pro } p \ldots\ldots \sqrt{\tfrac{19899}{809}} = 4{,}96$$

$$\text{pro } q \ldots\ldots \sqrt{\tfrac{737}{54}} = 3{,}69$$

$$\text{pro } r \ldots\ldots \sqrt{\tfrac{2211}{41}} = 7{,}34.$$

185.

Argumentum hactenus pertractatum pluribus disquisitionibus analyticis elegantibus occasionem dare posset, quibus tamen hic non immoramur, ne nimis ab instituto nostro distrahamur. Eadem ratione expositionem artificiorum. per quae calculus numericus ad algorithmum magis expeditum reduci potest, ad aliam occasionem nobis reservare debemus. Unicam observationem hic adiicere liceat. Quoties multitudo functionum seu aequationum propositarum considerabilis est, calculus ideo potissimum paullo molestior evadit, quod coëfficientes per quos aequationes primitivae multiplicandae sunt ut P, Q, R, S etc. obtineantur, plerumque fractiones decimales parum commodas involvunt. Si in hoc casu operae pretium non videtur, has multiplicationes adiumento tabularum logarithmicarum quam accuratissime perficere, in plerisque casibus sufficiet, horum multiplicatorum loco alios ad calculum commodiores adhibere, qui ab illis parum differant. Haecce licentia errores sensibiles producere nequit, eo tantummodo casu excepto, ubi mensura praecisionis in determinatione incognitarum multo minor evadit, quam praecisio observationum primitivarum fuerat.

186.

Ceterum principium, quod quadrata differentiarum inter quantitates observatas et computatas summam quam minimam producere debeant, etiam independenter a calculo probabilitatis sequenti modo considerari poterit.

Quoties multitudo incognitarum multitudini quantitatum observatarum independentium aequalis est, illas ita determinare licet, ut his exacte satisfiat. Quoties autem multitudo illa hac minor est, consensus absolute exactus obtineri nequit, quatenus observationes praecisione absoluta non gaudent. In hoc itaque casu operam dare oportet, ut consensus quam optimus stabiliatur, sive ut differentiae quantum fieri potest extenuentur. Haec vero notio natura sua aliquid vagi involvit. Etiamsi enim systema valorum pro incognitis, quod *omnes* differentias resp. minores reddit quam aliud, procul dubio huic praeferendum sit, nihilominus optio inter duo systemata, quorum alterum in aliis observationibus consensum meliorem offert, alterum in aliis, arbitrio nostro quodammodo relinquitur, manifestoque innumera principia diversa proponi possunt, per quae conditio prior impletur. Designando differentias inter observationes et calculum per Δ, Δ', Δ'' etc., conditioni priori non modo satisfiet, si $\Delta\Delta + \Delta'\Delta' + \Delta''\Delta'' +$ etc. fit minimum (quod est principium nostrum), sed etiam si $\Delta^4 + \Delta'^4 + \Delta''^4 +$ etc., vel $\Delta^6 + \Delta'^6 + \Delta''^6 +$ etc., vel generaliter summa potestatum exponentis cuiuscunque paris in minimum abit. Sed ex omnibus his principiis nostrum simplicissimum est, dum in reliquis ad calculos complicatissimos deferremur. Ceterum principium nostrum, quo iam inde ab anno 1795 usi sumus, nuper etiam a clar. LEGENDRE in opere *Nouvelles méthodes pour la détermination des orbites des comètes*, *Paris* 1806, prolatum est, ubi plures aliae proprietates huius principii expositae sunt, quas hic brevitatis caussa supprimimus.

Si potestatem exponentis paris infinite magni adoptaremus, ad systema id reduceremur, in quo differentiae maximae fiunt quam minimae.

Ill. Laplace ad solutionem aequationum linearium, quarum multitudo maior est quam multitudo quantitatum incognitarum, principio alio utitur, quod olim iam a clar. Boscovich propositum erat, scilicet ut differentiae ipsae sed omnes positive sumtae summam minimam conficiant. Facile ostendi potest, systema valorum incognitarum, quod ex hoc solo principio erutum sit, necessario*) tot aequationibus e propositarum numero exacte satisfacere debere, quot sint incognitae, ita ut reliquae aequationes eatenus tantum in considerationem veniant, quatenus *ad optionem decidendam conferunt*: si itaque e. g. aequatio $V = M$ est ex earum numero, quibus non satisfit, systema valorum secundum illud principium inventorum nihil mutaretur, etiamsi loco ipsius M valor quicunque alius N observatus esset, si modo designando per n valorem computatum differentiae $M-n$, et $N-n$ eodem signo affectae sint. Ceterum ill. Laplace principium istud per adiectionem conditionis novae quodammodo temperat: postulat scilicet, ut summa differentiarum ipsa, signis non mutatis, fiat $= 0$. Hinc efficitur, ut multitudo aequationum exacte repraesentatarum unitate minor fiat quam multitudo quantitatum incognitarum, verumtamen quod ante observavimus etiamnum locum habebit, siquidem duae saltem incognitae affuerint.

187.

Revertimur ab his disquisitionibus generalibus ad propositum nostrum proprium, cuius caussa illae susceptae fuerant. Antequam determinationem quam exactissimam orbitae ex observationibus pluribus, quam quot necessario requiruntur, aggredi liceat, determinatio approximata iam adesse debet, quae ab omnibus observationibus datis haud multum discrepet. Correctiones his elementis approximatis adhuc applicandae, ut consensus quam accuratissimus efficiatur, tamquam problematis quaesita considerabuntur. Quas quum tam

*) Casibus specialibus exceptis, ubi solutio quodammodo indeterminata manet.

exiguas evasuras esse supponi possit, ut quadrata productaque negligere liceat, variationes, quas corporis coelestis loca geocentrica computata inde nanciscuntur, per formulas differentiales in Sect. secunda Libri primi traditas computari poterunt. Loca igitur secundum elementa correcta quae quaerimus computata, exhibebuntur per functiones lineares correctionum elementorum, illorumque comparatio cum locis observatis secundum principia supra exposita ad determinationem valorum maxime probabilium perducet. Hae operationes tanta simplicitate gaudent, ut ulteriori illustratione opus non habeant, sponteque patet, observationes quotcunque et quantumvis ab invicem remotas in usum vocari posse. — Eadem methodo etiam ad correctionem orbitarum *parabolicarum* cometarum uti licet, si forte observationum series longior adest, consensusque quam optimus postulatur.

188.

Methodus praecedens iis potissimum casibus adaptata est, ubi praecisio summa desideratur: saepissime autem occurrunt casus, ubi sine haesitatione paullulum ab illa remitti potest, si hoc modo calculi prolixitatem considerabiliter contrahere licet, praesertim quando observationes magnum temporis intervallum nondum includunt, adeoque de orbitae determinatione ut sic dicam definitiva nondum cogitatur. In talibus casibus methodus sequens lucro notabili in usum vocari poterit.

Eligantur e tota observationum copia duo loca completa L et L', computenturque pro temporibus respondentibus ex elementis approximatis corporis coelestis distantiae a terra. Formentur dein respectu harum distantiarum tres hypotheses, retentis in prima valoribus computatis, mutataque in hypothesi secunda distantia prima, secundaque in hypothesi tertia; utraque mutatio pro ratione incertitudinis, quae in illis distantiis remanere praesumitur, ad lubitum accipi poterit. Secundum has tres hypotheses, quas in schemate sequente exhibemus:

	Hyp. I	Hyp. II	Hyp. III
Distantia*) loco primo respondens	D	$D+\delta$	D
Distantia loco secundo respondens	D'	D'	$D'+\delta'$

*) Adhuc commodius erit, loco distantiarum ipsarum logarithmis distantiarum curtatarum uti.

computentur e duobus locis L, L' per methodos in Libro primo explicatas tria elementorum systemata, ac dein ex his singulis loca geocentrica corporis coelestis temporibus omnium reliquarum observationum respondentia. Sint haec (singulis longitudinibus et latitudinibus, vel ascensionibus rectis et declinationibus seorsim denotatis)

in systemate primo	M,	M',	M''	etc.
in systemate secundo	$M+\alpha$,	$M'+\alpha'$,	$M''+\alpha''$	etc.
in systemate tertio	$M+\beta$,	$M'+\beta'$,	$M''+\beta''$	etc.

Sint porro resp.

loca observata	N,	N',	N''	etc.

Iam quatenus mutationibus parvis distantiarum D, D' respondent mutationes proportionales singulorum elementorum, nec non locorum geocentricorum ex his computatorum, supponere licebit, loca geocentrica e quarto elementorum systemate computata, quod distantiis a terra $D+x\delta$, $D'+y\delta'$ superstructum sit, resp. fore $M+\alpha x+\beta y$, $M'+\alpha' x+\beta' y$, $M''+\alpha'' x+\beta'' y$ etc. Hinc dein, secundum disquisitiones praecedentes, quantitates x, y ita determinabuntur, ut illae quantitates cum N, N', N'' etc. resp. quam optime consentiant (ratione praecisionis relativae observationum habita). Systema elementorum correctum ipsum vel perinde ex L, L' et distantiis $D+x\delta$, $D'+y\delta'$, vel secundum regulas notas e tribus elementorum systematibus primis per simplicem interpolationem derivari poterit.

189.

Methodus haecce a praecedente in eo tantum differt, quod duobus locis geocentricis exacte, ac dein reliquis quam exactissime satisfit, dum secundum methodum alteram observatio nulla reliquis praefertur, sed errores quantum fieri potest inter omnes distribuuntur. Methodus art. praec. itaque priori eatenus tantum postponenda erit, quatenus locis L, L' aliquam errorum partem recipientibus errores in locis reliquis notabiliter diminuere licet: attamen plerumque per idoneam electionem observationum L, L' facile caveri potest, ne haec differentia magni momenti evadere possit. Operam scilicet dare oportebit, ut pro L, L' tales observationes adoptentur, quae non solum exquisita praecisione gaudeant, sed ita quoque comparatae sint, ut elementa ex ipsis distantiisque derivata a variationibus parvis ipsarum positionum geocentricarum non nimis afficiantur. Parum prudenter itaque ageres, si observationes parvo temporis intervallo ab invicem distantes eligeres, talesve, quibus loci heliocentrici proxime oppositi vel coincidentes responderent.

SECTIO QUARTA.

De determinatione orbitarum, habita ratione perturbationum.

190.

Perturbationes, quas planetarum motus per actionem planetarum reliquorum patiuntur, tam exiguae lentaeque sunt, ut post longius demum temporis intervallum sensibiles fiant: intra tempus brevius — vel adeo, prout circumstantiae sunt, per revolutionem integram unam pluresve — motus tam parum differet a motu in ellipsi perfecta secundum leges Kepleri exacte descripta, ut observationes deviationem indicare non valeant. Quamdiu res ita se habet, operae haud pretium esset, calculum praematurum perturbationum suscipere, sed potius sufficiet, sectionem conicam quasi osculatricem observationibus adaptare: dein vero, postquam planeta per tempus longius accurate observatus est, effectus perturbationum tandem ita se manifestabit, ut non amplius possibile sit, omnes observationes per motum pure ellipticum exacte conciliare; tunc itaque harmonia completa et stabilis parari non poterit, nisi perturbationes cum motu elliptico rite iungantur.

Quum determinatio elementorum ellipticorum, cum quibus perturbationes iungendae sunt, ut observationes exacte repraesententur, illarum cognitionem supponat, vicissim vero theoria perturbationum accurate stabiliri nequeat, nisi elementa iam proxime cognita sint: natura rei non permittit, arduum hoc negotium primo statim conatu perfectissime absolvere, sed potius perturbationes et elementa per correctiones alternis demum vicibus pluries repetitas ad summum praecisionis fastigium evehi poterunt. Prima itaque perturbationum theoria superstruetur elementis pure ellipticis, quae observationibus proxime adaptata fuerant: dein orbita nova investigabitur, quae cum his perturbationibus iuncta observationibus quam proxime satisfaciat. Quae si a priori considerabiliter discrepat, iterata perturbationum evolutio ipsi superstruenda erit, quae correctiones alternis vicibus toties repetentur, donec observationes, elementa et perturbationes quam arctissime consentiant.

191.

Quum evolutio theoriae perturbationum ex elementis datis ab instituto nostro aliena sit, hic tantummodo ostendendum erit, quomodo orbita approximata ita corrigi possit, ut cum perturbationibus datis iuncta observationibus satisfaciat quam proxime. Simplicissime hoc negotium absolvitur per methodum iis quas in artt. 124, 165, 188 exposuimus analogam. Pro temporibus omnium observationum, quibus ad hunc finem uti propositum est, et quae prout res fert esse poterunt vel tres vel quatuor vel plures, computabuntur ex aequationibus perturbationum harum valores numerici, tum pro longitudinibus in orbita, tum pro radiis vectoribus, tum pro latitudinibus heliocentricis: ad hunc calculum argumenta desumentur ex elementis ellipticis approximatis, quibus perturbationum theoria superstructa erat. Dein ex omnibus observationibus eligentur duae, pro quibus distantiae a terra ex iisdem elementis approximatis computabuntur: hae hypothesin primam constituent; hypothesis secunda et tertia formabuntur, distantiis illis paullulum mutatis. In singulis dein hypothesibus e duobus locis geocentricis determinabuntur positiones heliocentricae distantiaeque a Sole; ex illis, postquam latitudines a perturbationibus purgatae fuerint, deducentur longitudo nodi ascendentis, inclinatio orbitae, longitudinesque in orbita. In hoc calculo methodus art. 110 aliqua modificatione opus habet, siquidem ad variationem secularem longitudinis nodi et inclinationis respicere operae pretium videtur. Scilicet designantibus β, β' latitudines heliocentricas a perturbationibus periodicis purgatas; λ, λ' longitudines heliocentricas; Ω, $\Omega + \Delta$ longitudines nodi ascendentis; i, $i + \delta$ inclinationes orbitae; aequationes in hac forma exhibere conveniet:

$$\operatorname{tang}\beta = \operatorname{tang} i \sin(\lambda - \Omega)$$

$$\frac{\operatorname{tang} i}{\operatorname{tang}(i+\delta)}\operatorname{tang}\beta' = \operatorname{tang} i \sin(\lambda' - \Delta - \Omega).$$

Hic valor ipsius $\frac{\text{tang}\, i}{\text{tang}\, (i + \delta)}$ omni praecisione necessaria obtinetur, substituendo pro i valorem approximatum: dein i et ☊ per methodos vulgares erui poterunt.

A duabus porro longitudinibus in orbita, nec non a duobus radiis vectoribus aggregata perturbationum subtrahentur, ut valores pure elliptici prodeant. Hic vero etiam effectus, quem variationes seculares positionis perihelii et excentricitatis in longitudinem in orbita radiumque vectorem exserunt, et qui per formulas differentiales Sect. I Libri primi determinandus est, statim cum perturbationibus periodicis iungendus est, siquidem observationes satis ab invicem distant, ut illius rationem habere operae pretium videatur. Ex his longitudinibus in orbita radiisque vectoribus correctis, una cum temporibus respondentibus, elementa reliqua determinabuntur: tandemque ex his elementis positiones geocentricae pro omnibus reliquis observationibus calculabuntur. Quibus cum observatis comparatis, eodem modo quem in art. 188 explicavimus systema id distantiarum elicietur, ex quo elementa omnibus reliquis observationibus quam optime satisfacientia demanabunt.

192.

Methodus in art. praec. exposita praecipue determinationi *primae* orbitae perturbationes implicantis accommodata est: quamprimum vero tum elementa media elliptica tum aequationes perturbationum proxime iam sunt cognitae, determinatio exactissima adiumento observationum quam plurimarum commodissime per methodum art. 187 absolvetur, quae hic explicatione peculiari opus non habebit. Quodsi hic observationum praestantissimarum copia satis magna est, magnumque temporis intervallum complectitur, haec methodus in pluribus casibus simul determinationi exactiori massarum planetarum perturbantium, saltem maiorum, inservire poterit. Scilicet, si massa cuiusdam planetae perturbantis in calculo perturbationum supposita nondum satis certa videtur, introducetur, praeter sex incognitas a correctionibus elementorum pendentes, adhuc alia μ, statuendo rationem massae correctae ad massam suppositam ut $1+\mu$ ad 1; supponere tunc licebit, perturbationes ipsas in eadem ratione mutari, unde manifesto in singulis positionibus calculatis terminus novus linearis ipsam μ continens producetur, cuius evolutio nulli difficultati obnoxia erit. Comparatio positionum calculatarum cum observatis secundum principia supra exposita, simul cum correctionibus elementorum etiam correctionem μ suppeditabit. Quinadeo hoc modo massae *plurium* planetarum exactius determinari poterunt, qui quidem perturbationes satis considerabiles exercent. Nullum dubium est, quin motus planetarum novorum, praesertim Palladis et Iunonis, qui tantas a Iove perturbationes patiuntur, post aliquot decennia hoc modo determinationem exactissimam massae Iovis allaturi sint: quinadeo forsan ipsam massam unius alteriusve horum planetarum novorum ex perturbationibus, quas in reliquos exercet, aliquando cognoscere licebit.

TABULAE.

	Ellipsis				Hyperbola		
A	log *B*	*C*	*T*	*A*	log *B*	*C*	*T*
0,000	0	0	0,00 000	0,000	0	0	0,00 000
0,001	0	0	100	0,001	0	0	100
0,002	0	2	200	0,002	0	2	200
0,003	1	4	301	0,003	1	4	299
0,004	1	7	401	0,004	1	7	399
0,005	2	11	502	0,005	2	11	498
0,006	3	16	603	0,006	3	16	597
0,007	4	22	704	0,007	4	22	696
0,008	5	29	805	0,008	5	29	795
0,009	6	37	0,00 907	0,009	6	37	894
0,010	7	46	0,01 008	0,010	7	46	0,00 992
0,011	9	56	110	0,011	9	55	0,01 090
0,012	11	66	212	0,012	11	66	189
0,013	13	78	314	0,013	13	77	287
0,014	15	90	416	0,014	15	89	384
0,015	17	103	518	0,015	17	102	482
0,016	19	118	621	0,016	19	116	580
0,017	22	133	723	0,017	21	131	677
0,018	24	149	826	0,018	24	147	774
0,019	27	166	0,01 929	0,019	27	164	872
0,020	30	184	0,02 032	0,020	30	182	0,01 968
0,021	33	203	136	0,021	33	200	0,02 065
0,022	36	223	239	0,022	36	220	162
0,023	40	244	343	0,023	39	240	258
0,024	43	265	447	0,024	43	261	355
0,025	47	288	551	0,025	46	283	451
0,026	51	312	655	0,026	50	306	547
0,027	55	336	760	0,027	54	330	643
0,028	59	362	864	0,028	58	355	739
0,029	63	388	0,02 969	0,029	62	381	834
0,030	67	416	0,03 074	0,030	67	407	0,02 930
0,031	72	444	179	0,031	71	435	0,03 025
0,032	77	473	284	0,032	76	463	120
0,033	82	503	389	0,033	80	492	215
0,034	87	535	495	0,034	85	523	310
0,035	92	567	601	0,035	91	554	404
0,036	97	600	707	0,036	96	585	499
0,037	103	634	813	0,037	101	618	593
0,038	108	669	0,03 919	0,038	107	652	688
0,039	114	704	0,04 025	0,039	112	686	782
0,040	120	741	0,04 1319	0,040	118	722	0,03 8757
0,041	126	779	2387	0,041	124	758	0,03 9695
0,042	133	818	3457	0,042	130	795	0,04 0632
0,043	139	858	4528	0,043	136	833	1567
0,044	146	898	5601	0,044	143	872	2500
0,045	152	940	6676	0,045	149	912	3432
0,046	159	982	7753	0,046	156	953	4363
0,047	166	1026	8831	0,047	163	994	5292
0,048	173	1070	0,04 9911	0,048	170	1037	6220
0,049	181	1116	0,05 0993	0,049	177	1080	7147
0,050	188	1162	2077	0,050	184	1124	8072

Ellipsis				Hyperbola			
A	log *B*	*C*	*T*	*A*	log *B*	*C*	*T*
0,050	188	1162	0,05 2077	0,050	184	1124	0,04 8072
0,051	196	1210	3163	0,051	191	1169	8995
0,052	204	1258	4250	0,052	199	1215	0,04 9917
0,053	212	1307	5339	0,053	207	1262	0,05 0838
0,054	220	1358	6430	0,054	215	1310	1757
0,055	228	1409	7523	0,055	223	1358	2675
0,056	236	1461	8618	0,056	231	1407	3592
0,057	245	1514	0,05 9714	0,057	239	1458	4507
0,058	254	1568	0,06 0812	0,058	247	1509	5420
0,059	263	1623	1912	0,059	256	1561	6332
0,060	272	1679	3014	0,060	265	1614	7243
0,061	281	1736	4118	0,061	273	1667	8152
0,062	290	1794	5223	0,062	282	1722	9060
0,063	300	1853	6331	0,063	291	1777	0,05 9967
0,064	309	1913	7440	0,064	301	1833	0,06 0872
0,065	319	1974	8551	0,065	310	1891	1776
0,066	329	2036	0,06 9664	0,066	320	1949	2678
0,067	339	2099	0,07 0779	0,067	329	2007	3579
0,068	350	2163	1896	0,068	339	2067	4479
0,069	360	2228	3014	0,069	349	2128	5377
0,070	371	2294	4135	0,070	359	2189	6274
0,071	381	2360	5257	0,071	370	2251	7170
0,072	392	2428	6381	0,072	380	2314	8064
0,073	403	2497	7507	0,073	390	2378	8957
0,074	415	2567	8635	0,074	401	2443	0,06 9848
0,075	426	2638	0,07 9765	0,075	412	2509	0,07 0738
0,076	437	2709	0,08 0897	0,076	423	2575	1627
0,077	449	2782	2030	0,077	434	2643	2514
0,078	461	2856	3166	0,078	445	2711	3400
0,079	473	2930	4303	0,079	457	2780	4285
0,080	485	3006	5443	0,080	468	2850	5168
0,081	498	3083	6584	0,081	480	2921	6050
0,082	510	3160	7727	0,082	492	2992	6930
0,083	523	3239	0,08 8872	0,083	504	3065	7810
0,084	535	3319	0,09 0019	0,084	516	3138	8688
0,085	548	3399	1168	0,085	528	3212	0,07 9564
0,086	561	3481	2319	0,086	540	3287	0,08 0439
0,087	575	3564	3472	0,087	553	3363	1313
0,088	588	3647	4627	0,088	566	3440	2186
0,089	602	3732	5784	0,089	578	3517	3057
0,090	615	3818	6943	0,090	591	3595	3927
0,091	629	3904	8104	0,091	604	3674	4796
0,092	643	3992	0,09 9266	0,092	618	3754	5663
0,093	658	4081	0,10 0431	0,093	631	3835	6529
0,094	672	4170	1598	0,094	645	3917	7394
0,095	687	4261	2766	0,095	658	3999	8257
0,096	701	4353	3937	0,096	672	4083	9119
0,097	716	4446	5110	0,097	686	4167	0,08 9980
0,098	731	4539	6284	0,098	700	4252	0,09 0840
0,099	746	4634	7461	0,099	714	4338	1698
0,100	762	4730	8640	0,100	728	4424	2555

	Ellipsis				Hyperbola		
A	log *B*	*C*	*T*	*A*	log *B*	*C*	*T*
0,100	762	4730	0,10 8640	0,100	728	4424	0,09 2555
0,101	777	4826	0,10 9820	0,101	743	4512	3410
0,102	793	4924	0,11 1003	0,102	758	4600	4265
0,103	809	5023	2188	0,103	772	4689	5118
0,104	825	5123	3375	0,104	787	4779	5969
0,105	841	5224	4563	0,105	802	4870	6820
0,106	857	5325	5754	0,106	817	4962	7669
0,107	873	5428	6947	0,107	833	5054	8517
0,108	890	5532	8142	0,108	848	5148	0,09 9364
0,109	907	5637	0,11 9339	0,109	864	5242	0,10 0209
0,110	924	5743	0,12 0538	0,110	880	5337	1053
0,111	941	5850	1739	0,111	895	5432	1896
0,112	958	5958	2942	0,112	911	5529	2738
0,113	975	6067	4148	0,113	928	5626	3578
0,114	993	6177	5355	0,114	944	5724	4417
0,115	1011	6288	6564	0,115	960	5823	5255
0,116	1029	6400	7776	0,116	977	5923	6092
0,117	1047	6513	0,12 8989	0,117	994	6024	6927
0,118	1065	6627	0,13 0205	0,118	1010	6125	7761
0,119	1083	6742	1423	0,119	1027	6228	8594
0,120	1102	6858	2643	0,120	1045	6331	0,10 9426
0,121	1121	6976	3865	0,121	1062	6435	0,11 0256
0,122	1139	7094	5089	0,122	1079	6539	1085
0,123	1158	7213	6315	0,123	1097	6645	1913
0,124	1178	7334	7543	0,124	1114	6751	2740
0,125	1197	7455	0,13 8774	0,125	1132	6858	3566
0,126	1217	7577	0,14 0007	0,126	1150	6966	4390
0,127	1236	7701	1241	0,127	1168	7075	5213
0,128	1256	7825	2478	0,128	1186	7185	6035
0,129	1276	7951	3717	0,129	1205	7295	6855
0,130	1296	8077	4959	0,130	1223	7406	7675
0,131	1317	8205	6202	0,131	1242	7518	8493
0,132	1337	8334	7448	0,132	1261	7631	0,11 9310
0,133	1358	8463	8695	0,133	1280	7745	0,12 0126
0,134	1378	8594	0,14 9945	0,134	1299	7859	0940
0,135	1399	8726	0,15 1197	0,135	1318	7974	1754
0,136	1421	8859	2452	0,136	1337	8090	2566
0,137	1442	8993	3708	0,137	1357	8207	3377
0,138	1463	9128	4967	0,138	1376	8325	4186
0,139	1485	9264	6228	0,139	1396	8443	4995
0,140	1507	9401	7491	0,140	1416	8562	5802
0,141	1529	9539	0,15 8756	0,141	1436	8682	6609
0,142	1551	9678	0,16 0024	0,142	1456	8803	7414
0,143	1573	9819	1294	0,143	1476	8925	8217
0,144	1596	9960	2566	0,144	1497	9047	9020
0,145	1618	10102	3840	0,145	1517	9170	0,12 9822
0,146	1641	10246	5116	0,146	1538	9294	0,13 0622
0,147	1664	10390	6395	0,147	1559	9419	1421
0,148	1687	10536	7676	0,148	1580	9545	2219
0,149	1710	10683	0,16 8959	0,149	1601	9671	3016
0,150	1734	10830	0,17 0245	0,150	1622	9798	3812

	Ellipsis				Hyperbola		
A	log *B*	*C*	*T*	*A*	log *B*	*C*	*T*
0,150	1734	10830	0,17 0245	0,150	1622	9798	0,13 3812
0,151	1757	10979	1533	0,151	1643	9926	4606
0,152	1781	11129	2823	0,152	1665	10055	5399
0,153	1805	11280	4115	0,153	1686	10185	6191
0,154	1829	11432	5410	0,154	1708	10315	6982
0,155	1854	11585	6707	0,155	1730	10446	7772
0,156	1878	11739	8006	0,156	1752	10578	8561
0,157	1903	11894	0,17 9308	0,157	1774	10711	0,13 9349
0,158	1927	12051	0,18 0612	0,158	1797	10844	0,14 0135
0,159	1952	12208	1918	0,159	1819	10978	0920
0,160	1977	12366	3226	0,160	1842	11113	1704
0,161	2003	12526	4537	0,161	1864	11249	2487
0,162	2028	12686	5850	0,162	1887	11386	3269
0,163	2054	12848	7166	0,163	1910	11523	4050
0,164	2080	13011	8484	0,164	1933	11661	4829
0,165	2106	13175	0,18 9804	0,165	1956	11800	5608
0,166	2132	13340	0,19 1127	0,166	1980	11940	6385
0,167	2158	13506	2452	0,167	2003	12081	7161
0,168	2184	13673	3779	0,168	2027	12222	7937
0,169	2211	13841	5109	0,169	2051	12364	8710
0,170	2238	14010	6441	0,170	2075	12507	0,14 9483
0,171	2265	14181	7775	0,171	2099	12651	0,15 0255
0,172	2292	14352	0,19 9112	0,172	2123	12795	1026
0,173	2319	14525	0,20 0451	0,173	2147	12940	1795
0,174	2347	14699	1793	0,174	2172	13086	2564
0,175	2374	14873	3137	0,175	2196	13233	3331
0,176	2402	15049	4484	0,176	2221	13380	4097
0,177	2430	15226	5832	0,177	2246	13529	4862
0,178	2458	15404	7184	0,178	2271	13678	5626
0,179	2486	15583	8538	0,179	2296	13827	6389
0,180	2515	15764	0,20 9894	0,180	2321	13978	7151
0,181	2543	15945	0,21 1253	0,181	2346	14129	7911
0,182	2572	16128	2614	0,182	2372	14281	8671
0,183	2601	16311	3977	0,183	2398	14434	0,15 9429
0,184	2630	16496	5343	0,184	2423	14588	0,16 0187
0,185	2660	16682	6712	0,185	2449	14742	0943
0,186	2689	16868	8083	0,186	2475	14898	1698
0,187	2719	17057	0,21 9456	0,187	2502	15054	2453
0,188	2749	17246	0,22 0832	0,188	2528	15210	3206
0,189	2779	17436	2211	0,189	2554	15368	3958
0,190	2809	17627	3592	0,190	2581	15526	4709
0,191	2839	17820	4975	0,191	2608	15685	5458
0,192	2870	18013	6361	0,192	2634	15845	6207
0,193	2900	18208	7750	0,193	2661	16005	6955
0,194	2931	18404	0,22 9141	0,194	2688	16167	7702
0,195	2962	18601	0,23 0535	0,195	2716	16329	8447
0,196	2993	18799	1931	0,196	2743	16491	9192
0,197	3025	18998	3329	0,197	2771	16655	0,16 9935
0,198	3056	19198	4731	0,198	2798	16819	0,17 0678
0,199	3088	19400	6135	0,199	2826	16984	1419
0,200	3120	19602	7541	0,200	2854	17150	2159

Ellipsis				Hyperbola			
A	log *B*	*C*	*T*	*A*	log *B*	*C*	*T*
0,200	3120	19602	0,23 7541	0,200	2854	17150	0,17 2159
0,201	3152	19806	0,23 8950	0,201	2882	17317	2899
0,202	3184	20011	0,24 0361	0,202	2910	17484	3637
0,203	3216	20217	1776	0,203	2938	17652	4374
0,204	3249	20424	3192	0,204	2967	17821	5110
0,205	3282	20632	4612	0,205	2995	17991	5845
0,206	3315	20842	6034	0,206	3024	18161	6579
0,207	3348	21052	7458	0,207	3053	18332	7312
0,208	3381	21264	0,24 8885	0,208	3082	18504	8044
0,209	3414	21477	0,25 0315	0,209	3111	18677	8775
0,210	3448	21690	1748	0,210	3140	18850	0,17 9505
0,211	3482	21905	3183	0,211	3169	19024	0,18 0234
0,212	3516	22122	4620	0,212	3199	19199	0962
0,213	3550	22339	6061	0,213	3228	19375	1688
0,214	3584	22557	7504	0,214	3258	19551	2414
0,215	3618	22777	0,25 8950	0,215	3288	19728	3139
0,216	3653	22998	0,26 0398	0,216	3318	19906	3863
0,217	3688	23220	1849	0,217	3348	20084	4585
0,218	3723	23443	3303	0,218	3378	20264	5307
0,219	3758	23667	4759	0,219	3409	20444	6028
0,220	3793	23892	6218	0,220	3439	20625	6747
0,221	3829	24119	7680	0,221	3470	20806	7466
0,222	3865	24347	0,26 9145	0,222	3500	20988	8184
0,223	3900	24576	0,27 0612	0,223	3531	21172	8900
0,224	3936	24806	2082	0,224	3562	21355	0,18 9616
0,225	3973	25037	3555	0,225	3594	21540	0,19 0331
0,226	4009	25269	5031	0,226	3625	21725	1044
0,227	4046	25502	6509	0,227	3656	21911	1757
0,228	4082	25737	7990	0,228	3688	22098	2468
0,229	4119	25973	0,27 9474	0,229	3719	22285	3179
0,230	4156	26210	0,28 0960	0,230	3751	22473	3889
0,231	4194	26448	2450	0,231	3783	22662	4597
0,232	4231	26687	3942	0,232	3815	22852	5305
0,233	4269	26928	5437	0,233	3847	23042	6012
0,234	4306	27169	6935	0,234	3880	23234	6717
0,235	4344	27412	8435	0,235	3912	23425	7422
0,236	4382	27656	0,28 9939	0,236	3945	23618	8126
0,237	4421	27901	0,29 1445	0,237	3977	23811	8829
0,238	4459	28148	2954	0,238	4010	24005	0,19 9530
0,239	4498	28395	4466	0,239	4043	24200	0,20 0231
0,240	4537	28644	5980	0,240	4076	24396	0931
0,241	4576	28894	7498	0,241	4110	24592	1630
0,242	4615	29145	0,29 9018	0,242	4143	24789	2328
0,243	4654	29397	0,30 0542	0,243	4176	24987	3025
0,244	4694	29651	2068	0,244	4210	25185	3721
0,245	4734	29905	3597	0,245	4244	25384	4416
0,246	4774	30161	5129	0,246	4277	25584	5110
0,247	4814	30418	6664	0,247	4311	25785	5803
0,248	4854	30676	8202	0,248	4346	25986	6495
0,249	4894	30935	0,30 9743	0,249	4380	26188	7186
0,250	4935	31196	0,31 1286	0,250	4414	26391	7876

	Ellipsis				Hyperbola		
A	log *B*	*C*	*T*	*A*	log *B*	*C*	*T*
0,250	4935	31196	0,31 1286	0,250	4414	26391	0,20 7876
0,251	4976	31458	2833	0,251	4449	26594	8565
0,252	5017	31721	4382	0,252	4483	26799	9254
0,253	5058	31985	5935	0,253	4518	27004	0,20 9941
0,254	5099	32250	7490	0,254	4553	27209	0,21 0627
0,255	5141	32517	0,31 9048	0,255	4588	27416	1313
0,256	5182	32784	0,32 0610	0,256	4623	27623	1997
0,257	5224	33053	2174	0,257	4658	27830	2681
0,258	5266	33323	3741	0,258	4694	28039	3364
0,259	5309	33595	5312	0,259	4729	28248	4045
0,260	5351	33867	6885	0,260	4765	28458	4726
0,261	5394	34141	0,32 8461	0,261	4801	28669	5406
0,262	5436	34416	0,33 0041	0,262	4838	28880	6085
0,263	5479	34692	1623	0,263	4873	29092	6763
0,264	5522	34970	3208	0,264	4909	29305	7440
0,265	5566	35248	4797	0,265	4945	29519	8116
0,266	5609	35528	6388	0,266	4981	29733	8791
0,267	5653	35809	7983	0,267	5018	29948	0,21 9465
0,268	5697	36091	0,33 9580	0,268	5055	30164	0,22 0138
0,269	5741	36375	0,34 1181	0,269	5091	30380	0811
0,270	5785	36659	2785	0,270	5128	30597	1482
0,271	5829	36945	4392	0,271	5165	30815	2153
0,272	5874	37232	6002	0,272	5202	31033	2822
0,273	5919	37521	7615	0,273	5240	31253	3491
0,274	5964	37810	0,34 9231	0,274	5277	31473	4159
0,275	6009	38101	0,35 0850	0,275	5315	31693	4826
0,276	6054	38393	2473	0,276	5352	31915	5492
0,277	6100	38686	4098	0,277	5390	32137	6157
0,278	6145	38981	5727	0,278	5428	32359	6821
0,279	6191	39277	7359	0,279	5466	32583	7484
0,280	6237	39573	0,35 8994	0,280	5504	32807	8147
0,281	6283	39872	0,36 0632	0,281	5542	33032	8808
0,282	6330	40171	2274	0,282	5581	33257	0,22 9469
0,283	6376	40472	3918	0,283	5619	33484	0,23 0128
0,284	6423	40774	5566	0,284	5658	33711	0787
0,285	6470	41077	7217	0,285	5697	33938	1445
0,286	6517	41381	0,36 8871	0,286	5736	34167	2102
0,287	6564	41687	0,37 0529	0,287	5775	34396	2758
0,288	6612	41994	2189	0,288	5814	34626	3413
0,289	6660	42302	3853	0,289	5853	34856	4068
0,290	6708	42611	5521	0,290	5893	35087	4721
0,291	6756	42922	7191	0,291	5932	35319	5374
0,292	6804	43233	0,37 8865	0,292	5972	35552	6025
0,293	6852	43547	0,38 0542	0,293	6012	35785	6676
0,294	6901	43861	2222	0,294	6052	36019	7326
0,295	6950	44177	3906	0,295	6092	36253	7975
0,296	6999	44493	5593	0,296	6132	36489	8623
0,297	7048	44812	7283	0,297	6172	36725	9271
0,298	7097	45131	0,38 8977	0,298	6213	36961	0,23 9917
0,299	7147	45452	0,39 0673	0,299	6253	37199	0,24 0563
0,300	7196	45774	2374	0,300	6294	37437	1207

h	$\log yy$	h	$\log yy$	h	$\log yy$
0,0000	0,000 0000	0,0050	0,004 7832	0,0100	0,009 4839
01	0965	51	8780	01	5770
02	1930	52		02	6702
03	2894	53	0,005 0675	03	7633
04	3858	54	1622	04	8564
05	4821	55	2569	05	0,009 9495
06	5784	56	3515	06	0,010 0425
07	6747	57	4462	07	1356
08	7710	58	5407	08	2285
09	8672	59	6353	09	3215
10	0,000 9634	60	7298	10	4144
11	0,001 0595	61	8243	11	5073
12	1557	62	0,005 9187	12	6001
13	2517	63	0,006 0131	13	6929
14	3478	64	1075	14	7857
15	4438	65	2019	15	8785
16	5398	66	2962	16	0,010 9712
17	6357	67	3905	17	0,011 0639
18	7316	68	4847	18	1565
19	8275	69	5790	19	2491
20	0,001 9234	70	6732	20	3417
21	0,002 0192	71	7673	21	4343
22	1150	72	8614	22	5268
23	2107	73	0,006 9555	23	6193
24	3064	74	0,007 0496	24	7118
25	4021	75	1436	25	8043
26	4977	76	2376	26	8967
27	5933	77	3316	27	0,011 9890
28	6889	78	4255	28	0,012 0814
29	7845	79	5194	29	1737
30	8800	80	6133	30	2660
31	0,002 9755	81	7071	31	3582
32	0,003 0709	82	8009	32	4505
33	1663	83	8947	33	5427
34	2617	84	0,007 9884	34	6348
35	3570	85	0,008 0821	35	7269
36	4523	86	1758	36	8190
37	5476	87	2694	37	0,012 9111
38	6428	88	3630	38	0,013 0032
39	7381	89	4566	39	0952
40	8332	90	5502	40	1871
41	0,003 9284	91	6437	41	2791
42	0,004 0235	92	7372	42	3710
43	1186	93	8306	43	4629
44	2136	94	0,008 9240	44	5547
45	3086	95	0,009 0174	45	6466
46	4036	96	1108	46	7383
47	4985	97	2041	47	8301
48	5934	98	2974	48	0,013 9218
49	6883	0,0099	3906	49	0,014 0135
0,0050	0,004 7832	0,0100	0,009 4839	0,0150	0,014 1052

[Handschriftliche Bemerkung:] Prope, fit $y = \frac{1}{(1-\frac{4}{3}h)^{\frac{5}{6}}}$

h	log yy	h	log yy	h	log yy
0,0150	0,014 1052	0,0200	0,018 6501	0,0250	0,023 1215
51	1968	01	7403	51	2102
52	2884	02	8304	52	2988
53	3800	03	0,018 9205	53	3875
54	4716	04	0,019 0105	54	4761
55	5631	05	1005	55	5647
56	6546	06	1905	56	6532
57	7460	07	2805	57	7417
58	8375	08	3704	58	8302
59	0,014 9288	09	4603	59	0,023 9187
60	0,015 0202	10	5502	60	0,024 0071
61	1115	11	6401	61	0956
62	2028	12	7299	62	1839
63	2941	13	8197	63	2723
64	3854	14	9094	64	3606
65	4766	15	0,019 9992	65	4489
66	5678	16	0,020 0889	66	5372
67	6589	17	1785	67	6254
68	7500	18	2682	68	7136
69	8411	19	3578	69	8018
70	0,015 9322	20	4474	70	8900
71	0,016 0232	21	5369	71	0,024 9781
72	1142	22	6264	72	0,025 0662
73	2052	23	7159	73	1543
74	2961	24	8054	74	2423
75	3870	25	8948	75	3304
76	4779	26	0,020 9843	76	4183
77	5688	27	0,021 0736	77	5063
78	6596	28	1630	78	5942
79	7504	29	2523	79	6822
80	8412	30	3416	80	7700
81	0,016 9319	31	4309	81	8579
82	0,017 0226	32	5201	82	0,025 9457
83	1133	33	6093	83	0,026 0335
84	2039	34	6985	84	1213
85	2945	35	7876	85	2090
86	3851	36	8768	86	2967
87	4757	37	0,021 9659	87	3844
88	5662	38	0,022 0549	88	4721
89	6567	39	1440	89	5597
90	7471	40	2330	90	6473
91	8376	41	3220	91	7349
92	0,017 9280	42	4109	92	8224
93	0,018 0183	43	4998	93	9099
94	1087	44	5887	94	0,026 9974
95	1990	45	6776	95	0,027 0849
96	2893	46	7664	96	1723
97	3796	47	8552	97	2597
98	4698	48	0,022 9440	98	3471
0,0199	5600	49	0,023 0328	0,0299	4345
0,0200	0,018 6501	0,0250	0,023 1215	0,0300	0,027 5218

h	log yy	h	log yy	h	log yy
0,0300	0,027 5218	0,0350	0,031 8536	0,040	0,036 1192
01	6091	51	0,031 9396	0,041	6 9646
02	6964	52	0,032 0255	0,042	7 8075
03	7836	53	1114	0,043	8 6478
04	8708	54	1973	0,044	0,039 4856
05	0,027 9580	55	2831	0,045	0,040 3209
06	0,028 0452	56	3689	0,046	1 1537
07	1323	57	4547	0,047	1 9841
08	2194	58	5405	0,048	2 8121
09	3065	59	6262	0,049	3 6376
10	3936	60	7120	0,050	4 4607
11	4806	61	7976	0,051	5 2814
12	5676	62	8833	0,052	6 0998
13	6546	63	0,032 9689	0,053	6 9157
14	7415	64	0,033 0546	0,054	7 7294
15	8284	65	1401	0,055	8 5407
16	0,028 9153	66	2257	0,056	0,049 3496
17	0,029 0022	67	3112	0,057	0,050 1563
18	0890	68	3967	0,058	0 9607
19	1758	69	4822	0,059	1 7628
20	2626	70	5677	0,060	2 5626
21	3494	71	6531	0,061	3 3602
22	4361	72	7385	0,062	4 1556
23	5228	73	8239	0,063	4 9488
24	6095	74	9092	0,064	5 7397
25	6961	75	0,033 9946	0,065	6 5285
26	7827	76	0,034 0799	0,066	7 3150
27	8693	77	1651	0,067	8 0994
28	0,029 9559	78	2504	0,068	8 8817
29	0,030 0424	79	3356	0,069	0,059 6618
30	1290	80	4208	0,070	0,060 4398
31	2154	81	5059	0,071	1 2157
32	3019	82	5911	0,072	1 9895
33	3883	83	6762	0,073	2 7612
34	4747	84	7613	0,074	3 5308
35	5611	85	8464	0,075	4 2984
36	6475	86	0,034 9314	0,076	5 0639
37	7338	87	0,035 0164	0,077	5 8274
38	8201	88	1014	0,078	6 5888
39	9064	89	1864	0,079	7 3483
40	0,030 9926	90	2713	0,080	8 1057
41	0,031 0788	91	3562	0,081	8 8612
42	1650	92	4411	0,082	0,069 6146
43	2512	93	5259	0,083	0,070 3661
44	3373	94	6108	0,084	1 1157
45	4234	95	6956	0,085	1 8633
46	5095	96	7804	0,086	2 6090
47	5956	97	8651	0,087	3 3527
48	6816	98	0,035 9499	0,088	4 0945
49	7676	0,0399	0,036 0346	0,089	4 8345
0,0350	0,031 8536	0,0400	0,036 1192	0,090	0,075 5725

h	log yy	h	log yy	h	log yy
0,090	0,075 5725	0,140	0,110 2783	0,190	0,141 3412
0,091	6 3087	0,141	0 9323	0,191	1 9309
0,092	7 0430	0,142	1 5849	0,192	2 5194
0,093	7 7754	0,143	2 2360	0,193	3 1068
0,094	8 5060	0,144	2 8857	0,194	3 6931
0,095	9 2348	0,145	3 5340	0,195	4 2782
0,096	0,079 9617	0,146	4 1809	0,196	4 8622
0,097	0,080 6868	0,147	4 8264	0,197	5 4450
0,098	1 4101	0,148	5 4704	0,198	6 0268
0,099	2 1316	0,149	6 1131	0,199	6 6074
0,100	2 8513	0,150	6 7544	0,200	7 1869
0,101	3 5693	0,151	7 3943	0,201	7 7653
0,102	4 2854	0,152	8 0329	0,202	8 3427
0,103	4 9999	0,153	8 6701	0,203	8 9189
0,104	5 7125	0,154	9 3059	0,204	0,149 4940
0,105	6 4235	0,155	0,119 9404	0,205	0,150 0681
0,106	7 1327	0,156	0,120 5735	0,206	0 6411
0,107	7 8401	0,157	1 2053	0,207	1 2130
0,108	8 5459	0,158	1 8357	0,208	1 7838
0,109	9 2500	0,159	2 4649	0,209	2 3535
0,110	0,089 9523	0,160	3 0927	0,210	2 9222
0,111	0,090 6530	0,161	3 7192	0,211	3 4899
0,112	1 3520	0,162	4 3444	0,212	4 0564
0,113	2 0494	0,163	4 9682	0,213	4 6220
0,114	2 7451	0,164	5 5908	0,214	5 1865
0,115	3 4391	0,165	6 2121	0,215	5 7499
0,116	4 1315	0,166	6 8321	0,216	6 3123
0,117	4 8223	0,167	7 4508	0,217	6 8737
0,118	5 5114	0,168	8 0683	0,218	7 4340
0,119	6 1990	0,169	8 6845	0,219	7 9933
0,120	6 8849	0,170	9 2994	0,220	8 5516
0,121	7 5692	0,171	0,129 9131	0,221	9 1089
0,122	8 2520	0,172	0,130 5255	0,222	0,159 6652
0,123	8 9331	0,173	1 1367	0,223	0,160 2204
0,124	0,099 6127	0,174	1 7466	0,224	0 7747
0,125	0,100 2907	0,175	2 3553	0,225	1 3279
0,126	0 9672	0,176	2 9628	0,226	1 8802
0,127	1 6421	0,177	3 5690	0,227	2 4315
0,128	2 3154	0,178	4 1740	0,228	2 9817
0,129	2 9873	0,179	4 7778	0,229	3 5310
0,130	3 6576	0,180	5 3804	0,230	4 0793
0,131	4 3264	0,181	5 9818	0,231	4 6267
0,132	4 9936	0,182	6 5821	0,232	5 1730
0,133	5 6594	0,183	7 1811	0,233	5 7184
0,134	6 3237	0,184	7 7789	0,234	6 2628
0,135	6 9865	0,185	8 3755	0,235	6 8063
0,136	7 6478	0,186	8 9710	0,236	7 3488
0,137	8 3076	0,187	0,139 5653	0,237	7 8903
0,138	8 9660	0,188	0,140 1585	0,238	8 4309
0,139	0,109 6229	0,189	0 7504	0,239	8 9705
0,140	0,110 2783	0,190	0,141 3412	0,240	0,169 5092

h	log yy	h	log yy	h	log yy
0,240	0,169 5092	0,290	0,195 3145	0,340	0,219 1505
0,241	0,170 0470	0,291	5 8094	0,341	0,219 6093
0,242	0 5838	0,292	6 3035	0,342	0,220 0675
0,243	1 1197	0,293	6 7968	0,343	0 5250
0,244	1 6547	0,294	7 2894	0,344	0 9818
0,245	2 1887	0,295	7 7811	0,345	1 4380
0,246	2 7218	0,296	8 2721	0,346	1 8935
0,247	3 2540	0,297	8 7624	0,347	2 3483
0,248	3 7853	0,298	9 2518	0,348	2 8026
0,249	4 3156	0,299	0,199 7406	0,349	3 2561
0,250	4 8451	0,300	0,200 2285	0,350	3 7091
0,251	5 3736	0,301	0 7157	0,351	4 1613
0,252	5 9013	0,302	1 2021	0,352	4 6130
0,253	6 4280	0,303	1 6878	0,353	5 0640
0,254	6 9538	0,304	2 1727	0,354	5 5143
0,255	7 4788	0,305	2 6569	0,355	5 9640
0,256	8 0029	0,306	3 1403	0,356	6 4131
0,257	8 5261	0,307	3 6230	0,357	6 8615
0,258	9 0483	0,308	4 1050	0,358	7 3094
0,259	0,179 5698	0,309	4 5862	0,359	7 7565
0,260	0,180 0903	0,310	5 0667	0,360	8 2031
0,261	0 6100	0,311	5 5464	0,361	8 6490
0,262	1 1288	0,312	6 0254	0,362	9 0943
0,263	1 6467	0,313	6 5037	0,363	9 5390
0,264	2 1638	0,314	6 9813	0,364	0,229 9831
0,265	2 6800	0,315	7 4581	0,365	0,230 4265
0,266	3 1953	0,316	7 9342	0,366	0 8694
0,267	3 7098	0,317	8 4096	0,367	1 3116
0,268	4 2235	0,318	8 8843	0,368	1 7532
0,269	4 7363	0,319	9 3582	0,369	2 1942
0,270	5 2483	0,320	0,209 8315	0,370	6 6346
0,271	5 7594	0,321	0,210 3040	0,371	3 0743
0,272	6 2696	0,322	0 7759	0,372	3 5135
0,273	6 7791	0,323	1 2470	0,373	3 9521
0,274	7 2877	0,324	1 7174	0,374	4 3900
0,275	7 7955	0,325	2 1871	0,375	4 8274
0,276	8 3024	0,326	2 6562	0,376	5 2642
0,277	8 8085	0,327	3 1245	0,377	5 7003
0,278	9 3138	0,328	3 5921	0,378	6 1359
0,279	0,189 8183	0,329	4 0591	0,379	6 5709
0,280	0,190 3220	0,330	4 5253	0,380	7 0053
0,281	0 8249	0,331	4 9909	0,381	7 4391
0,282	1 3269	0,332	5 4558	0,382	7 8723
0,283	1 8281	0,333	5 9200	0,383	8 3050
0,284	2 3286	0,334	6 3835	0,384	8 7370
0,285	2 8282	0,335	6 8464	0,385	9 1685
0,286	3 3271	0,336	7 3085	0,386	0,239 5993
0,287	3 8251	0,337	7 7700	0,387	0,240 0296
0,288	4 3224	0,338	8 2308	0,388	0 4594
0,289	4 8188	0,339	8 6910	0,389	0 8885
0,290	0,195 3145	0,340	0,219 1505	0,390	0,241 3171

h	log yy	h	log yy	h	log yy
0,390	0,241 3171	0,440	0,262 0486	0,490	0,281 5316
0,391	1 7451	0,441	2 4499	0,491	1 9096
0,392	2 1725	0,442	2 8507	0,492	2 2872
0,393	2 5994	0,443	3 2511	0,493	2 6644
0,394	3 0257	0,444	3 6509	0,494	3 0411
0,395	3 4514	0,445	4 0503	0,495	3 4173
0,396	3 8766	0,446	4 4492	0,496	3 7932
0,397	4 3012	0,447	4 8475	0,497	4 1686
0,398	4 7252	0,448	5 2454	0,498	4 5436
0,399	5 1487	0,449	5 6428	0,499	4 9181
0,400	5 5716	0,450	6 0397	0,500	5 2923
0,401	5 9940	0,451	6 4362	0,501	5 6660
0,402	6 4158	0,452	6 8321	0,502	6 0392
0,403	6 8371	0,453	7 2276	0,503	6 4121
0,404	7 2578	0,454	7 6226	0,504	6 7845
0,405	7 6779	0,455	8 0171	0,505	7 1565
0,406	8 0975	0,456	8 4111	0,506	7 5281
0,407	8 5166	0,457	8 8046	0,507	7 8992
0,408	8 9351	0,458	9 1977	0,508	8 2700
0,409	9 3531	0,459	9 5903	0,509	8 6403
0,410	0,249 7705	0,460	0,269 9824	0,510	9 0102
0,411	0,250 1874	0,461	0,270 3741	0,511	9 3797
0,412	0 6038	0,462	0 7652	0,512	0,289 7487
0,413	1 0196	0,463	1 1559	0,513	0,290 1174
0,414	1 4349	0,464	1 5462	0,514	0 4856
0,415	1 8496	0,465	1 9360	0,515	0 8535
0,416	2 2638	0,466	2 3253	0,516	1 2209
0,417	2 6775	0,467	2 7141	0,517	1 5879
0,418	3 0906	0,468	3 1025	0,518	1 9545
0,419	3 5032	0,469	3 4904	0,519	2 3207
0,420	3 9153	0,470	3 8778	0,520	2 6864
0,421	4 3269	0,471	4 2648	0,521	3 0518
0,422	4 7379	0,472	4 6513	0,522	3 4168
0,423	5 1485	0,473	5 0374	0,523	3 7813
0,424	5 5584	0,474	5 4230	0,524	4 1455
0,425	5 9679	0,475	5 8082	0,525	4 5092
0,426	6 3769	0,476	6 1929	0,526	4 8726
0,427	6 7853	0,477	6 5771	0,527	5 2355
0,428	7 1932	0,478	6 9609	0,528	5 5981
0,429	7 6006	0,479	7 3443	0,529	5 9602
0,430	8 0075	0,480	7 7272	0,530	6 3220
0,431	8 4139	0,481	8 1096	0,531	6 6833
0,432	8 8198	0,482	8 4916	0,532	7 0443
0,433	9 2252	0,483	8 8732	0,533	7 4049
0,434	0,259 6300	0,484	9 2543	0,534	7 7650
0,435	0,260 0344	0,485	0,279 6349	0,535	8 1248
0,436	0 4382	0,486	0,280 0152	0,536	8 4842
0,437	0 8415	0,487	0 3949	0,537	8 8432
0,438	1 2444	0,488	0 7743	0,538	9 2018
0,439	1 6467	0,489	1 1532	0,539	9 5600
0,440	0,262 0486	0,490	0,281 5316	0,540	0,299 9178

h	log yy	h	log yy	h	log yy
0,540	0,299 9178	0,560	0,306 9938	0,580	0,313 9215
0,541	0,300 2752	0,561	7 3437	0,581	4 2641
0,542	0 6323	0,562	7 6931	0,582	4 6064
0,543	0 9889	0,563	8 0422	0,583	4 9483
0,544	1 3452	0,564	8 3910	0,584	5 2898
0,545	1 7011	0,565	8 7394	0,585	5 6310
0,546	2 0566	0,566	9 0874	0,586	5 9719
0,547	2 4117	0,567	9 4350	0,587	6 3124
0,548	2 7664	0,568	0,309 7823	0,588	6 6525
0,549	3 1208	0,569	0,310 1292	0,589	6 9923
0,550	3 4748	0,570	0 4758	0,590	7 3318
0,551	3 8284	0,571	0 8220	0,591	7 6709
0,552	4 1816	0,572	1 1678	0,592	8 0096
0,553	4 5344	0,573	1 5133	0,593	8 3481
0,554	4 8869	0,574	1 8584	0,594	8 6861
0,555	5 2390	0,575	2 2031	0,595	9 0239
0,556	5 5907	0,576	2 5475	0,596	9 3612
0,557	5 9420	0,577	2 8915	0,597	0,319 6983
0,558	6 2930	0,578	3 2352	0,598	0,320 0350
0,559	6 6436	0,579	3 5785	0,599	0 3714
0,560	0,306 9938	0,580	0,313 9215	0,600	0,320 7074

x vel z	ξ	ζ	x vel z	ξ	ζ
0,000	0,000 0000	0,000 0000	0,050	0,000 1471	0,000 1389
0,001	0001	0001	0,051	1532	1444
0,002	0002	0002	0,052	1593	1500
0,003	0005	0005	0,053	1656	1558
0,004	0009	0009	0,054	1720	1616
0,005	0014	0014	0,055	1785	1675
0,006	0021	0020	0,056	1852	1736
0,007	0028	0028	0,057	1920	1798
0,008	0037	0036	0,058	1989	1860
0,009	0047	0046	0,059	2060	1924
0,010	0057	0057	0,060	2131	1988
0,011	0070	0069	0,061	2204	2054
0,012	0083	0082	0,062	2278	2121
0,013	0097	0096	0,063	2354	2189
0,014	0113	0111	0,064	2431	2257
0,015	0130	0127	0,065	2509	2327
0,016	0148	0145	0,066	2588	2398
0,017	0167	0164	0,067	2669	2470
0,018	0187	0183	0,068	2751	2543
0,019	0209	0204	0,069	2834	2617
0,020	0231	0226	0,070	2918	2691
0,021	0255	0249	0,071	3004	2767
0,022	0280	0273	0,072	3091	2844
0,023	0306	0298	0,073	3180	2922
0,024	0334	0325	0,074	3269	3001
0,025	0362	0352	0,075	3360	3081
0,026	0392	0381	0,076	3453	3162
0,027	0423	0410	0,077	3546	3244
0,028	0455	0441	0,078	3641	3327
0,029	0489	0473	0,079	3738	3411
0,030	0523	0506	0,080	3835	3496
0,031	0559	0539	0,081	3934	3582
0,032	0596	0575	0,082	4034	3669
0,033	0634	0611	0,083	4136	3757
0,034	0674	0648	0,084	4239	3846
0,035	0714	0686	0,085	4343	3936
0,036	0756	0726	0,086	4448	4027
0,037	0799	0766	0,087	4555	4119
0,038	0844	0807	0,088	4663	4212
0,039	0889	0850	0,088	4773	4306
0,040	0936	0894	0,090	4884	4401
0,041	0984	0938	0,091	4996	4496
0,042	1033	0984	0,092	5109	4593
0,043	1084	1031	0,093	5224	4691
0,044	1135	1079	0,094	5341	4790
0,045	1188	1128	0,095	5458	4890
0,046	1242	1178	0,096	5577	4991
0,047	1298	1229	0,097	5697	5092
0,048	1354	1281	0,098	5819	5195
0,049	1412	1334	0,099	5942	5299
0,050	0,000 1471	0,000 1389	0,100	0,000 6066	0,000 5403

x vel z	ξ	ζ	x vel z	ξ	ζ
0,100	0,000 6066	0,000 5403	0,150	0,001 4087	0,001 1838
0,101	6192	5509	0,151	4285	1990
0,102	6319	5616	0,152	4484	2143
0,103	6448	5723	0,153	4684	2296
0,104	6578	5832	0,154	4886	2451
0,105	6709	5941	0,155	5090	2607
0,106	6842	6052	0,156	5295	2763
0,107	6976	6163	0,157	5502	2921
0,108	7111	6275	0,158	5710	3079
0,109	7248	6389	0,159	5920	3238
0,110	7386	6503	0,160	6131	3398
0,111	7526	6618	0,161	6344	3559
0,112	7667	6734	0,162	6559	3721
0,113	7809	6851	0,163	6775	3883
0,114	7953	6969	0,164	6992	4047
0,115	8098	7088	0,165	7211	4211
0,116	8245	7208	0,166	7432	4377
0,117	8393	7329	0,167	7654	4543
0,118	8542	7451	0,168	7878	4710
0,119	8693	7574	0,169	8103	4878
0,120	8845	7698	0,170	8330	5047
0,121	8999	7822	0,171	8558	5216
0,122	9154	7948	0,172	8788	5387
0,123	9311	8074	0,173	9020	5558
0,124	9469	8202	0,174	9253	5730
0,125	9628	8330	0,175	9487	5903
0,126	9789	8459	0,176	9724	6077
0,127	0,000 9951	8590	0,177	0,001 9961	6252
0,128	0,001 0115	8721	0,178	0,002 0201	6428
0,129	0280	8853	0,179	0442	6604
0,130	0447	8986	0,180	0685	6782
0,131	0615	9120	0,181	0929	6960
0,132	0784	9255	0,182	1175	7139
0,133	0955	9390	0,183	1422	7319
0,134	1128	9527	0,184	1671	7500
0,135	1301	9665	0,185	1922	7681
0,136	1477	9803	0,186	2174	7864
0,137	1654	0,000 9943	0,187	2428	8047
0,138	1832	0,001 0083	0,188	2683	8231
0,139	2012	0224	0,189	2941	8416
0,140	2193	0366	0,190	3199	8602
0,141	2376	0509	0,191	3460	8789
0,142	2560	0653	0,192	3722	8976
0,143	2745	0798	0,193	3985	9165
0,144	2933	0944	0,194	4251	9354
0,145	3121	1091	0,195	4518	9544
0,146	3311	1238	0,196	4786	9735
0,147	3503	1387	0,197	5056	0,001 9926
0,148	3696	1536	0,198	5328	0,002 0119
0,149	3891	1686	0,199	5602	0312
0,150	0,001 4087	0,001 1838	0,200	0,002 5877	0,002 0507

x vel *z*	ξ	ζ	*x* vel *z*	ξ	ζ
0,200	0,002 5877	0,002 0507	0,250	0,004 1835	0,003 1245
0,201	6154	0702	0,251	2199	1480
0,202	6433	0897	0,252	2566	1716
0,203	6713	1094	0,253	2934	1952
0,204	6995	1292	0,254	3305	2189
0,205	7278	1490	0,255	3677	2427
0,206	7564	1689	0,256	4051	2666
0,207	7851	1889	0,257	4427	2905
0,208	8139	2090	0,258	4804	3146
0,209	8429	2291	0,259	5184	3387
0,210	8722	2494	0,260	5566	3628
0,211	9015	2697	0,261	5949	3871
0,212	9311	2901	0,262	6334	4114
0,213	9608	3106	0,263	6721	4358
0,214	0,002 9907	3311	0,264	7111	4603
0,215	0,003 0207	3518	0,265	7502	4848
0,216	0509	3725	0,266	7894	5094
0,217	0814	3932	0,267	8289	5341
0,218	1119	4142	0,268	8686	5589
0,219	1427	4352	0,269	9085	5838
0,220	1736	4562	0,270	9485	6087
0,221	2047	4774	0,271	0,004 9888	6337
0,222	2359	4986	0,272	0,005 0292	6587
0,223	2674	5199	0,273	0699	6839
0,224	2990	5412	0,274	1107	7091
0,225	3308	5627	0,275	1517	7344
0,226	3627	5842	0,276	1930	7598
0,227	3949	6058	0,277	2344	7852
0,228	4272	6275	0,278	2760	8107
0,229	4597	6493	0,279	3178	8363
0,230	4924	6711	0,280	3598	8620
0,231	5252	6931	0,281	4020	8877
0,232	5582	7151	0,282	4444	9135
0,233	5914	7371	0,283	4870	9394
0,234	6248	7593	0,284	5298	9654
0,235	6584	7816	0,285	5728	0,003 9914
0,236	6921	8039	0,286	6160	0,004 0175
0,237	7260	8263	0,287	6594	0437
0,238	7601	8487	0,288	7030	0700
0,239	7944	8713	0,289	7468	0963
0,240	8289	8939	0,290	7908	1227
0,241	8635	9166	0,291	8350	1491
0,242	8983	9394	0,292	8795	1757
0,243	9333	9623	0,293	9241	2023
0,244	0,003 9685	0,002 9852	0,294	0,005 9689	2290
0,245	0,004 0039	0,003 0083	0,295	0,006 0139	2557
0,246	0394	0314	0,296	0591	2826
0,247	0752	0545	0,297	1045	3095
0,248	1111	0778	0,298	1502	3364
0,249	1472	1001	0,299	1960	3635
0,250	0,004 1835	0,003 1245	0,300	0,006 2420	0,004 3906

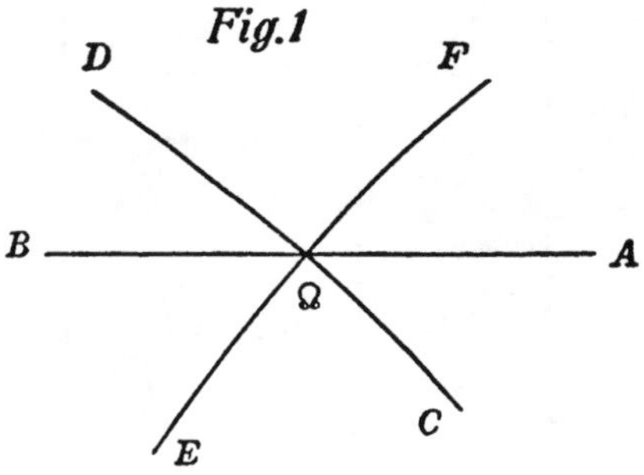

Fig.1

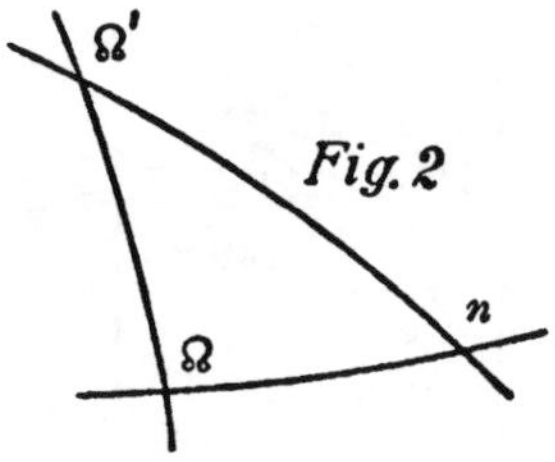

Fig. 2

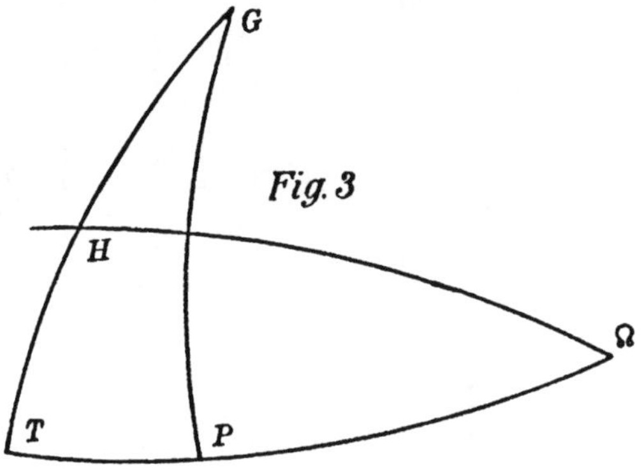

Fig. 3

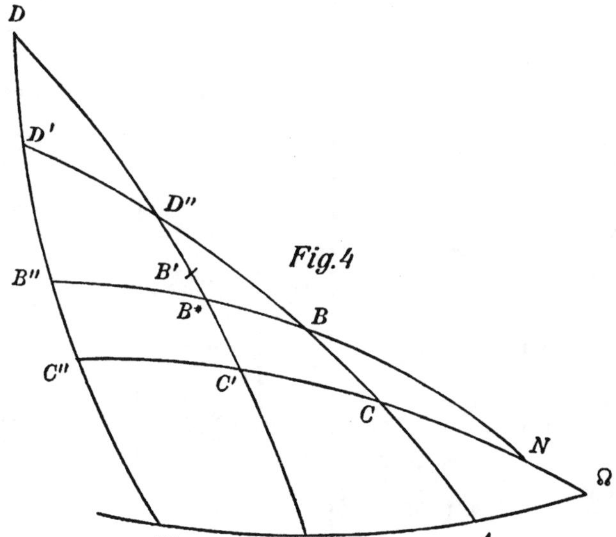

Fig.4

BEMERKUNGEN.

Bei dem vorstehenden Abdruck der Theoria motus ist besondere Sorgfalt auf Berichtigung aller Druckfehler und sonstigen Unrichtigkeiten verwandt worden, wobei ausser den bereits allgemein bekannten viele neu aufgefundene Berücksichtigung gefunden haben. Die numerischen Beispiele wurden einer Nachrechnung unterzogen, wobei sich auch eine grössere Anzahl verbesserungsbedürftiger Stellen ergab. Sehr häufig fanden sich die numerischen Werthe bei Anwendung moderner Logarithmentafeln um ein bis zwei Einheiten der letzten Stelle abweichend, was wohl meist seinen Grund darin hat, dass die ältern Tafeln, mit Hülfe derer diese Beispiele seinerzeit berechnet worden sind, in den Proportionaltäfelchen keine Decimalen angeben (vgl. hiezu den Inhalt des Art. 31). In einigen Fällen geben diese kleinen Abweichungen im weitern Verlauf der Rechnung zu grössern Differenzen Anlass; so fand sich z. B. auf Seite 35 die Grösse N gleich 0,012 9939, also nur um eine Einheit der 7. Decimale kleiner als der von GAUSS angegebene Werth; da GAUSS aber den entsprechenden Logarithmen auch auf 7 Stellen angibt, so beträgt hier die Differenz 33 Stellen (nemlich $\log N = 8{,}113\,7396$), und das Endresultat wird $t = 13{,}91438$ statt 13,91448; ebenso sind die letzten Stellen im Beispiel Seite 36 rechter Hand und an andern Orten unsicher. Da aber diese Differenzen überhaupt innerhalb der Genauigkeitsgrenzen der Rechnung liegen, so wurde in allen solchen Fällen von einer Umänderung Abstand genommen; das Gleiche gilt von allen sonst aufgefundenen unerheblichen Differenzen in den letzten Decimalen.

Die Stellen, bei denen eine Verbesserung vorgenommen wurde, sind die folgenden; hiebei sind aber die bereits in der deutschen Ausgabe (»Theorie der Bewegung der Himmelskörper etc.«, von C. F. GAUSS, ins Deutsche übertragen von C. HAASE, Hannover 1865) angegebenen, ebenso wie alle rein orthographischen und grammatikalischen Textänderungen, in der Regel nicht erwähnt, um das Verzeichniss nicht übermässig lang zu gestalten; die Druckfehler in den Tafeln sind jedoch vollständig aufgeführt worden. Ein hinzugesetztes G. bedeutet, dass GAUSS selbst den betreffenden Fehler angezeigt hat:

Seite	Zeile von oben	Zeile von unten	statt:	ist gesetzt worden:	Bemerkungen:
17	19—20		haec quantitas	duplum huius quantitatis	G.
22	2		9,816 2877	9,816 2872	
	3		9,206 0139	9,206 0134	
	3		0,160 6993	0,160 6991	
		11	206264,7	206264,8	G.; derselbe Fehler ist an vielen andern Stellen verbessert worden.
		7	ist den beiden Werthen von $e \sin E$ das Minuszeichen vorgesetzt worden.		

Seite	Zeile von oben	Zeile von unten	statt:	ist gesetzt worden:	Bemerkungen:
25	3		54″,77	54″,76	damit die Worte »intra 0″,01 exactus« am Schlusse des Artikels Geltung haben; vgl. auch Art. 155
		9	. . .″,18	. . .″,17	
44		8	3,03	3,36	
48		9	0,02	0,03	
51	9		$\frac{1}{100000}$	10000ma	
54		8	64° 7′	64° 8′	
55	4		13″,14	13″,18	
		11	0″,1	1″	
58		12	9,990 9602	9,990 9600	
		11	9,821 1947	9,821 1945	
		10	30″,02	29″,98	
		9	0,000 1252	0,000 1261	
		9	3′ 0″,04	2′ 59″,96	
		8	1,042 5085	1,042 5094	
		7	0,989 5294	0,989 5303	
		6	0,018 0796	0,018 0800	
		5	0,004 5713	0,004 5709	
63	15		9,434 8691	9,434 8692	
	16		9,367 2305	9,367 2304	
		6	9,060 4259	9,060 4258	
		5	8,802 0995	8,802 0996	
68		4, 1	50″,43	50″,44	
70	7		*i*	*i*′	G.
71	10		51″,30	51″,31	
77	3		9,629 0029$_n$	9,629 0028$_n$	
	5		0,444 1091	0,444 1090	
83	3		58″,12	58″,11	eigentlich ergibt sich 58″,10.
85	7		9,78508	9,78509	
	8		0,58648	0,58649	
90		15	0,83040	0,83041	
		14, 13, 5	1,88913$_n$	1,88914$_n$	
		9	6,55356	6,55357	
		2	1,37316	1,37317	
91	2		1,88913$_n$	1,88914$_n$	
	6		9,26920	9,26921	
94		1	tang *b*	sin *b* cos *b*	G.
98		5	17,41507	17,41501	
		3	74,58493	−74,58499	
99	1		21″,61	21″,68	
	1		824″,7988	824″,7990	vgl. Art. 97 und 155.
112		11	0,045 35216	0,045 35114	
		11	1,681 127	1,681 121	
		11	0,219 8027	0,219 8013	
		11	0,439 6054	0,439 6026	
		10	187	211	
118	5		0,00195	0,00190	
123	13		cos ω^2	cos 2 ω^2	G.
128	14		824″,7989	824″,7990	vgl. Seite 204.
		12	0,151 64737	0,151 64735	
		12	0,065 29078	0,065 29076	
		4	43″,78	43″,82	
129	6		53″,59	53″,62	
	6		9,970 0507	9,970 0508	
	7		9,858 0552	9,858 0553	

Seite	Zeile von oben	Zeile von unten	statt:	ist gesetzt worden:	Bemerkungen:
129	8		11°59′ 59,″97	12°0′ 0,″00	
	9		0,″03	0,″00	
	10		123°59′ 59,″97	124°0′ 0,″00	
	10		0,071 7096	0,071 7097	
	11		12,″79	12,″76	
	12		38,″01	38,″04	
	13		3,″59	3,″56	
131	13		$\varphi = 0$	$\varphi = 90^0$	G.
139	6		25	26	
143		11	$\sin \frac{1}{2}\delta$	$2 \sin \frac{1}{2}\delta$	G.
150	14		x, y, z	x', y', z'	G.
153		6—5	hinter »quoties fuerit« ist eingefügt worden: $B = B' = B'' = 0$ atque		G. Vgl. Zusatz zu Art. 114 S. 301 dieses Bandes.
169		6	124	125	G.
173		1	d'	δ'	G.
174	1, 3				
175	1		$\frac{rr''\theta\theta''}{r'r'\eta\eta''\cos f\cos f'\cos f''}$	$\frac{r'r'\theta\theta''}{rr''\eta\eta''\cos f\cos f'\cos f''}$	G.
181		1	distantiam	sinum distantiae	G.
183		12	$P = \frac{n''}{n'}$	$P = \frac{n''}{n}$	G.
		10	$Q = 2\left(\frac{n+n''}{n} - 1\right)r'^3$	$Q = 2\left(\frac{n+n''}{n'} - 1\right)r'^3$	G.
189		4	p	P	G.
192		12	$\log\mu + \log\mu''$	$-\log\mu - \log\mu''$	
195	8		53,″72	53,″71	diese und die folgende Zahl wurden, wie angegeben, geändert, um die Zahlen im weitern Verlauf des Beispiels richtig zu stellen.
		12	54,″27	54,″28	der richtige Werth ist 54,″23.
201		3	1^s	2^s	
202		2	+ 0,000 0003	− 0,000 0003	
203		13	211°24′ 32,″45	211°24′ 32,″44	durch diese Anderung werden die Zahlen im weitern Verlauf des Beispiels richtig.
		12	−11°43′ 48,″48	−11°43′ 48,″49	
		7	53293,″66	53293,″65	
		6	14°48′ 13,″66	14°48′ 13,″65	
		1	54,″77	54,″76	vgl. Art. 13.
204		12	824,″7989	824,″7990	vgl. Seite 128.
		12	824,″7983	824,″7978	
		12	823,″5025	823,″5026	
		9	0,422 4392	0,422 4394	
205		4	ist das Minuszeichen zugefügt worden		
206		9	— 13,″68	— 12,″21	
		8	— 21,″51	— 22,″68	der richtige Werth ist —23,″66; siehe unten die Bemerkungen zu den numerischen Beispielen.
		7	+ 2,55	+ 2,25	
207		14	57,″17	57,″07	
208		3	63°41′ 12″	63°40′ 50″	
209	16		0,33557	0,33558	
	20		7,96342	7,96343	
210	16		76,340 280	76,340 208	
		2	10,″63	10,″55	
211	1		0,″38	0,″30	

Seite	Zeile von oben	Zeile von unten	statt:	ist gesetzt worden:	Bemerkungen:
211	1		57,″20	57,″25	eine genaue Controlle der Fussnote auf Seite 211 hat nicht stattgefunden.
	2		10,″47	10,″42	
	14		770,″2662	770,″2663	
213		7	140	143	
214	14		47,″139	47,″199	vgl. unten die Bemerkungen zu den numerischen Beispielen.
	15		1,197 3925	1,937 3880	
	16		32,″870	32,″938	
215		7	769,″6755	769,″6750	
216	9		0,750 8917	0,750 8973	
225	5		$(\eta\,01)$, $(\eta\,12)$, $(\eta\,23)$	$\frac{1}{(\eta\,01)}$, $\frac{1}{(\eta\,12)}$, $\frac{1}{(\eta\,23)}$	G.
232		3	9,74942	9,74962	
233	4	13, 1	$(n\,01)$ bez. $(n\,12)$ bez. $(n\,23)$	$(\eta\,01)$ bez. $(\eta\,12)$ bez. $(\eta\,23)$	
234	12		135,335 581	137,335 581	
241	1		$M-V, M'-V', M''-V''$	$V-M, V'-M', V''-M''$	G.; ebenso S. 243, Z. 10 v. u. und S. 246, Z. 13, 14, 15.
249	14		W''	W'''	G.
250		2	r''	r'	G.
264	3		0,0000	0,00000	
		8	759	795	G.
265	14		473	273	
	25		382	380	
266	8		4820	4870	
269	11		4644	4694	
		20	9,360 632	0,360 632	
		1	0,200	0,300	G.
271	13		4601	6401	
274	3		58049	58094	
275		14	52855	52355	
276	5		09888	09889	
278		2	3791	3891	
		2	1689	1686	
279		22	3188	3178	
		1	0,006 2421	0,006 2420	G.

Die Verbesserung einer Reihe anderer Unrichtigkeiten ist unterlassen worden, weil dann sämmtliche folgende Zahlen hätten geändert werden müssen; vielmehr ist in solchen Fällen nur die Richtigkeit der weitern Rechnung unter Annahme der unverbesserten Werthe controllirt worden; es sind dies die folgenden Stellen:

Seite	Zeile von oben	Zeile von unten	statt:	sollte gelesen werden:	Bemerkungen:
69	9		9,563 8058	9,563 8057	
195		10	51,″57	51,″49	
		10	52,″70	52,″92	
		1	23°1′	23°2′	
196	7		27,″21	26,″32	
197	2		8,″36	8,″39	
	4		9,499 1995	9,499 1992	
	6		0,90	0,86	
		13	37,″83	37,″90	

Seite	Zeile von oben	Zeile von unten	statt:	sollte gelesen werden:	Bemerkungen:
204		11	6,″66	7,″42	von der Verbesserung wurde Abstand genommen, weil das Resultat doch nicht auf weniger als 1″ scharf sein kann.
205	2		22,″26 bez. 19,″97	22,″18 bez. 20,″01	
	3		0, 14 bez. 2, 15	0, 06 bez. 2, 11	
	4		55, 06 bez. 54, 47	55, 03 bez. 54, 48	
	5		0, 01 bez. 0, 60	0, 04 bez. 0, 59	
206	2		44,″65	44,″69	
	3		23, 26	23, 29	
	13		42, 83	42, 85	
	14		17, 29	17, 37	
		8	— 21,″51 bez. — 1,″63	— 23,″66 bez. — 1,″31	vgl. das vorstehende Verzeichniss der verbesserten Stellen.
		6	— 32,″64 bez. — 4,″66	— 33,″62 bez. — 4,″34	
209	5		2,″48	2,″56	
	6		0,346 7022	0,364 7019	
212		1	—2,08	—2,31	
232		7	2,04856	2,04864	
		6	1,95745	1,95751	

Zu Seite 45, Zeile 1 findet sich eine Notiz von GAUSS in seinem Handexemplar, wonach dort ω' statt ω stehen soll; indessen ist ω richtig, falls in Gleichung XI., Art. 22, nur das zweite Glied mit Hülfe hyperbolischer Logarithmen berechnet wird, das erste ($e \tang F$) aber durch briggische; ω' muss stehen, wenn beide Glieder mit hyperbolischen Logarithmen berechnet werden; dann muss aber λ im Nenner fortfallen.

Zu den numerischen Beispielen ist im Speciellen folgendes zu bemerken: Auf den Planeten Juno beziehen sich ausser Art. 150—155 auch die Zahlen in den Art. 10, 13, 14, 51, 63—65, 69, 77, 87 I, 97 I und die Berechnung des Sonnenorts Art. 73; auf den Planeten Pallas ausser Art. 156—157 auch Art. 56 und 58 und die Berechnung des Sonnenorts Art. 70; auf den Planeten Ceres ausser Art. 159 auch Art. 87 II, 97 II. Ausserdem stehen im Zusammenhang die Beispiele in den Art. 38, 43, 97 III für eine Ellipse mit grosser Excentricität, und Art. 23, 24, 26, 46, 105 für eine Hyperbel.

Zu Art. 150—155: Die Beobachtungen der Juno teilt MASKELYNE in einem Brief an GAUSS vom 8. Mai 1805 mit. Die Sonnenörter, sowie die Nutation und die Schiefe der Ekliptik hat GAUSS aus den ZACHschen Sonnentafeln entnommen; auf eine genaue Controlle derselben (Seite 195, Zeile 8—10) wurde verzichtet, da ihre strenge Richtigkeit für die Durchführung der Beispiele unwesentlich ist und sie mit Rücksicht auf die weitere Rechnung auch nicht hätten geändert werden können; doch ist Seite 195, Zeile 8 im ersten Sonnenort 53,″72 in 53,″71 verwandelt worden, um das Folgende hiemit zur Übereinstimmung zu bringen. Die Werthe der Constanten, welche GAUSS zur Reduction der Beobachtungen benutzt hat, sind

Präcession = 50,″11
Aberration = 20,″00
Längendifferenz Paris-Greenwich = $9^m 20^s\!,8$.

Die Werthe für die Elemente (Seite 204) ergaben sich bei der Controllrechnung theilweise etwas abweichend; die Genauigkeitsgrenze, innerhalb welcher sie überhaupt zu bestimmen sind, hängt von der Schärfe ab, mit der die Grösse $x = \sin \frac{1}{2} g^2$ bekannt ist. In der ersten Hypothese wurde bei der Controllrechnung gefunden

$$\tfrac{1}{2}g = 1^\circ 34' 10'',046 \qquad x = 0,000\,7501\,446$$

und hieraus ergab sich:

Epoche	$= 42^{\circ} 12' 39'',89$
mittl. Bewegung	$= 823'',4987$
Perihel	$= 52^\circ 41' 13'',24$
φ	$= 14\ 24\ 28,58$
Logarithm. der halben grossen Axe	$= 0,422\,8958$
Aufsteigender Knoten	$= 171^\circ 5' 48'',84$
Neigung	$= 13^\circ 2' 37'',50.$

Die von Gauss angegebenen Werthe scheinen auf der Annahme

$$\tfrac{1}{2}g = 1^\circ 34' 10'',056 \qquad x = 0,000\,750\,1474$$

zu beruhen. Die Differenzen liegen also unterhalb der zu erreichenden Genauigkeitsgrenze. In der zweiten Hypothese wurden sie noch geringer gefunden, in der dritten ergaben sich genau die Gaussschen Werthe, abgesehen von den im Fehlerverzeichniss vermerkten Stellen.

Zu Art. 156—157. Die Declination der dritten Beobachtung der Pallas ist in Zachs Monatlicher Correspondenz a. a. O. zu $-28^\circ 38' 8'',3$ angegeben; die Sonnenörter Seite 205, Zeile 5—7 von unten sind nicht controllirt. Die Nutation hat Gauss vermuthlich nach seinen eigenen Tafeln gerechnet, und zwar nicht nach den in der Monatlichen Correspondenz (s. Band VI, Seite 123) abgedruckten, sondern nach handschriftlich in ein Handbuch (Bb) eingetragenen, die als Vorarbeit von den gedruckten sich nur durch andere Werthe der Constanten unterscheiden; die Nutation fand sich richtig bis auf den dritten Wert (13'',68 statt 12'',20), die Aberration mit dem Werth der Constanten 20'',00 gerechnet, bis auf den dritten und vierten (21'',51 und 1'',63 statt 23'',68 und 1'',31). Die Präcession hat Gauss mit den Werthen $m = 45'',93$, $n = 20'',02$ gerechnet; hier differirt der dritte Ort (2'',55 statt 2'',25). Diese Differenzen haben beim Abdruck nur theilweise berücksichtigt werden können, vgl. das Fehlerverzeichniss.

Die Elemente Seite 211 fanden sich z. Th. auch etwas abweichend, aber innerhalb der Genauigkeitsgrenze der ganzen Rechnung, z. B. Perihel vom Knoten: $323^\circ 44' 56'',64$.

Zu Art. 159. Die Beobachtungszeit des ersten Orts der Ceres ist im Briefe Olbers an Gauss vom 8. September 1805 zu $13^h 8^m 47^s$ angegeben; der Reduction sind die Längendifferenzen Bremen-Paris $= 25^m 51^s$, Göttingen-Paris $= 30^m 21^s$, Lilienthal-Paris $= 26^m 14^s$ zum Grunde gelegt, welche in Zach, Tabulae motuum Solis, Supplementum, Gotha 1804, mitgetheilt sind. Seite 213 Zeile 8—11 sind die Werthe für Schiefe der Ekliptik, Präcession und Nutation und Zeile 9 u. 8 von unten die Sonnenörter keiner Controlle unterworfen worden. Seite 214 haben sich in den Zahlenangaben für Hypothese II grössere Unrichtigkeiten herausgestellt, die nur zum Theil verbessert werden konnten. Die Werthe von $\omega + \sigma$, $\log Qc \sin\omega$ und z sind verbessert worden; der darauf folgende Werth von r' ergibt sich dann auch so, wie Gauss ihn angibt, ist also wahrscheinlich mit dem eingesetzten richtigen Werthe von z gerechnet; dagegen ist von hier ab die weitere Rechnung mit dem unrichtigen Werthe der alten Ausgabe ($z = 7^\circ 2' 32'',870$) richtig weitergeführt. Seite 215 ist die Rechnung bis zum $\log r' = 0,413\,2817$ richtig; von hier ab aber scheint Gauss mit den unrichtigen Werthen $\log\dfrac{n'r'}{n} = 0,662\,0412$ (statt $0,662\,0380$) und $\log\dfrac{n'r'}{n''} = 0,636\,4081$ (statt $0,636\,4049$) gerechnet zu haben, denen die weitere Rechnung richtig entspricht. Auch die Werthe für die wahren Anomalien, den Winkel φ und die halbe grosse Axe Seite 215, Zeile 11, 10, 5, 4 v. unten ergaben sich bei der Nachrechnung etwas abweichend, sowohl mit Anwendung des in der alten Ausgabe Art. 97 gegebenen

Werthes $x = 0{,}065\,29078$, als auch des verbesserten $x = 0{,}065\,29076$; den von GAUSS angegebenen Werthen würde $g = 29^\circ 36' 31'',975$ ($x = 0{,}065\,290798$) entsprechen.

Zu Art. 171. In der ersten Beobachtung der Vesta gibt OLBERS im Briefe an GAUSS vom 5. April 1807 die Rectascension zu $183^\circ 52' 37''$ an. Seite 231 sind die Sonnenörter Zeile 12—15, sowie die Ableitung der Zahlen ebenda Zeile 9—6 v. unten aus den Beobachtungen nicht controllirt. Seite 235 scheinen die Werthe der Elemente mit Hülfe von $g = 23^\circ 34' 22'',34$ ($x = 0{,}041\,7240$) gerechnet zu sein. Die Zahlen Seite 235, Zeile 7 bis 2 v. unten wurden ebenfalls nicht controllirt.

Alle handschriftlichen Bemerkungen, welche GAUSS in sein Handexemplar der Theoria motus eingetragen hat, sind als Fussnoten eingefügt und zwar Seite 20, 30, 52, 53, 56, 65, 66, 80, 117—118, 120, 144, 145, 183, 226, 242, 249, 251, 270, wobei in der Notiz Seite 118, letzte Zeile, $\frac{17420}{729}$ in $\frac{15420}{729} = \frac{5120}{243}$ und Seite 185, Zeile 7 v. unten $-3 \pm \sqrt{(9 - 16 \operatorname{cotang} A^2)}$ in $-3 \operatorname{cotang} A \pm \sqrt{(9 \operatorname{cotang} A^2 - 16)}$ verbessert worden ist. Die Entwickelung des Ausdrucks in der Fussnote S. 270 gibt $y = 1 + \frac{10}{9}h + \frac{110}{81}hh + \cdots$; es ist also vermuthlich (vgl. S. 118) ein Zeichenfehler begangen worden, und sollte etwa heissen: $y = \left(1 + \frac{32}{9}h\right)^{\frac{5}{16}}$. Zu Seite 144 vgl. die Bemerkungen über IVORYS Methode zur Cometenbahnbestimmung im Briefe GAUSS an OLBERS vom 31. December 1814.

Ferner mag Folgendes bemerkt werden:

Zu Art. 32 IV: Der Maximalfehler in der wahren Anomalie tritt für den Werth von v ein, der sich aus der Gleichung $\cos v + e \cos 2v = 0$ oder $\cos v = \frac{1}{e}\left\{-\frac{1}{4} + \sqrt{\left(\frac{1}{16} + \frac{1}{2}ee\right)}\right\}$ bestimmt; für alle auf Seite 43 angegebenen Werthe von e ist v ungefähr gleich 60°.

Zu Art. 32 VII: In der Hyperbel tritt der Maximalfehler für F ein, wenn $\cos F + \frac{1}{2} \sin 2F - e \cos 2F = 0$. Die der Tabelle auf Seite 44 entsprechenden Werthe von F sind:

e	F
1,3	$14^\circ 46'$
1,2	11 16
1,1	6 41
1,05	3 44
1,01	0 50
1,001	0 5

Zu Art. 36. Der Maximalfehler in der Ellipse tritt ein für $1 - 2ee + e \cos E = 0$, in der Hyperbel für $ee(1 + 6 \sin F) + e(\cos F - 3 \operatorname{tang} F) = 2 + 3 \sin F$; die zu den Seite 48 gegebenen Tabellen gehörigen Werthe von e sind also die folgenden:

Ellipse:

E	e
10°	0,99494
20	0,98003
30	0,95602
40	0,92409
50	0,88583
60	0,83534

Hyperbel:

F	e
10°	1,00508
20	1,02094
30	1,04993
40	1,09754
50	1,17671
60	1,32007
70	1,63435

GAUSS' Vorarbeiten zur Theoria motus finden sich hauptsächlich in den mit Bb, Bc, Bd bezeichneten Handbüchern, die Tafeln im Handbuch Bb S. 30, 31, 35. Zur Entstehung des Manuskriptes und für die Vorbereitungen zur Drucklegung vergleiche man den Briefwechsel mit OLBERS (W. OLBERS, sein Leben und seine Werke, herausgegeben von C. SCHILLING, Band II).

BRENDEL.

ZUSÄTZE
ZUR
THEORIA MOTUS CORPORUM COELESTIUM
UND
ANDERE NACHTRÄGE ZUR ELLIPTISCHEN BEWEGUNG.

NACHLASS UND VERÖFFENTLICHUNGEN.

[1. Zu Art. 7.]

Genäherte Formeln für die grösste Mittelpunktsgleichung.

$$e = \sin\varphi$$

I. $[v - M =]\ \varphi + e + \frac{3}{8}(\varphi - e)$, gibt: $2e + \frac{11}{48}e^3 + \frac{33}{320}e^5$, Fehler: $-\frac{71}{5120}e^5$.

II. $[v - M =]\ e + 2\arcsin\sqrt{(\sin\frac{1}{2}\varphi\ \mathrm{tang}\frac{1}{2}\varphi)}$, gibt: $2e + \frac{11}{48}e^3 + \frac{297}{2560}e^5$,
Fehler: $-\frac{5}{5120}e^5$.

[2. Zu Art. 53.]

Projection einer Planetenbahn auf die Ekliptik.

e, φ, a, i, ☊, E in gewöhnlicher Bedeutung

$\tilde{\omega}$ Perihel

$g = \tilde{\omega} - $ ☊

λ hel[iocentrische] L[än]ge

ρ curtirter Abstand [von der Sonne].

[Für die rechtwinkligen Coordinaten in der Ebene der Ekliptik, gezählt von der Knotenlinie als Abscissenlinie hat man nach Art. 53 und 58 der Theoria motus corporum coelestium]

[1]
$$\begin{aligned} a\cos g(\cos E - e) - a\cos\varphi\sin g\sin E &= \rho\cos(\lambda - ☊) \\ a\cos i\sin g(\cos E - e) + a\cos\varphi\cos i\cos g\sin E &= \rho\sin(\lambda - ☊). \end{aligned}$$

[Man setze

[2]
$$\begin{aligned} a\cos g &= \alpha\cos\varepsilon\cos\gamma - \beta\sin\varepsilon\sin\gamma \\ a\cos\varphi\sin g &= \alpha\sin\varepsilon\cos\gamma + \beta\cos\varepsilon\sin\gamma \\ a\cos i\sin g &= \alpha\cos\varepsilon\sin\gamma + \beta\sin\varepsilon\cos\gamma \\ a\cos\varphi\cos i\cos g &= -\alpha\sin\varepsilon\sin\gamma + \beta\cos\varepsilon\cos\gamma,] \end{aligned}$$

man bestimme [also] α, β, γ, ε durch die Gleichungen

[3]
$$\begin{aligned} a(1-\cos\varphi\cos i)\cos g &= (\alpha-\beta)\cos(\gamma-\varepsilon)\\ a(\cos i-\cos\varphi)\sin g &= (\alpha-\beta)\sin(\gamma-\varepsilon)\\ a(1+\cos\varphi\cos i)\cos g &= (\alpha+\beta)\cos(\gamma+\varepsilon)\\ a(\cos i+\cos\varphi)\sin g &= (\alpha+\beta)\sin(\gamma+\varepsilon), \end{aligned}$$

[so wird

$$\begin{aligned} \alpha(\cos(E+\varepsilon)-e\cos\varepsilon)\cos\gamma-\beta(\sin(E+\varepsilon)-e\sin\varepsilon)\sin\gamma &= \rho\cos(\lambda-\Omega)\\ \alpha(\cos(E+\varepsilon)-e\cos\varepsilon)\sin\gamma+\beta(\sin(E+\varepsilon)-e\sin\varepsilon)\cos\gamma &= \rho\sin(\lambda-\Omega) \end{aligned}$$

oder]

[4]
$$\begin{aligned} \alpha\cos(E+\varepsilon)-\alpha e\cos\varepsilon &= \rho\cos(\lambda-\gamma-\Omega)\\ \beta\sin(E+\varepsilon)-\beta e\sin\varepsilon &= \rho\sin(\lambda-\gamma-\Omega). \end{aligned}$$

Hier sind α, β die beiden halben Hauptaxen der Projectionsellipse; $-\alpha e\cos\varepsilon$, $-\beta e\sin\varepsilon$ die Coordinaten des Mittelpunkts, [$\rho\cos(\lambda-\gamma-\Omega)$, $\rho\sin(\lambda-\gamma-\Omega)$ die rechtwinkligen Coordinaten des Planeten,] die [durch die Sonne zur] Axe 2α [gezogene Parallele] als Abscissenlinie angenommen; $\gamma+\Omega$ deren Neigung gegen die Äquinoctiallinie.

Bei der Berechnung kann man noch folgende Hülfsgrössen einführen:

$$\cos i = \operatorname{tang} k, \qquad \cos\varphi = \operatorname{tang} l, \qquad \frac{a}{\cos k\cos l} = c;$$

alsdann ist

[5]
$$\begin{aligned} a(1-\cos\varphi\cos i) &= c\cos(k+l)\\ a(\cos i-\cos\varphi) &= c\sin(k-l)\\ a(1+\cos\varphi\cos i) &= c\cos(k-l)\\ a(\cos i+\cos\varphi) &= c\sin(k+l). \end{aligned}$$

Beispiel. Juno. Elemente für 1810.

$\varphi = 14^0\,45'\,35''$

$\log a = 0{,}42648$ mot. diu. trop. $= 813'',5165$ sid. $= 813'',379$

$i = 13^0\;\;4'\;12''$

$\Omega = 171\;\;7\;\;48$

$\tilde\omega = 53\;\;10\;\;52$ Epoche [der mittl. Länge] 1810 $= 95^0 33' 50''$, $g = 242^0 3' 4''$

$\cos i \ldots\ldots\ldots\; 9{,}988\,6011$

$\cos \varphi \ldots\ldots\ldots\; 9{,}985\,4277$

$k = 44^{0}\,14'\,53'',40$

$l = 44\quad 2\quad 20{,}14$

$\cos k \ldots\ldots\ldots\; 9{,}855\,1097$

$\cos l \ldots\ldots\ldots\; 9{,}856\,6489$

$9{,}711\,7586$

$0{,}42648$

$c \ldots\ldots\ldots\ldots\; 0{,}71472$

$\begin{bmatrix} k+l = \\ k-l = \end{bmatrix} \begin{matrix} 88^{0}\,17'\,13'',54 \\ 0\quad 12\quad 33{,}26 \end{matrix}$

$\cos(k+l) \ldots\; 8{,}47555$

$\sin(k+l) \ldots\; 9{,}99981$

$\cos(k-l) \ldots\; 0{,}00000$

$\sin(k-l) \ldots\; 7{,}56252$

$\cos g \ldots\ldots\ldots\; 9{,}67088_{n}$

$\sin g \ldots\ldots\ldots\; 9{,}94614_{n}$

$\begin{bmatrix} (\alpha-\beta)\cos(\gamma-\varepsilon) \\ (\alpha-\beta)\sin(\gamma-\varepsilon) \\ (\alpha+\beta)\cos(\gamma+\varepsilon) \\ (\alpha+\beta)\sin(\gamma+\varepsilon) \end{bmatrix} \begin{matrix} \ldots\; 8{,}86115_{n} \\ \ldots\; 8{,}22338_{n} \\ \ldots\; 0{,}38560_{n} \\ \ldots\; 0{,}66067_{n} \end{matrix}$

$\begin{bmatrix} \gamma-\varepsilon = \\ \gamma+\varepsilon = \end{bmatrix} \begin{matrix} 192^{0}\,58'\;\;2'' \\ 242\quad 2\quad 26 \end{matrix}$

$\alpha-\beta \ldots\ldots\ldots\ldots\; 8{,}87237$

$\alpha+\beta \ldots\ldots\ldots\ldots\; 0{,}71457$

$\gamma = 217^{0}\,30'\,14''$

$\varepsilon = \quad 24\quad 32\quad 12$

$\gamma + \Omega = \quad 28\quad 38\quad 2$

$\alpha \ldots\ldots\ldots\ldots\ldots\; 0{,}41974$

$\beta \ldots\ldots\ldots\ldots\ldots\; 0{,}40725$

$e \ldots\ldots\ldots\ldots\ldots\; 9{,}40614$

$\begin{bmatrix} \alpha e \\ \cos\varepsilon \\ \beta e \\ \sin\varepsilon \end{bmatrix} \begin{matrix} \ldots\ldots\ldots\; 9{,}82588 \\ \ldots\ldots\ldots\; 9{,}95890 \\ \ldots\ldots\ldots\; 9{,}81339 \\ \ldots\ldots\ldots\; 9{,}61834 \end{matrix}$

$\left.\begin{matrix} -\alpha e\cos\varepsilon = -0{,}60923 \\ -\beta e\sin\varepsilon = -0{,}27022 \end{matrix}\right\}$ Coord. C[entri].

[Man kann also die heliocentrischen Coordinaten jetzt nach der Formel

$$\rho\cos(\lambda - 28^{0}\,38'\,2'') = -0{,}60923 + (0{,}41974)\cos(E + 24^{0}\,32'\,12'')$$
$$\rho\sin(\lambda - 28\;\;38\;\;2\;) = -0{,}27022 + (0{,}40725)\sin(E + 24\;\;32\;\;12\;)$$

berechnen, sobald nur die excentrische Anomalie bekannt ist.

Die Zahlen in Parenthese bedeuten Logarithmen.]

Die Hauptmomente der Auflösung der umgekehrten Aufgabe: aus der Projection einer Planetenbahn und ihres Brennpunkts, jene selbst zu finden, sind folgende:

Es sei α die halbe grosse, β die halbe kleine Axe der Projectionsellipse; ferner, vom Mittelpunkt der Ellipse an gerechnet, gegen eine willkürliche Abscissenlinie

P.... Richtung von α

Q.... Richtung der Linie zum Brennpunkte, deren Grösse $= \delta$.

Man setze

$$[6] \qquad \operatorname{tang}(R-P)\ \operatorname{tang}(Q-P) = -\frac{\beta\beta}{\alpha\alpha},$$

[so dass also R die Richtung des zur Linie zum Brennpunkt conjugirten Durchmessers ist; wenn q den durch den Brennpunkt gehenden Halbmesser und r den ihm conjugirten bezeichnet, so ist]

$$[7] \qquad \begin{aligned} \sqrt{\left\{\frac{\cos(Q-P)^2}{\alpha\alpha}+\frac{\sin(Q-P)^2}{\beta\beta}\right\}} &= \frac{1}{q} \\ \sqrt{\left\{\frac{\cos(R-P)^2}{\alpha\alpha}+\frac{\sin(R-P)^2}{\beta\beta}\right\}} &= \frac{1}{r}, \end{aligned}$$

also

$$[8] \qquad \frac{qq}{rr} = -\frac{\sin 2(R-P)}{\sin 2(Q-P)}.$$

[Die Excentricität der Ellipse ist]

$$[9] \qquad e = \frac{\delta}{q}.$$

[Durch Einführung des auch im vorigen benutzten Winkels ε, welcher die zum Radius Vector q gehörige excentrische Anomalie in der Projectionsellipse darstellt, lassen sich die Endpunkte der conjugirten Radii Vectores q und r in rechtwinkligen Coordinaten, jetzt bezogen auf die Axe 2α als Abscissenlinie, wie folgt, ausdrücken:

$$\begin{aligned} q\cos(Q-P) &= \alpha\cos\varepsilon, & r\cos(R-P) &= -\alpha\sin\varepsilon, \\ q\sin(Q-P) &= \beta\sin\varepsilon, & r\sin(R-P) &= \beta\cos\varepsilon; \end{aligned}$$

leitet man aus diesen die rechtwinkligen Coordinaten, bezogen auf die Knotenlinie als Abscissenlinie ab, indem man um den Winkel $\gamma = P - \Omega$ dreht, so hat man mit Rücksicht auf die Gleichungen 2:]

$$[10] \qquad \begin{aligned} q\cos(Q-\Omega) &= a\cos g, & \frac{r}{\sqrt{(1-ee)}}\cos(R-\Omega) &= -a\sin g \\ q\sin(Q-\Omega) &= a\cos i\sin g, & \frac{r}{\sqrt{(1-ee)}}\sin(R-\Omega) &= a\cos i\cos g, \end{aligned}$$

[woraus man leicht ableitet]

$$[11] \qquad \frac{qq}{rr}(1-ee) = -\frac{\sin 2(R-\Omega)}{\sin 2(Q-\Omega)}.$$

[Ferner findet sich]

$$[12] \qquad \begin{aligned} qq+\frac{rr}{1-ee} &= aa(1+\cos i^2) \\ \frac{qr}{\sqrt{(1-ee)}}\sin(R-Q) &= aa\cos i \\ \frac{qr}{\sqrt{(1-ee)}}\cos(R-Q) &= -\tfrac{1}{2}aa\sin i^2\sin 2g \\ qq-\frac{rr}{1-ee} &= aa\sin i^2\cos 2g. \end{aligned}$$

[In ähnlicher Weise leitet man ab

$$\frac{qr}{\sqrt{(1-ee)}}\cos(Q+R-2\,\Omega) = -\tfrac{1}{2}aa(1+\cos i^2)\sin 2g$$

$$\frac{qr}{\sqrt{(1-ee)}}\sin(Q+R-2\,\Omega) = aa\cos i\cos 2g,$$

also mit Rücksicht auf die Gleichungen 12:]

$$[13] \qquad \begin{aligned} aa\sin i^2\cos(Q+R-2\,\Omega) &= \left(qq+\frac{rr}{1-ee}\right)\cos(R-Q) \\ aa\sin i^2\sin(Q+R-2\,\Omega) &= \left(qq-\frac{rr}{1-ee}\right)\sin(R-Q). \end{aligned}$$

[Die abgeleiteten Gleichungen enthalten alles nöthige zur Lösung der Aufgabe und können auf mannigfaltige Weise benutzt werden; sind α, β, P, Q, δ gegeben, so kann man z. B. R aus 6, q und r aus 7, e aus 9 bestimmen; sodann finden sich Ω, a, i, g aus 13 und 10. Die Lage der Abscissenlinie, von der die Richtungen P, Q, R, Ω gerechnet werden, bleibt vollkommen willkürlich.]

[3. Zu Art. 70.]

Da in den Gleichungen Art. 62 der Winkel N willkürlich ist, so setze man $N=\lambda$; dadurch werden jene, wegen $r'=r\cos\beta$, $R'=R\cos B$, $\Delta'=\Delta\cos b$:

$$1) \qquad r\cos\beta - R\cos B\cos(L-\lambda) = \Delta\cos b\cos(l-\lambda)$$

$$2) \qquad R\cos B\sin(\lambda-L) = \Delta\cos b\sin(l-\lambda)$$

$$3) \qquad r\sin\beta - R\sin B = \Delta\sin b.$$

Aus 2 und 3 folgt

$$\operatorname{tang}(l-\lambda) = \frac{R\cos B\sin(\lambda-L)}{r\cos\beta - R\cos B\cos(\lambda-L)}$$

oder näherungsweise

$$4)\qquad l-\lambda = \frac{R\cos B\sin(\lambda-L)}{r\cos\beta}.$$

Ferner folgt aus 1 und 3

$$R\cos B\sin\beta\cos(\lambda-L) - R\sin B\cos\beta = \Delta(\sin b\cos\beta - \cos b\sin\beta\cos(l-\lambda))$$

oder

$$5)\qquad \frac{R\cos B\cos\beta\,(\operatorname{tang}\beta\cos(\lambda-L)-\operatorname{tang}B)}{r} = \frac{\Delta}{r}(\sin(b-\beta)+2\cos b\sin\beta\sin\tfrac{1}{2}(l-\lambda)^2)$$

oder näherungsweise

$$= b-\beta.$$

[4. Zu Art. 76—77.]

Allgemeine Differentialformeln für die geocentrischen Örter der Planeten.

l geocentrische Länge des Planeten, $\quad l - \Omega = \eta$
L heliocentrische Länge der Erde
u Argument der Breite
b geocentrische Breite
[v wahre Anomalie
$\tilde{\omega}$ Länge des Perihels
7 mittlere tägliche Bewegung
Ep. mittlere Länge für die Epoche
n seit der Epoche verflossene Zeit in Tagen.]

1. $a\operatorname{tang}\varphi\sin v = \alpha = \left(\frac{\mathrm{d}r}{\mathrm{dM}}\right)$ $\qquad$ 3. $\frac{aa\cos\varphi}{rr} = \beta = \left(\frac{\mathrm{d}v}{\mathrm{dM}}\right)$

2. $-a\cos\varphi\cos v = \alpha' = \left(\frac{\mathrm{d}r}{\mathrm{d}\varphi}\right)$ $\qquad$ 4. $\frac{aa\sin E}{rr}(2-ee-e\cos E) = \beta' = \left(\frac{\mathrm{d}v}{\mathrm{d}\varphi}\right)$

5. $\frac{\operatorname{tang}\eta}{\cos i} = \operatorname{tang}M$

6. $\sin\eta\operatorname{tang}i = \operatorname{tang}N;$ $\qquad \cos N = \frac{\cos M}{\cos\eta}, \quad \sin N = \sin M\sin i$

7. $\frac{\operatorname{tang}(M-u)}{\cos\eta\sin i} = \operatorname{tang}P$

8. $\frac{R}{\Delta'}\sin(L-l) = x$

9. $\frac{x}{r} = A = \left(\frac{dl}{dr}\right)$ 14. $-\frac{y \sin b \cos b}{r} = A' = \left(\frac{db}{dr}\right)$

10. $-x \operatorname{cotang}(M-u) = B = \left(\frac{dl}{du}\right)$ 15. $\frac{r \sin(M-u)\cos(N-b-P)}{\Delta \sin P} = B' = \left(\frac{db}{du}\right)$

11. $-\cos\eta \operatorname{tang} b = C = \left(\frac{dl}{di}\right)$ 16. $\frac{r \sin u \cos i \cos(N-b)}{\Delta \cos N} = C' = \left(\frac{db}{di}\right)$

12. $\frac{R}{\Delta'}\cos(L-l) = y$

13. $1+y = D = \left(\frac{dl}{d\Omega}\right)$ 17. $x \sin b \cos b = D' = \left(\frac{db}{d\Omega}\right)$

18. $A\alpha + B\beta = E$ 20. $A\alpha' + B\beta' = F$

19. $A'\alpha + B'\beta = E'$ 21. $A'\alpha' + B'\beta' = F'$

$$dl = E\,\mathrm{dEp.} + \left(nE - \frac{2rA}{37}\right)d7 + (B-E)\,d\tilde{\omega} + F\,d\varphi + C\,di + (D-B)\,d\Omega$$

$$db = E'\,\mathrm{dEp.} + \left(nE' - \frac{2rA'}{37}\right)d7 + (B'-E')\,d\tilde{\omega} + F'\,d\varphi + C'\,di + (D'-B')\,d\Omega.$$

[5. Zu Art. 78 II.]

Directe Auflösung der Gleichungen

1) $\sin(P-A) = k\sin(Q-B)$

2) $\sin(P-A') = k'\sin(Q-B')$

[wo A, A', B, B', k, k' gegebene Grössen und P, Q zu bestimmen sind].

Es folgt daraus

$$\operatorname{tang}\tfrac{1}{2}(P+Q-A-B) = \frac{k+1}{k-1}\operatorname{tang}\tfrac{1}{2}(P-Q-A+B)$$

$$\operatorname{tang}\tfrac{1}{2}(P+Q-A'-B') = \frac{k'+1}{k'-1}\operatorname{tang}\tfrac{1}{2}(P-Q-A'+B')$$

oder wenn wir

$$\tfrac{1}{2}(P+Q-A-B) = x, \qquad \tfrac{1}{2}(P-Q-A+B) = y$$

$$\tfrac{1}{2}(A+B-A'-B') = \alpha, \qquad \tfrac{1}{2}(A-B-A'+B') = \beta$$

$$\frac{k+1}{k-1} = m, \qquad \frac{k'+1}{k'-1} = n$$

setzen:

3) $\operatorname{tang} x = m \operatorname{tang} y$

4) $\operatorname{tang}(x+\alpha) = n \operatorname{tang}(y+\beta)$

oder in imaginärer Form

$$\frac{e^{ix}-e^{-ix}}{e^{ix}+e^{-ix}} = m\frac{e^{iy}-e^{-iy}}{e^{iy}+e^{-iy}}$$

[und analog für Gleichung 4] oder

$$e^{2ix} = \frac{(1+m)e^{iy}+(1-m)e^{-iy}}{(1-m)e^{iy}+(1+m)e^{-iy}}$$

und

$$e^{2i(x+\alpha)} = \frac{(1+n)e^{i(y+\beta)}+(1-n)e^{-i(y+\beta)}}{(1-n)e^{i(y+\beta)}+(1+n)e^{-i(y+\beta)}};$$

folglich

$$\begin{aligned}&((1+m)e^{iy}+(1-m)e^{-iy})((1-n)e^{i(y+\beta)}+(1+n)e^{-i(y+\beta)})e^{i\alpha}\\ &= ((1-m)e^{iy}+(1+m)e^{-iy})((1+n)e^{i(y+\beta)}+(1-n)e^{-i(y+\beta)})e^{-i\alpha}\end{aligned}$$

oder wenn man entwickelt und mit 2 dividirt:

$$\begin{aligned}&e^{i(2y+\beta)}((m-n)\cos\alpha+i(1-mn)\sin\alpha)-e^{-i(2y+\beta)}((m-n)\cos\alpha-i(1-mn)\sin\alpha)\\ &= 2i\{(m+n)\cos\alpha\sin\beta-(1+mn)\sin\alpha\cos\beta\}.\end{aligned}$$

Führt man also die Hülfsgrössen g, G, h, H ein, so dass

$$(m-n)\cos\alpha = g\cos G, \qquad (m+n)\cos\alpha = h\cos H$$
$$(1-mn)\sin\alpha = g\sin G, \qquad (1+mn)\sin\alpha = h\sin H,$$

so wird diese Gleichung

5) $$g\sin(2y+\beta+G) = h\sin(\beta-H),$$

woraus die beiden Werthe von y sich ergeben. Die correspondirenden Werthe von x finden sich dann aus (3) oder (4).

Man kann auch setzen

$$(k'-k)\cos\alpha = g^*\cos G, \qquad (kk'-1)\cos\alpha = h^*\cos H$$
$$-(k'+k)\sin\alpha = g^*\sin G, \qquad (kk'+1)\sin\alpha = h^*\sin H$$

und hat dann

$$g^*\sin(2y+\beta+G) = h^*\sin(\beta-H).$$

[Übrigens ist hier

$$g^* = \tfrac{1}{2}(k-1)(k'-1)g$$
$$h^* = \tfrac{1}{2}(k-1)(k'-1)h.]$$

[6. Zu Art. 88—90.]

Um aus $\sin\frac{1}{4}\varphi$ den Logarithmen von $\frac{\varphi-\sin\varphi}{\frac{4}{3}\sin\frac{1}{2}\varphi^3}$ zu finden, bediene man sich folgender Näherungsformel

$$\log\left(\frac{1}{\sin\frac{1}{4}\varphi^2}+\tfrac{2}{35}\right)-\log\left(\frac{1}{\sin\frac{1}{4}\varphi^2}-\tfrac{8}{7}\right).$$

Hiedurch findet man den gesuchten Logarithmen zu gross: folgende Tafel gibt die abzuziehende Correction in der 7ten Decimale an.

Grenze von $\log\sin\frac{1}{4}\varphi$	Grenze von φ	Abzuziehende Correction
.....	0	
		0
9,069	26° 54′	
		1
9,147	32 18	
		2
9,184	35 9	
		3
9,208	37 10	
		4
9,226	38 45	
		5
9,240	40 3	
		6
9,252	41 10	
		7
9,262	42 10	
		8
9,271	43 3	
		9
9,279	43 51	
		10
9,286	44 35	
		11
9,293	45 15	

Vorschriften, um den Logar. Sinus eines kleinen Bogens zu finden.

$$\log\sin n'' = \log\sin\varphi = \log\varphi - k\left(\tfrac{1}{6}\varphi\varphi+\tfrac{1}{180}\varphi^4+\tfrac{1}{2835}\varphi^6+\tfrac{1}{37800}\varphi^8+\text{etc.}\right)$$

Man bilde die Grössen $\begin{matrix}\lambda, \lambda', \lambda'', \lambda''', \ldots\\ \mu, \mu', \mu'', \mu''', \ldots\end{matrix}$ nach folgendem Gesetze

$$\begin{aligned}
\lambda &= 2\log n + 8{,}230\,7828 - 20 & \lambda &= \log\mu\\
\lambda' &= \lambda + \tfrac{1}{5}\mu & \lambda' &= \log\mu'\\
\lambda'' &= \lambda' + \tfrac{59}{210}(\mu'-\mu) & \lambda'' &= \log\mu''\\
\lambda''' &= \lambda'' + \tfrac{169}{590}(\mu''-\mu') & \lambda''' &= \log\mu'''
\end{aligned}$$

u. s. w.,

so ist

$$\log\sin\varphi = 4{,}685\,5749 - 10 + \log n - \mu^{\infty}$$

Beispiel: $\varphi = 37^{0}\,6' = 133560''$.

4,685 5749	8,230 7828	
$\log n$ 5,125 6764	$2\log n$ ... 10,251 3528	
9,811 2513	λ = 8,482 1356	μ = 0,030 3483.85
μ^{∞} = 0,030 7842	+ 6 0696.8	4271.25
$\log\sin\varphi$ ... 9,780 4671	λ' = 8,488 2052.8	μ' = 0,030 7755.1
	+ 1200.0	85.0
	λ'' = 8,488 3252.8	μ'' = 0,030 7840.1
	+ 24.3	
	λ''' = 8,488 3277.1	μ''' = 0,030 7841.9.

[7. Zu Art. 90 und 100.]

Astronomisches Jahrbuch für 1814, S. 256. Berlin 1811.

.... Noch füge ich Ihrem Wunsche zufolge einen kleinen Zusatz zu meiner Theoria motus corporum coelestium bei.

Zur Auflösung der wichtigen Aufgabe, aus zweien Radiis vectoribus und dem eingeschlossenen Winkel die elliptischen oder hyperbolischen Elemente zu bestimmen, habe ich mich mit grossem Vortheil einer Hülfsgrösse ξ bei der Ellipse, ζ bei der Hyperbel bedient, für welche ich jenem Werke eine Tafel angehängt habe. Berechnet ist diese Tafel nach einem dort angeführten continuirlichen Bruche, dessen vollständige Ableitung aber dort nicht gegeben ist, und zu dessen theoretischer Entwickelung, die mit andern Untersuchungen zusammenhängt, ich bisher noch nicht Gelegenheit gefunden habe. Es wird daher manchem lieb sein, hier einen andern Weg angezeigt zu finden, auf welchem man jene Hülfsgrösse eben so bequem hätte berechnen können.

Wir haben (Art. 90)

$$\xi = x - \tfrac{5}{6} + \frac{10}{9X} = \frac{xX - \tfrac{5}{6}X + \frac{10}{9}}{X}.$$

Der Zähler dieses Bruchs verwandelt sich leicht, wenn man für X die dort gegebene Reihe substituirt, in

$$\tfrac{8}{105}xx\left(1+\frac{2.8}{9}x+\frac{3.8.10}{9.11}xx+\frac{4.8.10.12}{9.11.13}x^3+\frac{5.8.10.12.14}{9.11.13.15}x^4+\text{etc.}\right).$$

Setzt man also die Reihe

$$1+\frac{2.8}{9}x+\frac{3.8.10}{9.11}xx+\ldots=A,$$

so wird

$$xX-\frac{5}{6}X+\frac{10}{9}=\frac{8}{105}Axx$$

$$X=\frac{\frac{4}{3}(1-\frac{12}{175}Axx)}{1-\frac{6}{5}x}$$

$$\xi=\frac{\frac{2}{35}Axx(1-\frac{6}{5}x)}{1-\frac{12}{175}Axx},$$

nach welcher Formel man ξ immer bequem und sicher berechnen kann. Für ζ braucht man nur z anstatt x zu setzen.

Ich bemerke nur noch, dass man A noch bequemer nach folgender Formel berechnen kann

$$A=(1-x)^{-\frac{3}{2}}\left(1+\frac{1.5}{2.9}x+\frac{1.3.5.7}{2.4.9.11}xx+\frac{1.3.5.5.7.9}{2.4.6.9.11.13}x^3+\text{etc.}\right);$$

allein die Ableitung dieser Reihe aus der vorigen beruht auf Gründen, die hier nicht ausgeführt werden können [*)].

[8. Zu Art. 114 und 177.]

{Druckfehler in Dr. Gauss' Theoria motus corporum coelestium etc. Hamburgi 1809, vom Senator Bar. Oriani.}

Monatliche Correspondenz Band XXI, S. 282—283, 1810 März.

{.... Ut aequatio 7 [art. 114] fiat identica, debent coëfficientes ipsorum $\delta\delta'\delta''$, $D\delta'\delta''$, $DD'\delta''$ etc. esse $=0$; sed post debitas reductiones coefficiens ipsius $\delta\delta'\delta''$ est

[*) Vgl. Band III S. 209.]

$$(0.1.2) = \left\{\begin{array}{l} \tang\beta' \tang\beta \sin(L''-\alpha'')\sin(L'-L) + \tang\beta' \tang B \sin(L''-\alpha'')\sin(L'-\alpha) \\ + \tang\beta \tang\beta'' \sin(L'-\alpha')\sin(L-L'') + \tang B \tang\beta'' \sin(L'-\alpha')\sin(\alpha-L'') \\ + \tang\beta''\tang\beta' \sin(L-\alpha)\sin(L''-L') + \tang\beta'' \tang B' \sin(L-\alpha)\sin(L''-\alpha') \\ + \tang B'\tang\beta \sin(L''-\alpha'')\sin(\alpha'-L) + \tang B' \tang B \sin(L''-\alpha'')\sin(\alpha'-\alpha) \\ + \tang\beta \tang B''\sin(L'-\alpha')\sin(L-\alpha'') + \tang B \tang B''\sin(L'-\alpha')\sin(\alpha-\alpha'') \\ + \tang B''\tang\beta' \sin(L-\alpha)\sin(\alpha''-L') + \tang B''\tang B' \sin(L-\alpha)\sin(\alpha''-\alpha'). \end{array}\right.$$

Hinc si habeatur tantummodo

$$\left.\begin{array}{l} \tang\beta' \tang\beta \sin(L''-\alpha'')\sin(L'-L) \\ + \tang\beta \tang\beta''\sin(L'-\alpha')\sin(L-L'') \\ + \tang\beta''\tang\beta' \sin(L-\alpha)\sin(L''-L') \end{array}\right\} = 0,$$

idem coefficiens non fit $= 0$, sed requiritur praeterea ut sit

$$B = 0, \qquad B' = 0, \qquad B'' = 0.\}$$

{Elegans theorema, quod tribuitur [art. 117] illustr. LAPLACE, revera a LEONARDO EULERO primum inventum est. Et enim in Comment. Acad. Petropol. Tom. XVI [*)] EULERUS ostendit, integrale $-\int \frac{dx}{\sqrt{\left(\log\frac{1}{x}\right)}}$ sumtum ab $x = 1$ ad $x = 0$ esse $= \sqrt{\pi}$, existente π semicircumferentia circuli, radio $= 1$ descripti. Iamvero ponendo $x = e^{-tt}$ habetur

$$\frac{-dx}{\sqrt{\left(\log\frac{1}{x}\right)}} = 2e^{-tt}dt.$$

Ideoque integrale $\int e^{-tt}dt$ a $t = 0$ ad $t = \infty$ erit $= \frac{1}{2}\sqrt{\pi}$, et propterea idem integrale a $t = -\infty$ ad $t = +\infty$ fiet $= \sqrt{\pi}$.}

[*) Handschriftliche Bemerkung von GAUSS:] Dies Theorem findet sich a. a. O. nicht, wohl aber p. 101 folgendes: $\int_0^1 \sqrt{\left(\log\frac{1}{x}\right)}dx = \frac{1}{2}\sqrt{\pi}$. Schreibt man hier $x = e^{-tt}$, so wird $\int_0^\infty 2tte^{-tt}dt = \frac{1}{2}\sqrt{\pi}$. Es ist aber $2tte^{-tt}dt = -d(te^{-tt}) + e^{-tt}dt$ und $te^{-tt} = 0$ sowohl für $t = 0$ als für $t = \infty$, also $\int_0^\infty e^{-tt}dt = \frac{1}{2}\sqrt{\pi}$.

Monatliche Correspondenz. Band XXI. S. 280. 1810 März.

Für die Notirung der Druckfehler in meiner Theoria bin ich Herrn Oriani sehr verbunden. Er hat ganz Recht, dass ich pag. 129 [Art. 114] hinzuzufügen vergessen habe, dass $B, B', B'' = 0$ vorausgesetzt werden müssen, wenn die Bedingungsgleichung, bei welcher die Gleichung 7 unbrauchbar ist, die dort angegebene Gestalt haben soll. Es ist übrigens klar, dass wenn auch nicht $B, B', B'' = 0$ sind, doch die Gleichung 7 unbrauchbar sein kann, wenn nemlich der 12-gliedrige Ausdruck, welchen Oriani entwickelt hat, zufällig $= 0$ oder sehr klein wird.

Dass Euler schon das Theorem gefunden hat, woraus der schöne von mir Laplace beigelegte Lehrsatz sehr leicht abgeleitet werden kann, fiel mir selbst schon früher ein, als aber die Stelle pag. 212 [Art. 177] schon abgedruckt war; ich wollte es aber nicht unter die Errata setzen, weil Laplace wenigstens das obige Theorem doch erst in der dort gebrauchten Form aufgestellt hat. ....

[9. Zu Art. 138.]

Das Criterium des Falls, wo der die geocentrische Bewegung tangirende grösste Kreis durch den Sonnenort geht, lässt sich sehr elegant auf die heliocentrischen Positionen beziehen.

Es seien

R, r Abstände von der Sonne für Erde und Planet;

L, l Längen der Erde und des Planeten, letztere in der Bahn und beide vom aufsteigenden Knoten gezählt;

E, e Excentricitäten;

V, v wahre Anomalien;

P, p halbe Parameter;

dann ist das Criterium jenes Falls in der Gleichung

$$\frac{r\sin l}{\sqrt{p}} = \frac{R\sin L}{\sqrt{P}} \quad \text{oder} \quad \frac{\sqrt{p}.\sin l}{1+e\cos v} = \frac{\sqrt{P}.\sin L}{1+E\cos V}$$

enthalten.

Der Beweis stützt sich auf folgende Figur: A Ort der Erde, B geoc., C helioc. Ort des Planeten; A', C' Plätze von A und C nach unendl. kl. Zwischenzeit $\mathrm{d}t$.

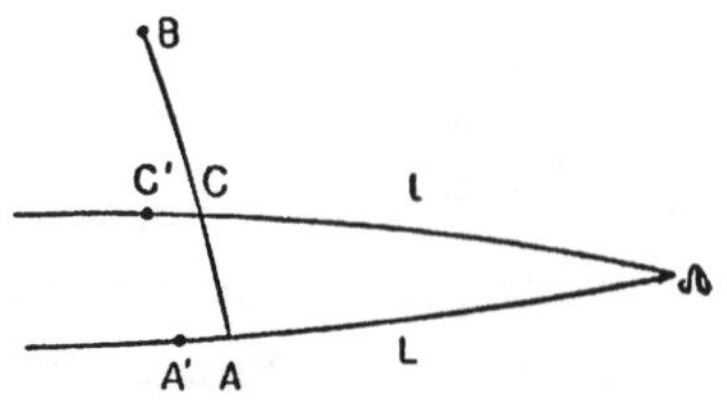

Es ist also

$$AA' = \mathrm{d}L, \qquad CC' = \mathrm{d}l.$$

Vermöge der Natur des Problems müssen die beiden neuen Plätze von der durch Sonne, Erde und Planet gelegten (durch ACB repräs. Ebene) gleich weit abstehen. Diese Abstände sind $R\,\mathrm{d}L\sin A$ und $r\,\mathrm{d}l\sin C$; da nun $\sin A:\sin C = \sin l:\sin L$, so wird $\frac{R\mathrm{d}L}{\sin L} = \frac{r\mathrm{d}l}{\sin l}$, oder da $RR\mathrm{d}L : rr\mathrm{d}l = \sqrt{P}:\sqrt{p}$:

$$\frac{\sqrt{P}}{R\sin L} = \frac{\sqrt{p}}{r\sin l},$$

welches die obige Gleichung ist.

[10. Zu Art. 140.]

I. Es seien $\mathfrak{A}$, $\mathfrak{A}'$, $\mathfrak{A}''$ die Abstände der drei Punkte A, A', A'' von dem grössten Kreise BB^*B''; h die Neigung dieses grössten Kreises gegen die Ekliptik, und H die Länge seines aufsteigenden Knotens auf der Ekliptik. Man hat dann

$$\begin{aligned}\sin\mathfrak{A} &= \sin h\sin(l-H)\\ \sin\mathfrak{A}' &= \sin h\sin(l'-H)\\ \sin\mathfrak{A}'' &= \sin h\sin(l''-H),\end{aligned}$$

woraus leicht mit Hülfe des Lemma I in Art. 78 folgt:

$$1)\qquad \sin\mathfrak{A}\sin(l''-l')+\sin\mathfrak{A}'\sin(l-l'')+\sin\mathfrak{A}''\sin(l'-l) = 0.$$

II. Es seien ferner B, B^*, B'' die Winkel, welche der grösste Kreis BB^*B'' mit AB, $A'B^*$, $A''B''$ macht, wodurch

$$\begin{aligned}\sin\mathfrak{A} &= \sin\delta\sin B\\ \sin\mathfrak{A}' &= \sin(\delta'-\sigma)\sin B^*\\ \sin\mathfrak{A}'' &= \sin\delta''\sin B''.\end{aligned}$$

Die Gleichung 1 erhält demnach folgende Gestalt:

2) $\sin\delta\sin B\sin(l''-l') + \sin(\delta'-\sigma)\sin B^*\sin(l-\dot{l}'') + \sin\delta''\sin B''\sin(l'-l) = 0.$

III. Man hat ferner

$$\left.\begin{aligned} A''D'-\delta'' &= B''D' \\ AD'-\delta &= BD' \\ \frac{\sin B''D'}{\sin BD'} &= \frac{\sin B}{\sin B''} \end{aligned}\right\} \quad \text{folglich } a = \frac{R\sin\delta\sin B}{R''\sin\delta''\sin B''} \text{ und}$$

$$3)\quad \sin\delta\sin B = \frac{aR''\sin\delta''\sin B''}{R},$$

wie auch

$$\left.\begin{aligned} A''D-\delta'' &= B''D \\ A'D-\delta'+\sigma &= B^*D \\ \frac{\sin B''D}{\sin B^*D} &= \frac{\sin B^*}{\sin B''} \end{aligned}\right\} \quad \text{folglich } b = \frac{R'\sin\delta'\sin B^*}{R''\sin\delta''\sin B''} \text{ und}$$

$$4)\quad \sin B^* = \frac{bR''\sin\delta''\sin B''}{R'\sin\delta'}.$$

Diese Werthe aus 3, 4 in 2 substituirt geben eine Gleichung, die bei näherer Betrachtung mit der ersten Gleichung am Schluss von Art. 140 identisch gefunden wird.

IV. Um zum Beweise der andern Formel zu gelangen, sei P der Pol der Ekliptik, H der Punkt der Ekliptik, dessen Länge oben mit demselben Buchstaben bezeichnet wurde, also mit BB'' in Einem grössten Kreise,

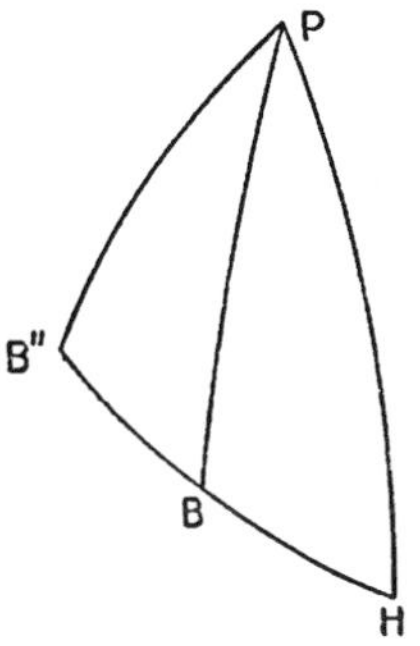

$$\text{also}\quad \begin{aligned} HP &= 90^0 \\ BP &= 90^0-\beta \\ B''P &= 90^0-\beta'' \\ BHP &= 90^0-h \\ BPB'' &= \alpha''-\alpha; \end{aligned}$$

$\sin HB''P = \frac{\cos\beta\sin(\alpha''-\alpha)}{\sin BB''}$ (im Dreieck BPB'')

$\sin HB''P = \frac{\cos h}{\cos\beta''}$ (in dem Dreieck $HB''P$),

folglich

$$5)\quad \sin(\alpha''-\alpha) = \frac{\sin BB''.\cos h}{\cos\beta\cos\beta''}.$$

Nun ist nach Art. 138, (7),

$$S = \operatorname{tang}\beta\sin(\alpha''-l') - \operatorname{tang}\beta''\sin(\alpha-l'),$$

also, da leicht zu übersehen ist, dass

$$\tang\beta = \tang h \sin(\alpha - H), \qquad \tang\beta'' = \tang h \sin(\alpha'' - H):$$
$$S = \tang h\{\sin(\alpha'' - l')\sin(\alpha - H) - \sin(\alpha - l')\sin(\alpha'' - H)\}$$

oder, da nach Lemma I Art. 78 (wenn dort statt $A, B, C \ldots \alpha - l', \alpha'' - l', H - l'$ gesetzt wird) identisch ist

$$\sin(\alpha - H)\sin(\alpha'' - l') + \sin(H - \alpha'')\sin(\alpha - l') + \sin(\alpha'' - \alpha)\sin(H - l') = 0:$$
$$S = \tang h \sin(\alpha'' - \alpha)\sin(l' - H),$$

oder, für $\sin(\alpha'' - \alpha)$ den Werth aus 5 substituirt,

$$6) \qquad S = \frac{\sin h \sin(l' - H)\sin BB''}{\cos\beta\cos\beta''} = \frac{\sin\mathfrak{A}'\sin BB''}{\cos\beta\cos\beta''}.$$

V. Wir haben ferner

$$\sin\mathfrak{A}' = \sin AB^*.\sin B^* = \sin(\delta' - \sigma)\sin B^*.$$

Es ist also (Schluss von Art. 140)

$$U = \frac{S}{\sin(\delta' - \sigma)} = \frac{\sin B^* \sin BB''}{\cos\beta\cos\beta''}$$

oder da

$$\sin BB'' : \sin BD' = \sin\varepsilon' : \sin B'',$$

d. i.

$$\sin BB'' = \frac{\sin(AD' - \delta)\sin\varepsilon'}{\sin B''}:$$
$$U = \frac{\sin(AD' - \delta)\sin\varepsilon'\sin B^*}{\cos\beta\cos\beta''\sin B''}$$

oder

$$\frac{\sin B^*}{\sin B''} = \frac{U\cos\beta\cos\beta''}{\sin(AD' - \delta)\sin\varepsilon'}.$$

Dies in der obigen Gleichung $b = \frac{R'\sin\delta'\sin B^*}{R''\sin\delta''\sin B''}$ substituirt, gibt

$$b = \frac{R'\sin\delta'}{R''\sin\delta''}\cdot\frac{U\cos\beta\cos\beta''}{\sin(AD' - \delta)\sin\varepsilon'},$$

identisch mit der Gleichung am Schluss von Art. 140.

[11. Zu Art. 182—184.]

Zeitschrift für Astronomie, herausgegeben von B. VON LINDENAU und J. G. F. BOHNENBERGER.
Erster Band. Heft für März und April 1816.

Ich zeige bei dieser Gelegenheit noch eine Berichtigung an, die S. 218 und 219 [S. 250—252 dieses Bandes] der Theoria Motus Corporum Coelestium zu machen ist. Man lese nemlich

S. 218 Z. 3 statt $e^{-\frac{hh\sigma\sigma}{\delta'''}}$ .... $e^{-hh\delta'''\sigma\sigma}$

Z. 4 statt $\sqrt{\frac{1}{\delta'''}}$ ...... $\sqrt{\delta'''}$

S. 219 Z. 8 statt $\sqrt{A}$, $\sqrt{B'}$, $\sqrt{C''}$, $\sqrt{D'''}$ der Ordnung nach $\frac{1}{\sqrt{A}}$, $\frac{1}{\sqrt{B'}}$, $\frac{1}{\sqrt{C''}}$, $\frac{1}{\sqrt{D'''}}$.

Diese Unrichtigkeit hat ihren Ursprung in dem Umstande, dass früher bei der Untersuchung andere Bezeichnungen angewandt waren, deren Umtausch an den angezeigten Stellen versäumt war. Das numerische Beispiel ist, wie man sieht, den berichtigten Ausdrücken gemäss berechnet, doch ist darin ein Rechnungsfehler begangen. Die Gleichung S. 219 Z. 5 v. u. muss nemlich sein

$$6633r = 12707 + 2P - 9Q + 123R,$$

folglich die Genauigkeit von r S. 220

$$= \sqrt{\frac{2211}{41}} = 7{,}34.$$

Ich bin auf diese Berichtigungen durch Herrn NICOLAI aufmerksam gemacht worden, welchem ich dafür hier den verbindlichsten Dank sage.

[12. Zu Art. 183.]

Bestimmung der wahrscheinlichen Fehler der Resultate der Methode der kleinsten Quadrate.

Man setze, der Algorithmus, welcher im I. Bde der G[öttinger] C[ommentationes: Disquisitio de elementis ellipticis Palladis, Werke, Band VI, S. 21—22] gelehrt ist, führe auf folgende Gleichungen zur Bestimmung der unbekannten

Grössen p, q, r, s

$$\begin{aligned}
[A=]\ 0 &= \lambda + \alpha p + \beta q + \gamma r + \delta s \\
[B=]\ 0 &= \lambda' \qquad\quad + \beta' q + \gamma' r + \delta' s \\
[C=]\ 0 &= \lambda'' \qquad\qquad\quad + \gamma'' r + \delta'' s \\
[D=]\ 0 &= \lambda''' \qquad\qquad\qquad\quad + \delta''' s.
\end{aligned}$$

Man bestimme π, χ, ρ, σ durch die Gleichungen

$$\begin{aligned}
&\alpha\pi = \text{Wahrsch. Beob.-Fehler} \\
&\beta\pi + \beta'\chi = 0 \\
&\gamma\pi + \gamma'\chi + \gamma''\rho = 0 \\
&\delta\pi + \delta'\chi + \delta''\rho + \delta'''\sigma = 0,
\end{aligned}$$

so ist der wahrscheinliche Fehler von p:

$$\sqrt{(\alpha\pi\pi + \beta'\chi\chi + \gamma''\rho\rho + \delta'''\sigma\sigma)}.$$

Noch zierlicher so: Aus den Gleichungen

$$\begin{aligned}
\alpha p + \beta q + \gamma r + \delta s &= u \\
\beta' q + \gamma' r + \delta' s &= u' \\
\gamma'' r + \delta'' s &= u'' \\
\delta''' s &= u'''
\end{aligned}$$

entstehe durch Elimination

$$\begin{aligned}
p &= p^0 u + p' u' + p'' u'' + p''' u''' \\
q &= \qquad\quad\ q' u' + q'' u'' + q''' u''' \\
r &= \qquad\qquad\qquad\ r'' u'' + r''' u''' \\
s &= \qquad\qquad\qquad\qquad\qquad s''' u''';
\end{aligned}$$

sodann sind die wahrscheinlichsten Werthe

$$\begin{aligned}
-p &= p^0\lambda + p'\lambda' + p''\lambda'' + p'''\lambda''' \\
-q &= \qquad\quad\ q'\lambda' + q''\lambda'' + q'''\lambda''' \\
-r &= \qquad\qquad\qquad\ r''\lambda'' + r'''\lambda''' \\
-s &= \qquad\qquad\qquad\qquad\qquad s'''\lambda'''
\end{aligned}$$

und die wahrscheinlichen Fehler dieser Bestimmungen, den wahrscheinlichen Fehler der Beobachtungen $= 1$ gesetzt:

$$\text{für } p \ldots\ldots \sqrt{(\alpha p^0 p^0 + \beta' p' p' + \gamma'' p'' p'' + \delta''' p''' p''')}$$

$$\text{» } q \ldots\ldots \sqrt{(\qquad \beta' q' q' + \gamma'' q'' q'' + \delta''' q''' q''')}$$

$$\text{» } r \ldots\ldots \sqrt{(\qquad\qquad \gamma'' r'' r'' + \delta''' r''' r''')}$$

$$\text{» } s \ldots\ldots s''' \sqrt{\delta'''} = \sqrt{\frac{1}{\delta'''}}$$

$$\text{» } r \ldots\ldots \sqrt{\left(\frac{1}{\gamma''} + \frac{\delta''\delta''}{\gamma''\gamma''\delta'''}\right)}.$$

[13.]

Zusammenhang des Initialzustandes mit den Elementen [einer Planetenbahn].

r .... Radius Vector
v .... Länge in der Bahn
λ .... Länge in der Ekliptik
β .... Breite
☊ .... Länge des aufsteigenden Knotens
i .... Neigung der Bahn
$e = \sin\varphi$ .... Excentricität
p .... halber Parameter
ω .... Perihelium
t .... Zeit
k .... Constante $= \sqrt{\odot}$

1) $\operatorname{tang}\beta = \operatorname{tang} i \sin(\lambda - \text{☊})$

2) $\dfrac{\mathrm{d}\beta}{\cos\beta^2\,\mathrm{d}\lambda} = \operatorname{tang} i \cos(\lambda - \text{☊})$

3) $\dfrac{rr\,\mathrm{d}v}{k\,\mathrm{d}t} = \sqrt{p}$

4) $\dfrac{r^3\,\mathrm{d}v^2}{\odot\,\mathrm{d}t^2} - 1 = e\cos(v - \omega)$

5) $\dfrac{rr\,\mathrm{d}r\,\mathrm{d}v}{\odot\,\mathrm{d}t^2} = e\sin(v - \omega)$

6) $\dfrac{2}{r} - \dfrac{rr\,\mathrm{d}v^2 + \mathrm{d}r^2}{\odot\,\mathrm{d}t^2} = \dfrac{1}{a}$

7) $2\operatorname{Arc\,tang}\left\{\sqrt{\dfrac{1-e}{1+e}}\cdot \operatorname{tg}\tfrac{1}{2}(v-\omega)\right\} - \dfrac{e\sqrt{(1-ee)}\,.\,\sin(v-\omega)}{1+e\cos(v-\omega)} - k\displaystyle\int\frac{\mathrm{d}t}{a^{\frac{3}{2}}} = \varepsilon - \omega.$

[14.]
{Über die Verbesserung der Elemente eines Planeten durch vier beobachtete Oppositionen.}

Wenn die Elemente eines Planeten schon so genau bekannt sind, dass die angenommenen Werthe von den wahren nur sehr wenig abweichen und man hat die Beobachtungen von vier Oppositionen, so lässt sich die Verbesserung der Elemente leichter und einfacher vollbringen, als wenn die vier gegebenen Örter des Planeten beliebig genommen wären. Das Theoretische dieser Untersuchung ist schon in der Abhandlung »Disquisitio de elementis ellipticis Palladis« mitgetheilt; hier folgen einige praktische Bemerkungen, die überhaupt bei der Berechnung der Oppositionen und dergl. brauchbar sind.

Zuerst muss die Epoche verbessert werden. Man berechnet also aus einer beliebigen Beobachtung, am besten aus einer solchen, die zu einer der mittlern Oppositionen gehört, die geocentrische Länge und Breite des Planeten, aus diesen mit Hülfe des aus der unveränderten Epoche durch die bekannten Formeln erhaltenen Radius Vector, die heliocentrische Länge und Breite, aus diesen die Länge in der Bahn. Nachdem an diese Länge die Störungen (wenn schon Formeln für sie vorhanden sind) angebracht, leitet man aus ihr die mittlere Anomalie her, welche mit der aus der unveränderten Epoche erhaltenen verglichen, die Änderung der Epoche gibt. Sind keine Beobachtungen, sondern nur die berechneten Längen und Breiten zu der Zeit der vier Oppositionen gegeben, so wird man eine dieser Längen zu wählen haben; besser ist es indessen, die Beobachtungen selbst vorzunehmen, als sich auf die Berechnungen Anderer zu verlassen.

Mit der auf solche Art verbesserten Epoche und den übrigen unverändert gelassenen Elementen werden nun die vier Oppositionen vorläufig berechnet, wobei man sich mit hinlänglicher Genauigkeit früherer Berechnungen bedienen kann. Um eine Opposition am bequemsten berechnen zu können, verfährt man folgendermaassen.

Man wählt, wenn von mehrern Orten Beobachtungen da sind, die Beobachtungen desjenigen Orts, der die meisten geliefert hat, bestimmt aus den angegebenen Zeiten des Durchgangs durch den Mittagskreis, die Culminationszeiten des Planeten von zwei zu zwei Tagen für die ganze Zeit, welche alle Beobachtungen umfassen. Durch eine vorläufige Rechnung, für einen in der Mitte der Beobachtungszeit liegenden Tag, bestimmt man die Entfernung des Planeten von der Erde und aus dieser die Zeit, welche das Licht gebraucht, um von dem Planeten auf die Erde zu kommen, welche Zeit von den Culminationszeiten abzuziehen ist; hiedurch hat man für die Aberration Rechnung gehalten. Aus der verbesserten Epoche leitet man nun durch Abziehung der für die Zeit der Epoche stattfindenden Länge des Perihels die mittlere Anomalie her und bestimmt aus dieser mittelst der täglichen tropischen Bewegung die mittlern Anomalien für die angenommenen Tage und aus diesen die Rectascensionen und Declinationen. Um für die Nutation Rechnung zu halten, wendet man nicht die mittlere durch die Elemente gegebene Länge des Knotens, sondern die wahre an, die man durch Hinzufügung der Nutation in der Länge (Bohnenbergers Astron. p. 672) zu jener erhält; die Parallaxe aber bringt man nach den in der Theoria motus Corpor. Coel. art. 59 oder 70 erklärten Methode an. Übrigens sieht man leicht ein, weshalb die Rechnung von zwei zu zwei Tagen durchgeführt ist, auch wenn an einigen derselben nicht sollte beobachtet sein; man kann nemlich die Rechnung sehr bequem durch Differenzen prüfen, so dass es nicht möglich ist, einen Fehler zu übersehen, und dann vermittelst einer scharfen Interpolation die Berechnungen für alle Tage erhalten.

Die auf solche Weise erhaltenen Rectascensionen und Declinationen vergleicht man mit den beobachteten, bestimmt hieraus die mittlere Abweichung sowohl der Rectascension als der Declination und indem man diese zu den berechneten hinzufügt, leitet man für den Tag der Opposition, welcher sehr bald durch Vergleichung der Beobachtungen mit den berechneten Sonnenlängen gefunden wird, die geocentrische Länge her, bestimmt eben dieselbe für einen um eine beliebige Grösse (etwa einige Stunden) von der vorhin angenommenen Zeit abweichenden Zeitpunkt und sucht nun durch Interpolation den Augenblick zu bestimmen, in welchem die Länge der Sonne und die des Planeten genau um 180° von einander verschieden sind. Bei der Berechnung der Sonne ist übrigens für die durch die Aberration des Planeten verbesserte Culminationszeit die **wahre** Länge zu suchen, also die durch die Tafeln gefundene, welche die Aberration der Sonne bereits einschliesst, um diese zu vermehren.

Sind nur wenige Beobachtungen vorhanden (etwa bis sechs), so kann man auch, wenn man es für vortheilhafter hält, die Rectascensionen und Declinationen bloss für die Beobachtungstage berechnen.

Bei der vorläufigen Berechnung der Oppositionen kann man allenfalls die Aberration, Nutation und Parallaxe vernachlässigen; will man aber die Oppositionen nur einmal berechnen, so muss nothwendig auf sie Rücksicht genommen werden.

Aus den gefundenen Längen und Breiten zu der Zeit der vier Oppositionen leitet man nun nach der in der Abhandlung de Elementis Palladis angeführten Methode die Verbesserungen der einzelnen Elemente her.

[15.]

Differentialformeln bei Berechnung der Oppositionen.

λ ber. hel. Länge
λ' beob. hel. Länge
ω Sonnennähe
v wahre Anomalie
E excentrische Anomalie
$e = \sin\varphi$ Excentricität
r Radius Vector
a halbe grosse Axe
i Neigung der Bahn
☊ Knoten
ϐ heliocentrische Breite
β geocentrische Breite
n Tage seit Epoche
7 tägliche Bewegung

$$\frac{\sin 2(\lambda - ☊)}{\sin 2(v + \omega - ☊)} = A, \qquad \frac{Aaa\cos\varphi}{rr} = B, \qquad \frac{Aaa\sin E(2 - ee - e\cos E)}{rr} = C,$$

$$d\lambda = B.\mathrm{dEp.} + nB.\,d7 + (A - B)\,d\omega + C.\,d\varphi + (1 - A)\,d☊ - \tfrac{1}{2}\mathrm{tang}\,i\sin 2(\lambda - ☊)\,di;$$

$$\frac{\sin\beta\sin(\beta - ϐ)}{\sin ϐ} = D, \qquad \sin\beta\cos(\beta - ϐ)\cos ϐ = \mathrm{E},$$

$$\frac{Da\,\mathrm{tang}\,\varphi\sin v}{r} = F, \qquad \frac{Da\cos\varphi\cos v}{r} = G,$$

$$d\beta = -F.\mathrm{dEp.} + \left(\frac{2D}{37} - nF\right)d7 + F.\,d\omega + G.\,d\varphi - \frac{\mathrm{E}}{\mathrm{tang}(\lambda' - ☊)}\,d☊ + \frac{\mathrm{E}}{\sin i\cos i}\,di.$$

Beispiel. Opposition der Pallas von 1807.

[Mit den in der Disquisitio de elementis ellipticis Palladis art. 2. 3. 8 gegebenen Werthen

$\log a$	$= 0{,}44223$	[v	$= 107^0\,47'\,31''$
e	$= 0{,}24476$	λ	$= 223\;37\;25$
φ	$= 14^0\,10'\,4''$	λ'	$= 223\;37\;28$]
$\tilde{\omega}$	$= 121\;8\;59$	β	$= 42\;11\;28$
☊	$= 172\;32\;24$	ϐ	$= 28\;14\;51$
i	$= 34\;37\;32$]		

[und den leicht zu findenden

$$E = 93^0\,46'\,4'' \qquad \log r = 0{,}44916$$

ergibt die Rechnung:]

sin 2 (λ — ☊)	9,99013	sin β	9,82712	sin β	9,82712
sin 2 (v+ω— ☊)	9,96466	sin (β — ϐ)	9,38195	cos (β — ϐ)	9,98701
— ½ tang i	$9{,}53814_n$	C log sin ϐ	0,32488	cos ϐ	9,94493
A	0,02547	D	9,53395	E	9,75906
$\frac{rr}{aa}$	0,01386	$\frac{2}{37}$	2,25167	tang (λ' — ☊)	0,09293
$\frac{Aaa}{rr}$	0,01161	$\frac{r}{a}$	0,00693	½ sin 2i	9,66985
sin E	9,99906	$\frac{Da}{r}$	9,52702	$\frac{Da}{r}$	9,52702
2 — ee — e cos E	0,29141	tang φ	9,40216	[cos φ	9,98658]
C	0,30208	sin v	9,97872	cos v	$9{,}48510_n$
B	9,99819	F	8,90790	[G	$8{,}99870_n$]
n	3,20020	n	3,20020		

$$d\lambda = 0{,}99584\,dEp. + 1579{,}03\,d7 + 2{,}00486\,d\varphi + 0{,}06456\,d\omega - 0{,}06040\,d☊ - 0{,}33750\,di$$

$$d\beta = -0{,}08089\,dEp. - 67{,}22\,d7 - 0{,}09970\,d\varphi + 0{,}08089\,d\omega - 0{,}46359\,d☊ + 1{,}22803\,di.$$

[Über die Zodiaken der Himmelskörper.]

[16.]

Astronomische Nachrichten. Band XXVII. Nr. 625. Seite 1. 1848 Januar 29.

Schreiben des Herrn Geheimen Hofraths GAUSS an den Herausgeber.
Göttingen 1847 November 23.

Da die in Nr. 615 der A. N. abgedruckten zweiten Elemente der Iris, welche Herr Prof. GOLDSCHMIDT gleich nach dem 19ten September berechnet hatte, auch noch in den beiden folgenden Monaten eine gute Übereinstimmung mit den Beobachtungen gezeigt haben (am 17ten und 18ten November war die Differenz von Herrn RÜMKERS Meridianbeobachtung 16″ in ger. Aufst. und 2″ in der Abweichung), so ist man berechtigt, sie als schon sehr genähert zu betrachten, und ich habe deshalb Herrn Prof. GOLDSCHMIDT veranlasst, danach den Zodiakus der Iris zu berechnen. Das Resultat dieser Arbeit, welches zur Erleichterung der Nachforschungen auf Identität in frühern Beobachtungen wird dienen können, lasse ich hier nachfolgen.

Indem ich bei dieser Veranlassung den Aufsatz [*)] wieder in die Hände nehme, in welchem ich vor 44 Jahren die allgemeine Methode zur Bestimmung der Limiten eines solchen Zodiakus gegeben habe, sehe ich, dass ich darin auch schon die Ausnahmsfälle angedeutet habe, wo das Feld der geocentrischen Erscheinung eines die Sonne nach KEPLERschen Gesetzen umkreisenden Himmelskörpers auf der Himmelskugel entweder gar keine oder nur Eine Limite hat, obgleich die Methode im erstern Falle eine in sich zurücklaufende

[*) Band VI, S. 106.]

Linie, im andern zwei solche Linien ergibt. Auch ist die Frage daselbst aufgeworfen, was denn in solchen Ausnahmsfällen diese durch Rechnung gefundenen Linien eigentlich bedeuten. Ich habe mich damals auf diese Andeutungen beschränkt, weil eine weitere Ausführung dort ein Horsd'oeuvre gewesen wäre, und ich auch gern andern das Vergnügen lassen wollte, sich mit einer meiner Meinung nach nicht uninteressanten mathematischen Aufgabe zu beschäftigen. Da mir jedoch nicht bekannt geworden ist, dass ein anderer in der langen Zwischenzeit die mir inzwischen ganz aus dem Gedächtniss gekommene Frage aufgenommen hätte, so ergreife ich diese Gelegenheit, um wenigstens den Hauptnerv des zur Beantwortung Nöthigen hier mitzutheilen.

Ein geocentrischer Ort des in Rede stehenden Planeten (oder Cometen) geht hervor, indem man einen Punkt der Bahn des letztern mit einem Punkt der Erdbahn combinirt; es kann aber auch einerlei geocentrischer Ort aus zwei, drei oder vier verschiedenen Combinationen hervorgehen. Um die Vorstellungen zu fixiren, lege man durch die Sonne eine Ebene, gegen welche die einen vorgegebenen geocentrischen Ort, auf der Himmelskugel, repräsentirende gerade Linie normal ist, und projicire orthographisch auf diese Ebene sowohl die Erdbahn als die Planetenbahn. Beide Projectionen sind Ellipsen, oder allgemeiner Kegelschnitte, die sich entweder garnicht, oder zweimal oder viermal schneiden werden; eine Berührung ist dabei wie das Verschmelzen zweier Schnitte zu betrachten. Durch jeden Schnitt wird ein geocentrischer Ort vorgestellt, der entweder mit dem vorgegebenen identisch oder ihm auf der Himmelskugel entgegengesetzt ist, je nachdem von den beiden Punkten der Planetenbahn und der Erdbahn, deren Projection zusammenfällt, der erstere oder der letztere höherliegend ist; als obere Seite der Projectionsebene diejenige betrachtet, auf welcher der vorgegebene geocentrische Ort liegt.

Es ist hieraus klar, dass wenn irgend ein Punkt der Himmelskugel, fragweise als geocentrischer Ort, aufgegeben wird, er dies entweder auf gar keine Weise oder auf Eine Art, oder auf zwei, drei oder vier Arten sein kann. Für einen gegebenen Planeten scheidet sich so die ganze Fläche der Himmelskugel in verschiedene Theile, und die nach der von mir gegebenen Methode bestimmten Linien sind, allgemein zu reden, nichts anderes, als Scheidungen zwischen zwei Flächentheilen der Kugel, wo die auf der einen Seite liegenden Punkte auf zwei Arten mehr geocentrische Örter sein können als die auf der andern. Die in den Scheidungslinien liegenden Punkte machen den Übergang, d. i. sie sind auf Eine Art mehr als die Punkte auf der einen Seite, und auf Eine Art weniger als die Punkte auf der andern Seite fähig geocentrische Örter zu sein. Übrigens lässt sich auch das Criterium angeben, wonach a priori entschieden wird, auf welcher Seite der Scheidungslinie zwei Auflösungen mehr stattfinden als auf der andern, wobei ich jedoch gegenwärtig mich nicht aufhalten will [*)].

Alle bisher bekannten Planeten haben solche Bahnen, dass die durch die Theorie gefundenen Scheidungslinien immer wahre Limiten sind. Es sind nemlich zwei Scheidungslinien, die die Himmelskugel in drei Flächenräume abtheilen; zwei sind isolirte Flächen, in welche gar keine geocentrische Örter fallen, der dritte zwischen jenen, gürtelartig, enthält alle geocentrischen Örter und jeder Punkt innerhalb des Gürtels kann auf zwei Arten, jeder Punkt auf der Limite auf Eine Art geocentrischer Ort sein.

Es lassen sich aber fingirte Bahnen denken [**)] (Cometenbahnen werden vielleicht mehrere in dem Fall sein, worüber ich jedoch bisher keine Nachforschung gemacht habe), wo zwei Limiten die Himmelskugel auch in drei Stücke scheiden, und wo der eine Theil gar keine geocentrische Örter enthält, der andere die geocentrischen Örter zu zwei Arten, der dritte hingegen die Punkte, die auf vier verschiedene Arten geocentrische Örter sein können.

Noch weitere Mannigfaltigkeit ergibt sich, wenn Eine Scheidungslinie sich selbst einmal oder zweimal schneidet, eine einfache oder doppelte Schleife bildet. Im ersten Fall wird sie zwei, im zweiten drei Flächenräume von dem gürtelförmigen Theile abtrennen, in denen resp. 4 und 0 oder 4, 0, 4 Auflösungsarten stattfinden.

Noch anders verhält es sich mit einer Bahn, die in die Erdbahn wie ein Kettenring eingreift. In einem solchen Fall ist nur Eine zusammenhängende Limitenlinie, also zwei geschiedene Flächentheile, wo die Punkte des einen Theils auf Eine Art, die des andern Theils auf drei Arten geocentrische Örter sein können.

[*) Siehe Notiz 17.]

[**) Siehe Notiz 18.]

Zodiakus der Iris.

Gerade Aufst.	Abweichung nördl. Grenze	Abweichung südl. Grenze	Gerade Aufst.	Abweichung nördl. Grenze	Abweichung südl. Grenze	Gerade Aufst.	Abweichung nördl. Grenze	Abweichung südl. Gre
0°	+12° 9′	+ 3°44′	125°	+18°12′	+11°46′	245°	−20°29′	−24°58
5	14 10	5 41	130	16 29	10 12	250	20 38	25 11
10	16 5	7 33	135	14 40	8 31	255	20 38	25 15
15	17 51	9 19	140	12 45	6 45	260	20 27	25 11
20	19 30	10 57	145	10 44	4 53	265	20 5	24 56
25	21 0	12 29	150	8 39	2 56	270	19 34	24 33
30	22 21	13 52	155	6 31	+ 0 56	275	18 52	24 1
35	23 33	15 7	160	4 22	− 1 6	280	18 0	23 19
40	24 36	16 14	165	+ 2 12	3 8	285	16 58	22 28
45	25 29	17 11	170	0 0	5 11	290	15 46	21 28
50	26 12	17 59	175	− 2 9	7 13	295	14 25	20 20
55	26 45	18 39	180	4 14	9 11	300	12 54	19 2
60	27 9	19 8	185	6 16	11 6	305	11 14	17 36
65	27 24	19 29	190	8 12	12 56	310	9 26	16 2
70	27 29	19 41	195	10 2	14 40	315	7 30	14 21
75	27 24	19 42	200	11 45	16 19	320	5 28	12 34
80	27 11	19 36	205	13 20	17 50	325	3 21	10 40
85	26 48	19 19	210	14 46	19 13	330	− 1 9	8 41
90	26 15	18 54	215	16 4	20 58	335	+ 1 6	6 39
95	25 33	18 19	220	17 13	21 35	340	3 22	4 34
100	24 41	17 35	225	18 12	22 33	345	5 37	2 28
105	23 41	16 42	230	19 1	23 23	350	7 51	− 0 22
110	22 32	15 41	235	19 40	24 4	355	10 2	+ 1 42
115	21 14	14 31	240	20 10	24 35	360	12 9	3 44
120	19 47	13 12						

[17.]

Zodiakus auf der Himmelskugel.

1847 Oct. 28.

Für jeden Punkt der Himmelskugel ist entweder gar keine, eine, oder mehr als eine Combination vorhanden, die die Sichtbarkeit daselbst des einen Planeten vom andern aus bedingt, oder eine bestimmte Zahl von Auflösungen. Beim Durchgange durch die Limitenlinie ändert sich allemal die Anzahl der Auflösungen um 2 Einheiten; so lange aber, bei irgend einem Wege auf der Himmelskugel, die Limitenlinie nicht getroffen wird, bleibt die Zahl der Auflösungen ungeändert. Die Frage ist nun, wie man die Seite der Limite, wo zwei Auflösungen mehr sind, von der andern, wo zwei weniger sind, unterscheidet. Folgende Betrachtungen dienen dazu.

1. Es sei p ein Punkt der Planetenbahn, von welcher aus die Punkte der andern Bahn auf die Himmelskugel projicirt werden; P der correspon-

dirende Punkt der andern Bahn; Π der Punkt der Knotenlinie, wo die Tangenten an den beiden Planetenbahnen in p und P einander schneiden; ferner sei

$$p\Pi = n, \qquad P\Pi = N, \qquad pP = \Delta,$$

S ein anderer beliebiger fester Punkt der Knotenlinie (etwa die Sonne). Die drei Figuren hat man sich in drei verschiedenen Ebenen vorzustellen: I in der Ebene durch ΠpP; II in der Ebene durch ΠSp; III in der Ebene durch ΠSP. Noch bezeichnen wir mit

p, P die Winkel der Ebenen II und III mit I,

q, Q die Winkel $p\Pi S$, $P\Pi S$,

u, U die Winkel ΠpP, ΠPp,

r, R die Krümmungshalbmesser der beiden Bahnen in p und P.

Es seien nun p', P' zwei andere Punkte correspondirend, und dazu der Punkt Π' der Knotenlinie. $\Pi\Pi' = \delta$ ist als unendlich klein angenommen. Es werden dann die Normalen aus p', P' auf pP:

$$p^*p' = \frac{\delta r \sin q \sin u}{n}, \qquad P^*P' = \frac{\delta R \sin Q \sin U}{N}.$$

Ferner seien p'', P'' zwei andere Punkte in den Tangenten $p\Pi$, $P\Pi$, so dass $p''P''$ parallel mit pP, und $\frac{pp''}{p\Pi} = \frac{PP''}{P\Pi} = \omega$ unendlich klein. Eine durch $p''P''$ normal gegen I gelegte Ebene treffe die Curven in p''', P''', und p^{IV}, P^{IV} seien die Fusspunkte der von p''', P''' auf I gefällten Perpendikel. Man hat dann

$$p'''p^{\text{IV}} = p''p'''.\sin p = \frac{nn\omega\omega}{2r}\sin p$$

$$P'''P^{\text{IV}} = P''P'''.\sin P = \frac{NN\omega\omega}{2R}\sin P$$

$$p'''p^{\text{IV}}.p^*p' = \frac{\delta\omega\omega n \sin p \sin q \sin u}{2}$$

$$P'''P^{\text{IV}}.P^*P' = \frac{\delta\omega\omega N \sin P \sin Q \sin U}{2}.$$

Man sieht aber leicht, dass $n \sin u = N \sin U$ das Perpendikel aus Π auf pP; ferner $\sin p \sin q = \sin P \sin Q =$ Sinus des Winkels, welchen die Linie ΠS mit der Ebene I, und folglich mit dem gedachten Perpendikel macht, woraus man leicht schliesst, dass $n \sin p \sin q \sin u = N \sin P \sin Q \sin U$ nichts anderes ist, als die kürzeste Entfernung der Geraden pP, ΠS von einander.

Endresultat ist also

$$p'''p^{\mathrm{IV}}.p^*p' = P'''P^{\mathrm{IV}}.P^*P'.$$

Ist folglich $p'''p^{\mathrm{IV}} > P'''P^{\mathrm{IV}}$, so ist $p^*p' < P^*P'$ und umgekehrt. Die erste Ungleichheit zeigt aber an, dass eine mit $p'''P'''$ parallel aus p gezogene Gerade einerseits und S andererseits auf entgegengesetzte Seite von I fallen; die zweite, dass die Projectionen auf die Himmelskugel von den beiden Geraden $p'P'$ und pP' (wovon die letztere nur um ein unendlich kleines 2ter Ordnung von der Limitenlinie absteht) auf Einer Seite von der Projection von pP liegen.

Hieraus ist das gewünschte Criterium leicht abzuleiten; man kann es so vortragen:

[Sei] B [die] äussere Planetenbahn von der Sonne aus auf die Himmelskugel bezogen; dieser grösste Kreis theilt die Himmelskugel in zwei Hälften (1) und (2). Es sei (1) diejenige, in welcher der heliocentrische Ort des innern Planeten erscheint. Dann liegt gegen ein Stück der Limite LL' diejenige Gegend, wo zwei Auflösungen mehr gelten, eben so wie (1) gegen B, indem man in LL' und B als vorwärts gehenden Sinn Zusammengehöriges annimmt. Es ist hiebei angenommen, dass der Planet der äussern Bahn der beobachtete ist. Im entgegengesetzten Fall ist es umgekehrt.

Symbolisch und noch allgemeiner kann das Criterium so ausgedrückt werden:

Es seien l, l' zwei einander unendlich nahe Punkte in einer Limite; p, p' die entsprechenden heliocentrischen Örter des Planeten, von welchem aus [beobachtet wird], P, P' hingegen die des Planeten, welcher beobachtet wird; a ein Punkt nahe an ll' auf der Seite, wo zwei Auflösungen mehr gelten als auf der andern. Dann ist, wenn das Congruenzzeichen $\equiv$ zur Bezeichnung gleicher Lageordnung [dient], und ein vorgesetztes $-$Zeichen die entgegengesetzte Lageordnung bedeutet:

$$ll'a \equiv PP'p \equiv -pp'P.$$

[18.]

Zodiak[u]s.

[Um ein Beispiel für den Fall zu erhalten, wo zwei Limiten die Himmelskugel in mehrere Stücke scheiden, und wo einige dieser Stücke gar keine geocentrische Örter enthalten, andere solche, die auf zwei Arten, wieder andere solche, die auf vier Arten geocentrische Örter sein können, wähle man für die]

$$\begin{array}{lll} \text{Äussere Bahn } k = 1 & e = 0 & \\ \text{Innere Bahn } k' = 0{,}8 & g' = 270^0 & [i = 90^0] \end{array}$$

[wo die Bezeichnungen dieselben sind, wie in der Abhandlung »Über die Grenzen der geocentrischen Örter etc.« Band VI S. 106. Man hat dann die]

Formeln:

$$\cos t' = \frac{k'}{k}\cos t$$

$$r' = \frac{k'}{1-e'\sin t'}$$

$$r'\cos t' - k\cos t = \Delta\cos\alpha\cos\beta$$

$$-k\sin t = \Delta\sin\alpha\cos\beta$$

$$r'\sin t' = \Delta\sin\beta.$$

[In diesem Falle existiren zwei getrennte Limitenlinien, welche sich selbst schneiden können, und zwar findet sich die] critische Stelle [für]

$$\sin t' = \sqrt[3]{\frac{1-\frac{k'k'}{kk}}{e'}}.$$

[Es sind hier vier Typen von Limiten zu unterscheiden, für welche die folgenden Zahlen Beispiele geben:]

Bahn I.	t	[α]	[β]
Critische Stelle $t = 90^0$	0^0	$180^0\ 0'$	$73^0\ 18'$
$e' = 0{,}36$	15	237 32	65 1
$\log e' = 9{,}55630$	30	256 47	56 36
	45	264 52	52 58
	60	268 31	51 38
	75	269 49	51 22
	90	270 0	51 20

Bahn II.
Critische Stelle $t = 75^0$
$e' = 0{,}38446$
$\log e' = 9{,}58485$

t	$[\alpha]$	$[\beta]$
0^0	180^0 $0'$	$74^0 55'$
15	240 12	66 3
30	258 47	57 26
45	266 24	53 44
60	269 37	52 35
$63^0 59'$	270 0	52 29
75	270 25	52 24
90	270 0	52 26

Bahn III.
[Critische Stelle] $t = 60^0$
$e' = 0{,}46761$
$\log e' = 9{,}66988$

t	$[\alpha]$	$[\beta]$
0^0	180^0 $0'$	$80^0 36'$
15	251 27	69 17
30	266 35	60 5
37^0 $5'$	270 0	57 56
45	272 23	56 37
60	273 58	55 55
75	272 45	56 10
90	270 0	56 21

Bahn IV.
$e' = 0{,}6$
$\log e' = 9{,}77815$
Critische Stelle $t = 47^0 48' 49''$

t	$[\alpha]$	$[\beta]$
0^0	270^0 $0'$	90^0 $0'$
15	277 10	72 21
30	282 31	63 16
45	284 56	60 44
$47^0 49'$	285 0	60 41
60	283 41	61 19
75	278 23	62 45
90	270 0	63 26.

[Die Rechnung ist nur für die nördliche Limitenlinie ausgeführt und für diese lässt sich] also bei symmetrischer Lage der Übergang [von einem Typus zum andern durch die folgenden Figuren darstellen:]

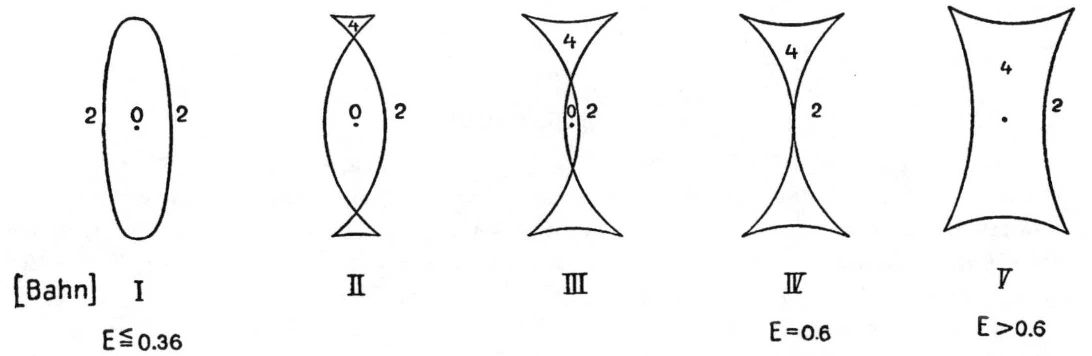

[Als Mittelpunkt der Figuren ist der Nordpol der innern Bahn vorzustellen; die Zahlen in den Figuren bedeuten die Anzahl der Arten, auf welche die betreffenden Theile der Himmelskugel geocentrische Örter sein können.]

BEMERKUNGEN.

Die Notizen [2], [4], [5], [13], [15] finden sich in einem Handbuche; [3], [9], [10], [17], [18] auf losen Blättern; [1] u. [12] in GAUSS' Exemplaren des Berliner Astronomischen Jahrbuchs für 1805 und 1818; [6] in GAUSS' Exemplar von VEGA, log.-trig. Handbuch, Leipzig, 1797; [7], [8], [11], [16] sind bereits an den angegebenen Orten veröffentlicht. Die Notiz [14] ist einem Heft mit dem Titel »Abhandlungen von CARL FRIEDRICH GAUSS, Erstes Heft« entnommen, welches von Herrn Professor JACOBJ in Göttingen freundlichst zur Verfügung gestellt wurde und aus dem Nachlass von WILHELM WEBER stammt; im Einbande findet sich die Namenseintragung »J. H. WESTPHAL, Danzig 1818«; es enthält ausser einigen Copien GAUSSscher Aufsätze Notizen derselben Art, wie die Notiz [14], welche aus Vorlesungen oder sonstigen mündlichen Mittheilungen von GAUSS herzurühren scheinen.

Der zweite Theil der Notiz [6] ist mit aufgenommen worden, obwohl er in keinem direkten Zusammenhang mit den Art. 88—90 steht; man vergleiche Band VIII, S. 128.

Die Formeln der Notiz [15] finden sich bereits in der Disquisitio de elementis ellipticis Palladis (Bd. VI, S. 17—18); sie sind hier in eine für die numerische Rechnung geeignetere Form gebracht. Auch das Resultat des numerischen Beispiels findet man a. a. O. S. 19; die Abweichung beim Werthe von C rührt daher, dass in der Notiz [15] bei der Herausgabe ein Rechenfehler verbessert wurde.

Über die Grenzen der geocentrischen Örter der Himmelskörper (Zodiakus, Notiz [16]—[18]) finden sich im Nachlass auf losen Blättern noch mehr einzelne Entwickelungen und Rechnungen, deren Bearbeitung sich aber wegen ihrer allzu fragmentarischen Beschaffenheit als unthunlich erwies.

Unerhebliche Änderungen des Originaltextes haben an mehrern Stellen vorgenommen werden müssen.

BRENDEL.

ZUR PARABOLISCHEN BEWEGUNG.

NACHLASS UND BRIEFWECHSEL.

[I. Zur Cometenbahnbestimmung.]

[1.]

Parabolische Bewegung.

Zeit durch zwei Radios Vectores und Chorde.

[Bezeichnungen, wie in Theoria motus corporum coelestium, Art. 108.]

$$r = \tfrac{1}{2}p(1+\theta\theta), \qquad r' = \tfrac{1}{2}p(1+\theta'\theta')$$
$$\rho = p(\theta'-\theta)\eta, \qquad \eta = \tfrac{1}{2}\sqrt{(4+(\theta'+\theta)^2)}$$
$$r'+r = \tfrac{1}{4}p(4+2\theta\theta+2\theta'\theta') = \tfrac{1}{4}p(4\eta\eta+(\theta'-\theta)^2)$$
$$r'+r+\rho = \tfrac{1}{4}p(2\eta+\theta'-\theta)^2, \qquad r'+r-\rho = \tfrac{1}{4}p(2\eta-\theta'+\theta)^2.$$

Setzt man also

$$\sqrt{(r'+r+\rho)} = m, \qquad \pm\sqrt{(r'+r-\rho)} = n,$$

wo das obere oder untere Zeichen gelten soll, je nachdem die Bewegung weniger oder mehr als 180^0 beträgt, so ist

$$m = \sqrt{p}\,.\,(\eta+\tfrac{1}{2}\theta'-\tfrac{1}{2}\theta) = \frac{\rho}{(\theta'-\theta)\sqrt{p}} + \frac{(\theta'-\theta)\sqrt{p}}{2}$$
$$n = \sqrt{p}\,.\,(\eta-\tfrac{1}{2}\theta'+\tfrac{1}{2}\theta) = \frac{\rho}{(\theta'-\theta)\sqrt{p}} - \frac{(\theta'-\theta)\sqrt{p}}{2}\,.$$

Also

$$m-n = (\theta'-\theta)\sqrt{p};$$

ferner ist

$$r'-r = \tfrac{1}{2}p(\theta'-\theta)(\theta'+\theta),$$

also

$$\frac{2(r'-r)}{m-n} = (\theta'+\theta)\sqrt{p},$$

[womit man erhält]

$$\theta\sqrt{p} = \frac{2(r'-r)-(m-n)^2}{2(m-n)}$$

$$\theta'\sqrt{p} = \frac{2(r'-r)+(m-n)^2}{2(m-n)}.$$

Weiter ist

$$\rho\rho = pp(\theta'-\theta)^2\eta\eta = pp(\theta'-\theta)^2 + \tfrac{1}{4}pp(\theta'-\theta)^2(\theta'+\theta)^2 = pp(\theta'-\theta)^2 + (r'-r)^2$$

[oder, da $2\rho = mm-nn$,]

$$\frac{\rho\rho-(r'-r)^2}{(m-n)^2} = p = \frac{(mm-nn)^2-4(r'-r)^2}{4(m-n)^2}.$$

[Sind nun t resp. t' die seit dem Durchgang durch das Perihel verflossenen Zeiten, so wird also]

$$t = \frac{p^{\frac{3}{2}}}{6k}(3\theta+\theta^3) = \frac{p}{2k}\theta\sqrt{p} + \frac{1}{6k}(\theta\sqrt{p})^3$$

$$= \frac{1}{48k(m-n)^3}\{(2(r'-r)-(m-n)^2)^3 - 3(2(r'-r)-(m-n)^2)(4(r'-r)^2-(mm-nn)^2)\}$$

$$= \frac{1}{12k(m-n)^3}\{-4(r'-r)^3 + 3(r'-r)(m-n)^2(mm+nn) - (m-n)^4(mm+mn+nn)\}$$

[und analog]

$$t' = \frac{1}{12k(m-n)^3}\{-4(r'-r)^3 + 3(r'-r)(m-n)^2(mm+nn) + (m-n)^4(mm+mn+nn)\}.$$

Also:

[I] $$t'-t = \frac{1}{6k}(m^3-n^3)$$

[II] $$\tfrac{1}{2}(t'+t) = \frac{1}{6k}\left\{-2\left(\frac{r'-r}{m-n}\right)^2 + \frac{3(r'r'-rr)}{m-n}\right\}.$$

Letztere Formel allein findet sich leichter so:

$$\tfrac{1}{2}(t'+t) = \frac{p^{\frac{3}{2}}}{12k}(\theta'+\theta)(3+\theta'\theta'-\theta'\theta+\theta\theta) = \frac{p^{\frac{3}{2}}}{12k}(\theta'+\theta)\left(\frac{3(r'+r)}{p} - \tfrac{1}{2}(\theta'+\theta)^2\right)$$

$$= \frac{r'+r}{4k}\cdot\frac{2(r'-r)}{m-n} - \frac{1}{24k}\left(\frac{2(r'-r)}{m-n}\right)^3$$

[II*] $$= \frac{1}{2k}\cdot\frac{r'r'-rr}{m-n} - \frac{1}{3k}\left(\frac{r'-r}{m-n}\right)^3.$$

[2.]

Zur Berechnung der Chorde ρ aus der Zeit $= T$ [$= t'-t$], u[nd der] Summe der beiden Rad[ien] $= r+r'$.

$$6kT = (r+r'+\rho)^{\frac{3}{2}} - (r+r'-\rho)^{\frac{3}{2}}$$

Es sei

$$\frac{\sqrt{\left(1+\frac{\rho}{r+r'}\right)} - \sqrt{\left(1-\frac{\rho}{r+r'}\right)}}{\sqrt{8}} = \sin\psi$$

$$\frac{1-\sqrt{\left(1-\frac{\rho\rho}{(r+r')^2}\right)}}{4} = \sin\psi^2$$

$$\frac{1+\sqrt{\left(1-\frac{\rho\rho\cdot}{(r+r')^2}\right)}}{2} = \cos 2\psi$$

$$\frac{\sqrt{\left(1+\frac{\rho}{r+r'}\right)} + \sqrt{\left(1-\frac{\rho}{r+r'}\right)}}{2} = \sqrt{\cos 2\psi}$$

[I] $$\frac{\rho}{\sqrt{8}.(r+r')} = \sin\psi . \sqrt{\cos 2\psi}.$$

[Ferner ist, wenn vorübergehend $t = \sqrt{\left(1+\frac{\rho}{r+r'}\right)}$ und $u = \sqrt{\left(1-\frac{\rho}{r+r'}\right)}$ gesetzt wird,]

$$6kT = (r+r')^{\frac{3}{2}}(t-u)(tt+tu+uu) = (r+r')^{\frac{3}{2}}(t-u)\left(3-\frac{(t-u)^2}{2}\right)$$

[also, wegen] $\frac{t-u}{\sqrt{8}} = \sin\psi$:

[II] $$\frac{3}{\sqrt{2}}\frac{kT}{(r+r')^{\frac{3}{2}}} = \sin 3\psi.$$

[Nachdem ψ aus Gleichung II gefunden ist, ergibt sich ρ aus Gleichung I.]

[3.]

Zur parabolischen Bewegung.

[Bestimmung der Elemente durch zwei Radios Vectores r, r' und Chorde ρ.]

Es sei

[1] $$\frac{r'-r}{\rho} = \sin\psi, \qquad \frac{\rho}{r'+r} = \sin\varphi.$$

[Mit den Bezeichnungen der Theoria motus Art. 98 und 108 hat man:

$$\frac{p(r'+r)}{2rr'} = 1+\cos f\cos F, \qquad \frac{p(r'-r)}{2rr'} = \sin f\sin F$$

$$\frac{pp}{rr'} = (\cos f+\cos F)^2;$$

also

$$\frac{r'+r}{2p} = \frac{1+\cos f\cos F}{(\cos f+\cos F)^2}, \qquad \frac{r'-r}{2p} = \frac{\sin f\sin F}{(\cos f+\cos F)^2}$$

oder, da

$$p = \frac{\rho}{\eta(\theta'-\theta)},$$

wo

$$\eta\eta = 1+\tfrac{1}{4}(\theta'+\theta)^2 = \frac{1+\cos f^2+2\cos f\cos F}{(\cos f+\cos F)^2}, \qquad \theta'-\theta = \frac{2\sin f}{\cos f+\cos F},$$

so wird

$$\frac{\rho}{r'+r} = \sin\varphi = \frac{\sin f\sqrt{(1+\cos f^2+2\cos f\cos F)}}{1+\cos f\cos F}$$

$$\frac{r'-r}{\rho} = \sin\psi = \frac{\sin F}{\sqrt{(1+\cos f^2+2\cos f\cos F)}}.$$

Hieraus:

$$\cos\varphi = \frac{\cos f(\cos f+\cos F)}{1+\cos f\cos F}, \quad \cos\psi = \frac{\cos f+\cos F}{\sqrt{(1+\cos f^2+2\cos f\cos F)}},$$

also]

[2] $$\cos\psi\operatorname{tang}\varphi = \operatorname{tang} f$$

[woraus f gefunden wird.

Ferner

$$\sin\varphi\sin\psi = \frac{\sin f\sin F}{1+\cos f\cos F}$$

$$\sin\varphi\cos\psi = \frac{\sin f(\cos f+\cos F)}{1+\cos f\cos F};$$

hieraus

$$\sin\varphi\sin(F-\psi) = \cos f\sin\varphi\sin\psi = \sin f\operatorname{tang}\psi\cos\varphi$$

$$\sin\varphi\cos(F-\psi) = \sin f.$$

Diese Gleichungen selbst, oder die daraus folgenden:]

$$\operatorname{tang}\psi\cos\varphi = \operatorname{tang}(F-\psi)$$

oder

$$\sin f\sin\psi\operatorname{tang}\tfrac{1}{2}\varphi = \sin(2\psi-F)$$

$$\sin f\sin\psi\operatorname{cotang}\tfrac{1}{2}\varphi = \sin F$$

[dienen zur Bestimmung von F;] die wahren Anomalien [sind dann] $F-f$ und $F+f$.

[Weiter ist

$$\frac{r'+r}{2p} = \frac{\sin f}{\sin F}\frac{\operatorname{tang}\psi}{\sin\varphi\cos\psi} = \frac{\operatorname{tang}\frac{1}{2}\varphi}{\sin\varphi\cos\psi^2},$$

also]

$$q = \left[\frac{p}{2} =\right] \tfrac{1}{2}(r'+r)\cos\tfrac{1}{2}\varphi^2 . \cos\psi^2,$$

[woraus q bekannt ist.

Zur Berechnung der seit dem Periheldurchgange verflossenen Zeiten hat man mit der Bezeichnung der Notiz 1:

$$\begin{aligned} mm &= 2(r'+r)\cos(45^0-\tfrac{1}{2}\varphi)^2 \\ nn &= 2(r'+r)\sin(45^0-\tfrac{1}{2}\varphi)^2 \\ mn &= (r'+r)\cos\varphi \end{aligned} \quad \text{also} \quad \begin{aligned} m+n &= 2\sqrt{(r'+r)}.\cos\tfrac{1}{2}\varphi \\ m-n &= 2\sqrt{(r'+r)}.\sin\tfrac{1}{2}\varphi. \end{aligned}$$

Da nun

$$r'-r = (r'+r)\sin\psi\sin\varphi,$$

so wird]

$$\tfrac{1}{2}(t'+t) = \frac{(r'+r)^{\frac{3}{2}}\sin\psi\cos\frac{1}{2}\varphi}{6k}(3-2\sin\psi^2\cos\tfrac{1}{2}\varphi^2).$$

[4.]

[Verhältniss von Dreieck und Sector zwischen zwei Radiis vectoribus in der parabolischen Bewegung.]

[Nach dem Vorigen findet man:

$$m^3-n^3 = 2^{\frac{3}{2}}(r'+r)^{\frac{3}{2}}(\cos(45^0-\tfrac{1}{2}\varphi)^3-\sin(45^0-\tfrac{1}{2}\varphi)^3) = 2(r'+r)^{\frac{3}{2}}\sin\tfrac{1}{2}\varphi.(2+\cos\varphi),$$

also]

$$2k(t'-t) = \rho\sqrt{(r'+r)}\frac{2+\cos\varphi}{3\cos\frac{1}{2}\varphi}.$$

[Hieraus ergibt sich der in der Zeit $t'-t$ beschriebene Ausschnitt

$$= \frac{k\sqrt{q}}{\sqrt{2}}(t'-t) = \frac{\rho(r'+r)}{4}\frac{2+\cos\varphi}{3}\cos\psi.$$

Das Dreieck zwischen r und r' ist aber

$$= \tfrac{1}{4}\sqrt{((r'+r+\rho)(r'+r-\rho)(\rho+r'-r)(\rho-r'+r))} = \frac{\rho(r'+r)}{4}\cos\varphi\cos\psi;$$

also]

$$\frac{\text{Ausschnitt}}{\text{Dreieck}} = \frac{2+\cos\varphi}{3\cos\varphi}.$$

[Durch Entwickelung der Gleichung $6k(t'-t) = (r'+r+\rho)^{\frac{3}{2}} - (r'+r-\rho)^{\frac{3}{2}}$ ergibt sich:]

$$2k(t'-t) = \rho\sqrt{(r'+r)}.\{1 - \tfrac{1}{24}\alpha - \tfrac{1}{128}\alpha\alpha - \tfrac{3}{1024}\alpha^3 - [\tfrac{143}{98304}\alpha^4] \text{ etc.}\}$$

$$\frac{\text{Ausschnitt}}{\text{Dreieck}} = 1 + \tfrac{1}{3}\alpha + \tfrac{1}{4}\alpha\alpha + \tfrac{5}{24}\alpha^3 + \tfrac{35}{192}\alpha^4 + \text{etc.},$$

wo $\alpha = \frac{\rho\rho}{(r'+r)^2}$ [$= \sin\varphi^2$].

Setzt man $\frac{4kk(t'-t)^2}{(r'+r)^3} = \beta$, so wird

$$\beta = \alpha - \tfrac{1}{12}\alpha\alpha - \tfrac{1}{72}\alpha^3 - \tfrac{1}{192}\alpha^4 - \tfrac{1}{384}\alpha^5 - \text{etc.}$$

Folglich

$$\frac{\text{Dreieck}}{\text{Ausschnitt}} = 1 - \tfrac{1}{3}\beta - \tfrac{1}{6}\beta\beta - \tfrac{1}{9}\beta^3 - \tfrac{55}{648}\beta^4 - \text{etc.}$$

[Die obige Reihe im Ausdruck für $2k(t'-t)$ lässt sich sehr nahe darstellen durch]

$$\sqrt[10]{(1 - \tfrac{5}{12}\alpha)}.$$

[Setzt man

$$\frac{\rho}{r'+r} =]\; x = \sin\varphi,$$

$$\left[\frac{\rho\sqrt{(r'+r)}}{2k(t'-t)} =\right]\; y = \frac{3\cos\frac{1}{2}\varphi}{2+\cos\varphi},$$

so ist]

$$(1+x)^{\frac{3}{2}} - (1-x)^{\frac{3}{2}} = \frac{3x}{y}.$$

[Zur Lösung dieser Gleichung kann man sich eine Tafel von folgender Form entwerfen:]

log x	log y	log x	log y	log x	log y	log x	log y
— 10		— 10		— 10		— 10	
8,22	0,00000	9,00	0,00018	9,32	0,00080	9,64	0,00360
8,23	1	9,01	19	9,33	84	9,65	377
8,45	1	9,02	20	9,34	87	9,66	396
8,46	2	9,03	21	9,35	92	9,67	416
8,57	2	9,04	22	9,36	96	9,68	436
8,58	3	9,05	23	9,37	101	9,69	458
8,64	3	9,06	24	9,38	105	9,70	481
8,65	4	9,07	25	9,39	110	9,71	505
8,69	4	9,08	26	9,40	116	9,72	530
8,70	5	9,09	27	9,41	121	9,73	557
8,74	5	9,10	29	9,42	127	9,74	585
8,75	6	9,11	30	9,43	133	9,75	615
8,77	6	9,12	32	9,44	140	9,76	647
8,78	7	9,13	33	9,45	146	9,77	680
8,80	7	9,14	35	9,46	153	9,78	715
8,81	8	9,15	36	9,47	161	9,79	752
8,83	8	9,16	38	9,48	168	9,80	791
8,84	9	9,17	40	9,49	176	9,81	833
8,85	9	9,18	42	9,50	185	9,82	877
8,86	10	9,19	44	9,51	194	9,83	924
8,88	10	9,20	46	9,52	203	9,84	973
8,89	11	9,21	48	9,53	213	9,85	1026
8,90	11	9,22	50	9,54	223	9,86	1082
8,91	12	9,23	53	9,55	234	9,87	1142
8,92	13	9,24	55	9,56	245	9,88	1205
8,93	13	9,25	58	9,57	257	9,89	1273
8,94	14	9,26	60	9,58	270	9,90	1346
8,95	14	9,27	63	9,59	283	—	—
8,96	15	9,28	66	9,60	297	—	—
8,97	16	9,29	69	9,61	311	—	—
8,98	17	9,30	73	9,62	327	—	—
8,99	0,00017	9,31	0,00076	9,63	0,00343	0,00	0,02558

[5.]

Gauss an Olbers, Göttingen, 7. Januar 1815.

......

Ich habe Ihnen in meinem vorigen Briefe die Annäherungsformel für die Zwischenzeit

$$t''-t = 3mk\sqrt{(r+r'')}\,.\sqrt[10]{\left(1-\tfrac{5}{12}\tfrac{kk}{(r+r'')^2}\right)}\ [^*]$$

geschrieben und gesagt, dass sie in den meisten Fällen hinreichend genau sei. Ich hätte sagen sollen, es werde in der Praxis kein Fall vorkommen, wo sie nicht überflüssig genau wäre. So lange $k < \frac{1}{2}(r+r'')$, afficirt der Fehler noch nicht die 5te Decimale. Es ist eine Lust, zu sehen, wie bequem die Versuche für u danach durchgeführt werden. Jeder Versuch erfordert bloss 8 Aufschlagungen, 3 in den Logarithmen, 4 in den Sinustafeln und eine in meiner Hülfstafel für Logarithmen von Summen und Differenzen. Um so wenig wie möglich zu schreiben zu haben, setze ich $r\sqrt{\frac{12}{5}} = s$, $r''\sqrt{\frac{12}{5}} = s''$; dadurch wird, wenn man noch $\frac{k}{s+s''} = \sin Q$ setzt:

$$\frac{t''-t}{m\sqrt[4]{\frac{135}{4}}} = \frac{k\sqrt{(s+s'')}}{\sqrt[5]{\sec Q}}.$$

Die ganze Rechnung besteht also vorher nur noch in folgendem:

$$\frac{bB}{u+c} = \operatorname{tang}\theta, \qquad \frac{b''B''}{u+c''} = \operatorname{tang}\theta'', \qquad \frac{A}{u} = \operatorname{tang}\eta$$

$$\frac{B\sqrt{\frac{12}{5}}}{\sin\theta} = s, \qquad \frac{B''\sqrt{\frac{12}{5}}}{\sin\theta''} = s'', \qquad \frac{A}{\sin\eta} = \frac{u}{\cos\eta} = k.$$

[*) Hier bezeichnet, abweichend von den vorstehenden Notizen, k die Chorde, $\frac{1}{6m}$ die im Vorigen mit k bezeichnete Constante, vgl. S. 330.]

. . . . . .

Die ausserordentliche Leichtigkeit dieser Versuche macht, dass es ziemlich gleichgültig ist, mit was für einem Werthe von u man den Anfang macht. Indessen kann man doch auch hiebei einigermassen methodisch zu Werke gehen. Um nicht ganz im Blinden zu tappen, bestimme ich den ersten Werth von u auf folgende Art. Ich setze

$$\frac{\sqrt[6]{(A^4BB'')}}{\left(\frac{t''-t}{m\sqrt{18}}\right)^{\frac{2}{3}}} = \sin P, \qquad u = -\tfrac{1}{6}(c+c'') + \cos P \cdot \left(\frac{t''-t}{m\sqrt{18}}\right)^{\frac{2}{3}} \cdot \sqrt[6]{(bb'')},$$

was freilich nur eine höchst grobe Annäherung sein kann. Der Grund dieser Formel ist folgender. Ich abstrahire anfangs von $\sqrt[5]{\sec Q}$. Ich setze:

$$\tfrac{1}{2}(r+r'') = \sqrt{\left\{\left(\frac{u+\frac{1}{2}(c+c'')}{\sqrt{(bb'')}}\right)^2 + \sqrt{(BB'')^2}\right\}}$$

und, was freilich noch kühner ist,

$$k^{\frac{2}{3}}\left(\frac{r+r''}{2}\right)^{\frac{1}{3}} = \sqrt{\left\{\left(\frac{u+\frac{1}{6}(c+c'')}{\sqrt[3]{(\sqrt{(bb'')})}}\right)^2 + \left(A^{\frac{2}{3}}(\sqrt{(BB'')})^{\frac{1}{3}}\right)^2\right\}}.$$

Nachdem ich mit diesem ersten Werthe von u die Rechnung durchgeführt habe, erhalte ich den Fehler in Beziehung auf $\log\frac{t''-t}{m\sqrt[4]{\frac{135}{4}}}$. Jetzt mache ich die zweite Hypothese nicht auf gut Glück, sondern ich überlege, dass eine Veränderung von u bei mässigen Zwischenzeiten immer viel stärker auf $\log k$ als auf $\frac{1}{2}\log(r+r'')$ wirkt, $\sec Q$ gar nicht zu gedenken. Ich werfe also den ganzen Fehler der ersten Hypothese auf $\log k$, und gehe so bei der zweiten Hypothese von dem geänderten Werthe von $\log k$ aus, um danach u vermittelst der Formeln

$$\frac{A}{k} = \sin\eta, \qquad u = k\cos\eta$$

zu bestimmen. Nachdem nun auch diese Hypothese durchgerechnet und ihr Fehler ausgemittelt ist, bestimme ich den dritten Werth von u schon durch Interpolation, und habe nun schon gewonnen Spiel. Sehen Sie hier die Anwendung auf das Beispiel meiner Abhandlung:

Die obige Formel gibt:

I. $u = 0{,}15599.$

Aus der Zwischenzeit folgt $\log\frac{t''-t}{m\sqrt[4]{\frac{135}{4}}} = 9{,}77932$, aus diesem Werthe von u hingegen, wobei $\log k = 9{,}36029$ wird, folgt dafür 9,65406, also zu klein um 12526 Einheiten in der fünften Stelle. Ich nehme also für die zweite Hypothese $\log k = 9{,}48555$, woraus

$$\text{II.}\quad u = 0{,}25561.$$

Der Fehler dieser Hypothese wird $+1598$, sie gibt nemlich 9,79530. Hienach finde ich durch Interpolation Verbesserung des zweiten u: $-0{,}01127$, also

$$\text{III.}\quad u = 0{,}24434.$$

Der Fehler dieser Hypothese ist $+67$, also durch abermalige Interpolation zwischen II und III

$$\text{IV.}\quad u = 0{,}24385,$$

welcher Werth bis auf die letzte Einheit richtig ist. In meiner Abhandlung steht 0,24388, aber dort ist nach der strengen Formel gerechnet, die, wenn man nur fünf Decimalen anwendet, weniger zuverlässig ist als die Näherungsformel. Sehen Sie hier in extenso die Durchführung des vierten Versuchs. Die rothen[*)] Zahlen sind bei allen Versuchen dieselben und die Bedeutung der einzelnen Zahlen steht daneben:

0,24385			u	
0,31365			c	
0,95443			c''	
9,74351	9,91066	9,22527	bB, $b''B''$, A	
9,74624	0,07856	9,38712	$u+c$, $u+c''$, u	
0,17717	0,05049	9,91567	$B\sqrt{\frac{12}{5}}$, $B''\sqrt{\frac{12}{5}}$, $\cos\eta$	
9,84812	9,74970		$\sin\theta$, $\sin\theta''$	
0,32905			s	
0,30079			s''	
0,28713			*)	
0,61618			$s+s''$	
9,47145	9,77932 vollkommen genau		k	Resultat
0,30809			$\sqrt{(s+s'')}$	
-22			$-\sqrt[5]{\sec Q}$	

[*) Die im Original mit rother Tinte geschriebenen Zahlen sind hier unterstrichen.]

*) Aus der zweiten Columne meiner Hülfstafel, indem man in die erste mit der Differenz der Logarithmen von s und s'' eingeht.

. . . . . .

Ich bemerke noch, dass von den oben behuf der ersten Annäherung gemachten Voraussetzungen die erste bei mässigen Zwischenzeiten völlig legitim ist. Insofern r, r'' ähnliche Functionen von Grössen sind, die sich nach dem Gesetz der Stetigkeit ändern, kann man näherungsweise das arithmetische Mittel $\frac{1}{2}(r+r'')$ als dieselbe Function der respectiven Mittel ansehen. Die Ausdehnung auf k kann freilich in manchen Fällen gar zu gewagt sein, indessen ist der Versuch auf alle Fälle unschädlich. Lässt man die letzte Licenz weg, so wird u durch folgende Gleichung zu bestimmen sein:

$$\sqrt[4]{(bb'')}\cdot\frac{t''-t}{m\sqrt{18}} = \sqrt{(uu+AA)}\,.\,\sqrt[4]{\{(u+\tfrac{1}{2}(c+c''))^2+bb''BB''\}},$$

die entwickelt auf den 6. Grad steigen würde, aber sich leicht durch Versuche auflösen lässt. Dies wird wohl immer eine wirklich brauchbare Annäherung geben. In unserm Beispiel folgt daraus $u = 0{,}2382$, wie Sie sehen, der Wahrheit schon sehr nahe. Am besten wird es wohl sein, vermittelst dieser Gleichung nur eine oder zwei Ziffern von u zu berechnen, und dann sofort zu den genauen Versuchen zu schreiten.

[6.]

GAUSS an OLBERS, Göttingen, 13. Januar 1815.

. . . . . .

Ich habe mich diese Woche hindurch noch mit der Theorie der Cometenbahnen beschäftigt, und bin noch auf eine Vereinfachung gekommen, nach welcher mir nun nichts mehr zu wünschen übrig zu bleiben scheint. Ich finde nemlich für die Zwischenzeit den Ausdruck:

$$t''-t = 3mk\sqrt{(r+r'')}\cdot\sqrt{\left(1-\frac{27m^4k^6}{4(t''-t)^4}\right)},$$

der in allen in der Praxis vorkommenden Fällen genau genug ist. Nach völliger Strenge sollte die letzte Quadratwurzel eine unendliche Reihe sein, die, wenn ich der Kürze halber $\frac{27m^4k^6}{4(t''-t)^4} = x$ setze, nach meiner Entwickelung wird $= \sqrt{(1-x-2x^3-8x^4-\ldots)}$ und wo also glücklicherweise das zweite Glied fehlt. Selbst, wenn $k = \frac{1}{2}(r+r'')$, würde x nur etwa $\frac{1}{47}$, also der Fehler, wenn man sich auf $\sqrt{(1-x)}$ einschränkt, nur etwa $\frac{1}{100000}$ des Ganzen[*)]. Ich wende nun obige Formel auf folgende Art an. Ich setze

$$u = A \operatorname{tang} Q,$$

wodurch

$$k = \frac{A}{\cos Q} \quad \text{und} \quad \rho = \frac{g \cos(Q-\varphi)}{h \cos Q}.$$

Man hat also

$$(t''-t)^2 \cos Q^2 = 9\,mmAA\left(1 - \frac{27\,m^4 A^6}{4(t''-t)^4 \cos Q^6}\right)\left\{\sqrt{\left(BB + \left(\frac{A \operatorname{tang} Q + c}{b}\right)^2\right)} \right.$$
$$\left. + \sqrt{\left(B''B'' + \frac{A \operatorname{tang} Q + c''}{b''}\right)^2}\right\}$$

oder, indem ich folgende Bezeichnungen einführe

$$\frac{9\,mmAAB}{(t''-t)^2} = \delta, \qquad \frac{9\,mmAAB''}{(t''-t)^2} = \delta'', \qquad \frac{A}{bB} = \varepsilon, \qquad \frac{A}{b''B''} = \varepsilon'',$$
$$\frac{c}{bB} = \eta, \qquad \frac{c''}{b''B''} = \eta'', \qquad \frac{27\,m^4 A^6}{4(t''-t)^4} = \omega,$$

wird:

$$\frac{\cos Q^2}{1 - \frac{\omega}{\cos Q^6}} = \delta \sqrt{(1 + (\varepsilon \operatorname{tang} Q + \eta)^2)} + \delta'' \sqrt{(1 + (\varepsilon'' \operatorname{tang} Q + \eta'')^2)}.$$

Etwas einfacheres ist wohl nicht zu wünschen. Man könnte noch zwei Hülfswinkel ϑ, ϑ'' einführen, indem man

$$\delta\varepsilon = \lambda \sin \vartheta, \qquad \delta''\varepsilon'' = \lambda'' \sin \vartheta''$$
$$\delta\eta = \lambda \cos \vartheta, \qquad \delta''\eta'' = \lambda'' \cos \vartheta''$$

setzte, wodurch die Gleichung würde

$$\frac{\cos Q^3}{1 - \frac{\omega}{\cos Q^6}} = \sqrt{(\delta\delta \cos Q^2 + \lambda\lambda \cos(Q-\vartheta)^2)} + \sqrt{(\delta''\delta'' \cos Q^2 + \lambda''\lambda'' \cos(Q-\vartheta'')^2)}.$$

Man könnte selbst noch weiter gehen und durch bekannte Verwandlungen der Gleichung folgende Form geben:

$$\frac{\cos Q^3}{1 - \frac{\omega}{\cos Q^6}} = \mu \sqrt{(1 + \nu\nu \cos(Q+\pi)^2)} + \mu'' \sqrt{(1 + \nu''\nu'' \cos(Q+\pi'')^2)}.$$

[*) In einem Exemplar der deutschen Übersetzung der Abhandlung »Observationes Cometae secundi A. 1813 etc.« findet sich die handschriftliche Bemerkung:] NB. Die Reihe $1 - z - 2z^3 - 8z^4 - 45z^5 - 272z^6 - \dots$ convergirt, so lange $z < \frac{27}{256}$; für diese Grenze, der $k = r + r''$ entspricht, wird ihr Werth $= \frac{8}{9}$.

Allein der Gewinn*) würde zu unerheblich sein, um die Mühe dieser Verwandlungen zu belohnen. Immer ist die Gleichung vollkommen strenge, sobald man statt des Nenners im ersten Theile die Reihe setzt

$$1-\frac{\omega}{\cos Q^6}-\frac{2\omega^3}{\cos Q^{18}}-\frac{8\omega^4}{\cos Q^{24}}-\text{etc.}$$

Das Problem ist also auf Eine Gleichung mit sieben bekannten Grössen gebracht, und ich glaube nicht, dass es möglich ist, es auf eine geringere Anzahl zu reduciren.

Die allgemeine Aufgabe, nemlich, wenn der mittelste Ort unvollständig bekannt ist, und man bloss irgend einen grössten Kreis kennt, worin er liegt — von welcher das Gegenwärtige eigentlich nur der einzelne Fall ist, wo dieser grösste Kreis durch den mittlern ⊙ort geht — zu welcher man seine Zuflucht nehmen muss, so oft dieser ⊙ort nahe bei der Richtung der geoc[entrischen] Bewegung liegt, diese allgemeine Aufgabe habe ich mir nun auch auf eine analoge Art durchgeführt und ein Musterbeispiel sorgfältig berechnet [*)]. Der Natur der Sache nach ist die Arbeit hier viel verwickelter, ich komme am Ende auf zwei Gleichungen mit 11**) bekannten Grössen, und zweifle auch, ob es möglich ist, diese Anzahl kleiner zu machen. Wenn nach allen Abkürzungen jetzt die Berechnung einer Cometenbahn im ersten Fall im Minimum 1 Stunde erfordert (so ist es etwa bei mir), so möchte der andere Fall leicht 2—3 Stunden erfordern.

*) Er würde nemlich bloss darin bestehen, dass man sogleich das Maximum und Minimum des Werthes der beiden Wurzelgrössen beurtheilen könnte, wodurch man, anfangs ω vernachlässigend, Grenzen für $\cos Q^3$ und folglich für Q erhielte. Bei der Berechnung jedes einzelnen Versuchs werden doch immer 7 Aufschlagungen erfordert, man wähle welche Form man wolle.

[*) Siehe die folgende Notiz.]

**) Jeder Versuch 11 Aufschlagungen erfordernd.

[7.]

Allgemeine Theorie der Berechnung der Cometenbahnen [nebst Anwendung auf den zweiten Cometen des Jahrs 1813].

Beobachtungszeiten	Beobachtete Längen	Beobachtete Breiten
t = [1813 April] 7,55002	$\alpha = 271^0\,16'\,38''$	$\beta = +29^0\;2'\;0''$
t' = » » 14,54694	$\alpha' = 266\;27\;22$	$\beta' = +22\;52\;18$
t'' = » » 21,59931	$\alpha'' = 256\;48\;8$	$\beta'' = +\;9\;53\;12$

Längen der Sonne	Logarithmen der Abstände von der Erde
$\odot = 17^0\,47'\,41''$	$\log R = 0{,}00091$
$\odot' = 24\;38\;45$	$\log R' = 0{,}00175$
$\odot'' = 31\;31\;25$	$\log R'' = 0{,}00260$

[r, r', r'' die Abstände von der Sonne,
ρ, ρ', ρ'' die Abstände von der Erde.]

Vorläufige Operationen:

[Es ist

$$rr = \rho\rho - 2\rho R\cos\beta\cos(\alpha - \odot) + RR$$
$$r''r'' = \rho''\rho'' - 2\rho'' R''\cos\beta''\cos(\alpha'' - \odot'') + R''R'';$$

setzt man, wie in der Abhandlung »Observationes cometae secundi A. MDCCCXIII« etc.]

$$\text{[I]}\quad \begin{aligned} \cos\psi &= \cos\beta\cos(\alpha - \odot), & A &= R\sin\psi \\ \cos\psi'' &= \cos\beta''\cos(\alpha'' - \odot''), & A'' &= R''\sin\psi'', \end{aligned}$$

[so wird

$$rr = (\rho - R\cos\psi)^2 + AA$$
$$r''r'' = (\rho'' - R''\cos\psi'')^2 + A''A''.$$

Legt man durch den ersten und dritten geocentrischen Ort einen grössten Kreis, der die Ekliptik im Punkte N unter dem Neigungswinkel J schneide, so ist, wenn die Länge dieses Punkts ebenfalls mit N bezeichnet wird,

$$\operatorname{tang} J \sin(\alpha - N) = \operatorname{tang} \beta$$
$$\operatorname{tang} J \sin(\alpha'' - N) = \operatorname{tang} \beta'';$$

J und N können aus den Formeln, vgl. Theoria motus corporum coelestium Art. 78,]

[II]
$$\operatorname{tang} J \sin(\alpha - N) = \operatorname{tang} \beta$$
$$\operatorname{tang} J \cos(\alpha - N) = \frac{\operatorname{tang}\beta'' - \operatorname{tang}\beta\cos(\alpha''-\alpha)}{\sin(\alpha''-\alpha)}$$

[berechnet werden.

Indem man die Längen vom Punkte N aus zählt, hat man für die Chorde zwischen dem ersten und dritten Ort

$$\begin{aligned}\text{Chorde}^2 = {} & \\ & \{\rho''\cos\beta''\cos(\alpha''-N) - \rho\cos\beta\cos(\alpha-N) - R''\cos(\odot''-N) + R\cos(\odot-N)\}^2 \\ + & \{\rho''\cos\beta''\sin(\alpha''-N) - \rho\cos\beta\sin(\alpha-N) - R''\sin(\odot''-N) + R\sin(\odot-N)\}^2 \\ + & \{\rho''\sin\beta'' - \rho\sin\beta\}^2.\end{aligned}$$

Man setze

$$R''\cos(\odot''-N) - R\cos(\odot-N) = f\cos(F-N)$$
$$R''\sin(\odot''-N) - R\sin(\odot-N) = f\sin(F-N)$$

und bezeichne mit K, K'' die Abstände des ersten und dritten geocentrischen Orts vom Punkte N; alsdann ist

$$\cos\beta\cos(\alpha-N) = \cos K, \quad \cos\beta\sin(\alpha-N) = \cos J\sin K, \quad \sin\beta = \sin J\sin K$$
$$\cos\beta''\cos(\alpha''-N) = \cos K'', \quad \cos\beta''\sin(\alpha''-N) = \cos J\sin K'', \quad \sin\beta'' = \sin J\sin K'',$$

womit wird

$$\begin{aligned}\text{Chorde}^2 = {} & (\rho''\cos K'' - \rho\cos K - f\cos(F-N))^2 \\ + & (\rho''\cos J\sin K'' - \rho\cos J\sin K - f\sin(F-N))^2 + (\rho''\sin J\sin K'' - \rho\sin J\sin K)^2.\end{aligned}$$

Man kann die Grössen f, F, K, K'' aus den Formeln]

[III]
$$R''\cos(\odot''-\odot) - R = f\cos(F-\odot)$$
$$R''\sin(\odot''-\odot) \quad = f\sin(F-\odot)$$

[IV]
$$\frac{\operatorname{tang}(\alpha-N)}{\cos J} = \operatorname{tang} K$$
$$\frac{\operatorname{tang}(\alpha''-N)}{\cos J} = \operatorname{tang} K''$$

[berechnen und noch setzen]

$$\text{[V]}\quad \begin{aligned} f\cos J\sin(F-N) &= g\sin G\\ f\cos(F-N) &= g\cos G.\end{aligned}$$

[Legt man nun durch den mittlern geocentrischen Ort einen grössten Kreis, welcher den durch die beiden äussern Örter gehenden grössten Kreis rechtwinklig schneidet und nennt man Q die Länge des Punkts, in dem dieser Kreis die Ekliptik schneidet, so ist]

$$\text{[VI]}\quad \operatorname{tang}(Q-N) = \operatorname{tang}(\alpha'-N)\cdot\left(1+\frac{\operatorname{tang}J\operatorname{tang}\beta'}{\sin(\alpha'-N)}\right) = \operatorname{tang}(\alpha'-N)+\frac{\operatorname{tang}J\operatorname{tang}\beta'}{\cos(\alpha'-N)}.$$

[In unserm Beispiel wird]

$\cos\beta$	9,94168	$\cos\beta''$	9,99350
$\cos(\alpha-\odot)$	$9,45379_n$	$\cos(\alpha''-\odot'')$	$9,84736_n$
$\cos\psi$	$9,39547_n$	$\cos\psi''$	$9,84086_n$
R	0,00091	R''	0,00260
$\sin\psi$	9,98615	$\sin\psi''$	9,85778
A	9,98706	A''	9,86038

R''	0,00260	$\operatorname{tang}\beta$	9,74435	$N =$	250° 22′ 6″
$\cos(\odot''-\odot)$	9,98741	$\cos(\alpha''-\alpha)$	9,98599	$\alpha'-N =$	16 5 16
$\sin(\odot''-\odot)$	9,37535		$9,73034_n$	$\alpha''-N =$	6 26 2
$[R''\cos(\odot''-\odot)]$	9,99001	$\operatorname{tang}\beta''$	9,24127	$F-N =$	223 21 51
$-R$	$0,00091_n$		$9,56010_n$		
$[f\cos(F-\odot)]$	$8,39501_n$	$\sin(\alpha''-\alpha)$	$9,39786_n$		
$[f\sin(F-\odot)]$	9,37795	$[\operatorname{tang}J\cos(\alpha-N)]$	0,16224		
$\sin(F-\odot)$	9,99766	$[\operatorname{tang}J\sin(\alpha-N)]$	9,74435		
f	9,38029	$\cos(\alpha-N)$	9,97041		
$F-\odot =$	95° 56′ 16″	$\operatorname{tang}J$	0,19183		
$\odot =$	17 47 41	$\sin J$	9,92487		
$F =$	113 43 57	$\cos J$	9,73304		
		$\alpha-N =$	20° 54′ 32″		

$\text{tang}(\alpha - N)$ 9,58211	$\sin(\alpha' - N)$, ... 9,44265
$\text{tang}(\alpha'' - N)$ 9,05218	$\text{cotang}\, J$ 9,80817
$\cos J$ 9,73304	$\text{cotang}\, \beta'$ 0,37486
$K = 35^0\, 14'\, 19''$	9,62568
$K'' = 11\ 46\ 42$	$\left[1 + \frac{\text{tang}\, J\, \text{tang}\, \beta'}{\sin(\alpha' - N)}\right.$ .. $\left.0{,}52733\right]$
$\cos J$ 9,73304	$\text{tang}(\alpha' - N)$ 9,46000
f 9,38029	$\text{tang}(Q - N)$ 9,98733
$\sin(F - N)$ ..... $9{,}83672_n$	$Q - N = 44^0\ 9'\ 51''$
$\cos(F - N)$ ..... $9{,}86154_n$	$Q = 294\ 31\ 57$
$[g \sin G]$ .... $8{,}95005_n$	$\odot' - Q = 90\ 6\ 48$
$[g \cos G]$ .... $9{,}24183_n$	$\alpha - Q = -\ 23\ 15\ 19$
$\cos G$ ... . $9{,}94966_n$	$\alpha' - Q = -\ 28\ 4\ 35$
g 9,29217	$\alpha'' - Q = -\ 37\ 43\ 49$
$G = 207^0\, 3'\, 23''$	$\odot - Q = 83\ 15\ 44$
	$\odot'' - Q = 96\ 59\ 28.$

Die bisherigen Vorschriften sind allgemein. Jetzt muss man sich entschliessen, was man von den Beobachtungsdatis weglassen will. Man denke sich durch den mittelsten geocentrischen Ort zwei grösste Kreise gezogen. Er befindet sich also wirklich in beiden zugleich, allein da man zu viele Data hat, so wird man die eine Bedingung aufopfern, und bloss die beibehalten, dass er in einem gegebenen grössten Kreise liegt. Dieser ist an sich ganz willkürlich; legt man ihn durch den [mittelsten] Ort der Sonne, so hat man die bequemste Rechnung, aber zuweilen nicht hinlängliche Schärfe. Allgemein schneide derselbe die Ekliptik in dem Punkte, dessen Länge $= P$. Setzt man $P = N$, so wird bloss die Krümmung der scheinbaren Cometenbahn dargestellt, aber nicht die veränderte Geschwindigkeit. Setzt man $P = Q$, so verhält sichs umgekehrt, und dies wird im allgemeinen das schärfste Resultat geben.

Wir haben nunmehro, wenn wir n, n', n'', k in der Bedeutung der Th[eoria] M[otus] C[orporum] C[oelestium] nehmen, hingegen ρ, ρ'' die wahren Abstände des Cometen [von der Erde] bedeuten lassen [und wenn wir die Längen von dem noch ganz willkürlichen Punkte P zählen, nach Art. 112 der genannten

Theoria

$$n\rho\cos\beta\sin(\alpha-P)-n'\rho'\cos\beta'\sin(\alpha'-P)+n''\rho''\cos\beta''\sin(\alpha''-P)$$
$$=nR\sin(\odot-P)-n'R'\sin(\odot'-P)+n''R''\sin(\odot''-P)$$
$$n\rho\sin\beta-n'\rho'\sin\beta'+n''\rho''\sin\beta''=0$$

und hieraus zur Herstellung einer Beziehung zwischen ρ und ρ''] die vollkommen strenge Gleichung

$$\text{[VII]}\quad n\rho\sin\beta\left(\frac{\sin(\alpha-P)}{\operatorname{tang}\beta}-\frac{\sin(\alpha'-P)}{\operatorname{tang}\beta'}\right)+n''\rho''\sin\beta''\left(\frac{\sin(\alpha''-P)}{\operatorname{tang}\beta''}-\frac{\sin(\alpha'-P)}{\operatorname{tang}\beta'}\right)$$
$$=nR\sin(\odot-P)-n'R'\sin(\odot'-P)+n''R''\sin(\odot''-P).$$

Nun kann man ohne Bedenken setzen [vgl. Art. 133 und 134 der Theoria motus]

$$\frac{n''}{n}=\frac{t'-t}{t''-t'}$$
$$n'=(n+n'')\left(1-\frac{4kk(t'-t)(t''-t')}{(r+r'')^3}\right)$$

[oder

$$\frac{n'}{n}=\frac{t''-t}{t''-t'}-\frac{4kk(t''-t)(t'-t)}{(r+r'')^3}\Big].$$

Wir haben also

$$\text{[VIII]}\qquad \frac{1}{(r+r'')^3}=\mu+M\rho+M''\rho'',$$

wenn wir setzen

$$\text{[IX]}\quad M=\frac{\sin\beta\left(\frac{\sin(\alpha-P)}{\operatorname{tang}\beta}-\frac{\sin(\alpha'-P)}{\operatorname{tang}\beta'}\right)}{4kk(t''-t)(t'-t)R'\sin(\odot'-P)}$$

$$\text{[X]}\quad M''=\frac{\sin\beta''\left(\frac{\sin(\alpha''-P)}{\operatorname{tang}\beta''}-\frac{\sin(\alpha'-P)}{\operatorname{tang}\beta'}\right)}{4kk(t''-t)(t''-t')R'\sin(\odot'-P)}$$

$$\text{[XI]}\quad \mu=-\frac{(t''-t')R\sin(\odot-P)-(t''-t)R'\sin(\odot'-P)+(t'-t)R''\sin(\odot''-P)}{4kk(t''-t)(t'-t)(t''-t')R'\sin(\odot'-P)}.$$

Man kann indessen hier füglich annehmen $\mu=\frac{1}{(R+R'')^3}$ oder $\mu=\frac{1}{8R'^3}$ [denn die Gleichungen VII und VIII gelten auch, die letztere genähert, wenn man anstatt aller auf den Cometen sich beziehender Data die entsprechenden für die Erde setzt, wobei ρ und ρ'' verschwinden und der vorstehende Näherungswert sich ergibt.

Unser Beispiel gibt, wenn $P=272^\circ 40' 21''$ genommen wird:]

$4kk$ ……	7,07322	$\sin(\alpha - P)$	$8,38650_n$	$\sin(\alpha' - P)$	$9,03456_n$	$\sin(\alpha'' - P)$	$9,43689_n$
R' …….	0,00175	$\operatorname{tang}\beta$ …	9,74435	$\operatorname{tang}\beta'$ …	9,62514	$\operatorname{tang}\beta''$ …	9,24127

$\sin(\odot' - P)$	9,96725				
	7,04222	$\left[\frac{\sin(\alpha - P)}{\operatorname{tang}\beta}\right]$ ….	$8,64215_n$	$\left[\frac{\sin(\alpha'' - P)}{\operatorname{tang}\beta''}\right]$ ….	$0,19562_n$
$t'' - t$ …..	1,14766	$\left[-\frac{\sin(\alpha' - P)}{\operatorname{tang}\beta'}\right]$ ..	9,40942	…………	9,40942
	8,18988		9,32803		$0,11803_n$
$t'' - t'$ …..	0,84833	$\sin\beta$ ………	9,68603	$\sin\beta''$ ……..	9,23477
$t' - t$ …..	0,84491		9,01406		$9,35280_n$
		[Nenner] …..	9,03479	[Nenner] …..	9,03821
		M ……….	9,97927	M'' ……….	$0,31459_n$

$\sin(\odot - P)$ ..	9,98470	$\sin(\odot' - P)$.	9,96725	$\sin(\odot'' - P)$..	9,94245
$-R$ ……..	$0,00091_n$	R' ………	0,00175	$-R''$ ……..	$0,00260_n$
C log Denom. .	0,96521	……….	1,26454	…………	0,96179
	$0,95082_n$		1,23354		$0,90684_n$

μ …. 9,0888

aus der Näherungsformel: μ …. 9,09166.

Die übrigen Vorbereitungsrechnungen sind folgende:

[Man setze

$$M \sin K'' + M'' \sin K = h \sin H$$
$$M \cos K'' + M'' \cos K = h \cos H,$$

oder für die Rechnung bequemer]

$$\text{[XII]} \quad \begin{aligned} M \sin(K'' - K) &= h \sin(H - K) \\ M \cos(K'' - K) + M'' &= h \cos(H - K) \end{aligned}$$

M ………….	9,97927	$\left[h \sin(H - K)\right]$ ..	$9,57928_n$
$\sin(K'' - K)$ …..	$9,60001_n$	$\left[h \cos(H - K)\right]$ ..	$0,07513_n$
$\cos(K'' - K)$ …..	9,96253	$[\cos(H - K)]$ ….	$9,97892_n$
$\left[M \cos(K'' - K)\right]$.	9,94180	h ………….	0,09621
$\left[M''\right]$ ……….	$0,31459_n$	$H - K =$	$197^0\ 42'\ 23''$
		$H =$	232 56 42
		$H - K'' =$	221 10 0.

[Der Ausdruck für die Chorde geht nun in folgenden über, indem man für ρ'' seinen Wert aus VIII einsetzt:

$$\begin{aligned}\text{Chorde}^2 = &\left\{\frac{\rho}{M''}h\cos H+g\cos G+\frac{\cos K''}{M''}\left(\mu-\frac{1}{(r+r'')^3}\right)\right\}^2\\ &+\left\{\frac{\rho}{M''}h\cos J\sin H+\frac{g\sin G}{\cos J}+\frac{\cos J\sin K''}{M''}\left(\mu-\frac{1}{(r+r'')^3}\right)\right\}^2\\ &+\left\{\frac{\rho}{M''}h\sin J\sin H+\frac{\sin J\sin K''}{M''}\left(\mu-\frac{1}{(r+r'')^3}\right)\right\}^2\\ =&\frac{\rho\rho hh}{M''M''}+gg+gg\operatorname{tang}J^2\sin G^2+\frac{1}{M''M''}\left(\mu-\frac{1}{(r+r'')^3}\right)^2\\ &+\frac{2\rho gh}{M''}\cos(H-G)+\frac{2\rho h}{M''M''}\left(\mu-\frac{1}{(r+r'')^3}\right)\cos(H-K'')\\ &+\frac{2g}{M''}\left(\mu-\frac{1}{(r+r'')^3}\right)\cos(G-K'')\end{aligned}$$

oder, wenn man $\cos(G-K'')=\cos(H-G)\cos(H-K'')+\sin(H-G)\sin(H-K'')$ setzt und einige leicht ersichtliche Transformationen ausführt:

$$\begin{aligned}\text{Chorde}^2 = &\left\{\frac{\rho h}{M''}+g\cos(H-G)+\frac{\cos(H-K'')}{M''}\left(\mu-\frac{1}{(r+r'')^3}\right)\right\}^2+(f\sin J\sin(F-N))^2\\ &+\left\{g\sin(H-G)+\frac{\sin(H-K'')}{M''}\left(\mu-\frac{1}{(r+r'')^3}\right)\right\}^2.\,]\end{aligned}$$

Hienächst hat man folgende Ausdrücke [wenn man

$$\begin{aligned}-u=\frac{\rho h}{M''}+g\cos(H-G)+\frac{\cos(H-K'')}{M''}\left(\mu-\frac{1}{(r+r'')^3}\right)&=-\frac{\rho''h}{M}+g\cos(H-G)\\ &-\frac{\cos(H-K)}{M}\left(\mu-\frac{1}{(r+r'')^3}\right)\end{aligned}$$

setzt, und beachtet, dass $\frac{\sin(H-K'')}{M''}=-\frac{\sin(K''-K)}{h}$ ist]:

[1] $$\rho=-\frac{M''}{h}\left\{u+g\cos(H-G)+\frac{\mu\cos(H-K'')}{M''}-\frac{\cos(H-K'')}{M''}\frac{1}{(r+r'')^3}\right\}$$

[2] $$\rho''=\frac{M}{h}\left\{u+g\cos(H-G)-\frac{\mu\cos(H-K)}{M}+\frac{\cos(H-K)}{M}\frac{1}{(r+r'')^3}\right\}$$

[3] $$\begin{aligned}rr=AA+\frac{M''M''}{hh}\Big\{u-\frac{\cos(H-K'')}{M''}\frac{1}{(r+r'')^3}&+g\cos(H-G)\\ &+\frac{\mu\cos(H-K'')}{M''}-\frac{hR\cos\psi}{M''}\Big\}^2\end{aligned}$$

[4] $$\begin{aligned}r''r''=A''A''+\frac{MM}{hh}\Big\{u+\frac{\cos(H-K)}{M}\frac{1}{(r+r'')^3}&+g\cos(H-G)\\ &-\frac{\mu\cos(H-K)}{M}-\frac{hR''\cos\psi''}{M}\Big\}^2\end{aligned}$$

[5] $$\begin{aligned}\text{Chorde}^2=uu&+\{f\sin J\sin(F-N)\}^2\\ &+\left\{\frac{\sin(K''-K)}{h}\frac{1}{(r+r'')^3}+g\sin(H-G)-\frac{\sin(K''-K)}{h}\mu\right\}^2\end{aligned}$$

[Numerisch gestalten sich die Gleichungen 1—5 folgendermaassen:]

$-M''$	0,31459	$[M]$	9,97927	$R\cos\psi$	$9,39638_n$
h	0,09621		0,09621	$\frac{h}{M''}$	$9,78162_n$
	0,21838		9,88306		9,17800
$\cos(H-K'')$	$9,87668_n$	$[\cos(H-K)]$	$9,97892_n$	$-R''\cos\psi''$	9,84346
$-M''$	0,31459	$[M]$	9,97927	$\left[\frac{h}{M}\right]$	0,11694
	$9,56209_n$		$9,99965_n$		9,96040
$-\mu$	$9,09166_n$		$9,09166_n$		
[I]	8,65375	[II]	9,09131		

g	9,29217	[I + III]	9,34508
$\cos(H-G)$	9,95407	[II + III]	9,47668
[III]	9,24624		

$f\sin(F-N)$	$9,21701_n$	$\sin(K''-K)$	$9,60001_n$	g	9,29217
$\sin J$	9,92487	h	0,09621	$\sin(H-G)$	9,64010
	$9,14188_n$		$9,50380_n$		8,93227
		$-\mu$	$9,09166_n$		
			8,59546		

$$1)\qquad \rho = (0,21838)\left\{u+(9,56209_n)\frac{1}{(r+r'')^3}+(9,34508)\right\}$$

$$2)\qquad \rho'' = (9,88306)\left\{u+(9,99965_n)\frac{1}{(r+r'')^3}+(9,47668)\right\}$$

$$3)\qquad rr = (9,98706)^2+(0,21838)^2\left\{u+\frac{(9,56209_n)}{(r+r'')^3}+(9,57055)\right\}^2$$

$$4)\qquad r''r'' = (9,86038)^2+(9,88306)^2\left\{u+\frac{(9,99965_n)}{(r+r'')^3}+(0,08370)\right\}^2$$

$$5)\ \text{Chorde}^2 = uu+(9,14188)^2+\left\{\frac{(9,50380_n)}{(r+r'')^3}+(9,09676)\right\}^2.$$

Hiemit sind nun noch folgende Formeln zu verbinden

$$6)\qquad r+r'' = \left(\frac{t''-t}{m\sqrt{\frac{108}{5}}}\right)^{\frac{2}{3}}\left(\frac{\sqrt[5]{\sec W}}{\operatorname{tang} W}\right)^{\frac{2}{3}}$$

$$7)\qquad \text{Chorde} = \left(\frac{t''-t}{m\sqrt[4]{\frac{135}{4}}}\right)^{\frac{2}{3}}\operatorname{tang} W^{\frac{1}{3}}\sec W^{\frac{2}{15}}.$$

[Entwickelt man nemlich die bekannte Gleichung, vgl. Band VI, Seite 33,

$$(r+r''+\text{Chorde})^{\frac{3}{2}}-(r+r''-\text{Chorde})^{\frac{3}{2}}=\frac{t''-t}{m}$$

nach Potenzen der Grösse $\frac{\text{Chorde}}{r+r''}$, so wird

$$\frac{t''-t}{3m}=(r+r'')^{\frac{3}{2}}\frac{\text{Chorde}}{r+r''}\left\{1-\tfrac{1}{24}\left(\frac{\text{Chorde}}{r+r''}\right)^2-\frac{1}{8.16}\left(\frac{\text{Chorde}}{r+r''}\right)^4-\frac{3}{16.64}\left(\frac{\text{Chorde}}{r+r''}\right)^6-\ldots\right\}$$

und setzt man

$$\frac{\text{Chorde}}{r+r''}=\sqrt{\frac{12}{5}}\cdot\text{tang}\,W,$$

so ist

$$\frac{t''-t}{m}=(r+r'')^{\frac{3}{2}}\sqrt{\frac{108}{5}}\,\text{tang}\,W\left\{1-\tfrac{1}{10}\,\text{tang}\,W^2-\tfrac{9}{200}\,\text{tang}\,W^4-\ldots\right\};$$

nun ist aber

$$\sqrt[5]{\cos W}=1-\tfrac{1}{10}\,\text{tang}\,W^2+\tfrac{11}{200}\,\text{tang}\,W^4-\ldots\},$$

also genähert

$$\frac{t''-t}{m\sqrt{\frac{108}{5}}}=(r+r'')^{\frac{3}{2}}\,\text{tang}\,W\sqrt[5]{\cos W},$$

womit die Gleichungen 6 und 7 sich ergeben.]

m	0,986 2673	....	0,986 2673
$\sqrt{\frac{108}{5}}$	0,667 2269	$\sqrt[4]{\frac{135}{4}}$	0,382 0684
	1,653 4942		1,368 3357
$t''-t$	1,147 6544	....	1,147 6544
	0,505 8398		0,220 6813

[6] $r+r''=\dfrac{(9{,}66277)}{\left(\dfrac{\text{tang}\,W}{\sqrt[5]{\sec W}}\right)^{\frac{2}{3}}}$, [7] $\text{Chorde}=(9{,}85288)\,\text{tang}\,W^{\frac{1}{3}}.\sec W^{\frac{2}{15}}$.

Nach einem vorausgesetzten Werthe von W berechnet man aus den Formeln 6 und 7 die Chorde und $r+r''$; demnächst aus der Formel 5 den Werth von u und endlich aus 3 und 4 den zweiten Werth von $r+r''$.

Noch zweckmässiger ist folgende Formel

$$[8]\quad \text{Chorde}=\frac{\frac{t''-t}{3m}}{\sqrt{(r+r'')}\,.\sqrt[14]{\left(1-\dfrac{(t''-t)^2}{\frac{108}{7}\,mm\,(r+r'')^3}\right)}}=\frac{(9{,}68427)}{\sqrt{(r+r'')}\,.\sqrt[14]{\left(1-\dfrac{(9{,}1344484)}{(r+r'')^3}\right)}}$$

[aus welcher man mit einem vorausgesetzten Werth von $r+r''$ die Chorde berechnet, worauf, wie vorher, die Gleichung 5 den Werth von u und 3 und 4 den zweiten Werth von $r+r''$ liefern.

Man findet die Gleichung 8, indem man die obige Reihe umkehrt, womit

$$\text{Chorde} = \frac{t''-t}{3m\sqrt{(r+r'')}}\left\{1+\frac{1}{2.108}\left(\frac{t''-t}{m(r+r'')^{\frac{3}{2}}}\right)^2+\frac{15}{8.108^2}\left(\frac{t''-t}{m(r+r'')^{\frac{3}{2}}}\right)^4 + \frac{177}{16.108^3}\left(\frac{t''-t}{m(r+r'')^{\frac{3}{2}}}\right)^6+\cdots\right\}$$

wird; da nun

$$\frac{1}{\sqrt[14]{\left(1-\dfrac{(t''-t)^2}{\frac{108}{7}mm(r+r'')^3}\right)}} = 1+\frac{1}{2.108}\left(\frac{t''-t}{m(r+r'')^{\frac{3}{2}}}\right)^2+\frac{15}{8.108^2}\left(\frac{t''-t}{m(r+r'')^{\frac{3}{2}}}\right)^4 + \frac{145}{16.108^3}\left(\frac{t''-t}{m(r+r'')^{\frac{3}{2}}}\right)^6+\cdots,$$

so folgt die Gleichung 8, welche eine noch grössere Annäherung gibt, als die Gleichungen 6 und 7].

Numerische Rechnung.

Vorausgesetzter Werth $\log(r+r'') = 0{,}42622$.

$(r+r'')^3$ .. 1,27866	$9{,}50380_n$	$9{,}56209_n$	$9{,}99965_n$
.... 9,13445	$(r+r'')^3$ .. 1,27866	$(r+r'')^3$. 1,27866	 1,27866
[7,85579]	$8{,}22514_n$	$8{,}28343_n$	$8{,}72099_n$
	 9,09676	9,57055	0,08370
$\sqrt{(r+r'')}$. 0,21311	9,03408	u 9,37691	 9,37691
..... −0,00022		9,77157	0,14555
[Nenner] . 0,21289	[8,06816]		
.... 9,68427	[8,28376]	9,54314	0,29110
Chorde .. 9,47138	[Chorde^2 . 8,94276]	0,43676	9,76612
	u 9,37691	9,97990	0,05722
		9,97412	9,72076
		r 0,13902	r'' ... 0,11091

wie vorausgesetzt, wird $r+r''$ ... 0,42622.

	8,28343$_n$		8,72099$_n$	ρ	9,86216	ρ''	9,56905
	9,34508		9,47668	$\cos\beta$	9,94168	$\cos\beta''$	9,99350
u	9,37691		9,37691	$\rho\cos\beta$	9,80334	$\rho''\cos\beta''$	9,56255
	9,64378		9,68599				
	0,21838		9,88306				
ρ	9,86216	ρ''	9,56905				

Wir fügen zugleich die vollständige Berechnung der Elemente bei [vgl. Band VI, Seite 34—36]:

$\alpha - \odot$	$= 253^0\,28'\,57''$	[$\alpha'' - \odot''$ =]	$225^0\,16'\,43''$
$\rho\cos\beta$	9,80384	[$\rho''\cos\beta''$]	9,56255
$\cos(\alpha - \odot)$	9,45379$_n$	[$\cos(\alpha'' - \odot'')$]	9,84736$_n$
$\sin(\alpha - \odot)$	9,98170$_n$	[$\sin(\alpha'' - \odot'')$]	9,85159$_n$
$\operatorname{tang}\beta$	9,74435	[$\operatorname{tang}\beta''$]	9,24127
[$\rho\cos\beta\cos(\alpha - \odot)$]	9,25763$_n$	[$\rho''\cos\beta''\cos(\alpha'' - \odot'')$]	9,40991$_n$
$-R$	0,00091$_n$	[$-R''$]	0,00260$_n$
[$r\cos b\cos(\lambda - \odot)$]	0,07301$_n$	[$r''\cos b''\cos(\lambda'' - \odot'')$]	0,10140$_n$
[$r\cos b\sin(\lambda - \odot)$]	9,78554$_n$	[$r''\cos b''\sin(\lambda'' - \odot'')$]	9,41414$_n$
[$\cos(\lambda - \odot)$]	9,94876$_n$	[$\cos(\lambda'' - \odot'')$]	9,99102$_n$
[$r\cos b$]	0,12425	[$r''\cos b''$]	0,11038
[$r\sin b$]	9,54819	[$r''\sin b''$]	8,80382
$\cos b$	9,98522	[$\cos b''$]	9,99947
r	0,13903	[r'']	0,11091
[$\lambda - \odot$] =	$207^0\,17'\,14''$	[$\lambda'' - \odot''$] =	$191^0\,36'\,39''$
$\odot$ =	17 47 41	[$\odot''$ =]	31 31 25
λ =	225 4 55	[λ'' =]	223 8 4
b =	14 51 54	[b'' =]	2 49 34

$-\text{tang}\,\beta$ .... $9{,}42394_n$

$\cos(\lambda''-\lambda)$ ...... $9{,}99975$

$9{,}42369_n$

[$\text{tang}\,\beta''$] .... $8{,}69344$

$9{,}33426_n$

$\sin(\lambda''-\lambda)$ ...... $8{,}53127_n$

[$\text{tang}\,i \sin(\lambda-☊)$] $9{,}42394_n$

[$\text{tang}\,i \cos(\lambda-☊)$] $0{,}80299_n$

[$\cos(\lambda-☊)$] ..... $9{,}99962_n$

$\lambda-☊ = 182^0\,23'\,32''$

$\lambda = 225\;\;4\;\;55$

$☊ = 42\;\;41\;\;23$

$\lambda''-☊ = 180\;\;26\;\;41$

$\text{tang}\,i$ .... $0{,}80337$

$i = 81^0\;\;3'\;45''$

$\text{tang}(\lambda-☊)$ ..... $8{,}62095_n$

$\text{tang}(\lambda''-☊)$ .... $7{,}88997_n$

[$\cos i$] .... $9{,}19132$

$v-☊ = 195^0\;\;3'\;\;8''$

$v''-☊ = 182\;\;51\;\;37$

$☊ = 42\;\;41\;\;23$

$v = 237\;\;44\;\;31$

$v'' = 225\;\;33\;\;0$

$\frac{1}{2}(v''-v) = -6\;\;5\;\;45{,}5$

$\frac{1}{\sqrt{r}}$ .... $9{,}93048$

$\text{tang}\,\frac{1}{2}(v''-v)$.... $9{,}02856_n$

$\sin\frac{1}{2}(v''-v)$.... $9{,}02610_n$

$\frac{1}{\sqrt{r''}}$ .... $9{,}94454$

$0{,}90192_n$

$0{,}91844$

[$\frac{1}{\sqrt{q}}\sin\frac{1}{2}(v-\Pi)$] $9{,}49042$

[$\frac{1}{\sqrt{q}}\cos\frac{1}{2}(v-\Pi)$] $9{,}93048$

[$\cos\frac{1}{2}(v-\Pi)$] .... $9{,}97311$

$\frac{1}{2}(v-\Pi) = 19^0\,57'\;\;8''$

q .... $0{,}08526$

$v-\Pi = 39^0\,54'\,16''$

[$v =$] $237\;\;44\;\;31$

$\Pi = 197\;\;50\;\;15$

$v''-\Pi = 27\;\;42\;\;45$

n .... $0{,}03987$

$q^{\frac{3}{2}}$........... $0{,}12789$

$0{,}16776$

[M] .... $1{,}45367$

[$0{,}16776$]

[$T-t$ .... $1{,}62143$]

[$T-t =$] $41{,}8245$

[$t =$] $7{,}5500$

[$T =$] $49{,}3745$

[M''] .... $1{,}27589$

[$0{,}16776$]

[$T-t''$ ...... $1{,}44365$]

[$T-t'' =$] $27{,}7746$

[$t'' =$] $21{,}5993$

[$T =$] $49{,}3739$

[Mittel $T =$] $49{,}3742$

[= Mai 19,3742.]

[8.]

GAUSS an OLBERS, Göttingen, 29. Mai 1815.

...... Meine theoretischen Untersuchungen über die Berechnung der Cometenbahnen im allgemeinen hätte ich wohl einige Neigung, in Zukunft einmal in einem eigenen Werke bekannt zu machen, als Supplement zu meiner Th. M. C. C. Es könnte vielleicht 6—8 Bogen stark werden, und ich würde dann noch eine Tafel für die parabolische Bewegung von einer neuen Einrichtung beifügen, deren Gebrauch noch etwas bequemer ist als der der BARKERschen. Diese möchte auch noch 3 Bogen betragen. Der Grund dazu ist schon gelegt, wobei mir Hr. ENCKE noch geholfen hat. .....

[9.]

GAUSS an BESSEL, Göttingen, 24. Junius 1815.

...... Ich habe halb und halb die Absicht, demnächst ein Supplement der Theoria motus corporum coelestium für die parabolischen Bahnen zu geben. Ich habe dazu mehrere nicht ganz unerhebliche theoretische Zusätze; auch denke ich eine neue Tafel für die parabolische Bewegung beizufügen, noch bequemer eingerichtet als die BARKERsche, deren Berechnung bereits so weit gediehen ist, dass ich mich schon jetzt zu meinem eigenen Gebrauch keiner andern mehr bediene. .....

NACHLASS UND VERÖFFENTLICHUNG.

[II. Zur Berechnung der wahren Anomalie in der parabolischen Bewegung.]

[1. Tabula nova motus parabolici.]

Explicatio tabulae novae motus parabolici.

1.

Denotabimus, perinde ut in Theoria Motus art. 18—20, distantiam a Sole in perihelio per q, anomaliam veram per v, tempus inde a transitu per perihelium per t, denique per [k] constantem 3548″,188 (art. [6]). Quum in motu parabolico cometae, cuius massam negligimus, velocitas angularis in secundis expressa fiat generaliter

$$\frac{dv}{dt} = \frac{k\sqrt{2}}{q^{\frac{3}{2}}}\cos\tfrac{1}{2}v^4,$$

statuemus brevitatis caussa

$$\frac{k\sqrt{2}}{q^{\frac{3}{2}}} = A,$$

ita ut A exhibeat velocitatem angularem in perihelio, quam elementis parabolicis cuiusvis cometae adiungere conveniet. Est vero

$$\log k\sqrt{2} = 3{,}700\,5216.$$

2.

Relatio inter anomaliam veram atque tempus exprimitur per formulam

$$\operatorname{tang}\tfrac{1}{2}v + \tfrac{1}{3}\operatorname{tang}\tfrac{1}{2}v^3 = \frac{At}{2.206265''} = \frac{\pi}{1296000''}At$$

denotante π semicircumferentiam circuli cuius radius est unitas. Habetur itaque tempus per anomaliam veram directe; pro calculo inverso, CARDANI regula, introductis duobus angulis auxiliaribus P, Q, formulas sequentes suppeditat:

$$\operatorname{tang} P = \frac{4.206265''}{3At} = \frac{864000''}{\pi At}$$

$$\operatorname{tang} Q = \sqrt[3]{\operatorname{tang}\tfrac{1}{2}P}$$

$$\operatorname{tang}\tfrac{1}{2}v = 2\operatorname{cotang} 2Q.$$

3.

At quoniam problema posterius frequentissime occurrit, taediosum foret, semper ad has formulas vel ad methodos indirectas confugere; quamobrem astronomi ad hunc finem tabula auxiliari uti solent. Tabula vulgaris pro argumento

$$\frac{t}{q^{\frac{3}{2}}} = \frac{At}{k\sqrt{2}}$$

anomaliam veram suppeditat. Cel. BURCKHARDT illius quantitatis logarithmum adoptavit*). Tabulae BARKERianae argumentum est anomalia vera, cui valor respondens quantitatis

$$\frac{k\pi\sqrt{2}.t}{17280''.q^{\frac{3}{2}}} \doteq \frac{\pi At}{17280''}$$

appositus est. In tabula nova huic operi annexa (quae iam constructa erat, quando tabula cel. BURCKHARDT promulgata est) logarithmum quantitatis At pro argumento accepimus, per singulas partes millesimas unitatis progredientem. Quum in motu parabolico valor ipsius At a 0 in infinitum progrediatur, hac ratione tabula manifesto neque ab initio neque in fine completa evadere potuisset, quapropter in tabulae initio quantitatem At ipsam tamquam argumentum accepimus per centenas unitates progredientem usque ad valorem 40000 cui respondet anomalia vera $11^0 2' 32''$. Dein logarithmi progrediuntur a valore 4,6 usque ad 8,2, quibus limitibus respondent anomaliae $10^0 59' 26''$ atque $169^0 0' 15''$.

*) Connaiss. des tems 1816.

Rarissime anomaliis maioribus opus erit. Attamen ut tabula ab utraque parte completa evadat, adiecimus partem tertiam, in qua pro argumento accepimus quantitatem

$$\sqrt[3]{\frac{B}{t}},$$

ubi

$$B = \frac{1296000^4}{3\pi^4 A} = \frac{1296000^4}{3\pi^4 k\sqrt{2}} q^{\frac{3}{2}}.$$

Hoc argumentum decrescendo a valore 40000 usque ad 0 extenditur, quibus respondent anomaliae $168^0 49' 9''$ atque 180^0. Ad inveniendum logarithmum constantis B, adscribimus logarithmos sequentes

$$\log \frac{1296000^4}{3\pi^4} = [22,461\,8207]$$

$$\log \frac{1296000^4}{3\pi^4 k\sqrt{2}} = [18,761\,2991.]$$

Usus partis primae tabulae itaque extenditur

a	$t = 0$	usque ad $[t =]\ 7,971\, q^{\frac{3}{2}}$
partis secundae a	$t = 7,934\, q^{\frac{3}{2}}$	usque ad $t = 31585\, q^{\frac{3}{2}}$
partis tertiae a	$t = 30061\, q^{\frac{3}{2}}$	in infinitum.

Ceterum observamus tabulam integram ad partes centies millesimas minutorum secundorum anomaliae ab initio constructam esse, ut figurae secundae semper tuto fidere liceret.

4.

Operae pretium erit, tabulae nostrae initium et finem seorsim considerare, atque anomaliam in seriem explicare secundum potestates argumenti progredientem.

Statuamus

$$\text{tang}\, \tfrac{1}{2} v = \theta$$

$$\frac{At}{206265''} = \alpha$$

eritque

$$\theta = \tfrac{1}{2}\alpha - \tfrac{1}{3}\theta^3.$$

Hinc eruitur adiumento theorematis LAGRANGIANI generaliter

$$\theta^n = \left(\frac{\alpha}{2}\right)^n - \frac{n}{3}\left(\frac{\alpha}{2}\right)^{n+2} + \frac{n.n+5}{3.6}\left(\frac{\alpha}{2}\right)^{n+4} - \frac{n.+n+7.n+8}{3.6.9}\left(\frac{\alpha}{2}\right)^{n+6}$$
$$+ \frac{n.n+9.n+10.n+11}{3.6.9.12}\left(\frac{\alpha}{2}\right)^{n+8} - \text{etc.}$$

Substituendo hanc expressionem singularum potestatum θ^n in serie

$$v = 2\theta - \tfrac{2}{3}\theta^3 + \tfrac{2}{5}\theta^5 - \tfrac{2}{7}\theta^7 + \text{etc.}$$

habemus

$$v = \alpha - \tfrac{1}{3}\cdot\tfrac{1}{4}(1+\tfrac{3}{3})\alpha^3 + \tfrac{1}{5}\cdot\tfrac{1}{16}\left(1+\tfrac{5}{3}+\frac{5.6}{3.6}\right)\alpha^5 - \tfrac{1}{7}\cdot\tfrac{1}{64}\left(1+\tfrac{7}{3}+\frac{7.8}{3.6}+\frac{7.8.9}{3.6.9}\right)\alpha^7$$
$$+ \tfrac{1}{9}\cdot\tfrac{1}{256}\left(1+\tfrac{9}{3}+\frac{9.10}{3.6}+\frac{9.10.11}{3.6.9}+\frac{9.10.11.12}{3.6.9.12}\right)\alpha^9 - \text{etc.},$$

cuius seriei lex est obvia. Eruendo coëfficientium valores numericos fit

$$v = \alpha - \tfrac{1}{6}\alpha^3 + \tfrac{13}{240}\alpha^5 - \tfrac{43}{2016}\alpha^7 + \tfrac{191}{20736}\alpha^9 - \tfrac{479}{114048}\alpha^{11} + \text{etc.}$$

Manifesto hic v tamquam arcus in partibus radii expressus considerandus est. Qui si in minutis secundis desideratur, series per $206265''$ multiplicanda est, ita ut fiat

$$v = At - \tfrac{1}{6}\frac{(At)^3}{206265^2} + \tfrac{13}{240}\frac{(At)^5}{206265^4} - \text{etc.}$$

Anomaliae parvae itaque ab argumentis respondentibus parum differunt.

Ceterum expressio pro θ^n supra data etiam seriem elegantem pro radio vectore r suppeditat; fit enim

$$r = q(1+\theta\theta)$$
$$= q\left(1+\tfrac{1}{4}\alpha\alpha - \tfrac{1}{3}\cdot\frac{\alpha^4}{8} + \frac{7}{3.6}\frac{\alpha^6}{32} - \frac{9.10}{3.6.9}\frac{\alpha^8}{128} + \frac{11.12.13}{3.6.9.12}\frac{\alpha^{10}}{512} - \frac{13.14.15.16}{3.6.9.12.15}\frac{\alpha^{12}}{2048} + \text{etc.}\right).$$

Ostendi potest utramque seriem convergere quamdiu $\alpha < \tfrac{4}{3}$ sive $v < 61^0\,35'\,45'',4$.

5.

Statuendo argumentum partis tertiae tabulae nostrae, puta quantitatem

$$\sqrt[3]{\frac{B}{t}} = 206265''.\beta = \frac{648000''}{\pi}\beta,$$

habetur

$$\theta + \tfrac{1}{3}\theta^3 = \frac{8}{3\beta^3},$$

quam formulam, statuendo $\frac{1}{\theta^3} = \eta$, ita exhibere possumus

$$\eta = \frac{\beta^3}{8} + \frac{3\beta^3}{8}\eta^{\frac{2}{3}}.$$

Applicando huic aequationi theorema LAGRANGianum, invenimus generaliter

$$\eta^{\frac{n}{3}} = \frac{1}{\theta^n} = \left(\frac{\beta}{2}\right)^n + n\left(\frac{\beta}{2}\right)^{n+2} + \frac{n.n+1}{1.2}\left(\frac{\beta}{2}\right)^{n+4} + \frac{n.n.n+3}{1.2.3}\left(\frac{\beta}{2}\right)^{n+6}$$
$$+ \frac{n.n-1.n+2.n+5}{1.2.3.4}\left(\frac{\beta}{2}\right)^{n+8} + \frac{n.n-2.n+1.n+4.n+7}{1.2.3.4.5}\left(\frac{\beta}{2}\right)^{n+10} + \text{etc.},$$

cuius seriei lex facile elucet. Hinc fit

$$2\,\text{arc.tang}\frac{1}{\theta} = \frac{2}{\theta} - \frac{2}{3\theta^3} + \frac{2}{5\theta^5} - \frac{2}{7\theta^7} + \text{etc.}$$
$$= \beta - \tfrac{1}{3}\cdot\tfrac{1}{4}(1-\tfrac{3}{1})\beta^3 + \tfrac{1}{5}\cdot\tfrac{1}{16}\left(1 - \tfrac{5}{1} + \frac{5.2}{1.2}\right)\beta^5 - \tfrac{1}{7}\cdot\tfrac{1}{64}\left(1 - \tfrac{7}{1} + \frac{7.4}{1.2} - \frac{7.4.1}{1.2.3}\right)\beta^7$$
$$+ \tfrac{1}{9}\cdot\tfrac{1}{256}\left(1 - \tfrac{9}{1} + \frac{9.6}{1.2} - \frac{9.6.3}{1.2.3} + \frac{9.6.3.0}{1.2.3.4}\right)\beta^9 - \text{etc.}$$

Haec series exhibet complementum anomaliae ad 180^0 in partibus radii expressam, coëfficentiumque lex satis manifesta est, scilicet coëfficiens potestatis β^{2m+1} erit generaliter

$\pm \frac{1}{2m+1} \times \frac{1}{2^{2m}} \times$ aggregatum $m+1$ terminorum primorum seriei, quae ex evolutione binomii $(1-3)^{\frac{2m+1}{3}}$ oritur.

Eruendo valores numericos, habemus in partibus radii

$$v = \pi - \beta - \tfrac{1}{6}\beta^3 - \tfrac{1}{80}\beta^5 + \tfrac{5}{672}\beta^7 + \tfrac{1}{288}\beta^9 + \tfrac{7}{16896}\beta^{11} - \tfrac{113}{479232}\beta^{13} - \tfrac{1}{7680}\beta^{15}\,\text{etc.},$$

adeoque in minutis secundis

$$v = 180^0 - \sqrt[3]{\frac{B}{t}} - \tfrac{1}{6}\frac{B}{t}\frac{1}{206265^2} - \tfrac{1}{80}\left(\frac{B}{t}\right)^{\frac{5}{3}}\frac{1}{206265^4} + \text{etc.}$$

Hinc perspicitur ratio propter quam quantitatem $\sqrt[3]{\frac{B}{t}}$ potissimum tamquam argumentum tabulae in parte tertia adoptavimus; ita scilicet argumentum proxime cum complemento anomaliae ad 180^0 convenit.

Pro radio vectore nanciscimur, statuendo $n = -2$,

$$r = q\left(\left(\frac{2}{\beta}\right)^2 - 1 + \left(\frac{\beta}{2}\right)^2 + \frac{-2.-2.+1}{1.2.3}\left(\frac{\beta}{2}\right)^4 + * + \frac{-2.-4.-1.+2.+5}{1.2.3.4.5}\left(\frac{\beta}{2}\right)^8\right.$$
$$\left. + \frac{-2.-5.-2.+1.+4.+7}{1.2.3.4.5.6}\left(\frac{\beta}{2}\right)^{10} + * + \text{etc.}\right)$$
$$= q\left(\left(\frac{2}{\beta}\right)^2 - 1 + \left(\frac{\beta}{2}\right)^2 + \frac{1.2.2}{1.2.3}\left(\frac{\beta}{2}\right)^4 + * - \frac{1.2.2.4.5}{1.2.3.4.5}\left(\frac{\beta}{2}\right)^8 - \frac{1.2.2.4.5.7}{1.2.3.4.5.6}\left(\frac{\beta}{2}\right)^{10}\right.$$
$$+ * + \frac{1.2.2.4.5.7.8.11}{1.2.3.4.5.6.7.8}\left(\frac{\beta}{2}\right)^{14} + \frac{1.2.2.4.5.7.8.10.13}{1.2.3.4.5.6.7.8.9}\left(\frac{\beta}{2}\right)^{16} + *$$
$$\left. - \frac{1.2.2.4.5.7.8.10.11.14.17}{1.2.3.4.5.6.7.8.9.10.11}\left(\frac{\beta}{2}\right)^{20} - \text{etc.}\right)$$

sive

$$[r] = q\left[\left(\left(\frac{2}{\beta}\right)^2 - 1 + \left(\frac{\beta}{2}\right)^2 + \frac{2}{3}\left(\frac{\beta}{2}\right)^4 - \frac{2}{3}\left(\frac{\beta}{2}\right)^8 - \frac{7}{9}\left(\frac{\beta}{2}\right)^{10} + \frac{11}{9}\left(\frac{\beta}{2}\right)^{14} + \frac{130}{81}\left(\frac{\beta}{2}\right)^{16} - \frac{238}{81}\left(\frac{\beta}{2}\right)^{20} - \dots\right)\right].$$

Ceterum utraque series converget quamdiu $\beta < \sqrt[3]{4}$ sive quamdiu anomalia vera maior est [quam] $61^0\,35'\,45''\!,4$.

[At]	[v]	[At]	[v]	[At]	[v]	[At]	[v]
0	0° 0′ 0″,000	10000	2° 46′ 36″,086	20000	5° 32′ 48″,756	30000	8° 18′ 14″,951
200	3 20,000	10200	49 55,846	20200	36 7,811	30200	21 32,846
400	6 40,000	10400	53 15,597	20400	39 26,848	30400	24 50,713
600	9 59,999	10600	56 35,338	20600	42 45,865	30600	28 8,552
800	13 19,998	10800	2 59 55,070	20800	46 4,864	30800	31 26,363
1000	16 39,996	11000	3 3 14,791	21000	49 23,843	31000	34 44,146
1200	19 59,993	11200	6 34,502	21200	52 42,802	31200	38 1,900
1400	23 19,989	11400	9 54,202	21400	56 1,742	31400	41 19,626
1600	26 39,984	11600	13 13,892	21600	5 59 20,662	31600	44 37,323
1800	29 59,977	11800	16 33,570	21800	6 2 39,561	31800	47 54,990
2000	33 19,969	12000	19 53,238	22000	5 58,441	32000	51 12,629
2200	36 39,958	12200	23 12,895	22200	9 17,300	32200	54 30,239
2400	39 59,946	12400	26 32,540	22400	12 36,139	32400	8 57 47,819
2600	43 19,931	12600	29 52,173	22600	15 54,956	32600	9 1 5,369
2800	46 39,914	12800	33 11,795	22800	19 13,753	32800	4 22,889
3000	49 59,894	13000	36 31,405	23000	22 32,529	33000	7 40,380
3200	53 19,872	13200	39 51,002	23200	25 51,283	33200	10 57,840
3400	56 39,846	13400	43 10,587	23400	29 10,016	33400	14 15,270
3600	0 59 59,817	13600	46 30,160	23600	32 28,727	33600	17 32,669
3800	1 3 19,785	13800	49 49,720	23800	35 47,416	33800	20 50,038
4000	6 39,749	14000	53 9,267	24000	39 6,083	34000	24 7,376
4200	9 59,710	14200	56 28,801	24200	42 24,728	34200	27 24,682
4400	13 19,666	14400	3 59 48,321	24400	45 43,350	34400	30 41,958
4600	16 39,619	14600	4 3 7,828	24600	49 1,950	34600	33 59,202
4800	19 59,567	14800	6 27,322	24800	52 20,527	34800	37 16,415
5000	23 19,510	15000	9 46,801	25000	55 39,081	35000	40 33,595
5200	26 39,449	15200	13 6,267	25200	6 58 57,612	35200	43 50,744
5400	29 59,383	15400	16 25,718	25400	7 2 16,120	35400	47 7,861
5600	33 19,312	15600	19 45,155	25600	5 34,604	35600	50 24,946
5800	36 39,236	15800	23 4,578	25800	8 53,064	35800	53 41,998
6000	39 59,154	16000	26 23,986	26000	12 11,501	36000	9 56 59,018
6200	43 19,067	16200	29 43,378	26200	15 29,914	36200	10 0 16,004
6400	46 38,973	16400	33 2,756	26400	18 48,302	36400	3 32,958
6600	49 58,874	16600	36 22,118	26600	22 6,666	36600	6 49,879
6800	53 18,769	16800	39 41,465	26800	25 25,006	36800	10 6,767
7000	56 38,657	17000	43 0,796	27000	28 43,320	37000	13 23,621
7200	1 59 58,538	17200	46 20,111	27200	32 1,610	37200	16 40,441
7400	2 3 18,413	17400	49 39,411	27400	35 19,875	37400	19 57,228
7600	6 38,281	17600	52 58,694	27600	38 38,114	37600	23 13,981
7800	9 58,142	17800	56 17,960	27800	41 56,328	37800	26 30,700
8000	13 17,995	18000	4 59 37,210	28000	45 14,516	38000	29 47,384
8200	16 37,841	18200	5 2 56,443	28200	48 32,679	38200	33 4,034
8400	19 57,679	18400	6 15,659	28400	51 50,816	38400	36 20,649
8600	23 17,510	18600	9 34,858	28600	55 8,926	38600	39 37,230
8800	26 37,332	18800	12 54,040	28800	7 58 27,010	38800	42 53,775
9000	29 57,146	19000	16 13,204	29000	8 1 45,067	39000	46 10,286
9200	33 16,952	19200	19 32,351	29200	5 3,098	39200	49 26,761
9400	36 36,748	19400	22 51,479	29400	8 21,102	39400	52 43,201
9600	39 56,537	19600	26 10,590	29600	11 39,079	39600	55 59,605
9800	43 16,316	19800	29 29,682	29800	14 57,029	39800	10 59 15,973
10000	2 46 36,086	20000	5 32 48,756	30000	8 18 14,951	40000	11 2 32,306

[log *At*]	[*v*]	[log *At*]	[*v*]	[log *At*]	[*v*]	[log *At*]	[*v*]
4,600	10° 59′ 26″,495	4,700	13° 47′ 14″,800	4,800	17° 15′ 40″,592	4,900	21° 32′ 38″,906
4,602	11 2 26, 883	4,702	50 59, 490	4,802	20 18, 802	4,902	38 20, 275
4,604	5 28, 072	4,704	54 45, 158	4,804	24 58, 182	4,904	44 3, 003
4,606	8 30, 067	4,706	13 58 31, 806	4,806	29 38, 734	4,906	49 47, 093
4,608	11 32, 870	4,708	14 2 19, 439	4,808	34 20, 463	4,908	21 55 32, 548
4,610	14 36, 486	4,710	6 8, 061	4,810	39 3, 373	4,910	22 1 19, 372
4,612	17 40, 916	4,712	9 57, 675	4,812	43 47, 467	4,912	7 7, 568
4,614	20 46, 165	4,714	13 48, 284	4,814	48 32, 750	4,914	12 57, 141
4,616	23 52, 235	4,716	17 39, 894	4,816	53 19, 225	4,916	18 48, 093
4,618	26 59, 131	4,718	21 32, 507	4,818	17 58 6, 897	4,918	24 40, 428
4,620	30 6, 855	4,720	25 26, 127	4,820	18 2 55, 768	4,920	30 34, 149
4,622	33 15, 411	4,722	29 20, 757	4,822	7 45, 844	4,922	36 29, 260
4,624	36 24, 803	4,724	33 16, 403	4,824	12 37, 128	4,924	42 25, 764
4,626	39 35, 032	4,726	37 13, 067	4,826	17 29, 623	4,926	48 23, 665
4,628	42 46, 104	4,728	41 10, 753	4,828	22 23, 334	4,928	22 54 22, 966
4,630	45 58, 022	4,730	45 9, 466	4,830	27 18, 264	4,930	23 0 23, 670
4,632	49 10, 788	4,732	49 9, 208	4,832	32 14, 418	4,932	6 25, 781
4,634	52 24, 406	4,734	53 9, 984	4,834	37 11, 800	4,934	12 29, 301
4,636	55 38, 880	4,736	14 57 11, 797	4,836	42 10, 412	4,936	18 34, 235
4,638	11 58 54, 213	4,738	15 1 14, 652	4,838	47 10, 260	4,938	24 40, 585
4,640	12 2 10, 408	4,740	5 18, 551	4,840	52 11, 346	4,940	30 48, 355
4,642	5 27, 470	4,742	9 23, 500	4,842	18 57 13, 675	4,942	36 57, 547
4,644	8 45, 401	4,744	13 29, 501	4,844	19 2 17, 251	4,944	43 8, 166
4,646	12 4, 205	4,746	17 36, 559	4,846	7 22, 077	4,946	49 20, 214
4,648	15 23, 885	4,748	21 44, 677	4,848	12 28, 158	4,948	23 55 33, 695
4,650	18 44, 445	4,750	25 53, 859	4,850	17 35, 496	4,950	24 1 48, 611
4,652	22 5, 889	4,752	30 4, 110	4,852	22 44, 097	4,952	8 4, 966
4,654	25 28, 219	4,754	34 15, 432	4,854	27 53, 963	4,954	14 22, 762
4,656	28 51, 440	4,756	38 27, 830	4,856	33 5, 099	4,956	20 42, 004
4,658	32 15, 555	4,758	42 41, 308	4,858	38 17, 508	4,958	27 2, 693
4,660	35 40, 567	4,760	46 55, 869	4,860	43 31, 194	4,960	33 24, 833
4,662	39 6, 481	4,762	51 11, 518	4,862	48 46, 161	4,962	39 48, 427
4,664	42 33, 299	4,764	55 28, 257	4,864	54 2, 414	4,964	46 13, 477
4,666	46 1, 025	4,766	15 59 46, 092	4,866	19 59 19, 954	4,966	52 39, 988
4,668	49 29, 662	4,768	16 4 5, 026	4,868	20 4 38, 787	4,968	24 59 7, 960
4,670	52 59, 215	4,770	8 25, 062	4,870	9 58, 916	4,970	25 5 37, 399
4,672	12 56 29, 687	4,772	12 46, 206	4,872	15 20, 345	4,972	12 8, 306
4,674	13 0 1, 082	4,774	17 8, 460	4,874	20 43, 077	4,974	18 40, 683
4,676	3 33, 402	4,776	21 31, 828	4,876	26 7, 117	4,976	25 14, 535
4,678	7 6, 652	4,778	25 56, 315	4,878	31 32, 467	4,978	31 49, 863
4,680	10 40, 835	4,780	30 21, 923	4,880	36 59, 133	4,980	38 26, 671
4,682	14 15, 956	4,782	34 48, 658	4,882	42 27, 117	4,982	45 4, 960
4,684	17 52, 016	4,784	39 16, 524	4,884	47 56, 423	4,984	51 44, 735
4,686	21 29, 021	4,786	43 45, 522	4,886	53 27, 054	4,986	25 58 25, 997
4,688	25 6, 974	4,788	48 15, 659	4,888	20 58 59, 016	4,988	26 5 8, 748
4,690	28 45, 878	4,790	52 46, 938	4,890	21 4 32, 310	4,990	11 52, 992
4,692	32 25, 737	4,792	16 57 19, 362	4,892	10 6, 941	4,992	18 38, 731
4,694	36 6, 556	4,794	17 1 52, 935	4,894	15 42, 913	4,994	25 25, 968
4,696	39 48, 336	4,796	6 27, 662	4,896	21 20, 228	4,996	32 14, 704
4,698	43 31, 083	4,798	11 3, 546	4,898	26 58, 892	4,998	39 4, 943
4,700	13 47 14, 800	4,800	17 15 40, 592	4,900	21 32 38, 906	5,000	26 45 56, 687

[log *At*]	[*v*]	[log *At*]	[*v*]	[log *At*]	[*v*]	[log *At*]	[*v*]
5,000	26° 45′ 56,″687	5,100	33° 1′ 42,″888	5,200	40° 22′ 10,″621	5,300	48° 42′ 56,″513
5,002	52 49, 937	5,102	9 53, 523	5,202	31 37, 774	5,302	48 53 29, 931
5,004	26 59 44, 697	5,104	18 5, 724	5,204	41 6, 387	5,304	49 4 4, 498
5,006	27 6 40, 969	5,106	26 19, 491	5,206	40 50 36, 457	5,306	14 40, 203
5,008	13 38, 755	5,108	34 34, 823	5,208	41 0 7, 979	5,308	25 17, 040
5,010	20 38, 056	5,110	42 51, 719	5,210	9 40, 950	5,310	35 55, 000
5,012	27 38, 876	5,112	51 10, 180	5,212	19 15, 364	5,312	46 34, 073
5,014	34 41, 217	5,114	33 59 30, 204	5,214	28 51, 217	5,314	49 57 14, 252
5,016	41 45, 079	5,116	34 7 51, 791	5,216	38 28, 505	5,316	50 7 55, 526
5,018	48 50, 467	5,118	16 14, 940	5,218	48 7, 223	5,318	18 37, 889
5,020	27 55 57, 380	5,120	24 39, 651	5,220	41 57 47, 366	5,320	29 21, 330
5,022	28 3 5, 823	5,122	33 5, 923	5,222	42 7 28, 929	5,322	40 5, 841
5,024	10 15, 795	5,124	41 33, 754	5,224	17 11, 908	5,324	50 50 51, 412
5,026	17 27, 300	5,126	50 3, 144	5,226	26 56, 297	5,326	51 1 38, 034
5,028	24 40, 339	5,128	34 58 34, 092	5,228	36 42, 091	5,328	12 25, 699
5,030	31 54, 913	5,130	35 7 6, 596	5,230	46 29, 286	5,330	23 14, 397
5,032	39 11, 026	5,132	15 40, 656	5,232	42 56 17, 875	5,332	34 4, 118
5,034	46 28, 677	5,134	24 16, 270	5,234	43 6 7, 854	5,334	44 54, 853
5,036	28 53 47, 870	5,136	32 53, 437	5,236	15 59, 217	5,336	51 55 16, 592
5,038	29 1 8, 605	5,138	41 32, 155	5,238	25 51, 959	5,338	52 6 39, 326
5,040	8 30, 884	5,140	50 12, 422	5,240	35 16, 073	5,340	17 33, 046
5,042	15 54, 708	5,142	35 58 54, 239	5,242	45 41, 555	5,342	28 27, 742
5,044	23 20, 080	5,144	36 7 37, 602	5,244	43 55 38, 398	5,344	39 23, 403
5,046	30 47, 000	5,146	16 22, 509	5,246	44 5 36, 597	5,346	52 50 20, 020
5,048	38 15, 470	5,148	25 8, 960	5,248	15 36, 145	5,348	53 1 17, 583
5,050	45 45, 491	5,150	33 56, 953	5,250	25 37, 037	5,350	12 16, 082
5,052	29 53 17, 064	5,152	42 46, 484	5,252	35 39, 266	5,352	23 15, 507
5,054	30 0 50, 191	5,154	36 51 37, 553	5,254	45 42, 826	5,35	34 15, 848
5,056	8 24, 873	5,156	37 0 30, 158	5,256	44 55 47, 711	5,356	45 17, 094
5,058	16 1, 110	5,158	9 24, 295	5,258	45 5 53, 915	5,358	53 56 19, 237
5,060	23 38, 905	5,160	18 19, 963	5,260	16 1, 430	5,360	54 7 22, 264
5,062	31 18, 257	5,162	27 17, 160	5,262	26 10, 251	3,362	18 26, 166
5,064	38 59, 168	5,164	36 15, 882	5,264	36 20, 371	5,364	29 30, 933
5,066	46 41, 640	5,166	45 16, 129	5,266	46 31, 783	5,366	40 36, 554
5,068	30 54 25, 671	5,168	37 54 17, 896	5,268	45 56 44, 480	5,368	54 51 43, 018
5,070	31 2 11, 264	5,170	38 3 21, 182	5,270	46 6 58, 455	5,370	55 2 50, 315
5,072	9 58, 420	5,172	12 25, 983	5,272	17 13, 701	5,372	13 58, 434
5,074	17 47, 138	5,174	21 32, 297	5,274	27 30, 212	5,374	25 7, 365
5,076	25 37, 419	5,176	30 40, 121	5,276	37 47, 979	5,376	36 17, 097
5,078	33 29, 264	5,178	39 49, 452	5,278	48 6, 997	5,378	47 27, 618
5,080	41 22, 674	5,180	49 0, 287	5,280	46 58 27, 256	5,380	55 58 38, 919
5,082	49 17, 649	5,182	38 58 12, 623	5,282	47 8 48, 751	5,382	56 9 50, 989
5,084	31 57 14, 189	5,184	39 7 26, 456	5,284	19 11, 473	5,384	21 3, 815
5,086	32 5 12, 295	5,186	16 41, 784	5,286	29 35, 415	5,386	32 17, 388
5,088	13 11, 967	5,188	25 58, 602	5,288	40 0, 570	5,388	43 31, 697
5,090	21 13, 205	5,190	35 16, 908	5,290	47 50 26, 929	5,390	56 54 46, 729
5,092	29 16, 009	5,192	44 36, 698	5,292	48 0 54, 484	5,392	57 6 2, 475
5,094	37 20, 379	5,194	39 53 57, 968	5,294	11 20, 228	5,394	17 18, 923
5,096	45 26, 316	5,196	40 3 20, 714	5,296	21 53, 153	5,396	28 36, 061
5,098	32 53 33, 819	5,198	12 44, 933	5,298	32 24, 251	5,398	39 53, 880
5,100	33 1 42, 888	5,200	22 10, 621	5,300	48 42 56, 513	5,400	57 51 12, 366

[log *At*]	[*v*]	[log *At*]	[*v*]	[log *At*]	[*v*]	[log *At*]	[*v*]
5,400	57°51′12,″366	5,500	67°26′30,″889	5,600	77° 4′44,″554	5,700	86°23′38,″545
5,402	58 2 31,509	5,502	38 7,898	5,602	16 10,544	5,702	34 29,988
5,404	13 51,298	5,504	67 49 44,961	5,604	27 36,047	5,704	45 20,558
5,406	25 11,721	5,506	68 1 22,067	5,606	39 1,054	5,706	86 56 10,250
5,408	36 32,767	5,508	12 59,203	5,608	77 50 25,555	5,708	87 6 59,057
5,410	47 54,423	5,510	24 36,359	5,610	78 1 49,542	5,710	17 46,974
5,412	58 59 16,679	5,512	36 13,521	5,612	13 13,005	5,712	28 33,995
5,414	59 10 39,524	5,514	47 50,679	5,614	24 35,935	5,714	39 20,115
5,416	22 2,945	5,516	68 59 27,821	5,616	35 58,323	5,716	87 50 5,329
5,418	33 26,931	5,518	69 11 4,935	5,618	47 20,159	5,718	88 0 49,630
5,420	44 51,470	5,520	22 42,009	5,620	78 58 41,435	5,720	11 33,014
5,422	59 56 16,551	5,522	34 19,033	5,622	79 10 2,142	5,722	22 15,475
5,424	60 7 42,162	5,524	45 55,995	5,624	21 22,270	5,724	32 57,008
5,426	19 8,291	5,526	69 57 32,882	5,626	32 41,812	5,726	43 37,608
5,428	30 34,927	5,528	70 9 9,685	5,628	44 0,758	5,728	88 54 17,270
5,430	42 2,058	5,530	20 46,390	5,630	79 55 19,100	5,730	89 4 55,989
5,432	60 53 29,671	5,532	32 22,988	5,632	80 6 36,830	5,732	15 33,761
5,434	61 4 57,756	5,534	43 59,466	5,634	17 53,938	5,734	26 10,579
5,436	16 26,300	5,536	70 55 35,813	5,636	29 10,416	5,736	36 46,441
5,438	27 55,291	5,538	71 7 12,019	5,638	40 26,256	5,738	47 21,340
5,440	39 24,718	5,540	18 48,071	5,640	80 51 41,449	5,740	89 57 55,272
5,442	61 50 54,569	5,542	30 23,959	5,642	81 2 55,988	5,742	90 8 28,234
5,444	62 2 24,832	5,544	41 59,671	5,644	14 9,865	5,744	19 0,219
5,446	13 55,495	5,546	71 53 35,196	5,646	25 23,070	5,746	29 31,225
5,448	25 26,545	5,548	72 5 10,524	5,648	36 35,596	5,748	40 1,246
5,450	36 57,972	5,550	16 45,643	5,650	47 47,436	5,750	90 50 30,279
5,452	62 48 29,763	5,552	28 20,542	5,652	81 58 58,581	5,752	91 0 58,319
5,454	63 0 1,906	5,554	39 55,211	5,654	82 10 9,024	5,754	11 25,362
5,456	11 34,390	5,556	72 51 29,638	5,656	21 18,756	5,756	21 51,404
5,458	23 7,201	5,558	73 3 3,812	5,658	32 27,771	5,758	32 16,442
5,460	34 40,329	5,560	14 37,724	5,660	43 36,061	5,760	42 40,470
5,462	46 13,762	5,562	26 11,361	5,662	82 54 43,617	5,762	91 53 3,486
5,464	63 57 47,486	5,564	37 44,714	5,664	83 5 50,434	5,764	92 3 25,486
5,466	64 9 21,492	5,566	73 49 17,772	5,666	16 56,503	5,766	13 46,465
5,468	20 55,765	5,568	74 0 50,525	5,668	28 1,817	5,768	24 6,421
5,470	32 30,295	5,570	12 22,960	5,670	39 6,369	5,770	34 25,350
5,472	44 5,070	5,572	23 55,069	5,672	83 50 10,151	5,772	44 43,248
5,474	64 55 40,076	5,574	35 26,841	5,674	84 1 13,158	5,774	92 55 0,112
5,476	65 7 15,304	5,576	46 58,266	5,676	12 15,382	5,776	93 5 15,938
5,478	18 50,740	5,578	74 58 29,332	5,678	23 16,815	5,778	15 30,723
5,480	30 26,373	5,580	75 10 0,031	5,680	34 17,452	5,780	25 44,465
5,482	42 2,190	5,582	21 30,351	5,682	45 17,285	5,782	35 57,159
5,484	65 53 38,180	5,584	33 0,282	5,684	84 56 16,307	5,784	46 8,803
5,486	66 5 14,331	5,586	44 29,815	5,686	85 7 14,513	5,786	93 56 19,394
5,488	16 50,630	5,588	75 55 58,940	5,688	18 11,896	5,788	94 6 28,928
5,490	28 27,067	5,590	76 7 27,646	5,690	29 8,449	5,790	16 37,403
5,492	40 3,629	5,592	18 55,924	5,692	40 4,165	5,792	26 44,816
5,494	66 51 40,303	5,594	30 23,763	5,694	85 50 59,040	5,794	36 51,165
5,496	67 3 17,080	5,596	41 51,154	5,696	86 1 53,065	5,796	46 56,445
5,498	14 53,945	5,598	76 53 18,088	5,698	12 46,236	5,798	94 57 0,656
5,500	67 26 30,889	5,600	77 4 44,554	5,700	86 23 38,545	5,800	95 7 3,794

[log *At*]	[*v*]	[log *At*]	[*v*]	[log *At*]	[*v*]	[log *At*]	[*v*]
5,800	95° 7′ 3″,794	5,900	103° 6′ 12″,157	6,000	110° 18′ 26″,239	6,100	116° 45′ 13″,299
5,802	17 5,856	5,902	15 18,445	6,002	26 36,531	6,102	52 30,989
5,804	27 6,841	5,904	24 23,599	6,004	34 45,729	6,104	116 59 47,675
5,806	37 6,745	5,906	33 27,619	6,006	42 53,835	6,106	117 7 3,360
5,808	47 5,567	5,908	42 30,506	6,008	51 0,850	6,108	14 18,045
5,810	95 57 3,304	5,910	103 51 32,259	6,010	110 59 6,777	6,110	21 31,733
5,812	96 6 59,954	5,912	104 0 32,878	6,012	111 7 11,615	6,112	28 44,426
5,814	16 55,514	5,914	9 32,365	6,014	15 15,368	6,114	35 56,125
5,816	26 49,984	5,916	18 30,718	6,016	23 18,036	6,116	43 6,833
5,818	36 43,359	5,918	27 27,939	6,018	31 19,621	6,118	50 16,552
5,820	46 35,640	5,920	36 24,027	6,020	39 20,124	6,120	117 57 25,285
5,822	96 56 26,823	5,922	45 18,983	6,022	47 19,548	6,122	118 4 33,032
5,824	97 6 16,906	5,924	104 54 12,808	6,024	111 55 17,893	6,124	11 39,797
5,826	16 5,889	5,926	105 3 5,501	6,026	112 3 15,162	6,126	18 45,582
5,828	25 53,768	5,928	11 57,063	6,028	11 11,355	6,128	25 50,388
5,830	35 40,543	5,930	20 47,495	6,030	19 6,476	6,130	32 54,217
5,832	45 26,212	5,932	29 36,796	6,032	27 0,524	6,132	39 57,073
5,834	97 55 10,772	5,934	38 24,969	6,034	34 53,503	6,134	46 58,956
5,836	98 4 54,223	5,936	47 12,012	6,036	42 45,413	6,136	118 53 59,870
5,838	14 36,564	5,938	105 55 57,927	6,038	50 36,256	6,138	119 0 59,816
5,840	24 17,791	5,940	106 4 42,715	6,040	112 58 26,035	6,140	7 58,797
5,842	33 57,905	5,942	13 26,375	6,042	113 6 14,751	6,142	14 56,814
5,844	43 36,904	5,944	22 8,909	6,044	14 2,405	6,144	21 53,869
5,846	98 53 14,786	5,946	30 50,318	6,046	21 48,999	6,146	28 49,966
5,848	99 2 51,551	5,948	39 30,601	6,048	29 34,536	6,148	35 45,106
5,850	12 27,196	5,950	48 9,761	6,050	37 19,017	6,150	42 39,291
5,852	22 1,722	5,952	106 56 47,797	6,052	45 2,443	6,152	49 32,523
5,854	31 35,126	5,954	107 5 24,711	6,054	113 52 44,817	6,154	119 56 24,805
5,856	41 7,408	5,956	14 0,504	6,056	114 0 26,140	6,156	120 3 16,139
5,858	99 50 38,567	5,958	22 35,175	6,058	8 6,415	6,158	10 6,527
5,860	100 0 8,601	5,960	31 8,727	6,060	15 45,643	6,160	16 55,971
5,862	9 37,511	5,962	39 41,160	6,062	23 23,825	6,162	23 44,473
5,864	19 5,294	5,964	48 12,475	6,064	31 0,965	6,164	30 32,036
5,866	28 31,951	5,966	107 56 42,673	6,066	38 37,063	6,166	37 18,661
5,868	37 57,480	5,968	108 5 11,755	6,068	46 12,122	6,168	44 4,352
5,870	47 21,881	5,970	13 39,723	6,070	114 53 46,143	6,170	50 49,109
5,872	100 56 45,153	5,972	22 6,577	6,072	115 1 19,129	6,172	120 57 32,936
5,874	101 6 7,296	5,974	30 32,318	6,074	8 51,082	6,174	121 4 15,834
5,876	15 28,308	5,976	38 56,947	6,076	16 22,002	6,176	10 57,806
5,878	24 48,190	5,978	47 20,466	6,078	23 51,893	6,178	17 38,854
5,880	34 6,941	5,980	108 55 42,876	6,080	31 20,756	6,180	24 18,980
5,882	43 24,560	5,982	109 4 4,178	6,082	38 48,594	6,182	30 58,186
5,884	101 52 41,047	5,984	12 24,373	6,084	46 15,408	6,184	37 36,475
5,886	102 1 56,402	5,986	20 43,462	6,086	115 53 41,199	6,186	44 13,848
5,888	11 10,624	5,988	29 1,447	6,088	116 1 5,971	6,188	50 50,308
5,890	20 23,713	5,990	37 18,329	6,090	8 29,725	6,190	121 57 25,857
5,892	29 35,669	5,992	45 34,109	6,092	15 52,464	6,192	122 4 0,498
5,894	38 46,491	5,994	109 53 48,789	6,094	23 14,188	6,194	10 34,232
5,896	47 56,180	5,996	110 2 2,370	6,096	30 34,901	6,196	17 7,062
5,898	102 57 4,736	5,998	10 14,853	6,098	37 54,604	6,198	23 38,990
5,900	103 6 12,157	6,000	110 18 26,239	6,100	116 45 13,299	6,200	122 30 10,018

[log *At*]	[*v*]	[log *At*]	[*v*]	[log *At*]	[*v*]	[log *At*]	[*v*]
6,200	122° 30′ 10,″018	6,300	127° 37′ 42,″570	6,400	132° 12′ 20,″298	6,500	136° 18′ 12,″916
6,202	36 40, 148	6,302	43 30, 604	6,402	17 31, 470	6,502	22 51, 943
6,204	43 9, 383	6,304	49 17, 851	6,404	22 41, 954	6,504	26 30, 371
6,206	49 37, 724	6,306	127 55 4, 313	6,406	27 51, 754	6,506	32 8, 202
6,208	122 56 5, 174	6,308	128 0 49, 992	6,408	33 0, 869	6,508	36 45, 437
6,210	123 2 31, 736	6,310	6 34, 890	6,410	38 9, 303	6,510	41 22, 078
6,212	8 57, 411	6,312	12 19, 010	6,412	43 17, 058	6,512	45 58, 127
6,214	15 22, 202	6,314	18 2, 352	6,414	48 24, 135	6,514	50 33, 585
6,216	21 46, 110	6,316	23 44, 921	6,416	53 30, 535	6,516	55 8, 454
6,218	28 9, 138	6,318	29 26, 716	6,418	132 58 36, 262	6,518	136 59 42, 735
6,220	34 31, 289	6,320	35 7, 742	6,420	133 3 41, 317	6,520	137 4 16, 431
6,222	40 52, 563	6,322	40 47, 999	6,422	8 45, 701	6,522	8 49, 542
6,224	47 12, 965	6,324	46 27, 489	6,424	13 49, 416	6,524	13 22, 071
6,226	53 32, 495	6,326	52 6, 216	6,426	18 52, 465	6,526	17 54, 018
6,228	123 59 51, 156	6,328	128 57 44, 180	6,428	23 54, 849	6,528	22 25, 386
6,230	124 6 8, 950	6,330	129 3 21, 384	6,430	28 56, 570	6,530	26 56, 176
6,232	12 25, 880	6,332	8 57, 830	6,432	33 57, 629	6,532	31 26, 390
6,234	18 41, 947	6,334	14 33, 520	6,434	38 58, 030	6,534	35 56, 029
6,236	24 57, 154	6,336	20 8, 456	6,436	43 57, 772	6,536	40 25, 095
6,238	31 11, 503	6,338	25 42, 640	6,438	48 56, 859	6,538	44 53, 589
6,240	37 24, 996	6,340	31 16, 075	6,440	53 55, 292	6,540	49 21, 514
6,242	43 37, 635	6,342	36 48, 761	6,442	133 58 53, 073	6,542	53 48, 869
6,244	49 49, 423	6,344	42 20, 701	6,444	134 3 50, 203	6,544	137 58 15, 658
6,246	124 56 0, 361	6,346	47 51, 898	6,446	8 46, 685	6,546	138 2 41, 881
6,248	125 2 10, 453	6,348	53 22, 353	6,448	13 42, 519	6,548	7 7, 541
6,250	8 19, 699	6,350	129 58 52, 068	6,450	18 37, 709	6,550	11 32, 638
6,252	14 28, 102	6,352	130 4 21, 045	6,452	23 32, 256	6,552	15 57, 174
6,254	20 35, 665	6,354	9 49, 286	6,454	28 26, 161	6,554	20 21, 151
6,256	26 42, 390	6,356	15 16, 794	6,456	33 19, 426	6,556	24 44, 570
6,258	32 48, 278	6,358	20 43, 570	6,458	38 12, 053	6,558	29 7, 433
6,260	38 53, 332	6,360	26 9, 616	6,460	43 4, 044	6,560	33 29, 741
6,262	44 57, 555	6,362	31 34, 934	6,462	47 55, 401	6,562	37 51, 496
6,264	51 0, 947	6,364	36 59, 526	6,464	52 46, 125	6,564	42 12, 700
6,266	125 57 3, 512	6,366	42 23, 394	6,466	134 57 36, 218	6,566	46 33, 353
6,268	126 3 5, 251	6,368	47 46, 541	6,468	135 2 25, 681	6,568	50 53, 457
6,270	9 6, 167	6,370	53 8, 967	6,470	7 14, 518	6,570	55 13, 014
6,272	15 6, 262	6,372	130 58 30, 676	6,472	12 2, 728	6,572	138 59 32, 026
6,274	21 5, 538	6,374	131 3 51, 669	6,474	16 50, 314	6,574	139 3 50, 493
6,276	27 3, 997	6,376	9 11, 947	6,476	21 37, 278	6,576	8 8, 417
6,278	33 1, 642	6,378	14 31, 514	6,478	26 23, 621	6,578	12 25, 800
6,280	38 58, 473	6,380	19 50, 370	6,480	31 9, 345	6,580	16 42, 643
6,282	44 54, 495	6,382	25 8, 518	6,482	35 54, 452	6,582	20 58, 948
6,284	50 49, 708	6,384	30 25, 960	6,484	40 38, 944	6,584	25 14, 716
6,286	126 56 44, 115	6,386	35 42, 697	6,486	45 22, 821	6,586	29 29, 948
6,288	127 2 37, 718	6,388	40 58, 732	6,488	50 6, 086	6,588	33 44, 646
6,290	8 30, 519	6,390	46 14, 067	6,490	54 48, 741	6,590	37 58, 812
6,292	14 22, 520	6,392	51 28, 702	6,492	135 59 30, 787	6,592	42 12, 447
6,294	20 13, 724	6,394	131 56 42, 642	6,494	136 4 12, 226	6,594	46 25, 551
6,296	26 4, 132	6,396	132 1 55, 886	6,496	8 53, 059	6,596	50 38, 128
6,298	31 53, 747	6,398	7 8, 438	6,498	13 33, 289	6,598	54 50, 178
6,300	127 37 42, 570	6,400	132 12 20, 298	6,500	136 18 12, 916	6,600	139 59 1, 702

[log At]	[v]	[log At]	[v]	[log At]	[v]	[log At]	[v]
6,600	139° 59′ 1″,702	6,700	143° 17′ 58″,090	6,800	146° 17′ 45″,710	6,900	149° 0′ 43″,733
6,602	140 3 12,702	6,702	21 44,599	6,802	21 10,738	6,902	3 49,840
6,604	7 23,180	6,704	25 30,650	6,804	24 35,364	6,904	6 55,591
6,606	11 33,136	6,706	29 16,245	6,806	27 59,589	6,906	10 0,989
6,608	15 42,573	6,708	33 1,385	6,808	31 23,414	6,908	13 6,033
6,610	19 51,491	6,710	36 46,071	6,810	34 46,840	6,910	16 10,724
6,612	23 59,892	6,712	40 30,304	6,812	38 9,868	6,912	19 15,064
6,614	28 7,777	6,714	44 14,085	6,814	41 32,498	6,914	22 19,054
6,616	32 15,149	6,716	47 57,417	6,816	44 54,733	6,916	25 22,693
6,618	36 22,007	6,718	51 40,299	6,818	48 16,572	6,918	28 25,983
6,620	40 28,354	6,720	55 22,733	6,820	51 38,018	6,920	31 28,925
6,622	44 34,191	6,722	143 59 4,720	6,822	54 59,070	6,922	34 31,520
6,624	48 39,519	6,724	144 2 46,262	6,824	146 58 19,731	6,924	37 33,768
6,626	52 44,340	6,726	6 27,359	6,826	147 1 40,000	6,926	40 35,671
6,628	140 56 48,655	6,728	10 8,012	6,828	4 59,879	6,928	43 37,228
6,630	141 0 52,465	6,730	13 48,224	6,830	8 19,369	6,930	46 38,442
6,632	4 55,771	6,732	17 27,994	6,832	11 38,471	6,932	49 39,312
6,634	8 58,576	6,734	21 7,325	6,834	14 57,185	6,934	52 39,840
6,636	13 0,880	6,736	24 46,216	6,836	18 15,514	6,936	55 40,027
6,638	17 2,685	6,738	28 24,670	6,838	21 33,457	6,938	149 58 39,873
6,640	21 3,992	6,740	32 2,688	6,840	24 51,016	6,940	150 1 39,379
6,642	25 4,802	6,742	35 40,270	6,842	28 8,191	6,942	4 38,546
6,644	29 5,117	6,744	39 17,418	6,844	31 24,984	6,944	7 37,374
6,646	33 4,938	5,746	42 54,132	6,846	34 41,396	6,946	10 35,865
6,648	37 4,267	6,748	46 30,415	6,848	37 57,427	6,948	13 34,020
6,650	41 3,104	6,750	50 6,267	6,850	41 13,079	6,950	16 31,838
6,652	45 1,450	6,752	53 41,689	6,852	44 28,352	6,952	19 29,322
6,654	48 59,309	6,754	144 57 16,682	6,854	47 43,247	6,954	22 26,471
6,656	52 56,679	6,756	145 0 51,248	6,856	50 57,766	6,956	25 23,287
6,658	141 56 53,564	6,758	4 25,388	6,858	54 11,909	6,958	28 19,771
6,660	142 0 49,964	6,760	7 59,102	6,860	147 57 25,677	6,960	31 15,922
6,662	4 45,880	6,762	11 32,391	6,862	148 0 39,071	6,962	34 11,743
6,664	8 41,314	6,764	15 5,258	6,864	3 52,092	6,964	37 7,233
6,666	12 36,267	6,766	18 37,702	6,866	7 4,741	6,966	40 2,394
6,668	16 30,740	6,768	22 9,725	6,868	10 17,019	6,968	42 57,226
6,670	20 24,734	6,770	25 41,329	6,870	13 28,927	6,970	45 51,730
6,672	24 18,252	6,772	29 12,513	6,872	16 40,466	6,972	48 45,907
6,674	28 11,293	6,774	32 43,280	6,874	19 51,636	6,974	51 39,758
6,676	32 3,860	6,776	36 13,630	6,876	22 2,438	6,976	54 33,283
6,678	35 55,954	6,778	39 43,564	6,878	26 12,874	6,978	150 57 26,483
6,680	39 47,575	6,780	43 13,084	6,880	29 22,945	6,980	151 0 19,359
6,682	43 38,725	6,782	46 42,190	6,882	32 32,650	6,982	3 11,913
6,684	47 29,406	6,784	50 10,884	6,884	35 41,992	6,984	6 4,143
6,686	51 19,618	6,786	53 39,166	6,886	38 50,971	6,986	8 56,052
6,688	55 9,363	6,788	145 57 7,038	6,888	41 59,587	6,988	11 47,640
6,690	142 58 58,642	6,790	146 0 34,501	6,890	45 7,843	6,990	14 38,908
6,692	143 2 47,456	6,792	4 1,555	6,892	48 15,738	6,992	17 29,856
6,694	6 35,807	6,794	7 28,202	6,894	51 23,274	6,994	20 20,485
$,696	10 23,696	6,796	10 54,443	6,896	54 30,451	6,996	23 10,797
6,698	14 11,123	6,798	14 20,278	6,898	148 57 37,270	6,998	26 0,791
6,700	143 17 58,090	6,800	146 17 45,710	6,900	149 0 43,733	7,000	151 28 50,469

[log At]	[v]	[log At]	[v]	[log At]	[v]	[log At]	[v]
7,000	151° 28′ 50,″469	7,100	153° 43′ 46,″714	7,200	155° 46′ 58,″682	7,300	157° 39′ 40,″479
7,002	31 39, 831	7,102	46 21, 190	7,202	49 19, 865	7,302	41 49, 742
7,004	34 28, 679	7,104	48 55, 386	7,204	51 40, 797	7,304	43 58, 779
7,006	37 17, 612	7,106	51 29, 301	7,206	54 1, 478	7,306	46 7, 591
7,008	40 6, 031	7,108	54 2, 936	7,208	56 21, 909	7,308	48 16, 179
7,010	42 54, 138	7,110	56 36, 293	7,210	155 58 42, 090	7,310	50 24, 542
7,012	45 41, 933	7,112	153 59 9, 372	7,212	156 1 2, 022	7,312	52 32, 681
7,014	48 29, 416	7,114	154 1 42, 174	7,214	3 21, 706	7,314	54 40, 598
7,016	51 16, 589	7,116	4 14, 698	7,216	5 41, 142	7,316	56 48, 291
7,018	54 3, 452	7,118	6 46, 946	7,218	8 0, 331	7,318	157 58 55, 761
7,020	56 50, 006	7,120	9 18. 919	7,220	10 19, 273	7,320	158 1 3, 010
7,022	151 59 36. 251	7,122	11 50, 616	7,222	12 37, 968	7,322	3 10, 038
7,024	152 2 22, 189	7,124	14 22, 039	7,224	14 56, 418	7,324	5 16, 844
7,026	5 7, 820	7,126	16 53, 188	7,226	17 14, 622	7,326	7 23, 430
7,028	7 53, 144	7,128	19 24, 064	7,228	19 32, 581	7,328	9 29, 796
7,030	10 38, 163	7,130	21 54, 668	7,230	21 50, 297	7,330	11 35, 942
7,032	13 22, 878	7,132	24 24, 999	7,232	24 7, 769	7,332	13 41, 868
7,034	16 7, 288	7,134	26 55, 059	7,234	26 24, 997	7,334	15 47, 577
7,036	18 51, 394	7,136	29 24, 849	7,236	28 41, 983	7,336	17 53, 066
7,038	21 35, 198	7,138	31 54, 368	7,238	30 58, 727	7,338	19 58, 338
7,040	24 18, 700	7,140	34 23, 618	7,240	33 15, 229	7,340	22 3, 393
7,042	27 1, 901	7,142	36 52, 598	7,242	35 31, 490	7,342	24 8, 231
7,044	29 44, 801	7,144	39 21, 311	7,244	37 47, 511	7,344	26 12, 852
7,046	32 27, 401	7,146	41 49, 755	7,246	40 3, 291	7,346	28 17, 258
7,048	35 9, 702	7,148	44 17, 933	7,248	42 18, 832	7,348	30 21, 447
7,050	37 51, 704	7,150	46 45, 844	7,250	44 34, 134	7,350	32 25, 422
7,052	40 33, 409	7,152	49 13, 489	7,252	46 49, 198	7,352	34 29, 182
7,054	43 14, 816	7,154	51 40, 868	7,254	49 4, 024	7,354	36 32, 728
7,056	45 55, 927	7,156	54 7, 983	7,256	51 18, 612	7,356	38 36, 059
7,058	48 36, 742	7,158	56 34, 833	7,258	53 32, 963	7,358	40 39, 178
7,060	51 17, 262	7,160	154 59 1, 420	7,260	55 47, 077	7,360	42 42, 084
7,062	53 57, 487	7,162	155 1 27, 744	7,262	156 58 0, 956	7,362	44 44, 777
7,064	56 37, 419	7,164	3 53, 805	7,264	157 0 14, 599	7,364	46 47, 258
7,066	152 59 17, 058	7,166	6 19, 605	7,266	2 28, 008	7,366	48 49, 527
7,068	153 1 56, 404	7,168	8 45, 143	7,268	4 41, 181	7,368	50 51, 586
7,070	4 35, 458	7,170	11 10, 421	7,270	6 54, 121	7,370	52 53, 433
7,072	7 14, 222	7,172	13 35, 438	7,272	9 6, 828	7,372	54 55, 071
7,074	9 52, 695	7,174	16 0, 196	7,274	11 19, 301	7,374	56 56, 498
7,076	12 30, 878	7,176	18 24, 695	7,276	13 31, 542	7,376	158 58 57, 716
7,078	15 8, 772	7,178	20 48, 935	7,278	15 43, 551	7,378	159 0 58, 725
7,080	17 46, 378	7,180	23 12, 917	7,280	17 55, 328	7,380	2 59, 526
7,082	20 23, 696	7,182	25 36, 642	7,282	20 6, 875	7,382	5 0, 118
7,084	23 0, 726	7,184	28 0, 111	7,284	22 18, 191	7,384	7 0, 503
7,086	25 37, 471	7,186	30 23, 323	7,286	24 29, 277	7,386	9 0, 680
7,088	28 13, 929	7,188	32 46, 280	7,288	26 40, 133	7,388	11 0, 650
7,090	30 50, 103	7,190	35 8, 981	7,290	28 50, 761	7,390	13 0, 414
7,092	33 25, 991	7,192	37 31, 428	7,292	31 1, 159	7,392	14 59, 972
7,094	36 1, 596	7,194	39 53, 621	7,294	33 11, 330	7,394	16 59, 324
7,096	38 36, 918	7,196	42 15, 561	7,296	35 21, 273	7,396	18 58, 471
7,098	41 11, 957	7,198	44 37, 248	7,298	37 30, 989	7,398	20 57, 414
7,100	153 43 46, 714	7,200	155 46 58, 682	7,300	157 39 40, 479	7,400	159 22 56, 152

[log *At*]	[*v*]	[log *At*]	[*v*]	[log *At*]	[*v*]	[log *At*]	[*v*]
7,400	159° 22′ 56,″152	7,500	160° 57′ 41,″377	7,600	162° 24′ 44,″826	7,700	163° 44′ 49,″292
7,402	24 54, 686	7,502	160 59 30, 219	7,602	26 24, 888	7,702	46 21, 375
7,404	26 53, 016	7,504	161 1 18, 878	7,604	28 4, 783	7,704	47 53, 306
7,406	28 51, 143	7,506	3 7, 353	7,606	29 44, 510	7,706	49 25, 085
7,408	30 49, 068	7,508	4 55, 644	7,608	31 24, 072	7,708	50 56, 713
7,410	32 46, 790	7,510	6 43, 753	7,610	33 3, 467	7,710	52 28, 190
7,412	34 44, 311	7,512	8 31, 678	7,612	34 42, 696	7,712	53 59, 515
7,414	36 41, 630	7,514	10 19, 421	7,614	36 21, 760	7,714	55 30, 690
7,416	38 38, 748	7,516	12 6, 983	7,616	38 0, 659	7,716	57 1, 715
7,418	40 35, 665	7,518	13 54, 362	7,618	39 39, 392	7,718	163 58 31, 589
7,420	42 32, 382	7,520	15 41, 561	7,620	41 17, 962	7,720	164 0 3, 314
7,422	44 28, 899	7,522	17 28, 578	7,622	42 56, 367	7,722	1 33, 889
7,424	46 25, 217	7,524	19 15, 415	7,624	44 34, 607	7,724	3 4, 315
7,426	48 21, 335	7,526	21 2, 072	7,626	46 12, 685	7,726	4 34, 592
7,428	50 17, 255	7,528	22 48, 549	7,628	47 50, 599	7,728	6 4, 721
7,430	52 12, 977	7,530	24 34, 846	7,630	49 28, 350	7,730	7 34, 701
7,432	54 8, 501	7,532	26 20, 964	7,632	51 5, 938	7,732	9 4, 533
7,434	56 3, 827	7,534	28 6, 904	7,634	52 43, 364	7,734	10 34, 216
7,436	57 58, 957	7,536	29 52, 664	7,636	54 20, 628	7,736	12 3, 753
7,438	159 59 53, 890	7,538	31 38, 247	7,638	55 57, 730	7,738	13 33, 142
7,440	160 1 48, 626	7,540	33 18, 652	7,640	57 34, 670	7,740	15 2, 384
7,442	3 43, 167	7,542	35 8, 880	7,642	162 59 11, 450	7,742	16 31, 479
7,444	5 37, 512	7,544	36 53, 930	7,644	163 0 48, 068	7,744	18 0, 428
7,446	7 31, 662	7,546	38 38, 804	7,646	2 24, 526	7,746	19 29, 230
7,448	9 25, 617	7,548	40 23, 501	7,648	4 0, 824	7,748	20 57, 887
7,450	11 19, 378	7,550	42 8, 023	7,650	5 36, 961	7,750	22 26, 398
7,452	13 12, 945	7,552	43 52, 368	7,652	7 12, 940	7,752	23 54, 763
7,454	15 6, 319	7,554	45 36, 539	7,654	8 48, 758	7,754	25 22, 984
7,456	16 59, 500	7,556	47 20, 534	7,656	10 24, 418	7,756	26 51, 059
7,458	18 52, 487	7,558	49 4, 354	7,658	11 59, 919	7,758	28 18, 990
7,460	20 45, 283	7,560	50 48, 001	7,660	13 35, 261	7,760	29 46, 776
7,462	22 37, 886	7,562	52 31, 473	7,662	15 10, 446	7,762	31 14, 418
7,464	24 30, 298	7,564	54 14, 771	7,664	16 45, 472	7,764	32 41, 917
7,466	26 22, 518	7,566	55 57, 897	7,666	18 20, 341	7,766	34 9, 272
7,468	28 14, 548	7,568	57 40, 849	7,668	19 55, 053	7,768	35 36, 484
7,470	30 6, 387	7,570	161 59 23, 628	7,670	21 29, 608	7,770	37 3, 552
7,472	31 58, 037	7,572	162 1 6, 235	7,672	23 4, 006	7,772	38 30, 478
7,474	33 49, 496	7,574	2 48, 671	7,674	24 38, 247	7,774	39 57, 261
7,476	35 40, 766	7,576	4 30, 934	7,676	26 12, 333	7,776	41 23, 903
7,478	37 31, 847	7,578	6 13, 026	7,678	27 46, 263	7.778	42 50, 402
7,480	39 22, 740	7,580	7 54, 948	7,680	29 20, 037	7,780	44 16, 759
7,482	41 13, 444	7,582	9 36, 698	7,682	30 53, 656	7,782	45 42, 975
7,484	43 3, 961	7,584	11 18, 278	7,684	32 27, 121	7,784	47 9, 050
7,486	44 54, 290	7,586	12 59, 689	7,686	34 0, 430	7,786	48 34, 983
7,488	46 44, 432	7,588	14 40, 929	7,688	35 33, 585	7,788	50 0, 776
7,490	48 34, 388	7,590	16 22, 000	7,690	37 6, 587	7,790	51 26, 429
7,492	50 24, 157	7,592	18 2, 902	7,692	38 39, 434	7,792	52 51, 942
7,494	52 13, 740	7,594	19 43, 635	7,694	40 12, 128	7,794	54 17, 314
7,496	54 3, 137	7,596	21 24, 200	7,696	41 44, 669	7,796	55 42, 547
7,498	55 52, 349	7,598	23 4, 597	7,698	43 17, 057	7,798	57 7, 640
7,500	160 57 41, 377	7,600	162 24 44, 826	7,700	163 44 49, 292	7,800	164 58 32, 595

[log *At*]	[*v*]	[log *At*]	[*v*]	[log *At*]	[*v*]	[log *At*]	[*v*]
7,800	164° 58′ 32,″595	7,900	166° 6′ 28,″330	8,000	167° 9′ 6,″480	8,100	168° 6′ 53,″918
7,802	164 59 57, 410	7,902	7 46, 511	8,002	10 18, 593	8,102	8 0, 472
7,804	165 1 22, 087	7,904	9 4, 565	8,004	11 30, 590	8,104	9 6, 919
7,806	2 46, 625	7,906	10 22, 493	8,006	12 42, 471	8,106	10 13, 261
7,808	4 11, 025	7,908	11 40, 294	8,008	13 54, 237	8,108	11 19, 496
7,810	5 35, 287	7,910	12 57, 970	8,010	15 5, 887	8,110	12 25, 625
7,812	6 59, 412	7,912	14 15, 519	8,012	16 17, 422	8,112	13 31, 649
7,814	8 23, 399	7,914	15 32, 944	8,014	17 28, 842	8,114	14 37, 567
7,816	9 47, 249	7,916	16 50, 242	8,016	18 40, 148	8,116	15 43, 381
7,818	11 10, 963	7,918	18 7, 416	8,018	19 51, 338	8,118	16 49, 089
7,820	12 34, 539	7,920	19 24, 465	8,020	21 2, 415	8,120	17 54, 692
7,822	13 57, 979	7,922	20 41, 389	8,022	22 13, 377	8,122	19 0, 190
7,824	15 21, 283	7,924	21 58, 188	8,024	23 24, 225	8,124	20 5, 584
7,826	16 44, 451	7,926	23 14, 864	8,026	24 34, 959	8,126	21 10, 873
7,828	18 7, 484	7,928	24 31, 415	8,028	25 45, 580	8,128	22 16, 059
7,830	19 30, 380	7,930	25 47, 842	8,030	26 56, 087	8,130	23 21, 140
7,832	20 53, 142	7,932	27 4, 146	8,032	28 6, 482	8,132	24 26, 117
7,834	22 15, 769	7,934	28 20, 327	8,034	29 16, 763	8,134	25 30, 991
7,836	23 38, 261	7,936	29 36, 384	8,036	30 26, 931	8,136	26 35, 762
7,838	25 0, 619	7,938	30 52, 319	8,038	31 36, 987	8,138	27 40, 429
7,840	26 22, 843	7,940	32 8, 130	8,040	32 46, 930	8,140	28 44, 993
7,842	27 44, 932	7,942	33 23, 820	8,042	33 56, 762	8,142	29 49, 454
7,844	29 6, 888	7,944	34 39, 386	8,044	35 6, 481	8,144	30 53, 812
7,846	30 28, 710	7,946	35 54, 831	8,046	36 16, 088	8,146	31 58, 068
7,848	31 50, 400	7,948	37 10, 154	8,048	37 25, 584	8,148	33 2, 221
7,850	33 11, 956	7,950	38 25, 356	8,050	38 34, 968	8,150	34 6, 272
7,852	34 33, 379	7,952	39 40, 436	8,052	39 44, 241	8,152	35 10, 221
7,854	35 54, 670	7,954	40 55, 395	8,054	40 53, 403	8,154	36 14, 068
7,856	37 15, 829	7,056	42 10, 232	8,056	42 2, 454	8,156	37 17, 813
7,858	38 36, 855	7,958	43 24, 949	8,058	43 11, 395	8,158	38 21, 457
7,860	39 57, 750	7,960	44 39, 546	8,060	44 20, 225	8,160	39 24, 999
7,862	41 18, 513	7,962	45 54, 022	8,062	45 28, 945	8,162	40 28, 440
7,864	42 39, 145	7,964	47 8, 378	8,064	46 37, 554	8,164	41 31, 781
7,866	43 59, 646	7,966	48 22, 614	8,066	47 46, 054	8,166	42 35, 020
7,868	45 15, 016	7,968	49 36, 730	8,068	48 54, 444	8,168	43 38, 159
7,870	46 40, 256	7,970	50 50, 727	8,070	50 2, 725	8,170	44 41, 197
7,872	48 0, 365	7,972	52 4, 604	8,072	51 10, 896	8,172	45 44, 135
7,874	49 20, 343	7,974	53 18, 363	8,074	52 18, 958	8,174	46 46, 972
7,876	50 40, 192	7,976	54 32, 002	8,076	53 26, 911	8,176	47 49, 710
7,878	51 59, 911	7,978	55 45, 523	8,078	54 34, 755	8,178	48 52, 348
7,880	53 19, 501	7,980	56 58, 926	8,080	55 42, 491	8,180	49 54, 886
7,882	54 38, 962	7,982	58 12, 210	8,082	56 50, 119	8,182	50 57, 325
7,884	55 58, 293	7,984	166 59 25, 376	8,084	57 57, 638	8,184	51 59, 664
7,886	57 17, 496	7,986	167 0 38, 424	8,086	167 59 5, 049	8,186	53 1, 904
7,888	58 36, 570	7,988	1 51, 355	8,088	168 0 12, 352	8,188	54 4, 046
7,890	165 59 55, 516	7,990	3 4, 168	8,090	1 19, 548	8,190	55 6, 088
7,892	166 1 14, 334	7,992	4 16, 864	8,092	2 26, 636	8,192	56 8, 032
7,894	2 33, 024	7,994	5 29, 443	8,094	3 33, 617	8,194	57 9, 877
7,896	3 51, 587	7,996	6 41, 905	8,096	4 40, 491	8,196	58 11, 624
7,898	5 10, 022	7,998	7 54, 251	8,098	5 47, 258	8,198	168 59 13, 273
7,900	166 6 28, 330	8,000	167 9 6, 480	8,100	168 6 53, 918	8,200	169 0 14, 824

$\left[\sqrt[3]{\frac{B}{t}}\right]$	[v]	$\left[\sqrt[3]{\frac{B}{t}}\right]$	[v]	$\left[\sqrt[3]{\frac{B}{t}}\right]$	[v]	$\left[\sqrt[3]{\frac{B}{t}}\right]$	[v]
40000	168°49′ 8″,595	30000	171°38′ 14″,064	20000	174°26′ 8″,639	10000	177°13′ 16″,082
39800	52 32, 354	29800	41 36, 171	19800	29 29, 571	9800	16 36, 312
39600	55 56, 075	29600	44 58, 250	19600	32 50, 484	9600	19 56, 534
39400	168 59 19, 759	29400	48 20, 300	19400	36 11, 379	9400	23 16, 746
39200	169 2 43, 405	29200	51 42, 323	19200	39 32, 255	9200	26 36, 949
39000	6 7, 014	29000	55 4, 318	19000	42 53, 114	9000	29 57, 144
38800	9 30, 586	28800	171 58 26, 286	18800	46 13, 954	8800	33 17, 330
38600	12 54, 121	28600	172 1 48, 227	18600	49 34, 777	8600	36 37, 508
38400	16 17, 620	28400	5 10, 141	18400	52 55, 582	8400	39 57, 678
38200	19 41, 082	28200	8 32, 027	18200	56 1, 370	8200	43 17, 840
38000	23 4, 508	28000	11 53, 888	18000	174 59 7, 141	8000	46 37, 994
37800	26 27, 898	27800	15 15, 721	17800	175 2 42, 895	7800	49 58, 141
37600	29 51, 252	27600	18 37, 529	17600	6 18, 632	7600	53 18, 280
37400	33 14, 571	27400	21 59, 310	17400	9 39, 352	7400	56 38, 412
37200	36 37, 854	27200	25 21, 066	17200	13 0, 056	7200	177 59 58, 538
37000	40 1, 102	27000	28 42, 796	17000	16 20, 744	7000	178 3 18, 656
36800	43 24, 315	26800	32 4, 500	16800	19 41, 416	6800	6 38, 768
36600	46 47, 493	26600	35 26, 179	16600	23 2, 072	6600	9 58, 874
36400	50 10, 636	26400	38 47, 833	16400	26 22, 712	6400	13 18, 973
36200	53 33, 745	26200	42 9, 462	16200	29 43, 337	6200	16 39, 066
36000	169 56 56, 820	26000	45 31, 066	16000	33 3, 947	6000	19 59, 154
35800	170 0 19, 860	25800	48 52, 646	15800	36 24, 542	5800	23 19, 236
35600	3 42, 867	25600	52 14, 202	15600	39 45, 122	5600	26 39, 312
35400	7 5, 840	25400	55 35, 733	15400	43 5, 687	5400	29 59, 383
35200	10 28, 779	25200	172 58 57, 240	15200	46 26, 237	5200	33 19, 449
35000	13 51, 685	25000	173 2 18, 724	15000	49 46, 774	5000	36 39, 510
34800	17 14, 558	24800	5 40, 184	14800	53 7, 296	4800	39 59, 567
34600	20 37, 398	24600	9 1, 620	14600	56 27, 804	4600	43 19, 619
34400	24 0, 205	24400	12 23, 033	14400	175 59 48, 298	4400	46 39, 666
34200	27 22, 979	24200	15 44, 424	14200	176 3 8, 779	4200	49 59, 710
34000	30 45, 722	24000	19 5, 791	14000	6 29, 247	4000	53 19, 749
33800	34 8, 432	23800	22 27, 136	13800	9 49, 701	3800	56 39, 785
33600	37 31, 110	23600	25 48, 458	13600	13 10, 143	3600	178 59 59, 817
33400	40 53, 756	23400	29 9, 759	13400	16 30, 571	3400	179 3 19, 846
33200	44 16, 371	23200	32 31, 037	13200	19 50, 987	3200	6 39, 872
33000	47 38, 954	23000	35 52, 293	13000	23 11, 391	3000	9 59, 894
32800	51 1, 506	22800	39 13, 527	12800	26 31, 782	2800	13 19, 914
32600	54 24, 027	22600	42 34, 740	12600	29 52, 162	2600	16 39, 931
32400	170 57 46, 517	22400	45 55, 932	12400	33 12, 529	2400	19 59, 946
32200	171 1 8, 977	22200	49 17, 102	12200	36 32, 885	2200	23 19, 958
32000	4 31, 406	22000	52 38, 252	12000	39 53, 229	2000	26 39, 969
31800	7 53, 805	21800	55 59, 381	11800	43 13, 562	1800	29 59, 977
31600	11 16, 174	21600	173 59 20, 489	11600	46 33, 884	1600	33 19, 984
31400	14 38, 513	21400	174 2 41, 577	11400	49 54, 195	1400	36 39, 989
31200	18 0, 822	21200	6 2, 645	11200	53 14, 495	1200	39 59, 993
31000	21 23, 102	21000	9 23, 693	11000	56 34, 785	1000	43 19, 996
30800	24 45, 352	20800	12 44, 721	10800	176 59 55, 064	800	46 39, 998
30600	28 7, 573	20600	16 5, 729	10600	177 3 15, 333	600	49 59, 999
30400	31 29, 766	20400	19 26, 718	10400	6 35, 593	400	53 20, 000
30200	34 51, 929	20200	22 47, 688	10200	9 55, 842	200	179 56 40, 000
30000	171 38 14, 064	20000	174 26 8, 639	10000	177 13 16, 082	0	180 0 0, 000

[3.]

Gauss an [Encke, Göttingen 1815 *).]

[Zur Berechnung der vorstehenden Tafel für die parabolische Bewegung.]

Auflösung der Gleichung

$$\alpha \tang \tfrac{1}{2}v + \beta \tang \tfrac{1}{2}v^3 = A,$$

wo A durch seinen Logarithmus gegeben ist und

$$\alpha = 2.206265 \quad \text{u. genau} \quad \log\alpha = 5{,}61545\,51288\,4044$$
$$\beta = \tfrac{2}{3}.206265 \qquad\qquad \log\beta = 5{,}13833\,38741\,2078.$$

Es sei V derjenige Winkel in runden 20^{ern} von Secunden, welcher v am nächsten kommt; man berechne

$$\frac{\alpha \tang \frac{1}{2}V}{A} + \frac{\beta \tang \frac{1}{2}V^3}{A} = m,$$

welches von 1 sehr wenig verschieden sein wird. Sodann hat man

$$v = V + (1-m)A\cos\tfrac{1}{2}\left(\frac{v+V}{2}\right)^4;$$

um diese Formel berechnen zu können, bedient man sich für v desjenigen Werths, den die Barkersche Tafel gibt**), indem man mit $\frac{75}{2.206265}\cdot A$ eingeht (oder mit dem Logarithm dieser Grösse). Hier ist

$$\log\frac{75}{2.206265} = 6{,}259\,6061\,[-10].$$

Beispiel: $\log A = 6{,}166$.

Hier gibt die Barkersche Tafel

$$v = 120^0\,37'\,18{,}''67,$$

wir setzen also

$$V = 120\ \ 37\ \ 20$$
$$\tfrac{1}{4}(V+v) = \ \ 60\ \ 18\ \ 39{,}6675$$

[*) Vgl. Gauss an Olbers, 29. Mai 1815, S. 350.]

**) Wenn es nöthig ist, kann man die Rechnung mit dem aus der Formel gefundenen verbesserten Werthe wiederholen.

$\text{tang}\,\frac{1}{2}V$	0,24402 38664		
$\frac{\alpha}{A}$	9,44945 51288		
	9,69347 89952	Zahl	0,49371 80388 54
$\text{tang}\,\frac{1}{2}V^3$	0,73207 15992		
$\frac{\beta}{A}$	8,97233 38741		
	9,70440 54733		0,50629 71390 22
		$m =$	1,00001 51778 76

$1-m$	$5{,}181\,2109_n$		
$4\log\cos\frac{v+V}{4} =$	8,779 4436		
A	6,166 0000		
	$0{,}126\,6545_n$	Zahl	$-1'',33861$.

Also

$$v = 120^0\,37'\,18'',66139.$$

Die Wiederholung mit $\frac{v+V}{4} = 60^0\,18'\,34'',665$ gibt kein verändertes Resultat.

Um zu einem Logarithmen l die Zahl m zu finden, dient folgendes Verfahren. Es sei L der nächste Logarithm der Tafeln und M die dazu gehörige Zahl. Sodann hat man

$$m = M + \frac{(l-L)\sqrt{(mM)}}{k},$$

wo k der Modulus der Briggischen Logarithmen und $\log\frac{1}{k} = 0{,}362\,2157$.

Beispiel:

l	9,69347 90052		
L	9,69348 07203	$M =$	0,49372
	0, ... 17151		
$l-L$	$4{,}234\,2894_n$		
$\frac{1}{2}\log(mM) =$	9,693 4799		
$\frac{1}{k}$	0,362 2157		
	$4{,}289\,9850_n$	Zahl	-0, ... 19497 8
		$m =$	0,49371 80502 2.

Sie könnten nun den Anfang machen (um dies Beispiel mit benutzen zu können) von $\log A = 6{,}166$, welches ungefähr in die Mitte der Tafel fällt, vorwärts zu gehen, indem Sie

$$\log A = 6{,}230$$
$$\log A = 6{,}294$$
$$\log A = 6{,}358 \text{ etc.}$$

setzen, während ich, so wie ich Zeit habe, rückwärts gehe, wozu Sie sich VEGAS Thesaurus Logarithmorum von der Bibliothek nehmen können, da ich mein Exemplar hiebei selbst anwende. Die Gründe der Vorschriften werden Sie leicht selbst entwickeln können. Dies Blatt, wovon ich keine Abschrift behalten habe, erbitte ich mir bald zurück. G.

GAUSS an OLBERS, Göttingen, 16. Februar 1816.

..... Ich sehe aus Ihrem Briefe nicht bestimmt, ob BURCKHARDTS neue Tafel in der C[onn.] d[es] t[ems] abgedruckt oder bloss angezeigt ist. Im erstern Fall bitte ich mir ein paar auf einander folgende Glieder mitzutheilen. Ich selbst habe eine ganz ähnliche Tafel in müssigen Stunden angefangen und bereits zum grössern Theile vollendet. Wahrscheinlich ist aber doch noch einiger Unterschied in der Einrichtung. Ich habe die Tafel durchgehends auf 100000 Theile der Secunde berechnet, um die Hunderttheile (bis auf wenige Ausnahmen) immer gewiss zu geben; meine Argumente wachsen immer um 0,001, aber sie sind von den Logarithmen der Tage in LACAILLES Tafel um eine Constante verschieden, die so gewählt ist, dass die absolute Zahl der Logarithmen für unendlich kleine Anomalien diesen selbst in Secunden gleich ist. Für die ersten 11^0 gebe ich die Zahlen selbst, wo dann das Interpoliren sehr leicht a vue geschehen kann, da die Differenz immer sehr wenig von 100 abweicht. Hier einige Proben[*)]:

Argum.		
8000	$2^0\,13'\,18''{,}00$	
		$99''{,}92$
8100	14 57,92	
		99,92
8200	16 37,84	
		99,92
8300	18 17,76	
		99,92.
8400	19 57,68	

[*) GAUSS gibt drei Proben, von denen hier nur die erste abgedruckt ist.]

..... Die Tafel wird etwa bis 167^0 oder 169^0 fortgehen, und für den Schluss bis 180^0 wird wieder eine andere Einrichtung stattfinden, wobei man dieselbe Bequemlichkeit hat wie im Anfange, so dass die Tafel eine absolute Vollständigkeit hat und auch sonst für cubische Gleichungen mit Vortheil gebraucht werden kann. Bis jetzt ist die Tafel erst für die Hälfte der Argumente berechnet; durch eine bequeme Interpolationsmethode, die fast nichts als das Schreiben erfordert, wird das übrige ausgefüllt werden, so dass sie zusammen etwas über 4000 Glieder enthalten wird. Die Differenz 348,"58 ist das Maximum. Ich habe diese Tafel schon im vorigen Jahre bei Ihrem Cometen mit Vortheil angewandt. .....

[4.]

Astronomische Nachrichten. Band XX. Nr. 474. Seite 299. 1843 April 13.

Schreiben des Herrn Hofraths GAUSS an den Herausgeber.
Göttingen 1843 April 1.

Um aus Elementen für eine gegebene Zeit einen Ort zu berechnen, brauche ich zur Berechnung der Anomalie gern die BURCKHARDTsche Tafel, die aber nur bis $163^0 45'$ geht, und daher für den gegenwärtigen Stand des Cometen nach Herrn GALLES Elementen unzureichend wird. BARKERS Tafel reicht zwar überall aus, wird aber bei grossen Anomalien wegen des beschwerlichen Interpolirens sehr unbequem. In solchen Fällen pflege ich ein besonderes Verfahren anzuwenden, dessen Mittheilung Ihnen vielleicht angenehm sein wird. Ist M die Zahl, mit der (oder für grössere Werthe, mit deren Logarithmen) man in die BARKERsche Tafel eingehen müsste, also $M = \frac{\text{Zwischenzeit}}{nq^{\frac{3}{2}}}$, wo $\log n = 0{,}039\,8723$, so setze ich $\log\frac{MM}{16875} = 3P$, und suche in meiner kleinen Logarithmentafel, A und B in der dortigen Bedeutung genommen, der Gleichung $3A + 2B = 3P$ Genüge zu leisten, was immer, wenn P gross ist, sehr schnell bewirkt wird. Ist dann a die zum Logarithmen A gehörige Zahl, so wird, die Anomalie $= v$ gesetzt,

$$\operatorname{tang}\tfrac{1}{2}v = \sqrt{(3a)} \quad \text{oder} \quad \log\operatorname{tang}\tfrac{1}{2}v = \tfrac{1}{2}(A + \log 3).$$

Auch der Logarithm des Radius Vector wird dann äusserst bequem berechnet, indem man mit $A + \log 3$ wieder in die erste Columne eingeht, oder $A + \log 3 = A^*$ und die dazu gehörige Grösse in der zweiten Columne $= B^*$ [setzt], wodurch sogleich der Logarithm des Radius Vector $= A^* + B^* + \log q$ wird.

Die indirecte Auflösung jener Gleichung geschieht, wenigstens für die ersten Versuche, etwas bequemer und fast à vue in der Form $C = P + \frac{1}{3}B$; man kann zuerst P in der dritten Columne aufsuchen, oder $P = C'$ und die dazu gehörige Grösse in der zweiten Columne $= B'$ setzen, dann $P + \frac{1}{3}B' = C''$ und dazu aus der Tafel die Grösse der zweiten Columne $= B''$, dann (wo nöthig) $P + \frac{1}{3}B'' = C'''$ und dazu gehörig B''' nehmen u. s. w., welche Rechnung sehr schnell zum Stillstand kommt. Will man sich mit der Genauigkeit, welche fünfziffrige Logarithmen geben, nicht begnügen, so kann man die Matthiessensche Tafel (welche ich sonst wegen der unzeitigen Öconomie, womit sie ganz unnöthigerweise gedruckt ist, nicht gern gebrauche) hier mit Vortheil zu Hülfe nehmen, was ich aber lieber erst dann thue, wenn ich durch die kleinere Tafel die beiden Stellen, zwischen welchen der Definitivwerth von A fällt, schon bestimmt habe, und dann wende ich lieber die Gleichung in ihrer ursprünglichen Form $3A + 2B = 3P$ an.

Soll z. B. die Anomalie für Februar 48,33333, oder für die Zeit nach der Sonnennähe $20^{\mathrm{T}},87663$ bestimmt werden, so ist nach Galles Elementen

$q^{\frac{3}{2}}$	7,080 9490
$n\sqrt{16875}$	2,153 4942
Const. Logarithm $=$	9,234 4432

20,87663	1,319 6604
	9,234 4432
	2,085 2172
Also $3P =$	4,170 4344
$P =$	1,390 1448.

Mit den kleinen Tafeln findet sich daraus

$$B' = 0{,}01806 \qquad C'' = 1{,}39616$$
$$B'' = 0{,}01781 \qquad C''' = 1{,}39608,$$

womit die Rechnung schon steht, und $A = 1{,}37827$ wird, Matthiessens Tafel gibt genauer $A = 1{,}378\,2739$. Die weitere Rechnung wird dann

$$A = 1{,}378\,2739$$
$$\underline{3 \ldots\ldots\ 0{,}477\,1213}$$
$$1{,}855\,3952$$
$$0{,}927\,6976 = \log\operatorname{tang}\ 83^0\,15'\,49''{,}53$$
und die wahre Anomalie $= 166\ 31\ 39{,}06.$

Ferner gehört zu

$$A^* = 1{,}855\,3952$$
$$B^* = 0{,}006\,0170$$
$$\underline{q \ldots\ 8{,}053\,9660}$$
Logarithm des Radius Vector $= 9{,}915\,3782.$

Man sieht übrigens, dass diese Methode nichts weiter ist, als eine indirecte Auflösung der bekannten cubischen Gleichung zwischen der Tangente der halben Anomalie und der Sectorfläche, und zugleich, dass meine, oder für schärfere Rechnung die Matthiessensche Logarithmentafel auf ganz ähnliche Weise zu einer sehr bequemen Auffindung aller reellen Wurzeln jeder algebraischen Gleichung, die nicht mehr als drei effective Glieder hat, benutzt werden kann, wie ich in Beziehung auf die quadratische Gleichung unlängst bei der letzten Ausgabe der Vegaschen Logarithmentafel schon gezeigt habe.

BEMERKUNGEN.

In der »Zeitschrift für Astronomie, herausgegeben von Lindenau und Bohnenberger«, Erster Band, steht in der von Lindenau im November 1815 entworfenen Einleitung, S. 46, die Bemerkung: »Gauss hat neuerlich beinahe die ganze Cometentheorie umgearbeitet, neue Tafeln entworfen, und wir haben ein eigenthümliches Werk darüber von ihm zu erwarten, was wohl nichts zu wünschen übrig lassen wird.« Die Schlussworte bilden eine von Gauss häufig gebrauchte Redewendung, dürften also einem Briefe von Gauss an Lindenau entnommen sein. Hiemit in Übereinstimmung steht der Brief an Olbers vom 13. Jan. 1815, S. 335, wo sich dieselbe Redewendung findet. In einem Brief an Schumacher vom 21. Nov. 1825 sagt Gauss: »Der Wunsch, den ich immer bei meinen Arbeiten gehabt habe, ihnen eine solche Vollendung zu geben, ut nihil amplius desiderari possit, erschwert sie mir freilich ausserordentlich.« Man sehe auch Schumachers Antwort darauf vom 2. Dec. 1825. Dass Gauss sich namentlich im December 1814 und im Januar 1815 mit der Bahnbestimmung der Cometen beschäftigt hat, geht auch aus dem Briefwechsel mit Olbers (S. 332 u. 350) hervor, während die in Band VI, Seite 25 ff. abgedruckte Abhandlung über diesen Gegenstand bereits im September 1813 der Göttinger Societät vorgelegt worden ist.

Auf Seite 325—370 sind alle Notizen zusammengestellt, welche sich im Nachlass darüber vorgefunden haben. Die Notizen [1] und [2] stehen in Handbüchern, [3] auf der Einbandseite eines Exemplars von »LAMBERT, insigniores orbitae cometarum proprietates, Augustae Vindelicorum 1761«; [4] ist aus Eintragungen im vorgenannten Buche und einem Handbuche zusammengestellt. Die Fussnote auf S. 336 stammt aus dem Umschlag eines Exemplars der deutschen Übersetzung der oben erwähnten Band VI, S. 25 ff. abgedruckten Abhandlung, welches auch viele andere hieher gehörige Notizen enthält (z. B. eine andere Ableitung der Formel $\frac{\text{Ausschnitt}}{\text{Dreieck}} = \frac{2+\cos\varphi}{3\cos\varphi}$, als die S. 329—330 gegebene), deren Inhalt sich aber durch die abgedruckten Notizen und Briefstellen erledigt. Ausser der S. 331 abgedruckten Tafel finden sich Andeutungen über weitere Hülfstafeln, die GAUSS zur Lösung der auftretenden Gleichungen zu entwerfen beabsichtigte.

Merkwürdigerweise ist von den in den vorgenannten Notizen benutzten Kunstgriffen in der Notiz [7], welche im Januar 1815 entstanden zu sein scheint und vermuthlich das im Brief an OLBERS vom 13. Januar 1815 (S. 337) erwähnte »Musterbeispiel« enthält, nur weniges wiederzufinden. Diese Notiz steht in einem Handbuche, die Bezeichnungen sind wohl verständlich, wenn sie auch zum Theil von denen der Abhandlung vom September 1813 abweichen. Übrigens ist in dieser Notiz ein Rechenfehler untergelaufen: GAUSS hatte (vgl. Seite 341) den Werth von Q zu $272^\circ 40' 21''$ gefunden statt $294^\circ 31' 57''$ und hat auch diesen Fehler selbst später bemerkt. Er hatte beabsichtigt, dass Beispiel mit dem Werthe $P = Q$ weiter zu rechnen, weil diese Wahl von P die grösste Schärfe (vgl. Seite 341) bietet. Infolge des Rechenfehlers ist aber die weitere Rechnung mit $P = 272^\circ 40' 21''$ (S. 342) ausgeführt, und in dieser Form bei der Herausgabe beibehalten, weil ja doch die Wahl von P beliebig und die Abweichung von dem richtigen Werthe von Q nicht sehr erheblich ist.

Zu der Seite 351—367 abgedruckten Tafel zur parabolischen Bewegung vergleiche man die Fussnote in der Theoria motus S. 56 dieses Bandes. Gauss hat diese Tafel, wie er selbst (S. 353) sagt, auf 5 Decimalen der Bogensecunde berechnet und beabsichtigte, sie in Intervalle von $\frac{1}{1000}$ für das Argument $\log(At)$ und auf 2 Decimalen der Bogensecunde abzudrucken; aus diesem Grunde ist bei der Herausgabe die 3. Decimale beibehalten worden, so dass sich die Interpolation (vgl. S. 371) mit der von GAUSS gewünschten Schärfe für das von ihm beabsichtigte Intervall ausführen lässt.

Die Tafel steht so, wie sie abgedruckt ist, in einem Handbuch, zum Theil auch auf einem Convolut loser Blätter; an ersterer Stelle trägt sie die Unterschrift »Vollendet Febr. 25. 1816«, an letzterer: »Vollendet 1816 Febr. 21.«

Das hinter der Tafel abgedruckte Schreiben, das sich im Nachlass vorfand, war offenbar an ENCKE gerichtet, der hier rechnen half; es verdient besonders deswegen Interesse, weil es die ganze Technik zeigt, mit der GAUSS seine Tafeln zu berechnen pflegte.

Auffallend ist übrigens, dass der S. 371 abgedruckte im Jahre 1843 veröffentlichte Artikel gar keine Andeutung mehr von GAUSS eigener Tafel enthält.

BRENDEL.

STÖRUNGEN DER CERES.

BRIEFWECHSEL UND NACHLASS.

[I. ERSTE METHODE.]

[OCTOBER—DECEMBER 1802.]

[1.]

GAUSS an OLBERS, Braunschweig, 12. October 1802.

. . . . . Ich habe angefangen, mich mit der Verbesserung der ⚳-Bahn zu beschäftigen. Ich habe erstlich nach den VII. Elementen die Störungen berechnet, aber bloss erst die erste Potenz der Excentricität in Betracht gezogen, weil der Bogen noch zu klein ist, um die beträchtliche Arbeit der Berechnung der höhern Potenzen zu vergüten. Ich habe einige beträchtliche Unterschiede mit ORIANI. Mit diesen Störungen habe ich bereits eine neue Bahn, und nach dieser neuen Bahn wiederum die Störungen aufs neue bestimmt. Ich habe in allem 54 Gleichungen. Mit diesen Störungen, die von den erstern nicht sehr verschieden sind, berechne ich morgen oder übermorgen eine neue Bahn, das Resultat schicke ich Ihnen dann zusammen. Die gefundenen Störungen sind in der Länge:

	1801 Jan. 1.	Febr. 11.	Dec. 7.	1802 März 17.	Mai 24.
nach d. 1. Form.	−428″,72	−358″,23	+646″,91	+954″,39	+1083″,37
» » 2. »	−415,82	−346,12	+641,41	+945,31	+1069,42

In der Breite ist der Unterschied ganz unbedeutend, beim Radius vector bin ich noch nicht fertig. — In der Zeit, dass ich nach den Störungsformeln den numerischen Werth berechne, könnte ich mehr wie eine Bahnbestimmung machen. Übrigens hoffe ich, alle bisher vorhandenen Beobachtungen durchgehends fast haarscharf darstellen zu können, und darf so auf künftiges Jahr noch eine sehr gute Übereinstimmung erwarten. — Bei der Ceres wird man nun für die Störungen wohl noch eine brauchbare Convergenz erhalten, und ich habe schon einige Ideen zu einer bequemen Abkürzung und Zusammenziehung der Tafeln entworfen, aber bei der ⚴ wird sicher die Theorie noch einer Art von Revolution bedürfen. .....

GAUSS an OLBERS, Braunschweig, 26. October 1802.

..... Die in meinem letzten Briefe erwähnten Rechnungen über die ⚴ habe ich beendigt. .....

GAUSS an GERLING, Göttingen, 28. Dezember 1815.

..... Die Anordnung des Calculs der Störungen nach dem gewöhnlichen Verfahren hatte ich 1802, als ich es auf die Ceres anwandte, mir selbst entwickelt; allein meine Papiere sind freilich nicht so, dass ein anderer als ich sie gebrauchen könnte. Indessen müssen die Vorschriften von LAPLACE in der Mec. Cel. Vol. I oder auch von SCHUBERT B. 3 im Wesentlichen damit übereinstimmen. .....

[2.]

Die Störungen der Planeten.

$\left.\begin{matrix} x, y, z \\ x', y', z' \end{matrix}\right\}$ Coordinaten des $\left\{\begin{matrix} \text{gestörten} \\ \text{störenden} \end{matrix}\right\}$, $\quad \mu = \dfrac{\text{Masse des st. Pl.}}{\text{Masse der Sonne}}$

$r = \sqrt{(xx+yy+zz)}$, $\quad r'r' = \sqrt{(x'x'+y'y'+z'z')}$, $\quad \mathfrak{R}$ = Abst[and] d. beiden Planeten [von einander]

m, A mittlere [Länge] und [mittlerer] Abstand eines beliebigen Plan[eten von der Sonne]

$$R = \frac{xx'+yy'+zz'}{r'^3} - \frac{1}{\mathfrak{R}} = \frac{r}{r'r'}\cos(\text{Dist. pl. angul.}) - \frac{1}{\mathfrak{R}}.$$

Fundamentalgleichungen:

$$0 = \frac{\mathrm{d}\mathrm{d}x}{\mathrm{d}m^2} + \frac{xA^6}{r^3} + \mu A^3\left(\frac{\mathrm{d}R}{\mathrm{d}x}\right)$$

$$0 = \frac{\mathrm{d}\mathrm{d}y}{\mathrm{d}m^2} + \frac{yA^3}{r^3} + \mu A^3\left(\frac{\mathrm{d}R}{\mathrm{d}y}\right)$$

$$0 = \frac{\mathrm{d}\mathrm{d}z}{\mathrm{d}m^2} + \frac{zA^3}{r^3} + \mu A^3\left(\frac{\mathrm{d}R}{\mathrm{d}z}\right)$$

[1] $$0 = \frac{\mathrm{d}r^2 + rr\mathrm{d}v^2}{\mathrm{d}m^2} - \frac{2A^3}{r} + \frac{A^3}{a} + 2\mu A^3 \int \partial R$$

[2] $$0 = \frac{\mathrm{d}r^2 + r\mathrm{d}\mathrm{d}r}{\mathrm{d}m^2} - \frac{\mathrm{d}r^2 + rr\mathrm{d}v^2}{\mathrm{d}m^2} + \frac{A^3}{r} + \mu A^3 r\left(\frac{\mathrm{d}R}{\mathrm{d}r}\right)$$

[3] $$0 = \frac{r\mathrm{d}\mathrm{d}r + \mathrm{d}r^2}{\mathrm{d}m^2} - \frac{A^3}{r} + \frac{A^3}{a} + 2\mu A^3 \int \partial R + \mu A^3 r\left(\frac{\mathrm{d}R}{\mathrm{d}r}\right).$$

Wir setzen

$$2\mu A^3 \int \partial R + \mu A^3 r\left(\frac{\mathrm{d}R}{\mathrm{d}r}\right) = Q;$$

[der Ausdruck ∂R ist so zu verstehen, dass bei der Differentiation nur die Coordinaten des gestörten Planeten zu variiren sind.

Sind δr die Störungen von r, so wird aus der Gleichung 3 mit Vernachlässigung der 2. Potenzen der störenden Masse]

[4] $$0 = \frac{\mathrm{d}\mathrm{d}(r\delta r)}{\mathrm{d}m^2} + \frac{A^3}{r^3} r\delta r + Q.$$

[Zur Einführung der wahren Länge v als unabhängige Veränderliche schreibt sich] die vollständige Gleichung also, $\delta r = \rho$ gesetzt,

[5] $$0 = \frac{r\mathrm{d}\mathrm{d}\rho + 2\mathrm{d}r\mathrm{d}\rho + \rho\mathrm{d}\mathrm{d}r}{\mathrm{d}m^2} - (r\mathrm{d}\rho + \rho\mathrm{d}r)\frac{\mathrm{d}\mathrm{d}m}{\mathrm{d}m^3} + \frac{A^3}{r^3} r\rho + Q.$$

Nun ist, die Excentric[ität] des gest. Pl. $= e$ und $\sqrt{(1-ee)} = \gamma$ gesetzt, [mit demselben Genauigkeitsgrade]

$$rr\mathrm{d}v = \gamma A^{\frac{3}{2}} a^{\frac{1}{2}} \mathrm{d}m$$

und, $\mathrm{d}v$ als constant betrachtet,

$$2r\mathrm{d}r\mathrm{d}v = \gamma A^{\frac{3}{2}} a^{\frac{1}{2}} \mathrm{d}\mathrm{d}m$$

[also wird Gleichung 5]

[6] $$0 = \frac{r\mathrm{d}\mathrm{d}\rho + \rho\mathrm{d}\mathrm{d}r - \frac{2\rho}{r}\mathrm{d}r^2}{\mathrm{d}m^2} + \frac{A^3}{r^3} r\rho + Q.$$

Endlich ist [wieder mit dem gleichen Genauigkeitsgrade]

$$\frac{\mathrm{dd}\frac{1}{r}}{\mathrm{d}v^2}+\frac{1}{r}=\frac{1}{a\gamma\gamma} \quad \text{oder} \quad \frac{\mathrm{d}v^2}{r}-\frac{\mathrm{dd}r}{rr}+\frac{2\,\mathrm{d}r^2}{r^3}=\frac{\mathrm{d}v^2}{a\gamma\gamma}.$$

Also

[7] $$0=\frac{r\,\mathrm{dd}\rho+r\rho\,\mathrm{d}v^2-\frac{rr\rho}{a\gamma\gamma}\,\mathrm{d}v^2}{\mathrm{d}m^2}+\frac{A^3}{r^3}r\rho+Q$$

oder

[da das dritte und vierte Glied rechter Hand sich fortheben]

$$0=\frac{\mathrm{dd}\rho}{\mathrm{d}v^2}+\rho+\frac{\mathrm{d}m^2}{\mathrm{d}v^2}\frac{Q}{r}$$

oder

[8] $$0=\frac{\mathrm{dd}\rho}{\mathrm{d}v^2}+\rho+\frac{r^3 Q}{A^3 a\gamma\gamma}.$$

Hieraus ergibt sich sogleich

$$\rho=\cos v\int\frac{r^3 Q}{A^3 a\gamma\gamma}\sin v\,\mathrm{d}v-\sin v\int\frac{r^3 Q}{A^3 a\gamma\gamma}\cos v\,\mathrm{d}v \quad \text{oder} \quad [\text{da } rr\,\mathrm{d}v=\gamma aa\,\mathrm{d}(nt)]$$

* $$\rho=\left\{\cos v\int r\,Q\sin v\,\mathrm{d}(nt)-\sin v\int r\,Q\cos v\,\mathrm{d}(nt)\right\}\frac{a}{A^3\sqrt{(1-ee)}}.$$

[Ferner folgt aus den Gleichungen 1 und 3]

$$0=\frac{\frac{3}{2}\mathrm{d}r^2-\frac{1}{2}rr\,\mathrm{d}v^2+2r\,\mathrm{dd}r}{\mathrm{d}m^2}-\frac{A^3}{r}+\frac{3}{2}\frac{A^3}{a}+3\mu A^3\int\partial R+2\mu A^3 r\left(\frac{\mathrm{d}R}{\mathrm{d}r}\right)$$

[also nach Einführung von ρ und δv, Forthebung der ungestörten Werthe, und Vernachlässigung der 2. Potenzen der Störungen]

$$0=\frac{3\,\mathrm{d}r\,\mathrm{d}\rho-rr\,\mathrm{d}v\,\mathrm{d}(\delta v)-r\rho\,\mathrm{d}v^2+2\rho\,\mathrm{dd}r+2r\,\mathrm{dd}\rho}{\mathrm{d}m^2}+\frac{A^3\rho}{rr}+3\mu A^3\int\partial R+2\mu A^3 r\left(\frac{\mathrm{d}R}{\mathrm{d}r}\right)$$

[9] $$=\frac{\mathrm{d}(\rho\,\mathrm{d}r+2r\,\mathrm{d}\rho)-rr\,\mathrm{d}v\,\mathrm{d}(\delta v)-r\rho\,\mathrm{d}v^2+\rho\,\mathrm{dd}r}{\mathrm{d}m^2}+\frac{A^3\rho}{rr}+3\mu A^3\int\partial R+2\mu A^3 r\left(\frac{\mathrm{d}R}{\mathrm{d}r}\right).$$

Nun ist nach obiger Gleichung [2 mit ausreichender Genauigkeit]

$$0=\frac{-r\,\mathrm{d}v^2+\mathrm{dd}r}{\mathrm{d}m^2}+\frac{A^3}{rr},$$

also

[10] $$0=\frac{\mathrm{d}(\rho\,\mathrm{d}r+2r\,\mathrm{d}\rho)-rr\,\mathrm{d}v\,\mathrm{d}(\delta v)}{\mathrm{d}m^2}+3\mu A^3\int\partial R+2\mu A^3 r\left(\frac{\mathrm{d}R}{\mathrm{d}r}\right).$$

Folglich

* $$\delta v=\frac{\rho\,\mathrm{d}r+2r\,\mathrm{d}\rho}{aa\sqrt{(1-ee)}.\mathrm{d}(nt)}+\frac{3\mu a\iint\partial R.\mathrm{d}(nt)+2\mu a\int r\left(\frac{\mathrm{d}R}{\mathrm{d}r}\right)\mathrm{d}(nt)}{\sqrt{(1-ee)}}.$$

Nehmen wir endlich für die Fundamentalebene, worin die Coordinaten x, y liegen, die ursprüngliche Bahn des [gestörten] Planeten an und setzen $z = r\theta$, so ist

$$0 = \frac{\mathrm{d}\mathrm{d}(r\theta)}{\mathrm{d}m^2} + \frac{A^3\theta}{rr} + \mu A^3\left(\frac{\mathrm{d}R}{\mathrm{d}z}\right),$$

welche [Gleichung] sich eben so integriren lässt wie obige [4], daher

$$* \quad \theta = \left\{\cos v \int r\left(\frac{\mathrm{d}R}{\mathrm{d}z}\right)\sin v\,.\,\mathrm{d}(nt) - \sin v \int r\left(\frac{\mathrm{d}R}{\mathrm{d}z}\right)\cos v\,.\,\mathrm{d}(nt)\right\}\frac{\mu a}{\sqrt{(1-ee)}}.$$

[θ bedeutet die Breite resp. den Sinus der Breite über der als fest angenommenen ungestörten Bahnebene.] Dadurch wird also

die hel[iocentrische] Breite vermehrt um $\frac{\cos(\text{incl.})}{\cos(\text{lat. hel.})}\theta$

die hel[iocentrische] Länge vermindert um $\frac{\theta \sin(\text{incl.})\cos(\text{arg. lat.})}{\cos(\text{lat. hel.})^2}$.

[3.]

[Die obigen Gleichungen für die Störungen $\rho = \delta r$ und δv lassen sich schreiben, wenn mit V die wahre Anomalie der Ceres bezeichnet, und die Grösse Q etwas anders definirt wird,]

$$[11] \quad \delta r = \frac{\mu a}{\sqrt{(1-ee)}}\{\cos V \int r\, Q \sin V.n\mathrm{d}t - \sin V \int r\, Q \cos V.n\mathrm{d}t\}$$

$$[12] \quad \delta v = \frac{1}{\sqrt{(1-ee)}}\left\{\frac{2r\mathrm{d}\rho + \rho\mathrm{d}r}{aan\mathrm{d}t} + 3\mu a \int\int \partial R.n\mathrm{d}t + 2\mu a \int r\left(\frac{\mathrm{d}R}{\mathrm{d}r}\right)n\mathrm{d}t\right\},$$

[wo]

$$Q = 2\int \partial R + r\left(\frac{\mathrm{d}R}{\mathrm{d}r}\right)$$

$$R = \frac{r\cos w}{r'r'} - \frac{1}{\mathfrak{R}} \qquad [\mathfrak{R} = \sqrt{(rr + r'r' - 2rr'\cos w)};$$

w ist der von den beiden Radiis vectoribus eingeschlossene Winkel.

Zur Entwickelung der Störungsfunction ist (vgl. Laplace, Méc. cél. Tome I. p. 263):]

$$\frac{a}{a'a'}\cos w - \frac{1}{\sqrt{(aa + a'a' - 2aa'\cos w)}} = \tfrac{1}{2}A^{(0)} + A^{(1)}\cos w + A^{(2)}\cos 2w + \cdots$$
$$= \Sigma \tfrac{1}{2}A^{(i)}\cos iw,$$

[wo für i alle positiven und negativen ganzen Zahlen mit Einschluss der Null zu nehmen sind.

Setzt man

$$r = a(1+\Delta r), \qquad r' = a'(1+\Delta r'), \qquad w = D + \Delta w, \qquad D = ⚳ - ♃,$$

wo $⚳ = nt + \varepsilon$ und $♃ = n't + \varepsilon'$ die mittlern Längen von Ceres und Jupiter sind, so ist (LAPLACE, a. a. O., p. 264) mit Vernachlässigung der zweiten Potenzen der Excentricitäten und der gegenseitigen Neigung:

$$R = \Sigma \tfrac{1}{2} A^{(i)} \cos iD + \tfrac{1}{2}\Delta r . \Sigma a \left(\frac{\mathrm{d}A^{(i)}}{\mathrm{d}a}\right) \cos iD + \tfrac{1}{2}\Delta r' . \Sigma a' \left(\frac{\mathrm{d}A^{(i)}}{\mathrm{d}a'}\right) \cos iD$$
$$- \tfrac{1}{2}\Delta w . \Sigma i A^{(i)} \sin iD.$$

Mit der gleichen Genauigkeit ist, wenn M und M' die mittlern Anomalien, vom Aphel gezählt, sind:]

$$r = a(1+e\cos M), \qquad [r' = a'(1+e'\cos M'),] \qquad w = D - 2e\sin M + 2e'\sin M'$$
$$[\Delta r = e\cos M, \qquad \Delta r' = e'\cos M', \qquad \Delta w = -2e\sin M + 2e'\sin M;$$

also, da $A^{(-i)} = A^{(i)}$:]

$$R = \Sigma \tfrac{1}{2} A^{(i)} \cos iD + \tfrac{1}{2} e \Sigma a \left(\frac{\mathrm{d}A^{(i)}}{\mathrm{d}a}\right) \cos(iD+M) - e\Sigma i A^{(i)} \cos(iD+M)$$
$$+ \tfrac{1}{2} e' \Sigma a' \left(\frac{\mathrm{d}A^{(i)}}{\mathrm{d}a'}\right) \cos(iD+M') + e'\Sigma i A^{(i)} \cos(iD+M').$$

[Da nun

$$\partial R = \left(\frac{\mathrm{d}R}{\mathrm{d}r}\right)\mathrm{d}r + \left(\frac{\mathrm{d}R}{\mathrm{d}V}\right)\mathrm{d}V \quad \text{und} \quad \left(\frac{\mathrm{d}R}{\mathrm{d}V}\right) = \left(\frac{\mathrm{d}R}{\mathrm{d}w}\right) = \left(\frac{\mathrm{d}R}{\mathrm{d}D}\right), \qquad \left(\frac{\mathrm{d}R}{\mathrm{d}r}\right) = \left(\frac{\mathrm{d}R}{\mathrm{d}a}\right),$$

wo der letztere Differentialquotient so zu verstehen ist, dass a nur in soweit variirt werden darf, als es in den Coefficienten $A^{(i)}$ vorkommt, so wird:

$$\left(\frac{\mathrm{d}R}{\mathrm{d}r}\right) = \Sigma \tfrac{1}{2} \left(\frac{\mathrm{d}A^{(i)}}{\mathrm{d}a}\right) \cos iD + \tfrac{1}{2} e \Sigma \left\{ a \left(\frac{\mathrm{d}\mathrm{d}A^{(i)}}{\mathrm{d}a^2}\right) - 2i \left(\frac{\mathrm{d}A^{(i)}}{\mathrm{d}a}\right) \right\} \cos(iD+M)$$
$$+ \tfrac{1}{2} e' \Sigma \left\{ a' \left(\frac{\mathrm{d}\mathrm{d}A^{(i)}}{\mathrm{d}a\,\mathrm{d}a'}\right) + 2i \left(\frac{\mathrm{d}A^{(i)}}{\mathrm{d}a}\right) \right\} \cos(iD+M')$$

$$\left(\frac{\mathrm{d}R}{\mathrm{d}V}\right) = -\Sigma \tfrac{1}{2} i A^{(i)} \sin iD - \tfrac{1}{2} e \Sigma i \left\{ a \left(\frac{\mathrm{d}A^{(i)}}{\mathrm{d}a}\right) - 2iA^{(i)} \right\} \sin(iD+M)$$
$$- \tfrac{1}{2} e' \Sigma i \left\{ a' \left(\frac{\mathrm{d}A^{(i)}}{\mathrm{d}a'}\right) + 2iA^{(i)} \right\} \sin(iD+M').$$

Es wird also:]

$$r\frac{\mathrm{d}R}{\mathrm{d}r} = \tfrac{1}{2}\Sigma a \left(\frac{\mathrm{d}A^{(i)}}{\mathrm{d}a}\right) \cos iD + \tfrac{1}{2} ea \Sigma \left\{ a \left(\frac{\mathrm{d}\mathrm{d}A^{(i)}}{\mathrm{d}a^2}\right) - (2i-1)\left(\frac{\mathrm{d}A^{(i)}}{\mathrm{d}a}\right) \right\} \cos(iD+M)$$
$$+ \tfrac{1}{2} e' a \Sigma \left\{ a' \left(\frac{\mathrm{d}\mathrm{d}A^{(i)}}{\mathrm{d}a\,\mathrm{d}a'}\right) + 2i \left(\frac{\mathrm{d}A^{(i)}}{\mathrm{d}a}\right) \right\} \cos(iD+M')$$

[und wegen $\mathrm{d}r = -ae\sin M.n\mathrm{d}t$, $\mathrm{d}V = (1-2e\cos M)n\mathrm{d}t$:

$$\frac{\partial R}{n\mathrm{d}t} = -\tfrac{1}{2}\Sigma iA^{(i)}\sin iD - \tfrac{1}{2}e\Sigma(i+1)\left\{a\left(\frac{\mathrm{d}A^{(i)}}{\mathrm{d}a}\right)-2iA^{(i)}\right\}\sin(iD+M)$$
$$-\tfrac{1}{2}e'\Sigma i\left\{a'\left(\frac{\mathrm{d}A^{(i)}}{\mathrm{d}a'}\right)+2iA^{(i)}\right\}\sin(iD+M')$$

und hieraus, wenn man

$$\theta = \frac{n'}{n}$$

setzt:]

$$2\int\partial R = 2g + \Sigma\frac{1}{1-\theta}A^{(i)}\cos iD + e\Sigma\frac{i+1}{i+1-i\theta}\left\{a\left(\frac{\mathrm{d}A^{(i)}}{\mathrm{d}a}\right)-2iA^{(i)}\right\}\cos(iD+M)$$
$$+e'\Sigma\frac{i}{i-(i-1)\theta}\left\{a'\left(\frac{\mathrm{d}A^{(i)}}{\mathrm{d}a'}\right)+2iA^{(i)}\right\}\cos(iD+M')$$

[wo g eine noch beliebig zu wählende Constante ist.

Setzt man also:]

$$2\int\partial R = 2g + \Sigma\alpha^{(i)}\cos iD + \Sigma e\beta^{(i)}\cos(iD+M) + \Sigma e'\gamma^{(i)}\cos((i+1)D+M')$$

[13] $$Q = 2g + \Sigma\mathfrak{A}^{(i)}\cos iD + \Sigma e\mathfrak{B}^{(i)}\cos(iD+M) + \Sigma e'\mathfrak{C}^{(i)}\cos((i+1)D+M'),$$

[so haben die hier auftretenden Constanten folgende Werthe:]

$$\alpha^{(i)} = \frac{i}{h}A^{(i)}, \qquad [\alpha^{(0)} = 0,] \qquad \mathfrak{A}^{(i)} = \alpha^{(i)} + \tfrac{1}{2}B^{(i)},$$

$$\beta^{(i)} = \frac{i+1}{h+1}(B^{(i)} - 2iA^{(i)}), \qquad \mathfrak{B}^{(i)} = \beta^{(i)} + \tfrac{1}{2}C^{(i)} - iB^{(i)},$$

$$\gamma^{(i)} = \frac{i+1}{h+1}({}'B^{(i+1)} + 2(i+1)A^{(i+1)}), \qquad \mathfrak{C}^{(i)} = \gamma^{(i)} + \tfrac{1}{2}{}'C^{(i+1)} + (i+1)B^{(i+1)},$$

[wo gesetzt ist:]

$$a\left(\frac{\mathrm{d}A^{(i)}}{\mathrm{d}a}\right) = B^{(i)}, \qquad a'\left(\frac{\mathrm{d}A^{(i)}}{\mathrm{d}a'}\right) = {}'B^{(i)}, \qquad h = i(1-\theta).$$
$$a\left(\frac{\mathrm{d}B^{(i)}}{\mathrm{d}a}\right) = C^{(i)}, \qquad a\left(\frac{\mathrm{d}'B^{(i)}}{\mathrm{d}a}\right) = {}'C^{(i)},$$

[Übrigens ist auch]

$$A^{(i)} + B^{(i)} + {}'B^{(i)} = 0, \qquad B^{(i)} + C^{(i)} + {}'C^{(i)} = 0.$$

Daher

$$\gamma^{(i)} = \frac{i+1}{h+1}\{-B^{(i+1)} + (2i+1)A^{(i+1)}\},$$
$$\mathfrak{C}^{(i)} = \gamma^{(i)} - \tfrac{1}{2}C^{(i+1)} + (i+\tfrac{1}{2})B^{(i+1)},$$

[so dass die Coefficienten ${}'B^{(i)}$ und ${}'C^{(i)}$ nicht erst berechnet zu werden brauchen].

[4.]

[Zur Berechnung der Coefficienten $A^{(i)}$, $B^{(i)}$, $C^{(i)}$ u. s. w. verfährt man auf folgende Weise:]

Man macht

$$\frac{1}{\sqrt{(aa+a'a'-2aa'\cos w)}} = \tfrac{1}{2}P^{(0)}+P'\cos w+P''\cos 2w+\text{etc.}$$

$$\frac{1}{\sqrt{(aa+a'a'-2aa'\cos w)^{\frac{3}{2}}}} = \tfrac{1}{2}Q^{(0)}+Q'\cos w+Q''\cos 2w+\text{etc.}$$

[und hat dann in Analogie mit den Entwickelungen, die Laplace a. a. O. p. 268—269 gibt, die Recursionsformeln:]

$$0 = (i-\tfrac{1}{2})P^{(i-1)}-i\left(\frac{a}{a'}+\frac{a'}{a}\right)P^{(i)}+(i+\tfrac{1}{2})P^{(i+1)}$$

$$0 = (i+\tfrac{1}{2})\,Q^{(i-1)}-i\left(\frac{a}{a'}+\frac{a'}{a}\right)Q^{(i)}+(i-\tfrac{1}{2})\,Q^{(i+1)}$$

$$\tfrac{1}{2}\left(\frac{a}{a'}-\frac{a'}{a}\right)^2 Q^{(i)} = \left(\frac{a}{a'}+\frac{a'}{a}\right)(i+\tfrac{1}{2})P^{(i)}-2(i+\tfrac{1}{2})P^{(i+1)},$$

[aus denen man alle $P^{(i)}$ und $Q^{(i)}$ berechnen kann, so bald die beiden ersten Coefficienten $P^{(0)}$ und P' gefunden sind; zur Berechnung dieser führt ein eigenes Verfahren schneller zum Ziele als die üblichen von Laplace a. a. O. p. 271—272 gegebenen Reihen:]

Man macht

$$\tfrac{1}{2}(a+a') = x, \qquad \pm\tfrac{1}{2}(a-a') = y$$

[wo in unserm Falle, $a < a'$, das untere Zeichen zu nehmen ist], und bildet die Reihen

$$x,\ x',\ x''\ \text{etc.}$$
$$y,\ y',\ y''\ \text{etc.}$$
$$z,\ z',\ z''\ \text{etc.}$$

auf folgende Art:

$$x' = \tfrac{1}{2}(x+y), \qquad y' = \sqrt{(xy)},$$
$$x'' = \tfrac{1}{2}(x'+y'), \qquad y'' = \sqrt{(x'y')}$$
$$\text{etc.} \qquad\qquad \text{etc.}$$

$$z = xx-yy = aa',$$

$$z' = x'x'-y'y' = \left(\frac{z}{4x'}\right)^2 = \tfrac{1}{4}aa \text{ vel } \tfrac{1}{4}a'a', \text{ prout } a < \text{vel} > a',$$

$$z'' = x''x''-y''y'' = \left(\frac{z'}{4x''}\right)^2$$

[etc.].

Alsdann ist

$$P^{(0)} = \frac{1}{x^{(\infty)}} = \frac{1}{y^{(\infty)}},$$

$$P' = \frac{2P^{(0)}}{z}(z' + 2z'' + 4z''' + 8z^{\text{IV}} + \text{etc.}) = \frac{P^{(0)}}{2}\,\frac{a'}{a}[*)]\left(1 + \frac{2z''}{z'} + \frac{4z'''}{z'} + \text{etc.}\right).$$

[Für unser] Beispiel [ist nach den VII. Elementen]

$$a = 2{,}76996\,44796, \qquad \log a = 0{,}44247\,42000$$

[und]

$$a' = 5{,}20277\,80000, \qquad \log a' = 0{,}71623\,52952$$

x	$= 3{,}98637\,12398$	log $= 0{,}60057\,77409$	
y	$= 1{,}21640\,67602$	$0{,}08507\,88250$	
x'	$= 2{,}60138\,90000$	log $= 0{,}41520\,52995$	
y'	$= 2{,}20205\,56130$	$0{,}34282\,82829$	
x''	$= 2{,}40172\,23065$	log $= 0{,}38052\,27916$	[also] $\log P^{(0)} = 9{,}62022\,98822.$
y''	$= 2{,}39340\,82913$	$0{,}37901\,67912$	
x'''	$= 2{,}39756\,52989$	log $= 0{,}37977\,04442$	
y'''	$= 2{,}39756\,16953$	$0{,}37976\,97914$	
x^{IV}, y^{IV}	$= 2{,}39756\,39971$	log $= 0{,}37977\,01178$	

[Ferner]

$$\log P' = 9{,}06314\,11941.$$

Es sei $\frac{a}{a'} + \frac{a'}{a} = u$, [so hat man nach den obigen Recursionsformeln]

$$P'' = -\tfrac{1}{3}P^{(0)} + \tfrac{2}{3}uP' \qquad \left[\left(\frac{a'}{a} - \frac{a}{a'}\right)^2 Q^{(0)} = uP^{(0)} - 2P'\right.$$

$$P''' = -\tfrac{3}{5}P' + \tfrac{4}{5}uP'' \qquad \left.\left(\frac{a'}{a} - \frac{a}{a'}\right)^2 Q' = 2P^{(0)} - uP'\right]$$

$$P^{\text{IV}} = -\tfrac{5}{7}P'' + \tfrac{6}{7}uP''' \qquad Q'' = -3\,Q^{(0)} + 2u\,Q'$$

$$P^{\text{V}} = -\tfrac{7}{9}P''' + \tfrac{8}{9}uP^{\text{IV}} \qquad Q''' = -\tfrac{5}{3}\,Q' + \tfrac{4}{3}u\,Q''$$

$$\text{etc.} \qquad Q^{\text{IV}} = -\tfrac{7}{5}\,Q'' + \tfrac{6}{5}u\,Q'''$$

etc.

[wonach die Rechnung gibt:]

[*)] oder $\frac{a}{a'}$, minor in num., maior in denom.

$$P^{(0)} = 0{,}417\,0901 \qquad Q^{(0)} = 0{,}427\,3906$$
$$P' = 0{,}113\,6488 \qquad Q' = 0{,}306\,6070$$
$$P'' = 0{,}046\,8318 \qquad Q'' = 0{,}196\,0930$$
$$P''' = 0{,}020\,9281 \qquad Q''' = 0{,}119\,2794$$
$$P^{\mathrm{IV}} = 0{,}009\,7925 \qquad Q^{\mathrm{IV}} = 0{,}070\,5238$$
$$P^{\mathrm{V}} = 0{,}004\,7063 \qquad Q^{\mathrm{V}} = 0{,}040\,9390$$
$$P^{\mathrm{VI}} = 0{,}002\,3019 \qquad Q^{\mathrm{VI}} = 0{,}023\,4617$$
$$P^{\mathrm{VII}} = 0{,}001\,1400 \qquad Q^{\mathrm{VII}} = 0{,}013\,3179.$$

[Zur Berechnung der $A^{(i)}$ und ihrer Differentialquotienten findet man leicht die folgenden Formeln, welche aus den LAPLACEschen Entwickelungen, a. a. O. p. 270, hergestellt werden können:]

$$A^{(i)} = -P^{(i)} \quad [\text{aber}] \quad A^{(1)} = -P' + \frac{a}{a'a'}$$
$$B^{(i)} = \tfrac{1}{2}P^{(i)} - \tfrac{1}{2}\left(\frac{a'}{a} - \frac{a}{a'}\right)Q^{(i)} \qquad B^{(1)} = \tfrac{1}{2}P' - \tfrac{1}{2}\left(\frac{a'}{a} - \frac{a}{a'}\right)Q' + \frac{a}{a'a'}$$
$$C^{(i)} = -iiP^{(i)} - \frac{a}{a'}Q^{(i)} \qquad C^{(1)} = -P' - \frac{a}{a'}Q' + \frac{a}{a'a'}$$
$$A^{(i)} + B^{(i)} + {}'B^{(i)} = 0$$
$$B^{(i)} + C^{(i)} + {}'C^{(i)} = 0.$$

[5.]

[Die rechten Seiten der Gleichungen 11 und 12 für δr und δv können auf folgende Weise berechnet werden;] es sei [allgemein]

$$\text{ein Glied von } Q = A\cos\{(kn - k'n')t - \alpha\} = A\cos\psi,$$

[und man setze] näherungsweise [d. i. mit Vernachlässigung der 2. Potenzen der Excentricitäten:]

$$V = M - 2e\sin M, \quad \sin V = \sin M - e\sin 2M, \quad \cos V = \cos M + e - e\cos 2M,$$
$$r = a(1 + e\cos M), \quad r\sin V = a(\sin M - \tfrac{1}{2}e\sin 2M), \quad r\cos V = a(\cos M + \tfrac{3}{2}e - \tfrac{1}{2}e\cos 2M),$$

so ist [das entsprechende

Glied von] $rQ\sin V$

$$= \tfrac{1}{2}aA\{\sin(M+\psi)+\sin(M-\psi)\} - \tfrac{1}{4}eaA\{\sin(2M+\psi)+\sin(2M-\psi)\}$$

Glied von] $rQ\cos V$

$$= \tfrac{1}{2}aA\{\cos(M+\psi)+\cos(M-\psi)\}+\tfrac{3}{2}eaA\cos\psi-\tfrac{1}{4}eaA\{\cos(2M+\psi)+\cos(2M-\psi)\}.$$

Nach der Integration

$$[\text{Glied von } \cos V\textstyle\int rQ\sin V.n\mathrm{d}t=]\left\{\begin{array}{l} -\dfrac{\frac{1}{2}aA\cos(M+\psi)}{1+k-k'\theta}-\dfrac{\frac{1}{2}aA\cos(M-\psi)}{1-k+k'\theta} \\ +\dfrac{\frac{1}{4}eaA\cos(2M+\psi)}{2+k-k'\theta}+\dfrac{\frac{1}{4}eaA\cos(2M-\psi)}{2-k+k'\theta}\end{array}\right\}(\cos M+e-e\cos 2M)$$

$$[\text{Glied von } -\sin V\textstyle\int rQ\cos V.n\mathrm{d}t=]\left\{\begin{array}{l} -\dfrac{\frac{1}{2}aA\sin(M+\psi)}{1+k-k'\theta}-\dfrac{\frac{1}{2}aA\sin(M-\psi)}{1-k+k'\theta} \\ -\dfrac{\frac{3}{2}eaA\sin\psi}{k-k'\theta} \\ +\dfrac{\frac{1}{4}eaA\sin(2M+\psi)}{2+k-k'\theta}+\dfrac{\frac{1}{4}eaA\sin(2M-\psi)}{2-k+k'\theta}\end{array}\right\}(\sin M-e\sin 2M).$$

Hieraus folgt [nach 11] das zugehörige

$$[14]\quad \text{Glied von } \delta r = \frac{\mu aaA}{\sqrt{(1-ee)}}\left\{\begin{array}{l} -\dfrac{\cos\psi}{1-(k-k'\theta)^2}+\dfrac{\frac{1}{4}e\cos(M+\psi)}{2+k-k'\theta}+\dfrac{(k-k'\theta)e\cos(M+\psi)}{1-(k-k'\theta)^2}+\dfrac{\frac{3}{4}e\cos(M+\psi)}{k-k'\theta} \\ \qquad\qquad +\dfrac{\frac{1}{4}e\cos(M-\psi)}{2-k+k'\theta}-\dfrac{(k-k'\theta)e\cos(M-\psi)}{1-(k-k'\theta)^2}-\dfrac{\frac{3}{4}e\cos(M-\psi)}{k-k'\theta}\end{array}\right\}.$$

[Diese Formel erleidet eine Ausnahme, wenn einer der Nenner verschwindet; und zwar erstens, wenn $\psi = 0$, also $k = k' = 0$ ist; dann ist dafür zu setzen

$$-\frac{\mu aaA}{\sqrt{(1-ee)}}(1-\tfrac{1}{4}e\cos M+\tfrac{3}{2}ent\sin M);$$

und zweitens] für $\psi = nt -$ constans [also $k = 1$, $k' = 0$] wird [dieses Glied:]

$$= \frac{\mu aaA}{\sqrt{(1-ee)}}\left\{-\tfrac{1}{4}\cos\psi-\tfrac{1}{2}nt\sin\psi\left[\begin{array}{l}+\tfrac{7}{12}e\cos(M+\psi)+\tfrac{1}{2}ent\sin(M+\psi)\\ -\ \tfrac{1}{4}e\cos(M-\psi)+\tfrac{1}{2}ent\sin(M-\psi)\end{array}\right]\right\}$$

[wo übrigens $M-\psi$ eine Constante ist.

Der Ausdruck 12 für δv lässt sich schreiben:]

$$[15]\quad \delta v = \frac{1}{\sqrt{(1-ee)}}\left\{\frac{2\sqrt{\frac{r}{a}}\,\mathrm{d}\left(\rho\sqrt{\frac{r}{a}}\right)}{an\mathrm{d}t}+2\mu a\int Qn\mathrm{d}t-\mu a\iint\partial Rn\mathrm{d}t\right\}$$

[Zunächst ist das erste Glied in der Klammer zu berechnen:] es ist der aus [dem Theil von Q, welcher gleich] $A\cos\psi$, entsprungene Theil von ρ

[aus der Gleichung 14 zu entnehmen; er gibt, nach der Multiplication mit] $\sqrt{\frac{r}{a}} = 1 + \frac{1}{2} e \cos M$, $\Big[$den zugehörigen Theil von $\frac{\rho}{a}\sqrt{\frac{r}{a}}\Big] =$

$$\frac{\mu a A}{\sqrt{(1-ee)}}\left\{\begin{array}{l}-\frac{\cos\psi}{1-(k-k'\theta)^2}+\left(\frac{\frac{1}{4}}{2+k-k'\theta}+\frac{k-k'\theta-\frac{3}{4}}{1-(k-k'\theta)^2}+\frac{\frac{3}{4}}{k-k'\theta}\right)e\cos(M+\psi)\\ \qquad +\left(\frac{\frac{1}{4}}{2-k+k'\theta}-\frac{k-k'\theta+\frac{1}{4}}{1-(k-k'\theta)^2}-\frac{\frac{3}{4}}{k-k'\theta}\right)e\cos(M-\psi)\end{array}\right\},$$

folglich [der zugehörige Theil von] $2\frac{\mathrm{d}\left(\frac{\rho}{a}\sqrt{\frac{r}{a}}\right)}{n\mathrm{d}t} =$

$$\frac{\mu a A}{\sqrt{(1-ee)}}\left\{\begin{array}{l}\frac{2(k-k'\theta)}{1-(k-k'\theta)^2}\sin\psi-\left(\frac{\frac{1}{2}(1+k-k'\theta)}{2+k-k'\theta}+\frac{2(k-k'\theta)-\frac{1}{2}}{1-k+k'\theta}+\frac{\frac{3}{2}(1+k-k'\theta)}{k-k'\theta}\right)e\sin(M+\psi)\\ \qquad -\left(\frac{\frac{1}{2}(1-k+k'\theta)}{2-k+k'\theta}-\frac{2(k-k'\theta)+\frac{1}{2}}{1+k-k'\theta}-\frac{\frac{3}{2}(1-k+k'\theta)}{k-k'\theta}\right)e\sin(M-\psi)\end{array}\right\}.$$

[Hieraus ergibt sich der entsprechende Theil von $\frac{2\sqrt{\frac{r}{a}}\,\mathrm{d}\left(\rho\sqrt{\frac{r}{a}}\right)}{an\mathrm{d}t}$ gleich dem vorstehenden, dem] rechter Hand durch die Multiplication mit $\sqrt{\frac{r}{a}}$ hinzugefügt wird:

$$\frac{\mu a A}{\sqrt{(1-ee)}}\left\{\frac{1}{2}\frac{k-k'\theta}{1-(k-k'\theta)^2}e\sin(M+\psi)-\frac{1}{2}\frac{k-k'\theta}{1-(k-k'\theta)^2}e\sin(M-\psi)\right\}.$$

[In den beiden letzten Ausdrücken findet wieder Ausnahme statt, erstens wenn $\psi = \text{constans}$; dann wird das Glied in $\frac{2\sqrt{\frac{r}{a}}\,\mathrm{d}\left(\rho\sqrt{\frac{r}{a}}\right)}{an\mathrm{d}t}$ gleich

$$-\frac{\mu a A}{\sqrt{(1-ee)}}\left\{\frac{5}{2}e\sin M+3entM\right\}$$

und zweitens] für $\psi = nt - \text{constans}$ [ergibt die Rechnung dieses Glied in] $\frac{2\sqrt{\frac{r}{a}}\,\mathrm{d}\left(\rho\sqrt{\frac{r}{a}}\right)}{an\mathrm{d}t} =$

$$\frac{\mu a A}{\sqrt{(1-ee)}}\left\{-\frac{1}{2}\sin\psi-nt\cos\psi\left[\begin{array}{l}-\frac{35}{24}e\sin(M+\psi)+\frac{11}{8}e\sin(M-\psi)\\ +\frac{5}{4}ent\cos(M+\psi)-\frac{1}{4}ent\cos(M-\psi)\end{array}\right]\right\}.$$

[Der übrige Theil von δv ist leicht zu bilden.]

[6.]

[Man kann nun alle Glieder bilden, aus denen sich δr und δv zusammensetzen, indem man in die Gleichung 14 die einzelnen Theile von Q nach 13 einsetzt.] So hat man die Theile von δr folgendermassen

1) aus $2g+\mathfrak{A}^{(0)}$ .... $-aa(2g+\mathfrak{A}^{(0)})\{1-\frac{1}{4}e\cos M+\underline{\frac{3}{2}ent\sin M}\}$

2) aus $\mathfrak{A}^{(i)}\cos iD$ .... $aa\mathfrak{A}^{(i)}\Big\{\frac{1}{hh-1}\cos iD+\frac{1}{4}e\Big(\frac{1}{h+2}-\frac{4h}{hh-1}+\frac{3}{h}\Big)\cos(iD+M)$
$-\frac{1}{4}e\Big(\frac{1}{h-2}-\frac{4h}{hh-1}+\frac{3}{h}\Big)\cos(iD-M)\Big\}$

3) aus $e\mathfrak{B}^{(0)}\cos M$ .... $-eaa\mathfrak{B}^{(0)}\{\frac{1}{4}\cos M+\underline{\frac{1}{2}nt\sin M}\}$

4) aus $e'\mathfrak{C}^{(0)}\cos(D+M')$ ..... $-e'aa\mathfrak{C}^{(0)}\{\frac{1}{4}\cos(D+M')+\underline{\frac{1}{2}nt\sin(D+M')}\}$

5) aus $e\mathfrak{B}^{(i)}\cos(iD+M)$ .... $eaa\mathfrak{B}^{(i)}\cdot\frac{1}{hh+2h}\cos(iD+M)$

6) aus $e'\mathfrak{C}^{(i)}\cos((i+1)D+M')$ .. $e'aa\mathfrak{C}^{(i)}\cdot\frac{1}{hh+2h}\cos((i+1)D+M')$.

[Die Summe aller dieser Theile, welche noch mit der störenden Masse μ zu multipliciren sind, ist δr, wobei in 2, 5, 6 i alle positiven und negativen ganzen Zahlen, Null ausgeschlossen, darstellt.

Hingegen [ergeben sich] die Theile von δv [welche aus dem ersten Gliede der Gleichung 15 stammen, folgendermassen:]

1) aus $2g+A^{(0)}$ .... $-a(2g+\mathfrak{A}^{(0)})\{\frac{5}{2}e\sin M+\underline{3ent\cos M}\}$

2) aus $\mathfrak{A}^{(i)}\cos iD$ .... $-a\mathfrak{A}^{(i)}\Big\{\frac{2h}{hh-1}\sin iD+\Big(\frac{\frac{1}{2}(h+1)}{h+2}-\frac{2hh+h-\frac{1}{2}}{hh-1}+\frac{\frac{3}{2}(h+1)}{h}\Big)e\sin(iD+M)$
$-\Big(\frac{\frac{1}{2}(h-1)}{h-2}-\frac{2hh-h-\frac{1}{2}}{hh-1}+\frac{\frac{3}{2}(h-1)}{h}\Big)e\sin(iD-M)\Big\}$

3) aus $e\mathfrak{B}^{(0)}\cos M$ .... $-\frac{1}{2}ea\mathfrak{B}^{(0)}\{\sin M+\underline{2nt\cos M}\}$

4) aus $e'\mathfrak{C}^{(0)}\cos(D+M')$ ..... $-\frac{1}{2}ea\mathfrak{C}^{(0)}\{\sin(D+M')+\underline{2nt\cos(D+M')}\}$

5) aus $e\mathfrak{B}^{(i)}\cos(iD+M)$ ..... $-2ea\mathfrak{B}^{(i)}\frac{h+1}{hh+2h}\sin(iD+M)$

6) aus $e'\mathfrak{C}^{(i)}\cos((i+1)D+M')$.. $-2e'a\mathfrak{C}^{(i)}\frac{h+1}{hh+2h}\sin((i+1)D+M')$.

[Die aus den beiden letzten Gliedern von 15] noch hinzuzusetzenden Theile sind:

$$a(3g+2\mathfrak{A}^{(0)})nt+\Sigma\frac{a(2\mathfrak{A}^{(i)}-\frac{1}{2}\alpha^{(i)})}{h}\sin iD$$
$$+(2\mathfrak{B}^{(0)}-\tfrac{1}{2}\beta^{(0)})ea\sin M+\Sigma\frac{2\mathfrak{B}^{(i)}-\frac{1}{2}\beta^{(i)}}{h+1}ea\sin(iD+M)$$
$$+(2\mathfrak{C}^{(0)}-\tfrac{1}{2}\gamma^{(0)})e'a\sin(D+M')+\Sigma\frac{2\mathfrak{C}^{(i)}-\frac{1}{2}\gamma^{(i)}}{h+1}e'a\sin((i+1)D+M'),$$

[wo der Coefficient $\alpha^{(0)}$ bei Seite gelassen ist, weil für den constanten Theil von $\int\partial R$ die Bezeichnung g eingeführt ist. Auch hier sind alle Glieder noch mit μ zu multipliciren.]

[Es sollen nun noch einige passende Transformationen vorgenommen werden:

In δv ist das Glied $a(3g+2\mathfrak{A}^{(0)})nt$ gefunden worden, das durch passende Wahl von g zum Verschwinden gebracht werden kann, so dass n in der That die Bedeutung der mittlern Bewegung erlangt;] hieraus folgt

$$g=-\tfrac{1}{3}a\left(\frac{dA^{(0)}}{da}\right).$$

[Weiter sollen die secularen Glieder in δr und δv in Secularstörungen der Excentricität und der Sonnenferne verwandelt werden; es ist nach den obigen Formeln

der seculare Theil von δr gleich $\frac{1}{4}aa(B^{(0)}-2\mathfrak{B}^{(0)})ent\sin M-\frac{1}{2}aa\mathfrak{C}^{(0)}e'nt\sin(D+M')$

» » » » δv » $\frac{1}{2}a(\mathfrak{B}^{(0)}-2\mathfrak{B}^{(0)})ent\cos M-a\mathfrak{C}^{(0)}e'nt\cos(D+M')$

und, da $D=M-M'+\tilde{\omega}-\tilde{\omega}'$, so wird

der erstere gleich $\frac{1}{4}aa\left(B^{(0)}-2\mathfrak{B}^{(0)}-2\frac{e'}{e}\mathfrak{C}^{(0)}\cos(\tilde{\omega}-\tilde{\omega}')\right)ent\sin M$
$$-\tfrac{1}{2}aa\mathfrak{C}^{(0)}\sin(\tilde{\omega}-\tilde{\omega}')e'nt\cos M$$

der letztere gleich $\frac{1}{2}a\left(B^{(0)}-2\mathfrak{B}^{(0)}-2\frac{e'}{e}\mathfrak{C}^{(0)}\cos(\tilde{\omega}-\tilde{\omega}')\right)ent\cos M$
$$+a\mathfrak{C}^{(0)}\sin(\tilde{\omega}-\tilde{\omega}')e'nt\sin M.$$

Aus den Relationen

$$r=a(1+e\cos M)\qquad v=nt+\varepsilon-2e\sin M$$

erhält man aber

$$\delta r=a\cos M.\delta e+ae\sin M.\delta\tilde{\omega}$$
$$\delta v=-2\sin M.\delta e+2e\cos M.\delta\tilde{\omega};$$

also wird

$$\delta e = \tfrac{1}{2} e' a \mathfrak{C}^{(0)} nt \sin(\tilde{\omega}' - \tilde{\omega})$$

$$\delta \tilde{\omega} = \tfrac{1}{4} a \Big(B^{(0)} - 2\mathfrak{B}^{(0)} - 2\frac{e'}{e}\mathfrak{C}^{(0)} \cos(\tilde{\omega}' - \tilde{\omega})\Big) nt.]$$

[7.]

Aus obigen Formeln folgt nunmehr

I) Secularer Zuwachs der Excentricität $= \tfrac{1}{2} e' a \mathfrak{C}^{(0)} nt \sin(\tilde{\omega}' - \tilde{\omega})$; [nun ist] $\mathfrak{C}^{(0)} = \tfrac{1}{2} Q''$, also der Zuwachs $= \tfrac{1}{4} e' a Q'' nt \sin(\tilde{\omega}' - \tilde{\omega})$

Für Ceres ist:	[Für Jupiter:]
$\tilde{\omega} = 352^\circ 58' 0''$	$\tilde{\omega}' = 191^\circ 10' 20''$
$\log n$ [täglich] $= 2{,}886\,2959$	$\log e' = 8{,}681\,3317\,[-10]$

[und hieraus findet man

jährliche Abnahme der Excentricität] 0,00000 59089.

II) Secularzunahme der Länge der Sonnenferne:

$$= \frac{a}{4}\Big(B^{(0)} - 2\mathfrak{B}^{(0)} - 2\frac{e'}{e}\mathfrak{C}^{(0)} \cos(\tilde{\omega}' - \tilde{\omega})\Big) nt.$$

Nun ist

$$B^{(0)} - 2\mathfrak{B}^{(0)} = Q',$$

also jene Zunahme

$$= \frac{a}{4}\Big(Q' - \frac{e'}{e} Q'' \cos(\tilde{\omega}' - \tilde{\omega})\Big) nt.$$

Für Ceres, Motus Annuus Apsidum $= +70{,}''1503$.

Nach diesen Seculeränderungen der Excentricität und Sonnenferne fallen die oben roth [*)] unterstrichenen Gleichungen ganz weg.

III) Der beständige Theil von δr ist $= [-aa(2g + \mathfrak{A}^{(0)}) =] + \tfrac{1}{6} aaB^{(0)}$

[also] $= -0{,}000\,9475$.

IV) Der Coefficient von $\cos iD$ [in δr] wird (weil i oben sowohl die positiven als die negativen Zahlen bedeutete und nun auf die positiven eingeschränkt wird)

$$\Big[\frac{2aa\mathfrak{A}^{(i)}}{hh-1} =\Big] \frac{2aa}{hh-1}\Big(\frac{i}{h} A^{(i)} + \tfrac{1}{2} B^{(i)}\Big).$$

[*) Seite 389, wo sie im Abdruck ebenfalls unterstrichen worden sind.]

[In unserm Falle, $\log n' = 2{,}475\,8562$] wird $\log\theta = 9{,}589\,5603$ [und hiemit der Theil von δr:]

$$\begin{array}{ll} +0{,}001\,0304\cos D & -0{,}000\,0350\cos 5D \\ -0{,}003\,8023\cos 2D & -0{,}000\,0128\cos 6D \\ -0{,}000\,4206\cos 3D & -0{,}000\,0050\cos 7D. \\ -0{,}000\,1077\cos 4D & \end{array}$$

V) In δv wird der Coefficient von $\sin iD$

$$-\frac{4ai(1-\theta)}{ii(1-\theta)^2-1}\left(\frac{1}{1-\theta}A^{(i)}+\tfrac{1}{2}B^{(i)}\right)+\frac{a}{i(1-\theta)}\left(\frac{3A^{(i)}}{1-\theta}+2B^{(i)}\right)$$

[also in unserm Falle die entsprechenden Glieder:]

$$\begin{array}{ll} -231''{,}94\sin D & +3''{,}05\sin 5D \\ +496{,}68\sin 2D & +1{,}07\sin 6D \\ +\ \ 44{,}15\sin 3D & +0{,}41\sin 7D. \\ +\ \ 10{,}07\sin 4D & \end{array}$$

VI) Zum Behuf der von M und $M'+D$ [abhängigen Glieder] dient folgende Untersuchung. [Bisher sind in δv die Integrationsconstanten, welche die Gleichung 11 enthält, unberücksichtigt geblieben; sie können beliebig gewählt werden, da sie sich mit den elliptischen Elementen e und $\tilde{\omega}$ vereinigen, und sollen so bestimmt werden, dass die von M und $D+M' = M+\tilde{\omega}-\tilde{\omega}'$ abhängigen Glieder in δv verschwinden. Wenn die Integrationsconstanten f_1 und f_1' so eingeführt werden, dass die Constante von $\int rQ\sin V.\,ndt$ gleich $aaef_1+aae'f_1'\cos(\tilde{\omega}-\tilde{\omega}')$ und die aus $\int rQ\cos V.\,ndt$ entspringende gleich $aae'f_1'\sin(\tilde{\omega}-\tilde{\omega}')$ wird, so ist der entsprechende Theil von δr mit Vernachlässigung der zweiten Potenzen der Excentricitäten

$$\alpha)\qquad aaef_1\cos M+aae'f_1'\cos(M+\tilde{\omega}-\tilde{\omega}')$$

und hiedurch entsteht in δv der Theil

$$\beta)\qquad -2aef_1\sin M-2ae'f_1'\sin(M+\tilde{\omega}-\tilde{\omega}').]$$

Die [gesamten von M und $D+M'$ abhängigen] Glieder mit Inbegriff derer [α], die aus den Constanten entspringen, seien

$$\text{in } \delta r \ldots\ldots aaef \cos M + aae'f' \cos(M + \bar\omega - \bar\omega')$$

[so dass also

$$f = f_1 - \tfrac{1}{24} B^{(0)} - \tfrac{1}{4} \mathfrak{B}^{(0)}$$
$$f' = f_1' - \tfrac{1}{4} \mathfrak{C}^{(0)}.$$

Hiemit wird der gesamte von den beiden Argumenten abhängige Theil

$$\text{in } \delta v \ldots\ldots -2a\{f - \tfrac{1}{6} B^{(0)} - \tfrac{1}{2}\mathfrak{B}^{(0)} + \tfrac{1}{4}\beta^{(0)}\}\, e \sin M$$
$$- 2a\{f' - \tfrac{1}{2}\mathfrak{C}^{(0)} + \tfrac{1}{4}\gamma^{(0)}\}\, e' \sin(M + \bar\omega - \bar\omega').]$$

Man bestimmt f, f' so, dass der Inbegriff dieser Grössen in δv verschwindet. So bleibt

$$\text{in } \delta r \ldots\ldots aae(\tfrac{1}{2}\mathfrak{B}^{(0)} - \tfrac{1}{4}\beta^{(0)} + \tfrac{1}{6}B^{(0)}) \cos M + aae'(\tfrac{1}{2}\mathfrak{C}^{(0)} - \tfrac{1}{4}\gamma^{(0)}) \cos(M + \bar\omega - \bar\omega')$$

oder

$$aae(\tfrac{5}{12} B^{(0)} + \tfrac{1}{4} C^{(0)}) \cos M + aae'(\tfrac{1}{4} A' - \tfrac{1}{4} C') \cos(M + \bar\omega - \bar\omega')$$

[und numerisch]

$$-0{,}000\,0526 \cos M \qquad + 0{,}000\,0141 \cos(M + \bar\omega - \bar\omega').$$

[Diese beiden Glieder lassen sich in eines vereinigen; bezeichnet man sie vorübergehend mit

$$b_1 \cos M + b_2 \cos(M + \bar\omega - \bar\omega')$$

und bestimmt man die Constanten c und C aus den Gleichungen

$$c \cos C = b_1 + b_2 \cos(\bar\omega - \bar\omega')$$
$$c \sin C = b_2 \sin(\bar\omega - \bar\omega'),$$

so erhalten sie die Form

$$c \cos(M + C),$$

numerisch] $-0{,}000\,0633 \cos(M + 25^0\, 56'\, 46'')$.

VII) In δr wird der Coefficient von $\cos(iD + M)$, [der mit] $aaeE^{(i)}$ [bezeichnet werden mag]

$$aaeE^{(i)} = aae\left\{\frac{\mathfrak{B}^{(i)}}{hh + 2h} + \tfrac{1}{2}\mathfrak{A}^{(i)}\left(\frac{1}{h+2} - \frac{4h}{hh-1} + \frac{3}{h}\right)\right\}$$
$$= \frac{aae}{h(h+2)}\left\{\tfrac{1}{2}C^{(i)} - \tfrac{1}{2}B^{(i)} - \frac{3A^{(i)}}{1-\theta} - 2\mathfrak{A}^{(i)}\left(\frac{3 + ih(h-1)}{hh-1}\right)\right\}.$$

VIII) In δr wird der Coefficient von $\cos((i+1)D + M')$, [der mit] $aae'D^{(i)}$

[bezeichnet werden mag]

$$aae'D^{(i)} = \frac{aae'\mathfrak{C}^{(i)}}{hh+2h} = \frac{aae'}{hh+2h}\left\{\frac{i+1}{h+1}((2i+1)A^{(i+1)}-B^{(i+1)})+(i+\tfrac{1}{2})B^{(i+1)}-\tfrac{1}{2}C^{(i+1)}\right\}.$$

[Auch hier unterscheiden sich die Argumente $iD+M$ und $(i+1)D+M'$ nur um constante Grössen; sie lassen sich auch in ein Glied vereinigen. Setzt man ähnlich, wie unter VI]

$$\alpha \frac{\sin}{\cos}(x-A)+\beta\frac{\sin}{\cos}(x-B) = f\frac{\sin}{\cos}(x-A+z),$$

[so bestimmen sich f und z aus

$$\beta\sin(A-B) = f\sin z$$
$$\alpha+\beta\cos(A-B) = f\cos z.]$$

IX) In δv wird der Coefficient von $\sin(iD+M)$

$$= ae\left\{-2(h+1)E^{(i)}+\frac{2\mathfrak{B}^{(i)}-\frac{1}{2}\beta^{(i)}}{h+1}-(2h+1)\frac{\mathfrak{A}^{(i)}}{hh-1}\right\}$$
$$= \frac{ae}{h+1}\left\{-2E^{(i)}-2\mathfrak{A}^{(i)}\frac{\frac{1}{2}i(h-1)-3}{hh-1}+\frac{(i+1)A^{(i)}}{1-\theta}\right\}.$$

X) In δv wird der Coefficient von $\sin((i+1)D+M')$

$$= ae'\left\{-2(h+1)D^{(i)}+\frac{2\mathfrak{C}^{(i)}-\frac{1}{2}\gamma^{(i)}}{h+1}\right\}$$
$$= \frac{ae'}{h+1}\left\{-2D^{(i)}-\frac{1}{2}\frac{i+1}{h+1}((2i+1)A^{(i+1)}-B^{(i+1)})\right\}$$

[8.]

[Die Formeln für die Breitenstörungen wurden in ähnlicher Weise abgeleitet, wobei aber nicht, wie in Notiz 2, die ungestörte Bahnebene, sondern die Ekliptik als feste Fundamentalebene angenommen wurde. Es seien] I, I' die Tangenten der Neigungen; N, N' die aufst[eigenden] ☊, [und] man mache

$$I\sin(v'-N)-I'\sin(v'-N') = \mathfrak{J}\sin(v'-\mathfrak{N})$$
$$[I\cos(v'-N)-I'\cos(v'-N') = \mathfrak{J}\cos(v'-\mathfrak{N})]$$

so ist:

XI) Secularbewegung des Knoten

$$= -\tfrac{1}{4} ant Q' \frac{\mathfrak{J}}{I} \cos(N - \mathfrak{N}).$$

XII) Secularzunahme der Neigung

$$= -\tfrac{1}{4} ant Q' \mathfrak{J} \sin(N - \mathfrak{N}).$$

XIII) Periodische Gleichungen der Breite

$$= \frac{a\mathfrak{J}}{1-\theta\theta}\left(\frac{a}{a'a'} - \tfrac{1}{2} Q^{(0)}\right)\sin(v' - \mathfrak{N})$$

$$+ \frac{a\mathfrak{J}}{2(1-\theta)}\left\{\sum_{2}^{\infty} \frac{Q^{(i)}}{i+1-(i-1)\theta}\,\frac{\sin(iD + v' - \mathfrak{N})}{i-1} - \sum_{1}^{\infty} \frac{Q^{(i)}}{i-1-(i+1)\theta}\,\frac{\sin(iD - v' + \mathfrak{N})}{i+1}\right\}.$$

[Die vollständigen numerischen Resultate der vorstehenden Entwickelungen sind veröffentlicht in ZACHS Monatlicher Correspondenz, Band VI, S. 492—498.*)]

[*) Band VI, S. 227—230.]

BRIEFWECHSEL.

[II. TAFELN FÜR DIE STÖRUNGEN DER CERES.]

Gauss an Olbers, Braunschweig, 3. December 1802.

..... Ich berechne mir jetzt eine Tafel für die im Nov. der M. C. angezeigten Störungen der ⚳, wobei ich zum Theil eine Einrichtung mache, die von der sonst üblichen verschieden ist. Die Tafeln für die bloss von ⚳ — ♃ abhängenden Störungen der Länge und des Radius vector und für die Breite sind schon fertig. Ich schreibe Ihnen darüber nächstens ausführlicher. .....

Gauss an Olbers, Braunschweig, 21. December 1802.

..... Meine, jetzt vollendeten, Tafeln [*)] der Störungen der ⚳ vom ♃ werde ich noch in dieser Woche an Zach schicken; sind sie für die M. C. noch zu weitläuftig, so werde ich Ihnen eine Abschrift davon besorgen. Ihnen kann ich die Einrichtung mit ein paar Worten beschreiben. Bei der Länge machen erstlich alle Gleichungen, deren Argument ein Vielfaches von ⚳ — ♃ ist, Eine Tafel; die Summe aller übrigen, von der einfachen Excentricität abhängigen, lässt sich durch $A \sin(B - ⚳)$ ausdrücken, so dass A und B bloss von ⚳ — ♃ Functionen sind; diese Grössen A und B gibt, für alle Werthe von ⚳ — ♃ von Grad zu Grad, eine zweite Tafel. Eben so kommen 2 Tafeln für den Radius vector und Eine für die Breite, zusammen 5 Tafeln, da man sonst für alle die von mir gebrauchten Gleichungen 40 Tafeln oder doch an 30 brauchen

[*) Band VI, Seite 235—243.]

würde, wenn man die wegliesse, die nicht auf 2″ gehen. Mir wenigstens ist es weit leichter, diese leichten trigonometrischen Rechnungen zu machen, als so viele Argumente zu bilden, in so viele Tafeln einzugehen, so viele Additionen zu machen. Man könnte auch leicht den Gebrauch meiner Tafel noch mehr erleichtern, wenn man z. B. statt A gleich $\log A$ aufnähme; oder auch, wenn man nach Gefallen eine beständige Grösse $= 2M$ annähme, die nicht kleiner, als irgend ein Werth von A wäre, $\frac{A}{M} = \cos C$ machte: hiedurch würde die Summe der von der Excentricität abhängigen Gleichungen

$$= M\sin(B - C - ⚳) + M\sin(B + C - ⚳).$$

Man nähme dann in die Tafel, für jeden Werth von ⚳ — ♃ die Werthe von $B - C$ und von $B + C$ auf und fügte noch eine Tafel hinzu, die $M\sin\varphi$ für alle Werthe von φ enthielte. — In meiner Tafel habe ich übrigens nicht die Winkel B, sondern für:

die Länge .... $B - 2(⚳ - ♃)$
den R. V. } ... $B - 3(⚳ - ♃)$
Breite }

angesetzt oder der Summe der Gleichungen die Form

für die Länge .... $A\sin(B' + ⚳ - 2♃)$
für den R. V. und die Br. .... $A\sin(B' + 2⚳ - 3♃)$

gegeben.

Dieses B' bleibt so immer zwischen bestimmten Grenzen, wenn ⚳ — ♃ alle Werthe durchläuft, da hingegen B einen oder zwei Umläufe machen würde während einer Periode von ⚳ — ♃. .....

Gauss an Olbers, Braunschweig, 4. Januar 1803.

..... Nach meinen vorläufigen Tafeln der ⚳-Störungen .... habe ich schon häufige Rechnungen gemacht, und ihre vorzügliche Bequemlichkeit bewährt gefunden. Aber mit den VIII. im Nov. der M. C. abgedruckten Elementen bin ich noch nicht recht zufrieden. Ich hatte dazu lediglich Meridianbeobachtungen gebraucht, die dadurch sehr gut, und viel besser als durch die VII. dargestellt wurden. Aber jetzt, nachdem die ohne Tafeln so sehr beschwerlichen Berechnungen der Störungen kein Hinderniss mehr in den Weg legten, habe ich auch die letzten ORIANIschen Beobachtungen damit verglichen, und zu meiner Verwunderung den Fehler merklich grösser gefunden, als nach den VII. Elementen. Die Ascensionen stimmen alle ziemlich gut, aber die Declinationen sind mit vieler Harmonie etwa 40″ zu klein, so dass ich den Längenfehler für den 5. Aug. $+18''$, den Breitenfehler $-37''$ im Mittel ansetze; der Fehler der VII. Elemente ist nur etwa halb so gross. Mich dünkt, dies bestätigt eine schon ehemals von mir geäusserte Meinung, dass die Unsicherheit, die eine Folge der noch zu kurzen Dauer der Beobachtungen ist, bis jetzt auf die Voraussagung des künftigen Laufs nachtheiliger wirken kann, als die Vernachlässigung der Störungen. Ich will deswegen erst noch eine Politur vornehmen und die Elemente allen vorhandenen Beobachtungen möglichst genau anpassen. Fast alle Rechnungen, die ich dazu machen muss, müsste ich ohnehin in diesem Jahre 1803 zur Benutzung der künftigen Beobachtungen doch auch machen; die Arbeit ist also nicht verloren, ob sie gleich zur Wiederauffindung am östlichen Himmel eben nicht nöthig ist; dazu werden, denke ich, die von TRIESNECKER und BODE berechneten Ephemeriden hinreichend genau sein. — Was übrigens die Erreichung einer grossen Präcision in den Elementen noch hindert, ist hauptsächlich die kurze Dauer der PIAZZIschen Beobachtungen von 1801. Zu einer genauen Bestimmung, wenn so wie hier die mittlere Bewegung nicht aus sehr entfernten Beobachtungen abgeleitet werden kann, ist es wesentlich, dass man 4 Beobachtungen A, B, C, D habe, die alle weit genug von einander liegen, auch wo möglich das Intervall B, C viel grösser sei, als A, B und C, D. Dazu kann man nicht umhin, dass man für A und B die ersten und letzten PIAZZIschen Beobachtungen nehme, die nur 41 Tage von einander abstehen. Man kann sich daher einen viel grössern Grad von Genauigkeit versprechen, wenn man von PIAZZIS Beobachtungen nur noch Eine für A nöthig hat (die man natürlich durch Vergleichung mit den benachbarten genauer macht, als Eine einzelne ist), also 1803

$$\text{wo man} \begin{Bmatrix} A \\ B \\ C \\ D \end{Bmatrix} \text{aus} \begin{Bmatrix} 1801 \\ 1802 \text{ (oder ZACHS Beob. vom 7. Decbr. 1801)} \\ 1802 \\ 1803 \end{Bmatrix}$$

nehmen kann. Aber eine recht grosse Genauigkeit darf man erst nach der ☍ von 1804 hoffen, wenn man *A*, *B*, *C*, *D* aus so viel verschiedenen Jahren nehmen kann, und 1806, wenn man 4 Oppositionen benutzen kann, wird man hoffentlich die Bahn der ⚳, etwa die mittlere Bewegung ausgenommen, fast eben so genau kennen, als die der übrigen Planeten. Mit der ⚴ wird alles Ein Jahr länger dauern. — Finden wir aber, woran wir noch nicht verzweifeln wollen, einen von beiden in einer ältern Beobachtung wieder, so wird freilich alles viel geschwinder gehen. .....

Gauss an Olbers, Braunschweig, 1. März 1803.

..... Meine Tafeln für die Störungen der ⚳ hätte ich Ihnen längst geschickt, wenn nicht von Zach mir geschrieben hätte, dass alles im Februarhefte der M. C. erscheinen würde. Da in diesem der Platz nicht zugereicht haben wird, so erhalten Sie dieselben in meinem nächsten Briefe. Ich habe mir auch die übrigen für die Bewegung der ⚳ nöthigen Tafeln leni calamo nur auf Minuten berechnet, eigentlich nur zu meinem Gebrauch, um die ganz neuerlich erhaltene Histoire Céleste durchzumustern; ich habe sie bereits durchblättert und einige flüchtige Versuche angestellt; ich verzweifle aber fast, die ⚳ darin zu finden, ob ich gleich mehrere Tage angetroffen habe, wo der Unterschied der Declination nur einige Grade betrug. Auch diese Tafel schicke ich Ihnen nächstens. Beide Tafeln sind indess nur provisorisch; nach dem Schluss der diesjährigen Beobachtungen werden wir weit genauere Elemente haben, und dann wird es schon die Mühe belohnen, die Störungen genauer und vollständiger zu berechnen und aufzunehmen. .....

Gauss an Olbers, Braunschweig, 8. April 1803.

..... Hiebei schicke ich Ihnen die so lange versprochenen kleinen ⚳- und ⚴-Tafeln; die eine noch rückständige für die ⚴ erhalten Sie nächstens nach. .....

Erst in gegenwärtigem Jahre werde ich zur fernern Verbesserung der ⚳-Elemente diejenige Methode anwenden können, die dann immerfort zur weitern Ausfeilung brauchbar sein wird; bisher war es dazu zu früh. Da diese

Methode meiner Meinung nach kein unwichtiger Theil des Ganzen ist, denke ich an die Bearbeitung des Ganzen dann zu gehen, wenn ich diesen Theil erst praktisch geprüft und, wie das zu gehen pflegt, ihn praktisch vervollkommnet habe. .....

Gauss an Olbers, Braunschweig, 25. Januar 1805.

..... Meine neuen Elemente der Ceres ..... sind folgende:

	Epoche	Aphelium	Excentricität
1801	77° 17′ 0″,1	326° 19′ 59″	0,078 4929
1802	155 27 34,2	22 0	4871
1803	233 38 8,3	24 2	4814
1804	312 1 33,5	26 3	4757
1805	30 12 7,7	28 4	4700

Logarithm der halben grossen Axe 0,442 0004
Tägliche tropische Bewegung .... 771″,0524
☊ 1801 .... 80° 54′ 46″
Neigung 1801 .... 10° 38′ 13″.

Diese Elemente, mit denen noch meine alten Perturbationstafeln verbunden werden müssen, sind auf die 3 ☍ und Piazzis Beobachtungen von 1801 gegründet. Inzwischen lassen sich die Breiten in den 4 Jahren nicht mit der gefundenen Säcularänderung vom ☊ und Inclination darstellen (das erstere bemerkte ich schon voriges Jahr); und ich muss, um die Beobachtungen mit meinen Störungstafeln zu vereinigen,

dem Knoten 0″,243 tägl. Verrückung
der Neigung 0″,025 tägl. Abnahme

geben, beide viel grösser, als sie die Rechnung gibt. Ohne Zweifel liegt dies bloss an der Unvollständigkeit der periodischen Gleichungen für den Radius vector und die Breite, und wird sich künftig bei umständlicher Rechnung der Störungen schon ausweisen.

BRIEFWECHSEL UND NACHLASS.

[III. ZWEITE METHODE.]

[MAI—JULI 1805.]

[1.]

GAUSS an OLBERS, Braunschweig, 10. Mai 1805.

..... Die Methode, nach der ich die ⚴-Störungen zu berechnen angefangen hatte, habe ich doch wieder aufgegeben. Das *gar* zu viele mechanische todte Rechnen, was ich dabei vor mir sah, hat mich abgeschreckt; auch selbst wenn alle Rechnungen, die ich Fremden hätte übertragen können, von Hrn. BESSEL und Hrn. v. LINDENAU .... übernommen wären, würde für mich noch mehr übrig geblieben sein, als meine Geduld hätte bestreiten können.

Ich habe indessen bereits eine andere Methode ausgesonnen, die eben so weit führen kann, als jene, aber bei weitem weniger — obwohl künstlichere — Arbeit erfordert. Ich habe schon stark angefangen, sie auf die Ceres anzuwenden, wiewohl vorerst nur nach einem eingeschränktern Plane, indem ich nur bis an die 5. Potenzen der Excentricitäten von ♃ und ⚴ gehe. Diese Methode hat um so mehr Reiz für mich, da ich dabei von vielen, schon vor längerer Zeit angestellten, ziemlich tiefen Untersuchungen über eigene Arten von transcendenten Functionen einen glücklichen Gebrauch machen kann. Ich werde in [der] Folge Ihnen eine Idee davon zu geben suchen. Auch hoffe ich, dass ich im Stande sein werde, alles so einzurichten, dass ich durch eine fremde Unterstützung eine ansehnliche Erleichterung erhalte, zwar nicht bei meiner diesmaligen Rechnung für die ⚴ (denn gerade in dem Theile, wo Hülfe zu brauchen wäre, bin ich schon selbst zu weit vorgerückt), aber doch wenn ich dieselbe wiederhole, welches nöthig sein wird, da ohne Zweifel die erweiterten Störungsgleichungen noch mit ansehnlichen Änderungen in den Elementen selbst verbunden sein werden — oder auch wenn ich einst diese Arbeit bei der ⚴ und ⚵ vornehme, wo sie beträchtlich weitläuftiger sein wird. .....

[2.]

[Zur Berechnung der Breitenstörungen soll die ungestörte Bahn der Ceres als Fundamentalebene gewählt werden; es ist also zunächst die gegenseitige Lage der Bahnen von ⚳ und ♃ zu berechnen*).

Nimmt man an, wenn N und N' die Längen der aufsteigenden Knoten beider Bahnen bedeuten:

$$i = 10^\circ 37' 54'' \qquad i' = 1^\circ 18' 51''$$
$$N = 80\ 57\ 43 \qquad N' = 98\ 26\ 27,$$

so ergibt sich:

Neigung beider Bahnen $= J = 9^\circ 23' 11''$, $\log\sin J = 9{,}212\,4316$,

Länge des aufsteigenden Knotens der ⚳-Bahn auf der ♃-Bahn:

gezählt in der ⚳-Bahn: $78^\circ 32' 26''$

» » » ♃-Bahn: ☊ $= 78^\circ 34' 38''$.

Schreibt man in der Gleichung * für θ (S. 381) statt der Länge v die wahre Anomalie V, so wird

$$\theta = \frac{\mu a}{\sqrt{(1-ee)}}\left\{\cos V\int r\left(\frac{\mathrm{d}R}{\mathrm{d}z}\right)\sin V.n\,\mathrm{d}t - \sin V\int r\left(\frac{\mathrm{d}R}{\mathrm{d}z}\right)\cos V.n\,\mathrm{d}t\right\}.$$

Nun ist (vgl. S. 378)

$$\left(\frac{\mathrm{d}R}{\mathrm{d}z}\right) = z'\left(\frac{1}{r'^3} - \frac{1}{\mathfrak{R}^3}\right), \qquad \mathfrak{R} = \sqrt{(rr + r'r' - 2rr'\cos w)}.$$

Bezeichnet man mit l und b heliocentrische Länge und Breite der Ceres, bezogen auf die ♃-Bahn als Fundamentalebene, und mit v' die wahre Länge des ♃ in seiner Bahn, so ist

$$\cos w = \cos b\cos(v'-l).$$

Setzt man

$$l = v + \delta \qquad D = ♃ - ⚳$$
$$v = ⚳ + \varepsilon \qquad \alpha = \varepsilon + \delta,$$
$$v' = ♃ + \varepsilon'$$

wo v die wahre Länge der ⚳ in ihrer Bahn, δ bis auf das Vorzeichen die Reduction dieser Länge auf die ♃-Bahn, ⚳, ♃ die mittlern Längen, ferner ε = Aequ. Centri ⚳, ε' = Aequ. Centri ♃ sind, so kommt

$$\cos w = \cos b\cos(D + \varepsilon' - \alpha).$$

[*) Siehe Art. 15 der weiter unten abgedruckten: Exposition d'une nouvelle méthode de calculer les perturbations planétaires oder auch die etwas ausführlichere Darstellung bei der Berechnung der Pallasstörungen.]

Also

$$\frac{1}{\mathfrak{R}^3} = \frac{1}{(rr + r'r' - 2rr'\cos b\cos(D + \varepsilon' - \alpha))^{\frac{3}{2}}}.$$

Dieser Ausdruck lässt sich in die Reihe

$$\frac{2}{\mathfrak{R}^3} = \tfrac{1}{2}Q + Q'\cos(D + \varepsilon' - \alpha) + Q''\cos 2(D + \varepsilon' - \alpha) + \cdots$$

entwickeln, und

$$1)\qquad \frac{2}{\mathfrak{R}^3} - \frac{2}{r'^3} = \tfrac{1}{2}Q^{(0)} + Q'\cos(D + \varepsilon' - \alpha) + Q''\cos 2(D + \varepsilon' - \alpha) + \cdots$$

setzen, wo also die $Q^{(i)}$ Functionen von r, r', $\cos b$ sind und wo $Q^{(0)} = Q - \frac{4}{r'^3}$ ist.

Ferner ist

$$z' = r'\sin J\sin(v' - \Omega) = r'\sin J\sin(\text{♃} + \varepsilon' - \Omega);$$

folglich wird der Ausdruck für θ:

$$2)\quad \theta = -\frac{\mu a\sin J}{4\sqrt{(1-ee)}}\left\{\pm\begin{matrix}\cos\\ \sin\end{matrix} V\!\int rr'\begin{matrix}\sin\\ \cos\end{matrix} V.\left\{\begin{matrix} Q'\sin(\text{⚳} + \alpha - \Omega) & \\ + Q^{(0)}\sin(D + \text{⚳} + \varepsilon' - \Omega) & - Q''\sin(D - \text{⚳} + \varepsilon' - 2\alpha + \Omega) \\ + Q'\sin(2D + \text{⚳} + 2\varepsilon' - \alpha - \Omega) & - Q'''\sin(2D - \text{⚳} + 2\varepsilon' - 3\alpha + \Omega) \\ + Q''\sin(3D + \text{⚳} + 3\varepsilon' - 2\alpha - \Omega) & - Q^{\mathrm{v}}\sin(3D - \text{⚳} + 3\varepsilon' - 4\alpha + \Omega) \\ + \cdots & - \cdots \end{matrix}\right\} n\,dt\right\}$$

wo unter der Abkürzung $\pm\begin{matrix}\cos\\ \sin\end{matrix}$ und entsprechend $\begin{matrix}\sin\\ \cos\end{matrix}$ die Summe dieser beiden Glieder zu verstehen ist.]

[3.]

[Der Ausdruck unter dem Integralzeichen ist eine periodische Function der beiden Argumente ⚳ und ♃, resp. der beiden mittlern Anomalien M und M' und kann in eine Reihe nach Vielfachen derselben entwickelt werden. Diese Entwickelung wurde einzeln für jedes Glied nach der in der Theoria interpolationis methodo nova tractata vorbereiteten Methode*) vorgenommen und soll hier als Beispiel für das Glied

$$3)\qquad \text{const.}\,rr'Q''\sin(3D + \text{⚳} + 3\varepsilon' - 2\alpha - \Omega),\quad \text{wo}\quad \text{const.} = \frac{\mu a\sin J}{4\sqrt{(1-ee)}.\sin i},$$

numerisch log const. = 2,073 9541 in Secunden,

mitgetheilt werden. Zwecks dieser Entwickelung wurde der Umkreis in 10 Theile getheilt und die numerischen Werthe der zu entwickelnden Functionen für die Werthe: M resp. $M' = \pm 18^\circ$, $\pm 54^\circ$, $\pm 90^\circ$ $\pm 126^\circ$, $\pm 162^\circ$ berechnet, wo M und M' von der Sonnenferne gezählt sind. Setzt man für den Augenblick, um die weiter unten Art. 2 der allgemeinen Störungen der Pallas, erste Rechnung, gegebenen Formeln benutzen zu hönnen, $m = 90^\circ - M$, und will man eine Function T in die Reihe:

[*) Band III, Seite 265; vgl. auch die Entwickelungen bei den Störungen der Pallas.]

$$T = \alpha_0 + \alpha_1 \cos m + \alpha_2 \cos 2m + \cdots \qquad = \alpha_0 - \beta_1 \cos M - \alpha_2 \cos 2M + \cdots$$
$$+ \beta_1 \sin m + \beta_2 \sin 2m + \cdots \qquad + \alpha_1 \sin M - \beta_2 \sin 2M - \cdots$$

entwickeln, und sei

$$\text{für die Werthe } m = 0,\ 36^\circ,\ 72^\circ,\ \ldots\ 288^\circ,\ 324^\circ$$
$$T = A_0,\ A_1,\ A_2,\ \ldots\ A_8,\ A_9$$

gegeben, so ist nach den a. a. O. entwickelten Formeln

$$10\alpha_0 = A_0 + A_2 + A_4 + A_6 + A_8 - (A_1 + A_3 + A_5 + A_7 + A_9)$$

$$\left.\begin{aligned} 5\alpha_n &= A_0 - A_5 + (A_1 + A_9 - A_4 - A_6)\cos na + (A_2 + A_8 - A_3 - A_7)\cos 2na \\ 5\beta_n &= \qquad\qquad (A_1 - A_9 + A_4 - A_6)\sin na + (A_2 - A_8 + A_3 - A_7)\sin 2na \end{aligned}\right\} n \text{ ungerade}$$

$$\left.\begin{aligned} 5\alpha_n &= A_0 + A_5 + (A_1 + A_9 + A_4 + A_6)\cos na + (A_2 + A_8 + A_3 + A_7)\cos 2na \\ 5\beta_n &= \qquad\qquad (A_1 - A_9 - A_4 + A_6)\sin na + (A_2 - A_8 - A_3 + A_7)\sin 2na \end{aligned}\right\} n \text{ gerade}$$

$$a = 36^\circ.$$

Das zu entwickelnde Glied 3) wurde nun wie folgt zerlegt:

$$\begin{aligned} rr'Q''\sin(3D + \text{⚴} + 3\varepsilon' - 2\alpha - \text{☊}) = \quad & r'\cos 3\varepsilon' \begin{Bmatrix} r\cos 2\alpha\,.\,Q''\sin(3D + \text{⚴} - \text{☊}) \\ -r\sin 2\alpha\,.\,Q''\cos(3D + \text{⚴} - \text{☊}) \end{Bmatrix} \\ + & r'\sin 3\varepsilon' \begin{Bmatrix} r\cos 2\alpha\,.\,Q''\cos(3D + \text{⚴} - \text{☊}) \\ +r\sin 2\alpha\,.\,Q''\sin(3D + \text{⚴} - \text{☊}) \end{Bmatrix} \end{aligned}$$

und es wurden zunächst die Ausdrücke $r\overset{\cos}{\underset{\sin}{.}}2\alpha\,.\,Q''$ für alle Werthepaare

$$M \text{ resp. } M' = \pm 18^\circ,\ \pm 54^\circ,\ \pm 90^\circ,\ \pm 126^\circ,\ \pm 162^\circ$$

berechnet.]

[4.]

[Zur Berechnung der $Q^{(i)}$ bedient man sich der bereits früher, S. 385, angewandten Methode; man setzt

$$4) \qquad \mathfrak{R}\mathfrak{R} = \frac{rr'\cos b}{\beta}(1 + \beta\beta - 2\beta\cos(D + \varepsilon' - \alpha)),$$

wo

$$\beta = \frac{\sqrt{(rr + r'r' + 2rr'\cos b)} - \sqrt{(rr + r'r' - 2rr'\cos b)}}{\sqrt{(rr + r'r' + 2rr'\cos b)} + \sqrt{(rr + r'r' - 2rr'\cos b)}};$$

sobald man also für ein Werthepaar von M, M' die Grössen r, r', $\cos b$ und hieraus β berechnet hat, ergeben sich die entsprechenden Werthe der $Q^{(i)}$ nach dem Seite 385 gegebenen Verfahren mit den nöthigen Modificationen, die sich aus der Form der Gleichungen 1 und 4 ergeben; auch α rechnet sich nach bekannten Formeln. Man findet auf diese Weise für unser Beispiel mit Annahme von

$$\log a = 0{,}442\,0004 \qquad \log a' = 0{,}716\,2304$$
$$\log e = 8{,}894\,7674 \qquad \log e' = 8{,}682\,7554$$
$$\text{Sonnenferne} = \tilde\omega = 326^\circ\,24'\,2''$$

z. B. für $M' = \pm 18^0$:

$$\log r' = 0{,}735\,7693 \qquad \varepsilon' = -1^0\,36'\,46{,}''36$$

M	$\log r$	$\log Q''$	ε	α	const. $r \cos 2\alpha . Q''$	const. $r \sin 2\alpha . Q''$
$+18^0$	0,473 4770	8,071 2291	$\mp 2^0\,32'\,25{,}''44$	$-2^0\,35'\,36{,}''80$	1,5272	$-0{,}1386$
-18^0		8,086 9422		$+2\ 12\ 11{,}11$	1,5853	$+0{,}1221$
$+54^0$	0,463 1441	8,044 6234	$\mp 6\ 51\ 43{,}12$	$-6\ 31\ 41{,}64$	1,3720	$-0{,}3181$
-54^0		8,073 7311		$+6\ 38\ 40{,}63$	1,4657	$+0{,}3462$
$+90^0$	0,444 6563	8,007 0532	$\mp 8\ 57\ 24{,}14$	$-8\ 34\ 46{,}38$	1,1828	$-0{,}3652$
-90^0		8,015 2581		$+9\ 9\ 49{,}82$	1,1975	$+0{,}3967$
$+126^0$	0,423 4498	7,949 3412	$\mp 7\ 41\ 47{,}10$	$-7\ 44\ 29{,}95$	0,9947	$-0{,}2756$
-126^0		7,929 3295		$+8\ 6\ 45{,}95$	0,9464	$+0{,}2754$
$+162^0$	0,408 6211	7,887 3044	$\mp 3\ 3\ 44{,}12$	$-3\ 24\ 40{,}10$	0,8586	$-0{,}1027$
-162^0		7,872 3513		$+3\ 4\ 55{,}48$	0,8307	$+0{,}0897$

woraus man nach den obigen Interpolationsformeln erhält

$$\text{const.}\, r \cos 2\alpha . Q'' = 1{,}1961 + 0{,}3761 \cos M \ldots .$$
$$\ldots\ldots\ldots\ldots\ldots\ldots$$
$$\text{const.}\, r \sin 2\alpha . Q'' = \ldots\ldots\ldots\ldots\ldots\ldots$$
$$-0{,}3770 \sin M - \cdots,$$

wo nur die grössten Glieder berechnet sind. Dieselbe Rechnung ist auszuführen für die übrigen Werthe von M'; es fand sich so mit Berücksichtigung nur der grössten Glieder

M'	const. $r \cos 2\alpha . Q''$	const. $r \sin 2\alpha . Q''$
$\pm 18^0$	$1{,}1961 + 0{,}3761 \cos M$	$-0{,}3770 \sin M$
$\pm 54^0$	$1{,}3186 + 0{,}4188 \cos M$	$-0{,}4157 \sin M$
$\pm 90^0$	$1{,}5632 + 0{,}5057 \cos M$	$-0{,}4929 \sin M$
$\pm 126^0$	$1{,}8871 + 0{,}6230 \cos M$	$-0{,}5953 \sin M$
$\pm 162^0$	$2{,}1429 + 0{,}7179 \cos M$	$-0{,}6758 \sin M$

und hieraus

M'	const. $r \cos 2\alpha . Q'' \sin(3D + ⚳ - \Omega)$ $-$ const. $r \sin 2\alpha . Q'' \cos(3D + ⚳ - \Omega)$			
$\pm 18^0$	1,1961	$\sin(3D + ⚳ - \Omega)$	$+0{,}3766$	$\sin(3D + ⚳ - \Omega + M)$
$\pm 54^0$	1,3186	»	$+0{,}4172$	»
$\pm 90^0$	1,5632	»	$+0{,}4993$	»
$\pm 126^0$	1,8871	»	$+0{,}6092$	»
$\pm 162^0$	2,1429	»	$+0{,}6968$	»

Für die Grösse

$$\text{const.}\, r \cos 2\alpha . Q'' \cos(3D + ⚳ - \Omega) + \text{const.}\, r \sin 2\alpha . Q'' \sin(3D + ⚳ - \Omega)$$

gelten dieselben Werthe, wie vorstehend, nur sind statt $\sin(3D + ⚳ - \Omega)$ und $\sin(3D + ⚳ - \Omega + M)$ die entsprechenden Cosinus zu setzen.

Die vorigen Ausdrücke sind nun endlich mit $r' \cos 3\varepsilon'$ resp. $r' \sin 3\varepsilon'$ zu multipliciren; es fand sich:

M'	$\log r'$	ε'	$\log r' \cos 3\varepsilon'$	$\log(\mp r' \sin 3\varepsilon')$
$\pm\ 18^0$	0,735 7693	$\mp 1^0\, 36'\, 46'',36$	0,73422	9,66185
$\pm\ 54^0$	0,728 9695	$\mp 4\ \ 18\ \ 30,90$	0,71782	0,07861
$\pm\ 90^0$	0,717 2353	$\mp 5\ \ 30\ \ 39,96$	0,69890	0,17143
$\pm 126^0$	0,704 4644	$\mp 4\ \ 37\ \ 26,37$	0,69161	0,08423
$\pm 162^0$	0,695 9734	$\mp 1\ \ 48\ \ 31,26$	0,69402	9,67169

und hieraus

M'	$r' \cos 3\varepsilon' \begin{cases} \text{const.}\, r \cos 2\alpha \,.\, Q'' \sin(3D + ? - ☊) \\ - \text{const.}\, r \sin 2\alpha \,.\, Q'' \cos(3D + ? - ☊) \end{cases}$		$\mp r' \sin 3\varepsilon' \begin{cases} \text{const.}\, r \cos 2\alpha \,.\, Q'' \cos(3D + ? - ☊) \\ + \text{const.}\, r \sin 2\alpha \,.\, Q'' \sin(3D + ? - ☊) \end{cases}$	
$\pm\ 18^0$	$6{,}4862 \sin(3D + ? - ☊)$	$+ 2{,}0419 \sin(3D + ? - ☊ + M)$	$0{,}5491 \cos(3D + ? - ☊)$	$+ 0{,}1729 \cos(3D + ? - ☊ + M)$
$\pm\ 54^0$	6,8854 »	+ 2,1787 »	1,5802 »	+ 0,4999 »
$\pm\ 90^0$	7,8147 »	+ 2,4961 »	2,3197 »	+ 0,7410 »
$\pm 126^0$	9,2768 »	+ 2,9945 »	2,2910 »	+ 0,7396 »
$\pm 162^0$	10,5930 »	+ 3,4448 »	1,0062 »	+ 0,3272 »

Wird hienach noch die Interpolation nach dem Argument M' vorgenommen, so finden sich die Hauptglieder der Entwickelung:

$$r' \cos 3\varepsilon' \begin{cases} \text{const.}\, r \cos 2\alpha \,.\, Q'' \sin(3D + ? - ☊) \\ - \text{const.}\, r \sin 2\alpha \,.\, Q'' \cos(3D + ? - ☊) \end{cases} = \begin{array}{l} (8'',2112 - 2'',1246 \cos M') \sin(3D + ? - ☊) \\ + (2'',6312 - 0'',7243 \cos M') \sin(3D + ? - ☊ + M) \end{array}$$

$$r' \sin 3\varepsilon' \begin{cases} \text{const.}\, r \cos 2\alpha \,.\, Q'' \cos(3D + ? - ☊) \\ + \text{const.}\, r \sin 2\alpha \,.\, Q'' \sin(3D + ? - ☊) \end{cases} = \begin{array}{l} - 2'',3726 \sin M' \,.\, \cos(3D + ? - ☊) \\ - 0'',7592 \sin M' \,.\, \cos(3D + ? - ☊ + M) \end{array}$$

Die Summe dieser beiden Ausdrücke gibt die Entwickelung des Gliedes 3).]

[5.]

[Nachdem auf diese Weise alle Glieder des Ausdrucks 2) auf die Form

$$A \sin(iD \pm ? \mp ☊ + kM - k'M')$$

gebracht sind, wird das entsprechende

5) $$\text{Glied in } \frac{\theta}{\sin i} = -A \cos V \int \sin V . \sin(iD \pm ? \mp ☊ + kM - k'M')\, n\,dt$$
$$+ A \sin V \int \cos V . \sin(iD \pm ? \mp ☊ + kM - k'M')\, n\,dt.$$

Der nächste Schritt besteht nun in der Entwickelung von $\genfrac{}{}{0pt}{}{\sin}{\cos} V$ nach Vielfachen von M, welche auch nach der interpolatorischen Methode erfolgen kann. Es fand sich

$$\cos V = 0{,}07848 + 0{,}99308 \cos M - 0{,}07784 \cos 2M \text{ etc.}$$
$$\sin V = \phantom{0{,}07848 +}\ 0{,}99461 \sin M - 0{,}07792 \sin 2M \text{ etc.}$$

Nachdem die Ausmultiplication mit diesen Grössen unter den Integralzeichen in 5) ausgeführt ist, kann die Ausführung der Integration ohne Weiteres erfolgen und nach nochmaliger Multiplication mit $\cos V$ resp. $\sin V$ erhält man das entsprechende Glied in θ. Das oben als Beispiel benutzte Glied 3) ergab so:

$$-27{,}''47 \sin(3D + \text{⚳} - \text{☊})$$
$$-\ \ 4{,}''56 \sin(3D + \text{⚳} - \text{☊} + M)$$
$$+\ \ 2{,}''26 \sin(3D + \text{⚳} - \text{☊} - M)$$
$$+\ \ 2{,}''81 \sin(3D + \text{⚳} - \text{☊} + M').$$

Die gesammten numerischen Resultate finden sich im folgenden Briefe, aus welchem auch zu ersehen ist, wie die Glieder, deren Argumente sich nur um constante Grössen unterscheiden, in eines zusammengezogen worden sind.]

[6.]

Gauss an Olbers, Braunschweig, 2. Julius 1805.

..... Mit meiner Rechnung der Störungen der ⚳ bin ich leider noch nicht fertig. Theils habe ich nicht immer anhaltend daran gearbeitet, theils habe ich auch daran bei weitem mehr Mühe gehabt, als ich vorher glaubte, hie und da auch wohl mehr, als nothwendig gewesen wäre. Aber die zweckmässigste Ausübung einer Methode lernt man erst bei ihrer Anwendung. Mit den Störungen der Breite hatte ich angefangen. Ich hatte bei meiner ersten Rechnung alles, was von den Excentricitäten abhing, übergangen: Oriani hatte nur Ein Glied mitgenommen. Nunmehro habe ich alle Gleichungen, die ich über 1″ fand, mitgenommen, worunter auch ein paar sind, die von dem Producte der Excentricitäten abhangen, also (da ohnehin in alle Breitengleichungen die Neigung entrirt) von der Ordnung 3 sind. Von dieser Arbeit habe ich nun gewissermassen auch schon Früchte geerndtet. Sie erinnern sich, dass ich mich schon seit 1803 beklagt habe, dass sich die Breiten in der ☍ von 1803 mit denen von 1801 nach der aus der Theorie gefundenen Bewegung des ☊ nicht mehr vereinigen liessen, und dass ich gezwungen war, den ☊ 1803 um 3′ weiter zu rücken. Eben so stimmte in der ☍ 1804 die Breite nicht mit der von 1802; die Neigung musste weit mehr verringert werden, als die Theorie angab.

Bei meinen neuesten Elementen musste ich dem ☊ eine tägliche tropische Bewegung von 0,″241 und der Neigung eine tägliche Abnahme von 0,″0243 geben, um die Beobb. zu vereinigen, so dass

☊	1801 Jan. 1.	80° 54′ 46″	Neigung	1802	☍	10° 38′ 1″
	1803 ☍	80 58 28		1804	☍	10 37 38.

Zu meiner grossen Freude ist dies nun nicht mehr nöthig, und die Beobachtungen stimmen jetzt mit den neuen Breitengleichungen und Säcularbewegungen recht gut. Die an sich unbedeutenden noch zurückbleibenden Differenzen von ein paar Secunden können recht gut dadurch erklärt werden, dass die dabei gebrauchten Radii vectores noch Verbesserung nöthig haben, weil dabei die Störungsgleichungen noch nicht vollständig angewandt sind. Hier die Breitenstörungen:

⚴: Mittl. Länge der ⚴, $\bar{\omega}$: Sonnenferne
♃: » » des ♃, $\bar{\omega}'$: »
☊ Länge des aufst. Knotens der ⚴ auf der ♃-Bahn = 78° 35′

Knoten der ⚴ 1801 .... 80° 53′ 56″
Tägl. Bewegung .... + 0″,00405
Neigung 1801 .... 10° 37′ 29″,9
Tägl. Abnahme .... 0″,001195.

Breitengleichungen:

A.

− 11″,19 sin(♃ − ☊) + 2,78 sin($\bar{\omega}$ − ☊) cos(♃ − $\bar{\omega}'$)	− 9″,65 sin(♃ − 74° 13′)
+ 14,17 sin(⚴ − 2♃ + ☊)	+ 14,17 sin(⚴ − 2♃ + 78° 35′)
+ 27,47 sin(2⚴ − 3♃ + ☊)	+ 27,47 sin(2⚴ − 3♃ + 78° 35′)
− 4,62 sin(3⚴ − 4♃ + ☊)	− 4,62 sin(3⚴ − 4♃ + 78° 35′)
− 0,01 sin(4⚴ − 5♃ + ☊)	− 0,01 sin(4⚴ − 5♃ + 78° 35′)
+ 5,51 sin(2⚴ − ♃ − ☊)	+ 5,51 sin(2⚴ − ♃ − 78° 35′)
+ 0,99 sin(3⚴ − 2♃ − ☊)	+ 0,99 sin(3⚴ − 2♃ − 78° 35′)

B.

− 2″,71 sin($\bar{\omega}$ − ☊)	+ 1″,91
+ 3,44 sin(⚴ − ♃ − $\bar{\omega}$ + ☊) − 3,33 sin(⚴ − ♃ + $\bar{\omega}$ − ☊) + 2,25 sin(⚴ − ♃ + $\bar{\omega}'$ − ☊) − 0,24 sin(⚴ − ♃ − $\bar{\omega}'$ + ☊)	+ 8,61 sin(⚴ − ♃ + 95° 26′)

$$-\ 4{,}59 \sin\left(2⚳ - 2♃ - ϖ + Ω\right)$$
$$+\ 3{,}59 \sin\left(2⚳ - 2♃ + ϖ - Ω\right) \Big\} \quad -10{,}31 \sin\left(2⚳ - 2♃ + 94^{0}\,10'\right)$$
$$-\ 2{,}93 \sin\left(2⚳ - 2♃ + ϖ' - Ω\right)$$

$$-\ 2{,}26 \sin\left(3⚳ - 3♃ - ϖ + Ω\right) \Big\} \quad -\ 6{,}16 \sin\left(3⚳ - 3♃ + 112^{0}\,26'\right)$$
$$+\ 3{,}90 \sin\left(3⚳ - 3♃ + ϖ' - Ω\right)$$

$$+\ 4{,}17 \sin\left(2⚳ - Ω - ϖ'\right) \Big\} \quad -13{,}69 \sin\left(2♃ - 57^{0}\,21'\right)$$
$$-10{,}41 \sin\left(2⚳ - Ω - ϖ\right)$$

$$-\ 1{,}65 \sin\left(3⚳ - Ω - ϖ - ϖ'\right) \qquad -\ 1{,}65 \sin\left(3♃ - 56^{0}\,9'\right)$$

$$+\ 2{,}72 \sin\left(3♃ - ⚳ - Ω - ϖ'\right) \Big\} \quad -\ 6{,}77 \sin\left(3♃ - ⚳ - 61^{0}\,25'\right)$$
$$-\ 4{,}56 \sin\left(3♃ - ⚳ - Ω - ϖ\right)$$

$$-\ 2{,}81 \sin\left(2⚳ - 4♃ + Ω + ϖ'\right) \Big\} \quad +\ 4{,}30 \sin\left(2⚳ - 4♃ + 72^{0}\,24'\right)$$
$$+\ 1{,}82 \sin\left(2⚳ - 4♃ + Ω + ϖ\right)$$

$$+13{,}75 \sin\left(3⚳ - 5♃ + Ω + ϖ'\right) \Big\} \quad -22{,}51 \sin\left(3⚳ - 5♃ + 70^{0}\,27'\right).$$
$$-10{,}56 \sin\left(3⚳ - 5♃ + Ω + ϖ\right)$$

Hiemit ist ORIANIS Rechnung im Dec. 1802 der M. C. zu vergleichen. Alle roth unterstrichenen[*] Gleichungen sind von ihm übergangen. Der numerische Werth ist

		von den A bez. Gleichg.	von den Gleichg. B	von allen
Jan. 1.	1801	$-47{,}03$	$-17{,}14$	$-64{,}17$
Febr. 11.	1801	$-45{,}88$	$-17{,}56$	$-63{,}44$
☍	1802	$-25{,}78$	$+27{,}20$	$+\ 1{,}41$
☍	1803	$+\ 0{,}46$	$+41{,}53$	$+41{,}99$
☍	1804	$+22{,}87$	$-33{,}60$	$-10{,}73.$

Hieraus ist klar, dass die Vernachlässigung der Gleichungen B dem alleinigen Gebrauche der A allen Werth nahm.

---

[*] Die Striche sind im Abdruck wiedergegeben worden.]

BEMERKUNGEN.

Die Notiz [2] des Abschnitts I. ist einem Heftchen Schedae, die Notizen [3]—[7] einem Handbuche entnommen; wegen der fragmentarischen Beschaffenheit der Originale musste die Bearbeitung ziemlich frei gehalten werden. Das genannte Handbuch enthält auch die erste numerische Rechnung der Störungen nach den in [7] gegebenen Formeln, deren Resultate in ZACHs Monatlicher Correspondenz Bd. VI (Werke, Bd. VI S. 225) abgedruckt sind. Auf Grund dieser Störungen hat GAUSS die Elemente wiederum verbessert (Bd. VI S. 228 und Notiz [1]), und dann mit den so verbesserten Elementen die Störungen von neuem berechnet; diese letztere Rechnung findet sich in einigen zusammengehefteten Blättern, welche den Titel »Praktische Anweisung zur Berechnung der Störungen« tragen, und Eingangs auch eine Zusammenstellung der angewandten Formeln mit Einschluss derer für die Breitenstörungen (Notiz [8]) enthalten. Die letztern hatte GAUSS in der ersten Rechnung bei Seite gelassen; ihre Ableitung hat sich nicht gefunden. Die Resultate der zweiten Rechnung sind abgedruckt in ZACHs Monatlicher Correspondenz, Bd. VI (Werke Bd. VI S. 228—229). Die Jupitersmasse hat GAUSS gleich $\frac{1}{1067,09}$ (nach LAPLACE) angenommen.

Die unter II. abgedruckten Briefstellen beziehen sich auf die Tafeln, welche GAUSS im Anschluss an die vorerwähnten Rechnungen hergestellt und in ZACHs Monatlicher Correspondenz Bd. VII (Werke Bd. VI S. 235—243) veröffentlicht hat.

In der zwischen den beiden Briefen an OLBERS vom 25. Januar und 10. Mai 1805 liegenden Zeit (oder früher) hat GAUSS begonnen, seine erste Methode auf die zweiten Potenzen der Excentricitäten auszudehnen. Der Beginn dieser Entwickelungen findet sich ebenfalls im genannten Handbuch; sie sind aber ihrer Weitläuftigkeit wegen von GAUSS sehr bald wieder aufgegeben worden, worauf dann die Rechnung nach der zweiten unter III. mitgetheilten Methode erfolgte. Vgl. hierzu den Brief an OLBERS vom 10. Mai 1805.

Von dieser zweiten Methode, bei welcher GAUSS bereits die spätere HANSENsche interpolatorische Entwickelung der Störungsfunction angewandt hat (vgl. GAUSS an HANSEN, 11. März 1843), und die auch die Grundlage der spätern Rechnung der Pallasstörungen bildet, sind nur die numerischen Rechnungen in demselben Handbuch aufzufinden gewesen, auf Grund deren die Entwickelungen reconstruirt worden sind. Da demnach die Notizen [2]—[5] gänzlich neu verfasst sind, so sind sie in Petitsatz gedruckt. Aus dem Originale stammen nur: S. 402 die Werthe von N, sin J, Ω, und die Erklärung der Bedeutung von α, ε, ε'; S. 403 die Gleichung 2) und der Werth der Constante bei Gleichung 3); S. 405—407 die numerischen Werthe mit Ausnahme derer auf S. 405, Zeile 9—5 von unten, und der Factoren von $\cos(3\,D + ⚳ - \Omega + M)$ auf S. 406, Zeile 11—15, welche ergänzt wurden. GAUSS hat hier nur die Breitenstörungen gerechnet; von der Anwendung auf die Störungen des Radius Vector und der Länge fand sich nur der allererste Anfang vor, GAUSS ist dann zur Bearbeitung der Pallasstörungen übergegangen. Die Resultate finden sich im Briefe an OLBERS vom 2. Juli 1805; sie sind damals nicht abgedruckt worden.

Im ganzen haben GAUSS' Arbeiten über Ceres den Charakter von Vorarbeiten zu seinen ausgedehnten Untersuchungen über Pallas, womit es sich wohl rechtfertigt, dass manche Punkte dort ausführlicher bearbeitet worden sind, als hier.

Man vergleiche auch die bereits in Bd. VI abgedruckten einzelnen Mittheilungen über den Fortgang von GAUSS' Untersuchungen. Mehrfach wurden kleinere Unrichtigkeiten verbessert.

BRENDEL.

STÖRUNGEN DER PALLAS.

[I. BRIEFWECHSEL.]

Gauss an Olbers, Braunschweig, 3. Januar 1806.

..... Einige zufällige Umstände waren vor einiger Zeit Ursache, dass ich verschiedene Untersuchungen über die Interpolationstheorie[*)] auszuarbeiten anfing; ich glaubte dies auf einen oder ein paar Bogen bringen zu können, nun sind es aber 4 geworden, die gedruckt wohl 8 füllen könnten. Gerade die letztere grössere Hälfte ist es, von der ich bei meiner Methode, die Perturbationen zu berechnen, einen sehr nothwendigen und vortheilhaften Gebrauch mache, daher ich wohl Gelegenheit wünschte, jene Abhandlung vorher irgend wo zum Druck zu befördern. .....

Gauss an Olbers, Göttingen, 6. August 1810.

..... Ich habe angefangen, einen für die Societät bestimmten Aufsatz[**)] über meine die Pallas betreffenden Rechnungen zu schreiben, worin ausser den numerischen Resultaten mein Verfahren, aus 4 Oppositionen eine Planetenbahn zu bestimmen (eigentlich aus 4 Längen in der Bahn die elliptischen Elemente), sowie diejenigen Abkürzungen, deren ich mich bei der Methode der kleinsten Quadrate bediene, Ihnen vielleicht nicht ganz uninteressant sein werden. Wäre der Termin für die Pariser Preisfrage noch 4 Monate weiter entfernt, so würde ich jetzt vielleicht mich noch darum bewerben; aber so ist die Zeit zu kurz, und seit 10 Monaten fehlte es zu jeder

[*) Vgl. Band III, S. 265.]

[**) Vgl. Band VI, S. 1.]

etwas weitläuftigern zusammenhängenden Arbeit mir durchaus an Lust und Muth. Aber demungeachtet denke ich nun alle Theile der Methode, nach der, wie ich glaube, die Pallasstörungen zweckmässig berechnet werden können, in etwa 4 oder 5 einzelnen Mémoires für die Societät auszuarbeiten.

Gauss an Olbers, 24. Oktober 1810.

..... Nächstens werde ich bei der Societät die, wie ich glaube, schon einmal gegen Sie erwähnte Arbeit [*)] über die Pallas vorlesen. Sie werden dann einen umständlichen Bericht darüber in unsern Anzeigen finden. Theoretisches ist auch einiges darin: theils die Entwickelung meiner schon seit mehrern Jahren gebrauchten Methode, aus 4 Oppositionen eine elliptische Bahn zu bestimmen, gleichsam ein Supplement zum 2. Abschnitt des 2. Buchs meiner Theoria; theils die Erklärung eines praktischen Kunstgriffs, wodurch bei der Methode der kleinsten Quadrate das sonst so beschwerliche Eliminiren bedeutend abgekürzt wird. ..... Ich werde daher vielleicht bald anfangen, die Störungen eines der neuen Planeten vollständiger zu berechnen. Wüsste ich, dass das Institut die Preisfrage noch einmal prorogirte, so wäre ich nicht abgeneigt, die ⚴ dazu zu wählen, sonst muss billig die ⚳ den Vortritt haben, wo auch, weil bald die 8. ☍ beobachtet wird, eine grössere Satisfaction zu erwarten ist. Bei der ⚴ würde ich doch wohl zuerst anfangen, die Elemente als variabel anzusehen und ihre Störungen während 7 Jahren durch Quadraturen zu bestimmen, wozu ich mir Formeln entworfen habe, die mir etwas bequemer scheinen als die Laplaceschen. Falls es dann gelingt (wie es nicht anders zu erwarten ist), die 6 bisher beobachteten Oppositionen, die sich gar nicht mehr in Eine Ellipse fügen wollen, gut zu vereinigen, so würde ich nach meiner schon vor 4 oder 5 Jahren entworfenen Methode die Störungen in der sonst üblichen Form, als periodische Störungen der Länge, der Breite und des Radius vector, oder noch besser seines Logarithmen berechnen. .....

[*) Vgl. Band VI, S. 1.]

GAUSS an OLBERS, 26. November 1810.

Ich glaube Ihnen bereits in meinem letzten Briefe geschrieben zu haben, dass ich Willens war, eine Arbeit [*)] über die Störungen der Pallas durch den Jupiter zu unternehmen, nicht die allgemeine Theorie derselben, sondern nur ihren Betrag seit 1803 bis 1811 zu entwickeln. Die Berechnung dreier Systeme von elliptischen Elementen aus den Oppositionen von 1803, 1804, 1805, 1807 — 1804, 1805, 1807, 1808 — 1805, 1807, 1808, 1809 hatte die starke Einwirkung der Störungen erwiesen; urtheilen Sie selbst nach folgenden Proben:

Perihelium 1803	$121^0\ 3'11''$	$121^0\ 5'22''$	$120^0 58'\ 5''$
φ	$14^0 10'59''$	$14^0 10'\ 4''$	$14^0\ 9'37''$
Tägl. mittl. Bewegung....	$770'',214$	$770'',447$	$770'',926$.

Ich wurde neugierig, ob diese sechs Oppositionen sich viel besser vereinigen lassen würden, wenn die Störungen vom Jupiter mit in Betracht gezogen würden. Ich gestehe, dass eine solche an sich nicht angenehme Arbeit so lange, als Eine Ellipse alle Beobachtungen darstellte, zu wenig Interesse für mich gehabt hatte, und dass selbst der Preis von 6000 Francs mich kaum dazu hätte anlocken können. Jetzt habe ich indess jene Arbeit muthig unternommen, und nachdem ich 4 Wochen den grössten Theil meiner disponiblen Zeit dazu angewandt habe, die Hauptsache abgethan, so dass ich, wenn nicht Hauptfehler in meiner Rechnung sind, bald die Früchte davon zu pflücken hoffen darf. Ich habe es am zweckmässigsten gehalten, die Elemente als veränderlich zu betrachten, und ihre täglichen Änderungen durch Jupiter von 50 zu 50 Tagen durch einen Zeitraum von mehr als 8 Jahren zu berechnen. Ich fing damit an, mir selbst Formeln dazu zu entwickeln, oder vielmehr die schon vor mehrern Jahren von mir entwickelten in die möglichst geschmeidige Gestalt zu bringen; denn die LAPLACEschen hielt ich für viel zu unbequem, und ich hätte bei Anwendung der letztern gewiss zwei- bis dreimal so viel Zeit nöthig gehabt als bei den meinigen. Die Jupitersörter berechnete ich nach den BOUVARDschen Tafeln (mit Anwendung eines besondern Kunstgriffs [**)])

[*) Vgl. S. 473 dieses Bandes.]

[**) Vgl. S. 475 dieses Bandes.]

und die Pallasörter nach einem 4. System von Elementen, das an alle Oppositionen sich möglichst genau anschliesst. Jene 61 täglichen Änderungen der einzelnen sechs Elemente habe ich nun endlich heute vollendet, so dass theils noch die mechanische Integration (die nicht viel mehr als Addiren ist), theils die neue Berechnung der Grundelemente, die mit den so sich ergebenden Störungen verbunden die Oppositionen am besten darstellen, übrig bleibt. Diese Störungen sind viel beträchtlicher, als ich dachte, und besonders überwiegend stark im Jahr 1809, wo Jupiter mit der Pallas in heliocentrischer Conjunction war, daher ich glaube, dass meine Ephemeride in der nächsten Opposition sehr viel abweichen wird. HARDING hat neulich die Pallas gesucht, weiss aber noch nicht gewiss, ob er sie gefunden hat; sollten Sie sie beobachten, so verbinden Sie mich sehr durch baldige Mittheilung. Die tägliche Bewegung wird jetzt mehr als 2″ grösser sein als 1803; der Winkel φ, welcher beständig abgenommen hat, wohl 13′ kleiner, das Perihel ist auch wohl um 20′ oder 30′ zurückgegangen etc. Sollte die Übereinstimmung mit den sechs bisherigen Oppositionen und der 7. des nächsten Jahrs zu meiner Satisfaction ausfallen, so unternehme ich vielleicht auch die allgemeine Theorie, obwohl das ungeheuer viele mechanische Rechnen dabei sehr abschreckend ist. Die Störungen durch Jupiter sind so überwiegend, dass man die durch die andern Planeten vorerst noch bei Seite setzen kann. .....

Sollten Sie durch Ihren Wink in Paris eine nochmalige Verlängerung der Preisfrage veranlassen, so würde ich dadurch einen Grund mehr zur Unternehmung der vorhin erwähnten Arbeit haben. Das Gelingen meiner gegenwärtigen wird indess die erste Bedingung sein müssen. In vierzehn Tagen werde ich darüber im Klaren sein, wenigstens in Beziehung auf die bisherigen Beobachtungen; doppelt neugierig werde ich dann auf die demnächstigen sein, wo sich die bei der Conjunction erlittenen Störungen erst in ihrer ganzen Stärke zeigen werden. .....

P. S. Vor Schluss dieses Briefs habe ich noch die Integration der Störung der Neigung vollendet, die am wenigsten beträchtlich ist. Setze ich sie in der 1. Opposition

$$1803 \quad \text{zu} \quad 34^0 37' 47'',$$

so ist sie

1804	$34^0 37' 36''$
1805	$34^0 37' 12''$
1807	$34^0 37' 25''$
1808	$34^0 37' 31''$
1809	$34^0 36' 40''$
1811	$34^0 35' 5''$.

GAUSS an OLBERS, 30. November 1810.

Ich kann nicht umhin, Ihnen wenigstens mit ein paar Worten zu schreiben, dass ich jetzt beinahe fertig bin mit der Arbeit, über welche ich Ihnen neulich schrieb, und dass sie, wenn mich nicht alles trügt, über alle meine Erwartung befriedigend ausfallen wird. Gestern berechnete ich zuerst aus den 4 ersten Oppositionen die Normalelemente, die mit den vorher integrirten Störungen verbunden jene genau darstellten, und diese wichen von der 5. Opposition 4′, von der 6. 20′ zu meinem grossen Schrecken ab. Ich entdeckte hiedurch, dass in meine ganze Rechnung ein Fehler eingeschlichen war, indem der Haupttheil der Störung der mittlern Bewegung mit falschem Zeichen genommen war. Heute habe ich nun alles redressirt, und nach den vorläufig leni calamo nur mit den kleinen Tafeln berechneten Normalelementen werden diese

bei den 6 Längen	8″	1″	8″	0″	6″	5″
bei den 6 Breiten	2″	5″	6″	5″	17″	3″

abweichen. Die feinere Politur muss erst noch hinzukommen (die Breite der 5. Opposition war bekanntlich schlecht beobachtet, und ich traute ihr einen Fehler von 30″ zu). Die rein elliptischen Elemente, die am b e s t e n übereinstimmten, differirten

in der Länge	−111″	+59″	+20″	+86″	+137″	−217″
in der Breite	− 8″	−37″	0″	+25″	+ 29″	+ 83″.

Um Ihnen einige Ideen von den Störungen der Elemente zu geben, setze ich ein paar her:

☊	1803	1804	1805	1807	1808	1809	1811
Motus diurnus medius sider.	770″,721	770″,389	770″,133	770″,497	770″,154	768″,293	768″,860
φ	$14^0 12' 47''$	$11' 33''$	$10' 59''$	$10' 10''$	$8' 10''$	$1' 35''$	$13^0 58' 57''$.

GAUSS an OLBERS, 13. December 1810.

Meine beiden letzten Briefe haben sich mit dem Ihrigen gekreuzt. Ich habe seitdem meine Arbeit über die Störungen der Pallas durch Jupiter vollendet, und eine meine kühnste Erwartung übertreffende Übereinstimmung herausgebracht. Sehen Sie hier die Unterschiede:

	1803	1804	1805	1807	1808	1809
Mittl. Länge	$+1\overset{''}{,}3$	$-3\overset{''}{,}8$	$+3\overset{''}{,}9$	$-3\overset{''}{,}3$	$+3\overset{''}{,}2$	$-1\overset{''}{,}4$
Helioc. Breite	$-1\overset{''}{,}0$	$+4\overset{''}{,}1$	$+6\overset{''}{,}0$	$+3\overset{''}{,}9$	$-16''$	$-3\overset{''}{,}9$.

Bei Berechnung der Störungen hatte ich die Elemente zum Grunde gelegt, die Sie auf den beiliegenden Blättern[*)] pag. [1971] als No. IV finden, ich habe angefangen, die ganze Rechnung nochmals zu wiederholen, indem ich den ganzen Zeitraum von 1803—1811 in sieben oder acht Perioden theile und in jeder besondere Elemente zu Grunde lege, wie sie meine erste Rechnung gegeben hat. Aber wie werden Sie mit mir erstaunen, wenn ich Ihnen sage, dass meine Ephemeride im Oct. der M. C., wenn ich mich auf die Resultate der Störungsrechnungen verlassen darf, jetzt über 1^0 falsch ist? Ich glaube zwar meiner Sache gewiss zu sein, doch bin ich, da die Rechnung so sehr weitläuftig ist, nicht eher ganz ruhig, als bis Pallas wiedergefunden ist, wozu ich jetzt mit Ungeduld günstiges Wetter wünsche. Sollten Sie in Bremen glücklicher sein, so sehen Sie sich auch wohl einmal danach um. Nach den gestörten Elementen sollte die AR den 19. Dec. um $1^0 10'$, den 10. Jan. um $1^0 40'$ kleiner, die südliche Declination um $12' \ldots 10'$ grösser sein als in der Ephemeride. In der ☌ 1809 mit ♃ ist ⚴ gar zu sehr gestört. Bestätigt sich meine Rechnung auch hier zu meiner Zufriedenheit, so werde ich vielleicht Juno und Vesta auf eine ähnliche Art behandeln.

Die Abhandlung, wovon ich Ihnen hier die Anzeige beilege, wird bald gedruckt werden. . . . . .

[*) Band VI, S. 63.]

Olbers an Gauss, Bremen, 19. December 1810.

{. . . . . Ich hoffe bald, vielleicht noch diese Woche einen Anlass zu finden, an Delambre zu schreiben und werde, natürlich ohne Sie im geringsten zu compromittiren, zu erfahren suchen, ob nicht der Preistermin für die ⚴-Perturbationen noch verlängert werden könne.}

Gauss an Schumacher, Göttingen, 6. Januar 1811.

. . . . . Auf den Fall, dass das Pariser Institut die Pallasstörungen zum viertenmale zur Preisfrage aufgibt, bin ich nicht ganz abgeneigt, darauf zu reflectiren, da jetzt dieser Gegenstand auch an sich Interesse für mich erhalten hat. Ich zweifle aber, dass jenes geschehen wird. Da Sie dort den Moniteur selbst lesen, so bitte ich Sie, wenn Sie in diesen Tagen etwas darüber darin finden, es mir gütigst mitzutheilen.

Olbers an Gauss, Bremen, 26. Januar 1811.

{. . . . . Mit dem grössten Vergnügen habe ich aus dem Moniteur gesehen, dass der Preis für die Perturbationen der Pallas von 6000 Franken bis zum 1. October 1816, doch in dem Masse prorogirt ist, dass er der ersten, während dieses Zeitraums einlaufenden Schrift, die den Absichten und Forderungen der Preisaufgeber entspricht, ertheilt werden soll. Nun zweifle ich nicht . . ., dass Sie nach Ihrer mir so erfreulichen Äusserung die vollständige Auflösung dieser Aufgabe unternehmen. . . . . .}

Schumacher an Gauss, Hamburg, 31. Junius 1811.

{Erst jetzt habe ich den Moniteur vom 9. Junius 1811 zu sehen bekommen, und ich eile Ihnen, wenn Sie es noch nicht wissen, das Nähere über die Preise zu schreiben. Auf die Störungen der Pallas sind zwei Abhandlungen eingegangen, wovon die eine gar nicht beachtet wird, die andere aber grandes connaissances en analyse verrät, dennoch aber nicht Genüge gethan hat. Der Termin ist also noch 5 Jahr hinaus verlängert bis zum 1. Junius 1816, und das Institut wird die erste in der Zeit einlaufende Abhandlung krönen, welche vollkommen den Bedingungen Genüge leistet. Der Preis ist noch derselbe, nemlich 6000 Francs.}

GAUSS an OLBERS, Göttingen, 12. August 1811.

..... Ich habe Ihnen .... nicht eher geschrieben, um doch noch Einiges über Ihre Pallas hinzusetzen zu können. Einiges, was Sie in einem der nächsten Stücke unserer Gel. Anz. finden werden [*)] (ich glaube vom 17. Aug.), übergehe ich, um nur etwas von den allgemeinen Perturbationsresultaten zu erwähnen. Ich habe die Störungen der Neigung und der Länge der Knotenlinie (als das am wenigsten mühsame) in der ersten Rechnung vollendet, auch erstere an den 7 Oppositionen (für welche meine frühern Arbeiten die Elemente geben) geprüft. Anfangs schlechte Übereinstimmung, bis ich fand, dass 2 Gleichungen das unrechte Zeichen hatten. Jetzt stimmen sie zu meiner Zufriedenheit überein. Mit der Prüfung des ☊ werde ich auch in einigen Tagen fertig werden, dann will ich die Excentricität vornehmen, eine Arbeit von einem Monat etwa. Um Ihnen doch eine Idee von den Resultaten zu geben, füge ich die 40 Störungsgleichungen für die Neigung bei; ich habe bloss beibehalten, was über Eine Secunde ging; auch können vielleicht noch einige kleine Aequatiunculae, die von der 9fachen und 10fachen Jupiterslänge abhangen, dazu kommen [**)]. .....

Die 80 Gleichungen für Inclination und ☊ liessen sich in 40 für die Breite zusammenziehen, ich glaube aber nicht, dass etwas gewonnen wird, denn wenn man die Elemente selbst stören lässt, so kann man ohne Bedenken einerlei gestörte Elemente als mehrere Monate gültig ansehen, und braucht also alle Jahr nur einmal für 6 Elemente die Störungen zu berechnen (vielleicht zusammen etwa 300—400 Gleichungen); dahingegen, wenn man bei den Elementen bloss Secularänderungen anbringt und die periodischen bei Breite, Länge und Radius Vector (zusammen vielleicht gegen 200), diese in einem Jahre doch wohl wenigstens für 6 verschiedene Örter berechnet werden müssten, um interpoliren zu können. Doch kann man dies in der

---

[*) Band VI, S. 327.]

[**) Hier folgen die S. 518 dieses Bandes gegebenen Glieder von δi.]

Folge machen, wie man will, wenn nur erst alle Störungen in irgend einer Form da sind.

Olbers an Gauss, Bremen, 5. April 1812.

{. . . . . Ganz entzückt bin ich über die äusserst merkwürdigen Resultate, die Sie mir aus Ihren tiefsinnigen Untersuchungen über die Pallasbahn mittheilen. Allerdings halte auch ich Ihre Entdeckung, dass 18♃ genau = 7⚴ sei, für eine der merkwürdigsten, die seit langer Zeit im Sonnensystem gemacht worden ist. — Aber wie ist es mit der Ceres? Hat diese eine beträchtliche von 18♃—7⚴ abhängende Gleichung? Wird sich für diese und die übrigen kleinen Planeten nicht auch ähnliche Gleichungen von der Form m♃ = n⚴ u. s. w. finden lassen? . . . . .}

Gauss an Bessel, Göttingen, 5. Mai 1812.

. . . . . habe ich mich hauptsächlich mit den Pallasstörungen durch Jupiter beschäftigt. Sie werden darüber in Nr. 67 unserer Gelehrten Anzeigen einiges gelesen haben. Ihnen theile ich das merkwürdige daselbst in einer Chiffre niedergelegte Resultat gern mit, doch mit der Bitte, dass es vorerst ganz unter uns beiden bleibe. Es besteht darin, dass die mittlern Bewegungen von ♃ und ⚴ in dem rationalen Verhältniss 7 : 18 stehen, was sich durch die Einwirkung Jupiters immer genau wieder herstellt, wie die Rotationszeit unsers Mondes. Ich habe mit einer zweiten Berechnung der periodischen Störungen bereits einen Anfang gemacht. . . . . .

Olrers an Gauss, Paris, 12. Mai 1812.

{. . . . . Laplace erkundigt sich sehr umständlich nach Ihnen und Ihrer Arbeit über die Pallas. Er scheint sehr neugierig auf Ihre Methode zu sein, von der ich ihm nichts sagen konnte, auch nichts sagen wollte. Sie können nicht glauben, wie enthusiastisch er und alle Andern . . . . . die Hoffnung aufnahmen, Sie . . . . . bei einer meiner künftigen Reisen nach Paris zur Begleitung bereden zu können. . . . . .}

GAUSS an OLBERS, Göttingen, 8. April 1813.

..... Mit den Pallasstörungen bin ich ziemlich vorgerückt; es fehlt jetzt nur noch ein Element, die Epoche. Beim Perihel sind (vom ♃ herrührend) 183 Gleichungen, die über 0,"1 betragen. Wenn die Epoche auch beseitigt ist, unternehme ich vielleicht noch wenigstens eine Probe von Tafeln; 800 Gleichungen schrecken freilich ab, aber der Umstand 7⚴ = 18♃ (quam proxime) erlaubt eine grosse Abkürzung. Inzwischen beendigt Hr. NICOLAI wohl die Störungen durch ♄, und vielleicht unternimmt ein anderer sehr geschickter Schüler von mir, Hr. ENCKE, die Störungen durch ♂. Erlaubt es Ihre Zeit, so helfen Sie doch auch nächstens die ⚴ aufsuchen. .....

GAUSS an OLBERS, Göttingen, 2. Julius 1813.

..... Die Störungen der Pallas durch Jupiter, so weit ich sie zu berechnen die Absicht hatte, sind jetzt zum grössten Theil vollendet. Von den numerischen Rechnungen für die bisherigen Oppositionen ist aber noch viel zurück. .....

GAUSS an OLBERS, Göttingen, 23. April 1814.

..... Wie genau die 9 Pallas-Oppositionen mit meinen Störungsrechnungen übereinstimmen, habe ich Ihnen bereits geschrieben. Indess sind mir doch die Differenzen noch zu gross. Die Störungen durch Saturn und Mars können sie vielleicht noch etwas herunterbringen, aber nach einem gemachten Überschlage doch nicht sehr viel. Es scheint freilich etwas bedenklich, auf Resultate Gewicht zu legen, welche zu finden für jede Opposition gegen 1000 Gleichungen numerisch berechnet werden mussten. Da indessen diese 9000 Rechnungen alle doppelt gerechnet sind, und ich in die Berechnung der Gleichungen selbst die grösste Sorgfalt gelegt habe, so halte ich es für kaum zweifelhaft, dass meine Jupitersmasse noch eine Verbesserung nöthig hat. Den wahren Werth dieser Correction zu finden, müssen nothwendig erst die Störungen durch Saturn und Mars abgestreift werden; jene hat NICOLAI beinahe fertig, diese habe ich angefangen. Indess habe ich doch der Ungeduld nicht widerstehen können, zu sehen, wie viel sich (noch ohne Rücksicht der ♄-

und ♂-Störungen) jene Differenzen herunterbringen lassen, wenn die Jupitersmasse selbst als unbekannte Grösse behandelt wird. Mit grosser Überraschung fand ich, dass die Übereinstimmung dadurch ganz ausserordentlich gebessert wird. Sehen Sie hier die Längendifferenzen

mit der alten ♃-Masse	$-0''{,}5$	$-21''{,}0$	$-13''{,}2$	$+19''{,}6$	$-25''{,}2$	$+16''{,}6$	$+4''{,}5$	$-27''{,}7$	$-3''{,}5$
mit der verbesserten	$+3{,}5$	$-3{,}1$	$+2{,}3$	$-0{,}5$	$+1{,}3$	$-5{,}9$	$+1{,}9$	$-7{,}1$	$+7{,}5$

mittlerer Fehler ohne Correction der Masse...... 17″,3
» » mit » » » ...... 4,3.

Ich nenne mittlern Fehler die Quadratwurzel aus dem mittlern Werth des Quadrats des Fehlers, d. i. aus der Summe der Quadrate mit der Anzahl dividirt. Die Summe der Quadrate ist

ohne Correction...... 2684
mit Correction ...... 167.

Auch die Breiten, die übrigens schon ohne die Correction recht gut harmonirten, stimmen mit derselben noch etwas besser unter einander:

[ohne Correction] mittlerer Fehler...... 5″,5
[mit Correction] » » ...... 4,0.

Die Verbesserung der Masse ist $\frac{1}{43}$ der alten und zwar Vergrösserung. Freilich ist dies Resultat noch precär, aber ich vermuthe, dass sie doch, nachdem ♄ und ♂ zugezogen sein werden, nicht kleiner als $\frac{1}{60}$ sein wird. Wie ich höre, hat Laplace selbst in der IV. Ausgabe der Expos. (welche ich noch nicht gesehen habe) die alte Masse nach den Saturnbeobachtungen etwas vergrössert, obwohl nur sehr wenig, ich glaube die Pallas (zumal wenn erst noch mehrere Oppositionen benutzt werden können) muss hier zuverlässigere Resultate geben. Ich wünsche übrigens, dass obige Mittheilung noch unter uns bleibe. Die alte Bestimmung gründete sich bloss auf den 4. Jupiterstrabanten, dessen Abstand Laplace 8′16″ setzte; Triesnecker fand $1\frac{1}{2}''$ mehr, und man müsste noch $1\frac{1}{2}''$ mehr nehmen, um meine Masse zu finden.

GAUSS an BESSEL, Göttingen, 18. Mai 1814.

..... Die Störungen der Pallas durch Jupiter, so weit ich sie berechnen wollte, habe ich vollendet. Die 9 ersten Oppositionen lassen sich mit diesen Störungen allein schon ziemlich gut vereinigen, aber sonderbar genug noch ungleich besser, so dass die Fehler im Durchschnitt nur 4″—5″ gross werden, $\sqrt{\frac{\text{summa quadr. error.}}{\text{multitudo}}}$, wenn man die Jupitersmasse nicht unbedeutend vergrössert; besser wird sich hierüber urtheilen lassen, wenn erst die Saturnsstörungen mit zugezogen werden, die auch schon vollendet sind. Ich habe jetzt auch die Marsstörungen angefangen, die freilich zwar zahlreich aber fast alle sehr klein sind. Doch ist eine von 10″ dabei, die in Zukunft das beste Mittel zur Bestimmung der Marsmasse geben wird. .....

GAUSS an OLBERS, Göttingen, 15. Juni 1814.

..... Mit der Pallas geht es wunderlich. NICOLAI hat die numerische Berechnung der Saturnsstörungen für die 9 Oppositionen vollendet; aber die vorherige schöne Übereinstimmung wird dadurch etwas schlechter. Immer aber bleibt die Nothwendigkeit der Vergrösserung der Jupitersmasse entschieden, und wird noch etwas grösser, nemlich $= \frac{1}{40}$. Ohne Verbesserung der Jupitersmasse wird die möglich beste Übereinstimmung der Längen wie folgt:

−6″,7 −27″,7 −4″,2 +28″,7 +31″,0 −18″,7 −6″,5 −33″,3 +0″,1

Summe der Quadrate 4110

Mittlerer Fehler $= \sqrt{\frac{4110}{9}} = 21''$.

Mit Vergrösserung der Jupitersmasse um $\frac{1}{40}$ hingegen:

−2″,3 −9″,8 +11″,3 +8″,5 +5″,1 −8″,8 −5″,7 −5″,7 +7″,4

Summe der Quadrate = 525, die sich aber durch eine kleine Nachfeilung noch auf 503 herunterbringen lässt, so dass mittlerer Fehler = 7″,5 wird.

Die Breiten hingegen stimmen sehr schön und noch etwas besser, als vor Zuziehung der ♄-Störungen, nemlich:

+5″,8 −0″,1 −2″,0 −3″,2 −8″,5 *) −1″,7 −8″,2 +1″,2 −4″,3.

*) Die schlecht beobachtete ☍ in der Breite.

Ob bei den Längen vielleicht ein Fehler bei einem Elemente in Hrn. NICOLAIS Rechnung eingeschlichen ist, will ich nicht entscheiden; sonderbar ist es freilich, dass, wenn ich allen Störungen der Epoche das entgegengesetzte Zeichen gebe, die Übereinstimmung weit besser wird, und die Summe der Quadrate der Fehler nur etwa 200 beträgt; ich habe Hrn. NICOLAI eine Methode angegeben, dies zu prüfen. Die Marsstörungen werde ich schwerlich früher als binnen ½ Jahr endigen, ob sie gleich sehr klein sind; mein Eigensinn ist einmal, sie so zu absolviren, dass nichts zu wünschen übrig bleibt.

GAUSS an OLBERS, Göttingen, 25. September 1814.

..... Meine Beschäftigung mit den Pallasstörungen hat einige Zeit ganz geruht, ich werde aber bald wieder daran gehen, und das Theoretische davon ausarbeiten. Die bevorstehende Opposition scheint sich sehr gut anschliessen zu wollen. Ich bin neugierig, ob der Saturn, wenn diese Opposition dazu gekommen sein wird, noch immer die schöne Harmonie wieder etwas verdirbt. .....

GAUSS an OLBERS, Göttingen, 31. December 1814.

..... Eine kurze Nachricht über die letzte Pallasopposition haben Sie wahrscheinlich in unsern Gel. Anz. gelesen. Ich habe seitdem die Elemente noch schärfer angepasst und finde folgende Unterschiede:

	Alte Jupitersmasse $\left[\frac{1}{1067,09}\right]$		Jupitersmasse um $\frac{1}{84}$ vermehrt	
	Mittl. Länge	Hel. Br.	Mittl. Länge	Hel. Br.
I.	− 2″,6	− 5″,1	+ 4″,4	− 3″,0
II.	−11,2	−12,2	+ 1,8	− 8,5
III.	−17,3	− 0,5	− 5,9	− 3,3
IV.	+ 3,2	− 6,7	−10,8	− 6,1
V.	+22,8	+ 9,0	+ 3,3	+11,5
VI.	+23,8	− 3,4	+ 1,1	− 0,5
VII.	+16,8	− 7,2	+13,2	− 5,4
VIII.	−17,9	+ 4,5	− 1,2	+ 2,2
IX.	− 9,6	− 0,1	− 4,0	− 0,7
X.	− 7,7	+ 2,2	− 2,0	+ 5,5
Summa Quadr.	2284	391	381	325.

Hiebei liegen aber nur die Jupitersstörungen nach derjenigen Rechnung, die ich die specielle nenne (von einem Jahre zum andern durch mechanische Quadratur fortgesetzt) [zum Grunde]. Die Berechnung nach meinen allgemeinen Formeln, sowie die der Saturnsstörungen, ist noch nicht vollendet. Darüber gehen jedesmal einige Monate hin. Ich werde nun bald meine Methode ausarbeiten und auf eine oder andere Art bekannt machen, um endlich dieser zwar durch guten Erfolg belohnten, aber an sich gar zu lästigen Arbeit quitt zu werden.

OLBERS an GAUSS, Bremen, 25. Januar 1815.

{..... Hat sich der Contrast, da die Saturnsstörungen die nach Ihrer letzten Mittheilung wieder so vortreffliche Harmonie unter den Pallas-Oppositionen bei etwas vermehrter Jupitersmasse zu verwirren schienen, aufgeklärt? — Ich hoffe doch ..... Sie werden Ihre Methode dem Pariser Institut mittheilen. Nur Ihretwegen hat man den Preis so lange offen gelassen. Von Paris höre ich jetzt nichts. .....}

GAUSS an OLBERS, Göttingen, 8. Januar 1816.

..... Sollte der ⚴-Preis nunmehro ausgegeben oder zurückgenommen sein, so würde ich meine Theorie nunmehro entweder stückweise in den Comm. oder auch in einer besondern Schrift herauszugeben denken. .....

GAUSS an OLBERS, Göttingen, 16. Februar 1816.

..... Für Ihre Anzeigen aus der Conn. des tems 1818 bin ich Ihnen sehr verpflichtet. LAPLACES Berechnung über die Zuverlässigkeit der Jupitersmasse lasse ich auf sich beruhen, da sie von seiner Störungstheorie abhängt, bei welcher die Genauigkeit der Resultate precär ist. Die neuen Planeten werden uns in Zukunft die Jupitersmasse am genauesten kennen lehren; nach Jahrhunderten werden auch der HALLEYsche und Ihr Comet beitragen. .....

OLBERS an GAUSS, Bremen, 7. März 1816.

{..... Jetzt eile ich nur, Ihnen wegen der Preisaufgabe zu Paris, wenn Sie es etwa noch nicht erfahren haben sollten, das Nähere zu melden. Der Ausspruch über den Preis wegen der Perturbationen der Planeten, namentlich der Pallas, ist wieder bis zum Jahr 1817 vertagt worden. Doch müssen die Schriften vor dem 1. October 1816 eingesandt sein.

Die Preisfrage war: »Die Theorie der Planeten, deren Excentricität und Neigung zu gross sind, als dass wir im Stande wären, ihre Störungen nach den schon bekannten Methoden genau zu berechnen.« Die Klasse verlangt keine numerische Anwendung, sondern nur analytische Formeln, aber so eingerichtet, dass ein geschickter Rechner fähig sei, sie mit Sicherheit entweder auf den Planeten Pallas, oder auf einen andern der neu entdeckten oder noch zu entdeckenden Planeten anzuwenden. — Es waren nur zwei Abhandlungen eingelaufen, deren Verfasser aber die ausgesprochene Absicht der Klasse in der Preis-Ankündigung nicht genug berücksichtigt haben. Beide (besonders der eine) haben noch zu mancherlei analytische Entwickelungen vorbeigelassen, die die Mathematiker noch erst machen müssten, um sie in den Stand zu setzen, die Auflösung des Problems, die sie gegeben haben, verstehen und beurtheilen zu können. Sie haben es zu sehr versäumt, sich bis zu dem Standpunkte des Calculators herabzulassen, der nun wünschen sollte, Tafeln für die Pallas oder irgend einen andern Planeten zu bilden. Die Nachträge, die sie zu verschiedenen Zeiten eingeschickt haben, sind weit entfernt, alle diese Schwierigkeiten zu heben. Da die Klasse aus diesen Nachträgen und aus den eingeschickten Noten der anonymen Verfasser ersehen hat, dass sie nicht Zeit hatten, sich in alle die nothwendigen Entwickelungen einzulassen, und zugleich in Erwägung zieht, dass auch vielleicht andere Mathematiker, die die Fähigkeit und Geschicklichkeit besitzen, diesen schwierigen Gegenstand zu behandeln, aus derselben Ursache abgehalten worden sind, als Preisbewerber aufzutreten, so hat sie die Preisaustheilung noch bis Januar 1817 ausgesetzt. — Der Preis ist doppelt, eine goldene Medaille, 6000 Francs werth. .....}

GAUSS an OLBERS, Göttingen, 24. Julius 1816.

..... Die heurige Pallas-Opposition [XI.] verträgt sich noch immer sehr gut mit meiner Theorie und bestätigt die Nothwendigkeit einer Vergrösserung der Jupitersmasse. Ich finde jetzt $\frac{☉}{♃} = 1050$ und die wahrscheinliche Ungewissheit dieser Zahl sehr nahe $= 1$; LAPLACE findet aus der Saturnsbewegung 1070 mit einer etwas grössern Ungewissheit; dieser Unterschied ist also ganz enorm; allein ich glaube nicht, dass man daraus berechtigt ist, auf eine verschiedene affinitas chemica zu schliessen, da LAPLACES Resultat sich auf seine Saturnstheorie gründet, die nach einer Methode entwickelt ist, deren Zulänglichkeit bezweifelt werden kann. Meine Bestimmung der Jupitersmasse wünsche ich übrigens noch nicht bekannt zu sehen. Jede neu hinzugekommene Pallasopposition wird die Genauigkeit vergrössern. Freilich ungeheure Arbeit, da die Rechnung in 14 Tagen für Eine Opposition sich nicht machen lässt. Sehr neugierig bin ich darauf, was für Resultate Juno demnächst geben wird. .....

GAUSS an OLBERS, Göttingen, 15. Februar 1817.

..... Auch habe ich angefangen, für die Pallasstörungen eine Hülfstafel zu berechnen, eine Arbeit von ca. $\frac{1}{2}$ Million Ziffern, und die ich ohne die thätige Beihülfe einiger jungen Leute, besonders des Hrn. WESTPHAL, garnicht hätte unternehmen können. Mehr als die Hälfte ist schon fertig. Wenn die Tafel ganz vollendet ist, werde ich noch einmal alle Oppositionen auf das sorgfältigste berechnen und dabei auch die Beobachtungen von 1802, die bisher gar nicht mit angewandt waren, zuziehen. Die Anwendung der Wahrscheinlichkeitstheorie gibt meiner Bestimmung der ♃-Masse schon jetzt dieselbe Zuverlässigkeit, welche die BOUVARDsche nach LAPLACES Rechnung hat. Die letzte Opposition ist dabei noch nicht einmal zugezogen, sie wird den Werth nur sehr wenig ändern, aber die Zuverlässigkeit bedeutend vergrössern. Noch mehr wird die nächste ☍ leisten. Suchen Sie doch auch die ⚴ so bald wie möglich auf. .....

GAUSS an OLBERS, Göttingen, 2. December 1817.

..... Ich glaube, Ihnen schon einigemale von der Tafel für die Erleichterung der Berechnung des jedesmaligen Betrags der Pallasstörungen geschrieben zu haben. Seitdem ich die Beihülfe des Hrn. WESTPHAL dabei entbehrte, habe ich an dem noch fehlenden Theil derselben nur langsam arbeiten mögen, seit einiger Zeit ist sie jedoch vollendet. Ich habe es nun für nöthig gehalten, die sämmtlichen bisher beobachteten 12 Gegenscheine von neuem mit Hülfe dieser Tafel mit Normalelementen zu vergleichen, die daraus entspringenden 23 Bedingungsgleichungen (in Einem Gegenschein taugt die Breite nichts, da bloss DAVID sehr schlechte Declinationen beobachtete, No. V. von 1808) zu entwickeln und die 7 Correctionen (die der ♃-Masse eingeschlossen) daraus zu bestimmen. Diese mühsame Arbeit habe ich jetzt vorläufig (mit Vorbehalt einer kleinen Nachfeilung) vollendet. Die Übereinstimmung ist in der That zu bewundern, um so mehr, da ich die Saturnsstörungen nicht zugezogen habe, die Hr. NICOLAI berechnet hat, und die die Übereinstimmung merklich schlechter machen würden. Die Correction der Jupitersmasse ($+\frac{1}{46}$) bestätigt sich nun immer mehr, die Summe der Quadrate der 12 Längenunterschiede, welche ohne diese Verbesserung nicht unter 4064″ heruntergebracht werden könnte, wird mit derselben bis auf 241″ gebracht, und nach meiner Wahrscheinlichkeitstheorie ist jetzt die Bestimmung der Jupitersmasse aus den Pallasstörungen etwa dreimal so genau, als aus den Saturnsbeobachtungen, aus denen bekanntlich LAPLACE ein mit dem meinigen in Widerspruch stehendes Resultat abgeleitet hat. Die Zuziehung der NICOLAIschen Störungen vom Saturn würde übrigens die Correction der Jupitersmasse nicht abändern. Sehen Sie hier die übriggebliebenen Differenzen:

		Heliocentr. Länge	Geocentr. Breite	Differenz nach CARLINIS Bestimmung der Oppositionen	
I.	1803	+ 0″,8	− 1″,2	−5″,2	−30″,2
II.	1804	+ 4,0	−11,8	+4,5	− 9,8
III.	1805	− 2,1	− 3,8	−3,7	+ 3,9
IV.	1807	− 4,6	− 2,3	+1,1	− 4,5
V.	1808	− 5,0	−16,5 : :		

		Heliocentr. Länge	Geocentr. Breite	Differenz nach Carlinis Bestimmung der Oppositionen	
VI.	1809	+ 0,″7	− 5,″1		
VII.	1811	+ 2,4	− 6,6	+ 2,9	+ 6,0
VIII.	1812	+ 10,7	+ 4,8		
IX.	1813	− 0,7	− 0,8		
X.	1814	+ 1,8	− 1,1		
XI.	1816	− 2,7	− 8,5		
XII.	1817	− 6,5	+ 5,0		

Diese Unterschiede sind um so unbedeutender, da die Bestimmung mehrerer Oppositionen von andern Astronomen, z. B. Carlini, öfters von der meinigen mehr abweicht, als die obigen Differenzen betragen, Da l'appétit vient en mangeant, so denke ich die Oppositionen II und VIII noch einmal aus den Beobachtungen mit Zuziehung meiner osculirenden Elemente berechnen zu lassen. Auch die Beobachtungen von 1802 denke ich noch discutiren zu lassen. Die Längen stimmen jetzt noch besser als die Breiten, was nicht zu verwundern ist, da jene heliocentrisch, diese geocentrisch sind.

Gauss an Encke, Göttingen, 25. März 1818.

..... Ihre so oft erprobte Bereitwilligkeit, mir durch Ihre grosse Rechnungsfertigkeit Gefälligkeit zu erweisen, wage ich abermals in Anspruch zu nehmen, hoffend, dass der Gegenstand auch für Sie selbst nicht ohne Interesse sein werde. Meine Tafel für die Störungen der Pallas ist nunmehro ganz vollendet, ihre Bequemlichkeit lässt mir nichts zu wünschen übrig. Ich habe die sämmtlichen bisher beobachteten 12 Oppositionen von 1803 .... 1817 von neuem mit Hülfe der Tafel mit den Elementen verglichen, diese nachgefeilt und eine herrliche Übereinstimmung erreicht. Hiebei sind nun die so zahlreichen Beobachtungen von 1802, die aber erst nach der Opposition anfingen, gar nicht genutzt, und ich wäre sehr begierig zu wissen, welche Übereinstimmung meine Elemente in jenem Jahrgange geben; vielleicht wäre es doch thunlich, die Opposition daraus zu erhalten, da die Vergleichung mit Elementen geschehen kann, die der Wahrheit so nahe kommen müssen, dass auch etwas entferntere Beobachtungen gebraucht werden dürften. Möchten Sie also nicht die Güte haben:

»die scharfe Vergleichung der sämmtlichen Meridianbeobachtungen
»der Pallas vom April und Mai 1802 mit den osculirenden Elementen
»zu übernehmen?«

Die Elemente selbst sind zufolge meiner Tafeln folgende, wobei Knoten und Perihel sich auf das mittlere Äquinoctium von der Epoche beziehen und als siderisch ruhend zu betrachten sind:

1802 April 19,49214 Göttinger Zeit

Mittlere Länge	$166^0\,44'\,30\overset{''}{,}43$
Sonnennähe	121 12 17,28
Aufsteigender Knoten	172 27 35,19
Excentricitätswinkel	14 13 27,83
Neigung der Bahn	34 37 47,88
Tägl. mittl. tropische Bew.	$770\overset{''}{,}47396$
Logarithm der halben Axe	0,4422173.

Die Epoche der Länge mögen Sie erst so corrigiren, dass .....

GAUSS an OLBERS, Göttingen, 31. März 1818.

..... Da meine Tafeln [der Störungen], welche Pallas abseiten des Jupiter erleidet, jetzt ganz vollendet und die Elemente allen 12 bisherigen Oppositionen möglichst genau angepasst sind, so habe ich Hrn. ENCKE ersucht, sämmtliche Beobachtungen von 1802 nach diesen Elementen zu berechnen. Obgleich Sie den Planeten erst etwas nach der Opposition entdeckten, so wird sich jetzt, da die Elemente so scharf bestimmt sind, jene doch vielleicht noch aus den Beobachtungen ableiten lassen. .....

GAUSS an SCHUMACHER, Göttingen, 17. März 1822.

..... Was die Pallastafeln betrifft und die letzten Elemente, so sind alle darauf Bezug habenden Papiere so vereinzelt, dass es mir jetzt platterdings unmöglich ist, mich gleich wieder so hineinzustudiren, dass ich zur zuverlässigen Berechnung Anleitung geben könnte. Falls nicht noch etwas dazwischen kommt, was dieses Jahr die Fortsetzung meiner Messungen suspendirt oder verhindert, so müssen die Astronomen sich diesmal helfen so gut sie können. .....

GAUSS an GERLING, Göttingen, 8. Februar 1834.

..... Ich habe dieser Tage (nach mehrjähriger Unterbrechung) die der Opposition nahe Pallas zu beobachten angefangen, wo ENCKES Ephemeride etwa 5 Min. fehlt. Es ist mir dabei ein schmerzlicher Gedanke, dass meine vor mehr als 20 Jahren gemachte Arbeit über die Pallasstörungen ohne Fortsetzung, Entwickelung und Bekanntmachung bisher hat bleiben müssen, auch wahrscheinlich wie vieles Andere einst mit mir untergehen wird. Sie glauben nicht, wie schwer es mir durch so vielfache Zersplitterung der Zeit so wie unter dem Druck so mancher Verhältnisse wird, eine wissenschaftliche Arbeit durchzuführen. .....

ENCKE an GAUSS, Berlin, 4. October 1834.

{..... Die Methode der partiellen Störungen, welche Sie mir im Jahr 1811 vorzutragen die Güte hatten, hatten Sie mir damals unter der Äusserung mitgetheilt, dass Sie sie nicht verbreitet zu sehen wünschten, da Sie selbst etwas darüber mittheilen wollten. Ich habe sie seitdem beständig angewandt und bin jetzt durch das Jahrbuch genöthigt, sie auf die vier kleinen Planeten und ausserdem noch auf den Cometen von kurzer Umlaufszeit fortwährend anzuwenden. HEILIGENSTEINS Tod hat es auch für die Ceres nothwendig gemacht, was in diesen Ferien geschehen ist. Indessen sehe ich voraus, dass es mir in Zukunft allein nicht mehr möglich sein wird, und dass, selbst wenn ein oder der andere Ihrer Schüler einen oder den andern Planeten übernehmen wollte, mir damit nicht geholfen sein würde, weil ich höchst wahrscheinlich selbst die Arbeiten über den Cometen einem Andern zu übertragen genöthigt sein werde. Ich möchte Sie deswegen ersuchen, mir zu erlauben, diese Mittheilung Ihrer Methoden Jedem machen zu dürfen, dem ich eine solche Arbeit anvertraue, da ohne die freie Mittheilung eine Hülfe nicht möglich ist und noch mehr würden Sie mich beglücken, wenn Sie mir erlauben wollten, etwa in einem Anhange des Jahrbuchs die Methode ausführlich vorzutragen. .....}

GAUSS an ENCKE, Göttingen, 13. October 1834.

..... Was endlich meine Methode der speciellen Perturbationsrechnung anlangt, so lasse ich mir gern gefallen, dass Sie solche öffentlich bekannt machen [*)], da ich vorerst noch nicht weiss, wann oder ob ich selbst dazu kommen könnte und durch jenes Expedienz jedenfalls der sonst vielleicht zu besorgende indiscrete Missbrauch der Privat-Mittheilung an andere von selbst wegfällt. Meine Zahlen für die frühern Pallasoppositionen werde ich Ihnen aufsuchen, sowie die Beträge der entsprechenden Elementenstörungen: seit langer Zeit sind aber die darauf bezüglichen Papiere mir nicht durch die Hände gegangen. .....

HANSEN an GAUSS, Gotha, 7. Februar 1843.

{Es gereicht mir zu besonderm Vergnügen Ihnen mit der heutigen Post das Résumé einer Abhandlung übersenden zu können, worin ich ein Verfahren beschrieben habe, um die absoluten Störungen (d. h. die Störungen für die unbestimmte Zeit *t*) der Himmelskörper zu berechnen, die sich in Bahnen von beliebiger elliptischer Excentricität und Neigung bewegen. Bekanntlich ist dies eine bis jetzt unaufgelöste Aufgabe, und eine Aufgabe, von welcher man hie und da die Möglichkeit der Auflösung bezweifelt hat. Erstes Beispiel der Anwendung meines Verfahrens ist die Berechnung der Störungen, die der ENCKEsche Comet vom Saturn erleidet; andere Beispiele werde ich in der Abhandlung selbst, die zum Druck fertig ist, geben. Das Verfahren ist nicht bloss auf Bahnen von grosser Excentricität anwendbar, sondern die Excentricität der Ellipse kann beliebig sein. Namentlich ist die Berechnung der Störungen, die die Pallas vom Jupiter erleidet, nach meinem Verfahren sehr leicht, und diese Störungen werden aus einer mässig grossen Anzahl von Gliedern bestehen, aus einer geringern Anzahl wie die Mondstörungen. Ich habe also hiemit eine anwendbare Auflösung der Aufgabe gegeben, die die Pariser Academie im Jahr 1811 mit doppeltem Preise aufstellte.

[*) Vgl. die Aufsätze von ENCKE in den Berliner Astronomischen Jahrbüchern für 1837 und 1838, speciell die Anmerkung im erstern, S. 251.]

Sie werden in dem Résumé bloss die Darlegung des Verfahrens für den Fall finden, wo der Radius Vector des Cometen kleiner ist wie der des Planeten; der entgegengesetzte Fall ist darin nur kurz angedeutet, aber Sie werden sogleich sehen, wie ich in diesem Falle verfahre.

Ich habe schon vor einer Reihe von Jahren ein Verfahren gefunden um die Reihenentwickelung der Störungsfunction durch Hülfe von elliptischen Transcendenten auszuführen. Ich brauche dazu ausser einigen leicht zu findenden Theoremas, und denjenigen die Sie in Ihrer berühmten »Determinatio attractionis etc.« betitelten Abhandlung gegeben haben, das Integral

$$\frac{1}{2\pi}\int\frac{\alpha+\alpha'\cos T+\alpha''\sin T}{\gamma+\gamma'\cos T+\gamma''\sin T}\frac{dT}{\sqrt{(mm\cos T^2+nn\sin T^2)}},$$

welches in den Schriften über die elliptischen Transcendenten nicht vorkommt. (Die Bezeichnungen sind die Ihrer angeführten Abhandlung.) Für die Berechnung dieses Integrals habe ich folgende Vorschriften gefunden. Man mache

$$\alpha''\gamma''=p,\quad (\alpha'\gamma''+\alpha''\gamma')=q,\quad \alpha'\gamma'=r;\quad 1+\gamma''\gamma''=p_1,\quad 2\gamma'\gamma''=q_1,\quad 1+\gamma'\gamma'=r_1,$$

ferner

$$\begin{aligned}
p' &= 2m'm'(p_1r+pr_1)\\
q' &= m'q(mr_1-np_1)+m'q_1(mr-np)\\
r' &= (np+mr)(np_1+mr_1)-n'n'qq_1\\
p_1' &= 4m'm'p_1r_1\\
q_1' &= 2m'q_1(mr_1-np_1)\\
r_1' &= (np_1+mr_1)^2-n'n'q_1q_1.
\end{aligned}$$

Sind hieraus p', q', r', p_1', q_1', r_1' gefunden, so berechne man durch dieselben 6 Ausdrücke mit Zugrundelegung dieser Grössen, die Grössen p'', q'', r'', p_1'', q_1'', r_1'' und so fort. Diese Grössen convergiren aber sehr rasch nach den Grenzen

$$p_1^{(\nu)}=r_1^{(\nu)},\qquad q_1^{(\nu)}=0,\qquad p^{(\nu)}=r^{(\nu)},\qquad q^{(\nu)}=0$$

und wenn diese Grenzen erreicht sind, ist der Werth des obigen Integrals

$$=\frac{p^{(\nu)}}{p_1^{(\nu)}\mu},$$

wo μ das medium arithmetico-geometricum aus m und n ist. In allen Fällen, in welchen ich die vorstehenden Formeln bereits angewandt habe, ist die Convergenz der obigen Grössen zur gemeinschaftlichen Grenze eben so stark, wie die der Grössen *m* und *n* zu ihrer Grenze μ. Ich erlaube mir ein aus der Natur entlehntes Beispiel hier anzuführen. Es fand sich

$$\begin{array}{lll}
\log m = 0{,}016\,3851 & \log p = 0{,}368\,2319_n & \log p_1 = 0{,}460\,6912 \\
\log n = 9{,}548\,7463 & \log q = 8{,}438\,7296 & \log q_1 = 8{,}821\,2120_n \\
 & \log r = 6{,}374\,0322 & \log r_1 = 0{,}000\,2522
\end{array}$$

und hieraus ergab sich

$$\begin{array}{lll}
\log m' = 9{,}842\,6840 & \log p' = 0{,}354\,7552_n & \log p'_1 = 0{,}748\,3714 \\
\log n' = 9{,}782\,5657 & \log q' = 8{,}57727_n & \log q'_1 = 7{,}19751_n \\
 & \log r' = 0{,}230\,7606_n & \log r'_1 = 0{,}627\,9994 \\
\hline
\log m'' = 9{,}813\,6642 & \log p'' = 1{,}210\,3355_n & \log p''_1 = 1{,}605\,7592 \\
\log n'' = 9{,}812\,6249 & \log q'' = 8{,}02648 & \log q''_1 = 6{,}95555 \\
 & \log r'' = 1{,}210\,4711_n & \log r''_1 = 1{,}605\,7688 \\
\hline
\log m''' = 9{,}813\,1448 & \log p''' = 3{,}044\,5167_n & \log p'''_1 = 3{,}439\,8774 \\
\log n''' = 9{,}813\,1446 & \log q''' = \;\; — & \log q'''_1 = 5{,}899 \\
 & \log r''' = 3{,}044\,5171_n & \log r'''_1 = 3{,}439\,8776
\end{array}$$

so dass man entschieden mit p''' ausreicht, und schon bei p'' die Rechnung hätte schliessen können, denn p''' und p'''_1 gibt den Logarithmus des Integrals

$$= 9{,}791\,4947_n$$

und p'' und p''_1 geben denselben $= 9{,}791\,4946_n$.

Diese Berechnung dieses Integrals, obgleich sicher, ist länger wie die Berechnung der beiden andern von μ und ν (Determinatio attr. etc.) abhängigen Integrale, und dieser Umstand veranlasst mich Sie zu fragen, ob Sie ein einfaches Berechnungsverfahren des oben angeführten Integrals besitzen, so wie zur Bitte, in diesem Falle mir selbiges, mit der Erlaubniss zur angemessenen Bekanntmachung in meiner Abhandlung, gütigst mittheilen zu wollen. .....}

GAUSS an HANSEN, Göttingen, 11. März 1843.

Von einer Woche zur andern ist mein Dank für die gefällige Übersendung des Berliner Monatsberichts (der um dieselbe Zeit auch auf gewöhnlichem Wege mir zu Gesicht kam) verschoben, weil ich hoffte einige Zeit zu gewinnen, in den Gegenstand etwas weiter in meiner Antwort eingehen zu können. Leider ist diese Hoffnung getäuscht, und selbst in den bevorstehenden Ferien, für welche sich schon im Voraus so viele Rückstände und neue Abhaltungen gesammelt haben, darf ich mir kaum Hoffnung für einige freie Musse machen.

Ich beschränke mich daher darauf, meine Freude darüber auszusprechen, dass Sie bei den Perturbationsrechnungen auf ähnliche Art verfahren, wie ich schon vor mehr als 30 Jahren bei meinen weitumfassenden Rechnungen über die Pallasstörungen zu Werke gegangen bin, in so fern Sie den Gebrauch von Reihen nach den Excentricitäten und Neigungen ganz cassiren. Freilich haben Sie für die Cometenstörungen auch ganz besondere noch andere Untersuchungen nöthig gehabt, zu denen für die Pallas keine Veranlassung sich fand und überhaupt in vielen andern Beziehungen abweichende Wege eingeschlagen. Bei den Störungen der Pallas durch Jupiter brauchte ich die Methode der variabeln Elemente und zwar mit Vorbedacht, denn obgleich man so 6 Elemente zu behandeln hat, während bei dem andern Verfahren nur halb so viele sind, so habe ich doch für den praktischen Gebrauch jenes vorgezogen; man braucht die Rechnung für jedes Jahr nur einmal (für Einen Tag) zu machen, wozu ich eine besondere Hülfstafel construirte, vermittelst welcher in vergleichungsweise sehr kurzer Zeit die Rechnung absolvirt werden kann, obgleich zusammen 801 Gleichungen (1602, wenn die Sinus und Cosinus-Glieder desselben Arguments getrennt gezählt werden; es sind vollständig alle, deren Coëfficient über 0,"1 geht) berücksichtigt worden*). Durch sehr einfache Mittel kann man dann das Resultat für die ganze Beobachtungs-

*) Es ist wohl unnöthig zu bemerken, dass die Arbeit, von der ich jetzt spreche, ganz verschieden ist von der gleichfalls von mir für den ganzen Zeitraum von 1802 bis etwa 1818 oder 1820 fortgeführten Rechnung durch Quadratur; diese nenne ich specielle, jene generelle Rechnung und letztere hat in jener eine bei so ausgedehnten Rechnungen höchst nothwendige Controlle gefunden.

Saison ausreichend machen, ohne der Schärfe etwas zu vergeben. Auch die Störung durch Saturn wurde berechnet und die durch Mars nach einer wesentlich verschiedenen Methode angefangen, aber nicht vollendet. Andere immer weiter sich verzweigende Geschäfte haben mir später gar nicht erlaubt, auf jene Arbeiten wieder zurückzukommen, und es steht dahin, ob in meinem Alter ich Musse und Lust haben werde, mich wieder in die Sachen hineinzuarbeiten, da noch so viele andere Dinge sind, die ich eben so ungern untergehen lassen möchte. Sie sind sehr glücklich, dass Sie in einer äussern Lage sind, wo Sie Ihre Zeit nicht zu versplittern brauchen, und es wird mir jedenfalls zur Beruhigung gereichen, dass dieser Zweig der Astronomie bei Ihnen in den besten Händen ist. Ob ich bei den Marsstörungen etwas mit Ihrer mir angezeigten Integrationsart zusammenhangendes gebraucht habe, kann ich jetzt, wo mir die Sachen seit fast 25 Jahren entfremdet sind, nicht bestimmt ermitteln, möchte es aber fast bezweifeln. .....

GAUSS an BESSEL, Göttingen, 21. März 1843.

..... Die erste [BESSELsche] Abhandlung über die Jupitersmasse hat bei mir eine Erinnerung geweckt, die mir immer schmerzhaft ist, nemlich an meine alte Arbeit über die Pallasstörungen. Sie ist seit fast einem Vierteljahrhundert mir so fremd geworden, dass es mir schwer wird, mich selbst in den vorhandenen Papieren zu orientiren. Die Nothwendigkeit einer Vergrösserung der LAPLACEschen Jupitersmasse wurde freilich sogleich erkannt, ich setzte sie anfangs auf $\frac{48}{47}$, ohne dass ich in diesem Augenblick ausfinden kann, wann ich diese Bestimmung gemacht habe; ich finde aber später, dass aus den ersten 10 Oppositionen, -2376 Tage ..... $+1759,5$ Tage (von Anfang 1810 als Epoche gerechnet), die Elemente von Grund aus verbessert sind, und darin u. a. auch jener Bruch auf $\frac{43}{42}$ vergrössert ist. Es fand sich die Summe der Quadrate der übrig bleibenden Fehler (NB. ohne Berücksichtigung anderer Störungen, namentlich der durch Saturn):

LAPLACES Masse $\left[\frac{1}{1067,09}\right]$	(Hel.) Länge 3175,69	(Hel.) Breite 348,54
vergrössert um $\frac{1}{47}$	963,78	318,47
vergrössert um $\frac{1}{42}$	918,46	322,66.

Dann findet sich noch eine neue Verbesserungsrechnung aller Elemente gestützt auf die ersten 12 Oppositionen, allein in den Papieren, die ich jetzt auffinden kann, ist die Rechnung nicht ganz zu Ende geführt. Eben bei diesem Suchen fand ich aber noch einige ältere Papiere, worauf eine ähnliche Rechnung aus den ersten 9 Oppositionen steht[*)], ohne dass ich darum mit Gewissheit sagen kann, ob nicht noch früher die Correction der Masse gefunden ist. Zugleich aber sehe ich, dass, was oben aus dem Gedächtniss geschrieben war, falsch gewesen ist, nemlich die Störungen durch Saturn sind allerdings mit berücksichtigt. Es ist wohl überflüssig zu bemerken, dass allen diesen Rechnungen diejenige Störungstheorie zum Grunde liegt, die ich die allgemeine nenne, indem danach ihr Betrag für jede beliebige Zeit gefunden wird; es sind dabei zusammen über 800 Gleichungen (wenn man diejenigen, welche Sinus und Cosinus desselben Winkels enthalten, zusammenfasst, ohne diese Zusammenfassung also über 1600), und diese Theorie war mehr als einmal ganz durchgearbeitet, was nöthig war, um erst die mittlern Elemente selbst zu erhalten. Neben dieser generellen Theorie war aber zugleich fortwährend die Rechnung durch Quadraturen fortgeführt, welche für jene eine ganz unentbehrliche Controlle lieferte. — Das letzte, was sich vorfindet, ist die Berechnung und Vergleichung der 14ten Opposition vom 6. Januar 1820. Ob oder wann ich dazu kommen werde, in diese Arbeiten mich wieder hineinzustudiren und sie zu redigiren und zu publiciren, steht dahin; ohne eine Abänderung meiner äussern Lage, so dass ich völlig frei über meine Zeit schalten kann, wird es schwerlich geschehen, zumal da so viele andere Dinge noch sich präsentiren, die ich eben so ungern untergehen lassen mag, oder richtiger, auf die ich selbst grössern Werth lege.

[*) S. 561 dieses Bandes.]

NACHLASS.

[II.] EXPOSITION D'UNE NOUVELLE MÉTHODE
DE CALCULER LES PERTURBATIONS PLANÉTAIRES AVEC L'APPLICATION AU CALCUL NUMÉRIQUE DES PERTURBATIONS DU MOUVEMENT DE PALLAS.

..... their motions, periods and their laws
Give me to scan. THOMSONS Autumn 1346.

See, how associate round their central sun,
Their faithful rings the circling planets run
Exactly tracing their appointed sphere.
Boyle on deity: Elegant Extracts p. 126.

Le calcul des perturbations planétaires est susceptible de deux formes différentes. Sous l'une de ces formes, on rapporte le mouvement d'une planète à des élémens constans, ou affectés seulement de variations séculaires, en corrigeant le rayon vecteur, la longitude dans l'orbite et la latitude calculées dans cette hypothèse, par des équations périodiques; sous l'autre forme le mouvement est rapporté a une ellipse variable, laquelle dans chaque instant, sans autre correction, représente exactement le mouvement. On connait assez le succès, avec lequel on s'est servi jusqu'ici exclusivement de la première forme pour les perturbations des anciennes planètes. Cependant il est reconnu, que ce succès dépend surtout de plusieurs circonstances favorables, qui ne sont plus les mêmes pour quelques unes des nouvelles planètes, l'orbite de Pallas étant inclinée sur celle de Jupiter de 34 degrés avec une excentricité, qui est presque égale à $\frac{1}{4}$, et l'orbite de Junon, avec une inclinaison très-considérable, étant encore plus excentrique. Dans ces cas les anciennes méthodes ont paru impraticables.

Les nouvelles méthodes, qui font l'objet de ce mémoire, présentent originairement les perturbations sous la seconde forme. Il serait en effet facile, de transformer les perturbations des élémens, une fois trouvées, en perturbations des trois coordonnées, si on le jugeait à propos: cependant nous sommes d'avis, qu'on peut bien se dispenser de ce travail, et s'en tenir aux perturbations des élémens. Quoique ces derniers soient au nombre de six, et que les perturbations des trois coordonnées ne semblent exiger dans les applications numériques que la moitié du travail, ce désavantage n'est pas réel toutes les fois qu'il s'agit de calculer plusieurs lieux de la planète séparés par un modique intervalle de tems, puisque dans ce cas, qui est le plus fréquent dans la pratique, on peut fort bien s'en tenir à un seul système d'élémens, tandisque l'autre méthode exigera du moins le calcul des inégalités des coordonnées pour deux époques différentes. La commodité d'une table auxiliaire pour l'équation du centre et pour le rayon vecteur dans une ellipse constante, à laquelle il faut renoncer en rapportant toutes les inégalités aux élémens mêmes, est aussi fort peu de chose, lorsqu'on opère sur une planète sujette à autant d'inégalités comme Pallas, et peut même être compensée par d'autres simplifications de calcul qu'il serait superflu de rappeler ici.

Section première.

Mouvement elliptique.

..... Ye other wandring fires that move
In mystic dance, not without song, resound
His praise, who out of darkness call'd up light.
MILTON, Paradise lost.

1.

Soient x, y, z les coordonnées d'une planète relativement à trois plans perpendiculaires entre eux passant par le centre du soleil; soit de plus t le tems, m la somme des masses du soleil et de la planète, r la distance de la planète au soleil. Ainsi en faisant abstraction des perturbations nous aurons

1) $$0 = \frac{ddx}{dt^2} + \frac{mx}{r^3}$$

2) $$0 = \frac{ddy}{dt^2} + \frac{my}{r^3}$$

3) $$0 = \frac{ddz}{dt^2} + \frac{mz}{r^3}.$$

Il s'ensuit, que faisant

4) $$\frac{ydz - zdy}{dt} = A$$

5) $$\frac{zdx - xdz}{dt} = B$$

6) $$\frac{xdy - ydx}{dt} = C,$$

A, B, C seront des quantités constantes, qui par conséquent dépendront de l'état primitif. On tire de ces équations

7) $$Ax + By + Cz = 0.$$

L'orbite sera donc dans un plan passant par le centre du soleil. Nous avons de plus

$$rr = xx + yy + zz$$

$$rdr = xdx + ydy + zdz$$

$$rddr + dr^2 = xddx + yddy + zddz + dx^2 + dy^2 + dz^2 = dx^2 + dy^2 + dz^2 - \frac{mdt^2}{r}.$$

Or les équations 4, 5, 6 donnent

$$(AA + BB + CC)dt^2 = (xx + yy + zz)(dx^2 + dy^2 + dz^2) - (xdy + ydy + zdz)^2$$
$$= rr(dx^2 + dy^2 + dz^2) - rrdr^2 = r^3 ddr + mrdt^2.$$

Ainsi en faisant

$$\frac{AA + BB + CC}{m} = p, \qquad r - p = u,$$

on aura $0 = \frac{ddu}{dt^2} + \frac{u}{r^3}$, équation analogue aux trois premières. On voit donc qu'en faisant

8) $$\frac{xdu - udx}{dt} = F$$

9) $$\frac{ydu - udy}{dt} = G$$

10) $$\frac{zdu - udz}{dt} = H,$$

F, G, H seront aussi des quantités constantes, dépendantes de l'état primitif. Combinant ces formules avec 4, 5, 6 on en tire

$$11)\qquad Gz - Hy = A(r-p)$$

$$12)\qquad Hx - Fz = B(r-p)$$

$$13)\qquad Fy - Gx = C(r-p).$$

On conclut facilement de ces équations, que les projections de l'orbite et l'orbite elle-même sont des courbes du second ordre, que l'orbite a pour demi-paramètre p, et que le centre du soleil occupe un de ses foyers. Nous remarquerons encore, qu'elles donnent tout de suite une équation de condition entre les six constantes A, B, C, F, G, H

$$14)\qquad AF + BG + CH = 0.$$

De même on tire des équations 8, 9, 10

$$\begin{aligned}&(FF+GG+HH)\,dt^2\\ &= (xx+yy+zz)\,du^2 - 2(x\,dx + y\,dy + z\,dz)u\,du + (dx^2+dy^2+dz^2)uu\\ &= rr\,dr^2 - 2r\,dr.(r-p)\,dr + (dx^2+dy^2+dz^2)(r-p)^2\\ &= (AA+BB+CC)\left(1-\frac{2p}{r}\right)dt^2 + (dx^2+dy^2+dz^2)pp.\end{aligned}$$

Donc en faisant

$$15)\qquad \frac{FF+GG+HH}{AA+BB+CC} = 1 - \frac{p}{a},$$

on aura

$$16)\qquad 0 = \frac{dx^2+dy^2+dz^2}{dt^2} - \frac{2m}{r} + \frac{m}{a}.$$

On aurait pu trouver cette même équation, en multipliant les équations 1, 2, 3 par $2\,dx$, $2\,dy$, $2\,dz$ et intégrant l'aggrégat: le développement précédent a l'avantage de montrer la liaison entre la constante, que cette intégration aurait introduite et celles qu'on avait déjà trouvées.

2.

Substituant, dans l'équation 16, $dx^2+dy^2+dz^2 = dr^2 + \frac{pm\,dt^2}{rr}$, on trouve $\frac{dr^2}{dt^2} = -\frac{m}{a} + \frac{2m}{r} - \frac{pm}{rr}$; ainsi dans les points de l'orbite, où r est un maximum ou un minimum, on doit avoir $\frac{m}{a}-\frac{2m}{r}+\frac{pm}{rr}=0$. Cela donne pour r deux valeurs, savoir $r=a+\sqrt{(aa-ap)}$ et $r=a-\sqrt{(aa-ap)}$, d'où il est évident, que $2a$ est le grand axe, et $\frac{\sqrt{(aa-ap)}}{a}$, laquelle quantité nous ferons $=e$, l'excentricité. On a donc

$$p=a(1-ee)$$
$$\mathrm{d}t^2=\frac{arr\mathrm{d}r^2}{m(aaee-(a-r)^2)}.$$

Pour intégrer cette équation, nous ferons

17) $$a-r=ae\cos E,$$

d'où il s'ensuit

$$\mathrm{d}t^2=\frac{arr\mathrm{d}E^2}{m};$$

donc supposant, ce qui est permis, que E aille toujours en croissant, il sera

$$\mathrm{d}t=\sqrt{\frac{a}{m}}\cdot r\mathrm{d}E=\sqrt{\frac{a^3}{m}}\cdot(1-e\cos E)\mathrm{d}E.$$

Ainsi en faisant

18) $$\sqrt{\frac{m}{a^3}}=n$$

19) $$E-e\sin E-nt=\varepsilon,$$

l'équation $n\mathrm{d}t=(1-e\cos E)\mathrm{d}E$ montre que ε sera une constante. On voit que E représente ce que les astronomes nomment l'anomalie excentrique, $nt+\varepsilon$ l'anomalie moyenne, n le mouvement moyen dans l'unité du tems, ε l'époque de l'anomalie moyenne pour le tems zéro. De plus il est clair que dans le tems d'une révolution E doit croître de 360^0 ou de 2π, 2π étant la périphérie du cercle dont le rayon est 1: ainsi nommant T ce tems, on aura

$$nT=2\pi \quad \text{ou} \quad T=2\pi\sqrt{\frac{a^3}{m}},$$

ce qui revient au théorème de KEPLER.

Par là on a encore la mesure des masses, lorsqu'on a choisi l'unité du tems et de l'espace, savoir

$$m=\frac{4\pi\pi a^3}{TT}.$$

Ainsi choisissant pour l'une le jour solaire moyen et pour l'autre la valeur de a dans l'orbite de la terre, supposant de plus $T = 365{,}2[563835]$, on trouve

Somme des masses du soleil et de la terre .... 0,000295913[0424]

ou en supposant la première 354710 fois plus grande que la dernière

Masse du soleil .... 0,000295912[2082],

dont le logarithme ordinaire est 6,471 1628 828 — 10.

3.

La somme des équations 8, 9, 10 multipliées par x, y, z nous donne

$$Fx + Gy + Hz = \frac{pr\,dr}{dt}. \tag{20}$$

Multipliant celle-ci par F, 12 par H, 13 par $-G$, et ajoutant, il vient

$$(FF + GG + HH)x = (BH - CG)(r - p) + \frac{Fpr\,dr}{dt},$$

ou à cause de $FF + GG + HH = \left(1 - \frac{p}{a}\right)mp = mpee$:

$$x = \frac{BH - CG}{mpee}(r - p) + \frac{Fr\,dr}{mee\,dt}. \tag{21}$$

On aura de même

$$y = \frac{CF - AH}{mpee}(r - p) + \frac{Gr\,dr}{mee\,dt} \tag{22}$$

$$z = \frac{AG - BF}{mpee}(r - p) + \frac{Hr\,dr}{mee\,dt}. \tag{23}$$

Or on a

$$r - p = aee - ae\cos E$$
$$r\,dr = aer\sin E\,.\,dE = \sqrt{am}\,.\,e\sin E\,.\,dt;$$

ainsi nous aurons

$$x = \frac{a(BH - CG)}{mp} - \frac{a(BH - CG)}{mpe}\cos E + \frac{\sqrt{am}\,.\,F}{me}\sin E \tag{24}$$

$$y = \frac{a(CF - AH)}{mp} - \frac{a(CF - AH)}{mpe}\cos E + \frac{\sqrt{am}\,.\,G}{me}\sin E \tag{25}$$

$$z = \frac{a(AG - BF)}{mp} - \frac{a(AG - BF)}{mpe}\cos E + \frac{\sqrt{am}\,.\,H}{me}\sin E. \tag{26}$$

Les quatre équations 19, 24, 25, 26 contiennent la solution complète des équations 1, 2, 3.

4.

Il nous reste encore de développer la liaison entre nos constantes et les élémens dont les astronomes ont coutume de faire usage. Pour cet effet, rapportons à une surface sphérique d'un rayon arbitraire et dont le centre coïncide avec celui du soleil, les neuf directions suivantes: les trois axes des coordonnées; la droite menée du soleil vers la planète; une droite perpendiculaire à celle-ci dans le plan de l'orbite; la droite perpendiculaire à ce plan; la ligne des apsides menée vers le périhélie; la perpendiculaire à celle-ci dans le plan de l'orbite; l'intersection du plan des x, y avec le plan de l'orbite. Nous dénoterons les points de la surface sphérique, auxquels répondent ces directions, par X, Y, Z, L, Λ, M, P, Π, N. Ainsi X, Y, Z seront les pôles des grands cercles qui représentent les trois plans fondamentaux, et nous supposeront ces pôles pris du côté où les coordonnées sont censées positives; L sera le lieu héliocentrique de la planète et Λ le point du grand cercle de l'orbite avancé davantage que L de 90^0; P le périhélie; Π ce que devient Λ lorsque L devient P; N sera le noeud ascendant de l'orbite sur le grand cercle dont Z est le pôle; enfin M sera l'un des pôles de l'orbite, et pour ne laisser aucune ambiguïté, nous supposerons que les points P, Π, M soient rangés sur la sphère dans le même ordre que les points X, Y, Z. On voit que pour cet effet il faudra choisir M du même côté du grand cercle XY que Z, ou du côté opposé, selon que le mouvement héliocentrique de la planète projeté sur le grand cercle XY va dans le sens de X vers Y, ou dans le sens opposé: on nommera le mouvement *direct* dans le premier cas, et *rétrograde* dans le second. Pour distinguer analytiquement ces deux cas, soit β la distance de L au grand cercle XY, ou plutôt $\beta = 90^0 - LZ$, λ la longitude de la projection de L sur ce grand cercle comptée de X dans le sens de X vers Y; nous aurons

$$
\begin{aligned}
x &= r\cos\beta\cos\lambda \\
y &= r\cos\beta\sin\lambda \\
z &= r\sin\beta.
\end{aligned}
$$

De là on tire $x\mathrm{d}y - y\mathrm{d}x = rr\cos\beta^2.\mathrm{d}\lambda$; ainsi dans le cas du mouvement direct C sera positif, et négatif dans le cas du mouvement rétrograde: donc C et $\cos ZM$ seront toujours du même signe. Maintenant on a

$$27)\qquad x = r\cos XL$$
$$28)\qquad y = r\cos YL$$
$$29)\qquad z = r\cos ZL$$

et par un théorème connu

$$\cos XL.\cos XM + \cos YL.\cos YM + \cos ZL.\cos ZM = \cos LM = 0.$$

Par conséquent il sera

$$x\cos XM + y\cos YM + z\cos ZM = 0$$

et puisque évidemment cette équation doit être identique à l'équation 7, les quantités A, B, C doivent être proportionnelles à $\cos XM$, $\cos YM$, $\cos ZM$. Or par un autre théorème connu on a $\cos XM^2 + \cos YM^2 + \cos ZM^2 = 1$; donc puisque nous venons de faire voir que $\cos ZM$ et C sont nécessairement du même signe, et qu'il est de plus $AA + BB + CC = mp$, nous devons conclure

$$30)\qquad A = \cos XM.\sqrt{mp}$$
$$31)\qquad B = \cos YM.\sqrt{mp}$$
$$32)\qquad C = \cos ZM.\sqrt{mp}.$$

5.

Il sera à propos d'insérer ici un lemme, que nous n'avons trouvé nulle part énoncé, et dont on peut souvent faire un usage avantageux:

Soient Q, R, Q', R' quatre points sur la surface d'une sphère, θ l'angle entre les grands cercles QR, $Q'R'$, en considérant les deux branches qui en partant du point de concours vont dans le sens des directions de Q vers R et de Q' vers R'. Cela posé on a

$$\cos QQ'.\cos RR' - \cos QR'.\cos RQ' = \cos\theta.\sin QR.\sin Q'R'.$$

On peut substituer à la place de θ l'arc SS', S et S' désignant les pôles des grands cercles QR, $Q'R'$ semblablement posés par rapport à ces grands cercles, c'est à dire que le sens du mouvement de Q vers R autour de S soit le même que le sens du mouvement de Q' vers R' autour de S'.

Appliquant ce théorème aux formules 27—32, on trouve tout de suite

33) $$Bz - Cy = \cos X\Lambda . r\sqrt{mp}$$

34) $$Cx - Az = \cos Y\Lambda . r\sqrt{mp}$$

35) $$Ay - Bx = \cos Z\Lambda . r\sqrt{mp}.$$

Dans le périhélie on a $dr = 0$, $r - p = -ae(1-e)$, $x = r\cos XP = a(1-e)\cos XP$, $y = a(1-e)\cos YP$, $z = a(1-e)\cos ZP$. Les formules 21, 22, 23 deviennent donc

36) $$CG - BH = mpe\cos XP$$

37) $$AH - CF = mpe\cos YP$$

38) $$BF - AG = mpe\cos ZP.$$

En les combinant avec les équations 30, 31, 32, notre lemme nous donne

$$B(BF - AG) - C(AH - CF) = m^{\frac{3}{2}}p^{\frac{3}{2}}e\cos X\Pi.$$

Or la même quantité devient $= F(AA + BB + CC) - A(AF + BG + CH) = mpF$. Ainsi nous avons

39) $$F = e\sqrt{mp}.\cos X\Pi$$

et d'une manière semblable

40) $$G = e\sqrt{mp}.\cos Y\Pi$$

41) $$H = e\sqrt{mp}.\cos Z\Pi.$$

6.

Nous désignerons l'arc XN compté de X vers Y, par ☊, et la somme de cet arc avec l'arc NL compté de N dans le sens du mouvement par v; cette somme est ce que les astronomes nomment la longitude dans l'orbite. Soit ϖ ce que devient v lorsque L devient P, ou la longitude du périhélie; $v - \varpi$ sera donc l'arc PL ou l'anomalie vraie. L'inclinaison de l'orbite sur la branche du grand cercle XY qui va de N dans le sens direct sera égale à ZM; nous la désignerons par i. Cela posé les 15 formules précédentes peuvent être représentées de la manière suivante:

42) $$x = r(\cos\Omega.\cos(v-\Omega)-\sin\Omega.\sin(v-\Omega).\cos i)$$

43) $$y = r(\sin\Omega.\cos(v-\Omega)+\cos\Omega.\sin(v-\Omega).\cos i)$$

44) $$z = r\sin(v-\Omega).\sin i$$

45) $$A = \sqrt{mp}.\sin\Omega.\sin i$$

46) $$B = -\sqrt{mp}.\cos\Omega.\sin i$$

47) $$C = \sqrt{mp}.\cos i$$

48) $$Bz-Cy = r\sqrt{mp}.(-\cos\Omega.\sin(v-\Omega)-\sin\Omega.\cos(v-\Omega).\cos i)$$

49) $$Cx-Az = r\sqrt{mp}.(-\sin\Omega.\sin(v-\Omega)+\cos\Omega.\cos(v-\Omega).\cos i)$$

50) $$Ay-Bx = r\sqrt{mp}.\cos(v-\Omega).\sin i$$

51) $$CG-BH = mpe(\cos\Omega.\cos(\tilde{\omega}-\Omega)-\sin\Omega.\sin(\tilde{\omega}-\Omega).\cos i)$$

52) $$AH-CF = mpe(\sin\Omega.\cos(\tilde{\omega}-\Omega)+\cos\Omega.\sin(\tilde{\omega}-\Omega).\cos i)$$

53) $$BF-AG = mpe\sin(\tilde{\omega}-\Omega).\sin i$$

54) $$F = e\sqrt{mp}.(-\cos\Omega.\sin(\tilde{\omega}-\Omega)-\sin\Omega.\cos(\tilde{\omega}-\Omega).\cos i)$$

55) $$G = e\sqrt{mp}.(-\sin\Omega.\sin(\tilde{\omega}-\Omega)+\cos\Omega.\cos(\tilde{\omega}-\Omega).\cos i)$$

56) $$H = e\sqrt{mp}.\cos(\tilde{\omega}-\Omega).\sin i.$$

Multipliant les équations 11, 12, 13 par A, B, C et ajoutant, on trouve

$$x(BH-CG)+y(CF-AH)+z(AG-BF) = mp(r-p).$$

Or le premier membre de cette équation dévient, moyennant les équations 27—29, 36—38

$$= -mper\cos PL = -mper\cos(v-\tilde{\omega});$$

ainsi on a

57) $$r = \frac{p}{1+e\cos(v-\tilde{\omega})}.$$

De même l'équation 20 donne moyennant 27—29, 39—41

$$er\sqrt{mp}.\cos\Pi L = \frac{prdr}{dt}$$

ou à cause de

$$\Pi L = v-\tilde{\omega}-90^0:$$

58) $$\frac{dr}{dt} = e\sin(v-\tilde{\omega}).\sqrt{\frac{m}{p}}.$$

La différentiation de l'équation 57 donne $\frac{pdr}{rrdt} = e\sin(v-\tilde{\omega})\cdot\frac{dv}{dt}$; combinant ce résultat avec l'équation 58 on a

$$59)\qquad \frac{rr\,dv}{dt} = \sqrt{mp}.$$

On peut remarquer que $\frac{1}{2}rr\,dv$ est l'élément de l'aire décrite autour du soleil dans l'élément du tems; or on obtient les projections de cette aire aux trois plans fondamentaux en la multipliant par $\cos XM$, $\cos YM$, $\cos ZM$: donc $\frac{1}{2}A\,dt$, $\frac{1}{2}B\,dt$, $\frac{1}{2}C\,dt$ doivent être égaux à ces mêmes projections, ce qui au reste se vérifie de soi-même.

Remarquons enfin qu'on a

$$r\sin(v-\tilde{\omega}) = \sqrt{\frac{p}{m}}\cdot\frac{r\,dr}{e\,dt} = \sqrt{ap}.\sin E = a\sqrt{(1-ee)}.\sin E$$

$$r+r\cos(v-\tilde{\omega}) = \frac{p-r(1-e)}{e} = \frac{p-a(1-e)(1-e\cos E)}{e} = a(1-e)(1+\cos E)$$

$$r-r\cos(v-\tilde{\omega}) = \frac{-p+r(1+e)}{e} = \frac{-p+a(1+e)(1-e\cos E)}{e} = a(1+e)(1-\cos E).$$

Divisant la première de ces équations par la seconde, ou la troisième par la première, il vient

$$60)\qquad \operatorname{tang}\tfrac{1}{2}(v-\tilde{\omega}) = \sqrt{\frac{1+e}{1-e}}\cdot\operatorname{tang}\tfrac{1}{2}E.$$

Section deuxième.

Variations instantanées des élémens, produites par les perturbations.

7.

Le mouvement elliptique, que nous venons d'expliquer, suppose que les attractions mutuelles du soleil et de la planète soient les seules forces qui agissent. S'il y en a encore d'autres forces qui viennent en considération, le mouvement de la planète autour du soleil devient plus compliqué. Mais quelqu'il soit, on voit que, si ces forces étaient anéanties tout d'un coup, la planète se mouvrait, dès ce moment, dans une section conique, dont les élémens seraient fonctions des quantités qui pour cet instant déterminent le lieu et la vitesse acquise de la planète, c. à d. des six quantités x, y, z, $\frac{dx}{dt}$, $\frac{dy}{dt}$, $\frac{dz}{dt}$. Nous nous bornons au cas où cette section conique est toujours une ellipse, et nous la nommerons ellipse osculatrice. On voit donc que toutes les équations finies entre les élémens et les quantités $x, y, z, r, \frac{dx}{dt}, \frac{dy}{dt}, \frac{dz}{dt}, \frac{dr}{dt}$, que nous avons développées pour le cas du mouvement purement elliptique, ou plutôt toutes celles qui ont lieu pour ce cas, seront également vraies pour l'ellipse osculatrice. Mais comme les forces perturbatrices ne cessent point d'agir continuellement, l'ellipse osculatrice variera d'un instant à l'autre: ses élémens seront des quantités variables. Cependant si l'on parvient à pouvoir assigner pour chaque instant les valeurs numériques de tous les élémens de l'ellipse osculatrice, le problème de la détermination du mouvement sera résolu: on se servira des mêmes formules comme dans le cas du mouvement non troublé pour calculer non seulement le lieu de la planète, mais aussi sa vitesse et la direction de son mouvement. Cette recherche se réduit à deux problèmes: d'abord nous déterminerons les variations instantanées que prennent les différens élémens par l'action des forces perturbatrices: apres cela il faudra intégrer ces expressions différentielles, pour obtenir pour chaque instant les valeurs des élémens variables.

8.

Nous nous servirons dans cette recherche des mêmes signes, que nous avons introduits dans la première section, non seulement pour les élémens proprement dits mais aussi pour les autres quantités auxiliaires. Ainsi p. e. A exprimera la valeur de $\frac{y\,dz - z\,dy}{dt}$ désormais variable; et on conçoit que toutes les équations finies entre ces quantités A, B, C, F, G, H, v, E etc., les élémens et les coordonnées x, y, z, r avec leurs différentielles $\frac{dx}{dt}, \frac{dy}{dt}, \frac{dz}{dt}, \frac{dr}{dt}$ seront indépendantes de cette variabilité. Il sera donc permis, de différentier toute équation finie entre les coordonnées x, y, z, r, les élémens et les autres quantités, qui sont constantes dans l'hypothèse elliptique et qu'on peut comprendre aussi sous le nom d'élémens, en n'ayant égard qu'aux différentielles des coordonnées, et puisqu'en retranchant ce résultat de la différentielle complète il reste la différentielle de l'équation proposée, en ne traitant comme variables que les élémens seuls, il est évident, que cette nouvelle différentiation est aussi légitime. Ce théorème remarquable peut quelques fois servir à abréger les calculs, cependant on voit qu'on peut aussi toujours s'en passer.

9.

Supposons que les perturbations ajoutent aux équations fondamentales les quantités ξ, η, ζ, de sorte que nous ayons

$$0 = \frac{\mathrm{dd}x}{\mathrm{d}t^2} + \frac{mx}{r^3} + \xi$$

$$0 = \frac{\mathrm{dd}y}{\mathrm{d}t^2} + \frac{my}{r^3} + \eta$$

$$0 = \frac{\mathrm{dd}z}{\mathrm{d}t^2} + \frac{mz}{r^3} + \zeta.$$

On voit, que ξ, η, ζ sont les forces résultantes de la décomposition de toutes celles, qui troublent le mouvement relatif de la planète par rapport au soleil, suivant des directions opposées à celles des trois axes. On peut aussi imaginer ces forces réunies en une seule, dont l'intensité soit $= \chi$ et la direction parallèle à un rayon de notre sphère mené du centre vers le point de la surface Q. On aura donc

$$\xi = -\chi \cos XQ$$

$$\eta = -\chi \cos YQ$$

$$\zeta = -\chi \cos ZQ.$$

Il peut être utile d'introduire au lieu des forces ξ, η, ζ celles qui naissent de la décomposition de χ suivant trois autres directions perpendiculaires entre elles. Supposons d'abord que la première agisse perpendiculairement au plan de l'orbite osculatrice, la seconde dans la direction du rayon vecteur, et par conséquent la troisième perpendiculairement au rayon vecteur dans le plan de l'orbite, ou plus exactement, que ces trois résultantes agissent parallèlement aux trois rayons de la sphère menés vers les points M, L, Λ, de sorte qu'elles deviennent

$$\chi \cos MQ = -\xi \cos XM - \eta \cos YM - \zeta \cos ZM$$

$$\chi \cos LQ = -\xi \cos XL - \eta \cos YL - \zeta \cos ZL$$

$$\chi \cos \Lambda Q = -\xi \cos X\Lambda - \eta \cos Y\Lambda - \zeta \cos Z\Lambda.$$

Ainsi la première sera

$$= -\frac{A\xi + B\eta + C\zeta}{\sqrt{mp}},$$

la seconde

$$= -\frac{x\xi + y\eta + z\zeta}{r},$$

la troisième

$$= -\frac{(Bz - Cy)\xi + (Cx - Az)\eta + (Ay - Bx)\zeta}{r\sqrt{mp}}.$$

Nous désignerons ces trois forces par mW, mT, mV.

10.

Différentiant les expressions de A, B, C (4, 5, 6), on trouve

$$\mathrm{d}A = (z\eta - y\zeta)\mathrm{d}t$$
$$\mathrm{d}B = (x\zeta - z\xi)\mathrm{d}t$$
$$\mathrm{d}C = (y\xi - x\eta)\mathrm{d}t.$$

On tire des équations 45—47

$$-B\mathrm{d}A + A\mathrm{d}B = mp\sin i^2 . \mathrm{d}\Omega$$
$$AC\mathrm{d}A + BC\mathrm{d}B - (AA + BB)\mathrm{d}C = (mp)^{\frac{3}{2}}\sin i . \mathrm{d}i$$
$$A\mathrm{d}A + B\mathrm{d}B + C\mathrm{d}C = \tfrac{1}{2}m\mathrm{d}p.$$

Substituant ici pour $\mathrm{d}A$, $\mathrm{d}B$, $\mathrm{d}C$ les valeurs qu'on vient de trouver, et faisant attention que $Ax + By + Cz = 0$, on obtient

$$-z(A\xi + B\eta + C\zeta)\mathrm{d}t = mp\sin i^2 . \mathrm{d}\Omega$$
$$(Bx - Ay)(A\xi + B\eta + C\zeta)\mathrm{d}t = (mp)^{\frac{3}{2}}\sin i . \mathrm{d}i$$
$$\{(Cy - Bz)\xi + (Az - Cx)\eta + (Bx - Ay)\zeta\}\mathrm{d}t = \tfrac{1}{2}m\mathrm{d}p.$$

Donc, substituant pour z et $Bx - Ay$ leurs valeurs (éq. 44, 50), et introduisant les forces W, V, on a

$$\sqrt{m} . r\sin(v - \Omega) . W\mathrm{d}t = \sqrt{p} . \sin i . \mathrm{d}\Omega$$
$$\sqrt{m} . r\cos(v - \Omega) . W\mathrm{d}t = \sqrt{p} . \mathrm{d}i$$
$$2\sqrt{mp} . rV\mathrm{d}t = \mathrm{d}p.$$

Nous désignerons par φ l'angle dont le sinus est égal à l'excentricité e, de sorte que $\sqrt{p} = \sqrt{a} . \cos\varphi$, nous mettrons de plus pour m sa valeur nna^3.

De cette manière nous aurons

61) $$d\Omega = \frac{arW\sin(v-\Omega)}{\cos\varphi \, . \, \sin i} n\,dt$$

62) $$di = \frac{arW\cos(v-\Omega)}{\cos\varphi} n\,dt$$

63) $$dp = 2aar\cos\varphi \, . \, Vn\,dt.$$

En différentiant l'équation 16, on trouve

$$\xi dx + \eta dy + \zeta dz = -\frac{m\,da}{2aa}.$$

Or les équations 4, 5, 6 donnent

$$(Cy - Bz)dt = xr\,dr - rr\,dx$$
$$(Az - Cx)dt = yr\,dr - rr\,dy$$
$$(Bx - Ay)dt = zr\,dr - rr\,dz$$

ou bien

$$dx = \frac{x\,dr}{r} + \frac{Bz - Cy}{rr}dt$$
$$dy = \frac{y\,dr}{r} + \frac{Cx - Az}{rr}dt$$
$$dz = \frac{z\,dr}{r} + \frac{Ay - Bx}{rr}dt.$$

Substituant ces valeurs il vient

$$-\frac{m\,da}{2aa} = (x\xi + y\eta + z\zeta)\frac{dr}{r} + \{(Bz - Cy)\xi + (Cx - Az)\eta + (Ay - Bx)\zeta\}\frac{dt}{rr}$$
$$= -mT\,dr - \frac{m^{\frac{3}{2}}\sqrt{p}}{r}V\,dt$$
$$= -\frac{m^{\frac{3}{2}} e \sin(v-\tilde{\omega})}{\sqrt{p}}T\,dt - \frac{m^{\frac{3}{2}}\sqrt{p}}{r}V\,dt.$$

Nous aurons donc

64) $$da = 2a^3 \operatorname{tang}\varphi \, . \, \sin(v-\tilde{\omega}) \, . \, Tn\,dt + \frac{2a^2\cos\varphi}{r}Vn\,dt.$$

Puisque $n = \sqrt{m} \, . \, a^{-\frac{3}{2}}$, on a $dn = -\frac{3}{2}\frac{n}{a}da$, ou bien

65) $$dn = -3naa \operatorname{tang}\varphi \, . \, \sin(v-\tilde{\omega}) \, . \, Tn\,dt - \frac{3na^3\cos\varphi}{r}Vn\,dt.$$

De plus l'équation $p = a\cos\varphi^2$ donne $dp = \cos\varphi^2 . da - 2a\cos\varphi . \sin\varphi . d\varphi$; donc, tirant des équations 63, 64 les valeurs de dp, da, on trouve

$$d\varphi = aa\sin(v-\tilde{\omega}).\,Tn\,dt + \left(\frac{a^2\cos\varphi^2}{er} - \frac{ar}{e}\right)Vn\,dt,$$

ou à cause de $\frac{a\cos\varphi^2}{r} - \frac{r}{a} = e(\cos(v-\tilde{\omega}) + \cos E)$:

66) $$d\varphi = aa\sin(v-\tilde{\omega}).\,Tn\,dt + aa(\cos(v-\tilde{\omega}) + \cos E)\,Vn\,dt.$$

11.

Les équations 42, 43 nous donnent celle-ci:

$$\frac{x}{r}\cos\Omega + \frac{y}{r}\sin\Omega = \cos(v-\Omega).$$

En la différentiant nous trouvons

$$\left(dx - \frac{x\,dr}{r}\right)\frac{\cos\Omega}{r} + \left(dy - \frac{y\,dr}{r}\right)\frac{\sin\Omega}{r}$$
$$-\left(\frac{x}{r}\sin\Omega - \frac{y}{r}\cos\Omega + \sin(v-\Omega)\right)d\Omega + \sin(v-\Omega).\,dv = 0$$

ou après les substitutions convenables

$$(Bz - Cy)\frac{\cos\Omega}{r^3}\,dt + (Cx - Az)\frac{\sin\Omega}{r^3}\,dt$$
$$-(1-\cos i)\sin(v-\Omega).\,d\Omega + \sin(v-\Omega).\,dv = 0.$$

Nous avons donc, en tirant les valeurs de $Bx - Cy$, $Cx - Az$ des équations 48, 49,

67) $$dv = \frac{\sqrt{mp}}{rr}\,dt + (1-\cos i)\,d\Omega.$$

Différentiant l'équation $\frac{p}{r} = 1 + e\cos(v-\tilde{\omega})$, on trouve

$$\frac{dp}{r} - \frac{p\,dr}{rr} = \cos\varphi.\cos(v-\tilde{\omega}).\,d\varphi - e\sin(v-\tilde{\omega}).\,dv + e\sin(v-\tilde{\omega}).\,d\tilde{\omega}.$$

Substituant d'abord pour dr, dv leurs valeurs tirées des équations 58, 67, on a

$$\frac{dp}{r} = \cos\varphi.\cos(v-\tilde{\omega}).\,d\varphi + e\sin(v-\tilde{\omega}).(d\tilde{\omega} - (1-\cos i)\,d\Omega)$$

et ensuite, mettant pour dp, $d\varphi$ leurs valeurs:

$$e\sin(v-\tilde{\omega}).(d\tilde{\omega} - (1-\cos i)\,d\Omega) = -aa\cos\varphi.\cos(v-\tilde{\omega}).\sin(v-\tilde{\omega}).\,Tn\,dt$$
$$-aa\cos\varphi.\cos(v-\tilde{\omega}).(\cos(v-\tilde{\omega}) + \cos E)\,Vn\,dt + 2aa\cos\varphi.\,Vn\,dt.$$

Les deux dernières parties, qui contiennent le facteur $Vn\,\mathrm{d}t$, deviennent, en mettant $\frac{\cos(v-\tilde{\omega})+e}{1+e\cos(v-\tilde{\omega})}$ à la place de $\cos E$:

$$= \frac{aa\cos\varphi\,.\sin(v-\tilde{\omega})^2.(2+e\cos(v-\tilde{\omega}))}{1+e\cos(v-\tilde{\omega})}Vn\,\mathrm{d}t = \frac{ar\sin(v-\tilde{\omega})^2.(2+e\cos(v-\tilde{\omega}))}{\cos\varphi}Vn\,\mathrm{d}t.$$

Ainsi nous avons

68) $$\mathrm{d}\tilde{\omega} = (1-\cos i)\,\mathrm{d}\Omega - aa\,\mathrm{cotang}\,\varphi\,.\cos(v-\tilde{\omega})\,.\,Tn\,\mathrm{d}t + \frac{ar\sin(v-\tilde{\omega})\,.(2+e\cos(v-\tilde{\omega}))}{e\cos\varphi}Vn\,\mathrm{d}t.$$

12.

Enfin nommant L la longitude moyenne répondante au tems t, l'équation $L-\tilde{\omega} = E - e\sin E$ donne

$$\mathrm{d}L = \mathrm{d}\tilde{\omega} + (1-e\cos E)\,\mathrm{d}E - \cos\varphi\,.\sin E\,.\,\mathrm{d}\varphi.$$

Différentiant l'équation $\mathrm{tang}\,\tfrac{1}{2}E = \sqrt{\frac{1-e}{1+e}}\cdot\mathrm{tang}\,\tfrac{1}{2}(v-\tilde{\omega})$, on trouve

$$\frac{\mathrm{d}E}{\sin E} = \frac{\mathrm{d}v}{\sin(v-\tilde{\omega})} - \frac{\mathrm{d}\tilde{\omega}}{\sin(v-\tilde{\omega})} - \frac{\mathrm{d}\varphi}{\cos\varphi}.$$

Combinant ces deux équations, mettant pour $\mathrm{d}v$ sa valeur (éq. 67), et faisant $1-e\cos E = \frac{r}{a}$, $\sin E = \frac{r\sin(v-\tilde{\omega})}{a\cos\varphi}$, on trouve

$$\mathrm{d}L = n\,\mathrm{d}t + (1-\cos i)\,\mathrm{d}\Omega + \left(1-\frac{rr}{aa\cos\varphi}\right)(\mathrm{d}\tilde{\omega} - (1-\cos i)\,\mathrm{d}\Omega) - \frac{rr\sin(v-\tilde{\omega})}{aa\cos\varphi^2}\left(1+\frac{a\cos\varphi^2}{r}\right)\mathrm{d}\varphi.$$

Substituons dans cette équation pour $\mathrm{d}\tilde{\omega}-(1-\cos i)\,\mathrm{d}\Omega$ et pour $\mathrm{d}\varphi$ leurs valeurs, et $2+e\cos(v-\tilde{\omega})$ à la place de $1+\frac{a\cos\varphi^2}{r}$. De cette manière nous avons

$$\mathrm{d}L = n\,\mathrm{d}t + (1-\cos i)\,\mathrm{d}\Omega - \left\{aa\,\mathrm{cotang}\,\varphi\,.\cos(v-\tilde{\omega}) - \frac{rr\cos(v-\tilde{\omega})}{e} + \frac{rr\sin(v-\tilde{\omega})^2}{\cos\varphi^2}(2+e\cos(v-\tilde{\omega}))\right\}Tn\,\mathrm{d}t + \frac{ar\sin(v-\tilde{\omega})\,.(2+e\cos(v-\tilde{\omega}))}{e\cos\varphi}(1-\cos\varphi)\,Vn\,\mathrm{d}t.$$

La partie de cette formule qui contient le facteur $Tn\,\mathrm{d}t$, est encore susceptible de simplification. Car on a

$$-\frac{rr\cos(v-\tilde\omega)}{e}+\frac{rr\sin(v-\tilde\omega)^2}{\cos\varphi^2}(2+e\cos(v-\tilde\omega))$$
$$=\frac{rr}{e\cos\varphi^2}(2e-(1-2ee)\cos(v-\tilde\omega)-2e\cos(v-\tilde\omega)^2-ee\cos(v-\tilde\omega)^3)$$
$$=\frac{rr}{e\cos\varphi^2}(1+e\cos(v-\tilde\omega))\{2e-(1+e\cos(v-\tilde\omega))\cos(v-\tilde\omega)\}$$
$$=\frac{rr}{e\cos\varphi^2}\,\frac{a\cos\varphi^2}{r}\left(2e-\frac{a\cos\varphi^2.\cos(v-\tilde\omega)}{r}\right)$$
$$=2ar-\frac{aa\cos\varphi^2\cos(v-\tilde\omega)}{e}.$$

Ainsi notre formule devient

$$\text{69)}\quad \mathrm{d}L=n\mathrm{d}t+(1-\cos i)\mathrm{d}\Omega-(2ar+aa\cos\varphi.\operatorname{tang}\tfrac{1}{2}\varphi.\cos(v-\tilde\omega))Tn\mathrm{d}t$$
$$+\frac{ar\operatorname{tang}\frac{1}{2}\varphi.\sin(v-\tilde\omega).(2+e\cos(v-\tilde\omega))}{\cos\varphi}Vn\mathrm{d}t.$$

13.

Suivant l'usage ordinaire, l'époque de longitude moyenne pour le tems 0, est $L-nt$; ainsi suivant cet usage on aurait

$$\mathrm{d}(\text{Époque long. m.})=-t\mathrm{d}n+(1-\cos i)\mathrm{d}\Omega$$
$$-(2ar+aa\cos\varphi.\operatorname{tang}\tfrac{1}{2}\varphi.\cos(v-\tilde\omega))Tn\mathrm{d}t$$
$$+\frac{ar\operatorname{tang}\frac{1}{2}\varphi.\sin(v-\tilde\omega).(2+e\cos(v-\tilde\omega))}{\cos\varphi}Vn\mathrm{d}t,$$

où l'on pourrait substituer pour $\mathrm{d}n$ sa valeur trouvée ci-dessus. Mais de cette manière la variation instantanée de l'époque impliquerait un terme, qui, à cause du facteur t, serait susceptible de croître au delà de toute limite. Pour éviter cet inconvénient, nous définirons l'époque de longitude moyenne par $L-\int n\mathrm{d}t$, ce qui, comme on voit, revient à la manière ordinaire pour le mouvement elliptique. Nommant donc ε l'époque de longitude moyenne pour le tems zéro, nous aurons

$$\text{70)}\quad \mathrm{d}\varepsilon=(1-\cos i)\mathrm{d}\Omega-(2ar+aa\cos\varphi.\operatorname{tang}\tfrac{1}{2}\varphi.\cos(v-\tilde\omega))Tn\mathrm{d}t$$
$$+\frac{ar\operatorname{tang}\frac{1}{2}\varphi.\sin(v-\tilde\omega).(2+e\cos(v-\tilde\omega))}{\cos\varphi}Vn\mathrm{d}t,$$

et la longitude moyenne pour le tems t sera déterminée par la formule

$$\text{71)}\qquad L=\varepsilon+\int n\mathrm{d}t.$$

14.

Si, au lieu des deux forces mT, mV, nous en introduisons deux autres mR, mS, qui agissent également dans le plan de l'orbite, mais, la première dans la direction parallèle, la seconde dans la direction perpendiculaire à la ligne des apsides, ou plus exactement, que ces forces soient parallèles aux rayons de la sphère menés du centre vers les points P, Π, nous aurons

$$mR = \chi \cos PQ = -\xi \cos XP - \eta \cos YP - \zeta \cos ZP$$
$$mS = \chi \cos \Pi Q = -\xi \cos X\Pi - \eta \cos Y\Pi - \zeta \cos Z\Pi,$$

où l'on peut mettre les valeurs des cosinus données par les équations 36—41. Nous aurons aussi

$$T = \quad R\cos(v-\tilde\omega) + S\sin(v-\tilde\omega)$$
$$V = -R\sin(v-\tilde\omega) + S\cos(v-\tilde\omega).$$

Nous ne donnerons ici que les résultats de la substitution de ces valeurs dans les différentes expressions des variations instantanées des élémens, en supprimant les détails des développemens, et en réduisant tout à la forme qui nous paraît la plus commode pour le calcul numérique:

72) $\mathrm{d}a = -\frac{2a^3\sin(v-\tilde\omega)}{\cos\varphi} Rn\mathrm{d}t + \frac{2a^4\cos\varphi\,.\cos E}{r} Sn\mathrm{d}t$

73) $\mathrm{d}n = \frac{3aan\sin(v-\tilde\omega)}{\cos\varphi} Rn\mathrm{d}t - \frac{3a^3n\cos\varphi\,.\cos E}{r} Sn\mathrm{d}t$

74) $\mathrm{d}\varphi = -aa\cos E\,.\sin(v-\tilde\omega)\,.Rn\mathrm{d}t + aa(1+\cos E\,.\cos(v-\tilde\omega))Sn\mathrm{d}t$

75) $\mathrm{d}\tilde\omega = (1-\cos i)\mathrm{d}\Omega - aa\,\mathrm{cotang}\,\varphi\left(1+\frac{r\sin(v-\tilde\omega)^2}{p}\right)Rn\mathrm{d}t + \frac{ar\sin 2(v-\tilde\omega)}{\sin 2\varphi} Sn\mathrm{d}t$

$$= (1-\cos i)\mathrm{d}\Omega - \frac{aa}{e}(\cos\varphi + \sin E\,.\sin(v-\tilde\omega))Rn\mathrm{d}t$$
$$+ \frac{aa}{e}\sin E\,.\cos(v-\tilde\omega)\,.Sn\mathrm{d}t$$

76) $\mathrm{d}\varepsilon = (1-\cos i)\mathrm{d}\Omega - \{2ar\cos(v-\tilde\omega) + aa\,\mathrm{tang}\tfrac{1}{2}\varphi(\cos\varphi + \sin E\,.\sin(v-\tilde\omega))\}Rn\mathrm{d}t$

$$- aa\sin E(2\cos\varphi - \mathrm{tang}\tfrac{1}{2}\varphi\,.\cos(v-\tilde\omega))Sn\mathrm{d}t$$
$$= (1-\cos i)\mathrm{d}\Omega - \{2aa\cos E - aa\,\mathrm{tang}\tfrac{1}{2}\varphi(2+\cos\varphi\,.\cos E\,.\cos(v-\tilde\omega))\}Rn\mathrm{d}t$$
$$- aa\sin E(2\cos\varphi - \mathrm{tang}\tfrac{1}{2}\varphi\,.\cos(v-\tilde\omega))Sn\mathrm{d}t.$$

15.

Les recherches précédentes sont indépendantes de la nature des forces perturbatrices. Supposons maintenant, que celles-ci sont produites par l'action qu'un autre corps exerce tant sur la planète que sur le soleil. Soit μm la masse de ce corps; x', y', z' ses coordonnées par rapport aux trois plans fondamentaux; $r' = \sqrt{(x'x'+y'y'+z'z')}$ sa distance au soleil; $\rho = \sqrt{((x'-x)^2 + (y-y')^2+(z-z')^2)}$ sa distance à la planète troublée. On aura donc d'après les principes connues

$$\xi = \frac{\mu m x'}{r'^3} - \frac{\mu m(x'-x)}{\rho^3}$$
$$\eta = \frac{\mu m y'}{r'^3} - \frac{\mu m(y'-y)}{\rho^3}$$
$$\zeta = \frac{\mu m z'}{r'^3} - \frac{\mu m(z'-z)}{\rho^3}.$$

En désignant par L' le lieu héliocentrique de la planète perturbante, nous aurons

$$x' = r'\cos XL'$$
$$y' = r'\cos YL'$$
$$z' = r'\cos ZL';$$

ainsi les formules de l'article 9 donnent (en faisant attention que $\Lambda L = ML = 90^0$):

$$T = \mu\left(\frac{1}{\rho^3} - \frac{1}{r'^3}\right)r'\cos LL' - \frac{\mu r}{\rho^3}$$
$$V = \mu\left(\frac{1}{\rho^3} - \frac{1}{r'^3}\right)r'\cos \Lambda L'$$
$$W = \mu\left(\frac{1}{\rho^3} - \frac{1}{r'^3}\right)r'\cos ML'.$$

Soit β' l'inclinaison du rayon vecteur r' au plan de l'orbite osculatrice de la planète troublée (prise avec le signe $+$ du côté où est le pôle M), et que sa projection sur ce plan fasse, avec la ligne du noeud ascendant du même plan sur le plan des coordonnées x, y, l'angle $v'-\Omega$, pris dans le sens du mouvement de la planète troublée, de sorte que β', v' puissent être considérées comme latitude et longitude héliocentrique du corps perturbant relativement au plan de l'orbite osculatrice de la planète troublée. Il sera facile de voir qu'on a

$$\cos LL' = \cos\beta'\cos(v'-v)$$
$$\cos\Lambda L' = \cos\beta'\sin(v'-v)$$
$$\cos ML' = \sin\beta'.$$

Enfin pour réunir ici tout ce dont on a besoin pour le calcul, supposons l'inclinaison du plan, dans lequel se meut le corps perturbant, au plan des coordonnées x, y égale à i', et que Ω' soit la longitude du noeud ascendant comptée de l'axe des x; de plus soit $w'-\Omega'$ la distance du lieu héliocentrique L' à ce même noeud, ou w' ce qu'on appelle sa longitude vraie dans l'orbite. Qu'on détermine les quantités N, Δ, J au moyen des équations suivantes:

$$\sin\tfrac{1}{2}\mathrm{J}.\sin\tfrac{1}{2}(\Delta+N) = \sin\tfrac{1}{2}(i'+i).\sin\tfrac{1}{2}(\Omega'-\Omega)$$
$$\sin\tfrac{1}{2}\mathrm{J}.\cos\tfrac{1}{2}(\Delta+N) = \sin\tfrac{1}{2}(i'-i).\cos\tfrac{1}{2}(\Omega'-\Omega)$$
$$\cos\tfrac{1}{2}\mathrm{J}.\sin\tfrac{1}{2}(\Delta-N) = \cos\tfrac{1}{2}(i'+i).\sin\tfrac{1}{2}(\Omega'-\Omega)$$
$$\cos\tfrac{1}{2}\mathrm{J}.\cos\tfrac{1}{2}(\Delta-N) = \cos\tfrac{1}{2}(i'-i).\cos\tfrac{1}{2}(\Omega'-\Omega).$$

Cela fait on aura

$$\mathrm{tang}(v'-\Omega-\Delta) = \cos\mathrm{J}.\mathrm{tang}(w'-\Omega'-N)$$
$$\mathrm{tang}\,\beta' = \mathrm{tang}\,\mathrm{J}.\sin(v'-\Omega-\Delta)$$
$$\sin\beta' = \sin\mathrm{J}.\sin(w'-\Omega'-N)$$
$$\rho = \sqrt{(rr+r'r'-2rr'\cos\beta'\cos(v'-v))}.$$

16.

Si au lieu de T, V on préfère de faire usage de R, S, la forme la plus commode du calcul paraît être de rapporter le lieu tant de la planète perturbante que de la planète troublée à trois plans perpendiculaires entre eux, dont l'un soit le plan même de l'orbite osculatrice de la dernière planète, l'un des autres passant par la ligne d'apsides de cette planète. Soient X', Y', Z' les coordonnées de la planète perturbante, X, Y, 0 celles de la planète troublée, savoir

$$X' = r'\cos PL', \qquad X = r\cos(v-\bar{\omega})$$
$$Y' = r'\cos \Pi L', \qquad Y = r\sin(v-\bar{\omega})$$
$$Z' = r'\cos ML',$$

on aura

$$\rho = \sqrt{((X'-X)^2+(Y'-Y)^2+Z'Z')}$$
$$\frac{R}{\mu} = \frac{X'-X}{\rho^3} - \frac{X'}{r'^3}$$
$$\frac{S}{\mu} = \frac{Y'-Y}{\rho^3} - \frac{Y'}{r'^3}$$
$$\frac{W}{\mu} = \frac{Z'}{\rho^3} - \frac{Z'}{r'^3}.$$

La manière la plus commode de calculer ces coordonnées étant suffisamment connue, il serait superflu de nous y arrêter.

Puisque dans toutes les recherches précédentes, les différens arcs sont toujours censés être exprimés en parties du rayon, il est clair que dans toutes les formules homogènes, c. à d. où les arcs ont même dimension des deux côtés, on peut aussi supposer les arcs exprimés en secondes, mais que dans celles, qui ne le sont pas, il faut ajouter le facteur 206265 du côté où les arcs ont une dimension de moins. Ainsi les équations 61, 62, 66, 68, 70, 74, 75, 76 resteront les mêmes, mais dans les équations 63, 64, 65, 72, 73 il faudra diviser la seconde partie par 206265, si tous les arcs sont censés exprimés en secondes. Au contraire, si l'on voulait en excepter l'arc n, et qu'on continuait de l'exprimer en parties du rayon, on devrait multiplier la seconde partie des équations 61, 62, 66 etc. par 206265 tandisque les autres équations 63, 64, 65 etc. resteraient sans changement.

Section troisième.

Méthode de calculer les variations finies des élémens pendant un tems limité.

17.

La petitesse des masses perturbatrices comparées à la masse du soleil est une circonstance extrêmement favorable dans la théorie des perturbations planétaires. En toute rigueur, il faudrait, dans les calculs des variations instantanées de chaque élément, employer les valeurs vraies des élémens qui entrent dans l'expression de ces variations. Cependant vu la petitesse de ces variations mêmes, le résultat sera fort peu différent, si l'on n'emploie que des valeurs approchées des élémens: du moins on obtient de cette manière une première approximation, qu'on pourra corriger dans la suite, si on le juge nécessaire.

Ainsi d'abord on déterminera, d'après les méthodes connues, des élémens purement elliptiques qui s'accordent le mieux possible avec les observations. Maintenant s'il ne s'agit que de la théorie du mouvement de la planète pendant un tems limité, on commencera par partager ce tems en plusieurs intervalles égaux, que nous supposerons chacun de θ jours. Il sera convenable de choisir la première époque de ces intervalles, laquelle nous désignerons par T, un peu avant le tems pendant lequel on veut calculer le mouvement, et de continuer la série T, $T+\theta$, $T+2\theta$, $T+3\theta$ etc. un peu au delà de ce même tems. On calculera, d'après les formules développées ci-dessus, et sur les élémens approchés, les valeurs numériques des variations instantanées des différens élémens, pour les époques T, $T+\theta$, $T+2\theta$ etc., savoir les valeurs de $\frac{di}{dt}$, $\frac{d\Omega}{dt}$, $\frac{dn}{dt}$, $\frac{d\varphi}{dt}$, $\frac{d\varpi}{dt}$, $\frac{d\varepsilon}{dt}$, car on n'a pas besoin de $\frac{da}{dt}$, la valeur de a étant toujours liée à celle de n. Reste donc à intégrer ces six différentielles, et de déterminer, par une seconde intégration, le mouvement moyen $\int n\,dt$. Voici la méthode, qui nous paraît être la plus commode pour cet effet.

18.

Soit $\mathrm{f}t$ une fonction de t dont on a les valeurs numériques pour $t=T$, $t=T+\theta$, $t=T+2\theta$, $t=T+3\theta$ etc. Désignons par $\mathrm{f}'t$ la différence

$$\mathrm{f}(t+\tfrac{1}{2}\theta)-\mathrm{f}(t-\tfrac{1}{2}\theta),$$

et de même

$$\begin{aligned}\text{par } \mathrm{f}''t &\text{ la différence } \mathrm{f}'(t+\tfrac{1}{2}\theta)-\mathrm{f}'(t-\tfrac{1}{2}\theta)\\ \mathrm{f}'''t &\text{ la différence } \mathrm{f}''(t+\tfrac{1}{2}\theta)-\mathrm{f}''(t-\tfrac{1}{2}\theta)\\ \mathrm{f}^{\mathrm{IV}}t &\text{ la différence } \mathrm{f}'''(t+\tfrac{1}{2}\theta)-\mathrm{f}'''(t-\tfrac{1}{2}\theta)\end{aligned}$$

et ainsi de suite.

La formation des séries des différences nous fournira les valeurs de

$f'(T+\frac{1}{2}\theta)$, $f'(T+\frac{3}{2}\theta)$, $f'(T+\frac{5}{2}\theta)$ etc., $f''(T+\theta)$, $f''(T+2\theta)$, $f''(T+3\theta)$ etc., $f'''(T+\frac{3}{2}\theta)$, $f'''(T+\frac{5}{2}\theta)$ etc. etc. Supposons de plus

$$ft = f^{(-1)}(t+\tfrac{1}{2}\theta) - f^{(-1)}(t-\tfrac{1}{2}\theta)$$
$$f^{(-1)}t = f^{(-2)}(t+\tfrac{1}{2}\theta) - f^{(-2)}(t-\tfrac{1}{2}\theta)$$
$$\text{etc.}$$

On pourra donner une valeur arbitraire à $f^{(-1)}(T-\frac{1}{2}\theta)$, et l'addition successive des valeurs de ft donnera les valeurs de $f^{(-1)}(T+\frac{1}{2}\theta)$, $f^{(-1)}(T+\frac{3}{2}\theta)$, $f^{(-1)}(T+\frac{5}{2}\theta)$ etc.; de même on donnera une valeur arbitraire à $f^{(-2)}(T-\theta)$, et l'addition successive des valeurs de $f^{(-1)}t$ donnera les valeurs de $f^{(-2)}T$, $f^{(-2)}(T+\theta)$, $f^{(-2)}(T+2\theta)$ etc. et ainsi de suite.

Cela supposé nous aurons

$$\text{I.}\quad \int ft.\mathrm{d}t = \alpha+\theta\{f^{(-1)}t+\tfrac{1}{24}f't-\tfrac{17}{5760}f'''t+\tfrac{367}{967680}f^{\mathrm{V}}t-\tfrac{27859}{464486400}f^{\mathrm{VII}}t$$
$$+\tfrac{1295803}{122624409600}f^{\mathrm{IX}}t-\text{etc.}\}$$

$$\text{II.}\quad \iint ft.\mathrm{d}t^2 = \alpha t+\beta+\theta\theta\{f^{(-2)}t+\tfrac{1}{12}ft-\tfrac{1}{240}f''t+\tfrac{31}{60480}f^{\mathrm{IV}}t$$
$$-\tfrac{289}{3628800}f^{\mathrm{VI}}t+\tfrac{317}{22809600}f^{\mathrm{VIII}}t-\text{etc.}\},$$

α et β étant des quantités constantes.

Les coëfficiens de la première série se trouvent en divisant l'unité par

$$1-\tfrac{1}{24}xx+\tfrac{3}{640}x^4-\tfrac{5}{7168}x^6+\text{etc.}$$
$$=1-\tfrac{1}{8}\cdot\tfrac{1}{3}xx+\frac{1.3}{8.16}\cdot\tfrac{1}{5}\cdot x^4-\frac{1.3.5}{8.16.24}\cdot\tfrac{1}{7}\cdot x^6+\frac{1.3.5.7}{8.16.24.32}\cdot\tfrac{1}{9}\cdot x^8-\text{etc.}$$
$$=\frac{\log(\sqrt{(1+\frac{1}{4}xx)}+\frac{1}{2}x)}{\frac{1}{2}x}.$$

Élevant le quotient au quarré, on aura les coëfficiens de la seconde série. Les puissances plus élevées du quotient donneraient de même les coëfficiens de séries analogues pour exprimer les intégrales $\int^3 ft.\mathrm{d}t^3$ etc., dont nous n'avons pas besoin dans notre recherche.

Voici encore deux autres séries, dont on peut faire usage:

$$\text{III.}\quad \int ft.\mathrm{d}t = \alpha+\tfrac{1}{2}\theta\{(f^{(-1)}(t-\tfrac{1}{2}\theta)+f^{(-1)}(t+\tfrac{1}{2}\theta))-\tfrac{1}{12}(f'(t-\tfrac{1}{2}\theta)+f'(t+\tfrac{1}{2}\theta))$$
$$+\tfrac{11}{720}(f'''(t-\tfrac{1}{2}\theta)+f'''(t+\tfrac{1}{2}\theta))-\tfrac{191}{60480}(f^{\mathrm{V}}(t-\tfrac{1}{2}\theta)+f^{\mathrm{V}}(t+\tfrac{1}{2}\theta))+\text{etc.}\}$$

$$\text{IV.}\iint ft.\mathrm{d}t^2 = \alpha t+\beta+\tfrac{1}{2}\theta\theta\{(f^{(-2)}(t-\tfrac{1}{2}\theta)+f^{(-2)}(t+\tfrac{1}{2}\theta))-\tfrac{1}{24}(f(t-\tfrac{1}{2}\theta)+f(t+\tfrac{1}{2}\theta))$$
$$+\tfrac{17}{1920}(f''(t-\tfrac{1}{2}\theta)+f''(t+\tfrac{1}{2}\theta))-\tfrac{367}{193536}(f^{\mathrm{IV}}(t-\tfrac{1}{2}\theta)+f^{\mathrm{IV}}(t+\tfrac{1}{2}\theta))+\text{etc.}\}.$$

Les coëfficiens de la troisième série se trouvent en divisant $1-\frac{1}{8}xx+\frac{1.3}{8.16}x^4-\frac{1.2.5}{8.16.24}x^6+\text{etc.}$ par $1-\frac{1}{8}\cdot\frac{1}{3}xx+\frac{1.3}{8.16}\cdot\frac{1}{5}x^4-\frac{1.3.5}{8.16.24}\cdot\frac{1}{7}x^6+\text{etc.}$ ou en développant en série

$$\frac{\frac{1}{2}x}{\sqrt{(1+\frac{1}{4}xx)}\,.\log(\sqrt{(1+\frac{1}{4}xx)}+\frac{1}{2}x)}.$$

De mème les coëfficiens de la quatrième série naissent du développement de

$$\frac{\frac{1}{4}xx}{\sqrt{(1+\frac{1}{4}xx)}\,.\left\{\log(\sqrt{(1+\frac{1}{4}xx)}+\frac{1}{2}x)\right\}^2}.$$

On a encore plus facilement les coëfficiens de la quatrième série, en multipliant ceux de la première par 1, —1, —3, —5, —7 etc. On pourrait aussi exprimer d'une manière analogue les intégrales d'un ordre plus élevé.

Nous supprimons ici les démonstrations de ces théorèmes, puisqu'elles peuvent être déduites facilement de la théorie des fonctions génératrices, qu'un illustre géomètre vient de donner.

19.

En appliquant ces méthodes d'intégration à nos variations des élémens, on aura, sauf les constantes que l'intégration introduit, les valeurs de i, Ω, φ, n, $\tilde{\omega}$, ε, pour les époques intermédiaires à celles pour lesquelles on a calculé les variations instantanées, et la valeur de $\int n\,dt$ pour ces époques mêmes, si on se sert des formules I, II; ou vice versâ, si on préfère les formules III, IV. On peut aussi pour l'intégration simple employer la formule III, et pour l'intégration double la formule II; on aura par là tous les élémens pour les mêmes époques. Au reste cela est assés indifférent, puisque ces valeurs des élémens ne doivent servir que pour en déduire, au moyen des méthodes connues d'interpolation, celles qui se rapportent aux époques des différentes observations. Le calcul de ces observations fournira, d'après des méthodes connues, les valeurs des constantes, qui sont au nombre de sept, mais qui se réduisent à six, puisque la constante α qui résulte de $\int\frac{d\varepsilon}{dt}dt$, et la constante β qiu provient de $\int n\,dt$ ou $\int\int\frac{dn}{dt}dt^2$, se confondent en une seule.

20.

Les valeurs variables des élémens, qu'on obtient par cette méthode, seront justes aux quantités près de l'ordre du quarré des masses perturbatrices. Si on désire une précision encore plus grande, on n'a qu'à refaire ce même calcul sur les élémens variables qu'on vient de trouver: de cette manière on aura des résultats justes aux quantités près du troisième ordre. Il serait superflu de répéter le calcul encore une fois: on pourra même se permettre dans le second calcul, de supposer les élémens constans pendant quelque tems, c. à d. d'employer dans le calcul des variations instantanées un même système d'élémens pour plusieurs époques antérieures ou postérieures à celle à laquelle il répond. Généralement on ne changera pas de système, avant que la différence entre ce système et celui qu'il faudrait lui substituer soit devenue assés sensible: par conséquent, plus les variations instantanées des élémens sont petites, plus le nombre des époques sera grand, pour lesquelles il est permis de se servir du même système d'élémens.

Il sera un peu plus commode pour la pratique, de multiplier les valeurs de $\frac{di}{dt}$, $\frac{d\Omega}{dt}$, $\frac{d\varphi}{dt}$, $\frac{d\tilde{\omega}}{dt}$, $\frac{d\varepsilon}{dt}$ par θ et celles de $\frac{dn}{dt}$ par $\theta\theta$, avant de former les séries des différences et des sommes: il est superflu, de remarquer qu'il convient d'exprimer d'abord ces quantités en secondes. La grandeur la plus convenables de l'intervalle θ dépend en partie de la vitesse du mouvement des planètes perturbante et perturbée, et en partie du degré de précision qu'on veut atteindre. L'auteur calculant d'après cette méthode les perturbations de Pallas produites par Jupiter pendant les années 1803 .... 1816 a choisi l'intervalle de 50 jours: c'est au calculateur intelligent de juger, si, dans d'autres circonstances, il conviendra de diminuer ou d'augmenter cet intervalle. Nous devons supprimer ici plusieurs autres remarques pratiques, qui s'offriront d'elles-mêmes à tout calculateur exercé, qui exécutera des travaux semblables.

Quatrième Section. [Erster Entwurf.]

Principes de la détermination du mouvement pour un tems illimité.

[21.]

L'intégration des variations instantanées des élémens fondée sur leur valeurs numériques ne donne les élémens que pour un tems limité. Pour pouvoir exécuter l'intégration indéfinie il faut auparavant exprimer ces variations en fonctions du tems telles qui soient susceptibles d'intégration; c'est en effet ce qui fait proprement la difficulté du problème. Vu la petitesse des masses perturbatrices comparées à la masse du soleil, nous considérons les variations des élémens, ou généralement les quantités qui contiennent le facteur μ comme des quantités très petites du *premier ordre*; celles qui en contiennent le quarré, ou le produit de μ en une autre masse perturbatrice seront du second ordre et ainsi de suite. Désormais nous désignerons la vraie valeur de la longitude du noeud (comptée sur l'écliptique fixe) pour un instant indéterminé par $\Omega + \delta\Omega$, de sorte que Ω soit une quantité constante et $\delta\Omega$ la partie variable du premier ordre; nous en userons de même pour les autres élémens. De là il est évident, que si l'on détermine la variation instantanée d'un élément en calculant toutes les quantités qui entrent dans sa valeur d'après les parties constantes des élémens, cette variation sera approchée aux quantités du second ordre (exclus.); et généralement, que l'erreur des variations des élémens sera d'un ordre plus élevé d'un degré, que ne l'étaient les valeurs des élémens, qu'on avait employées dans son calcul. De là naît donc la méthode des approximations successives. Mais il faut avouer que toute simple que soit cette méthode dans l'idée, l'exécution en pourrait devenir presque impraticable, s'il fallait seulement calculer *complètement* la seconde approximation. Heureusement pour les besoins de l'astronomie cela n'est nullement nécessaire; on se bornera à la première approximation, en y ajoutant quelques modifications tirées de la considération raisonnée des termes du second ordre.

[22.]

Il est évident que les variations instantanées de chaque élément seront les produits de dt en des fonctions du tems et des élémens de la planète perturbée et de la planète perturbante. Dans la première approximation, tous ces élémens sont supposés constans et le tems n'y entre qu'en tant qu'il se trouve dans les valeurs des longitudes moyennes des deux planètes, lesquelles seront

$$L = N + nt$$
$$L' = N' + n't,$$

en distinguant par des accens toutes les quantités qui se rapportent à la planète perturbante. De cette manière la variation instantanée de chaque élément aura la forme $dt.$(fonction de L et L'). Il est de plus évident que cette fonction sera *périodique* relativement à L et L' parcequ'elle ne changera [pas] de valeur en variant L et L' de 360^0 ou d'un multiple de 360^0. Mais on sait que des fonctions de ce genre peuvent être exprimées par une suite composée de termes de la forme $k\cos(iL + i'L')$ ou $k\sin(iL + i'L')$, où k est un coëfficient constant, i désigne tous les nombres entiers positifs (zéro compris), i' tous les nombres entiers positifs ou négatifs. Le terme, où $i = i' = 0$, donnera dans l'intégration kt ce qui est la variation séculaire de l'élément; les autres termes donneront des parties périodiques de la forme $\frac{k}{in + i'n'}\sin(iL + i'L')$. Il faudrait excepter les termes où $in + i'n' = 0$, s'il s'en trouvait, lesquels ajouteraient $kt\cos(iL + i'L')$ à la variation séculaire, mais il est évident qu'il ne peut y en avoir à moins que les mouvemens moyens n'aient une raison rationelle. Enfin il faut ajouter une constante.

[23.]

Par cette méthode on déterminera les élémens $\Omega + \delta\Omega$, $i + \delta i$, $\varphi + \delta\varphi$, $\varpi + \delta\varpi$, $N + \delta N$, $n + \delta n$. Dans le développement de la variation instantanée de $n + \delta n$ on s'aperçoit que les coëfficiens de tous les termes qui ont $i = 0$ deviennent égaux à zéro, d'où il s'ensuit que ni le mouvement moyen ni le grand axe ne contient une variation séculaire proprement dite, du moins en s'arrêtant à la première puissance de la force perturbatrice: aussi ces élémens ne contiendront pas de termes périodiques indépendants de L. Pour le prouver d'une manière directe, reprenons la formule $m\mathrm{d}\frac{1}{a}$ (ou plutôt $m\mathrm{d}\frac{1}{a+\delta a}$) $= 2(\xi\mathrm{d}x + \eta\mathrm{d}y + \zeta\mathrm{d}z)$. On voit facilement qu'en faisant

$$m\left\{\frac{xx' + yy' + zz'}{r'^3} - \frac{1}{\rho}\right\} = \Omega$$

les forces ξ, η, ζ sont exprimées par les différentielles partielles

$$\xi = \mu\left(\frac{d\Omega}{dx}\right), \qquad \eta = \mu\left(\frac{d\Omega}{dy}\right), \qquad \zeta = \mu\left(\frac{d\Omega}{dz}\right).$$

Ainsi $d\frac{2\mu}{a+\delta a}$ sera la différentielle de $m\Omega$ en regardant comme constantes des quantités qui se rapportent à la planète perturbante. Maintenant il est clair que Ω est une fonction *périodique* de L et de L'; en la développant donc en termes de la forme $k\cos(iL+i'L')$ et $k\sin(iL+i'L')$, sa différentielle prise en traitant L' comme constant ne contiendra aucun terme indépendant de L. Et comme on a

$$n+\delta n = \sqrt{m}.(a+\delta a)^{-\frac{3}{2}}$$
$$d(n+\delta n) = -\tfrac{3}{2}\sqrt{m}.(a+\delta a)^{-\frac{5}{2}}d(a+\delta a) = \tfrac{3}{2}\sqrt{\frac{m}{a+\delta a}}\cdot d\frac{1}{a+\delta a},$$

on aura, en n'ayant égard qu'aux termes du premier ordre,

$$d(n+\delta n) = 3\frac{\mu}{\sqrt{ma}}\cdot d\Omega,$$

la différentielle $d\Omega$ prise relativement à L, d'où il s'ensuit que la variation $d(n+\delta n)$ a la forme indiquée ci-dessus.

En supposant que $\bar{n}$ est la constante introduite par l'intégration de $d(n+\delta n)$, il est clair que ce qui répond au mouvement moyen, c. à d. l'intégrale $\int n\,dt$ sera composée

1) de termes périodiques
2) d'un terme proportionnel au tems, $=\bar{n}t$
3) d'une partie constante.

En réunissant donc ce mouvement moyen à l'époque variable, qui elle-même sera aussi composée

1) de termes périodiques
2) d'une variation séculaire que nous désignerons par $\bar{\varepsilon}t$
3) d'une partie constante,

la longitude moyenne aura la forme $\bar{L}+(\bar{n}+\bar{\varepsilon})t+P$, P désignant les parties périodiques.

De cette manière il nous reste six termes constans, que nous nommerons les *valeurs moyennes des élémens*. En les réunissant avec les parties périodiques et les variations séculaires on aura les valeurs complètes des élémens pour tout instant.

Il conviendra de choisir pour les parties constantes des élémens Ω, i, φ, $\tilde{\omega}$, d'après lesquelles on calcule les perturbations, les valeurs moyennes mêmes, c'est à dire les constantes introduites par l'intégration, et pour [celles de] L et n les quantités $\bar{L}$ et $\bar{n}+\bar{\varepsilon}$. Mais on voit que pour effectuer cela dans la pratique un calcul double sera indispensable. En effet après avoir [fait] le premier calcul, selon des élémens approchés quelconques, on déterminera par des méthodes connues les valeurs qu'il faut donner aux six constantes pour obtenir le meilleur accord avec les observations, et on répétera le calcul une seconde fois en partant de ces valeurs. À moins que les premières valeurs n'aient été trop loin de la vérité, on ne sera certainement pas dans le cas de faire ce calcul pour la troisième fois.

[24].

Dans le cas d'un rapport rationel de n et n', la valeur de $n+\delta n$ contiendra une partie proportionnelle au tems ou une variation séculaire, et le moyen mouvement $\int n\,dt$ contiendra un terme proportionnel au quarré du tems. On peut s'en tenir pour les besoins actuels de l'astronomie, mais nous verrons que la considération des termes dépendants des puissances supérieures des masses rend une *forme périodique* à cette équation séculaire en apparence. Cela est d'autant plus remarquable, parceque effectivement la théorie des mouvemens de Pallas va nous offrir ce cas [*)].

[25.]

Nous indiquerons à présent une méthode très simple, de calculer complètement les perturbations de l'ordre du quarré de la force perturbatrice. Soit $Q\,dt$ la variation instantanée d'un élément, p. e. de $\Omega+\delta\Omega$; Q dépendra des élémens de la planète perturbée et de la planète perturbante. Si l'on y substitue les valeurs de ces élémens justes au premier ordre des perturbations, il est clair que Q sera juste au second ordre (inclusiv.). Soient donc

[*) Voir p. 557—559.]

a, b, c, e, f, g les valeurs moyennes des élémens de la planète perturbée, $a+\Delta a$, $b+\Delta b$, $c+\Delta c$, $e+\Delta e$, $f+\Delta f$, $g+\Delta g$ les valeurs justes au premier ordre; et que $a', b', c', e', f', g', a'+\Delta a'$ etc. désignent les mêmes quantités pour la planète perturbante. On pourra supposer

$$\begin{aligned} Q = Q^0 &+ \Delta a\cdot\left(\frac{\mathrm{d}Q^0}{\mathrm{d}a}\right) + \Delta a'\cdot\left(\frac{\mathrm{d}Q^0}{\mathrm{d}a'}\right) \\ &+ \Delta b\cdot\left(\frac{\mathrm{d}Q^0}{\mathrm{d}b}\right) + \Delta b'\cdot\left(\frac{\mathrm{d}Q^0}{\mathrm{d}b'}\right) \\ &+ \Delta c\cdot\left(\frac{\mathrm{d}Q^0}{\mathrm{d}c}\right) + \Delta c'\cdot\left(\frac{\mathrm{d}Q^0}{\mathrm{d}c'}\right) \\ &\quad \text{etc.} \qquad\qquad \text{etc.,} \end{aligned}$$

si l'on se borne aux quantités de second ordre. Les quantités Δa, Δb, Δc, Δe, Δf, Δg contiennent chacune un terme proportionnel au tems et des fonctions périodiques de nt et $n't$ ou .....

Quatrième Section. [Zweiter Entwurf.]

Développement des fonctions périodiques en séries.

21.

On appelle fonction périodique d'une variable toute celle qui ne change pas en augmentant la valeur de cette variable d'une quantité constante: cette augmentation de la variable peut être appelée sa période. Une fonction à plusieurs variables peut être périodique relativement à quelques-unes d'entre elles, et non-périodique relativement à d'autres. On peut supposer que les variables relativement auxquelles une fonction est périodique, sont des arcs de cercle, et que la période de chacune est égale à 360^0 ou 2π. En effet si une fonction de x, y, z etc. ne change pas en augmentant x de a, y de b, z de c etc., on n'a qu'à introduire à la place des variables x, y, z etc. celles-ci: $x' = \frac{2\pi x}{a}$, $y' = \frac{2\pi y}{b}$, $z' = \frac{2\pi z}{c}$ etc.

Considérons d'abord la fonction périodique X d'une seule variable x, et supposons

$$\begin{aligned} \mathrm{X} = \alpha &+ \alpha'\cos x + \alpha''\cos 2x + \alpha'''\cos 3x + \text{etc.} \\ &+ \beta'\sin x + \beta''\sin 2x + \beta'''\sin 3x + \text{etc.} \end{aligned}$$

On aura $a = \frac{\int X dx}{2\pi}$, l'intégrale étant prise de $x = 0$ jusqu'à $x = 2\pi$. En effet l'intégration indéfinie nous donne

$$\int X dx = \text{Const.} + ax + a'\sin x + \tfrac{1}{2}a''\sin 2x + \tfrac{1}{3}a'''\sin 3x + \text{etc.}$$
$$-\beta'\cos x - \tfrac{1}{2}\beta''\cos 2x - \tfrac{1}{3}\beta'''\cos 3x - \text{etc.}$$

et puisque, excepté le terme ax, tous les autres ont la même valeur pour $x = 0$ et pour $x = 2\pi$, la valeur de l'intégrale entre ces limites sera $2\pi a$. On aura de la même manière

$$a' = \frac{\int X\cos x dx}{\pi}, \quad a'' = \frac{\int X\cos 2x dx}{\pi}, \quad a''' = \frac{\int X\cos 3x dx}{\pi} \quad \text{etc.}$$
$$\beta' = \frac{\int X\sin x dx}{\pi}, \quad \beta'' = \frac{\int X\sin 2x dx}{\pi}, \quad \beta''' = \frac{\int X\sin 3x dx}{\pi} \quad \text{etc.}$$

22.

Nous venons de prouver que *s'il existe* une série

$$a + a'\cos x + a''\cos 2x + a'''\cos 3x + \text{etc.}$$
$$+ \beta'\sin x + \beta''\sin 2x + \beta'''\sin 3x + \text{etc.},$$

égale à la fonction X, les coëfficiens a, a', β', a'', β'' etc. seront conformes aux formules indiquées. Mais comme la possibilité générale d'un tel développement pourrait paraître douteuse, il sera à propos de traiter encore séparément le théorème inverse.

Supposons donc que fx exprime une fonction de x, soit périodique ou non, mais dont la valeur reste toujours *finie*, tandisque x est entre 0 et 2π. Soit, en étendant les intégrales de $x = 0$ jusqu'à $x = 2\pi$,

$$\int fx.dx = 2\pi a, \int fx.\cos x.dx = \pi a', \int fx.\cos 2x.dx = \pi a'', \int fx.\cos 3x.dx = \pi a''' \text{etc.}$$
$$\int fx.\sin x.dx = \pi\beta', \int fx.\sin 2x.dx = \pi\beta'', \int fx.\sin 3x.dx = \pi\beta''' \text{etc.}$$

et cherchons à déterminer la valeur de la série

$$\text{(T)} \qquad a + a'\cos t + a''\cos 2t + a'''\cos 3t + \text{etc.}$$
$$+ \beta'\sin t + \beta''\sin 2t + \beta'''\sin 3t + \text{etc.}$$

Comme évidemment elle est une fonction périodique de t, il sera permis de supposer t entre 0 et 2π: nous verrons ci-après qu'il faut distinguer le cas où t est entre ces limites exclusivement, de celui où $t = 0$ ou $= 2\pi$.

Considérons d'abord la suite plus générale

$$\text{(U)}\quad \begin{aligned} &\alpha + \alpha' \frac{1-e}{1+e}\cos t + \alpha''\left(\frac{1-e}{1+e}\right)^2 \cos 2t + \alpha'''\left(\frac{1-e}{1+e}\right)^3 \cos 3t + \text{etc.}\\ &+\beta'\frac{1-e}{1+e}\sin t + \beta''\left(\frac{1-e}{1+e}\right)^2 \sin 2t + \beta'''\left(\frac{1-e}{1+e}\right)^3 \sin 3t + \text{etc.}\end{aligned}$$

Remarquons qu'elle est l'intégrale

$$\int \frac{1}{2\pi}\,\mathrm{f}x.\mathrm{d}x.\left(1 + 2\frac{1-e}{1+e}\cos(x-t) + 2\left(\frac{1-e}{1+e}\right)^2\cos 2(x-t) + 2\left(\frac{1-e}{1+e}\right)^3\cos 3(x-t) + \text{etc.}\right),$$

prise de $x = 0$ jusqu'à $x = 2\pi$. La série sous parenthèse est égale à

$$\frac{1-\left(\frac{1-e}{1+e}\right)^2}{1+\left(\frac{1-e}{1+e}\right)^2 - 2\frac{1-e}{1+e}\cos(x-t)} = \frac{e}{\sin\frac{1}{2}(x-t)^2 + ee\cos\frac{1}{2}(x-t)^2},$$

comme on peut aisément vérifier par la multiplication. Ainsi on a

$$U = \frac{1}{2\pi}\int \frac{e\mathrm{f}x.\mathrm{d}x}{\sin\frac{1}{2}(x-t)^2 + ee\cos\frac{1}{2}(x-t)^2},$$

prenant l'intégrale de $x = 0$ jusqu'à $x = 2\pi$. Maintenant introduisons une autre variable y telle qu'on ait

$$\text{tang}\,\tfrac{1}{2}(x-t) = e\,\text{tang}\,\tfrac{1}{2}y,$$

où l'on peut supposer $\frac{1}{2}y$ dans le même quadrant où est $\frac{1}{2}(x-t)$ (pourvu que e soit positif). On aura donc

$$U = \frac{1}{2\pi}\int \mathrm{f}x.\mathrm{d}y,$$

l'intégration étant étendue de la valeur de y qui répond à $x = 0$ jusqu'à celle qui répond à $x = 2\pi$, c'est à dire, de $y = \theta - \pi$ jusqu'à $y = \theta + \pi$, si l'on fait

$$e\,\text{cotang}\,\tfrac{1}{2}t = \text{tang}\,\tfrac{1}{2}\theta$$

et qu'on prenne θ entre -90^0 et $+90^0$.

Or on voit que T est la limite de U, e décroissant à l'infini. Supposons donc e infiniment petit, θ le sera aussi, du moins si l'on excepte le cas $t = 0$, duquel nous parlerons séparément. Donc puisque la valeur de $\mathrm{f}x$ est toujours finie, la valeur de l'intégrale $\int fx.dy$ prise entre $y = -\pi$ et $y = \theta - \pi$ et de même la valeur entre $y = \pi$ et $y = \theta + \pi$ sera infiniment petite. De plus il est évident, que pour toutes les valeurs de y entre $-\pi$ et $+\pi$ et dont la différence à ces limites est finie, x diffère infiniment peu de t, et par conséquent fx infiniment peu de ft. Ainsi l'intégrale $\int fx.dy$ prise de $y = \theta - \pi$ jusqu'à $y = \theta + \pi$ différera infiniment peu de la même intégrale prise de $y = -\pi$ jusqu'à $y = +\pi$ (la différence est généralement et rigoureusement nulle, toutes les fois que f est une fonction périodique), et celle-ci à son tour différera infiniment peu de l'intégrale $\int ft.dy$ prise entre les mêmes limites, c. à d. de $2\pi ft$. On a donc $T = ft$.

Dans le cas $t = 0$, l'intégration dans la formule $U = \frac{1}{2\pi}\int fx.dy$ doit s'étendre de $y = 0$ jusqu'à $y = 2\pi$. Pour toutes les valeurs de y entre 0 et π, dont la distance à ces limites est finie, x sera infiniment petit; mais pour toutes les valeurs de y entre π et 2π, dont la distance à ces limites est finie, x différera infiniment peu de 2π. Ainsi l'intégrale $\int fx.dy$ prise de $y = 0$ jusqu'à $y = \pi$ différera infiniment peu de l'intégrale $\int f0.dy$, c. à d. de $\pi f0$; mais prise de $y = \pi$ jusqu'à $y = 2\pi$ elle différera infiniment peu de $\int f2\pi.dy$, c. à d. de $\pi f2\pi$, de sorte qu'on ait $T = \frac{1}{2}(f0 + f2\pi)$. Au reste, lorsque f désigne une fonction périodique, ce résultat est compris sous la formule générale $T = ft$.

NACHLASS.

[III. SPECIELLE STÖRUNGEN DER PALLAS DURCH JUPITER. ERSTE RECHNUNG.]

[OCTOBER—DECEMBER 1810.]

[1.]

[Die Rechnung bezieht sich auf die Störungen der Elemente und erstreckt sich über den 3000 Tage umfassenden Zeitraum von 1803 Juni 30 bis 1811 September 16, welcher in 60 Intervalle zu je 50 Tagen eingetheilt wurde, so dass die Rechnungen im Ganzen für 61 Zeitmomente auszuführen waren. Sie stützt sich im Wesentlichen auf Formeln, die mit unerheblichen Modificationen in der »Exposition d'une nouvelle méthode« etc. abgeleitet sind; vgl. Art. 20 dieser Abhandlung (Seite 464 dieses Bandes).

Unter Annahme der Ebene der Pallasbahn als Grundebene wurden die folgenden Bezeichnungen benutzt:

r = Radius Vector der Pallas

v = heliocentrische Länge der Pallas in ihrer Bahn

E = excentrische Anomalie der Pallas

r' = Radius Vector des Jupiter

w' = heliocentrische Länge des Jupiter in seiner Bahn

v' = Länge des Jupiter, projicirt auf die Ebene der Pallasbahn

β' = Breite des Jupiter über der Ebene der Pallasbahn

ρ = gegenseitige Entfernung von Pallas und Jupiter

μ = Jupitersmasse in Einheiten der Sonnenmasse

k = Constante der Theoria motus

$a,\ e,\ \varphi,\ \tilde{\omega},\ p = a(1-ee),\ n,\ \varepsilon,\ i,\ \Omega$ = Elemente der Pallasbahn } in ihrer gewöhnlichen

$a',\ e'$ etc. = Elemente der Jupitersbahn } Bedeutung.

Wenn man zur Abkürzung setzt:

$$1)\qquad \begin{aligned} r'\cos\beta'\cos(v-v') &= \xi \\ r'\cos\beta'\sin(v-v') &= \eta \\ r'\sin\beta' &= \zeta \end{aligned} \qquad \frac{1}{\rho^3}-\frac{1}{r'^3} = \Delta \qquad \frac{\mu k dt}{\sqrt{p}} = (1),$$

womit auch $rr+r'r'-2r\xi = \rho\rho$ wird, so berechnen sich die Grössen T, V, W, welche sich hier von den gleichbezeichneten Grössen in der Exposition Art. 15 (Seite 458) durch die Factoren $-\frac{a}{\cos\varphi}$ resp. $-\frac{ar}{\cos\varphi}$ resp. $+\frac{ar}{\cos\varphi}$ unterscheiden, nach den Formeln:

$$2) \qquad T = \frac{(1)r}{\rho^3} - (1)\Delta\xi, \qquad V = (1)r\Delta\eta, \qquad W = (1)r\Delta\zeta,$$

und hieraus finden sich die Beträge der momentanen Störungen während des Zeitraums $\mathrm{d}t$:

$$3) \qquad \begin{aligned} \mathrm{d}i &= \cos(v-\Omega).W \\ \mathrm{d}\Omega &= (2)\sin(v-\Omega).W \\ \mathrm{d}n &= (4)\sin(v-\tilde{\omega}).T+\frac{(5)}{rr}V \\ \mathrm{d}\varphi &= (6)\sin(v-\tilde{\omega}).T+\frac{(6)(\cos(v-\tilde{\omega})+\cos E)}{r}V \\ \mathrm{d}\tilde{\omega} &= A+(7)\cos(v-\tilde{\omega}).T+(8)\sin(v-\tilde{\omega}).\left(1+\frac{p}{r}\right)V \\ \mathrm{d}\varepsilon &= A+(9)rT+(10)\cos(v-\tilde{\omega}).T+(11)\sin(v-\tilde{\omega}).\left(1+\frac{p}{r}\right)V, \end{aligned}$$

wo der Kürze halber bezeichnet ist

$$A = (3)\sin(v-\Omega).W$$

$$\begin{aligned} (2) &= \frac{1}{\sin i} & (7) &= \frac{p}{e} \\ (3) &= \mathrm{tang}\tfrac{1}{2}i & (8) &= -\frac{1}{e} \\ (4) &= 3aen & (9) &= 2\cos\varphi \\ (5) &= 3apn & (10) &= a\cos\varphi^2\,\mathrm{tang}\tfrac{1}{2}\varphi \\ (6) &= -a\cos\varphi & (11) &= -\mathrm{tang}\tfrac{1}{2}\varphi.] \end{aligned}$$

[2.]

[Zur Berechnung der heliocentrischen Pallasörter, d. h. der Grössen r und v, wurde das Elementensystem zum Grunde gelegt, welches die bisher beobachteten sechs Oppositionen möglichst gut darstellt und welches in der Disquisitio de elementis ellipticis Palladis art. 14 abgeleitet wurde (Band VI S. 24); reducirt auf das mittlere Äquinoctium 1803 Juni 30 (die Präcession in 181 Tagen ist gleich 24,″83) ist dieses System das folgende:

Epoche der mittlern Länge für den Meridian von Paris	260° 19′ 30,″55
Mittlere tägliche tropische Bewegung	770,″50100
Mittlere tägliche siderische Bewegung	770,″36383
Länge der Sonnennähe	121° 8′ 33,″37
Länge des aufsteigenden Knotens	172 28 37, 26
Neigung der Bahn	34 37 28, 35
Excentricität = sin 14° 9′ 59,″79	0,2447424
Logarithm der halben grossen Axe	0,4222071.

Die heliocentrischen Jupitersörter, zur Berechnung der Grössen r', v', β', kann man aus den BOUVARDschen Tafeln entnehmen. Da indessen die Berechnung von 61 Örtern nach diesen Tafeln eine sehr grosse Mühe erfordern würde, und auch die allergrösste Schärfe in den Jupitersörtern nicht erfordert wird, so kann man sich des folgenden Kunstgriffs*) bedienen, der im Wesentlichen darin besteht, dass man sich für die erste und zweite Hälfte des in Betracht kommenden Zeitraums von 3000 Tagen je ein elliptisches Elementensystem verschafft, das die Bewegung Jupiters genau genug darstellt.

Dazu entnimmt man aus den BOUVARDschen Tafeln die heliocentrischen Örter des Jupiter für die Anfangsepoche 1803 Juni 30 (Paris) $= 1803 + 181^d$, für die Endepoche 1811 September 16 $= 1803 + 3181^d$ und für die in der Mitte liegende Epoche 1807 August 8 $= 1803 + 1681^d$, nemlich:

	helioc. Länge	Breite	$\log r'$
1803. 181^d	$188^0 32' 23'',3$	$+1^0 18' 52'',6$	0,7367964
1681	307 56 19, 2	—0 38 49, 7	0,7061432
3181	82 47 10, 8	—0 21 19, 8	0,7081999.

Die Reduction auf die Ekliptik beträgt für die drei Örter resp. $+0'',2$, $-23'',4$, $+14'',1$. Es ergeben sich also die den drei Epochen entsprechenden Längen in der Bahn, reducirt auf das mittlere Äquinoctium 1803 Juni 30, wenn man die Präcession in 3000^d zu $411'',5$ annimmt, resp. gleich $188^0 32' 23'',1$, $307^0 53' 16'',8$, $82^0 40' 5'',2$.

Aus den beiden Örtern für 1803.181^d und 1803.1681^d kann nun das Elementensystem I bestimmt werden, das zur Berechnung der Jupitersörter für die erste Hälfte des Zeitraums dient, und aus den beiden letztern Örtern findet sich das Elementensystem II für die zweite Hälfte unseres Zeitraums. Und zwar geben zunächst die heliocentrischen Längen und Breiten nach der in Art. 110 der Theoria motus auseinander gesetzten Methode

System I. $\Omega' = 98^0 23' 47''$, $i' = 1\ 18\ 53$ System II. $\Omega' = 98^0 22' 16''$, $i' = 1\ 18\ 49$

Ferner ergeben die Längen in der Bahn und die Radien Vectoren nach der in der Theoria motus Artt. 88—96 beschriebenen Methode die übrigen Elemente:

	System I	System II
Epoche der mittlern Länge 1807 August 8	$300^0 45' 35''$	$300^0 38' 14''$
Mittlere tägliche siderische Bewegung	$299'',1063$	$299'',1053$
Länge der Sonnennähe	$12^0\ 3' 14''$	$12^0 12' 17''$
Logarithm der Excentricität	8,686027	8,687916
	$e = \sin 2^0 46' 54''$	$= \sin 2^0 47' 38''$
Logarithm der halben grossen Axe.....:......	0,716256	0,716257.

Offenbar muss der Jupitersort für 1803.1681^d, aus beiden Systemen berechnet, sich als ein und derselbe erweisen.]

[3.]

[Die Rechnungsvorschriften gestalten sich nun folgendermassen: nachdem man sich die eben erwähnten Elementensysteme für Pallas und Jupiter verschafft hat, ergeben sich die Pallascoordinaten r und v

[*) Vgl. GAUSS n OLBERS 26. Nov. 1810; S. 415 dieses Bandes.]

ohne Weiteres nach den gewöhnlichen Formeln der elliptischen Bewegung; zur Berechnung der Jupiterscoordinaten r', v', β' muss, nachdem man nach den Formeln der elliptischen Bewegung r' und w' gefunden hat, noch erst das Elementensystem auf die Pallasebene transformirt werden, indem man nach den Formeln des Art. 15 der Exposition (Seite 459 dieses Bandes) die Grössen I, Δ, N berechnet. Da die Werte von i' und Ω' in beiden Systemen I und II sehr wenig verschieden sind, so kann man für beide Systeme dieselben Werte annehmen, die sich aus den Mittelwerthen $i' = 1^0 18' 51''$ und $\Omega' = 98^0 23' 1''$ ergeben, nemlich:

Aufsteigender Knoten der Jupitersbahn auf der Pallasbahn:

gezählt auf der Jupitersbahn: $\Omega' + N = 354^0 19' 36''$

gezählt auf der Pallasbahn: $\Omega + \Delta = 354\ 43\ 16$

Neigung der beiden Bahnen: $J = 34\ 17\ 4.$

1803+	v	$\log r$	$\log \rho$	$\log T$	$\log V$	$\log W$	di	Σdi	$d\Omega$	$\Sigma d\Omega$
181[d]	275° 2′ 12″	0,52307	0,80069	0,14430	0,61061$_n$	9,75579	— 0″,124	— 0″,124	+ 0″,979	+ 0″,979
231	282 4 17	0,52963	0,81524	0,07632	0,68387$_n$	9,92132	— 0, 286	— 0, 410	+ 1, 415	+ 2, 394
281	288 56 13	0,53412	0,82779	9,99744	0,73064$_n$	0,06252	— 0, 514	— 0, 924	+ 1, 820	+ 4, 214
331	295 40 51	0,53665	0,83850	9,90523	0,76084$_n$	0,16526	— 0, 801	— 1, 725	+ 2, 154	+ 6, 368
381	302 22 55	0,53726	0,84753	9,79442	0,77863$_n$	0,24731	— 1, 134	— 2, 859	+ 2, 386	+ 8, 754
431	309 5 39	0,53594	0,85508	9,65369	0,78665$_n$	0,31357	— 1, 496		+ 2, 489	
								— 4, 355		+ 11, 243
481	315 52 37	0,53269	0,86126	9,45620	0,78647$_n$	0,36722	— 1, 870	— 6, 225	+ 2, 444	+ 13, 687
531	322 47 37	0,52747	0,86620	9,11169	0,77902$_n$	0,41042	— 2, 235	— 8, 460	+ 2, 242	+ 15, 929
581	329 54 41	0,52026	0,87001	8,34900$_n$	0,76469$_n$	0,44467	— 2, 571	— 11, 031	+ 1, 880	+ 17, 809
631	337 18 15	0,51099	0,87279	9,23020$_n$	0,74343$_n$	0,47100	— 2, 855	— 13, 886	+ 1, 363	+ 19, 172
681	345 33 23	0,49962	0,87465	9,49890 ,	0,71493$_n$	0,49024	— 3, 066		+ 0, 703	
								— 16, 952		+ 19, 875
731	353 16 0	0,48610	0,87564	9,66288$_n$	0,67812$_n$	0,50298	— 3, 184	— 20, 136	— 0, 077	+ 19, 798
781	2 2 56	0,47041	0,87585	9,78196	0,63131$_n$	0,50961	— 3, 188	— 23, 324	— 0, 946	+ 18, 852
831	11 32 12	0,45260	0,87532	9,87544	0,57156$_n$	0,51051	— 3, 062	— 26, 386	— 1, 862	+ 16, 990
881	21 52 57	0,43283	0,87408	9,95157$_n$	0,49372$_n$	0,50604	— 2, 793	— 29, 179	— 2, 771	+ 14, 219
931	33 15 34	0,41148	0,87208	0,01332$_n$	0,38826	0,49664	— 2, 376		— 3, 607	
								— 31, 555		+ 10, 612
981	45 50 35	0,38922	0,86922	0,06068$_n$	0,23408$_n$	0,48279	— 1, 814	— 33, 369	— 4, 293	+ 6, 319
1031	59 47 1	0,36721	0,86532	0,09076$_n$	9,97051$_n$	0,46532	— 1, 126	— 34, 495	— 4, 740	+ 1, 579
1081	75 9 9	0,34718	0,86014	0,09787$_n$	9,08927$_n$	0,44527	— 0, 355	— 34, 850	— 4, 866	— 3, 287
1131	91 51 24	0,33136	0,85334	0,07214$_n$	9,83707	0,42395	+ 0, 433	— 34, 417	— 4, 609	— 7, 896
1181	109 34 6	0,32204	0,84467	9,99690$_n$	0,16024	0,40229	+ 1, 150		— 3, 957	
								— 33, 267		— 11, 853
1231	127 43 6	0,32089	0,83399	9,83750$_n$	0,32119	0,38044	+ 1, 705	— 31, 562	— 2, 976	— 14, 829
1281	145 36 58	0,32804	0,82141	9,46657$_n$	0,41118	0,35668	+ 2, 028	— 29, 534	— 1, 808	— 16, 637
1331	162 38 35	0,34229	0,80727	9,16969	0,45555	0,32755	+ 2, 095	— 27, 439	— 0, 639	— 17, 276
1381	178 23 55	0,36139	0,79199	9,77071	0,46426	0,28794	+ 1, 930	— 25, 509	+ 0, 352	— 16, 924
1431	192 43 54	0,38305	0,77597	0,00202	0,43958	0,23038	+ 1, 595		+ 1, 036	
								— 23, 914		— 15, 888
1481	205 40 38	0,40538	0,75953	0,13964	0,37691	0,14359	+ 1, 165	— 22, 749	+ 1, 341	— 14, 547
1531	217 22 15	0,42707	0,74278	0,23344	0,25783	0,00460	+ 0, 716	— 22, 033	+ 1, 255	— 13, 292
1581	227 59 1	0,44733	0,72585	0,30198	0,01792	9,74651	+ 0, 316	— 21, 717	+ 0, 809	— 12, 483
1631	237 41 32	0,46570	0,70851	0,35463	8,80096	8,50923	+ 0, 014	— 21, 703	+ 0, 052	— 12, 431
1681	246 39 16	0,48198	0,69081	0,39582	0,05549$_n$	9,74163$_n$	— 0, 150		— 0, 934	
								— 21, 853		— 13, 365
1731	255 0 38	0,49610	0,67259	0,42820	0,41194$_n$	0,07238	— 0, 154	— 22, 007	— 2, 061	— 15, 426
1781	262 52 46	0,50806	0,65365	0,45299	0,63437$_n$	0,26444$_n$	+ 0, 013	— 21, 994	— 3, 235	— 18, 661
1831	270 21 45	0,51791	0,63387	0,47044	0,80293$_n$	0,39674$_n$	+ 0, 342	— 21, 652	— 4, 346	— 23, 007
1881	277 32 56	0,52568	0,61310	0,47971	0,94240	0,49236$_n$	+ 0, 808	— 20, 844	— 5, 280	— 28, 287
1931	284 30 48	0,53144	0,59125	0,47897	1,06315	0,55921$_n$	+ 1, 360		— 5, 912	
								— 19, 844		— 34, 199

Nach den Formeln des Art. 15 der Exposition ergeben sich dann v' und β'.

Nach den Formeln 1 berechnet man nun die Grössen ξ, η, ζ, ρ, Δ, (1); der letztere Ausdruck wird in unserm Falle, wenn die Jupitersmasse zu $\frac{1}{1067,2865}$, also $\log\mu = 6{,}9717190-10$, angenommen wird, gleich $2{,}0130038$; dt ist gleich 50 zu nehmen. Des Weitern finden sich aus den Formeln 2 die Grössen T, V, W und aus 3 die momentanen Störungsgrössen di, $d\Omega$ etc. für jeden Zeitmoment und zwar bereits mit dem Intervall 50 multiplicirt. Die numerischen Werte von v, r, ρ, T, V, W, di, $d\Omega$ etc., wie sie die Rechnung ergeben hat, finden sich in folgender Tafel; dabei sind statt der Werte von dn die von $50\,dn = dn\,dt$ gegeben, weil dieser Ausdruck zweimal integrirt wird:

1830+	$50\,dn$	$\Sigma 50\,dn$	$\Sigma\Sigma 50\,dn$	$d\varphi$	$\Sigma d\varphi$	$d\tilde{\omega}$	$\Sigma d\tilde{\omega}$	$d\varepsilon$	$\Sigma d\varepsilon$
181d	−1″,2471		0	−7″,343		−0″,081		+9″,171	
		−1″,2471			−7″,343		−0″,081		+9″,171
231	−1,5526		−1″,2471	−8,152		−0,347		+8,048	
		−2,7997			−15,495		−0,428		+17,219
281	−1,7752		−4,0468	−8,753		−1,825		+6,842	
		−4,5749			−24,248		−2,253		+24,061
331	−1,9366		−8,6217	−9,144		−4,190		+5,599	
		−6,5115			−33,392		−6,443		+29,660
381	−2,0467		−15,1332	−9,319		−7,131		+4,349	
		−8,5582			−42,711		−13,574		+34,009
431	−2,1164		−23,6914	−9,273		−10,380		+3,107	
		−10,6746			−51,984		−23,954		+37,116
481	−2,1510		−34,3660	−9,018		−13,714		+1,890	
		−12,8256			−61,002		−37,668		+39,006
531	−2,1558		−47,1916	−8,570		−16,945		+0,713	
		−14,9814			−69,572		−54,613		+39,719
581	−2,1340		−62,1730	−7,950		−19,882		−0,425	
		−17,1154			−77,522		−74,495		+39,294
631	−2,0872		−79,2884	−7,184		−22,363		−1,504	
		−19,2026			−84,706		−96,858		+37,790
681	−2,0142		−98,4910	−6,306		−24,267		−2,547	
		−21,2168			−91,012		−121,125		+35,243
731	−1,9124		−119,7078	−5,354		−25,460		−3,517	
		−23,1292			−96,366		−146,585		+31,726
781	−1,7782		−142,8370	−4,376		−25,773		−4,411	
		−24,9074			−100,742		−172,358		+27,315
831	−1,6036		−167,7444	−3,432		−25,176		−5,210	
		−26,5110			−104,174		−197,534		+22,105
881	−1,3789		−194,2554	−2,597		−23,603		−5,891	
		−27,8899			−106,771		−221,137		+16,214
931	−1,0923		−222,1453	−1,962		−21,099		−6,301	
		−28,9822			−108,733		−242,236		+9,913
981	−0,7302		−251,1275	−1,628		−17,834		−6,747	
		−29,7124			−110,361		−260,070		+3,166
1031	−0,2845		−280,8399	−1,689		−14,112		−6,692	
		−29,9969			−112,050		−274,182		−3,526
1081	+0,2418		−310,8368	−2,196		−10,900		−6,579	
		−29,7551			−114,246		−285,082		−10,105
1131	+0,8222		−340,5919	−3,092		−8,726		−5,978	
		−28,9329			−117,338		−293,808		−16,083
1181	+1,4003		−369,5248	−4,172		−8,631		−4,994	
		−27,5326			−121,510		−302,439		−21,077
1231	+1,8992		−397,0574	−5,132		−9,989		−3,614	
		−25,6334			−126,642		−312,428		−24,691
1281	+2,2504		−422,6908	−5,703		−12,844		−1,912	
		−23,3830			−132,345		−325,272		−26,603
1331	+2,4191		−446,0738	−5,798		−15,806		+0,041	
		−20,9639			−138,143		−341,078		−26,562
1381	+2,4133		−467,0377	−5,531		−17,890		+2,210	
		−18,5506			−143,674		−358,968		−24,352
1431	+2,2648		−485,5883	−5,111		−18,601		+4,322	
		−16,2858			−148,785		−377,569		−20,030
1481	+2,0074		−501,8741	−4,760		−17,966		+6,487	
		−14,2784			−153,545		−395,535		−13,543
1531	+1,6683		−516,1525	−4,625		−16,266		+8,593	
		−12,6101			−158,170		−411,801		−4,950
1581	+1,2641		−528,7626	−4,811		−13,893		+10,598	
		−11,3460			−162,981		−425,694		+5,648
1631	+0,7982		−540,1086	−5,394		−11,182		+12,380	
		−10,5478			−168,375		−436,876		+18,028
1681	+0,2703		−550,6564	−6,413		−8,511		+14,202	
		−10,2775			−174,788		−445,387		+32,230
1731	−0,3274		−560,9339	−7,913		−6,195		+15,729	
		−10,6049			−182,701		−451,582		+47,959
1781	−1,0087		−571,5388	−9,938		−4,556		+17,012	
		−11,6136			−192,639		−456,138		+61,971
1831	−1,7870		−583,1524	−12,528		−3,986		+17,985	
		−13,4006			−205,167		−460,124		+82,956
1881	−2,6819		−596,5530	−15,730		−4,911		+18,550	
		−16,0825			−220,897		−465,035		+101,506
1931	−3,7113		−612,6355	−19,573		−7,868		+18,578	
		−19,7938			−240,470		−472,903		+120,084

1803 +	v	$\log r$	$\log \rho$	$\log T$	$\log V$	$\log W$	di	Σdi	$d\Omega$	$\Sigma d\Omega$
1981^d	291° 19′ 37″	0,53523	0,56822	0,46449	$1,17068_n$	$0,59874_n$	+ 1″,915		— 6″,119	
								— 17″,569		— 40″,318
2031	298 3 10	0,53708	0,54400	0,42853	$1,26759_n$	$0,60602_n$	+ 2, 348		— 5, 778	
								— 15, 221		— 46, 096
2081	304 45 3	0,53701	0,51886	0,35826	$1,35480_n$	$0,56610_n$	+ 2, 477		— 4, 795	
								— 12, 744		— 50, 891
2131	311 28 52	0,53501	0,49249	0,21313	$1,43382_n$	$0,43693_n$	+ 2, 064		— 3, 157	
								— 10, 680		— 54, 048
2181	318 18 15	0,53107	0,46580	9,82226	$1,50141_n$	$9,98035_n$	+ 0, 791		— 0, 945	
								— 9, 889		— 54, 993
2231	325 17 0	0,52515	0,43947	$9,84881_n$	$1,55480_n$	0,27479	— 1, 675		+ 1, 514	
								— 11, 564		— 53, 479
2281	332 29 22	0,51722	0,41460	$0,40350_n$	$1,58909_n$	0,77348	— 5, 578		+ 3, 571	
								— 17, 142		— 49, 908
2331	339 59 58	0,50722	0,39306	$0,67711_n$	$1,59532_n$	1,04541	— 10, 840		+ 4, 222	
								— 27, 982		— 45, 686
2381	347 54 6	0,49509	0,37711	$0,85283_n$	$1,56096_n$	1,22534	— 16, 748		+ 2, 359	
								— 44, 730		— 43, 327
2431	356 18 2	0,48080	0,36944	$0,96077_n$	$1,46630_n$	1,33929	— 21, 793		— 2, 563	
								— 66, 523		— 45, 890
2481	5 18 55	0,46435	0,37232	$1,00681_n$	$1,27702_n$	1,39383	— 24, 145		— 9, 684	
								— 90, 668		— 55, 574
2531	15 5 14	0,44582	0,38683	$0,99104_n$	$0,89406_n$	1,39201	— 22, 766		— 16, 686	
								— 113, 434		— 72, 260
2581	25 46 42	0,42544	0,41252	$0,91095_n$	0,10023	1,33795	— 18, 199		— 21, 040	
								— 131, 633		— 93, 300
2631	37 33 43	0,40366	0,44741	$0,75579_n$	0,83392	1,24010	— 12, 274		— 21, 663	
								— 143, 907		— 114, 963
2681	50 36 39	0,38133	0,48873	$0,51228_n$	0,94464	1,09917	— 6, 634		— 18, 781	
								— 150, 541		— 133, 744
2731	65 3 17	0,35980	0,53367	$0,04453_n$	0,91858	0,92530	— 2, 521		— 14, 139	
								— 153, 062		— 147, 883
2781	80 55 1	0,34099	0,57968	9,65966	0,80609	0,71406	— 0, 141		— 9, 107	
								— 153, 203		— 156, 990
2831	98 1 42	0,32722	0,62459	0,14197	0,60526	0,44780	+ 0, 752		— 4, 755	
								— 152, 451		— 161, 745
2881	115 58 13	0,32066	0,66672	0,24157	0,24167	0,04639	+ 0, 614		— 1, 633	
								— 151, 837		— 163, 378
2931	134 6 39	0,32249	0,70487	0,22566	$9,22376_n$	$9,01508_n$	— 0, 081		+ 0, 113	
								— 151, 918		— 163, 265
2981	151 45 42	0,33238	0,73845	0,13098	$0,20812_n$	$0,00657_n$	— 0, 950		+ 0, 632	
								— 152, 868		— 162, 633
3031	168 22 15	0,34862	0,76742	9,96018	$0,41881_n$	$0,24003_n$	— 1, 733		+ 0, 219	
								— 154, 601		— 162, 414
3081	183 37 49	0,36887	0,79217	9,66787	$0,51497_n$	$0,36916_n$	— 2, 296		— 0, 797	
								— 156, 897		— 163, 211
3131	197 27 43	0,39095	0,81329	8,80203	$0,56328_n$	$0,45576_n$	— 2, 589		— 2, 123	
								— 159, 486		— 165, 334
3181	209 56 48	0,41317	0,83145	$9,45315_n$	$0,58634_n$	$0,51870_n$	— 2, 620		— 3, 535	
								— 162, 106		— 168, 869

Nach den Vorschriften der Art. 18—19 der Exposition (Seite 462) und zwar nach den Formeln I erhält man die Integrale $\delta i = \int di$, $\delta\Omega = \int d\Omega$ etc. und nach der Formel II auch das Doppelintegral $\int \delta n dt = \iint dn dt = \iint 50 dn$. So ergeben sich die Störungen der Elemente für alle zwischen den Tafelwerthen liegenden Zeitmomente, also für 1803.206^d, 1803.256^d etc.; nur die Werthe von $\delta\int n dt = \int \delta n dt$ gelten für die Tafelwerthe selbst. In der Tafel sind die Grössen Σdi, $\Sigma d\Omega$ etc. gegeben, welche den ersten Gliedern der genannten Formeln $\theta f^{(-1)}t$ resp. $\theta\theta f^{(-2)}t$ entsprechen und bereits einen sehr genäherten Werth der Störungen geben.

Man kann also die Störungswerthe für jede beliebige Epoche interpoliren, und zwar erhält man für die Zeiten der sechs Oppositionen folgende Störungen der Elemente, wobei (genähert) die Elemente von $1803 + 156^d$ als Normalelemente betrachtet sind, indem die Constanten α und β in den Formeln I und II der Exposition gleich Null gesetzt sind:

	1803 +	δi	$\delta\Omega$	$\delta\tilde{\omega}$	$\delta\varphi$	$\delta\varepsilon$	$50\delta n$	$\int \delta n dt$
I.	181^d,0	— 0″,04	+ 0″,43	— 0″,01	— 3″,57	+ 4″,73	— 0″,585	0
II.	608.2	— 11, 15	+ 17, 88	— 75, 43	— 77, 85	+ 39, 25	— 17, 208	— 71″,22
III.	1064.4	— 34, 58	+ 0, 77	— 276, 24	— 112, 38	— 4, 67	— 29, 993	— 300, 90
IV.	1585.6	— 21, 81	— 12, 72	— 420, 35	— 160, 95	+ 1, 03	— 11, 808	— 539, 73
V.	2034.9	— 16, 23	— 43, 78	— 497, 71	— 280, 74	+ 147, 69	— 28, 962	— 659, 31
VI.	2457.7	— 67, 21	— 46, 10	— 1314, 50	— 676, 09	+ 11, 18	— 122, 017	— 1267, 08.

1803 +	50 dn	Σ 50 dn	ΣΣ 50 dn	dφ	Σ dφ	d$\tilde{\omega}$	Σ d$\tilde{\omega}$	dε	Σ dε
1981ᵈ	— 4″8950		— 632″4293	— 24″074		— 13″467		+ 17″890	
		— 24″6888			— 264″544		— 486″370		+ 137″974
2031	— 6, 2515		— 657, 1181	— 29, 209		— 22, 354		+ 16, 208	
		— 30, 9403			— 293, 753		— 508, 724		+ 154, 182
2081	— 7, 7587		— 688, 0584	— 34, 810		— 35, 288		+ 13, 317	
		— 38, 6990			— 328, 563		— 544, 012		+ 167, 499
2131	— 9, 4382		— 726, 7574	— 40, 826		— 52, 675		+ 8, 698	
		— 48, 1372			— 369, 389		— 596, 687		+ 176, 197
2181	— 11, 1718		— 774, 8946	— 46, 683		— 74, 468		+ 1, 941	
		— 59, 3090			— 416, 072		— 671, 155		+ 178, 138
2231	— 12, 7863		— 834, 2036	— 51, 708		— 99, 391		— 7, 344	
		— 72, 0953			— 467, 780		— 770, 546		+ 170, 794
2281	— 13, 9743		— 906, 2989	— 54, 980		— 124, 169		— 19, 297	
		— 86, 0696			— 522, 760		— 894, 715		+ 151, 497
2331	— 14, 2433		— 992, 3685	— 55, 297		— 142, 550		— 33, 218	
		— 100, 3129			— 578, 057		— 1037, 265		+ 118, 279
2381	— 12, 3877		— 1092, 6814	— 51, 858		— 146, 134		— 47, 195	
		— 112, 7006			— 629, 915		— 1183, 399		+ 71, 084
2431	— 10, 0557		— 1205, 3820	— 44, 814		— 127, 484		— 57, 867	
		— 122, 7563			— 674, 729		— 1310, 883		+ 13, 217
2481	— 5, 5301		— 1328, 1383	— 35, 865		— 86, 433		— 61, 627	
		— 128, 2864			— 710, 594		— 1397, 316		— 48, 410
2531	— 0, 4854		— 1456, 4247	— 27, 608		— 33, 597		— 56, 885	
		— 128, 7718			— 738, 202		— 1430, 913		— 105, 295
2581	+ 3, 7950		— 1585, 1965	— 21, 843		+ 14, 502		— 45, 238	
		— 124, 9768			— 760, 045		— 1416, 411		— 150, 533
2631	+ 6, 4404		— 1710, 1733	— 18, 514		+ 45, 545		— 30, 336	
		— 118, 5364			— 778, 559		— 1370, 866		— 180, 869
2681	+ 7, 3007		— 1828, 7097	— 16, 743		+ 55, 737		— 16, 720	
		— 111, 2357			— 795, 302		— 1315, 129		— 197, 589
2731	+ 6, 7306		— 1939, 9454	— 14, 753		+ 50, 984		— 5, 803	
		— 104, 5051			— 810, 055		— 1264, 145		— 203, 392
2781	+ 5, 2590		— 2044, 4505	— 11, 842		+ 39, 017		+ 1, 568	
		— 99, 2461			— 821, 897		— 1225, 128		— 201, 824
2831	+ 3, 3973		— 2143, 6966	— 8, 061		+ 27, 101		+ 5, 733	
		— 95, 8488			— 829, 958		— 1198, 027		— 196, 091
2881	+ 1, 5483		— 2239, 5454	— 4, 039		+ 19, 632		+ 411	
		— 94, 3005			— 833, 997		— 1178, 395		— 188, 680
2931	— 0, 0098		— 2333, 8459	— 0, 414		+ 17, 786		+ 7, 428	
		— 94, 3103			— 834, 411		— 1160, 609		— 181, 252
2981	— 1, 1489		— 2428, 1562	+ 1, 728		+ 19, 913		+ 6, 362	
		— 95, 4592			— 832, 683		— 1140, 696		— 174, 890
3031	— 1, 8716		— 2523, 6154	+ 2, 844		+ 23, 669		+ 4, 712	
		— 97, 3308			— 829, 839		— 1117, 027		— 170, 178
3081	— 2, 2597		— 2620, 9462	+ 3, 013		+ 27, 209		+ 2, 803	
		— 99, 5905			— 826, 826		— 1089, 818		— 167, 375
3131	— 2, 4163		— 2720, 5367	+ 2, 595		+ 29, 671		+ 0, 840	
		— 102, 0068			— 824, 231		— 1060, 147		— 166, 535
3181	— 2, 4301		— 2822, 5435	+ 1, 902		+ 30, 909		— 1, 093	
		— 104, 4369	— 2926, 9804		— 822, 329		— 1029, 238		— 167, 628

[4.]

[Es handelt sich nun darum, die Werthe der Normalelemente zu bestimmen, welche in Verbindung mit diesen Störungen die Oppositionen am besten darstellen, und es soll zu diesem Zwecke im Grossen und Ganzen der in den Art. 5—6 der Disquisitio de elementis ellipticis Palladis (vgl. auch dort das Beispiel in Art. 8) auseinander gesetzten Methode benutzt werden, wo (Band VI, Seite 4) die Beobachtungen der sechs Oppositionen, wie folgt, angegeben sind:

Opposition	1803 +	heliocentrische Länge = α	geocentrische Breite = β
I	181ᵈ019120	277° 39′ 24″0	+ 46° 26′ 36″0
II	608, 207257	337 0 36, 1	+ 15 1 49, 8
III	1064, 468796	67 20 42, 9	— 54 30 54, 9
IV	1585, 609502	223 37 27, 7	+ 42 11 25, 6
V	2034, 887176	304 2 59, 7	+ 37 43 53, 7
VI	2457, 673843	359 40 4, 4	— 7 22 10, 1

und wobei folgende Bezeichnungen eingeführt wurden:

α = beobachtete heliocentrische Länge

β = beobachtete geocentrische Breite

δ = heliocentrische Breite, abgeleitet aus α nach der Formel $\operatorname{tang}\delta = \operatorname{tang} i \sin(\alpha - \Omega)$

γ = heliocentrische Breite, abgeleitet aus β nach der Formel $\sin(\beta - \gamma) = \dfrac{R \sin\beta}{r}$.

Als genäherte Werthe für die vier Elemente i, Ω, φ, $\tilde{\omega}$ bezogen auf das Äquinoctium 1803,0 wurde vorausgesetzt:

$$i = 34^{\circ}37'47'' \qquad \Omega = 172^{\circ}28'32''$$
$$\varphi = 14\ 12\ 51 \qquad \tilde{\omega} = 121\ \ 7\ 54.$$

Aus den sechs beobachteten heliocentrischen Längen, reducirt auf das eben genannte Äquinoctium:

$$\alpha = 277^{\circ}38'59'',17 \mid 336^{\circ}59'12'',67 \mid 67^{\circ}18'16'',89 \mid 223^{\circ}33'50'',20 \mid 303^{\circ}58'20'',58 \mid 359^{\circ}34'27'',29$$

und unter Annahme der für die sechs Zeiten mit Berücksichtigung der Störungen folgenden Werte von i und Ω, nemlich:

$\Omega =$	172°28′32″,43	28′49″,88	28′32″,77	28′19″,28	27′48″,22	27′45″,90
$i =$	34 37 46,96	37 35,85	37 12,42	37 25,19	37 30,77	36 39,79

wurden nach den Formeln:

$$\operatorname{tang}\delta = \operatorname{tang} i \sin(\alpha - \Omega)$$
$$\operatorname{tang}(v - \Omega) = \frac{\operatorname{tang}(\alpha - \Omega)}{\cos i}$$

die heliocentrischen Breiten wie folgt, gefunden:

$$\delta = +33^{\circ}41'6'',30 \mid +10^{\circ}27'5'',72 \mid -33^{\circ}40'33'',54 \mid +28^{\circ}14'54'',88 \mid +27^{\circ}20'33'',96 \mid -4^{\circ}53'0'',48$$

sowie die Längen in der Bahn:

$$v = 275^{\circ}3'20'',76 \mid 333^{\circ}51'47'',21 \mid 69^{\circ}53'48'',50 \mid 228^{\circ}52'49'',17 \mid 298^{\circ}31'39'',70 \mid 1^{\circ}4'56'',77.$$

Indem man des Weitern die Perihellänge und den Winkel φ nach den obigen Störungswerthen, wie folgt, ansetzt:

$\tilde{\omega} =$	121° 7′53″,99	6′38″,57	3′17″,76	0′53″,65	120°59′36″,29	45′59″,50
$\varphi =$	14 12 47,43	11 33,15	10 58,62	10 10,05	14 8 10,26	1 34,91

folgen die wahren und die mittlern Anomalien, sowie die mittlern Längen:

$v - \tilde{\omega} =$	153°55′26″,77	212°45′ 8″,64	308°50′30″,74	104°51′55″,52	177°32′ 3″,41	240°18′57″,27
$M =$	139 10 15,32	230 38 18,77	328 18 11,43	79 50 57,16	176 3 51,83	266 36 8,99
$L =$	260 18 9,31	351 44 57,34	89 21 29,19	200 51 50,81	297 3 28,12	27 22 8,49.

Bringt man an die letztern Werthe die Störungsgrössen $\delta\int n\,dt + \delta\varepsilon$ mit umgekehrtem Zeichen an, so erhält man die mittlern Längen von den Störungen befreit, wie folgt:

$$L_0 = 260^{\circ}18'4'',58 \mid 351^{\circ}45'29'',31 \mid 89^{\circ}26'34'',76 \mid 201^{\circ}0'49'',51 \mid 297^{\circ}11'59'',74 \mid 27^{\circ}43'4'',39$$

und leitet man endlich aus diesen Werthen die Epoche der mittlern Länge für 1803.156^{d} ab, indem man die mittlere Bewegung, angenommen zu 770″,7332 multiplicirt mit der Zwischenzeit davon in Abzug bringt, so kommt

$$(\varepsilon_0) = 254^{\circ}56'41'',51 \mid 56'38'',10 \mid 56'47'',58 \mid 56'42'',41 \mid 56'50'',65 \mid 56'47'',64.$$

Diese sechs Werte müssten einander gleich sein, wenn unsere Näherungswerthe für die Normalelemente $\tilde{\omega}$, φ und n die richtigen wären; aus ihren gegenseitigen Abweichungen können nun die Correctionen für die Perihellänge, den Winkel φ, die mittlere Bewegung und der wahre Werth für die Epoche der mittlern Länge abgeleitet werden. Sind $\Delta\tilde{\omega}$ und $\Delta\varphi$ die Correctionen für die Grössen $\tilde{\omega}$ und φ, so ist der corrigirte Werth für die mittlere Länge in jeder der Oppositionen gleich (vgl. Band VI Seite 7 oben)

$$L_0 + (m+1)\Delta\tilde{\omega} + n\Delta\varphi,$$

wo die Coefficienten m und n dieselbe Bedeutung haben, wie a. a. O. Ist ferner Δn die Correction für die mittlere Bewegung, so wird die corrigirte Epoche der mittlern Länge nach Abzug der Störungen

$$\text{A)} \qquad \varepsilon_0 = (\varepsilon_0) + (m+1)\Delta\tilde{\omega} + n\Delta\varphi - t\Delta n$$

wo t die seit 1803.156^d verflossene Zeit und (ε_0) die oben aus den Beobachtungen gerechneten Werte bedeutet.

Aus diesen sechs Gleichungen kann man zunächst die Epoche eliminiren, indem man das Mittel aus ihnen nimmt, welches den corrigirten Werth der Epoche in der Form:

$$\text{B)} \qquad \varepsilon_0 = \tfrac{1}{6}\Sigma(\varepsilon_0) + \tfrac{1}{6}\Sigma(m+1).\Delta\tilde{\omega} + \tfrac{1}{6}\Sigma n.\Delta\varphi - \tfrac{1}{6}\Sigma t.\Delta n$$

ergibt. Indem man dann jede der vorstehenden Gleichungen A) von diesem Mittel B) abzieht, erhält man sechs Gleichungen, welche nur die Unbekannten $\Delta\tilde{\omega}$, $\Delta\varphi$, Δn enthalten und welche man nach der Methode der kleinsten Quadrate auflöst. Im vorliegenden Falle ergibt die numerische Rechnung, dass $\Delta\tilde{\omega}$ und $\Delta\varphi$ äusserst klein sind, während

$$\Delta n = +0\overset{''}{.}0040$$

folgt, womit die mittlere Bewegung wird:

$$n = 770\overset{''}{.}7372.$$

Für die Epoche ergibt dann Gleichung B) den Werth:

$$\varepsilon_0 = 254^\circ 56' 40\overset{''}{.}14.$$

Corrigirt man nun die oben gefundenen sechs Werthe von (ε_0) durch Anbringung der eben gefundenen Correctionen nach den Gleichungen A), so werden diese jetzt:

$$\varepsilon_0 = 254^\circ 56' 41\overset{''}{.}41 \mid 56' 36\overset{''}{.}35 \mid 56' 44\overset{''}{.}07 \mid 56' 36\overset{''}{.}88 \mid 56' 43\overset{''}{.}38 \mid 56' 38\overset{''}{.}74$$

so dass also nur die folgenden sehr geringfügigen Abweichungen der mittlern Längen übrig bleiben (vgl. Seite 418 dieses Bandes und Band VI Seite 320)

$$+1\overset{''}{.}27 \mid -3\overset{''}{.}79 \mid +3\overset{''}{.}93 \mid -3\overset{''}{.}26 \mid +3\overset{''}{.}24 \mid -1\overset{''}{.}40.$$

Zur Verbesserung der Werte von i und Ω verfährt man, wie folgt: aus den eben gefundenen Werthen von n ergibt sich für die verschiedenen Oppositionen:

$$n = 770\overset{''}{.}7255 \mid 770\overset{''}{.}3928 \mid 770\overset{''}{.}1373 \mid 770\overset{''}{.}5010 \mid 770\overset{''}{.}1580 \mid 768\overset{''}{.}2969$$

hieraus

$$p = 0{,}415\,0673 \mid 0{,}415\,2715 \mid 0{,}415\,4043 \mid 0{,}415\,3194 \mid 0{,}415\,5755 \mid 0{,}416\,6936$$

und

$$r = 0{,}523\,2726 \mid 0{,}515\,5612 \mid 0{,}353\,3230 \mid 0{,}449\,2234 \mid 0{,}537\,0545 \mid 0{,}472\,2233$$

weiter nach der Formel $\sin(\beta-\gamma) = \dfrac{R\sin\beta}{r}$:

$\beta-\gamma = 12^0 45' 32'',02$	$4^0 34' 41'',98$	$20^0 50' 28'',02$	$13^0 56' 26'',89$	$10^0 23' 37'',27$	$2^0 29' 4'',78$
$\gamma = +33\ 41\ \ 3,98$	$+10\ 27\ \ 7,82$	$-33\ 40\ 26,88$	$+28\ 14\ 58,71$	$+27\ 20\ 16,43$	$-4\ 53\ 5,32$

und hiemit endlich die Differenz

$$\gamma-\delta = -2'',32 \mid +2'',10 \mid +6'',66 \mid +3'',83 \mid -17'',53 \mid -4'',84.$$

Nach Art. 6 der Disquisitio erhält man dann für jede Opposition eine Gleichung der Form:

$$c\Delta\Omega + f\Delta i = \gamma-\delta$$

wo die Grössen a und b fortgelassen sind und die c und f nahe dieselben numerischen Werthe haben, wie a. a. O.; unsere Gleichungen liefern uns die Correctionen, wenn wir die V. Opposition bei Seite lassen, da sie schlecht beobachtet war:

$$\Delta\Omega = -2'',5 \quad \text{und} \quad \Delta i = -1'',$$

womit

$$\Omega = 172^0 28' 29'',5 \quad \text{und} \quad i = 34^0 37' 46''$$

wird. Nach Anbringung der hieraus folgenden Correctionen an die obigen Werte von γ bleiben folgende Unterschiede $\gamma-\delta$ in den geocentrischen Breiten übrig (vgl. Seite 418 dieses Bandes und Band VI Seite 320):

$$-1'',00 \mid +4'',11 \mid +5'',99 \mid +3'',98 \mid -15'',86 \mid -3'',34.$$

Dass gefundene System der Normalelemente ist also das folgende:

$$\begin{aligned}
n &= 770'',7372 \\
\tilde{\omega} &= 121^0\ 7'\ 54'' \\
\varphi &= 14\ 12\ 51 \\
\log a &= 0,442\,0669 \\
\varepsilon &= 254^0 56' 40'',14 \\
i &= 34\ 37\ 46 \\
\Omega &= 172\ 28\ 29,5.]
\end{aligned}$$

NACHLASS.

[IV. SPECIELLE STÖRUNGEN DER PALLAS DURCH JUPITER. ZWEITE RECHNUNG.]

[1810 DECEMBER.]

[1.]

[Nachdem die vorige erste Rechnung schon genäherte Werthe für die Störungen und für die Normalelemente der Pallas ergeben hat, kann man die ganze Rechnung nochmals wiederholen, indem man den ganzen Zeitraum von 1803 bis 1811 in sieben oder acht Perioden theilt und der Rechnung für jede dieser Perioden besondere Elemente zum Grunde legt, wie sie die erste Rechnung ergeben hat. Diese Perioden sollen anfänglich zu je 500 Tagen, und für die Zeiten, in denen die Störungen beträchtlicher werden, entsprechend kürzer gewählt werden; als in der Mitte dieser Perioden liegende Ruhepunkte nehmen wir demnach die Zeitmomente: 1803 + 156^d, 706^d, 1206^d, 1706^d, 2106^d, 2406^d, 2756^d, 3206^d. Nach den Resultaten der ersten Rechnung ergeben sich dann die Störungsbeträge für unsere acht Ruhepunkte :

1803 +	δi	$\delta \Omega$	δn	$\delta \int n dt$	$\delta \varphi$	$\delta \tilde{\omega}$	$\delta \varepsilon$
156^d	0	0	0	0	0	0	0
706	− 17″	+ 20″	− 0,″4243	− 108,″85	− 91″	− 61″	+ 35,″00
1206	− 33	− 12	− 0, 5506	− 383, 50	− 122	− 302	− 21, 08
1706	− 22	− 14	− 0, 2056	− 555, 79	− 175	− 445	+ 32, 23
2106	− 13	− 51	− 0, 7751	− 706, 84	− 328	− 545	+ 167, 40
2406	− 45	− 45	− 2, 2545	− 1147, 78	− 629	− 1188	+ 70, 99
2756	− 153	− 148	− 2, 1032	− 1998, 77	− 809	− 1279	− 203, 92
3206	− 162	− 170	− 2, 0975	− 2884, 55	− 822	− 1040	− 168, 68

und damit die der Rechnung zum Grunde zu legenden Elemente der Pallas:

	1803 +	i	Ω	φ	$\tilde{\omega}$	n	L
Erster Ruhepunkt	156^d	34° 37′ 46″	172° 28′ 30″	14° 12′ 51″	121° 7′ 54″	770,″7372	254° 56′ 40,″14
Zweiter Ruhepunkt	706	37 29	28 50	11 20	6 53	770, 3129	372 40 31, 75
Dritter Ruhepunkt	1206	37 13	28 18	10 50	2 52	770, 1866	119 37 49, 62
Vierter Ruhepunkt	1706	37 24	28 16	9 56	0 29	770, 5316	226 38 39, 24
Fünfter Ruhepunkt	2106	37 33	27 39	7 23	120 58 49	769, 9621	312 16 38, 24
Sechster Ruhepunkt	2406	37 1	27 45	2 22	48 6	768, 4827	16 21 22, 05
Siebenter Ruhepunkt	2756	35 13	26 2	13 59 22	46 35	768, 6340	90 58 34, 17
Achter Ruhepunkt	3206	35 4	25 40	9	50 34	768, 6397	187 4 55, 37

Mit Hülfe der für den ersten Ruhepunkt gefundenen Elemente berechnet man die Störungen bis $1803.431^{\rm d}$, mit Hülfe der für den zweiten gefundenen die von $1803.481^{\rm d}$ bis $1803.931^{\rm d}$, mit Hülfe der für den dritten geltenden die von $1803.981^{\rm d}$ bis $1803.1431^{\rm d}$ u. s. w. Im übrigen erfolgt die Rechnung in

1803 +	v	$\log r$	$\log \rho$	$\log T$	$\log V$	$\log W$	di	Σdi	$d\Omega$	$\Sigma d\Omega$
181$^{\rm d}$	275° 3′ 10″	0,52327	0,80080	0,14408	0,61165$_n$	9,75663	— 0″,124	0	+ 0″,981	0
231	282 4 53	0,52974	0,81532	0,07623	0,68395$_n$	9,93127	— 0,286	— 0″,124	+ 1,415	+ 0″,981
281	288 56 3	0,53425	0,82783	9,99758	0,73109$_n$	0,06286	— 0,515	— 0,410	+ 1,821	+ 2,396
331	295 40 38	0,53679	0,83853	9,90547	0,76125$_n$	0,16557	— 0,802	— 0,925	+ 2,156	+ 4,217
381	302 22 17	0,53739	0,84756	9,79473	0,77901$_n$	0,24762	— 1,134	— 1,727	+ 2,388	+ 6,373
431	309 4 36	0,53607	0,85509	9,65441	0,78699$_n$	0,31386	— 1,497	— 2,861	+ 2,491	+ 8,761
								— 4,358		+ 11,252
481	315 51 23	0,53283	0,86127	9,45794	0,78672$_n$	0,36732	— 1,870		+ 2,447	
531	323 46 5	0,52761	0,86620	9,11407	0,77928$_n$	0,41052	— 2,235	— 6,228	+ 2,245	+ 13,699
581	829 52 52	0,52038	0,87000	8,32850$_n$	0,76493$_n$	0,44473	— 2,571	— 8,463	+ 1,884	+ 15,944
631	337 16 10	0,51110	0,87278	9,22738$_n$	0,74370$_n$	0,47106	— 2,855	— 11,034	+ 1,366	+ 17,828
681	345 1 4	0,49972	0,87462	9,49711$_n$	0,71520$_n$	0,49030	— 3,066	— 13,889	+ 0,707	+ 19,294
								— 16,955		+ 19,901
731	353 13 28	0,48618	0,87560	9,66157$_n$	0,67842$_n$	0,50300	— 3,184		— 0,073	
781	2 0 11	0,47047	0,87581	9,78093$_n$	0,63164$_n$	0,50960	— 3,188	— 20,139	— 0,942	+ 19,828
831	11 29 15	0,45263	0,87528	9,87467$_n$	0,57191$_n$	0,51047	— 3,063	— 23,327	— 1,857	+ 18,886
881	21 49 55	0,43284	0,87404	9,95099$_n$	0,49417$_n$	0,50599	— 2,795	— 26,390	— 2,767	+ 17,029
931	33 12 30	0,41145	0,87203	0,01287$_n$	0,38873$_n$	0,49654	— 2,377	— 29,185	— 3,603	+ 14,262
								— 31,562		+ 10,659
981	45 48 30	0,38910	0,86918	0,06050$_n$	0,23444$_n$	0,48256	— 1,814		— 4,289	
1031	59 45 25	0,36707	0,86529	0,09070$_n$	9,97095$_n$	0,46506	— 1,127	— 33,376	— 4,739	+ 6,370
1081	75 8 9	0,34704	0,86011	0,09787$_n$	9,09095$_n$	0,44503	— 0,356	— 34,503	— 4,864	+ 1,631
1131	91 51 1	0,33123	0,85331	0,07208$_n$	9,83704	0,42371	+ 0,432	— 34,859	— 4,607	— 3,233
1181	109 34 16	0,32194	0,84464	9,99677$_n$	0,16033	0,40207	+ 1,150	— 34,427	— 3,955	— 7,840
								— 33,277		— 11,795
1231	127 43 42	0,32081	0,83396	9,83721$_n$	0,32129	0,38024	+ 1,705		— 2,974	
1281	145 37 42	0,32804	0,82140	9,46627$_n$	0,41133	0,35663	+ 2,028	— 31,572	— 1,807	— 14,769
1331	162 39 8	0,34234	0,80726	9,17144	0,45571	0,32756	+ 2,095	— 29,544	— 0,638	— 16,576
1381	178 24 9	0,36149	0,79199	9,77115	0,46439	0,28798	+ 1,930	— 27,449	+ 0,353	— 17,214
1431	192 43 44	0,38318	0,77598	0,00220	0,43979	0,23054	+ 1,595	— 25,519	+ 1,036	— 16,861
								— 23,924		— 15,825
1481	205 39 56	0,40553	0,75956	0,13970	0,37735	0,14402	+ 1,166		+ 1,342	
1531	217 20 57	0,42722	0,74285	0,23341	0,25887	0,00561	+ 0,718	— 22,758	+ 1,258	— 14,483
1581	227 57 16	0 44746	0,72589	0,30205	0,01968	9,74763	+ 0,317	— 22,040	+ 0,811	— 13,225
1631	237 39 22	0,46581	0,70863	0,35459	8,85475	8,56294	+ 0,015	— 21,723	+ 0,053	— 12,414
1681	246 36 50	0,48207	0,69096	0,39580	0,05132$_n$	9,73735$_n$	— 0,149	— 21,708	— 0,925	— 12,361
								— 21,857		— 13,286
1731	254 57 57	0,49617	0,67276	0,42821	0,40959$_n$	0,06988$_n$	— 0,153		— 2,050	
1781	262 49 53	0,50811	0,65385	0,45305	0,63257$_n$	0,26244$_n$	+ 0,012	— 22,010	— 3,221	— 15,336
1831	270 18 46	0,51794	0,63408	0,47054	0,80153$_n$	0,39511$_n$	+ 0,339	— 21,998	— 4,330	— 18,557
1881	277 29 51	0,52568	0,61338	0,47984	0,94084$_n$	0,49055$_n$	+ 0,802	— 21,659	— 5,260	— 22,887
1931	284 27 43	0,53143	0,59153	0,47925	1,06186$_n$	0,55764$_n$	+ 1,352	— 20,857	— 5,890	— 28,147
								— 19,505		— 34,037
1981	291 16 35	0,53518	0,56849	0,46464	1,16942$_n$	0,59708$_n$	+ 1,906		— 6,098	
2031	298 0 24	0,53699	0,54427	0,42936	1,26660$_n$	0,60458$_n$	+ 2,339	— 17,599	— 5,761	— 40,135
2081	304 42 38	0,53688	0,51891	0,35827	1,35458$_n$	0,56535$_n$	+ 2,471	— 15,260	— 4,789	— 45,896
2131	311 26 52	0,53486	0,49267	0,21338	1,43302$_n$	0,43545$_n$	+ 2,057	— 12,789	— 3,148	— 50,685
2181	318 16 41	0,53089	0,46599	9,82223	1,50055$_n$	9,97757$_n$	+ 0,786	— 10,732	— 0,939	— 53,833
								— 9,946		— 54,772
2231	325 16 0	0,52495	0,43960	9,85033$_n$	1,55406$_n$	0,27513	— 1,676		+ 1,515	
2281	332 29 3	0,51698	0,41471	0,40393$_n$	1,58776$_n$	0,77253	— 5,566	— 11,622	+ 3,562	— 53,257
2331	340 0 43	0,50700	0,39305	0,67790$_n$	1,59415$_n$	1,04476	— 10,825	— 17,188	+ 4,207	— 49,695
2381	347 55 57	0,49491	0,37704	0,85349$_n$	1,55959$_n$	1,22486	— 16,730	— 28,013	+ 2,333	— 45,488
2431	356 20 53	0,48068	0,36928	0,96107$_n$	1,46461$_n$	1,33915	— 21,784	— 44,743	— 2,605	— 43,155
								— 66,527		— 45,760

genau derselben Weise wie in der vorstehenden ersten Rechnung. Die sich ergebenden numerischen Werthe findet man in der folgenden Tafel zusammengestellt:

1803 +	50dn	Σ50dn	ΣΣ50dn	dφ	Σdφ	dω̃	Σdω̃	dε	Σdε
		0			0		0		0
181d	− 1″,2486		0	− 7″,350		− 0″,053		+ 9″,167	
		− 1″,2486			− 7″,350		− 0″,053		+ 9″,167
231	− 1,5507		− 1″,2486	− 8,147		− 0,330		+ 8,047	
		− 2,7993			− 15,497		− 0,383		+ 17,214
281	− 1,7748		− 4,0479	− 8,754		− 1,818		+ 6,845	
		− 4,5741			− 24,251		− 2,201		+ 24,059
331	− 1,9359		− 8,6220	− 9,147		− 4,176		+ 5,602	
		− 6,5100			− 33,398		− 6,377		+ 29,661
381	− 2,0465		− 15,1320	− 9,320		− 7,106		+ 4,351	
		− 8,5565			− 42,718		− 13,483		+ 34,012
431	− 2,1158		− 23,6885	− 9,272		− 10,347		+ 3,112	
		− 10,6723			− 51,990		− 23,830		+ 37,124
481	− 2,1507		− 34,3608	− 9,018		− 13,713		+ 1,897	
		− 12,8230			− 61,008		− 37,543		+ 39,021
531	− 2,1559		− 47,1838	− 8,570		− 16,933		+ 0,717	
		− 14,9789			− 69,578		− 54,476		+ 39,738
581	− 2,1343		− 62,1627	− 7,950		− 19,855		− 0,419	
		− 17,1132			− 77,528		− 74,331		+ 39,319
631	− 2,0872		− 79,2759	− 7,184		− 22,351		− 1,508	
		− 19,2004			− 84,712		− 96,682		+ 37,811
681	− 2,0145		− 98,4763	− 6,306		− 24,246		− 2,541	
		− 21,2149			− 91,018		− 120,928		+ 35,270
731	− 1,9133		− 119,6912	− 5,353		− 25,419		− 3,510	
		− 23,1282			− 96,371		− 146,347		+ 31,760
781	− 1,7791		− 142,8194	− 4,375		− 25,752		− 4,403	
		− 24,9073			− 100,746		− 172,099		+ 27,357
831	− 1,6047		− 167,7267	− 3,430		− 25,156		− 5,203	
		− 26,5120			− 104,176		− 197,255		+ 22,154
881	− 1,3803		− 194,2387	− 2,595		− 23,588		− 5,885	
		− 27,8923			− 106,771		− 220,843		+ 16,269
931	− 1,0936		− 222,1310	− 1,959		− 21,084		− 6,413	
		− 28,9859			− 108,730		− 241,927		+ 9,856
981	− 0,7316		− 251,1169	− 1,620		− 17,859		− 6,743	
		− 29,7175			− 110,350		− 259,786		+ 3,113
1031	− 0,2856		− 280,8344	− 1,683		− 14,218		− 6,816	
		− 30,0031			− 112,033		− 274,004		− 3,703
1081	+ 0,2412		− 310,8375	− 2,192		− 10,906		− 6,578	
		− 29,7619			− 114,225		− 284,910		− 10,281
1131	+ 0,8221		− 340,5994	− 3,088		− 8,735		− 5,975	
		− 28,9398			− 117,313		− 293,645		− 16,256
1181	+ 1,4005		− 369,5392	− 4,170		− 8,402		− 4,984	
		− 27,5393			− 121,483		− 302,047		− 21,240
1231	+ 1,8998		− 397,0785	− 5,129		− 10,012		− 3,613	
		− 25,6395			− 126,612		− 312,059		− 24,853
1281	+ 2,2509		− 422,7180	− 5,699		− 12,878		− 1,913	
		− 23,3886			− 132,311		− 324,937		− 26,766
1331	+ 2,4195		− 446,1066	− 5,793		− 15,832		+ 0,042	
		− 20,9691			− 138,104		− 340,769		− 26,724
1381	+ 2,4139		− 467,0757	− 5,525		− 17,905		+ 2,150	
		− 18,5552			− 143,629		− 358,674		− 24,574
1431	+ 2,2652		− 485,6309	− 5,109		− 18,618		+ 4,323	
		− 16,2900			− 148,738		− 377,292		− 20,251
1481	+ 2,0080		− 501,9209	− 4,751		− 18,018		+ 6,489	
		− 14,2820			− 153,489		− 395,310		− 13,762
1531	+ 1,6698		− 516,2029	− 4,615		− 16,330		+ 8,594	
		− 12,6122			− 158,104		− 411,640		− 5,168
1581	+ 1,2658		− 528,8151	− 4,804		− 13,957		+ 10,601	
		− 11,3464			− 162,908		− 425,597		+ 5,433
1631	+ 0,8013		− 540,1615	− 5,382		− 11,273		+ 12,481	
		− 10,5451			− 168,290		− 436,870		+ 17,914
1681	+ 0,2744		− 550,7066	− 6,399		− 8,622		+ 14,193	
		− 10,2707			− 174,689		− 445,492		+ 32,107
1731	− 0,3224		− 560,9773	− 7,895		− 6,321		+ 15,730	
		− 10,5931			− 182,584		− 451,813		+ 47,837
1781	− 1,0024		− 571,5704	− 9,914		− 4,703		+ 17,014	
		− 11,5955			− 192,498		− 456,516		+ 64,851
1831	− 1,7802		− 583,1659	− 12,499		− 4,148		+ 17,989	
		− 13,3757			− 204,997		− 460,664		+ 82,840
1881	− 2,6718		− 596,5416	− 15,683		− 5,107		+ 18,553	
		− 16,0475			− 220,680		− 465,771		+ 101,393
1931	− 3,7006		− 612,5891	− 19,519		− 8,082		+ 18,588	
		− 19,7481			− 240,199		− 473,853		+ 119,981
1981	− 4,8870		− 632,3372	− 24,019		− 13,795		+ 17,893	
		− 24,6351			− 264,218		− 487,648		+ 137,874
2031	− 6,2396		− 656,9723	− 29,142		− 22,768		+ 16,245	
		− 30,8747			− 293,360		− 510,416		+ 154,119
2081	− 7,7654		− 687,8470	− 34,801		− 35,746		+ 13,309	
		− 38,6401			− 328,161		− 546,162		+ 167,428
2131	− 9,4339		− 726,4871	− 40,754		− 53,230		+ 8,697	
		− 48,0740			− 368,915		− 599,392		+ 176,125
2181	− 11,1655		− 774,5611	− 46,587		− 75,112		+ 1,935	
		− 59,2395			− 415,502		− 674,504		+ 178,060
2231	− 12,7827		− 833,8006	− 51,619		− 100,151		− 7,363	
		− 72,0222			− 467,121		− 774,655		+ 170,697
2281	− 13,9769		− 905,8228	− 54,796		− 126,464		− 19,317	
		− 85,9991			− 521,917		− 901,119		+ 151,380
2331	− 14,2510		− 991,8219	− 55,123		− 145,036		− 33,273	
		− 100,2501			− 577,040		− 1046,155		+ 118,107
2381	− 13,0535		− 1092,0720	− 51,676		− 148,459		− 47,263	
		− 113,3036			− 628,716		− 1194,614		+ 70,844
2431	− 10,0527		− 1205,3756	− 44,654		− 129,386		− 57,916	
		− 123,3563			− 673,370		− 1324,000		+ 12,928

1803 +	v	log r	log ρ	log T	log V	log W	di	Σdi	dΩ	ΣdΩ
2481^d	5°22′41″	0,46433	0,37207	1,00759$_n$	1,27449$_n$	1,39405	— 24″,150		— 9″,749	
								— 90″,677		— 55″,509
2531	15 9 41	0,44594	0,38663	0,99155$_n$	0,88776$_n$	1,39234	— 22, 767		— 16, 765	
								— 113, 444		— 72, 274
2581	25 51 9	0,42581	0,41225	0,91071$_n$	0,12809	1,33859	— 18, 201		— 21, 157	
								— 131, 645		— 93, 431
2631	37 37 30	0,40437	0,44704	0,75945$_n$	0,83635	1,23943	— 12, 231		— 21, 690	
								— 143, 876		— 115, 121
2681	50 38 23	0,38242	0,48823	0,51201$_n$	0,94772	1,10147	— 6, 655		— 18, 913	
								— 150, 531		— 134, 034
2731	65 1 9	0,36132	0,53301	0,04490$_n$	0,92181	0,92889	— 2, 541		— 14, 270	
								— 153, 072		— 148, 304
2781	80 46 44	0,34292	0,57879	9,65466	0,81080	0,71988	— 0, 152		— 9, 239	
								— 153, 224		— 157, 543
2831	97 45 2	0,32947	0,62351	0,14093	0,61318	0,45715	+ 0, 757		— 4, 868	
								— 152, 467		— 162, 411
2881	115 31 40	0,32303	0,66545	0,24381	0,25995	0,06600	+ 0, 636		— 1, 718	
								— 151, 831		— 164, 129
2931	133 30 4	0,32475	0,70346	0,22967	8,99695$_n$	8,78893$_n$	— 0, 048		+ 0, 068	
								— 151, 879		— 164, 061
2981	151 0 18	0,33431	0,73696	0,13972	0,19312$_n$	9,99117$_n$	— 0, 912		+ 0, 631	
								— 152, 791		— 163, 430
3031	167 30 35	0,35008	0,76592	9,97711	0,41271$_n$	0,23214$_n$	— 1, 700		+ 0, 258	
								— 154, 491		— 163, 172
3081	182 42 22	0,36985	0,79071	9,70436	0,51279$_n$	0,36373$_n$	— 2, 274		— 0, 726	
								— 156, 765		— 163, 898
3131	196 30 41	0,39149	0,81191	9,02016	0,56377$_n$	0,45157$_n$	— 2, 582		— 2, 033	
								— 159, 347		— 165, 931
3181	208 59 39	0,41335	0,83015	9,37494$_n$	0,58853$_n$	0,51486$_n$	— 2, 628		— 3, 435	
								— 161, 975		— 169, 366

Die siebente Opposition kann jetzt auch in den Bereich unserer Rechnungen gezogen werden, da aus den neuerdings gemachten Beobachtungen sich folgendes Resultat für dieselbe ergibt (vgl. Band VI Seite 328):

Zeit der Opposition, Meridian von Göttingen	Tage seit Anfang 1803	heliocentrische Länge = α	geocentrische Breite = β
1811 Febr. 21. 19^h 25^m 31^s	2974,809386	152°48′15″,8	— 23°48′19″,2.]

[2.]

[Für die einzelnen Oppositionen ergeben sich aus unserer Tafel die folgenden Werte für die Störungen:

Opposition		δi	$\delta\Omega$	$50\,\delta n$	$\delta\int n\,dt$	$\delta\varphi$	$\delta\tilde{\omega}$	$\delta\varepsilon$
I.	181^d,02	— 0″,05	+ 0″,45	— 0″,601	— 0″,10	— 3″,61	+ 0″,02	+ 4″,68
II.	608, 21	— 11, 17	+ 17, 88	— 17, 204	— 71, 39	— 77, 82	— 75, 37	+ 39, 23
III.	1064, 47	— 34, 58	+ 0, 81	— 29, 977	— 300, 94	— 112, 39	— 275, 95	— 4, 82
IV.	1585, 61	— 21, 83	— 12, 48	— 11, 825	— 529, 81	— 160, 90	— 420, 12	+ 0, 99
V.	2034, 89	— 16, 26	— 43, 55	— 28, 115	— 659, 68	— 280, 59	— 499, 69	+ 147, 52
VI.	2457, 68	— 67, 39	— 46, 12	— 123, 425	— 1271, 15	— 674, 35	— 1325, 85	+ 10, 77
VII.	2974, 81	— 152, 12	— 163, 89	— 94, 923	— 2421, 91	— 834, 09	— 1163, 53	— 179, 74

Wir nehmen nun als genäherte Werthe für die Normalelemente, welche wieder etwa für 1803.156^d gelten

$$i = 34^\circ 37' 46'',0 \qquad \varphi = 14^\circ 12' 47'',5$$
$$\Omega = 172\;28\;29,5 \qquad \tilde{\omega} = 121\;8\;0$$
$$n = 770'',7372$$

und berechnen zur Bestimmung ihrer Correctionen aus den beobachteten heliocentrischen Längen, gerade

1803+	d50*n*	Σd50*n*	ΣΣd50*n*	dφ	Σdφ	dω̃	Σdω̃	dε	Σdε
2481ᵈ	— 5″,5136		— 1328″,7319	— 35″,802		— 87″,532		— 61″,761	
		— 128″,8699			— 709″,172		— 1411″,532		— 48″,833
2531	— 0, 4563		— 1457, 6018	— 27, 625		— 33, 831		— 56, 995	
		— 129, 3262			— 736, 797		— 1445, 363		— 105, 828
2581	+ 3, 8035		— 1586, 9280	— 21, 921		+ 14, 762		— 45, 302	
		— 125, 5227			— 758, 718		— 1430, 601		— 151, 130
2631	+ 6, 4486		— 1712, 4507	— 18, 770		+ 45, 930		— 30, 663	
		— 119, 0741			— 777, 488		— 1384, 671		— 181, 793
2681	+ 7, 3092		— 1831, 5248	— 16, 898		+ 56, 547		— 16, 796	
		— 111, 7649			— 794, 386		— 1328, 124		— 198, 589
2731	+ 6, 7427		— 1943, 2897	— 14, 893		+ 51, 749		— 5, 863	
		— 105, 0222			— 809, 279		— 1276, 375		— 204, 452
2781	+ 5, 2854		— 2048, 3119	— 11, 990		+ 39, 683		+ 1, 526	
		— 99, 7368			— 821, 269		— 1236, 692		— 202, 926
2831	+ 3, 4381		— 2148, 0487	— 8, 217		+ 27, 644		+ 5, 730	
		— 96, 2987			— 829, 486		— 1209, 048		— 197, 196
2881	+ 1, 6027		— 2244, 3474	— 4, 206		+ 20, 090		+ 7, 383	
		— 94, 6960			— 833, 692		— 1188, 958		— 189, 813
2931	+ 0, 0500		— 2339, 0434	— 0, 758		+ 18, 088		+ 7, 508	
		— 94, 6460			— 834, 450		— 1170, 870		— 182, 305
2981	— 1, 0939		— 2433, 6894	+ 1, 594		+ 20, 157		+ 6, 498	
		— 95, 7399			— 832, 856		— 1150, 713		— 175, 807
3031	— 1, 8286		— 2529, 4293	+ 2, 750		+ 23, 937		+ 4, 882	
		— 97, 5685			— 830, 106		— 1126, 776		— 170, 925
3081	— 2, 2319		— 2626, 9978	+ 2, 956		+ 27, 571		+ 2, 997	
		— 99, 8004			— 827, 150		— 1099, 205		— 167, 928
3131	— 2, 4040		— 2726, 7982	+ 2, 563		+ 30, 164		+ 1, 046	
		— 102, 2044			— 824, 587		— 1069, 041		— 166, 882
3181	— 2, 4265		— 2829, 0026	+ 1, 862		+ 31, 671		— 0, 842	
		— 104, 6309	— 2933, 6335		— 822, 725		— 1037, 370		— 167, 724

wie in der ersten Rechnung, die Werthe der Epoche der mittlern Länge wie folgt:

α	277°38′ 59″,17	336°59′ 12″,67	67°18′ 16″,89	223°33′ 50″,20	303°58′ 20″,58	359°34′ 27″,29	152°41′ 27″,75
☊	172 28 29, 95	172 28 47, 38	172 28 30, 31	172 28 17, 02	172 27 45, 95	172 27 43, 38	172 25 45, 61
i	34 37 45, 95	34 37 34, 83	34 37 11, 42	34 37 24, 17	34 37 29, 74	34 36 38, 61	34 35 13, 88
δ	+ 33 41 4, 98	+ 10 27 3, 72	— 33 40 32, 87	+ 28 14 54, 73	+ 27 20 32, 29	—4 53 1, 98	— 13 6 31, 65
v	275 3 20, 53	333 51 47, 85	69 53 47, 97	228 52 48, 72	298 31 39, 95	1 4 57, 17	148 52 48, 46
ω̃	121 8 0, 02	121 6 44, 63	121 3 24, 05	121 0 59, 88	129 59 40, 31	120 45 54, 15	120 48 36, 47
φ	14 12 43, 89	14 11 29, 68	14 10 55, 11	14 10 6, 60	14 8 6, 91	14 1 33, 15	13 58 53, 41
v — ω̃	153 55 20, 51	212 45 3, 22	308 50 23, 92	107 51 48, 84	177 31 59, 64	240 19 3, 02	28 4 11, 99
M	139 10 10, 21	230 38 5, 89	328 18 2, 61	79 50 56, 99	176 3 46, 23	266 36 12, 28	16 53 56, 10
L	260 18 10, 23	351 44 50, 52	89 21 26, 66	200 51 56, 87	297 3 26, 54	27 22 6, 43	137 42 32, 57
L_0	260 18 5, 65	351 45 22, 78	89 26 32, 42	201 0 45, 69	297 11 58, 70	27 43 6, 81	138 25 54, 22
(ε_0)	254 56 43, 42	254 56 46, 66	254 57 15, 53	254 57 25, 66	254 57 39, 08	254 58 6, 90	254 58 17, 83

Ferner ergeben sich die Werthe

$m+1$:	— 0,499	— 0,446	+ 0,315	— 0,065	— 0,595	— 0,179	+ 0,379
n:	— 1,210	+ 1,447	+ 1,185	— 2,013	— 0,124	+ 1,985	— 0,666.

Es folgen hieraus die Correctionen der Elemente:

$$\Delta\tilde{\omega} = -5'',8$$
$$\Delta\varphi = -1,2$$
$$\Delta n = -0,0012$$

und nach ihrer Anbringung die verbesserten Werthe

$$\tilde{\omega} = 121^\circ\ 7'\ 54'',2 \qquad n = 770'',7360$$
$$\varphi = 14\ 12\ 46,3 \qquad \varepsilon = 254^\circ 56'\ 38'',19.$$

Für die einzelnen Oppositionen erhält man für die Epoche:

254°56′ 46″,86 | 31″,23 | 39″,58 | 36″,99 | 35″,04 | 42″,70 | 34″,95 und es bleiben folgende Unterschiede in den mittleren Längen übrig (vgl. Bd. VI S. 329):

$$+8{,}''67 \mid -6{,}''96 \mid +1{,}''39 \mid -1{,}''20 \mid -3{,}''15 \mid +4{,}''51 \mid -3{,}''24.$$

Zur Bestimmung der Correctionen Δi und $\Delta \Omega$ stellt sich die Rechnung, wie folgt:

$n =$	770,″7240	770,″3919	770,″1365	770,″4995	770,″1737	768,″2675	768,″8375
$p =$	0,415 0716	0,415 2756	0,415 4084	0,415 3236	0,415 5730	0,416 7063	0,416 6593
$r =$	0,523 2667	0,515 5596	0,353 3334	0,449 2217	0,537 0429	0,472 2310	0,332 7308
$\beta-\gamma =$	12° 45′ 32,″66	4° 34′ 42,″04	20° 50′ 26,″13	13° 56′ 27,″09	10° 23′ 38,″28	2° 29′ 4,″62	10° 42′ 5,″34
$\gamma =$	+ 33 41 3, 34	+ 10 27 7, 76	− 33 40 28, 77	+ 28 14 58, 51	+ 27 20 15, 42	− 4 53 5, 48	− 13 6 13, 86
$\gamma-\delta =$	+ 1,″64	− 4,″04	− 4,″10	− 3,″78	− 16,″87	+ 3,″50	− 18,″14

Hieraus ergeben sich wieder sieben Gleichungen von der Form

$$c\Delta\Omega + f\Delta i = \gamma - \delta,$$

welche in unserm Falle lauten:

$$\begin{aligned}
+0{,}9870\,\Delta i + 0{,}1252\,\Delta\Omega &= +\ 1{,}''64\\
+0{,}3815\,\Delta i + 0{,}6436\,\Delta\Omega &= -\ 4{,}04\\
-0{,}9869\,\Delta i + 0{,}1251\,\Delta\Omega &= -\ 4{,}10\\
+0{,}8918\,\Delta i - 0{,}3365\,\Delta\Omega &= -\ 3{,}78\\
+0{,}8725\,\Delta i + 0{,}3610\,\Delta\Omega &= -16{,}87\\
-0{,}1846\,\Delta i + 0{,}6914\,\Delta\Omega &= +\ 3{,}50\\
-0{,}4725\,\Delta i - 0{,}6154\,\Delta\Omega &= -18{,}14.
\end{aligned}$$

Da bei der Ausführung dieser Rechnung die Beobachtungen der siebenten Opposition noch nicht vorlagen und die Breite der fünften Opposition schlecht beobachtet war, so geben wir das Resultat nur mit Berücksichtigung der vier ersten und der sechsten Gleichung, nemlich

$$\Delta i = -1{,}''7 \qquad \Delta\Omega = -8{,}''6,$$

wonach die corrigirten Werthe

$$i = 34^\circ 37' 44{,}''3 \qquad \Omega = 172^\circ 28' 20{,}''9$$

werden. Nach Anbringung der gefundenen Correctionen bleiben folgende Unterschiede in den geocentrischen Breiten übrig (vgl. Band VI Seite 329):

$$-1{,}''08 \mid -10{,}''20 \mid -3{,}''52 \mid -2{,}''39 \mid (-21{,}''42) \mid -2{,}''11 \mid -12{,}''08.]$$

NACHLASS.

[V. ALLGEMEINE STÖRUNGEN DER PALLAS DURCH JUPITER. ERSTE RECHNUNG.]

[BEGONNEN 1811 AUGUST.]

[1.]

[Zur Entwickelung der allgemeinen Theorie der Störungen der Pallas durch Jupiter wurde im Grossen und Ganzen, wie bei der Rechnung der speciellen Störungen, die in der »Exposition etc.« (Seite 449 u. 465 dieses Bandes) auseinander gesetzte Methode angewandt. Da indessen hier beabsichtigt wird, die allgemeine Theorie zu geben und nicht nur die numerischen Werthe der Störungen für einen gewissen Zeitraum zu berechnen, so werden die Gleichungen für die Störungen hier in etwas anderer Form aufgestellt werden müssen als dort. Diese sollen darum hier noch einmal zusammengestellt werden, wobei die Bezeichnungsweise dieselbe bleiben soll, wie bei den frühern Rechnungen (Seite 473 dieses Bandes).

Die Coordinaten von Pallas und Jupiter r, v, r', w' berechnen sich aus den elliptischen Elementen nach bekannten Formeln; ferner zur Berechnung der gegenseitigen Bahnlage dienen die Formeln (vgl. Seite 459 dieses Bandes):

1)
$$\begin{aligned}
\sin\tfrac{1}{2}J.\sin\tfrac{1}{2}(\Delta+N) &= \sin\tfrac{1}{2}(i'+i).\sin\tfrac{1}{2}(\Omega'-\Omega)\\
\sin\tfrac{1}{2}J.\cos\tfrac{1}{2}(\Delta+N) &= \sin\tfrac{1}{2}(i'-i).\cos\tfrac{1}{2}(\Omega'-\Omega)\\
\cos\tfrac{1}{2}J.\sin\tfrac{1}{2}(\Delta-N) &= \cos\tfrac{1}{2}(i'+i).\sin\tfrac{1}{2}(\Omega'-\Omega)\\
\cos\tfrac{1}{2}J.\cos\tfrac{1}{2}(\Delta-N) &= \cos\tfrac{1}{2}(i'-i).\cos\tfrac{1}{2}(\Omega'-\Omega),
\end{aligned}$$

aus denen sich

J = Neigung beider Bahnebenen,

$\Omega+\Delta$ = Länge des Knotens der Jupitersbahn auf der Pallasbahn, gezählt auf der letztern,

$\Omega'+N$ = » » » » » » » » » » » erstern

ergeben. Weiter hat man zur Berechnung von v' und β' die Gleichungen

2)
$$\begin{aligned}
\operatorname{tang}(v'-\Omega-\Delta) &= \cos J.\operatorname{tang}(w'-\Omega'-N)\\
\operatorname{tang}\beta' &= \operatorname{tang}J.\sin(v'-\Omega-\Delta)\\
\sin\beta' &= \sin J.\sin(w'-\Omega'-N),
\end{aligned}$$

von denen eine der beiden letztern zur Controlle dienen kann. Ferner findet sich

$$
3)\qquad
\begin{aligned}
\xi &= r'\cos\beta'\cos(v-v') & \rho\rho &= r'r'+rr-2r\xi\\
\eta &= r'\cos\beta'\sin(v-v') & \Delta &= \frac{1}{\rho^3}-\frac{1}{r'^3}\\
\zeta &= r'\sin\beta' & &\\
T &= \frac{\alpha r}{\rho^3}-\alpha\Delta\xi & &\\
V &= \alpha r\Delta\eta & \alpha &= \frac{\mu a}{\cos\varphi}.\\
W &= \alpha r\Delta\zeta & &
\end{aligned}
$$

Der Werth von α ist noch mit der Zahl $206265''$ zu multipliciren, womit man alle Grössen ausgedrückt in Bogensecunden erhält.

Nach den Gleichungen 3, Seite 474, gelten dann für die Störungen der Neigung und der Knotenlänge die Relationen:

$$
4)\qquad
\begin{aligned}
\frac{\mathrm{d}i}{n\mathrm{d}t} &= \cos(v-\Omega).W\\
\frac{\mathrm{d}\Omega}{n\mathrm{d}t} &= \frac{1}{\sin i}\sin(v-\Omega).W.
\end{aligned}
$$

Für die Störungen des Perihels ergibt eine leichte Transformation der genannten Gleichungen:

$$
5)\qquad \frac{\mathrm{d}\tilde\omega}{n\mathrm{d}t} = (1-\cos i)\frac{\mathrm{d}\Omega}{n\mathrm{d}t}+\frac{p}{e}\cos(v-\tilde\omega).T-\frac{1}{e}\left\{2+e\cos(v-\tilde\omega)\right\}\sin(v-\tilde\omega).V.
$$

Für den halben Parameter p, der an Stelle der Excentricität eingeführt werden soll, ergibt Gleichung 63 der Exposition mit Berücksichtigung der veränderten Bedeutung von V:

$$
\frac{\mathrm{d}p}{n\mathrm{d}t} = -2a\cos\varphi^2.V,
$$

also

$$
6)\qquad \frac{\mathrm{d}\log p}{n\mathrm{d}t} = -2V.
$$

Des Weitern ergeben die Gleichungen 3, Seite 474,

$$
7)\qquad
\begin{aligned}
\frac{\mathrm{d}\log\mathrm{hyp}\, n}{n\mathrm{d}t} &= 3ae\sin(v-\tilde\omega).T+\frac{3aa\cos\varphi^2}{rr}V\\
\frac{\mathrm{d}\varepsilon}{n\mathrm{d}t} &= \operatorname{tang}\tfrac{1}{2}i\sin(v-\Omega).W+\left\{2r\cos\varphi+p\operatorname{tang}\tfrac{1}{2}\varphi\cos(v-\tilde\omega)\right\}T\\
&\qquad -\operatorname{tang}\tfrac{1}{2}\varphi\,(2+e\cos(v-\tilde\omega))\sin(v-\tilde\omega).V\\
&= (1-\cos\varphi)\left(\frac{\mathrm{d}\tilde\omega}{n\mathrm{d}t}-(1-\cos i)\frac{\mathrm{d}\Omega}{n\mathrm{d}t}\right)+(1-\cos i)\frac{\mathrm{d}\Omega}{n\mathrm{d}t}+2r\cos\varphi.T.
\end{aligned}
$$

Legt man nun der ganzen Rechnung sowohl für Pallas wie für Jupiter ein elliptisches Elementensystem zum Grunde, so sind offenbar die Grössen T, V, W ebenso wie die Differentialquotienten der Elemente periodische Functionen der mittlern Anomalien beider Planeten, also der Grössen M und M', und lassen sich durch trigonometrische Reihen darstellen nach Vielfachen dieser beiden Argumente. Man kann darum hier die in der Theoria interpolationis methodo nova tractata (Band III, Seite 265) gemachten Untersuchungen benutzen und die Coefficienten dieser Reihen bestimmen, indem man die numerischen Werthe von T, V, W für eine Reihe von Werthen von M und M' berechnet, die je eine ganze Periode umfassen.

Zu diesem Zwecke sollen die in der genannten Abhandlung abgeleiteten Formeln in den folgenden Artikeln noch einer Umformung unterworfen werden, durch welche sie für die Lösung der vorliegenden Aufgabe möglichst einfach gestaltet werden.]

[2.]

[Sei X eine Function des Winkels x von der Form

$$X = \alpha_0 + \alpha_1 \cos x + \alpha_2 \cos 2x + \alpha_3 \cos 3x + \cdots$$
$$+ \beta_1 \sin x + \beta_2 \sin 2x + \beta_3 \sin 3x + \cdots$$

und seien für μ äquidistante Werthe von x, nemlich $x = 0, a, 2a, 3a, \ldots (\mu-1)a$ die entsprechenden Werthe von X, nemlich $X = A_0, A_1, A_2, \ldots A_{\mu-1}$ gegeben; sei ferner $\mu a = 360^0$, so dass die μ Werthe von x den ganzen Kreisumfang in μ gleiche Theile theilen, und nimmt man noch an, dass μ eine gerade Zahl sei, so kann man, indem man $\mu = 2m$ setzt, nach Art. 22 der Theoria interpolationis methodo nova tractata (Band III Seite 298) die $2m$ Coefficienten $\alpha_0, \alpha_1, \alpha_2 \ldots \alpha_m, \beta_1, \beta_2 \ldots \beta_{m-1}$ bestimmen und so eine angenäherte Darstellung der Function X erhalten.

Aus dem in der genannten Abhandlung (Band III, Seite 299) abgeleiteten und dort mit T bezeichneten Ausdruck erhält man zur Bestimmung der Coefficienten die folgenden Gleichungen:

$$m\alpha_n = A_0 + A_1 \cos na + A_2 \cos 2na + \cdots + A_{\mu-1} \cos(\mu-1)na$$
$$m\beta_n = A_1 \sin na + A_2 \sin 2na + \cdots + A_{\mu-1} \sin(\mu-1)na,$$

wo dem Index n die Werte $1, 2 \ldots m-1$ zu ertheilen sind, während

$$\mu\alpha_0 = A_0 + A_1 + A_2 + A_3 + \cdots + A_{\mu-1}$$
$$\mu\alpha_m = A_0 - A_1 + A_2 - A_3 + \cdots - A_{\mu-1}$$

ist.

Diese Gleichungen sind noch bedeutender Vereinfachungen fähig:

Es ist $\cos(\mu-1)na = \cos na$ etc., $\sin(\mu-1)na = -\sin na$ etc., so dass man schreiben kann:

$$m\alpha_n = \tfrac{1}{2}B_0 + B_1 \cos na + B_2 \cos 2na + \cdots + B_{\frac{\mu}{2}-1} \cos\left(\frac{\mu}{2}-1\right)na + \tfrac{1}{2}B_{\frac{\mu}{2}} \cos\frac{\mu}{2}na$$

$$m\beta_n = C_1 \sin na + C_2 \sin 2na + \cdots + C_{\frac{\mu}{2}-1} \sin\left(\frac{\mu}{2}-1\right)na,$$

wo

$$B_0 = 2A_0,\quad B_1 = A_1 + A_{\mu-1},\quad B_2 = A_2 + A_{\mu-2},\quad \ldots\quad B_{\frac{\mu}{2}-1} = A_{\frac{\mu}{2}-1} + A_{\frac{\mu}{2}+1},\quad B_{\frac{\mu}{2}} = 2A_{\frac{\mu}{2}}$$
$$C_1 = A_1 - A_{\mu-1},\quad C_2 = A_2 - A_{\mu-2},\quad \ldots\quad C_{\frac{\mu}{2}-1} = A_{\frac{\mu}{2}-1} - A_{\frac{\mu}{2}+1}.$$

Weiter ist

$$\cos\left(\frac{\mu}{2}-1\right)na = \mp\cos na \quad \text{etc.}$$

$$\sin\left(\frac{\mu}{2}-1\right)na = \pm\sin na \quad \text{etc.},$$

wo das obere oder untere Zeichen gilt, je nachdem n ungerade oder gerade ist.

Ist also sowohl n wie $\frac{\mu}{2} = m$ ungerade, so hat man

$$1)\quad \begin{aligned} m\alpha_n &= \tfrac{1}{2}D_0 + D_1 \cos na + D_2 \cos 2na + \cdots + D_{\frac{\mu}{4}-\frac{1}{2}} \cos\left(\frac{\mu}{4}-\tfrac{1}{2}\right)na \\ m\beta_n &= \qquad E_1 \sin na + E_2 \sin 2na + \cdots + E_{\frac{\mu}{4}-\frac{1}{2}} \sin\left(\frac{\mu}{4}-\tfrac{1}{2}\right)na, \end{aligned}$$

wo

$$D_0 = B_0 - B_{\frac{\mu}{2}},\quad D_1 = B_1 - B_{\frac{\mu}{2}-1},\quad D_2 = B_2 - B_{\frac{\mu}{2}-2},\quad \ldots\quad D_{\frac{\mu}{4}-\frac{1}{2}} = B_{\frac{\mu}{4}-\frac{1}{2}} - B_{\frac{\mu}{4}+\frac{1}{2}}$$

$$E_1 = C_1 + C_{\frac{\mu}{2}-1},\quad E_2 = C_2 + C_{\frac{\mu}{2}-2},\quad \ldots\quad E_{\frac{\mu}{4}-\frac{1}{2}} = C_{\frac{\mu}{4}-\frac{1}{2}} + C_{\frac{\mu}{4}+\frac{1}{2}}.$$

Ist n ungerade und $\frac{\mu}{2} = m$ gerade, so hat man:

$$2)\quad \begin{aligned} m\alpha_n &= \tfrac{1}{2}D_0 + D_1 \cos na + D_2 \cos 2na + \cdots + D_{\frac{\mu}{4}-1} \cos\left(\frac{\mu}{4}-1\right)na \\ m\beta_n &= \qquad E_1 \sin na + E_2 \sin 2na + \cdots + E_{\frac{\mu}{4}-1} \sin\left(\frac{\mu}{4}-1\right)na + \tfrac{1}{2}E_{\frac{\mu}{4}} \sin\frac{\mu}{4}na, \end{aligned}$$

wo wieder

$$D_0 = B_0 - B_{\frac{\mu}{2}},\quad D_1 = B_1 - B_{\frac{\mu}{2}-1},\quad \ldots\quad D_{\frac{\mu}{4}-1} = B_{\frac{\mu}{4}-1} - B_{\frac{\mu}{4}+1}$$

$$E_1 = C_1 + C_{\frac{\mu}{2}-1},\quad \ldots\quad E_{\frac{\mu}{4}-1} = C_{\frac{\mu}{4}-1} + C_{\frac{\mu}{4}+1},\quad E_{\frac{\mu}{4}} = 2C_{\frac{\mu}{4}}.$$

Ist n gerade und $\frac{\mu}{2} = m$ ungerade, so hat man dagegen:

$$3)\quad \begin{aligned} m\alpha_n &= \tfrac{1}{2}F_0 + F_1 \cos na + F_2 \cos 2na + \cdots + F_{\frac{\mu}{4}-\frac{1}{2}} \cos\left(\frac{\mu}{4}-\tfrac{1}{2}\right)na \\ m\beta_n &= \qquad G_1 \sin na + G_2 \sin 2na + \cdots + G_{\frac{\mu}{4}-\frac{1}{2}} \sin\left(\frac{\mu}{4}-\tfrac{1}{2}\right)na, \end{aligned}$$

wo

$$F_0 = B_0 + B_{\frac{\mu}{2}},\quad F_1 = B_1 + B_{\frac{\mu}{2}-1},\quad F_2 = B_2 + B_{\frac{\mu}{2}-2},\quad \ldots\quad F_{\frac{\mu}{4}-\frac{1}{2}} = B_{\frac{\mu}{4}-\frac{1}{2}} + B_{\frac{\mu}{4}+\frac{1}{2}}$$

$$G_1 = C_1 - C_{\frac{\mu}{2}-1},\quad G_2 = C_2 - C_{\frac{\mu}{2}-2},\quad \ldots\quad G_{\frac{\mu}{4}-\frac{1}{2}} = C_{\frac{\mu}{4}-\frac{1}{2}} - C_{\frac{\mu}{4}+\frac{1}{2}}.$$

Sind n und $\frac{\mu}{2} = m$ beide gerade, so ist wieder:

$$4)\quad \begin{aligned} m\alpha_n &= \tfrac{1}{2}F_0 + F_1 \cos na + F_2 \cos 2na + \cdots + F_{\frac{\mu}{4}-1} \cos\left(\frac{\mu}{4}-1\right)na + \tfrac{1}{2}F_{\frac{\mu}{4}} \cos\frac{\mu}{4}na \\ m\beta_n &= \qquad G_1 \sin na + G_2 \sin 2na + \cdots + G_{\frac{\mu}{4}-1} \sin\left(\frac{\mu}{4}-1\right)na, \end{aligned}$$

wo

$$F_0 = B_0 + B_{\frac{\mu}{2}},\quad F_1 = B_1 + B_{\frac{\mu}{2}-1},\quad \ldots\quad F_{\frac{\mu}{4}-1} = B_{\frac{\mu}{4}-1} + B_{\frac{\mu}{4}+1},\quad F_{\frac{\mu}{4}} = 2B_{\frac{\mu}{4}}$$

$$G_1 = C_1 - C_{\frac{\mu}{2}-1},\quad \ldots\quad G_{\frac{\mu}{4}-1} = C_{\frac{\mu}{4}-1} - C_{\frac{\mu}{4}+1}.$$

Bei der Anwendung auf die Berechnung der Pallasstörungen soll $\frac{\mu}{2} = m$ stets gerade angenommen werden, und aus diesem Grunde sollen auch nur die beiden Formeln 2 und 4 weiter entwickelt werden:

Betrachtet man zunächst den

Fall, wo n ungerade ist,

also die Formel 2, und setzt man dort $m-n$ statt n, so kommt

$$m\alpha_{m-n} = {}_{2}D_0 + D_1\cos\left(\frac{\mu}{2}-n\right)a + D_2\cos 2\left(\frac{\mu}{2}-n\right)a + \cdots + D_{\frac{\mu}{4}-1}\cos\left(\frac{\mu}{4}-1\right)\left(\frac{\mu}{2}-n\right)a$$

$$m\beta_{m-n} = E_1\sin\left(\frac{\mu}{2}-n\right)a + E_2\sin 2\left(\frac{\mu}{2}-n\right)a + \cdots + E_{\frac{\mu}{4}-1}\sin\left(\frac{\mu}{4}-1\right)\left(\frac{\mu}{2}-n\right)a$$
$$+ \tfrac{1}{2}E_{\frac{\mu}{4}}\sin\frac{\mu}{4}\left(\frac{\mu}{2}-n\right)a.$$

Da aber

$$\cos\left(\frac{\mu}{2}-n\right)a = -\cos na,\quad \cos 2\left(\frac{\mu}{2}-n\right)a = +\cos 2na,\ \ldots \cos\left(\frac{\mu}{4}-1\right)\left(\frac{\mu}{2}-n\right)a = \pm\cos\left(\frac{\mu}{4}-1\right)na$$

$$\sin\left(\frac{\mu}{2}-n\right)a = +\sin na,\quad \sin 2\left(\frac{\mu}{2}-n\right)a = -\sin 2na,\ \ldots\ldots\ldots\ldots\ldots\ldots$$

$$\sin\left(\frac{\mu}{4}-1\right)\left(\frac{\mu}{2}-n\right)a = \mp\sin\left(\frac{\mu}{4}-1\right)na,\quad \sin\frac{\mu}{4}\left(\frac{\mu}{2}-n\right)a = \pm\sin\frac{\mu}{4}na,$$

wo das obere oder untere Zeichen gilt, je nachdem $\frac{\mu}{4} = \frac{m}{2}$ ungerade oder gerade ist, so wird für $\frac{\mu}{4}$ ungerade:

$$5)\quad \begin{aligned}
\frac{m}{2}(\alpha_n + \alpha_{m-n}) &= \tfrac{1}{2}D_0 + D_2\cos 2na + D_4\cos 4na + \cdots + D_{\frac{\mu}{4}-1}\cos\left(\frac{\mu}{4}-1\right)na\\
\frac{m}{2}(\alpha_n - \alpha_{m-n}) &= D_1\cos na + D_3\cos 3na + \cdots + D_{\frac{\mu}{4}-2}\cos\left(\frac{\mu}{4}-2\right)na\\
\frac{m}{2}(\beta_n + \beta_{m-n}) &= E_1\sin na + E_3\sin 3na + \cdots + E_{\frac{\mu}{4}-2}\sin\left(\frac{\mu}{4}-2\right)na + \tfrac{1}{2}E_{\frac{\mu}{4}}\sin\frac{\mu}{4}na\\
\frac{m}{2}(\beta_n - \beta_{m-n}) &= E_2\sin 2na + E_4\sin 4na + \cdots + E_{\frac{\mu}{4}-1}\sin\left(\frac{\mu}{4}-1\right)na,
\end{aligned}$$

und für $\frac{\mu}{4}$ gerade:

$$6)\quad \begin{aligned}
\frac{m}{2}(\alpha_n + \alpha_{m-n}) &= \tfrac{1}{2}D_0 + D_2\cos 2na + D_4\cos 4na + \cdots + D_{\frac{\mu}{4}-2}\cos\left(\frac{\mu}{4}-2\right)na\\
\frac{m}{2}(\alpha_n - \alpha_{m-n}) &= D_1\cos na + D_3\cos 3na + \cdots + D_{\frac{\mu}{4}-1}\cos\left(\frac{\mu}{4}-1\right)na\\
\frac{m}{2}(\beta_n + \beta_{m-n}) &= E_1\sin na + E_3\sin 3na + \cdots + E_{\frac{\mu}{4}-1}\sin\left(\frac{\mu}{4}-1\right)na\\
\frac{m}{2}(\beta_n - \beta_{m-n}) &= E_2\sin 2na + E_4\sin 4na + \cdots + E_{\frac{\mu}{4}-2}\sin\left(\frac{\mu}{4}-2\right)na + \tfrac{1}{2}E_{\frac{\mu}{4}}\sin\frac{\mu}{4}na.
\end{aligned}$$

Für den Fall, dass n gerade ist,

hat man in der Gleichung 4:

$$\cos\frac{\mu}{2}na = \mp 1,\quad \cos\left(\frac{\mu}{4}-1\right)na = \mp\cos na \quad \text{etc.}$$

$$\sin\left(\frac{\mu}{4}-1\right)na = \pm\sin na \quad \text{etc.},$$

wo das obere oder untere Zeichen gilt, je nachdem $\frac{n}{2}$ ungerade oder gerade ist. Die Gleichungen 4 gehen also in die folgenden über:

Wenn sowohl $\frac{n}{2}$ wie $\frac{\mu}{4}$ ungerade ist:

$$
7)\quad
\begin{aligned}
m\alpha_n &= \tfrac{1}{2}H_0 + H_1\cos na + H_2\cos 2na + \cdots + H_{\frac{\mu}{8}-\frac{1}{2}}\cos\left(\frac{\mu}{8}-\tfrac{1}{2}\right)na\\
m\beta_n &= \qquad J_1\sin na + J_2\sin 2na + \cdots + J_{\frac{\mu}{8}-\frac{1}{2}}\sin\left(\frac{\mu}{8}-\tfrac{1}{2}\right)na,
\end{aligned}
$$

wo

$$
\begin{aligned}
H_0 = F_0 - F_{\frac{\mu}{4}},\quad H_1 &= F_1 - F_{\frac{\mu}{4}-1},\ \ldots\ H_{\frac{\mu}{8}-\frac{1}{2}} = F_{\frac{\mu}{8}-\frac{1}{2}} - F_{\frac{\mu}{8}+\frac{1}{2}}\\
J_1 &= G_1 + G_{\frac{\mu}{4}-1},\ \ldots\ J_{\frac{\mu}{8}-\frac{1}{2}} = G_{\frac{\mu}{8}-\frac{1}{2}} + G_{\frac{\mu}{8}+\frac{1}{2}};
\end{aligned}
$$

wenn $\frac{n}{2}$ ungerade und $\frac{\mu}{4}$ gerade ist:

$$
8)\quad
\begin{aligned}
m\alpha_n &= \tfrac{1}{2}H_0 + H_1\cos na + H_2\cos 2na + \cdots + H_{\frac{\mu}{8}-1}\cos\left(\frac{\mu}{8}-1\right)na\\
m\beta_n &= \qquad J_1\sin na + J_2\sin 2na + \cdots + J_{\frac{\mu}{8}-1}\sin\left(\frac{\mu}{8}-1\right)na + \tfrac{1}{2}J_{\frac{\mu}{8}}\sin\frac{\mu}{8}na,
\end{aligned}
$$

wo

$$
\begin{aligned}
H_0 = F_0 - F_{\frac{\mu}{4}},\quad H_1 &= F_1 - F_{\frac{\mu}{4}-1},\ \ldots\ H_{\frac{\mu}{8}-1} = F_{\frac{\mu}{8}-1} - F_{\frac{\mu}{8}+1}\\
J_1 &= G_1 + G_{\frac{\mu}{4}-1},\ \ldots\ J_{\frac{\mu}{8}-1} = G_{\frac{\mu}{8}-1} + G_{\frac{\mu}{8}+1},\quad J_{\frac{\mu}{8}} = 2G_{\frac{\mu}{8}};
\end{aligned}
$$

wenn $\frac{n}{2}$ gerade und $\frac{\mu}{4}$ ungerade ist:

$$
9)\quad
\begin{aligned}
m\alpha_n &= \tfrac{1}{2}K_0 + K_1\cos na + K_2\cos 2na + \cdots + K_{\frac{\mu}{8}-\frac{1}{2}}\cos\left(\frac{\mu}{8}-\tfrac{1}{2}\right)na\\
m\beta_n &= \qquad L_1\sin na + L_2\sin 2na + \cdots + L_{\frac{\mu}{8}-\frac{1}{2}}\sin\left(\frac{\mu}{8}-\tfrac{1}{2}\right)na,
\end{aligned}
$$

wo

$$
\begin{aligned}
K_0 = F_0 + F_{\frac{\mu}{4}},\quad K_1 &= F_1 + F_{\frac{\mu}{4}-1},\ \ldots\ K_{\frac{\mu}{8}-\frac{1}{2}} = F_{\frac{\mu}{8}-\frac{1}{2}} + F_{\frac{\mu}{8}+\frac{1}{2}}\\
L_1 &= G_1 - G_{\frac{\mu}{4}-1},\ \ldots\ L_{\frac{\mu}{8}-\frac{1}{2}} = G_{\frac{\mu}{8}-\frac{1}{2}} - G_{\frac{\mu}{8}+\frac{1}{2}};
\end{aligned}
$$

wenn $\frac{n}{2}$ und $\frac{\mu}{4}$ beide gerade sind:

$$
10)\quad
\begin{aligned}
m\alpha_n &= \tfrac{1}{2}K_0 + K_1\cos na + K_2\cos 2na + \cdots + K_{\frac{\mu}{8}-1}\cos\left(\frac{\mu}{8}-1\right)na + \tfrac{1}{2}K_{\frac{\mu}{8}}\cos\frac{\mu}{8}na\\
m\beta_n &= \qquad L_1\sin na + L_2\sin 2na + \cdots + L_{\frac{\mu}{8}-1}\sin\left(\frac{\mu}{8}-1\right)na,
\end{aligned}
$$

wo

$$
\begin{aligned}
K_0 = F_0 + F_{\frac{\mu}{4}},\quad K_1 &= F_1 + F_{\frac{\mu}{4}-1},\ \ldots\ K_{\frac{\mu}{8}-1} = F_{\frac{\mu}{8}-1} + F_{\frac{\mu}{8}+1},\quad K_{\frac{\mu}{8}} = 2F_{\frac{\mu}{8}}\\
L_1 &= G_1 - G_{\frac{\mu}{4}-1},\ \ldots\ L_{\frac{\mu}{8}-1} = G_{\frac{\mu}{8}-1} - G_{\frac{\mu}{8}+1}.
\end{aligned}
$$

Die Formeln 7, 8, 9 lassen sich nicht weiter in derselben Weise zusammenziehen; wohl aber die Formel 10, bei der $\frac{n}{2}$ als gerade vorausgesetzt wurde.

Es ist nemlich wieder:

$$
\begin{aligned}
\cos\frac{\mu}{8}na = \mp 1,\quad \cos\left(\frac{\mu}{8}-1\right)na &= \mp\cos na \quad \text{etc.}\\
\sin\left(\frac{\mu}{8}-1\right)na &= \pm\sin na \quad \text{etc.},
\end{aligned}
$$

wo das obere oder untere Zeichen gilt, je nachdem $\frac{n}{4}$ ungerade oder gerade ist. Hiemit wird, wenn $\frac{n}{4}$

und $\frac{\mu}{8}$ beide ungerade sind:

$$11)\quad \begin{aligned} m\alpha_n &= \tfrac{1}{2}M_0 + M_1\cos na + M_2\cos 2na + \cdots + M_{\frac{\mu}{16}-\frac{1}{2}}\cos\left(\frac{\mu}{16}-\tfrac{1}{2}\right)na \\ m\beta_n &= \qquad N_1\sin na + N_2\sin 2na + \cdots + N_{\frac{\mu}{16}-\frac{1}{2}}\sin\left(\frac{\mu}{16}-\tfrac{1}{2}\right)na, \end{aligned}$$

wo

$$M_0 = K_0 - K_{\frac{\mu}{8}},\quad M_1 = K_1 - K_{\frac{\mu}{8}-1},\ \ldots\ M_{\frac{\mu}{16}-\frac{1}{2}} = K_{\frac{\mu}{16}-\frac{1}{2}} - K_{\frac{\mu}{16}+\frac{1}{2}}$$
$$N_1 = L_1 + L_{\frac{\mu}{8}-1},\ \ldots\ N_{\frac{\mu}{16}-\frac{1}{2}} = L_{\frac{\mu}{16}-\frac{1}{2}} + L_{\frac{\mu}{16}+\frac{1}{2}};$$

wenn $\frac{n}{4}$ ungerade und $\frac{\mu}{8}$ gerade ist:

$$12)\quad \begin{aligned} m\alpha_n &= \tfrac{1}{2}M_0 + M_1\cos na + M_2\cos 2na + \cdots + M_{\frac{\mu}{16}-1}\cos\left(\frac{\mu}{16}-1\right)na \\ m\beta_n &= \qquad N_1\sin na + N_2\sin 2na + \cdots + N_{\frac{\mu}{16}-1}\sin\left(\frac{\mu}{16}-1\right)na + \tfrac{1}{2}N_{\frac{\mu}{16}}\sin\frac{\mu}{16}na, \end{aligned}$$

wo

$$M_0 = K_0 - K_{\frac{\mu}{8}},\quad M_1 = K_1 - K_{\frac{\mu}{8}-1},\ \ldots\ M_{\frac{\mu}{16}-1} = K_{\frac{\mu}{16}-1} - K_{\frac{\mu}{16}+1}$$
$$N_1 = L_1 + L_{\frac{\mu}{8}-1},\ \ldots\ N_{\frac{\mu}{16}-1} = L_{\frac{\mu}{16}-1} + L_{\frac{\mu}{16}+1},\quad N_{\frac{\mu}{16}} = 2L_{\frac{\mu}{16}};$$

wenn $\frac{n}{4}$ gerade und $\frac{\mu}{8}$ ungerade ist:

$$13)\quad \begin{aligned} m\alpha_n &= \tfrac{1}{2}P_0 + P_1\cos na + P_2\cos 2na + \cdots + P_{\frac{\mu}{16}-\frac{1}{2}}\cos\left(\frac{\mu}{16}-\tfrac{1}{2}\right)na \\ m\beta_n &= \qquad Q_1\sin na + Q_2\sin 2na + \cdots + Q_{\frac{\mu}{16}-\frac{1}{2}}\sin\left(\frac{\mu}{16}-\tfrac{1}{2}\right)na, \end{aligned}$$

wo

$$P_0 = K_0 + K_{\frac{\mu}{8}},\quad P_1 = K_1 + K_{\frac{\mu}{8}-1},\ \ldots\ P_{\frac{\mu}{16}-\frac{1}{2}} = K_{\frac{\mu}{16}-\frac{1}{2}} + K_{\frac{\mu}{16}+\frac{1}{2}}$$
$$Q_1 = L_1 - L_{\frac{\mu}{8}-1},\ \ldots\ Q_{\frac{\mu}{16}-\frac{1}{2}} = L_{\frac{\mu}{16}-\frac{1}{2}} - L_{\frac{\mu}{16}+\frac{1}{2}};$$

wenn $\frac{n}{4}$ und $\frac{\mu}{8}$ beide gerade sind:

$$14)\quad \begin{aligned} m\alpha_n &= \tfrac{1}{2}P_0 + P_1\cos na + P_2\cos 2na + \cdots + P_{\frac{\mu}{16}-1}\cos\left(\frac{\mu}{16}-1\right)na + \tfrac{1}{2}P_{\frac{\mu}{16}}\cos\frac{\mu}{16}na \\ m\beta_n &= \qquad Q_1\sin na + Q_2\sin 2na + \cdots + Q_{\frac{\mu}{16}-1}\sin\left(\frac{\mu}{16}-1\right)na, \end{aligned}$$

wo

$$P_0 = K_0 + K_{\frac{\mu}{8}},\quad P_1 = K_1 + K_{\frac{\mu}{8}-1},\ \ldots\ P_{\frac{\mu}{16}-1} = K_{\frac{\mu}{16}-1} + K_{\frac{\mu}{16}+1},\quad P_{\frac{\mu}{16}} = 2K_{\frac{\mu}{16}}$$
$$Q_1 = L_1 - L_{\frac{\mu}{8}-1},\ \ldots\ Q_{\frac{\mu}{16}-1} = L_{\frac{\mu}{16}-1} - L_{\frac{\mu}{16}+1}.$$

Es ist leicht zu übersehen, dass auch Formel 14 sich weiter transformiren lässt und das eingeschlagene Verfahren überhaupt beliebig weit fortgesetzt werden kann, je nach dem Werthe von μ; es soll indessen darauf verzichtet werden, hier noch weitere Transformationen auszuführen, nicht bloss weil sie ohne Weiteres einzusehen sind, sondern auch weil man für den hier vorliegenden Zweck nicht weiter zu gehen braucht.]

[3.]

[Die im vorstehenden Artikel abgeleiteten Formeln sollen nun für die bei der Berechnung der Pallasstörungen angewandten Fälle specialisirt werden, nemlich für $\mu = 12, 24, 48$, wobei fast überflüssig ist zu bemerken, dass man alle vorkommenden Winkel, welche grösser als 90° sind, durch solche aus dem ersten Quadranten sofort ersetzt.

Es soll zunächst die Specialisirung für $\mu = 48$ ausgeführt werden. Hier wird das grösste vorkommende Vielfache von a gleich $11a = 82^\circ 30'$ sein.

Man erhält mit Hülfe der Formeln 12 des vorigen Artikels:

1)
$$\begin{aligned}
24\alpha_4 &= \tfrac{1}{2}M_0 + M_1\cos 4a + M_2\cos 8a\\
24\beta_4 &= N_1\sin 4a + N_2\sin 8a + \tfrac{1}{2}N_3\\
24\alpha_{12} &= \tfrac{1}{2}M_0 - M_2\\
24\beta_{12} &= N_1 - \tfrac{1}{2}N_3\\
24\alpha_{20} &= \tfrac{1}{2}M_0 - M_1\cos 4a + M_2\cos 8a\\
24\beta_{20} &= N_1\sin 4a - N_2\sin 8a + \tfrac{1}{2}N_3.
\end{aligned}$$

Ferner aus den Formeln 14:

2)
$$\begin{aligned}
24\alpha_8 &= \tfrac{1}{2}(P_0 - P_3) + (P_1 - P_2)\cos 8a\\
24\beta_8 &= (Q_1 + Q_2)\sin 8a\\
24\alpha_{16} &= \tfrac{1}{2}(P_0 + P_3) - (P_1 + P_2)\cos 8a\\
24\beta_{16} &= (Q_1 - Q_2)\sin 8a,
\end{aligned}$$

denen man die beiden:

$$\begin{aligned}
48\alpha_0 &= \tfrac{1}{2}(P_0 + P_3) + (P_1 + P_2)\\
48\alpha_{24} &= \tfrac{1}{2}(P_0 - P_3) - (P_1 - P_2)
\end{aligned}$$

beifügen kann.

Ferner ergibt sich aus 8:

3)
$$\begin{aligned}
24\alpha_2 &= \tfrac{1}{2}H_0 + H_1\cos 2a + H_2\cos 4a + H_3\cos 6a + H_4\cos 8a + H_5\cos 10a\\
24\beta_2 &= J_1\sin 2a + J_2\sin 4a + J_3\sin 6a + J_4\sin 8a + J_5\sin 10a + \tfrac{1}{2}J_6\\
24\alpha_6 &= \tfrac{1}{2}H_0 - H_4 + (H_1 - H_3 - H_5)\cos 6a\\
24\beta_6 &= J_2 - \tfrac{1}{2}J_6 + (J_1 + J_3 - J_5)\sin 6a\\
24\alpha_{10} &= \tfrac{1}{2}H_0 + H_1\cos 10a - H_2\cos 4a - H_3\cos 6a + H_4\cos 8a + H_5\cos 2a\\
24\beta_{10} &= J_1\sin 10a + J_2\sin 4a - J_3\sin 6a - J_4\sin 8a + J_5\sin 2a + \tfrac{1}{2}J_6\\
24\alpha_{14} &= \tfrac{1}{2}H_0 - H_1\cos 10a - H_2\cos 4a + H_3\cos 6a + H_4\cos 8a - H_5\cos 2a\\
24\beta_{14} &= J_1\sin 10a - J_2\sin 4a - J_3\sin 6a + J_4\sin 8a + J_5\sin 2a - \tfrac{1}{2}J_6\\
24\alpha_{18} &= \tfrac{1}{2}H_0 - H_4 - (H_1 - H_3 - H_5)\cos 6a\\
24\beta_{18} &= -J_2 + \tfrac{1}{2}J_6 + (J_1 + J_3 - J_5)\sin 6a\\
24\alpha_{22} &= \tfrac{1}{2}H_0 - H_1\cos 2a + H_2\cos 4a - H_3\cos 6a + H_4\cos 8a - H_5\cos 10a\\
24\beta_{22} &= J_1\sin 2a - J_2\sin 4a + J_3\sin 6a - J_4\sin 8a + J_5\sin 10a - \tfrac{1}{2}J_6.
\end{aligned}$$

Endlich aus 6:

$$
4)\quad
\begin{aligned}
12(\alpha_1+\alpha_{23}) &= \tfrac{1}{2}D_0 + D_2\cos 2a + D_4\cos 4a + D_6\cos 6a + D_8\cos 8a + D_{10}\cos 10a \\
12(\beta_1-\beta_{23}) &= \phantom{\tfrac{1}{2}D_0 +{}} E_2\sin 2a + E_4\sin 4a + E_6\sin 6a + E_8\sin 8a + E_{10}\sin 10a + \tfrac{1}{2}E_{12} \\[4pt]
12(\alpha_3+\alpha_{21}) &= \tfrac{1}{2}D_0 - D_8 + (D_2 - D_6 - D_{10})\cos 6a \\
12(\beta_3-\beta_{21}) &= E_4 - \tfrac{1}{2}E_{12} + (E_2 + E_6 - E_{10})\sin 6a \\[4pt]
12(\alpha_5+\alpha_{19}) &= \tfrac{1}{2}D_0 + D_2\cos 10a - D_4\cos 4a - D_6\cos 6a + D_8\cos 8a + D_{10}\cos 2a \\
12(\beta_5-\beta_{19}) &= \phantom{\tfrac{1}{2}D_0 +{}} E_2\sin 10a + E_4\sin 4a - E_6\sin 6a - E_8\sin 8a + E_{10}\sin 2a + \tfrac{1}{2}E_{12} \\[4pt]
12(\alpha_7+\alpha_{17}) &= \tfrac{1}{2}D_0 - D_2\cos 10a - D_4\cos 4a + D_6\cos 6a + D_8\cos 8a - D_{10}\cos 2a \\
12(\beta_7-\beta_{17}) &= \phantom{\tfrac{1}{2}D_0 +{}} E_2\sin 10a - E_4\sin 4a - E_6\sin 6a + E_8\sin 8a + E_{10}\sin 2a - \tfrac{1}{2}E_{12} \\[4pt]
12(\alpha_9+\alpha_{15}) &= \tfrac{1}{2}D_0 - D_8 - (D_2 - D_6 - D_{10})\cos 6a \\
12(\beta_9-\beta_{15}) &= -E_4 + \tfrac{1}{2}E_{12} + (E_2 + E_6 - E_{10})\sin 6a \\[4pt]
12(\alpha_{11}+\alpha_{13}) &= \tfrac{1}{2}D_0 - D_2\cos 2a + D_4\cos 4a - D_6\cos 6a + D_8\cos 8a - D_{10}\cos 10a \\
12(\beta_{11}-\beta_{13}) &= \phantom{\tfrac{1}{2}D_0 +{}} E_2\sin 2a - E_4\sin 4a + E_6\sin 6a - E_8\sin 8a + E_{10}\sin 10a - \tfrac{1}{2}E_{12}
\end{aligned}
$$

und die übrigen, indem man theilweise nochmals ihre Summe resp. Differenz bildet:

$$
5)\quad
\begin{aligned}
12(\alpha_1+\alpha_7-\alpha_{17}-\alpha_{23}) &= (D_1+D_7)(\cos a + \cos 7a) + (D_5 - D_{11})(\cos 5a - \cos 11a) \\
12(\beta_1-\beta_7-\beta_{17}+\beta_{23}) &= (E_1-E_7)(\sin a - \sin 7a) + (E_5 + E_{11})(\sin 5a + \sin 11a) \\[4pt]
12(\alpha_1-\alpha_7+\alpha_{17}-\alpha_{23}) &= (D_1-D_7)(\cos a - \cos 7a) + (D_5 + D_{11})(\cos 5a + \cos 11a) + 2D_3\cos 3a + 2D_9\cos 9a \\
12(\beta_1+\beta_7+\beta_{17}+\beta_{23}) &= (E_1+E_7)(\sin a + \sin 7a) + (E_5 - E_{11})(\sin 5a - \sin 11a) + 2E_3\sin 3a + 2E_9\sin 9a \\[4pt]
12(\alpha_3-\alpha_{21}) &= (D_1 - D_7 - D_9)\cos 3a + (D_3 - D_5 - D_{11})\cos 9a \\
12(\beta_3+\beta_{21}) &= (E_1 + E_7 - E_9)\sin 3a + (E_3 + E_5 - E_{11})\sin 9a \\[4pt]
12(\alpha_5+\alpha_{11}-\alpha_{13}-\alpha_{19}) &= (D_1-D_7)(\cos 5a + \cos 11a) - (D_5 + D_{11})(\cos a - \cos 7a) - 2D_3\cos 9a + 2D_9\cos 3a \\
12(\beta_5-\beta_{11}-\beta_{13}+\beta_{19}) &= (E_1+E_7)(\sin 5a - \sin 11a) - (E_5 - E_{11})(\sin a + \sin 7a) + 2E_3\sin 9a - 2E_9\sin 3a \\[4pt]
12(\alpha_5-\alpha_{11}+\alpha_{13}-\alpha_{19}) &= (D_1+D_7)(\cos 5a - \cos 11a) - (D_5 - D_{11})(\cos a + \cos 7a) \\
12(\beta_5+\beta_{11}+\beta_{13}+\beta_{19}) &= (E_1-E_7)(\sin 5a + \sin 11a) - (E_5 + E_{11})(\sin a - \sin 7a) \\[4pt]
12(\alpha_9-\alpha_{15}) &= -(D_3 - D_5 - D_{11})\cos 3a + (D_1 - D_7 - D_9)\cos 9a \\
12(\beta_9+\beta_{15}) &= -(E_3 + E_5 - E_{11})\sin 3a + (E_1 + E_7 - E_9)\sin 9a.
\end{aligned}
$$

In allen diesen Gleichungen ist $a = 7^\circ 30'$, welcher Werth aber der grössern Übersichtlichkeit wegen nicht eingesetzt worden ist. Es lassen sich hienach sämmtliche Coefficienten berechnen; die Gleichungen können aber zur numerischen Rechnung noch, wie folgt, vereinfacht werden; es ist nemlich $\cos 2a = \tfrac{1}{4}(\sqrt{6}+\sqrt{2})$, $\cos 4a = \tfrac{1}{2}\sqrt{3}$, $\cos 6a = \tfrac{1}{2}\sqrt{2}$, $\cos 8a = \tfrac{1}{2}$, $\cos 10a = \tfrac{1}{4}(\sqrt{6}-\sqrt{2})$; setzt man diese Werthe und die entsprechenden für die Sinus ein, so wird aus 1:

$$
\text{I.}\quad
\begin{aligned}
\alpha_{12} &= \frac{M_0 - 2M_2}{48} & \beta_{12} &= \frac{2N_1 - N_3}{48} \\
\alpha_4 &= \frac{M_0 + M_2}{48} + \frac{M_1}{\sqrt{768}} & \beta_4 &= \frac{N_1 + N_3}{48} + \frac{N_2}{\sqrt{768}} \\
\alpha_{20} &= \frac{M_0 + M_2}{48} - \frac{M_1}{\sqrt{768}}. & \beta_{20} &= \frac{N_1 + N_3}{48} - \frac{N_2}{\sqrt{768}}.
\end{aligned}
$$

Ferner aus 2:

II.

$$\alpha^0 = \frac{P_0+P_3}{96} + \frac{P_1+P_2}{48}$$

$$\alpha_{16} = \frac{P_0+P_3}{48} - \frac{P_1+P_2}{48} \qquad \beta_{16} = \frac{Q_1-Q_2}{\sqrt{768}}$$

$$\alpha_8 = \frac{P_0-P_3}{48} + \frac{P_1-P_2}{48} \qquad \beta_8 = \frac{Q_1+Q_2}{\sqrt{768}}$$

$$\alpha_{24} = \frac{P_0-P_3}{96} - \frac{P_1-P_2}{48}.$$

Ferner aus 3:

$$\alpha_6 = \frac{H_0-2H_4}{48} + \frac{H_1-H_3-H_5}{\sqrt{1152}} \qquad \beta_6 = \frac{2J_2-J_6}{48} + \frac{J_1+J_3-J_5}{\sqrt{1152}}$$

$$\alpha_{18} = \frac{H_0-2H_4}{48} - \frac{H_1-H_3-H_5}{\sqrt{1152}} \qquad \beta_{18} = -\frac{2J_2-J_6}{48} + \frac{J_1+J_3-J_5}{\sqrt{1152}}$$

III.

$$\alpha_2 = \frac{H_0+H_4}{48} + \frac{H_2}{\sqrt{768}} + \frac{H_1+H_5}{\sqrt{1536}} + \frac{H_1-H_5+2H_3}{\sqrt{4608}} \qquad \beta_2 = \frac{J_2+J_6}{48} + \frac{J_4}{\sqrt{768}} + \frac{J_1+J_5}{\sqrt{1536}} - \frac{J_1-J_5-2J_3}{\sqrt{4608}}$$

$$\alpha_{10} = \frac{H_0+H_4}{48} - \frac{H_2}{\sqrt{768}} + \frac{H_1+H_5}{\sqrt{1536}} - \frac{H_1-H_5+2H_3}{\sqrt{4608}} \qquad \beta_{10} = \frac{J_2+J_6}{48} - \frac{J_4}{\sqrt{768}} + \frac{J_1+J_5}{\sqrt{1536}} + \frac{J_1-J_5-2J_3}{\sqrt{4608}}$$

$$\alpha_{14} = \frac{H_0+H_4}{48} - \frac{H_2}{\sqrt{768}} - \frac{H_1+H_5}{\sqrt{1536}} + \frac{H_1-H_5+2H_3}{\sqrt{4608}} \qquad \beta_{14} = -\frac{J_2+J_6}{48} + \frac{J_4}{\sqrt{768}} + \frac{J_1+J_5}{\sqrt{1536}} + \frac{J_1-J_5-2J_3}{\sqrt{4608}}$$

$$\alpha_{22} = \frac{H_0+H_4}{48} + \frac{H_2}{\sqrt{768}} - \frac{H_1+H_5}{\sqrt{1536}} - \frac{H_1-H_5+2H_3}{\sqrt{4608}} \qquad \beta_{22} = -\frac{J_2+J_6}{48} - \frac{J_4}{\sqrt{768}} + \frac{J_1+J_5}{\sqrt{1536}} - \frac{J_1-J_5-2J_3}{\sqrt{4608}}.$$

Weiter aus 4:

IV.

$$\tfrac{1}{2}(\alpha_3+\alpha_{21}) = \frac{D_0-2D_8}{48} + \frac{D_2-D_6-D_{10}}{\sqrt{1152}} \qquad \tfrac{1}{2}(\beta_3-\beta_{21}) = \frac{2E_4-E_{12}}{48} + \frac{E_2+E_6-E_{10}}{\sqrt{1152}}$$

$$\tfrac{1}{2}(\alpha_9+\alpha_{15}) = \frac{D_0-2D_8}{48} - \frac{D_2-D_6-D_{10}}{\sqrt{1152}} \qquad \tfrac{1}{2}(\beta_9-\beta_{15}) = -\frac{2E_4-E_{12}}{48} + \frac{E_2+E_6-E_{10}}{\sqrt{1152}}$$

$$\tfrac{1}{2}(\alpha_1+\alpha_{23}) = \frac{D_0+D_8}{48} + \frac{D_4}{\sqrt{768}} + \frac{D_2+D_{10}}{\sqrt{1536}} + \frac{D_2-D_{10}+2D_6}{\sqrt{4608}} \qquad \tfrac{1}{2}(\beta_1-\beta_{23}) = \frac{E_4+E_{12}}{48} + \frac{E_8}{\sqrt{768}} + \frac{E_2+E_{10}}{\sqrt{1536}} - \frac{E_2-E_{10}-2E_6}{\sqrt{4608}}$$

$$\tfrac{1}{2}(\alpha_7+\alpha_{17}) = \frac{D_0+D_8}{48} - \frac{D_4}{\sqrt{768}} - \frac{D_2+D_{10}}{\sqrt{1536}} + \frac{D_2-D_{10}+2D_6}{\sqrt{4608}} \qquad \tfrac{1}{2}(\beta_7-\beta_{17}) = -\frac{E_4+E_{12}}{48} + \frac{E_8}{\sqrt{768}} + \frac{E_2+E_{10}}{\sqrt{1536}} + \frac{E_2-E_{10}-2E_6}{\sqrt{4608}}$$

$$\tfrac{1}{2}(\alpha_5+\alpha_{19}) = \frac{D_0+D_8}{48} - \frac{D_4}{\sqrt{768}} + \frac{D_2+D_{10}}{\sqrt{1536}} - \frac{D_2-D_{10}+2D_6}{\sqrt{4608}} \qquad \tfrac{1}{2}(\beta_5-\beta_{19}) = \frac{E_4+E_{12}}{48} - \frac{E_8}{\sqrt{768}} + \frac{E_2+E_{10}}{\sqrt{1536}} + \frac{E_2-E_{10}-2E_6}{\sqrt{4608}}$$

$$\tfrac{1}{2}(\alpha_{11}+\alpha_{13}) = \frac{D_0+D_8}{48} + \frac{D_4}{\sqrt{768}} - \frac{D_2+D_{10}}{\sqrt{1536}} - \frac{D_2-D_{10}+2D_6}{\sqrt{4608}} \qquad \tfrac{1}{2}(\beta_{11}-\beta_{13}) = -\frac{E_4+E_{12}}{48} - \frac{E_8}{\sqrt{768}} + \frac{E_2+E_{10}}{\sqrt{1536}} - \frac{E_2-E_{10}-2E_6}{\sqrt{4608}}$$

Die Gleichungen 5 endlich lassen sich in folgender Weise auf eine für die numerische Rechnung geeignete Form bringen; es ist nemlich

$$\cos a + \cos 7a = \sqrt{3}\,.\cos 3a = \sqrt{3}\,.\cos 22^0 30' \qquad \sin a + \sin 7a = \sin 9a = \sin 67^0 30'$$

$$\cos a - \cos 7a = \cos 9a = \cos 67^0 30' \qquad \sin a - \sin 7a = -\sqrt{3}\,.\sin 3a = -\sqrt{3}\,.\sin 22^0 30'$$

$$\cos 5a + \cos 11a = \sin 9a = \sin 67^0 30' \qquad \sin 5a + \sin 11a = \sqrt{3}\,.\cos 3a = \sqrt{3}\,.\cos 22^0 30'$$

$$\cos 5a - \cos 11a = \sqrt{3}\,.\sin 3a = \sqrt{3}\,.\sin 22^0 30' \qquad \sin 5a - \sin 11a = -\cos 9a = -\cos 67^0 30'.$$

Setzt man also:

$$\begin{aligned} D_1 + D_7 &= a\cos A & -E_1 + E_7 &= a'\sin A' \\ D_5 - D_{11} &= a\sin A & E_5 + E_{11} &= a'\cos A' \\ D_1 - D_7 - D_9 &= b\cos B & E_1 + E_7 - E_9 &= b'\sin B' \\ D_3 - D_5 - D_{11} &= b\sin B & E_3 + E_5 - E_{11} &= b'\cos B' \\ D_1 - D_7 + 2D_9 &= c\cos C & E_1 + E_7 + 2E_9 &= c'\sin C' \\ 2D_3 + D_5 + D_{11} &= c\sin C & 2E_3 - E_5 + E_{11} &= c'\cos C', \end{aligned}$$

so überzeugt man sich leicht, dass die letztgenannten Formeln in die folgenden übergehen:

$$\begin{aligned} 24 \cdot \tfrac{1}{2}(\alpha_3 - \alpha_{21}) &= b\cos(22^\circ 30' - B) & 24 \cdot \tfrac{1}{2}(\beta_3 + \beta_{21}) &= b'\cos(B' - 22^\circ 30') \\ 24 \cdot \tfrac{1}{2}(\alpha_9 - \alpha_{15}) &= b\sin(22^\circ 30' - B) & 24 \cdot \tfrac{1}{2}(\beta_9 + \beta_{15}) &= b'\sin(B' - 22^\circ 30') \end{aligned}$$

V.
$$\begin{aligned} \sqrt{768} \cdot \tfrac{1}{4}(\alpha_1 + \alpha_7 - \alpha_{17} - \alpha_{23}) &= a\cos(22^\circ 30' - A) & \sqrt{768} \cdot \tfrac{1}{4}(\beta_1 - \beta_7 - \beta_{17} + \beta_{23}) &= a'\cos(22^\circ 30' - A') \\ \sqrt{768} \cdot \tfrac{1}{4}(\alpha_5 - \alpha_{11} + \alpha_{13} - \alpha_{19}) &= a\sin(22^\circ 30' - A) & \sqrt{768} \cdot \tfrac{1}{4}(\beta_5 + \beta_{11} + \beta_{13} + \beta_{19}) &= a'\sin(22^\circ 30' - A') \end{aligned}$$

$$\begin{aligned} 48 \cdot \tfrac{1}{4}(\alpha_1 - \alpha_7 + \alpha_{17} - \alpha_{23}) &= c\cos(67^\circ 30' - C) & 48 \cdot \tfrac{1}{4}(\beta_1 + \beta_7 + \beta_{17} + \beta_{23}) &= c'\cos(67^\circ 30' - C') \\ 48 \cdot \tfrac{1}{4}(\alpha_5 + \alpha_{11} - \alpha_{13} - \alpha_{19}) &= c\sin(67^\circ 30' - C) & 48 \cdot \tfrac{1}{4}(\beta_5 - \beta_{11} - \beta_{13} + \beta_{19}) &= c'\sin(67^\circ 30' - C'). \end{aligned}$$

Für $\mu = 24$, also $a = 15^\circ$, lassen sich in ganz analoger Weise die folgenden Formeln ableiten:

$$\begin{aligned} \alpha_6 &= \frac{H_0 - 2H_2}{24} & \beta_6 &= \frac{2J_1 - J_3}{24} \\ \alpha_2 &= \frac{H_0 + H_2}{24} + \frac{H_1}{\sqrt{192}} & \beta_2 &= \frac{J_1 + J_3}{24} + \frac{J_2}{\sqrt{192}} \\ \alpha_{10} &= \frac{H_0 + H_2}{24} - \frac{H_1}{\sqrt{192}} & \beta_{10} &= \frac{J_1 + J_3}{24} - \frac{J_2}{\sqrt{192}} \\ \alpha_0 &= \frac{P_0 + 2P_1}{48} & & \\ \alpha_4 &= \frac{M_0 + M_1}{24} & \beta_4 &= \frac{N_1}{\sqrt{192}} \\ \alpha_8 &= \frac{P_0 - P_1}{24} & \beta_8 &= \frac{Q_1}{\sqrt{192}} \\ \alpha_{12} &= \frac{M_0 - 2M_1}{48} & & \end{aligned}$$

$$\begin{aligned} \tfrac{1}{2}(\alpha_3 + \alpha_9) &= \frac{D_0 - 2D_4}{24} & \tfrac{1}{2}(\beta_3 - \beta_9) &= \frac{2E_2 - E_6}{24} \\ \tfrac{1}{2}(\alpha_3 - \alpha_9) &= \frac{D_1 - D_3 - D_5}{\sqrt{288}} & \tfrac{1}{2}(\beta_3 + \beta_9) &= \frac{E_1 + E_3 - E_5}{\sqrt{288}} \end{aligned}$$

$$\begin{aligned} \tfrac{1}{2}(\alpha_1 + \alpha_{11}) &= \frac{D_0 + D_4}{24} + \frac{D_2}{\sqrt{192}} & \tfrac{1}{2}(\beta_1 - \beta_{11}) &= \frac{E_2 + E_6}{24} + \frac{E_4}{\sqrt{192}} \\ \tfrac{1}{2}(\alpha_5 + \alpha_7) &= \frac{D_0 + D_4}{24} - \frac{D_2}{\sqrt{192}} & \tfrac{1}{2}(\beta_5 - \beta_7) &= \frac{E_2 + E_6}{24} - \frac{E_4}{\sqrt{192}} \\ \tfrac{1}{2}(\alpha_1 - \alpha_{11}) &= \frac{D_1 + D_5}{\sqrt{384}} + \frac{D_1 - D_5 + 2D_3}{\sqrt{1152}} & \tfrac{1}{2}(\beta_1 + \beta_{11}) &= \frac{E_1 + E_5}{\sqrt{384}} - \frac{E_1 - E_5 - 2E_3}{\sqrt{1152}} \\ \tfrac{1}{2}(\alpha_5 - \alpha_7) &= \frac{D_1 + D_5}{\sqrt{384}} - \frac{D_1 - D_5 + 2D_3}{\sqrt{1152}} & \tfrac{1}{2}(\beta_5 + \beta_7) &= \frac{E_1 + E_5}{\sqrt{384}} + \frac{E_1 - E_5 - 2E_3}{\sqrt{1152}}. \end{aligned}$$

Für $\mu = 12$, also $a = 30^\circ$, endlich wird:

$$\alpha_2 = \frac{H_0 + H_1}{12} \qquad \beta_2 = \frac{J_1}{\sqrt{48}}$$

$$\alpha_6 = \frac{H_0 - 2H_1}{24}$$

$$\alpha_4 = \frac{K_0 - K_1}{12} \qquad \beta_4 = \frac{L_1}{\sqrt{48}}$$

$$\alpha_0 = \frac{K_0 + 2K_1}{24}$$

$$\alpha_3 = \frac{D_0 - 2D_2}{12} \qquad \beta_3 = \frac{2E_1 - E_3}{12}$$

$$\tfrac{1}{2}(\alpha_1 + \alpha_5) = \frac{D_0 + D_2}{12} \qquad \tfrac{1}{2}(\beta_1 + \beta_5) = \frac{E_1 + E_3}{12}$$

$$\tfrac{1}{2}(\alpha_1 - \alpha_5) = \frac{D_1}{\sqrt{48}} \qquad \tfrac{1}{2}(\beta_1 - \beta_5) = \frac{E_2}{\sqrt{48}}.]$$

[4.]

[Die Rechnungsvorschriften des vorigen Artikels sollen durch ein Beispiel erläutert werden, wobei $\mu = 48$, und die Werthe der $A_0, A_1, A_2. \ldots A_{\mu-1}$ vorgegeben seien.]

Bestimmung der Coefficienten einer periodischen Function aus 48 Werthen derselben.

Die Function ist das T bei den Störungen der Pallas durch Jupiter

Mittlere Anomalie der Pallas $= 270^\circ$.

$A_0 = +8,589$	$A_1 = +10,595$	$A_2 = +12,182$	$A_3 = +13,009$	$A_4 = +12,524$	$A_5 = +\ 9,838$	$A_6 = +\ 3,448$
	$A_{47} = +\ 6,401$	$A_{46} = +\ 4,110$	$A_{45} = +\ 1,877$	$A_{44} = -\ 0,255$	$A_{43} = -\ 2,241$	$A_{42} = -\ 4,051$
	$A_7 = -\ 8,908$	$A_8 = -30,028$	$A_9 = -60,693$	$A_{10} = -92,504$	$A_{11} = -105,044$	$A_{12} = -86,954$
	$A_{41} = -\ 5,665$	$A_{40} = -\ 7,066$	$A_{39} = -\ 8,245$	$A_{38} = -\ 9,195$	$A_{37} = -\ 9,910$	$A_{36} = -10,388$
	$A_{13} = -53,580$	$A_{14} = -24,130$	$A_{15} = -\ 4,733$	$A_{16} = +\ 6,187$	$A_{17} = +\ 11,526$	$A_{18} = +13,464$
	$A_{35} = -10,623$	$A_{34} = -10,612$	$A_{33} = -10,342$	$A_{32} = -\ 9,838$	$A_{31} = -\ 9,070$	$A_{30} = -\ 8,047$
	$A_{19} = +13,381$	$A_{20} = +12,114$	$A_{21} = +10,177$	$A_{22} = +\ 7,891$	$A_{23} = +\ 5,465$	$A_{24} = +\ 3,036$
	$A_{29} = -\ 6,770$	$A_{28} = -\ 5,243$	$A_{27} = -\ 3,476$	$A_{26} = -\ 1,487$	$A_{25} = +\ 0,698$	

Die Cosinus (2 fach):

$B_0 = +17,178$	$B_1 = +16,996$	$B_2 = +16,292$	$B_3 = +14,886$	$B_4 = +\ 12,269$	$B_5 = +\ 7,597$	$B_6 = -\ 0,603$
$B_{24} = +\ 6,072$	$B_{23} = +\ 6,163$	$B_{22} = +\ 6,404$	$B_{21} = +\ 6,701$	$B_{20} = +\ 6,871$	$B_{19} = +\ 6,611$	$B_{18} = +\ 5,417$
	$B_7 = -14,573$	$B_8 = -37,094$	$B_9 = -68,938$	$B_{10} = -101,699$	$B_{11} = -114,954$	$B_{12} = -97,342$
	$B_{17} = +\ 2,456$	$B_{16} = -\ 3,651$	$B_{15} = -15,075$	$B_{14} = -\ 34,742$	$B_{13} = -\ 64,203$	

Die Cosinus 2 (4 fach):

$F_0 = +\ 23,250$	$F_1 = +\ 23,159$	$F_2 = +\ 22,696$	$F_3 = +21,587$	$F_4 = +19,140$	$F_5 = +14,208$	$F_6 = +4,814$
$F_{12} = -194,684$	$F_{11} = -179,157$	$F_{10} = -136,441$	$F_9 = -84,013$	$F_8 = -40,745$	$F_7 = -12,117$	

Die Cosinus 4 (8 fach):

$K_0 = -171{,}434$	$K_1 = -155{,}998$	$K_2 = -113{,}745$	$K_3 = -62{,}426$
$K_6 = +\ 9{,}628$	$K_5 = +\ 2{,}091$	$K_4 = -\ 21{,}605$	

Die ungeraden Cosinus 4 (16 fach):

$M_0 = -181{,}062 \qquad M_1 = -158{,}089 \qquad M_2 = -92{,}140$

$M_0 - 2M_2 = +3{,}218$	$M_1 \ldots\ldots 2{,}19890_n$	$M_0 + M_2 = -273{,}202$
Dividirt mit 48:	$\sqrt{768} \ldots\ldots 1{,}44268$	Dividirt mit 48: $-5{,}6917$
$\alpha_{12} = +0{,}067$	$0{,}75622_n \ldots\ldots$	Zahl $= -5{,}7045$
		$\alpha_4 = -11{,}396$
		$\alpha_{20} = +\ 0{,}013.$

Die Cosinus 8 (16 fach):

$P_0 = -161{,}806 \qquad P_1 = -153{,}907 \qquad P_2 = -135{,}350 \qquad P_3 = -124{,}852$

$P_0 + P_3 = -286{,}658$	$P_0 - P_3 = -36{,}954$
$P_1 + P_2 = -289{,}257$	$P_1 - P_2 = -18{,}557$
$2(P_1 + P_2) = -578{,}514$	$P_0 - P_3 + P_1 - P_2 = -55{,}511$
$P_0 + P_3 + 2(P_1 + P_2) = -865{,}172$	$P_0 - P_3 - 2(P_1 - P_2) = +\ 0{,}160$
$P_0 + P_3 - (P_1 + P_2) = +\ 2{,}599$	
Dividirt mit 96 und 48:	Dividirt mit 48 und 96:
$\alpha_0 = -\ 9{,}012$	$\alpha_8 = -\ 1{,}157$
$\alpha_{16} = +\ 0{,}054$	$\alpha_{24} = +\ 0{,}002.$

Die ungeraden Cosinus 2 (8 fach):

$H_0 = +217{,}934 \quad H_1 = +202{,}316 \quad H_2 = +159{,}137 \quad H_3 = +105{,}600 \quad H_4 = +59{,}885 \quad H_5 = +26{,}325$

$H_1 - H_3 - H_5 \ldots\ldots 1{,}84752$	$H_2 \ldots\ldots 2{,}20177$	$\frac{H_0 + H_4}{48} = +5{,}7879$
$\sqrt{1152} \ldots\ldots 1{,}53073$	$\sqrt{768} \ldots\ldots 1{,}44268$	$(*) = +5{,}7424$
$0{,}31679$	$(*) \ldots\ldots 0{,}75909$	$(**) = +5{,}8339$
Zahl $= +2{,}0739$	$H_1 + H_5 \ldots\ldots 2{,}35916$	$(***) = +5{,}7039$
$\frac{H_0 - 2H_4}{48} = +2{,}0451$	$\sqrt{1536} \ldots\ldots 1{,}59320$	$\alpha_2 = +23{,}068$
$\alpha_6 = +4{,}119$	$(**) \ldots\ldots 0{,}76596$	$\alpha_{10} = +\ 0{,}176$
$\alpha_{18} = -0{,}029$	$(H_1 - H_5 + 2H_3) \ldots\ldots 2{,}58793$	$\alpha_{14} = -\ 0{,}084$
	$\sqrt{4608} \ldots\ldots 1{,}83176$	$\alpha_{22} = -\ 0{,}007.$
	$(***) \ldots\ldots 0{,}75617$	

Die ungeraden Cosinus selbst (4 fach):

$D_0 = +11{,}106 \quad D_2 = +9{,}888 \quad D_4 = +5{,}398 \quad D_6 = -6{,}020 \quad D_8 = -33{,}443 \quad D_{10} = -66{,}957$

$D_2 - D_6 - D_{10}$ 1,91837	D_4 0,73223	$\frac{D_0 + D_8}{48} = -0,4654$
$\sqrt{1152}$ 1,53073	$\sqrt{768}$ 1,44268	$(*) = +0,1948$
0,38764	$(*)$ 9,28955	$(**) = -1,4561$
Zahl $= +2,4414$		$(***) = +0,9547$
$\frac{D_0 - 2D_8}{48} = +1,6248$	$(D_2 + D_{10})$ .... $1,75640_n$	$\frac{1}{2}(\alpha_1 + \alpha_{23}) = -0,772$
	$\sqrt{1536}$ 1,59320	$\frac{1}{2}(\alpha_{11} + \alpha_{13}) = +0,231$
$\frac{1}{2}(\alpha_3 + \alpha_{21}) = +4,066$	$(**)$ .... $0,16320_n$	$\frac{1}{2}(\alpha_5 + \alpha_{19}) = -3,071$
$\frac{1}{2}(\alpha_9 + \alpha_{15}) = -0,817$		$\frac{1}{2}(\alpha_7 + \alpha_{17}) = +1,751.$
	$(D_2 - D_{10} + 2D_6)$ .. 1,81161	
	$\sqrt{4608}$ 1,83176	
	$(***)$ 9,97985	

Die übrigen hingegen auf folgende Art:

$D_1 = +10,833 \quad D_3 = +8,185 \quad D_5 = +0,986 \quad D_7 = -17,029 \quad D_9 = -53,863 \quad D_{11} = -50,751$

$a \cos A$ ..... $0,79211_n$	$b \cos B$ 1,91236	$c \cos C$ ..... $1,90235_n$
$a \sin A$ 1,71380	$b \sin B$ 1,76305	$c \sin C$ ..... $1,52368_n$
$A = -83^\circ 10' 15''$	$B = 35^\circ 20' 22''$	$C = 22^\circ 41' 32''$
a .... $1,71690_n$	b 2,00081	c .... $1,93734_n$
$\sqrt{768}$ 1,44268	24 1,38021	48 1,68124
$22^\circ 30' - A = 105^\circ 40' 15''$	$22^\circ 30' - B = -12^\circ 50' 22''$	$67^\circ 30' - C = 44^\circ 48' 28''$
cos .... $9,43154_n$	cos 9,98900	cos 9,85094
sin 9,98355	sin .... $9,34678_n$	sin 9,84802
$\frac{a}{\sqrt{768}}$ ...... $0,27422_n$	$\frac{b}{24}$ 0,62060	$\frac{c}{48}$ 1,68124
$\frac{1}{4}(\alpha_1 + \alpha_7 - \alpha_{17} - \alpha_{23}) = +0,508$	$\frac{1}{2}(\alpha_3 - \alpha_{21}) = +4,070$	$\frac{1}{4}(\alpha_1 - \alpha_7 + \alpha_{17} - \alpha_{23}) = -1,280$
$\frac{1}{4}(\alpha_5 - \alpha_{11} + \alpha_{13} - \alpha_{19}) = -1,810$	$\frac{1}{2}(\alpha_9 - \alpha_{15}) = -0,928$	$\frac{1}{4}(\alpha_5 + \alpha_{11} - \alpha_{13} - \alpha_{19}) = -1,271.$

Also:

$\frac{1}{2}(\alpha_1 - \alpha_{23}) = -0,772 \qquad \frac{1}{2}(\alpha_7 - \alpha_{17}) = +1,787$

$\frac{1}{2}(\alpha_5 - \alpha_{19}) = -3,081 \qquad \frac{1}{2}(\alpha_{11} - \alpha_{13}) = +0,540$

und endlich:

$\alpha_1 = -1,544$	$\alpha_3 = +8,136$	$\alpha_5 = -6,152$
$\alpha_7 = +3,538$	$\alpha_9 = -1,744$	$\alpha_{11} = +0,770$
$\alpha_{13} = -0,309$	$\alpha_{15} = +0,111$	$\alpha_{17} = -0,037$
$\alpha_{19} = +0,010$	$\alpha_{21} = -0,004$	$\alpha_{23} = -0,000.$

Die Sinus (2 fach):

$C_1 = +4,194$	$C_2 = +8,072$	$C_3 = +11,132$	$C_4 = +12,779$	$C_5 = +12,079$	$C_6 = +7,499$
$C_{23} = +4,767$	$C_{22} = +9,378$	$C_{21} = +13,653$	$C_{20} = +17,357$	$C_{19} = +20,151$	$C_{18} = +21,511$
$C_7 = -3,243$	$C_8 = -22,962$	$C_9 = -52,448$	$C_{10} = -83,309$	$C_{11} = -95,134$	$C_{12} = -76,566$
$C_{17} = +20,596$	$C_{16} = +16,025$	$C_{15} = +5,609$	$C_{14} = -13,518$	$C_{13} = -42,957$	

Die Sinus 2 (4 fach):

$G_1 = -0,573$	$G_2 = -1,306$	$G_3 = -2,521$	$G_4 = -4,578$	$G_5 = -8,072$	$G_6 = -14,012$
$G_{11} = -52,177$	$G_{10} = -69,791$	$G_9 = -58,057$	$G_8 = -38,987$	$G_7 = -23,839$	

Die Sinus 4 (8 fach):

$$L_1 = +51{,}604 \mid L_2 = +68{,}485 \mid L_3 = +55{,}536$$
$$L_5 = +15{,}767 \mid L_4 = +34{,}409 \mid$$

Die ungeraden Sinus 4:

$$N_1 = +67{,}371 \qquad N_2 = +102{,}894 \qquad N_3 = +111{,}072$$

$2N_1 - N_3 = +23{,}670$	$N_2 \dots\dots 2{,}01239$	$N_1 + N_3 = +178{,}443$
$\beta_{12} = +0{,}493$	$\sqrt{768} \dots\dots 1{,}44268$	Dividirt mit 48: $+$ 3,718
	$0{,}56971 \dots\dots$ Zahl $= +$ 3,713
		$\beta_4 = +$ 7,431
		$\beta_{20} = +$ 0,005.

Die Sinus 8 (16 fach):

$$Q_1 = +35{,}837 \qquad Q_1 + Q_2 \dots 1{,}84456$$
$$Q_2 = +34{,}076 \qquad Q_1 - Q_2 \dots 0{,}24576$$
$$\sqrt{768} \dots\dots 1{,}44268$$
$$\beta_8 = +2{,}523$$
$$\beta_{16} = +0{,}064.$$

Die ungeraden Sinus 2:

$$J_1 = -52{,}750 \quad J_2 = -71{,}097 \quad J_3 = -60{,}578 \quad J_4 = -43{,}565 \quad J_5 = -31{,}911 \quad J_6 = -28{,}024$$

$J_1 + J_3 - J_5 \dots\dots 1{,}91072_n$	$J_4 \dots\dots 1{,}63914_n$	$\dfrac{J_2 + J_6}{48} = -2{,}065$
$\sqrt{1152} \dots\dots 1{,}53073$	$\sqrt{768} \dots\dots 1{,}44268$	(*) $= -1{,}572$
$0{,}37999_n$	(*) $\dots\dots 0{,}19646_n$	(**) $= -2{,}160$
Zahl $= -2{,}399$		(***) $= +1{,}478$
$\dfrac{2J_2 - J_6}{48} = -2{,}379$	$J_1 + J_5 \dots\dots 1{,}92768_n$	$\beta_2 = -7{,}275$
	$\sqrt{1536} \dots\dots 1{,}59320$	$\beta_{10} = -1{,}175$
$\beta_6 = -4{,}778$	(**) $\dots\dots 0{,}33448_n$	$\beta_{14} = -0{,}189$
$\beta_{18} = -0{,}020$		$\beta_{22} = -0{,}001.$
	$J_1 - J_5 - 2J_3 \dots\dots 2{,}00137$	
	$\sqrt{4608} \dots\dots 1{,}83176$	
	(***) $\dots\dots 0{,}16961$	

Die ungeraden Sinus selbst:

Die 2. 4. 6. 8. 10. 12 wie die ungeraden Sinus 2:

$$E_2 = +17{,}450 \quad E_4 = +30{,}136 \quad E_6 = +29{,}010 \quad E_8 = -6{,}937 \quad E_{10} = -96{,}827 \quad E_{12} = -153{,}132$$

$E_2 + E_6 - E_{10} \dots 2{,}15621$	$E_8 \dots\dots 0{,}84117_n$	$\dfrac{E_4 + E_{12}}{48} = -2{,}562$
$\sqrt{1152} \dots\dots 1{,}53073$	$\sqrt{768} \dots\dots 1{,}44268$	(*) $= -0{,}250$
$0{,}62548$	(*) $\dots\dots 9{,}39849_n$	(**) $= -2{,}025$
Zahl $= +4{,}222$		(***) $= +0{,}829$
$\dfrac{2E_4 - E_{12}}{48} = +4{,}446$	$E_2 + E_{10} \dots\dots 1{,}89970_n$	$\tfrac{1}{2}(\beta_1 - \beta_{23}) = -5{,}666$
	$\sqrt{1536} \dots\dots 1{,}59320$	$\tfrac{1}{2}(\beta_7 - \beta_{17}) = +1{,}116$
$\tfrac{1}{2}(\beta_3 - \beta_{21}) = +8{,}668$	(**) $\dots\dots 0{,}30650_n$	$\tfrac{1}{2}(\beta_5 - \beta_{19}) = -3{,}508$
$\tfrac{1}{2}(\beta_9 - \beta_{15}) = -0{,}224$		$\tfrac{1}{2}(\beta_{11} - \beta_{13}) = -0{,}042.$
	$E_2 - E_{10} - 2E_6 \dots 1{,}75018$	
	$\sqrt{4608} \dots\dots 1{,}83176$	
	(***) $\dots\dots 9{,}91842$	

1. 3. 5. 7. 9. 11 auf folgende Art:

$E_1 = +8{,}961 \quad E_3 = +24{,}785 \quad E_5 = +32{,}230 \quad E_7 = +17{,}353 \quad E_9 = -46{,}839 \quad E_{11} = -138{,}091$

$a'\sin A'$ .... $0{,}92387$	$b'\sin B'$ .... $1{,}86423$	$c'\sin C'$ .... $1{,}82843_n$
$a'\cos A'$ .... $2{,}02474_n$	$b'\cos B'$ .... $2{,}29027$	$c'\cos C'$ .... $2{,}08189_n$
$A' = -4^0 31' 57''$	$B' = 20^0 33' 11''$	$C' = 29^0 9' 22''$
a' .... $2{,}02610_n$	b' .... $2{,}31883$	c' .... $2{,}14073_n$
$\sqrt{768}$ .... $1{,}44268$	24 .... $1{,}38021$	48 .... $1{,}68124$
$22^0 30' - A' = 27^0 1' 57''$	$B' - 22^0 30' = -1^0 56' 49''$	$67^0 30' - C' = 38^0 20' 38''$
cos .... $9{,}94975$	cos .... $9{,}99975$	cos .... $9{,}89449$
sin .... $9{,}65753$	sin .... $8{,}53116_n$	sin .... $9{,}79266$
$\frac{a'}{\sqrt{768}}$ .... $0{,}58342_n$	$\frac{b'}{24}$ .... $0{,}93862$	$\frac{c'}{48}$ .... $0{,}45949_n$

$\frac{1}{4}(\beta_1 - \beta_7 - \beta_{17} + \beta_{23}) = -3{,}413 \qquad \frac{1}{2}(\beta_3 + \beta_{21}) = +8{,}677 \qquad \frac{1}{4}(\beta_1 + \beta_7 + \beta_{17} + \beta_{23}) = -2{,}259$

$\frac{1}{4}(\beta_5 + \beta_{11} + \beta_{13} + \beta_{19}) = -1{,}742 \qquad \frac{1}{2}(\beta_9 + \beta_{15}) = -0{,}295 \qquad \frac{1}{4}(\beta_5 - \beta_{11} - \beta_{13} + \beta_{19}) = -1{,}787.$

Also:

$$\frac{1}{2}(\beta_1 + \beta_{23}) = -5{,}672 \qquad \frac{1}{2}(\beta_7 + \beta_{17}) = +1{,}154$$

$$\frac{1}{2}(\beta_5 + \beta_{19}) = -3{,}529 \qquad \frac{1}{2}(\beta_{11} + \beta_{13}) = +0{,}045$$

und endlich:

$$\beta_1 = -11{,}338 \qquad \beta_3 = +17{,}345 \qquad \beta_5 = -7{,}037$$

$$\beta_7 = +\ 2{,}270 \qquad \beta_9 = -\ 0{,}519 \qquad \beta_{11} = +0{,}003$$

$$\beta_{13} = +\ 0{,}087 \qquad \beta_{15} = -\ 0{,}071 \qquad \beta_{17} = +0{,}038$$

$$\beta_{19} = -\ 0{,}021 \qquad \beta_{21} = +\ 0{,}009 \qquad \beta_{23} = -0{,}006.$$

Das ganze Resultat ist also:

$-\ 9{,}012$			
$-\ 1{,}544 \cos 1$	$-11{,}338 \sin 1$	$-0{,}309 \cos 13$	$+0{,}087 \sin 13$
$+23{,}068 \cos 2$	$-\ 7{,}275 \sin 2$	$-0{,}084 \cos 14$	$-0{,}189 \sin 14$
$+\ 8{,}136 \cos 3$	$+17{,}345 \sin 3$	$+0{,}111 \cos 15$	$-0{,}071 \sin 15$
$-11{,}396 \cos 4$	$+\ 7{,}431 \sin 4$	$+0{,}054 \cos 16$	$+0{,}064 \sin 16$
$-\ 6{,}152 \cos 5$	$-\ 7{,}037 \sin 5$	$-0{,}037 \cos 17$	$+0{,}038 \sin 17$
$+\ 4{,}119 \cos 6$	$-\ 4{,}778 \sin 6$	$-0{,}029 \cos 18$	$-0{,}020 \sin 18$
$+\ 3{,}538 \cos 7$	$+\ 2{,}270 \sin 7$	$+0{,}010 \cos 19$	$-0{,}021 \sin 19$
$-\ 1{,}157 \cos 8$	$+\ 2{,}523 \sin 8$	$+0{,}013 \cos 20$	$+0{,}005 \sin 20$
$-\ 1{,}744 \cos 9$	$-\ 0{,}519 \sin 9$	$-0{,}004 \cos 21$	$+0{,}009 \sin 21$
$+\ 0{,}176 \cos 10$	$-\ 1{,}175 \sin 10$	$-0{,}007 \cos 22$	$-0{,}001 \sin 22$
$+\ 0{,}770 \cos 11$	$+\ 0{,}003 \sin 11$	$-0{,}000 \cos 23$	$-0{,}006 \sin 23$
$+\ 0{,}067 \cos 12$	$+\ 0{,}493 \sin 12$	$+0{,}002 \cos 24.$	

[5.]

[Handelt es sich darum, eine Function zweier Argumente von der Form

$$
1)\quad \begin{aligned}
T = {} & \gamma_{0,0}+\gamma_{1,0}\cos x+\gamma_{2,0}\cos 2x+\cdots \\
& +\delta_{1,0}\sin x+\delta_{2,0}\sin 2x+\cdots \\
& +\gamma_{0,1}\cos y+\gamma_{1,1}\cos(x+y)+\gamma_{2,1}\cos(2x+y)+\cdots \\
& +\delta_{0,1}\sin y+\delta_{1,1}\sin(x+y)+\delta_{2,1}\sin(2x+y)+\cdots \\
& \qquad +\varepsilon_{1,1}\cos(x-y)+\varepsilon_{2,1}\cos(2x-y)+\cdots \\
& \qquad +\zeta_{1,1}\sin(x-y)+\zeta_{2,1}\sin(2x-y)+\cdots \\
& +\gamma_{0,2}\cos 2y+\gamma_{1,2}\cos(x+2y)+\gamma_{2,2}\cos(2x+2y)+\cdots \\
& +\delta_{0,2}\sin 2y+\delta_{1,2}\sin(x+2y)+\delta_{2,2}\sin(2x+2y)+\cdots \\
& \qquad +\varepsilon_{1,2}\cos(x-2y)+\varepsilon_{2,2}\cos(2x-2y)+\cdots \\
& \qquad +\zeta_{1,2}\sin(x-2y)+\zeta_{2,2}\sin(2x-2y)+\cdots \\
& +\cdots\cdots\cdots\cdots\cdots\cdots\cdots\cdots
\end{aligned}
$$

zu entwickeln, so kann man ebenfalls das in den vorigen Artikeln auseinandergesetzte Verfahren anwenden. Man kann die Function T in folgender Form schreiben:

$$
2)\quad \begin{aligned}
T = {} & \alpha_0+\alpha_1\cos x+\alpha_2\cos 2x+\cdots \\
& +\beta_1\sin x+\beta_2\sin 2x+\cdots
\end{aligned}
$$

wo die α_0, α_1, $\alpha_2 \ldots \beta_1$, $\beta_2 \ldots$ Functionen von y allein sind, welche sich wieder in der Form

$$
3)\quad \begin{aligned}
\alpha_0 &= p_{0,0}+p_{0,1}\cos y+p_{0,2}\cos 2y+\cdots \\
& \quad +q_{0,1}\sin y+q_{0,2}\sin 2y+\cdots \\
\alpha_1 &= p_{1,0}+p_{1,1}\cos y+p_{1,2}\cos 2y+\cdots \\
& \quad +q_{1,1}\sin y+q_{1,2}\sin 2y+\cdots \\
& \text{etc.} \\
\beta_1 &= r_{1,0}+r_{1,1}\cos y+r_{1,2}\cos 2y+\cdots \\
& \quad +s_{1,1}\sin y+s_{1,2}\sin 2y+\cdots \\
& \text{etc.}
\end{aligned}
$$

darstellen lassen; die $p_{0,0}$, $p_{0,1}$, $\ldots q_{0,1}$, $q_{0,2}$, $\ldots r_{1,0}$, $r_{1,1}$, $\ldots s_{1,1}$, $s_{1,2}$, $\ldots$ sind constante Coefficienten.

Es seien nun für die Werthe $x = 0, a, 2a, \ldots (\mu-1)a$ und $y = 0, a', 2a', \ldots (\nu-1)a'$ die zugehörigen Werthe der Function T gegeben, und zwar sei $T = A_{0,0}$ für $x = 0$, $y = 0$; $T = A_{1,0}$ für $x = a$, $y = 0$; $T = A_{2,0}$ für $x = 2a$, $y = 0$; $\ldots$ $T = A_{0,1}$ für $x = 0$, $y = a'$; $\ldots$ $T = A_{\mu-1,\nu-1}$ für $x = (\mu-1)a$, $y = (\nu-1)a'$; es seien also im Ganzen $\mu\nu$ Werthe von T gegeben; den vorigen Artikeln entsprechend soll auch hier vorausgesetzt werden, dass $\mu a = \nu a' = 360^0$ ist, und dass sowohl μ wie ν eine gerade Zahl ist. Man bezeichne mit T_0 den Werth, den T annimmt, wenn $y = 0$ ist, mit T_1 den Werth von T für $y = a'$, mit T_2 den für $y = 2a'$, $\ldots$ mit $T_{\nu-1}$ den für $y = (\nu-1)a'$, so dass also T_0, T_1 etc. Functionen von x allein sind, die sich auch wieder in der Form

$$
4)\quad
\begin{aligned}
T_0 &= \alpha_{0,0} + \alpha_{1,0}\cos x + \alpha_{2,0}\cos 2x + \cdots \\
&\quad + \beta_{1,0}\sin x + \beta_{2,0}\sin 2x + \cdots \\
T_1 &= \alpha_{0,1} + \alpha_{1,1}\cos x + \alpha_{2,1}\cos 2x + \cdots \\
&\quad + \beta_{1,1}\sin x + \beta_{2,1}\sin 2x + \cdots \\
&\cdots\cdots\cdots\cdots\cdots\cdots\cdots\cdots \\
T_{\nu-1} &= \alpha_{0,\nu-1} + \alpha_{1,\nu-1}\cos x + \alpha_{2,\nu-1}\cos 2x + \cdots \\
&\quad + \beta_{1,\nu-1}\sin x + \beta_{2,\nu-1}\sin 2x + \cdots
\end{aligned}
$$

darstellen.

Offenbar sind nun $A_{0,0}$, $A_{1,0}$, $A_{2,0}$ ... $A_{\mu-1,0}$ der Reihe nach die Werthe, welche T_0 annimmt für $x = 0, a, 2a, \ldots (\mu-1)a$; es lassen sich aus ihnen genau nach den Vorschriften der Artikel [2]—[4] die Coefficienten $\alpha_{0,0}$, $\alpha_{1,0}$, ... $\beta_{1,0}$, $\beta_{2,0}$ ... bestimmen; z. B. hat man:

$$
\begin{aligned}
\mu\,\alpha_{0,0} &= A_{0,0} + A_{1,0} + A_{2,0} + \cdots A_{\mu-1,0} \\
\frac{\mu}{2}\,\alpha_{1,0} &= A_{0,0} + A_{1,0}\cos a + A_{2,0}\cos 2a + \cdots + A_{\mu-1,0}\cos(\mu-1)a \\
\frac{\mu}{2}\,\beta_{1,0} &= A_{0,0} + A_{1,0}\sin a + A_{2,0}\sin 2a + \cdots + A_{\mu-1,0}\sin(\mu-1)a
\end{aligned}
$$

etc.

Ebenso sind $A_{0,1}$, $A_{1,1}$, $A_{2,1}$ ... $A_{\mu-1,1}$ der Reihe nach die Werthe von T_1 für $x = 0, a, 2a, \ldots (\mu-1)a$, und aus ihnen lassen sich die Coefficienten $\alpha_{0,1}$, $\alpha_{1,1}$, $\alpha_{2,1}$ ... $\beta_{1,1}$, $\beta_{2,1}$ ... in derselben Weise bestimmen. Dasselbe Verfahren ist anzuwenden für T_2, T_3, ... $T_{\nu-1}$.

Nach Ausführung dieser Rechnungen hat man die Ausdrücke 4 für die Functionen T_0, T_1, ... $T_{\nu-1}$ vollkommen bestimmt.

Des Weiteren sind nun aber die jetzt bekannten Coefficienten $\alpha_{0,0}$, $\alpha_{0,1}$, $\alpha_{0,2}$ ... $\alpha_{0,\nu-1}$ der Reihe nach die Werthe, welche α_0 annimmt für $y = 0, a', 2a' \ldots (\nu-1)a'$ und $\alpha_{1,0}$, $\alpha_{1,1}$, $\alpha_{1,2}$, ... $\alpha_{1,\nu-1}$ die Werthe von α_1 für $y = 0, a', 2a' \ldots (\nu-1)a'$ etc.; ebenso $\beta_{1,0}$, $\beta_{1,1}$, $\beta_{1,2}$, ... $\beta_{1,\nu-1}$ die Werthe von β_1 für die genannten Werthe von y. Es lassen sich also wieder nach den vorigen Artikeln

die Coefficienten $p_{0,0}$, $p_{0,1}$, $p_{0,2}$, ... $q_{0,1}$, $q_{0,2}$ ... aus $\alpha_{0,0}$, $\alpha_{0,1}$, $\alpha_{0,2}$ ...
» » $p_{1,0}$, $p_{1,1}$, $p_{1,2}$, ... $q_{1,1}$, $q_{1,2}$, ... aus $\alpha_{1,0}$, $\alpha_{1,1}$, $\alpha_{1,2}$ ...
....
» » $r_{1,0}$, $r_{1,1}$, $r_{1,2}$, ... $s_{1,1}$, $s_{1,2}$, ... aus $\beta_{1,0}$, $\beta_{1,1}$, $\beta_{1,2}$ ...
etc.

bestimmen.

Hiemit sind auch die Entwickelungen 3 für die α_0, α_1, α_2, ... β_1, β_2, ... vollkommen bekannt, und indem man diese Werthe in die Reihe 2 für T einsetzt, erhält man die vollständige Entwickelung der Function T nach beiden Veränderlichen, wobei man die auftretenden Producte trigonometrischer Functionen in einfache Sinus und Cosinus der Summen und Differenzen umwandelt, um T in der Form 1 zu erhalten.

Es mögen noch die Formeln zur Berechnung von $\gamma_{0,0}$, $\gamma_{1,0}$, $\gamma_{2,0}$, ... $\delta_{1,0}$, $\delta_{2,0}$, ... $\varepsilon_{1,1}$, $\varepsilon_{2,1}$, ... $\zeta_{1,1}$, $\zeta_{2,1}$, ... aus $p_{0,0}$, $p_{0,1}$, ... $q_{0,1}$, $q_{0,2}$, ... $r_{1,0}$, $r_{1,1}$, ... $s_{1,1}$, $s_{1,2}$, ... angeführt werden, obwohl man die Rechnung eben so bequem rein mechanisch ausführt:

$$
\gamma_{0,0} = p_{0,0},\quad \gamma_{0,1} = p_{0,1},\quad \gamma_{0,2} = p_{0,2}\quad \text{etc.}
$$
$$
\delta_{0,1} = q_{0,1},\quad \delta_{0,2} = q_{0,2}\quad \text{etc.}
$$

$$\gamma_{1,0} = p_{1,0}, \quad \gamma_{1,1} = \tfrac{1}{2}(p_{1,1} - s_{1,1}), \quad \gamma_{1,2} = \tfrac{1}{2}(p_{1,2} - s_{1,2}) \quad \text{etc.}$$
$$\delta_{1,0} = r_{1,0}, \quad \delta_{1,1} = \tfrac{1}{2}(r_{1,1} + q_{1,1}), \quad \delta_{1,2} = \tfrac{1}{2}(r_{1,2} + q_{1,2}) \quad \text{etc.}$$

$$\varepsilon_{1,1} = \tfrac{1}{2}(p_{1,1} + s_{1,1}), \quad \varepsilon_{1,2} = \tfrac{1}{2}(p_{1,2} + s_{1,2}) \quad \text{etc.}$$
$$\zeta_{1,1} = \tfrac{1}{2}(r_{1,1} - q_{1,1}), \quad \zeta_{1,2} = \tfrac{1}{2}(r_{1,2} - q_{1,2}) \quad \text{etc.}$$

$$\gamma_{2,0} = p_{2,0}, \quad \gamma_{2,1} = \tfrac{1}{2}(p_{2,1} - s_{2,1}), \quad \gamma_{2,2} = \tfrac{1}{2}(p_{2,2} - s_{2,2}) \quad \text{etc.}$$
$$\delta_{2,0} = r_{2,0}, \quad \delta_{2,1} = \tfrac{1}{2}(r_{2,1} + q_{2,1}), \quad \delta_{2,2} = \tfrac{1}{2}(r_{2,2} + q_{2,2}) \quad \text{etc.}$$

$$\varepsilon_{2,1} = \tfrac{1}{2}(p_{2,1} + s_{2,1}), \quad \varepsilon_{2,2} = \tfrac{1}{2}(p_{2,2} + s_{2,2}) \quad \text{etc.}$$
$$\zeta_{2,1} = \tfrac{1}{2}(r_{2,1} - q_{2,1}), \quad \zeta_{2,2} = \tfrac{1}{2}(r_{2,2} - q_{2,2}) \quad \text{etc.}$$

u. s. w.

Man vergleiche zu diesem Artikel die Artikel 25—27 der Theoria interpolationis (Band III Seite 303).]

[6.]

[Es sind nun zunächst die drei Grössen T, V, W zu berechnen; sie sind, wie schon erwähnt, periodische Functionen der beiden Argumente M und M' und können nach den Ausführungen der vorstehenden Artikel entwickelt werden. Man sieht aber, dass man diese Entwickelung in verschiedener Weise vornehmen kann; sind nemlich T, V, W periodische Functionen von M und M', so sind sie es auch von $M-M'$. Es ist nun aber sofort zu übersehen, dass T, V, W sich aus Grössen zusammensetzen, welche aus drei verschiedenen Quellen entspringen, nemlich erstens aus den Coordinaten der Pallas, welche periodische Functionen von M, zweitens aus den Coordinaten des Jupiter, welche periodische Functionen von M' sind; die erstern schreiten ausschliesslich nach Potenzen der Excentricität der Pallas, die letztern ausschliesslich nach solchen der Excentricität des Jupiter und des Quadrats der gegenseitigen Neigung fort. Drittens aber ist ersichtlich, dass durch die Grösse $\frac{1}{\rho^3}$ in den Gleichungen 3 des Art. [1] ausserdem die Vielfachen von $M-M'$ direct eingeführt werden, wodurch ausser den vorgenannten noch eine Entwickelung nach den Potenzen des Verhältnisses der halben grossen Axen beider Planetenbahnen $\frac{a}{a'}$ bedingt wird.

Die letztgenannte Grösse $\frac{a}{a'}$ nähert sich nun am meisten der Einheit, während die zu zweit genannten, Excentricität der Jupitersbahn und Quadrat der gegenseitigen Neigung, sehr klein sind. Die Abnahme der Coefficienten wird also am wenigsten stark sein nach den Vielfachen von $M-M'$, sie wird stärker vor sich gehen nach den Vielfachen von M und am stärksten nach den Vielfachen von M'.

Es ist daher klar, dass man gut thut, die Grössen T, V, W als Functionen der beiden Argumente $M-M'$ und M zu entwickeln, um leicht die grössten Glieder der Entwickelung zu erhalten, und ebenso wird es vortheilhaft sein, wenn man für das Argument $M-M'$ den Kreisumfang in eine grössere Anzahl Theile theilt und z. B. $\mu = 48$ nimmt, während für das Argument M eine Theilung in 12 Theile ausreichen dürfte. Es entspricht das im Grossen und Ganzen der Berücksichtigung der 24. Potenzen des Verhältnisses $\frac{a}{a'}$ und der 5. Potenzen der Excentricitäten und des Quadrats der gegenseitigen Neigung.

Unsere nächste Aufgabe ist also, die Functionen T, V, W nach den Formeln des Artikels [1] zu berechnen, und zwar für die 48 Werthe $M-M' = 0, 7^\circ 30', 15^\circ, 22^\circ 30', 30^\circ \ldots$ und für die 12 Werthe $M = 0, 30^\circ, 60^\circ \ldots$, im Ganzen also für $12 \times 48 = 576$ Werthe.

Nimmt man die Elemente der Jupitersbahn nach LAPLACE für 1805 wie folgt an:

Epoche der mittlern Länge 1805 Paris	$233^\circ 37' 4''$
mittlere tägliche tropische Bewegung	$299''{,}2650$
Länge der Sonnennähe	$11^\circ 11' 55''$
Länge des aufsteigenden Knotens	98 27 51
Neigung der Bahn	1 18 50
Log. der Excentricität $= \log 0{,}048\,1708$	8,68278
Log. $a = \log 5{,}202719$	0,71623

und nimmt man für Pallas das folgende Elementensystem, ebenfalls für 1805, an:

Mittlere tägliche tropische Bewegung	$770''{,}2143$
Länge der Sonnennähe	$121^\circ\ 0'\ 0''$
Länge des aufsteigenden Knotens	172 30 37
Neigung der Bahn	34 37 41
Log. der Excentricität $= \log 0{,}24502$	9,38920
Log. a	0,44231,

welches bis auf den Werth von $\tilde{\omega}$ das als X. bezeichnete Elementensystem (Band VI Seite 297) ist, so findet man zunächst

$$N = 255^\circ 53' 44''$$
$$\Delta = 182\ 14\ 34\ ,$$

also:

Aufsteigender Knoten der Jupitersbahn auf der Pallasbahn

auf der Jupitersbahn gezählt	$354^\circ 21' 35''$
auf der Pallasbahn gezählt	354 45 11

und:

Neigung beider Bahnen........ 34 17 14 .

Auf die Einzelheiten der Rechnung einzugehen, wäre überflüssig; es sollen in den folgenden Tabellen nur die Werthe der T, V, W gegeben werden, welche sich aus den angeführten Zahlen ergeben; es ist nur noch zu bemerken, dass die Jupitersmasse $\mu = \frac{1}{1067{,}09}$, also $\log \mu = 6{,}971\,7990-10$ angenommen wurde, womit $\log \alpha = 2{,}74198$ wird.

T

$M'-M$	$M=0^\circ$	$M=30^\circ$	$M=60^\circ$	$M=90^\circ$	$M=120^\circ$	$M=150^\circ$	$M=180^\circ$	$M=210^\circ$	$M=240^\circ$	$M=270^\circ$	$M=300^\circ$	$M=330^\circ$
0° 0′	+1″,416	−2″,923	−2″,993	−2″,002	−1″,372	−0″,788	+0″,368	+2″,510	+5″,586	+8″,589	+9″,593	+7″,326
7 30		−0,514	−0,786		+0,325	+0,903		+4,574	+7,812	+10,595	+11,055	+8,920
15 0	+5,591	+1,904	+1,435	+1,784	+2,054	+2,641	+4,087	+6,671	+9,948	+12,182	+11,816	+10,083
22 30		+4,203	+3,586		+3,780	+4,391		+8,731	+11,852	+13,009	+11,482	+10,610
30 0	+8,672	+6,244	+5,575	+5,432	+5,466	+6,129	+7,871	+10,681	+13,306	+12,524	+9,533	+10,293
37 30		+7,877	+7,307		+7,071	+7,812		+12,407	+13,949	+9,838	+5,339	+8,945
45 0	+9,309	+8,937	+8,677	+8,491	+8,550	+9,395	+11,330	+13,722	+13,169	+3,448	−1,668	+6,474
52 30		+9,241	+9,566		+9,848	+10,815		+14,330	+9,893	−8,908	−11,544	+2,978
60 0	+6,547	+8,585	+9,834	+10,416	+10,898	+11,994	+13,714	+13,768	+2,222	−30,028	−22,992	−1,145
67 30		+6,755	+9,317		+11,617	+12,822		+11,259	−13,081	−63,925	−32,729	−5,166
75 0	−0,737	+3,550	+7,829	+10,460	+11,904	+13,161	+13,458	+5,585	−40,463	−92,504	−36,550	−8,170
82 30		−1,163	+5,175		+11,636	+12,830		−4,964	−81,020	−105,044	−32,592	−9,394
90 0	−9,277	−7,359	+1,199	+7,648	+10,680	+11,624	+7,528	−21,726	−119,329	−86,954	−23,076	−8,607
97 30		−14,689	−4,180		+8,950	+9,365		−42,706	−121,433	−53,580	−12,091	−6,186
105 0	−14,336	−22,388	−10,735	+1,233	+6,402	+6,036	−6,597	−57,784	−84,000	−24,130	−2,659	−2,883
112 30		−29,226	−17,844		+3,254	+2,017		−54,242	−40,758	−4,733	+4,096	+0,556
120 0	−12,603	−33,799	−24,377	−7,366	−0,006	−1,687	−16,960	−34,337	−11,236	+6,187	+8,261	+3,567
127 30		−35,028	−28,867		−2,507	−3,557		−12,249	+4,951	+11,526	+10,331	+5,878
135 0	−6,189	−32,670	−30,028	−12,264	−3,316	−2,450	−4,314	+3,507	+12,660	+13,464	+10,968	+7,415
142 30		−27,414	−27,473		−1,926	+1,431		+12,384	+15,534	+13,381	+10,547	+8,231
150 0	+0,574	−20,532	−21,903	−7,909	+1,345	+6,591	+11,970	+16,381	+15,711	+12,114	+9,452	+8,434
157 30		−13,310	−14,745		+5,508	+11,343		+17,340	+14,382	+10,177	+7,938	+8,148
165 0	+5,167	−6,709	−7,467	+1,907	+9,483	+14,722	+17,602	+16,489	+12,222	+7,891	+6,185	+7,485
172 30		−1,239	−1,103		+12,546	+16,493		+14,577	+9,635	+5,465	+4,324	+6,548
180 0	+7,165	+2,914	+3,876	+9,693	+14,414	+16,849	+16,066	+12,068	+6,872	+3,036	+2,446	+5,419
187 30		+5,787	+7,352		+15,103	+16,083		+9,283	+4,102	+0,698	+0,616	+4,168
195 0	+7,055	+7,520	+9,442	+12,740	+14,779	+14,500	+11,388	+6,356	+1,434	−1,487	−1,118	+2,849
202 30		+8,284	+10,350		+13,650	+12,358		+3,498	−1,053	−3,476	−2,718	+1,508
210 0	+5,476	+8,251	+10,292	+11,840	+11,918	+9,864	+5,732	+0,777	−3,309	−5,243	−4,171	+0,183
217 30		+7,576	+9,468		+9,761	+7,187		−1,725	−5,302	−6,770	−5,446	−1,097
225 0	+2,987	+6,396	+8,054	+8,438	+7,337	+4,466	+0,281	−3,963	−7,011	−8,047	−6,536	−2,302
232 30		+4,829	+6,202		+4,782	+1,813		−5,902	−8,425	−9,070	−7,427	−3,409
240 0	+0,047	+2,982	+4,046	+3,781	+2,219	−0,677	−4,282	−7,527	−9,546	−9,838	−8,113	−4,401
247 30		+0,952	+1,710		−0,248	−2,933		−8,830	−10,372	−10,342	−8,585	−5,238
255 0	−2,941	−1,171	−0,695	−1,123	−2,529	−4,899	−7,608	−9,812	−10,913	−10,612	−8,837	−5,918
262 30		−3,298	−3,061		−4,552	−6,537		−10,479	−11,177	−10,623	−8,863	−6,416
270 0	−5,596	−5,344	−5,287	−5,435	−6,261	−7,825	−9,582	−10,846	−11,173	−10,388	−8,657	−6,711
277 30		−7,227	−7,284		−7,617	−8,762		−10,925	−10,911	−9,910	−8,212	−6,783
285 0	−7,538	−8,865	−8,969	−8,532	−8,603	−9,346	−10,255	−10,732	−10,403	−9,195	−7,531	−6,620
292 30		−10,186	−10,274		−9,204	−9,591		−10,284	−9,659	−8,245	−6,606	−6,202
300 0	−8,410	−11,127	−11,151	−10,050	−9,434	−9,517	−9,762	−9,598	−8,689	−7,066	−5,442	−5,524
307 30		−11,640	−11,567		−9,312	−9,152		−8,691	−7,505	−5,665	−4,042	−4,580
315 0	−7,933	−11,686	−11,510	−9,906	−8,866	−8,521	−8,281	−7,577	−6,116	−4,051	−2,423	−3,374
322 30		−11,253	−10,990		−8,125	−7,676		−6,276	−4,535	−2,241	−0,602	−1,924
330 0	−5,989	−10,348	−10,036	−8,275	−7,130	−6,582	−5,987	−4,796	−2,777	−0,255	+1,385	−0,255
337 30		−9,002	−8,696		−5,920	−5,332		−3,162	−0,857	+1,877	+3,488	+1,583
345 0	−2,716	−7,265	−7,027	−5,501	−4,531	−3,931	−3,049	−1,384	+1,198	+4,110	+5,633	+3,525
352 30		−5,208	−5,101		−3,003	−2,409		+0,514	+3,360	+6,379	+7,717	+5,479

V

$M'-M$	$M=0^0$	$M=30^0$	$M=60^0$	$M=90^0$	$M=120^0$	$M=150^0$	$M=180^0$	$M=210^0$	$M=240^0$	$M=270^0$	$M=300^0$	$M=33$
$0^0\ 0'$	−19,423″	−19,082″	−19,729″	−24,990″	−31,567″	−35,737″	− 35,618″	− 31,127″	− 23,278″	− 13,768″	− 7,577″	−12,50″
7 30		−18,866	−20,658		−31,951	−35,168		− 28,132	− 18,534	− 6,650	+ 0,621	− 7,24
15 0	−13,846	−17,540	−20,411	−25,807	−31,186	−33,497	− 31,104	− 23,789	− 11,924	+ 3,221	+11,578	− 0,41
22 30		−15,066	−18,911		−29,234	−30,677		− 18,002	+ 3,070	+ 16,504	+25,538	+ 7,78
30 0	− 3,978	−11,441	−16,099	−21,599	−26,053	−26,642	− 21,646	− 10,314	+ 8,497	+ 33,992	+42,477	+16,90
37 30		− 6,699	−11,930		−21,599	−21,330		− 0,743	+ 23,346	+ 56,567	+61,600	+26,12
45 0	+ 8,384	− 0,919	− 6,373	−11,981	−15,835	−14,694	− 6,397	+ 11,018	+ 42,080	+ 84,646	+80,652	+34,20
52 30		+ 5,752	+ 0,595		− 8,740	− 6,688		+ 25,094	+ 65,200	+117,097	+95,002	+39,51
60 0	+19,243	+13,077	+ 8,950	+ 3,271	− 0,324	+ 2,674	+ 15,215	+ 41,407	+ 92,038	+147,340	+97,695	+40,31
67 30		+20,674	+18,607		+ 9,352	+13,266		+ 59,007	+118,349	+157,896	+82,422	+35,40
75 0	+22,314	+27,969	+29,341	+23,877	+20,073	+24,756	+ 41,432	+ 75,000	+130,167	+121,092	+49,920	+24,97
82 30		+34,103	+40,705		+31,434	+36,423		+ 82,056	+ 94,744	+ 31,386	+11,058	+10,88
90 0	+12,002	+37,974	+51,912	+47,537	+42,642	+46,874	+ 60,102	+ 64,710	− 21,359	− 62,329	−20,531	− 3,718
97 30		+38,245	+61,667		+52,287	+53,675		+ 1,887	−173,568	−109,812	−38,061	−15,831
105 0	− 9,097	+33,786	+68,102	+66,736	+58,374	+53,175	+ 29,193	−108,237	−249,747	−112,274	−42,684	−23,674
112 30		+24,142	+68,992		+58,164	+41,029		−213,127	−232,263	− 93,068	−38,872	−26,919
120 0	−28,384	+10,167	+62,432	+65,869	+49,013	+14,601	− 89,094	−250,265	−177,652	− 68,543	−30,801	−26,324
127 30		− 5,875	+47,966		+29,897	−23,232		−222,395	−122,860	− 45,585	−21,281	−23,017
135 0	−35,493	−20,971	+27,521	+32,424	+ 3,243	−62,186	−164,022	−168,776	− 78,574	− 26,271	−11,874	−18,127
142 30		−32,488	+ 5,200		−24,855	−89,548		−115,641	− 45,100	− 10,771	− 3,349	−12,525
150 0	−30,850	−39,123	−14,415	−15,035	−47,156	−98,442	−120,214	− 71,887	− 20,393	+ 1,295	+ 3,945	− 6,842
157 30		−40,909	−28,164		−58,994	−90,876		− 38,267	− 2,379	+ 10,418	+ 9,929	− 1,473
165 0	−20,347	−38,804	−35,119	−40,528	−59,880	−73,057	− 52,455	− 13,247	+ 10,503	+ 17,073	+14,630	+ 3,346
172 30		−34,017	−36,118		−52,313	−51,204		+ 4,922	+ 19,420	+ 21,659	+18,132	+ 7,488
180 0	− 8,918	−27,703	−32,666	−36,652	−39,633	−29,339	− 3,842	+ 17,697	+ 25,199	+ 24,514	+20,548	+10,896
187 30		−20,743	−26,448		−24,816	− 9,718		+ 26,095	+ 28,487	+ 25,927	+21,986	+13,560
195 0	+ 0,849	−13,754	−18,777	−17,784	− 9,893	+ 6,738	+ 24,019	+ 31,285	+ 29,787	+ 26,145	+22,559	+15,499
202 30		− 7,132	−10,605		+ 3,868	+19,750		+ 33,601	+ 29,487	+ 25,365	+22,362	+16,740
210 0	+ 7,934	− 1,127	− 2,585	+ 3,560	+15,737	+29,382	+ 36,175	+ 33,788	+ 27,922	+ 23,776	+21,515	+17,319
217 30		+ 4,112	+ 4,858		+25,356	+35,847		+ 32,205	+ 25,368	+ 21,524	+20,081	+17,282
225 0	+12,061	+ 8,501	+11,434	+20,890	+32,572	+39,440	+ 37,229	+ 29,275	+ 22,058	+ 18,746	+18,146	+16,666
232 30		+11,990	+16,974		+37,379	+40,490		+ 25,319	+ 18,186	+ 15,559	+15,788	+15,517
240 0	+13,278	+14,560	+21,349	+31,932	+39,875	+39,353	+ 30,903	+ 20,627	+ 13,926	+ 12,068	+13,071	+13,885
247 30		+16,203	+24,488		+40,219	+36,396		+ 15,441	+ 9,418	+ 8,356	+10,063	+11,796
255 0	+11,770	+16,929	+26,354	+35,904	+38,636	+31,982	+ 20,242	+ 9,968	+ 4,787	+ 4,512	+ 6,828	+ 9,322
262 30		+16,762	+26,948		+35,408	+26,462		+ 4,382	+ 0,141	+ 0,617	+ 3,433	+ 6,513
270 0	+ 7,865	+15,740	+26,310	+33,220	+30,784	+20,185	+ 7,662	− 1,168	− 4,426	− 3,260	− 0,054	+ 3,432
277 30		+13,929	+24,516		+25,128	+13,417		− 6,556	− 8,831	− 7,046	− 3,558	+ 0,154
285 0	+ 2,073	+11,410	+21,682	+25,194	+18,744	+ 6,483	− 5,009	− 11,678	− 12,998	− 10,665	− 6,997	− 3,233
292 30		+ 8,296	+17,966		+11,933	− 0,402		− 16,441	− 16,847	− 14,038	−10,277	− 6,627
300 0	− 4,834	+ 4,721	+13,558	+13,775	+ 4,979	− 7,030	− 16,471	− 20,768	− 20,311	− 17,081	−13,289	− 9,910
307 30		+ 0,846	+ 8,674		− 1,853	−13,230		− 24,586	− 23,316	− 19,696	−15,909	−12,946
315 0	−11,783	− 3,152	+ 3,546	+ 1,173	− 8,340	−18,861	− 25,832	− 27,828	− 25,780	− 21,770	−17,993	−15,573
322 30		− 7,080	− 1,586		−14,293	−23,837		− 30,426	− 27,617	− 23,181	−19,369	−17,624
330 0	−17,444	−10,742	− 6,487	−10,526	−19,555	−27,994	− 32,466	− 32,309	− 28,728	− 23,776	−19,843	−18,907
337 30		−13,943	−10,938		−24,003	−31,335		− 33,414	− 28,994	− 23,374	−19,185	−19,226
345 0	−20,400	−16,503	−14,738	−19,644	−27,537	−33,772	− 35,888	− 33,648	− 28,290	− 21,766	−17,127	−18,382
352 30		−18,260	−17,718		−30,077	−35,255		− 32,924	− 26,454	− 18,670	−13,371	−16,193

W

$M'-M$	$M=0^0$	$M=30^0$	$M=60^0$	$M=90^0$	$M=120^0$	$M=150^0$	$M=180^0$	$M=210^0$	$M=240^0$	$M=270^0$	$M=300^0$	$M=330^0$
0° 0′	− 3″,470	−11″,969	−18″,340	− 19″,058	− 13″,688	− 4″,119	+ 6″,363	+ 13″,864	+ 14″,900	+ 9″,150	+ 3″,539	+ 1″,975
7 30		−12,095	−17,058		− 10,725	− 1,349		+ 13,922	+ 12,327	+ 4,305	− 0,523	+ 0,565
15 0	− 4,552	−11,455	−15,182	− 13,892	− 7,829	+ 1,085	+ 9,430	+ 12,964	+ 8,241	− 2,027	− 3,986	− 0,001
22 30		−10,002	−12,773		− 5,114	+ 3,058		+ 10,752	+ 2,208	− 10,062	− 7,066	+ 0,696
30 0	− 1,913	− 7,711	− 9,908	− 8,148	− 2 712	+ 4,414	+ 9,256	+ 6,742	− 6,377	− 19,963	− 8,501	+ 3,123
37 30		− 4,582	− 6,689		− 0,777	+ 4,955		+ 0,533	− 18,378	− 31,712	− 6,736	+ 7,718
45 0	+ 5,563	− 0,638	− 3,243	− 2,886	+ 0,499	+ 4,434	+ 3,638	− 8,709	− 35,023	− 44,593	+ 0,411	+14,756
52 30		+ 4,053	+ 0,272		+ 0,878	+ 2,517		− 22,100	− 58,119	− 56,294	+ 15,282	+24,111
60 0	+17,910	+ 9,367	+ 3,640	+ 0,356	+ 0,056	− 1,228	− 11,468	− 41,324	− 89,772	− 60,536	+ 38,739	+34,989
67 30		+15,082	+ 6,565		− 2,358	− 7,364		− 68,648	−131,658	− 45,165	+ 67,352	+45,777
75 0	+32,566	+20,843	+ 8,646	− 0,859	− 6,850	− 16,609	− 43,504	−106,893	−180,442	+ 2,471	+ 92,253	+54,315
82 30		+26,091	+ 9,338		− 14,010	− 29,820		−158,175	−215,850	+ 71,933	+104,033	+58,618
90 0	+43,086	+30,065	+ 7,954	− 10,380	− 24,483	− 47,861	−103,552	−218,610	−194,352	+122,371	+100,037	+57,809
97 30		+31,786	+ 3,703		− 38,771	− 71,218		−268,956	− 98,714	+130,482	+ 85,022	+52,463
105 0	+42,353	+30,331	− 4,126	− 32,814	− 57,034	− 99,198	−187,635	−270,212	+ 3,131	+110,474	+ 65,807	+44,183
112 30		+25,149	−15,784		− 78,367	−128,553		−203,171	+ 53,446	+ 82,540	+ 47,174	+34,741
120 0	+30,489	+16,552	−30,544	− 67,883	−100,214	−152,661	−213,114	−108,390	+ 61,734	+ 56,772	+ 31,301	+25,605
127 30		+ 5,869	−46,333		−118,127	−162,585		− 36,498	+ 52,019	+ 35,912	+ 18,733	+17,616
135 0	+15,528	− 4,889	−60,033	− 98,905	−126,994	−152,641	−116,892	+ 0,932	+ 37,585	+ 19,890	+ 9,234	+11,151
142 30		−13,810	−68,663		−123,500	−125,485		+ 14,602	+ 23,517	+ 7,887	+ 2,328	+ 6,237
150 0	+ 4,518	−19,746	−70,703	−100,030	−108,413	− 90,596	− 29,305	+ 15,801	+ 11,367	− 0,921	− 2,475	+ 2,745
157 30		−22,472	−66,600		− 86,202	− 57,861		+ 11,371	+ 1,401	− 7,207	− 5,580	+ 0,467
165 0	− 0,766	−22,451	−58,144	− 71,750	− 62,313	− 32,424	+ 0,206	+ 4,830	− 6,492	− 11,504	− 7,376	− 0,810
172 30		−20,402	−47,476		− 40,834	− 15,336		− 2,098	− 12,544	− 14,221	− 8,137	− 1,286
180 0	− 1,593	−17,072	−36,224	− 37,516	− 23,716	− 5,384	+ 0,686	− 8,583	− 16,975	− 15,669	− 8,094	− 1,131
187 30		−13,064	−25,597		− 11,398	− 0,825		− 14,177	− 20,004	− 16,102	− 7,428	− 0,495
195 0	+ 0,257	− 8,823	−16,187	− 12,286	− 3,422	− 0,022	− 7,896	− 18,876	− 21,827	− 15,727	− 6,286	+ 0,503
202 30		− 4,649	− 8,244		+ 0,961	− 1,691		− 22,440	− 22,616	− 14,704	− 4,785	+ 1,762
210 0	+ 3,393	− 0,746	− 1,835	+ 1,670	+ 2,525	− 4,868	− 17,399	− 25,004	− 22,529	− 13,175	− 3,026	+ 3,200
217 30		+ 2,759	+ 3,123		+ 1,972	− 8,844		− 26,556	− 21,709	− 11,255	− 1,086	+ 4,746
225 0	+ 6,860	+ 5,782	+ 6,688	+ 6,581	− 0,103	− 13,101	− 24,700	− 27,204	− 20,285	− 9,042	+ 0,967	+ 6,339
232 30		+ 8,268	+ 8,991		− 3,201	− 17,258		− 27,037	− 18,368	− 6,618	+ 3,073	+ 7,928
240 0	+10,008	+10,186	+10,140	+ 5,181	− 6,903	− 21,044	− 28,762	− 26,157	− 16,065	− 4,056	+ 5,183	+ 9,469
247 30		+11,515	+10,258		− 10,861	− 24,263		− 24,667	− 13,465	− 1,419	+ 7,249	+10,903
255 0	+12,359	+12,245	+ 9,463	− 0,128	− 14,787	− 26,805	− 29,543	− 22,668	− 10,650	+ 1,237	+ 9,227	+12,204
262 30		+12,379	+ 7,886		− 18,458	− 28,603		− 20,253	− 7,694	+ 3,860	+ 11,076	+13,326
270 0	+13,550	+11,929	+ 5,662	− 7,253	− 21,668	− 29,634	− 27,505	− 17,517	− 4,662	+ 6,401	+ 12,753	+14,230
277 30		+10,929	+ 2,940		− 24,313	− 29,925		− 14,539	− 1,614	+ 8,813	+ 14,212	+14,877
285 0	+13,322	+ 9,422	− 0,124	− 14,400	− 26,306	− 29,513	− 23,318	− 11,396	+ 1,392	+ 11,048	+ 15,415	+15,235
292 30		+ 7,472	− 3,370		− 27,589	− 28,466		− 8,162	+ 4,301	+ 13,054	+ 16,311	+15,269
300 0	+11,564	+ 5,164	− 6,633	− 20,165	− 28,167	− 26,856	− 17,693	− 4,902	+ 7,058	+ 14,778	+ 16,853	+14,956
307 30		+ 2,600	− 9,758		− 28,061	− 24,771		− 1,682	+ 9,606	+ 16,160	+ 16,992	+14,278
315 0	+ 8,398	− 0,107	−12,600	− 23,648	− 27,317	− 22,295	− 11,301	+ 1,436	+ 11,883	+ 17,129	+ 16,679	+13,230
322 30		− 2,826	−15,032		− 25,999	− 19,539		+ 4,387	+ 13,818	+ 17,618	+ 15,867	+11,827
330 0	+ 4,253	− 5,422	−16,950	− 24,495	− 24,182	− 16,526	− 4,755	+ 7,102	+ 15,331	+ 17,526	+ 14,515	+10,101
337 30		− 7,759	−18,276		− 21,952	− 13,405		+ 9,505	+ 16,325	+ 16,763	+ 12,595	+ 8,124
345 0	− 0,080	− 9,707	−18,961	− 22,815	− 19,398	− 10,239	+ 1,351	+ 11,508	+ 16,689	+ 15,211	+ 10,096	+ 5,998
352 30		−11,145	−18,983		− 16,611	− 7,114		+ 13,004	+ 16,277	+ 12,724	+ 7,049	+ 3,879

Es folgt nun die Entwickelung dieser drei Grössen nach Vielfachen von $M'-M$, wobei unter Anwendung der Auseinandersetzungen der vorigen Artikel für x das Argument $M'-M$ und für y das Argument M zu nehmen ist; für jeden der 12 Werthe $M=0$, 30^0, 60^0 ... ist dann aus den in den Verticalcolumnen der vorstehenden Tafeln angegebenen Werthen die Interpolation auszuführen, d. h. die in Artikel [5] Gleichung 4 mit $\alpha_{0,0}$, $\alpha_{1,0}$, $\alpha_{0,1}$, ... $\beta_{1,0}$, $\beta_{1,1}$, ... bezeichneten Coefficienten zu bestimmen. Das Resultat ist auf der folgenden Tafel zusammengestellt, wobei die in der obersten Horizontalreihe stehenden Werthe die von $\alpha_{0,0}$, $\alpha_{0,1}$, $\alpha_{0,2}$, ... $\alpha_{0,\nu-1}$, die in der zweiten stehenden die von $\alpha_{1,0}$, $\alpha_{1,1}$, $\alpha_{1,2}$, ... $\alpha_{1,\nu-1}$, also die Coefficienten von $\cos(M'-M)$, die in der dritten die Coefficienten von $\cos 2(M'-M)$ u. s. w. sind; die in der mit $\sin(M'-M)$ multiplicirten Horizontalreihe sind die Werthe der $\beta_{1,0}$, $\beta_{1,1}$, $\beta_{1,2}$, ... $\beta_{1,\nu-1}$ u. s. w. Die erste Verticalcolumne gibt die Reihe für resp. T_0, V_0, W_0, die zweite die für T_1, V_1, W_1 u. s. w.

T

Koefficient von:	$M=0^0$	$M=30^0$	$M=60^0$	$M=90^0$	$M=120^0$	$M=150^0$	$M=180^0$	$M=210^0$	$M=240^0$	$M=270^0$	$M=300^0$	$M=3$
—	— 1,002″	— 5,204″	— 3,414″	+ 0,646″	+ 2,725″	+ 2,989″	+ 1,447″	— 2,982″	— 9,012″	— 9,012″	— 2,688″	+ 0,7
$\cos(M'-M)$	— 0,552	+ 2,565	+ 1,476	— 2,596	— 4,844	— 4,955	— 2,857	— 0,629	+ 0,821	— 1,544	— 0,396	+ 0,0
$\cos 2(M'-M)$	+ 5,853	+ 3,521	+ 1,293	+ 1,278	+ 2,102	+ 3,341	+ 6,038	+13,739	+25,354	+23,074	+11,137	+ 6,8
$\cos 3(M'-M)$	— 2,734	— 5,668	— 4,337	— 2,635	— 2,539	— 3,761	— 6,498	— 9,737	— 2,275	+ 8,138	+ 6,129	+ 1,3
$\cos 4(M'-M)$	— 0,589	+ 2,039	+ 2,696	+ 1,891	+ 1,717	+ 2,113	+ 1,969	— 3,212	—15,339	—11,396	— 2,542	— 1,3
$\cos 5(M'-M)$	+ 0,450	+ 0,050	— 0,759	— 0,713	— 0,637	— 0,422	+ 1,264	+ 6,190	+ 2,426	— 6,152	— 2,856	— 0,4
$\cos 6(M'-M)$	+ 0,025	— 0,357	— 0,051	+ 0,098	+ 0,058	— 0,302	— 1,532	— 1,149	+ 7,671	+ 4,119	— 0,061	+ 0,1
$\cos 7(M'-M)$	— 0,031	+ 0,152	+ 0,167	+ 0,071	+ 0,098	+ 0,328	+ 0,502	— 2,298	— 1,767	+ 3,538	+ 0,850	+ 0,1
$\cos 8(M'-M)$	+ 0,014	— 0,013	— 0,089	— 0,063	— 0,079	— 0,146	+ 0,228	+ 1,461	— 3 524	— 1,157	+ 0,267	— 0,0
$\cos 9(M'-M)$	— 0,006	— 0,018	+ 0,023	+ 0,027	+ 0,033	+ 0,014	— 0,318	+ 0,384	+ 1,110	— 1,744	— 0,169	— 0,0
$\cos 10(M'-M)$	— 0,014	+ 0,010	+ 0,001	— 0,006	— 0,006	+ 0,027	+ 0,116	— 0,781	+ 1,627	+ 0,176	— 0,126	— 0,0
$\cos 11(M'-M)$	— 0,001	— 0,001	— 0,005	— 0,002	— 0,002	— 0,023	+ 0,057	+ 0,158	— 0,639	+ 0,770	+ 0,009	+ 0,0
$\cos 12(M'-M)$	+ 0,004	— 0,000	+ 0,003	+ 0,002	+ 0,003	+ 0,008	— 0,049	+ 0,262	— 0,710	+ 0,067	+ 0,040	+ 0,0
$\sin(M'-M)$	+ 0,523	— 3,812	— 1,381	+ 3,017	+ 5,599	+ 6,981	+ 6,205	— 0,320	—11,399	—11,336	— 0,851	+ 3,0
$\sin 2(M'-M)$	+ 6,807	+14,702	+14,047	+ 9,402	+ 6,616	+ 5,596	+ 6,160	+ 7,358	+ 0,819	— 7,275	— 5,752	— 0,1
$\sin 3(M'-M)$	+ 2,257	— 1,714	— 3,873	— 3,197	— 2,504	— 1,756	+ 0,463	+ 8,124	+20,785	+17,345	+ 6,232	+ 3,4
$\sin 4(M'-M)$	— 1,158	— 1,541	— 0,221	+ 0,240	+ 0,067	— 0,847	— 3,631	— 8,419	— 2,560	+ 7,430	+ 4,512	+ 0,8
$\sin 5(M'-M)$	— 0,137	+ 1,046	+ 0,906	+ 0,477	+ 0,529	+ 1,154	+ 2,207	— 0,265	—10,956	— 7,035	— 0,690	— 0,4
$\sin 6(M'-M)$	+ 0,146	— 0,222	— 0,505	— 0,362	— 0,384	— 0,576	— 0,048	+ 4,020	+ 2,124	— 4,775	— 1,631	— 0,2
$\sin 7(M'-M)$	— 0,004	— 0,067	+ 0,134	+ 0,145	+ 0,150	+ 0,084	— 0,761	— 1,572	+ 5,292	+ 2,266	— 0,273	+ 0,0
$\sin 8(M'-M)$	+ 0,003	+ 0,063	+ 0,010	— 0,026	— 0,022	+ 0,095	+ 0,487	— 1,107	— 1,420	+ 2,523	+ 0,404	+ 0,0
$\sin 9(M'-M)$	+ 0,017	— 0,019	— 0,028	— 0,009	— 0,017	— 0,088	— 0,034	+ 1,137	— 2,434	— 0,519	+ 0,196	— 0,0
$\sin 10(M'-M)$	— 0,002	— 0,002	+ 0,015	+ 0,010	+ 0,016	+ 0,036	— 0,157	+ 0,005	+ 0,849	— 1,175	— 0,058	— 0,0
$\sin 11(M'-M)$	— 0,010	+ 0,003	— 0,004	— 0,005	— 0,008	— 0,001	+ 0,121	— 0,481	+ 1,080	+ 0,007	— 0,074	— 0,0
$\sin 12(M'-M)$		— 0,001	— 0,000		+ 0,002	— 0,006		+ 0,195	— 0,473	+ 0,493	— 0,006	+ 0,0

V

Koefficient von:	$M=0^0$	$M=30^0$	$M=60^0$	$M=90^0$	$M=120^0$	$M=150^0$	$M=180^0$	$M=210^0$	$M=240^0$	$M=270^0$	$M=300^0$	$M=3$
—	— 4,459	— 1,084	+ 7,712	+ 7,534	+ 1,571	— 6,070	—14,495	—19,602	—13,503	+ 5,702	+ 8,957	+ 2,0
$\cos(M'-M)$	+ 0,924	+ 3,474	— 3,767	— 7,782	— 7,761	— 3,796	+ 4,072	+10,700	+ 8,495	+ 7,392	+ 3,290	— 2,1
$\cos 2(M'-M)$	—11,667	—25,499	—33,889	—36,906	—38,235	—36,274	—25,298	— 1,393	+20,032	+ 6,343	+ 3,795	— 1,0
$\cos 3(M'-M)$	— 6,663	+ 2,559	+12,311	+15,394	+15,306	+ 8,085	—14,370	—46,143	—52,616	—39,373	—21,339	—11,0
$\cos 4(M'-M)$	+ 2,292	+ 2,930	— 1,288	— 2,920	— 1,168	+ 7,228	+23,445	+26,183	— 5,177	—12,568	— 9,549	— 2,3
$\cos 5(M'-M)$	+ 0,496	— 1,887	— 1,701	— 1,159	— 2,724	— 7,727	— 9,887	+10,893	+30,204	+17,706	+ 4,214	+ 1,6
$\cos 6(M'-M)$	— 0,380	+ 0,372	+ 1,271	+ 1,337	+ 2,162	+ 3,433	— 2,338	—17,178	+ 0,071	+ 9,516	+ 4,347	+ 0,6
$\cos 7(M'-M)$	— 0,003	+ 0,128	— 0,442	— 0,646	— 0,901	— 0,283	+ 5,016	+ 2,491	—15,391	— 6,341	+ 0,020	— 0,1
$\cos 8(M'-M)$	+ 0,046	— 0,117	+ 0,032	+ 0,169	+ 0,160	— 0,720	— 2,261	+ 6,555	+ 1,207	— 5,479	— 1,292	— 0,1
$\cos 9(M'-M)$	— 0,006	+ 0,034	+ 0,058	+ 0,009	+ 0,078	+ 0,566	— 0,215	— 3,836	+ 7,397	+ 1,755	— 0,386	+ 0,0
$\cos 10(M'-M)$	— 0,004	+ 0,002	— 0,039	— 0,031	— 0,085	— 0,203	+ 0,869	— 1,198	— 1,142	+ 2,695	+ 0,261	+ 0,0
$\cos 11(M'-M)$	+ 0,001	— 0,003	+ 0,013	+ 0,015	+ 0,042	— 0,008	— 0,304	+ 2,122	— 3,416	— 0,248	+ 0,186	+ 0,0
$\cos 12(M'-M)$		+ 0,005	— 0,001	— 0,004	— 0,010	+ 0,057	— 0,029	— 0,373	+ 0,794	— 1,178	— 0,020	— 0,0

oefficient von:	M = 0°	M = 30°	M = 60°	M = 90°	M = 120°	M = 150°	M = 180°	M = 210°	M = 240°	M = 270°	M = 300°	M = 330°
	″	″	″	″	″	″	″	″	″	″	″	″
in (M'—M)	— 3,958	+ 1,047	+ 7,738	+ 3,305	— 3,259	— 8,413	—15,871	—25,731	—20,436	+ 7,761	+10,090	+ 1,236
1 2(M'—M)	+17,027	+ 7,246	— 6,280	— 5,370	+ 6,012	+23,843	+46,352	+63,803	+58,669	+47,864	+33,624	+21,707
n 3(M'—M)	— 4,894	—10,190	— 7,766	— 7,203	—13,341	—25,520	—34,703	—22,029	+10,722	+11,523	+10,268	+ 3,075
1 4(M'—M)	— 1,937	+ 3,529	+ 6,688	+ 7,267	+ 9,784	+12,827	+ 4,279	—25,727	—40,794	—27,335	—10,449	— 4,440
n 5(M'—M)	+ 0,980	+ 0,181	— 2,463	— 3,329	— 3,875	— 1,768	+10,817	+23,009	— 1,895	—11,493	— 6,898	— 1,352
n 6(M'—M)	+ 0,095	— 0,668	+ 0,216	+ 0,760	+ 0,508	— 2,386	— 8,495	+ 1,918	+21,768	+10,868	+ 1,200	+ 0,562
n 7(M'—M)	— 0,136	+ 0,274	+ 0,322	+ 0,139	+ 0,488	+ 2,151	+ 1,458	—11,296	— 0,865	+ 7,393	+ 2,478	+ 0,315
n 8(M'—M)	+ 0,009	— 0,021	— 0,226	— 0,233	— 0,442	— 0,851	+ 2,038	+ 3,956	—10,739	— 3,485	+ 0,378	— 0,044
in 9(M'—M)	+ 0,015	— 0,036	+ 0,075	+ 0,128	+ 0,197	+ 0,019	— 1,701	+ 3,246	+ 1,249	— 3,892	— 0,614	— 0,057
10(M'—M)	— 0,003	+ 0,017	— 0,004	— 0,042	— 0,041	+ 0,207	+ 0,325	— 3,048	+ 5,039	+ 0,860	— 0,288	— 0,002
11(M'—M)	— 0,002	— 0,007	— 0,010	+ 0,009	— 0,012	— 0,145	+ 0,269	— 0,097	— 0,976	+ 1,815	+ 0,092	+ 0,009
12(M'—M)		+ 0,002	+ 0,008		+ 0,014	+ 0,049		+ 1,322	— 2,293	+ 0,003	+ 0,110	+ 0,001

W

	+10,983	+ 1,714	—13,648	—23,980	—29,309	—32,030	—36,142	—35,049	—20,078	+ 8,632	+16,803	+14,757
cos (M'—M)	— 2,092	+ 0,899	+11,026	+16,136	+19,671	+24,501	+24,756	+15,198	— 3,029	— 2,309	+ 5,297	+ 2,814
os 2(M'—M)	—15,261	—18,081	—17,678	—10,501	+ 1,697	+19,009	+41,762	+58,266	+31,817	—22,304	—27,324	—17,354
os 3(M'—M)	+ 1,536	+ 2,860	+ 0,012	— 4,166	—11,666	—24,076	—32,958	—14,633	+29,831	+20,678	— 1,787	— 2,003
os 4(M'—M)	+ 1,904	+ 1,599	+ 3,526	+ 5,578	+ 8,783	+12,037	+ 3,451	—25,779	—21,032	+16,609	+10,185	+ 3,427
cos 5(M'—M)	— 0,509	— 1,291	— 2,166	— 2,850	— 3,538	— 1,626	+11,064	+17,611	—15,513	— 7,610	+ 3,581	+ 0,931
cos 6(M'—M)	— 0,165	+ 0,322	+ 0,650	+ 0,796	+ 0,525	+ 2,182	— 7,561	+ 4,645	+12,020	— 9,309	— 2,149	— 0,446
cos 7(M'—M)	+ 0,082	+ 0,062	+ 0,007	+ 0,015	+ 0,392	+ 1,939	+ 1,846	— 9,757	+ 7,114	+ 1,821	— 1,710	— 0,224
cos 8(M'—M)	+ 0,007	— 0,077	— 0,120	— 0,153	— 0,374	— 0,755	+ 1,984	+ 1,946	— 6,382	+ 4,495	+ 0,143	+ 0,038
cos 9(M'—M)	— 0,011	+ 0,025	+ 0,069	+ 0,094	+ 0,172	+ 0,012	— 1,632	+ 3,399	— 3,029	+ 0,007	+ 0,538	+ 0,042
os 10(M'—M)	+ 0,001	+ 0,001	— 0,020	— 0,030	— 0,040	+ 0,183	+ 0,325	— 2,211	+ 3,249	— 1,934	— 0,114	+ 0,001
os 11(M'—M)	— 0,006	— 0,004	+ 0,000	+ 0,000	+ 0,006	— 0,128	— 0,487	— 0,534	+ 1,211	— 0,352	— 0,120	— 0,007
os 12(M'—M)	— 0,001	+ 0,002	+ 0,003	+ 0,003	+ 0,012	+ 0,040	— 0,295	+ 1,138	— 1,602	+ 0,746	— 0,068	— 0,001
sin (M'—M)	+ 8,376	+ 2,770	— 9,172	—15,232	—17,350	—23,757	—37,658	—49,642	—32,096	+13,458	+19,741	+11,867
sin 2(M'—M)	— 3,096	+ 2,112	+18,334	+30,569	+36,725	+38,280	+30,297	+ 2,555	—35,064	—26,766	— 3,748	— 0,363
sin 3(M'—M)	— 5,763	— 6,590	—10,691	—13,695	—14,506	— 8,266	+13,419	+42,872	+27,197	—20,401	—18,373	— 8,495
sin 4(M'—M)	+ 1,021	+ 2,701	+ 3,489	+ 3,364	+ 1,417	— 6,647	—21,838	—18,833	+22,016	+13,166	— 3,795	— 1,603
sin 5(M'—M)	+ 0,591	— 0,080	+ 0,012	+ 0,486	— 2,272	+ 7,097	+ 8,615	—12,919	—16,155	+12,708	+ 5,001	+ 1,282
sin 6(M'—M)	— 0,225	— 0,410	— 0,664	— 0,969	— 1,879	— 3,105	+ 2,562	+13,937	—10,620	— 3,995	+ 2,648	+ 0,475
sin 7(M'—M)	— 0,039	+ 0,197	+ 0,393	+ 0,536	+ 0,803	+ 0,237	— 4,596	+ 0,075	+ 8,808	— 6,564	— 0,747	— 0,141
sin 8(M'—M)	+ 0,034	— 0,023	— 0,113	— 0,166	— 0,152	+ 0,651	+ 1,929	— 6,116	+ 4,680	+ 0,601	— 1,001	— 0,099
sin 9(M'—M)		— 0,020	— 0,001	+ 0,010	— 0,060	— 0,506	+ 0,394	+ 2,454	— 4,572	+ 2,989	— 0,070	+ 0,007
sin 10(M'—M)	— 0,004	+ 0,013	+ 0,022	+ 0,023	+ 0,062	+ 0,177	— 0,951	+ 1,600	— 1,930	+ 0,280	+ 0,266	+ 0,017
sin 11(M'—M)	+ 0,001	— 0,004	— 0,013	— 0,015	— 0,035	+ 0,009	+ 0,551	— 1,686	+ 2,290	— 1,224	+ 0,097	+ 0,002
sin 12(M'—M)		— 0,000	+ 0,005		+ 0,011	— 0,049		+ 0,012	+ 0,748	— 0,339	— 0,047	— 0,003

Es würde sich nicht empfehlen, jetzt auch die Entwickelung von *T, V, W* nach Vielfachen von *M* hier gleich anzuschliessen; denn in den Gleichungen 4 des Artikels [1] zur Berechnung der Differentialquotienten der Elemente sind diese drei Grössen noch mit Factoren multiplicirt, welche periodische Functionen von *M* allein sind; man wird also die Entwickelung nach diesem letztern Argument nicht erst für *T, V, W* vornehmen, sondern gleich für diese Differentialquotienten selbst; das Argument $M'-M$ resp. M' kommt in den genannten Factoren nicht mehr vor, weshalb die Entwickelung nach diesem ein für alle Mal abgethan ist.]

[7.]

[Es sollen nun die Störungen der Neigung und der Länge der Knotenlinie (das am wenigsten mühsame) bestimmt werden. Nach Artikel [1] ist

$$\frac{di}{n\,dt} = W\cos(v-\tilde{\omega})\,.\cos(\tilde{\omega}-\Omega) - W\sin(v-\tilde{\omega})\,.\sin(\tilde{\omega}-\Omega)$$

$$\frac{\sin i\,d\Omega}{n\,dt} = W\sin(v-\tilde{\omega})\,.\cos(\tilde{\omega}-\Omega) + W\cos(v-\tilde{\omega})\,.\sin(\tilde{\omega}-\Omega).$$

Da $\tilde{\omega}-\Omega$ constant angenommen wird, so sind die Grössen $W\cos(v-\tilde{\omega})$ und $W\sin(v-\tilde{\omega})$ nach Vielfachen von M und M' zu entwickeln. Hiezu sind aus den numerischen Werthen von W auf voriger Seite die entsprechenden Werthe dieser beiden Grössen zu berechnen, für welche man also zwei ganz gleich eingerichtete Tafeln erhält. Aus den numerischen Werthen jeder Horizontalreihe dieser Tafeln ist nach den Vorschriften des Artikels [5] je eine Reihe nach Vielfachen von M herzustellen, welches die Reihen 3 des Artikels [5] sind.

Ein Beispiel mag die Rechnung erläutern und zwar soll hiezu die Berechnung der Coefficienten von $\cos(M'-M)$ in $W\cos(v-\tilde{\omega})$ dienen: Nach der vorigen Seite ist der Werth dieses Coefficienten in W für M resp. $= 0,\ 30^0,\ 60^0$ etc.:

	0^0	30^0	60^0	90^0	120^0	150^0	180^0	210^0	240^0	270^0	300^0	330^0
	$-2''092$	$+0''899$	$+11''026$	$+16''136$	$+19''671$	$+24''501$	$+24''756$	$+15''198$	$-3''029$	$-2''309$	$+5''297$	$+2''814$
die Logarithmen:	—	9,95736	1,04242	1,20779	1,29382	1,38919	—	1,18179	$0,48130_n$	$0,36342_n$	0,72403	0,44932
$\log\cos(v-\tilde{\omega})$	—	9,81987	8,63027	$9,65764_n$	$9,88822_n$	$9,97571_n$	—	$9,97571_n$	$9,88822_n$	$9,65764_n$	8,63027	9,81987

also die entsprechenden Coefficienten von $W\cos(v-\tilde{\omega})$:

$-2''092 \quad +0''594 \quad +0''471 \quad -7''335 \quad -15''207 \quad -23''168 \quad -24''756 \quad -14''371 \quad +2''342 \quad +1''050 \quad +0''226 \quad +1''859$

Hiemit stellt sich die Interpolationsrechnung wie folgt, wenn wir diese Coefficienten vorübergehend mit A_0, A_1, $A_2 \ldots A_{11}$ bezeichnen und auch sonst die Bezeichnungen der Artikel [2]—[3] benutzen

$A_0 = -\ 2,092 \quad A_1 = +\ 0,594 \quad A_2 = +\ 0,471 \quad A_3 = -7,335 \quad A_4 = -15,207 \quad A_5 = -23,168 \quad A_6 = -24,756$

$A_{11} = +\ 1,859 \quad A_{10} = +\ 0,226 \quad A_9 = +1,050 \quad A_8 = +\ 2,342 \quad A_7 = -14,371$

$B_0 = -\ 4,184 \quad B_1 = +\ 2,453 \quad B_2 = +\ 0,697 \quad B_3 = -6,285$

$B_6 = -49,512 \quad B_5 = -37,539 \quad B_4 = -12,865$

$F_0 = -53,696 \quad K_0 = -\ 66,266 \quad H_0 = -41,126 \quad D_0 = +45,328 \quad D_0 + D_2 = +58,890 \quad \tfrac{1}{2}(\alpha_1 + \alpha_5) = +4,908$

$F_1 = -35,086 \quad K_1 = -\ 47,254 \quad H_1 = -22,918 \quad D_1 = +39,992 \quad D_0 - 2D_2 = +18,204 \quad \tfrac{1}{2}(\alpha_1 - \alpha_5) = +5,772$

$F_2 = -12,168 \quad K_0 + 2K_1 = -160,774 \quad H_0 + H_1 = -64,044 \quad D_2 = +13,562 \quad D_1 \ldots\ldots\ldots 1,60197$

$F_3 = -12,570 \quad K_0 - K_1 = -\ 19,012 \quad H_0 - 2H_1 = +\ 4,710 \quad \sqrt{48} \ldots\ldots\ldots 0,84062$

$C_1 = -\ 1,265 \quad C_2 = +\ 0,452 \quad C_3 = -8,385$

$C_5 = -\ 8,797 \quad C_4 = -17,549$

$G_1 = +\ 7,532 \quad J_1 \ldots\ldots 1,40357 \quad E_1 = -10,062 \quad E_1 + E_3 = -26,832 \quad \tfrac{1}{2}(\beta_1 + \beta_5) = -2,236$

$G_2 = +17,794 \quad L_1 \ldots\ldots 1,01123_n \quad E_2 = -17,304 \quad 2E_1 - E_3 = -\ 3,354 \quad \tfrac{1}{2}(\beta_1 - \beta_5) = -2,497$

$\sqrt{48} \ldots 0,84062 \quad E_3 = -16,770 \quad E_2 \ldots\ldots\ldots 1,23815_n$

$\sqrt{48} \ldots\ldots 0,84062$

Es ergibt sich also der Coefficient von $\cos(M'-M)$ in der Entwickelung von $W\cos(v-\tilde{\omega})$, der der Grösse α_1 in Artikel [5] entspricht, wie folgt:

$$\begin{array}{ll}
-\ 6{,}''699 & \\
+10{,}680\cos M & -\ 4{,}''733\sin M \\
-\ 5{,}337\cos 2M & +\ 3{,}656\sin 2M \\
+\ 1{,}517\cos 3M & -\ 0{,}279\sin 3M \\
-\ 1{,}584\cos 4M & -\ 1{,}481\sin 4M \\
-\ 0{,}865\cos 5M & +\ 0{,}261\sin 5M \\
+\ 0{,}196\cos 6M. &
\end{array}$$

In gleicher Weise ergibt sich der Coefficient von $\sin(M'-M)$:

$$\begin{array}{ll}
+13{,}''541 & \\
-16{,}187\cos M & -\ 1{,}''886\sin M \\
+11{,}080\cos 2M & +\ 3{,}829\sin 2M \\
+\ 1{,}065\cos 3M & -\ 7{,}255\sin 3M \\
-\ 1{,}831\cos 4M & +\ 1{,}502\sin 4M \\
+\ 0{,}481\cos 5M & +\ 1{,}153\sin 5M \\
+\ 0{,}227\cos 6M. &
\end{array}$$

Es würde zu weit führen, für alle Coefficienten die Werthe hier aufzuführen; es soll darum nur das Resultat gegeben werden, das man nach der Ausmultiplicirung der Reihen erhält:

$$W\cos(v-\tilde{\omega}) = \left\{\begin{array}{llll}
+13{,}''770 & & -\ 1{,}''047\cos(4M'-3M) & -\ 5{,}''588\sin(4M'-3M) \\
-14{,}824\cos M & +\ 2{,}''572\sin M & +\ 0{,}956\cos(4M'-2M) & +\ 8{,}503\sin(4M'-2M) \\
+\ 9{,}814\cos 2M & -\ 2{,}263\sin 2M & +\ 1{,}632\cos(4M'-M) & -\ 6{,}672\sin(4M'-M) \\
+\ 1{,}900\cos 3M & -\ 4{,}383\sin 3M & -\ 4{,}219\cos 4M' & +\ 1{,}735\sin 4M' \\
 & & +\ 2{,}574\cos(4M'+M) & +\ 1{,}314\sin(4M'+M) \\
-\ 0{,}754\cos(M'-3M) & +\ 3{,}712\sin(M'-3M) & & \\
+\ 4{,}398\cos(M'-2M) & -\ 5{,}727\sin(M'-2M) & +\ 2{,}608\cos(5M'-4M) & -\ 0{,}307\sin(5M'-4M) \\
-\ 6{,}699\cos(M'-M) & +13{,}541\sin(M'-M) & -\ 4{,}716\cos(5M'-3M) & -\ 1{,}385\sin(5M'-3M) \\
+\ 6{,}283\cos M' & -10{,}460\sin M' & +\ 4{,}143\cos(5M'-2M) & +\ 3{,}598\sin(5M'-2M) \\
-\ 4{,}583\cos(M'+M) & +\ 7{,}368\sin(M'+M) & -\ 0{,}973\cos(5M'-M) & -\ 4{,}083\sin(5M'-M) \\
+\ 4{,}386\cos(M'+2M) & +\ 0{,}383\sin(M'+2M) & -\ 1{,}271\cos 5M' & +\ 1{,}617\sin 5M' \\
-\ 0{,}648\cos(2M'-3M) & +\ 2{,}489\sin(2M'-3M) & +\ 1{,}261\cos(6M'-4M) & -\ 2{,}052\sin(6M'-4M) \\
-13{,}818\cos(2M'-2M) & -\ 6{,}141\sin(2M'-2M) & -\ 2{,}407\cos(6M'-3M) & +\ 1{,}539\sin(6M'-3M) \\
+14{,}183\cos(2M'-M) & +\ 7{,}982\sin(2M'-M) & +\ 3{,}280\cos(6M'-2M) & +\ 0{,}585\sin(6M'-2M) \\
-15{,}476\cos 2M & -\ 8{,}473\sin 2M & -\ 1{,}627\cos(6M'-M) & -\ 1{,}898\sin(6M'-M) \\
+\ 0{,}765\cos(2M'+M) & +\ 5{,}570\sin(2M'+M) & -\ 0{,}832\cos(7M'-4M) & -\ 2{,}051\sin(7M'-4M) \\
+\ 3{,}130\cos(2M'+2M) & -\ 2{,}425\sin(2M'+2M) & -\ 0{,}535\cos(7M'-3M) & +\ 2{,}088\sin(7M'-3M) \\
+\ 4{,}226\cos(3M'-3M) & -\ 4{,}819\sin(3M'-3M) & +\ 1{,}378\cos(7M'-2M) & -\ 0{,}771\sin(7M'-2M) \\
-\ 8{,}858\cos(3M'-2M) & +\ 6{,}373\sin(3M'-2M) & & \\
+11{,}340\cos(3M'-M) & -\ 6{,}865\sin(3M'-M) & -\ 1{,}208\cos(8M'-4M) & -\ 0{,}843\sin(8M'-4M) \\
-\ 8{,}114\cos 3M' & -\ 0{,}035\sin 3M' & +\ 0{,}295\cos(8M'-3M) & +\ 1{,}321\sin(8M'-3M) \\
+\ 2{,}327\cos(3M'+M) & +\ 3{,}797\sin(3M'+M) & &
\end{array}\right.$$

$$W\sin(v-\tilde{\omega}) = \left\{\begin{array}{llll}
-\ 6{,}''277 & & -\ 4{,}''008\cos(4M'-3M) & +\ 3{,}''050\sin(4M'-3M) \\
-\ 3{,}498\cos M & -\ 6{,}''957\sin M & +\ 1{,}114\cos(4M'-2M) & +\ 3{,}450\sin(4M'-2M) \\
+\ 7{,}228\cos 2M & +\ 9{,}736\sin 2M & +\ 4{,}055\cos(4M'-M) & -\ 3{,}344\sin(4M'-M) \\
+\ 3{,}892\cos 3M & +\ 0{,}703\sin 3M & -\ 3{,}527\cos 4M' & -\ 1{,}834\sin 4M' \\
+\ 3{,}276\cos(M'-3M) & +\ 3{,}397\sin(M'-3M) & -\ 0{,}030\cos(4M'+M) & +\ 1{,}824\sin(4M'+M) \\
-\ 2{,}729\cos(M'-2M) & -\ 6{,}241\sin(M'-2M) & -\ 0{,}588\cos(5M'-4M) & -\ 2{,}443\sin(5M'-4M) \\
+\ 3{,}178\cos(M'-M) & -\ 3{,}768\sin(M'-M) & -\ 2{,}200\cos(5M'-3M) & +\ 1{,}467\sin(5M'-3M) \\
+\ 1{,}362\cos M' & +\ 0{,}997\sin M' & +\ 2{,}113\cos(5M'-2M) & +\ 2{,}408\sin(5M'-2M) \\
-\ 7{,}559\cos(M'+M) & +\ 2{,}765\sin(M'+M) & +\ 1{,}702\cos(5M'-M) & -\ 2{,}648\sin(5M'-M) \\
+\ 1{,}665\cos(M'+2M) & +\ 3{,}324\sin(M'+2M) & -\ 2{,}340\cos 5M' & +\ 0{,}080\sin 5M' \\
+\ 4{,}105\cos(2M'-3M) & +\ 2{,}575\sin(2M'-3M) & -\ 0{,}950\cos(6M'-4M) & -\ 1{,}456\sin(6M'-4M) \\
-\ 0{,}982\cos(2M'-2M) & +10{,}981\sin(2M'-2M) & -\ 1{,}575\cos(6M'-3M) & +\ 1{,}487\sin(6M'-3M) \\
+\ 0{,}014\cos(2M'-M) & -\ 5{,}909\sin(2M'-M) & +\ 1{,}895\cos(6M'-2M) & +\ 0{,}995\sin(6M'-2M) \\
-\ 1{,}141\cos 2M' & -14{,}972\sin 2M' & +\ 0{,}952\cos(6M'-M) & -\ 1{,}760\sin(6M'-M) \\
-\ 3{,}288\cos(2M'+M) & +\ 4{,}237\sin(2M'+M) & & \\
+\ 3{,}617\cos(2M'+2M) & +\ 1{,}902\sin(2M'+2M) & -\ 0{,}902\cos(7M'-4M) & -\ 0{,}935\sin(7M'-4M) \\
 & & -\ 0{,}736\cos(7M'-3M) & +\ 1{,}301\sin(7M'-3M) \\
-\ 3{,}239\cos(3M'-3M) & -\ 2{,}445\sin(3M'-3M) & +\ 1{,}388\cos(7M'-2M) & +\ 0{,}422\sin(7M'-2M) \\
+\ 5{,}214\cos(3M'-2M) & +\ 5{,}607\sin(3M'-2M) & & \\
+\ 7{,}065\cos(3M'-M) & -\ 0{,}696\sin(3M'-M) & -\ 0{,}843\cos(8M'-4M) & -\ 0{,}467\sin(8M'-4M) \\
-\ 4{,}350\cos 3M' & -\ 3{,}101\sin 3M' & -\ 0{,}135\cos(8M'-3M) & +\ 0{,}952\sin(8M'-3M) \\
-\ 2{,}073\cos(3M'+M) & +\ 4{,}199\sin(3M'+M) & &
\end{array}\right.$$

Die weitere Rechnung wurde folgendermassen ausgeführt: Nimmt man aus den vorstehenden Ausdrücken von $W\cos(v-\tilde{\omega})$ und $W\sin(v-\tilde{\omega})$ ein beliebiges Argument heraus, und zwar sowohl das entsprechende Cosinus- wie das Sinus-Glied und bezeichnet man der Kürze halber dieses Argument vorübergehend mit z, so dass also z jedenfalls von der Form $m'M'+mM$ (m' und m ganze positive oder negative Zahlen, die Null eingeschlossen) ist, so ist

$$\text{Glied in } W\cos(v-\tilde{\omega}) = b\cos z + b'\sin z$$
$$\text{»} \quad \text{»} \quad W\sin(v-\tilde{\omega}) = c\cos z + c'\sin z,$$

wo mit b, b', c, c' die numerischen Coefficienten bezeichnet sind; es ist dann offenbar das hieraus entspringende

$$\text{Glied in } \frac{\mathrm{d}i}{n\,\mathrm{d}t} = p\cos(z-P)$$

und das entsprechende

$$\text{Glied in } \frac{\sin i\,\mathrm{d}\Omega}{n\,\mathrm{d}t} = p'\cos(z-P')$$

wo

$$\begin{aligned}
p\cos P &= b\ \cos(\tilde{\omega}-\Omega) - c\ \sin(\tilde{\omega}-\Omega) \\
p\sin P &= b'\cos(\tilde{\omega}-\Omega) - c'\sin(\tilde{\omega}-\Omega) \\
p'\cos P' &= c\ \cos(\tilde{\omega}-\Omega) + b\ \sin(\tilde{\omega}-\Omega) \\
p'\sin P' &= c'\cos(\tilde{\omega}-\Omega) + b'\sin(\tilde{\omega}-\Omega)
\end{aligned}$$

gesetzt ist; es entspringt also hieraus

$$\text{das Glied in } i = \frac{p}{m'\frac{n'}{n}+m}\sin(z-P)$$

$$\text{» » »} \; \Omega = \frac{p'}{\left(m'\frac{n'}{n}+m\right)\sin i}\sin(z-P').$$

Zur leichtern Berechnung von p, p', P, P' kann man die Hülfsgrössen

$$q\cos Q = b \qquad q'\cos Q' = b'$$
$$q\sin Q = c \qquad q'\sin Q' = c'$$

einführen, womit

$$p\cos P = q\cos(Q+\tilde{\omega}-\Omega) \qquad p'\cos P' = q\sin(Q+\tilde{\omega}-\Omega)$$
$$p\sin P = q'\cos(Q'+\tilde{\omega}-\Omega) \qquad p'\sin P' = q'\sin(Q'+\tilde{\omega}-\Omega)$$

wird.

Das constante Glied in $W\cos(v-\tilde{\omega})$ und $W\sin(v-\tilde{\omega})$ gibt die säcularen Störungen; hier verschwinden die Grössen z, b', c', q', P, P' und es wird

$$p = q\cos(Q+\tilde{\omega}-\Omega)$$
$$p' = q\sin(Q+\tilde{\omega}-\Omega),$$

sowie die jährliche Zunahme

$$\text{der Neigung} = pn.365{,}25$$

$$\text{der Länge des Knotens} = \frac{p'}{\sin i}n.365{,}25.$$

Als Beispiel mag die Berechnung des vom Argument $5M'-2M$ abhangenden Gliedes gegeben werden, welches die grosse Gleichung in den Pallasstörungen darstellt; hiebei ist $\log\sin i = 9{,}75453$ und $\log\frac{n'}{n} = 9{,}589\,684$:

$\log c$	0,32490	$\log c'$	0,38166
$\log b$	0,61731	$\log b'$	0,55606
$\log\cos Q$	9,94980	$\log\cos Q'$	9,91963
$Q =$	$27^\circ\ 1'\ 21''$	$Q' =$	$33^\circ 47'\ 36''$
$\Omega-\tilde{\omega} =$	51 30 47	$\Omega-\tilde{\omega} =$	51 30 47
$\log q$	0,66751	$\log q'$	0,63643
$\log\cos(Q+\tilde{\omega}-\Omega)$....	9,95905	$\log\cos(Q'+\tilde{\omega}-\Omega)$...	9,97889
$\log\sin(Q+\tilde{\omega}-\Omega)$....	$9{,}61757_n$	$\log\sin(Q'+\tilde{\omega}-\Omega)$...	$9{,}48339_n$
$\log P\sin P$	0,61532	$\log p'\sin P'$	$0{,}11982_n$
$\log p\cos P$	0,62656	$\log p'\cos P'$	$0{,}28508_n$
$\log\cos P$	9,85503	$\log\cos P'$	$9{,}91676_n$
$\log p$	0,77153	$\log p'$	0,36832
$\log\left(5\frac{n'}{n}-2\right)$........	$8{,}74966_n$	$\log\left(5\frac{n'}{n}-2\right)\sin i$.....	$8{,}50419_n$
	$2{,}02187_n$		$1{,}86413_n$

woraus das entsprechende Störungsglied folgt:

$$\begin{aligned} \text{in } i &= -105{,}''16 \sin(5M'-2M-\;\;44^\circ 15' 31'') \\ \text{in } \Omega &= -\;\;73{,}14 \sin(5M'-2M-214\;\;21\;\;\;9\;\;). \end{aligned}$$

Auf diese Weise ergeben sich schliesslich die Störungen der Neigung und der Länge des Knotens, wie folgt:

$$\begin{aligned}
\delta i = &- \;\;12{,}''57 \cos(M &&+252^\circ 11'\;\;0'') \\
&- \;\;\;6{,}65 \cos(2M &&+\;\;62\;\;\;9\;\;56\;) \\
&- \;\;\;1{,}59 \cos(3M &&+117\;\;14\;\;37\;) \\
&+ \;\;\;2{,}07 \cos(M'-3M &&+\;\;22\;\;51\;\;40\;) \\
&+ \;\;\;5{,}26 \cos(M'-2M &&+175\;\;55\;\;55\;) \\
&+ \;\;\;9{,}37 \cos(M'-M &&+342\;\;56\;\;\;4\;) \\
&- \;\;19{,}52 \cos(M' &&+139\;\;\;1\;\;23\;) \\
&- \;\;\;7{,}97 \cos(M'+M &&+307\;\;35\;\;\;9\;) \\
&- \;\;\;2{,}06 \cos(M'+2M &&+\;\;54\;\;50\;\;40\;) \\
&+ \;\;\;2{,}04 \cos(2M'-3M &&+\;\;38\;\;14\;\;51\;) \\
&+ \;\;\;8{,}60 \cos(2M'-2M &&+297\;\;\;0\;\;\;4\;) \\
&+ \;\;38{,}05 \cos(2M'-M &&+\;\;87\;\;46\;\;49\;) \\
&- \;\;25{,}71 \cos(2M' &&+211\;\;46\;\;21\;) \\
&- \;\;\;4{,}01 \cos(2M'+M &&+342\;\;\;3\;\;52\;) \\
&- \;\;\;1{,}72 \cos(2M'+2M &&+\;\;90\;\;14\;\;43\;) \\
&+ \;\;\;2{,}68 \cos(3M'-3M &&+178\;\;53\;\;45\;) \\
&+ \;\;10{,}17 \cos(3M'-2M &&+350\;\;16\;\;40\;) \\
&- \;\;81{,}05 \cos(3M'-M &&+110\;\;56\;\;28\;) \\
&- \;\;\;7{,}55 \cos(3M' &&+253\;\;50\;\;42\;) \\
&- \;\;\;2{,}61 \cos(3M'+M &&+358\;\;13\;\;53\;) \\
&+ \;\;\;2{,}73 \cos(4M'-3M &&+253\;\;56\;\;48\;) \\
&+ \;\;18{,}26 \cos(4M'-2M &&+\;\;10\;\;24\;\;\;3\;) \\
&- \;\;14{,}34 \cos(4M'-M &&+148\;\;14\;\;50\;) \\
&- \;\;\;2{,}76 \cos(4M' &&+265\;\;14\;\;47\;) \\
&- \;\;\;1{,}07 \cos(4M'+M &&+\;\;35\;\;\;6\;\;18\;) \\
&+ \;\;\;1{,}17 \cos(5M'-4M &&+151\;\;\;3\;\;50\;) \\
&+ \;\;\;4{,}42 \cos(5M'-3M &&+273\;\;31\;\;\;7\;) \\
&+105{,}16 \cos(5M'-2M &&+\;\;45\;\;44\;\;29\;) \\
&- \;\;\;4{,}95 \cos(5M'-M &&+171\;\;\;2\;\;53\;) \\
&- \;\;\;1{,}46 \cos(5M' &&+292\;\;10\;\;28\;) \\
&+ \;\;\;1{,}45 \cos(6M'-4M &&+179\;\;\;1\;\;17\;) \\
&+ \;\;\;5{,}18 \cos(6M'-3M &&+307\;\;50\;\;46\;) \\
&- \;\;11{,}14 \cos(6M'-2M &&+\;\;72\;\;\;2\;\;\;1\;) \\
&- \;\;\;1{,}93 \cos(6M'-M &&+174\;\;\;2\;\;\;6\;) \\
&+ \;\;\;1{,}84 \cos(7M'-4M &&+211\;\;21\;\;27\;) \\
&+ \;\;\;8{,}93 \cos(7M'-3M &&+338\;\;35\;\;\;3\;) \\
&- \;\;\;2{,}70 \cos(7M'-2M &&+\;\;94\;\;23\;\;51\;) \\
&+ \;\;\;1{,}''88 \cos(8M'-4M &&+237^\circ 45' 50'') \\
&- \;\;14{,}25 \cos(8M'-3M &&+\;\;\;2\;\;50\;\;46\;)
\end{aligned}$$

säculares Glied: jährlich $+\,4{,}''984$

täglich $+\,0{,}''013645$

$$\begin{aligned}
\delta\Omega = &- \;\;20{,}''00 \cos(M &&+123^\circ 56\;\;\;7'') \\
&- \;\;\;7{,}44 \cos(2M &&+337\;\;52\;\;25\;) \\
&- \;\;\;2{,}33 \cos(3M &&+\;\;13\;\;35\;\;12\;) \\
&+ \;\;\;1{,}85 \cos(M'-3M &&+106\;\;45\;\;20\;) \\
&+ \;\;\;5{,}65 \cos(M'-2M &&+276\;\;38\;\;41\;) \\
&+ \;\;42{,}67 \cos(M'-M &&+150\;\;50\;\;34\;) \\
&- \;\;43{,}92 \cos(M' &&+335\;\;11\;\;49\;) \\
&- \;\;\;5{,}32 \cos(M'+M &&+195\;\;25\;\;45\;) \\
&- \;\;\;2{,}19 \cos(M'+2M &&+306\;\;25\;\;32\;) \\
&+ \;\;\;2{,}44 \cos(2M'-3M &&+\;\;96\;\;26\;\;32\;) \\
&+ \;\;22{,}28 \cos(2M'-2M &&+\;\;41\;\;14\;\;23\;) \\
&+112{,}69 \cos(2M'-M &&+228\;\;10\;\;44\;) \\
&- \;\;26{,}52 \cos(2M' &&+103\;\;15\;\;\;1\;) \\
&- \;\;\;3{,}02 \cos(2M'+M &&+235\;\;39\;\;24\;) \\
&- \;\;\;1{,}96 \cos(2M'+2M &&+356\;\;17\;\;50\;) \\
&+ \;\;\;5{,}55 \cos(3M'-3M &&+292\;\;55\;\;15\;) \\
&+ \;\;21{,}72 \cos(3M'-2M &&+\;\;98\;\;22\;\;39\;) \\
&- \;\;70{,}58 \cos(3M'-M &&+317\;\;48\;\;\;2\;) \\
&- \;\;\;6{,}20 \cos(3M' &&+117\;\;34\;\;\;4\;) \\
&- \;\;\;2{,}54 \cos(3M'+M &&+263\;\;25\;\;\;5\;) \\
&+ \;\;\;7{,}91 \cos(4M'-3M &&+345\;\;\;2\;\;59\;) \\
&+ \;\;17{,}83 \cos(4M'-2M &&+180\;\;41\;\;57\;) \\
&- \;\;10{,}72 \cos(4M'-M &&+\;\;21\;\;38\;\;13\;) \\
&- \;\;\;3{,}00 \cos(4M' &&+160\;\;36\;\;40\;) \\
&- \;\;\;1{,}40 \cos(4M'+M &&+273\;\;\;0\;\;\;2\;) \\
&+ \;\;\;2{,}33 \cos(5M'-4M &&+241\;\;59\;\;58\;) \\
&+ \;\;\;5{,}10 \cos(5M'-3M &&+\;\;49\;\;18\;\;21\;) \\
&+ \;\;73{,}14 \cos(5M'-2M &&+235\;\;38\;\;51\;) \\
&- \;\;\;4{,}46 \cos(5M'-M &&+\;\;49\;\;37\;\;25\;) \\
&- \;\;\;1{,}18 \cos(5M' &&+200\;\;46\;\;47\;) \\
&+ \;\;\;1{,}83 \cos(6M'-4M &&+293\;\;52\;\;21\;) \\
&+ \;\;\;2{,}49 \cos(6M'-3M &&+107\;\;10\;\;\;7\;)
\end{aligned}$$

$-\ 7{,}''39 \cos(6M'-2M+276^\circ 37' 43'')$
$-\ 2{,}52 \cos(6M'-M+281\ 48\ 56)$
$+\ 1{,}41 \cos(7M'-4M+\ 5\ 1\ 7)$
$+\ 5{,}21 \cos(7M'-3M+182\ 43\ 35)$
$-\ 2{,}18 \cos(7M'-2M+346\ 4\ 12)$
$+\ 1{,}''11 \cos(8M'-4M+48^\circ 44' 38'')$
$-\ 8{,}67 \cos(8M'-3M+324\ 30\ 7)$
säculares Glied: jährlich $-35{,}''227$
täglich $-0{,}''096447$.]

[8.]

[Zur Ermittelung der Störungen des Perihels wurde die Grösse $\frac{d\tilde{\omega}}{n\,dt}-(1-\cos i)\frac{d\Omega}{n\,dt}$ nach der Gleichung 5, Artikel [1], berechnet, nach deren Integration die Störungen des Perihels ohne Weiteres gefunden werden können, sobald diejenigen der Länge des Knotens bekannt sind.

Mit Hülfe der in der Tafel auf Seite 512—513 gegebenen Werthe von T und V fanden sich die Ausdrücke $\frac{p}{e}\cos(v-\tilde{\omega}).T$ und $\frac{1}{e}\left\{2+e\cos(v-\tilde{\omega})\right\}\sin(v-\tilde{\omega}).V$, deren Summe alsdann nach der in den vorstehenden Artikeln angewandten Methode nach den Vielfachen von M entwickelt werde; das Resultat der Ausmultiplicirung soll der Raumersparniss wegen nicht angegeben werden.

Die Integration dieses Ausdrucks geschah in der folgenden Weise: Sei ein Glied desselben $b\cos z + b'\sin z$, wo z, wie im vorigen Artikel, von der Form $m'M'+mM$ ist, so lässt sich dieses Glied zusammenziehen in die Form

$$q\sin(z+Q),$$

wo

$$q\sin Q = b$$
$$q\cos Q = b'.$$

Das entsprechende Störungsglied wird dann

$$-\frac{q}{m'\frac{n'}{n}+m}\cos(z+Q).$$

Für das constante Glied ($m'=m=0$) verschwinden z und b', Q wird gleich 90° und die jährliche Änderung von $\tilde{\omega}-(1-\cos i)\Omega$ wird hienach gleich

$$bn.365{,}25.$$

Als Beispiel diene wieder die Berechnung der grossen Gleichung, welche vom Argument $5M'-2M$ abhängt:

$\log b$	1,13532
$\log b'$	1,50678
$Q = 23^\circ 1' 58''$	
$\log\cos Q$	9,96392
$\log q$	1,54286
$\log\left(5\frac{n'}{n}-2\right)$	$8{,}74966_n$
	$2{,}79320_n$

also das Störungsglied:
$+621{,}''16\cos(5M'-2M+23^\circ 1' 58'')$.

Die Störungen des Ausdrucks $\tilde{\omega}-(1-\cos i)\Omega$ ergaben sich hienach, wie folgt:

$$\delta\left\{\tilde{\omega}-(1-\cos i)\Omega\right\} = -\ 54'',77\cos(M+174^\circ 27' 25'')$$
$$-\ 11,64\cos(2M+212\ 29\ 21)$$
$$-\ 5,05\cos(3M+352\ 39\ 52)$$
$$-\ 1,69\cos(4M+36\ 1\ 51)$$

$$+\ 1,34\cos(M'-5M+48^\circ 26' 30'')$$
$$+\ 2,45\cos(M'-4M+84\ 51\ 45)$$
$$+\ 10,54\cos(M'-3M+244\ 35\ 58)$$
$$+\ 26,58\cos(M'-2M+282\ 40\ 0)$$
$$+\ 55,19\cos(M'-M+104\ 14\ 55)$$
$$-\ 66,05\cos(M'+36\ 53\ 29)$$
$$-\ 14,34\cos(M'+M+180\ 13\ 59)$$
$$-\ 3,48\cos(M'+2M+312\ 11\ 14)$$
$$-\ 2,02\cos(M'+3M+1\ 43\ 35)$$

$$+\ 1,37\cos(2M'-6M+272^\circ 49' 40'')$$
$$+\ 1,72\cos(2M'-5M+240\ 18\ 29)$$
$$+\ 11,37\cos(2M'-4M+189\ 15\ 30)$$
$$+\ 26,56\cos(2M'-3M+218\ 36\ 16)$$
$$+\ 84,09\cos(2M'-2M+32\ 14\ 36)$$
$$+785,02\cos(2M'-M+48\ 20\ 55)$$
$$-\ 84,04\cos(2M'+217\ 34\ 48)$$
$$-\ 12,77\cos(2M'+M+273\ 39\ 33)$$
$$-\ 1,80\cos(2M'+2M+323\ 34\ 0)$$

$$+\ 1,03\cos(3M'-6M+99^\circ\ 3' 52'')$$
$$+\ 5,78\cos(3M'-5M+79\ 49\ 57)$$
$$+\ 6,69\cos(3M'-4M+137\ 58\ 58)$$
$$+\ 47,68\cos(3M'-3M+281\ 13\ 38)$$
$$+\ 92,48\cos(3M'-2M+321\ 7\ 28)$$
$$-541,66\cos(3M'-M+98\ 47\ 17)$$
$$-\ 32,02\cos(3M'+213\ 35\ 51)$$
$$-\ 4,69\cos(3M'+M+314\ 16\ 0'')$$

$$+\ 2,49\cos(4M'-6M+330^\circ 22' 10'')$$
$$+\ 2,77\cos(4M'-5M+96\ 34\ 55)$$
$$+\ 22,32\cos(4M'-4M+177\ 8\ 26)$$
$$+\ 25,60\cos(4M'-3M+253\ 34\ 38)$$
$$+147,03\cos(4M'-2M+1\ 37\ 26)$$
$$-\ 77,67\cos(4M'-M+122\ 10\ 56)$$
$$-\ 12,11\cos(4M'+238\ 41\ 0)$$
$$-\ 2,25\cos(4M'+M+337\ 10\ 24)$$

$$+\ 2'',24\cos(5M'-6M+19^\circ 59' 36'')$$
$$+\ 9,50\cos(5M'-5M+77\ 6\ 26)$$
$$+\ 12,99\cos(5M'-4M+184\ 17\ 47)$$
$$+\ 37,79\cos(5M'-3M+269\ 36\ 8)$$
$$+621,16\cos(5M'-2M+23\ 1\ 58)$$
$$-\ 23,34\cos(5M'-M+148\ 15\ 51)$$
$$-\ 4,74\cos(5M'+260\ 46\ 22)$$
$$-\ 1,13\cos(5M'+M+358\ 20\ 48)$$

$$+\ 1,45\cos(6M'-7M+283^\circ 15' 52'')$$
$$+\ 3,82\cos(6M'-6M+342\ 59\ 55)$$
$$+\ 7,14\cos(6M'-5M+98\ 35\ 24)$$
$$+\ 13,90\cos(6M'-4M+183\ 20\ 50)$$
$$+\ 39,71\cos(6M'-3M+295\ 55\ 45)$$
$$-\ 60,82\cos(6M'-2M+55\ 16\ 42)$$
$$-\ 8,24\cos(6M'-M+172\ 47\ 59)$$
$$-\ 2,00\cos(6M'+283\ 39\ 49)$$

$$+\ 1,56\cos(7M'-7M+256^\circ 11'\ 4'')$$
$$+\ 3,76\cos(7M'-6M+6\ 32\ 34)$$
$$+\ 6,13\cos(7M'-5M+99\ 54\ 55)$$
$$+\ 13,58\cos(7M'-4M+204\ 40\ 35)$$
$$+\ 57,33\cos(7M'-3M+321\ 44\ 53)$$
$$-\ 14,86\cos(7M'-2M+80\ 41\ 55)$$
$$-\ 3,14\cos(7M'-M+194\ 14\ 3)$$

$$+\ 2,05\cos(8M'-7M+276^\circ\ 8' 52'')$$
$$+\ 3,23\cos(8M'-6M+18\ 25\ 37)$$
$$+\ 5,94\cos(8M'-5M+119\ 3\ 17)$$
$$+\ 13,10\cos(8M'-4M+232\ 33\ 27)$$
$$-\ 84,68\cos(8M'-3M+351\ 57\ 34)$$
$$-\ 5,21\cos(8M'-2M+113\ 55\ 49)$$
$$-\ 1,43\cos(8M'-M+235\ 36\ 29)$$

$$+\ 1,57\cos(9M'-7M+287^\circ 15' 29'')$$
$$+\ 2,68\cos(9M'-6M+27\ 34\ 10)$$
$$+\ 5,07\cos(9M'-5M+137\ 15\ 53)$$
$$+\ 13,81\cos(9M'-4M+255\ 7\ 55)$$
$$-\ 9,80\cos(9M'-3M+12\ 27\ 32)$$
$$-\ 1,90\cos(9M'-2M+129\ 41\ 51)$$

$$+\ 1,23\cos(10M'-7M+287^\circ 35'\ 5'')$$
$$+\ 2,34\cos(10M'-6M+46\ 5\ 0)$$

$+\ 4{,}''46 \cos(10M' - 5M + 160^\circ 47'\ 3'')$
$+35{,}47 \cos(10M' - 4M + 278\ 40\ 22\ )$
$-\ 2{,}94 \cos(10M' - 3M + 36\ 23\ 44\ )$

$+\ 1{,}13 \cos(11M' - 7M + 316^\circ 32'\ 48'')$
$+\ 1{,}95 \cos(11M' - 6M + 69\ 1\ 13\ )$
$+\ 4{,}17 \cos(11M' - 5M + 186\ 28\ 5\ )$

$-\ 8{,}01 \cos(11M' - 4M + 304^\circ 25'\ 18'')$
$-\ 1{,}06 \cos(11M' - 3M + 63\ 10\ 13\ )$

Säcular: jährlich $-4{,}''787$
täglich $-0{,}01310$

Säcularänderung von $\tilde{\omega}$:
jährlich $-11{,}''015$
täglich $-0{,}''03015$.]

[9.]

[Es folgt nun die Berechnung der Störungen des halben Parameters p; zu diesem Zweck ist nur die Integration $\int Vndt$ auszuführen. Ganz in derselben Weise, wie bisher verfahren wurde, erhält man durch die Interpolationsrechnung V nach Vielfachen von M und M' entwickelt, und zwar in Bogensecunden ausgedrückt.

Um die Störungen des Logarithmen des halben Parameters zu erhalten, ist der gefundene Ausdruck also noch durch 206265 zu dividiren; man erhält so für den BRIGGischen Logarithmen des halben Parameters in Einheiten der 7. Decimale:

$$\frac{d\log p}{ndt} = -\frac{10000000}{206265}\,2\lambda . V,$$

wo λ der Modul des BRIGGischen Logarithmensystems ist.

Die Integration wird wie im Vorigen ausgeführt und es sei wieder das Beispiel für das Argument $5M' - 2M$ gegeben:

$\log b$ 0,75012
$\log b'$ . . . . $9{,}58995_n$
$Q = 93^\circ 57'\ 22''$
$\log\sin Q$ 9,99897
$\log q$ 0,75115
$\log\left(5\frac{n'}{n} - 2\right)$ . . . . $8{,}74966_n$
$2{,}00149_n$
$\log\frac{10000000}{206265}2\lambda$ 1,62439
$3{,}62588_n$

also das Störungsglied:
$-4226 \cos(5M' - 2M + 93^\circ 57'\ 22'')$.

Hiernach ergeben sich die Störungen des Logarithmen des halben Parameters, wie folgt, in Einheiten der 7. Decimale:

$\delta\log p = +\ 357 \cos(\ M + 68^\circ 56'\ 28'')$
$+\ 181 \cos(2M + 239\ 50\ 4\ )$
$+\ 59 \cos(3M + 296\ 9\ 41\ )$

$-\ 39 \cos(M' - 4M + 148^\circ 54'\ 52'')$
$-\ 100 \cos(M' - 3M + 196\ 53\ 44\ )$
$-\ 226 \cos(M' - 2M + 3\ 29\ 54\ )$

$-\ 269 \cos(M' - M + 162^\circ 35'\ 15'')$
$+\ 299 \cos(M' + 312\ 40\ 58\ )$
$+\ 110 \cos(M' + M + 115\ 19\ 51\ )$
$+\ 46 \cos(M' + 2M + 226\ 28\ 46\ )$
$+\ 18 \cos(M' + 3M + 359\ 11\ 31\ )$

$-\ 26 \cos(2M' - 5M + 35^\circ 25'\ 24'')$

$-\ 26 \cos(2M'-4M+\ 65^{0}47'25'')$
$-\ 238 \cos(2M'-3M+290\ 11\ 8)$
$-1050 \cos(2M'-2M+329\ 46\ 31)$
$-4695 \cos(2M'-M+144\ 6\ 20)$
$+\ 325 \cos(2M'+319\ 32\ 42)$
$+\ 43 \cos(2M'+M+107\ 36\ 3)$
$+\ 24 \cos(2M'+2M+259\ 14\ 9)$

$-\ 15 \cos(3M'-6M+286^{0}28'43'')$
$-\ 5 \cos(3M'-5M+244\ 9\ 21)$
$-\ 134 \cos(3M'-4M+185\ 33\ 5)$
$-\ 324 \cos(3M'-3M+235\ 32\ 0)$
$-1137 \cos(3M'-2M+\ 23\ 17\ 27)$
$+2848 \cos(3M'-M+175\ 0\ 59)$
$+\ 120 \cos(3M'+323\ 12\ 44)$
$+\ 23 \cos(3M'+M+130\ 24\ 46)$

$-\ 65 \cos(4M'-5M+\ 81^{0}18'\ 6'')$
$-\ 107 \cos(4M'-4M+154\ 16\ 43)$
$-\ 423 \cos(4M'-3M+278\ 56\ 27)$
$-1072 \cos(4M'-2M+\ 62\ 26\ 37)$
$+\ 394 \cos(4M'-M+201\ 46\ 43)$
$+\ 46 \cos(4M'+\ 347\ 40\ 54)$

$-\ 28 \cos(5M'-6M+340^{0}21'57'')$
$-\ 48 \cos(5M'-5M+\ 80\ 34\ 4)$
$-\ 167 \cos(5M'-4M+179\ 55\ 47)$
$-\ 356 \cos(5M'-3M+317\ 27\ 26)$
$-4226 \cos(5M'-2M+\ 93\ 57\ 22)$
$+\ 110 \cos(5M'-M+230\ 12\ 34)$
$+\ 18 \cos(5M'+\ 10\ 48\ 14)$

$-\ 26 \cos(6M'-6M+358^{0}12'\ 4'')$
$-\ 67 \cos(6M'-5M+\ 86\ 40\ 29)$
$-\ 152 \cos(6M'-4M+215\ 53\ 22)$
$-\ 311 \cos(6M'-3M+350^{0}\ 9'\ 1'')$
$+\ 353 \cos(6M'-2M+122\ 43\ 27)$
$+\ 37 \cos(6M'-M+257\ 22\ 35)$

$-\ 14 \cos(7M'-7M+267^{0}52'\ 6'')$
$-\ 29 \cos(7M'-6M+358\ 30\ 24)$
$-\ 68 \cos(7M'-5M+117\ 35\ 50)$
$-\ 123 \cos(7M'-4M+248\ 40\ 20)$
$-\ 395 \cos(7M'-3M+\ 20\ 50\ 27)$
$+\ 80 \cos(7M'-2M+151\ 44\ 45)$
$+\ 14 \cos(7M'-M+281\ 40\ 23)$

$-\ 31 \cos(8M'-6M+\ 22^{0}30'\ 5'')$
$-\ 57 \cos(8M'-5M+149\ 12\ 21)$
$-\ 101 \cos(8M'-4M+279\ 34\ 22)$
$+\ 517 \cos(8M'-3M+\ 50\ 0\ 55)$
$+\ 26 \cos(8M'-2M+178\ 4\ 57)$

$-\ 14 \cos(9M'-7M+290^{0}38'30'')$
$-\ 27 \cos(9M'-6M+\ 51\ 37\ 9)$
$-\ 44 \cos(9M'-5M+179\ 33\ 47)$
$-\ 99 \cos(9M'-4M+308\ 55\ 32)$
$+\ 59 \cos(9M'-3M+\ 77\ 10\ 14)$

$-\ 21 \cos(10M'-6M+\ 85^{0}\ 3'29'')$
$-\ 35 \cos(10M'-5M+209\ 13\ 29)$
$-\ 232 \cos(10M'-4M+336\ 0\ 0)$
$+\ 17 \cos(10M'-3M+103\ 50\ 34)$

$-\ 16 \cos(11M'-6M+110^{0}49'58'')$
$-\ 31 \cos(11M'-5M+233\ 0\ 2)$
$+\ 52 \cos(11M'-4M+\ 3\ 2\ 22)$

Säcular: jährlich $+117{,}48$

täglich $+0{,}32163$.

Aus dem Werthe des halben Parameters lässt sich auch die Excentricität finden, sobald die halbe grosse Axe bekannt ist; denn es ist $p = a\cos\varphi^{2}$. Die Säcularänderung von φ kann schon hier angegeben werden; sie ist jährlich: $-11\overset{''}{,}13$, täglich $-0\overset{''}{,}03047$.]

[10.]

Zur Entwickelung der Störungen der halben grossen Axe berechnet man die Ausdrücke $3ae\sin(v-\tilde{\omega}).T$ und $\frac{3aa\cos\varphi^{2}}{rr}V$ aus den Tafeln Seite 512—513 und entwickelt ihre Summe nach Vielfachen von M; nach der Ausmultiplicirung erhält man den Ausdruck für $\frac{d\log\text{hyp}\, n}{n\,dt}$.

Sodann ist in Einheiten der 7. Decimale

$$\frac{d\log a}{n\,dt} = -\tfrac{2}{3}\lambda\,\frac{10000000}{206265}\,\frac{d\log\mathrm{hyp}\,n}{n\,dt}.$$

Die Integration erfolgt, wie im Vorigen. Beispiel:

$\log b$ 0,95665
$\log b'$ 0,51351
$Q = 69^\circ 57' 58''$
$\log\sin Q$ 9,97289
$\log q$ 0,98376
$\log\left(5\frac{n'}{n}-2\right)$ .... $8{,}74966_n$

$2{,}23410_n$

$\log\frac{2}{3}\lambda\frac{10000000}{206265}$ 1,14727

$3{,}38137_n$

also das Störungsglied:
$-2406\cos(5M'-2M+69^\circ 57' 58'')$.

Die Störungen der halben grossen Axe ergeben sich demnach, wie folgt, wobei das säculare Glied, ebenso wie alle andern vom Argument M unabhängigen Glieder, verschwindet:

$\delta\log a = +\ 161\cos(M + 93^\circ 28' 27'')$
$+\ 191\cos(2M + 244\ 6\ 47)$
$+\ 45\cos(3M + 286\ 9\ 45)$

$-\ 40\cos(M' - 4M + 155^\circ 24' 31'')$
$-\ 99\cos(M' - 3M + 190\ 5\ 33)$
$-\ 146\cos(M' - 2M + 0\ 16\ 14)$
$-\ 64\cos(M' - M + 127\ 15\ 14)$
$+\ 102\cos(M' + M + 131\ 53\ 19)$
$+\ 37\cos(M' + 2M + 248\ 38\ 11)$
$+\ 18\cos(M' + 3M + 3\ 0\ 46)$

$-\ 30\cos(2M' - 5M + 29^\circ 29' 10'')$
$-\ 38\cos(2M' - 4M + 16\ 17\ 10)$
$-\ 268\cos(2M' - 3M + 301\ 0\ 25)$
$-1034\cos(2M' - 2M + 325\ 15\ 27)$
$-2186\cos(2M' - M + 135\ 51\ 55)$
$+\ 42\cos(2M' + M + 180\ 26\ 27)$
$+\ 24\cos(2M' + 2M + 273\ 44\ 35)$

$-\ 17\cos(3M' - 6M + 94^\circ 34' 43'')$
$-\ 20\cos(3M' - 5M + 230\ 41\ 7)$
$-\ 141\cos(3M' - 4M + 194\ 14\ 15)$
$-\ 314\cos(3M' - 3M + 231\ 12\ 2)$
$-\ 787\cos(3M' - 2M + 13\ 53\ 20)$
$+1326\cos(3M' - M + 145^\circ 6' 27'')$
$+\ 17\cos(3M' + M + 190\ 43\ 15)$

$-\ 65\cos(4M' - 5M + 88^\circ 4' 41'')$
$-\ 97\cos(4M' - 4M + 145\ 41\ 2)$
$-\ 325\cos(4M' - 3M + 272\ 42\ 10)$
$-\ 667\cos(4M' - 2M + 42\ 6\ 35)$
$+\ 165\cos(4M' - M + 168\ 53\ 16)$

$-\ 27\cos(5M' - 6M + 344^\circ 7' 4'')$
$-\ 41\cos(5M' - 5M + 76\ 38\ 4)$
$-\ 135\cos(5M' - 4M + 175\ 2\ 21)$
$-\ 242\cos(5M' - 3M + 303\ 38\ 18)$
$-2406\cos(5M' - 2M + 69\ 57\ 58)$
$+\ 42\cos(5M' - M + 192\ 27\ 56)$

$-\ 22\cos(6M' - 6M + 357^\circ 25' 14'')$
$-\ 57\cos(6M' - 5M + 78\ 28\ 31)$
$-\ 116\cos(6M' - 4M + 204\ 27\ 13)$
$-\ 199\cos(6M' - 3M + 332\ 22\ 56)$
$+\ 183\cos(6M' - 2M + 86\ 31\ 33)$
$+\ 19\cos(6M' - M + 203\ 22\ 3)$

$-\ 24\cos(7M' - 6M + 355^\circ 56' 19'')$
$-\ 52\cos(7M' - 5M + 110\ 12\ 38)$

$- \;85 \cos(7M' - 4M + 233^{\circ}40'55'')$
$- 231 \cos(7M' - 3M + 358\;44\;52)$
$+ \;36 \cos(7M' - 2M + 126\;53\;40)$

$- \;24 \cos(8M' - 6M + 16^{\circ}54'19'')$
$- \;41 \cos(8M' - 5M + 138\;29\;50)$
$- \;67 \cos(8M' - 4M + 263\;25\;0)$
$+ 305 \cos(8M' - 3M + 27\;39\;28)$

$- \;20 \cos(9M' - 6M + 41^{\circ}12'\;9'')$
$- \;31 \cos(9M' - 5M + 165\;36\;3)$
$- \;62 \cos(9M' - 4M + 291\;12\;39)$
$+ \;31 \cos(9M' - 3M + 52\;59\;0)$

$- \;15 \cos(10M' - 6M + 68^{\circ}51'43'')$
$- \;23 \cos(10M' - 5M + 191\;55\;30)$
$- 139 \cos(10M' - 4M + 313\;17\;2)$
$- \;19 \cos(11M' - 5M + 216\;56\;27)$
$+ \;30 \cos(11M' - 4M + 340\;2\;2)$

[11.]

[Da die mittlere Länge durch die Relation

$$♀ = \int n\,\mathrm{d}t + \varepsilon$$

definirt ist, so zerfallen die Störungen der Epoche in zwei Theile, deren ersterer aus $\int n\,\mathrm{d}t$, letzterer aus ε selbst entspringt. Der erstere ergibt sich aus dem vorigen Artikel, indem man die Störungen des Logarithmen der mittlern Bewegung

$$\frac{\delta n}{n} = \delta \log \operatorname{hyp} n$$

nochmals integrirt. Für unser Beispiel entnehmen wir dem vorigen Artikel den zum Argument $5M' - 2M$ gehörigen Coefficienten von $-\delta \log \operatorname{hyp} n$, der dort mit * bezeichnet ist, worauf sich ergibt:

*	$2{,}23410_n$
$\log\left(5\frac{n'}{n} - 2\right)$ . .	$8{,}74966_n$
	$3{,}48444$

also das Störungsglied:
$- 3051'',00 \sin(5M' - 2M + 69^{\circ}57'58'')$.

Es ergibt sich hieraus für die Störungen des ersten Theils der Epoche, wobei die Coefficienten der Argumente $5M' - 2M$, $8M' - 3M$, $10M' - 4M$ später mit verbessertem Divisor neu berechnet sind:

$\int \delta n\,\mathrm{d}t = - 11'',47 \sin(M + 93^{\circ}28'27'')$
$- \;6,80 \sin(2M + 244\;6\;47)$
$- \;1,07 \sin(3M + 286\;9\;45)$
$- \;0,80 \sin(M' - 4M + 155^{\circ}24'31'')$
$- \;2,70 \sin(M' - 3M + 190\;5\;33)$
$- \;6,44 \sin(M' - 2M + 0\;16\;14)$
$- \;7,51 \sin(M' - M + 127\;15\;14)$
$- \;5,25 \sin(M' + M + 131\;53\;19)$
$- \;1,11 \sin(M' + 2M + 248\;38\;11)$
$- \;0,38 \sin(M' + 3M + 3\;0\;46)$
$- \;0,51 \sin(2M' - 5M + 29^{\circ}29'10'')$
$- \;0,83 \sin(2M' - 4M + 16\;17\;10)$
$- \;8,58 \sin(2M' - 3M + 301\;0\;25)$
$- \;60'',23 \sin(2M' - 2M + 325^{\circ}15'27'')$
$- 731,50 \sin(2M' - M + 135\;51\;55)$
$- \;1,69 \sin(2M' + M + 180\;26\;27)$
$- \;0,63 \sin(2M' + 2M + 273\;44\;35)$
$- \;0,25 \sin(3M' - 6M + 94\;34\;43)$
$- \;0,38 \sin(3M' - 5M + 230\;41\;7)$
$- \;3,54 \sin(3M' - 4M + 194\;14\;15)$
$- \;12,21 \sin(3M' - 3M + 231\;12\;2)$
$- \;67,23 \sin(3M' - 2M + 13\;53\;20)$
$- 568,14 \sin(3M' - M + 145\;6\;27)$
$- \;0,56 \sin(3M' + M + 190\;43\;15)$
$- \;1,34 \sin(4M' - 5M + 88\;4\;41)$
$- \;2,83 \sin(4M' - 4M + 145\;41\;2)$

$-\ 16''{,}03 \sin(4M'-3M+272^\circ 42' 10'')$	$-\ 4{,}75 \sin(7M'-4M+233^\circ 40' 55'')$
$-\ 106{,}81 \sin(4M'-2M+\ 42\ \ 6\ 35)$	$-\ 58{,}94 \sin(7M'-3M+358\ 44\ 52)$
$-\ 21{,}21 \sin(4M'-M+168\ 53\ 16)$	$-\ 3{,}60 \sin(7M'-2M+126\ 53\ 40)$
$-\ 0{,}48 \sin(5M'-6M+344\ \ 7\ \ 4)$	$-\ 0{,}60 \sin(8M'-6M+\ 16\ 54\ 19)$
$-\ 0{,}96 \sin(5M'-5M+\ 76\ 38\ \ 4)$	$-\ 1{,}56 \sin(8M'-5M+138\ 29\ 50)$
$-\ 4{,}67 \sin(5M'-4M+175\ \ 2\ 21)$	$-\ 5{,}35 \sin(8M'-4M+263\ 25\ \ 0)$
$-\ 16{,}34 \sin(5M'-3M+303\ 38\ 18)$	$-193{,}69 \sin(8M'-3M+\ 27\ 39\ 28)$
$-3121{,}14 \sin(5M'-2M+\ 69\ 57\ 58)$	$-\ 0{,}58 \sin(9M'-6M+\ 41\ 12\ \ 9)$
$-\ 3{,}20 \sin(5M'-M+192\ 27\ 56)$	$-\ 1{,}46 \sin(9M'-5M+165\ 36\ \ 3)$
$-\ 0{,}42 \sin(6M'-6M+357\ 25\ 14)$	$-\ 8{,}76 \sin(9M'-4M+291\ 12\ 39)$
$-\ 1{,}51 \sin(6M'-5M+\ 78\ 28\ 31)$	$-\ 4{,}38 \sin(9M'-3M+\ 52\ 59\ \ 0)$
$-\ 4{,}96 \sin(6M'-4M+204\ 27\ 13)$	$-\ 0{,}51 \sin(10M'-6M+\ 68^\circ 51' 43'')$
$-\ 21{,}26 \sin(6M'-3M+332\ 22\ 56)$	$-\ 1{,}45 \sin(10M'-5M+191\ 55\ 30)$
$-\ 39{,}24 \sin(6M'-2M+\ 86\ 31\ 33)$	$-\ 89{,}91 \sin(10M'-4M+313\ 17\ \ 2)$
$-\ 1{,}00 \sin(6M'-M+203\ 22\ \ 3)$	$-\ 1{,}86 \sin(11M'-5M+216\ 56\ 27)$
$-\ 0{,}52 \sin(7M'-6M+355\ 56\ 19)$	$-\ 7{,}61 \sin(11M'-4M+340\ \ 2\ \ 2)$.]
$-\ 1{,}63 \sin(7M'-5M+110\ 12\ 38)$	

[12.]

[Zur Berechnung der Störungen des zweiten Theils ε der Epoche wird die Integration des Ausdrucks $2r\cos\varphi\,.\,T$ erfordert; nachdem dieser durch die Interpolationsrechnung hergestellt ist, ergibt seine Integration den Wert von

$$\varepsilon-(1-\cos i)\Omega-(1-\cos\varphi)\left\{\tilde\omega-(1-\cos i)\Omega\right\} = \varepsilon-(1-\cos\varphi)\tilde\omega-\cos\varphi(1-\cos i)\Omega\,.$$

Die Integration für unser Beispiel:

$\log b$	$0{,}69697$	
$\log b'$	$1{,}10435_n$	
Q =	$158^\circ 37' 29''$	
$\log\cos Q$	$9{,}96905_n$	also das Störungsglied:
$\log q$	$1{,}13530$	$+\ 243''{,}02\cos(5M'-2M+158^\circ 37' 29'')$.
$\log\left(5\dfrac{n'}{n}-2\right)$ ...	$8{,}74966_n$	
	$2{,}38564_n$	

Die gesammten Störungen ergeben sich, wie folgt:

$$\delta\varepsilon-(1-\cos i)\delta\Omega-(1-\cos\varphi)\left\{\delta\tilde\omega-(1-\cos i)\delta\Omega\right\} =$$

$-\ 21''{,}22\cos(M+349^\circ\ 0' 41'')$	$+\ 2''{,}20\cos(M'-4M+231^\circ 22' 46'')$
$-\ 12{,}47\cos(2M+147\ 32\ 36)$	$+\ 5{,}76\cos(M'-3M+290\ 31\ 20)$
$-\ 2{,}73\cos(3M+212\ \ 6\ 43)$	$+\ 13{,}43\cos(M'-2M+\ 95\ 34\ 53)$
	$+\ 12{,}20\cos(M'-M+258\ 52\ 47)$

$-\;32{,}''95\cos(M'+227^{\circ}37'\;\;0'')$
$-\;16{,}18\cos(M'+\;M+\;37^{\circ}48'32'')$
$-\;3{,}40\cos(M'+2M+147\;\;45\;\;30\;)$
$-\;1{,}38\cos(M'+3M+266\;\;33\;\;49\;)$

$+\;1{,}37\cos(2M'-5M+125^{\circ}11'47'')$
$+\;1{,}41\cos(2M'-4M+165\;\;16\;\;16\;)$
$+\;11{,}78\cos(2M'-3M+\;18\;\;6\;\;21\;)$
$+\;46{,}54\cos(2M'-2M+\;61\;\;23\;\;46\;)$
$+196{,}34\cos(2M'-\;M+223\;\;43\;\;43\;)$
$-\;35{,}01\cos(2M'\;\;+311\;\;35\;\;32\;)$
$-\;6{,}85\cos(2M'+\;M+\;73\;\;15\;\;56\;)$
$-\;2{,}50\cos(2M'+2M+179\;\;17\;\;29\;)$

$+\;6{,}34\cos(3M'-4M+274^{\circ}19'19'')$
$+\;14{,}42\cos(3M'-3M+329\;\;2\;\;43\;)$
$+\;48{,}30\cos(3M'-2M+110\;\;35\;\;39\;)$
$-166{,}00\cos(3M'-\;M+227\;\;50\;\;23\;)$
$-\;13{,}62\cos(3M'\;\;+343\;\;57\;\;59\;)$
$-\;3{,}67\cos(3M'+\;M+\;91\;\;40\;\;13\;)$
$-\;1{,}07\cos(3M'+2M+203\;\;0\;\;9\;)$

$+\;3{,}02\cos(4M'-5M+170^{\circ}51'10'')$
$+\;4{,}94\cos(4M'-4M+247\;\;47\;\;37\;)$
$+\;18{,}25\cos(4M'-3M+\;10\;\;0\;\;22\;)$
$+\;52{,}07\cos(4M'-2M+133\;\;4\;\;17\;)$
$-\;28{,}81\cos(4M'-\;M+253\;\;25\;\;4\;)$
$-\;5{,}55\cos(4M'\;\;+\;4\;\;18\;\;12\;)$
$-\;1{,}64\cos(4M'+\;M+117\;\;14\;\;15\;)$

$+\;1{,}30\cos(5M'-6M+\;71^{\circ}\;7'44'')$
$+\;2{,}26\cos(5M'-5M+172\;\;30\;\;27\;)$
$+\;7{,}37\cos(5M'-4M+272\;\;34\;\;34\;)$
$+\;16{,}20\cos(5M'-3M+\;37\;\;10\;\;53\;)$
$+243{,}02\cos(5M'-2M+158\;\;37\;\;29\;)$
$-\;9{,}10\cos(5M'-\;M+276\;\;23\;\;14\;)$
$-\;2{,}33\cos(5M'\;\;+\;30\;\;8\;\;31\;)$

$+\;1{,}''16\cos(6M'-6M+\;89^{\circ}11'19'')$
$+\;3{,}05\cos(6M'-5M+180\;\;19\;\;0\;)$
$+\;6{,}75\cos(6M'-4M+301\;\;22\;\;11\;)$
$+\;16{,}06\cos(6M'-3M+\;63\;\;27\;\;50\;)$
$-\;23{,}13\cos(6M'-2M+182\;\;59\;\;45\;)$
$-\;3{,}48\cos(6M'-\;M+300\;\;6\;\;0\;)$
$-\;1{,}06\cos(6M'\;\;+\;53\;\;3\;\;7\;)$

$+\;1{,}35\cos(7M'-6M+\;96^{\circ}25'40'')$
$+\;3{,}03\cos(7M'-5M+205\;\;49\;\;26\;)$
$+\;5{,}92\cos(7M'-4M+327\;\;20\;\;47\;)$
$+\;22{,}49\cos(7M'-3M+\;88\;\;31\;\;40\;)$
$-\;5{,}85\cos(7M'-2M+206\;\;57\;\;35\;)$
$-\;1{,}46\cos(7M'-\;M+322\;\;28\;\;7\;)$

$+\;1{,}28\cos(8M'-6M+119^{\circ}51'46'')$
$+\;2{,}46\cos(8M'-5M+237\;\;40\;\;9\;)$
$+\;4{,}91\cos(8M'-4M+359\;\;41\;\;7\;)$
$-\;29{,}31\cos(8M'-3M+121\;\;55\;\;2\;)$
$-\;1{,}78\cos(8M'-2M+244\;\;10\;\;22\;)$

$+\;1{,}24\cos(9M'-6M+137^{\circ}17'43'')$
$+\;2{,}19\cos(9M'-5M+258\;\;13\;\;31\;)$
$+\;5{,}54\cos(9M'-4M+\;19\;\;3\;\;41\;)$
$-\;3{,}96\cos(9M'-3M+138\;\;2\;\;12\;)$

$+\;1{,}04\cos(10M'-6M+163^{\circ}\;5'51'')$
$+\;1{,}84\cos(10M'-5M+284\;\;8\;\;17\;)$
$+\;14{,}13\cos(10M'-4M+\;43\;\;55\;\;42\;)$
$-\;1{,}20\cos(10M'-3M+162\;\;54\;\;33\;)$

$+\;1{,}96\cos(11M'-5M+303^{\circ}37'21'')$
$+\;3{,}92\cos(11M'-4M+241\;\;39\;\;36\;)$

Säcularänderung: $-\;15{,}''278$ jährlich
$-\;0{,}04183$ täglich

aus welchem Ausdruck man $\delta\varepsilon$ erhält, wenn man $(1-\cos\varphi)\delta\tilde{\omega}$ und $\cos\varphi(1-\cos i)\delta\Omega$ hinzufügt. Den säcularen Theil von $\delta\varepsilon$ kann man bei Seite lassen, wenn man n dementsprechend ändert.]

[13.]

[Es handelt sich nun darum, die mittlern Elemente zu ermitteln, welche, mit den im Vorigen berechneten Störungen verbunden, die Bewegung der Pallas darstellen. Sie werden erhalten, wenn man aus den Seite 483—488 mit Hülfe der speciellen Störungen hergeleiteten Resultaten die Elemente der Pallas für die beobachteten sieben Oppositionen herleitet und an diese die nach den vorstehenden Artikeln zu berechnenden Störungen mit umgekehrten Zeichen anbringt.

Nach den Seite 486 gegebenen Störungswerthen und unter Benutzung der dort gültigen Normalelemente ergeben sich für die sieben Oppositionen die folgenden osculirenden Elemente:

Opposition	n	ε	φ	$\tilde{\omega}$	i	Ω
I	770,″7240	254° 56′ 42,″87	14° 12′ 42,″7	121° 7′ 54,″2	34° 37′ 44,″3	172° 28′ 21,″3
II	3919	57 17, 42	11 28, 5	6 38, 8	33, 1	38, 8
III	1365	56 33, 37	10 53, 9	3 18, 2	9, 7	21, 7
IV	4995	56 39, 18	10 5, 4	0 54, 1	22, 5	8, 4
V	1737	59 5, 71	8 5, 7	120 59 34, 5	28, 0	27 37, 3
VI	768, 2675	56 48, 96	1 31, 9	45 48, 4	36 36, 9	27 34, 8
VII	8375	53 38, 45	13 58 52, 2	48 30, 7	35 12, 2	25 37, 0

Hier soll nur die Ableitung der halben grossen Axe und der Excentricität als Beispiel gegeben werden.

Indem man die folgenden Werthe der mittlern Anomalien für die sieben Oppositionen zum Grunde legt:

M'	177° 3′ 19″	212° 33′ 2″	250° 28′ 46″	293° 45′ 48″	331° 5′ 39″	6° 13′ 25″	49° 11′ 33″
M	139 19 46	230 47 3	328 28 13	80 2 26	176 13 39	266 44 47	17 27 34

ergeben sich aus den numerischen Werthen des Artikels [10] die Störungen der Logarithmen der halben grossen Axe, wie folgt:

—5648 —4381 —3424 —4729 —3516 +3776 +1683.

Nach den obigen Elementen ist nun

$\log a$ 0,442 0718 0,442 1966 0,442 2926 0,442 1562 0,442 2786 0,442 9961 0,442 7813

also der mittlere Werth der halben grossen Axe:

0,442 6366 0,442 6347 0,442 6350 0,442 6291 0,442 6302 0,442 6185 0,442 6130

also das Mittel

$$\log a = 0{,}442\,6282$$

und

$$n = 769{,}''2443.$$

Für den Logarithmen des halben Parameters ergeben sich die Störungen:

—10935 —8902 —7593 —8433 —5895 +5550 +5160.

Die obigen Elemente geben $p = a \cos\varphi^2$:

$\log p$ 0,415 0729 0,415 2768 0,415 4097 0,415 3249 0,415 5744 0,416 7077 0,416 6607

woraus der mittlere Werth von $\log p$ folgt:

0,416 1664 0,416 1670 0,416 1690 0,416 1682 0,416 1639 0,416 1527 0,416 1447

also im Mittel

$$\log p = 0{,}416\,1617.$$

Zur Bestimmung der Excentricität erhält man aus den gefundenen Werthen von a und p:

$\log\cos\varphi^2$	9,973 5298	9,973 5323	9,973 5340	9,973 5391	9,973 5337	9,973 5342	9,973 5317
$\varphi =$	$14^0 4' 24,''5$	$22,''2$	$20,''6$	$15,''7$	$20,''8$	$20,''4$	$22,''7$

im Mittel wird:

$$\varphi\,(1803) = 14^0 4' 21,''0.$$

Die jährliche Abnahme von φ beträgt $11,''13$; also erhält man, bezogen auf das Jahr 1810:

$$\varphi = 14^0 3' 3,''1.]$$

NACHLASS.

[VI. ALLGEMEINE STÖRUNGEN DER PALLAS DURCH JUPITER. ZWEITE RECHNUNG.]

[1.]

[Auf Grund der durch die vorige Rechnung gefundenen Resultate soll nun die ganze Rechnung wiederholt und zugleich schärfer ausgeführt werden, indem zwar für das Argument $M—M'$ der Kreisumfang wie früher in 48 Theile, für das Argument M hingegen jetzt in 24 Theile eingetheilt werden soll. Es wird dies der Berücksichtigung der 11. Potenzen der Excentricitäten (und des Quadrats der gegenseitigen Neigung) entsprechen. Das zum Grunde gelegte Elementensystem ist das folgende, bezogen auf den Anfang des Jahrs 1810,

Elemente 1810, Meridian von Göttingen:

	Pallas	Jupiter
Motus medius diurn. sid.	769,"16512	299,"12817
— tropic.	769, 30229	299, 26534
Perihelium	121°8′ 54,"50	11°17′ 5,"39
Angulus excentric.	14 3 2, 70	2 45 42, 53
log. semiax. maior.	0,442 6423	0,716 2305
Nodus ascendens	172°31′ 51,"18	98°30′ 42,"62
Inclinatio	34 36 13, 97	1 18 49, 28.

Für die Lage der Bahnen gegen einander fand sich hieraus nach den Formeln 1 Seite 489:

Neigung beider Bahnen 34°15′ 45,"30.

Aufst. Knoten der ♃-Bahn auf der Pallasbahn, in der Jupitersbahn gezählt, $☊' + N$ = 354°22′ 53,"32

in der Pallasbahn gezählt, $☊ + \Delta$ = 354 46 28, 25.

Die successive Berechnung der Grössen r, v; r', w'; β', v'; ξ, η, ζ; T, V, W nach den Formeln 2 und 3 Seite 489—490 für 48 Werthe des Arguments $M—M'$ und für 24 Werthe des Arguments M, im Ganzen also für 1152 Werthe, ergab die Grössen T, V, W auf der folgenden Tabelle; die Jupitersmasse wurde gleich $\frac{1}{1067,09}$ gesetzt.

T

M'	$M = 0^0$	$M = 15^0$	$M = 30^0$	$M = 45^0$	$M = 60^0$	$M = 75^0$	$M = 90^0$	$M = 105^0$	$M = 120^0$	$M = 135^0$	$M = 150^0$	$M = 165$
$0^0\ 0'$	+ 1,392″	− 5,659″	−10,347″	−11,994″	−11,184″	− 8,783″	− 5,482″	− 1,732″	+ 2,189″	+ 6,102″	+ 9,861″	+13,288″
7 30	+ 3,546	− 3,612	− 8,992	−11,533	−11,589	− 9,924	− 7,207	− 3,896	− 0,277	+ 3,461	+ 7,184	+10,755
15 0	+ 5,584	− 1,360	− 7,247	−10,606	−11,522	−10,635	− 8,568	− 5,777	− 2,556	+ 0,900	+ 4,462	+ 8,013
22 30	+ 7,354	+ 0,988	− 5,183	− 9,249	−10,992	−10,897	− 9,531	− 7,323	− 4,577	− 1,489	+ 1,810	+ 5,214
30 0	+ 8,690	+ 3,306	− 2,891	− 7,520	−10,028	−10,716	−10,069	− 8,494	− 6,283	− 3,634	− 0,681	+ 2,478
37 30	+ 9,415	+ 5,450	− 0,477	− 5,494	− 8,677	−10,115	−10,191	− 9,271	− 7,636	− 5,480	− 2,937	− 0,101
45 0	+ 9,354	+ 7,265	+ 1,945	− 3,256	− 7,000	− 9,130	− 9,909	− 9,651	− 8,615	− 6,989	− 4,904	− 2,451
52 30	+ 8,353	+ 8,580	+ 4,246	− 0,902	− 5,065	− 7,809	− 9,253	− 9,645	− 9,213	− 8,137	− 6,542	− 4,517
60 0	+ 6,312	+ 9,214	+ 6,287	+ 1,468	− 2,951	− 6,211	− 8,263	− 9,274	− 9,440	− 8,919	− 7,833	− 6,264
67 30	+ 3,234	+ 8,974	+ 7,919	+ 3,743	− 0,739	− 4,398	− 7,013	− 8,574	− 9,314	− 9,341	− 8,767	− 7,670
75 0	− 0,698	+ 7,672	+ 8,974	+ 5,812	+ 1,487	− 2,436	− 5,474	− 7,584	− 8,861	− 9,418	− 9,349	− 8,728
82 30	− 5,088	+ 5,153	+ 9,268	+ 7,549	+ 3,638	− 0,394	− 3,782	− 6,348	− 8,118	− 9,172	− 9,594	− 9,443
90 0	− 9,316	+ 1,341	+ 8,600	+ 8,819	+ 5,626	+ 1,662	− 1,966	− 4,910	− 7,120	− 8,636	− 9,520	− 9,824
97 30	−12,650	− 3,675	+ 6,745	+ 9,467	+ 7,355	+ 3,664	− 0,078	− 3,316	− 5,905	− 7,838	− 9,154	− 9,891
105 0	−14,457	− 9,545	+ 3,507	+ 9,312	+ 8,718	+ 5,540	+ 1,827	− 1,612	− 4,513	− 6,813	− 8,522	− 9,665
112 30	−14,441	−15,605	− 1,251	+ 8,153	+ 9,595	+ 7,219	+ 3,705	+ 0,158	− 2,983	− 5,595	− 7,655	− 9,171
120 0	−12,732	−20,892	− 7,501	+ 5,761	+ 9,846	+ 8,629	+ 5,474	+ 1,952	− 1,350	− 4,216	− 6,582	− 8,435
127 30	− 9,800	−24,393	−14,883	+ 1,939	+ 9,305	+ 9,650	+ 7,105	+ 3,728	+ 0,350	− 2,707	− 5,330	− 7,481
135 0	− 6,262	−25,409	−22,631	− 3,461	+ 7,785	+10,202	+ 8,526	+ 5,440	+ 2,080	− 1,101	− 3,929	− 6,335
142 30	− 2,674	−23,805	−29,497	−10,369	+ 5,413	+10,149	+ 9,663	+ 7,044	+ 3,806	+ 0,572	− 2,406	− 5,026
150 0	+ 0,559	−20,066	−34,047	−18,331	+ 1,047	+ 9,342	+10,433	+ 8,486	+ 5,490	+ 2,285	− 0,785	− 3,570
157 30	+ 3,208	−15,065	−35,202	−26,378	− 4,382	+ 7,622	+10,733	+ 9,706	+ 7,094	+ 4,004	+ 0,907	− 1,995
165 0	+ 5,184	− 9,693	−32,757	−33,018	−10,994	+ 4,841	+10,444	+10,633	+ 8,570	+ 5,699	+ 2,644	− 0,322
172 30	+ 6,494	− 4,654	−27,406	−36,648	−18,145	+ 0,921	+ 9,435	+11,179	+ 9,864	+ 7,330	+ 4,396	+ 1,426
180 0	+ 7,194	− 0,371	−20,448	−36,260	−24,680	− 4,042	+ 7,575	+11,238	+10,908	+ 8,854	+ 6,133	+ 3,222
187 30	+ 7,363	+ 2,971	−13,195	−32,028	−29,122	− 9,650	+ 4,781	+10,692	+11,619	+10,216	+ 7,815	+ 5,039
195 0	+ 7,083	+ 5,356	− 6,579	−25,072	−30,188	−15,071	+ 1,094	+ 9,420	+11,894	+11,345	+ 9,396	+ 6,843
202 30	+ 6,437	+ 6,852	− 1,118	−17,033	−27,511	−19,123	− 3,216	+ 7,330	+11,613	+12,153	+10,814	+ 8,590
210 0	+ 5,498	+ 7,570	+ 3,015	− 9,298	−21,838	−20,658	− 7,535	+ 4,430	+10,645	+12,525	+11,989	+10,223
217 30	+ 4,332	+ 7,632	+ 5,864	− 2,711	−14,622	−19,083	−10,923	+ 0,927	+ 8,888	+12,324	+12,814	+11,668
225 0	+ 2,999	+ 7,152	+ 7,573	+ 2,377	− 7,324	−14,803	−12,364	− 2,659	+ 6,329	+11,397	+13,145	+11,819
232 30	+ 1,555	+ 6,235	+ 8,314	+ 5,942	− 0,963	− 8,944	−11,281	− 5,497	+ 3,161	+ 9,612	+12,805	+13,531
240 0	+ 0,049	+ 4,976	+ 8,262	+ 8,139	+ 3,983	− 2,812	− 7,885	− 6,663	− 0,107	+ 6,944	+11,587	+13,601
247 30	− 1,468	+ 3,459	+ 7,570	+ 9,177	+ 7,427	+ 2,606	− 3,088	− 5,603	− 2,600	+ 3,623	+ 9,314	+12,766
255 0	− 2,950	+ 1,760	+ 6,377	+ 9,268	+ 9,486	+ 6,795	+ 1,978	− 2,514	− 3,382	+ 0,299	+ 5,967	+10,716
262 30	− 4,347	− 0,048	+ 4,799	+ 8,606	+10,366	+ 9,619	+ 6,411	+ 1,743	− 1,962	− 1,979	+ 1,925	+ 7,193
270 0	− 5,614	− 1,897	+ 2,944	+ 7,357	+10,285	+11,168	+ 9,734	+ 6,104	+ 1,333	− 2,138	− 1,793	+ 2,265
277 30	− 6,701	− 3,718	+ 0,909	+ 5,666	+ 9,443	+11,620	+11,818	+ 9,764	+ 5,510	+ 0,140	− 3,675	− 3,224
285 0	− 7,563	− 5,442	− 1,217	+ 3,657	+ 8,014	+11,180	+12,742	+12,317	+ 9,488	+ 4,149	− 2,553	− 7,342
292 30	− 8,157	− 7,005	− 3,346	+ 1,445	+ 6,152	+10,039	+12,673	+13,686	+12,548	+ 8,573	+ 1,346	− 7,809
300 0	− 8,444	− 8,343	− 5,391	− 0,863	+ 3,989	+ 8,365	+11,812	+13,982	+14,418	+12,311	+ 6,517	− 3,940
307 30	− 8,388	− 9,391	− 7,270	− 3,167	+ 1,647	+ 6,309	+10,329	+13,382	+15,091	+14,800	+11,290	+ 2,541
315 0	− 7,971	−10,099	− 8,905	− 5,369	− 0,758	+ 4,006	+ 8,393	+12,079	+14,762	+15,952	+14,687	+ 9,011
322 30	− 7,181	−10,417	−10,221	− 7,379	− 3,124	+ 1,578	+ 6,148	+10,251	+13,629	+15,928	+16,476	+13,813
330 0	− 6,027	−10,313	−11,156	− 9,111	− 5,348	− 0,861	+ 3,727	+ 8,058	+11,892	+14,969	+16,834	+16,526
337 30	− 4,535	− 9,772	−11,661	−10,491	− 7,340	− 3,207	+ 1,250	+ 5,642	+ 9,733	+13,310	+16,073	+17,409
345 0	− 2,752	− 8,797	−11,700	−11,458	− 9,018	− 5,362	− 1,175	+ 3,131	+ 7,307	+11,166	+14,494	+16,904
352 30	− 0,745	− 7,409	−11,260	−11,968	−10,317	− 7,244	− 3,447	+ 0,638	+ 4,752	+ 8,713	+12,354	+15,421

T

M'	M = 180°	M = 195°	M = 210°	M = 225°	M = 240°	M = 255°	M = 270°	M = 285°	M = 300°	M = 315°	M = 330°	M = 345°
0° 0'	+16,074"	+17,570"	+16,308"	+8,876"	−11,852"	−52,622"	−87,382"	−65,580"	−22,276"	+2,694"	+10,366"	+8,132"
7 30	+13,968	+16,437	+17,323	+14,749	+4,644	−19,451	−54,291	−62,691	−32,052	−3,173	+9,071	+9,350
15 0	+11,408	+14,402	+16,502	+16,641	+12,516	−0,189	−24,722	−46,299	−36,144	−9,599	+6,651	+9,975
22 30	+8,614	+11,846	+14,607	+16,264	+15,484	+9,591	−5,123	−26,138	−32,523	−15,008	+3,196	+9,834
30 0	+5,753	+9,027	+12,107	+14,604	+15,713	+13,786	+5,973	−9,465	−23,214	−17,650	−0,916	+8,787
37 30	+2,948	+6,127	+9,303	+12,232	+14,413	+14,807	+11,425	+1,725	−12,307	−16,638	−4,961	+6,772
45 0	+0,298	+3,278	+6,399	+9,502	+12,270	+14,032	+13,434	+8,213	−2,865	−12,548	−8,031	+3,863
52 30	−2,124	+0,580	+3,535	+6,640	+9,690	+12,250	+13,396	+11,361	+3,946	−6,903	−9,350	+0,340
60 0	−4,270	−1,895	+0,814	+3,798	+6,932	+9,927	+12,157	+12,307	+8,170	−1,279	−8,649	−3,293
67 30	−6,103	−4,100	−1,692	+1,087	+4,161	+7,353	+10,237	+11,859	+10,325	+3,361	−6,287	−6,386
75 0	−7,602	−5,998	−3,934	−1,425	+1,492	+4,713	+7,961	+10,553	+10,972	+6,655	−2,999	−8,306
82 30	−8,761	−7,571	−5,879	−3,686	−1,000	+2,132	+5,540	+8,747	+10,581	+8,645	+0,442	−8,699
90 0	−9,582	−8,810	−7,509	−5,664	−3,261	−0,306	+3,113	+6,678	+9,507	+9,537	+3,458	−7,593
97 30	−10,077	−9,722	−8,818	−7,341	−5,259	−2,528	+0,773	+4,506	+8,007	+9,580	+5,818	−5,369
105 0	−10,261	−10,311	−9,804	−8,708	−6,975	−4,551	−1,414	+2,341	+6,265	+9,004	+7,387	−2,562
112 30	−10,151	−10,594	−10,478	−9,765	−8,397	−6,299	−3,409	+0,258	+4,410	+7,995	+8,230	+0,306
120 0	−9,773	−10,585	−10,850	−10,518	−9,524	−7,777	−5,182	−1,691	+2,534	+6,702	+8,457	+2,867
127 30	−9,146	−10,305	−10,932	−10,974	−10,357	−8,978	−6,715	−3,470	+0,704	+5,238	+8,186	+4,912
135 0	−8,294	−9,774	−10,744	−11,149	−10,906	−9,903	−8,001	−5,056	−1,032	+3,687	+7,537	+6,366
142 30	−7,238	−9,010	−10,301	−11,051	−11,176	−10,556	−9,032	−6,430	−2,640	+2,117	+6,609	+7,244
150 0	−6,001	−8,033	−9,619	−10,697	−11,179	−10,939	−9,809	−7,584	−4,095	+0,574	+5,486	+7,601
157 30	−4,604	−6,862	−8,714	−10,100	−10,924	−11,060	−10,331	−8'511	−5,379	−0,901	+4,238	+7,517
165 0	−3,066	−5,514	−7,605	−9,272	−10,422	−10,926	−10,600	−9,205	−6,476	−2,281	+2,920	+7,072
172 30	−1,407	−4,007	−6,304	−8,227	−9,684	−10,543	−10,620	−9,664	−7,376	−3,542	+1,577	+6,341
180 0	+0,351	−2,360	−4,829	−6,981	−8,721	−9,921	−10,395	−9,887	−8,073	−4,664	+0,248	+5,391
187 30	+2,186	−0,592	−3,195	−5,543	−7,541	−9,064	−9,927	−9,871	−8,555	−5,629	−1,036	+4,281
195 0	+4,070	+1,278	−1,419	−3,929	−6,157	−7,980	−9,220	−9,617	−8,818	−6,425	−2,247	+3,062
202 30	+5,974	+3,222	+0,478	−2,154	−4,580	−6,678	−8,278	−9,123	−8,855	−7,037	−3,362	+1,777
210 0	+7,855	+5,212	+2,475	−0,241	−2,826	−5,169	−7,107	−8,391	−8,661	−7,452	+4,356	+0,467
217 30	+9,660	+7,207	+4,539	+1,797	−0,909	−3,464	−5,713	−7,420	−8,230	−7,658	−5,209	−0,832
225 0	+11,315	+9,153	+6,631	+3,920	+1,145	−1,579	−4,107	−6,215	−7,559	−7,642	−5,900	−2,087
232 30	+12,711	+10,975	+8,696	+6,092	+3,308	+0,463	−2,302	−4,781	−6,646	−7,395	−6,396	−3,265
240 0	+13,697	+12,561	+10,652	+8,251	+5,534	+2,626	−0,321	−3,132	−5,492	−6,909	−6,712	−4,334
247 30	+14,047	+13,744	+12,381	+10,312	+7,762	+4,882	+1,809	−1,283	−4,103	−6,176	−6,800	−5,262
255 0	+13,436	+14,269	+13,700	+12,148	+9,902	+7,150	+4,040	+0,738	−2,492	−5,194	−6,647	−6,019
262 30	+11,420	+13,744	+14,318	+13,556	+11,814	+9,341	+6,310	+2,890	−0,680	−3,965	−6,243	−6,573
270 0	+7,481	+11,571	+13,764	+14,206	+13,280	+11,309	+8,525	+5,113	+1,302	−2,501	−5,575	−6,896
277 30	+1,270	+6,916	+11,268	+13,551	+13,943	+12,831	+10,542	+7,320	+3,403	−0,822	−4,642	−6,959
285 0	−6,727	−1,154	+5,608	+10,645	+13,185	+13,541	+12,148	+9,384	+5,550	+1,038	−3,446	−6,740
292 30	−14,217	−12,842	−4,928	+3,867	+9,973	+12,830	+13,006	+11,121	+7,642	+3,027	−2,002	−6,223
300 0	−17,260	−25,727	−21,768	−9,380	+2,386	+9,646	+12,574	+12,253	+9,533	+5,070	−0,339	−5,401
307 30	−13,371	−33,258	−42,913	−32,185	−12,772	+2,141	+9,967	+12,365	+11,021	+7,064	+1,498	−4,275
315 0	−4,569	−29,486	−58,373	−64,060	−39,960	−12,755	+3,729	+10,831	+11,824	+8,874	+3,441	−2,866
322 30	+4,793	−16,537	−55,143	−91,350	−80,547	−39,438	−8,387	+6,722	+11,553	+10,316	+5,402	−1,206
330 0	+11,846	−2,223	−35,160	−90,018	−119,369	−79,640	−29,169	−1,226	+9,695	+11,160	+7,263	+0,648
337 30	+15,945	+8,403	−12,826	−60,276	−122,517	−120,572	−59,476	−14,328	+5,628	+11,122	+8,878	+2,621
345 0	+15,571	+14,564	+3,180	−26,835	−85,398	−129,845	−91,316	−32,729	−1,215	+9,879	+10,069	+4,612
352 30	+17,418	+17,229	+12,218	−3,799	−41,808	−97,210	−104,563	−52,818	−10,926	+7,122	+10,636	+6,498

67*

V

M'	M = 0°	M = 15°	M = 30°	M = 45°	M = 60°	M = 75°	M = 90°	M = 105°	M = 120°	M = 135°	M = 150°	M = 165
	"	"	"	"	"	"	"	"	"	"	"	"
0° 0'	−19,568	−18,991	−10,863	+ 0,958	+13,446	+24,588	+33,161	+38,415	+39,855	+37,006	+29,333	+ 16,04
7 30	−17,366	−19,943	−14,069	− 3,541	+ 8,546	+20,065	+29,683	+36,571	+40,179	+40,069	+35,792	+ 26,77
15 0	−13,990	−19,895	−16,628	− 7,825	+ 3,407	+14,860	+25,095	+33,200	+38,580	+40,775	+39,381	+ 33,94
22 30	− 9,504	−18,758	−18,378	−11,686	− 1,730	+ 9,225	+19,662	+28,577	+35,322	+39,406	+40,430	+ 37,99
30 0	− 4,078	−16,497	−19,189	−14,928	− 6,630	+ 3,425	+13,652	+22,984	+30,705	+36,281	+39,296	+ 39,36
37 30	+ 2,019	−13,121	−18,955	−17,380	−11,074	− 2,285	+ 7,357	+16,726	+25,044	+31,730	+36,342	+ 38,48
45 0	+ 8,370	− 8,695	−17,605	−18,898	−14,863	− 7,666	+ 1,047	+10,097	+18,654	+26,086	+31,931	+ 35,75
52 30	+14,398	− 3,348	−15,102	−19,365	−17,825	−12,499	− 5,026	+ 3,379	+11,842	+19,693	+26,416	+ 31,56
60 0	+19,358	+ 2,698	−11,442	−18,688	−19,815	−16,598	−10,637	− 3,168	+ 4,895	+12,846	+20,133	+ 26,28
67 30	+22,375	+ 9,128	− 6,658	−16,805	−20,718	−19,804	−15,590	− 9,317	− 1,930	+ 5,833	+13,388	+ 20,24
75 0	+22,538	+15,464	− 0,834	−13,668	−20,436	−21,988	−19,723	−14,874	− 8,409	− 1,095	+ 6,457	+ 13,72
82 30	+19,193	+21,071	+ 5,888	− 9,261	−18,901	−23,049	−22,904	−19,677	−14,352	− 7,720	− 0,421	+ 7,01
90 0	+12,209	+25,124	+13,266	− 3,568	−16,050	−22,901	−25,028	−23,594	−19,602	−13,864	− 7,040	+ 0,31
97 30	+ 2,271	+26,654	+20,916	+ 3,363	−11,837	−21,479	−26,010	−26,526	−24,037	−19,378	−13,231	− 6,17
105 0	− 9,116	+24,720	+28,250	+11,436	− 6,228	−18,725	−25,787	−28,389	−27,554	−24,141	−18,854	− 12,28
112 30	−20,013	+18,738	+34,412	+20,477	+ 0,790	−14,592	−24,302	−29,124	−30,080	−28,062	−23,798	− 17,89
120 0	−28,667	+ 8,859	+38,268	+30,112	+ 9,209	− 9,034	−21,510	−28,675	−31,553	−31,064	−27,973	− 22,90
127 30	−34,023	− 3,725	+38,466	+39,725	+18,919	− 2,025	−17,361	−26,996	−31,917	−33,086	−31,305	− 27,21
135 0	−35,877	−16,954	+33,877	+48,322	+29,709	+ 6,433	−11,823	−24,050	−31,137	−34,083	−33,736	− 30,76
142 30	−34,665	−28,527	+24,048	+54,479	+41,131	+16,285	− 4,865	−19,794	−29,167	−34,006	−35,215	− 33,49
150 0	−31,171	−36,682	+ 9,863	+56,370	+52,371	+27,361	+ 3,512	−14,195	−25,966	−32,812	−35,689	− 35,34
157 30	−26,228	−40,697	− 6,350	+52,293	+62,097	+39,284	+13,251	− 7,229	−21,493	−30,458	−35,117	− 36,26
165 0	−20,550	−40,797	−21,529	+41,396	+68,447	+51,333	+24,198	+ 1,106	−15,710	−26,894	−33,442	− 36,19
172 30	−14,682	−37,816	−33,042	+24,638	+69,155	+62,319	+35,973	+10,734	− 8,596	−22,073	−30,617	− 35,090
180 0	− 9,005	−32,775	−39,583	+ 5,009	+62,337	+70,416	+47,899	+21,489	− 0,161	−15,956	−26,581	− 32,880
187 30	− 3,782	−26,601	−41,260	−13,509	+47,592	+73,343	+58,844	+32,995	+ 9,530	− 8,507	−21,268	− 29,495
195 0	+ 0,843	−20,000	−39,017	−27,606	+26,921	+68,798	+67,009	+44,530	+20,266	+ 0,257	−14,629	− 24,857
202 30	+ 4,780	−13,494	−34,119	−35,768	+ 4,506	+55,683	+70,103	+54,910	+31,618	+10,249	− 6,625	− 18,890
210 0	+ 7,983	− 7,404	−27,720	−38,232	−15,052	+35,287	+65,783	+62,301	+42,798	+21,220	+ 2,736	− 11,515
217 30	+10,436	− 1,934	−20,700	−36,229	−28,647	+11,488	+52,713	+64,301	+52,430	+32,644	+13,324	− 2,683
225 0	+12,142	+ 2,785	−13,662	−31,232	−35,410	−10,589	+31,934	+58,455	+58,443	+43,503	+24,806	+ 7,582
232 30	+13,113	+ 6,706	− 7,013	−24,560	−36,208	−26,886	+ 7,377	+43,480	+58,110	+52,109	+36,466	+ 19,107
240 0	+13,370	+ 9,796	− 0,995	−17,175	−32,648	−35,727	−15,512	+20,756	+48,840	+55,806	+46,902	+ 31,386
247 30	+12,940	+12,046	+ 4,247	− 9,743	−26,334	−37,617	−32,186	− 5,164	+29,610	+51,284	+53,677	+ 43,320
255 0	+11,859	+13,467	+ 8,633	− 2,704	−18,610	−34,209	−40,663	−28,161	+ 2,894	+35,713	+53,136	+ 52,739
262 30	+10,171	+14,072	+12,115	+ 3,669	−10,411	−27,386	−41,481	−43,435	−25,164	+ 9,076	+40,982	+ 55,831
270 0	+ 7,934	+13,888	+14,672	+ 9,199	− 2,387	−18,717	−36,528	−49,315	−47,348	−23,645	+14,521	+ 47,007
277 30	+ 5,219	+12,955	+16,298	+13,781	+ 5,043	− 9,393	−27,946	−46,934	−59,041	−53,404	−23,330	+ 20,713
285 0	+ 2,111	+11,321	+17,004	+17,347	+11,606	− 0,222	−17,569	−38,780	−59,818	−71,992	−62,259	− 23,343
292 30	− 1,281	+ 9,058	+16,815	+19,857	+17,114	+ 8,254	− 6,729	−27,382	−52,177	−76,493	−89,574	− 74,288
300 0	− 4,834	+ 6,250	+15,772	+21,294	+21,466	+15,689	+ 3,674	−14,746	−39,481	−69,177	−98,510	−113,203
307 30	− 8,403	+ 3,005	+13,935	+21,666	+24,577	+21,853	+13,048	− 2,266	−24,658	−54,525	−90,888	−127,394
315 0	−11,827	− 0,547	+11,394	+21,006	+26,408	+26,602	+21,025	+ 9,155	− 9,751	−36,770	−73,088	−118,269
322 30	−14,930	− 4,256	+ 8,256	+19,375	+26,969	+29,859	+27,382	+18,988	+ 3,980	−18,824	−51,207	− 95,308
330 0	−17,532	− 7,954	+ 4,659	+16,866	+26,298	+31,595	+31,996	+26,954	+15,821	− 2,403	−29,366	− 67,680
337 30	−19,453	−11,460	+ 0,764	+13,602	+24,474	+31,840	+34,827	+32,874	+25,409	+11,622	− 9,754	− 40,947
345 0	−20,527	−14,589	− 3,251	+ 9,738	+21,613	+30,663	+35,900	+36,709	+32,599	+22,919	+ 6,696	− 17,668
352 30	−20,600	−17,156	− 7,193	+ 5,456	+17,874	+28,188	+35,397	+38,527	+37,383	+31;346	+19,703	+ 1,331

V

M'	$M = 180°$	$M = 195°$	$M = 210°$	$M = 225°$	$M = 240°$	$M = 255°$	$M = 270°$	$M = 285°$	$M = 300°$	$M = 315°$	$M = 330°$	$M = 345°$
	″	″	″	″	″	″	″	″	″	″	″	″
0° 0′	− 4,060	− 32,789	− 72,523	−124,426	−178,525	−182,921	− 58,654	+ 82,336	+97,814	+56,344	+16,520	− 8,713
7 30	+ 12,194	− 9,126	− 38,754	− 77,980	−123,677	−153,639	−107,942	+ 18,365	+83,244	+63,851	+25,790	− 2,746
15 0	+ 23,868	+ 8,360	− 13,632	− 43,088	− 79,307	−113,066	−111,787	− 35,883	+51,351	+63,541	+33,976	+ 4,075
22 30	+ 31,626	+ 20,749	+ 4,625	− 17,508	− 45,693	− 76,245	− 93,284	− 63,091	+12,560	+53,238	+39,440	+11,272
30 0	+ 36,076	+ 28,969	+ 17,471	+ 0,969	− 20,853	− 46,650	− 68,984	− 66,850	−19,441	+34,033	+40,444	+18,117
37 30	+ 37,765	+ 33,773	+ 26,029	+ 14,000	− 2,739	− 23,870	− 46,078	− 57,750	−37,520	+10,902	+35,742	+23,666
45 0	+ 37,176	+ 35,792	+ 31,165	+ 22,805	+ 10,224	− 6,714	− 26,725	− 43,821	−42,597	− 9,817	+25,436	+26,821
52 30	+ 34,749	+ 35,553	+ 33,555	+ 28,275	+ 19,213	+ 5,970	− 11,160	− 29,356	−39,060	−23,830	+11,369	+26,537
60 0	+ 30,886	+ 33,515	+ 33,748	+ 31,105	+ 25,058	+ 15,091	+ 0,975	− 16,204	−31,134	−30,206	− 3,347	+22,193
67 30	+ 25,948	+ 30,081	+ 32,199	+ 31,820	+ 28,411	+ 21,338	+ 10,172	− 5,031	−21,647	−30,326	−15,654	+13,993
75 0	+ 20,255	+ 25,594	+ 29,295	+ 30,864	+ 29,750	+ 25,316	+ 16,894	+ 4,071	−12,224	−26,341	−23,691	+ 3,149
82 30	+ 14,091	+ 20,365	+ 25,366	+ 28,599	+ 29,496	+ 27,396	+ 21,544	+ 11,213	− 3,662	−20,170	−27,109	− 8,348
90 0	+ 7,701	+ 14,687	+ 20,695	+ 25,327	+ 27,970	+ 27,948	+ 24,454	+ 16,591	+ 3,694	−13,195	−26,619	−18,412
97 30	+ 1,295	+ 8,688	+ 15,530	+ 21,304	+ 25,449	+ 27,231	+ 25,922	+ 20,417	+ 9,730	− 6,276	−23,365	−25,545
105 0	− 4,951	+ 2,662	+ 10,071	+ 16,762	+ 22,165	+ 25,586	+ 26,180	+ 22,889	+14,488	+ 0,078	−18,474	−29,144
112 30	− 10,890	− 3,263	+ 4,498	+ 11,883	+ 18,319	+ 23,122	+ 25,442	+ 24,197	+18,044	+ 5,626	−12,852	−29,454
120 0	− 16,401	− 8,952	− 1,043	+ 6,822	+ 14,076	+ 20,045	+ 23,879	+ 24,507	+20,507	+10,257	− 7,125	−27,165
127 30	− 21,384	− 14,292	− 6,425	+ 1,718	+ 9,582	+ 16,506	+ 21,660	+ 23,963	+21,989	+13,956	− 1,707	−23,124
135 0	− 25,755	− 19,188	− 11,544	− 3,313	+ 4,963	+ 12,639	+ 18,907	+ 22,703	+22,601	+16,752	+ 3,161	−18,105
142 30	− 29,445	− 23,557	− 16,308	− 8,172	+ 0,323	+ 8,554	+ 15,738	+ 20,837	+22,457	+18,693	+ 7,351	−12,712
150 0	− 32,391	− 27,332	− 20,637	− 12,771	− 4,242	+ 4,352	+ 12,257	+ 18,470	+21,620	+19,846	+10,806	− 7,379
157 30	− 34,535	− 30,445	− 24,460	− 17,032	− 8,648	+ 0,122	+ 8,557	+ 15,695	+20,212	+20,276	+13,515	− 2,397
165 0	− 35,819	− 32,834	− 27,709	− 20,881	− 12,818	− 4,056	+ 4,719	+ 12,595	+18,298	+20,050	+15,489	+ 2,056
172 30	− 36,182	− 34,438	− 30,317	− 24,250	− 16,677	− 8,106	+ 0,823	+ 9,246	+15,953	+19,231	+16,762	+ 5,883
180 0	− 35,566	− 35,189	− 32,219	− 27,064	− 20,155	− 11,953	− 3,059	+ 5,722	+13,247	+17,881	+17,373	+ 9,029
187 30	− 33,887	− 35,013	− 33,335	− 29,258	− 23,174	− 15,524	− 6,853	+ 2,092	+10,245	+16,056	+17,358	+11,479
195 0	− 31,072	− 33,829	− 33,588	− 30,741	− 25,657	− 18,740	− 10,485	− 1,572	+ 7,012	+13,813	+16,762	+13,237
202 30	− 27,023	− 31,535	− 32,884	− 31,426	− 27,517	− 21,517	− 13,875	− 5,199	+ 3,613	+11,210	+15,627	+14,318
210 0	− 21,637	− 28,036	− 31,109	− 31,212	− 28,652	− 23,764	− 16,939	− 8,709	+ 0,118	+ 8,302	+13,997	+14,744
217 30	− 14,803	− 23,188	− 28,140	− 29,967	− 28,953	− 25,377	− 19,579	− 12,016	− 3,399	+ 5,153	+11,922	+14,544
225 0	− 6,419	− 16,852	− 23,824	− 27,556	− 28,280	− 26,231	− 21,685	− 15,024	− 6,855	+ 1,830	+ 9,450	+13,749
232 30	+ 3,582	− 8,873	− 17,982	− 23,798	− 26,474	− 26,180	− 23,129	− 17,621	−10,156	− 1,592	+ 6,629	+12,396
240 0	+ 15,157	+ 0,898	− 10,406	− 18,489	− 23,343	− 25,109	− 23,764	− 19,681	−13,195	− 5,026	+ 3,549	+10,530
247 30	+ 28,021	+ 12,553	− 0,869	− 11,367	− 18,646	− 22,646	− 23,407	− 21,051	−15,847	− 8,374	+ 0,260	+ 8,200
255 0	+ 41,371	+ 26,023	+ 10,862	− 2,125	− 12,083	− 18,691	− 21,844	− 21,553	−17,968	−11,521	− 3,143	+ 5,466
262 30	+ 53,347	+ 40,829	+ 24,939	+ 9,599	− 3,282	− 12,867	− 18,810	− 20,974	−19,389	−14,331	− 6,559	+ 2,400
270 0	+ 60,169	+ 55,512	+ 41,241	+ 24,181	+ 8,234	− 4,759	− 13,974	− 19,064	−19,912	−16,653	− 9,866	− 0,910
277 30	+ 55,176	+ 66,581	+ 58,887	+ 41,905	+ 23,024	+ 6,164	− 6,927	− 15,512	−19,309	−18,308	−12,930	− 4,350
285 0	+ 29,549	+ 66,719	+ 75,026	+ 62,554	+ 41,737	+ 20,587	+ 2,863	− 9,955	−17,317	−19,096	−15,593	− 7,830
292 30	− 21,823	+ 43,593	+ 82,412	+ 84,372	+ 64,827	+ 39,215	+ 16,052	− 1,940	−13,630	−18,802	−17,682	−11,179
300 0	− 88,742	− 14,998	+ 65,786	+101,242	+ 91,764	+ 63,231	+ 33,449	+ 9,058	− 7,915	−17,186	−19,008	−14,251
307 30	−143,694	−102,374	+ 3,729	+ 97,046	+118,454	+ 92,775	+ 55,902	+ 23,642	+ 0,189	−14,002	−19,371	−16,872
315 0	−164,263	−179,544	−106,254	+ 41,960	+131,227	+125,700	+ 83,948	+ 42,375	+11,052	− 9,004	−18,578	−18,864
322 30	−151,496	−207,781	−212,210	− 82,538	+ 97,823	+152,486	+116,413	+ 65,476	+24,914	− 1,995	−16,438	−20,039
330 0	−120,647	−188,539	−250,600	−219,225	− 16,320	+146,680	+147,141	+ 91,996	+41,750	+ 7,142	−12,799	−20,226
337 30	− 85,334	−146,872	−223,389	−273,519	−169,158	+ 70,487	+158,722	+118,035	+60,826	+18,323	− 7,575	−19,270
345 0	− 52,779	−102,421	−169,756	−243,350	−248,061	− 64,032	+123,951	+134,147	+79,920	+31,102	− 0,781	−17,059
352 30	− 25,562	− 63,736	−116,458	−182,637	−232,500	−164,177	+ 35,733	+125,479	+94,558	+44,432	+ 7,398	−13,528

W

M′	M = 0°	M = 15°	M = 30°	M = 45°	M = 60°	M = 75°	M = 90°	M = 105°	M = 120°	M = 135°	M = 150°	M = 16
0° 0′	— 3,509″	— 4,650″	— 5,458″	— 6,121″	— 6,665″	— 7,067″	— 7,281″	— 7,256″	— 6,925″	— 6,183″	— 4,875″	— 2,79
7 30	— 4,437	— 6,440	— 7,800	— 8,889	— 9,791	—10,492	— 10,948	— 11,102	— 10,879	— 10,178	— 8,847	— 6,63
15 0	— 4,605	— 7,722	— 9,751	—11,329	—12,633	—13,676	— 14,422	— 14,819	— 14,799	— 14,270	— 13,098	— 11,07
22 30	— 3,834	— 8,357	—11,189	—13,322	—15,062	—16,476	— 17,544	— 18,220	— 18,454	— 18,166	— 17,247	— 15,53
30 0	— 1,962	— 8,221	—12,011	—14,767	—16,976	—18,774	— 20,175	— 21,152	— 21,665	— 21,650	— 21,024	— 19,65
37 30	+ 1,143	— 7,204	—12,131	—15,588	—18,297	—20,492	— 22,230	— 23,508	— 24,302	— 24,566	— 24,239	— 23,22
45 0	+ 5,550	— 5,213	—11,480	—15,732	—18,976	—21,575	— 23,645	— 25,216	— 26,282	— 26,816	— 26,774	— 26,08
52 30	+11,230	— 2,183	—10,013	—15,168	—18,989	—21,998	— 24,392	— 26,241	— 27,561	— 28,343	— 28,563	— 28,17
60 0	+17,990	+ 1,912	— 7,705	—13,890	—18,337	—21,769	— 24,477	— 26,584	— 28,134	— 29,139	— 29,593	— 29,46
67 30	+25,422	+ 7,049	— 4,551	—11,912	—17,046	—20,911	— 23,923	— 26,266	— 28,022	— 29,222	— 29,876	— 29,97
75 0	+32,804	+13,101	— 0,578	— 9,265	—15,157	—19,475	— 22,783	— 25,340	— 27,271	— 28,636	— 29,460	— 29,74
82 30	+39,189	+19,819	+ 4,148	— 6,005	—12,735	—17,528	— 21,121	— 23,871	— 25,950	— 27,447	— 28,408	— 28,85
90 0	+43,500	+26,755	+ 9,504	— 2,215	— 9,858	—15,145	— 19,016	— 21,933	— 24,131	— 25,731	— 26,797	— 27,36
97 30	+44,838	+33,217	+15,267	+ 1,993	— 6,626	—12,424	— 16,556	— 19,614	— 21,900	— 23,570	— 24,711	— 25,370
105 0	+42,822	+38,269	+21,076	+ 6,441	— 3,165	— 9,470	— 13,840	— 17,006	— 19,345	— 21,051	— 22,236	— 22,96
112 30	+37,825	+40,896	+26,371	+10,883	+ 0,361	— 6,413	— 10,978	— 14,209	— 16,559	— 18,266	— 19,461	— 20,21
120 0	+30,828	+40,243	+30,373	+14,945	+ 3,742	— 3,405	— 8,092	— 11,326	— 13,639	— 15,302	— 16,473	— 17,234
127 30	+23,072	+36,048	+32,088	+18,084	+ 6,671	— 0,640	— 5,322	— 8,471	— 10,678	— 12,250	— 13,355	— 14,087
135 0	+15,675	+28,894	+30,592	+19,576	+ 8,747	+ 1,635	— 2,839	— 5,773	— 7,787	— 9,202	— 10,194	— 10,858
142 30	+ 9,380	+20,058	+25,327	+18,543	+ 9,423	+ 3,096	— 0,850	— 3,379	— 5,078	— 6,255	— 7,075	— 7,628
150 0	+ 4,540	+11,101	+16,612	+14,107	+ 8,000	+ 3,318	+ 0,380	— 1,468	— 2,684	— 3,513	— 4,085	— 4,473
157 30	+ 1,198	+ 3,329	+ 5,814	+ 5,805	+ 3,677	+ 1,753	+ 0,512	— 0,261	— 0,759	— 1,094	— 1,323	— 1,478
165 0	— 0,789	— 2,514	— 5,024	— 5,929	— 4,253	— 2,256	— 0,889	— 0,037	+ 0,505	+ 0,863	+ 1,105	+ 1,269
172 30	— 1,647	— 6,235	—13,974	—19,400	—16,033	— 9,408	— 4,359	— 1,153	+ 0,869	+ 2,187	+ 3,070	+ 3,666
180 0	— 1,615	— 8,025	—19,890	—31,987	—30,903	—20,238	— 10,518	— 4,059	+ 0,028	+ 2,666	+ 4,417	+ 5,595
187 30	— 0,917	— 8,256	—22,580	—41,195	—46,754	—34,741	— 19,980	— 9,300	— 2,410	+ 2,027	+ 4,951	+ 6,910
195 0	+ 0,256	— 7,331	—22,503	—45,597	—60,421	—51,831	— 33,120	— 17,478	— 6,931	— 0,081	+ 4,420	+ 7,425
202 30	+ 1,744	— 5,622	—20,408	—45,288	—68,922	—69,021	— 49,686	— 29,155	— 14,124	— 4,113	+ 2,496	+ 6,905
210 0	+ 3,416	— 3,427	—17,042	—41,350	—70,795	—82,810	— 68,289	— 44,577	— 24,625	— 10,640	— 1,258	+ 5,031
217 30	+ 5,165	— 0,984	—13,010	—35,166	—66,549	—89,900	— 86,074	— 63,234	— 38,970	— 20,346	— 7,400	+ 1,384
225 0	+ 6,904	+ 1,533	— 8,748	—27,944	—57,979	—88,924	— 99,140	— 83,282	— 57,224	— 33,940	— 16,650	— 4,600
232 30	+ 8,560	+ 3,987	— 4,565	—20,581	—47,222	—80,803	—104,141	—101,298	— 78,585	— 51,978	— 29,865	— 13,676
240 0	+10,068	+ 6,276	— 0,658	—13,616	—35,988	—68,047	— 99,866	—112,905	—100,409	— 74,290	— 47,903	— 26,792
247 30	+11,374	+ 8,320	+ 2,847	— 7,354	—25,366	—53,404	— 87,878	—114,653	—118,231	— 99,234	— 71,242	— 45,102
255 0	+12,429	+10,058	+ 5,868	— 1,950	—15,981	—38,990	— 71,373	—105,941	—126,921	—122,857	— 99,172	— 69,648
262 30	+13,190	+11,438	+ 8,350	+ 2,535	— 8,068	—26,086	— 53,695	— 89,392	—123,280	—139,006	—128,541	—100,674
270 0	+13,621	+12,419	+10,262	+ 6,091	— 1,681	—15,246	— 37,212	— 69,190	—108,090	—141,540	—152,714	—135,975
277 30	+13,693	+12,972	+11,583	+ 8,737	+ 3,235	— 6,627	— 23,195	— 49,150	— 85,848	—128,653	—162,469	—168,792
285 0	+13,385	+13,072	+12,304	+10,501	+ 6,777	— 0,136	— 12,096	— 31,694	— 62,004	—104,302	—152,431	—187,309
292 30	+12,691	+12,714	+12,429	+11,423	+ 9,052	+ 4,410	— 3,869	— 17,842	— 40,588	— 75,822	—125,249	—180,629
300 0	+11,615	+11,899	+11,971	+11,551	+10,185	+ 7,234	+ 1,759	— 7,705	— 23,549	— 49,511	— 90,458	—148,913
307 30	+10,180	+10,647	+10,959	+10,942	+10,285	+ 8,555	+ 5,133	— 0,942	— 11,290	— 28,679	— 57,735	—104,995
315 0	+ 8,429	+ 8,999	+ 9,441	+ 9,668	+ 9,476	+ 8,584	+ 6,607	+ 2,953	— 3,362	— 14,073	— 32,353	— 63,828
322 30	+ 6,427	+ 7,011	+ 7,481	+ 7,814	+ 7,886	+ 7,529	+ 6,516	+ 4,516	+ 0,985	— 5,025	— 15,286	— 33,189
330 0	+ 4,261	+ 4,760	+ 5,163	+ 5,480	+ 5,652	+ 5,588	+ 5,171	+ 4,237	+ 2,526	— 0,404	— 5,365	— 13,939
337 30	+ 2,042	+ 2,346	+ 2,587	+ 2,786	+ 2,922	+ 2,961	+ 2,858	+ 2,554	+ 1,959	+ 0,921	— 0,820	— 3,775
345 0	— 0,096	— 0,115	— 0,129	— 0,140	— 0,149	— 0,154	— 0,153	— 0,144	— 0,124	— 0,088	— 0,027	+ 0,075
352 30	— 2,003	— 2,493	— 2,856	— 3,157	— 3,399	— 3,560	— 3,611	— 3,516	— 3,224	— 2,660	— 1,698	— 0,120

W

M'	M = 180°	M = 195°	M = 210°	M = 225°	M = 240°	M = 255°	M = 270°	M = 285°	M = 300°	M = 315°	M = 330°	M = 345°
0° 0'	+ 0,728"	+ 6,396"	+ 16,028"	+ 33,018"	+ 62,690"	+104,364"	+123,103"	+ 84,660"	+ 38,410"	+13,692"	+ 3,054"	— 1,447"
7 30	— 3,115	+ 2,475	+ 11,557	+ 26,811	+ 52,750	+ 93,030	+131,700	+120,133	+ 66,902	+26,831	+ 7,609	— 0,688
15 0	— 7,856	— 2,854	+ 4,982	+ 17,548	+ 38,136	+ 70,747	+111,744	+128,597	+ 92,015	+43,358	+14,611	+ 1,392
22 30	— 12,757	— 8,486	— 1,975	+ 8,081	+ 23,917	+ 48,745	+ 83,612	+113,790	+104,249	+60,327	+23,950	+ 5,016
30 0	— 17,356	— 13,806	— 8,481	— 0,494	+ 11,655	+ 30,297	+ 57,567	+ 88,904	+100,600	+73,276	+34,859	+10,300
37 30	— 21,376	— 18,471	— 14,144	— 7,786	+ 1,616	+ 15,696	+ 36,492	+ 63,763	+ 85,754	+78,440	+45,740	+17,159
45 0	— 24,652	— 22,307	— 18,797	— 13,702	— 6,326	+ 4,461	+ 20,307	+ 42,413	+ 66,547	+74,986	+54,435	+25,202
52 30	— 27,101	— 25,232	— 22,387	— 18,271	— 12,409	— 4,003	+ 8,189	+ 25,649	+ 47,809	+65,004	+58,920	+33,627
60 0	— 28,705	— 27,235	— 24,932	— 21,587	— 16,864	— 10,206	— 0,694	+ 13,003	+ 31,819	+51,924	+58,266	+41,246
67 30	— 29,481	— 28,349	— 26,488	— 23,753	— 19,915	— 14,561	— 7,036	+ 3,747	+ 19,125	+38,576	+53,009	+46,717
75 0	— 29,481	— 28,630	— 27,136	— 24,895	— 21,744	— 17,386	— 11,373	— 2,831	+ 9,527	+26,672	+44,715	+48,910
82 30	— 28,773	— 28,160	— 26,970	— 25,136	— 22,541	— 18,985	— 14,116	— 7,304	+ 2,547	+16,899	+35,231	+47,448
90 0	— 27,440	— 37,023	— 26,092	— 24,597	— 22,461	— 19,540	— 15,584	— 10,127	— 2,306	+ 9,346	+26,009	+42,764
97 30	— 25,571	— 25,319	— 24,604	— 23,392	— 21,646	— 19,227	— 16,033	— 11,656	— 5,462	+ 3,800	+17,935	+35,943
105 0	— 23,255	— 23,137	— 22,606	— 21,647	— 20,225	— 18,272	— 15,665	— 12,166	— 7,288	— 0,041	+11,384	+28,251
112 30	— 20,581	— 20,571	— 20,196	— 19,450	— 18,313	— 16,741	— 14,652	— 11,876	— 8,071	— 2,493	+ 6,404	+20,790
120 0	— 17,637	— 17,708	— 17,462	— 16,900	— 16,014	— 14,776	— 13,130	— 10,965	— 8,044	— 3,835	+ 2,857	+14,261
127 30	— 14,501	— 14,628	— 14,487	— 14,084	— 13,417	— 12,472	— 11,214	— 9,572	— 7,389	— 4,303	+ 0,541	+ 9,004
135 0	— 11,253	— 11,410	— 11,349	— 11,081	— 10,607	— 9,921	— 9,005	— 7,815	— 6,254	— 4,093	— 0,763	+ 5,086
142 30	— 7,967	— 8,125	— 8,120	— 7,961	— 7,654	— 7,199	— 6,585	— 5,790	— 4,760	— 3,361	— 1,256	+ 2,411
150 0	— 4,718	— 4,844	— 4,865	— 4,791	— 4,627	— 4,373	— 4,027	— 3,579	— 3,004	— 2,238	— 1,114	+ 0,808
157 30	— 1,578	— 1,633	— 1,650	— 1,632	— 1,583	— 1,503	— 1,393	— 1,249	— 1,066	— 0,826	— 0,484	+ 0,087
165 0	+ 1,376	+ 1,438	+ 1,463	+ 1,456	+ 1,419	+ 1,353	+ 1,261	+ 1,139	+ 0,986	+ 0,788	+ 0,512	+ 0,066
172 30	+ 4,059	+ 4,297	+ 4,409	+ 4,414	+ 4,324	+ 4,145	+ 3,881	+ 3,533	+ 3,092	+ 2,532	+ 1,772	+ 0,584
180 0	+ 6,377	+ 6,865	+ 7,121	+ 7,183	+ 7,078	+ 6,820	+ 6,421	+ 5,883	+ 5,202	+ 4,346	+ 3,212	+ 1,500
187 30	+ 8,215	+ 9,048	+ 9,519	+ 9,696	+ 9,622	+ 9,328	+ 8,831	+ 8,145	+ 7,268	+ 6,175	+ 4,761	+ 2,700
195 0	+ 9,435	+ 10,740	+ 11,519	+ 11,880	+ 11,896	+ 11,613	+ 11,064	+ 10,273	+ 9,248	+ 7,975	+ 6,359	+ 4,087
202 30	+ 9,859	+ 11,805	+ 13,014	+ 13,652	+ 13,830	+ 13,618	+ 13,070	+ 12,222	+ 11,098	+ 9,699	+ 7,954	+ 5,580
210 0	+ 9,258	+ 12,073	+ 13,874	+ 14,912	+ 15,343	+ 15,278	+ 14,796	+ 13,946	+ 12,776	+11,307	+ 9,494	+ 7,109
217 30	+ 7,326	+ 11,321	+ 13,936	+ 15,532	+ 16,341	+ 16,519	+ 16,177	+ 15,395	+ 14,240	+12,757	+10,940	+ 8,614
225 0	+ 3,650	+ 9,252	+ 12,986	+ 15,361	+ 16,709	+ 17,254	+ 17,151	+ 16,517	+ 15,445	+14,011	+12,245	+10,040
232 30	— 2,338	+ 5,459	+ 10,736	+ 14,194	+ 16,303	+ 17,378	+ 17,641	+ 17,253	+ 16,345	+15,027	+13,355	+11,338
240 0	— 11,413	— 0,620	+ 6,796	+ 11,767	+ 14,943	+ 16,806	+ 17,562	+ 17,542	+ 16,892	+15,765	+14,281	+12,464
247 30	— 24,630	— 9,777	+ 0,622	+ 7,718	+ 12,393	+ 15,276	+ 16,809	+ 17,314	+ 17,037	+16,185	+14,933	+13,374
255 0	— 43,362	— 23,129	— 8,564	+ 1,542	+ 8,339	+ 12,703	+ 15,272	+ 16,500	+ 16,731	+16,250	+15,294	+14,029
262 30	— 69,183	— 42,236	— 21,900	— 7,480	+ 2,355	+ 8,812	+ 12,812	+ 15,020	+ 15,929	+15,925	+15,332	+14,396
270 0	—103,295	— 69,090	— 40,998	— 20,392	— 6,160	+ 3,285	+ 9,272	+ 12,799	+ 14,587	+15,183	+15,021	+14,442
277 30	—144,777	—105,824	— 68,155	— 38,743	— 18,049	— 4,291	+ 4,473	+ 9,764	+ 12,681	+14,009	+14,345	+14,146
285 0	—187,317	—153,079	—106,175	— 64,750	— 34,548	— 14,469	— 1,795	+ 5,860	+ 10,199	+12,401	+13,297	+13,494
292 30	—216,195	—205,695	—157,167	—101,370	— 57,379	— 27,870	— 9,740	+ 1,062	+ 7,173	+10,389	+11,892	+12,487
300 0	—213,220	—246,196	—217,690	—151,259	— 88,708	— 45,558	— 19,523	— 4,571	+ 3,686	+ 8,035	+10,166	+11,140
307 30	—174,084	—246,622	—268,163	—212,030	—130,076	— 68,066	— 31,098	— 10,828	— 0,077	+ 5,457	+ 8,185	+ 9,491
315 0	—117,076	—196,214	—270,325	—263,835	—178,333	— 94,665	— 43,797	— 17,168	— 3,785	+ 2,842	+ 6,055	+ 7,603
322 30	— 65,217	—121,419	—203,809	—260,653	—213,810	—119,892	— 55,261	— 22,410	— 6,844	+ 0,483	+ 3,927	+ 5,564
330 0	— 29,323	— 57,801	—108,793	—176,364	—193,165	—126,144	— 59,380	— 24,179	— 8,278	— 1,191	+ 2,012	+ 3,497
337 30	— 8,959	— 18,486	— 36,526	— 67,691	— 98,258	— 84,565	— 44,178	— 18,238	— 6,554	— 1,574	+ 0,586	+ 1,557
345 0	+ 0,248	+ 0,555	+ 1,127	+ 2,193	+ 3,782	+ 4,455	+ 2,930	+ 1,300	+ 0,485	+ 0,141	— 0,003	— 0,066
352 30	+ 2,485	+ 6,926	+ 14,849	+ 29,441	+ 54,418	+ 80,504	+ 72,143	+ 38,095	+ 15,166	+ 4,921	+ 0,665	— 1,151

Eben so wie bei der ersten Rechnung erfolgt nun zunächst die Entwickelung einer jeden Vertical-columne nach Vielfachen von $M'-M$; das Resultat dieser Interpolationsrechnung gibt die folgende Tafel:

T

Koefficient von:	$M=0^0$	$M=15^0$	$M=30^0$	$M=45^0$	$M=60^0$	$M=75^0$	$M=90^0$	$M=105^0$	$M=120^0$	$M=135^0$	$M=150^0$	$M=$
	″	″	″	″	″	″	″	″	″	″	″	″
—	— 1,037	— 3,428	— 5,222	— 5,152	— 3,440	— 1,241	+ 0,628	+ 1,933	+ 2,711	+ 3,043	+ 2,969	+ 2,
cos ($M'-M$)	— 0,577	+ 0,794	+ 2,569	+ 2,924	+ 1,495	— 0,644	— 2,569	— 3,967	— 4,818	— 5,142	— 4,931	— 4,
cos 2 ($M'-M$)	+ 5,882	+ 4,998	+ 3,610	+ 2,224	+ 1,393	+ 1,173	+ 1,334	+ 1,681	+ 2,126	+ 2,662	+ 3,351	+ 4,
cos 3 ($M'-M$)	— 2,731	— 4,646	— 5,723	— 5,476	— 4,404	— 3,338	— 2,672	— 2,435	— 2,557	— 3,000	— 3,776	— 4,
cos 4 ($M'-M$)	— 0,558	+ 0,650	+ 2,043	+ 2,796	+ 2,711	+ 2,276	+ 1,900	+ 1,716	+ 1,721	+ 1,879	+ 2,120	+ 2,
cos 5 ($M'-M$)	+ 0,460	+ 0,492	+ 0,066	— 0,476	— 0,748	— 0,768	— 0,708	— 0,659	— 0,634	— 0,591	— 0,424	+ 0,
cos 6 ($M'-M$)	— 0,001	— 0,251	— 0,366	— 0,246	— 0,062	+ 0,050	+ 0,091	+ 0,091	+ 0,055	— 0,053	— 0,304	— 0,
cos 7 ($M'-M$)	— 0,058	+ 0,012	+ 0,155	+ 0,216	+ 0,173	+ 0,110	+ 0,074	+ 0,070	+ 0,100	+ 0,180	+ 0,328	+ 0,
cos 8 ($M'-M$)	+ 0,009	+ 0,030	— 0,011	— 0,072	— 0,090	— 0,073	— 0,065	— 0,064	— 0,079	— 0,113	— 0,146	— 0,
cos 9 ($M'-M$)	+ 0,006	— 0,011	— 0,019	+ 0,002	+ 0,022	+ 0,028	+ 0,027	+ 0,029	+ 0,033	+ 0,036	+ 0,013	— 0,
cos 10 ($M'-M$)	— 0,002	— 0,001	+ 0,010	+ 0,011	+ 0,003	— 0,003	— 0,006	— 0,007	— 0,006	+ 0,001	+ 0,028	+ 0,
cos 11 ($M'-M$)	— 0,000	+ 0,001	— 0,001	— 0,005	— 0,005	— 0,003	— 0,002	— 0,001	— 0,003	— 0,009	— 0,023	— 0,
cos 12 ($M'-M$)	+ 0,000	— 0,000	— 0,001	+ 0,001	+ 0,003	+ 0,002	+ 0,002	+ 0,002	+ 0,003	+ 0,006	+ 0,008	— 0,
cos 13 ($M'-M$)	+ 0,000	+ 0,000	0	+ 0,001	+ 0,000	— 0,001	— 0,000	— 0,001	— 0,002	— 0,002	— 0,000	+ 0,
cos 14 ($M'-M$)	+ 0,000	— 0,000	+ 0,001	— 0,000	— 0,000	+ 0,000	+ 0,000	+ 0,000	+ 0,001	0	— 0,002	— 0,
cos 15 ($M'-M$)	— 0,000	— 0,000	— 0,000	— 0,001	— 0,001	+ 0,000	+ 0,000	0	— 0,001	+ 0,001	+ 0,001	+ 0,
cos 16 ($M'-M$)	— 0,000	+ 0,001	— 1	+ 1	— 0	— 0	+ 0	+ 0	+ 1	— 0	— 0	+
cos 17 ($M'-M$)	+ 0	— 0	+ 1	— 0	+ 0	+ 1	+ 0	+ 0	— 0	— 0	— 1	—
cos 18 ($M'-M$)	— 0	— 0	+ 0	— 0	+ 0	— 0	+ 0	+ 0	+ 0	— 0	+ 0	+
cos 19 ($M'-M$)	+ 0	+ 0	+ 0	+ 0	+ 0	— 0	+ 0	— 0	— 0	+ 0	— 0	—
cos 20 ($M'-M$)	+ 0	— 0	— 0	— 1	— 0	+ 0	— 0	+ 0	+ 0	— 0	— 0	+
cos 21 ($M'-M$)	— 0	— 0	— 0	+ 1	— 0	— 0	— 0	+ 0	— 0	+ 0	— 0	—
cos 22 ($M'-M$)	+ 0	+ 0	+ 0	+ 0	— 0	+ 0	— 0	— 0	+ 0	+ 0	— 0	+
cos 23 ($M'-M$)	+ 0	— 0	+ 0	— 1	+ 0	+ 0	— 1	— 0	— 0	— 0	— 0	+
cos 24 ($M'-M$)	— 0	+ 0	— 0	+ 0	+ 0	— 0	+ 0	+ 0	+ 0	+ 0	+ 0	—
sin ($M'-M$)	+ 0,482	— 2,105	— 3,842	— 3,471	— 1,414	+ 1,006	+ 3,008	+ 4,489	+ 5,591	+ 6,421	+ 6,955	+ 6,9
sin 2 ($M'-M$)	+ 6,813	+11,231	+14,734	+15,627	+14,086	+11,642	+ 9,422	+ 7,761	+ 6,628	+ 5,930	+ 5,620	+ 5,7
sin 3 ($M'-M$)	+ 2,251	+ 0,561	— 1,680	— 3,342	— 3,842	— 3,604	— 3,179	— 2,804	— 2,497	— 2,190	— 1,762	— 1,0
sin 4 ($M'-M$)	— 1,156	— 1,718	— 1,579	— 0,910	— 0,264	+ 0,093	+ 0,216	+ 0,196	+ 0,056	— 0,256	— 0,852	— 1,9
sin 5 ($M'-M$)	— 0,101	+ 0,510	+ 1,059	+ 1,168	+ 0,928	+ 0,653	+ 0,490	+ 0,453	+ 0,536	+ 0,761	+ 1,159	+ 1,7
sin 6 ($M'-M$)	+ 0,168	+ 0,084	— 0,220	— 0,473	— 0,509	— 0,433	— 0,365	— 0,348	— 0,386	— 0,476	— 0,577	— 0,5
sin 7 ($M'-M$)	— 0,014	— 0,097	— 0,071	+ 0,049	+ 0,132	+ 0,150	+ 0,144	+ 0,143	+ 0,150	+ 0,149	+ 0,085	— 0,1
sin 8 ($M'-M$)	— 0,019	+ 0,019	+ 0,066	+ 0,055	+ 0,013	— 0,014	— 0,025	— 0,026	— 0,020	+ 0,009	+ 0,096	+ 0,2
sin 9 ($M'-M$)	+ 0,005	+ 0,007	— 0,018	— 0,036	— 0,031	— 0,018	— 0,010	— 0,009	— 0,017	— 0,041	— 0,088	— 0,1
sin 10 ($M'-M$)	+ 0,002	— 0,004	— 0,002	+ 0,010	+ 0,016	+ 0,013	+ 0,011	+ 0,011	+ 0,016	+ 0,026	+ 0,035	+ 0,0
sin 11 ($M'-M$)	— 1	+ 0	+ 3	+ 1	— 4	— 5	— 5	— 6	— 7	— 9	— 2	+
sin 12 ($M'-M$)	— 0	+ 0	— 1	— 2	— 1	+ 1	+ 1	+ 1	+ 1	— 0	— 8	—
sin 13 ($M'-M$)	+ 0	+ 0	— 0	+ 0	+ 1	+ 0	— 0	0	+ 0	+ 2	+ 5	+
sin 14 ($M'-M$)	+ 0	+ 0	— 0	+ 1	— 1	— 1	— 0	— 0	— 0	— 1	— 2	+
sin 15 ($M'-M$)	— 0	— 0	+ 1	— 1	— 0	+ 1	— 0	+ 0	+ 0	— 0	— 0	—
sin 16 ($M'-M$)	— 0	+ 0	— 1	— 1	+ 0	— 0	+ 0	+ 0	— 0	— 0	+ 1	+
sin 17 ($M'-M$)	— 0	+ 0	— 0	+ 1	— 0	— 0	+ 0	+ 0	+ 0	+ 0	— 0	+
sin 18 ($M'-M$)	+ 0	— 0	+ 0	— 1	— 0	+ 0	+ 0	— 0	— 0	— 0	+ 0	—
sin 19 ($M'-M$)	— 0	— 0	— 0	+ 0	+ 0	+ 0	+ 0	+ 0	0	+ 0	+ 1	+
sin 20 ($M'-M$)	+ 0	+ 0	+ 0	— 0	— 0	+ 0	— 0	— 0	+ 0	— 0	— 0	—
sin 21 ($M'-M$)	+ 0	— 0	— 0	— 1	— 0	+ 0	+ 0	+ 0	— 0	— 0	— 0	+
sin 22 ($M'-M$)	— 0	0	— 0	+ 1	+ 0	— 0	+ 0	— 0	— 0	+ 0	+ 0	—
sin 23 ($M'-M$)	— 0	— 0	+ 0	— 1	— 0	+ 0	+ 0	+ 0	+ 0	— 0	— 0	+

T

Koefficient von:	$M = 180^0$	$M = 195^0$	$M = 210^0$	$M = 225^0$	$M = 240^0$	$M = 255^0$	$M = 270^0$	$M = 285^0$	$M = 300^0$	$M = 315^0$	$M = 330^0$	$M = 345^0$
	″	″	″	″	″	″	″	″	″	″	″	″
—	+ 1,406	— 0,374	— 3,061	— 6,512	— 9,677	—10,721	— 8,963	— 5,736	— 2,627	— 0,386	+ 0,728	+ 0,531
cos $(M'-M)$	— 2,831	— 1,089	+ 0,673	+ 1,700	+ 1,233	— 0,371	— 1,493	— 1,273	— 0,371	+ 0,212	+ 0,017	— 0,597
cos 2 $(M'-M)$	+ 6,056	+ 8,995	+13,811	+20,401	+26,407	+27,639	+23,041	+16,359	+11,126	+ 8,170	+ 6,861	+ 6,337
cos 3 $(M'-M)$	— 6,540	— 8,427	— 9,866	— 9,119	— 4,350	+ 2,983	+ 7,910	+ 8,231	+ 5,991	+ 3,420	+ 1,250	— 0,706
cos 4 $(M'-M)$	+ 2,005	+ 0,541	— 3,173	— 9,513	—15,768	—16,598	—11,454	— 5,717	— 2,612	— 1,593	— 1,370	— 1,170
cos 5 $(M'-M)$	+ 1,262	+ 3,437	+ 6,250	+ 7,572	+ 4,267	— 2,364	— 5,992	— 5,023	— 2,812	— 1,302	— 0,467	+ 0,082
cos 6 $(M'-M)$	— 1,542	— 2,110	— 1,210	+ 2,638	+ 7,687	+ 8,300	+ 4,198	+ 0,891	— 0,011	+ 0,045	+ 0,167	+ 0,162
cos 7 $(M'-M)$	+ 0,510	— 0,251	— 2,299	— 4,418	— 3,031	+ 1,560	+ 3,455	+ 2,152	+ 0,850	+ 0,308	+ 0,105	— 0,010
cos 8 $(M'-M)$	+ 0,223	+ 0,966	+ 1,497	— 0,037	— 3,452	— 3,930	— 1,221	+ 0,239	+ 0,248	+ 0,066	— 0,011	— 0,021
cos 9 $(M'-M)$	— 0,311	— 0,416	+ 0,368	+ 2,080	+ 1,864	— 0,925	— 1,713	— 0,727	— 0,177	— 0,051	— 0,020	+ 0,001
cos 10 $(M'-M)$	+ 0,114	— 0,150	— 0,791	— 0,551	+ 1,449	+ 1,797	+ 0,216	— 0,277	— 0,121	— 0,027	— 0,000	+ 0,003
cos 11 $(M'-M)$	+ 0,035	+ 0,235	+ 0,171	— 0,803	— 1,049	+ 0,514	+ 0,762	+ 0,188	+ 0,017	+ 0,004	+ 0,004	+ 0,000
cos 12 $(M'-M)$	— 0,059	— 0,067	+ 0,260	+ 0,468	— 0,566	— 0,800	+ 0,044	+ 0,148	+ 0,038	+ 0,007	— 0,000	— 0,000
cos 13 $(M'-M)$	+ 0,024	— 0,052	— 0,178	+ 0,236	+ 0,555	— 0,271	— 0,309	— 0,027	+ 0,005	+ 0,001	— 0,000	— 0,000
cos 14 $(M'-M)$	+ 0,005	+ 0,051	— 0,034	— 0,274	+ 0,202	+ 0,350	— 0,071	— 0,059	— 0,009	— 0,001	+ 0,000	+ 0,000
cos 15 $(M'-M)$	— 0,011	— 0,008	+ 0,087	— 0,032	— 0,280	+ 0,138	+ 0,114	— 0,007	— 0,003	— 0,001	— 0,000	+ 0,000
cos 16 $(M'-M)$	+ 0,005	— 0,014	— 0,022	+ 0,130	— 0,062	— 0,149	+ 0,048	+ 0,019	+ 0,002	— 0,000	+ 0,000	— 0,000
cos 17 $(M'-M)$	+ 0,001	+ 0,010	— 0,027	— 0,020	+ 0,135	— 0,070	— 0,038	+ 0,010	+ 0,001	+ 0,000	— 0,000	— 0,000
cos 18 $(M'-M)$	— 2	— 1	+ 21	— 52	+ 13	+ 64	— 25	— 5	— 0	+ 0	— 1	+ 0
cos 19 $(M'-M)$	+ 1	— 2	+ 3	+ 22	— 62	+ 35	+ 10	— 4	— 1	+ 0	+ 1	+ 0
cos 20 $(M'-M)$	+ 0	+ 1	— 10	+ 17	+ 2	— 26	+ 11	— 0	— 1	— 0	+ 0	+ 0
cos 21 $(M'-M)$	— 1	— 0	+ 4	— 12	+ 26	— 17	— 2	+ 1	+ 0	+ 0	— 1	+ 0
cos 22 $(M'-M)$	+ 0	+ 0	+ 3	— 4	— 4	+ 9	— 4	+ 1	+ 1	+ 0	+ 1	— 0
cos 23 $(M'-M)$	+ 0	+ 0	— 1	+ 4	— 8	+ 6	— 0	— 0	— 0	+ 0	+ 0	— 0
cos 24 $(M'-M)$	— 0	— 1	— 0	+ 0	+ 2	— 3	+ 1	— 0	— 1	— 0	— 1	— 0
sin $(M'-M)$	+ 6,143	+ 3,849	— 0,453	— 6,631	—12,589	—14,559	—11,256	— 5,594	— 0,761	+ 2,095	+ 3,054	+ 2,427
sin 2 $(M'-M)$	+ 6,222	+ 7,005	+ 7,489	+ 6,419	+ 2,555	— 3,101	— 7,071	— 7,518	— 5,589	— 2,895	— 0,104	+ 2,976
sin 3 $(M'-M)$	+ 0,445	+ 3,235	+ 8,128	+15,113	+21,512	+22,524	+17,367	+10,742	+ 6,282	+ 4,218	+ 3,474	+ 3,065
sin 4 $(M'-M)$	— 3,647	— 6,076	— 8,518	— 8,871	— 4,608	+ 2,733	+ 7,230	+ 6,839	+ 4,426	+ 2,304	+ 0,863	— 0,226
sin 5 $(M'-M)$	+ 2,227	+ 2,016	— 0,204	— 5,385	—11,144	—11,846	— 7,112	— 2,592	— 0,757	— 0,454	— 0,500	— 0,439
sin 6 $(M'-M)$	— 0,058	+ 1,438	+ 4,044	+ 5,964	+ 3,683	— 1,952	— 4,657	— 3,399	— 1,615	— 0,662	— 0,228	+ 0,029
sin 7 $(M'-M)$	— 0,761	— 1,592	— 1,621	+ 0,962	+ 5,197	+ 5,740	+ 2,345	+ 0,080	— 0,241	— 0,062	+ 0,050	+ 0,059
sin 8 $(M'-M)$	+ 0,490	+ 0,284	— 1,097	— 3,106	— 2,409	+ 1,214	+ 2,470	+ 1,288	+ 0,409	+ 0,132	+ 0,045	— 0,003
sin 9 $(M'-M)$	— 0,039	+ 0,466	+ 1,158	+ 0,402	— 2,255	— 2,667	— 0,573	+ 0,310	+ 0,187	+ 0,046	— 0,002	— 0,008
sin 10 $(M'-M)$	— 0,141	— 0,354	— 0,013	+ 1,327	+ 1,411	— 0,695	— 1,156	— 0,384	— 0,065	— 0,017	— 0,008	+ 0,000
sin 11 $(M'-M)$	+ 99	+ 10	— 483	— 545	+ 914	+ 1,204	+ 37	— 211	— 71	— 14	+ 0	+ 1
sin 12 $(M'-M)$	— 13	+ 127	+ 204	— 455	— 768	+ 374	+ 490	+ 81	— 1	+ 0	+ 1	+ 0
sin 13 $(M'-M)$	— 25	— 69	+ 117	+ 369	— 343	— 530	+ 71	+ 95	+ 20	+ 3	— 0	— 0
sin 14 $(M'-M)$	+ 19	— 11	— 132	+ 105	+ 397	— 195	— 189	— 3	+ 5	+ 1	+ 1	— 0
sin 15 $(M'-M)$	— 3	+ 31	+ 6	— 193	+ 115	+ 229	— 62	— 34	— 4	— 0	— 0	+ 0
sin 16 $(M'-M)$	— 4	— 12	+ 52	+ 5	— 196	+ 98	+ 66	— 9	— 2	— 0	— 1	+ 0
sin 17 $(M'-M)$	+ 4	— 4	— 24	+ 84	— 31	— 98	+ 35	+ 9	+ 1	— 0	+ 1	— 0
sin 18 $(M'-M)$	— 1	+ 6	— 12	— 24	+ 93	— 49	— 20	+ 6	+ 1	— 0	+ 0	— 0
sin 19 $(M'-M)$	— 1	+ 0	+ 15	— 31	+ 3	+ 40	— 17	— 1	— 0	+ 0	— 1	— 0
sin 20 $(M'-M)$	+ 1	— 0	— 1	+ 18	— 42	+ 25	+ 5	— 2	— 1	+ 0	+ 0	— 0
sin 21 $(M'-M)$	— 0	+ 0	— 6	+ 9	+ 4	— 17	+ 7	— 0	— 0	— 0	+ 0	+ 0
sin 22 $(M'-M)$	— 0	— 1	+ 4	— 8	+ 16	— 10	— 1	+ 1	+ 0	— 0	— 0	— 0
sin 23 $(M'-M)$	+ 1	+ 1	+ 1	— 2	— 4	+ 6	— 4	+ 1	+ 0	+ 0	+ 0	— 0

V

Koefficient von:	M = 0°	M = 15°	M = 30°	M = 45°	M = 60°	M = 75°	M = 90°	M = 105°	M = 120°	M = 135°	M = 150°	M =
—	— 4″,502	— 4″,475	— 1″,111	+ 3″,939	+ 7″,713	+ 8″,778	+ 7″,546	+ 4″,925	+ 1″,577	— 2″,144	— 6″,076	—10,
cos (M′—M)	+ 0,952	+ 3,677	+ 3,516	+ 0,200	— 3,726	— 6,404	— 7,754	— 8,168	— 7,741	— 6,315	— 3,742	— 0,
cos 2 (M′—M)	—11,784	—18,725	—25,607	—30,864	—34,030	—35,820	—36,977	—37,794	—38,216	—37,907	—36,260	—32,
cos 3 (M′—M)	— 6,730	— 3,031	+ 2,492	+ 8,242	+12,270	+14,359	+15,341	+15,706	+15,235	+13,085	+ 8,065	— 0,
cos 4 (M′—M)	+ 2,344	+ 3,537	+ 3,010	+ 0,946	— 1,184	— 2,442	— 2,827	— 2,464	— 1,103	+ 1,899	+ 7,235	+14,
cos 5 (M′—M)	+ 0,498	— 0,766	— 1,909	— 2,183	— 1,764	— 1,319	— 1,221	— 1,634	— 2,753	— 4,817	— 7,727	—10,
cos 6 (M′—M)	— 0,391	— 0,268	+ 0,367	+ 1,022	+ 1,288	+ 1,308	+ 1,359	+ 1,617	+ 2,165	+ 2,944	+ 3,428	+ 2,
cos 7 (M′—M)	— 0,001	+ 0,193	+ 0,142	— 0,164	— 0,437	— 0,571	— 0,650	— 0,757	— 0,894	— 0,898	— 0,282	+ 1,
cos 8 (M′—M)	+ 0,047	— 0,024	— 0,121	— 0,089	+ 0,026	+ 0,118	+ 0,166	+ 0,187	+ 0,153	— 0,069	— 0,719	— 1,
cos 9 (M′—M)	— 0,007	— 0,018	+ 0,032	+ 0,075	+ 0,061	+ 0,030	+ 0,012	+ 0,021	+ 0,082	+ 0,253	+ 0,566	+ 0,
cos 10 (M′—M)	— 0,004	+ 0,008	+ 0,004	— 0,024	— 0,040	— 0,039	— 0,037	— 0,049	— 0,086	— 0,156	— 0,200	+ 0,
cos 11 (M′—M)	+ 2	— 0	— 7	+ 0	+ 13	+ 17	+ 22	+ 28	+ 41	+ 49	— 9	—
cos 12 (M′—M)	+ 1	— 1	+ 3	+ 4	— 1	— 4	— 8	— 9	— 11	+ 2	+ 58	+
cos 13 (M′—M)	— 1	+ 0	— 0	— 2	— 1	— 0	— 0	+ 1	— 2	— 13	— 36	—
cos 14 (M′—M)	+ 1	+ 0	— 1	+ 1	+ 0	+ 1	+ 2	+ 1	+ 3	+ 9	+ 10	—
cos 15 (M′—M)	+ 0	— 1	— 0	+ 1	— 1	— 1	— 0	— 2	— 2	— 3	+ 2	+
cos 16 (M′—M)	+ 1	+ 0	+ 0	+ 0	+ 0	— 0	— 1	+ 1	+ 0	— 1	— 3	—
cos 17 (M′—M)	+ 0	— 1	+ 0	— 1	+ 1	— 1	+ 1	+ 0	— 0	+ 2	+ 1	—
cos 18 (M′—M)	+ 0	+ 1	— 1	+ 0	— 1	+ 0	— 0	— 0	+ 0	— 1	+ 0	+
cos 19 (M′—M)	— 0	0	+ 0	— 0	+ 0	+ 1	+ 0	— 0	— 1	+ 1	0	—
cos 20 (M′—M)	— 0	— 0	+ 1	— 0	— 0	— 0	— 0	— 1	— 0	— 1	— 0	—
cos 21 (M′—M)	— 0	+ 0	— 0	— 0	+ 0	— 0	— 0	— 0	+ 0	+ 0	+ 0	+
cos 22 (M′—M)	+ 0	+ 0	— 0	+ 1	— 1	+ 1	— 0	+ 0	— 1	+ 0	+ 0	—
cos 23 (M′—M)	— 0	— 0	— 0	— 0	+ 1	— 0	— 0	+ 0	— 0	— 0	+ 1	+
cos 24 (M′—M)	— 0	— 0	+ 0	— 0	+ 0	+ 0	— 0	— 0	+ 0	— 0	+ 0	+
sin (M′—M)	— 4,006	— 2,984	+ 1,029	+ 5,695	+ 7,784	+ 6,533	+ 3,370	— 0,141	— 3,216	— 5,814	— 8,391	—11,5
sin 2 (M′—M)	+17,150	+13,840	+ 7,441	— 0,454	— 6,047	— 7,430	— 5,175	— 0,419	+ 6,130	+14,238	+23,859	+34,7
sin 3 (M′—M)	— 4,980	— 8,532	—10,312	— 9,662	— 7,951	— 6,913	— 7,347	— 9,489	—13,409	—18,967	—25,522	—31,6
sin 4 (M′—M)	— 1,955	+ 0,506	+ 3,536	+ 5,812	+ 6,750	+ 6,978	+ 7,310	+ 8,208	+ 9,784	+11,685	+12,818	+11,1
sin 5 (M′—M)	+ 1,005	+ 1,154	+ 0,211	— 1,305	— 2,446	— 3,007	— 3,310	— 3,607	— 3,848	— 3,566	— 1,760	+ 2,8
sin 6 (M′—M)	+ 0,093	— 0,447	— 0,685	— 0,350	+ 0,187	+ 0,559	+ 0,734	+ 0,746	+ 0,486	— 0,391	— 2,387	— 5,6
sin 7 (M′—M)	— 0,141	— 0,018	+ 0,275	+ 0,421	+ 0,337	+ 0,208	+ 0,150	+ 0,219	+ 0,498	+ 1,134	+ 2,150	+ 2,9
sin 8 (M′—M)	+ 0,011	+ 0,066	— 0,015	— 0,164	— 0,231	— 0,229	— 0,231	— 0,290	— 0,441	— 0,693	— 0,850	— 0,2
sin 9 (M′—M)	+ 15	— 18	— 35	+ 16	+ 76	+ 104	+ 120	+ 148	+ 195	+ 214	+ 21	— 7
sin 10 (M′—M)	— 3	— 3	+ 18	+ 20	— 4	— 23	— 35	— 42	— 41	+ 11	+ 205	+ 5
sin 11 (M′—M)	— 1	+ 3	— 3	— 13	— 11	— 4	+ 1	+ 1	— 12	— 56	— 144	— 1
sin 12 (M′—M)	+ 1	— 1	— 2	+ 4	+ 7	+ 5	+ 6	+ 6	+ 17	+ 37	+ 45	—
sin 13 (M′—M)	+ 0	— 0	+ 2	— 0	— 2	— 3	— 4	— 4	— 9	— 13	+ 6	+
sin 14 (M′—M)	— 1	+ 0	— 1	— 1	+ 0	+ 1	+ 0	+ 2	+ 2	+ 0	— 15	—
sin 15 (M′—M)	— 0	+ 0	— 0	+ 0	+ 0	— 0	+ 1	+ 0	+ 0	+ 3	+ 7	—
sin 16 (M′—M)	— 0	+ 0	— 1	+ 1	— 1	+ 0	+ 0	— 0	+ 0	— 3	— 2	+
sin 17 (M′—M)	+ 0	— 0	+ 1	— 0	— 0	+ 0	— 1	— 0	— 0	+ 1	— 0	—
sin 18 (M′—M)	+ 0	— 0	+ 0	— 0	+ 1	— 1	— 0	+ 1	+ 0	— 1	— 0	+
sin 19 (M′—M)	— 0	— 0	— 1	+ 0	— 1	+ 0	+ 0	+ 0	— 0	+ 1	+ 1	+
sin 20 (M′—M)	— 0	+ 0	+ 0	— 0	+ 0	— 0	— 0	— 0	— 0	— 1	+ 1	—
sin 21 (M′—M)	+ 0	— 0	+ 0	— 1	+ 0	— 1	— 0	— 0	+ 1	+ 1	+ 1	+
sin 22 (M′—M)	— 0	— 0	+ 0	+ 0	— 0	+ 0	+ 0	— 0	+ 0	+ 0	— 1	+
sin 23 (M′—M)	+ 0	— 0	— 0	+ 0	— 0	+ 0	+ 0	— 0	— 1	+ 1	+ 1	—

V

Koefficient von:	$M=180^0$	$M=195^0$	$M=210^0$	$M=225^0$	$M=240^0$	$M=255^0$	$M=270^0$	$M=285^0$	$M=300^0$	$M=315^0$	$M=330^0$	$M=345^0$
	"	"	"	"	"	"	"	"	"	"	"	"
—	−14,095	−17,573	−19,568	−18,304	−12,153	− 2,464	+ 5,903	+ 9,539	+ 8,955	+ 5,956	+ 1,997	− 1,870
cos (M′−M)	+ 4,184	+ 8,211	+10,814	+11,059	+ 9,458	+ 7,998	+ 7,366	+ 6,019	+ 3,182	− 0,114	− 2,174	− 1,749
cos 2 (M′−M)	−25,407	−14,797	− 1,711	+ 9,844	+14,205	+10,579	+ 5,670	+ 3,864	+ 3,426	+ 1,939	− 1,239	− 5,874
cos 3 (M′−M)	−14,384	−30,750	−46,059	−54,726	−54,062	−47,635	−39,540	−30,345	−21,476	−14,954	−11,144	− 8,940
cos 4 (M′−M)	+23,466	+28,880	+26,465	+15,056	+ 0,938	− 8,227	−12,018	−12,094	− 9,320	− 5,571	− 2,304	+ 0,271
cos 5 (M′−M)	− 9,966	− 3,128	+10,671	+25,133	+30,889	+26,597	+17,933	+ 9,568	+ 4,369	+ 2,299	+ 1,689	+ 1,285
cos 6 (M′−M)	− 2,333	−10,435	−17,265	−15,294	− 4,521	+ 5,545	+ 9,198	+ 7,568	+ 4,292	+ 1,925	+ 0,667	− 0,030
cos 7 (M′−M)	+ 5,036	+ 7,004	+ 2,665	− 8,017	−15,431	−13,243	− 6,537	− 1,630	− 0,062	− 0,040	− 0,185	− 0,173
cos 8 (M′−M)	− 2,312	+ 0,346	+ 6,520	+ 9,683	+ 4,147	− 3,339	− 5,325	− 3,297	− 1,298	− 0,439	− 0,138	+ 0,003
cos 9 (M′−M)	− 0,301	− 2,913	− 3,924	+ 1,076	+ 7,131	+ 6,248	+ 1,891	− 0,276	− 0,357	− 0,100	+ 0,010	+ 0,022
cos 10 (M′−M)	+ 0,963	+ 1,417	− 1,149	− 4,823	− 2,853	+ 1,870	+ 2,641	+ 1,130	+ 0,271	+ 0,070	+ 0,024	+ 0,001
cos 11 (M′−M)	− 483	+ 354	+ 2,140	+ 834	− 3,098	− 2,855	− 323	+ 395	+ 180	+ 38	+ 1	− 2
cos 12 (M′−M)	− 26	− 719	− 404	+ 1,976	+ 1,714	− 1,000	− 1,173	− 300	− 25	− 6	− 4	− 0
cos 13 (M′−M)	+ 174	+ 246	− 724	− 919	+ 1,268	+ 1,278	− 57	− 218	− 58	− 10	− 0	− 0
cos 14 (M′−M)	− 96	+ 138	+ 464	− 639	− 946	+ 521	+ 476	+ 48	− 9	− 1	+ 1	+ 0
cos 15 (M′−M)	+ 0	− 162	+ 108	+ 589	− 486	− 547	+ 109	+ 90	+ 12	+ 3	− 0	+ 0
cos 16 (M′−M)	+ 31	+ 35	− 233	+ 125	+ 495	− 257	− 179	+ 7	+ 5	+ 1	+ 0	− 0
cos 17 (M′−M)	− 18	+ 42	+ 51	− 297	+ 169	+ 234	− 84	− 30	− 3	− 0	+ 1	+ 0
cos 18 (M′−M)	+ 0	− 36	+ 75	+ 26	− 251	+ 123	+ 62	− 11	− 1	− 0	− 0	+ 0
cos 19 (M′−M)	+ 5	+ 3	− 52	+ 122	− 48	− 102	+ 51	+ 7	+ 3	− 0	+ 0	− 1
cos 20 (M′−M)	− 3	+ 11	− 9	− 48	+ 124	− 68	− 18	+ 6	+ 1	+ 0	+ 0	− 0
cos 21 (M′−M)	− 1	− 4	+ 26	− 43	+ 7	+ 35	− 21	− 0	− 0	+ 0	− 0	+ 1
cos 22 (M′−M)	+ 0	+ 0	− 9	+ 37	− 64	+ 41	+ 1	− 3	− 1	+ 0	− 1	− 1
cos 23 (M′−M)	+ 0	+ 1	− 7	+ 8	+ 2	− 12	+ 3	− 1	+ 0	+ 0	+ 0	− 1
cos 24 (M′−M)	− 1	− 1	+ 6	− 15	+ 21	− 15	+ 2	+ 1	− 0	− 0	+ 0	− 0
sin (M′−M)	−15,869	−21,092	−25,682	−26,033	−18,229	− 3,955	+ 8,083	+12,181	+10,099	+ 5,641	+ 1,180	− 2,276
sin 2 (M′−M)	+46,329	+56,841	+63,833	+64,879	+60,269	+53,827	+47,951	+41,311	+33,671	+26,697	+21,788	+19,035
sin 3 (M′−M)	−34,782	−32,213	−22,371	− 7,823	+ 4,317	+ 9,480	+10,871	+11,278	+ 9,931	+ 6,796	+ 2,929	− 1,014
sin 4 (M′−M)	+ 4,380	− 8,750	−25,546	−38,764	−41,890	−36,421	−27,550	−18,074	−10,617	− 6,401	− 4,510	− 3,420
sin 5 (M′−M)	+10,792	+19,541	+23,192	+16,665	+ 3,532	− 6,868	−11,054	−10,186	− 6,771	− 3,502	− 1,317	+ 0,094
sin 6 (M′−M)	− 8,541	− 7,260	+ 1,713	+14,963	+22,087	+18,936	+11,082	+ 4,426	+ 1,322	+ 0,618	+ 0,586	+ 0,474
sin 7 (M′−M)	+ 1,506	− 3,966	−11,309	−12,625	− 4,576	+ 4,355	+ 7,168	+ 5,166	+ 2,464	+ 0,959	+ 0,312	− 0,010
sin 8 (M′−M)	+ 2,045	+ 5,027	+ 4,090	− 3,630	−10,578	− 9,139	− 3,640	− 0,276	+ 0,327	+ 0,102	− 0,050	− 0,062
sin 9 (M′−M)	− 1,771	− 1,149	+ 3,190	+ 7,009	+ 3,518	− 2,517	− 3,810	− 1,985	− 0,626	− 0,184	− 0,058	+ 0,001
sin 10 (M′−M)	+ 0,392	− 1,314	− 3,093	− 0,257	+ 4,737	+ 4,240	+ 0,883	− 0,424	− 0,274	− 0,066	− 0,001	+ 0,008
sin 11 (M′−M)	+ 0,352	+ 1,131	− 0,063	− 3,165	− 2,240	+ 1,368	+ 1,781	+ 0,604	+ 0,100	+ 0,024	+ 0,009	+ 0,000
sin 12 (M′−M)	− 342	− 102	+ 1,324	+ 989	− 1,997	− 1,913	− 56	+ 309	+ 105	+ 20	+ 2	− 1
sin 13 (M′−M)	+ 91	− 366	− 519	+ 1,166	+ 1,285	− 725	− 755	− 134	+ 3	− 1	− 2	− 0
sin 14 (M′−M)	+ 57	+ 231	− 333	− 765	+ 795	+ 842	− 109	− 144	− 28	− 5	− 1	+ 0
sin 15 (M′−M)	− 63	+ 10	+ 350	− 313	− 688	+ 366	+ 295	+ 10	− 8	− 1	+ 0	+ 0
sin 16 (M′−M)	+ 19	− 91	− 6	+ 428	− 292	− 358	+ 95	+ 53	+ 4	+ 1	+ 0	− 0
sin 17 (M′−M)	+ 10	+ 45	− 140	+ 23	+ 353	− 180	− 107	+ 12	+ 2	+ 1	− 0	− 1
sin 18 (M′−M)	− 11	+ 8	+ 60	− 197	+ 93	+ 151	− 57	− 16	− 1	+ 1	− 0	+ 0
sin 19 (M′−M)	+ 3	− 21	+ 34	+ 44	− 177	+ 87	+ 35	− 8	− 2	− 0	+ 0	+ 0
sin 20 (M′−M)	+ 2	+ 10	− 40	+ 76	− 21	− 65	+ 30	+ 2	+ 2	− 0	+ 0	+ 0
sin 21 (M′−M)	− 2	+ 4	+ 3	− 43	+ 88	− 53	− 8	+ 4	+ 0	+ 0	− 0	+ 0
sin 22 (M′−M)	− 1	− 6	+ 15	− 23	+ 1	+ 17	− 13	+ 1	− 0	− 0	− 0	− 0
sin 23 (M′−M)	+ 1	− 4	− 2	+ 32	− 51	+ 33	− 3	− 2	+ 0	+ 1	+ 0	− 0

W

Koefficient von:	$M=0°$	$M=15°$	$M=30°$	$M=45°$	$M=60°$	$M=75°$	$M=90°$	$M=105°$	$M=120°$	$M=135°$	$M=150°$	$M=$
—	+11″,063	+ 7″,586	+ 1″,758	— 5″,978	—13″,639	—19″,693	—23″,972	—26″,988	—29″,286	—31″,238	—33″,036	—3
cos $(M'-M)$	— 2,074	— 2,095	+ 0,892	+ 6,075	+11,015	+14,228	+16,102	+17,672	+19,633	+22,061	+24,482	+2
cos 2 $(M'-M)$	—15,396	—16,685	—18,171	—18,730	—17,616	—14,720	—10,353	— 4,815	+ 1,806	+ 9,678	+19,024	+2
cos 3 $(M'-M)$	+ 1,578	+ 2,744	+ 2,848	+ 1,697	— 0,094	— 2,029	— 4,284	— 7,372	—11,720	—17,452	—24,060	—3
cos 4 $(M'-M)$	+ 1,930	+ 1,530	+ 1,642	+ 2,472	+ 3,593	+ 4,605	+ 5,621	+ 6,960	+ 8,782	+10,813	+12,014	+1
cos 5 $(M'-M)$	— 0,533	— 0,948	— 1,311	— 1,744	— 2,182	— 2,528	— 2,845	— 3,206	— 3,516	— 3,309	— 1,614	+ 2
cos 6 $(M'-M)$	— 0,167	+ 0,080	+ 0,322	— 0,508	+ 0,641	+ 0,729	+ 0,778	+ 0,752	+ 0,504	— 0,316	— 2,187	— 5
cos 7 $(M'-M)$	+ 93	+ 106	+ 67	+ 34	+ 17	+ 8	+ 27	+ 127	+ 402	+ 1,001	+ 1,938	+ 2
cos 8 $(M'-M)$	+ 6	— 44	— 80	— 105	— 129	— 135	— 159	— 227	— 377	— 615	— 750	—
cos 9 $(M'-M)$	— 12	— 1	+ 25	+ 50	+ 69	+ 81	+ 96	+ 124	+ 169	+ 191	+ 7	—
cos 10 $(M'-M)$	+ 1	+ 6	+ 1	— 9	— 19	— 25	— 32	— 38	— 37	+ 10	+ 187	+
cos 11 $(M'-M)$	+ 2	— 2	— 5	— 3	— 1	+ 2	+ 3	+ 2	— 7	— 51	— 127	—
cos 12 $(M'-M)$	— 0	— 0	+ 2	+ 3	+ 4	+ 4	+ 3	+ 6	+ 11	+ 33	+ 37	—
cos 13 $(M'-M)$	— 1	+ 0	— 0	— 1	— 1	— 3	— 2	— 4	— 5	— 10	+ 7	+
cos 14 $(M'-M)$	— 0	+ 0	— 1	+ 1	— 1	+ 0	+ 0	+ 2	+ 3	— 1	— 12	—
cos 15 $(M'-M)$	+ 0	+ 0	+ 0	— 1	+ 1	+ 0	+ 0	— 0	— 3	+ 3	+ 7	—
cos 16 $(M'-M)$	+ 0	— 1	+ 0	+ 0	— 1	— 0	— 0	— 0	+ 0	— 0	— 1	+
cos 17 $(M'-M)$	— 0	— 0	— 0	— 1	+ 1	+ 1	— 0	+ 0	+ 1	— 1	— 2	—
cos 18 $(M'-M)$	— 0	+ 0	— 0	+ 0	— 0	+ 1	— 0	— 0	+ 1	+ 0	+ 2	+
cos 19 $(M'-M)$	— 0	— 0	+ 0	+ 0	+ 0	— 1	+ 1	+ 0	— 0	+ 1	— 1	—
cos 20 $(M'-M)$	— 0	— 0	+ 0	— 0	— 1	+ 1	— 1	— 0	+ 1	— 2	— 1	+
cos 21 $(M'-M)$	+ 0	+ 0	— 0	+ 0	+ 0	— 1	+ 0	+ 0	+ 1	+ 1	+ 2	—
cos 22 $(M'-M)$	+ 0	+ 0	— 1	+ 0	— 0	+ 1	+ 0	— 0	— 1	— 0	— 2	—
cos 23 $(M'-M)$	— 0	— 0	— 0	— 0	+ 0	+ 0	— 1	— 0	+ 0	— 1	— 1	+
cos 24 $(M'-M)$	— 0	— 0	+ 0	+ 0	+ 0	— 0	+ 0	+ 0	+ 1	+ 1	+ 1	
sin $(M'-M)$	+ 8,473	+ 6,750	+ 2,816	— 3,243	— 9,216	—13,264	—15,295	—16,275	—17,385	—19,656	—23,763	—29,
sin 2 $(M'-M)$	— 3,140	— 2,276	+ 2,175	+ 9,939	+18,458	+25,515	+30,628	+34,214	+36,691	+38,149	+38,223	+36,
sin 3 $(M'-M)$	— 5,830	— 5,742	— 6,667	— 8,596	—10,729	—12,426	—13,661	—14,451	—14,433	—12,755	— 8,232	+ 0,
sin 4 $(M'-M)$	+ 1,050	+ 1,997	+ 2,719	+ 3,205	+ 3,459	+ 3,491	+ 3,299	+ 2,730	+ 1,359	— 1,534	— 6,656	—14,
sin 5 $(M'-M)$	+ 0,599	+ 0,210	— 0,066	— 0,085	+ 0,051	+ 0,234	+ 0,531	+ 1,130	+ 2,299	+ 4,317	+ 7,093	+ 9,
sin 6 $(M'-M)$	— 232	— 356	— 422	— 539	— 685	— 814	— 986	— 1,313	— 1,883	— 2,645	— 3,097	— 1,
sin 7 $(M'-M)$	— 39	+ 83	+ 201	+ 307	+ 397	+ 465	+ 538	+ 652	+ 796	+ 810	+ 231	— 1,
sin 8 $(M'-M)$	+ 35	+ 22	— 23	— 72	— 112	— 141	— 164	— 179	— 146	+ 56	+ 656	+ 1,
sin 9 $(M'-M)$	— 1	— 18	— 21	— 14	— 4	+ 5	+ 7	— 5	— 64	— 224	— 505	—
sin 10 $(M'-M)$	— 5	+ 2	+ 13	+ 19	+ 22	+ 22	+ 24	+ 36	+ 70	+ 141	+ 173	—
sin 11 $(M'-M)$	+ 2	+ 1	— 2	— 8	— 12	— 14	— 16	— 22	— 33	— 45	+ 13	+
sin 12 $(M'-M)$	+ 1	— 0	— 1	+ 1	+ 3	+ 4	+ 5	+ 8	+ 9	— 2	— 51	—
sin 13 $(M'-M)$	+ 1	— 0	+ 1	— 0	+ 1	— 0	— 0	— 1	— 2	+ 12	+ 30	+
sin 14 $(M'-M)$	— 0	+ 0	— 0	+ 0	— 1	— 1	— 0	— 2	+ 0	— 7	— 7	+
sin 15 $(M'-M)$	— 0	+ 0	— 0	— 0	+ 0	+ 1	— 0	+ 1	+ 1	+ 1	— 3	—
sin 16 $(M'-M)$	+ 0	— 0	— 0	+ 0	— 0	— 0	+ 0	— 1	— 2	+ 1	+ 4	+
sin 17 $(M'-M)$	— 0	— 1	+ 0	+ 0	— 0	— 0	+ 0	+ 0	+ 1	+ 0	— 2	+
sin 18 $(M'-M)$	— 0	+ 0	0	— 1	+ 1	+ 1	— 0	— 0	+ 0	— 1	— 0	—
sin 19 $(M'-M)$	— 1	+ 0	— 0	+ 0	— 0	— 1	— 0	+ 0	— 0	+ 1	+ 2	+
sin 20 $(M'-M)$	— 0	— 0	+ 1	+ 0	+ 0	— 0	+ 0	+ 0	— 0	— 0	— 2	—
sin 21 $(M'-M)$	— 0	+ 0	+ 0	— 0	— 0	+ 1	+ 0	— 0	+ 0	— 1	+ 0	+
sin 22 $(M'-M)$	+ 0	+ 0	+ 0	+ 0	+ 0	— 1	+ 1	+ 0	+ 1	+ 0	+ 1	—
sin 23 $(M'-M)$	— 0	+ 0	— 1	— 0	— 0	+ 0	— 0	— 0	— 1	— 2	— 2	—

W

Koefficient von:	$M=180^0$	$M=195^0$	$M=210^0$	$M=225^0$	$M=240^0$	$M=255^0$	$M=270^0$	$M=285^0$	$M=300^0$	$M=315^0$	$M=330^0$	$M=345^0$
—	+36,094″	—36,572″	—34,926″	—29,153″	—17,812″	— 3,171″	+ 8,936″	+15,248″	+16,925″	+16,287″	+14,844″	+13,174″
cos (M′—M)	+25,661	+22,233	+15,200	+ 5,542	— 3,026	— 5,714	— 2,268	+ 2,645	+ 5,262	+ 4,961	+ 2,757	— 0,014
cos 2 (M′—M)	+41,705	+52,503	+58,161	+52,321	+30,717	+ 0,314	—22,495	—30,013	—27,356	—21,827	—17,447	—15,386
cos 3 (M′—M)	—32,934	—28,847	—14,741	+ 8,036	+28,857	+33,084	+20,696	+ 6,101	— 1,631	— 3,157	— 1,918	— 0,091
cos 4 (M′—M)	+ 3,510	— 9,740	—25,690	—33,610	—22,427	+ 1,462	+16,554	+16,256	+10,225	+ 5,660	+ 3,474	+ 2,516
cos 5 (M′—M)	+10,224	+17,619	+17,716	+ 4,438	—14,243	—18,641	— 7,701	+ 1,595	+ 3,485	+ 2,228	+ 0,908	+ 0,046
cos 6 (M′—M)	— 7,571	— 5,364	+ 4,530	+15,789	+13,366	— 1,741	— 9,238	— 6,054	— 2,203	— 0,772	— 0,462	— 0,343
cos 7 (M′—M)	+ 1,050	— 4,191	— 9,782	— 6,351	+ 5,949	+ 9,370	+ 1,909	— 2,184	— 1,683	— 0,694	— 0,222	— 0,009
cos 8 (M′—M)	+ 1,961	+ 4,298	+ 2,030	— 5,860	— 7,330	+ 1,318	+ 4,465	+ 1,704	+ 0,175	+ 0,001	+ 0,042	+ 0,045
cos 9 (M′—M)	— 1,544	— 0,639	+ 3,380	+ 4,549	— 2,146	— 4,465	— 0,051	+ 1,242	+ 0,539	+ 0,151	+ 0,043	+ 0,002
cos 10 (M′—M)	+ 0,276	— 1,297	— 2,244	+ 1,503	+ 3,785	— 0,837	— 1,936	— 0,297	+ 0,100	+ 0,036	— 0,000	— 0,005
cos 11 (M′—M)	+ 346	+ 913	— 506	— 2,490	+ 621	+ 2,061	— 320	— 523	— 126	— 23	— 7	— 1
cos 12 (M′—M)	— 300	+ 9	+ 1,141	— 18	— 1,866	+ 484	+ 763	— 29	— 63	— 13	— 2	+ 0
cos 13 (M′—M)	+ 66	— 340	— 258	+ 1,132	— 91	— 934	+ 268	+ 176	+ 19	+ 1	+ 2	+ 0
cos 14 (M′—M)	+ 60	+ 172	— 365	— 296	+ 882	— 269	— 269	+ 56	+ 23	+ 3	+ 0	— 0
cos 15 (M′—M)	— 58	+ 35	+ 257	— 428	— 52	+ 404	— 159	— 49	— 0	+ 1	— 1	— 1
cos 16 (M′—M)	+ 14	— 78	+ 43	+ 247	— 403	+ 139	+ 83	— 32	— 7	+ 0	— 1	— 0
cos 17 (M′—M)	+ 11	+ 27	— 126	+ 126	+ 68	— 176	+ 77	+ 8	— 1	— 0	+ 0	+ 0
cos 18 (M′—M)	— 12	+ 12	+ 35	— 143	+ 180	— 67	— 20	+ 13	+ 2	— 1	+ 0	+ 0
cos 19 (M′—M)	+ 3	— 13	+ 39	— 20	— 51	+ 76	— 32	+ 1	+ 0	— 0	— 0	— 0
cos 20 (M′—M)	+ 3	+ 3	— 32	+ 70	— 79	+ 40	+ 2	— 5	— 1	+ 1	+ 0	— 0
cos 21 (M′—M)	— 3	+ 0	— 6	— 6	+ 30	— 29	+ 11	+ 1	— 0	+ 0	— 0	+ 0
cos 22 (M′—M)	+ 2	— 0	+ 18	— 30	+ 36	— 23	— 1	+ 2	— 0	— 1	+ 0	+ 1
cos 23 (M′—M)	+ 1	+ 1	— 1	+ 5	— 11	+ 7	— 1	+ 1	— 0	— 0	— 0	+ 0
cos 24 (M′—M)	— 1	— 1	— 6	+ 10	— 12	+ 9	— 0	— 1	+ 0	+ 0	+ 0	— 0
sin (M′—M)	—37,646	—45,271	—49,509	—45,273	—28,849	— 4,953	+13,889	+21,084	+19,867	+15,713	+11,958	+ 9,696
sin 2 (M′—M)	+30,316	+19,426	+ 2,630	—17,882	—34,401	—37,284	—26,718	—13,002	— 3,871	— 0,373	— 0,479	— 1,979
sin 3 (M′—M)	+13,359	+29,262	+42,795	+44,639	+27,572	— 0,725	—20,429	—23,767	—18,394	—12,384	— 8,566	— 6,667
sin 4 (M′—M)	—21,833	—25,531	—18,966	+ 0,001	+20,833	+25,408	+13,222	+ 0,863	— 3,658	— 3,202	— 1,553	— 0,106
sin 5 (M′—M)	+ 8,655	+ 1,153	—12,809	—23,692	—17,538	+ 1,752	+12,639	+10,259	+ 5,055	+ 2,268	+ 1,312	+ 0,937
sin 6 (M′—M)	+ 2,531	+ 9,856	+13,998	+ 6,220	— 9,366	—13,334	— 4,090	+ 2,321	+ 2,591	+ 1,313	+ 0,466	+ 0,021
sin 7 (M′—M)	— 4,583	— 5,665	— 0,028	+ 9,938	+ 9,985	— 1,565	— 6,517	— 3,340	— 0,793	— 0,191	— 0,151	— 0,124
sin 8 (M′—M)	+ 1,920	— 0,871	— 6,118	— 5,618	+ 3,646	+ 6,500	+ 0,682	— 1,734	— 0,992	— 0,337	— 0,098	— 0,004
sin 9 (M′—M)	+ 0,387	+ 2,603	+ 2,515	— 3,174	— 5,302	+ 1,066	+ 2,979	+ 0,781	— 0,048	— 0,040	+ 0,009	+ 0,016
sin 10 (M′—M)	— 0,876	— 1,042	+ 1,570	+ 3,454	— 1,199	— 3,046	+ 0,228	+ 0,826	+ 0,271	+ 0,063	+ 0,017	+ 0,001
sin 11 (M′—M)	+ 400	— 446	— 1,698	+ 533	+ 2,673	— 640	— 1,229	— 66	+ 89	+ 24	— 1	— 2
sin 12 (M′—M)	+ 49	+ 618	+ 39	— 1,716	+ 281	+ 1,389	— 311	— 311	— 53	— 7	— 2	+ 1
sin 13 (M′—M)	— 162	— 155	+ 687	+ 219	— 1,290	+ 365	+ 461	— 57	— 40	— 7	+ 1	+ 0
sin 14 (M′—M)	+ 81	— 146	— 298	+ 714	+ 7	— 618	+ 210	+ 98	+ 5	— 1	— 1	+ 1
sin 15 (M′—M)	+ 6	+ 101	— 160	— 290	+ 599	— 194	— 159	+ 44	+ 13	+ 1	+ 1	— 0
sin 16 (M′—M)	— 31	— 14	+ 193	— 241	— 68	+ 266	— 113	— 21	+ 1	+ 1	+ 0	— 1
sin 17 (M′—M)	+ 16	— 37	— 14	+ 194	— 269	+ 98	+ 44	— 21	— 4	+ 1	— 1	— 0
sin 18 (M′—M)	+ 1	+ 22	— 74	+ 57	+ 61	— 114	+ 53	— 3	— 1	— 0	— 1	+ 0
sin 19 (M′—M)	— 6	+ 1	+ 37	— 101	+ 120	— 49	— 9	+ 8	+ 2	— 1	+ 2	+ 0
sin 20 (M′—M)	+ 4	— 5	+ 18	— 1	— 41	+ 51	— 22	+ 2	+ 0	— 0	+ 0	+ 0
sin 21 (M′—M)	+ 0	— 10	— 24	+ 47	— 53	+ 31	+ 4	— 3	— 1	+ 1	— 1	— 0
sin 22 (M′—M)	— 2	— 2	— 1	— 7	+ 21	— 14	+ 8	+ 3	— 0	+ 0	— 1	— 0
sin 23 (M′—M)	+ 1	+ 1	+ 13	— 22	+ 27	— 20	+ 2	+ 1	+ 0	— 1	+ 1	+ 0

Die Störungen selbst wurden nicht nach den Formeln 4—7 (S. 490) der ersten Rechnung ermittelt, sondern in der folgenden etwas veränderten Gestalt, die sich leicht aus jenen ableiten lässt:

$$\frac{di}{ndt} = W\cos(v-\Omega)$$

$$(1-\cos i)\frac{d\Omega}{ndt} = \frac{1-\cos i}{\sin i}W\sin(v-\Omega) = \tang\tfrac{1}{2}i\,.\,W\sin(v-\Omega)$$

$$\frac{d\tilde{\omega}}{ndt} = (1-\cos i)\frac{d\Omega}{ndt} + \frac{a\cos\varphi^2}{\sin\varphi}\cos(v-\tilde{\omega})\,.\,T - \frac{\sin(v-\tilde{\omega})}{\sin\varphi}\left(1+\frac{p}{r}\right)V$$

$$\frac{d\omega}{ndt} = -b\sin(v-\tilde{\omega})\,.\,T - \frac{b}{r}(\cos v+\cos E)\,.\,V, \qquad b = a\cos\varphi$$

$$\frac{d\log\text{hyp}\,n}{ndt} = 3ae\sin(v-\tilde{\omega})\,.\,T + \frac{3bb}{rr}V$$

$$\frac{d\varepsilon}{ndt} = (1-\cos i)\frac{d\Omega}{ndt} + (2r\cos\varphi + p\tang\tfrac{1}{2}\varphi\,.\cos(v-\tilde{\omega}))T - \tang^2\tfrac{1}{2}\varphi\,.\sin(v-\tilde{\omega})\,.\left(1+\frac{p}{r}\right)V.]$$

[3.]

[Zur Berechnung der Störungen der Neigung und der Länge des aufsteigenden Knotens ergaben sich nach den vorstehenden Formeln zunächst Ausdrücke für $\frac{di}{ndt}$ und $(1-\cos i)\frac{d\Omega}{ndt}$, welche denen in der Tafel Seite 536—541 für T, V, W ganz analog sind, und nach Ausführung der Interpolation auch ach dem Argumente M diese Ausdrücke in integrabler Form ergeben.

Die Integration wird hier in derselben Weise ausgeführt, wie auf Seite 519, und ergibt z. B. für das Glied mit dem Argument $5M'-2M$:

in der Knotenlänge		in der Neigung	
b	$9{,}76072_n$	b	$0{,}61909$
b'	$9{,}45849_n$	b'	$0{,}61784$
	$Q = 243^\circ 29' 54''$		$Q = 45^\circ 4' 58''$
$\sin Q$	$9{,}95178_n$	$\sin Q$	$9{,}85011$
q	$9{,}80894$	q	$0{,}76898$
$2-5\frac{n'}{n}$	$8{,}74430$	$2-5\frac{n'}{n}$	$8{,}74430$
	$1{,}06464$		$2{,}02468$
C. log $(1-\cos i)$	$0{,}75227$		
	$1{,}81691$		

in der Knotenlänge: also das Störungsglied:
$+65\overset{''}{,}60\cos(5M'-2M+243^\circ 29' 54'')$

in der Neigung: also das Störungsglied:
$+105\overset{''}{,}85\cos(5M'-2M+45^\circ 4' 58'')$.

Diese gefundenen Ausdrücke für die Störungsglieder lassen sich noch in etwas bequemere Form bringen, indem man anstatt der mittlern Anomalien M' und M die mittlern Längen ♃ $= M'+\tilde{\omega}'$ und ⚴ $= M+\tilde{\omega}$ einführt und die Cosinusglieder in Sinusglieder verwandelt, wobei man so verfährt, dass sämmtliche Coefficienten positives Vorzeichen erhalten. Man hat also zu setzen (m' und m ganze Zahlen):

$$\cos(m'M'-mM+Q) = +\sin(m'♃ - m⚴ + Q - m'\tilde{\omega}' + m\tilde{\omega} + 90^\circ)$$
$$\text{resp.} = -\sin(m'♃ - m⚴ + Q - m'\tilde{\omega}' + m\tilde{\omega} - 90^\circ),$$

je nachdem der Coefficient bei der Integration sich positiv oder negativ ergeben hat.

Hienach erhält man folgendes Resultat für die Störungen des aufsteigenden Knotens:

δ☊ = 20,″12 sin(⚴ + 272° 53′ 0″)	+ 10,″09 sin(4♃ − ⚴ + 358° 15′ 58″)
+ 7,64 sin(2⚴ + 5 46 46)	+ 3,09 sin(4♃ + 21 3 59)
+ 2,23 sin(3⚴ + 281 14 14)	+ 1,02 sin(4♃ + ⚴ + 25 42 24)
+ 0,20 sin(4⚴ + 15 12 38)	+ 0,37 sin(4♃ + 2⚴ + 16 6 56)
+ 0,24 sin(5⚴ + 295 22 7)	+ 0,12 sin(4♃ + 3⚴ + 2 57 26)
+ 0,13 sin(♃ − 6⚴ + 244 42 22)	+ 0,16 sin(5♃ − 7⚴ + 273 51 32)
+ 1,16 sin(♃ − 4⚴ + 262 39 44)	+ 0,17 sin(5♃ − 6⚴ + 134 19 51)
+ 1,92 sin(♃ − 3⚴ + 187 52 54)	+ 0,23 sin(5♃ − 5⚴ + 31 37 20)
+ 5,72 sin(♃ − 2⚴ + 238 22 2)	+ 2,64 sin(5♃ − 4⚴ + 38 58 1)
+ 42,79 sin(♃ − ⚴ + 350 33 51)	+ 5,24 sin(5♃ − 3⚴ + 91 47 7)
+ 44,22 sin(♃ + 233 47 36)	+ 65,60 sin(5♃ − 2⚴ + 159 22 16)
+ 5,30 sin(♃ + ⚴ + 330 0 12)	+ 3,67 sin(5♃ − ⚴ + 21 28 25)
+ 2,22 sin(♃ + 2⚴ + 322 46 4)	+ 1,27 sin(5♃ + 37 9 44)
+ 0,95 sin(♃ + 3⚴ + 352 54 19)	+ 0,47 sin(5♃ + ⚴ + 35 25 40)
+ 0,35 sin(♃ + 4⚴ + 295 28 41)	+ 0,17 sin(5♃ + 2⚴ + 27 53 22)
+ 0,48 sin(2♃ − 5⚴ + 274 38 29)	+ 0,11 sin(6♃ − 6⚴ + 111 11 28)
+ 0,86 sin(2♃ − 4⚴ + 237 48 7)	+ 0,89 sin(6♃ − 5⚴ + 45 11 37)
+ 2,45 sin(2♃ − 3⚴ + 167 26 21)	+ 2,12 sin(6♃ − 4⚴ + 85 57 46)
+ 22,38 sin(2♃ − 2⚴ + 350 55 48)	+ 3,80 sin(6♃ − 3⚴ + 140 40 15)
+ 117,19 sin(2♃ − ⚴ + 56 36 54)	+ 6,77 sin(6♃ − 2⚴ + 15 17 42)
+ 26,46 sin(2♃ + 351 5 56)	+ 1,48 sin(6♃ − ⚴ + 42 23 38)
+ 3,12 sin(2♃ + ⚴ + 3 40 23)	+ 0,56 sin(6♃ + 49 23 13)
+ 1,97 sin(2♃ + 2⚴ + 1 48 22)	+ 0,21 sin(6♃ + ⚴ + 47 28 38)
+ 0,46 sin(2♃ + 3⚴ + 321 30 26)	+ 0,28 sin(7♃ − 6⚴ + 59 6 44)
+ 0,12 sin(2♃ + 4⚴ + 340 1 28)	+ 0,89 sin(7♃ − 5⚴ + 86 30 22)
+ 0,18 sin(3♃ − 6⚴ + 298 23 10)	+ 1,40 sin(7♃ − 4⚴ + 129 27 50)
+ 0,58 sin(3♃ − 5⚴ + 261 3 29)	+ 5,24 sin(7♃ − 3⚴ + 184 5 19)
+ 1,26 sin(3♃ − 4⚴ + 147 12 12)	+ 1,92 sin(7♃ − 2⚴ + 42 47 3)
+ 5,93 sin(3♃ − 3⚴ + 351 34 18)	+ 0,63 sin(7♃ − ⚴ + 58 32 45)
+ 22,61 sin(3♃ − 2⚴ + 41 13 11)	+ 0,25 sin(7♃ + 62 24 20)
+ 71,11 sin(3♃ − ⚴ + 317 24 17)	+ 0,36 sin(8♃ − 6⚴ + 92 1 16)
+ 6,90 sin(3♃ + 9 35 31)	+ 0,63 sin(8♃ − 5⚴ + 125 32 10)
+ 2,51 sin(3♃ + ⚴ + 13 53 50)	+ 0,87 sin(8♃ − 4⚴ + 172 27 24)
+ 0,73 sin(3♃ + 2⚴ + 3 30 38)	+ 8,18 sin(8♃ − 3⚴ + 38 52 58)
+ 0,25 sin(3♃ + 3⚴ + 354 5 55)	+ 0,73 sin(8♃ − 2⚴ + 63 29 28)
+ 0,33 sin(4♃ − 6⚴ + 269 2 19)	+ 0,28 sin(8♃ − ⚴ + 73 28 39)
+ 0,52 sin(4♃ − 5⚴ + 137 58 6)	+ 0,12 sin(8♃ + 74 30 49)
+ 1,37 sin(4♃ − 4⚴ + 358 4 8)	+ 0,18 sin(9♃ − 7⚴ + 102 44 16)
+ 7,54 sin(4♃ − 3⚴ + 37 47 27)	+ 0,29 sin(9♃ − 6⚴ + 127 14 6)
+ 17,65 sin(4♃ − 2⚴ + 107 48 21)	+ 0,44 sin(9♃ − 5⚴ + 165 5 32)

$+\ 1'',17 \sin(9♃ - 4⚴ + 212^0\ 8'\ 48'')$
$+\ 1,12 \sin(9♃ - 3⚴ + 65\ 19\ 55)$
$+\ 0,31 \sin(9♃ - 2⚴ + 81\ 30\ 21)$
$+\ 0,13 \sin(9♃ - ⚴ + 87\ 20\ 55)$
$+\ 0,13 \sin(10♃ - 7⚴ + 133\ 5\ 19)$
$+\ 0,21 \sin(10♃ - 6⚴ + 162\ 55\ 41)$
$+\ 0,35 \sin(10♃ - 5⚴ + 204\ 59\ 29)$
$+\ 3,32 \sin(10♃ - 4⚴ + 244\ 1\ 58)$
$+\ 0,38 \sin(10♃ - 3⚴ + 86\ 50\ 45)$
$+\ 0,14 \sin(10♃ - 2⚴ + 97\ 41\ 38)$
$+\ 0,10 \sin(11♃ - 7⚴ + 165\ 17\ 5)$
$+\ 0,15 \sin(11♃ - 6⚴ + 200\ 16\ 14)$
$+\ 0,33 \sin(11♃ - 5⚴ + 240\ 32\ 41)$
$+\ 0'',83 \sin(11♃ - 4⚴ + 89^0\ 37'\ 6'')$
$+\ 0,15 \sin(11♃ - 3⚴ + 105\ 21\ 27)$
$+\ 0,12 \sin(12♃ - 6⚴ + 236\ 41\ 10'')$
$+\ 0,46 \sin(12♃ - 5⚴ + 270\ 20\ 27)$
$+\ 0,21 \sin(12♃ - 4⚴ + 111\ 12\ 20)$
$+\ 0,10 \sin(13♃ - 6⚴ + 269\ 9\ 27)$
$+\ 1,72 \sin(13♃ - 5⚴ + 114\ 47\ 56)$
$+\ 0,11 \sin(14♃ - 6⚴ + 297\ 22\ 8)$
$+\ 0,13 \sin(14♃ - 5⚴ + 136\ 15\ 29)$
$+\ 0,23 \sin(15♃ - 6⚴ + 320\ 36\ 25)$
$+\ 0,11 \sin(16♃ - 6⚴ + 162\ 6\ 22)$

Säcularbewegung täglich $-0'',096913$
jährlich $-35'',397$.

Die Störungen der Neigung ergeben sich folgendermassen:

$\delta i = 12'',53 \sin(⚴ + 41^0\ 32'\ 34'')$
$+\ 6,69 \sin(2⚴ + 90\ 34\ 30)$
$+\ 1,57 \sin(3⚴ + 23\ 56\ 53)$
$+\ 0,26 \sin(4⚴ + 83\ 9\ 36)$
$+\ 0,18 \sin(5⚴ + 29\ 6\ 13)$
$+\ 0,10 \sin(♃ - 6⚴ + 156\ 14\ 32)$
$+\ 0,88 \sin(♃ - 4⚴ + 165\ 44\ 58)$
$+\ 2,08 \sin(♃ - 3⚴ + 103\ 41\ 17)$
$+\ 5,30 \sin(♃ - 2⚴ + 136\ 10\ 12)$
$+\ 9,30 \sin(♃ - ⚴ + 182\ 8\ 0)$
$+\ 19,62 \sin(♃ + 38\ 3\ 9)$
$+\ 8,00 \sin(♃ + ⚴ + 85\ 25\ 27)$
$+\ 2,08 \sin(♃ + 2⚴ + 72\ 5\ 42)$
$+\ 0,88 \sin(♃ + 3⚴ + 83\ 15\ 58)$
$+\ 0,27 \sin(♃ + 4⚴ + 37\ 27\ 26)$
$+\ 0,41 \sin(2♃ - 5⚴ + 177\ 43\ 29)$
$+\ 0,85 \sin(2♃ - 4⚴ + 137\ 37\ 35)$
$+\ 2,06 \sin(2♃ - 3⚴ + 108\ 39\ 21)$
$+\ 8,60 \sin(2♃ - 2⚴ + 246\ 47\ 6)$
$+\ 39,54 \sin(2♃ - ⚴ + 276\ 20\ 29)$
$+\ 25,70 \sin(2♃ + 101\ 20\ 40)$
$+\ 3,98 \sin(2♃ + ⚴ + 109\ 18\ 11)$
$+\ 1,72 \sin(2♃ + 2⚴ + 96\ 13\ 31)$
$+\ 0,39 \sin(2♃ + 3⚴ + 67\ 35\ 34)$
$+\ 0,12 \sin(2♃ + 4⚴ + 76\ 16\ 53)$
$+\ 0,17 \sin(3♃ - 6⚴ + 194\ 48\ 14)$
$+\ 0,45 \sin(3♃ - 5⚴ + 164\ 50\ 48)$
$+\ 0'',79 \sin(3♃ - 4⚴ + 100^0\ 28'\ 2'')$
$+\ 2,43 \sin(3♃ - 3⚴ + 244\ 0\ 16)$
$+\ 8,70 \sin(3♃ - 2⚴ + 289\ 43\ 50)$
$+\ 80,83 \sin(3♃ - ⚴ + 106\ 46\ 34)$
$+\ 8,28 \sin(3♃ + 121\ 41\ 52)$
$+\ 2,47 \sin(3♃ + ⚴ + 114\ 36\ 1)$
$+\ 0,68 \sin(3♃ + 2⚴ + 104\ 36\ 1)$
$+\ 0,23 \sin(3♃ + 3⚴ + 92\ 47\ 30)$
$+\ 0,24 \sin(4♃ - 6⚴ + 180\ 3\ 26)$
$+\ 0,26 \sin(4♃ - 5⚴ + 99\ 43\ 29)$
$+\ 0,79 \sin(4♃ - 4⚴ + 236\ 10\ 25)$
$+\ 3,07 \sin(4♃ - 3⚴ + 300\ 40\ 43)$
$+\ 18,31 \sin(4♃ - 2⚴ + 297\ 16\ 13)$
$+\ 14,75 \sin(4♃ - ⚴ + 131\ 21\ 59)$
$+\ 3,47 \sin(4♃ + 131\ 6\ 34)$
$+\ 1,06 \sin(4♃ + ⚴ + 127\ 58\ 57)$
$+\ 0,35 \sin(4♃ + 2⚴ + 115\ 52\ 59)$
$+\ 0,11 \sin(4♃ + 3⚴ + 103\ 46\ 23)$
$+\ 0,12 \sin(5♃ - 7⚴ + 190\ 25\ 18)$
$+\ 0,22 \sin(5♃ - 5⚴ + 222\ 13\ 25)$
$+\ 1,16 \sin(5♃ - 4⚴ + 309\ 54\ 25)$
$+\ 4,39 \sin(5♃ - 3⚴ + 310\ 1\ 1)$
$+\ 105,85 \sin(5♃ - 2⚴ + 320\ 57\ 20)$
$+\ 4,95 \sin(5♃ - ⚴ + 145\ 5\ 33)$
$+\ 1,47 \sin(5♃ + 145\ 15\ 5)$
$+\ 0,49 \sin(5♃ + ⚴ + 138\ 16\ 6)$
$+\ 0,17 \sin(5♃ + 2⚴ + 128\ 45\ 37)$

+ 0″,43 sin(6♃ — 5⚴ + 319°37′ 0″)	+ 0″,44 sin(9♃ — 2⚴ + 201°14′ 50″)
+ 1, 52 sin(6♃ — 4⚴ + 323 50 41)	+ 0, 16 sin(9♃ — ⚴ + 198 52 7)
+ 5, 69 sin(6♃ — 3⚴ + 331 27 11)	+ 0, 12 sin(10♃ — 7⚴ + 24 58 43)
+ 10, 83 sin(6♃ — 2⚴ + 157 28 4)	+ 0, 29 sin(10♃ — 6⚴ + 26 54 59)
+ 1, 95 sin(6♃ — ⚴ + 159 51 36)	+ 0, 66 sin(10♃ — 5⚴ + 30 39 45)
+ 0, 64 sin(6♃ + 157 2 52)	+ 6, 22 sin(10♃ — 4⚴ + 33 57 47)
+ 0, 23 sin(6♃ + ⚴ + 150 26 11)	+ 0, 60 sin(10♃ — 3⚴ + 215 32 36)
+ 0, 15 sin(7♃ — 6⚴ + 331 20 8)	+ 0, 19 sin(10♃ — 2⚴ + 214 48 17)
+ 0, 59 sin(7♃ — 5⚴ + 338 23 14)	+ 0, 13 sin(11♃ — 7⚴ + 41 4 22)
+ 1, 79 sin(7♃ — 4⚴ + 343 1 46)	+ 0, 27 sin(11♃ — 6⚴ + 43 41 29)
+ 9, 17 sin(7♃ — 3⚴ + 349 17 43)	+ 0, 66 sin(11♃ — 5⚴ + 46 49 58)
+ 2, 94 sin(7♃ — 2⚴ + 173 2 42)	+ 1, 48 sin(11♃ — 4⚴ + 229 6 17)
+ 0, 81 sin(7♃ — ⚴ + 173 9 48)	+ 0, 24 sin(11♃ — 3⚴ + 229 34 7)
+ 0, 29 sin(7♃ + 169 24 25)	+ 0, 12 sin(12♃ — 7⚴ + 57 15 18)
+ 0, 11 sin(7♃ + ⚴ + 161 26 55)	+ 0, 24 sin(12♃ — 6⚴ + 59 48 26)
+ 0, 23 sin(8♃ — 6⚴ + 353 44 39)	+ 0, 90 sin(12♃ — 5⚴ + 62 20 25)
+ 0, 69 sin(8♃ — 5⚴ + 355 46 1)	+ 0, 36 sin(12♃ — 4⚴ + 243 37 34)
+ 1, 88 sin(8♃ — 4⚴ + 1 16 23)	+ 0, 10 sin(13♃ — 7⚴ + 73 19 16)
+ 14, 28 sin(8♃ — 3⚴ + 185 35 3)	+ 0, 22 sin(13♃ — 6⚴ + 75 33 53)
+ 1, 07 sin(8♃ — 2⚴ + 187 34 22)	+ 3, 23 sin(13♃ — 5⚴ + 257 10 45)
+ 0, 36 sin(8♃ — ⚴ + 186 4 42)	+ 0, 23 sin(14♃ — 6⚴ + 91 8 41)
+ 0, 13 sin(8♃ + 181 22 54)	+ 0, 24 sin(14♃ — 5⚴ + 272 0 47)
+ 0, 28 sin(9♃ — 6⚴ + 9 49 58)	+ 0, 46 sin(15♃ — 6⚴ + 105 23 14)
+ 0, 69 sin(9♃ — 5⚴ + 13 41 53)	+ 0, 21 sin(16♃ — 6⚴ + 120 40 28)
+ 2, 22 sin(9♃ — 4⚴ + 18 3 38)	Säcularstörung täglich + 0″,01358
+ 1, 88 sin(9♃ — 3⚴ + 200 54 24)	jährlich + 4, 9604.]

[3.]

[Zur Berechnung der Störungen des Perihels sind aus den Werthen von T und V (Seite 536—539) die Grössen $\frac{a\cos\varphi^2}{\sin\varphi}\cos(v-\tilde{\omega})\,.\,T$ und $\frac{\sin(v-\tilde{\omega})}{\sin\varphi}\left(1+\frac{p}{r}\right)V$ zu berechnen, womit sich der Ausdruck $\frac{d\tilde{\omega}}{ndt}-(1-\cos i)\frac{d\Omega}{ndt}$ ergibt; entwickelt man diesen wieder mit Hülfe der Interpolationsrechnung nach Vielfachen von M, multiplicirt die Producte aus und addirt zu dem Resultat den im vorigen Artikel gefundenen Ausdruck für $(1-\cos i)\frac{d\Omega}{ndt}$, so ergibt sich $\frac{d\tilde{\omega}}{ndt}$ in integrabler Form.

Die Integration für das Glied mit dem Argument $5M'-2M$ stellt sich folgendermassen:

b 1,22458

b' 1,50689

$Q = 27^\circ 33' 56''$

cos Q 9,94767

q 1,55922

$2-5\frac{n'}{n}$ 8,74430

2,81492

also das Störungsglied:

$+653'',01\cos(5M'-2M+27^\circ 33' 56'')$.

Das Resultat ist das folgende, wenn, wie im vorigen Artikel, die mittlern Längen statt der mittlern Anomalien eingeführt werden:

$\delta\tilde{\omega} =$ 57,″35 sin (⚴ + 321° 28′ 57″)
+ 10,86 sin (2⚴ + 246 50 16)
+ 5,48 sin (3⚴ + 261 34 43)
+ 1,65 sin (4⚴ + 182 25 43)
+ 0,23 sin (5⚴ + 317 15 1)
+ 0,24 sin (6⚴ + 212 24 4)
+ 0,20 sin (♃ − 7⚴ + 324 10 30)
+ 0,23 sin (♃ − 6⚴ + 163 9 55)
+ 1,53 sin (♃ − 5⚴ + 8 49 8)
+ 2,66 sin (♃ − 4⚴ + 291 36 50)
+ 10,29 sin (♃ − 3⚴ + 327 11 18)
+ 27,21 sin (♃ − 2⚴ + 242 28 11)
+ 58,48 sin (♃ − ⚴ + 309 34 12)
+ 72,38 sin (♃ + 291 57 59)
+ 15,92 sin (♃ + ⚴ + 320 27 55)
+ 4,23 sin (♃ + 2⚴ + 333 20 44)
+ 1,78 sin (♃ + 3⚴ + 267 52 49)
+ 0,50 sin (♃ + 4⚴ + 251 52 36)
+ 0,16 sin (♃ + 5⚴ + 214 10 11)
+ 0,19 sin (2♃ − 8⚴ + 259 25 19)
+ 0,34 sin (2♃ − 7⚴ + 106 45 23)
+ 1,38 sin (2♃ − 6⚴ + 345 22 34)
+ 1,76 sin (2♃ − 5⚴ + 197 51 42)
+ 11,25 sin (2♃ − 4⚴ + 20 54 27)
+ 26,72 sin (2♃ − 3⚴ + 288 11 35)
+ 87,57 sin (2♃ − 2⚴ + 342 9 24)
+ 771,17 sin (2♃ − ⚴ + 236 43 49)
+ 81,88 sin (2♃ + 101 42 47)
+ 13,33 sin (2♃ + ⚴ + 38 29 5)
+ 2,07 sin (2♃ + 2⚴ + 334 4 38)
+ 0,68 sin (2♃ + 3⚴ + 300 24 2)
+ 0,33 sin (2♃ + 4⚴ + 239 42 27)
+ 0,28 sin (3♃ − 8⚴ + 100 52 19)
+ 0,79 sin (3♃ − 7⚴ + 341 20 44)
+ 1,00 sin (3♃ − 6⚴ + 165 35 14)
+ 5,76 sin (3♃ − 5⚴ + 20 14 19)
+ 6,68 sin (3♃ − 4⚴ + 316 32 13)
+ 48,68 sin (3♃ − 3⚴ + 340 39 45)
+ 90,64 sin (3♃ − 2⚴ + 260 27 22)
+ 531,″31 sin (3♃ − ⚴ + 94° 47 46″)
+ 32,31 sin (3♃ + 87 0 49)
+ 4,94 sin (3♃ + ⚴ + 65 28 21)
+ 1,17 sin (3♃ + 2⚴ + 17 47 28)
+ 0,30 sin (3♃ + 3⚴ + 327 21 51)
+ 0,18 sin (4♃ − 9⚴ + 92 38 1)
+ 0,38 sin (4♃ − 8⚴ + 335 26 13)
+ 0,62 sin (4♃ − 7⚴ + 138 2 8)
+ 2,51 sin (4♃ − 6⚴ + 20 12 20)
+ 2,70 sin (4♃ − 5⚴ + 25 39 18)
+ 22,64 sin (4♃ − 4⚴ + 346 7 15)
+ 25,72 sin (4♃ − 3⚴ + 303 15 29)
+ 144,68 sin (4♃ − 2⚴ + 288 15 4)
+ 77,12 sin (4♃ − ⚴ + 106 12 53)
+ 12,22 sin (4♃ + 100 49 56)
+ 2,43 sin (4♃ + ⚴ + 76 29 37)
+ 0,53 sin (4♃ + 2⚴ + 42 27 39)
+ 0,14 sin (4♃ + 3⚴ + 12 22 42)
+ 0,11 sin (5♃ − 10⚴ + 92 34 58)
+ 0,15 sin (5♃ − 9⚴ + 326 26 47)
+ 0,37 sin (5♃ − 8⚴ + 118 59 54)
+ 0,92 sin (5♃ − 7⚴ + 24 7 36)
+ 2,22 sin (5♃ − 6⚴ + 59 25 1)
+ 9,63 sin (5♃ − 5⚴ + 355 36 55)
+ 12,92 sin (5♃ − 4⚴ + 342 36 14)
+ 37,30 sin (5♃ − 3⚴ + 306 34 54)
+ 653,01 sin (5♃ − 2⚴ + 303 26 18)
+ 23,38 sin (5♃ − ⚴ + 120 52 18)
+ 4,81 sin (5♃ + 110 24 18)
+ 1,13 sin (5♃ + ⚴ + 91 53 38)
+ 0,28 sin (5♃ + 2⚴ + 61 26 14)
+ 0,21 sin (6♃ − 9⚴ + 107 38 53)
+ 0,27 sin (6♃ − 8⚴ + 38 52 58)
+ 1,44 sin (6♃ − 7⚴ + 72 21 17)
+ 3,89 sin (6♃ − 6⚴ + 10 58 33)
+ 7,24 sin (6♃ − 5⚴ + 5 57 8)
+ 13,85 sin (6♃ − 4⚴ + 330 20 13)
+ 39,21 sin (6♃ − 3⚴ + 320 40 29)
+ 60,16 sin (6♃ − 2⚴ + 137 59 40)

+ 8,″17 sin(6♃ − ⚴ + 133°13′28″)
+ 2,03 sin(6♃ + 122 16 31)
+ 0,53 sin(6♃ + ⚴ + 103 49 19)
+ 0,14 sin(6♃ + 2⚴ + 79 19 1)
+ 0,10 sin(7♃ − 10⚴ + 102 49 17)
+ 0,79 sin(7♃ − 8⚴ + 82 10 42)
+ 1,59 sin(7♃ − 7⚴ + 33 33 10)
+ 3,81 sin(7♃ − 6⚴ + 23 14 17)
+ 6,16 sin(7♃ − 5⚴ + 356 29 36)
+13,45 sin(7♃ − 4⚴ + 339 38 4)
+56,89 sin(7♃ − 3⚴ + 334 36 27)
+14,61 sin(7♃ − 2⚴ + 151 43 18)
+ 3,21 sin(7♃ − ⚴ + 145 18 9)
+ 0,88 sin(7♃ + 133 45 5)
+ 0,25 sin(7♃ + ⚴ + 116 37 56)
+ 0,39 sin(8♃ − 9⚴ + 93 1 24)
+ 0,72 sin(8♃ − 8⚴ + 60 52 38)
+ 1,88 sin(8♃ − 7⚴ + 39 49 45)
+ 3,07 sin(8♃ − 6⚴ + 20 52 11)
+ 5,73 sin(8♃ − 5⚴ + 0 27 20)
+12,68 sin(8♃ − 4⚴ + 351 51 2)
+80,18 sin(8♃ − 3⚴ + 168 38 33)
+ 4,95 sin(8♃ − 2⚴ + 164 35 24)
+ 1,32 sin(8♃ − ⚴ + 157 14 53)
+ 0,40 sin(8♃ + 145 30 15)
+ 0,12 sin(8♃ + ⚴ + 129 17 56)
+ 0,18 sin(9♃ − 10⚴ + 107 3 26)
+ 0,37 sin(9♃ − 9⚴ + 86 46 6)
+ 0,90 sin(9♃ − 8⚴ + 57 56 59)
+ 1,95 sin(9♃ − 7⚴ + 142 23 38)
+ 2,69 sin(9♃ − 6⚴ + 22 21 11)
+ 5,03 sin(9♃ − 5⚴ + 10 12 33)
+13,64 sin(9♃ − 4⚴ + 5 20 41)
+ 9,74 sin(9♃ − 3⚴ + 182 2 17)
+ 1,90 sin(9♃ − 2⚴ + 177 9 51)
+ 0,57 sin(9♃ − ⚴ + 169 7 1)
+ 0,18 sin(9♃ + 157 19 12)
+ 0,20 sin(10♃ − 10⚴ + 108 26 39)
+ 0,43 sin(10♃ − 9⚴ + 78 16 18)
+ 0,82 sin(10♃ − 8⚴ + 62 6 42)
+ 1,34 sin(10♃ − 7⚴ + 44 10 35)
+ 2,31 sin(10♃ − 6⚴ + 29 37 33)
+ 4,″38 sin(10♃ − 5⚴ + 22°30′14″)
+35,40 sin(10♃ − 4⚴ + 18 48 20)
+ 2,94 sin(10♃ − 3⚴ + 195 3 36)
+ 0,78 sin(10♃ − 2⚴ + 189 34 24)
+ 0,25 sin(10♃ − ⚴ + 180 40 46)
+ 0,10 sin(11♃ − 11⚴ + 127 40 2)
+ 0,21 sin(11♃ − 10⚴ + 99 56 20)
+ 0,42 sin(11♃ − 9⚴ + 80 23 43)
+ 0,73 sin(11♃ − 8⚴ + 65 7 48)
+ 1,13 sin(11♃ − 7⚴ + 49 47 24)
+ 1,91 sin(11♃ − 6⚴ + 40 20 35)
+ 4,09 sin(11♃ − 5⚴ + 35 34 14)
+ 7,90 sin(11♃ − 4⚴ + 212 6 33)
+ 1,08 sin(11♃ − 3⚴ + 207 53 40)
+ 0,34 sin(11♃ − 2⚴ + 201 24 37)
+ 0,12 sin(11♃ − ⚴ + 192 28 57)
+ 0,11 sin(12♃ − 11⚴ + 122 2 35)
+ 0,21 sin(12♃ − 10⚴ + 101 7 46)
+ 0,36 sin(12♃ − 9⚴ + 85 21 40)
+ 0,58 sin(12♃ − 8⚴ + 70 12 18)
+ 0,92 sin(12♃ − 7⚴ + 58 56 2)
+ 1,58 sin(12♃ − 6⚴ + 52 35 25)
+ 5,17 sin(12♃ − 5⚴ + 48 48 27)
+ 1,80 sin(12♃ − 4⚴ + 225 15 40)
+ 0,44 sin(12♃ − 3⚴ + 220 29 4)
+ 0,15 sin(12♃ − 2⚴ + 213 48 2)
+ 0,11 sin(13♃ − 11⚴ + 120 28 17)
+ 0,19 sin(13♃ − 10⚴ + 104 52 51)
+ 0,30 sin(13♃ − 9⚴ + 89 58 19)
+ 0,47 sin(13♃ − 8⚴ + 78 24 45)
+ 0,73 sin(13♃ − 7⚴ + 70 0 28)
+ 1,34 sin(13♃ − 6⚴ + 65 9 12)
+17,66 sin(13♃ − 5⚴ + 241 30 59)
+ 0,63 sin(13♃ − 4⚴ + 238 29 58)
+ 0,19 sin(13♃ − 3⚴ + 234 28 13)
+ 0,16 sin(14♃ − 10⚴ + 110 27 50)
+ 0,25 sin(14♃ − 9⚴ + 98 5 39)
+ 0,37 sin(14♃ − 8⚴ + 88 17 33)
+ 0,58 sin(14♃ − 7⚴ + 82 36 13)
+ 1,35 sin(14♃ − 6⚴ + 78 52 56)

Säcularstörung täglich — 0,″02964
jährlich — 10,826.]

[4.]

[Für die Störungen der Excentricität ergibt sich in ganz derselben Weise mit Hülfe der Formeln Seite 542, nach der Interpolation für das Argument M und nach der Ausmultiplicirung, $\frac{d\varphi}{u\,dt}$ in integrabler Form.

Für unser Beispiel ist:

b	1,01707	
b'	$0{,}75189_n$	
$Q = 118^\circ 30' 12''$		
$\sin Q$..........	9,94389	also das Störungsglied:
q	1,07318	$+213{,}''24 \cos(5M' - 2M + 118^\circ 30' 12'')$.
$2 - 5\frac{n'}{n}$.......	8,74430	
	2,32888	

Das Resultat ist das folgende:

δφ = 20,″40 sin(⚴ + 199° 45′ 10″)	+ 2,″43 sin(3♃ − 3⚴ + 1° 0′ 39″)
+ 1,35 sin(2⚴ + 184 5 26)	+ 36,31 sin(3♃ − 2⚴ + 341 3 22)
+ 0,77 sin(3⚴ + 281 1 32)	+ 170,83 sin(3♃ − ⚴ + 193 17 43)
+ 0,47 sin(4⚴ + 207 55 34)	+ 11,29 sin(3♃ + 199 6 3)
+ 0,40 sin(♃ − 5⚴ + 332 9 40)	+ 1,96 sin(3♃ + ⚴ + 199 41 43)
+ 0,48 sin(♃ − 4⚴ + 242 14 59)	+ 0,41 sin(3♃ + 2⚴ + 189 44 45)
+ 1,09 sin(♃ − 3⚴ + 1 26 50)	+ 0,22 sin(4♃ − 7⚴ + 103 6 37)
+ 7,74 sin(♃ − 2⚴ + 329 25 50)	+ 0,70 sin(4♃ − 6⚴ + 355 54 56)
+ 20,58 sin(♃ − ⚴ + 11 31 31)	+ 0,74 sin(4♃ − 5⚴ + 283 40 24)
+ 28,27 sin(♃ + 211 39 30)	+ 1,30 sin(4♃ − 4⚴ + 11 53 13)
+ 3,04 sin(♃ + ⚴ + 185 23 0)	+ 10,07 sin(4♃ − 3⚴ + 346 14 17)
+ 1,75 sin(♃ + 2⚴ + 192 36 19)	+ 47,40 sin(4♃ − 2⚴ + 15 25 19)
+ 0,16 sin(♃ + 3⚴ + 188 33 52)	+ 25,43 sin(4♃ − ⚴ + 206 40 54)
+ 0,24 sin(2♃ − 6⚴ + 293 12 40)	+ 4,25 sin(4♃ + 212 24 29)
+ 0,48 sin(2♃ − 5⚴ + 109 19 13)	+ 0,92 sin(4♃ + ⚴ + 206 29 17)
+ 2,78 sin(2♃ − 4⚴ + 341 14 19)	+ 0,21 sin(4♃ + 2⚴ + 202 35 2)
+ 5,45 sin(2♃ − 3⚴ + 245 11 13)	+ 0,12 sin(5♃ − 8⚴ + 103 18 7)
+ 7,46 sin(2♃ − 2⚴ + 355 46 17)	+ 0,31 sin(5♃ − 7⚴ + 6 26 10)
+ 251,57 sin(2♃ − ⚴ + 339 53 36)	+ 0,27 sin(5♃ − 6⚴ + 315 31 52)
+ 30,24 sin(2♃ + 207 11 5)	+ 0,72 sin(5♃ − 5⚴ + 21 12 49)
+ 4,72 sin(2♃ + ⚴ + 180 46 33)	+ 3,24 sin(5♃ − 4⚴ + 356 31 42)
+ 0,53 sin(2♃ + 2⚴ + 185 17 23)	+ 12,50 sin(5♃ − 3⚴ + 19 41 49)
+ 0,15 sin(2♃ + 3⚴ + 206 13 50)	+ 213,24 sin(5♃ − 2⚴ + 34 22 34)
+ 0,14 sin(3♃ − 7⚴ + 284 22 3)	+ 7,67 sin(5♃ − ⚴ + 222 22 52)
+ 0,36 sin(3♃ − 6⚴ + 105 18 38)	+ 1,68 sin(5♃ + 222 44 20)
+ 1,48 sin(3♃ − 5⚴ + 348 14 31)	+ 0,43 sin(5♃ + ⚴ + 218 38 56)
+ 2,10 sin(3♃ − 4⚴ + 262 15 18)	+ 0,11 sin(5♃ + 2⚴ + 211 30 5)

+ 0″,13 sin(6♃ − 8⚴ + 20°12′17″)

+ 0,11 sin(6♃ − 7⚴ + 356 50 51)

+ 0,39 sin(6♃ − 6⚴ + 30 25 45)

+ 1,16 sin(6♃ − 5⚴ + 14 18 14)

+ 4,48 sin(6♃ − 4⚴ + 26 27 27)

+12,81 sin(6♃ − 3⚴ + 41 45 3)

+19,51 sin(6♃ − 2⚴ + 231 47 4)

+ 2,73 sin(6♃ − ⚴ + 235 51 58)

+ 0,71 sin(6♃ + 234 43 24)

+ 0,20 sin(6♃ + ⚴ + 229 20 52)

+ 0,20 sin(7♃ − 7⚴ + 41 19 33)

+ 0,48 sin(7♃ − 6⚴ + 36 21 59)

+ 1,74 sin(7♃ − 5⚴ + 36 15 19)

+ 4,34 sin(7♃ − 4⚴ + 49 46 3)

+18,36 sin(7♃ − 3⚴ + 60 29 5)

+ 4,76 sin(7♃ − 2⚴ + 247 9 16)

+ 1,08 sin(7♃ − ⚴ + 248 53 57)

+ 0,31 sin(7♃ + 246 25 4)

+ 0,23 sin(8♃ − 7⚴ + 58 8 0)

+ 0,71 sin(8♃ − 6⚴ + 49 31 56)

+ 1,77 sin(8♃ − 5⚴ + 59 5 8)

+ 4,07 sin(8♃ − 4⚴ + 69 31 37)

+25,80 sin(8♃ − 3⚴ + 257 28 25)

+ 1,62 sin(8♃ − 2⚴ + 261 27 36)

+ 0,45 sin(8♃ − ⚴ + 261 29 27)

+ 0,14 sin(8♃ + 258 7 27)

+ 0,12 sin(9♃ − 8⚴ + 77 6 26)

+ 0,30 sin(9♃ − 7⚴ + 66 7 46)

+ 0,77 sin(9♃ − 6⚴ + 70 16 0)

+ 1,59 sin(9♃ − 5⚴ + 79 21 56)

+ 4,37 sin(9♃ − 4⚴ + 87 43 18)

+ 3,14 sin(9♃ − 3⚴ + 273 18 22)

+ 0,62 sin(9♃ − 2⚴ + 275 41 24)

+ 0,19 sin(9♃ − ⚴ + 274 42 53)

+ 0,14 sin(10♃ − 8⚴ + 84 24 41)

+ 0,34 sin(10♃ − 7⚴ + 83 10 3)

+ 0″,70 sin(10♃ − 6⚴ + 89°49′21″)

+ 1,38 sin(10♃ − 5⚴ + 97 52 51)

+11,30 sin(10♃ − 4⚴ + 104 12 48)

+ 0,95 sin(10♃ − 3⚴ + 287 54 3)

+ 0,26 sin(10♃ − 2⚴ + 288 46 57)

+ 0,15 sin(11♃ − 8⚴ + 98 0 2)

+ 0,32 sin(11♃ − 7⚴ + 101 42 13)

+ 0,59 sin(11♃ − 6⚴ + 108 40 18)

+ 1,29 sin(11♃ − 5⚴ + 115 12 54)

+ 2,52 sin(11♃ − 4⚴ + 299 50 27)

+ 0,35 sin(11♃ − 3⚴ + 302 10 38)

+ 0,11 sin(11♃ − 2⚴ + 301 20 37)

+ 0,15 sin(12♃ − 8⚴ + 114 54 7)

+ 0,28 sin(12♃ − 7⚴ + 120 4 32)

+ 0,49 sin(12♃ − 6⚴ + 126 19 58)

+ 1,64 sin(12♃ − 5⚴ + 131 28 56)

+ 0,58 sin(12♃ − 4⚴ + 314 52 0)

+ 0,14 sin(12♃ − 3⚴ + 315 51 42)

+ 0,13 sin(13♃ − 8⚴ + 132 18 8)

+ 0,23 sin(13♃ − 7⚴ + 137 38 22)

+ 0,42 sin(13♃ − 6⚴ + 143 2 36)

+ 5,56 sin(13♃ − 5⚴ + 326 46 41)

+ 0,20 sin(13♃ − 4⚴ + 329 3 41)

+ 0,11 sin(14♃ − 8⚴ + 149 59 34)

+ 0,18 sin(14♃ − 7⚴ + 155 10 20)

+ 0,43 sin(14♃ − 6⚴ + 159 27 7)

+ 0,39 sin(14♃ − 5⚴ + 342 2 11)

+ 0,15 sin(15♃ − 7⚴ + 171 20 28)

+ 0,82 sin(15♃ − 6⚴ + 175 11 33)

+ 0,11 sin(15♃ − 5⚴ + 356 43 15)

+ 0,13 sin(16♃ − 7⚴ + 187 23 16)

+ 0,37 sin(16♃ − 6⚴ + 9 46 50)

+ 0,15 sin(17♃ − 7⚴ + 201 21 12)

Säcularstörung täglich − 0″,029556

jährlich − 10,795.]

[5.]

[Die Störungen der halben grossen Axe ergeben sich genau in derselben Weise, wie in der ersten Rechnung. Unser Beispiel stellt sich hier, wie folgt, wenn constans $= -\frac{2}{3}\lambda\,\frac{10000000}{206265}$ ist, also die 7. Decimale als Einheit gewählt wird:

b	0,95337
b'	0,52101
$Q = 69^0 43' 11''$	
$\sin Q$	9,97221
q	0,98116
$2 - 5\frac{n'}{n}$	8,74430
*	2,23686
constans	$1{,}14727_n$
	$3{,}38413_n$

also das Störungsglied

$$-2422 \cos(5M' - 2M + 69^0 43' 11'').$$

Das vollständige Resultat ist zugleich mit den Störungen des ersten Theils der Epoche in der folgenden Notiz gegeben, da die Argumente dort dieselben sind, und zwar ist immer der Sinus des betreffenden Arguments zu nehmen, so dass also z. B. das eben berechnete Störungsglied lautet:

$$+2422 \sin(5♃ - 2⚴ + 165^0 35' 33'').]$$

[6.]

[Die mittlere Länge ist auch hier durch die Relation

$$⚴ = \int n\,dt + \varepsilon$$

definirt und der erste Theil $\int \delta n\,dt$ der Störungen der Epoche ergibt sich im Anschluss an den vorigen Artikel wie folgt:

*	2,23686
$2 - 5\frac{n'}{n}$	8,74430
	3,49256

also das Störungsglied

$$+3108{,}''57 \sin(5M' - 2M + 69^0 43' 11'').$$

Es finden sich hienach für diese Störungen die Werthe der folgenden Tabelle, wo die unter der Überschrift $\delta\int n\,dt$ gegebenen Coefficienten mit dem Cosinus der zugehörigen Argumente zu verbinden sind. Das obige Glied lautet also: $-3108{,}''57 \cos(5♃ - 2⚴ + 165^0 35' 33'')$.

Argument	$\delta \log a$	$\delta\int n\,dt$	Argument	$\delta \log a$	$\delta\int n\,dt$
(⚴ + 63° 5′ 50″)	+158	+11,″24	(♃ − ⚴ + 145°58′47″)	+ 63	− 7,″33
(2⚴ + 92 1 4)	+191	+ 6,81	(♃ + ⚴ + 90 18 16)	+ 103	+ 5,26
(3⚴ + 12 50 26)	+ 45	+ 1,07	(♃ + 2⚴ + 86 17 44)	+ 37	+ 1,10
(4⚴ + 116 41 8)	+ 6	+ 0,10	(♃ + 3⚴ + 81 22 25)	+ 18	+ 0,37
(5⚴ + 34 49 32)	+ 5	+ 0,08	(♃ + 4⚴ + 34 1 52)	+ 5	+ 0,09
(♃ − 7⚴ + 238 14 33)	+ 1	− 0,01	(2♃ − 7⚴ + 121 38 53)	+ 2	− 0,03
(♃ − 6⚴ + 139 55 57)	+ 4	− 0,05	(2♃ − 6⚴ + 279 41 44)	+ 5	− 0,07
(♃ − 5⚴ + 337 40 3)	+ 4	− 0,06	(2♃ − 5⚴ + 160 35 43)	+ 29	− 0,50
(♃ − 4⚴ + 178 9 13)	+ 40	− 0,80	(2♃ − 4⚴ + 28 30 10)	+ 38	− 0,84
(♃ − 3⚴ + 91 48 37)	+100	− 2,73	(2♃ − 3⚴ + 191 47 29)	+ 267	− 8,57
(♃ − 2⚴ + 141 2 18)	+144	− 6,39	(2♃ − 2⚴ + 94 52 12)	+1043	− 60,81

Argument	δ log *a*	$\delta\int n dt$	Argument	δ log *a*	$\delta\int n dt$
(2♃ − ⚴ + 143°50′ 8″)	+ 2264	− 726″,03	(6♃ − 10⚴ + 265°47′ 15″)	+ 1	− 0″,01
(2♃ + ⚴ + 123 53 34)	+ 42	+ 1,69	(6♃ − 9⚴ + 143 58 7)	+ 2	− 0,02
(2♃ + 2⚴ + 99 6 8)	+ 23	+ 0,60	(6♃ − 8⚴ + 302 39 21)	+ 4	− 0,05
(2♃ + 3⚴ + 71 5 34)	+ 6	+ 0,12	(6♃ − 7⚴ + 217 18 37)	+ 11	− 0,16
(2♃ + 4⚴ + 77 50 12)	+ 2	+ 0,03	(6♃ − 6⚴ + 204 22 58)	+ 22	− 0,42
(3♃ − 8⚴ + 98 55 40)	+ 1	− 0,01	(6♃ − 5⚴ + 168 59 32)	+ 57	− 1,52
(3♃ − 7⚴ + 273 43 7)	+ 5	− 0,06	(6♃ − 4⚴ + 171 40 35)	+ 111	− 4,75
(3♃ − 6⚴ + 157 4 27)	+ 17	− 0,25	(6♃ − 3⚴ + 177 13 30)	+ 199	− 21,30
(3♃ − 5⚴ + 354 50 6)	+ 20	− 0,37	(6♃ − 2⚴ + 0 14 22)	+ 182	+ 38,89
(3♃ − 4⚴ + 194 29 16)	+ 140	− 3,53	(6♃ − ⚴ + 358 52 31)	+ 12	+ 0,66
(3♃ − 3⚴ + 110 11 26)	+ 318	− 12,38	(7♃ − 9⚴ + 298 52 11)	+ 2	− 0,02
(3♃ − 2⚴ + 131 56 18)	+ 786	− 67,22	(7♃ − 8⚴ + 237 57 58)	+ 4	− 0,06
(3♃ − ⚴ + 321 54 27)	+ 1317	+ 562,68	(7♃ − 7⚴ + 225 32 9)	+ 12	− 0,19
(3♃ + ⚴ + 127 21 6)	+ 17	+ 0,56	(7♃ − 6⚴ + 190 21 42)	+ 24	− 0,53
(3♃ + 2⚴ + 111 57 26)	+ 8	+ 0,18	(7♃ − 5⚴ + 185 6 28)	+ 52	− 1,64
(3♃ + 3⚴ + 95 17 18)	+ 3	+ 0,05	(7♃ − 4⚴ + 189 6 38)	+ 84	− 4,70
(3♃ + 4⚴ + 80 30 33)	+ 1	+ 0,01	(7♃ − 3⚴ + 193 7 2)	+ 237	− 60,70
(4♃ − 9⚴ + 69 8 31)	+ 1	− 0,01	(7♃ − 2⚴ + 13 51 23)	+ 39	+ 3,81
(4♃ − 8⚴ + 269 44 33)	+ 4	− 0,04	(7♃ − ⚴ + 10 54 39)	+ 4	+ 0,18
(4♃ − 7⚴ + 153 7 4)	+ 9	− 0,11	(8♃ − 9⚴ + 266 1 17)	+ 2	− 0,02
(4♃ − 6⚴ + 328 33 43)	+ 11	− 0,18	(8♃ − 8⚴ + 242 58 13)	+ 6	− 0,09
(4♃ − 5⚴ + 197 59 40)	+ 65	− 1,35	(8♃ − 7⚴ + 214 29 5)	+ 11	− 0,21
(4♃ − 4⚴ + 136 1 47)	+ 101	− 2,94	(8♃ − 6⚴ + 200 51 3)	+ 24	− 0,60
(4♃ − 3⚴ + 140 26 15)	+ 326	− 16,08	(8♃ − 5⚴ + 201 49 49)	+ 41	− 1,54
(4♃ − 2⚴ + 149 30 25)	+ 662	− 106,08	(8♃ − 4⚴ + 205 37 44)	+ 66	− 5,26
(4♃ − ⚴ + 334 8 26)	+ 165	+ 21,12	(8♃ − 3⚴ + 27 50 6)	+ 288	+ 184,66
(4♃ + ⚴ + 145 17 24)	+ 6	+ 0,16	(8♃ − 2⚴ + 26 7 4)	+ 12	+ 0,74
(4♃ + 2⚴ + 124 26 47)	+ 3	+ 0,07	(8♃ − ⚴ + 23 0 30)	+ 2	+ 0,05
(4♃ + 3⚴ + 134 18 22)	+ 1	+ 0,02	(9♃ − 9⚴ + 260 40 44)	+ 3	− 0,04
(5♃ − 9⚴ + 267 11 38)	+ 2	− 0,02	(9♃ − 8⚴ + 238 4 31)	+ 6	− 0,09
(5♃ − 8⚴ + 149 4 1)	+ 4	− 0,05	(9♃ − 7⚴ + 218 52 41)	+ 11	− 0,23
(5♃ − 7⚴ + 311 50 21)	+ 7	− 0,10	(9♃ − 6⚴ + 215 51 45)	+ 20	− 0,58
(5♃ − 6⚴ + 204 53 18)	+ 27	− 0,48	(9♃ − 5⚴ + 218 24 10)	+ 30	− 1,44
(5♃ − 5⚴ + 173 35 55)	+ 41	− 0,95	(9♃ − 4⚴ + 221 6 48)	+ 61	− 8,65
(5♃ − 4⚴ + 152 52 58)	+ 136	− 4,72	(9♃ − 3⚴ + 42 10 33)	+ 31	+ 4,41
(5♃ − 3⚴ + 160 1 11)	+ 243	− 16,44	(9♃ − 2⚴ + 40 25 0)	+ 4	+ 0,19
(5♃ − 2⚴ + 165 35 33)	+ 2422	− 3108,57	(10♃ − 10⚴ + 279 42 51)	+ 1	− 0,02
(5♃ − ⚴ + 346 7 2)	+ 40	+ 3,04	(10♃ − 9⚴ + 260 6 11)	+ 3	− 0,04
(5♃ + ⚴ + 150 8 12)	+ 2	+ 0,06	(10♃ − 8⚴ + 239 12 13)	+ 6	− 0,10
(5♃ + 2⚴ + 137 21 2)	+ 1	+ 0,02	(10♃ − 7⚴ + 231 20 56)	+ 10	− 0,23

Argument	$\delta \log a$	$\delta\int n\,dt$	Argument	$\delta \log a$	$\delta\int n\,dt$
(10♃ − 6⚴ + 231°48′25″)	+ 15	− 0″,52	(13♃ − 9⚴ + 277°50′20″)	+ 2	− 0″,04
(10♃ − 5⚴ + 234 15 35)	+ 23	− 1, 46	(13♃ − 8⚴ + 275 46 49)	+ 3	− 0, 08
(10♃ − 4⚴ + 235 56 15)	+ 140	− 89, 53	(13♃ − 7⚴ + 276 32 53)	+ 4	− 0, 16
(10♃ − 3⚴ + 55 37 27)	+ 7	+ 0, 68	(13♃ − 6⚴ + 277 38 6)	+ 6	− 0, 49
(10♃ − 2⚴ + 52 26 36)	+ 1	+ 0, 06	(13♃ − 5⚴ + 98 23 59)	+ 67	+ 86, 07
(11♃ − 10⚴ + 280 11 35)	+ 1	− 0, 02	(13♃ − 4⚴ + 98 47 7)	+ 2	+ 0, 13
(11♃ − 9⚴ + 260 17 14)	+ 3	− 0, 04	(14♃ − 10⚴ + 295 28 2)	+ 1	− 0, 02
(11♃ − 8⚴ + 248 14 24)	+ 5	− 0, 10	(14♃ − 9⚴ + 291 26 15)	+ 2	− 0, 03
(11♃ − 7⚴ + 245 56 12)	+ 8	− 0, 21	(14♃ − 8⚴ + 291 9 35)	+ 2	− 0, 06
(11♃ − 6⚴ + 247 28 47)	+ 11	− 0, 46	(14♃ − 7⚴ + 292 4 24)	+ 3	− 0, 14
(11♃ − 5⚴ + 249 28 6)	+ 19	− 1, 87	(14♃ − 6⚴ + 292 33 45)	+ 6	− 0, 76
(11♃ − 4⚴ + 70 14 37)	+ 28	+ 6, 99	(14♃ − 5⚴ + 112 5 44)	+ 4	+ 0, 70
(11♃ − 3⚴ + 68 55 3)	+ 3	+ 0, 16	(15♃ − 9⚴ + 305 5 59)	+ 1	− 0, 03
(12♃ − 10⚴ + 281 12 59)	+ 1	− 0, 02	(15♃ − 8⚴ + 305 33 45)	+ 2	− 0, 05
(12♃ − 9⚴ + 266 41 41)	+ 2	− 0, 04	(15♃ − 7⚴ + 306 16 15)	+ 2	− 0, 14
(12♃ − 8⚴ + 261 18 11)	+ 4	− 0, 09	(15♃ − 6⚴ + 306 46 43)	+ 11	− 4, 51
(12♃ − 7⚴ + 261 23 23)	+ 5	− 0, 18	(15♃ − 5⚴ + 127 17 46)	+ 1	+ 0, 10
(12♃ − 6⚴ + 262 54 45)	+ 6	− 0, 44	(16♃ − 8⚴ + 320 48 43)	+ 1	− 0, 05
(12♃ − 5⚴ + 265 8 20)	+ 10	− 4, 59	(16♃ − 7⚴ + 320 43 21)	+ 2	− 0, 17
(12♃ − 4⚴ + 84 16 41)	+ 14	+ 0, 63	(16♃ − 6⚴ + 140 42 13)	+ 4	+ 1, 30
(12♃ − 3⚴ + 81 50 29)	+ 1	+ 0, 05	(17♃ − 7⚴ + 334 51 24)	+ 2	− 0, 38.]
(13♃ − 10⚴ + 285 36 47)	+ 1	− 0, 02			

[7.]

[Zur Berechnung der Störungen des zweiten Theils ε der Epoche sind die mit T und V multiplicirten Ausdrücke in der Formel für $\frac{d\varepsilon}{n\,dt}$ (Seite 542) zu berechnen, wobei bemerkt werden kann, dass der Factor von V gleich dem entsprechenden Factor von V in den Perihelstörungen ist, multiplicirt mit $\sin\varphi \,.\, \mathrm{tang}\,\frac{1}{2}\varphi$. Nach der Interpolation und der Ausmultiplicirung ergibt sich die Grösse $\frac{d\varepsilon}{n\,dt} - (1-\cos i)\frac{d\Omega}{n\,dt}$, und hieraus $\frac{d\varepsilon}{n\,dt}$.

Unser Beispiel wird:

b 0,71416
b' . . . . 1,09426$_n$
$Q = 157°22'30''$
$\cos Q$ . . . . 9,96522$_n$
q 1,12904
$2 - 5\frac{n'}{n}$ 8,74430
2,38474

also das Störungsglied
$+ 242'',52 \cos(5M' - 2M + 157°22'30'')$.

Das Resultat ist das folgende:

$$
\begin{aligned}
\delta\varepsilon = & \;\; 17{,}''64 \sin(\text{⚴} + 147^{\circ}50'43'') \\
& + 11{,}59 \sin(2\text{⚴} + 176\;\;5\;38) \\
& + 2{,}29 \sin(3\text{⚴} + 125\;\;5\;32) \\
& + 0{,}64 \sin(4\text{⚴} + 162\;58\;28) \\
& + 0{,}29 \sin(5\text{⚴} + 109\;36\;22) \\
& + 0{,}21 \sin(\text{♃} - 6\text{⚴} + 62\;59\;24) \\
& + 0{,}16 \sin(\text{♃} - 5\text{⚴} + 27\;32\;19) \\
& + 1{,}88 \sin(\text{♃} - 4\text{⚴} + 76\;28\;47) \\
& + 5{,}64 \sin(\text{♃} - 3\text{⚴} + 8\;17\;13) \\
& + 11{,}49 \sin(\text{♃} - 2\text{⚴} + 54\;39\;32) \\
& + 11{,}16 \sin(\text{♃} - \text{⚴} + 50\;\;2\;\;6) \\
& + 32{,}06 \sin(\text{♃} + 141\;39\;\;9) \\
& + 15{,}83 \sin(\text{♃} + \text{⚴} + 177\;45\;28) \\
& + 3{,}27 \sin(\text{♃} + 2\text{⚴} + 170\;27\;12) \\
& + 1{,}36 \sin(\text{♃} + 3\text{⚴} + 170\;39\;59) \\
& + 0{,}39 \sin(\text{♃} + 4\text{⚴} + 142\;30\;54) \\
& + 0{,}11 \sin(\text{♃} + 5\text{⚴} + 148\;28\;\;0) \\
& + 0{,}12 \sin(2\text{♃} - 7\text{⚴} + 65\;11\;33) \\
& + 1{,}31 \sin(2\text{♃} - 5\text{⚴} + 79\;28\;35) \\
& + 1{,}74 \sin(2\text{♃} - 4\text{⚴} + 357\;11\;43) \\
& + 11{,}31 \sin(2\text{♃} - 3\text{⚴} + 89\;19\;53) \\
& + 53{,}91 \sin(2\text{♃} - 2\text{⚴} + 8\;\;5\;35) \\
& + 197{,}25 \sin(2\text{♃} - \text{⚴} + 52\;\;0\;14) \\
& + 31{,}55 \sin(2\text{♃} + 198\;23\;32) \\
& + 6{,}10 \sin(2\text{♃} + \text{⚴} + 200\;\;0\;\;5) \\
& + 2{,}18 \sin(2\text{♃} + 2\text{⚴} + 185\;47\;\;8) \\
& + 0{,}57 \sin(2\text{♃} + 3\text{⚴} + 170\;44\;51) \\
& + 0{,}20 \sin(2\text{♃} + 4\text{⚴} + 166\;52\;36) \\
& + 0{,}15 \sin(3\text{♃} - 7\text{⚴} + 175\;24\;47) \\
& + 0{,}76 \sin(3\text{♃} - 6\text{⚴} + 79\;43\;59) \\
& + 0{,}28 \sin(3\text{♃} - 5\text{⚴} + 326\;58\;37) \\
& + 6{,}47 \sin(3\text{♃} - 4\text{⚴} + 94\;55\;43) \\
& + 16{,}83 \sin(3\text{♃} - 3\text{⚴} + 22\;\;7\;\;3) \\
& + 50{,}93 \sin(3\text{♃} - 2\text{⚴} + 46\;31\;41) \\
& + 158{,}83 \sin(3\text{♃} - \text{⚴} + 224\;39\;15) \\
& + 12{,}08 \sin(3\text{♃} + 221\;\;9\;11) \\
& + 3{,}24 \sin(3\text{♃} + \text{⚴} + 206\;59\;31) \\
& + 0{,}94 \sin(3\text{♃} + 2\text{⚴} + 198\;22\;29) \\
& + 0{,}32 \sin(3\text{♃} + 3\text{⚴} + 186\;42\;20) \\
& + 0{,}10 \sin(3\text{♃} + 4\text{⚴} + 173\;31\;27) \\
& + 0{,}13 \sin(4\text{♃} - 8\text{⚴} + 174\;17\;10) \\
& + 0{,}38 \sin(4\text{♃} - 7\text{⚴} + 79\;\;6\;21) \\
& + 0{,}''23 \sin(4\text{♃} - 6\text{⚴} + 207^{\circ}30'35'') \\
& + 3{,}19 \sin(4\text{♃} - 5\text{⚴} + 100\;18\;22) \\
& + 5{,}33 \sin(4\text{♃} - 4\text{⚴} + 50\;49\;20) \\
& + 19{,}72 \sin(4\text{♃} - 3\text{⚴} + 54\;23\;42) \\
& + 52{,}61 \sin(4\text{♃} - 2\text{⚴} + 58\;38\;29) \\
& + 26{,}98 \sin(4\text{♃} - \text{⚴} + 238\;40\;56) \\
& + 5{,}01 \sin(4\text{♃} + 229\;46\;46) \\
& + 1{,}46 \sin(4\text{♃} + \text{⚴} + 221\;25\;55) \\
& + 0{,}48 \sin(4\text{♃} + 2\text{⚴} + 209\;19\;59) \\
& + 0{,}16 \sin(4\text{♃} + 3\text{⚴} + 198\;37\;42) \\
& + 0{,}16 \sin(5\text{♃} - 8\text{⚴} + 78\;40\;37) \\
& + 0{,}25 \sin(5\text{♃} - 7\text{⚴} + 192\;50\;13) \\
& + 1{,}42 \sin(5\text{♃} - 6\text{⚴} + 108\;10\;\;0) \\
& + 2{,}28 \sin(5\text{♃} - 5\text{⚴} + 81\;38\;\;9) \\
& + 8{,}01 \sin(5\text{♃} - 4\text{⚴} + 65\;48\;48) \\
& + 16{,}72 \sin(5\text{♃} - 3\text{⚴} + 71\;28\;25) \\
& + 242{,}52 \sin(5\text{♃} - 2\text{⚴} + 73\;14\;52) \\
& + 8{,}40 \sin(5\text{♃} - \text{⚴} + 249\;40\;38) \\
& + 2{,}15 \sin(5\text{♃} + 242\;35\;55) \\
& + 0{,}68 \sin(5\text{♃} + \text{⚴} + 232\;28\;57) \\
& + 0{,}23 \sin(5\text{♃} + 2\text{⚴} + 222\;17\;\;3) \\
& + 0{,}17 \sin(6\text{♃} - 8\text{⚴} + 190\;38\;34) \\
& + 0{,}59 \sin(6\text{♃} - 7\text{⚴} + 120\;44\;25) \\
& + 1{,}18 \sin(6\text{♃} - 6\text{⚴} + 111\;\;6\;55) \\
& + 3{,}32 \sin(6\text{♃} - 5\text{⚴} + 81\;34\;18) \\
& + 7{,}11 \sin(6\text{♃} - 4\text{⚴} + 84\;\;1\;39) \\
& + 16{,}06 \sin(6\text{♃} - 3\text{⚴} + 86\;42\;15) \\
& + 21{,}93 \sin(6\text{♃} - 2\text{⚴} + 266\;24\;20) \\
& + 3{,}20 \sin(6\text{♃} - \text{⚴} + 261\;53\;50) \\
& + 0{,}95 \sin(6\text{♃} + 254\;13\;49) \\
& + 0{,}32 \sin(6\text{♃} + \text{⚴} + 244\;47\;10) \\
& + 0{,}11 \sin(6\text{♃} + 2\text{⚴} + 233\;37\;18) \\
& + 0{,}24 \sin(7\text{♃} - 8\text{⚴} + 139\;54\;42) \\
& + 0{,}63 \sin(7\text{♃} - 7\text{⚴} + 132\;11\;\;3) \\
& + 1{,}43 \sin(7\text{♃} - 6\text{⚴} + 101\;45\;\;5) \\
& + 3{,}21 \sin(7\text{♃} - 5\text{⚴} + 97\;45\;17) \\
& + 6{,}05 \sin(7\text{♃} - 4\text{⚴} + 99\;48\;49) \\
& + 22{,}03 \sin(7\text{♃} - 3\text{⚴} + 101\;12\;\;0) \\
& + 5{,}51 \sin(7\text{♃} - 2\text{⚴} + 279\;\;4\;11) \\
& + 1{,}31 \sin(7\text{♃} - \text{⚴} + 273\;51\;46) \\
& + 0{,}43 \sin(7\text{♃} + 266\;11\;51) \\
& + 0{,}15 \sin(7\text{♃} + \text{⚴} + 256\;51\;25)
\end{aligned}
$$

+ 0,″11 sin (8♃ − 9⚴ + 165°45′29″)
+ 0, 32 sin (8♃ − 8⚴ + 149 34 56)
+ 0, 65 sin (8♃ − 7⚴ + 124 31 11)
+ 1, 48 sin (8♃ − 6⚴ + 113 20 10)
+ 2, 74 sin (8♃ − 5⚴ + 113 18 5)
+ 5, 28 sin (8♃ − 4⚴ + 115 2 16)
+30, 80 sin (8♃ − 3⚴ + 294 44 6)
+ 1, 92 sin (8♃ − 2⚴ + 291 36 31)
+ 0, 57 sin (8♃ − ⚴ + 285 57 46)
+ 0, 20 sin (8♃ + 278 7 40)
+ 0, 16 sin (9♃ − 9⚴ + 167 10 2)
+ 0, 32 sin (9♃ − 8⚴ + 145 23 8)
+ 0, 93 sin (9♃ − 7⚴ + 130 59 2)
+ 1, 30 sin (9♃ − 6⚴ + 127 39 52)
+ 2, 23 sin (9♃ − 5⚴ + 128 43 56)
+ 5, 46 sin (9♃ − 4⚴ + 129 19 17)
+ 3, 77 sin (9♃ − 3⚴ + 307 52 16)
+ 0, 76 sin (9♃ − 2⚴ + 304 0 35)
+ 0, 25 sin (9♃ − ⚴ + 297 57 31)
+ 0, 16 sin (10♃ − 9⚴ + 168 40 2)
+ 0, 33 sin (10♃ − 8⚴ + 150 23 46)
+ 0, 63 sin (10♃ − 7⚴ + 143 14 41)
+ 1, 06 sin (10♃ − 6⚴ + 142 45 48)
+ 1, 84 sin (10♃ − 5⚴ + 143 32 16)
+13, 97 sin (10♃ − 4⚴ + 143 9 51)
+ 1, 15 sin (10♃ − 3⚴ + 320 48 1)
+ 0, 32 sin (10♃ − 2⚴ + 316 19 43)
+ 0, 12 sin (10♃ − ⚴ + 309 56 28)
+ 0, 15 sin (11♃ − 9⚴ + 171 25 24)
+ 0, 31 sin (11♃ − 8⚴ + 160 9 10)
+ 0, 53 sin (11♃ − 7⚴ + 157 24 46)
+ 0, 84 sin (11♃ − 6⚴ + 157 36 38)
+1,″67 sin (11♃ − 5⚴ + 157°47′ 1″)
+3, 12 sin (11♃ − 4⚴ + 336 42 22)
+0, 43 sin (11♃ − 3⚴ + 333 26 58)
+0, 14 sin (11♃ − 2⚴ + 328 31 19)
+0, 15 sin (12♃ − 9⚴ + 178 10 38)
+0, 27 sin (12♃ − 8⚴ + 172 54 21)
+0, 42 sin (12♃ − 7⚴ + 171 58 15)
+0, 66 sin (12♃ − 6⚴ + 172 9 32)
+2, 08 sin (12♃ − 5⚴ + 171 43 13)
+0, 72 sin (12♃ − 4⚴ + 349 46 35)
+0, 18 sin (12♃ − 3⚴ + 346 8 44)
+0, 13 sin (13♃ − 9⚴ + 189 17 9)
+0, 21 sin (13♃ − 8⚴ + 186 49 11)
+0, 32 sin (13♃ − 7⚴ + 186 37 17)
+0, 56 sin (13♃ − 6⚴ + 186 26 15)
+7, 00 sin (13♃ − 5⚴ + 5 31 5)
+0, 25 sin (13♃ − 4⚴ + 2 47 19)
+0, 11 sin (14♃ − 9⚴ + 202 8 51)
+0, 16 sin (14♃ − 8⚴ + 201 16 44)
+0, 25 sin (14♃ − 7⚴ + 200 45 44)
+0, 55 sin (14♃ − 6⚴ + 200 27 14)
+0, 50 sin (14♃ − 5⚴ + 18 29 35)
+0, 10 sin (14♃ − 4⚴ + 17 12 21)
+0, 12 sin (15♃ − 8⚴ + 215 40 31)
+0, 20 sin (15♃ − 7⚴ + 215 30 42)
+1, 05 sin (15♃ − 6⚴ + 214 17 10)
+0, 14 sin (15♃ − 5⚴ + 32 8 37)
+0, 17 sin (16♃ − 7⚴ + 229 32 49)
+0, 44 sin (16♃ − 6⚴ + 48 27 1)
+0, 19 sin (17♃ − 7⚴ + 240 56 26)
Säcularstörung täglich — 0,″06079
jährlich — 22, 306.]

[8.]

[Die beiden Theile der Störungen der Epoche können in leicht ersichtlicher Weise vereinigt werden, indem man setzt

$$a \sin(\psi + A) + a' \sin(\psi + A') = b \sin(\psi + B),$$

wo b, B aus den Relationen

$$a + a' \cos(A' - A) = b \cos(B - A)$$
$$a' \sin(A' - A) = b \sin(B - A)$$

zu bestimmen sind. Es ergab sich:

	Coefficient	Argument
$\delta\int n\,dt + \delta\varepsilon =$	28″,85	sin(⚴ + 149° 53′ 19″)
+	18,37	sin(⚴ + 178 17 9)
+	3,31	sin(3⚴ + 118 3 37)
+	0,71	sin(4⚴ + 168 35 8)
+	0,36	sin(5⚴ + 112 45 18)
+	0,04	sin(♃ − 7⚴ + 130 46 7)
+	0,26	sin(♃ − 6⚴ + 60 22 0)
+	0,11	sin(♃ − 5⚴ + 12 25 55)
+	2,66	sin(♃ − 4⚴ + 79 56 46)
+	8,36	sin(♃ − 3⚴ + 6 10 39)
+	17,86	sin(♃ − 2⚴ + 53 25 30)
+	18,47	sin(♃ − ⚴ + 52 23 31)
+	32,06	sin(♃ + 141 39 9)
+	21,09	sin(♃ + ⚴ + 178 23 36)
+	4,37	sin(♃ + 2⚴ + 171 55 39)
+	1,74	sin(♃ + 3⚴ + 170 49 7)
+	0,47	sin(♃ + 4⚴ + 139 11 11)
+	0,11	sin(♃ + 5⚴ + 148 58 36)
+	0,14	sin(2♃ − 7⚴ + 59 25 18)
+	0,16	sin(2♃ − 6⚴ + 175 13 54)
+	1,80	sin(2♃ − 5⚴ + 77 2 26)
+	2,29	sin(2♃ − 4⚴ + 338 50 47)
+	19,76	sin(2♃ − 3⚴ + 94 41 53)
+	114,67	sin(2♃ − 2⚴ + 6 23 5)
+	923,23	sin(2♃ − ⚴ + 53 26 39)
+	31,55	sin(2♃ + 198 23 32)
+	7,75	sin(2♃ + ⚴ + 202 59 28)
+	2,78	sin(2♃ + 2⚴ + 186 29 44)
+	0,69	sin(2♃ + 3⚴ + 168 57 55)
+	0,23	sin(2♃ + 4⚴ + 167 0 7)
+	0,07	sin(3♃ − 8⚴ + 46 54 5)
+	0,21	sin(3♃ − 7⚴ + 177 52 52)
+	1,01	sin(3♃ − 6⚴ + 76 33 59)
+	0,56	sin(3♃ − 5⚴ + 290 46 5)
+	9,97	sin(3♃ − 4⚴ + 98 18 5)
+	29,20	sin(3♃ − 3⚴ + 21 18 4)
+	118,05	sin(3♃ − 2⚴ + 43 55 0)
+	405,61	sin(3♃ − ⚴ + 54 44 28)
+	12,08	sin(3♃ + 221 9 11)
+	3,79	sin(3♃ + ⚴ + 208 31 8)
+	1,12	sin(3♃ + 2⚴ + 198 56 56)
+	0,37	sin(3♃ + 3⚴ + 186 30 29)
+	0″,12	sin(3♃ + 4⚴ + 173° 9′ 39″)
+	0,03	sin(4♃ − 9⚴ + 15 53 22)
+	0,17	sin(4♃ − 8⚴ + 175 34 59)
+	0,49	sin(4♃ − 7⚴ + 75 26 24)
+	0,40	sin(4♃ − 6⚴ + 221 9 43)
+	4,53	sin(4♃ − 5⚴ + 102 35 8)
+	8,26	sin(4♃ − 4⚴ + 49 7 4)
+	35,78	sin(4♃ − 3⚴ + 52 37 4)
+	158,68	sin(4♃ − 2⚴ + 59 13 12)
+	6,28	sin(4♃ − ⚴ + 220 2 34)
+	5,01	sin(4♃ + 229 46 46)
+	1,61	sin(4♃ + ⚴ + 222 45 40)
+	0,54	sin(4♃ + 2⚴ + 209 57 14)
+	0,17	sin(4♃ + 3⚴ + 201 21 28)
+	0,11	sin(5♃ − 9⚴ + 176 52 34)
+	0,21	sin(5♃ − 8⚴ + 74 23 52)
+	0,34	sin(5♃ − 7⚴ + 200 53 51)
+	1,90	sin(5♃ − 6⚴ + 109 51 57)
+	3,23	sin(5♃ − 5⚴ + 82 12 51)
+	12,73	sin(5♃ − 4⚴ + 64 33 37)
+	33,15	sin(5♃ − 3⚴ + 70 45 10)
+	3350,89	sin(5♃ − 2⚴ + 75 25 22)
+	5,39	sin(5♃ − ⚴ + 246 3 27)
+	2,15	sin(5♃ + 242 35 55)
+	0,74	sin(5♃ + ⚴ + 233 5 26)
+	0,25	sin(5♃ + 2⚴ + 222 46 40)
+	0,06	sin(6♃ − 10⚴ + 176 52 55)
+	0,07	sin(6♃ − 9⚴ + 73 37 22)
+	0,22	sin(6♃ − 8⚴ + 195 19 6)
+	0,75	sin(6♃ − 7⚴ + 122 10 4)
+	1,60	sin(6♃ − 6⚴ + 111 58 4)
+	4,84	sin(6♃ − 5⚴ + 80 45 49)
+	11,86	sin(6♃ − 4⚴ + 83 5 11)
+	37,37	sin(6♃ − 3⚴ + 86 59 55)
+	17,07	sin(6♃ − 2⚴ + 95 10 2)
+	2,54	sin(6♃ − ⚴ + 260 5 21)
+	0,95	sin(6♃ + 254 13 49)
+	0,34	sin(6♃ + ⚴ + 245 5 40)
+	0,12	sin(6♃ + 2⚴ + 234 3 11)
+	0,12	sin(7♃ − 9⚴ + 195 2 35)
+	0,30	sin(7♃ − 8⚴ + 141 26 27)
+	0,83	sin(7♃ − 7⚴ + 132 57 55)

+ 1″,96 sin (7♃— 6⚴+101°22′30″)
+ 4,85 sin (7♃— 5⚴+ 96 51 38)
+ 10,75 sin (7♃— 4⚴+ 99 30 23)
+ 82,72 sin (7♃— 3⚴+102 36 24)
+ 1,74 sin (7♃— 2⚴+268 34 14)
+ 1,13 sin (7♃— ⚴+272 45 49)
+ 0,43 sin (7♃ +266 11 51)
+ 0,15 sin (7♃+ ⚴+257 11 19)
+ 0,13 sin (8♃— 9⚴+167 31 18)
+ 0,41 sin (8♃— 8⚴+150 17 22)
+ 0,86 sin (8♃— 7⚴+124 30 41)
+ 2,08 sin (8♃— 6⚴+112 37 10)
+ 4,27 sin (8♃— 5⚴+112 46 21)
+ 10,53 sin (8♃— 4⚴+115 19 58)
+153,92 sin (8♃— 3⚴+118 27 18)
+ 1,18 sin (8♃— 2⚴+288 46 23)
+ 0,51 sin (8♃— ⚴+285 13 19)
+ 0,20 sin (8♃ +278 7 40)
+ 0,20 sin (9♃— 9⚴+167 49 40)
+ 0,41 sin (9♃— 8⚴+145 57 51)
+ 1,16 sin (9♃— 7⚴+130 33 44)
+ 1,88 sin (9♃— 6⚴+127 6 45)
+ 3,67 sin (9♃— 5⚴+128 36 10)
+ 14,14 sin (9♃— 4⚴+130 25 16)
+ 0,71 sin (9♃— 3⚴+155 29 59)
+ 0,57 sin (9♃— 2⚴+301 52 34)
+ 0,24 sin (9♃— ⚴+297 38 46)
+ 0,09 sin (10♃—10⚴+186 20 32)
+ 0,20 sin (10♃— 9⚴+168 56 56)
+ 0,42 sin (10♃— 8⚴+150 7 42)
+ 0,86 sin (10♃— 7⚴+142 44 21)
+ 1,58 sin (10♃— 6⚴+142 27 1)
+ 3,30 sin (10♃— 5⚴+143 51 28)
+103,49 sin (10♃— 4⚴+145 33 48)
+ 0,48 sin (10♃— 3⚴+314 2 4)
+ 0,27 sin (10♃— 2⚴+315 2 47)
+ 0,11 sin (10♃— ⚴+309 34 13)
+ 0,10 sin (11♃—10⚴+189 18 53)
+ 0,19 sin (11♃— 9⚴+171 11 9)
+ 0″,37 sin (11♃— 8⚴+159°39′21″)
+ 0,73 sin (11♃— 7⚴+156 59 48)
+ 1,30 sin (11♃— 6⚴+157 33 50)
+ 3,53 sin (11♃— 5⚴+158 40 25)
+ 3,88 sin (11♃— 4⚴+163 5 12)
+ 0,27 sin (11♃— 3⚴+330 13 31)
+ 0,12 sin (11♃— 2⚴+327 32 26)
+ 0,10 sin (12♃—10⚴+191 1 3)
+ 0,19 sin (12♃— 9⚴+177 51 47)
+ 0,35 sin (12♃— 8⚴+172 30 26)
+ 0,59 sin (12♃— 7⚴+171 47 45)
+ 1,10 sin (12♃— 6⚴+172 27 36)
+ 6,66 sin (12♃— 5⚴+124 4 29)
+ 0,10 sin (12♃— 4⚴+319 31 34)
+ 0,13 sin (12♃— 3⚴+344 10 33)
+ 0,06 sin (13♃—10⚴+196 41 34)
+ 0,17 sin (13♃— 9⚴+188 57 55)
+ 0,29 sin (13♃— 8⚴+186 32 47)
+ 0,47 sin (13♃— 7⚴+186 35 51)
+ 1,04 sin (13♃— 6⚴+186 59 44)
+79,08 sin (13♃— 5⚴+188 39 17)
+ 0,12 sin (13♃— 4⚴+356 29 4)
+ 0,09 sin (14♃—10⚴+206 25 40)
+ 0,14 sin (14♃— 9⚴+201 56 41)
+ 0,23 sin (14♃— 8⚴+201 14 44)
+ 0,39 sin (14♃— 7⚴+201 14 21)
+ 1,31 sin (14♃— 6⚴+201 40 40)
+ 0,21 sin (14♃— 5⚴+213 41 48)
+ 0,09 sin (15♃— 9⚴+215 32 37)
+ 0,18 sin (15♃— 8⚴+215 38 28)
+ 0,34 sin (15♃— 7⚴+215 49 30)
+ 5,55 sin (15♃— 6⚴+216 18 31)
+ 0,05 sin (15♃— 5⚴+ 20 40 25)
+ 0,14 sin (16♃— 8⚴+230 10 55)
+ 0,35 sin (16♃— 7⚴+230 8 11)
+ 0,86 sin (16♃— 6⚴+231 51 51)
+ 0,58 sin (17♃— 7⚴+243 32 10)

Säcularstörung täglich — 0″,06079
jährlich — 22,306.]

[9.]

[Im Artikel 19 der Exposition ist bereits bemerkt worden, dass Pallas uns den Fall eines rationalen Verhältnisses der mittlern Bewegungen n und n' bietet; es verhalten sich nemlich die mittlere Bewegung von Pallas und Jupiter genau wie 18 : 7, so, dass sich dieses Verhältniss immer genau wiederherstellt*). In diesem Artikel sollen die von dem Argument $18♃ - 7⚴$ abhängigen Glieder für die practische Rechnung in säcularer Form gegeben werden, während die strenge Integration, durch welche die periodische Form wiederhergestellt wird, den Gegenstand des nächsten Artikels bilden wird.

Aus den obigen numerischen Werthen für T, V, W erhält man nach Ausführung der Interpolation wie in Artikel 2—7 die von dem genannten Argument abhängigen Glieder

$$\text{in } \frac{(1-\cos i)\,d\Omega}{n\,dt}: \qquad 0''{,}000 \cos(18M'-7M) + 0''{,}001 \sin(18M'-7M)$$

$$\text{in } \frac{d\tilde{\omega}}{n\,dt} - \frac{(1-\cos i)\,d\Omega}{n\,dt}: \qquad +0''{,}095 \cos(18M'-7M) - 0''{,}055 \sin(18M'-7M)$$

$$\text{in } \frac{d\log\text{hyp}\,n}{n\,dt} = -\tfrac{3}{2}\frac{d\log\text{hyp}\,a}{n\,dt}: \quad +0''{,}012 \cos(18M'-7M) - 0''{,}027 \sin(18M'-7M)$$

$$\text{in } \frac{d\varepsilon}{n\,dt} - \frac{(1-\cos i)\,d\Omega}{n\,dt}: \qquad -0''{,}039 \cos(18M'-7M) - 0''{,}021 \sin(18M'-7M).$$

Indem man die beiden Glieder in $\cos(18M'-7M)$ und $\sin(18M'-7M)$ in Eines zusammenzieht und die mittlern Längen einführt durch die Werthe

$$M' = ♃ - 11^\circ 17'\ 5''{,}39$$
$$M = ⚴ - 121\ \ 8\ \ 54{,}50,$$

erhält man das Glied

$$\text{in } \tilde{\omega}: \ -0''{,}1093 \int \cos(18♃ - 7⚴ + 134^\circ 31' 38'')\,d⚴$$

$$\text{in } \log a: \ +0{,}415 \int \cos(18♃ - 7⚴ + 170^\circ 56' 57'')\,d⚴ \quad \text{(in Einheiten der 7. Decimale)}$$

$$\text{in } \int n\,dt: \ -0''{,}02955 \iint \cos(18♃ - 7⚴ + 170^\circ 56' 57'')\,d⚴^2$$

$$\text{in } \varepsilon: \ -0''{,}0438 \int \cos(18♃ - 7⚴ + 257^\circ 45' 45'')\,d⚴;$$

die Integration ergibt, für $18♃ - 7⚴$ den constanten Werth $125^\circ 36' 49''$ gesetzt:

Säcularänderung von $\tilde{\omega}$: $+0''{,}0255$ (jährlich)
» » $\log a$: $+0{,}25$ » (in Einheiten der 7. Decimale)
» » ε : $-0''{,}0548$ »
Factor von tt in $\int n\,dt$: $-0''{,}0123$ »

Für die Neigung und die Länge des Knotens sind die entsprechenden Glieder sehr klein.]

[10.]

[Zum Behuf der strengen Integration setze man

$$u = 18♃ - 7⚴ + A, \qquad A = \text{constans}, \qquad \int n\,dt = \alpha \iint \sin u\, d⚴^2.$$

[*) Vgl. Gauss an Bessel, 5. Mai 1812, S. 421 dieses Bandes und Göttingische gelehrte Anzeigen vom 25. April 1812, Bd. VI, S. 349.]

Da nun

$$\text{⚴} = \int n\,\mathrm{d}t + \varepsilon, \quad \text{also} \quad \frac{\mathrm{d}\mathrm{d}\text{⚴}}{\mathrm{d}t^2} = \frac{\mathrm{d}n}{\mathrm{d}t},$$

so erhält man für u die Gleichung

$$\frac{\mathrm{d}\mathrm{d}u}{nn\,\mathrm{d}t^2} = -7\alpha \sin u,$$

also

$$\left(\frac{\mathrm{d}u}{n\,\mathrm{d}t}\right)^2 = C + 14\alpha \cos u.$$

Hieraus folgt, dass, wenn C positiv und dem Betrage nach grösser als 14α, $\frac{\mathrm{d}u}{\mathrm{d}t}$ nicht verschwindet und u beständig zu- oder abnimmt. Ist dagegen C positiv und kleiner als der Betrag von 14α, oder ist C negativ, so ist u eine periodische Function und oscillirt um 0 oder 180^0, je nachdem α positiv oder negativ ist. In letzterm Falle stehen also die mittlern Bewegungen im rationalen Verhältniss und das Verhältniss $\frac{n'}{n} = \frac{7}{18}$ stellt sich immer wieder her.

Bezeichnet man den Werth von u zu irgend einer Anfangszeit mit U und den entsprechenden Werth von $\frac{\mathrm{d}u}{\mathrm{d}\text{⚴}} = 18\frac{n'}{n} - 7$ mit μ, so wird

$$C = \mu\mu - 14\alpha \cos U$$

und mit den numerischen Werthen

$$\begin{array}{lll} \alpha = 0{,}''02955 & n' = 299{,}''12817 & 18\text{♃} - 7\text{⚴} = 125^0 36' 49'' \\ A = 80^0 56' 57'' & n = 769{,}16512 & U = 206\ 33\ 46 \end{array}$$

ergibt sich

$$\begin{array}{l} \log 14\alpha = 4{,}30221 - 10 \\ \log \mu = 6{,}29314 - 10 \end{array} \qquad \log C = 4{,}26300 - 10.$$

Es tritt also hier der Fall der Rationalität der mittlern Bewegungen wirklich ein.

Weiter wird

$$\left(\frac{\mathrm{d}u}{n\,\mathrm{d}t}\right)^2 = (C + 14\alpha)\left\{1 - \frac{28\alpha}{C + 14\alpha}\sin\tfrac{1}{2}u^2\right\},$$

und durch die Substitution

$$\sqrt{\frac{28\alpha}{C + 14\alpha}} \cdot \sin\tfrac{1}{2}u = \sin\psi$$

$$\frac{\mathrm{d}u}{n\,\mathrm{d}t} = \sqrt{(C + 14\alpha)} . \cos\psi$$

ergibt sich

$$\frac{\mathrm{d}\psi}{n\,\mathrm{d}t} = \sqrt{7\alpha} . \sqrt{\left(1 - \frac{C + 14\alpha}{28\alpha}\sin\psi^2\right)}$$

also

$$n\,\mathrm{d}t = \frac{\mathrm{d}\psi}{\sqrt{\left(7\alpha - \frac{C + 14\alpha}{4}\sin\psi^2\right)}}.$$

Das Maximum (resp. Minimum) von $\frac{\mathrm{d}u}{n\,\mathrm{d}t}$ ist

$$= \sqrt{(C + 14\alpha)} = \sqrt{\left(28\alpha \sin\frac{U^2}{2} + \mu\mu\right)}.$$

Hienach oscillirt die mittlere Bewegung der Pallas zwischen den Werthen:

$$\frac{18}{7}n' \pm 0'',2153.$$

Das Verhältniss der Periode dieser Oscillation zu einem Pallasumlauf ergibt das Integral, von 0 bis $\frac{\pi}{2}$ genommen:

$$\frac{2}{\pi}\int\frac{d\psi}{\sqrt{\left(7\alpha-\frac{C+14\alpha}{4}\sin\psi^2\right)}} = \frac{1}{M\left(\sqrt{7\alpha},\sqrt{\frac{14\alpha-C}{4}}\right)} = \frac{1}{M(\sqrt{7\alpha},\sqrt{(7\alpha\cos\frac{1}{2}U^2-\frac{1}{4}\mu\mu)})},$$

d. i. 1894 Pallasumläufe = 737 Jupitersumläufe.

Das Maximum und Minimum von u selbst ergibt sich zu:

$$\pm 156^0\, 1'.]$$

[11.]

[Zur Vergleichung der Resultate der zweiten Rechnung der generellen Störungen mit den Oppositionen wurde im allgemeinen ebenso verfahren, wie bei den frühern Vergleichungen; es wurden aber die Argumente ♃ und ⚴ für die Störungsgleichungen schärfer, nemlich mit Berücksichtigung der grossen Gleichung für beide Planeten berechnet nach den Formeln

1) ⚴ $= 47^0 24' 28'',37 + 769'',15194\,t +$ Grosse Gleichung
♃ $= 25\;\; 24\;\; 44,12 + 299,12817\,t +$ Grosse Gleichung,

wo die Zeit t von 1810 Januar 0. Mittl. Zeit Göttingen gezählt ist. Die grosse Gleichung für Jupiter wurde aus den BOUVARDschen Tafeln entnommen; die der Pallas aber in folgender Weise ermittelt.

Setzt man

$$u = 5♃ - 2⚴,$$

so ist der aus $\int n dt$ stammende Theil der grossen Gleichung

$$\begin{aligned} f(u) = {} & (3,49256)\sin(\;u + 75^0 35' 33'') \\ & + (1,95199)\sin(2u + 145\;\; 56\;\; 15\;) \\ & + (0,65379)\sin(3u + 216\;\; 46\;\; 43\;) \end{aligned}$$

und der aus ε stammende

$$\begin{aligned} F(u) = {} & (2,38474)\sin(\;u + 73^0 14' 52'') \\ & + (1,14525)\sin(2u + 143\;\; 9\;\; 51\;) \\ & + (0,01994)\sin(3u + 214\;\; 17\;\; 10\;) \end{aligned}$$

oder summirt die grosse Gleichung

2)
$$\begin{aligned} \theta = {} & (3,52516)\sin(\;u + 75^0 25' 22'') \\ & + (2,01491)\sin(2u + 145\;\; 33\;\; 48\;) \\ & + (0,74446)\sin(3u + 216\;\; 18\;\; 31\;), \end{aligned}$$

wo die Zahlen in Klammern Logarithmen sind.

Bezeichnet man mit u_0 den Werth, den u bei Vernachlässigung von θ annimmt, und den man also linear aus den mittlern Bewegungen erhält, so lässt sich θ nach Vielfachen von u_0 entwickeln. Diese Entwickelung wurde nach der oft angewendeten interpolatorischen Methode ausgeführt, indem in der vorstehenden Gleichung zunächst u_0 für u gesetzt, und θ für die 12 Werthe 0^0, 30^0, 60^0 ..... 330^0 von u_0 rechnet wurde; hiemit fanden sich Näherungswerthe für $u = u_0 - 2\theta$, mit denen die Berechnung vc wiederholt wurde. Die Interpolation ergab schliesslich:

$$
3)\quad \begin{aligned}
\theta = &+ 3252{,}''56 \cos u_0 &&+ 846{,}''85 \sin u_0 \\
&+ 51{,}64 \cos 2u_0 &&- 72{,}93 \sin 2u_0 \\
&- 2{,}16 \cos 3u_0 &&- 3{,}15 \sin 3u_0 \\
&+ 0{,}16 \cos 4u_0 &&- 0{,}06 \sin 4u_0.
\end{aligned}
$$

Zur Erleichterung der Rechnung wurde eine Hülfstafel hergestellt, welche θ für das Argument u_0 von C zu Grad gibt.

Für die Argumente ergaben sich hiemit nach 1) die Werthe:

Opposition:	I	II	III	IV	V	VI	VII	
⚴ =	260°24′10″	351°43′15″	89°16′43″	200°40′50″	296°42′38″	27° 4′15″	137°35′ 6″	2
♃ =	188 19 23	223 49 6	261 43 46	305 1 55	342 21 44	17 29 31	60 27 39	

und hiemit die Beträge der allgemeinen Störungen:

$\delta\Omega$ =	+ 146,″94	+ 164,″75	+ 146,″61	+ 133,″55	+ 104,″15	+ 102,″96	− 15,″12	− 52,″8
δi =	+ 93, 30	+ 81, 59	+ 58, 26	+ 72, 06	+ 77, 13	+ 24, 20	− 61, 25	− 76, 9
$\delta\varphi$ =	+ 583, 52	+ 509, 42	+ 474, 89	+ 426, 91	+ 308, 92	− 78, 90	− 238, 71	− 228, 7
$\delta\tilde{\omega}$ =	+ 344, 59	+ 267, 36	+ 61, 89	− 88, 60	− 173, 50	− 995, 19	− 844, 85	− 576, 7

Die mittlern Elemente können nun mit Benutzung der Resultate der speciellen Störungen bestimmt wer Aus den Normalelementen (geltend für 1810)*):

$$
\Omega = 172^0 34' 12{,}''40 \qquad \varphi = 14^0 12' 42{,}''21
$$
$$
i = 34\ 37\ 43{,}09 \qquad \tilde{\omega} = 121\ 13\ 27{,}33
$$

folgen nach Anbringung der Störungen S. 486 die osculirenden Elemente:

Ω =	172°34′12,″85	34′30,″28	34′13,″21	33′59,″92	33′28,″85	33′26,″28	31′28,″51	30′5
i =	34 37 43, 04	37 31, 92	37 8, 51	37 21, 26	37 26, 83	36 35, 70	35 10, 97	34 5
φ =	14 12 38, 60	11 24, 39	10 49, 82	10 . 1, 31	8 1, 62	1 27, 86	13°58 48, 12	58 5
$\tilde{\omega}$ =	121 13 27, 35	12 11, 96	8 51, 38	6 27, 21	5 7, 64	120°51 21, 48	54 3, 80	58 3

und hieraus nach Abzug der obigen Störungen $\delta\Omega$, δi etc. die mittlern Elemente:

Ω =	172°31′45,″91	45,″53	46,″60	46,″37	44,″70	43,″32	43,″63	43,″97
i =	34 36 9, 74	10, 23	10, 25	9, 20	9, 70	11, 50	12, 22	10, 44
φ =	14 2 55, 08	54, 97	54, 93	54, 40	52, 70	46, 76	46, 83	46, 44
$\tilde{\omega}$ =	121 7 42, 76	44, 60	49, 49	55, 81	61, 14	56, 67	68, 65	73, 73.

Im Mittel also:

Ω medius 1810:	172°31′45,″00	mittlerer Fehler:		1,″20
Incl. media » :	34 36 10, 41	»	»	0, 93
φ » :	14 2 51, 51	»	»	3, 81
$\tilde{\omega}$ » :	121 7 56, 61.			

[Diese Werthe hatte eine Vergleichung der speciellen Störungen mit den ersten 8 Oppositionen geben, welche nach der S. 486—488 abgedruckten ausgeführt wurde.]

Diese Werthe zeigen, wie über Erwarten scharf die Übereinstimmung zwischen den Resultaten der speciellen und der generellen Störungen ist.]

[11.]

[Sobald weitere Oppositionen der Pallas beobachtet waren, wurden auch diese in den Kreis der Berechnungen gezogen und nach Eintritt der IX. Opposition wurde der erste Versuch gemacht*), durch eine Verbesserung der Jupitersmasse die Beobachtungen zu noch besserer Übereinstimmung zu bringen. Es soll darum hier nur noch die »Berechnung der Pallaselemente aus den neun ersten Oppositionen (mit den allgemeinen Jupiterstörungen)« ausführlich gegeben werden, wobei dieselbe Methode, wie bei den frühern Berechnungen der Oppositionen angewandt wurde:

Data der Rechnung (bezogen auf 1810,0).

Opposition	Tage seit 1810	α	β	$\log R$
I	$-2375^d,98088$	$277^\circ 44' 49'',91$	$+46^\circ 26' 36'',0$	0,007 2135
II	$-1948,79274$	337 5 3,41	$+15$ 1 49,8	0,003 8250
III	$-1492,53120$	67 24 7,62	-54 30 54,9	9,993 7332
IV	$-971,39050$	223 39 40,94	$+42$ 11 25,6	0,003 9862
V	$-522,11282$	304 4 11,32	$+37$ 43 53,7	0,006 5917
VI	$-99,32616$	359 40 18,02	-7 22 10,1	0,001 1215
VII	$+417,80939$	152 47 18,49	-23 48 19,2	9,995 5434
VIII	$+892,12694$	259 25 49,33	$+48$ 16 26,1	0,006 7844
IX	$+1326,36186$	325 20 54,57	$+24$ 37 36,1	0,004 9952

δi	$\delta\Omega$	$\delta \log a$	δ Long. med. Pars I.	δ Long. med. Pars II.	$\delta\varphi$	$\delta\Pi$
$+93'',30$	$+146'',94$	-5581	$+2113'',75$	$+168'',08$	$+583'',52$	$+344'',59$
$+81,59$	$+164,75$	-4296	$+2683,36$	$+231,63$	$+509,42$	$+267,36$
$+58,26$	$+146,61$	-3348	$+3139,72$	$+215,04$	$+474,89$	$+61,89$
$+72,06$	$+133,55$	-4739	$+3690,16$	$+252,54$	$+426,91$	$-88,60$
$+77,13$	$+104,15$	-3553	$+4235,05$	$+431,00$	$+308,92$	$-173,50$
$+24,20$	$+102,96$	$+3587$	$+4268,42$	$+326,95$	$-78,90$	$-995,19$
$-61,25$	$-15,12$	$+1502$	$+3894,13$	$+163,96$	$-238,71$	$-844,85$
$-76,94$	$-52,83$	$+2990$	$+3610,79$	$+178,44$	$-228,76$	$-576,78$
$-62,18$	$-104,85$	$+3649$	$+3217,13$	$+98,90$	$-254,00$	$-389,70$

Vorausgesetzte Normalwerthe:

$$\Omega = 172^\circ 31' 42'',14 \qquad \varphi = 14^\circ\ 2'\ 52'',72$$
$$i = 34\ 36\ \ 9,01 \qquad \tilde{\omega} = 121\ \ 7\ 49,27 \qquad n = 769'',152$$

Mit den Bezeichnungen und nach den Formeln der Disquisitio de elementis ellipticis Palladis (Bd. VI S. 1; vgl. auch S. 480 dieses Bandes) ergab sich

[*) Siehe den Briefwechsel S. 422—424, 438 dieses Bandes.]

α—☊	105°10′40″,83	164°30′36″,52	254°49′58″,87	51° 5′45″,25	131°30′45″,03	187° 6′52″,92	340°15′51″,47	86°55′ 0″,02	152°50′57″,28
i	34 37 42, 31	34 37 30, 60	34 37 7, 27	34 37 21, 07	34 37 26, 14	34 36 33, 21	34 35 7, 76	34 34 52, 07	34 35 6, 83
δ	+33 40 59, 93	+10 26 54, 87	—33 40 30, 29	+28 14 56, 02	+27 20 25, 43	— 4 53 7, 12	—13 6 23, 01	+34 32 32, 47	+17 7 54, 45
f	+0,9870	+0,3814	—0,9870	+0,8917	+0,8725	—0,1815	—0,4726	+0,9995	+0,6126
c	+0,1252	+0,6435	+0,1251	—0,3365	+0,3611	+0,6798	—0,6156	—0,0252	+0,5582
v—☊	102°35′ 0″,88	161°23′14″,57	257°25′27″,39	56°24′42″,09	126° 4′ 5″,14	188°37′24″,11	336°27′15″,16	87°27′38″,29	148° 4′48″,55
v	275 9 9, 96	333 57 41, 46	69 59 36, 14	228 58 37, 78	298 37 31, 43	1 10 49, 21	148 58 42, 18	259 58 27, 60	320 34 45, 84
φ	14 12 36, 24	14 11 22, 14	14 10 47, 61	14 9 59, 63	14 8 1, 64	14 1 33, 82	13 58 54, 01	13 59 3, 96	13 58 38, 72
v—ϖ	153 55 36, 10	212 45 24, 83	308 50 44, 98	107 52 17, 11	177 32 35, 66	240 19 35, 13	28 4 57, 76	139 0 15, 11	199 33 26, 27
E	146 51 58, 75	221 21 35, 80	319 6 55, 65	93 51 8, 64	176 50 53, 60	253 18 45, 80	22 7 9, 07	128 52 13, 91	20 52 11, 54
M	139 10 42, 81	230 38 26, 25	328 18 8, 15	79 51 41, 13	176 4 44, 35	266 36 51, 49	16 54 24, 12	118 5 25, 82	21 41 24, 24
L	260 24 16, 67	351 50 42, 88	89 26 59, 31	200 58 1, 80	297 9 40, 12	27 28 5, 57	137 48 8, 54	239 3 38, 31	331 42 43, 1

Hieraus *L*, von den Störungen befreit:

259°46′14″,84	351° 2′ 7″,89	88°31′ 4, 55	199°52′19″,10	295°51′54″,07	26°11′30″,20	136°40′30″,45	238°0′29″,08	330°47′27″,78

womit sich für die mittlere Bewegung seit 1810 und für ε_0 ergibt:

	—507°38′10″,45	—416°21′57″,83	—318°53′3″,36	—207°32′26″,95	—111°33′ 4″,12	—21°13′16″,91	+89°15′58″,93	+190°36′21″,22	+283°22′52″, 68
(ε_0)	47 24 25, 29	47 24 5, 72	47 24 7, 91	47 24 46, 05	47 24 58, 19	47 24 47, 11	47 24 31, 52	47 24 7, 86	47 24 35, 10

Mittel = 47°24′29″,42.

In der Länge bleiben hienach folgende Differenzen übrig

—4″,13 | —23″,70 | —21″,51 | +16″,63 | +28″,77 | +17″,69 | +2″,10 | —21″,56 | +5″,68

Es ist nun

t	+2376	+1949	+1493	+971	+522	+99	—418	—892	—1326
$m+1$	—0,499	—0,446	+0,315	—0,066	—0,595	—0,179	+0,379	—0,367	—0,532
n	—1,210	+1,448	+1,185	—2,013	—0,124	+1,985	—0,667	—1,680	+0,936

Aus diesen Daten können die Gleichungen zur Verbesserung von n, $\tilde{\omega}$ und φ hingeschrieben werden in der Form A) Seite 481; soll jedoch auch auf Verbesserung der Jupitersmasse Rücksicht genommen werden, so tritt noch ein Glied in $\Delta\mu$ hinzu und sie haben die Form

A*) $$\varepsilon_0 = (\varepsilon_0) + (m+1)\Delta\tilde{\omega} + n\Delta\varphi - t\Delta n + k\Delta\mu,$$

wo offenbar, wenn $\Delta\mu$ in Einheiten der 2. Decimale gewählt wird,

$$100k = -\delta\int n dt - \delta\varepsilon + (m+1)\delta\tilde{\omega} + n\delta\varphi$$

ist. Die Werthe von k sind:

k —31″,60 | —22″,97 | —27″,73 | —47″,96 | —46″,01 | —45″,67 | —42″,19 | —31″,93 | —33″,47.

Das Mittel aus den neun Gleichungen A* wird, wenn Δn in Einheiten der 3. Decimale der Secunde genommen wird

$$\varepsilon_0 = 47^\circ 24' 29'',42 + 0{,}530\,\Delta n - 0{,}221\,\Delta\tilde{\omega} - 0{,}016\,\Delta\varphi - 36'',61\,\Delta\mu$$

und indem man dieses, zur Elimination von ε_0, von jeder der Gleichungen A* abzieht, erhält man die Gleichungen:

$$-\;4{,}''13 + 1{,}846\,\Delta n - 0{,}278\,\Delta\tilde{\omega} - 1{,}194\,\Delta\varphi + \;5{,}''01\,\Delta\mu = 0$$
$$-23{,}70 + 1{,}419\,\Delta n - 0{,}225\,\Delta\tilde{\omega} + 1{,}464\,\Delta\varphi + 13{,}64\,\Delta\mu = 0$$
$$-21{,}51 + 0{,}963\,\Delta n + 0{,}536\,\Delta\tilde{\omega} + 1{,}201\,\Delta\varphi + \;8{,}88\,\Delta\mu = 0$$
$$+16{,}63 + 0{,}441\,\Delta n + 0{,}155\,\Delta\tilde{\omega} - 1{,}997\,\Delta\varphi - 11{,}35\,\Delta\mu = 0$$
$$+28{,}77 - 0{,}008\,\Delta n - 0{,}374\,\Delta\tilde{\omega} - 0{,}108\,\Delta\varphi - \;9.36\,\Delta\mu = 0$$
$$+17{,}69 - 0{,}431\,\Delta n + 0{,}042\,\Delta\tilde{\omega} - 2{,}001\,\Delta\varphi - \;9{,}01\,\Delta\mu = 0$$
$$+\;2{,}10 - 0{,}948\,\Delta n + 0{,}600\,\Delta\tilde{\omega} - 0{,}651\,\Delta\varphi - \;5{,}58\,\Delta\mu = 0$$
$$-21{,}56 - 1{,}422\,\Delta n - 0{,}146\,\Delta\tilde{\omega} - 1{,}664\,\Delta\varphi + \;4{,}68\,\Delta\mu = 0$$
$$+\;5{,}68 - 1{,}856\,\Delta n - 0{,}310\,\Delta\tilde{\omega} + 0{,}952\,\Delta\varphi + \;3{,}14\,\Delta\mu = 0,$$

deren Auflösung ergibt:

$\Delta\mu = +2{,}1771$ (in Einheiten der 5. Decimale) $\qquad \Delta\tilde{\omega} = +16{,}''15$

$\Delta\varphi = -2{,}''73 \qquad \Delta n = -1{,}26$

also

$$\varphi = 14^0 2' 49{,}''99, \qquad \tilde{\omega} = 121^0 8' 5{,}''42, \qquad n = 769{,}''15074.$$

Die ♃-Masse war zu $\frac{1}{1067{,}09}$ angenommen; ihr verbesserter Werth wäre also $\frac{1}{1042{,}86}$. Für ε ergibt sich sodann:

$$\varepsilon_0 = 47^0 23' 5{,}''22$$

und für die einzelnen Oppositionen

(ε_0) $47^0 23' 8{,}''74$ | $47^0 23' 2{,}''11$ | $47^0 23' 7{,}''51$ | $47^0 23' 4{,}''72$ | $47^0 23' 6{,}''48$ | $47^0 22' 59{,}''36$ | $47^0 23' 7{,}''14$ | $47^0 22' 58{,}''13$ | $47^0 23' 12{,}''76$

also die übrig bleibenden Differenzen in den Längen:

$+3{,}''52$ | $-3{,}''11$ | $+2{,}''29$ | $-0{,}''50$ | $+1{,}''26$ | $-5{,}''86$ | $+1{,}''92$ | $-7{,}''09$ | $+7{,}''54$.

Zur Verbesserung der Elemente *i* und Ω stellt sich die Rechnung folgendermassen mit Berücksichtigung des Bisherigen:

$v - \tilde{\omega} =$	$153^0 55' 12{,}''62$	$212^0 45' \;2{,}''99$	$308^0 50' 27{,}''51$	$107^0 52' \;2{,}''85$	$177^0 32' 23{,}''20$	$240^0 19' 40{,}''15$	$28^0 \;4' 59{,}''59$	$139^0 \;0' 11{,}''34$	$199^0 33' 18{,}''41$
$\varphi =$	14 12 45, 93	14 11 30, 25	14 10 54, 98	14 10 5, 98	14 8 5, 48	14 1 29, 41	13 58 46, 20	13 58 56, 36	13 58 30, 59
α ……	0,442 0718	0,442 2031	0,442 2999	0,442 1578	0,442 2789	0,443 0081	0,442 7952	0,442 9472	0,443 0145
$\frac{\mathfrak{p}}{\mathfrak{r}}$ ……	9,891 8024	9,899 7146	0,062 0761	9,966 0949	9,878 5333	9,944 4983	0,083 9084	9,912 5602	9,887 8583
$\mathfrak{R}\sin\beta$ ..	9,867 3666	9,417 6871	$9{,}904\;5008_n$	9,831 0964	9,793 3151	$9{,}109\;2316_n$	$9{,}601\;5241_n$	9,879 7180	$9{,}624\;8216_n$
$\mathfrak{p}\frac{\mathfrak{R}\sin\beta}{r}$.	9,759 1690	9,317 4017	$9{,}966\;5769_n$	9,797 1913	9,671 8484	$9{,}053\;7299_n$	$9{,}685\;4325_n$	9,792 2782	$9{,}512\;6801_n$
$\mathfrak{p}$ ……	0,415 0694	0,415 2815	0,415 4107	0,415 3258	0,415 5749	0,416 7224	0,416 6808	0,416 8222	0,416 9165
$\beta - \gamma =$	$+12^0 45' 32{,}''51$	$+\;4^0 34' 41{,}''91$	$-20^0 50' 25{,}''75$	$+13^0 56' 26{,}''18$	$+10^0 23' 38{,}''23$	$-\;2^0 29' \;4{,}''76$	$-10^0 42' \;1{,}''60$	$+13^0 43' 56{,}''43$	$+\;7^0 \;9' 42{,}''21$
$\gamma =$	+33 41 3, 49	+10 27 7, 89	−33 40 29, 15	+28 14 59, 42	+27 20 15, 47	− 4 53 5, 34	−13 6 17, 60	+34 32 29, 67	+17 27 53, 89
$\gamma - \delta =$	$+1{,}''21$	$+10{,}''10$	$+1{,}''97$	$+2{,}''99$	$-12{,}''19$	$+1{,}''22$	$+4{,}''60$	$-1{,}''19$	$+1{,}''50$

Hieraus folgen die neun Gleichungen

$$
\begin{aligned}
-\;\;1{,}''21 + 0{,}99\,\Delta i + 0{,}13\,\Delta\Omega &= 0\\
-10{,}10 + 0{,}38\,\Delta i + 0{,}64\,\Delta\Omega &= 0\\
-\;\;1{,}97 - 0{,}99\,\Delta i + 0{,}12\,\Delta\Omega &= 0\\
-\;\;2{,}99 + 0{,}89\,\Delta i - 0{,}34\,\Delta\Omega &= 0\\
+12{,}19 + 0{,}87\,\Delta i + 0{,}36\,\Delta\Omega &= 0\\
-\;\;1{,}22 - 0{,}18\,\Delta i + 0{,}68\,\Delta\Omega &= 0\\
-\;\;4{,}60 - 0{,}47\,\Delta i - 0{,}62\,\Delta\Omega &= 0\\
+\;\;1{,}19 + 1{,}00\,\Delta i - 0{,}02\,\Delta\Omega &= 0\\
-\;\;1{,}50 + 0{,}61\,\Delta i + 0{,}56\,\Delta\Omega &= 0.
\end{aligned}
$$

Schliesst man die V. Opposition aus, so wird

$$
\begin{aligned}
\Delta i &= +0{,}''45\\
\Delta\Omega &= +2{,}''26.]
\end{aligned}
$$

NACHLASS UND BRIEFWECHSEL.

[VII. TAFELN FÜR DIE STÖRUNGEN DER PALLAS DURCH JUPITER.]

[1816 AUGUST—1817 DECEMBER.]

[1.]

Gauss an Encke, Göttingen, 5. August 1816.

..... Zugleich habe ich noch eine andere Bitte. Die ganze Rechnung aller Störungen für die Pallas für Eine Opposition ist immer eine Sache von einem Monat, wegen des Hin- und Herschickens; ich selbst habe (zwar nicht anhaltend, aber selten hat man dazu auch Lust) diesmal fast 14 Tage an der einmaligen Rechnung zugebracht. Ich habe die Sache hin und her überlegt, wie man die Arbeit durch Tafeln abkürzen könnte; und gefunden, dass man allerdings mit Hülfe einer gewissen Tafel die Arbeit vielleicht in 3 Stunden abthun könnte. Aber die Berechnung der Tafel wird ungeheure Arbeit machen. Vor allen Dingen würde nun aber ein Anschlag nöthig sein, wie viele Arbeit, um beurtheilen zu können, ob vielleicht durch 6 oder 8 Rechner die Sache, wenn auch erst nach Jahren, ausführbar wäre. Zu dem Behuf schicke ich Ihnen hier die Data zu einer Proberechnung; es liegt mir weniger an den Resultaten (vorerst wenigstens) als daran, genau zu wissen, wie viele Zeit Sie etwa dazu gebraucht haben werden. Diese Rechnung möchte etwa $\frac{1}{100}$ der ganzen Arbeit sein.

Ich wünsche zu haben die Werthe

1) von $P = +359'',834$

$+ 54,481 \cos x$	$+ 48'',391 \sin x$
$+ 14,295 \cos 2x$	$- 36,951 \sin 2x$
$+ 16,161 \cos 3x$	$- 8,251 \sin 3x$
$+ 6,273 \cos 4x$	$+ 2,923 \sin 4x$
$+ 0,162 \cos 5x$	$+ 6,354 \sin 5x$
$- 0,674 \cos 6x$	$+ 3,129 \sin 6x$
$+ 1,702 \cos 7x$	$+ 0,899 \sin 7x$
$+ 0,922 \cos 8x$	$- 0,065 \sin 8x$
$+ 0,460 \cos 9x$	$- 0,414 \sin 9x$
$+ 0,181 \cos 10x$	$- 0,326 \sin 10x$
$+ 0,063 \cos 11x$	$- 0,198 \sin 11x$
$+ 0,023 \cos 12x$	$- 0,101 \sin 12x$

2) von $Q = -544'',924$

$- 98,084 \cos x$	$- 6'',178 \sin x$
$+ 27,589 \cos 2x$	$- 10,928 \sin 2x$
$+ 8,342 \cos 3x$	$+ 4,711 \sin 3x$
$- 0,875 \cos 4x$	$+ 1,294 \sin 4x$
$- 4,480 \cos 5x$	$- 1,766 \sin 5x$
$- 1,813 \cos 6x$	$- 1,284 \sin 6x$
$- 0,179 \cos 7x$	$+ 1,643 \sin 7x$
$+ 0,434 \cos 8x$	$+ 1,020 \sin 8x$
$+ 0,414 \cos 9x$	$+ 0,460 \sin 9x$
$+ 0,326 \cos 10x$	$+ 0,181 \sin 10x$
$+ 0,198 \cos 11x$	$+ 0,063 \sin 11x$
$+ 0,101 \cos 12x$	$+ 0,023 \sin 12x$

3) von $\log N$ und ψ, so dass

$$P = N \cos \psi, \qquad Q = N \sin \psi.$$

ψ wird am Ende auf Secunden, $\log N$ auf 5 Decimalen verlangt. Wünschenswerth wäre zwar diese Tafel für $x = 0$, $x = 1^0$, $x = 2^0$, $x = 3^0$ etc. bis $x = 360^0$ zu haben; allein dies wäre eine gar zu furchtbare Arbeit; man muss sich also mehr beschränken; ich finde dass allenfalls man sich begnügen mag, die Werthe des x von 15^0 zu 15^0 wachsen zu lassen, so dass 24 solche Rechnungen zu machen sind. So wünsche ich daher diese Probeberechnung gemacht, wobei übrigens manche Localvortheile zu benutzen sind, die Sie leicht selbst finden werden und die von

$$\left.\begin{array}{ll} \sin 15^0 = \sqrt{\tfrac{3}{8}} - \sqrt{\tfrac{1}{8}} & \\ \sin 45^0 = 2 \,.\, \sqrt{\tfrac{1}{8}} & \sin 60^0 = \sqrt{\tfrac{3}{4}} \\ \sin 75^0 = \sqrt{\tfrac{3}{8}} + \sqrt{\tfrac{1}{8}} & \end{array}\right\} \text{abhangen.}$$

.....

[2.]

[Um die Berechnung der Störungsbeträge für die einzelnen Oppositionen zu erleichtern, lassen sich in folgender Weise Tafeln herstellen:

Man fasst zunächst die Störungsgleichungen mit den Argumenten

$$2♃ - ⚴,\ ♃,\ ⚴,\ ♃ - 2⚴,\ 2♃ - 3⚴ \text{ etc.}$$
$$3♃ - 2⚴,\ 4♃ - 3⚴ \text{ etc.,}$$

in eine Gruppe zusammen. Sie sind, wenn man

$$2♃ - ⚴ = A_1, \qquad ⚴ - ♃ = x$$

setzt, von der Form

$$A_1 + nx + G^{(n)},$$

wo n die positiven und negativen ganzen Zahlen, Null eingeschlossen, und $G^{(n)}$ die zugehörige Constante bedeutet. Man kann setzen:

$$\begin{aligned} & g \sin(A_1 + G) + g' \sin(A_1 + x + G') + g'' \sin(A_1 + 2x + G'') + \cdots \\ & \qquad + h' \sin(A_1 - x + H') + h'' \sin(A_1 - 2x + H'') + \cdots \\ = {} & \sin A_1 \,.\, (a + a' \cos x + a'' \cos 2x + \cdots + b' \sin x + b'' \sin 2x + \cdots) \\ & + \cos A_1 \,.\, (c + c' \cos x + c'' \cos 2x + \cdots + d' \sin x + d'' \sin 2x + \cdots), \end{aligned}$$

wo

$$\begin{array}{llll} a = g \cos G, & a' = \quad g' \cos G' + h' \cos H', & a'' = \quad g'' \cos G'' + h'' \cos H'', & \text{etc.} \\ & b' = -g' \sin G' + h' \sin H', & b'' = -g'' \sin G'' + h'' \sin H'', & \text{etc.} \\ c = g \sin G, & c' = \quad g' \sin G' + h' \sin H', & c'' = \quad g'' \sin G'' + h'' \sin H'', & \text{etc.} \\ & d' = \quad g' \cos G' - h' \cos H', & d'' = \quad g'' \cos G'' - h'' \cos H'', & \text{etc.} \end{array}$$

Bestimmt man nun r und φ aus den Gleichungen

$$\left.\begin{array}{r} a + a' \cos x + a'' \cos 2x + \cdots \\ + b' \sin x + b'' \sin 2x + \cdots \end{array}\right\} = P = r \cos \varphi$$
$$\left.\begin{array}{r} c + c' \cos x + c'' \cos 2x + \cdots \\ + d' \sin x + d'' \sin 2x + \cdots \end{array}\right\} = Q = r \sin \varphi,$$

so erhält man für die ganze Gruppe den Ausdruck

$$\left.\begin{array}{r} g\sin(A_1+G)+g'\sin(A_1+x+G')+g''\sin(A_1+2x+G'')+\cdots \\ +h'\sin(A_1-x+H')+h''\sin(A_1-2x+H'')+\cdots \end{array}\right\} = r\sin(A_1+\varphi).$$

Die erste Operation*) besteht nun in der Berechnung der $a^{(n)}$, $b^{(n)}$, $c^{(n)}$, $d^{(n)}$ aus den $g^{(n)}$, $h^{(n)}$, $G^{(n)}$, $H^{(n)}$; die zweite aus der Berechnung von P und Q für die Werthe $x = 0^\circ, 15^\circ, 30^\circ$, etc., und die dritte aus der von r und φ.

In derselben Weise sind die übrigen Störungsgleichungen in Gruppen zusammenzufassen, indem man beständig

x = ⚴ — ♃,

dagegen

A_2 = 3♃ — ⚴	A_5 = 8♃ — 3⚴	A_8 = 13♃ — 5⚴	A_{11} = 17♃ — 6⚴
A_3 = 5♃ — 2⚴	A_6 = 10♃ — 4⚴	A_9 = 15♃ — 6⚴	A_{12} = 20♃ — 8⚴
A_4 = 6♃ — 2⚴	A_7 = 11♃ — 4⚴	A_{10} = 16♃ — 6⚴	A_{13} = 21♃ — 8⚴

setzt.

Hienach wurde die als Notiz [4.] abgedruckte Tafel entworfen, welche für jedes der A die Grössen r und φ für das Argument x in Intervallen von 15° gibt.

Die Gruppe der Störungsgleichungen mit den Argumenten ♃ — ⚴, 2♃ — 2⚴, 3♃ — 3⚴ etc. kann direkt für das Argument x berechnet werden, ihre Werthe sind im Beginn der Tafel unter der Überschrift $A_0 = 0$ gegeben.]

[3.]

Gauss an Encke, Göttingen, 7. November 1816.

Ihrem gefälligen Anerbieten zu Folge ..... übersende ich Ihnen hier heute einige Rechnungen für die Pallasstörungen. Zur Erläuterung bemerke ich zuerst, was noch zu thun ist. Es sind dreierlei Operationen:

Erste Operation ist bereits ganz abgethan, und ist es daher überflüssig sie hier näher zu beschreiben.

Zweite Operation nenne ich die Berechnung von 24 Werthen einer Function von der Form

$$\odot)\qquad \begin{array}{l} a+a'\cos x+a''\cos 2x+a'''\cos 3x+\text{etc.}+a^{\text{XII}}\cos 12x \\ \quad +b'\sin x+b''\sin 2x+b'''\sin 3x+\text{etc.}+b^{\text{XII}}\sin 12x \end{array}$$

für $x = 0^0$, $x = 15^0$, $x = 30^0$ etc. bis $x = 345^0$. Diese Operation müsste in allem 126 mal gemacht werden, wovon jetzt noch 62 fehlen.

Dritte Operation nenne ich die 24malige Bestimmung von $\log r$ und φ aus

$$r\cos\varphi = P$$
$$r\sin\varphi = Q$$

[*) Vgl. den folgenden Brief.]

wo P und Q gegebene (und zwar jede aus der Form $\odot$ berechnete) Grössen sind. Diese Operation war in allem 60 mal zu machen. Es fehlen jetzt noch 48.

Heute schicke ich Ihnen auf 8 Blättchen die Data um 8 mal die dritte Operation zu machen. Jedes P ergibt sich aus den unten stehenden Zahlen der Seite, worüber $\sin A$ steht; jedes Q aus den Zahlen der andern Seite, wo $\cos A$ steht und zwar auf folgende Art. Jedes P besteht aus zwei Theilen (die respective aus den cosinus- und sinus-Gliedern entsprungen sind). Diese zwei Theile finden Sie angegeben und zwar unmittelbar für 13 Werthe in dieser Ordnung

* 0° *	* 30° *	* 60° *	* 90° *	* 120° *	* 150° *	* 180° *
* 15° *	* 45° *	* 75° *	* 105° *	* 135° *	* 165° *	

Nachher gehts in derselben Ordnung rückwärts, indem immer der zweite (Sinus-)Theil mit entgegengesetztem Zeichen genommen wird. So ist also z. B. auf dem ersten Blatt für

x	P	Q
0°	+39,5723	−24,3180
15°	+18,4497	−17,9717
30°	− 1,5499	−18,3889
⋮	⋮	⋮
180°	− 6,8889	−39,1004
195°	− 5,3849	−40,6708
210°	− 2,6665	−42,6184
⋮	⋮	⋮

Eine ganze Rechnung der zweiten Operation mache ich auf Einer Octavseite in dieser Form für

0°	15°	30°	45°	60°	75°
90°	105°	etc.			

Das erste Carré würde so wie ich die Rechnung mache so aussehen:

1,385 9278$_n$	
1,597 3913	
9,930 4328	
1,666 9585	
328. 25. 42,30	

Ich lasse nemlich log tang φ weg. Ist Ihnen dies nicht bequem, so schreiben Sie es mit hin. Dieses ganze Detail bitte ich mir dann aus, zur bequemern Vergleichung, wenn sich irgendwo Unterschiede zeigen sollten. Dagegen haben Sie nicht nöthig, mit gar zu ängstlicher Aufmerksamkeit zu rechnen. Die Ihnen gegenwärtig aufgegebenen Rechnungen werden also 4 Octavblätter füllen; ich sehe es nemlich gern, wenn Sie beide Seiten des Papiers benutzen, um nicht gar zu viel Papiere zu hüten zu haben. — Ich habe übrigens alle Rechnungen mit 7 Decimalen geführt.

Die Ihnen hier gesandten 8 Blätter enthalten zugleich vollständig 16 Ausführungen der zweiten Operation in der Form wie ich sie führe. Um sich darin zu orientiren, wird die aufmerksame Analyse eines solchen Formulars besser sein als weitläuftige Vorschriften. Ich bemerke nur, dass immer die obere Hälfte jedes Blattes die Rechnungen für die Cosinustheile enthält, die untere die für die Sinustheile. Um Ihnen die Entzifferung zu erleichtern, mag die Seite ..... als Beispiel dienen. Die Formel ⨀ war

$$
\begin{array}{ll}
+82{,}2072 & \\
-\ 4{,}7425\cos x & -13{,}7875\sin x \\
-\ 2{,}6435\cos 2x & -\ 7{,}5676\sin 2x \\
-\ 0{,}6305\cos 3x & -\ 3{,}8103\sin 3x \\
+\ 0{,}9201\cos 4x & -\ 1{,}9322\sin 4x \\
+\ 1{,}5425\cos 5x & -\ 0{,}5853\sin 5x \\
+\ 0{,}8559\cos 6x & -\ 0{,}2174\sin 6x \\
+\ 0{,}4068\cos 7x & -\ 0{,}0161\sin 7x \\
+\ 0{,}1649\cos 8x & +\ 0{,}0436\sin 8x \\
\qquad 0 & \qquad 0 \\
\qquad 0 & \qquad 0 \\
\qquad 0 & \qquad 0 \\
\qquad 0 & \qquad 0
\end{array}
$$

Die öfters vorkommenden Zahlen	sind constante Logarithmen von
9,787 0156	$\sqrt{\frac{3}{8}}$
9,849 4850	$\sqrt{\frac{1}{2}}$
9,937 5306	$\sqrt{\frac{3}{4}}$

Für die zwei Theile der Operation, die mit □ ⧈ bezeichnet sind, habe ich immer dieses Formular bei mir liegen:

Cosinus

α	$\log(\alpha+\gamma)$
β	9,787 0156
γ	$\log(\delta-\beta)$
$\alpha-\gamma=\delta$	$\log(\frac{1}{2}\delta+\beta)$
$\frac{1}{2}\delta$	9,849 4850

Sinus

α	$\log(\alpha+\gamma)$
β	9,787 0156
γ	$\log(\beta+\delta)$
$\alpha-\gamma=\delta$	$\log(\beta-\frac{1}{2}\delta)$
$\frac{1}{2}\delta$	9,849 4850

Das übrige lernt man leicht auswendig.

Haben Sie alles herausgebracht, so machen Sie doch einstweilen folgende zwei Anwendungen: .....

GAUSS an ENCKE, Göttingen, 3. März 1817.

..... Vier Elemente, Länge des Perihel, Excentricitätswinkel, Neigung der Bahn und Länge des Knoten sind nunmehro ganz abgemacht und eingetragen. Was an dem 5. Elemente, der Epoche der Länge, noch zu thun ist, habe ich mir selbst vorbehalten. Aber bei dem 6., dem Logarithmen der halben Axe, bin ich so frei Ihre Hülfe nochmals in Anspruch zu nehmen. .....

[4.]

$A_0 = 0$

x	Perihelium	Excentricitätswinkel	Mittlere Länge	Logarithm der H. A.	Knoten	Neigung
0°	— 91″,31	+ 4″,46	+ 49″,76	+1421,6	— 11″,24	— 11″,24
15	—199, 60	— 9, 19	— 46, 26	+1457,2	— 37, 90	— 3, 70
30	—210, 43	— 17, 70	—126, 26	+ 818,4	— 55, 42	+ 5, 31
45	—143, 61	— 19, 99	—146, 63	— 123,6	— 60, 38	+ 12, 66
60	— 68, 88	— 19, 81	—112, 22	— 807,3	— 55, 03	+ 16, 68
75	— 13, 61	— 19, 16	— 52, 92	—1072,1	— 44, 55	+ 17, 41
90	+ 21, 43	— 17, 64	+ 7, 35	— 989,3	— 33, 17	+ 15, 64
105	+ 41, 82	— 15, 57	+ 53, 36	— 685,5	— 22, 94	+ 12, 15
120	+ 51, 50	— 13, 54	+ 78, 21	— 279,3	— 13, 96	+ 7, 69
135	+ 53, 61	— 11, 34	+ 80, 23	+ 134,0	— 7, 23	+ 3, 07
150	+ 49, 70	— 9, 06	+ 62, 52	+ 476,1	— 2, 40	— 0, 98
165	+ 41, 40	— 6, 96	+ 30, 61	+ 698,0	+ 1, 21	— 4, 01
180	+ 29, 90	— 4, 63	— 8, 41	+ 766,5	+ 4, 29	— 5, 88
195	+ 17, 14	— 1, 80	— 47, 01	+ 678,8	+ 7, 35	— 6, 49
210	+ 5, 17	+ 1, 40	— 77, 94	+ 447,6	+ 11, 09	— 5, 93
225	— 3, 22	+ 5, 24	— 94, 39	+ 110,5	+ 16, 19	— 4, 57
240	— 5, 22	+ 9, 80	— 91, 57	— 280,7	+ 22, 89	— 3, 01
255	+ 2, 10	+ 14, 47	— 67, 06	— 658,2	+ 30, 97	— 1, 74
270	+ 20, 79	+ 18, 88	— 22, 91	— 939,6	+ 39, 93	— 1, 13
285	+ 51, 15	+ 22, 70	+ 34, 50	—1039,0	+ 48, 46	— 1, 74
300	+ 88, 45	+ 24, 90	+ 93, 13	— 874,1	+ 53, 65	— 4, 44
315	+117, 47	+ 25, 02	+136, 63	— 422,1	+ 51, 61	— 8, 54
330	+108, 91	+ 22, 93	+148, 33	+ 240,0	+ 39, 37	— 12, 90
345	+ 35, 34	+ 16, 58	+118, 95	+ 922,1	+ 17, 03	— 14, 48

$A_1 = 2$♃ — ♄

x	Perihelium		Excentricitäts-winkel		Mittlere Länge		Logarithm der H. A.		Länge des Knoten		Neigung der Bahn	
	φ	$\log r$	φ	$\log r$	φ	$\log r$	φ	$\log r$	φ	$\log r$	φ	$\log r$
0°	249°53′ 4″	2,98433	330°38′ 6″	2,43525	57°37′58″	3,05390	133°10′51″	3,49509	40°11′38″	1,97505	328°25′42″	1,66696
15	251 7 46	2,96956	327 9 2	2,47582	54 59 49	3,01720	122 32 45	3,59159	28 44 38	2,04094	315 45 7	1,41088
30	246 43 24	2,92199	325 41 15	2,48537	48 46 26	2,97505	125 5 37	3,59550	23 14 15	2,07889	265 10 56	1,26609
45	236 16 16	2,88137	325 5 36	2,48117	43 29 53	2,95845	130 51 55	3,49166	22 18 27	2,10022	236 5 56	1,42112
60	228 21 21	2,88402	326 4 15	2,47602	42 12 29	2,95645	132 26 13	3,34484	25 14 28	2,10927	230 42 31	1,52438
75	226 36 45	2,89463	328 56 13	2,46803	43 27 55	2,95226	126 56 21	3,23495	29 52 32	2,10761	232 19 56	1,57969
90	228 8 5	2,89011	332 36 33	2,45024	45 34 57	2,94258	121 22 25	3,21153	34 18 2	2,09949	236 55 32	1,60956
105	229 57 47	2,87173	335 49 9	2,42483	47 23 59	2,93058	122 48 23	3,23335	37 58 43	2,09014	242 28 39	1,61851
120	230 47 26	2,85003	337 51 7	2,39860	48 41 11	2,92044	129 11 6	3,24888	41 4 4	2,08447	247 38 9	1,61244
135	230 45 25	2,83518	338 47 16	2,37864	49 41 25	2,91568	136 50 4	3,24626	43 50 18	2,08619	251 51 21	1,60210
150	230 52 57	2,83011	339 34 30	2,36931	50 45 34	2,91607	142 44 25	3,22733	46 44 23	2,09499	255 8 28	1,59495
165	231 49 28	2,82947	340 54 11	2,36785	52 10 45	2,91875	145 21 57	3,20935	50 7 36	2,10723	257 41 4	1,59315
180	233 16 55	2,82702	342 56 28	2,36728	53 45 17	2,92166	145 25 35	3,21267	54 0 20	2,12078	260 0 30	1,59882
195	234 23 46	2,82102	345 10 48	2,36459	55 9 9	2,92339	145 56 26	3,24423	58 13 38	2,13540	262 52 25	1,61265
210	234 26 8	2,81678	346 57 50	2,36080	56 6 23	2,92597	149 15 19	3,28854	62 38 56	2,15033	266 25 11	1,63045
225	233 35 0	2,82219	347 58 53	2,36039	56 33 52	2,93229	154 49 23	3,32475	67 15 38	2,16516	270 5 38	1,64854
240	232 55 23	2,84151	348 46 25	2,36809	56 52 53	2,94398	160 59 39	3,34360	72 17 5	2,18016	273 37 41	1,66914
255	233 31 45	2,86915	350 8 45	2,38285	57 29 31	2,96069	165 20 21	3,34425	77 54 47	2,19332	277 21 3	1,69682
270	235 25 25	2,89614	352 25 30	2,39763	58 31 8	2,97848	165 49 10	3,34112	84 2 47	2,19943	281 39 13	1,73324
285	237 41 59	2,91632	355 12 0	2,40369	59 42 16	2,99395	162 28 8	3,36227	90 21 6	2,19087	287 3 44	1,77708
300	239 20 26	2,93216	356 56 17	2,39481	60 18 42	3,00634	159 26 11	3,42143	95 48 3	2,15622	294 31 21	1,82276
315	240 29 7	2,95038	355 12 6	2,37317	59 44 8	3,01966	160 15 32	3,48519	97 13 46	2,08115	304 20 44	1,85740
330	242 40 57	2,97079	348 12 53	2,35889	58 28 44	3,03921	161 34 6	3,50466	87 36 54	1,97003	315 11 54	1,86109
345	246 23 0	2,98263	338 10 48	2,38228	57 50 57	3,05783	154 1 17	3,47028	62 35 34	1,91467	324 31 58	1,80808

A_2 = 3♃ — ⚴

x	Perihelium		Excentricitäts-winkel		Mittlere Länge		Logarithm der H. A.		Länge des Knoten		Neigung der Bahn	
	φ	log r	φ	log r	φ	log r	φ	log r	φ	log r	φ	log r
0°	88° 43′ 24″	2,62379	193° 32′ 58″	2,15943	64° 12′ 29″	2,75206	199° 51′ 33″	1,55977	340° 46′ 49″	1,96804	97° 17′ 14″	1,99998
15	97 26 13	2,55539	210 17 18	2,16101	52 38 53	2,73117	87 24 54	2,36067	352 11 58	1,98789	113 48 31	1,99670
30	105 53 35	2,59702	218 26 28	2,18903	40 40 5	2,71857	23 12 17	2,64800	356 18 29	1,95982	128 48 8	1,98895
45	112 47 39	2,69637	219 20 52	2,23092	33 1 46	2,71199	352 43 6	2,96225	352 55 21	1,91246	137 2 57	1,97212
60	118 4 27	2,75822	219 21 16	2,26315	29 59 23	2,69749	345 25 50	3,14057	346 55 57	1,88915	138 27 21	1,95457
75	121 1 12	2,77535	219 1 29	2,27275	29 13 55	2,67037	345 1 31	3,22400	342 50 8	1,88292	136 37 35	1,94443
90	120 51 48	2,76937	217 3 2	2,26862	29 30 42	2,63293	345 43 22	3,25073	340 9 55	1,87250	134 8 0	1,93948
105	118 3 28	2,75833	213 28 30	2,26193	30 17 31	2,59125	344 37 29	3,24291	337 40 51	1,84832	131 46 55	1,93609
120	114 2 16	2,75234	209 18 39	2,25970	31 45 2	2,55193	340 13 27	3,22807	333 33 15	1,81020	129 28 56	1,92757
135	110 1 20	2,74812	205 20 24	2,25924	34 19 46	2,51867	333 58 44	3,22718	325 52 13	1,77308	126 28 40	1,91076
150	105 38 55	2,74245	201 9 0	2,25594	38 32 50	2,49252	328 49 9	3,24361	314 56 0	1,75800	122 16 58	1,88934
165	100 18 43	2,73962	196 16 16	2,25320	44 30 44	2,47454	325 45 41	3,25936	303 46 34	1,77936	116 30 35	1,86949
180	94 31 2	2,74518	191 5 26	2,25689	51 25 32	2,46747	323 43 18	3,26405	296 17 8	1,82831	109 11 5	1,86134
195	89 37 37	2,76026	186 20 0	2,26816	58 21 27	2,47158	321 22 16	3,25876	293 2 50	1,87878	101 44 44	1,87018
210	86 12 7	2,77607	182 42 34	2,28035	64 33 34	2,48698	318 8 0	3,24955	292 29 25	1,91523	95 40 31	1,89048
225	83 31 1	2,78658	179 45 9	2,28849	69 40 8	2,51231	314 43 6	3,24087	293 22 14	1,93202	91 36 5	1,91394
240	80 52 36	2,79235	176 51 38	2,29330	73 21 10	2,54388	311 6 38	3,22728	294 13 13	1,92977	89 8 18	1,93150
255	78 20 56	2,79725	174 3 10	2,29784	75 26 25	2,57769	306 22 49	3,20677	293 40 10	1,91666	87 2 9	1,93891
270	76 45 50	2,80239	172 5 58	2,30342	76 1 6	2,61257	299 5 58	3,19238	291 37 44	1,90331	84 25 34	1,93881
285	76 17 20	2,79936	171 32 12	2,30256	75 20 9	2,65226	291 27 46	3,20724	289 34 4	1,90088	81 2 19	1,93820
300	76 3 58	2,78206	171 54 10	2,28613	74 13 3	2,69746	288 50 43	3,23796	290 34 9	1,91139	77 34 1	1,94871
315	75 21 13	2,75679	172 52 51	2,25279	73 40 56	2,74175	293 4 39	3,23144	296 52 7	1,91763	76 11 16	1,97125
330	75 58 42	2,73438	173 25 4	2,21392	73 35 16	2,76945	301 33 0	3,11144	308 34 49	1,91478	78 23 7	1,99093
345	80 50 21	2,69895	179 6 7	2,18227	71 20 58	2,76984	305 42 52	2,76017	324 36 54	1,92915	85 0 2	1,99968

A_3 = 5♃ — 2⚴

0°	311° 14′ 15″	2,79186	38° 26′ 1″	2,28335	123° 26′ 53″	1,76558	166° 18′ 25″	3,39682	152° 1′ 26″	1,69362	329° 56′ 22″	1,95528
15	306 17 46	2,77921	30 43 17	2,28149	98 47 39	1,34808	162 16 16	3,44293	136 13 27	1,74647	319 13 12	1,92068
30	299 6 30	2,77029	24 29 2	2,29817	4 34 35	1,64387	163 1 51	3,43052	135 31 59	1,84261	307 5 29	1,95552
45	292 26 54	2,77773	21 58 57	2,31580	4 41 5	1,83428	161 3 55	3,38207	143 39 43	1,88114	304 11 21	2,01653
60	289 33 2	2,80293	21 39 11	2,33066	7 42 25	1,81442	157 9 29	3,35877	150 40 17	4,86907	306 55 20	2,04601
75	290 25 57	2,82670	23 1 7	2,34406	5 4 35	1,71411	154 43 21	3,36530	153 5 34	1,84686	309 55 1	2,05029
90	293 0 6	2,83598	25 10 55	2,34867	353 19 4	1,59770	155 8 28	3,38049	153 26 11	1,83897	311 50 4	2,04824
105	295 13 48	2,83402	27 2 39	2,34656	336 11 20	1,52212	157 19 20	3,38866	154 16 25	1,84085	313 9 1	2,04664
120	296 36 49	2,83122	28 22 12	2,34442	319 50 17	1,48416	159 28 17	3,38624	156 5 6	1,84426	314 23 31	2,04729
135	297 54 28	2,83128	29 37 35	2,34517	303 22 16	1,45624	160 38 38	3,38145	158 15 24	1,84169	316 0 38	2,04876
150	299 26 17	2,83066	31 7 35	2,34485	286 42 7	1,45660	161 30 48	3,38250	159 32 23	1,83355	317 42 57	2,04764
165	300 41 56	2,82833	32 26 19	2,34299	273 53 12	1,48029	162 51 46	3,38575	159 56 44	1,82934	319 4 8	2,04512
180	301 41 15	2,82801	33 32 54	2,34302	264 44 58	1,49649	164 35 47	3,38639	160 30 9	1,83204	320 13 19	2,04339
195	302 51 29	2,83058	34 44 28	2,34480	256 13 53	1,49093	166 4 28	3,38503	161 35 34	1,83810	321 20 4	2,04314
210	304 19 24	2,83253	36 11 52	2,34636	246 38 36	1,47014	167 25 4	3,38404	163 12 48	1,84287	322 33 9	2,04474
225	305 51 21	2,83349	37 43 2	2,34692	234 30 52	1,43928	168 43 13	3,38319	164 54 23	1,84340	323 56 38	2,04578
240	307 28 58	2,83430	39 17 48	2,34793	218 59 6	1,41813	169 52 21	3,38344	166 19 53	1,84501	325 12 21	2,04560
255	309 13 31	2,83282	40 58 51	2,34639	201 9 3	1,41917	171 11 10	3,38601	168 19 0	1,85078	326 25 11	2,04765
270	310 36 2	2,82869	42 21 40	2,34251	181 3 6	1,43701	173 16 21	3,38770	171 22 2	1,85102	328 3 51	2,05185
285	311 29 2	2,82785	43 18 5	2,34101	158 14 48	1,51475	175 17 42	3,37884	174 30 18	1,83530	330 17 49	2,05388
300	313 0 24	2,83042	44 30 51	2,34356	144 35 3	1,66262	175 13 2	3,36487	175 37 58	1,80384	332 52 7	2,04787
315	315 11 13	2,82337	46 37 14	2,33928	142 34 15	1,77358	173 11 34	3,37252	172 57 0	1,77565	334 40 18	2,03116
330	315 17 31	2,80519	47 21 26	2,31802	140 17 35	1,79068	173 58 31	3,39540	168 45 50	1,76547	334 39 46	2,01215
345	313 26 47	2,79775	44 16 16	2,29589	128 34 11	1,79715	174 4 17	3,38670	164 20 28	1,73814	333 31 28	1,99281

A_4 = 6♃ — 2♄

x	Perihelium φ	Perihelium $\log r$	Excentricitäts-winkel φ	Excentricitäts-winkel $\log r$	Mittlere Länge φ	Mittlere Länge $\log r$	Logarithm der H. A. φ	Logarithm der H. A. $\log r$	Länge des Knoten φ	Länge des Knoten $\log r$	Neigung der Bahn φ	Neigung der Bahn $\log r$
0°	77° 58′ 4″	1,71848	187° 11′ 29″	1,15336	112° 42′ 29″	2,03918	217° 51′ 17″	2,19383	22° 26′ 53″	1,09749	112° 22′ 2″	1,16087
15	102 56 7	1,24256	269 44 23	1,05885	91 1 17	1,97543	166 10 38	2,28355	59 50 45	1,19451	164 14 41	1,09774
30	185 13 58	1,60796	296 2 38	1,33602	64 32 18	1,99888	136 14 33	2,26882	82 47 48	1,20829	208 10 54	1,21583
45	197 48 38	1,91868	297 52 47	1,46712	49 4 44	2,03528	79 45 46	2,28881	95 6 1	1,11096	227 9 14	1,27771
60	203 32 53	2,00919	297 23 2	1,50834	39 49 55	2,02737	62 12 53	2,47630	90 54 43	0,94645	231 21 52	1,24508
75	204 41 6	2,00831	294 29 19	1,50033	30 1 0	1,99167	59 17 53	2,55047	69 2 38	0,88888	223 59 28	1,19164
90	199 1 52	1,97283	287 43 22	1,47895	18 9 36	1,94778	56 38 38	2,55613	56 9 13	0,95357	212 55 49	1,18330
105	188 22 35	1,95640	277 30 11	1,46936	5 11 14	1,90652	50 21 38	2,53194	51 27 3	0,98433	204 28 52	1,19551
120	179 9 23	1,96709	268 30 54	1,47855	351 27 31	1,86776	40 8 4	2,51951	45 22 29	0,97106	196 50 29	1,19864
135	171 49 11	1,96964	261 24 38	1,47812	336 45 23	1,82738	30 52 34	2,53291	35 36 46	0,95628	188 41 13	1,19519
150	163 20 36	1,96491	252 54 44	1,47564	320 37 7	1,79049	23 51 32	2,53568	25 19 59	0,96611	180 21 29	1,19110
165	154 59 0	1,96891	244 33 0	1,47959	303 6 37	1,76271	16 8 10	2,53055	17 6 32	0,98212	171 54 5	1,19131
180	147 14 42	1,96982	236 38 2	1,47810	284 44 22	1,74617	7 11 7	2,52971	9 32 33	0,98201	163 40 47	1,19657
195	139 6 53	1,96584	228 37 41	1,47635	265 53 3	1,74294	359 12 38	2,53055	0 56 1	0,97207	155 48 23	1,19844
210	130 37 30	1,96571	220 19 14	1,47559	247 17 23	1,75471	351 0 46	2,53131	352 23 30	0,96703	147 39 42	1,19500
225	122 17 17	1,96679	211 44 54	1,47746	229 23 52	1,77976	342 50 17	2,52969	344 33 15	0,95987	139 30 24	1,19343
240	114 1 38	1,96919	203 42 45	1,47786	212 52 8	1,81223	334 16 24	2,52826	334 56 18	0,94998	131 39 34	1,19224
255	106 40 53	1,96878	196 1 35	1,47679	197 30 32	1,85006	325 33 59	2,53455	324 43 57	0,96113	122 52 13	1,19018
270	97 56 0	1,95925	187 47 8	1,47034	183 3 51	1,89174	318 52 4	2,54437	319 11 6	0,97677	113 37 55	1,19749
285	87 39 0	1,96697	177 18 8	1,47464	170 14 38	1,93533	312 40 40	2,52383	315 20 16	0,95531	106 39 13	1,20518
300	81 18 31	1,99232	170 28 46	1,49963	158 41 6	1,97186	300 58 39	2,50561	304 14 46	0,93159	100 13 35	1,19270
315	77 21 10	1,97950	167 35 49	1,49094	146 22 24	2,00172	291 18 45	2,54646	294 13 42	0,99622	90 7 11	1,18647
330	70 20 50	1,96206	162 32 46	1,45822	134 30 21	2,04442	294 41 39	2,50871	303 16 41	1,06067	82 33 22	1,22521
345	71 48 11	1,93021	163 51 4	1,39453	125 41 35	2,06573	276 5 13	2,25503	334 36 9	1,05569	88 5 12	1,24107

A_5 = 8♃ — 3♄

x	Perihelium φ	Perihelium $\log r$	Excentricitäts-winkel φ	Excentricitäts-winkel $\log r$	Mittlere Länge φ	Mittlere Länge $\log r$	Logarithm der H. A. φ	Logarithm der H. A. $\log r$	Länge des Knoten φ	Länge des Knoten $\log r$	Neigung der Bahn φ	Neigung der Bahn $\log r$
0°	151° 39′ 0″	1,94070	245° 55′ 31″	1,46903	123° 4′ 24″	2,22934	20° 33′ 39″	2,42448	32° 50′ 39″	1,10687	167° 17′ 27″	1,25249
15	164 38 51	1,94423	261 47 43	1,47332	119 14 10	2,21332	34 25 35	2,31473	58 3 24	1,14337	185 18 7	1,29846
30	179 12 5	1,96170	275 49 40	1,47193	113 33 30	2,21278	37 16 23	2,37591	80 30 35	1,04979	206 45 58	1,28130
45	191 15 38	1,97279	282 55 1	1,45499	111 34 38	2,22084	44 0 41	2,48841	78 59 41	0,85876	218 2 19	1,20516
60	195 39 46	1,93834	282 48 49	1,42896	112 5 21	2,21586	49 56 42	2,51641	57 55 20	0,85022	212 41 32	1,14305
75	192 47 7	1,90432	279 8 11	1,41334	112 39 13	2,20404	50 26 22	2,49436	53 37 40	0,90837	205 40 36	1,14231
90	187 42 2	1,90157	275 34 40	1,41184	112 57 3	2,19247	47 46 11	2,47896	53 39 22	0,91811	203 19 55	1,15381
105	184 45 51	1,91231	272 49 47	1,41580	113 22 46	2,18231	43 19 12	2,48070	52 39 1	0,89969	202 29 36	1,15788
120	182 52 37	1,91143	270 15 30	1,41867	114 3 24	2,17366	40 50 21	2,48970	48 10 50	0,88953	199 8 15	1,14881
135	179 52 59	1,90739	267 35 46	1,41755	114 47 33	2,16661	38 44 58	2,48550	45 33 30	0,90417	194 45 53	1,14979
150	177 1 46	1,91081	264 47 4	1,41488	115 38 50	2,16086	36 13 7	2,48200	44 2 37	0,90364	193 24 57	1,15478
165	174 25 35	1,90952	261 58 40	1,41552	116 34 29	2,15623	32 43 0	2,48391	40 47 59	0,90342	191 0 11	1,15347
180	171 41 17	1,90928	259 22 52	1,41813	117 32 52	2,15437	30 11 55	2,48453	37 56 19	0,90249	187 46 37	1,15242
195	168 57 53	1,91009	256 44 22	1,41753	118 34 43	2,15441	27 17 22	2,48437	34 18 45	0,90051	185 44 22	1,15044
210	166 14 16	1,90908	253 46 36	1,41515	119 35 28	2,15524	25 9 24	2,48583	31 58 17	0,90397	182 23 10	1,15288
225	163 27 10	1,90889	250 56 25	1,41623	120 31 33	2,15853	22 8 22	2,48536	29 54 25	0,89858	178 44 11	1,15389
240	160 35 25	1,91005	248 33 15	1,41852	121 28 43	2,16387	19 31 47	2,48177	27 15 24	0,89936	176 49 20	1,15308
255	158 9 35	1,91189	245 55 56	1,41713	122 12 52	2,17013	16 15 39	2,48266	24 26 20	0,89951	175 8 3	1,15122
270	155 34 6	1,90687	242 43 50	1,41506	122 52 57	2,17829	14 0 26	2,48810	21 1 45	0,91068	171 7 56	1,15057
285	152 5 40	1,90836	239 52 3	1,41647	123 31 51	2,18776	11 32 58	2,48345	20 16 54	0,90668	168 7 30	1,15795
300	149 55 9	1,91428	237 32 11	1,41811	123 49 36	2,19768	7 10 1	2,48013	14 1 45	0,87725	167 0 19	1,14719
315	146 39 52	1,90622	234 34 38	1,42113	124 0 2	2,21077	6 30 21	2,50458	7 43 58	0,92469	162 27 16	1,14559
330	143 59 27	1,93293	232 11 23	1,43580	124 31 30	2,22080	7 13 45	2,47878	12 36 9	0,97097	158 38 13	1,17622
345	146 52 50	1,94046	235 5 22	1,45712	124 4 41	2,22842	5 45 29	2,47396	18 28 6	1,01409	159 25 52	1,20197

$A_6 = 10♃ - 4⚴$

x	Perihelium φ	Perihelium $\log r$	Excentricitäts-winkel φ	Excentricitäts-winkel $\log r$	Mittlere Länge φ	Mittlere Länge $\log r$	Logarithm der H. A. φ	Logarithm der H. A. $\log r$	Länge des Knoten φ	Länge des Knoten $\log r$	Neigung der Bahn φ	Neigung der Bahn $\log r$
0°	47°23′23″	1,46365	131° 0′32″	0,90438	198°21′17″	0,87987	246°34′ 3″	2,09447	334°51′ 2″	9,99962	77°43′ 1″	0,69035
15	27 26 10	1,35828	94 31 50	0,80364	199 27 47	0,26255	232 39 47	2,13549	159 32 20	0,39147	29 41 14	0,21866
30	352 30 7	1,38278	70 56 13	0,97738	74 2 37	0,76628	225 51 40	2,12129	195 57 37	0,67943	345 20 3	0,71671
45	343 16 14	1,54990	72 32 15	1,08959	91 50 36	0,90913	211 11 37	2,09684	222 9 3	0,68649	0 37 46	0,87717
60	351 7 28	1,61054	79 11 37	1,11213	98 39 17	0,75776	207 26 16	2,16130	229 24 36	0,57613	11 33 38	0,86624
75	357 59 42	1,59963	83 50 49	1,09776	87 50 12	0,55813	213 44 46	2,18162	222 47 51	0,55995	12 40 7	0,83547
90	359 38 52	1,58792	86 0 57	1,09206	69 17 14	0,38852	218 7 4	2,17608	226 43 47	0,58842	14 26 56	0,84290
105	1 42 1	1,59261	88 26 53	1,09943	37 28 21	0,29416	219 32 3	2,17010	231 26 41	0,57343	18 27 21	0,84175
120	5 2 14	1,59456	91 30 16	1,10072	6 1 35	0,35275	222 7 54	2,17778	233 19 46	0,57306	20 51 42	0,84141
135	7 50 38	1,58899	94 1 42	1,09557	347 48 40	0,44312	225 47 29	2,16924	237 0 12	0,57946	23 40 2	0,84705
150	9 50 18	1,59480	96 27 31	1,09529	338 18 14	0,52566	227 37 57	2,17558	239 35 54	0,57772	26 15 1	0,84405
165	13 30 32	1,59210	99 37 27	1,09847	334 25 31	0,56423	231 24 14	2,17563	241 51 38	0,58438	28 19 56	0,84426
180	15 30 40	1,59074	102 41 21	1,09782	329 55 41	0,59878	232 55 21	2,17030	244 46 14	0,58250	31 35 4	0,84387
195	18 35 24	1,59385	104 54 19	1,09612	328 44 4	0,59982	236 31 40	2,17547	246 27 14	0,57932	34 25 51	0,83925
210	21 11 20	1,59323	107 16 26	1,09762	323 40 37	0,57657	239 14 3	2,16961	249 23 1	0,58186	37 1 27	0,84377
225	24 6 0	1,58965	110 30 50	1,09764	322 10 28	0,53918	241 31 47	2,17502	252 37 59	0,57260	40 17 30	0,84591
240	26 18 20	1,59444	113 33 57	1,09464	314 18 47	0,45575	244 8 20	2,17194	254 40 22	0,57353	42 23 36	0,84345
255	29 51 21	1,59210	115 47 40	1,09575	303 53 41	0,37351	247 16 31	2,17224	258 51 44	0,58100	44 44 7	0,84750
270	31 41 2	1,56196	118 17 44	1,10026	273 39 5	0,22625	249 47 8	2,16776	261 54 40	0,57242	48 9 26	0,84235
285	35 20 0	1,59148	121 25 27	1,09775	236 40 27	0,27233	252 7 37	2,18034	262 41 58	0,58454	50 16 55	0,83720
300	36 59 9	1,59393	124 3 55	1,09184	204 20 39	0,42643	255 50 59	2,17017	266 51 47	0,59728	53 25 35	0,84768
315	41 10 39	1,59519	126 43 7	1,09781	196 0 39	0,64212	257 5 29	2,16845	269 19 23	0,57987	57 22 47	0,84668
330	43 33 2	1,58790	131 22 19	1,10133	190 44 26	0,77953	262 9 51	2,16983	272 57 52	0,58681	59 10 12	0,84780
345	49 36 14	1,57054	136 12 31	1,05240	188 42 35	0,90479	261 11 40	2,12087	291 51 48	0,52018	65 57 36	0,84196

$A_7 = 11♃ - 4⚴$

0°	160°58′48″	0,98768	262°45′52″	0,49409	184° 6′54″	1,07075	22°36′18″	1,29657	68° 8′24″	0,26055	186°15′14″	0,37648
15	199 22 0	0,90969	307 34 46	0,46998	164 46 1	0,97466	88 36 45	0,83992	114 41 6	0,31062	229 11 38	0,40583
30	248 0 37	0,99924	346 36 49	0,53910	135 26 42	1,01211	122 43 24	1,26896	155 22 5	0,27107	272 27 50	0,41471
45	271 57 7	1,08286	5 1 6	0,56502	126 25 36	1,07450	126 7 14	1,56338	178 9 20	0,06864	300 15 35	0,34921
60	277 26 58	1,05069	4 59 0	0,52751	122 18 7	1,03264	130 52 13	1,63736	147 17 16	9,86683	299 4 22	0,22486
75	268 29 57	0,99782	353 24 31	0,51403	113 12 51	0,96408	124 36 44	1,59414	132 54 21	0,03873	282 18 27	0,25687
90	259 8 12	1,00674	344 36 21	0,52987	105 16 30	0,91209	114 11 29	1,59838	136 43 12	0,03401	278 46 0	0,30043
105	254 24 59	1,01586	338 46 58	0,51948	97 21 53	0,84243	112 4 6	1,59890	123 30 2	9,97619	271 29 30	0,27470
120	247 36 45	1,01092	331 42 54	0,50312	87 39 17	0,77566	105 45 20	1,57482	113 23 59	0,02471	260 7 47	0,28420
135	239 43 14	1,01435	324 48 47	0,50860	76 8 12	0,69172	96 49 43	1,59562	112 6 30	0,00828	254 45 42	0,29035
150	233 22 23	1,01312	320 0 39	0,51403	60 46 2	0,57284	90 42 8	1,60450	101 34 41	9,96906	247 31 39	0,26164
165	226 45 5	1,00853	313 27 30	0,51193	41 41 32	0,45225	82 32 15	1,60071	94 8 0	0,00252	238 45 32	0,26363
180	219 55 2	1,01370	305 15 13	0,52001	14 30 17	0,29439	77 17 52	1,60362	92 54 46	9,99125	234 53 2	0,26583
195	213 16 15	1,01561	298 16 53	0,52725	331 35 33	0,26030	72 13 12	1,57960	83 35 48	9,96755	229 4 43	0,24591
210	205 46 39	1,01195	291 19 11	0,51700	297 40 12	0,35255	62 52 51	1,58470	76 19 39	0,00790	221 21 36	0,25872
225	198 49 59	1,01294	283 14 20	0,50810	272 5 10	0,49965	56 25 25	1,61844	73 51 4	0,00599	217 15 49	0,27343
240	192 50 45	1,01215	276 52 31	0,51149	256 42 15	0,63012	51 32 55	1,61110	63 9 32	9,98[illegible]18	210 23 45	0,26468
255	185 42 17	1,01156	272 5 47	0,50896	242 54 6	0,72484	42 53 54	1,59048	54 40 17	0,02852	201 6 4	0,28309
270	178 15 56	1,01663	265 19 45	0,50660	231 46 36	0,81115	34 40 42	1,58637	50 46 22	0,01159	195 25 24	0,29445
285	171 49 36	1,01317	257 37 2	0,52309	222 52 5	0,87396	28 35 39	1,59824	38 48 50	9,98464	186 43 34	0,27398
300	165 0 11	1,00551	251 13 35	0,53248	214 1 2	0,93632	24 43 24	1,61265	31 15 37	0,01625	176 31 51	0,28263
315	158 1 16	1,01418	242 46 27	0,51896	206 47 44	0,99669	17 36 10	1,60421	29 31 1	9,97704	172 7 59	0,27294
330	152 10 39	1,03100	234 8 31	0,52588	198 14 15	1,04482	7′56 51	1,61180	17 2 57	9,98800	163 34 15	0,23672
345	150 8 12	1,03438	238 14 27	0,53781	190 17 26	1,09013	9 10 17	1,56567	29 8 4	0,14968	161 27 28	0,30375

A_8 = 13♃ — 5♄

x	Perihelium		Excentricitäts-winkel		Mittlere Länge		Logarithm der H. A.		Länge des Knoten		Neigung der Bahn	
	φ	log r	φ	log r	φ	log r	φ	log r	φ	log r	φ	log r
0°	229° 55′ 39″	1,28193	318° 56′ 21″	0,80094	184° 49′ 53″	1,90534	92° 18′ 51″	1,83462	109° 23′ 3″	0,36384	246° 4′ 0″	0,58899
15	239 8 19	1,30938	328 16 14	0,81289	188 58 5	1,89541	98 39 57	1,83381	122 56 53	0,36367	257 30 24	0,62125
30	250 38 3	1,30383	337 7 22	0,79367	187 34 25	1,90214	104 56 55	1,83603	133 14 15	0,30171	269 9 29	0,58945
45	257 6 37	1,26549	341 41 45	0,75407	187 12 50	1,90601	109 29 24	1,83878	134 16 54	0,20889	273 32 14	0,51401
60	255 23 13	1,23542	340 32 31	0,72446	187 31 35	1,90483	111 25 56	1,83838	125 25 8	0,17206	268 36 35	0,47116
75	251 53 36	1,24128	337 17 10	0,72788	187 38 20	1,90049	110 52 50	1,83445	120 53 30	0,21346	265 20 34	0,49137
90	250 58 44	1,24708	335 55 51	0,74478	187 37 58	1,89823	108 43 10	1,82984	123 0 16	0,24067	267 0 18	0,50411
105	249 58 5	1,24040	335 39 27	0,74911	187 50 53	1,89703	106 11 17	1,82746	125 0 16	0,22679	267 11 15	0,49163
120	248 16 29	1,24018	334 9 29	0,74181	188 1 27	1,89510	104 16 11	1,82777	122 35 52	0,20708	264 17 21	0,49070
135	247 16 28	1,24444	331 26 47	0,73891	188 3 27	1,89404	103 13 29	1,82937	118 10 50	0,21804	262 48 24	0,50688
150	246 2 5	1,24342	329 32 40	0,74368	188 11 35	1,89360	102 37 2	1,83074	117 17 55	0,24125	262 49 26	0,50987
165	244 8 35	1,24317	328 59 7	0,74434	188 21 57	1,89234	101 47 0	1,83104	117 56 50	0,23971	260 56 33	0,50216
180	242 49 25	1,24441	328 16 45	0,73714	188 27 10	1,89153	100 18 49	1,83052	116 31 19	0,22212	257 59 18	0,50752
195	241 47 21	1,24190	326 32 52	0,73279	188 37 56	1,89191	98 19 3	1,83005	111 57 4	0,21910	256 53 54	0,51633
210	240 19 4	1,24173	324 52 57	0,73853	188 52 30	1,89205	96 19 28	1,83026	110 6 31	0,23755	256 6 14	0,50953
225	239 1 31	1,24518	324 11 56	0,74546	188 58 38	1,89241	94 50 52	1,83081	110 55 0	0,24097	253 24 56	0,50148
240	237 46 6	1,24469	323 26 34	0,74422	189 3 55	1,89387	94 0 16	1,83092	110 35 9	0,21983	251 10 50	0,50755
255	236 3 20	1,24294	321 20 36	0,74022	189 14 20	1,89496	93 23 12	1,83020	106 29 50	0,20455	251 1 37	0,50765
270	234 43 42	1,24407	318 45 10	0,74383	189 19 37	1,89562	92 20 17	1,82906	103 54 22	0,22190	250 2 17	0,49295
285	233 48 27	1,24346	317 28 59	0,74927	189 24 39	1,89751	90 26 37	1,82870	105 48 11	0,23700	247 20 6	0,48981
300	232 16 35	1,24352	317 6 47	0,74250	189 38 14	1,89974	87 58 19	1,83037	107 44 30	0,21670	246 53 58	0,50150
315	230 37 7	1,24663	315 28 16	0,72772	189 44 33	1,90164	85 54 33	1,83385	104 9 10	0,18713	248 18 40	0,49508
330	229 3 12	1,24548	312 41 17	0,73181	189 42 13	1,90510	85 29 50	1,83672	97 17 23	0,22209	245 58 53	0,48010
345	227 28 36	1,25199	313 1 59	0,76522	189 52 3	1,90794	87 36 42	1,83672	99 11 47	0,30706	241 55 21	0,51790

A_9 = 15♃ — 6♄

0°	151° 15′ 38″	0,39328	236° 5′ 34″	9,64229	272° 39′ 39″	9,76113	336° 5′ 54″	0,81644	326° 25′ 41″	8,99634	118° 39′ 42″	9,37795
15	172 11 41	9,67798	147 18 28	9,09485	275 21 40	9,13229	305 21 32	0,70707	306 56 26	9,01491	103 40 58	9,35444
30	20 35 22	0,26417	114 51 50	9,73755	154 54 9	9,55804	276 0 37	0,82754	293 21 36	9,09762	89 22 10	9,38982
45	42 41 2	0,51480	125 53 20	9,95630	173 17 46	9,81993	268 27 55	0,98019	287 4 32	9,19368	79 56 58	9,46103
60	57 23 11	0,53483	138 14 26	9,93871	194 9 38	9,83063	270 14 18	1,07733	285 35 20	9,27990	75 33 21	9,53905
75	59 38 29	0,49220	148 1 15	0,04705	212 10 39	9,85096	274 57 13	1,12613	286 49 35	9,35168	74 38 16	9,61014
90	59 1 4	0,49730	152 50 14	0,01624	210 48 17	9,13438	280 5 47	1,13910	289 42 34	9,41019	75 55 53	9,67076
105	64 59 29	0,50137	152 24 40	9,98838	99 10 49	9,12314	284 22 4	1,12780	293 35 12	9,45703	78 37 29	9,72080
120	70 43 8	0,47722	151 18 39	9,99329	82 18 44	9,30323	287 12 16	1,10517	298 5 32	9,49387	82 13 31	9,76114
135	73 55 42	0,47528	154 18 42	0,01354	50 20 33	9,42212	288 57 7	1,08480	303 1 1	9,52186	86 25 1	9,79285
150	79 32 3	0,49351	160 58 56	0,01896	38 12 44	9,65175	290 54 40	1,07561	308 13 11	9,54176	91 1 5	9,81654
165	85 9 16	0,49493	168 16 11	0,00106	42 1 2	9,77158	294 27 13	1,07715	313 34 24	9,55436	95 51 57	9,83283
180	87 25 6	0,49684	173 19 23	9,97275	45 19 11	9,78035	299 58 1	1,08263	319 1 19	9,55974	100 52 1	9,84222
195	90 9 6	0,51206	175 40 44	9,96052	40 9 50	9,74386	306 44 55	1,08606	324 29 12	9,55832	105 56 15	9,84484
210	94 29 26	0,51025	178 20 11	9,97810	32 6 5	9,74585	313 33 14	1,08512	329 54 27	9,54994	110 59 45	9,84074
225	97 16 12	0,49676	183 48 15	0,00687	32 48 27	9,74055	319 8 36	1,08176	335 12 42	9,53437	115 58 25	9,82993
240	100 38 5	0,49881	191 2 45	0,02147	39 13 21	9,62818	322 49 45	1,08153	340 18 15	9,51106	120 46 17	9,81207
255	107 2 33	0,49845	197 3 32	0,01276	37 5 25	9,31826	324 57 35	1,09065	345 5 4	9,47959	125 17 48	9,78667
270	112 33 2	0,48833	199 7 0	9,99387	330 3 52	8,98326	326 49 12	1,10963	349 21 10	9,43868	129 23 7	9,75325
285	116 17 45	0,49979	197 47 5	9,99536	280 28 14	9,10421	329 40 5	1,13018	352 52 4	9,38717	132 49 24	9,71086
300	121 51 58	0,51939	198 18 30	0,02544	225 48 42	9,33370	333 51 38	1,13910	355 9 55	9,32329	135 15 44	9,65861
315	126 3 7	0,51413	204 15 14	0,04877	218 36 23	9,70050	338 51 11	1,12366	355 27 40	9,24538	136 9 43	9,59566
330	126 47 7	0,51687	214 40 45	0,02539	232 44 4	9,88376	343 20 35	1,07208	352 12 55	9,15389	134 37 2	9,52257
345	133 57 17	0,52016	227 3 0	9,91813	252 20 6	9,91117	344 41 8	0,97158	343 9 49	9,05882	129 15 33	9,44434

$A_{10} = 16♃ - 6⚴$

x	Perihelium φ	Perihelium log r	Excentricitäts-winkel φ	Excentricitäts-winkel log r	Mittlere Länge φ	Mittlere Länge log r	Logarithm der H. A. φ	Logarithm der H. A. log r	Länge des Knoten φ	Länge des Knoten log r	Neigung der Bahn φ	Neigung der Bahn log r
0°	248° 43′ 49″	0,17026	0° 1′ 2″	9,52192	237° 38′ 9″	0,14323	126° 55′ 39″	0,51574				
15	279 15 33	0,17473	12 2 59	9,51605	231 0 37	0,14301	141 51 24	0,49882				
30	311 32 53	0,17833	23 39 1	9,53198	224 19 17	0,13729	156 32 35	0,51974				
45	335 20 11	0,15945	33 5 40	9,56274	217 42 16	0,12591	167 53 10	0,56592				
60	343 51 19	0,09244	39 46 47	9,59721	211 16 24	0,10851	175 9 42	0,61755				
75	333 40 2	0,04295	43 50 37	9,62722	215 10 12	0,08424	179 1 9	0,66237				
90	320 53 7	0,09271	45 39 19	9,63864	199 33 9	0,05170	180 15 31	0,69553				
105	316 58 34	0,13799	45 30 19	9,65954	194 38 7	0,00907	179 24 45	0,71621				
120	313 44 36	0,12432	43 32 50	9,66026	190 44 12	9,95380	176 45 15	0,72525				
135	304 59 9	0,09422	39 46 32	9,65214	188 24 57	9,88246	172 22 56	0,72466				
150	295 31 45	0,10179	34 9 15	9,63789	188 46 21	9,79095	166 19 45	0,71725				
165	291 42 58	0,11547	26 43 27	9,62194	194 9 44	9,67734	158 40 11	0,70720	162° 6′ 22′	9,04724	120° 40′ 28″	9,31655
180	289 40 58	0,09803	17 45 13	9,60957	209 10 15	9,55934	149 41 18	0,69894				
195	283 55 27	0,07425	7 55 56	9,60542	235 28 28	9,51712	139 58 19	0,69637				
210	276 47 40	0,08896	358 15 41	9,61129	258 31 34	9,60305	130 20 22	0,70081				
225	273 42 13	0,11871	349 41 30	9,62409	269 36 4	9,72762	121 34 39	0,71031				
240	271 42 20	0,11961	342 47 38	9,63924	273 2 6	9,83623	114 12 28	0,72076				
255	264 55 40	0,10231	337 46 0	9,65097	272 35 25	9,92214	108 28 3	0,72761				
270	254 53 19	0,11496	334 36 3	9,65587	270 0 50	9,98874	104 23 26	0,72708				
285	249 9 43	0,14155	333 16 20	9,65141	266 10 49	0,03973	102 1 10	0,71645				
300	246 18 26	0,12496	333 50 24	9,63649	261 28 11	0,07813	101 28 6	0,69395				
315	238 27 0	0,07250	336 30 55	9,61176	256 7 14	0,10619	103 2 16	0,65887				
330	227 7 19	0,07741	341 38 38	9,57989	250 17 38	0,12559	107 18 26	0,61252				
345	229 27 0	0,13815	349 30 39	9,54671	244 6 0	0,13764	115 4 14	0,56031				

x	$A_{11} = 17♃ - 6⚴$ Perihelium φ	A_{11} Perihelium log r	$A_{12} = 20♃ - 8⚴$ Perihelium φ	A_{12} Perihelium log r	$A_{13} = 21♃ - 8⚴$ Perihelium φ	A_{13} Perihelium log r
0°	272° 34′ 25″	9,41240	155° 9′ 18″	9,56396		
15	310 50 36	9,34107	161 27 33	9,56742		
30	350 21 42	9,40021	167 45 59	9,56357		
45	16 44 37	9,50982	174 1 44	9,55234		
60	33 46 22	9,59113	180 12 11	9,53334		
75	46 6 0	9,63087	186 13 38	9,50588		
90	55 47 58	9,62986	192 0 52	9,46892		
105	63 37 44	9,58793	197 26 0	9,42081		
120	69 38 42	9,50118	202 14 58	9,35904		
135	73 4 27	9,35926	206 2 15	9,27972		
150	71 8 11	9,14014	207 52 56	9,17673		
165	52 6 50	8,81362	205 33 13	9,04130	173° 18′ 28″	9,19815
180	351 42 51	8,61945	192 57 29	8,87279		
195	313 14 42	8,69930	160 12 51	8,76711		
210	279 25 13	8,65189	128 29 42	8,88204		
225	221 33 3	8,78534	116 43 23	9,04953		
240	197 48 10	9,10704	114 43 25	9,18299		
255	194 8 48	9,33556	116 43 25	9,28436		
270	196 50 1	9,48515	120 34 19	9,36276		
285	202 27 26	9,57794	125 25 44	9,42373		
300	209 59 55	9,62523	130 52 18	9,47117		
315	219 23 22	9,63131	136 40 24	9,50759		
330	231 18 10	9,59676	142 42 28	9,53457		
345	247 35 18	9,52046	148 53 17	9,55314		

NACHLASS UND BRIEFWECHSEL.

[VIII. STÖRUNGEN DER PALLAS DURCH SATURN.]

[1.]

[Die Störungen durch Saturn wurden von NICOLAI im Wesentlichen in derselben Weise gerechnet, wie die durch Jupiter, indem die störenden Kräfte nach der interpolatorischen Methode nach Reihen mit den Argumenten M und M' entwickelt wurden. Indessen wurden nicht die drei Grössen T, V, W als Componenten der störenden Kräfte verwandt, sondern diese wurden in drei rechtwinklige Componenten X, Y, Z zerlegt, von denen die erste in die Richtung der Apsidenlinie der Pallas fällt, die zweite senkrecht dazu in der Bahnebene der Pallas liegt und die dritte senkrecht zu dieser Bahnebene steht. Sind x, y, z, x', y', z' die rechtwinkligen Coordinaten beider Planeten in bezug auf die eben genannten Axen, so sind diese Componenten

$$1)\qquad \begin{aligned} X &= \mu\left(\frac{x'}{r'^3} - \frac{x'-x}{\rho^3}\right) \\ Y &= \mu\left(\frac{y'}{r'^3} - \frac{y'-y}{\rho^3}\right) \\ Z &= \mu\left(\frac{z'}{r'^3} - \frac{z'-z}{\rho^3}\right) \qquad (z = 0) \end{aligned}$$

und ihre Beziehungen zu den früher benutzten sind:

$$\frac{ar}{\cos\varphi}(Y\cos(v-\tilde{\omega}) - X\sin(v-\tilde{\omega})) = V$$

$$\frac{a}{\cos\varphi}(Y\sin(v-\tilde{\omega}) + X\cos(v-\tilde{\omega})) = T$$

$$-\frac{ar}{\cos\varphi}Z = W.$$

Die Störungen der Elemente bestimmen sich dann aus den Gleichungen

$$\frac{di}{dM} = -\frac{ar\cos(v-\Omega)}{\cos\varphi}Z$$

$$\frac{d\Omega}{dM} = -\frac{ar\sin(v-\Omega)}{\cos\varphi\sin i}Z$$

$$\frac{d\varphi}{dM} = aa\sin(v-\tilde\omega).\cos E.X - aa(1+\cos(v-\tilde\omega).\cos E)\,Y$$

2) $$\frac{d\tilde\omega}{dM} = \frac{aa}{e}(\cos\varphi+\sin(v-\tilde\omega).\sin E)\,X - \frac{aa\cos(v-\tilde\omega)\sin E}{e}Y + A$$

$$\frac{dn}{dM} = \frac{3a^3n\cos\varphi\cos E}{r}Y - \frac{3a^3n\sin E}{r}X$$

$$\frac{d\varepsilon}{dM} = \frac{d\tilde\omega}{dM} - \frac{rr\left(\frac{d\tilde\omega}{dM}-A\right)}{aa\cos\varphi} - \frac{\sin E(2-ee-e\cos E)}{\cos\varphi}\frac{d\varphi}{dM}$$

$$A = -\frac{ar\,\mathrm{tg}\tfrac{1}{2}i\sin(v-\Omega)}{\cos\varphi}Z,$$

welche sich leicht aus den Artikeln 8—12 der Exposition d'une nouvelle méthode, S. 450—455 dieses Bandes, ableiten lassen, und wo die Bezeichnungen die S. 473—474 dieses Bandes erläuterte Bedeutung haben.]

[2.]

NICOLAI an GAUSS, Seeberg, 19. März 1814.

{..... Seit kurzem habe ich nun auch wieder die Saturnsstörungen der Pallas vorgenommen, und ich mache mir das Vergnügen, Ihnen heute drei vollendete Elemente mitzutheilen. Sie werden Sich vielleicht wundern über die ziemliche Anzahl der Gleichungen, worüber ich anfangs selbst erstaunte; allein das meiste ist Quarkzeug, was die Resultate wohl wenig ändern wird. Indess habe ich keine einzige Gleichung vernachlässigt, die bei $\log a$ mehr als eine Einheit, und bei den andern Elementen mehr als 0,"1 beträgt, so wie Sie es beim Jupiter gemacht haben. Auch kann ich die Richtigkeit einer jeden Gleichung verbürgen, da ich sie alle zuerst mit grosser Sorgfalt und Emsigkeit berechnet, und dann noch einmal flüchtig nachgesehen habe. Ich glaubte dies thun zu müssen, da man, die Interpolationen etwa ausgenommen, bei der ganzen Rechnung keine Controlle hat. ..... Noch muss ich bemerken, dass ich für die Saturnsmasse diejenige angenommen habe, welche LAPLACE nach neuern Untersuchungen in der neuesten 4ten Ausgabe seiner Exposition du Système du monde, welche vor ein paar Wochen hier ankam, gegeben hat, nemlich $\frac{1}{3512,08}$. — Die Rechnung nach dieser andern Methode scheint mir übrigens bei weitem einfacher und bequemer, als die nach der erstern; auch ist man ohne Zweifel weit wenigern Irrungen ausgesetzt; nur vor dem zweiten Theil der Epoche habe ich etwas Furcht. — Die Säcularänderungen für Neigung und Knoten, so wie auch die grössern Gleichungen, stimmen recht gut mit meiner ersten Rechnung. — Ich sollte nicht denken, dass des Periheliums so wie auch des 2ten Theils der Epoche wegen die angenommene Anzahl von zwölf zum Grunde gelegten Pallasörtern zu klein sein wird; aber wenn ich die Anzahl der Gleichungen für diese beiden Elemente nach meiner frühern Rechnung mit der für die andern Elemente nach derselben Rechnung vergleiche, und nun die Menge der Gleichungen für die letztern erwäge, welche die neue Rechnung gegeben hat, so fürchte ich es beinahe. Dieserwegen wünschte ich jetzt, dass ich wenigstens 18 Pallasörter zum Grunde gelegt hätte. Die Folge der Rechnung wird dies alles weiter ausweisen. Die numerische Berechnung aller Gleichungen für die 9 Oppositionen wird übrigens auch noch ein kleines Stück Arbeit sein. .....

Log *a* und erster Theil der Epoche[*)].

5 sin(⚴ + 79° 15′)	0″,39
+ 7 sin(2⚴ + 93 48)	0,24
+ 2 sin(3⚴ + 341 19)	0,04
+ 2 sin(⚴ + ♄ + 87 31)	0,15
+ 2 sin(⚴ − ♄ + 92 48)	0,20
+ 2 sin(2⚴ − ♄ + 77 14)	0,07
+ 2 sin(3⚴ − ♄ + 88 13)	0,05
+ 1 sin(⚴ + 2♄ + 140 23)	0,06
+ 38 sin(⚴ − 2♄ + 34 30)	3,92
+ 39 sin(2⚴ − 2♄ + 88 29)	1,65
+ 9 sin(3⚴ − 2♄ + 331 1)	0,23
+ 2 sin(4⚴ − 2♄ + 190 0)	0,03
+ 10 sin(⚴ − 3♄ + 84 44)	1,37
+ 6 sin(2⚴ − 3♄ + 84 30)	0,27

[*) Der Ausdruck links gibt die Störungen von log *a* in Einheiten der 7. Decimale; die rechts stehenden Coefficienten geben, mit dem entsprechenden Cosinus verbunden, die Störungen $\delta\int n\,dt$.]

+ 9 sin(3⚴ − 3♄ + 81° 4′)	0″,24
+ 3 sin(4⚴ − 3♄ + 325 50)	0,06
+ 1 sin(⚴ − 4♄ + 113 8)	0,28
+ 2 sin(2⚴ − 4♄ + 81 57)	0,09
+ 2 sin(3⚴ − 4♄ + 82 45)	0,05
+ 2 sin(4⚴ − 4♄ + 72 40)	0,04.

Neigung der Bahn.

Jährliche Änderung = + 0″,16950

0″,42 sin(⚴ + 42° 58′)	+ 0″,11 sin(⚴ + 2♄ + 129° 41′)
+ 0,24 sin(2⚴ + 98 47)	+ 0,56 sin(⚴ − 2♄ + 243 21)
+ 1,02 sin(♄ + 37 58)	+ 0,29 sin(2⚴ − 2♄ + 275 8)
+ 0,18 sin(⚴ + ♄ + 89 3)	+ 0,23 sin(3♄ + 83 5)
+ 0,11 sin(⚴ − ♄ + 355 47)	+ 0,52 sin(⚴ − 3♄ + 260 41)
+ 2,27 sin(2♄ + 105 16)	+ 0,13 sin(⚴ − 4♄ + 273 9).

Länge des aufsteigenden Knotens.

Jährliche Änderung = − 1″,47934

0″,89 sin(⚴ + 281° 36′)	+ 1″,22 sin(⚴ − 2♄ + 111° 22′)
+ 0,39 sin(2⚴ + 11 13)	+ 0,59 sin(2⚴ − 2♄ + 184 51)
+ 1,79 sin(♄ + 246 49)	+ 0,31 sin(3♄ + 327 21)
+ 0,17 sin(⚴ + ♄ + 350 51)	+ 0,36 sin(⚴ − 3♄ + 3 31)
+ 0,75 sin(⚴ − ♄ + 186 33)	+ 0,14 sin(2⚴ − 3♄ + 143 10)
+ 0,13 sin(2⚴ − ♄ + 301 7)	+ 0,11 sin(3⚴ − 3♄ + 180 41)
+ 3,27 sin(2♄ + 2 51)	+ 0,13 sin(⚴ − 4♄ + 25 2).}
+ 0,15 sin(⚴ + 2♄ + 37 19)	

[3.]

NICOLAI an GAUSS, Seeberg, am Charfreitage 1814.

{..... Heute kann ich Ihnen wieder zwei Elemente mittheilen, und in nächster Woche denke ich die ganze Arbeit zu endigen. Meine Besorgniss über die zu geringe Anzahl der zum Grunde gelegten Pallasörter ist ungegründet gewesen. Es können vielleicht die Gleichungen 14, 19, 20, 25 [*)] beim Perihelium von der durch jene zu geringe Anzahl entstehenden Unrichtigkeit etwas afficirt sein; allein die Coefficienten dieser Gleichungen sind so klein, dass daraus im Allgemeinen keine wesentliche Unrichtigkeit entstehen kann. .....

Excentricitätswinkel.

Jährliche Änderung = − 0″,30592

0″,78 sin(♀ + 191° 38′)	+ 0″,25 sin(3♀ − 2♄ + 320° 12′)
+ 1,52 sin(♄ + 187 49)	+ 0,60 sin(3♄ + 161 31)
+ 0,24 sin(♀ − ♄ + 202 49)	+ 0,76 sin(♀ − 3♄ + 206 23)
+ 0,14 sin(2♀ − ♄ + 213 21)	+ 0,55 sin(2♀ − 3♄ + 208 25)
+ 3,52 sin(2♄ + 206 12)	+ 0,30 sin(♀ − 4♄ + 199 50)
+ 0,16 sin(♀ + 2♄ + 176 47)	+ 0,12 sin(2♀ − 4♄ + 206 26)
+ 4,08 sin(♀ − 2♄ + 206 13)	+ 0,10 sin(3♀ − 4♄ + 205 41).
+ 0,13 sin(2♀ − 2♄ + 256 43)	

Länge des Periheliums.

Jährliche Änderung = + 0″,01491

2″,04 sin(♀ + 345° 24′)	+ 2″,18 sin(3♄ + 61° 21′)
+ 0,31 sin(2♀ + 210 31)	+ 2,52 sin(♀ − 3♄ + 296 44)
+ 0,15 sin(3♀ + 244 31)	+ 2,06 sin(2♀ − 3♄ + 293 1)
+ 3,68 sin(♄ + 336 2)	+ 0,63 sin(3♀ − 3♄ + 191 7)
+ 0,23 sin(♀ + ♄ + 319 18)	+ 0,18 sin(4♀ − 3♄ + 232 6)
+ 0,33 sin(♀ − ♄ + 250 31)	+ 0,11 sin(5♀ − 3♄ + 120 31)
+ 0,52 sin(2♀ − ♄ + 302 45)	+ 0,19 sin(4♄ + 40 24)
+ 0,16 sin(3♀ − ♄ + 200 37)	+ 1,09 sin(♀ − 4♄ + 295 0)
+ 12,74 sin(2♄ + 109 32)	+ 0,42 sin(2♀ − 4♄ + 294 3)
+ 0,52 sin(♀ + 2♄ + 68 51)	+ 0,39 sin(3♀ − 4♄ + 283 14)
+ 13,77 sin(♀ − 2♄ + 304 12)	+ 0,18 sin(4♀ − 4♄ + 189 33)
+ 2,47 sin(2♀ − 2♄ + 182 45)	+ 0,34 sin(♀ − 5♄ + 303 19)
+ 0,90 sin(3♀ − 2♄ + 244 15)	+ 0,15 sin(2♀ − 5♄ + 292 20)
+ 0,36 sin(4♀ − 2♄ + 126 6)	+ 0,26 sin(♀ − 6♄ + 298 41).}

[*)] Dies sind die Gleichungen mit den Argumenten: 4♀ − 2♄, 4♀ − 3♄, 5♀ − 3♄, 4♀ − 4♄.]

[4.]

NICOLAI an GAUSS, Seeberg, 22. April 1814.

{..... Meinen letzten Brief vom 8. April mit den Störungsformeln für Excentricität und Perihelium werden Sie bekommen haben; heute kann ich Ihnen das Ende der Arbeit schicken, nemlich die Gleichungen für den 2ten Theil der Epoche. .....

Bei dem analytischen Ausdrucke für $\mathrm{d}L$ habe ich eine kleine Transformation in Anwendung gebracht, die ich Ihnen doch zur gütigen Ansicht mittheilen will.

Setzt man nemlich die Grösse $1+\cos v \cos E = u$, so wird

$$\mathrm{d}\varphi = -maa \sin v \cos E \,.\, X + maau\, Y$$
$$\mathrm{d}\tilde{\omega} = A - maa \operatorname{cotang}\varphi \,.\, (3-u) \,.\, X + \frac{maa}{e} \cos v \sin E \,.\, Y.$$

Wird nun letzteres, mit Ausschluss des A, mit $1-\frac{rr}{aa\cos\varphi}$, ersteres mit $-\left(\cos\varphi + \frac{r}{a\cos\varphi}\right)\sin E$ multiplicirt, so folgt unmittelbar

$$\mathrm{d}L = A + \frac{m}{e}\{(rr - aa\cos\varphi)(3-u) + ae(p+r)(2-u)\cos E\}X$$
$$-\frac{m \sin E}{e \cos\varphi}\{(rr - aa\cos\varphi)\cos v + ae(p+r)u\}\, Y.$$

Ich habe es nicht versucht, die eingeklammerten Factoren noch mehr zusammenzuziehen, weil sie mir zur numerischen Berechnung, zumal mit Ihrer Hülfstafel, bequem genug schienen. Diese Umwandlung und Einführung der Grösse u gründet sich übrigens auf eine Eigenschaft der Relation zwischen der wahren und excentrischen Anomalie, auf welche ich vor Kurzem zufällig gerieth. Denkt man sich nemlich die Complemente von v und E zu 90^0 (oder zu 450^0) als die beiden Seiten eines sphärischen Dreiecks, welche den Excentricitätswinkel φ einschliessen, so ist die dritte, dem φ gegenüberstehende, Seite dieses Dreiecks immer constant und zwar ebenfalls $=\varphi$. Auch die beiden andern Winkel dieses Dreiecks haben sonderbare Eigenthümlichkeiten; der der Seite ${}^{90^0}_{450^0}-v$ gegenüberstehende ist dieser Seite immer gleich, und der andere, der Seite ${}^{90^0}_{450^0}-E$ entgegengesetzte, ist das Complement von dieser Seite zu 180^0 oder $=90^0+E$. .....

Sollten wir bei den Factoren der störenden Kräfte nicht ganz genau stimmen, so wird dies daher rühren, dass Sie wahrscheinlich die neuesten mittlern Elemente zum Grunde gelegt haben, ich hingegen diejenigen, welche die ganz erste Manipelrechnung gegeben hat.

Zweiter Theil der Epoche.

Jährliche Änderung = — 1,"31973

0,"45 sin(⚴ + 180° 35′)	+ 0,"27 sin(3⚴ — 2♄ + 65° 10′)
+ 0,29 sin(2⚴ + 181 47)	+ 0,30 sin(3♄ + 207 41)
+ 1,78 sin(♄ + 140 25)	+ 1,05 sin(⚴ — 3♄ + 163 1)
+ 0,32 sin(⚴ + ♄ + 181 12)	+ 0,45 sin(2⚴ — 3♄ + 154 50)
+ 0,41 sin(⚴ — ♄ + 178 5)	+ 0,42 sin(3⚴ — 3♄ + 173 25)
+ 0,11 sin(2⚴ — ♄ + 158 28)	+ 0,21 sin(⚴ — 4♄ + 166 29)
+ 2,01 sin(2♄ + 221 24)	+ 0,15 sin(2⚴ — 4♄ + 159 55)
+ 3,35 sin(⚴ — 2♄ + 124 44)	+ 0,11 sin(3⚴ — 4♄ + 156 39).}
+ 2,04 sin(2⚴ — 2♄ + 178 31)	

[5.]

NICOLAI an GAUSS, Seeberg, 6. August 1814.

{..... Was die Pallasstörungen durch Saturn anbetrifft, so habe ich zwar noch keine Prüfung durch Berechnung einiger speciellen Störungen vorgenommen (indem ich seit meinem Wiederhiersein mich fast gar nicht mit numerischen Rechnungen, sondern dafür mit einigen theoretischen Sachen beschäftigt habe), dagegen aber den ganzen Gang der Rechnung noch einmal sorgfältig übersehen, allein ich habe keine Unrichtigkeiten darin bemerkt, wie ich wohl bei der Sorgfalt, mit der ich bei der ganzen Rechnung verfahren zu sein mir bewusst war, hätte vorher sagen wollen. Auch mit der Annahme des Zeichens der Kräfte hat es seine völlige Richtigkeit; indem ich nachher, ich weiss nicht mehr aus was für einem Grunde, ebenfalls von der Annahme $\frac{x'-x}{\rho^3} - \frac{x'}{r'^3}$ ausgegangen bin; und Sie werden hoffentlich bei allen Elementen Ihre Coefficienten mit den meinigen übereinstimmend finden. Noch einen Beruhigungsgrund für die Richtigkeit meiner Gleichungen schöpfe ich daher, dass die grössern von ihnen ziemlich gut mit meiner frühern Rechnung, die doch nach einer ganz verschiedenen Methode geführt war, übereinstimmen. Indess will ich nächstens ein paar specielle Störungen von einer Opposition zur andern berechnen, und ich hoffe auch hier eine schöne Übereinstimmung zu erhalten. Sollte diese nicht erfolgen, so wäre ich dennoch lieber geneigt, die Schuld auf die numerische Berechnung der Gleichungen, als auf diese selbst, überzutragen. Wer weiss, ob nicht auch die Marsstörungen die Übereinstimmung der bisher beobachteten Pallasoppositionen, wenn auch nur etwas, verschlimmern werden? .....}

[6.]

NICOLAI an GAUSS, Seeberg, 18. März 1815.

{..... Ihren Auftrag, die beiden Theile der Epochenstörung für Pallas zusammenzuschmelzen, werde ich nächstens in Erfüllung bringen und Ihnen die Formeln zusenden. Für die Störung durch Jupiter muss dies eine ganz artige Arbeit gewesen sein. .....}

NICOLAI an GAUSS, Seeberg, 17. Julius 1815.

{Gestern Nachmittag habe ich mich mit der Vereinigung der beiden Theile der Störung der Epoche der Pallas durch Saturn beschäftigt, und ich eile, Ihnen die gefundenen Gleichungen mitzutheilen. Diejenigen Gleichungen im ersten Theile der Epoche, zu denen sich im zweiten keine correspondirenden fanden, waren sämmtlich unter 0",1, und ich habe sie also unter den Endgleichungen für die Epoche nicht mit aufgeführt. Bei dieser neuen Form der Epochenstörung wird nun aber manche kleine Gleichung über 0",1 fehlen. deren secrete Theile gleichwohl unter 0",1 sind. Besonders wird dies bei Ihren Jupitersstörungen häufig der Fall sein. — Im Laufe dieser Arbeit habe ich bemerkt, dass, wenn man den ersten Theil der Epochenstörung durch Addition von 90^0 zu dem constanten Winkel ebenfalls wie den zweiten auf die Form $a\sin(\varphi + A)$ bringt, alsdann, besonders bei den grössern Gleichungen, jene constanten Winkel nicht sehr von einander verschieden sind. Ist diese Erscheinung blosser Zufall, oder hat sie irgend einen theoretischen Grund? — und findet etwas Ähnliches auch bei den Jupitersstörungen Statt? .....

Vollständige Störung der Epoche der Pallas durch Saturn.

Jährliche Änderung = − 1″,31973

0″,83 sin(⚴ + 175° 20′)	+ 0″,50 sin(3⚴ − 2♄ + 63° 14′)
+ 0,53 sin(2⚴ + 182 41)	+ 0,30 sin(3♄ + 207 41)
+ 1,78 sin(♄ + 140 25)	+ 2,41 sin(⚴ − 3♄ + 169 38)
+ 0,47 sin(⚴ + ♄ + 180 3)	+ 0,71 sin(2⚴ − 3♄ + 162 17)
+ 0,61 sin(⚴ − ♄ + 179 37)	+ 0,66 sin(3⚴ − 3♄ + 172 34)
+ 0,18 sin(2⚴ − ♄ + 161 42)	+ 0,46 sin(⚴ − 4♄ + 187 14)
+ 2,01 sin(2♄ + 221 24)	+ 0,24 sin(2⚴ − 4♄ + 164 16)
+ 7,26 sin(⚴ − 2♄ + 124 36)	+ 0,15 sin(3⚴ − 4♄ + 161 42).}
+ 3,69 sin(2⚴ − 2♄ + 178 30)	

NACHLASS.

[IX. STÖRUNGEN DER PALLAS DURCH MARS.]

[1.]

[Die Berechnung der Störungen durch Mars wurde im Jahr 1814 nach wesentlich denselben Methoden begonnen, die schon bei denen durch Jupiter und Saturn zur Anwendung gelangten. Die störenden Kräfte wurden in rechtwinkligen Coordinaten dargestellt, indem die xy-Ebene in die Ebene der Pallasbahn, die x-Axe in deren Apsidenlinie gelegt wurde. Sie wurden, wie folgt, angesetzt (mit dem entgegengesetzten Vorzeichen, wie bei Berechnung der Störungen durch Saturn):

$$1)\qquad \frac{x'-x}{\rho^3}-\frac{x'}{r'^3}=\xi,\qquad \frac{y'-y}{\rho^3}-\frac{y'}{r'^3}=\eta,\qquad \frac{z'}{\rho^3}-\frac{z'}{r'^3}=\zeta,$$

womit z. B. die Gleichungen für die Störungen des Logarithmen der mittlern Bewegung und des Excentricitätswinkels (welche allein berechnet worden sind) lauten:

$$2)\qquad \begin{aligned}\frac{\mathrm{d}\log\mathrm{hyp}\, n}{\mathrm{d}M} &= \frac{3\mu a^3\sin E}{r}\xi-\frac{3\mu a^3\cos\varphi\cos E}{r}\eta\\ \frac{\mathrm{d}\varphi}{\mathrm{d}M} &= -\mu a a\sin(v-\tilde{\omega}).\cos E.\xi+\mu a a(1+\cos(v-\tilde{\omega})\cos E)\eta.\end{aligned}$$

Die für beide Planeten angenommenen Elementensysteme sind, angenähert, die folgenden:

	Mars	Pallas
Motus med. diur. sid.	1886,″52	769,″17
Perihelium (1810)	332°33′ 49,″1	
Excentricitätswinkel (1810)	5 20 53, 43	14° 3′ 2,″7
Knoten	48 3 18, 0	172 31 42, 14
Neigung	1 51 6, 2	34 36 9, 00
Logarithm der halben Axe	0,182 8973	0,442 6423
Logarithm der Masse	3,5940870—10.	

Hieraus ergab sich die Lage der Bahnen gegen einander, wie folgt:

Aufsteigender Knoten der ♂-Bahn auf der ⚴-Bahn, gezählt auf der ♂-Bahn: 354°40′ 9,″24

» » » » » » » » » ⚴-Bahn: 355 8 46, 12.

74*

Es erfolgte nun die Berechnung von ξ, η, ζ für M resp. $M' = 0^0, 15^0, \ldots\, 345^0$, indem für beide Anomalien der Umkreis in 24 Theile getheilt wurde, womit sich die Werthe der folgenden Tafeln ergaben.]

$$\frac{x'-x}{\rho^8}$$

M'	$M=0^0$	$M=15^0$	$M=30^0$	$M=45^0$	$M=60^0$	$M=75^0$	$M=90^0$	$M=105^0$	$M=120^0$	$M=135^0$	$M=150^0$	$M=165^0$
0°	—0,08868	—0,07163	—0,05602	—0,04117	—0,02631	—0,01086	+0,00566	+0,02368	+0,04363	+0,06598	+0,09121	+0,11962
15	— 9398	— 6909	— 4940	— 3299	— 1844	— 479	+ 866	+ 2248	+ 3720	+ 5342	+ 7187	+ 9342
30	— 10241	— 6825	— 4420	— 2622	— 1178	+ 63	+ 1199	+ 2296	+ 3412	+ 4599	+ 5921	+ 7451
45	— 11512	— 6909	— 3994	— 2021	— 575	+ 571	+ 1546	+ 2434	+ 3292	+ 4170	+ 5117	+ 6186
60	— 13412	— 7181	— 3619	— 1439	+ 16	+ 1075	+ 1913	+ 2630	+ 3288	+ 3936	+ 4611	+ 5355
75	— 16306	— 7705	— 3258	— 824	+ 639	+ 1607	+ 2312	+ 2875	+ 3366	+ 3830	+ 4301	+ 4809
90	— 20870	— 8627	— 2874	— 113	+ 1344	+ 2200	+ 2761	+ 3172	+ 3510	+ 3818	+ 4126	+ 4456
105	— 28317	— 10305	— 2423	+ 775	+ 2193	+ 2893	+ 3282	+ 3531	+ 3717	+ 3882	+ 4050	+ 4237
120	— 40243	— 13696	— 1868	+ 1968	+ 3272	+ 3739	+ 3907	+ 3966	+ 3991	+ 4017	+ 4056	+ 4120
135	— 55442	— 21699	— 1242	+ 3671	+ 4713	+ 4810	+ 4674	+ 4500	+ 4343	+ 4221	+ 4135	+ 4086
150	— 62379	— 43819	— 1005	+ 6232	+ 6719	+ 6210	+ 5641	+ 5165	+ 4791	+ 4504	+ 4287	+ 4127
165	— 52069	—1,02945	— 4169	+ 10210	+ 9613	+ 8091	+ 6885	+ 6004	+ 5360	+ 4880	+ 4518	+ 4243
180	— 37012	—1,66138	— 29393	+ 16157	+ 13864	+ 10666	+ 8513	+ 7079	+ 6087	+ 5374	+ 4844	+ 4439
195	— 26298	—1,25415	—1,46027	+ 21820	+ 19877	+ 14173	+ 10654	+ 8468	+ 7025	+ 6020	+ 5287	+ 4732
210	— 19778	— 71207	—2,04038	+ 8739	+ 26571	+ 18654	+ 13419	+ 10259	+ 8239	+ 6867	+ 5884	+ 5147
225	— 15783	— 42571	—1,09650	— 38416	+ 26987	+ 23108	+ 16703	+ 12506	+ 9804	+ 7982	+ 6688	+ 5727
240	— 13220	— 28189	— 56559	— 50629	+ 11431	+ 23984	+ 19707	+ 15083	+ 11762	+ 9442	+ 7777	+ 6534
255	— 11502	— 20334	— 33287	— 36219	— 6788	+ 17084	+ 20325	+ 17347	+ 13989	+ 11293	+ 9240	+ 7665
270	— 10320	— 15649	— 21901	— 23905	— 12575	+ 6196	+ 16430	+ 17862	+ 15944	+ 13430	+ 11149	+ 9244
285	— 9504	— 12659	— 15622	— 16277	— 11389	— 830	+ 9670	+ 15316	+ 16476	+ 15334	+ 13404	+ 11375
300	— 8961	— 10646	— 11822	— 11599	— 8848	— 3142	+ 4201	+ 10688	+ 14623	+ 15936	+ 15430	+ 13945
315	— 8639	— 9255	— 9357	— 8603	— 6612	— 3187	+ 1441	+ 6538	+ 11126	+ 14411	+ 16067	+ 16196
330	— 8514	— 8281	— 7674	— 6588	— 4900	— 2535	+ 491	+ 4033	+ 7817	+ 11469	+ 14563	+ 16703
345	— 8586	— 7606	— 6479	— 5167	— 3616	— 1779	+ 371	+ 2838	+ 5606	+ 8621	+ 11777	+ 14878

M'	$M=180^0$	$M=195^0$	$M=210^0$	$M=225^0$	$M=240^0$	$M=255^0$	$M=270^0$	$M=285^0$	$M=300^0$	$M=315^0$	$M=330^0$	$M=345^0$
0°	+0,15097	+0,18340	+0,21176	+0,22468	+0,20453	+0,13728	+0,03500	—0,06092	—0,11689	—0,13236	—0,12417	—0,10704
15	+ 11907	+ 14974	+ 18527	+ 22175	+ 24466	+ 21966	+ 10773	— 5876	— 17013	— 18849	— 16215	— 12561
30	+ 9286	+ 11552	+ 14391	+ 17890	+ 21758	+ 24309	+ 19801	+ 1318	— 20799	— 26855	— 21693	— 15180
45	+ 7446	+ 8986	+ 10923	+ 13398	+ 16493	+ 19850	+ 21138	+ 12319	— 14415	— 33822	— 29135	— 18907
60	+ 6211	+ 7235	+ 8501	+ 10105	+ 12143	+ 14613	+ 16887	+ 15619	+ 345	— 30241	— 37059	— 24166
75	+ 5384	+ 6060	+ 6881	+ 7902	+ 9188	+ 10777	+ 12516	+ 13318	+ 8315	— 14187	— 39366	— 31143
90	+ 4826	+ 5264	+ 5789	+ 6437	+ 7241	+ 8232	+ 9373	+ 10290	+ 9167	— 1071	— 29520	— 38550
105	+ 4455	+ 4719	+ 5041	+ 5440	+ 5936	+ 6542	+ 7247	+ 7902	+ 7787	+ 3741	— 14580	— 41484
120	+ 4214	+ 4346	+ 4521	+ 4747	+ 5033	+ 5385	+ 5792	+ 6218	+ 6199	+ 4438	— 5180	— 34718
135	+ 4074	+ 4096	+ 4157	+ 4255	+ 4399	+ 4567	+ 4764	+ 4928	+ 4880	+ 3823	— 1308	— 22932
150	+ 4015	+ 3944	+ 3908	+ 3904	+ 3927	+ 3969	+ 4012	+ 4005	+ 3806	+ 2944	— 371	— 14261
165	+ 4032	+ 3871	+ 3749	+ 3657	+ 3585	+ 3521	+ 3442	+ 3298	+ 2968	+ 2103	— 476	— 9841
180	+ 4123	+ 3872	+ 3666	+ 3492	+ 3335	+ 3179	+ 2997	+ 2737	+ 2287	+ 1361	— 908	— 7846
195	+ 4298	+ 3947	+ 3654	+ 3397	+ 3158	+ 2915	+ 2698	+ 2272	+ 1712	+ 710	— 1417	— 6957
210	+ 4573	+ 4108	+ 3716	+ 3369	+ 3042	+ 2709	+ 2337	+ 1870	+ 1205	+ 123	— 1926	— 6558
225	+ 4980	+ 4376	+ 3865	+ 3411	+ 2984	+ 2552	+ 2078	+ 1504	+ 734	— 430	— 2427	— 6397
240	+ 5569	+ 4788	+ 4127	+ 3540	+ 2988	+ 2437	+ 1844	+ 1152	+ 268	— 977	— 2929	— 6371
255	+ 6423	+ 5409	+ 4548	+ 3784	+ 3070	+ 2365	+ 1623	+ 789	— 222	— 1551	— 3455	— 6440
270	+ 7671	+ 6353	+ 5218	+ 4204	+ 3261	+ 2343	+ 1403	+ 387	— 775	— 2191	— 4035	— 6596
285	+ 9492	+ 7803	+ 6291	+ 4915	+ 3631	+ 2397	+ 1171	— 92	— 1442	— 2948	— 4706	— 6846
300	+ 12044	+ 10032	+ 8048	+ 6143	+ 4328	+ 2592	+ 921	— 704	— 2302	— 3897	— 5521	— 7208
315	+ 15133	+ 13262	+ 10908	+ 8320	+ 5673	+ 3093	+ 669	— 1536	— 3481	— 5150	— 6554	— 7715
330	+ 17580	+ 17046	+ 15142	+ 12108	+ 8343	+ 4327	+ 527	— 2708	— 5189	— 6893	— 7918	— 8414
345	+ 17588	+ 19395	+ 19636	+ 17689	+ 13374	+ 7337	+ 963	— 4322	— 7770	— 9428	— 9784	— 9375

$$\frac{y'-y}{\rho^3}$$

M'	$M=0^0$	$M=15^0$	$M=30^0$	$M=45^0$	$M=60^0$	$M=75^0$	$M=90^0$	$M=105^0$	$M=120^0$	$M=135^0$	$M=150^0$	$M=165^0$
0°	−0,02188	−0,04002	−0,05352	−0,06415	−0,07275	−0,07965	−0,08486	−0,08823	−0,08940	−0,08770	−0,08203	−0,07059
15	− 3392	− 4861	− 5749	− 6332	− 6736	− 7016	− 7195	− 7277	− 7253	− 7095	− 6746	− 6103
30	− 4831	− 5882	− 6285	− 6421	− 6434	− 6381	− 6281	− 6141	− 5954	− 5704	− 5358	− 4857
45	− 6633	− 7160	− 7006	− 6676	− 6317	− 5967	− 5632	− 5305	− 4974	− 4624	− 4227	− 3747
60	− 8961	− 8833	− 7980	− 7112	− 6360	− 5722	− 5172	− 4683	− 4233	− 3797	− 3349	− 2859
75	− 11976	− 11110	− 9314	− 7765	− 6556	− 5611	− 4851	− 4216	− 3662	− 3157	− 2669	− 2168
90	− 15657	− 14340	− 11190	− 8701	− 6918	− 5620	− 4638	− 3860	− 3214	− 2651	− 2132	− 1625
105	− 19044	− 19114	− 13928	− 10042	− 7480	− 5747	− 4514	− 3588	− 2854	− 2240	− 1696	− 1186
120	− 17832	− 26450	− 18149	− 12004	− 8307	− 6004	− 4471	− 3381	− 2557	− 1894	− 1330	− 818
135	− 1452	− 37797	− 25155	− 14995	− 9521	− 6424	− 4511	− 3229	− 2306	− 1594	− 1009	− 496
150	+ 31732	− 52520	− 38014	− 19839	− 11338	− 7066	− 4647	− 3129	− 2090	− 1324	− 717	− 201
165	+ 50649	− 50163	− 64780	− 28359	− 14174	− 8043	− 4911	− 3085	− 1906	− 1074	− 439	+ 82
180	+ 45091	+ 11862	−1,25540	− 44826	− 18836	− 9562	− 5366	− 3118	− 1753	− 837	− 167	+ 365
195	+ 32917	+ 45650	−2,05910	− 78368	− 26860	− 11999	− 6136	− 3271	− 1646	− 615	+ 108	+ 659
210	+ 22888	+ 32569	−1,07610	−1,30653	− 40478	− 16004	− 7451	− 3637	− 1624	− 417	+ 386	+ 974
225	+ 15896	+ 18740	− 25236	−1,30099	− 58474	− 22346	− 9705	− 4402	− 1770	− 281	+ 658	+ 1313
240	+ 11127	+ 10406	− 8340	− 68777	− 65572	− 30509	− 13391	− 5895	− 2263	− 294	+ 889	+ 1670
255	+ 7806	+ 5562	− 5220	− 33023	− 51318	− 35898	− 18400	− 8543	− 3426	− 644	+ 983	+ 2010
270	+ 5410	+ 2614	− 4628	− 18814	− 33407	− 33538	− 22683	− 12380	− 5678	− 1679	+ 723	+ 2223
285	+ 3605	+ 704	− 4554	− 12756	− 21873	− 26377	− 23277	− 16066	− 9058	− 3831	− 291	+ 2046
300	+ 2178	− 626	− 4605	− 9797	− 15411	− 19573	− 20335	− 17417	− 12379	− 7061	− 2510	+ 991
315	+ 984	− 1630	− 4705	− 8180	− 11726	− 14710	− 16344	− 16047	− 13785	− 10078	− 5716	− 1405
330	− 85	− 2462	− 4853	− 7242	− 9521	− 11492	− 12882	− 13446	− 12927	− 11225	− 8379	− 4603
345	− 1115	− 3227	− 5062	− 6697	− 8147	− 9376	− 10317	− 10885	− 10967	− 10426	− 9097	− 6802

M'	$M=180^0$	$M=195^0$	$M=210^0$	$M=225^0$	$M=240^0$	$M=255^0$	$M=270^0$	$M=285^0$	$M=300^0$	$M=315^0$	$M=330^0$	$M=345^0$
0°	−0,05060	−0,01801	+0,03196	+0,10210	+0,18577	+0,25773	+0,28159	+0,24420	+0,17179	+0,09910	+0,04291	+0,00416
15	− 4981	− 3054	+ 251	+ 5848	+ 14822	+ 26987	+ 37358	+ 36921	+ 25562	+ 12765	+ 4157	− 752
30	− 4099	− 2889	− 870	+ 2647	+ 8941	+ 19965	+ 36121	+ 47899	+ 38793	+ 18385	+ 4368	− 2160
45	− 3118	− 2229	− 879	+ 1320	+ 5139	+ 12101	+ 24699	+ 42907	+ 49789	+ 28047	+ 5690	− 3818
60	− 2282	− 1546	− 532	+ 976	+ 3393	+ 7551	+ 15109	+ 28538	+ 44958	+ 39099	+ 10015	− 5467
75	− 1619	− 970	− 144	+ 990	+ 2665	+ 5335	+ 9901	+ 18088	+ 31636	+ 41440	+ 19584	− 5955
90	− 1097	− 507	+ 201	+ 1111	+ 2371	+ 4244	+ 7245	+ 12384	+ 21441	+ 34226	+ 31015	− 2084
105	− 676	− 130	+ 494	+ 1260	+ 2265	+ 3681	+ 5822	+ 9314	+ 15389	+ 25774	+ 35227	+ 10614
120	− 324	+ 187	+ 750	+ 1414	+ 2251	+ 3380	+ 5013	+ 7611	+ 11851	+ 19532	+ 31715	+ 28693
135	− 15	+ 466	+ 981	+ 1571	+ 2289	+ 3228	+ 4535	+ 6494	+ 9721	+ 15364	+ 25935	+ 38377
150	+ 269	+ 726	+ 1204	+ 1736	+ 2368	+ 3169	+ 4252	+ 5823	+ 8295	+ 12758	+ 20803	+ 36476
165	+ 543	+ 982	+ 1428	+ 1915	+ 2481	+ 3180	+ 4100	+ 5395	+ 7367	+ 10666	+ 16871	+ 29993
180	+ 822	+ 1246	+ 1667	+ 2118	+ 2630	+ 3250	+ 4045	+ 5134	+ 6737	+ 9315	+ 13958	+ 23572
195	+ 1118	+ 1532	+ 1934	+ 2354	+ 2823	+ 3377	+ 4167	+ 4997	+ 6313	+ 8341	+ 11792	+ 18446
210	+ 1444	+ 1855	+ 2243	+ 2639	+ 3070	+ 3569	+ 4178	+ 4965	+ 6044	+ 7628	+ 10154	+ 14574
225	+ 1813	+ 2232	+ 2614	+ 2991	+ 3390	+ 3838	+ 4369	+ 5031	+ 5901	+ 7109	+ 8892	+ 11663
240	+ 2236	+ 2684	+ 3073	+ 3439	+ 3810	+ 4209	+ 4663	+ 5203	+ 5874	+ 6742	+ 7902	+ 9440
255	+ 2712	+ 3234	+ 3654	+ 4023	+ 4371	+ 4721	+ 5091	+ 5500	+ 5965	+ 6503	+ 7112	+ 7700
270	+ 3209	+ 3895	+ 4404	+ 4805	+ 5141	+ 5437	+ 5708	+ 5960	+ 6190	+ 6380	+ 6472	+ 6300
285	+ 3597	+ 4644	+ 5367	+ 5873	+ 6227	+ 6466	+ 6608	+ 6652	+ 6587	+ 6377	+ 5946	+ 5135
300	+ 3535	+ 5324	+ 6544	+ 7337	+ 7800	+ 7995	+ 7957	+ 7700	+ 7223	+ 6508	+ 5508	+ 2416
315	+ 2392	+ 5457	+ 7735	+ 9263	+ 10107	+ 10346	+ 10061	+ 9329	+ 8224	+ 6811	+ 5136	+ 3209
330	− 261	+ 4177	+ 8206	+ 11372	+ 13356	+ 14034	+ 13491	+ 11978	+ 9826	+ 7357	+ 4814	+ 2326
345	− 3386	+ 1190	+ 6676	+ 12361	+ 17067	+ 19551	+ 19219	+ 16500	+ 12498	+ 8292	+ 4531	+ 1417

$$\frac{z'-z}{\rho^2}$$

M′	M = 0°	M = 15°	M = 30°	M = 45°	M = 60°	M = 75°	M = 90°	M = 105°	M = 120°	M = 135°	M = 150°	M = 165°
0°	−0,00842	−0,00717	−0,00658	−0,00642	−0,00656	−0,00695	−0,00757	−0,00843	−0,00958	−0,01111	−0,01314	−0,01585
15	− 178	− 138	− 118	− 108	− 104	− 105	− 110	− 118	− 131	− 149	− 174	− 210
30	+ 748	+ 531	+ 418	+ 358	+ 328	+ 316	+ 317	+ 329	+ 352	+ 389	+ 443	+ 520
45	+ 2127	+ 1372	+ 998	+ 802	+ 695	+ 638	+ 613	+ 613	+ 633	+ 675	+ 744	+ 847
60	+ 4304	+ 2511	+ 1682	+ 1261	+ 1032	+ 902	+ 831	+ 798	+ 796	+ 820	+ 874	+ 961
75	+ 7927	+ 4164	+ 2546	+ 1773	+ 1365	+ 1135	+ 1000	+ 924	+ 889	+ 886	+ 913	+ 972
90	+ 14232	+ 6729	+ 3713	+ 2380	+ 1716	+ 1351	+ 1138	+ 1011	+ 939	+ 905	+ 904	+ 934
105	+ 25426	+ 11000	+ 5390	+ 3139	+ 2101	+ 1560	+ 1253	+ 1069	+ 958	+ 895	+ 867	+ 870
120	+ 44068	+ 18697	+ 7962	+ 4128	+ 2535	+ 1765	+ 1347	+ 1102	+ 953	+ 863	+ 812	+ 792
135	+ 66047	+ 33743	+ 12211	+ 5464	+ 3027	+ 1958	+ 1413	+ 1107	+ 923	+ 809	+ 740	+ 704
150	+ 68437	+ 64223	+ 19855	+ 7314	+ 3565	+ 2116	+ 1436	+ 1073	+ 862	+ 732	+ 651	+ 603
165	+ 42522	+1,10644	+ 34810	+ 9829	+ 4067	+ 2180	+ 1381	+ 981	+ 757	+ 622	+ 538	+ 486
180	+ 17360	+ 98360	+ 62789	+ 12656	+ 4237	+ 2011	+ 1179	+ 793	+ 587	+ 466	+ 392	+ 345
195	+ 4452	+ 25575	+ 68272	+ 12039	+ 3139	+ 1297	+ 698	+ 442	+ 313	+ 241	+ 197	+ 169
210	+ 852	− 3552	− 18017	− 7690	− 1726	− 624	− 308	− 184	− 125	− 92	− 73	− 61
225	− 2800	− 8486	− 33161	− 44529	− 13962	− 4838	− 2239	− 1269	− 825	− 592	− 456	− 373
240	− 3370	− 7901	− 21842	− 42506	− 27992	− 11783	− 5518	− 3052	− 1928	− 1345	− 1012	− 808
255	− 3379	− 6467	− 13701	− 25722	− 28304	− 18010	− 9815	− 5647	− 3570	− 2460	− 1820	− 1427
270	− 3164	− 5135	− 8920	− 14854	− 19593	− 18087	− 12917	− 8501	− 5689	− 3998	− 2963	− 2307
285	− 2860	− 4044	− 6023	− 8903	− 11956	− 13427	− 12411	− 10014	− 7614	− 5747	− 4420	− 3497
300	− 2522	− 3165	− 4162	− 5542	− 7151	− 8559	− 9242	− 9001	− 8091	− 6929	− 5809	− 4857
315	− 2165	− 2442	− 2891	− 3516	− 4286	− 5116	− 5871	− 6409	− 6641	− 6564	− 6247	− 5785
330	− 1783	− 1823	− 1968	− 2210	− 2537	− 2935	− 3385	− 3860	− 4329	− 4759	− 5115	− 5368
345	− 1356	− 1263	− 1253	− 1308	− 1417	− 1571	− 1771	− 2019	− 2318	− 2676	− 3097	− 3581

M′	M = 180°	M = 195°	M = 210°	M = 225°	M = 240°	M = 255°	M = 270°	M = 285°	M = 300°	M = 315°	M = 330°	M = 345°
0°	−0,01948	−0,02430	−0,03051	−0,03783	−0,04491	−0,04885	−0,04677	−0,03898	−0,02914	−0,02063	−0,01457	−0,01071
15	− 261	− 337	− 450	− 619	− 863	− 1158	− 1367	− 1289	− 960	− 614	− 386	− 252
30	+ 635	+ 807	+ 1076	+ 1513	+ 2248	+ 3484	+ 5236	+ 6583	+ 5789	+ 3668	+ 2050	+ 1180
45	+ 1000	+ 1230	+ 1588	+ 2170	+ 3172	+ 4997	+ 8382	+ 13760	+ 17426	+ 13418	+ 7282	+ 3754
60	+ 1096	+ 1299	+ 1610	+ 2106	+ 2939	+ 4437	+ 7333	+ 13105	+ 22487	+ 26500	+ 17219	+ 8451
75	+ 1071	+ 1226	+ 1461	+ 1828	+ 2427	+ 3464	+ 5414	+ 9404	+ 17777	+ 30532	+ 30760	+ 16833
90	+ 997	+ 1103	+ 1269	+ 1526	+ 1936	+ 2624	+ 3863	+ 6320	+ 11708	+ 23522	+ 38146	+ 30069
105	+ 902	+ 969	+ 1080	+ 1254	+ 1530	+ 1981	+ 2766	+ 4262	+ 7461	+ 15146	+ 32439	+ 44281
120	+ 800	+ 836	+ 905	+ 1019	+ 1202	+ 1497	+ 1997	+ 2935	+ 4802	+ 9305	+ 21575	+ 47392
135	+ 693	+ 705	+ 744	+ 816	+ 935	+ 1123	+ 1441	+ 2006	+ 3135	+ 5690	+ 12864	+ 35661
150	+ 579	+ 576	+ 594	+ 634	+ 706	+ 825	+ 1022	+ 1365	+ 2019	+ 3455	+ 7820	+ 20902
165	+ 456	+ 443	+ 447	+ 466	+ 506	+ 575	+ 691	+ 889	+ 1256	+ 2024	+ 3976	+ 10577
180	+ 317	+ 301	+ 297	+ 303	+ 321	+ 356	+ 415	+ 516	+ 699	+ 1066	+ 1940	+ 4645
195	+ 151	+ 141	+ 136	+ 136	+ 141	+ 152	+ 177	+ 208	+ 270	+ 392	+ 662	+ 1419
210	− 54	− 49	− 46	− 45	− 46	− 48	− 54	− 63	− 78	− 108	− 170	− 327
225	− 319	− 285	− 264	− 253	− 251	− 259	− 278	− 315	− 380	− 498	− 734	− 1275
240	− 677	− 592	− 537	− 504	− 490	− 493	− 516	− 566	− 657	− 8[illegible]0	− 1131	− 1786
255	− 1174	− 1007	− 896	− 824	− 783	− 770	− 784	− 832	− 927	− 1102	− 1422	− 2048
270	− 1877	− 1586	− 1387	− 1251	− 1164	− 1115	− 1103	− 1130	− 1208	− 1361	− 1643	− 2164
285	− 2853	− 2399	− 2075	− 1842	− 1678	− 1567	− 1503	− 1483	− 1514	− 1613	− 1814	− 2188
300	− 4092	− 3494	− 3030	− 2671	− 2394	− 2183	− 2026	− 1918	− 1860	− 1862	− 1943	− 2143
315	− 5262	− 4737	− 4241	− 3789	− 3386	− 3032	− 2725	− 2465	− 2256	− 2105	− 2025	− 2035
330	− 5494	− 5478	− 5318	− 5024	− 4620	− 4142	− 3633	− 3136	− 2686	− 2312	− 2030	− 1852
345	− 4117	− 4668	− 5163	− 5491	− 5531	− 5218	− 4599	− 3818	− 3044	− 2387	− 1893	− 1556

[2.]

[Hierauf wurde für jeden Werth von M die Interpolation nach M' ausgeführt und zu den so erhaltenen Entwickelungen der Grössen $\frac{x'-x}{\rho^3}$ etc. nach Vielfachen von M' die ebenfalls auf interpolatorischem Wege erhaltenen Reihen:

$$\frac{x'}{r'^3} = +0{,}0000010$$
$$-0{,}33991 \cos M' \quad +0{,}16616 \sin M'$$
$$-0{,}06321 \cos 2M' \quad +0{,}03092 \sin 2M'$$
$$-0{,}00992 \cos 3M' \quad +0{,}00486 \sin 3M'$$
$$-0{,}00146 \cos 4M' \quad +0{,}00071 \sin 4M'$$
$$-0{,}00021 \cos 5M' \quad +0{,}00010 \sin 5M'$$
$$-0{,}00003 \cos 6M' \quad +0{,}00001 \sin 6M'$$

$$\frac{y'}{r'^3} = +0{,}0000007$$
$$-0{,}24476 \cos M' \quad -0{,}31988 \sin M'$$
$$-0{,}04552 \cos 2M' \quad -0{,}05953 \sin 2M'$$
$$-0{,}00714 \cos 3M' \quad -0{,}00935 \sin 3M'$$
$$-0{,}00105 \cos 4M' \quad -0{,}00137 \sin 4M'$$
$$-0{,}00015 \cos 5M' \quad -0{,}00019 \sin 5M'$$
$$-0{,}00002 \cos 6M' \quad -0{,}00003 \sin 6M'$$

$$\frac{z'}{r'^3} = +0{,}0000003$$
$$-0{,}09423 \cos M' \quad +0{,}23149 \sin M'$$
$$-0{,}01752 \cos 2M' \quad +0{,}04308 \sin 2M'$$
$$-0{,}00275 \cos 3M' \quad +0{,}00676 \sin 3M'$$
$$-0{,}00040 \cos 4M' \quad +0{,}00099 \sin 4M'$$
$$-0{,}00006 \cos 5M' \quad +0{,}00014 \sin 5M'$$
$$-0{,}00001 \cos 6M' \quad +0{,}00002 \sin 6M'$$

hinzugefügt, woraus folgt:

$$\frac{x'-x}{\rho^3} - \frac{x'}{r'^3}$$

Coefficient von:	$M = 0^0$	$M = 15^0$	$M = 30^0$	$M = 45^0$	$M = 60^0$	$M = 75^0$	$M = 90^0$	$M = 105^0$	$M = 120^0$	$M = 135^0$	$M = 150^0$	$M = 165^0$
—	$9,32494_n$	$9,50162_n$	$9,45992_n$	$8,77283_n$	8,44122	8,74068	8,81704	8,84819	8,86439	8,87500	8,88349	8,89154
cos M'	9,70225	9,87922	9,83910	9,48568	9,37212	9,40841	9,45787	9,49715	9,52665	9,54910	9,56676	9,58106
cos $2M'$	8,26364	$9,35948_n$	$8,91819_n$	9,24620	9,07642	8,79449	8,59006	8,54469	8,60606	8,69478	8,77815	8,84880
cos $3M'$	7,67210	9,33029	7,93902	$8,93192_n$	8,33706	8,59999	8,41430	8,06296	7,53782	7,11059	7,52244	7,90526
cos $4M'$	8,29070	$9,14439_n$	8,93631	8,60692	$8,46434_n$	$7,88536_n$	7,80140	7,85065	7,49693	$6,69897_n$	$7,30103_n$	$7,06446_n$
cos $5M'$	$8,17406_n$	8,98444	$9,06442_n$	7,87507	8,19005	$7,70070_n$	$7,50651_n$	7,00432	7,27416	6,79934	$6,91381_n$	$7,12385_n$
sin M'	$9,42478_n$	$9,01962_n$	9,05733	$8,50065_n$	$9,19106_n$	$9,31014_n$	$9,34424_n$	$9,35029_n$	$9,34439_n$	$9,33248_n$	$9,31677_n$	$9,29793_n$
sin $2M'$	8,77880	$8,92521_n$	$9,55788_n$	$8,95323_n$	8,45117	8,41447	6,94448	$8,33606_n$	$8,57322_n$	$8,67127_n$	$8,71054_n$	$8,71349_n$
sin $3M'$	$8,77685_n$	8,50202	9,44445	$8,49803_n$	$8,75473_n$	$8,15198_n$	7,78247	7,91540	7,44871	$7,62839_n$	$8,01030_n$	$8,14457_n$
sin $4M'$	8,36698	$8,36977_n$	$9,30246_n$	8,77706	8,02119	$8,15168_n$	$7,91645_n$	$6,11394_n$	7,48572	7,34044	$6,78533_n$	$7,55145_n$
sin $5M'$	$7,78390_n$	8,11025	9,06378	$8,69958_n$	8,06183	7,79518	$7,35411_n$	$7,36922_n$	$5,00000_n$	7,08991	6,92428	$6,74819_n$

Coefficient von:	$M = 180^0$	$M = 195^0$	$M = 210^0$	$M = 225^0$	$M = 240^0$	$M = 255^0$	$M = 270^0$	$M = 285^0$	$M = 300^0$	$M = 315^0$	$M = 330^0$	$M = 345^0$
—	8,89949	8,90709	8,91291	8,91371	8,90266	8,86457	8,76118	8,45286	$8,16909_n$	$8,80298_n$	$9,03290_n$	$9,17751_n$
cos M'	9,59289	9,60258	9,60988	9,61375	9,61167	9,59891	9,56705	9,50691	9,42268	9,36427	9,40209	9,53044
cos $2M'$	8,90639	8,95153	8,98308	8,99669	8,98200	8,91714	8,75420	8,39690	8,10823	8,68520	9,05150	9,11763
cos $3M'$	8,15076	8,31260	8,41162	8,44778	8,38934	8,09795	$7,81291_n$	$8,26126_n$	7,34044	8,67321	8,69037	$8,04258_n$
cos $4M'$	7,19312	7,72835	7,95182	8,01912	7,87099	$7,24055_n$	$8,11025_n$	$8,03060_n$	8,18611	8,43489	$7,89432_n$	$7,91540_n$
cos $5M'$	$6,69020_n$	7,15836	7,56348	7,66558	7,37475	$7,58995_n$	$7,95231_n$	$7,02938_n$	8,15746	7,21748	$8,05538_n$	7,96237
sin M'	$9,27563_n$	$9,24890_n$	$9,21609_n$	$9,17519_n$	$9,12483_n$	$9,06871_n$	$9,02874_n$	$9,05430_n$	$9,17181_n$	$9,31886_n$	$9,42742_n$	$9,47266_n$
sin $2M'$	$8,68601_n$	$8,62377_n$	$8,50853_n$	$8,28556_n$	$7,63448_n$	7,95521	8,05881	$8,04883_n$	$8,79592_n$	$9,03782_n$	$8,98114_n$	$8,12123_n$
sin $3M'$	$8,17143_n$	$8,09934_n$	$7,83632_n$	7,32015	8,10619	8,31323	8,19921	$8,00860_n$	$8,63508_n$	$8,55255_n$	8,23779	8,39375
sin $4M'$	$7,73480_n$	$7,71850_n$	$7,37107_n$	7,50243	7,99651	8,12516	7,75815	$8,14239_n$	$8,30792_n$	7,99476	8,32284	$8,21032_n$
sin $5M'$	$7,29885_n$	$7,39620_n$	$7,08991_n$	7,30103	7,77379	7,83059	$6,77085_n$	$8,03743_n$	$7,30535_n$	8,18865	$7,56703_u$	$7,14922_n$

$$\frac{y'-y}{\rho^3} - \frac{y'}{r'^3}$$

Coefficient von:	$M = 0^0$	$M = 15^0$	$M = 30^0$	$M = 45^0$	$M = 60^0$	$M = 75^0$	$M = 90^0$	$M = 105^0$	$M = 120^0$	$M = 135^0$	$M = 150^0$	$M = 165^0$
—	8,75686	$8,70663_n$	$9,47667_n$	$9,45479_n$	$9,28165_n$	$9,12352_n$	$8,98453_n$	$8,85485_n$	$8,72436_n$	$8,58035_n$	$8,40002_n$	$8,11926_n$
cos M'	8,90445	9,39190	9,83311	9,74756	9,55524	9,42210	9,34826	9,31399	9,30332	9,30619	9,31704	9,33314
cos $2M'$	9,27265	8,83765	$9,44484_n$	$8,62859_n$	8,96180	8,99599	8,89221	8,75504	8,61836	8,50569	8,43870	8,43072
cos $3M'$	$8,86888_n$	$8,33224_n$	9,34711	$8,68931_n$	$8,76768_n$	$7,96332_n$	8,16879	8,27875	8,16967	7,92428	7,44560	$6,87506_n$
cos $4M'$	8,48586	8,44840	$9,07148_n$	9,00643	7,95134	$7,90472_n$	$7,71349_n$	7,31175	7,70842	7,63849	7,23045	$7,06070_n$
cos $5M'$	$7,06446_n$	$8,35793_n$	8,65108	$8,89509_n$	7,79727	7,79239	$7,19312_n$	$7,23553_n$	6,69897	7,23805	7,13672	5,47712
sin M'	9,36090	9,17420	9,54614	9,71586	9,68657	9,63705	9,59388	9,55944	9,53242	9,51096	9,49459	9,48162
sin $2M'$	8,82640	9,35464	$8,67117_n$	$9,25957_n$	$8,67154_n$	8,58569	8,86958	8,92469	8,91614	8,87990	8,82898	8,76997
sin $3M'$	8,69653	$9,08927_n$	9,20804	9,24539	8,29248	$8,14489_n$	$7,69548_n$	7,90902	8,20710	8,27138	8,23654	8,12581
sin $4M'$	$8,64217_n$	8,99304	$9,20425_n$	$8,79239_n$	8,47436	8,07628	$7,36173_n$	$7,55751_n$	5,47712	7,56467	7,71767	7,66932
sin $5M'$	8,49527	$8,83366_n$	9,16131	$7,99255_n$	$8,30298_n$	7,49969	7,45637	$6,90309_n$	$7,18184_n$	$6,36173_n$	7,10721	7,28103

$$\frac{y'-y}{\rho^3}-\frac{y'}{r'^3}$$ (Fortsetzung)

Coefficient von:	$M=180^0$	$M=195^0$	$M=210^0$	$M=225^0$	$M=240^0$	$M=255^0$	$M=270^0$	$M=285^0$	$M=300^0$	$M=315^0$	$M=330^0$	$M=345^0$
—	$7{,}12710_n$	8,04650	8,39933	8,61794	8,78817	8,93237	9,05415	9,14451	9,18724	9,17020	9,09965	8,98574
cos M'	9,35340	9,37764	9,40617	9,43935	9,47695	9,51654	9,55081	9,56440	9,53242	9,43073	9,24824	8,99944
cos 2M'	8,47813	8,56407	8,67015	8,78176	8,88610	8,96713	8,99612	8,91046	8,52982	$8{,}07882_n$	7,08279	8,95818
cos 3M'	$7{,}20412_n$	6,79239	7,78817	8,16850	8,39533	8,50202	8,41514	$6{,}89763_n$	$8{,}52401_n$	$8{,}37511_n$	8,49748	8,52776
cos 4M'	$7{,}46982_n$	$7{,}44871_n$	$6{,}23045_n$	7,69108	8,03222	8,10175	7,46389	$8{,}27830_n$	$8{,}42045_n$	7,61278	8,13322	$8{,}40756_n$
cos 5M'	$7{,}13672_n$	$7{,}27416_n$	$6{,}88081_n$	7,32428	7,72591	7,68664	$7{,}62428_n$	$8{,}20844_n$	$7{,}88195_n$	8,01536	$7{,}77232_n$	7,72099
sin M'	9,47193	9,46570	9,46370	9,46771	9,48064	9,50618	9,54641	9,59632	9,63817	9,64843	9,61279	9,52396
sin 2M'	8,70757	8,65011	8,61321	8,62232	8,70044	8,84192	9,00617	9,13488	9,16047	8,9<453	8,19173	$8{,}30103_n$
sin 3M	7,91540	7,48855	$6{,}77085_n$	$6{,}84510_n$	7,75051	8,32572	8,64335	8,76775	8,57287	$8{,}04805_n$	$8{,}14799_n$	8,72090
sin 4M'	7,37658	$6{,}90309_n$	$7{,}55388_n$	$7{,}60206_n$	6,62325	8,05077	8,38075	8,34869	$7{,}68842_n$	$8{,}26435_n$	8,14019	7,52504
sin 5M'	7,10721	$6{,}20412_n$	$7{,}33445_n$	$7{,}41162_n$	6,51851	7,85126	8,08672	7,54283	$8{,}13290_n$	$7{,}45939_n$	7,83759	$8{,}09096_n$

Von den Coefficienten sind hier die Logarithmen gegeben.]

[3.]

[Durch Multiplication mit den Factoren der Gleichungen 2) erhält man endlich die Ausdrücke für $\frac{\mathrm{d}\log\mathrm{hyp}\, n}{n\,\mathrm{d}t}$ und $\frac{\mathrm{d}\varphi}{n\,\mathrm{d}t}$; der erstere ergibt, wenn die Integration eben so wie Seite 523—524 ausgeführt wird, die Störungen des Logarithmen der halben grossen Axe und die des ersten Theils der Epoche, der zweite die von φ. Es fand sich:

$$\begin{aligned}
\delta\log a = {} & 1\sin(\text{♂} - 3\text{⚴} + 10^0 27' 49'')\\
+ {} & 1\sin(\text{♂} - 2\text{⚴} + 202\ 20\ 18)\\
.+ {} & 6\sin(\text{♂} - \text{⚴} + 90\ 54\ 56)\\
+ {} & 11\sin(2\text{♂} - 5\text{⚴} + 124\ 17\ 38)\\
+ {} & 2\sin(2\text{♂} - 4\text{⚴} + 162\ 24\ 56)\\
+ {} & 2\sin(3\text{♂} - 7\text{⚴} + 76\ 2\grave{6}\ 28)\\
+ {} & 2\sin(4\text{♂} - 10\text{⚴} + 171\ 18\ 55)\\
+ {} & 1\sin(5\text{♂} - 12\text{⚴} + 120\ 44\ 45)
\end{aligned}$$

$$\begin{aligned}
\delta\int n\,\mathrm{d}t = {} & 0{,}''18\sin(\text{♂} - 3\text{⚴} + 280^0 27' 49'')\\
+ {} & 0{,}16\sin(\text{♂} - 2\text{⚴} + 292\ 20\ 18)\\
+ {} & 0{,}28\sin(\text{♂} - \text{⚴} + 180\ 54\ 56)\\
+ {} & 8{,}14\sin(2\text{♂} - 5\text{⚴} + 34\ 17\ 38)\\
+ {} & 0{,}12\sin(2\text{♂} - 4\text{⚴} + 252\ 24\ 56)\\
+ {} & 0{,}38\sin(3\text{♂} - 7\text{⚴} + 166\ 26\ 28)\\
+ {} & 0{,}79\sin(4\text{♂} - 10\text{⚴} + 81\ 18\ 55)\\
+ {} & 0{,}28\sin(5\text{♂} - 12\text{⚴} + 210\ 44\ 45).
\end{aligned}$$

$$\begin{aligned}
\delta\varphi = {} & 0{,}''15\sin(\text{♂} + 335^0 22' 13'')\\
+ {} & 0{,}49\sin(2\text{♂} - 5\text{⚴} + 106\ 33\ 27).
\end{aligned}$$

Säcularer Theil von $\delta\varphi$: täglich $-0{,}''000\,0059$

jährlich $-0{,}''00215$.

$\delta\log a$ ist in Einheiten der 7. Decimale gegeben, und es sind alle Gleichungen berücksichtigt, welche den Betrag einer solchen Einheit resp. den von $0{,}''10$ erreichen.]

[4.]

[Die Reihen, in welche im Vorigen die Grössen $\frac{x'-x}{\rho^3}$, $\frac{y'-y}{\rho^3}$, $\frac{z'-z}{\rho^3}$ entwickelt worden sind, haben eine so langsame Convergenz, dass trotz der Kleinheit der einzelnen Störungsgleichungen 24 Marsörter und eben so viele Pallasörter der Rechnung zum Grunde gelegt werden mussten. Man kann aber hier auch anders verfahren, indem man nemlich die zu entwickelnden Grössen mit einem Factor λ multiplicirt, der so beschaffen ist, dass einerseits die Entwickelung der Produkte $\frac{x'-x}{\rho^3}\lambda$ etc. möglichst gut convergirt, während andererseits die Entwickelung von λ^{-1} zwar langsam convergirt, sich aber leicht mit Hülfe analytischer Formeln beliebig weit fortsetzen lässt. Man kann dann die Producte $\frac{x'-x}{\rho^3}\lambda$ etc. interpolatorisch leicht entwickeln, indem man nur wenige Marsörter zum Grunde legt, und die Entwickelung von λ^{-1} mit wenig Mühe so weit fortsetzen, wie es nöthig scheint. Die Multiplication beider Entwickelungen gibt hierauf die gesuchte Entwickelung von $\frac{x'-x}{\rho^3}$ etc. Auch kann diese Methode zur Controlle der auf rein interpolatorischem Wege gewonnenen Entwickelungen dienen.

Der Factor λ wurde auf folgende Weise bestimmt:]

[5.]

Für die Entfernung des Mars von der Pallas finden wir allgemein [*)]:

$$\rho\rho = rr + \{9,442\,6583-10\}\,r\sin(v+234^0\,14'\,37{,}''09) + 2,321\,6384$$
$$+(-0,432\,7895 + \{0,473\,2062\}\,r\sin(v+54^0\,14'\,37{,}''09)).\cos E'$$
$$+\{0,407\,0481\}\,r\sin(v+332^0\,32'\,2{,}''60).\sin E' + \{8,304\,6988-10\}\cos E'^2.$$

Dies gibt für $M = 30^0$ [— für diesen Werth der mittlern Anomalie der Pallas soll die Entwickelung von $\frac{x'-x}{\rho^3}$ etc. nach Vielfachen von M' als Beispiel gegeben werden; sie entspricht den mit $M = 30^0$ überschriebenen Verticalcolumnen in den Tafeln auf den vorigen Seiten bis auf die dort hinzutretenden Grössen $\frac{x'}{r'^3}$ und $\frac{y'}{r'^3}$]:

$$[1]\quad \rho\rho = \{8,304\,6988-10\}(335,1002 - \{2,502\,7828\}\cos(E'-198^0\,39'\,45{,}''90) + \cos E'^2)$$
$$[= \{8,304\,6988-10\}(A - B\cos(E'-C) + \cos E'^2).$$

Man bestimme nun die Wurzeln E' der Gleichung $\rho\rho = 0$, welche

[*) Die Zahlen in den Klammern $\{\,\}$ sind Logarithmen.]

sämmtlich complex sind, und die dazu gehörigen Werthe von M' und bezeichne mit φ' den reellen Theil desjenigen Werths von M', dessen imaginärer Theil der kleinste ist:]

Zur Zerlegung der Grösse

$$A - B\cos(E'-C) + \cos E'^2$$

in die Factoren

[2] $$(M - \cos(E'-\varphi)).(N - \cos(E'+\varphi))$$

hat man folgenden Gleichungen Genüge zu leisten:

[3] $MN = A + \sin\varphi^2, \qquad M\sin 2\varphi = B\sin(\varphi - C), \qquad N\sin 2\varphi = B\sin(\varphi + C).$

In obigem Beispiele wird

$$\varphi = 198^0\,46'\,43'',08, \qquad \log M = 0{,}023\,6709, \qquad \log N = 2{,}501\,6381.$$

Man setze nun ferner $\frac{1}{M} = \sin\zeta$ [und man erhält für die gesuchte Wurzel]

[4] $$\cos(E'-\varphi) = \frac{1}{\sin\zeta},$$

[woraus

$$\sin(E'-\varphi) = i\,\mathrm{cotang}\,\zeta$$

und]

$$E' - M' = [e'\sin E' =]\; e'\sin(E'-\varphi).\cos\varphi + e'\cos(E'-\varphi).\sin\varphi$$
$$= \frac{e'\sin\varphi}{\sin\zeta} + e'\cos\varphi.i\,\mathrm{cotang}\,\zeta.$$

[Also, indem man] $\varphi - \frac{e'\sin\varphi}{\sin\zeta} = \varphi'$ [setzt,]

[5] $$M' - \varphi' = E' - \varphi - e'\cos\varphi.i\,\mathrm{cotang}\,\zeta.$$

[Die gesuchte Wurzel der Gleichung 4 hat offenbar

den reellen Theil: φ,

den imaginären Theil: $\mathrm{arc}\cos\frac{1}{\sin\zeta}$.

Der gesuchte reelle Theil von M' wird also nach 5 gleich φ'.

Aus 5 erhält man]

$$\cos(M'-\varphi')\ \Big[= \frac{1}{\sin\zeta}\cos(ie'\cos\varphi\,\text{cotang}\,\zeta) + i\,\text{cotang}\,\zeta\,.\sin(ie'\cos\varphi\,\text{cotang}\,\zeta)\Big]$$

$$= \tfrac{1}{2}c^{e'\cos\varphi\,\text{cotang}\,\zeta}\,\text{tang}\,\tfrac{1}{2}\zeta + \tfrac{1}{2}c^{-e'\cos\varphi\,\text{cotang}\,\zeta}\,\text{cotang}\,\tfrac{1}{2}\zeta,$$

[wo c die Basis der hyperbolischen Logarithmen ist.

Setzt man]

$$\text{tang}\,\tfrac{1}{2}\zeta\,.\,c^{e'\cos\varphi\,\text{cotang}\,\zeta} = \text{tang}\,\tfrac{1}{2}\zeta',$$

so ist

$$[\cos(M'-\varphi') = \frac{1}{\sin\zeta'}$$

und die Gleichung

[6] $$1-\sin\zeta'\cos(M'-\varphi') = 0$$

hat dieselbe in Frage kommende Wurzel, wie die Gleichung $\rho\rho = 0$. Man wähle also] $1-\sin\zeta'\cos(M'-\varphi')$ [als] Factor von $\rho\rho$, nemlich

$$\left(\frac{1}{\sin\zeta'} - \cos(M'-\varphi')\right)^{\frac{3}{2}} = \lambda.$$

In unserm Beispiele:

M 0,023 6709	$\cos\varphi$ .... 9,976 2442$_n$	
e' 4,283 8772	ke' 8,605 0264	
$\sin\varphi$ .... 9,507 7380$_n$	cotang ζ 9,530 6736	log sin ζ' = 9,971 9987
log 6535″,61 = 3,815 2861$_n$	8,111 9442$_n$	$\frac{1}{\sin\zeta'}$ = 1,066 5993
φ' = 200° 35′ 38″,69	− 0,012 9403	
ζ = 71 15 15,57	tang $\frac{1}{2}\zeta$ 9,855 3053	
	tang $\frac{1}{2}\zeta'$ 9,842 3650	
	ζ' = 69° 38′ 44″,22	

[6.]

Wenn wir jetzt $\left(\frac{1}{\sin\zeta'} - \cos\psi\right)^{-\frac{3}{2}}$ in die Reihe $A^{(0)} + 2A'\cos\psi + 2A''\cos 2\psi + 2A'''\cos 3\psi$ etc. verwandeln, so finden wir

$A^{(0)}$ 0,84080	A^{V} 0,33519	A^{X} 9,66361
A' 0,77891	A^{VI} 0,20648	A^{XI} 9,52324
A'' 0,68575	A^{VII} 0,07434	A^{XII} 9,38162
A''' 0,57721	A^{VIII} 9,93947	A^{XIII} 9,23889
A^{IV} 0,45934	A^{IX} 9,80243	A^{XIV} 9,09521

Die Produkte von $\frac{x'-x}{\rho^3}$, $\frac{y'-y}{\rho^3}$, $\frac{z'-z}{\rho^3}$ in jene Grösse [λ] werden [mit Hülfe der Interpolationsrechnung und wenn man] $M' - 200^0\,35'\,38'',69 = \psi$ substituirt, dargestellt durch

$$\left[\frac{x'-x}{\rho^3}\lambda =\right] \begin{aligned}&(8{,}94640_n)\\ &+(8{,}92305)\cos(\psi - 309^0\,24'\,15'')\\ &+(7{,}35278)\cos(2\psi - 295\;\;29\;\;24)\\ &+(5{,}91082)\cos(3\psi - \;\;93\;\;32\;\;27)\\ &+(4{,}50000)\cos(4\psi - 296\;\;\;3\;\;31)\end{aligned}$$

$$\left[\frac{y'-y}{\rho^3}\lambda =\right] \begin{aligned}&(9{,}02925_n)\\ &+(8{,}96770)\cos(\psi - \;\;39^0\,29'\,23'')\\ &+(7{,}37447)\cos(2\psi - \;\;\;8\;\;34\;\;22)\\ &+(5{,}88737)\cos(3\psi - 165\;\;50\;\;39)\\ &+(5{,}00000)\cos(4\psi - 314\;\;29\;\;37)\end{aligned}$$

$$\left[\frac{z'-z}{\rho^3}\lambda =\right] \begin{aligned}&(7{,}69425)\\ &+(8{,}79987)\cos(\psi - 271^0\,54'\,33'')\\ &+(7{,}14295)\cos(2\psi - 251\;\;37\;\;53)\\ &+(5{,}67590)\cos(3\psi - \;\;55\;\;51\;\;49)\\ &+(4{,}55697)\cos(4\psi - 153\;\;56\;\;\;1)\end{aligned}$$

[wo die Zahlen in Klammern Logarithmen sind, denen -10 beizufügen ist].

Die Multiplication $\left[\text{mit } \lambda^{-1} = \left(\frac{1}{\sin\zeta'} - \cos\psi\right)^{-\frac{3}{2}}\right]$ gibt, verwandelt nach M' und aufgelöset:

$$\left[\frac{x'-x}{\rho^3} =\right] \begin{aligned}&(9{,}45993_n)\\ &+(9{,}54466)\cos\;M' + (9{,}44757)\sin\;M'\\ &+(9{,}16448_n)\cos 2M' + (9{,}51903_n)\sin 2M'\\ &+(7{,}08889_n)\cos 3M' + (9{,}45197)\sin 3M'\\ &+(8{,}92892)\cos 4M' + (9{,}30092_n)\sin 4M'\\ &+(9{,}06522_n)\cos 5M' + (9{,}06415)\sin 5M'\\ &+(9{,}05166)\cos 6M' + (8{,}68506_n)\sin 6M'\\ &+(8{,}95782_n)\cos 7M' + (7{,}46949)\sin 7M'\\ &+(8{,}79925)\cos 8M' + (8{,}34536)\sin 8M'\end{aligned}$$

$$+(8{,}56991_n)\cos 9M'+(8{,}50109_n)\sin 9M'$$
$$+(8{,}22969)\cos 10M'+(8{,}49485)\sin 10M'$$
$$+(7{,}53031_n)\cos 11M'+(8{,}40768_n)\sin 11M'$$
$$+(7{,}63370_n)\cos 12M'+(8{,}25866)\sin 12M'$$

$$\left[\frac{y'-y}{\rho^3}=\right]\quad (9{,}47668_n)$$
$$+(9{,}63967)\cos M'+(8{,}50233)\sin M'$$
$$+(9{,}51059_n)\cos 2M'+(9{,}02705_n)\sin 2M'$$
$$+(9{,}33294)\cos 3M'+(9{,}18213)\sin 3M'$$
$$+(9{,}07532_n)\cos 4M'+(9{,}20796_n)\sin 4M'$$
$$+(8{,}64959)\cos 5M'+(9{,}16074)\sin 5M'$$
$$+(7{,}62379)\cos 6M'+(9{,}04919_n)\sin 6M'$$
$$+(8{,}48920_n)\cos 7M'+(8{,}88525)\sin 7M'$$
$$+(8{,}60708)\cos 8M'+(8{,}65567_n)\sin 8M'$$
$$+(8{,}59196_n)\cos 9M'+(8{,}32031)\sin 9M'$$
$$+(8{,}50393)\cos 10M'+(7{,}65180_n)\sin 10M'$$
$$+(8{,}35819_n)\cos 11M'+(7{,}69297_n)\sin 11M'$$
$$+(8{,}15293)\cos 12M'+(7{,}95684)\sin 12M'$$

$$\left[\frac{z'-z}{\rho^3}=\right]\quad (8{,}65205)$$
$$+(9{,}08688_n)\cos M'+(8{,}98816)\sin M'$$
$$+(9{,}16022)\cos 2M'+(8{,}82869_n)\sin 2M'$$
$$+(9{,}13827_n)\cos 3M'+(8{,}22448)\sin 3M'$$
$$+(9{,}04085)\cos 4M'+(8{,}37898)\sin 4M'$$
$$+(8{,}87381_n)\cos 5M'+(8{,}67000_n)\sin 5M'$$
$$+(8{,}61892)\cos 6M'+(8{,}72664)\sin 6M'$$
$$+(8{,}19282_n)\cos 7M'+(8{,}68629_n)\sin 7M'$$
$$+(7{,}21494_n)\cos 8M'+(8{,}58000)\sin 8M'$$
$$+(8{,}03783)\cos 9M'+(8{,}41399_n)\sin 9M'$$
$$+(8{,}15116_n)\cos 10M'+(8{,}17837)\sin 10M'$$
$$+(8{,}13185)\cos 11M'+(7{,}82727_n)\sin 11M'$$
$$+(8{,}03916_n)\cos 12M'+(7{,}05565)\sin 12M'.$$

[7.]

[Die Berechnung der Grössen M, N, φ nach den Gleichungen 3 der Notiz [5] muss durch Annäherung erfolgen; man kann indessen die Wurzeln der Gleichung $\rho\rho = 0$ auch auf folgende Weise bestimmen:]

Auflösung der Gleichung

$$a + b\cos 2u = \cos(u + D)$$

[wo u für E' geschrieben ist und die Beziehungen der Constanten a, b, D zu denen der Gleichung 1 der Notiz [5] leicht ersichtlich sind]:

Man setze

$$u = x + y,$$

also

$$a + b\cos 2x\cos 2y - \cos(D + x)\cos y + \sin y\,(\sin(D + x) - 2b\sin 2x\cos y) = 0.$$

Setzen wir also, was erlaubt ist,

1) $$2b\sin 2x\cos y = \sin(D + x),$$

so wird

2) $$b\cos 2x\cos 2y - \cos(D + x)\cos y + a = 0.$$

Die Substitution des Werths von $\cos y$ aus 1) in 2) gibt

$$4b\sin 2x^2.(a - b\cos 2x) = \cos 2D - \cos 2x,$$

also, wenn man $\cos 2x = t$ setzt,

3) $$4b(1 - t)(1 + t)(a - bt) = \cos 2D - t$$

oder entwickelt

4) $$4bbt^3 - 4abtt + (1 - 4bb)t + 4ab - \cos 2D = 0.$$

Die Form 3) ist zur indirecten Auflösung am bequemsten.

Nachdem man also x gefunden hat, kann man y entweder aus 1) durch die Formel

$$\cos y = \frac{\sin(D + x)}{2b\sin 2x}$$

oder aus 2) durch die Formel

$$\cos y = \frac{(-a+b\cos 2x)\sin 2x}{\sin(D-x)}$$

bestimmen. Für x kann man gewiss sein, allemal einen reellen Werth zu erhalten. Fände man für $\cos y$ einen Werth grösser als 1, so ist der imaginäre Werth von y:

$$y = i \log\mathrm{hyp}\,\{\cos y + \sqrt{(\cos y^2 - 1)}\}.$$

Bedeutet u eine excentrische Anomalie und e die Excentricität, so ist die entsprechende mittlere Anomalie

$$x - e\sin x\cos y + i\{\log\mathrm{hyp}(\cos y + \sqrt{(\cos y^2 - 1)}) - e\cos x\sqrt{(\cos y^2 - 1)}\}.$$

Sind

$$a\cos(nM+A), \qquad a'\cos((n+1)M+A')$$

zwei auf einander folgende Glieder einer Reihe, die eine unendlich gross werdende Function vorstellt, wenn $a+b\cos 2u = \cos(u+D)$ würde, so ist

$$\mathrm{Limes}\,(A-A') = x - e\sin x\cos y$$

$$\mathrm{Limes}\,\frac{a}{a'} = \frac{\cos y + \sqrt{(\cos y^2 - 1)}}{e\cos x\sqrt{(\cos y^2-1)}},$$

wo c die Basis der hyperbolischen Logarithmen bedeutet. Zur bequemern Rechnung kann man noch $\cos y = \frac{1}{\sin\zeta}$ setzen, wodurch

$$\mathrm{Limes}\,\frac{a}{a'} = \frac{\mathrm{cotang}\,\frac{1}{2}\zeta}{c^{e\cos x\,\mathrm{cotang}\,\zeta}}$$

wird.

[Man wird also, übereinstimmend mit den vorigen Notizen, für den Factor $\lambda = \left(\frac{1}{\sin\zeta'} - \cos(M'-\varphi')\right)^{\frac{3}{2}}$ die Werthe annehmen, die der Wurzel der Gleichung $\lambda = 0$ entsprechen:

$$\varphi' = x - \frac{e\sin x}{\sin\zeta} = \mathrm{Limes}\,(A-A')$$

$$\frac{1}{\sin\zeta'} = \cos\left(i\log\mathrm{hyp}\,\mathrm{Limes}\,\frac{a}{a'}\right) \quad \text{oder} \quad \mathrm{cotang}\,\tfrac{1}{2}\zeta' = \mathrm{Limes}\,\frac{a}{a'}.]$$

BEMERKUNGEN.

Von GAUSS' Untersuchungen über die Störungen der Pallas finden sich im Nachlass fast ausschliesslich numerische Rechnungen ohne erklärenden Text; diese stehen auf einer grossen Menge einzelner Zettel, welche im Archiv fünf Kapseln füllen; die Berechnung der Oppositionen und die Vergleichung mit den Beobachtungen hat GAUSS indessen auch vielfach in seinen Handbüchern ausgeführt. Die grosse Menge des Materials erschwerte die Sichtung wesentlich; doch war es schliesslich möglich, namentlich durch gleichzeitiges Studium des Briefwechsels, das Ganze in zusammenhängende Form zu bringen.

Im Vorstehenden sind die Stellen aus dem Briefwechsel (S. 413—438) vorangestellt, welche den historischen Verlauf der GAUSSschen Untersuchungen klarlegen; über ihren Zusammenhang mit dem später abgedruckten Text sei Folgendes bemerkt:

GAUSS hatte während der Berechnung der Ceresstörungen den Plan gefasst, eine Tafel herzustellen, welche die Entwickelung der Störungsfunction für die gesamten bis dahin entdeckten kleinen Planeten erleichtern sollte; er schreibt darüber an OLBERS am 3. September, 7. und 29. October 1805. Auch findet sich im Handbuch Be eine Reihe von Aufzeichnungen über die Methode, die GAUSS hier anzuwenden gedachte. Die Tafel, bei deren Berechnung BESSEL half, ist auch vollendet worden und im Nachlass vorhanden. Da GAUSS dann aber bei der Berechnung der Pallasstörungen andere Methoden anwandte, so ist sie niemals zur Anwendung gekommen, und aus diesem Grunde wurde auch auf ihren Abdruck verzichtet.

Die Briefe an OLBERS von Januar 1806 bis October 1810 beziehen sich auf Vorarbeiten zur Berechnung der Störungen und zwar theils auf Untersuchungen über die Genauigkeit, mit der sich die Beobachtungen bei Anwendung der Methode der kleinsten Quadrate darstellen lassen, theils auf die analytischen Grundlagen zur Entwickelung der Störungsfunction. Ende October 1810 hat GAUSS dann die erste Rechnung der speciellen Störungen der Pallas (abgedruckt S. 473) begonnen, auf welche sich die Briefe vom November 1810 beziehen. Der Brief an OLBERS vom 13. December 1810 betrifft die zweite Rechnung der speciellen Störungen (S. 483), die von August und October 1811 betreffen die erste Rechnung der allgemeinen Störungen (S. 489). Im April 1812 begann GAUSS die zweite Rechnung der allgemeinen Störungen, die Juli 1813 vollendet wurde. Aus der Zeit von März 1812 bis Januar 1813 haben ausser dem Brief an BESSEL vom 5. Mai 1812 nur die Briefe von OLBERS an GAUSS abgedruckt werden können, da die entsprechenden von GAUSS an OLBERS verloren gegangen sind; unter den verlorenen befindet sich auch der, in welchem GAUSS, wie im genannten Brief an BESSEL, Mittheilung von seiner Entdeckung der Rationalität der Umlaufszeiten von Pallas und Jupiter macht. GAUSS hat diese Entdeckung zuerst also vor der Ausführung der zweiten Rechnung der allgemeinen Störungen im März oder Anfang April 1812 gemacht, als er mit dem kleinen Divisor 18♃ — 7⚴ noch garnicht gerechnet hatte; es bleibt unklar (vgl. aber das weiter unten S. 604 Gesagte), in welcher Weise er die Rationalität im speciellen gefunden hat; die Notizen, die sich hierüber im Nachlass fanden und die S. 558 abgedruckt sind, stammen aus späterer Zeit, jedenfalls **nach** der Ausführung mindestens eines grossen Theils der zweiten Rechnung.

Besondere Sorgfalt verwandte GAUSS auf die Vergleichung seiner Resultate mit den Beobachtungen, resp. auf die Bestimmung der Normalelemente, welche in Verbindung mit den gerechneten Störungen die Beobachtungen möglichst gut darstellten. Man ist somit in der Lage, sich ein sehr gutes Bild darüber zu machen, wie genau die Beobachtungen mit der Theorie übereinstimmen; die Differenzen zwischen beiden hat GAUSS meist schon selbst publicirt (s. Band VI); ausserdem findet man sie, ausser bei den Vergleichungen mit den Oppositionen, auch in den oben abgedruckten Briefstellen. Ausser den im Anschluss an die Bestimmung der Störungen oben abgedruckten Vergleichungen mit den Oppositionen findet sich im Nachlass eine sehr grosse Menge solcher Vergleichungen, auch für spätere Oppositionen, theils mit Berücksichtigung der Saturnstörungen theils ohne diese, theils mit der alten Jupitersmasse, theils mit verbesserter. Am vollständigsten ist eine Vergleichung mit den ersten 10 resp. 12 Oppositionen (1802 bis 1817) im Handbuch Bf erhalten; sie ist nicht abgedruckt worden, weil sie in der Methode nichts Neues bietet und ihre Resultate aus dem S. 430 abgedruckten Briefe an OLBERS hervorgehen. Diese Vergleichungen mit den Oppositionen hat GAUSS sowohl an seine speciellen Störungen angeschlossen, die er noch bis zum Jahre 1816 fortgesetzt zu haben scheint, als auch an die allgemeinen. Bei der Berechnung der Störungsbeträge aus den Ausdrücken für die allgemeinen Störungen haben ihm WESTPHAL, ENCKE und NICOLAI wesentliche Hülfe geleistet; hiezu wurden, so lange die Tafeln (S. 572) noch nicht fertig waren, Gruppen von Störungsgleichungen, je nach ihrer Grösse, auf Zettelchen zusammengefasst und »Manipel genannt. Jeder Manipel (mit Ausnahme des letzten) enthielt zehn Störungsglieder; so lauten z. B. die ersten Manipel für die Länge des Perihels folgendermassen:

Länge des Perihels.

Manipel 1.			*Manipel 2.*		
[*Nr. der Störungsgleichung*]	[*Argument*]	[*Log. des Coefficienten*]	[*Nr. der Störungsgleichung*]	[*Argument*]	[*Log. des Coefficienten*]
27	2♃ — ⚴ + 236° 43′ 49″	2,88715	78	6♃ — 2⚴ + 137° 59′ 40″	1,77929
66	5♃ — 2⚴ + 303 26 18	2,81492	13	♃ — ⚴ + 309 34 12	1,76702
40	3♃ — ⚴ + 94 47 46	2,72535	1	⚴ + 321 28 57	1,75857
52	4♃ — 2⚴ + 288 15 4	2,16040	89	7♃ — 3⚴ + 334 36 27	1,75507
39	3♃ — 2⚴ + 260 27 22	1,95730	38	3♃ — 3⚴ + 340 39 45	1,68732
26	2♃ — 2⚴ + 342 9 24	1,94234	77	6♃ — 3⚴ + 320 40 29	1,59337
28	2♃ + 101 42 47	1,91320	65	5♃ — 3⚴ + 306 34 54	1,57175
100	8♃ — 3⚴ + 168 38 33	1,90406	122	10♃ — 4⚴ + 18 48 20	1,54904
53	4♃ — ⚴ + 106 12 53	1,88715	41	3♃ + 87 0 49	1,50939
14	♃ + 291 57 59	1,85959	12	♃ — 2⚴ + 242 28 11	1,43467

u. s. w.

Für jeden solcher Manipel wurden die einzelnen Störungsglieder berechnet und dann die Beträge der Manipel addirt, um die Gesammtstörungen eines jeden Elementes zu finden. Specielle Störungen für spätere Jahre hat auch ENCKE gerechnet, s. Berliner Astronomisches Jahrbuch für 1837—38.

Die erste Untersuchung über die Jupitersmasse ist S. 561 abgedruckt. Der Verlauf von GAUSS' Arbeiten hierüber ergibt sich aus dem Briefwechsel S. 424—429; auffallend ist, wie genau GAUSS den Werth dieser Grösse zuletzt im Briefe an OLBERS vom 24. Juli 1816 auf $\frac{1}{1050}$ angibt.

Auf die S. 572 abgedruckten Tafeln der Störungen durch Jupiter beziehen sich die Briefe von Februar 1817 bis März 1818; der erste Plan einer solchen Tafel wird bereits im Briefe an OLBERS vom 8. April 1813 erwähnt, in welchem GAUSS auch die Absicht ausspricht, die Störungen durch Saturn und Mars berechnen zu lassen.

Über die Ausarbeitung seiner Methode, als deren Beginn wir die »Exposition d'une nouvelle méthode etc.« anzusehen haben, finden sich Andeutungen in den Briefen vom 12. December 1813 und vom 25. September 1814. Dass diese mit der Absicht der Bewerbung um den von der französischen Akademie ausgesetzten Preis begonnen wurde, geht schon aus ihrer Abfassung in französischer Sprache hervor. Wie sich dann die Hoffnungen der astronomischen Welt, der Preis möchte GAUSS zufallen, durch lange Jahre hinzogen und doch schliesslich enttäuscht wurden, zeigt der Briefwechsel deutlich genug.

Im Einzelnen ist folgendes zu bemerken:

Zu [I.]: Die Briefstellen sind nach den Originalen abgedruckt, mit Ausnahme des ersten Briefes an OLBERS vom 3. Januar 1806, dessen Original sich auf der Pulkowaer Sternwarte befindet und von dem das Archiv durch Vermittlung von Herrn C. SCHILLING-Bremen eine Copie besitzt. Zum Brief von HANSEN an GAUSS vom 7. Februar 1843 ist zu bemerken, dass nicht $\frac{p''}{p_1''\mu}$, sondern das Mittel $\frac{1}{2}\left(\frac{p''}{p_1''\mu}+\frac{r''}{r_1''\mu}\right)$ die letzterwähnte Zahl 9,791 4946_n ergibt, also nicht $\frac{p''}{p_1''\mu}$ mit $\frac{p'''}{p_1'''\mu}$ übereinstimmt, sondern dies Mittel; ich verdanke diese Mittheilung Herrn J. KRAMER, der das Beispiel nachgerechnet hat.

Zu [II.]: Von der »Exposition d'une nouvelle méthode« etc. befinden sich im Nachlass zwei unvollendete Entwürfe, von denen nur der erste das mitabgedruckte Motto trägt. Die ersten drei »Sections« unterscheiden sich nicht wesentlich in beiden Entwürfen und sind (Seite 439—464) nach dem zweiten Entwurf abgedruckt. Die »Quatrième Section« dagegen ist in beiden Entwürfen gänzlich verschieden und darum nach beiden abgedruckt; im ersten Entwurf bricht sie inmitten eines Satzes ab. Bei den Manuscripten fand sich auf einem Zettel folgende »L[ISTING] 1855 Aug. 18« unterzeichnete Bemerkung: »Diese offenbar ganz druckfertige Abhandlung, welche sich in dem (3 + 4)ten Bande von CRELLEs Journal vorfand, scheint in's Jahr 1806 (spätestens) gesetzt werden [zu] müssen, insofern die in der »Quatrième Section« enthaltene Entwickelungsmethode nach GAUSS' mündlichen Äusserungen früher als die von FOURIER gegebene vom Dec. 1806 niedergeschrieben war«, mit dem späteren Zusatz: »Jedoch stellt die Stelle Art. 20 »pendant les annees 1803 ... 1816« die Zeit der Abfassung nach dem letztgenannten Jahre. Noch wäre nicht ohne Interesse, dem Ursprung der zu Ende Art. 3 angeführten Constanten nachzuspüren.«

Aus dem Briefwechsel geht aber hervor, dass jedenfalls der erste Entwurf etwa 1815 zu setzen ist, der zweite, der den von LISTING erwähnten Gegenstand behandelt, also noch später; GAUSS mündliche Äusserungen können sich nur darauf beziehen, dass er diese Untersuchungen überhaupt schon gemacht, eventuell an anderer Stelle aufgezeichnet hatte. Von befreundeter Seite erhielt ich einige interessante Mittheilungen über den GAUSSschen Convergenzbeweis, von denen ich hier nur erwähnen kann, dass POISSONs analoger Beweis bereits 1815 im Bulletin der Société philomatique p. 90 im Auszug erschienen ist. Es wäre nicht unmöglich, dass GAUSS diesen Auszug bei der Abfassung des zweiten Entwurfs gekannt hat und vielleicht gerade dadurch zum Niederschreiben des von ihm früher gefundenen Beweises veranlasst wurde. GAUSS scheint, wie schon erwähnt, die Ausarbeitung der »Exposition« in der Absicht unternommen zu haben, sie für den von der Pariser Akademie auf die Störungen der Pallas ausgesetzten Preis einzusenden, dessen Vertheilung schliesslich bis zum Jahr 1816 hinausgeschoben worden war (vgl. auch den Brief an OLBERS vom 8. Januar 1816, S. 427).

Zu [III.]—[IV.]: Die Rechnungen zu den speciellen Störungen finden sich zum grössten Theil auf Blättern, zum kleinern in Handbüchern. Der gesamte Text und zum Theil auch die Zahlen haben ergänzt werden müssen. Den Originalen sind entnommen: S. 473—474 die Formeln, die sich auf den zur zweiten

Rechnung der speciellen Störungen gehörigen Blättern finden, S. 475—482 mit wenigen Ausnahmen die Zahlen, die theils auf Blättern, theils in zwei Handbüchern (Bc und Bd) verstreut stehen und theilweise ergänzt wurden. Die Zahlen der zweiten Rechnung, Seite 483—488 finden sich ohne Text, aber zusammenhängend, auf einem Convolut von Blättern.

Zu [V.]: Die Notizen [1.]—[3.] und [5.] haben vollständig frei bearbeitet werden müssen, da im Nachlass gar keine Angabe über die Rechnungsmethode vorhanden ist, sondern nur die Blätter mit den Rechnungen, nach deren Entzifferung erst die Methode klargelegt werden konnte. Der Herausgeber wurde hiebei unterstützt durch einzelne Vorarbeiten von SCHERING und SCHUR, welche bereits einige Blätter entziffert und die Bedeutung einiger Zahlen angegeben hatten. Aus einigen Aufzeichnungen SCHERINGS liess sich auch erkennen, dass dieser sich vielleicht den grössten Theil der Rechnungen klargelegt hatte; leider waren aber diese Aufzeichnungen zu unvollständig, um bei der Bearbeitung benutzt werden zu können. Das Rechnungsbeispiel [4.], das in einem Handbuch steht und mit nur unwesentlichen Änderungen abgedruckt ist, diente als Anhaltspunkt. Die Bearbeitung ist so gehalten, dass sie sich an die »Theoria interpolationis« Bd. III S. 265, anschliesst, da dieses wahrscheinlich der von GAUSS zunächst eingeschlagene Weg ist. Die interessante Untersuchung in der »Quatrième Section« der »Exposition«, S. 465 kommt also hier garnicht zur Geltung. Ihr Zusammenhang mit der numerischen Rechnung liegt aber auf der Hand, wenn die Integrationen zur Bestimmung der Coefficienten der Reihen durch mechanische Quadratur ausgeführt werden.

Von den numerischen Werthen der Notiz [6.] wurden die der Seiten 507—508 nach langem Suchen in einem Heftchen Schedae (An) gefunden, die der Seiten 509—513 stehen auf einzelnen Blättern; sie mussten mehrfach ergänzt werden; in den Tafeln für T, V, W, S. 509—511 fehlen einige Werthe, auf deren Ergänzung verzichtet wurde. Die Berechnung der Störungen selbst, Notiz [7.]—[12.], und die Vergleichung mit den Oppositionen, Notiz [13.], stehen auf einzelnen Blättern. Es wurde nur soviel abgedruckt, wie nöthig erschien, um eine lückenlose Darstellung zu erhalten.

Auf einem der Blätter, welche die Integration der Störungen der Epoche ε enthalten, findet sich folgende kleine Rechnung, wobei die erste der angegebenen Zahlen die mittlere Bewegung der Pallas ist:

769,''202079
das 7-fache = 5384,''414553
18 m. m. ♃ = 5384,392272
18♃ — 7⚴ = — 0,022281
♃ sid. in una die 299,''132904.

Es scheint dies das Einzige zu sein, was auf den ersten Schritt der GAUSSschen Entdeckung der Rationalität beider Umlaufszeiten hinweist; daraus lässt sich aber weiter nichts schliessen, als dass er eben die Grösse $18n' - 7n$ als äusserst klein gefunden hatte.

Die Werthe der Pallaselemente, die zum Grunde liegen, S. 508, hat GAUSS im Laufe der Rechnung zum Theil etwas verändert angenommen, so hat er z. B. bei den Integrationen $\tilde{\omega} - \Omega = 308^{0}29'23''$ Einige kleinere Rechenfehler sind verbessert, eine Controlle der Rechnung ist aber wegen der ungeheuren damit verbundenen Arbeit nicht vorgenommen worden. GAUSS scheint diese erste Rechnung der allgemeinen Störungen mit geringerer Sorgfalt ausgeführt zu haben.

Zu [VI.]: Im April 1812 begann GAUSS die zweite Rechnung der allgemeinen Störungen; über den Umfang der einzelnen Rechnungen und die dazu gebrauchte Zeit hat GAUSS die folgenden Tagebuchartigen Notizen auf einem Zettel geführt, welche, ihres speciellen Interesses wegen, möglichst getreu nach dem Originale mit Fortlassung nur weniger Zahlen hier abgedruckt sind; die Zeichen ☾, ♂, ☿, ♃, ♀, ♄, ☉ bedeuten, wie üblich, die Wochentage Montag, Dienstag etc.; durch sie war es möglich, das Jahr zweifellos festzustellen; die Angaben »fertig Aug. 15« etc. geben nicht das Datum der wirklichen Vollendung an, sondern den Zeitpunkt, bis zu welchem nach Vorausberechnung jedesmal der Abschluss der Entwickelung der Störungsfunction zu erwarten war.

Journal über die Rechnungen an den Pallasstörungen.

[1812]

☉ *April 5. Präparation der Jupitersörter*
☿ *April 8. Präparation der Pallasörter*
♃ *April 9. Tableau für 240°*
♄ *April 11.*, ☉ *April 12.*, ☾ *April 13.* } *Interpolation für T, V, W*
♂ *April 14. Tableau für 255°*
☿ *April 15.*, ♃ *April 16.*, ♀ *April 17.* } *Interpolation für T, V W*
♄ *April 18. Für die 22 übrigen Tableaus das Netz gezogen.*
☉ *April 19. Für dieselben die Winkelargumente. 6336 Z[iffern].*
☾ *April 20 —* ☉ *April 26. .... 12672 Z.*
☾ *April 27. .... 1728 Z.*
♂ *April 28. .... 2592 Zif.*
☿ *April 29. .... 3168 Zif.*
♃ *April 30. .... 2592*

Präp.	Tabl.	Interp.
9936	41760	15840

67536 [Ziffern] in 26 Tagen
2598 in 1 Tage

Das Ganze wird betragen:

	Tabl. 148320	Interp. 190080
fehlen noch	106560	174240
Das Ganze	338400	
fertig	57600	
fehlen	280800	

	Tabl.	Interp.	
Mai 1.—6.	2304	7920	225°
Mai 7. ♃	3024		
Mai 8. ♀	3024		
Mai 9. ♄	3744		
Mai 10. ☉	1152	2640	270° V
Mai 11. ☾	1440	2640	270° W
Mai 12. ♂	1440	2640	270° T
Mai 1.—12.:	16128	15840	31968
		täglich	2664
fehlen noch	90432	158400	248832
		fertig August 15.	

Mai 13. ☿	4032		
Mai 14. ♃	2592	2640	210° V
Mai 15. ♀	1728	2640	210° W
Mai 16. ♄	864	2640	210° T
Mai 1.—16.:	25344	23760	49104
		tägl.	3071
fehlen	81216	150480	231696
		fertig August 6.	

Mai 17. ☉	4608		
Mai 18. ☾	2304	2640	195° V
Mai 19. ♂	1728	2640	195° W
Mai 20. ☿	5184	2640	195° T
Mai 17.—20.:	13824	7920	
Mai 1.—20.:	39168	31680	70848
		tägl.	3542
fehlen noch	67392	142560	209952
		fertig Jul. 29.	

Mai 21. ♃	2016	2640	285° V
22. ♀	1728	2640	285° W
23. ♄	2016	2640	285° T
24. ☉	288	5280	180° V, W
Mai 21.—24.:	6048	13200	
Mai 1.—24.:	45216	44880	90096
		tägl.	3754
fehlen	61344	129360	190704
		fertig Jul. 24.	

	Tabl.	*Interp.*	
Mai 25. ☾	*1440*	*2640*	*180° T*
26. ♂......	*2016*	*2640*	*300° V*
27. ☿	*1728*	*2640*	*300° W*
28. ♃......	*2016*	*2640*	*300° T*
Mai 25.—28.:	*7200*	*10560*	*17760*
Mai 1.—28.:	*52416*	*55440*	*107856*
		tägl.	*3852*
fehlen noch	*54144*	*118800*	*172944*
			fertig Jul. 22.

Mai 29.	*288*	*5280*	*165° V, W*
30. ♄......	*1440*	*2640*	*165° T*
31. ☉	*2016*	*2640*	*150° V*
Mai 29.—31.:	*3744*	*10560*	*14304*
Im ganzen Mai	*56160*	*66000*	*122160*

Seit dem 5. April:

Präp. 9936, Tabl. 97920, Interp. 81840

in 57 Tagen: 189696

tägl. 3328

fehlen noch 50400 108240 158640

fertig den 18. Julius.

Jun. 1. ☾.......	*1728*	*2640*	*150° W*
Jun. 2. ♂ } 9. ♂ }	*3744*	*10560*	*{150° T {315° T, V, W*
[Jun. 1.—9.]:	*5472*	*13200*	*18672*
fehlen	*44928*	*95040*	*139968*
			fertig Jul. 24.

Jun. 10. ☿.....	*2016*	*2640*	*135° V*
[Jun. 1.—10.]:	*7488*	*15840*	*23328*
[fehlen noch]	*42912*	*92400*	*13512*
Jun. 11. ♃	*1728*	*2640*	*135° W*
[Jun. 1.—11.]:	*9216*	*18480*	*27696*
[fehlen]	*41184*	*89760*	*130944*
Jun. 12. ♀	*2016*	*2640*	*135° T*
[Jun. 1.—12.]:	*11232*	*21120*	*32352*
[fehlen]	*39168*	*87120*	*126288*
Jun. 13. ♄	*288*	*5280*	*120° V. W*
[Jun. 1.—13.]:	*11520*	*26400*	*37920*
[fehlen]	*38880*	*81840*	*120720*

	Tabl.	*Interp.*	
Jun.14.—16.☉—♂	*5184*	*7920*	*120° T, 105° V, W*
[Jun. 1.—16.]:	*16704*	*34320*	*51024*
[fehlen]	*33696*	*73920*	*107616*
Jun. 17.	*2016*	*2640*	*105° T*
[Jun. 1.—17.]:	*18720*	*36960*	*55680*
[fehlen]	*31680*	*71280*	*102960*
Jun. 18. ♃	*288*	*5280*	*330° V, W*
[Jun. 1.—18.]:	*19008*	*42240*	*61248*
[fehlen]	*31392*	*66000*	*97392*
in 75 Tagen			*250944*
tägl.			*3345*
			fertig den 18. Julius.

Jun. 19. ♀......	*2440*	*2640*	*330° T*
[Jun. 1.—19.]:	*20448*	*44880*	*65328*
[fehlen]	*29952*	*63360*	*93312*
Jun. 20. ♄	*2016*	*2640*	*90° V*
[Jun. 1.—20.]:	*22464*	*47520*	*69980*
[fehlen]	*27936*	*60720*	*88656*
in 77 Tagen			*259676*
tägl.			*3372*
			fertig den 17. Julius.

Jun. 21. ☉	*1728*	*2640*	*90° W*
[Jun. 1.—21.]:	*24192*	*50160*	*74352*
[fehlen]	*26208*	*58080*	*84288*
			fertig den 16. Julius.

Jun. 22. ☾	*2016*	*2640*	*90° T*
[Jun. 1.—22.]:	*26208*	*52800*	*79008*
[fehlen]	*24192*	*55440*	*79632*
Jun. 23. ♂	*288*	*5280*	*75° V, W*
[Jun. 1.—23.]:	*26496*	*58080*	*84576*
[fehlen]	*23904*	*50160*	*74064*
in 80 Tagen			*274272*
tägl.			*3428*
			fertig den 15. Julius.

Jun.24.—27. ☿—♄	*7200*	*10560*	*75° T, 60° T, V, W*
[Jun. 1.—27.]:	*33696*	*68640*	*102336*
[fehlen]	*16704*	*39600*	*56304*
in 84 Tagen			*292032*
tägl.			*3476*
			fertig den 14. Julius.

Tabl. Interp.

Jun.28.—29. ⊙—☾ *2304 7920 45° V, W, 30° V*

[Jun. 1.—29.]: 36000 76560 112560

[fehlen] 14400 31680 46080

fertig den 13. Julius.

Jun. 30. ♂ ..... *1440 2640 45° T*

im ganzen Jun. 37440 70200 116640

fehlen 12960 29040 42000

Seit dem 5. April:

Präp. 9936 [Tabl.] 135360 [Interp.] 161040

in 87 Tagen 306336

tägl. 3521

fertig den 12. Julius.

Tabl. Interp.

Jul. 1.—8. ☿—☿ *7200 18480 0°, 15°, 30°, 345° V W*

in 95 Tagen 332016

tägl. 3495

fertig den 13. Julius.

Jul. 9. ♃......... *2204 2640 30° T*

[fehlen noch] 3456 7920 11376

Jul. 20. Der Erste Anfang mit Störung des Logarithmen der halben grossen Axe. Diese vollendet Aug. 10. ☾

In 21 Tagen 51040 Ziffern

Knoten, Neigung und Excentricität vollendet den 25. Novemb. ☿

107 Tage circa 140000 Ziffern.

Wirklich vollendet wurde die ganze Rechnung im Juli 1813; s. Brief an OLBERS S. 422.

Die Seite 529 abgedruckten Elementensysteme, sowie die Berechnung der Lage der Bahnen gegen einander stehen im Handbuch Bc, ebenso wie die »Präparation der Jupiters- und Pallasörter«, d. h. die ebenfalls S. 529 erwähnte Berechnung der Coordinaten $r, v; r', w', \beta', v'$. Die weitere Rechnung ist vollständig auf einer grossen Zahl einzelner Blätter ausgeführt, denen die Zahlen der Tafeln Seite 530—541, sowie die der Rechnungsbeispiele für das Argument $5M'-2M$, Seite 542, 545, 548, 550, 552 entnommen sind. Die schliesslichen Resultate für die Störungen, Seite 543—545, 546—547, 548—549, 550—552 (nur $\delta \log a$), 553—554, 555—556, stehen wieder in dem erwähnten Handbuch; nur die Coefficienten von $\delta \int n\,dt$ haben aus Blättern entnommen werden müssen. Bei dem Ausdruck für $\delta\tilde{\omega}$, Seite 547, sind leider aus Versehen einige Glieder vergessen worden, die darum hier noch angeführt werden sollen, nemlich:

+ 1,″24 *sin* (14♃ — 5⚴ + 253° 0′ 39″)
+ 0,24 *sin* (14♃ — 4⚴ + 251 4 55)
+ 0,13 *sin* (15♃ — 10⚴ + 116 58 57)
+ 0,19 *sin* (15♃ — 9⚴ + 106 32 59)
+ 0,29 *sin* (15♃ — 8⚴ + 99 41 37)
+ 0,47 *sin* (15♃ — 7⚴ + 95 9 38)
+ 2,59 *sin* (15♃ — 6⚴ + 91 52 25)
+ 0,35 *sin* (15♃ — 5⚴ + 268 44 35)
+ 0,10 sin (16♃ — 10⚴ + 125 50 29)
+ 0,15 *sin* (16♃ — 9⚴ + 117 59 33)
+ 0,22 *sin* (16♃ — 8⚴ + 109 38 55)
+ 0,42 *sin* (16♃ — 7⚴ + 107 50 23)
+ 1,″10 *sin* (16♃ — 6⚴ + 283° 10′ 1″)
+ 0,13 *sin* (16♃ — 5⚴ + 281 17 22)
+ 0,12 *sin* (17♃ — 9⚴ + 129 36 2)
+ 0,20 *sin* (17♃ — 8⚴ + 125 14 12)
+ 0,50 *sin* (17♃ — 7⚴ + 120 22 4)
+ 0,22 *sin* (17♃ — 6⚴ + 297 40 56)
+ 0,14 *sin* (18♃ — 8⚴ + 137 75 16)
+ 0,14 *sin* (19♃ — 8⚴ + 149 16 20)
+ 0,16 *sin* (19♃ — 7⚴ + 146 41 38)
+ 0,22 *sin* (20♃ — 8⚴ + 161 17 24)
+ 0.16 *sin* (21♃ — 8⚴ + 173 18 28).

Die numerischen Werthe von Notiz [9.], S. 557, stehen auf den einzelnen Blättern zwischen den Integrationen für die übrigen Gleichungen; zum Theil mussten sie ergänzt werden.

Besonderes Interesse wird die Notiz [10.] beanspruchen; sie ist aus einigen ganz kurzen Notizen auf zwei unscheinbaren Zettelchen zusammengestellt, von denen der eine aus einem Convolut von losen Zetteln stammt, die nach GAUSS' Tode sich in seinem Papierkorb vorgefunden haben sollen. Wenn auch das Aussehen dieses Zettels eine derartige Herkunft wahrscheinlich macht, so ist doch mit Rücksicht auf den Inhalt kaum anzunehmen, dass er kurz vor GAUSS' Tode in den Papierkorb geworfen wurde; bei den wiederholten Durchsichten des Nachlasses hat es sich naturgemäss nicht ganz vermeiden lassen, dass die ursprüngliche Ordnung der einzelnen aufgefundenen Zettel verändert wurde. Aus welcher Zeit die beiden Zettel stammen, dürfte kaum sicher festzustellen sein; nach Ausweis des vorstehend abgedruckten »Journal über die Rechnungen an den Pallasstörungen« konnte GAUSS erst in der Zeit zwischen dem 20. Juli und 10. August 1812 zur Kenntnis des numerischen Werths des Coefficienten α (S. 558) gelangt sein, also nach Verfassung des Briefes an BESSEL, S. 422, aber vor Abfassung des Passus in der »Exposition«, S. 472. Für die Annahme einer spätern Entstehungszeit beider Zettel spricht vielleicht der Umstand, dass GAUSS bei Entnahme der numerischen Werthe aus seinen frühern Rechnungen ein Versehen begangen hat, indem er die Constante A unrichtig ansetzte, nemlich

$$A = 198^0 39' 8'',$$

womit er findet

$$U = 324^0 15' 57''$$
$$\log C = 4{,}26300$$

und für die Periode

$$1026{,}17 \text{ Pallasumläufe} = 399{,}07 \text{ Jupitersumläufe.}$$

Die Grenzen, zwischen denen n und u oscilliren (S. 559), hat GAUSS nicht berechnet, mit dem obigen Werthe von A würde folgen:

$$\text{für die Grenzen von } n\colon \frac{18}{7}n' \pm 0'',07219$$
$$\text{» » » } u\colon \pm 37^0 35'.$$

Beim Abdruck sind die verbesserten Werthe eingesetzt worden. Der Unterschied ist recht beträchtlich; man muss aber bedenken, dass das ganze Resultat sehr precär ist, weil der Wert von μ und damit der von C sehr unsicher zu bestimmen ist.

In den Originalen befinden sich nur die Gleichungen Seite 558, Zeile 4, 6, 14 von oben und 8, 6, 5, 4, 3 von unten, Seite 559, Zeile 5, sowie die numerischen Werthe von α, A, 18♃ — 7⚴, U, 14α, μ und die Notiz »*1026,17 Pallasumläufe, 399,07 Jupitersumläufe*«.

Die Untersuchungen über die Berechnung der Argumente mit Berücksichtigung der grossen Gleichung, Notiz [11.], finden sich grösstentheils auf Blättern, sonst im Handbuch Bc; den Blättern sind jedoch nur die Ausdrücke f(u) und F(u), Seite 559, und dem Handbuche die beiden Relationen 1) und 3) entnommen. Die Bearbeitung musste auch hier sehr frei gehalten werden, da aus den verschiedenen vorhandenen Rechnungen nicht ersichtlich ist, welche Methode GAUSS schliesslich als zweckmässigste angesehen haben mochte. Die ausführliche Hülfstafel, die Seite 560 erwähnt ist, steht im Handbuch Bc; ihr Abdruck erschien unnöthig. Die numerischen Werthe zur Vergleichung mit den Oppositionen Seite 560 stehen ebenfalls verstreut im Handbuch Bc; die Störungsbeträge sind hier nach den oben erwähnten Manipeln berechnet, wobei GAUSS von WACHTER unterstützt wurde. Es finden sich aber nur die Rechnungen für die vier S. 560 behandelten Elemente vor.

Die Notiz [12.], Seite 561 infolge eines Versehens mit [11.] bezeichnet, enthält die Vergleichung mit den ersten neun Oppositionen, die GAUSS in seinem Brief an BESSEL vom 21. März 1843 (S. 438) erwähnt; auch sie ist auf Blättern ausgeführt, denen nur die Zahlen entnommen werden konnten; auf diesen Blättern hat GAUSS später noch einige Zahlen hinzugefügt, die sich auf die zehnte Opposition beziehen. Ausser diesen hier abgedruckten finden sich, wie bereits Eingangs dieser Bemerkungen erwähnt, noch sehr viele weitere Vergleichungen, auch mit spätern Oppositionen.

Zu [VII.]: Die Briefstellen sind nach den Originalen abgedruckt, während Notiz [2.] gänzlich vom Bearbeiter herrührt. Die ungeheuer umfangreichen Rechnungen zu diesen Tafeln (vgl. S. 429), sowie die fertige Tafel selbst, bilden ein Convolut von wohlgeordneten Blättern; viele von ihnen sind nicht von Gauss' Hand, sondern rühren von Encke und Westphal her.

Zu [VIII.]: Über die Störungen der Pallas durch Saturn befindet sich im Nachlass nichts von Gauss' Hand, sondern nur die Originalbriefe von Nicolai an Gauss, sowie einige Blätter von Nicolais Hand; aus den letztern stammen die Gleichungen 1) und 2) der Notiz [1.], während der übrige Inhalt dieser Notiz ergänzt wurde. Die in Frage kommenden Briefstellen sind in Notiz [2.]—[6.] abgedruckt; die Resultate für die Störungen stehen auf einzelnen Blättern, die ursprünglich den Nicolaischen Briefen beigelegen haben, jetzt aber im Nachlass den Kapseln mit den Pallasstörungen eingeordnet sind. Übrigens sind diese Resultate in etwas anderer Ordnung abgedruckt, als sie auf den Originalblättern stehen; dort sind sie in Manipel geordnet, während für den Abdruck ihre ursprüngliche natürliche Reihefolge gewählt ist.

Die ganze Rechnung dieser Störungen ist in Nicolais Nachlass auf der Grossherzoglichen Sternwarte zu Heidelberg erhalten und Herr Valentiner hat die Freundlichkeit gehabt, sie dem Unterzeichneten zur Einsicht zu überlassen. Sie trägt die Unterschrift: »Geendigt den 20ten April 1814.« Vielleicht dürfen wir ihre etwas detaillirtere Veröffentlichung, die in Gauss' Werken wohl nicht angebracht gewesen wäre, noch von anderer Seite erhoffen. Übrigens hat Nicolai zwei Rechnungen der Saturnstörungen ausgeführt, von denen die erste sich nur auf die Hauptgleichungen bezog; ihre Resultate sind ebenfalls im Nachlass vorhanden. Die entsprechenden Briefe von Gauss an Nicolai scheinen verloren zu sein; wenigstens theilte mir Herr Valentiner mit, dass in Nicolais Nachlass sich nur eine Reihe von Briefen von Gauss aus späterer Zeit (von 1819 ab) vorfindet, die Herr Valentiner übrigens herausgegeben hat (Briefe von C. F. Gauss an B. Nicolai, Karlsruhe 1877). Die Briefe von Nicolai an Gauss scheinen vollzählig erhalten zu sein, sind aber bisher nicht veröffentlicht worden.

Zu [IX.]: Die Formeln und Zahlen der Notiz [1.] finden sich theils im Handbuch Bc, theils auf Blättern, theils in einem »Astronomische Rechnungen; Angefangen im März 1814« betitelten Heft, das sonst andere Gegenstände enthält und darum im Nachlass unter »Beobachtungen und Rechnungen« eingereiht ist. Die Zahlen der Notizen [2.]—[3.] sind den von Gauss auf einzelnen Blättern geführten Rechnungen entnommen, welche unvollendet geblieben sind. Die Notiz [4.] stammt vom Bearbeiter; [5.]—[6.] aus dem erwähnten Heft »Astronomische Rechnungen«, einzelne Relationen der Notiz [5.] auch von einem einzelnen Blatt; [7.] endlich aus dem Handbuch Be, wo auf den abgedruckten Text noch ein Rechnungsbeispiel (für $M = 165^0$) folgt.

Die Notizen [4.]—[7.] betreffen, wie man sieht, einen sehr interessanten Kunstgriff für die Entwickelung der Störungsfunction, den Gauss aber schliesslich doch nicht weiter angewandt hat, weil eine wesentliche Ersparniss im numerischen Rechnen damit nicht erreicht zu werden scheint. Nach dieser Methode hat Gauss ausser den abgedruckten Werthen für $M = 30^0$ nur noch die für $M = 15^0$ und 45^0 berechnet.

Man sieht, dass Gauss das gewaltige Problem der Berechnung der Pallasstörungen innerhalb der Genauigkeitsgrenze der Beobachtungen, an das auch heute noch der Astronom sich nicht gern heranwagen möchte, fast ganz zu Ende geführt hat; es fehlen nur einige wenige Störungsgleichungen für den Mars. Um so mehr zu bedauern war es, dass bis auf den heutigen Tag diese Arbeit unbekannt geblieben ist, und wie aus den letzten der abgedruckten Briefstellen hervorgeht, hat Gauss selbst dies auch lebhaft gefühlt.

Sehr auffallend ist, dass Gauss in seinem wissenschaftlichen Tagebuch (oder Notizenjournal, wie er es selbst nennt), das von Herrn F. Klein in der »Festschrift zur Feier des 150jährigen Bestehens der K. Gesellschaft der Wissenschaften zu Göttingen«, 1901 herausgegeben worden ist, dieser seiner Untersuchung nicht ein einziges Mal Erwähnung thut. Über die Jahre 1802—1804 steht im Tagebuch die Bemerkung: »*Annis insequentibus 1802, 1803, 1804 occupationes astronomicae maximam otii partem abstulerunt, calculi imprimis circa planetarum novorum theoriam instituti. Unde evenit, quod hisce annis catalogus hicce neglectus est* ....« In diese Jahre fallen GAUSS' Arbeiten über das Zweikörperproblem (Vorbereitung der Theoria motus) und über die Störungen der Ceres. Merkwürdig ist es aber doch, dass GAUSS' Beschäftigung mit astronomischen Rechnungen stets eine Unterbrechung in der Führung des Tagebuchs hervorrief. Denn auch im Jahre 1810, als GAUSS begann, sich mit der Pallas zu beschäftigen, beginnt eine grosse Lücke. Am 29. Februar 1812 schreibt er dann: »*Catalogum praecedentem per fata iniqua iterum interruptum initio anni 1812 resumimus* .....« Er erwähnt dann die Wiederauffindung des »zweiten« Beweises des Fundamentalsatzes der Algebra, den er im November 1811 gefunden, dann aber zum Theil wieder aus dem Gedächtniss verloren hatte, da er nichts aufgezeichnet hatte. Zwischen dieser und der nächsten Notiz vom 26. September 1812, welche sich auf die Anziehung eines Ellipsoides bezieht, liegt die Entdeckung der Rationalität der mittlern Bewegungen von Pallas und Jupiter; auch über sie schweigt das Tagebuch vollständig.

Dass die GAUSSschen Untersuchungen über die Störungen der Pallas noch heut ein werthvolles Material bilden, liegt auf der Hand; die Reduction der Störungsausdrücke auf die heutige Epoche möchte man wohl als höchst wünschenswerth bezeichnen.

BRENDEL.

THEORIE DER BEWEGUNG DES MONDES.

NACHLASS.

THEORIE DER BEWEGUNG DES MONDES.

ERSTER ABSCHNITT.

Fundamentalgleichungen für die Bewegung des Mondes.

Vorerinnerung.

Von den Kräften, die auf die Bewegung des Mondes Einfluss haben, betrachten wir hier nur die Anziehungskräfte der Erde, der Sonne und des Mondes, welche wir als in den Schwerpunkten dieser Weltkörper vereinigt ansehen. In der That sind die Wirkungen der übrigen Planeten so ausserordentlich klein, dass sie auch den allerfeinsten Beobachtungen gänzlich entgehen; die sphäroidische Gestalt der Erde, wodurch die letztere Voraussetzung modificirt wird, bringt auch nur ein Paar Gleichungen von wenigen Secunden hervor. Zudem ist es nicht schwer, auch von diesen Umständen Rechnung zu tragen, sobald die Bewegung des Mondes einmal ohne dieselben erörtert ist.

Wir werden ausserdem die Bewegung der Erde um die Sonne als elliptisch annehmen, und die Störungen derselben, durch den Mond und die Planeten, bei Seite setzen. Wir betrachten mithin auch die Bahn der Erde um die Sonne als in einer unveränderlichen (d. i. sich selbst beständig parallel bleibenden) Ebene, und vernachlässigen sowohl das allmähliche Déplacement dieser Ebene selbst, welches die Einwirkung der Planeten hervorbringt, als die periodischen Ausbeugungen der Erde von derselben, die eine Folge der Perturbationen der Planeten und des Mondes zugleich sind. Denn alle diese Umstände erzeugen in der Bewegung des Mondes um die Erde Modificationen, die für sich unmerklich sind, und ganz füglich einer eignen Untersuchung aufgespart werden können.

Zur Aufsuchung der Fundamentalgleichungen beziehen wir zuvörderst die Örter des Mondes, der Erde und der Sonne im Weltraum auf drei unveränderliche Ebenen, die sich in einem ganz willkürlichen oder vielmehr unbestimmt bleibenden Punkte des Weltraumes unter rechten Winkeln schneiden. Die eine dieser Ebenen legen wir der Ekliptik parallel und bezeichnen die Entfernungen des Mondes, der Erde und der Sonne von derselben zu jeder Zeit t durch z, z', z'' resp.; diese Abstände betrachten wir als positiv auf der Seite, wo der Nordpol der Ekliptik liegt, als negativ auf der entgegengesetzten. Die zweite Ebene legen wir senkrecht auf die vorige, so, dass die Durchschnittslinie durch den Punkt der Himmelskugel geht, wo der Frühlingspunkt zu irgend einer bestimmten Zeit T ist; die Abstände des Mondes, der Erde und der Sonne von dieser Ebene, positiv auf der Seite genommen, wo der Sommersonnenwendepunkt liegt, bezeichnen wir mit y, y', y''. Endlich wird die dritte Ebene senkrecht auf die beiden vorigen sein, und ihre Durchschnittslinie mit der Erstern durch den Sommersonnenwendepunkt gehen; die Abstände des Mondes, der Erde und der Sonne von derselben sehen wir auf der Seite des Frühlingsnachtgleichepunkts als positiv, auf der entgegengesetzten als negativ an und heissen sie x, x', x''.

Nennen wir nunmehr die Abstände der Erde von der Sonne, des Mondes von der Sonne, des Mondes von der Erde resp. R, R', R'', und die Massen des Mondes, der Erde und der Sonne resp. m, m', m'', so geben die bekannten Grundsätze der Dynamik folgende sechs Fundamentalgleichungen

$$0 = \frac{\mathrm{dd}x}{\mathrm{d}t^2} + \frac{m'(x-x')}{R''^3} + \frac{m''(x-x'')}{R'^3}$$

$$0 = \frac{\mathrm{dd}y}{\mathrm{d}t^2} + \frac{m'(y-y')}{R''^3} + \frac{m''(x-x'')}{R'^3}$$

$$0 = \frac{\mathrm{dd}z}{\mathrm{d}t^2} + \frac{m'(z-z')}{R''^3} + \frac{m''(z-z'')}{R'^3}$$

$$0 = \frac{\mathrm{dd}x'}{\mathrm{d}t^2} + \frac{m(x'-x)}{R''^3} + \frac{m''(x'-x'')}{R^3}$$

$$0 = \frac{\mathrm{dd}y'}{\mathrm{d}t^2} + \frac{m(y'-y)}{R''^3} + \frac{m''(y'-y'')}{R^3}$$

$$0 = \frac{\mathrm{dd}z'}{\mathrm{d}t^2} + \frac{m(z'-z)}{R''^3} + \frac{m''(z'-z'')}{R^3}.$$

Hieraus folgt

$$0 = \frac{\mathrm{dd}(x-x')}{\mathrm{d}t^2} + \frac{(m+m')(x-x')}{R''^3} + m''\left\{\frac{x-x'}{R'^3} - (x''-x')\left(\frac{1}{R'^3} - \frac{1}{R^3}\right)\right\}$$

$$0 = \frac{\mathrm{dd}(y-y')}{\mathrm{d}t^2} + \frac{(m+m')(y-y')}{R''^3} + m''\left\{\frac{y-y'}{R'^3} - (y''-y')\left(\frac{1}{R'^3} - \frac{1}{R^3}\right)\right\}$$

$$0 = \frac{\mathrm{dd}(z-z')}{\mathrm{d}t^2} + \frac{(m+m')(z-z')}{R''^3} + m''\left\{\frac{z-z'}{R'^3} - (z''-z')\left(\frac{1}{R'^3} - \frac{1}{R^3}\right)\right\}.$$

Endlich bezeichnen wir Länge des Mondes und der Sonne, vom Mittelpunkt der Erde gesehen und vom Frühlingsnachtgleichepunkt zur Zeit T gezählt, durch v, V, Breite des Mondes durch β, und setzen $\tan\beta = \theta$, $R''\cos\beta = r$, $\frac{1}{r} = p$. Aus diesen Voraussetzungen folgt leicht

$$x - x' = r\cos v = \frac{\cos v}{p}, \qquad y - y' = \frac{\sin v}{p}, \qquad z - z' = \frac{\theta}{p}$$

$$x'' - x' = R\cos V, \qquad y'' - y' = R\sin V,$$

$z'' - z' = 0$ (weil wir die Breite der Sonne $= 0$ voraussetzen).

Durch Substitution dieser Werthe in obigen Gleichungen erhalten wir folgende neue:

$$0 = -\frac{\cos v\,.\,\mathrm{dd}p}{pp\,\mathrm{d}t^2} + \frac{2\cos v\,.\,\mathrm{d}p^2}{p^3\mathrm{d}t^2} + \frac{2\sin v\,.\,\mathrm{d}p\,\mathrm{d}v}{pp\,\mathrm{d}t^2} - \frac{\sin v\,.\,\mathrm{dd}v}{p\,\mathrm{d}t^2} - \frac{\cos v\,.\,\mathrm{d}v^2}{p\,\mathrm{d}t^2}$$
$$+ \frac{(m+m')pp\cos v}{(1+\theta\theta)^{\frac{3}{2}}} + m''\left\{\frac{\cos v}{pR'^3} - R\cos V\left(\frac{1}{R'^3} - \frac{1}{R^3}\right)\right\}$$

$$0 = -\frac{\sin v\,.\,\mathrm{dd}p}{pp\,\mathrm{d}t^2} + \frac{2\sin v\,.\,\mathrm{d}p^2}{p^3\mathrm{d}t^2} - \frac{2\cos v\,.\,\mathrm{d}p\,\mathrm{d}v}{pp\,\mathrm{d}t^2} + \frac{\cos v\,.\,\mathrm{dd}v}{p\,\mathrm{d}t^2} - \frac{\sin v\,.\,\mathrm{d}v^2}{p\,\mathrm{d}t^2}$$
$$+ \frac{(m+m')pp\sin v}{(1+\theta\theta)^{\frac{3}{2}}} + m''\left\{\frac{\sin v}{pR'^3} - R\sin V\left(\frac{1}{R'^3} - \frac{1}{R^3}\right)\right\}$$

$$0 = -\frac{\theta\,\mathrm{dd}p}{pp\,\mathrm{d}t^2} + \frac{2\theta\,\mathrm{d}p^2}{p^3\mathrm{d}t^2} - \frac{2\,\mathrm{d}p\,\mathrm{d}\theta}{pp\,\mathrm{d}t^2} + \frac{\mathrm{dd}\theta}{p\,\mathrm{d}t^2} + \frac{(m+m')pp\theta}{(1+\theta\theta)^{\frac{3}{2}}} + \frac{m''\theta}{pR'^3}.$$

Die Combination dieser Gleichungen gibt uns folgende:

$$0 = -\frac{\mathrm{dd}p}{\mathrm{d}t^2} + \frac{2\,\mathrm{d}p^2}{p\,\mathrm{d}t^2} - \frac{p\,\mathrm{d}v^2}{\mathrm{d}t^2} + \frac{(m+m')p^4}{(1+\theta\theta)^{\frac{3}{2}}} + m''\left\{\frac{p}{R'^3} - Rpp\cos(v-V)\left(\frac{1}{R'^3} - \frac{1}{R^3}\right)\right\}$$

$$0 = -\frac{2\,\mathrm{d}p\,\mathrm{d}v}{p\,\mathrm{d}t^2} + \frac{\mathrm{dd}v}{\mathrm{d}t^2} + m'' Rp \sin(v-V)\Big(\frac{1}{R'^3} - \frac{1}{R^3}\Big)$$

$$0 = \frac{\mathrm{dd}\theta}{\mathrm{d}t^2} + \frac{\theta\,\mathrm{d}v^2}{\mathrm{d}t^2} - \frac{2\,\mathrm{d}p\,\mathrm{d}\theta}{p\,\mathrm{d}t^2} + m''\theta Rp\cos(v-V)\Big(\frac{1}{R'^3} - \frac{1}{R^3}\Big).$$

Setzen wir hier wiederum $\frac{\mathrm{dd}p}{\mathrm{d}t^2} = \frac{\mathrm{d}v^2}{\mathrm{d}t^2}\Big(\frac{\mathrm{dd}p}{\mathrm{d}v^2} - \frac{\mathrm{dd}t}{\mathrm{d}v^2}\frac{\mathrm{d}p}{\mathrm{d}t}\Big)$, $\frac{\mathrm{dd}v}{\mathrm{d}t^2} = -\frac{\mathrm{d}v^3}{\mathrm{d}t^3}\frac{\mathrm{dd}t}{\mathrm{d}v^2}$, $\frac{\mathrm{dd}\theta}{\mathrm{d}t^2} = \frac{\mathrm{d}v^2}{\mathrm{d}t^2}\Big(\frac{\mathrm{dd}\theta}{\mathrm{d}v^2} - \frac{\mathrm{dd}t}{\mathrm{d}v^2}\frac{\mathrm{d}\theta}{\mathrm{d}t}\Big)$, nach Gründen der Integralrechnung, und Kürze halber die mittlere Bewegung des Mondes in der Länge $= u$, und also $\frac{\mathrm{d}u}{\mathrm{d}t} = Const.$, [sowie]

$$m''\frac{\mathrm{d}t^2}{\mathrm{d}u^2}Rp\Big(\frac{1}{R'^3} - \frac{1}{R^3}\Big)\sin 2(v-V) = \pi$$

$$m''\frac{\mathrm{d}t^2}{\mathrm{d}u^2}Rp\Big(\frac{1}{R'^3} - \frac{1}{R^3}\Big)\cos 2(v-V) = \omega$$

$$\omega - m''\frac{\mathrm{d}t^2}{\mathrm{d}u^2}\frac{1}{R'^3} = \psi,$$

so werden unsere Gleichungen:

$$0 = \frac{\mathrm{dd}p}{\mathrm{d}v^2} - \frac{\mathrm{dd}u}{\mathrm{d}v^2}\frac{\mathrm{d}p}{\mathrm{d}u} - \frac{2\,\mathrm{d}p^2}{p\,\mathrm{d}v^2} + p - \frac{p^4(m+m')}{(1+\theta\theta)^{\frac{3}{2}}}\frac{\mathrm{d}t^2}{\mathrm{d}u^2}\frac{\mathrm{d}u^2}{\mathrm{d}v^2} + p\psi\frac{\mathrm{d}u^2}{\mathrm{d}v^2}$$

$$0 = \frac{2\,\mathrm{d}p}{p\,\mathrm{d}v} + \frac{\mathrm{dd}u}{\mathrm{d}v^2}\frac{\mathrm{d}v}{\mathrm{d}u} - \frac{\mathrm{d}u^2}{\mathrm{d}v^2}\pi$$

$$0 = \frac{\mathrm{dd}\theta}{\mathrm{d}v^2} - \frac{\mathrm{dd}u}{\mathrm{d}v^2}\frac{\mathrm{d}\theta}{\mathrm{d}u} - \frac{2\,\mathrm{d}p\,\mathrm{d}\theta}{p\,\mathrm{d}v^2} + \theta + \theta\frac{\mathrm{d}u^2}{\mathrm{d}v^2}\omega.$$

Schaffen wir endlich aus der ersten und dritten Gleichung, mit Hülfe der zweiten, $\frac{\mathrm{dd}u}{\mathrm{d}v^2}$ weg, so ergeben sich folgende drei **Fundamentalgleichungen**:

I. $$0 = \frac{\mathrm{dd}p}{\mathrm{d}v^2} + p - p^4\frac{\mathrm{d}u^2}{\mathrm{d}v^2}\Big\{\frac{(m+m')}{(1+\theta\theta)^{\frac{3}{2}}}\frac{\mathrm{d}t^2}{\mathrm{d}u^2} - \frac{\psi}{p^3} + \frac{\mathrm{d}p}{p^4\,\mathrm{d}v}\pi\Big\}$$

II. $$0 = \frac{\mathrm{dd}u}{\mathrm{d}v^2}\frac{\mathrm{d}v}{\mathrm{d}u} + \frac{2\,\mathrm{d}p}{p\,\mathrm{d}v} - \frac{\mathrm{d}u^2}{\mathrm{d}v^2}\pi$$

III. $$0 = \frac{\mathrm{dd}\theta}{\mathrm{d}v^2} + \theta + \Big(\theta\omega - \frac{\mathrm{d}\theta}{\mathrm{d}v}\pi\Big)\frac{\mathrm{d}u^2}{\mathrm{d}v^2}.$$

ZWEITER ABSCHNITT.

Integration der Fundamentalgleichungen, mit Beiseitesetzung der Störungskräfte der Sonne.

Lehrsatz aus der Integralrechnung:

Das Integral der Differentialgleichung des zweiten Grades

$$0 = \frac{ddw}{dv^2} + \alpha\alpha w + Z,$$

wo Z eine Function von v und $\alpha\alpha$ eine beständige positive Grösse bedeutet, ist

$$\alpha w = \cos\alpha v \int \sin\alpha v \,.\, Z dv - \sin\alpha v \int \cos\alpha v \,.\, Z dv + \textit{Const.} \sin(\alpha v + \textit{Const.}).$$

Ist also $Z = a + b\sin\beta v + c\sin\gamma v +$ etc., so wird

$$w = -\frac{a}{\alpha\alpha} + \frac{b}{\beta\beta - \alpha\alpha}\sin\beta v + \frac{c}{\gamma\gamma - \alpha\alpha}\sin\gamma v + \text{etc.} + \textit{Const.}\sin(\alpha v + C.).$$

Oder ist $Z = a + b\cos\beta v + c\cos\gamma v +$ etc., so wird

$$w = -\frac{a}{\alpha\alpha} + \frac{b}{\beta\beta - \alpha\alpha}\cos\beta v + \frac{c}{\gamma\gamma - \alpha\alpha}\cos\gamma v + \text{etc.} + \textit{Const.}\cos(\alpha v + C.).$$

Enthielte hingegen Z einen Theil $a\cos\alpha v$, so würde dafür in w zu setzen sein: $-\frac{1}{2}\frac{av\sin\alpha v}{\alpha} - \frac{1}{4}\frac{a\cos\alpha v}{\alpha\alpha}$, oder für einen Theil $a\sin\alpha v$ in Z, käme in w: $\frac{1}{2}\frac{av\cos\alpha v}{\alpha} - \frac{1}{4}\frac{a\sin\alpha v}{\alpha\alpha}$. Weiss man also a priori, dass w keine Cirkelbogen enthalten kann, so darf auch Z keinen Sinus oder Cosinus von αv enthalten.

Man bemerkt bei obigen Fundamentalgleichungen, dass jede aus zwei Theilen besteht, wovon der eine die Grössen π, ω, ψ als Factor enthält, der andere von ihnen unabhängig ist. Würde die Bewegung des Mondes nicht von der Sonne gestört, so würden jene ersten Theile wegfallen, und die Integration sodann keine Schwierigkeit haben. Auch sieht man nach obigem Lehrsatze, dass selbst mit Beibehaltung jener ersten Glieder die Integration von Statten gehen würde, wenn man dieselben durch Functionen von v darstellen könnte; allein dies geht nicht an, ohne die Bewegung des Mondes schon zu kennen. Glücklicher Weise aber sind die Wirkungen der Sonne nicht sehr beträchtlich; die grösste periodische Gleichung für die Länge des Mondes beläuft sich nur auf $1\frac{1}{3}$ Grad, und das Apogäum des Mondes, welches ohne die Einwirkung der Sonne unverrückt bleiben würde, erhält durch diese nur eine langsame progressive Bewegung, die sich zur mittlern Bewegung des Mondes wie 1 zu 118 verhält; die rücklaufende Bewegung des Knoten ist noch unbeträchtlicher. Diese Umstände, ohne welche die Berechnung der Bewegung des Mondes die Kräfte der Analyse überschreiten würde, machen es möglich, sich der wahren Bewegung des Mondes stufenweise zu nähern, indem man zuvörderst in den von π, ω, ψ abhängigen Theilen die blosse elliptische Bewegung des Mondes substituirt, und daraus eine erste genäherte Bewegung ableitet; diese von neuem in jenen Theilen anstatt der elliptischen gebraucht, um eine genauere Bestimmung zu erhalten, und diese successiven Verbesserungen so lange wiederholt, als der Grad der Genauigkeit, den man sich vorsetzt, erfordert.

Nach diesen vorläufigen Bemerkungen nehmen wir also zuerst obige Gleichungen mit Beiseitesetzung der Grössen π, ω, ψ vor, um die elliptische Bewegung zu erhalten, wobei es auch erlaubt ist, solche Grössen, als von höhern Potenzen der Excentricität und Inclination abhängen, zu vernachlässigen.

Die dritte Gleichung wird hier

$$\frac{dd\theta}{dv^2} + \theta = 0,$$

wovon das Integral (genau)

$$\theta = g \sin\lambda, \quad \text{so dass} \quad \lambda = v + \mathit{Const.}$$

Dieses zeigt, dass die Bahn des Mondes, vom Mittelpunkt der Erde gesehen, ein grösster Kreis [ist], dessen Neigung gegen die Ekliptik zur Tangente g hat; die Länge des Knoten $= -\mathit{Const.}$ oder λ das Argument der Breite [*)].

[*) Aber nicht in der Bahn des Mondes, sondern auf der Ekliptik gezählt.]

Die zweite Gleichung wird

$$0 = \frac{\mathrm{dd}u}{\mathrm{d}v\mathrm{d}u} + \frac{2\mathrm{d}p}{p\mathrm{d}v},$$

woraus

$$\log\frac{pp\mathrm{d}u}{\mathrm{d}v} = \log Const.,$$

also

$$\frac{pp\mathrm{d}u}{\mathrm{d}v} = Const. = A.$$

Hienach wird die erste Gleichung

$$0 = \frac{\mathrm{dd}p}{\mathrm{d}v^2} + p - AAk(1+\theta\theta)^{-\frac{3}{2}},$$

wenn man Kürze halber $\frac{(m+m')\,\mathrm{d}t^2}{\mathrm{d}u^2} = k$ setzt; folglich, obigen Werth von θ substituirt, und die höhern Potenzen von g vernachlässigt:

$$0 = \frac{\mathrm{dd}p}{\mathrm{d}v^2} + p - AAk(1 - \tfrac{3}{4}gg + \tfrac{3}{4}gg\cos 2\lambda).$$

Hieraus $p = AAk(1-\frac{3}{4}gg)(1 - e\cos M - \frac{1}{4}gg\cos 2\lambda)$. Also, den beständigen Theil von p oder $AAk(1-\frac{3}{4}gg) = h$ gesetzt,

$$p = h(1 - e\cos M - \tfrac{1}{4}gg\cos 2\lambda)$$

$$\log p = \log h - \tfrac{1}{4}ee - e\cos M - \tfrac{1}{4}ee\cos 2M - \tfrac{1}{4}gg\cos 2\lambda$$

$$\log pp\frac{\mathrm{d}u}{\mathrm{d}v} = \log A = \tfrac{1}{2}\log h - \tfrac{1}{2}\log k + \tfrac{3}{8}gg$$

$$\log\frac{\mathrm{d}u}{\mathrm{d}v} = -\tfrac{3}{2}\log h - \tfrac{1}{2}\log k + \tfrac{1}{2}ee + \tfrac{3}{8}gg + 2e\cos M + \tfrac{1}{2}ee\cos 2M + \tfrac{1}{2}gg\cos 2\lambda$$

$$\frac{\mathrm{d}u}{\mathrm{d}v} = h^{-\frac{3}{2}}k^{-\frac{1}{2}}(1 + \tfrac{3}{2}ee + \tfrac{3}{8}gg)(1 + 2e\cos M + \tfrac{3}{2}ee\cos 2M + \tfrac{1}{2}gg\cos 2\lambda),$$

folglich

$$1 + ee + \tfrac{1}{4}gg = hk^{\frac{1}{3}}$$

und

$$u = v + 2e\sin M + \tfrac{3}{4}ee\sin 2M + \tfrac{1}{4}gg\sin 2\lambda,$$

wo man alle Grössen vernachlässigt hat, die höhere Potenzen von e und g enthalten. Übrigens ist hier offenbar e eine durch die Beobachtungen zu bestimmende Constante (die Excentricität), und M die wahre Anomalie [*)] $= v - Const.$, so dass *Const.* die unveränderliche Länge der Erdferne [ist].

[*) Aber nicht in der Bahn des Mondes, sondern auf der Ekliptik gezählt.]

DRITTER ABSCHNITT.

Erste Annäherung.

Das erste, was wir hier zu thun haben, ist die Bestimmung von m''. Aus der Theorie der elliptischen Bewegung ist bekannt, dass, wenn man die Bewegung der Erde um die Sonne bloss als Product der Anziehungskräfte dieser beiden Weltkörper betrachtet, und die mittlere Bewegung der Sonne $= nu$, [die] mittlere Entfernung der Erde von der Sonne $= B$ setzt, sein werde:

$$m'+m'' = nnB^3\frac{du^2}{dt^2};$$

also, $\frac{m'}{m''} = \mu$ gesetzt, welches Verhältniss hinreichend genau bekannt ist $\left(=\frac{1}{365412}\right)$,

$$m'' = nnB^3\frac{du^2}{dt^2}\frac{1}{1+\mu}.$$

Ferner ist

$$R' = \sqrt{\left(RR-\frac{2R}{p}\cos(v-V)+\frac{1+\theta\theta}{pp}\right)}$$

oder, mit Weglassung der höhern Potenzen von $\frac{1}{R}$ und θ,

$$\frac{1}{R'^3} = \frac{1}{R^3}\left\{1+\frac{3\cos(v-V)}{Rp}+\frac{15}{4}\frac{1}{RRpp}(1+\cos 2(v-V))-\tfrac{3}{2}\frac{1}{RRpp}\right\}.$$

Hieraus folgt

$$\pi = \frac{nn}{1+\mu}\frac{B^3}{R^3}\left\{\tfrac{3}{2}\sin 2(v-V)+\frac{1}{Rp}\left(\tfrac{3}{8}\sin(v-V)+\frac{15}{8}\sin 3(v-V)\right)\right\}$$

$$\omega = \frac{nn}{1+\mu}\frac{B^3}{R^3}\left\{\tfrac{3}{2}+\tfrac{3}{2}\cos 2(v-V)+\frac{1}{Rp}\left(\frac{33}{8}\cos(v-V)+\frac{15}{8}\cos 3(v-V)\right)\right\}$$

$$\psi = \frac{nn}{1+\mu}\frac{B^3}{R^3}\left\{\tfrac{1}{2}+\tfrac{3}{2}\cos 2(v-V)+\frac{1}{Rp}\left(\tfrac{9}{8}\cos(v-V)+\frac{15}{8}\cos 3(v-V)\right)\right\}.$$

Endlich, wenn man die Sonnenexcentricität $= \varepsilon$ und die mittlere Anomalie $= a$ setzt,

$$\frac{R}{B} = 1 + \tfrac{1}{2}\varepsilon\varepsilon + \varepsilon\cos a - \tfrac{1}{2}\varepsilon\varepsilon\cos 2a,$$

also

$$\frac{B^3}{R^3} = 1 + \tfrac{3}{2}\varepsilon\varepsilon - 3\varepsilon\cos a + \tfrac{9}{2}\varepsilon\varepsilon\cos 2a,$$

und

$$V = nu - 2\varepsilon\sin a + \tfrac{5}{4}\varepsilon\varepsilon\sin 2a.$$

Ferner bemerken wir, dass wir bei Substitution der elliptischen Bewegung in den Theilen $\sin\lambda$ und $\cos M$ die Zeichen λ, M nothwendig unbestimmt beibehalten müssen und nicht $v -$ *Const.* dafür substituiren dürfen. Es könnte nemlich wohl sein, dass die Perturbation der Sonne dem Knoten und Apogäum eine nicht bloss periodische Bewegung mittheilte, also λ und M die Form $\zeta v -$ *Const.* bekämen, so dass ζ eine von der Einheit wenig verschiedene Grösse würde. In diesem Falle würde die Voraussetzung der elliptischen Bewegung durchaus falsch, wenn man λ anstatt $= \zeta v -$ *Const.*, $= v -$ *Const.* setzen wollte, weil diese Verschiedenheit sich immer mehr aufhäufen würde. Wir lassen daher die Argumente λ und M unbestimmt, oder vielmehr setzen $\lambda = \zeta v -$ *Const.*, $M = \eta v -$ *Const.*, so dass ζ, η Coefficienten bedeuten, deren Werth ohne die Perturbation der Sonne $= 1$ sein würde, jetzt aber so lange unbestimmt bleibt, bis die Rechnung darüber entscheidet.

Setzen wir bei dieser ersten Annäherung in der dritten Gleichung die Theile, die $\frac{nn}{R}$, $nn\varepsilon$ und nne enthalten, bei Seite, so wird dieselbe

$$0 = \frac{\mathrm{dd}\theta}{\mathrm{d}v^2} + (1 + \tfrac{3}{2}nn)\theta + \tfrac{3}{2}nn\Big(\theta\cos 2(v-V) - \frac{\mathrm{d}\theta}{\mathrm{d}v}\sin 2(v-V)\Big);$$

statt V dürfen wir hier $nv[+$ *Const.*$]$ setzen, folglich wird, wenn wir statt $v - nv[-$ *Const.*$]$, E und statt θ, $g\sin\lambda$ schreiben,

$$0 = \frac{\mathrm{dd}\theta}{\mathrm{d}v^2} + (1 + \tfrac{3}{2}nn)\theta - \tfrac{3}{2}nng\sin(2E - \lambda).$$

Diese Gleichung zeigt nun sogleich, dass nicht mehr $\lambda = v -$ *Const.*, sondern $= v\sqrt{(1 + \tfrac{3}{2}nn)} -$ *Const.* zu setzen sei; also $\frac{\mathrm{d}\lambda}{\mathrm{d}v} = 1 + \tfrac{3}{4}nn$, oder dass der Knoten eine rückwärtsgehende Bewegung habe, sie sich zur mittlern Bewegung des Mondes wie $\tfrac{3}{4}nn : 1$ verhalte. Hieraus folgt also der erste genäherte

Werth

$$\theta = g \sin\lambda + (\tfrac{3}{8} n + \tfrac{3}{32} nn) g \sin(2E - \lambda).$$

Um doch zu sehen, was für numerische Coefficienten diese erste Annäherung gibt, bemerken wir, dass den Beobachtungen zufolge

$$\begin{array}{ll} \log n & = 8{,}873\,9096 \\ \log nn & = 7{,}747\,8192 \\ \log\tfrac{3}{4} & = \underline{9{,}875\,0613} \\ & 7{,}622\,8805 \end{array}$$

also $\tfrac{3}{4} nn = 0{,}004\,1964\,35$, da die Beobachtungen geben: $\frac{d\lambda}{dv} = 1{,}004\,0218\,706$.

Ferner ist g in Secunden $= 18567'',933$:

$$\begin{array}{ll} \log & = 4{,}268\,7636 \\ \log\tfrac{3}{8} n & = \underline{8.447\,9409} \\ & 2{,}716\,7045 \\ & 520'',840 \end{array} \qquad \begin{array}{ll} & 4{,}268\,7636 \\ \log\tfrac{3}{32} nn & = \underline{6{,}719\,7905} \\ & 0{,}988\,5541 \\ & +9'',740 \end{array}$$

also der Coefficient $= 530'',580$, welches nach einer in der Folge zu erklärenden Reduction genau mit den Beobachtungen übereinstimmt.

Die zweite Gleichung wird

$$0 = \frac{ddu}{dv\,du} + \frac{2dp}{p\,dv} - \tfrac{3}{2} nn \frac{B^3}{R^3} \frac{du^2}{dv^2} \{\sin 2E [+ 2\varepsilon \sin(2E + a) - 2\varepsilon \sin(2E - a)]\}.$$

Statt $\frac{B^3}{R^3}$ schreiben wir $1 - 3\varepsilon \cos a$ (wo wir das Apogäum der Sonne als unbeweglich ansehen dürfen, also $a = nv - Const.$); und für $\frac{du^2}{dv^2}$, $1 + 4e\cos M$; folglich

$$0 = \frac{ddu}{dv\,du} + \frac{2dp}{p\,dv} - \tfrac{3}{2} nn \{\sin 2E + 2e \sin(2E + M) + 2e \sin(2E - M)$$
$$+ \tfrac{1}{2}\varepsilon \sin(2E + a) - \tfrac{7}{2}\varepsilon \sin(2E - a)\},$$

folglich

$$\log \frac{pp\,du}{dv} = \log A - (\tfrac{3}{4} nn + \tfrac{3}{4} n^3) \cos 2E - nne \cos(2E + M)$$
$$- (3nne + 6n^3 e) \cos(2E - M) \Big[- \tfrac{3}{8} nn\varepsilon \cos(2E + a) + \frac{21}{8} nn\varepsilon \cos(2E - a)\Big].$$

Die Theile, die ε enthalten, lassen wir hier weg, weil diese Coefficienten auch nach der Integration nur von der 3ten Ordnung sind. Hieraus also

$$\frac{pp\,\mathrm{d}u}{\mathrm{d}v} = A\Big\{1 - \tfrac{3}{4}nn\cos 2E - 3nne\cos(2E-M) - nne\cos(2E+M)$$
$$\Big[-\tfrac{3}{8}nn\varepsilon\cos(2E+a) + \frac{21}{8}nn\varepsilon\cos(2E-a)\Big]\Big\}.$$

Ferner wird

$$\psi = nn\Big(\tfrac{1}{2} + \tfrac{3}{2}\cos 2E - \tfrac{3}{2}\varepsilon\cos a\Big[+\tfrac{3}{4}\varepsilon\cos(2E+a) - \frac{21}{4}\varepsilon\cos(2E-a)\Big]\Big)$$

und statt p, $h(1 - e\cos M)$ gesetzt,

$$\frac{\psi}{p^3} = \frac{nn}{h^3}\Big\{\tfrac{1}{2} + \tfrac{3}{2}e\cos M + \tfrac{3}{2}\cos 2E - \tfrac{3}{2}\varepsilon\cos a + \tfrac{9}{4}e\cos(2E+M) + \tfrac{9}{4}\cos(2E-M)$$
$$\Big[+\tfrac{3}{4}\varepsilon\cos(2E+a) - \frac{21}{4}\varepsilon\cos(2E-a)\Big]\Big\};$$

endlich

$$\pi = \tfrac{3}{2}nn\sin 2E$$
$$\frac{\mathrm{d}p}{p\,\mathrm{d}v}\pi = \frac{nn}{h^3}\Big\{\tfrac{3}{4}e\cos(2E-M) - \tfrac{3}{4}e\cos(2E+M)\Big\}.$$

Hieraus wird folglich die erste Gleichung:

$$0 = \frac{\mathrm{dd}p}{\mathrm{d}v^2} + p - AA\Big\{1 - \tfrac{3}{2}nn\cos 2E - 6nne\cos(2E-M) - 2nne\cos(2E+M)$$
$$\Big[-\tfrac{3}{4}nn\varepsilon\cos(2E+a) + \frac{21}{4}nn\varepsilon\cos(2E-a)\Big]\Big\}$$
$$\times\Big\{k(1 - \tfrac{3}{4}gg + \tfrac{3}{4}gg\cos 2\lambda) - \frac{nn}{h^3}\Big(\tfrac{1}{2} + \tfrac{3}{2}e\cos M + \tfrac{3}{2}\cos 2E - \tfrac{3}{2}\varepsilon\cos a$$
$$+ 3e\cos(2E+M) + \tfrac{3}{2}e\cos(2E-M)\Big[+\tfrac{3}{4}\varepsilon\cos(2E+a) - \frac{21}{4}\varepsilon\cos(2E-a)\Big)\Big]\Big\}.$$

Schreibt man hier statt $\frac{1}{h^3}$ den oben gefundenen Werth $k(1 - 3ee - \tfrac{3}{4}gg)$ und vernachlässigt die höhern Potenzen, so wird endlich

$$0 = \frac{\mathrm{dd}p}{\mathrm{d}v^2} + p - AAk(1 - \tfrac{1}{2}nn - \tfrac{3}{4}gg)\Big\{1 + \tfrac{3}{4}gg\cos 2\lambda - \tfrac{3}{2}nne\cos M - 3nn\cos 2E$$
$$+ \tfrac{3}{2}nn\varepsilon\cos a - \frac{15}{2}nne\cos(2E-M) - 5nne\cos(2E+M)$$
$$\Big[-\tfrac{3}{2}nn\varepsilon\cos(2E+a) + \frac{21}{2}nn\varepsilon\cos(2E-a)\Big]\Big\}.$$

Hier zeigt nun die Integration sogleich eine progressive Bewegung des Mondsapogäum, da ohne diese $\frac{\mathrm{dd}p}{\mathrm{d}v^2} + p$ das Glied $\cos M$ nicht enthalten könnte. Setzt man nemlich $\frac{\mathrm{d}M}{\mathrm{d}v} = \eta$, so wird die Integration geben

$$p = AAk(1 - \tfrac{1}{2}nn - \tfrac{3}{4}gg)\Big\{1 - \tfrac{1}{4}gg\cos 2\lambda + nn\cos 2E + \tfrac{3}{2}nn\varepsilon\cos a$$
$$- \frac{15}{2}nne\frac{\cos(2E-M)}{1-(2-2n-\eta)^2} + \tfrac{5}{8}nne\cos(2E+M) - \tfrac{3}{2}nne\frac{\cos M}{1-\eta\eta}$$
$$[+\tfrac{1}{2}nn\varepsilon\cos(2E+a) - \tfrac{7}{2}nn\varepsilon\cos(2E-a)]\Big\} + \mathit{Const.}\cos(v + \mathit{Const.}).$$

Nun muss hier aber der Coefficient von $\cos M$, $= -e$ werden, folglich $\eta\eta = 1-\frac{3}{2}nn$ oder $\eta = 1-\frac{3}{4}nn$. Übrigens ist dieser Werth von η von dem wahren noch beträchtlich verschieden, wovon die Ursache im Folgenden vorkommen wird. — Übrigens dürfen wir hier $Const. \cos(v+Const.) = 0$ setzen, da in dieser Integralgleichung ohnehin schon 2 arbiträre Grössen vorkommen (e und $M-\eta v$), welche begreiflich so bestimmt werden können, dass der Initialzustand genau dargestellt werde. Behielte man den Theil $Const. \cos(v+Const.)$ bei, so würden bei der zweiten Verbesserung Cirkelbögen in den Werth von p kommen, und bei der 3ten sogar Quadrate von Kreisbögen u. s. f., obwohl bei genauerer Untersuchung diese Kreisbögen eigentlich doch wieder nur periodische Gleichungen geben und mit der Voraussetzung $Const. = 0$ wieder zusammenfallen. Obige Bemerkung macht indessen diese Entwickelung unnöthig. — Wir haben also

$$h = AAk(1-\tfrac{1}{2}nn-\tfrac{3}{4}gg)$$

$$p = h\Big\{1-\tfrac{1}{4}gg\cos 2\lambda+nn\cos 2E+\tfrac{3}{2}nn\varepsilon\cos a-\frac{15}{8}ne\cos(2E-M)$$
$$+\tfrac{5}{8}nne\cos(2E+M)-e\cos M[+\tfrac{1}{2}nn\varepsilon\cos(2E+a)-\tfrac{7}{2}nn\varepsilon\cos(2E-a)]\Big\}$$

$$\log p = \log h-\tfrac{1}{4}ee-\tfrac{1}{4}gg\cos 2\lambda+nn\cos 2E+\tfrac{3}{2}nn\varepsilon\cos a-\frac{15}{8}ne\cos(2E-M)$$
$$+\tfrac{9}{8}nne\cos(2E+M)-e\cos M-\tfrac{1}{4}ee\cos 2M$$
$$[+\tfrac{1}{2}nn\varepsilon\cos(2E+a)-\tfrac{7}{2}nn\varepsilon\cos(2E-a)]$$

$$\log\frac{du}{dv} = -\tfrac{3}{2}\log h-\tfrac{1}{2}\log k+\tfrac{1}{4}nn+\tfrac{3}{8}gg+\tfrac{1}{2}ee$$
$$-\frac{11}{4}nn\cos 2E+\frac{15}{4}ne\cos(2E-M)-\frac{13}{4}nne\cos(2E+M)$$
$$+\tfrac{1}{2}gg\cos 2\lambda+2e\cos M+\tfrac{1}{2}ee\cos 2M-3nn\varepsilon\cos a$$
$$\Big[-\frac{11}{8}nn\varepsilon\cos(2E+a)+\frac{77}{8}nn\varepsilon\cos(2E-a)\Big]$$

$$\frac{du}{dv}h^{\frac{3}{2}}k^{\frac{1}{2}} =$$
$$(1+\tfrac{1}{4}nn+\tfrac{3}{8}gg+\tfrac{3}{2}ee)\Big\{1-\frac{11}{4}nn\cos 2E+\frac{15}{4}ne\cos(2E-M)-6nne\cos(2E+M)$$
$$+\tfrac{1}{2}gg\cos 2\lambda+2e\cos M+\tfrac{3}{2}ee\cos 2M-3nn\varepsilon\cos a$$
$$\Big[-\frac{11}{8}nn\varepsilon\cos(2E+a)+\frac{77}{8}nn\varepsilon\cos(2E-a)\Big]\Big\}.$$

Folglich

$$h^3k = 1+\tfrac{1}{2}nn+\tfrac{3}{4}gg+3ee$$

und

$$u = v - \tfrac{11}{8} nn \sin 2E + \tfrac{15}{4} ne \sin(2E - M) - 2nne \sin(2E + M)$$
$$+ \tfrac{1}{4} gg \sin 2\lambda + 2e \sin M + \tfrac{3}{4} ee \sin 2M - 3n\varepsilon \sin a$$
$$[- \tfrac{11}{16} nn\varepsilon \sin(2E + a) + \tfrac{77}{16} nn\varepsilon \sin(2E - a)].$$

Um die numerischen Werthe dieser ersten Annäherung mit den wahren vergleichen zu können, schreiben wir folgende Rechnungen her:

$$\begin{array}{rl}
\log nn & = 7{,}747\,8192 \\
\log 1'' & = \underline{4{,}685\,5749} \\
 & \ 3{,}062\,2443 \\
\log \frac{11}{8} & = \underline{0{,}138\,3027} \\
 & \ 3{,}200\,5470 \\
 & \ 1586{,}''89 \\
\text{nach d. Beob.} & \ 1928''
\end{array}
\qquad
\begin{array}{rl}
e & = 11340'' \\
\log e & = 4{,}054\,6131 \\
\log n & = \underline{8{,}873\,9096} \\
 & \ 2{,}928\,5227 \\
\log \frac{15}{4} & = \underline{0{,}574\,0313} \\
 & \ 3{,}502\,5540 \\
 & \ 3180{,}''93 \\
\text{Beob.} & \ 4695''
\end{array}$$

$$\begin{array}{rl}
\log e & = 4{,}054\,6131 \\
\log ee & = 8{,}109\,2262 \\
 & \ \underline{4{,}685\,5749} \\
 & \ 2{,}794\,8011 \\
\log \frac{3}{4} & = \underline{9{,}875\,0613} \\
 & \ 2{,}669\,8624 \\
 & \ 467{,}''59
\end{array}
\qquad
\begin{array}{rl}
\varepsilon & = 0{,}016\,802 \\
\log \varepsilon & = 8{,}225\,3610 \\
\log n & = \underline{8{,}873\,9096} \\
 & \ 7{,}099\,2706 \\
\log 3 & = \underline{0{,}477\,1213} \\
 & \ 7{,}576\,3919 \\
 & \ \underline{4{,}685\,5749} \\
 & \ 2{,}890\,8170 \\
 & \ 777{,}''71 \\
\text{Beob.} & \ 690''.
\end{array}$$

VIERTER ABSCHNITT.

Zweite Annäherung zur Breite.

Bei der Berechnung der Breite lassen wir in ω und π die Theile, die den Factor $\frac{1}{Rp}$ enthalten, weg und substituiren in dem die Perturbationskräfte enthaltenden Theile der dritten Gleichung statt θ seinen oben gefundenen Werth $g\sin\lambda+\frac{3}{8}ng(1+\frac{1}{4}n)\sin(2E-\lambda)$ und für $\frac{d\lambda}{dv}$, $1+\frac{3}{4}nn$. Hiedurch wird die Gleichung

$$0=\frac{dd\theta}{dv^2}+\theta\left(1+\frac{3}{2}\frac{nn}{1+\mu}\frac{B^3}{R^3}\frac{du^2}{dv^2}\right)$$
$$+\frac{3}{2}\frac{nn}{1+\mu}g\frac{B^3}{R^3}\frac{du^2}{dv^2}\{-(1+\frac{3}{4}nn)\sin(2(v-V)-\lambda)-\frac{3}{8}nn\sin(2(v-V)+\lambda)$$
$$-\frac{3}{8}n(1-\frac{3}{4}n)\sin(\lambda+2nv-2V)+\frac{3}{8}nn\sin(4v-2V-2nv-\lambda)\}.$$

Nun ist

$$V=nu-2\varepsilon\sin a+\frac{5}{4}\varepsilon\varepsilon\sin 2a$$
$$=nv-2\varepsilon\sin a+\frac{5}{4}\varepsilon\varepsilon\sin 2a+2ne\sin M,$$

wo die Glieder vom 3ten Grade übergangen sind; a bedeutet übrigens $nu-$ Apog. ⊙, die mittlere Anomalie der Sonne; wir werden es aber hier als $nv-$Apog. ⊙ betrachten, da der daraus entstehende Unterschied nur von dem Grade derjenigen Glieder ist, die wir hier ohnehin vernachlässigen. Substituirt man diesen Werth von V, so wird

$$2(v-V)-\lambda=2E-\lambda+4\varepsilon\sin a-\frac{5}{2}\varepsilon\varepsilon\sin 2a-4ne\sin M$$
$$\sin(2(v-V)-\lambda)=\sin(2E-\lambda).(1-4\varepsilon\varepsilon+4\varepsilon\varepsilon\cos 2a)$$
$$+\cos(2E-\lambda).(4\varepsilon\sin a-\frac{5}{2}\varepsilon\varepsilon\sin 2a-4ne\sin M)$$

und hienach unsere Gleichung

$$0 = \frac{\mathrm{d}\mathrm{d}\theta}{\mathrm{d}v^2} + \theta\left(1 + \tfrac{3}{2}\,\frac{nn}{1+\mu}\,\frac{B^3}{R^3}\,\frac{\mathrm{d}u^2}{\mathrm{d}v^2}\right)$$
$$+ \tfrac{3}{2}\,\frac{nn}{1+\mu}\,g\,\frac{B^3}{R^3}\,\frac{\mathrm{d}u^2}{\mathrm{d}v^2}\Big\{-(1 + \tfrac{3}{8}nn - 4\varepsilon\varepsilon)\sin(2E-\lambda) - \tfrac{3}{8}nn\sin(2E+\lambda)$$
$$- \tfrac{3}{8}n(1 - \tfrac{3}{4}n)\sin\lambda + \tfrac{3}{8}nn\sin(4E-\lambda)$$
$$+ 2ne\sin(2E+M-\lambda) - 2ne\sin(2E-M-\lambda)$$
$$- \tfrac{3}{4}n\varepsilon\sin(\lambda+a) + \tfrac{3}{4}n\varepsilon\sin(\lambda-a)$$
$$- 2\varepsilon\sin(2E-\lambda+a) + 2\varepsilon\sin(2E-\lambda-a)$$
$$- \tfrac{3}{4}\varepsilon\varepsilon\sin(2E-\lambda+2a) - \frac{13}{4}\varepsilon\varepsilon\sin(2E-\lambda-2a)\Big\}.$$

Ferner ist

$$\frac{B^3}{R^3} = 1 + \tfrac{3}{2}\varepsilon\varepsilon - 3\varepsilon\cos a + \tfrac{9}{2}\varepsilon\varepsilon\cos 2a$$

und

$$\frac{\mathrm{d}u^2}{\mathrm{d}v^2} = 1 + 2ee + 4e\cos M + 5ee\cos 2M - \frac{11}{2}nn\cos 2E + \frac{15}{2}ne\cos(2E-M) + gg\cos 2\lambda;$$

folglich

$$\frac{B^3}{R^3}\,\frac{\mathrm{d}u^2}{\mathrm{d}v^2} = 1 + 2ee + \tfrac{3}{2}\varepsilon\varepsilon + 4e\cos M + 5ee\cos 2M - \frac{11}{2}nn\cos 2E$$
$$+ \frac{15}{2}ne\cos(2E-M) + gg\cos 2\lambda - 3\varepsilon\cos a + \tfrac{9}{2}\varepsilon\varepsilon\cos 2a$$
$$- 6e\varepsilon\cos(M+a) - 6e\varepsilon\cos(M-a);$$

also die Gleichung

$$0 = \frac{\mathrm{d}\mathrm{d}\theta}{\mathrm{d}v^2} + \theta\Big\{1 + \tfrac{3}{2}\,\frac{nn}{1+\mu}\,(1 + 2ee + \tfrac{3}{2}\varepsilon\varepsilon)\Big\}$$
$$+ \tfrac{3}{2}\,\frac{nn}{1+\mu}\,g\,(1 + 2ee + \tfrac{3}{2}\varepsilon\varepsilon) \times$$

sin		sin	
$2E-\lambda$	$-1 + \frac{19}{8}nn + 4\varepsilon\varepsilon$	$\lambda+a$	$-\frac{3}{2}\varepsilon + \frac{3}{16}n\varepsilon$
$2E+\lambda$	$-\frac{25}{8}nn - \frac{1}{2}gg$	$\lambda-a$	$-\frac{3}{2}\varepsilon + \frac{21}{16}n\varepsilon$
λ	$-\frac{3}{8}n - \frac{79}{32}nn - \frac{1}{2}gg$	$\lambda+2a$	$+\frac{9}{4}\varepsilon\varepsilon$
$4E-\lambda$	$+\frac{25}{8}nn$	$\lambda-2a$	$+\frac{9}{4}\varepsilon\varepsilon$
$2E+M-\lambda$	$-2e + \frac{11}{4}ne$	$2E-\lambda+a$	$-\frac{1}{2}\varepsilon - \frac{9}{16}n\varepsilon$
$2E-M-\lambda$	$-2e - 5ne$	$2E-\lambda-a$	$+\frac{7}{2}\varepsilon - \frac{9}{16}n\varepsilon$
$2E-M+\lambda$	$+\frac{15}{4}ne$	$2E-\lambda+2a$	0

sin		sin	
$2E-\lambda-2a$	$-\frac{17}{2}\varepsilon\varepsilon$	$4E-M-\lambda$	$-\frac{15}{4}ne$
$M+\lambda$	$+2e-\frac{3}{4}ne$	$2E-3\lambda$	$-\frac{1}{2}gg$
$M-\lambda$	$-2e-3ne$	$2M+\lambda$	$+\frac{5}{2}ee$
$2E-\lambda+M+a$	$-e\varepsilon$	$2M-\lambda$	$-\frac{5}{2}ee$
$2E-\lambda+M-a$	$+7e\varepsilon$	3λ	$+\frac{1}{2}gg$
$2E-\lambda-M+a$	$-e\varepsilon$	$M+\lambda+a$	$-3e\varepsilon$
$2E-\lambda-M-a$	$+7e\varepsilon$	$M+\lambda-a$	$-3e\varepsilon$
$2E+2M-\lambda$	$-\frac{5}{2}ee$	$M-\lambda+a$	$+3e\varepsilon$
$2E-2M-\lambda$	$-\frac{5}{2}ee$	$M-\lambda-a$	$+3e\varepsilon.$

Da nach Integration dieser Gleichung das Glied $\sin\lambda$ den Coefficienten g haben muss, so ergibt sich durch eine ähnliche Operation, wie oben beim Apogäum

$$\frac{\mathrm{d}\lambda}{\mathrm{d}v} = \sqrt{\left\{1+\frac{3}{2}\frac{nn}{1+\mu}\left(1+2ee+\frac{3}{2}\varepsilon\varepsilon-\frac{1}{2}gg-\frac{3}{8}n-\frac{79}{32}nn\right)\right\}},$$

folglich bis auf die Grössen der 4ten Ordnung

$$\left[\frac{\mathrm{d}\lambda}{\mathrm{d}v}\right] = 1+\frac{3}{4}\frac{nn}{1+\mu}\left(1-\frac{3}{8}n-\frac{91}{32}nn+2ee+\frac{3}{2}\varepsilon\varepsilon-\frac{1}{2}gg\right).$$

Wir wollen nunmehro sehen, wie genau dieser Werth der Bewegung des Knoten mit den Beobachtungen übereinstimme. Wir bemerken daher, dass

$\varepsilon = 3463{,}''290$	$\log\varepsilon = 3{,}539\,4888$ in Sekunden
$\varepsilon = 0{,}016\,7905$	$\log\varepsilon = 8{,}255\,0637$ in Theilen des Halbmessers
$e = 11350{,}''425$	$\log e = 4{,}055\,0122$ in Sekunden
$e = 0{,}055\,02843$	$\log e = 8{,}740\,5871$ in Theilen des Halbmessers
$g = 18583{,}''18$	$\log g = 4{,}269\,1200$ in Sekunden
$g = 0{,}090\,09380$	$\log g = 8{,}954\,6949$ in Theilen des Halbmessers
$n = 0{,}074\,8013\,1353$	$\log n = 8{,}873\,9092,$

$1+2ee = 1{,}006\,0562\,55$	$\frac{3}{8}n = 0{,}028\,0504\,92$
$\frac{3}{2}\varepsilon\varepsilon = 0{,}000\,4228\,81$	$\frac{1}{2}gg = 0{,}004\,0584\,46$
$1{,}006\,4791\,36$	$\frac{91}{32}nn = 0{,}015\,9114\,50$
$0{,}048\,0203\,88$	$0{,}048\,0203\,88$
$0{,}958\,4587\,48$	

$$
\begin{array}{rl}
\log = & 9{,}981\,5734 \\
\log nn = & 7{,}747\,8184 \\
\log\tfrac{3}{4} = & 9{,}875\,0613 \\
\hline
& 7{,}604\,4531 \\
\log(1+\mu) = & 0{,}000\,0012 \\
\hline
& 7{,}604\,4519 = \log 0{,}004\,0220\,91.
\end{array}
$$

Die Beobachtungen geben 0,004 0218 746.

Also der Fehler nur $\frac{1}{19000}$ des Ganzen.

Die Bewegung des Knoten in einem siderischen Jahre findet man, wenn man diese Grösse mit $\frac{360^0}{n} = \frac{1296000''}{n}$ multiplicirt

$$
\begin{array}{rl}
& 7{,}604\,4519 \\
\text{Compl. } \log n & 1{,}126\,0908 \\
& 6{,}112\,6050 \\
\hline
& 4{,}843\,1477 = \log 69686''{,}35.
\end{array}
$$

Die Beobachtungen geben 69682,65,

also der Unterschied 3",7; eine so genaue Übereinstimmung hätte man in der That kaum erwarten dürfen.

Die Integration der Gleichung gibt nunmehro folgenden Werth von θ:

$$\theta = g \times$$

sin		sin	
λ	$+1$	$2M-\lambda$	$+\frac{5}{8}ee$
3λ	$+\frac{3}{32}nngg$	$2E+M-\lambda$	$-nne-\frac{3}{2}\frac{1}{4}n^3e$
$2E-\lambda$	$+\frac{3}{8}n(1+\frac{1}{4}n-\frac{91}{64}nn+2ee-\frac{5}{2}\varepsilon\varepsilon)$	$2E-M+\lambda$	$+3nne+\frac{15}{2}n^3e$
$2E+\lambda$	$-\frac{75}{128}n^4-\frac{3}{32}nngg$	$2E+2M-\lambda$	$-\frac{15}{32}nnee$
$2E-3\lambda$	$-\frac{3}{16}ngg$	$2E-2M-\lambda$	$-\frac{15}{16}nee$
$4E-\lambda$	$+\frac{75}{128}n^4$	$2E-M+\lambda$	$+\frac{15}{8}n^3e$
$M+\lambda$	$+nne-\frac{3}{8}n^3e$	$4E-M-\lambda$	$-\frac{15}{8}n^3e$
$M-\lambda$	$+3nne+\frac{9}{2}n^3e$	$\lambda+a$	$-\frac{9}{8}n\varepsilon(1-\frac{3}{8}n)$
$2M+\lambda$	$+\frac{15}{32}nnee$	$\lambda-a$	$+\frac{9}{8}n\varepsilon(1-\frac{3}{8}n)$

sin		sin	
$\lambda + 2a$	$+\frac{27}{32} n\varepsilon\varepsilon$	$2E-\lambda+M-a$	$+\frac{7}{2} nne\varepsilon$
$\lambda - 2a$	$-\frac{27}{32} n\varepsilon\varepsilon$	$2E-\lambda-M+a$	$+\frac{3}{2} nne\varepsilon$
$2E-\lambda+a$	$+\frac{3}{8} n\varepsilon(1+\frac{1}{8}n)$	$2E-\lambda-M-a$	$-\frac{21}{2} nne\varepsilon$
$2E-\lambda-a$	$-\frac{7}{8} n\varepsilon(1+\frac{47}{56}n)$	$M+\lambda+a$	$-\frac{3}{2} nne\varepsilon$
$2E-\lambda+2a$	*	$M+\lambda-a$	$-\frac{3}{2} nne\varepsilon$
$2E-\lambda-2a$	$+\frac{51}{32} n\varepsilon\varepsilon$	$M-\lambda+a$	$-\frac{9}{2} nne\varepsilon$
$2E-\lambda+M+a$	$-\frac{1}{2} nne\varepsilon$	$M-\lambda-a$	$-\frac{9}{2} nne\varepsilon$.

Wir nennen die Grössen n, e, ε, g, wenn sie in bestimmte Zahlen multiplicirt sind, Grössen von Einer Dimension; Producte aus zweien solchen Grössen, Grössen von zwei Dimensionen; Producte aus dreien, Grössen von drei Dimensionen u. s. w. Bei der Formel für die Länge, Breite, p u. s. f. nennen wir alle Grössen von Einer Dimension, von zweien, dreien u. s. w. Theile der ersten, zweiten, dritten Ordnung u. s. f. Hier ist sogleich klar, dass, um die Differentialgleichung des 2ten Grades für θ bis auf die Grössen der 5ten Ordnung incl. genau zu haben, man die Werthe von $\frac{B^3}{R^3}$, $\frac{du^2}{dv^2}$ bis auf die zweite Ordnung, den Werth von θ aber bis auf die 3te genau haben müsse. Wir haben aber nur die Theile, deren Argumente λ und $2E-\lambda$ sind, angewandt, die resp. von der ersten und zweiten Ordnung sind; es ist also nothwendig, um jene Differentialgleichung bis auf die 5te Ordnung genau zu haben, dass wir auch auf die 5 aus der Integration so eben entstandenen Theile der 3ten Ordnung Rücksicht nehmen. Auf diese Weise wird noch hinzugefügt

vermöge des Theils [von θ:]	[zur Differentialgleichung für θ:] $\frac{3}{2} nng \times$
$+\frac{5}{8} eeg \sin(2M-\lambda)$	$-\frac{5}{8} ee \sin(2E-2M+\lambda)$
$-\frac{9}{8} n\varepsilon g \sin(\lambda+a)$	$+\frac{9}{8} n\varepsilon \sin(2E-\lambda-a)$
$+\frac{9}{8} n\varepsilon g \sin(\lambda-a)$	$-\frac{9}{8} n\varepsilon \sin(2E-\lambda+a)$
$+\frac{3}{8} n\varepsilon g \sin(2E-\lambda+a)$	$-\frac{3}{8} n\varepsilon \sin(\lambda-a)$
$-\frac{7}{8} n\varepsilon g \sin(2E-\lambda-a)$	$+\frac{7}{8} n\varepsilon \sin(\lambda+a)$.

Folglich kommt zu dem Werthe von θ noch hinzu:

$$+g\left\{\frac{15}{64} nee \sin(2E-2M+\lambda)\right\}$$

und es werden die Coefficienten von

$g \times \sin$	
$\lambda + a$	$-\frac{9}{8} n\varepsilon(1 - \frac{23}{24} n)$
$\lambda - a$	$+\frac{9}{8} n\varepsilon(1 - \frac{1}{8} n)$
$2E - \lambda + a$	$+\frac{3}{8} n\varepsilon\left(1 + \frac{19}{8} n\right)$
$2E - \lambda - a$	$-\frac{7}{8} n\varepsilon(1 + \frac{65}{56} n)$.

Um diese Formel mit den [Mayerschen] Tafeln vergleichen zu können, sind erst noch verschiedene Reductionen damit vorzunehmen. —

I. Müssen wir darin statt E, d. i. der Entfernung des Mondes von einer fingirten mit einer mittlern Geschwindigkeit, die der des Mondes proportional ist, laufenden Sonne, E', die Entfernung des Mondes von der wahren Sonne einführen.

II. Anstatt λ, der Entfernung des Mondes in der Ekliptik von einem fingirten und mit einer der des Mondes proportionalen Geschwindigkeit laufenden Knoten, haben wir λ', die Entfernung des Mondes in der Bahn von einem gleichförmig laufenden Knoten in Rechnung zu bringen.

III. Gleichfalls statt M ist M', Entfernung vom gleichförmig vorrückenden Apogäum und

IV. Statt a ist a', die wirkliche mittlere Anomalie der Sonne zu setzen.

Endlich V. ist aus θ, der Tangente der Breite, die Breite selbst, β, abzuleiten. Zu diesen Endzwecken haben wir folgende Gleichungen:

$$\text{I.}\quad E = E' - 2\varepsilon \sin a + \tfrac{5}{4}\varepsilon\varepsilon \sin 2a + 2ne \sin M + \tfrac{3}{4} nee \sin 2M - \frac{11}{8} n^3 \sin 2E$$
$$+ \frac{15}{4} nne \sin(2E - M) + \tfrac{1}{4} ngg \sin 2\lambda - 3nn\varepsilon \sin a$$

$$\text{II.}\quad \lambda = \lambda' - (\tfrac{1}{4} gg - \tfrac{1}{8} g^4) \sin 2\lambda' + \tfrac{1}{32} g^4 \sin 4\lambda$$
$$- \zeta \Big\{ 2e \sin M + \tfrac{3}{4} ee \sin 2M - \frac{11}{8} nn \sin 2E$$
$$+ \frac{15}{4} ne \sin(2E - M) + \tfrac{1}{4} gg \sin 2\lambda - 3n\varepsilon \sin a \Big\}$$

$$\text{III.}\quad M = M' + 2e\eta \sin M$$

$$\text{IV.}\quad a = a' + 2ne \sin M$$

$$\text{V.}\quad \beta = \theta - \tfrac{1}{3}\theta^3 + \tfrac{1}{5}\theta^5.$$

Da in dem Werthe von θ die Grösse M in keinen Theilen einer höhern Ordnung, als die dritte, vorkommt, so sieht man leicht, dass die Reduction III nur Glieder der sechsten Ordnung hinzufügen würde; daher schlechtweg $M = M'$ zu schreiben ist. — Nachdem alle Reductionen vorgenommen sind, findet sich endlich, dass man, um β zu erhalten, in θ statt E, λ, M, a resp. E', λ', M', a' schreiben und noch folgende Theile hinzufügen müsse:

. . . .

. . . .

Die MAYERschen Tafeln haben noch etwas Eigenthümliches. Es wird nemlich darin nicht die wahre Anomalie M', sondern ein gleichsam Mittelding zwischen wahrer und mittlerer Anomalie, M'', gebraucht, und an den Ort des mittlern Knoten wird eine Verbesserung angebracht, die von a abhängt und dazu dient, die Theile, deren Argumente $a+\lambda$ und $2a+\lambda$ sind, wegzuschaffen. Diesem zufolge hat man

$$M' = M'' - 2e\sin M'' + \tfrac{5}{4}ee\sin 2M'' + \frac{11}{8}nn\sin 2E' - \tfrac{1}{4}gg\sin 2\lambda$$

$$\lambda' = \lambda'' + \left(\tfrac{9}{4}n\varepsilon - \frac{207}{96}nn\varepsilon - \tfrac{9}{4}n^3\varepsilon\right)\sin a - \tfrac{27}{32}n\varepsilon\varepsilon\sin 2a,$$

und sonach wären noch folgende Theile hinzuzufügen:

. . . .

. . . .

Auf diese Weise findet sich mit Weglassung aller Glieder der 5ten Ordnung, wo sie entweder allein stehen oder wo man ohnehin nicht auf sie rechnen kann:

$$\beta = g \times$$

sin	Nach unserer Form		Nach MAYERS Form	
λ	$1 - \tfrac{3}{8}gg + \tfrac{15}{64}g^4 - \tfrac{3}{32}nngg - \tfrac{33}{64}n^4$		Id. $-2nnee + \tfrac{25}{32}e^4$	
3λ	$-\tfrac{1}{24}gg$	$-\ 6'',28$	Id.	$-\ 6'',28$
$2E-\lambda$	$\tfrac{3}{8}n(1+\tfrac{1}{4}n-\tfrac{3}{64}nn+\tfrac{1}{6}\varepsilon\varepsilon-\tfrac{1}{2}gg)$	$+528,67$	Id.	$+528,67$
$2E+\lambda$	$\tfrac{3}{32}ngg$	$+\ 1,06$	Id.	$+\ 1,06$
$2E-3\lambda$	$-\tfrac{3}{32}ngg$	$-\ 1,06$	Id.	$-\ 1,06$
$M+\lambda$	$\tfrac{1}{4}nne - \tfrac{3}{32}n^3e$	$+\ 1,39$	Id.	$+\ 1,39$
$M-\lambda$	$\tfrac{9}{4}nne + \frac{27}{8}n^3e$	$+\ 14,32$	Id. $+\tfrac{5}{4}e^3$	$+\ 16,93$

sin				
$2M-\lambda$	$\frac{5}{8}ee$	$+23'',68$	Id. $-\frac{9}{4}nnee$	$+22'',97$
$3M-\lambda$	0	0	$-\frac{5}{4}e^3$	$-\ 2,61$
$2E+M-\lambda$	$-\frac{1}{4}nne-\frac{79}{96}n^3e$ ..	$-\ 1,78$	Id. $-\frac{75}{32}ne^3$	$-\ 2,15$
$2E-M-\lambda$	$\frac{9}{4}nne+\frac{45}{8}n^3e$....	$+15,28$	Id.	$+15,28$
$2E-2M-\lambda$	$-\frac{15}{16}nee-\frac{3}{64}nnee$	$-\ 3,96$	Id. $-\frac{9}{4}nnee$	$-\ 4,67$
$2E-2M+\lambda$	$\frac{15}{64}nee$	$+\ 1,05$	Id. $+\frac{55}{64}nnee$	$+\ 1,28$
$\lambda+a$	$-\frac{9}{8}n\varepsilon+\frac{69}{64}nn\varepsilon$ ..	$-24,37$	0	0
$\lambda-a$	$\frac{9}{8}n\varepsilon-\frac{69}{64}nn\varepsilon$	$+26,01$	$\frac{15}{16}nn\varepsilon$	$+\ 1,64$
$\lambda+2a$	$\frac{27}{32}n\varepsilon\varepsilon$	$+\ 0,32$	0	0
$\lambda-2a$	$-\frac{27}{32}n\varepsilon\varepsilon$	$-\ 0,32$	0	0
$2E-\lambda+a$	$-\frac{3}{8}n\varepsilon+\frac{45}{64}nn\varepsilon$ ..	$-\ 7,53$	Id. $-\frac{27}{64}nn\varepsilon$	$-\ 8,26$
$2E-\lambda-a$	$-\frac{1}{8}n\varepsilon-\frac{53}{64}nn\varepsilon$ ..	$-\ 4,36$	Id. $+\frac{27}{64}nn\varepsilon$	$-\ 3,63$
$2E-\lambda+2a$	$\frac{15}{32}n\varepsilon\varepsilon$	$+\ 0,18$	Id.	$+\ 0,18$
$2E-\lambda-2a$	$\frac{1}{8}n\varepsilon\varepsilon$	$+\ 0,04$	Id.	$+\ 0,04$

Diese Formel stimmt mit den Tafeln durchgängig so genau überein, als man sich auf diese selbst verlassen kann.

FÜNFTER ABSCHNITT.

Zweite Annäherung zur Länge.

Wir nehmen zuvörderst die 2te Fundamentalgleichung vor und entwickeln

$$\frac{\mathrm{d}u^2}{\mathrm{d}v^2}\pi = \tfrac{3}{2}nn\frac{\mathrm{d}u^2}{\mathrm{d}v^2}\frac{B^3}{R^3}\Big\{\sin 2(v-V)+\frac{1}{Rp}\big(\tfrac{1}{4}\sin(v-V)+\tfrac{5}{4}\sin 3(v-V)\big)\Big\}.$$

Setzen wir hier $\frac{1}{Rp}$ als eine Constante an und bezeichnen dieselbe durch 7, so lässt sich der zweite Factor dieses Ausdrucks in [die Form bringen:]

$$(1-4\varepsilon\varepsilon)\sin 2E+\tfrac{1}{4}7\sin E+\tfrac{5}{4}7\sin 3E+2\varepsilon\sin(2E+a)-2\varepsilon\sin(2E-a)$$
$$+\tfrac{3}{4}\varepsilon\varepsilon\sin(2E+2a)+\frac{13}{4}\varepsilon\varepsilon\sin(2E-2a)-2ne\sin(2E+M)+2ne\sin(2E-M)$$
$$+\tfrac{3}{4}nee\sin(2E-2M)+\tfrac{1}{4}ngg\sin(2E-2\lambda)\,[-\tfrac{3}{4}nee\sin(2E+2M)$$
$$-\tfrac{1}{4}ngg\sin(2E+2\lambda)];$$

folglich

$$\left[\frac{\mathrm{d}u^2}{\mathrm{d}v^2}\pi\right] = \tfrac{3}{2}nn(1+2ee+\tfrac{3}{2}\varepsilon\varepsilon)\times$$

sin		sin	
$2E$	$1-4\varepsilon\varepsilon$	$2E-2M$	$\tfrac{5}{2}ee+\frac{19}{4}nee$
E	$\tfrac{1}{4}7$	$4E-M$	$\frac{15}{4}ne$
$3E$	$\tfrac{5}{4}7$	$2E+a$	$\tfrac{1}{2}\varepsilon$
$4E$	$-\frac{11}{4}nn$	$2E-a$	$-\tfrac{7}{2}\varepsilon$
$2E+M$	$2e-2ne$	$2E+2a$	0
$2E-M$	$2e+2ne$	$2E-2a$	$\frac{17}{2}\varepsilon\varepsilon$
$2E+2M$	$\tfrac{5}{2}ee-\frac{19}{4}nee$	$2E+M+a$	$e\varepsilon$

sin	
$2E+M-a$	$-7e\varepsilon$
$2E-M+a$	$e\varepsilon$
$2E-M-a$	$-7e\varepsilon$
M	$\frac{15}{4}ne$
$2E+2\lambda$	$\frac{1}{2}gg-\frac{1}{4}ngg$
$2E-2\lambda$	$\frac{1}{2}gg+\frac{1}{4}ngg$

sin	
$2E+a-2\lambda$	$\frac{1}{4}gg\varepsilon$
$2E-a-2\lambda$	$-\frac{7}{4}gg\varepsilon$
a	0
$[2E+2M+a$	$\frac{5}{4}ee\varepsilon$
$2E-2M-a]$	$-\frac{35}{4}ee\varepsilon$

Folglich gibt die Integration

$$\log pp\frac{\mathrm{d}u}{\mathrm{d}v}=\log A+$$

cos	
$2E$	$-\frac{3}{4}nn-\frac{3}{4}n^3-\frac{3}{4}n^4-\frac{3}{2}nnee+\frac{15}{8}nn\varepsilon\varepsilon$
$4E$	$\frac{33}{32}n^4$
E	$-\frac{3}{8}nn7-\frac{3}{8}n^3 7$
$3E$	$-\frac{5}{8}nn7-\frac{5}{8}n^3 7$
$2E+M$	$-nne+\frac{1}{3}n^3e$
$2E-M$	$-3nne-9n^3e$
$2E+2M$	$-\frac{15}{16}nnee$
$2E-2M$	$\frac{15}{8}nee+\frac{159}{32}nnee$
$4E-M$	$-\frac{15}{8}n^3e$
$2E+a$	$-\frac{3}{8}nn\varepsilon-\frac{3}{16}n^3\varepsilon$
$2E-a$	$\frac{21}{8}nn\varepsilon+\frac{63}{16}n^3\varepsilon$
$2E+2a$	0
$2E-2a$	$-\frac{51}{8}nn\varepsilon\varepsilon$

cos	
$2E+M+a$	$-\frac{1}{2}nne\varepsilon$
$2E+M-a$	$\frac{7}{2}nne\varepsilon$
$2E-M+a$	$-\frac{3}{2}nne\varepsilon$
$2E-M-a$	$\frac{21}{2}nne\varepsilon$
M	$-\frac{45}{8}n^3e$
$2E+2\lambda$	$-\frac{3}{16}nngg$
$2E-2\lambda$	$\frac{3}{8}ngg-\frac{3}{32}nngg$
$2E-2\lambda+a$	$\frac{3}{8}ngg\varepsilon$
$2E-2\lambda-a$	$-\frac{7}{8}ngg\varepsilon$
a	0
$[2E-2M+a$	$\frac{15}{8}nee\varepsilon$
$2E-2M-a]$	$-\frac{35}{8}nee\varepsilon$

Hieraus folgt sogleich der Werth von $p^4\frac{\mathrm{d}u^2}{\mathrm{d}v^2}$, welchen wir in der ersten Gleichung zu substituiren haben; er ist nemlich

$$=A(1+\text{Aequatt. praecc. dupl.}+\tfrac{9}{16}n^4+\tfrac{9}{16}n^4\cos 4E).$$

Ferner findet sich leicht aus der oben gefundenen Formel für θ:

$$
\begin{aligned}
(1+\theta\theta)^{-\frac{3}{2}} = 1 - \tfrac{3}{4}gg - \tfrac{27}{256}nngg + \tfrac{45}{64}g^4 \\
+\left(\tfrac{3}{4}gg - \tfrac{15}{16}g^4\right)\cos 2\lambda + \tfrac{15}{64}g^4\cos 4\lambda - \tfrac{9}{16}ngg\left(1+\tfrac{1}{4}n\right)\cos(2E-2\lambda) \\
- \tfrac{15}{16}ggee\cos(2M-2\lambda) - \tfrac{27}{16}ngg\varepsilon\cos(2\lambda+a) + \tfrac{27}{16}ngg\varepsilon\cos(2\lambda-a) \\
- \tfrac{9}{16}ngg\varepsilon\cos(2E-2\lambda+a) + \tfrac{21}{16}ngg\varepsilon\cos(2E-2\lambda-a) \\
+ \tfrac{9}{16}ngg\left(1+\tfrac{1}{4}n\right)\cos 2E + \tfrac{15}{16}ggee\cos 2M \\
+ \tfrac{9}{16}ngg\varepsilon\cos(2E+a) - \tfrac{21}{16}ngg\varepsilon\cos(2E-a)\left[-\tfrac{27}{256}nngg\cos(4E-2\lambda)\right].
\end{aligned}
$$

Durch Multiplication dieser Theile und Hinzusetzung des Factors k findet man $p^4\frac{\mathrm{d}u^2}{\mathrm{d}v^2}\frac{k}{(1+\theta\theta)^{\frac{3}{2}}}$.

Es bleibt also noch zu entwickeln

$$
\begin{aligned}
nn\frac{B^3}{R^3}\frac{\mathrm{d}u^2}{\mathrm{d}v^2}\Big\{\Big(\tfrac{1}{2}+\tfrac{3}{2}\cos 2(v-V)+7\Big(\tfrac{9}{8}\cos E+\frac{15}{8}\cos 3E\Big)\Big)p \\
-\Big(\tfrac{3}{2}\sin 2(v-V)+7\Big(\tfrac{3}{8}\cos E+\frac{15}{8}\cos 3E\Big)\Big)\frac{\mathrm{d}p}{\mathrm{d}v}\Big\} \\
= nnh\frac{B^3}{R^3}\frac{\mathrm{d}u^2}{\mathrm{d}v^2}\Big\{\tfrac{1}{2}\frac{p}{h}+\tfrac{9}{8}7\cos E+\frac{15}{8}7\cos 3E+\tfrac{3}{2}\cos 2(v-V) \\
-\tfrac{3}{2}e\cos(2(v-V)-M)-\tfrac{45}{16}ne\cos M+\tfrac{9}{4}nn-\tfrac{3}{4}nn\cos 4E \\
-\tfrac{9}{16}gg\cos(2E-2\lambda)+\tfrac{3}{16}gg\cos(2E+2\lambda)\Big\}.
\end{aligned}
$$

Die Entwickelung des letzten Factors gibt

$$
\begin{aligned}
\cos 2(v-V) = (1-4\varepsilon\varepsilon)\cos 2E + 2\varepsilon\cos(2E+a) - 2\varepsilon\cos(2E-a) \\
+\tfrac{3}{4}\varepsilon\varepsilon\cos(2E+2a)+\frac{13}{4}\varepsilon\varepsilon\cos(2E-2a)-2ne\cos(2E+M)+2ne\cos(2E-M) \\
\cos(2(v-V)-M) = \cos(2E-M)+2\varepsilon\cos(2E-M+a)-2\varepsilon\cos(2E-M-a).
\end{aligned}
$$

Folglich

$$
\begin{aligned}
\frac{\mathrm{d}u^2}{\mathrm{d}v^2}\Big(\psi p-\pi\frac{\mathrm{d}p}{\mathrm{d}v}\Big) = \\
nnh\frac{B^3}{R^3}\frac{\mathrm{d}u^2}{\mathrm{d}v^2}\Big\{\tfrac{1}{2}\frac{p}{h}+\tfrac{9}{4}nn+\tfrac{3}{2}(1-4\varepsilon\varepsilon)\cos 2E-\tfrac{3}{4}nn\cos 4E+\tfrac{9}{8}7\cos E+\frac{15}{8}7\cos 3E \\
-\tfrac{45}{16}ne\cos M-3ne\cos(2E+M)-\tfrac{3}{2}e(1-2n)\cos(2E-M) \\
+3\varepsilon\cos(2E+a)-3\varepsilon\cos(2E-a)+\tfrac{9}{8}\varepsilon\varepsilon\cos(2E+2a)+\frac{39}{8}\varepsilon\varepsilon\cos(2E-2a) \\
-3e\varepsilon\cos(2E-M+a)+3e\varepsilon\cos(2E-M-a)+\tfrac{3}{16}gg\cos(2E+2\lambda) \\
-\tfrac{9}{16}gg\cos(2E-2\lambda\Big\}.
\end{aligned}
$$

Da nun $\frac{B^3}{R^3}\frac{du^2}{dv^2}$ schon oben entwickelt ist, und

$$h = AAk(1 - \tfrac{1}{2}nn - \tfrac{3}{4}gg),$$

so wird endlich die erste Gleichung:

$$0 = \frac{ddp}{dv^2} + p(1 + \tfrac{1}{2}nn)$$
$$+ AAk\left\{-(1 + \tfrac{9}{16}n^4 - \tfrac{3}{4}gg - \tfrac{27}{256}nngg + \tfrac{45}{64}g^4) - \frac{15}{8}n^4 + \tfrac{3}{4}nn\varepsilon\varepsilon\right\}$$
$$+ h \times$$

cos [*)]		
M	$\frac{45}{4}n^3e$	$2nne + \frac{45}{16}n^3e$
$2M$	$-\frac{15}{16}ggee$	$\frac{3}{2}nnee$
$2E$	$\frac{3}{2}nn + \frac{3}{2}n^3 + \frac{9}{4}n^4 + 3nnee - \frac{15}{4}nn\varepsilon\varepsilon - \frac{9}{16}ngg - \frac{9}{64}nngg$	$\frac{3}{2}nn - \frac{11}{4}n^4 - \frac{15}{4}nn\varepsilon\varepsilon$
$4E$	$-\frac{21}{8}n^4$	$-\frac{39}{8}n^4$
E	$\frac{3}{4}nn7$	$\frac{9}{8}nn7$
$3E$	$\frac{5}{4}nn7$	$\frac{15}{8}nn7$
$2E+M$	$2nne - \frac{2}{3}n^3e$	$3nne - 3n^3e$
$2E-M$	$6nne + 18n^3e$	$\frac{3}{2}nne + \frac{27}{4}n^3e$
$2E+2M$	$\frac{15}{8}nnee$	$\frac{15}{4}nnee$
$2E-2M$	$-\frac{15}{4}nee - \frac{159}{16}nnee$	$\frac{3}{4}nnee$
$4E-M$	$\frac{15}{4}n^3e$	$\frac{45}{8}n^3e$
a	0	$-\frac{3}{2}nn\varepsilon$
$2a$		$\frac{9}{4}nn\varepsilon\varepsilon$
$2E+a$	$\frac{3}{4}nn\varepsilon + \frac{3}{8}n^3e - \frac{9}{16}ngg\varepsilon$	$\frac{3}{4}nn\varepsilon$
$2E-a$	$-\frac{21}{4}nn\varepsilon - \frac{63}{8}n^3\varepsilon + \frac{21}{16}ngg\varepsilon$	$-\frac{21}{4}nn\varepsilon\varepsilon$
$2E+2a$	0	0

[*) Die links stehenden Glieder entspringen aus $p^4\frac{du^2}{dv^2}\frac{k}{(1+\theta\theta)^{\frac{3}{2}}}$, die rechts stehenden aus $\frac{du^2}{dv^2}\left(\pi\psi - \frac{dp}{dv}\pi\right)$.]

cos		
$2E-2a$	$\frac{51}{4}nn\varepsilon\varepsilon$	$\frac{51}{4}nn\varepsilon\varepsilon$
$M+a$		$-\frac{9}{4}nne\varepsilon$
$M-a$		$-\frac{9}{4}nne\varepsilon$
$2E+M+a$	$nne\varepsilon$	$\frac{3}{2}nne\varepsilon$
$2E+M-a$	$-7nne\varepsilon$	$-\frac{21}{2}nne\varepsilon$
$2E-M+a$	$3nne\varepsilon$	$\frac{3}{4}nne\varepsilon$
$2E-M-a$	$-21nne\varepsilon$	$-\frac{21}{4}nne\varepsilon$
2λ	$-\frac{3}{4}gg+\frac{3}{8}g^4-\frac{3}{8}nngg$	$\frac{1}{2}nngg$
4λ	$-\frac{15}{64}g^4$	
$2E-2\lambda$	$-\frac{3}{16}ng+\frac{57}{61}nngg$	$\frac{3}{16}nngg$
$2E+2\lambda$	$\frac{15}{16}nngg$	$\frac{15}{16}nngg$
$2M-2\lambda$	$\frac{15}{16}ggee$	
$2\lambda+a$	$\frac{27}{16}ngg\varepsilon$	
$2\lambda-a$	$-\frac{27}{16}ngg\varepsilon$	
$2E-2\lambda+a$	$-\frac{3}{16}ngg\varepsilon$	
$2E-2\lambda-a$	$\frac{7}{16}ngg\varepsilon$	
[$4E-2\lambda$	$\frac{27}{256}nngg$]	
[$2E-2M+a$	$-\frac{15}{4}nee\varepsilon$]	
[$2E-2M-a$	$\frac{35}{4}nee\varepsilon$]	

Hiedurch gibt nun die Integration

$$p = h(1+$$

cos	
M	$-e$
$2M$	$\frac{1}{2}nnee-\frac{5}{16}ggee$
$2E$	$nn+\frac{19}{6}n^3+\frac{64}{9}n^4-\frac{3}{16}ngg-\frac{35}{64}nngg+nnee-\frac{5}{2}nn\varepsilon\varepsilon$

cos		cos	
$4E$	$-\frac{1}{2}n^4$	$2E+M+a$	$\frac{5}{16}nne\varepsilon$
E	$-\frac{15}{16}n7$	$2E+M-a$	$-\frac{35}{16}nne\varepsilon$
$3E$	$\frac{25}{64}nn7$	$2E-M+a$	$-\frac{15}{8}ne\varepsilon$
$2E+M$	$\frac{5}{8}nne+\frac{23}{48}n^3e$	$2E-M-a$	$\frac{35}{8}ne\varepsilon$
$2E-M$	$-\frac{15}{8}ne-\frac{273}{32}nne$	2λ	$-\frac{1}{4}gg+\frac{1}{8}g^4+\frac{1}{2}nngg$
$2E+2M$	$\frac{3}{8}nnee$	4λ	$-\frac{1}{64}g^4$
$2E-2M$	$\frac{15}{4}nee+\frac{147}{16}nnee$	$2E+2\lambda$	$\frac{1}{8}nngg$
$4E-M$	$\frac{75}{64}n^3e$	$2E-2\lambda$	$\frac{3}{16}ngg-\frac{69}{64}nngg$
a	$\frac{3}{2}nn\varepsilon$	$2M-2\lambda$	$-\frac{15}{16}ggee$
$2a$	$-\frac{9}{4}nn\varepsilon\varepsilon$	$2\lambda+a$	$\frac{9}{16}ngg\varepsilon$
$2E+a$	$\frac{1}{2}nn\varepsilon+\frac{19}{24}n^3\varepsilon-\frac{3}{16}ngg\varepsilon$	$2\lambda-a$	$-\frac{9}{16}ngg\varepsilon$
$2E-a$	$-\frac{7}{2}nn\varepsilon-\frac{133}{8}n^3\varepsilon+\frac{7}{16}ngg\varepsilon$	$2E-2\lambda+a$	$\frac{3}{16}ngg\varepsilon$
$2E+2a$	0	$2E-2\lambda-a$	$-\frac{7}{16}ngg\varepsilon$
$2E-2a$	$\frac{17}{2}nn\varepsilon\varepsilon$	[$4E-2\lambda$	$\frac{9}{256}nngg$]
$M+a$	$-\frac{9}{8}ne\varepsilon$	[$2E-2M+a$	$\frac{15}{4}nne\varepsilon$]
$M-a$	$\frac{9}{8}ne\varepsilon$	[$2E-2M-a$	$-\frac{35}{4}nne\varepsilon$]

BEMERKUNGEN ZUR THEORIE DER BEWEGUNG DES MONDES.

Die vorstehend abgedruckte »Theorie der Bewegung des Mondes«, die auf einem Convolut von Blättern steht, ist unvollendet geblieben; ausser dem abgedruckten befinden sich im Nachlass noch zwei frühere weniger ausgeführte Entwürfe. In GAUSS' wissenschaftlichem Tagebuche findet sich unter 1801 August die Notiz: »*Theoriam motus Lunae aggressi sumus*«; die Entstehung des Manuskripts wird man thatsächlich in diese Zeit setzen müssen; neben der Handschrift und der Darstellungsweise spricht auch der Umstand für diese frühe Entstehungsperiode, dass die Anomalien vom Apogäum statt vom Perigäum gezählt sind, vgl. dazu die Ceresstörungen.

Das Interesse, das diese GAUSSschen Untersuchungen gegenüber den Methoden anderer, auch späterer Autoren, bieten, concentrirt sich auf die ihm eigene Behandlung der Differentialgleichungen der Mondbewegung. Die Durchführung der Integration und die Ermittelung der Störungsglieder ist unvollständig geblieben, nur die Breitenstörungen sind vollständig, und offenbar hat GAUSS diese Papiere später nie wieder zur Hand genommen; auch hat er sich sonst nirgends darüber geäussert, auch nicht in dem 1802 beginnenden Briefwechsel mit OLBERS. Im Jahr 1802 erschien auch bereits der dritte Band von LAPLACES Mécanique céleste, enthaltend die Mondtheorie, wodurch GAUSS' begonnene Entwickelungen überholt wurden. Auch dieser Umstand, sowie der direkte Anschluss an TOBIAS MAYER spricht für die erwähnte frühe Abfassungszeit.

Die Form, in der sich schliesslich bei GAUSS die Störungen darstellen, ist dieselbe wie die PLANAsche (1832), da beide die Divisoren nach Potenzen der Grösse n (Verhältniss der Umlaufszeiten von Mond und Sonne) entwickeln.

Einige kleine Zusätze und Verbesserungen sind gemacht worden, um die Resultate wenigstens in den von GAUSS zunächst angenommenen Grenzen vollständig und richtig zu geben. So sind bei der Integration der zweiten Gleichung des dritten Abschnitts, S. 622, die Glieder in $\varepsilon\sin(2E\pm a)$ hinzugefügt und in den folgenden Gleichungen beibehalten worden, obwohl sie, wie GAUSS bemerkt, dort fortgelassen werden können, weil sie auch nach den Integrationen nur von der dritten Ordnung sind. Indessen ist ihre Berücksichtigung für die zweite Annäherung erforderlich, um die Coefficienten der analogen Glieder im Ausdruck für $\frac{\mathrm{d}u^2}{\mathrm{d}v^2}\pi$, S. 634, richtig zu erhalten.

Im vierten Abschnitt ist die Differentialgleichung für θ bis auf die Glieder 5. Ordnung einschliesslich genau; nach der Integration fehlen also naturgemäss die Glieder, welche durch den Divisor n in die 5. Ordnung aufrücken, sowie das Glied in $\sin(2E-\lambda+2a)$, das den Divisor nn erhält, und dessen Fehlen GAUSS durch einen $*$ andeutet; es ergibt sich nach PLANA zu $-\frac{9}{32}n\varepsilon\varepsilon\sin(2E-\lambda+2a)$. Bei der Transformation auf die MAYERsche Form, S. 631—633, sind die Verzeichnisse der hinzutretenden Glieder, welche übrigens nicht vollständig sind, beim Abdruck fortgelassen worden. Auch ist die Gegenüberstellung der GAUSSschen und MAYERschen Resultate keiner Controllrechnung unterworfen worden.

Im fünften Abschnitt hat GAUSS die Differentialgleichung für p nur bis zu den Gliedern vierter Ordnung einschliesslich aufgestellt; bei der Entwickelung des Ausdrucks für $\sin 2(v-V)$ sind indessen einige Glieder dritter Ordnung mitgenommen, weil sie bei der Integration kleine Divisoren erhalten; die beiden Glieder in Klammern sind hier lediglich deswegen hinzugesetzt, weil GAUSS bei Aufstellung des darauf folgenden Ausdrucks sie berücksichtigt hat. Der schliessliche Ausdruck von p enthält selbstverständlich die Glieder niederer als 5. Ordnung nicht, welche bei der Integration aus solchen 5. Ordnung entstehen; einzelne dieser Glieder hatte GAUSS zwar schon in seinem Manuscript nachträglich hinzugefügt. Da das aber nur ganz vereinzelt und flüchtig geschehen ist, und auch vielfach noch nicht die richtigen Werthe gegeben waren, so wurden sie nicht mitabgedruckt; auch sonst fanden sich einige Unrichtigkeiten vor, die verbessert worden sind; GAUSS hat hier offenbar seine Untersuchungen ziemlich plötzlich abgebrochen, ohne seine Rechnungen bereits geprüft zu haben.

BRENDEL.

BERICHTIGUNGEN UND ZUSÄTZE.

Seite 39, Zeile 5 statt »imaginarium« lies »imaginariam«.

Seite 302, Zeile 13 statt »Art. 117« lies »Art. 177«.

Seite 547 sind am Schluss des Ausdrucks für $\delta\varpi$ die in den Bemerkungen auf Seite 607 angeführten Glieder hinzuzufügen.

Seite 547, Zeile 13 v. u. statt »142° 23′ 38″« lies »42° 23′ 38″«.

Seite 561, Zeile 3 statt »[11.]« lies »[12.]«.

BEMERKUNGEN ZUM SIEBENTEN BANDE.

Der vorliegende siebente Band von GAUSS' Werken bringt zunächst den Neudruck der Theoria motus. Dieselbe ist bekanntlich bereits durch SCHERING im Jahre 1871 im Verlage von F. A. Perthes in einer den Bänden I—VI der Gesammtausgabe entsprechenden Ausstattung unter Hinzufügung einiger Notizen aus dem Nachlass neu herausgegeben worden; es schien aber trotzdem geboten, einen solchen Abdruck auch in den vorliegenden siebenten Band der Gesammtausgabe aufzunehmen, wobei nach genauer Durchsicht noch einige weitere Incorrectheiten der ersten Ausgabe verbessert werden konnten; auch wurden die numerischen Beispiele einer genauen Nachrechnung unterzogen und eine grosse Reihe hier neu aufgefundener Fehler verbessert oder, wo dies nicht möglich war, wenigstens angegeben. Ferner wurde das Werk durch eine grosse Anzahl darauf bezüglicher neuer Notizen aus dem Nachlass bereichert.

Ausserdem bringt der Band den bisher noch unveröffentlichten gesammten theoretisch-astronomischen Nachlass von GAUSS, vor allem GAUSS' Untersuchungen über die Störungen der Pallas, deren Bekanntmachung von den Fachmännern seit Jahrzehnten mit Spannung erwartet wurde und die auch noch heut grosses Interesse bieten werden.

Zwei kleinere Aufsätze, welche bereits in Band VI aufgenommen wurden, sind wieder mitabgedruckt worden, weil es der Zusammenhang mit den Nachlassnotizen wünschenswerth erscheinen liess, nemlich die Aufsätze über den Zodiakus der Himmelskörper, Seite 313, und über die Tafel zur parabolischen Bewegung, Seite 371.

Die Bearbeitung, wie die Redaction, lag in den Händen von Herrn BRENDEL in Göttingen.

Bei der Bearbeitung der Ceres- und der Pallasstörungen wurde eine weitgehende Ergänzung der Nachlassnotizen durch den Bearbeiter nothwendig; es sind deshalb die Notizen, für die aus dem Nachlass meist nur einzelne Formeln und Zahlen entnommen werden konnten, in Petit gesetzt. Ebenso wurde des Raumes wegen der Petitsatz für den Druck der grössern Zahlentabellen gewählt, auch wenn die Zahlen aus dem Nachlass stammen.

Sonst sind stets, wie in den übrigen Bänden, die Einschaltungen des Bearbeiters durch eckige Klammern [], die Notizen aus dem Briefwechsel u. a., die nicht von GAUSS herrühren, in geschweifte Klammern {} gesetzt.

Weitere den Abdruck der einzelnen Notizen betreffende Hinweise findet man in den Bemerkungen des Bearbeiters hinter jeder einzelnen Abtheilung.

F. KLEIN.

INHALT.

GAUSS WERKE BAND VII.
THEORETISCHE ASTRONOMIE.

THEORIA MOTUS CORPORUM COELESTIUM IN SECTIONIBUS CONICIS SOLEM AMBIENTIUM.

ZUSATZE ZUR THEORIA MOTUS CORPORUM COELESTIUM UND ANDERE NACHTRÄGE ZUR ELLIPTISCHEN BEWEGUNG.

ZUR PARABOLISCHEN BEWEGUNG.

STÖRUNGEN DER CERES.

STÖRUNGEN DER PALLAS.

THEORIE DER BEWEGUNG DES MONDES.

Göttingen, Druck der Dieterichschen Univ.-Buchdruckerei (W. Fr. Kaestner).

Printed in the United States
By Bookmasters